Eurocode 3

Bemessung und Konstruktion von Stahlbauten

Band 1: Allgemeine Regeln und Hochbau

Prof. Dr.-Ing. Ulrike Kuhlmann, Prof. Dr.-Ing. Markus Feldmann,
Prof. Dr.-Ing. Joachim Lindner, Dr.-Ing. Christian Müller,
Prof. Dr.-Ing. Richard Stroetmann,
unter Mitarbeit von Dipl.-Ing. Adrian Just

Eurocode 3
Bemessung und Konstruktion von Stahlbauten
Band 1: Allgemeine Regeln und Hochbau

DIN EN 1993-1-1 mit Nationalem Anhang
Kommentar und Beispiele

1. Auflage 2014

Herausgeber:
bauforumstahl e. V.
Bundesingenieurkammer
DASt Deutscher Ausschuß für Stahlbau
DIN Deutsches Institut für Normung e. V. (Konsolidierte Fassung)

Herausgeber: bauforumstahl e. V.
Bundesingenieurkammer
DASt Deutscher Ausschuß für Stahlbau
DIN Deutsches Institut für Normung e. V. (Konsolidierte Fassung)

Am DIN-Platz
Burggrafenstraße 6
10787 Berlin

Telefon: +49 30 2601-0
Telefax: +49 30 2601-1260
Internet: www.beuth.de
E-Mail: kundenservice@beuth.de

Rotherstraße 21
10245 Berlin

Telefon: +49 30 47031-200
Telefax: +49 30 47031-270
Internet: www.ernst-und-sohn.de
E-Mail: info@ernst-und-sohn.de

Titelbild: © Denis Babenko, Benutzung unter Lizenz von shutterstock.com
Druck: Media-Print Informationstechnologie GmbH, Paderborn
Gedruckt auf säurefreiem, alterungsbeständigem Papier nach DIN EN ISO 9706.

ISBN 978-3-410-24120-1 (Beuth)
ISBN (E-Book) 978-3-410-24121-8 (Beuth)
ISBN 978-3-433-03068-4 (Ernst & Sohn)
ISBN (E-Book) 978-3-433-60375-8 (Ernst & Sohn)

Inhalt

Seite

Vorwort . . . vii

I Einleitung . . . I-1

II Eurocode 3: DIN EN 1993-1-1 einschließlich Nationaler Anhang und Änderung A1 Vom DIN konsolidierte Fassung . . . II-1

III Kommentar zu DIN EN 1993-1-1 mit Nationalem Anhang . . . III-1

IV Beispielrechnungen . . . IV-1

Vorwort

DIN EN 1993, der Eurocode 3, ist seit 2012 die in Deutschland gültige Norm für Bemessung und Konstruktion von Stahlbauten. Seit Juli 2014 darf auch nur noch nach zugehöriger DIN EN 1090 gefertigt werden. Die abgelöste Stahlbau-Grundnorm DIN 18800 war 1990 ein großer Schritt in Richtung moderner und sicherer Normung und ein Vorbild für die im Werden befindliche europäische Normenfamilie für die Tragwerksbemessung, die Eurocodes. Damals, 1993, wurde die Einführung der DIN 18800 durch die erläuternden Beuth-Kommentare tatkräftig unterstützt. Wohl jeder im Stahlbau tätige Tragwerksplaner hatte das hellblaue Buch zur Hand.

Die Einführung der europäischen Normung für den Stahlbau, des Eurocodes 3, ist für den Außenstehenden auf den ersten Blick eine ähnlich grundlegende Umstellung wie 1990. Alleine die schiere Anzahl der Seiten und die Vielzahl der Normenteile begründen einen solchen Eindruck. Wirklich fasst der Eurocode 3 aber eine Vielzahl von Fachnormen zusammen und die Rechenverfahren setzen oft die Grundprinzipien der altbekannten DIN 18800 fort. Für viele Aufgaben ist die Kenntnis von Eurocode 3 Teil 1-1, Allgemeine Regeln, hinreichend. Weil doch einige Hintergründe, Zusammenhänge und spezifisch deutsche Regeln erklärt werden müssen, weil der berichtigte Normentext nur zusammen mit seinem Nationalen Anhang anwenderfreundlich lesbar ist und weil themengenau erläuternde Beispiele immer hilfreich sind, sollte auch heute jeder Tragwerksplaner den Kommentar zum Eurocode 3 haben.

An dieser Stelle bedanken wir uns bei allen Autoren für die unermüdliche Arbeit und besonders bei Frau Prof. Dr.-Ing. Ulrike Kuhlmann für die Koordination und Herrn Dipl.-Ing. Adrian Just für die emsige Mitarbeit. Den Verlagen Beuth und Ernst & Sohn danken wir für die tatkräftige Unterstützung in allen Phasen des Buchprojektes. Dem Forschungs- und Normungsgremium des Stahlbaus, dem Deutschen Ausschuss für Stahlbau DASt, sei Dank für die Unterstützung. Ebenso der Bundesingenieurkammer, die mit ihrer Unterstützung zur Verbreitung des Werkes bei der Hauptzielgruppe, den Tragwerksplanern, beiträgt.

Wir sind überzeugt, dass mit dem Kommentar die nötige Grundlage für einen sicheren Umgang mit Eurocode 3 Teil 1-1 in der Planungspraxis vorgelegt wird. Verwiesen sei hier noch auf den 2. Band des Kommentars, der Eurocode 3 Teil 1-8, Anschlüsse, behandelt und somit eine ideale Ergänzung zu den Allgemeinen Regeln darstellt.

Düsseldorf im September 2014
Bernhard Hauke

I Einleitung

I Einleitung

Die europäische Norm DIN EN 1993 Eurocode 3 „Bemessung und Konstruktion von Stahlbauten" besteht aus insgesamt 20 einzelnen Teilen, die sich in Grundlagen (die zwölf Teile DIN EN 1993-1) und Anwendungsteile (DIN EN 1993-2 bis DIN EN 1993-6) aufgliedern, vgl. Bild 1. Zentrum ist der hier behandelte Teil 1-1 mit dem Titel „Allgemeine Bemessungsregeln und Regeln für den Hochbau". Alle anderen Teile beziehen sich darauf und geben ergänzende Regeln an. Dies unterstreicht die Bedeutung der Norm DIN EN 1993-1-1, die in diesem Band für die Anwendung in der Praxis in Abschnitt II als Volltext abgedruckt, in Abschnitt III im Detail erläutert und kommentiert und schließlich in Abschnitt IV durch Beispielrechnungen veranschaulicht wird.

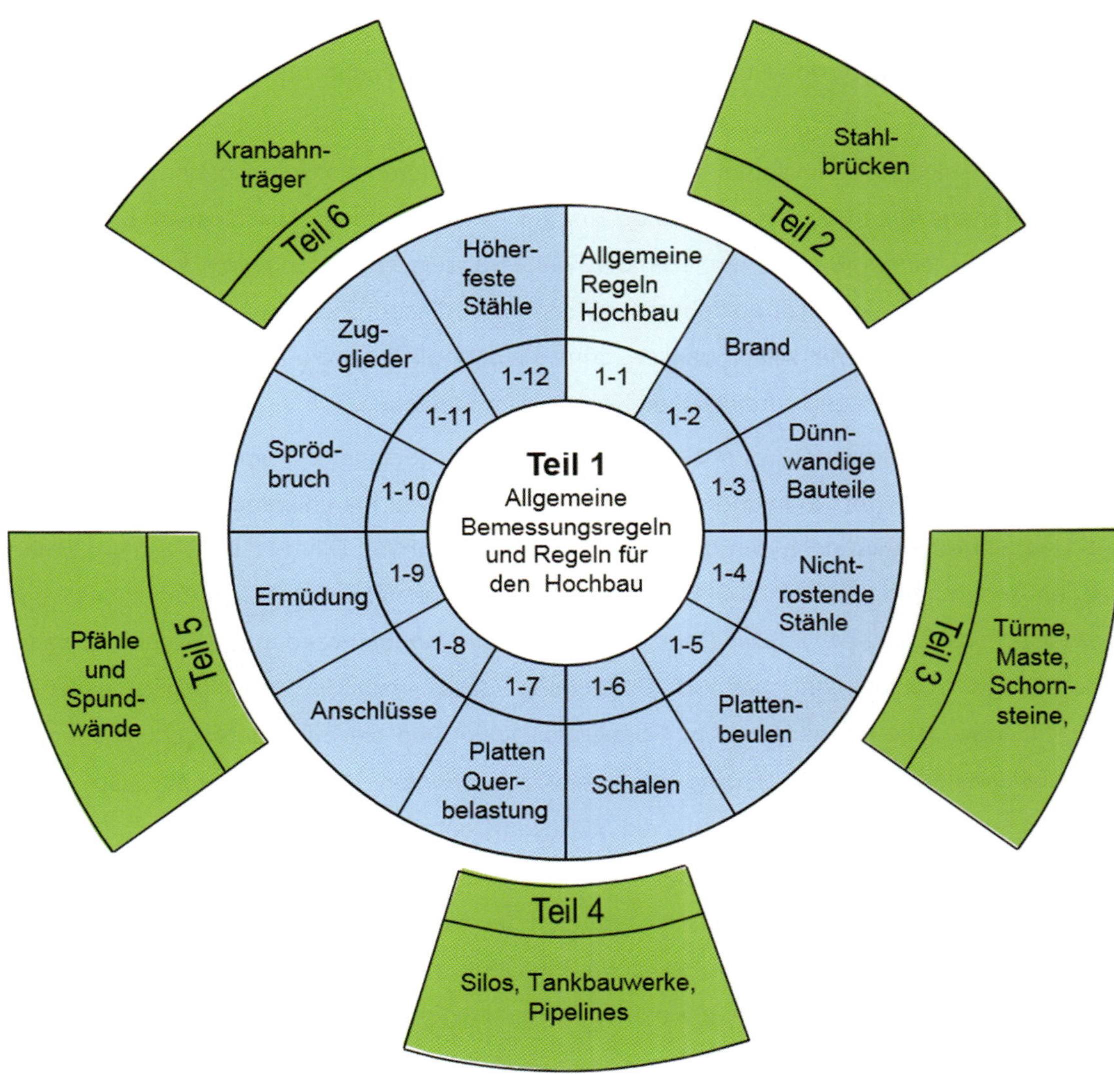

Bild 1: Übersicht über die Normenteile von Eurocode 3 Bemessung und Konstruktion von Stahlbauten: Grundlagenteile 1-1 bis 1-12 und Anwendungsteile Teil 2 bis Teil 6

Während für die speziellen Anwendungsbereiche wie Brücken, Maste, Türme oder Silos die Verknüpfung zwischen Nachweis- und Sicherheitskonzept in DIN EN 1990 und Einwirkungsnormen in DIN EN 1991 und den Bemessungsregeln im Stahlbau durch die Zuordnung der speziellen Anwendungsnormen DIN EN 1993-2 bis DIN EN 1993-6 erfolgt, hat man für die Bereich Hochbau darauf verzichtet. Der hier behandelte Grundlagenteil DIN EN 1993-1-1 hat also zwei Aufgaben: Grundlagenteil für die Bemessung besonders in Hinblick auf die Festigkeits- und Stabilitätsnachweise der Stäbe und Anwendungsteil für den Hochbau zu sein.

Für den normalen Stahlhochbau bedeutet das, dass für viele Aufgaben, die Kenntnisse von Teil 1-1 „Allgemeine Bemessungsregeln und Regeln für den Hochbau" und Teil 1-8 „Bemessung von Anschlüssen" ausreichen, und der Anwender nur für Einzelfragen wie Sprödbruch oder Beulen auf die dafür spezialisierten Normenteile zugreifen muss. Diese einheitliche Struktur ermöglicht es also, je nach Anwendungsbereich konzentriert mit den Teilen der Norm zu arbeiten, die im jeweiligen Bereich relevant sind. Gleichzeitig verfügen fast alle Normenteile über einen einheitlichen Aufbau mit Bezug auf den Normenteil DIN EN 1993-1-1. Für die Bemessung und Konstruktion von Stahlbauten sind also das Verständnis und die Anwendung dieses Grundlagenteils entscheidend.

Um der Praxis hierfür Hilfestellung zu leisten, haben sich neben den Autoren als Herausgeber *bauforumstahl e.V.* und die beiden Verlage *Beuth Verlag* und *Verlag Ernst & Sohn* zusammengeschlossen, um mit dem vorliegenden Band 1 und einem Band 2 zu DIN EN 1993-1-8 zur Bemessung von Anschlüssen die wichtigsten Grundlagenteile praxisgerecht aufzubereiten. Ich darf in diesem Zusammenhang gleich vorweg allen Beteiligten für diese „konzertierte" Aktion danken, denn sie ermöglicht für die Anwendung in der Praxis den bestmöglichen Zugang zur gültigen europäischen Normung im Stahlbau.

Ziel des Werks ist es also zum einen, den Normentext selbst in geeigneter Form aufzubereiten. Der Originalnormentext kennt neben der Norm, hier DIN EN 1993-1-1:2010-12 mit entsprechenden Änderungen DIN EN 1993-1-1/A1:2014-07 auch noch den deutschen Nationalen Anhang DIN EN 1993-1-1/NA:2010-12 mit entsprechenden Änderungen DIN EN 1993-1-1/NA/A1:2014 (Entwurfsfassung). Durch den *Beuth Verlag* und den *Normenausschuss Bauwesen* im *DIN Deutsches Institut für Normung* wurden in Abschnitt II die verschiedenen Texte logisch ineinander geführt. Das heißt, dass man die zugehörigen nationalen Empfehlungen und Ergänzungen genau dort im Normentext findet, wo sie auch gebraucht werden. Mit entsprechender Markierung (eingerahmt) sind also die sogenannten *NDP* (Nationally Determined Parameters) für national festgelegte Parameter und die *NCI* (Non-Contradictory Complementary Information) für ergänzende nicht widersprechende Angaben zur Anwendung von DIN EN 1993-1-1 versehen. Ebenfalls markiert sind die Inhalte der Entwurfsfassung der Änderungen des Nationalen Anhangs. Beide Regelungen – NDP und NCI – sind bei der Anwendung von Eurocode 3 in Deutschland verbindlich, bei der Anwendung in anderen europäischen Ländern sind ggf. andere nationale Regelungen zu beachten.

Zum anderen haben sich die Autoren zum Ziel gesetzt, den vorliegenden Normentext von DIN EN 1993-1-1 zu kommentieren und zu erläutern. Dabei stellen sie sich auch in die Tradition des Beuth-Kommentars zu DIN 18800 Teil 1 bis Teil 4, der als Standardwerk in der Praxis in Deutschland eingeführt war und ein hohes Maß an Anwendungssicherheit und Verständnis für die Praxis gewährleistet hat. Sehr bewusst wird also auch immer wieder der Vergleich zwischen den neuen europäischen Regelungen zu den bisherigen Regelungen nach DIN 18800 gezogen. Da deutsche Vertreter sehr intensiv an der Erstellung der europäischen Stahlbaunormung beteiligt waren, können viele der „deutschen Regelungen" auch wiedergefunden werden. Darüber hinaus gibt es natürlich auch abweichende Regelungen und vor allem aus der Tradition anderer europäischer Länder ergänzende Verfahren. Für alle diese Regelungen sollen die Hintergründe so erläutert werden, dass hierdurch eine Hilfestellung für die Anwendung erfolgt. Die Autoren sind alle unmittelbar in der Normung seit Jahren engagiert, haben zum Teil bei der Entwicklung des jetzt vorliegenden Normentextes DIN EN 1993-1-1 unmittelbar mitgewirkt und verfügen dadurch auch über „Kenntnisse aus erster Hand", so dass hier keine nachträgliche Interpretation des Textes erfolgt. Es wird tatsächlich versucht zu erklären, was die Intention bei der Erstellung des Normentextes war. Auch sind durch die seit 2010 in Deutschland verpflichtende Anwendung in der Praxis inzwischen einige Verständnisfragen entstanden, die an den Spiegelausschuss NA 005-08-16 AA „Tragwerksbemessung" im DIN und an die Experten herangetragen wurden und hier, wo möglich, beantwortet werden. Der Spiegelausschuss NA 005-08-16 AA „Tragwerksbemessung" ist auch zuständig für die Formulierung des deutschen Nationalen Anhangs, so dass auch hierzu kompetente Erklärungen gegeben werden.

Die Aufteilung der Kapitel und Abschnitte auf die verschiedenen Autoren erfolgte ganz in dem Sinne, dass dort, wo über ein Thema vertiefte Kenntnisse vorliegen, man auch die Kommentierung zugeordnet hat, hierüber gibt Tabelle 1 eine Zuordnung. Darüber hinaus hat man versucht, sich über Schnittbereiche zu verständigen. Letztendlich hat natürlich jeder der einzelnen Autoren seine Teile eigenverantwortlich erstellt. Und auch wenn wir uns um eine einheitliche Gestaltung bemüht haben, wird man die „Handschrift" der verschiedenen Autoren erkennen.

In den einzelnen Kommentierungen zu den verschiedenen Kapiteln sind aber nicht nur Hintergrunderläuterungen gegeben, sondern es sind auch zum Beispiel durch Tabellen und Flussdiagramme Anwendungshilfen aufbereitet worden. Sehr wichtig für die Hilfestellung zur Umsetzung der Norm in der Praxis sind die im Kapitel IV vom Kollegen *Prof. Dr.-Ing. Richard Stroetmann* aufbereiteten Beispielrechnungen. Für die wichtigsten Themen wird die Anwendung der Norm mit konkreten Berechnungen an realistischen Beispielsystemen gezeigt. Durch eine Randspalte mit Normbezügen wird die direkte Querverbindung zum Normentext hergestellt.

Tabelle 1: Zuordnung der bearbeiteten Kapitel zu den Autoren

Autor	**Federführend in den Kapiteln**
Kuhlmann, Ulrike	Abschnitt III: Kapitel 1 bis 5, Kapitel 6.1 und 6.2, Kapitel 7, Anhänge AB und C
Lindner, Joachim	Abschnitt III: Kapitel 6.3.1 bis 6.3.3 und 6.4, Anhänge A, B, BB.1 und BB.2
Feldmann, Markus; Müller, Christian	Abschnitt III: Kapitel 6.3.4 und 6.3.5, Anhang BB.3
Stroetmann, Richard	Abschnitt IV: Beispielrechnungen

Die Autoren hoffen also, mit diesem Werk einen wichtigen Beitrag zur Umsetzung und Akzeptanz der europäischen Stahlbaunorm Eurocode 3 „Bemessung und Konstruktion von Stahlbauten" in der Praxis zu leisten. Dabei ist klar, dass unsere Bearbeitung trotz aller Mühe nicht fehlerfrei sein wird. Wir sind dem Leser also dankbar für jeden Hinweis.

Auch ist die Norm selbst ja schon wieder in Weiterentwicklung. An einigen Stellen geben wir Autoren dazu auch Hinweise, wenn für uns zukünftige Entwicklungen absehbar sind. Neben der turnusmäßigen Regelüberarbeitung gibt es mit dem Mandat M/515, das CEN/TC 250 als zentrales Gremium für die Eurocodes von der EU erhalten hat, die Chance, eine systematische Weiterentwicklung aller Eurocodes bis ca. 2020 durchzuführen. Für die Praxis bedeutet das, dass durch Hinweise an den deutschen Spiegelausschuss auf notwendige Richtigstellungen, Diskrepanzen oder sonstige Änderungswünsche gerade jetzt die Möglichkeit besteht, auf die zukünftige Normengestaltung ggf. Einfluss zu nehmen und die Norm zu verbessern. Es lohnt sich also, sich mit der Norm und ihrem Hintergrund auseinanderzusetzen.

Zum Schluss möchte ich allen Autoren und ihren Mitarbeitern und insbesondere *Herrn Dipl.-Ing. Adrian Just*, der an meinem Institut die Hauptlast der Bearbeitung dieses Kommentars geleistet hat, herzlich für den Einsatz und die Kooperation danken. Bei der hohen Belastung der Einzelnen stellt es für alle eine große Herausforderung dar, ein solches Werk zu erstellen. Ich darf mich auch persönlich bei allen für die konstruktive Zusammenarbeit bedanken.

Stuttgart, September 2014

Ulrike Kuhlmann

II Eurocode 3: DIN EN 1993-1-1 einschließlich Nationaler Anhang und Änderung A1

Vom DIN konsolidierte Fassung

II Eurocode 3: DIN EN 1993-1-1 einschließlich Nationaler Anhang und Änderung A1 Vom DIN konsolidierte Fassung

Inhaltsverzeichnis

Seite

Einführung II-3

Benutzerhinweise II-5

DIN EN 1993-1-1:2010-12
Eurocode 3: Bemessung und Konstruktion von Stahlbauten –
Teil 1-1: Allgemeine Bemessungsregeln und Regeln für den Hochbau

einschließlich

DIN EN 1993-1-1/A1:2014-07
Änderung A1

und

DIN EN 1993-1-1/NA:2010-12
Nationaler Anhang II-7

Einführung

Diese konsolidierte Fassung führt die Normentexte der nachfolgenden Eurocode-Teile mit den entsprechenden Nationalen Anhängen zu einem in sich abgeschlossenen Werk, mit fortlaufend lesbarem Text, anwenderfreundlich zusammen:

- DIN EN 1993-1-1:2010-12, *Eurocode 3: Bemessung und Konstruktion von Stahlbauten – Teil 1-1: Allgemeine Bemessungsregeln und Regeln für den Hochbau; Deutsche Fassung EN 1993-1-1:2005 + AC:2009*
- DIN EN 1993-1-1/A1:2014-07, *Eurocode 3: Bemessung und Konstruktion von Stahlbauten – Teil 1-1: Allgemeine Bemessungsregeln und Regeln für den Hochbau; Deutsche Fassung EN 1993-1-1:2005/A1:2014*
- DIN EN 1993-1-1/NA:2010-12, *Nationaler Anhang – National festgelegte Parameter – Eurocode 3: Bemessung und Konstruktion von Stahlbauten – Teil 1-1: Allgemeine Bemessungsregeln und Regeln für den Hochbau*

Berlin, Oktober 2014

DIN Deutsches Institut für Normung e. V.
Normenausschuss Bauwesen (NABau)
Dipl.-Ing. Susan Kempa
Teamkoordinatorin

Benutzerhinweise

Grundlage der vorliegenden konsolidierten Fassung bildet der Text der DIN EN 1993-1-1. Die Festlegungen aus dem Nationalen Anhang DIN EN 1993-1-1/NA wurden immer an die zugehörige Stelle in den entsprechenden Eurocode eingefügt.

Die Herkunft der jeweiligen Regelung ist wie folgt gekennzeichnet:

a) Regelungen aus DIN EN 1993-1-1:

   Diese Regelungen sind schwarzer Fließtext.

b) Regelungen aus DIN EN 1993-1-1/NA:

   Bei den national festzulegenden Parametern (en: National determined parameters, NDP) wurde der Vorsatz „NDP" übernommen. Bei den ergänzenden nicht widersprechenden Angaben (en: non-contradictory complementary information, NCI) wurde der Vorsatz „NCI" übernommen.

   Diese Regelungen sind umrandet.

NDP Zu bzw.
NCI Zu

Gegenüber den Normen DIN EN 1993-1 und DIN EN 1993-1/NA wurden beim Zusammenfügen dieser Dokumente folgende Änderungen vorgenommen:

a) Die Anmerkung zur Freigabe von Festlegungen durch den Nationalen Anhang bleibt mit dem Hinweis, was festgelegt werden darf, erhalten. Die Empfehlung wird nicht hier abgedruckt, sofern sie nicht übernommen wird. Der nicht übernommene Text in der Anmerkung wird als gestrichener Text dargestellt, wobei nur die Anfangs- und Endworte stehen bleiben, um den Textumfang zu reduzieren.

   Beispiel:

   ANMERKUNG 2B Der Nationale Anhang kann den Grenzschlankheitsgrad S_{xy} festlegen. ~~Der Grenzwert … wird empfohlen.~~

b) Die Kennzeichnungen AC⟩ ⟨AC aus DIN EN 1993-1 für die eingearbeitete Änderung EN 1993-1/AC:2009 wurden entfernt.

Dezember 2010

DIN EN 1993-1-1

Eurocode 3: Bemessung und Konstruktion von Stahlbauten –
Teil 1-1: Allgemeine Bemessungsregeln und Regeln für den Hochbau;
Deutsche Fassung EN 1993-1-1:2005 + AC:2009

Juli 2014

DIN EN 1993-1-1/A1

Eurocode 3: Bemessung und Konstruktion von Stahlbauten –
Teil 1-1: Allgemeine Bemessungsregeln und Regeln für den Hochbau;
Deutsche Fassung EN 1993-1-1:2005/A1:2014

Dezember 2010

DIN EN 1993-1-1/NA

Nationaler Anhang –
National festgelegte Parameter –
Eurocode 3: Bemessung und Konstruktion von Stahlbauten –
Teil 1-1: Allgemeine Bemessungsregeln und Regeln für den Hochbau

DIN EN 1993-1-1 einschließlich Nationaler Anhang und Änderung A1

Inhaltsverzeichnis zur konsolidierten Fassung

Seite

Nationales Vorwort DIN EN 1993-1-1 . . . . . II-13

Vorwort EN 1993-1-1 . . . . . II-14
Hintergrund des Eurocode-Programms II-14
Status und Gültigkeitsbereich der Eurocodes II-15
Nationale Fassungen der Eurocodes II-16
Verbindung zwischen den Eurocodes und den harmonisierten Technischen Spezifikationen für Bauprodukte (ENs und ETAs) II-16
Besondere Hinweise zu EN 1993-1 . . . . . II-16
Nationaler Anhang zu EN 1993-1-1 . . . . . II-17

1 Allgemeines II-19
1.1 Anwendungsbereich II-19
1.1.1 Anwendungsbereich von Eurocode 3 . . . . . II-19
1.1.2 Anwendungsbereich von Eurocode 3 Teil 1-1 . . . . . II-20
1.2 Normative Verweisungen II-21
1.2.1 Allgemeine normative Verweisungen II-21
1.2.2 Normative Verweisungen zu schweißgeeigneten Baustählen II-21
1.3 Annahmen II-22
1.4 Unterscheidung nach Grundsätzen und Anwendungsregeln II-22
1.5 Begriffe II-22
1.5.1 Tragwerk II-22
1.5.2 Teiltragwerke II-22
1.5.3 Art des Tragwerks II-22
1.5.4 Tragwerksberechnung II-22
1.5.5 Systemlänge II-22
1.5.6 Knicklänge II-22
1.5.7 mittragende Breite II-22
1.5.8 Kapazitätsbemessung II-23
1.5.9 Bauteil mit konstantem Querschnitt II-23
1.6 Formelzeichen II-23
1.7 Definition der Bauteilachsen II-30

2 Grundlagen für die Tragwerksplanung II-33
2.1 Anforderungen II-33
2.1.1 Grundlegende Anforderungen II-33
2.1.2 Behandlung der Zuverlässigkeit II-33
2.1.3 Nutzungsdauer, Dauerhaftigkeit und Robustheit II-33
2.2 Grundsätzliches zur Bemessung mit Grenzzuständen II-34
2.3 Basisvariable II-34
2.3.1 Einwirkungen und Umgebungseinflüsse II-34
2.3.2 Werkstoff- und Produkteigenschaften II-34
2.4 Nachweisverfahren mit Teilsicherheitsbeiwerten II-34
2.4.1 Bemessungswerte von Werkstoffeigenschaften II-34
2.4.2 Bemessungswerte der geometrischen Größen II-35

Seite

2.4.3 Bemessungswerte der Beanspruchbarkeit II-35
2.4.4 Nachweis der Lagesicherheit (EQU) II-35
2.5 Bemessung mit Hilfe von Versuchen II-35

3 Werkstoffe II-37
3.1 Allgemeines II-37
3.2 Baustahl II-38
3.2.1 Werkstoffeigenschaften II-38
3.2.2 Anforderungen an die Duktilität II-38
3.2.3 Bruchzähigkeit II-38
3.2.4 Eigenschaften in Dickenrichtung II-40
3.2.5 Toleranzen II-40
3.2.6 Bemessungswerte der Materialkonstanten II-40
3.3 Verbindungsmittel II-40
3.3.1 Schrauben, Bolzen, Nieten II-40
3.3.2 Schweißwerkstoffe II-41
3.4 Andere vorgefertigte Produkte im Hochbau II-41

4 Dauerhaftigkeit II-43

5 Tragwerksberechnung II-45
5.1 Statische Systeme II-45
5.1.1 Grundlegende Annahmen II-45
5.1.2 Berechnungsmodelle für Anschlüsse II-46
5.1.3 Bauwerks-Boden-Interaktion II-47
5.2 Untersuchung von Gesamttragwerken II-47
5.2.1 Einflüsse der Tragwerksverformung II-47
5.2.2 Stabilität von Tragwerken II-48
5.3 Imperfektionen II-50
5.3.1 Grundlagen II-50
5.3.2 Imperfektionen für die Tragwerksberechnung II-50
5.3.3 Imperfektionen zur Berechnung aussteifender Systeme II-55
5.3.4 Bauteilimperfektionen II-57
5.4 Berechnungsmethoden II-57
5.4.1 Allgemeines II-57
5.4.2 Elastische Tragwerksberechnung II-58
5.4.3 Plastische Tragwerksberechnung II-58
5.5 Klassifizierung von Querschnitten II-59
5.5.1 Grundlagen II-59
5.5.2 Klassifizierung II-59
5.6 Anforderungen an Querschnittsformen und Aussteifungen am Ort der Fließgelenkbildung II-60

6 Grenzzustände der Tragfähigkeit II-65
6.1 Allgemeines II-65
6.2 Beanspruchbarkeit von Querschnitten II-65
6.2.1 Allgemeines II-65
6.2.2 Querschnittswerte II-66
6.2.3 Zugbeanspruchung II-69
6.2.4 Druckbeanspruchung II-69
6.2.5 Biegebeanspruchung II-69
6.2.6 Querkraftbeanspruchung II-70

Seite

6.2.7 Torsionsbeanspruchung II-72
6.2.8 Beanspruchung aus Biegung und Querkraft II-73
6.2.9 Beanspruchung aus Biegung und Normalkraft II-74
6.2.10 Beanspruchung aus Biegung, Querkraft und Normalkraft II-75
6.3 Stabilitätsnachweise für Bauteile II-76
6.3.1 Gleichförmige Bauteile mit planmäßig zentrischem Druck II-76
6.3.2 Gleichförmige Bauteile mit Biegung um die Hauptachse II-80
6.3.3 Auf Biegung und Druck beanspruchte gleichförmige Bauteile II-84
6.3.4 Allgemeines Verfahren für Knick- und Biegedrillknicknachweise für Bauteile . II-86
6.3.5 Biegedrillknicken von Bauteilen mit Fließgelenken II-87
6.4 Mehrteilige Bauteile II-89
6.4.1 Allgemeines II-89
6.4.2 Gitterstützen II-91
6.4.3 Stützen mit Bindeblechen (Rahmenstützen) II-93
6.4.4 Mehrteilige Bauteile mit geringer Spreizung II-95

7 Grenzzustände der Gebrauchstauglichkeit II-97
7.1 Allgemeines II-97
7.2 Grenzzustand der Gebrauchstauglichkeit für den Hochbau II-97
7.2.1 Vertikale Durchbiegung II-97
7.2.2 Horizontale Verformungen II-97
7.2.3 Dynamische Einflüsse II-97

Anhang A (informativ) **Verfahren 1: Interaktionsbeiwerte k_{ij} für die Interaktionsformel in 6.3.3(4)** II-99

Anhang B (informativ) **Verfahren 2: Interaktionsbeiwerte k_{ij} für die Interaktionsformel in 6.3.3(4)** II-103

Anhang AB (informativ) **Zusätzliche Bemessungsregeln** II-105
AB.1 Statische Berechnung unter Berücksichtigung von Werkstoff-Nichtlinearitäten II-105
AB.2 Vereinfachte Belastungsanordnung für durchlaufende Decken II-105

Anhang BB (informativ) **Knicken von Bauteilen in Tragwerken des Hochbaus** II-107
BB.1 Biegeknicken von Bauteilen von Fachwerken oder Verbänden II-107
BB.1.1 Allgemeines II-107
BB.1.2 Gitterstäbe aus Winkelprofilen II-107
BB.1.3 Bauteile mit Hohlprofilen II-107
BB.2 Kontinuierliche seitliche Abstützungen II-108
BB.2.1 Kontinuierliche seitliche Stützung II-108
BB.2.2 Kontinuierliche Drehbehinderung II-108
BB.3 Größtabstände bei Abstützmaßnahmen für Bauteile mit Fließgelenken gegen Knicken aus der Ebene II-109
BB.3.1 Gleichförmige Bauteile aus Walzprofilen oder vergleichbaren geschweißten I-Profilen II-109
BB.3.2 Voutenförmige Bauteile, die aus Walzprofilen oder vergleichbaren, geschweißten I-Profilen bestehen II-113
BB.3.3 Modifikationsfaktor für den Momentenverlauf II-114

Seite

Anhang C (normativ) **Auswahl der Ausführungsklasse** II-119

C.1 Allgemeines II-119

C.1.1 Grundanforderungen II-119

C.1.2 Ausführungsklasse II-119

C.2 Auswahlverfahren II-119

C.2.1 Maßgebende Faktoren II-119

C.2.2 Auswahl II-119

NCI Literaturhinweise II-122

Nationales Vorwort DIN EN 1993-1-1

Dieses Dokument (EN 1993-1-1:2005 + AC:2009) wurde vom Technischen Komitee CEN/TC 250 „Eurocodes für den konstruktiven Ingenieurbau“ erarbeitet, dessen Sekretariat vom BSI (Vereinigtes Königreich) gehalten wird.

Die Arbeiten auf nationaler Ebene wurden durch die Experten des NABau-Spiegelausschusses NA 005-08-16 AA „Tragwerksbemessung (Sp CEN/TC 250/SC 3)“ begleitet.

Diese Europäische Norm wurde vom CEN am 16. April 2005 angenommen.

Die Norm ist Bestandteil einer Reihe von Einwirkungs- und Bemessungsnormen, deren Anwendung nur im Paket sinnvoll ist. Dieser Tatsache wird durch das Leitpapier L der Kommission der Europäischen Gemeinschaft für die Anwendung der Eurocodes Rechnung getragen, indem Übergangsfristen für die verbindliche Umsetzung der Eurocodes in den Mitgliedstaaten vorgesehen sind. Die Übergangsfristen sind im Vorwort dieser Norm angegeben.

Die Anwendung dieser Norm gilt in Deutschland in Verbindung mit dem Nationalen Anhang.

Es wird auf die Möglichkeit hingewiesen, dass einige Texte dieses Dokuments Patentrechte berühren können. Das DIN [und/oder die DKE] sind nicht dafür verantwortlich, einige oder alle diesbezüglichen Patentrechte zu identifizieren.

Änderungen

Gegenüber DIN V ENV 1993-1-1:1993-04, DIN V ENV 1993-1-1/A1:2002-05 und DIN V ENV 1993-1-1/A2:2002-05 wurden folgende Änderungen vorgenommen:

a) Vornorm-Charakter wurde aufgehoben;
b) in Teil 1-1, Teil 1-8, Teil 1-9 und Teil 1-10 aufgeteilt;
c) Die Stellungnahmen der nationalen Normungsinstitute wurden eingearbeitet und der Text vollständig überarbeitet.

Gegenüber DIN EN 1993-1-1:2005-07 und DIN EN 1993-1-1 Berichtigung 1:2006-05 wurden folgende Korrekturen vorgenommen:

a) Die europäische Berichtigung EN 1993-1-1:2005/AC:2009 und die Berichtigung 1:2006-05 wurden eingearbeitet.
b) Gegenüber DIN EN 1993-1-1:2010-08, DIN 18800-1:2008-11, DIN 18800-2:2008-11, DIN 18801:1983-09 und DIN 18808:1984-10 wurden folgende Änderungen vorgenommen:
c) auf europäisches Bemessungskonzept umgestellt;
d) Ersatzvermerke korrigiert;
e) Vorgänger-Norm mit der europäischen Berichtigung EN 1993-1-1/AC:2009 konsolidiert;
f) redaktionelle Änderungen durchgeführt.

Frühere Ausgaben

DIN 1050: 1934-08, 1937xxxxx-07, 1946-10, 1957x-12, 1968-06
DIN 1073: 1928-04, 1931-09, 1941-01, 1974-07
DIN 1079: 1938-01, 1938-11, 1970-09
DIN 4100: 1931-05, 1933-07, 1934xxxx-08, 1956-12, 1968-12
DIN 4101: 1937xxx-07, 1974-07
Beiblatt zu DIN 1073: 1974-07
DIN 18800-1: 1981-03, 1990-11, 2008-11
DIN 18800-1/A1: 1996-02
DIN 4114-1: 1952xx-07
DIN 4114-2: 1952-07, 1953-02
DIN 18800-2: 1990-11, 2008-11
DIN 18800-2/A1: 1996-02
DIN 18801: 1983-09
DIN 18808: 1984-10

DIN V ENV 1993-1-1: 1993-04
DIN V ENV 1993-1-1/A1: 2002-05
DIN V ENV 1993-1-1/A2: 2002-05
DIN EN 1993-1-1: 2005-07
DIN EN 1993-1-1 Berichtigung 1: 2006-05

Vorwort EN 1993-1-1

Dieses Dokument (EN 1993-1-1:2005 + AC:2009) wurde vom Technischen Komitee CEN/TC 250 „Structural Eurocodes“ erarbeitet, dessen Sekretariat vom BSI gehalten wird.

Diese Europäische Norm muss den Status einer nationalen Norm erhalten, entweder durch Veröffentlichung eines identischen Textes oder durch Anerkennung bis November 2005, und etwaige entgegenstehende nationale Normen müssen bis März 2010 zurückgezogen werden.

Dieses Dokument ersetzt ENV 1993-1-1:1992.

Entsprechend der CEN/CENELEC-Geschäftsordnung sind die nationalen Normungsinstitute der folgenden Länder gehalten, diese Europäische Norm zu übernehmen: Belgien, Bulgarien, Dänemark, Deutschland, Estland, Finnland, Frankreich, Griechenland, Irland, Island, Italien, Lettland, Litauen, Luxemburg, Malta, Niederlande, Norwegen, Österreich, Polen, Portugal, Rumänien, Schweden, Schweiz, Slowakei, Slowenien, Spanien, Tschechische Republik, Ungarn, Vereinigtes Königreich und Zypern.

Hintergrund des Eurocode-Programms

1975 beschloss die Kommission der Europäischen Gemeinschaften, für das Bauwesen ein Programm auf der Grundlage des Artikels 95 der Römischen Verträge durchzuführen. Das Ziel des Programms war die Beseitigung technischer Handelshemmnisse und die Harmonisierung technischer Normen.

Im Rahmen dieses Programms leitete die Kommission die Bearbeitung von harmonisierten technischen Regelwerken für die Tragwerksplanung von Bauwerken ein, die im ersten Schritt als Alternative zu den in den Mitgliedsländern geltenden Regeln dienen und sie schließlich ersetzen sollten.

15 Jahre lang leitete die Kommission mit Hilfe eines Steuerkomitees mit Repräsentanten der Mitgliedsländer die Entwicklung des Eurocode-Programms, das zu der ersten Eurocode-Generation in den 80er Jahren führte.

Im Jahre 1989 entschieden sich die Kommission und die Mitgliedsländer der Europäischen Union und der EFTA, die Entwicklung und Veröffentlichung der Eurocodes über eine Reihe von Mandaten an CEN zu übertragen, damit diese den Status von Europäischen Normen (EN) erhielten. Grundlage war eine Vereinbarung[1)] zwischen der Kommission und CEN. Dieser Schritt verknüpft die Eurocodes de facto mit den Regelungen der Ratsrichtlinien und Kommissionsentscheidungen, die die Europäischen Normen behandeln (z. B. die Ratsrichtlinie 89/106/EWG zu Bauprodukten, die Bauproduktenrichtlinie, die Ratsrichtlinien 93/37/EWG, 92/50/EWG und 89/440/EWG zur Vergabe öffentlicher Aufträge und Dienstleistungen und die entsprechenden EFTA-Richtlinien, die zur Einrichtung des Binnenmarktes eingeleitet wurden).

1) Vereinbarung zwischen der Kommission der Europäischen Gemeinschaft und dem Europäischen Komitee für Normung (CEN) zur Bearbeitung der Eurocodes für die Tragwerksplanung von Hochbauten und Ingenieurbauwerken (BC/CEN/03/89).

Das Eurocode-Programm umfasst die folgenden Normen, die in der Regel aus mehreren Teilen bestehen:

EN 1990, *Eurocode: Grundlagen der Tragwerksplanung;*

EN 1991, *Eurocode 1: Einwirkung auf Tragwerke;*

EN 1992, *Eurocode 2: Bemessung und Konstruktion von Stahlbetonbauten;*

EN 1993, *Eurocode 3: Bemessung und Konstruktion von Stahlbauten;*

EN 1994, *Eurocode 4: Bemessung und Konstruktion von Stahl-Beton-Verbundbauten;*

EN 1995, *Eurocode 5: Bemessung und Konstruktion von Holzbauten;*

EN 1996, *Eurocode 6: Bemessung und Konstruktion von Mauerwerksbauten;*

EN 1997, *Eurocode 7: Entwurf, Berechnung und Bemessung in der Geotechnik;*

EN 1998, *Eurocode 8: Auslegung von Bauwerken gegen Erdbeben;*

EN 1999, *Eurocode 9: Bemessung und Konstruktion von Aluminiumkonstruktionen.*

Die Europäischen Normen berücksichtigen die Verantwortlichkeit der Bauaufsichtsorgane in den Mitgliedsländern und haben deren Recht zur nationalen Festlegung sicherheitsbezogener Werte berücksichtigt, so dass diese Werte von Land zu Land unterschiedlich bleiben können.

Status und Gültigkeitsbereich der Eurocodes

Die Mitgliedsländer der EU und von EFTA betrachten die Eurocodes als Bezugsdokumente für folgende Zwecke:

- als Mittel zum Nachweis der Übereinstimmung der Hoch- und Ingenieurbauten mit den wesentlichen Anforderungen der Richtlinie 89/106/EWG, besonders mit der wesentlichen Anforderung Nr. 1: Mechanischer Festigkeit und Standsicherheit und der wesentlichen Anforderung Nr. 2: Brandschutz;
- als Grundlage für die Spezifizierung von Verträgen für die Ausführung von Bauwerken und dazu erforderlichen Ingenieurleistungen;
- als Rahmenbedingung für die Herstellung harmonisierter, Technischer Spezifikationen für Bauprodukte (ENs und ETAs)

Die Eurocodes haben, da sie sich auf Bauwerke beziehen, eine direkte Verbindung zu den Grundlagendokumenten[2)], auf die in Artikel 12 der Bauproduktenrichtlinie hingewiesen wird, wenn sie auch anderer Art sind als die harmonisierten Produktnormen[3)]. Daher sind die technischen Gesichtspunkte, die sich aus den Eurocodes ergeben, von den Technischen Komitees von CEN und den Arbeitsgruppen von EOTA, die an Produktnormen arbeiten, zu beachten, damit diese Produktnormen mit den Eurocodes vollständig kompatibel sind.

---

2) Entsprechend Artikel 3.3 der Bauproduktenrichtlinie sind die wesentlichen Angaben in Grundlagendokumenten zu konkretisieren, um damit die notwendigen Verbindungen zwischen den wesentlichen Anforderungen und den Mandaten für die Erstellung harmonisierter Europäischer Normen und Richtlinien für die Europäischen Zulassungen selbst zu schaffen.

3) Nach Artikel 12 der Bauproduktenrichtlinie hat das Grundlagendokument

a) die wesentliche Anforderung zu konkretisieren, indem die Begriffe und, soweit erforderlich, die technische Grundlage für Klassen und Anforderungshöhen vereinheitlicht werden,

b) die Methode zur Verbindung dieser Klasse oder Anforderungshöhen mit technischen Spezifikationen anzugeben, z. B. rechnerische oder Testverfahren, Entwurfsregeln,

c) als Bezugsdokument für die Erstellung harmonisierter Normen oder Richtlinien für Europäische Technische Zulassungen zu dienen.

Die Eurocodes spielen de facto eine ähnliche Rolle für die wesentliche Anforderung Nr. 1 und einen Teil der wesentlichen Anforderung Nr. 2.

Die Eurocodes liefern Regelungen für den Entwurf, die Berechnung und Bemessung von kompletten Tragwerken und Baukomponenten, die sich für die tägliche Anwendung eignen. Sie gehen auf traditionelle Bauweisen und Aspekte innovativer Anwendungen ein, liefern aber keine vollständigen Regelungen für ungewöhnliche Baulösungen und Entwurfsbedingungen, wofür Spezialistenbeiträge erforderlich sein können.

Nationale Fassungen der Eurocodes

Die Nationale Fassung eines Eurocodes enthält den vollständigen Text des Eurocodes (einschließlich aller Anhänge), so wie von CEN veröffentlicht, mit möglicherweise einer nationalen Titelseite und einem nationalen Vorwort sowie einem Nationalen Anhang.

Der Nationale Anhang darf nur Hinweise zu den Parametern geben, die im Eurocode für nationale Entscheidungen offen gelassen wurden. Diese national festzulegenden Parameter (NDP) gelten für die Tragwerksplanung von Hochbauten und Ingenieurbauten in dem Land, in dem sie erstellt werden. Sie umfassen:

- Zahlenwerte für γ-Faktoren und/oder Klassen, wo die Eurocodes Alternativen eröffnen;
- Zahlenwerte, wo die Eurocodes nur Symbole angeben;
- landesspezifische, geographische und klimatische Daten, die nur für ein Mitgliedsland gelten, z. B. Schneekarten;
- Vorgehensweise, wenn die Eurocodes mehrere zur Wahl anbieten;
- Verweise zur Anwendung des Eurocodes, soweit diese ergänzen und nicht widersprechen.

Verbindung zwischen den Eurocodes und den harmonisierten Technischen Spezifikationen für Bauprodukte (ENs und ETAs)

Die harmonisierten Technischen Spezifikationen für Bauprodukte und die technischen Regelungen für die Tragwerksplanung[4)] müssen konsistent sein. Insbesondere sollten die Hinweise, die mit den CE-Zeichen an den Bauprodukten verbunden sind und die die Eurocodes in Bezug nehmen, klar erkennen lassen, welche national festzulegenden Parameter (NDP) zugrunde liegen.

Besondere Hinweise zu EN 1993-1

Es ist vorgesehen, EN 1993 gemeinsam mit den Eurocodes EN 1990, *Grundlagen der Tragwerksplanung*, EN 1991, *Einwirkungen auf Tragwerke* sowie EN 1992 bis EN 1999, soweit hierin auf Tragwerke aus Stahl oder Bauteile aus Stahl Bezug genommen wird, anzuwenden.

EN 1993-1 ist der erste von insgesamt sechs Teilen von EN 1993, *Bemessung und Konstruktion von Stahlbauten*. In diesem ersten Teil sind Grundregeln für Stabtragwerke und zusätzliche Anwendungsregeln für den Hochbau enthalten. Die Grundregeln finden auch gemeinsam mit den weiteren Teilen EN 1993-2 bis EN 1993-6 Anwendung.

EN 1993-1 besteht aus zwölf Teilen EN 1993-1-1 bis EN 1993-1-12, die jeweils spezielle Stahlbauteile, Grenzzustände oder Werkstoffe behandeln.

EN 1993-1 darf auch für Bemessungssituationen außerhalb des Geltungsbereichs der Eurocodes angewendet werden (andere Tragwerke, andere Belastungen, andere Werkstoffe). EN 1993-1 kann dann als Bezugsdokument für andere CEN/TCs (Technische Komitees), die mit Tragwerksbemessung befasst sind, dienen.

Die Anwendung von EN 1993-1 ist gedacht für:

- Komitees zur Erstellung von Spezifikationen für Bauprodukte, Normen für Prüfverfahren sowie Normen für die Bauausführung;
- Auftraggeber (z. B. zur Formulierung spezieller Anforderungen);

4) Siehe Artikel 3.3 und Art. 12 der Bauproduktenrichtlinie, ebenso wie 4.2, 4.3.1, 4.3.2 und 5.2 des Grundlagendokumentes Nr. 1.

- Tragwerksplaner und Bauausführende;
- zuständige Behörden.

Die Zahlenwerte für γ-Faktoren und andere Parameter, die die Zuverlässigkeit festlegen, gelten als Empfehlungen, mit denen ein akzeptables Zuverlässigkeitsniveau erreicht werden soll. Bei ihrer Festlegung wurde vorausgesetzt, dass ein angemessenes Niveau der Ausführungsqualität und Qualitätsprüfung vorhanden ist.

Nationaler Anhang zu EN 1993-1-1

Diese Norm enthält alternative Methoden, Zahlenangaben und Empfehlungen in Verbindung mit Anmerkungen, die darauf hinweisen, wo Nationale Festlegungen getroffen werden können. EN 1993-1-1 wird bei der nationalen Einführung einen Nationalen Anhang enthalten, der alle national festzulegenden Parameter enthält, die für die Bemessung und Konstruktion von Stahl- und Tiefbauten im jeweiligen Land erforderlich sind.

Nationale Festlegungen sind bei folgenden Regelungen vorgesehen:

- 2.3.1(1);
- 3.1(2);
- 3.2.1(1);
- 3.2.2(1);
- 3.2.3(1);
- 3.2.3(3)B;
- 3.2.4(1)B;
- 5.2.1(3);
- 5.2.2(8);
- 5.3.2(3);
- 5.3.2(11);
- 5.3.4(3);
- 6.1(1);
- 6.1(1)B;
- 6.3.2.2(2);
- 6.3.2.3(1);
- 6.3.2.3(2);
- 6.3.2.4(1)B;
- 6.3.2.4(2)B;
- 6.3.3(5);
- 6.3.4(1);
- 7.2.1(1)B;
- 7.2.2(1)B;
- 7.2.3(1)B;
- BB.1.3(3)B;
- C.2.2(3)
- C.2.2(4)

Allgemeines 1

Anwendungsbereich 1.1

Anwendungsbereich von Eurocode 3 1.1.1

(1) Eurocode 3 gilt für den Entwurf, die Berechnung und die Bemessung von Bauwerken aus Stahl. Eurocode 3 entspricht den Grundsätzen und Anforderungen an die Tragfähigkeit und Gebrauchstauglichkeit von Tragwerken sowie den Grundlagen für ihre Bemessung und Nachweise, die in EN 1990, *Grundlagen der Tragwerksplanung*, enthalten sind.

(2) Eurocode 3 behandelt ausschließlich Anforderungen an die Tragfähigkeit, die Gebrauchstauglichkeit, die Dauerhaftigkeit und den Feuerwiderstand von Tragwerken aus Stahl. Andere Anforderungen, wie z. B. Wärmeschutz oder Schallschutz, werden nicht berücksichtigt.

(3) Eurocode 3 gilt in Verbindung mit folgenden Regelwerken:

- EN 1990, *Grundlagen der Tragwerksplanung*;
- EN 1991, *Einwirkungen auf Tragwerke*;
- ENs, ETAGs und ETAs für Bauprodukte, die für Stahlbauten Verwendung finden;
- EN 1090-1, *Ausführung von Stahltragwerken und Aluminiumtragwerken – Teil 1: Konformitätsnachweisverfahren für tragende Bauteile*
- EN 1090-2, *Ausführung von Stahltragwerken und Aluminiumtragwerken – Teil 2: Technische Regeln für die Ausführung von Stahltragwerken*
- EN 1992 bis EN 1999, soweit auf Stahltragwerke oder Stahlbaukomponenten Bezug genommen wird.

NCI Zu 1.1.1(3)

- DIN 1055 — Teile 1 bis 10, Einwirkungen auf Tragwerke
- DIN EN 1990:2010-12, Eurocode: Grundlagen der Tragwerksplanung; Deutsche Fassung EN 1990:2002
- DIN EN 1991 (alle Teile), Eurocode 1: Einwirkungen auf Tragwerke
- DIN EN 1993-1-1:2010-12, Eurocode 3: Bemessung und Konstruktion von Stahlbauten — Teil 1-1: Allgemeine Bemessungsregeln und Regeln für den Hochbau; Deutsche Fassung EN 1993-1-1:2005
- DIN EN 1993-1-10/NA:2010-12, Nationaler Anhang — National festgelegte Parameter — Eurocode 3: Bemessung und Konstruktion von Stahlbauten — Teil 1-10: Stahlsortenauswahl im Hinblick auf Bruchzähigkeit und Eigenschaften in Dickenrichtung
- DIN EN 1993-1-12: Eurocode 3: Bemessung und Konstruktion von Stahlbauten — Teil 1-12: Zusätzliche Regeln zur Erweiterung von EN 1993 auf Stahlsorten bis S 700
- DIN EN 10025 — Teile 2 bis 6, Warmgewalzte Erzeugnisse aus Baustählen
- DIN EN 10210-1, Warmgefertigte Hohlprofile für den Stahlbau aus unlegierten Baustählen und aus Feinkornbaustählen — Teil 1: Technische Lieferbedingungen
- DIN EN 10219-1, Kaltgefertigte geschweißte Hohlprofile für den Stahlbau aus unlegierten Baustählen und aus Feinkornbaustählen — Teil 1: Technische Lieferbedingungen
- SEP 1390, STAHL-EISEN-Prüfblatt des Vereins Deutscher Eisenhüttenleute[1] [*)]

[1] Zu beziehen bei: Verlag Stahleisen GmbH im Stahl-Zentrum, Sohnstraße 65, 40237 Düsseldorf.

(4) Eurocode 3 ist in folgende Teile unterteilt:

EN 1993-1, *Bemessung und Konstruktion von Stahlbauten — Allgemeine Bemessungsregeln und Regeln für den Hochbau;*

EN 1993-2, *Bemessung und Konstruktion von Stahlbauten — Teil 2: Stahlbrücken;*

*) Redaktionelle Anmerkung: Diese Ergänzung entspricht den vorgesehenen Änderungen im Entwurf von DIN EN 1993-1-1/NA/A1:2014-10.

EN 1993-3, *Bemessung und Konstruktion von Stahlbauten — Teil 3: Türme, Maste und Schornsteine;*

EN 1993-4, *Bemessung und Konstruktion von Stahlbauten — Teil 4: Tank- und Silobauwerke und Rohrleitungen;*

EN 1993-5, *Bemessung und Konstruktion von Stahlbauten — Teil 5: Spundwände und Pfähle aus Stahl;*

EN 1993-6, *Bemessung und Konstruktion von Stahlbauten — Teil 6: Kranbahnträger.*

(5) Teile EN 1993-2 bis EN 1993-6 nehmen auf die Grundregeln von EN 1993-1 Bezug, die Regelungen in EN 1993-2 bis EN 1993-6 sind Ergänzungen zu den Grundregeln in EN 1993-1.

(6) EN 1993-1, *Bemessung und Konstruktion von Stahlbauten — Allgemeine Bemessungsregeln und Regeln für den Hochbau* beinhaltet:

EN 1993-1-1, *Bemessung und Konstruktion von Stahlbauten — Teil 1-1: Allgemeine Bemessungsregeln und Regeln für den Hochbau;*

EN 1993-1-2, *Bemessung und Konstruktion von Stahlbauten — Teil 1-2: Baulicher Brandschutz;*

EN 1993-1-3, *Bemessung und Konstruktion von Stahlbauten — Teil 1-3: Kaltgeformte Bauteile und Bleche;*

EN 1993-1-4, *Bemessung und Konstruktion von Stahlbauten — Teil 1-4: Nichtrostender Stahl;*

EN 1993-1-5, *Bemessung und Konstruktion von Stahlbauten — Teil 1-5: Bauteile aus ebenen Blechen mit Beanspruchungen in der Blechebene;*

EN 1993-1-6, *Bemessung und Konstruktion von Stahlbauten — Teil 1-6: Festigkeit und Stabilität von Schalentragwerken;*

EN 1993-1-7, *Bemessung und Konstruktion von Stahlbauten — Teil 1-7: Ergänzende Regeln zu ebenen Blechfeldern mit Querbelastung;*

EN 1993-1-8, *Bemessung und Konstruktion von Stahlbauten — Teil 1-8: Bemessung und Konstruktion von Anschlüssen und Verbindungen;*

EN 1993-1-9, *Bemessung und Konstruktion von Stahlbauten — Teil 1-9: Ermüdung;*

EN 1993-1-10, *Bemessung und Konstruktion von Stahlbauten — Teil 1-10: Auswahl der Stahlsorten im Hinblick auf Bruchzähigkeit und Eigenschaften in Dickenrichtung;*

EN 1993-1-11, *Bemessung und Konstruktion von Stahlbauten — Teil 1-11: Bemessung und Konstruktion von Tragwerken mit stählernen Zugelementen;*

EN 1993-1-12, *Bemessung und Konstruktion von Stahlbauten — Teil 1-12: Zusätzliche Regeln zur Erweiterung von EN 1993 auf Stahlgüten bis S 700.*

1.1.2 Anwendungsbereich von Eurocode 3 Teil 1-1

(1) EN 1993-1-1 enthält Regeln für den Entwurf, die Berechnung und Bemessung von Tragwerken aus Stahl mit Blechdicken $t \geq 3$ mm. Zusätzlich werden Anwendungsregeln für den Hochbau angegeben. Diese Anwendungsregeln sind durch die Abschnittsnummerierung ( )B gekennzeichnet.

ANMERKUNG Für kaltgeformte Bauteile und Bleche siehe EN 1993-1-3.

(2) EN 1993-1-1 enthält folgende Abschnitte:

Abschnitt 1: Einführung;

Abschnitt 2: Grundlagen für die Tragwerksplanung;

Abschnitt 3: Werkstoffe;

Abschnitt 4: Dauerhaftigkeit;

Abschnitt 5: Tragwerksberechnung;

Abschnitt 6: Grenzzustände der Tragfähigkeit;

Abschnitt 7: Grenzzustände der Gebrauchstauglichkeit.

(3) Abschnitte 1 und 2 enthalten zusätzliche Regelungen zu EN 1990, *Grundlagen der Tragwerksplanung*.

(4) Abschnitt 3 behandelt die Werkstoffeigenschaften der aus niedrig legiertem Baustahl gefertigten Stahlprodukte.

(5) Abschnitt 4 legt grundlegende Anforderungen an die Dauerhaftigkeit fest.

(6) Abschnitt 5 bezieht sich auf die Tragwerksberechnung von Stabtragwerken, die mit einer ausreichenden Genauigkeit aus stabförmigen Bauteilen zusammengesetzt werden können.

(7) Abschnitt 6 enthält detaillierte Regeln zur Bemessung von Querschnitten und Bauteilen im Grenzzustand der Tragfähigkeit.

(8) Abschnitt 7 enthält die Anforderungen für die Gebrauchstauglichkeit.

Normative Verweisungen 1.2

Diese Europäische Norm enthält durch datierte oder undatierte Verweisungen Festlegungen aus anderen Publikationen. Diese normativen Verweisungen sind an den jeweiligen Stellen im Text zitiert, und die Publikationen sind nachstehend aufgeführt. Bei datierten Verweisungen gehören spätere Änderungen oder Überarbeitungen dieser Publikationen nur zu dieser Europäischen Norm, falls sie durch Änderung oder Überarbeitung eingearbeitet sind. Bei undatierten Verweisungen gilt die letzte Ausgabe der in Bezug genommenen Publikation (einschließlich Änderungen).

Allgemeine normative Verweisungen 1.2.1

EN 1090, *Herstellung und Errichtung von Stahlbauten — Technische Anforderungen*

EN ISO 12944, *Beschichtungsstoffe — Korrosionsschutz von Stahlbauten durch Beschichtungssysteme*

EN ISO 1461, *Durch Feuerverzinken auf Stahl aufgebrachte Zinküberzüge (Stückverzinken) — Anforderungen und Prüfungen*

Normative Verweisungen zu schweißgeeigneten Baustählen 1.2.2

EN 10025-1:2005-02, *Warmgewalzte Erzeugnisse aus Baustählen — Teil 1: Allgemeine technische Lieferbedingungen*

EN 10025-2:2005-04, *Warmgewalzte Erzeugnisse aus Baustählen — Teil 2: Technische Lieferbedingungen für unlegierte Baustähle*

EN 10025-3:2005-02, *Warmgewalzte Erzeugnisse aus Baustählen — Teil 3: Technische Lieferbedingungen für normalgeglühte/normalisierend gewalzte schweißgeeignete Feinkornbaustähle*

EN 10025-4:2005-04, *Warmgewalzte Erzeugnisse aus Baustählen — Teil 4: Technische Lieferbedingungen für thermomechanisch gewalzte schweißgeeignete Feinkornbaustähle*

EN 10025-5:2005-02, *Warmgewalzte Erzeugnisse aus Baustählen — Teil 5: Technische Lieferbedingungen für wetterfeste Baustähle*

EN 10025-6:2009-08, *Warmgewalzte Erzeugnisse aus Baustählen — Teil 6: Technische Lieferbedingungen für Flacherzeugnisse aus Stählen mit höherer Streckgrenze im vergüteten Zustand*

EN 10164:1993-08, *Stahlerzeugnisse mit verbesserten Verformungseigenschaften senkrecht zur Erzeugnisoberfläche — Technische Lieferbedingungen*

EN 10210-1:1994-09, *Warmgefertigte Hohlprofile für den Stahlbau aus unlegierten Baustählen und aus Feinkornbaustählen — Teil 1: Technische Lieferbedingungen*

EN 10219-1:1997-11, *Kaltgefertigte geschweißte Hohlprofile für den Stahlbau aus unlegierten Baustählen und aus Feinkornbaustählen — Teil 1: Technische Lieferbedingungen*

1.3 Annahmen

(1) Zusätzlich zu den Grundlagen von EN 1990 wird vorausgesetzt, dass Herstellung und Errichtung von Stahlbauten nach EN 1090 erfolgen.

1.4 Unterscheidung nach Grundsätzen und Anwendungsregeln

(1) Es gelten die Regelungen nach EN 1990, 1.4.

1.5 Begriffe

(1) Es gelten die Begriffe von EN 1990, 1.5.

(2) Nachstehende Begriffe werden in EN 1993-1-1 mit folgender Bedeutung verwendet:

1.5.1 Tragwerk

tragende Bauteile und Verbindungen zur Abtragung von Lasten; der Begriff umfasst Stabtragwerke wie Rahmentragwerke oder Fachwerktragwerke; es gibt ebene und räumliche Tragwerke

1.5.2 Teiltragwerke

Teil eines größeren Tragwerks, das jedoch als eigenständiges Tragwerk in der statischen Berechnung behandelt werden darf

1.5.3 Art des Tragwerks

zur Unterscheidung von Tragwerken werden folgende Begriffe verwendet:

- Tragwerke mit verformbaren Anschlüssen, bei denen die wesentlichen Eigenschaften der zu verbindenden Bauteile und ihrer Anschlüsse in der statischen Berechnung berücksichtigt werden müssen;
- Tragwerke mit steifen Anschlüssen, bei denen nur die Eigenschaften der Bauteile in der statischen Berechnung berücksichtigt werden müssen;
- Gelenktragwerke, in denen die Anschlüsse nicht in der Lage sind, Momente zu übertragen

1.5.4 Tragwerksberechnung

die Bestimmung der Schnittgrößen und Verformungen des Tragwerks, die im Gleichgewicht mit den Einwirkungen stehen

1.5.5 Systemlänge

Abstand zweier benachbarter Punkte eines Bauteils in einer vorgegebenen Ebene, an denen das Bauteil gegen Verschiebungen in der Ebene gehalten ist, oder Abstand zwischen einem solchen Punkt und dem Ende des Bauteils

1.5.6 Knicklänge

Länge des an beiden Enden gelenkig gelagerten Druckstabes, der die gleiche ideale Verzweigungslast hat wie der Druckstab mit seinen realen Lagerungsbedingungen im System

1.5.7 mittragende Breite

reduzierte Flanschbreite für den Sicherheitsnachweis von Trägern mit breiten Gurtscheiben zur Berücksichtigung ungleichmäßiger Spannungsverteilung infolge von Scheibenverformungen

Kapazitätsbemessung **1.5.8**

Bemessung eines Bauteils und seiner Anschlüsse derart, dass bei eingeprägten Verformungen planmäßige plastische Fließverformungen im Bauteil durch gezielte Überfestigkeit der Verbindungen und Anschlussteile sichergestellt werden

Bauteil mit konstantem Querschnitt **1.5.9**

Bauteil mit konstantem Querschnitt entlang der Bauteilachse

Formelzeichen 1.6

(1) Folgende Formelzeichen werden im Sinne dieser Norm verwandt.

(2) Weitere Formelzeichen werden im Text definiert.

ANMERKUNG Die Formelzeichen sind in der Reihenfolge ihrer Verwendung in EN 1993-1-1 aufgelistet. Ein Formelzeichen kann unterschiedliche Bedeutungen haben.

Abschnitt 1

x-x	Längsachse eines Bauteils;
y-y	Querschnittsachse;
z-z	Querschnittsachse;
u-u	starke Querschnittshauptachse (falls diese nicht mit der y-y-Achse übereinstimmt);
v-v	schwache Querschnittshauptachse (falls diese nicht mit der z-z-Achse übereinstimmt);
b	Querschnittsbreite;
h	Querschnittshöhe;
d	Höhe des geraden Stegteils;
t_w	Stegdicke;
t_f	Flanschdicke;
r	Ausrundungsradius;
r_1	Ausrundungsradius;
r_2	Abrundungsradius;
t	Dicke.

Abschnitt 2

P_k	Nennwert einer während der Errichtung aufgebrachten Vorspannkraft;
G_k	Nennwert einer ständigen Einwirkung;
X_k	charakteristischer Wert einer Werkstoffeigenschaft;
X_n	Nennwert einer Werkstoffeigenschaft;
R_d	Bemessungswert einer Beanspruchbarkeit;
R_k	charakteristischer Wert einer Beanspruchbarkeit;
γ_M	Teilsicherheitsbeiwert für die Beanspruchbarkeit;
γ_{Mi}	Teilsicherheitsbeiwert für die Beanspruchbarkeit für die Versagensform i;
γ_{Mf}	Teilsicherheitsbeiwert für die Ermüdungsbeanspruchbarkeit;
η	Umrechnungsfaktor;
a_d	Bemessungswert einer geometrischen Größe.

Abschnitt 3

f_y	Streckgrenze;
f_u	Zugfestigkeit;
R_{eH}	Streckgrenze nach Produktnorm;

R_{m}	Zugfestigkeit nach Produktnorm;
A_0	Anfangsquerschnittsfläche;
ε_{y}	Fließdehnung;
ε_{u}	Gleichmaßdehnung;
Z_{Ed}	erforderlicher Z-Wert des Werkstoffs aus Dehnungsbeanspruchung in Blechdickenrichtung;
Z_{Rd}	verfügbarer Z-Wert des Werkstoffs in Blechdickenrichtung;
E	Elastizitätsmodul;
G	Schubmodul;
ν	Poisson'sche Zahl, Querkontraktionszahl;
α	Wärmeausdehnungskoeffizient.

Abschnitt 5

α_{cr}	Vergrößerungsbeiwert für die Einwirkungen, um die ideale Verzweigungslast zu erreichen;
F_{Ed}	Bemessungswert der Einwirkungen auf das Tragwerk;
F_{cr}	ideale Verzweigungslast auf der Basis elastischer Anfangssteifigkeiten;
H_{Ed}	Bemessungswert der gesamten horizontalen Last, einschließlich der vom Stockwerk übertragenen äquivalenten Kräfte (Stockwerksschub);
V_{Ed}	Bemessungswert der gesamten vertikalen vom Stockwerk (Stockwerksdruck) übertragenen Last am Tragwerk;
$\delta_{\mathrm{H,Ed}}$	Horizontalverschiebung der oberen Knoten gegenüber den unteren Knoten eines Stockwerks infolge H_{Ed};
h	Stockwerkshöhe;
$\bar{\lambda}$	Schlankheitsgrad;
N_{Ed}	Bemessungswert der einwirkenden Normalkraft (Druck);
ϕ	Anfangsschiefstellung;
ϕ_0	Ausgangswert der Anfangsschiefstellung;
α_{h}	Abminderungsfaktor in Abhängigkeit der Stützenhöhe h;
h	Tragwerkshöhe;
α_{m}	Abminderungsfaktor in Abhängigkeit von der Anzahl der Stützen in einer Reihe;
m	Anzahl der Stützen in einer Reihe;
e_0	Amplitude einer Bauteilimperfektion;
L	Bauteillänge;
η_{init}	Form der geometrischen Vorimperfektion aus der Eigenfunktion η_{cr} bei der niedrigsten Verzweigungslast;
η_{cr}	Eigenfunktion (Modale) für die Verschiebungen η bei Erreichen der niedrigsten Verzweigungslast;
$e_{0,\mathrm{d}}$	Bemessungswert der Amplitude einer Bauteilimperfektion;
M_{Rk}	charakteristischer Wert der Momententragfähigkeit eines Querschnitts;
N_{Rk}	charakteristischer Wert der Normalkrafttragfähigkeit eines Querschnitts;
α	Imperfektionsbeiwert;
$EI\,\eta''_{\mathrm{cr}}$	Eigenfunktion (Modale) der Biegemomente $EI\,\eta''$ bei Erreichen der niedrigsten Verzweigungslast;
χ	Abminderungsbeiwert entsprechend der maßgebenden Knicklinie;
$\alpha_{\mathrm{ult,k}}$	Kleinster Vergrößerungsfaktor für die Bemessungswerte der Belastung, mit dem die charakteristische Tragfähigkeit der Bauteile mit Verformungen in der Tragwerksebene erreicht wird, ohne dass Knicken oder Biegedrillknicken aus

der Ebene berücksichtigt wird. Dabei werden, wo erforderlich, alle Effekte aus Imperfektionen und Theorie 2. Ordnung in der Tragwerksebene berücksichtigt. In der Regel wird $\alpha_{\text{ult,k}}$ durch den Querschnittsnachweis am ungünstigsten Querschnitt des Tragwerks oder Teiltragwerks bestimmt.

α_{cr}	Vergrößerungsbeiwert für die Einwirkungen, um die ideale Verzweigungslast bei Ausweichen aus der Ebene (siehe $\alpha_{\text{ult,k}}$) zu erreichen;
q	Ersatzkraft pro Längeneinheit auf ein stabilisierendes System äquivalent zur Wirkung von Imperfektionen;
δ_{q}	Durchbiegung des stabilisierenden Systems unter der Ersatzkraft q;
q_{d}	Bemessungswert der Ersatzkraft q pro Längeneinheit;
M_{Ed}	Bemessungswert des einwirkenden Biegemoments;
k	Beiwert für $e_{0,\text{d}}$;
ε	Dehnung;
σ	Normalspannung;
$\sigma_{\text{com,Ed}}$	Bemessungswert der einwirkenden Druckspannung in einem Querschnittsteil;
ℓ	Länge;
ε	Faktor in Abhängigkeit von f_{y};
c	Breite oder Höhe eines Querschnittsteils;
α	Anteil eines Querschnittsteils unter Druckbeanspruchung;
ψ	Spannungs- oder Dehnungsverhältnis;
k_{σ}	Beulfaktor;
d	Außendurchmesser runder Hohlquerschnitte.

Abschnitt 6

γ_{M0}	Teilsicherheitsbeiwert für die Beanspruchbarkeit von Querschnitten (bei Anwendung von Querschnittsnachweisen);
γ_{M1}	Teilsicherheitsbeiwert für die Beanspruchbarkeit von Bauteilen bei Stabilitätsversagen (bei Anwendung von Bauteilnachweisen);
γ_{M2}	Teilsicherheitsbeiwert für die Beanspruchbarkeit von Querschnitten bei Bruchversagen infolge Zugbeanspruchung;
$\sigma_{\text{x,Ed}}$	Bemessungswert der einwirkenden Normalspannung in Längsrichtung;
$\sigma_{\text{z,Ed}}$	Bemessungswert der einwirkenden Normalspannung in Querrichtung;
τ_{Ed}	Bemessungswert der einwirkenden Schubspannung;
N_{Ed}	Bemessungswert der einwirkenden Normalkraft;
$M_{\text{y,Ed}}$	Bemessungswert des einwirkenden Momentes um die y-y-Achse;
$M_{\text{z,Ed}}$	Bemessungswert des einwirkenden Momentes um die z-z-Achse;
N_{Rd}	Bemessungswert der Normalkrafttragfähigkeit;
$M_{\text{y,Rd}}$	Bemessungswert der Momententragfähigkeit um die y-y-Achse;
$M_{\text{z,Rd}}$	Bemessungswert der Momententragfähigkeit um die z-z-Achse;
s	Lochabstand bei versetzten Löchern gemessen als Abstand der Lochachsen in der Projektion parallel zur Bauteilachse;
p	Lochabstand bei versetzten Löchern gemessen als Abstand der Lochachsen in der Projektion senkrecht zur Bauteilachse;
n	Anzahl der Löcher längs einer kritischen Risslinie (in einer Diagonalen oder Zickzacklinie), die sich über den Querschnitt oder über Querschnittsteile erstreckt;
d_0	Lochdurchmesser;
e_{N}	Verschiebung der Hauptachse des wirksamen Querschnitts mit der Fläche A_{eff} bezogen auf die Hauptachse des Bruttoquerschnitts mit der Fläche A;

ΔM_{Ed}	Bemessungswert eines zusätzlichen einwirkenden Momentes infolge der Verschiebung e_{N};
A_{eff}	wirksame Querschnittsfläche;
$N_{\mathrm{t,Rd}}$	Bemessungswert der Zugtragfähigkeit;
$N_{\mathrm{pl,Rd}}$	Bemessungswert der plastischen Normalkrafttragfähigkeit des Bruttoquerschnitts;
$N_{\mathrm{u,Rd}}$	Bemessungswert der Zugtragfähigkeit des Nettoquerschnitts längs der kritischen Risslinie durch die Löcher;
A_{net}	Nettoquerschnittsfläche;
$N_{\mathrm{net,Rd}}$	Bemessungswert der plastischen Normalkrafttragfähigkeit des Nettoquerschnitts;
$N_{\mathrm{c,Rd}}$	Bemessungswert der Normalkrafttragfähigkeit bei Druck;
$M_{\mathrm{c,Rd}}$	Bemessungswert der Momententragfähigkeit bei Berücksichtigung von Löchern;
W_{pl}	plastisches Widerstandsmoment;
$W_{\mathrm{el,min}}$	kleinstes elastisches Widerstandsmoment;
$W_{\mathrm{eff,min}}$	kleinstes wirksames elastisches Widerstandsmoment;
A_{f}	Fläche des zugbeanspruchten Flansches;
$A_{\mathrm{f,net}}$	Nettofläche des zugbeanspruchten Flansches;
V_{Ed}	Bemessungswert der einwirkenden Querkraft;
$V_{\mathrm{c,Rd}}$	Bemessungswert der Querkrafttragfähigkeit;
$V_{\mathrm{pl,Rd}}$	Bemessungswert der plastischen Querkrafttragfähigkeit;
A_{v}	wirksame Schubfläche;
η	Beiwert für die wirksame Schubfläche;
S	Statisches Flächenmoment;
I	Flächenträgheitsmoment des Gesamtquerschnitts;
A	Querschnittsfläche;
A_{w}	Fläche des Stegbleches;
A_{f}	Fläche eines Flansches;
T_{Ed}	Bemessungswert des einwirkenden Torsionsmomentes;
T_{Rd}	Bemessungswert der Torsionstragfähigkeit;
$T_{\mathrm{t,Ed}}$	Bemessungswert des einwirkenden St. Venant'schen Torsionsmoments;
$T_{\mathrm{w,\ Ed}}$	Bemessungswert des einwirkenden Wölbtorsionsmoments;
$\tau_{\mathrm{t,Ed}}$	Bemessungswert der einwirkenden Schubspannung infolge St. Venant'scher (primärer) Torsion;
$\tau_{\mathrm{w,Ed}}$	Bemessungswert der einwirkenden Schubspannung infolge Wölbkrafttorsion;
$\sigma_{\mathrm{w,Ed}}$	Bemessungswert der einwirkenden Normalspannungen infolge des Bimomentes B_{Ed};
B_{Ed}	Bemessungswert des einwirkenden Bimoments;
$V_{\mathrm{pl,T,Rd}}$	Bemessungswert der Querkrafttragfägkeit abgemindert infolge T_{Ed};
ρ	Abminderungsbeiwert zur Bestimmung des Bemessungswerts der Momententragfähigkeit unter Berücksichtigung von V_{Ed};
$M_{\mathrm{V,Rd}}$	Bemessungswert der Momententragfähigkeit abgemindert infolge V_{Ed};
$M_{\mathrm{N,Rd}}$	Bemessungswert der Momententragfähigkeit abgemindert infolge N_{Ed};
n	Verhältnis von N_{Ed} zu $N_{\mathrm{pl,Rd}}$;
a	Verhältnis der Stegfläche zur Bruttoquerschnittsfläche;
α	Parameter für den Querschnittsnachweis bei Biegung um beide Hauptachsen;

β	Parameter für den Querschnittsnachweis bei Biegung um beide Hauptachsen;
$e_{N,y}$	Verschiebung der Hauptachse y-y des wirksamen Querschnitts mit der Fläche A_{eff} bezogen auf die Hauptachse des Bruttoquerschnitts mit der Fläche A;
$e_{N,z}$	Verschiebung der Hauptachse z-z des wirksamen Querschnitts mit der Fläche A_{eff} bezogen auf die Hauptachse des Bruttoquerschnitts mit der Fläche A;
$W_{eff,min}$	kleinstes wirksames elastisches Widerstandsmoment;
$N_{b,Rd}$	Bemessungswert der Biegeknicktragfähigkeit von Bauteilen unter planmäßig zentrischem Druck;
χ	Abminderungsbeiwert entsprechend der maßgebenden Knickkurve;
Φ	Funktion zur Bestimmung des Abminderungsbeiwertes χ;
a_0, a, b, c, d	Klassenbezeichnungen der Knicklinien;
N_{cr}	ideale Verzweigungslast für den maßgebenden Knickfall bezogen auf den Bruttoquerschnitt;
i	Trägheitsradius für die maßgebende Knickebene bezogen auf den Bruttoquerschnitt;
λ_1	Schlankheit zur Bestimmung des Schlankheitsgrads;
$\bar{\lambda}_T$	Schlankheitsgrad für Drillknicken oder Biegedrillknicken;
$N_{cr,TF}$	ideale Verzweigungslast für Biegedrillknicken;
$N_{cr,T}$	ideale Verzweigungslast für Drillknicken;
$M_{b,Rd}$	Bemessungswert der Momententragfähigkeit bei Biegedrillknicken;
χ_{LT}	Abminderungsbeiwert für Biegedrillknicken;
Φ_{LT}	Funktion zur Bestimmung des Abminderungsbeiwertes χ_{LT};
α_{LT}	Imperfektionsbeiwert für die maßgebende Biegedrillknicklinie;
$\bar{\lambda}_{LT}$	Schlankheitsgrad für Biegedrillknicken;
M_{cr}	ideales Verzweigungsmoment bei Biegedrillknicken;
$\bar{\lambda}_{LT,0}$	Plateaulänge der Biegedrillknicklinie für gewalzte und geschweißte Querschnitte;
β	Korrekturfaktor der Biegedrillknicklinie für gewalzte und geschweißte Querschnitte;
$\chi_{LT,mod}$	modifizierter Abminderungsbeiwert für Biegedrillknicken;
f	Modifikationsfaktor für χ_{LT};
k_c	Korrekturbeiwert zur Berücksichtigung der Momentenverteilung;
ψ	Momentenverhältnis in einem Bauteilabschnitt;
L_c	Abstand zwischen seitlichen Stützpunkten;
$\bar{\lambda}_f$	Schlankheitsgrad des druckbeanspruchten Flansches;
$i_{f,z}$	Trägheitsradius des druckbeanspruchten Flansches um die schwache Querschnittsachse;
$I_{eff,f}$	wirksames Flächenträgheitsmoment des druckbeanspruchten Flansches um die schwache Querschnittsachse;
$A_{eff,f}$	wirksame Fläche des druckbeanspruchten Flansches;
$A_{eff,w,c}$	wirksame Fläche des druckbeanspruchten Teils des Stegblechs;
$\bar{\lambda}_{c0}$	Grenzschlankheitsgrad;
$k_{f\ell}$	Anpassungsfaktor;
$\Delta M_{y,Ed}$	Momente infolge Verschiebung e_{Ny} der Querschnittsachsen;
$\Delta M_{z,Ed}$	Momente infolge Verschiebung e_{Nz} der Querschnittsachsen;
χ_y	Abminderungsbeiwert für Biegeknicken (y-y-Achse);
χ_z	Abminderungsbeiwert für Biegeknicken (z-z-Achse);

k_{yy} Interaktionsfaktor;

k_{yz} Interaktionsfaktor;

k_{zy} Interaktionsfaktor;

k_{zz} Interaktionsfaktor;

$\bar{\lambda}_{op}$ globaler Schlankheitsgrad eines Bauteils oder einer Bauteilkomponente zur Berücksichtigung von Stabilitätsverhalten aus der Ebene;

χ_{op} Abminderungsbeiwert in Abhängigkeit von $\bar{\lambda}_{op}$;

$\alpha_{ult,k}$ Vergrößerungsbeiwert für die Einwirkungen, um den charakteristischen Wert der Tragfähigkeit bei Unterdrückung von Verformungen aus der Ebene zu erreichen;

$\alpha_{cr,op}$ Vergrößerungsbeiwert für die Einwirkungen, um die Verzweigungslast bei Ausweichen aus der Ebene (siehe $\alpha_{ult,k}$) zu erreichen;

N_{Rk} charakteristischer Wert der Normalkrafttragfähigkeit;

$M_{y,Rk}$ charakteristischer Wert der Momententragfähigkeit (y-y-Achse);

$M_{z,Rk}$ charakteristischer Wert der Momententragfähigkeit (z-z-Achse);

Q_m lokale Ersatzkraft auf stabilisierende Bauteile im Bereich von Fließgelenken;

L_{stable} Mindestabstand von Abstützmaßnahmen;

L_{ch} Knicklänge eines Gurtstabs;

h_0 Abstand zwischen den Schwerachsen der Gurtstäbe;

a Bindeblechabstand;

α Winkel zwischen den Schwerachsen von Gitterstäben und Gurtstäben;

i_{min} kleinster Trägheitsradius von Einzelwinkeln;

A_{ch} Querschnittsfläche eines Gurtstabes;

$N_{ch,Ed}$ Bemessungswert der einwirkenden Normalkraft im Gurtstab eines mehrteiligen Bauteils;

M_{Ed}^{I} Bemessungswert des maximal einwirkenden Moments für ein mehrteiliges Bauteil;

I_{eff} effektives Flächenträgheitsmoment eines mehrteiligen Bauteils;

S_v Schubsteifigkeit infolge der Verformungen der Gitterstäbe und Bindebleche;

n Anzahl der Ebenen der Gitterstäbe oder Bindebleche;

A_d Querschnittsfläche eines Gitterstabes einer Gitterstütze;

d Länge eines Gitterstabes einer Gitterstütze;

A_V Querschnittsfläche eines Bindeblechs (oder horizontalen Bauteils) einer Gitterstütze;

I_{ch} Flächenträgheitsmoment eines Gurtstabes in der Nachweisebene;

I_b Flächenträgheitsmoment eines Bindebleches in der Nachweisebene;

μ Wirkungsgrad;

i_y Trägheitsradius (y-y-Achse).

Anhang A

C_{my} äquivalenter Momentenbeiwert;

C_{mz} äquivalenter Momentenbeiwert;

C_{mLT} äquivalenter Momentenbeiwert;

μ_y Beiwert;

μ_z Beiwert;

$N_{cr,y}$ ideale Verzweigungslast für Knicken um die y-y-Achse;

$N_{cr,z}$ ideale Verzweigungslast für Knicken um die z-z-Achse;

C_{yy} Beiwert;

C_{yz} Beiwert;

C_{zy} Beiwert;

C_{zz} Beiwert;

w_y Beiwert;

w_z Beiwert;

n_{pl} Beiwert;

$\bar{\lambda}_{max}$ maximaler Wert von $\bar{\lambda}_y$ und $\bar{\lambda}_z$;

b_{LT} Beiwert;

c_{LT} Beiwert;

d_{LT} Beiwert;

e_{LT} Beiwert;

ψ_y Verhältnis der Endmomente (y-y-Achse);

$C_{my,0}$ Beiwert;

$C_{mz,0}$ Beiwert;

a_{LT} Beiwert;

I_T St. Venant'sche Torsionssteifigkeit;

I_y Flächenträgheitsmoment um die y-y-Achse;

C_1 Verhältnis von kritischem Biegemoment (größter Wert unter den Bauteilen) und dem kritischen konstanten Biegemoment für ein Bauteil mit gelenkiger Lagerung;

$M_{i,Ed}(x)$ Größtwert von $M_{y,Ed}$ und $M_{z,Ed}$;

$|\delta_x|$ größte Verformung entlang des Bauteils.

Anhang B

α_s Beiwert, s = Durchbiegung (en: sagging);

α_h Beiwert, h = Aufbiegung (en: hogging);

C_m äquivalenter Momentenbeiwert.

Anhang AB

γ_G Teilsicherheitsbeiwert für ständige Einwirkungen;

G_k charakteristischer Wert der ständigen Einwirkung G;

γ_Q Teilsicherheitsbeiwert für veränderliche Einwirkungen;

Q_k charakteristischer Wert der veränderlichen Einwirkung Q.

Anhang BB

$\bar{\lambda}_{eff,v}$ effektiver Schlankheitsgrad für Knicken um die v-v-Achse;

$\bar{\lambda}_{eff,y}$ effektiver Schlankheitsgrad für Knicken um die y-y-Achse;

$\bar{\lambda}_{eff,z}$ effektiver Schlankheitsgrad für Knicken um die z-z-Achse;

L Systemlänge;

L_{cr} Knicklänge;

S Schubsteifigkeit der Bleche im Hinblick auf die Verformungen des Trägers in der Blechebene;

I_w Wölbflächenmoment des Trägers;

$C_{\vartheta,k}$ Rotationssteifigkeit, die durch das stabilisierende Bauteil und die Verbindung mit dem Träger bewirkt wird;

K_υ Beiwert zur Berücksichtigung der Art der Berechnung;

K_ϑ Faktor zur Berücksichtigung des Momentenverlaufs und der Möglichkeit der seitlichen Verschiebung des gegen Verdrehen gestützten Trägers;

$C_{\vartheta R,k}$ Rotationssteifigkeit des stabilisierenden Bauteils bei Annahme einer steifen Verbindung mit dem Träger;

$C_{\vartheta C,k}$ Rotationssteifigkeit der Verbindung zwischen dem Träger und dem stabilisierenden Bauteil;

$C_{\vartheta D,k}$ Rotationssteifigkeit infolge von Querschnittsverformungen des Trägers;

L_m Mindestabstand zwischen seitlichen Stützungen;

L_k Mindestabstand zwischen Verdrehbehinderungen;

L_s Mindestabstand zwischen einem plastischen Gelenk und einer benachbarten Verdrehbehinderung;

C_1 Modifikationsfaktor zur Berücksichtigung des Momentenverlaufs;

C_m Modifikationsfaktor zur Berücksichtigung eines linearen Momentenverlaufs;

C_n Modifikationsfaktor zur Berücksichtigung eines nichtlinearen Momentenverlaufs;

a Abstand zwischen der Achse des Bauteils mit Fließgelenk und der Achse der Abstützung der aussteifenden Bauteile;

B_0 Beiwert;

B_1 Beiwert;

B_2 Beiwert;

η ideales Verhältnis von N_{crE} zu N_{crT};

i_s auf die Schwerlinie des aussteifenden Bauteils bezogener Trägheitsradius;

β_t Verhältnis des kleinsten zum größten Endmoment;

R_1 Moment an einem Ort im Bauteil;

R_2 Moment an einem Ort im Bauteil;

R_3 Moment an einem Ort im Bauteil;

R_4 Moment an einem Ort im Bauteil;

R_5 Moment an einem Ort im Bauteil;

R_E maximaler Wert von R_1 oder R_5;

R_s maximaler Wert des Biegemoments innerhalb der Länge L_y;

c Voutenfaktor;

h_h zusätzliche Querschnittshöhe infolge der Voute;

h_{max} maximale Querschnittshöhe innerhalb der Länge L_y;

h_{min} minimale Querschnittshöhe innerhalb der Länge L_y;

h_s Höhe des Querschnitts ohne Voute;

L_h Länge der Voute innerhalb der Länge L_y;

L_y Abstand zwischen seitlichen Abstützungen.

1.7 Definition der Bauteilachsen

(1) Die Bauteilachsen werden wie folgt definiert:

x-x längs des Bauteils;

y-y Querschnittsachse;

z-z Querschnittsachse.

(2) Die Querschnittsachsen von Stahlbauteilen werden wie folgt definiert:

- Allgemein:

  y-y Querschnittsachse parallel zu den Flanschen;

  z-z Querschnittsachse rechtwinklig zu den Flanschen.

- für Winkelprofile:

  y-y Achse parallel zum kleineren Schenkel;

  z-z Achse rechtwinklig zum kleineren Schenkel.

- wenn erforderlich:

  u-u Hauptachse (wenn sie nicht mit der y-y-Achse übereinstimmt);

  v-v Nebenachse (wenn sie nicht mit der z-z-Achse übereinstimmt).

(3) Die Symbole für die Abmessungen und Achsen gewalzter Stahlprofile sind in Bild 1.1 angegeben.

(4) Die Vereinbarung für Indizes zur Bezeichnung der Achsen von Momenten lautet: „Es gilt die Achse, um die das Moment wirkt."

ANMERKUNG Alle Regeln dieses Eurocodes beziehen sich auf die Eigenschaften in den Hauptachsenrichtungen, welche im Allgemeinen als y-y-Achse und z-z-Achse für symmetrische Querschnitte und u-u-Achse und v-v-Achse für unsymmetrische Querschnitte, wie z. B. Winkel, festgelegt sind.

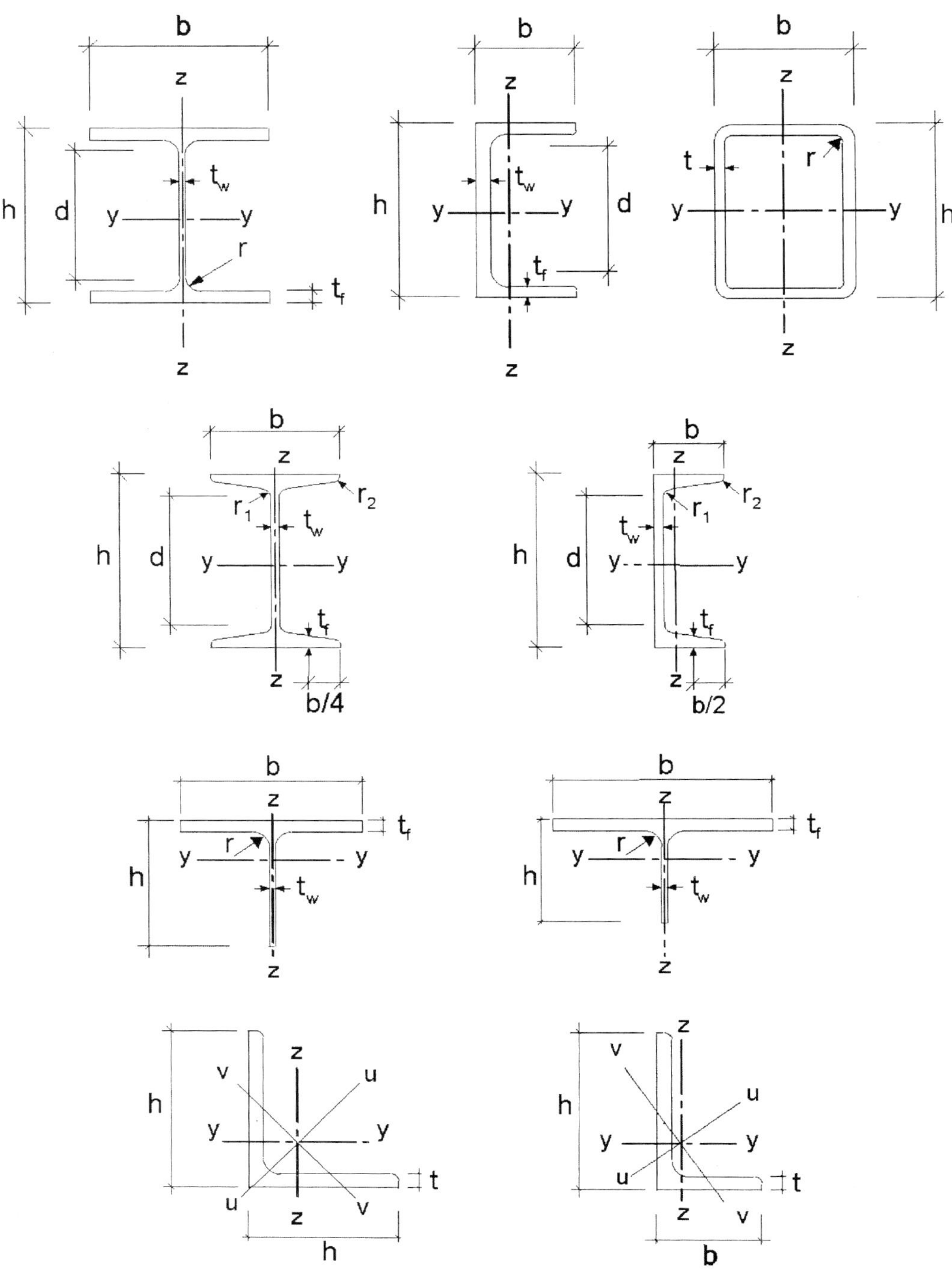

Bild 1.1: Abmessungen und Achsen von Profilquerschnitten

Grundlagen für die Tragwerksplanung 2

Anforderungen 2.1

Grundlegende Anforderungen 2.1.1

(1)P Für die Tragwerksplanung von Stahlbauten gelten die Grundlagen von EN 1990.

(2) Für Stahlbauten gelten darüber hinaus in der Regel die in diesem Abschnitt angegebenen Regelungen.

(3) Die grundlegenden Anforderungen von EN 1990, Abschnitt 2 gelten in der Regel als erfüllt, wenn der Entwurf, die Berechnung und die Bemessung mit Grenzzuständen in Verbindung mit Einwirkungen nach EN 1991 und Teilsicherheitsbeiwerten und Lastkombinationen entsprechend EN 1990 durchgeführt werden.

(4) Die Bemessungsregeln für die Grenzzustände der Tragfähigkeit, Gebrauchstauglichkeit und für die Dauerhaftigkeit in den verschiedenen Teilen von EN 1993 sind in der Regel für die jeweiligen Anwendungsbereiche maßgebend.

Behandlung der Zuverlässigkeit 2.1.2

(1)P In Bezug auf die Anwendung von EN 1090-1 und EN 1090-2 sind die Ausführungsklassen nach Anhang C dieser Norm zu wählen.

(2) Falls eine andere als die in dieser Norm empfohlene Zuverlässigkeit gefordert wird, sollte diese vorzugsweise durch entsprechende Gütesicherung bei der Tragwerksplanung und der Ausführung nach EN 1990:2010, Anhang B und Anhang C, sowie EN 1090 erreicht werden.

Nutzungsdauer, Dauerhaftigkeit und Robustheit 2.1.3

Allgemeines 2.1.3.1

(1)P Abhängig von der Art der Einwirkungen, die die Dauerhaftigkeit und Nutzungsdauer (siehe EN 1990) beeinflussen, ist bei Stahltragwerken in der Regel Folgendes zu beachten:

- Korrosionsgerechte Gestaltung gegebenenfalls mit:
  - geeignetem Schutz der Oberfläche (siehe EN ISO 12944);
  - Einsatz von wetterfestem Stahl;
  - Einsatz von nichtrostendem Stahl (siehe EN 1993-1-4).
- Konstruktive Gestaltung im Hinblick auf ausreichende Ermüdungssicherheit (siehe EN 1993-1-9);
- Berücksichtigung der Auswirkung von Verschleiß beim Entwurf;
- Bemessung für außergewöhnliche Einwirkungen (siehe EN 1991-1-7);
- Sicherstellung von Inspektions- und Wartungsmaßnahmen.

Nutzungsdauer bei Hochbauten 2.1.3.2

(1)P,B Als Nutzungsdauer ist in der Regel der Zeitraum festzulegen, in der ein Hochbau nach seiner vorgesehenen Funktion genutzt werden soll.

(2)B Zur Festlegung der Lebensdauer von Hochbauten siehe EN 1990, Tabelle 2.1.

(3)B Für Bauteile, die nicht für die gesamte Nutzungsdauer von Hochbauten bemessen werden können, siehe 2.1.3.3(3)B.

Dauerhaftigkeit von Hochbauten 2.1.3.3

(1)P,B Um die Dauerhaftigkeit von Hochbauten zu sichern, sind in der Regel die Tragwerke entweder gegen schädliche Umwelteinwirkungen und, wo notwendig, auf Ermüdungseinwirkungen zu bemessen oder auf andere Art vor diesen zu schützen.

(2)P,B Können Materialverschleiß, Korrosion oder Ermüdung maßgebend werden, müssen geeignete Werkstoffwahl nach EN 1993-1-4 und EN 1993-1-10, geeignete Gestaltung der Konstruktion nach EN 1993-1-9, strukturelle Redundanz (z. B. statische Unbestimmtheit des Systems) und geeigneter Korrosionsschutz berücksichtigt werden.

(3)B Falls bei einem Bauwerk Bauteile austauschbar sein sollen (z. B. Lager bei Bodensetzungen), ist in der Regel der sichere Austausch als vorübergehende Bemessungssituation nachzuweisen.

2.2 Grundsätzliches zur Bemessung mit Grenzzuständen

(1) Die in diesem Eurocode 3 festgelegten Beanspruchbarkeiten für Querschnitte und Bauteile für den Grenzzustand der Tragfähigkeit, nach Abschnitt 3.3 der EN 1990, sind aus Versuchen abgeleitet, bei denen der Werkstoff eine ausreichende Duktilität aufwies, so dass daraus vereinfachte Bemessungsmodelle abgeleitet werden konnten.

(2) Die in diesem Teil des Eurocodes festgelegten Beanspruchbarkeiten dürfen nur verwendet werden, wenn die Bedingungen für den Werkstoff nach Abschnitt 3 erfüllt sind.

2.3 Basisvariable

2.3.1 Einwirkungen und Umgebungseinflüsse

(1) Einwirkungen für die Bemessung und Konstruktion von Stahlbauten sind in der Regel nach EN 1991 zu ermitteln. Für die Kombination von Einwirkungen und die Teilsicherheitsbeiwerte siehe EN 1990, Anhang A.

ANMERKUNG 1 Der Nationale Anhang kann Einwirkungen für besondere örtliche oder klimatische oder außergewöhnliche Einwirkungen festlegen.

NDP Zu 2.3.1(1) Anmerkung 1

Bis zur bauaufsichtlichen Einführung der Teile von DIN EN 1991 gelten DIN 1055-1 bis DIN 1055-10, die in Verbindung mit dieser Norm angewendet werden dürfen.

ANMERKUNG 2B Zur proportionalen Erhöhung von Lasten bei inkrementellen Berechnungen, siehe Anhang AB.1.

ANMERKUNG 3B Zu vereinfachter Anordnung der Belastung, siehe Anhang AB.2.

(2) Für die Festlegung der Einwirkungen während der Bauzustände wird die Anwendung von EN 1991-1-6 empfohlen.

(3) Auswirkungen absehbarer Setzungen und Setzungsunterschiede sind in der Regel auf der Grundlage realistischer Annahmen zu berücksichtigen.

(4) Einflüsse aus ungleichmäßigen Setzungen, eingeprägten Verformungen oder anderen Formen von Vorspannungen während der Montage sind in der Regel durch ihren Nennwert P_k als ständige Einwirkung zu berücksichtigen. Sie werden mit den anderen ständigen Lasten G_k zu einer ständigen Gesamteinwirkung $(G_k + P_k)$ zusammengefasst.

(5) Einwirkungen, die zu Ermüdungsbeanspruchungen führen und nicht in EN 1991 festgelegt sind, sollten nach EN 1993-1-9, Anhang A ermittelt werden.

2.3.2 Werkstoff- und Produkteigenschaften

(1) Werkstoffeigenschaften für Stahl und andere Bauprodukte und geometrische Größen für die Bemessung sind in der Regel den entsprechenden ENs, ETAGs oder ETAs zu entnehmen, sofern in dieser Norm keine andere Regelung vorgesehen ist.

2.4 Nachweisverfahren mit Teilsicherheitsbeiwerten

2.4.1 Bemessungswerte von Werkstoffeigenschaften

(1)P Für die Bemessung und Konstruktion von Stahlbauten sind die charakteristischen Werte X_k oder die Nennwerte X_n der Werkstoffeigenschaft nach diesem Eurocode anzusetzen.

Bemessungswerte der geometrischen Größen 2.4.2

(1) Geometrische Größen für die Querschnitte und Abmessungen des Tragwerks dürfen den harmonisierten Produktnormen oder den Zeichnungen für die Ausführung nach EN 1090 entnommen werden. Sie sind als Nennwerte zu behandeln.

(2) Die in dieser Norm festgelegten Bemessungswerte der geometrischen Ersatzimperfektionen enthalten:

- Einflüsse aus geometrischen Imperfektionen von Bauteilen, die durch geometrische Toleranzen in den Produktnormen oder Ausführungsnormen begrenzt sind;
- Einflüsse struktureller Imperfektionen infolge Herstellung und Bauausführung;
- Eigenspannungen;
- Ungleichmäßige Verteilung der Streckgrenze.

Bemessungswerte der Beanspruchbarkeit 2.4.3

(1) Für Tragwerke aus Stahl gilt die folgende Definition nach EN 1990, Gleichung (6.6c) bzw. (6.6d):

$$R_\mathrm{d} = \frac{R_\mathrm{k}}{\gamma_\mathrm{M}} = \frac{1}{\gamma_\mathrm{M}} R_\mathrm{k}\left(\eta_1 X_{\mathrm{k},1}; \eta_\mathrm{i} X_{\mathrm{k},1}; a_\mathrm{d}\right) \tag{2.1}$$

Dabei ist

R_k der charakteristische Wert einer Beanspruchbarkeit, der mit den charakteristischen Werten oder Nennwerten der Werkstoffeigenschaften und Abmessungen ermittelt wurde;

γ_M der globale Teilsicherheitsbeiwert für diese Beanspruchbarkeit.

ANMERKUNG Zur Definition von η_1, η_2, $X_{\mathrm{k},1}$, $X_{\mathrm{k,i}}$ und a_d siehe EN 1990.

Nachweis der Lagesicherheit (EQU) 2.4.4

(1) Das Nachweisformat beim Nachweis der Lagesicherheit (EQU) nach EN 1990, Anhang A, Tabelle 1.2 (A) gilt auch für Bemessungszustände mit ähnlichen Voraussetzungen wie bei (EQU), z. B. für die Bemessung von Verankerungen oder den Nachweis gegen das Abheben von Lagern bei Durchlaufträgern.

Bemessung mit Hilfe von Versuchen 2.5

(1) Die charakteristischen Beanspruchbarkeiten R_k dieser Norm wurden auf der Grundlage von EN 1990, Anhang D ermittelt.

(2) Um für Empfehlungen von Teilsicherheitsbeiwerten Gruppen (z. B. für verschiedene Schlankheitsbereiche) mit konstanten Zahlenwerten γ_Mi zu erreichen, wurden die charakteristischen Werte R_k bestimmt aus:

$$R_\mathrm{k} = R_\mathrm{d}\,\gamma_\mathrm{Mi} \tag{2.2}$$

Dabei sind

R_d die Bemessungswerte nach EN 1990, Anhang D;

γ_Mi die empfohlenen Teilsicherheitsbeiwerte.

ANMERKUNG 1 Die empfohlenen Zahlenwerte für die Teilsicherheitsbeiwerte γ_Mi wurden so berechnet, dass R_k ungefähr der 5 %-Fraktile einer Verteilung aus einer unendlichen Anzahl von Versuchsergebnissen entspricht.

ANMERKUNG 2 Zu den charakteristischen Bemessungswerten der Ermüdungsfestigkeit und zu den Teilsicherheitsbeiwerten γ_Mf für die Ermüdungsnachweise siehe EN 1993-1-9.

ANMERKUNG 3 Zu den charakteristischen Bemessungswerten der Bauteilzähigkeit und den Sicherheitselementen für den Zähigkeitsnachweis siehe EN 1993-1-10.

(3) Für den Fall, dass bei Fertigteilen der Bemessungswert der Beanspruchbarkeit R_d nur aus Versuchen ermittelt wird, werden die charakteristischen Werte für die Beanspruchbarkeit R_k in der Regel nach (2) ermittelt.

Werkstoffe 3

Allgemeines 3.1

(1) Die in diesem Abschnitt angegebenen Nennwerte der Werkstoffeigenschaften sind in der Regel als charakteristische Werte bei der Bemessung anzunehmen.

(2) Die Entwurfs- und Bemessungsregeln dieses Teils von EN 1993 gelten für Tragwerke aus Stahl entsprechend den in Tabelle 3.1 aufgelisteten Stahlsorten.

ANMERKUNG Der Nationale Anhang gibt Hinweise zur Anwendung von Stahlsorten und Stahlprodukten.

NDP Zu 3.1(2) Anmerkung

Die Anwendung der DIN EN 1993-1-1 ist auf Stahlsorten und Stahlprodukte nach DIN EN 1993-1-1:2010-12, Tabelle 3.1 beschränkt. Die Anwendung weiterer Stahlsorten ist in DIN EN 1993-1-12 geregelt.

Andere als die oben genannten Stahlsorten dürfen nur verwendet werden, wenn

- die chemische Zusammensetzung, die mechanischen Eigenschaften und die Schweißeignung in den Lieferbedingungen des Stahlherstellers festgelegt sind und diese Eigenschaften einer der oben genannten Stahlsorten zugeordnet werden können, oder
- sie in Fachnormen vollständig beschrieben und hinsichtlich ihrer Verwendung geregelt sind, oder
- ihre Verwendbarkeit durch einen bauaufsichtlichen Verwendbarkeitsnachweis (z. B. allgemeine bauaufsichtliche Zulassung oder Zustimmung im Einzelfall) nachgewiesen worden ist.

Zusätzlich sind für die Produkte nach Tabelle 3.1 mit Streckgrenzen bis zu 355 N/mm², an denen geschweißt wird und bei denen die Schweißnähte in auf Zug oder Biegezug beanspruchten Bereichen liegen, die Bedingungen nach Tabelle NA.1 einzuhalten. Alternativ hierzu kann die Eignung der Stähle durch einen Aufschweißbiegeversuch nach SEP 1390 nachgewiesen werden. Für Stahlsorten nach DIN EN 10025-5 mit Blechdicken > 30 mm muss die Eignung durch den Aufschweißbiegeversuch nach SEP 1390 nachgewiesen werden.*)

Tabelle NA.1: Äquivalenzkriterium für den Aufschweißbiegeversuch*)

Stahlsorte	Dicke t		
	$t \leq 30$ mm	$t > 30$ mm bis $t \leq 80$ mm	$t > 80$ mm
S355	keine besonderen Anforderungen	Feinkornbaustahl Güte N bzw. M nach DIN EN 10025-3 bzw. DIN EN 10025-4, DIN EN 10210-1 und DIN EN 10219-1	Feinkornbaustahl Güte NL bzw. ML nach DIN EN 10025-3 bzw. DIN EN 10025-4, DIN EN 10210-1 und DIN EN 10219-1
S275	keine besonderen Anforderungen	Feinkornbaustahl Güte N bzw. M nach DIN EN 10025-3 bzw. DIN EN 10025-4, DIN EN 10210-1 und DIN EN 10219-1	Feinkornbaustahl Güte NL bzw. ML nach DIN EN 10025-3 bzw. DIN EN 10025-4, DIN EN 10210-1 und DIN EN 10219-1
S235	keine besonderen Anforderungen	Güte +N oder +M nach DIN EN 10025-2	

*) Redaktionelle Anmerkung: Diese Ergänzung entspricht den vorgesehenen Änderungen im Entwurf von DIN EN 1993-1-1/NA/A1:2014-10. Änderungen für die Endfassung sind möglich.

3.2 Baustahl

3.2.1 Werkstoffeigenschaften

(1) Die Nennwerte der Streckgrenze f_y und der Zugfestigkeit f_u für Baustahl sind in der Regel:

a) entweder direkt als Werte $f_y = R_{eH}$ und $f_u = R_m$ aus der Produktnorm, oder

b) vereinfacht der Tabelle 3.1 zu entnehmen.

ANMERKUNG Der Nationale Anhang kann zu a) oder b) eine Festlegung treffen.

NDP Zu 3.2.1(1) Anmerkung

Die Werte für f_y und f_u dürfen sowohl den entsprechenden Produktnormen (DIN EN 10025-2 bis DIN EN 10025-6, DIN EN 10210-1 und DIN EN 10219-1) als auch DIN EN 1993-1-1:2010-12, Tabelle 3.1 entnommen werden.

3.2.2 Anforderungen an die Duktilität

(1) Für Stahl ist eine Mindestduktilität erforderlich, die durch Grenzwerte für folgende Kennwerte definiert ist:

- das Verhältnis f_u/f_y des spezifizierten Mindestwertes der Zugfestigkeit f_u zu dem spezifizierten Mindestwert der Streckgrenze f_y;
- die auf eine Messlänge von $5{,}65\sqrt{A_0}$ bezogene Bruchdehnung (wobei A_0 die Ausgangsquerschnittsfläche ist);
- die Gleichmaßdehnung ε_u, wobei ε_u der Zugfestigkeit f_u zugeordnet ist.

ANMERKUNG Der Nationale Anhang kann die Grenzwerte für das f_u/f_y-Verhältnis, die Bruchdehnung und die Gleichmaßdehnung ε_u festlegen. Folgende Werte werden empfohlen:

- $f_u/f_y \geq 1{,}10$;
- Bruchdehnung mindestens 15 %;
- $\varepsilon_u \geq 15\,\varepsilon_y$, dabei ist $\varepsilon_y = \frac{f_y}{E}$ die Fließdehnung.

NDP Zu 3.2.2(1) Anmerkung

Es gelten die Empfehlungen.

(2) Bei Erzeugnissen aus Stahlsorten nach Tabelle 3.1 darf vorausgesetzt werden, dass sie die aufgeführten Anforderungen erfüllen.

3.2.3 Bruchzähigkeit

(1)P Ausreichende Bruchzähigkeit des Werkstoffs ist Voraussetzung für die Vermeidung von Sprödbruchversagen bei zugbeanspruchten Bauteilen. Der Bemessung liegt die voraussichtlich niedrigste Betriebstemperatur über die geplante Nutzungsdauer zugrunde.

ANMERKUNG Der Nationale Anhang kann die für die Bemessung anzunehmende niedrigste Betriebstemperatur angeben.

NDP Zu 3.2.3(1)P Anmerkung

Die für die Bemessung anzunehmenden niedrigsten Betriebstemperaturen sind in DIN EN 1993-1-10/NA:2010-12, Anhang A angegeben.

(2) Weitere Nachweise gegen Sprödbruchversagen sind nicht erforderlich, wenn die Anforderungen in EN 1993-1-10 für die niedrigste Temperatur erfüllt sind.

(3)B Für druckbeanspruchte Bauteile des Hochbaus sollte ein Mindestwert der Zähigkeit gewählt werden.

ANMERKUNG B Der Nationale Anhang kann Informationen zur Wahl der Zähigkeit für druckbeanspruchte Bauteile geben. Es wird empfohlen, in diesem Fall EN 1993-1-10, Tabelle 2.1 für $\sigma_{Ed} = 0{,}25\,f_y(t)$ anzuwenden.

NDP Zu 3.2.3(3)B Anmerkung B
Es gilt die Empfehlung.

(4) Zur Auswahl geeigneter Stähle für feuerverzinkte Bauteile ist EN ISO 1461 zu beachten.

Tabelle 3.1: Nennwerte der Streckgrenze f_y und der Zugfestigkeit f_u für warmgewalzten Baustahl

Werkstoffnorm und Stahlsorte	**Erzeugnisdicke** t mm			
	$t \leq 40$ mm		40 mm $< t \leq 80$ mm	
	f_y N/mm²	f_u N/mm²	f_y N/mm²	f_u N/mm²
EN 10025-2				
S 235	235	360	215	360
S 275	275	430	255	410
S 355	355	490	335	470
S 450	440	550	410	550
EN 10025-3				
S 275 N/NL	275	390	255	370
S 355 N/NL	355	490	335	470
S 420 N/NL	420	520	390	520
S 460 N/NL	460	540	430	540
EN 10025-4				
S 275 M/ML	275	370	255	360
S 355 M/ML	355	470	335	450
S 420 M/ML	420	520	390	500
S 460 M/ML	460	540	430	530
EN 10025-5				
S 235 W	235	360	215	340
S 355 W	355	490	335	490
EN 10025-6				
S 460 Q/QL/QL1	460	570	440	550
EN 10210-1				
S 235 H	235	360	215	340
S 275 H	275	430	255	410
S 355 H	355	510	335	490
S 275 NH/NLH	275	390	255	370
S 355 NH/NLH	355	490	335	470
S 420 NH/NLH	420	540	390	520
S 460 NH/NLH	460	560	430	550
EN 10219-1				
S 235 H	235	360		
S 275 H	275	430		
S 355 H	355	510		
S 275 NH/NLH	275	370		
S 355 NH/NLH	355	470		
S 460 NH/NLH	460	550		
S 275 MH/MLH	275	360		
S 355 MH/MLH	355	470		
S 420 MH/MLH	420	500		
S 460 MH/MLH	460	530		

3.2.4 Eigenschaften in Dickenrichtung

(1) Wenn Stahlerzeugnisse mit verbesserten Eigenschaften in Dickenrichtung nach EN 1993-1-10 erforderlich sind, so sind diese in der Regel nach den Qualitätsklassen in EN 10164 auszuwählen.

ANMERKUNG 1 DIN EN 1993-1-10 gibt eine Anleitung zur Wahl der Eigenschaften in Dickenrichtung.

ANMERKUNG 2B Besondere Beachtung sollte geschweißten Träger-Stützen-Verbindungen sowie angeschweißten Kopfplatten mit Zug in der Dickenrichtung geschenkt werden.

ANMERKUNG 3B Der Nationale Anhang kann die maßgebende Zuordnung der Sollwerte Z_{Ed} nach EN 1993-1-10, 3.2(2) zu den Qualitätsklassen von EN 10164 angeben. Für Hochbauten wird eine Zuordnung nach Tabelle 3.2 empfohlen.

NDP Zu 3.2.4(1) Anmerkung 3B
Es gilt die Empfehlung.

Tabelle 3.2: Stahlgütewahl nach EN 10164

Sollwert von Z_{Ed} nach EN 1993-1-10	**Erforderliche Qualität Z_{Rd} nach den Z-Werten nach EN 10164**
$Z_{Ed} \leq 10$	–
$10 < Z_{Ed} \leq 20$	Z 15
$20 < Z_{Ed} \leq 30$	Z 25
$Z_{Ed} > 30$	Z 35

3.2.5 Toleranzen

(1) Die Toleranzen für Abmessungen und Massen von gewalzten Profilen, Hohlprofilen und Blechen haben in der Regel der maßgebenden Produktnorm, ETAG oder ETA zu entsprechen, sofern nicht strengere Toleranzforderungen bestehen.

(2) Bei geschweißten Bauteilen sind in der Regel die Toleranzen nach EN 1090 einzuhalten.

(3) Für die Tragwerksberechnung und die Bemessung sind in der Regel die Nennwerte der Abmessungen zu verwenden.

3.2.6 Bemessungswerte der Materialkonstanten

(1) Für die in diesem Teil des Eurocodes 3 geregelten Baustähle sind in der Regel folgende Werte für die Berechnung anzunehmen:

- Elastizitätsmodul $E = 210\,000$ N/mm²;
- Schubmodul $G = \dfrac{E}{2(1+\nu)} \approx 81\,000$ N/mm²;
- Poisson'sche Zahl $\nu = 0{,}3$;
- Wärmeausdehnungskoeffizient $\alpha = 12 \times 10^{-6}$ je K (für $T \leq 100$ °C).

ANMERKUNG Für die Berechnung von Zwängungen infolge ungleicher Temperatureinwirkung in Beton- und Stahlteilen von Stahlverbundbauwerken nach EN 1994 kann der Wärmeausdehnungskoeffizient α mit $\alpha = 10 \times 10^{-6}$ je K angenommen werden.

3.3 Verbindungsmittel

3.3.1 Schrauben, Bolzen, Nieten

(1) Die Anforderungen sind in EN 1993-1-8 angegeben.

Schweißwerkstoffe 3.3.2

(1) Die Anforderungen an die Schweißwerkstoffe sind in EN 1993-1-8 angegeben.

Andere vorgefertigte Produkte im Hochbau 3.4

(1)B Teilvorgefertigte oder komplett vorgefertigte Produkte jeder Art, die im Hochbau verwendet werden, haben in der Regel der maßgebenden Produktnorm, der ETAG oder ETA zu entsprechen.

Dauerhaftigkeit 4

(1) Grundlegende Anforderungen an die Dauerhaftigkeit sind in EN 1990 festgelegt.

(2)P Das Aufbringen des Korrosionsschutzes im Werk oder auf der Baustelle erfolgt in der Regel nach EN 1090.

ANMERKUNG In EN 1090 sind die bei der Herstellung bzw. Montage zu beachtenden Einflussfaktoren aufgelistet, die bei Entwurf und Bemessung zu beachten sind.

(3) Bauteile, die anfällig sind gegen Korrosion, mechanische Abnutzung oder Ermüdung, sind in der Regel so zu konstruieren, dass die Bauwerksinspektion, Wartung und Instandsetzung in geeigneter Form möglich sind und Zugang für Inspektion und Wartung besteht.

(4)B Normalerweise sind für Hochbauten keine Ermüdungsnachweise erforderlich, außer für Bauteile mit Beanspruchungen aus:

a) Hebevorrichtungen oder rollenden Lasten;

b) wiederholten Spannungswechseln durch Maschinenschwingungen;

c) windinduzierten Schwingungen;

d) Schwingungen aus rhythmischer Bewegung von Personengruppen.

(5)P Für Bauteile, die nicht inspiziert werden können, sind geeignete dauerhafte Korrosionsschutzmaßnahmen zu ergreifen.

(6)B Tragwerke innerhalb einer Gebäudehülle brauchen nicht mit einem Korrosionsschutz versehen zu werden, wenn die relative Luftfeuchte 80 % nicht überschreitet.

Tragwerksberechnung 5

Statische Systeme 5.1

Grundlegende Annahmen 5.1.1

(1)P Die statische Berechnung ist mit einem Berechnungsmodell zu führen, das für den zu betrachtenden Grenzzustand geeignet ist.

(2) Das Berechnungsmodell und die grundlegenden Annahmen für die Berechnung sind in der Regel so zu wählen, dass sie das Tragwerksverhalten im betrachteten Grenzzustand mit ausreichender Genauigkeit wiedergeben und dem erwarteten Verhalten der Querschnitte, der Bauteile, der Anschlüsse und der Lagerungen entsprechen.

(3)P Das Berechnungsverfahren muss den Bemessungsannahmen entsprechen.

(4)B Zu Berechnungsverfahren und grundlegenden Annahmen für Bauteile von Hochbauten siehe auch EN 1993-1-5 und EN 1993-1-11.

NCI Zu 5.1.1 Grundlegende Annahmen

Wenn für einen Nachweis eine Erhöhung der Streckgrenze zu einer Erhöhung der Beanspruchung führt, die nicht gleichzeitig zu einer proportionalen Erhöhung der zugeordneten Beanspruchbarkeit führt, ist für die Streckgrenze auch ein oberer Grenzwert

$$f_y^{oben} = 1{,}3\, f_y \qquad \text{(NA.1)}$$

anzunehmen. Bei durch- oder gegengeschweißten Nähten kann die Erhöhung der Beanspruchbarkeit unterstellt werden.

Bei üblichen Tragwerken darf die Erhöhung von Auflagerkräften infolge der Annahme des oberen Grenzwertes der Streckgrenze unberücksichtigt bleiben.

Auf die Berücksichtigung des oberen Grenzwertes der Streckgrenze darf verzichtet werden, wenn für die Beanspruchungen aller Verbindungen die 1,2fachen Grenzschnittgrößen im plastischen Zustand der durch sie verbundenen Teile angesetzt werden und die Stäbe konstanten Querschnitt über die Stablänge haben.

ANMERKUNG 1 Beim Zweifeldträger mit über die Länge konstantem Querschnitt unter konstanter Gleichlast erhöht sich die Auflagerkraft an der Innenstütze vom Grenzzustand nach dem Verfahren Plastisch-Plastisch infolge der Annahme des oberen Grenzwertes der Streckgrenze nur um rund 4 %.

ANMERKUNG 2 Bei Anwendung der Fließgelenktheorie werden in den Fließgelenken die Schnittgrößen auf die Grenzschnittgrößen im plastischen Zustand begrenzt. Nimmt die Streckgrenze in der Umgebung eines Fließgelenkes einen höheren Wert an als die Grenznormalspannung σ_{Rd} (dieser Wert ist ein unterer Grenzwert), dann wird die am Fließgelenk auftretende Schnittgröße (Beanspruchung) größer als die untere Grenzschnittgröße. Für den Stab selbst bedeutet dies keine Gefährdung, da ja auch die Beanspruchbarkeit im selben Maße zunimmt. Für Verbindungen, die sich nicht durch Verformung der zunehmenden Beanspruchung entziehen können, kann die Berücksichtigung der oberen Grenzwerte der Streckgrenzen bemessungsbestimmend werden. Dies ist bei Verbindungen ohne ausreichende Rotationskapazität möglich.

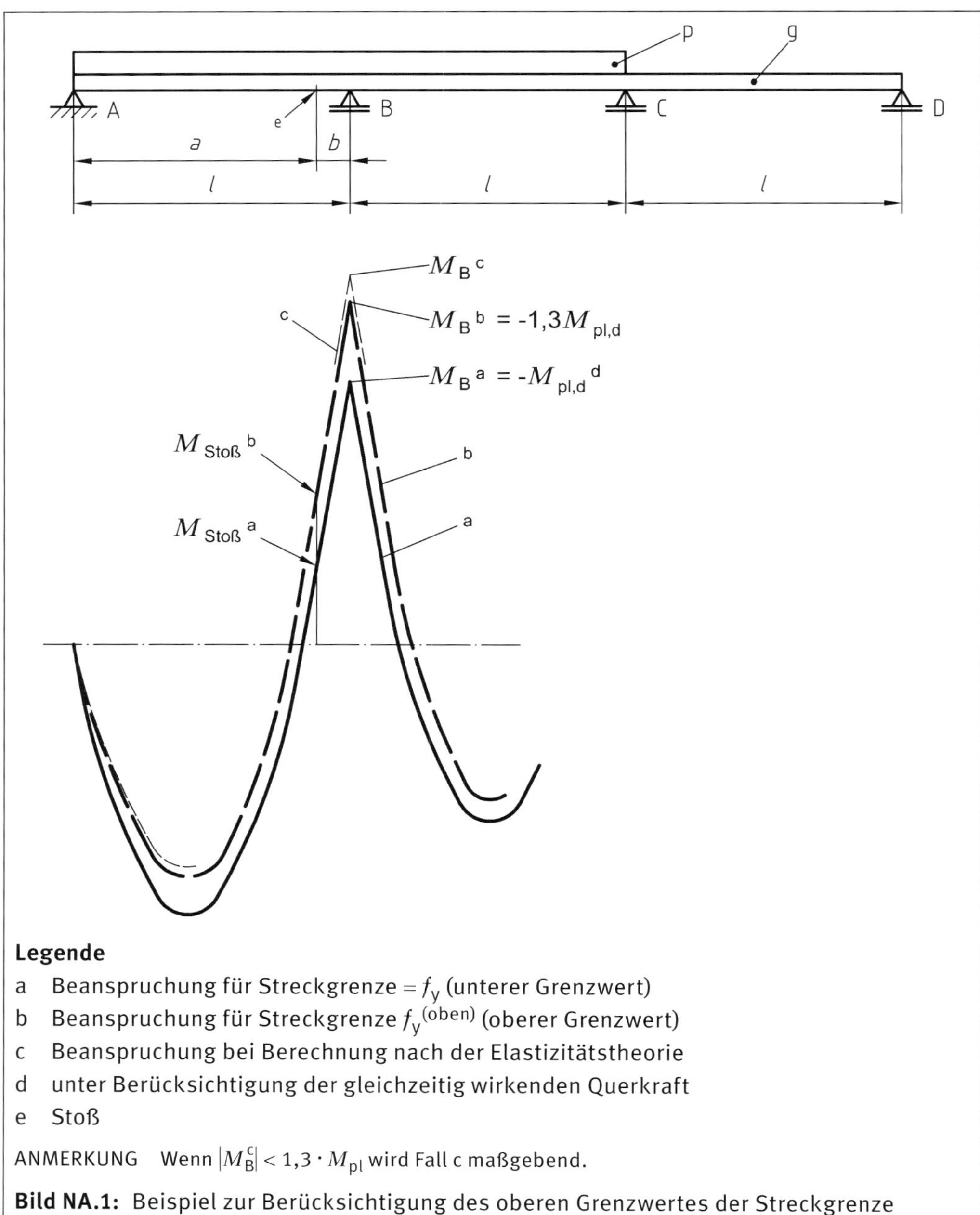

Legende

a Beanspruchung für Streckgrenze = f_y (unterer Grenzwert)

b Beanspruchung für Streckgrenze $f_y^{(oben)}$ (oberer Grenzwert)

c Beanspruchung bei Berechnung nach der Elastizitätstheorie

d unter Berücksichtigung der gleichzeitig wirkenden Querkraft

e Stoß

ANMERKUNG Wenn $|M_B^c| < 1{,}3 \cdot M_{pl}$ wird Fall c maßgebend.

Bild NA.1: Beispiel zur Berücksichtigung des oberen Grenzwertes der Streckgrenze

5.1.2 Berechnungsmodelle für Anschlüsse

(1) Die Einflüsse der Last-Verformungen der Anschlüsse auf die Schnittgrößenverteilung und auf die Gesamtverformung des Tragwerks dürfen im Allgemeinen vernachlässigt werden. Sie sind jedoch in der Regel zu berücksichtigen, wenn sie, wie z. B. bei verformbaren Anschlüssen, maßgebend werden können, siehe EN 1993-1-8.

(2) Um festzustellen, ob Einflüsse aus dem Verhalten von Anschlüssen bei der Berechnung berücksichtigt werden müssen, darf zwischen folgenden drei Anschlussmodellen unterschieden werden, siehe EN 1993-1-8, 5.1.1:

- gelenkige Anschlüsse, wenn angenommen werden darf, dass der Anschluss keine Biegemomente überträgt;
- biegesteife Anschlüsse, wenn die Steifigkeit und/oder die Tragfähigkeit des Anschlusses die Annahme biegesteif verbundener Bauteile in der Berechnung erlaubt;
- verformbare Anschlüsse, wenn das Verformungsverhalten der Anschlüsse bei der Bemessung berücksichtigt werden muss.

(3) Die Anforderungen an die verschiedenen Anschlusstypen sind in EN 1993-1-8 festgelegt.

Bauwerks-Boden-Interaktion 5.1.3

(1) Falls notwendig, sind die Verformungseigenschaften der Fundamente zu berücksichtigen.

ANMERKUNG EN 1997 enthält Verfahren zur Berechnung der Bauwerks-Boden-Interaktion.

Untersuchung von Gesamttragwerken 5.2

Einflüsse der Tragwerksverformung 5.2.1

(1) Die Schnittgrößen können im Allgemeinen entweder nach:

- Theorie I. Ordnung, unter Ansatz der Ausgangsgeometrie des Tragwerks, oder nach
- Theorie II. Ordnung, unter Berücksichtigung der Einflüsse aus der Tragwerksverformung,

berechnet werden.

(2) Die Einflüsse der Tragwerksverformungen (Einflüsse aus Theorie II. Ordnung) sind in der Regel zu berücksichtigen, wenn die daraus resultierende Vergrößerung der Schnittgrößen nicht mehr vernachlässigt werden darf oder das Tragverhalten maßgeblich beeinflusst wird.

(3) Die Berechnung nach Theorie I. Ordnung ist zulässig, wenn die durch Verformungen hervorgerufene Erhöhung der maßgebenden Schnittgrößen oder andere Änderungen des Tragverhaltens vernachlässigt werden können. Diese Anforderung darf als erfüllt angesehen werden, wenn die folgende Gleichung erfüllt ist:

- $\alpha_{cr} = \frac{F_{cr}}{F_{Ed}} \geq 10$ für die elastische Berechnung; (5.1)
- $\alpha_{cr} = \frac{F_{cr}}{F_{Ed}} \geq 15$ für die plastische Berechnung.

Dabei ist

α_{cr} der Faktor, mit dem die Bemessungswerte der Belastung erhöht werden müssten, um die ideale Verzweigungslast des Gesamttragwerks zu erreichen;

F_{Ed} der Bemessungswert der Einwirkungen auf das Tragwerk;

F_{cr} die ideale Verzweigungslast des Gesamttragwerks. Bei der Berechnung von F_{cr} ist von den elastischen Anfangssteifigkeiten auszugehen.

ANMERKUNG Für die plastische Berechnung ist in Gleichung (5.1) ein höherer Grenzwert für α_{cr} festgelegt, da der Einfluss nichtlinearen Werkstoffverhaltens auf das Tragverhalten im Grenzzustand der Tragfähigkeit erheblich sein kann (z. B. bei Tragwerken mit Fließgelenken und Momentenumlagerung oder Einfluss nichtlinearer Verformungen von verformbaren Anschlüssen). Im Nationalen Anhang dürfen kleinere Werte für α_{cr} bei bestimmten Rahmentragwerken festgelegt werden, wenn diese durch genauere Ansätze begründet sind.

NDP Zu 5.2.1(3) Anmerkung

Bei Anwendung der plastischen Berechnung ist für die Abfrage von Gleichung (5.1) das statische System unmittelbar vor Ausbildung des letzten Fließgelenks zugrunde zu legen oder es ist jedes einzelne Teilsystem der Fließgelenkkette zu untersuchen. Der Grenzwert ist dann mit 10 statt mit 15 anzunehmen.*)

(4)B Hallenrahmen mit geringer Dachneigung sowie Rahmentragwerke des Geschossbaus dürfen gegen Versagen mit seitlichem Ausweichen nach Theorie I. Ordnung nachgewiesen werden, wenn die Bedingung in Gleichung (5.1) für jedes Stockwerk eingehalten ist. Bei diesen Tragwerken sollte α_{cr} nach folgender Näherung berechnet werden, wenn die Auswirkung der Normalkräfte in den Trägern oder Riegeln vernachlässigbar ist:

$$\alpha_{cr} = \left(\frac{H_{Ed}}{V_{Ed}}\right)\left(\frac{h}{\delta_{H,Ed}}\right) \tag{5.2}$$

*) Redaktionelle Anmerkung: Diese Ergänzung entspricht den vorgesehenen Änderungen im Entwurf von DIN EN 1993-1-1/NA/A1:2014-10.

Dabei ist

H_{Ed} Bemessungswert der gesamten horizontalen Last, einschließlich der vom Stockwerk übertragenen äquivalenten Kräfte (Stockwerksschub), siehe 5.3.2(7);

V_{Ed} Bemessungswert der gesamten vertikalen Last, einschließlich der vom Stockwerk übertragenen äquivalenten Kräfte (Stockwerksschub);

$\delta_{\mathrm{H,Ed}}$ die Horizontalverschiebung der oberen Stockwerksknoten gegenüber den unteren Stockwerksknoten infolge horizontaler Lasten (z. B. Wind) und horizontalen Ersatzlasten, die am Gesamt-Rahmentragwerk angreifen;

h die Stockwerkshöhe.

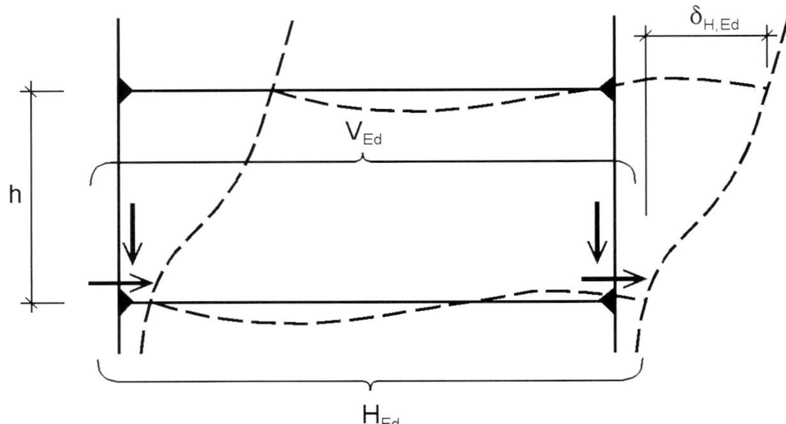

Bild 5.1: Bezeichnungen zu 5.2.1(4)

ANMERKUNG 1B Als geringe Dachneigung darf bei der Anwendung von (4)B eine maximale Neigung von 1:2 (26°) angenommen werden.

ANMERKUNG 2B Die Auswirkung der Druckkraft sollte bei der Anwendung von (4)B berücksichtigt werden, wenn der Schlankheitsgrad $\bar{\lambda}$ in den Trägern oder Riegeln unter Annahme gelenkiger Lagerung an den Enden folgende Gleichung erfüllt:

$$\bar{\lambda} \geq 0{,}3\sqrt{\frac{A f_{\mathrm{y}}}{N_{\mathrm{Ed}}}} \tag{5.3}$$

Dabei ist

N_{Ed} der Bemessungswert der einwirkenden Normalkraft (Druck);

$\bar{\lambda}$ der Schlankheitsgrad in der Ebene. Träger oder Riegel werden unter Ansatz der Systemlänge als gelenkig gelagert angenommen.

(5) Mittragende Breiten und wirksame Breiten aus örtlichem Beulen sind in der Regel zu berücksichtigen, falls sie die globale Tragwerksberechnung beeinflussen, siehe EN 1993-1-5.

ANMERKUNG Bei gewalzten Profilen und geschweißten Profilen mit walzprofilähnlichen Abmessungen kann der Einfluss der mittragenden Breite vernachlässigt werden.

(6) Der Schlupf in Schraubenlöchern oder ähnliche Verformungen infolge Schlupf bei Kopfbolzendübeln oder Ankerbolzen sind in der Regel bei der Tragwerksberechnung zu berücksichtigen, falls maßgebend.

5.2.2 Stabilität von Tragwerken

(1) Wenn der Einfluss der Verformung des Tragwerks nach 5.2.1 berücksichtigt werden muss, sind in der Regel (2) bis (6) zu beachten, um die Stabilität des Tragwerks nachzuweisen.

(2) Beim Nachweis der Stabilität von Tragwerken oder Tragwerksteilen sind in der Regel Imperfektionen und Einflüssen aus Theorie II. Ordnung zu berücksichtigen.

(3) Je nach Art des Tragwerks und der Tragwerksberechnung können die Einflüsse aus Theorie II. Ordnung und Imperfektionen nach einer der folgenden Methoden berücksichtigt werden:

a) beide Einflüsse vollständig im Rahmen der Berechnung des Gesamttragwerkes;

b) teilweise durch Berechnung des Gesamttragwerkes und teilweise durch Stabilitätsnachweise einzelner Bauteile nach 6.3;

c) in einfachen Fällen durch Ersatzstabnachweise nach 6.3, wobei Knicklängen entsprechend der Knickfigur bzw. Eigenform des Gesamttragwerks verwendet werden.

(4) Einflüsse aus Theorie II. Ordnung können durch Anwendung eines für das Tragwerk geeigneten Berechnungsverfahrens ermittelt werden. Dies kann ein schrittweises oder iteratives Verfahren sein. Bei Rahmen, bei denen das seitliche Ausweichen die maßgebliche Knickfigur darstellt, darf eine elastische Berechnung nach Theorie I. Ordnung durchgeführt werden, bei der die Schnittgrößen (z. B. Biegemomente) und Verformungen durch geeignete Faktoren vergrößert werden.

(5)B Einflüsse aus Theorie II. Ordnung auf die seitliche Verformung einstöckiger Rahmen, die nach der Elastizitätstheorie berechnet werden, dürfen durch Vergrößerung der horizontalen Einwirkungen H_{Ed} (z. B. Wind) und der horizontalen Ersatzlasten $V_{\mathrm{Ed}}\,\phi$ infolge Imperfektionen, siehe 5.3.2(7), sowie weiterer möglicher Schiefstellung erfasst werden, wobei der Faktor:

$$\frac{1}{1-\dfrac{1}{\alpha_{\mathrm{cr}}}} \tag{5.4}$$

beträgt, vorausgesetzt, dass gilt:

$\alpha_{\mathrm{cr}} \geq 3{,}0.$

Hierbei darf

α_{cr} nach Gleichung (5.2) in 5.2.1(4)B berechnet werden, wenn die Dachneigung gering ist und die Druckkraft in den Trägern oder Riegeln vernachlässigt werden darf, siehe 5.2.1(4)B.

ANMERKUNG B Für $\alpha_{\mathrm{cr}} < 3{,}0$ ist eine genauere Berechnung nach Theorie II. Ordnung erforderlich.

(6)B Bei mehrstöckigen Rahmentragwerken dürfen Einflüsse aus der Theorie II. Ordnung auf die seitliche Verformung mit dem Verfahren nach 5.2.2(5)B erfasst werden, wenn alle Stockwerke eine ähnliche Verteilung

- der vertikalen Einwirkungen und
- der horizontalen Einwirkungen und
- der Rahmensteifigkeiten im Hinblick auf die Verteilung der Stockwerksschubkräfte

haben.

ANMERKUNG B Zur Einschränkung des Verfahrens siehe auch 5.2.1(4)B.

(7) Nach (3) ist die Stabilität der einzelnen Bauteile in der Regel wie folgt nachzuweisen:

a) Wenn die Einflüsse aus Theorie II. Ordnung in Einzelbauteilen und die maßgebenden Bauteilimperfektionen, siehe 5.3.4, vollständig in der Berechnung des Gesamttragwerkes berücksichtigt werden, sind keine weiteren Stabilitätsnachweise der einzelnen Bauteile nach 6.3 erforderlich.

b) Wenn die Einflüsse aus Theorie II. Ordnung in Einzelbauteilen oder bestimmte Bauteilimperfektionen (z. B. Bauteilimperfektionen für Biegeknicken oder Biegedrillknicken, siehe 5.3.4) nicht vollständig in der Berechnung des Gesamttragwerkes berücksichtigt werden, ist in der Regel die Stabilität der Einzelbauteile, die nicht in der globalen Tragwerksberechnung enthalten ist, unter Verwendung der maßgebenden Kriterien nach 6.3 zusätzlich nachzuweisen. Bei diesem Nachweis sind in der Regel die Randmomente und Kräfte des Einzelbauteils aus der Berechnung des Gesamttragwerkes einschließlich der Einflüsse aus Theorie II. Ordnung und globalen Imperfektionen, siehe 5.3.2, zu berücksichtigen. Darüber hinaus darf als Knicklänge des Einzelbauteils die Systemlänge angesetzt werden.

(8) Wird die Stabilität von Tragwerken durch einen Ersatzstabnachweis nach 6.3 nachgewiesen, ist die Knicklänge aus der Knickfigur des Gesamttragwerks zu ermitteln; dabei sind die Steifigkeit der Bauteile und Verbindungen, das Ausbilden von Fließgelenken sowie die Verteilung der Druckkräfte mit den Bemessungswerten der Einwirkungen zu berücksichtigen.

In diesem Fall können die Schnittgrößen nach Theorie I. Ordnung ohne Ansatz von Imperfektionen ermittelt werden.

ANMERKUNG Der Nationale Anhang darf den Anwendungsbereich festlegen.

NDP Zu 5.2.2(8) Anmerkung

Stabilitätsnachweise dürfen nach dem Ersatzstabverfahren nach DIN EN 1993-1-1:2010-12, 6.3 geführt werden, wenn die Konsequenzen für die Anschlüsse und die angeschlossenen Bauteile berücksichtigt werden. Typische Konsequenzen sind:

a) Bei der Bemessung von biegesteifen Verbindungen ist statt des vorhandenen Biegemomentes M_{Ed} das vollplastische Moment $M_{\mathrm{pl,Rd}}$ zu berücksichtigen, sofern kein genauerer Nachweis geführt wird.

b) Bei verschieblichen Systemen mit angeschlossenen Pendelstützen muss eine zusätzliche Ersatzbelastung V_0 entsprechend der nachfolgenden Gleichung zur Berücksichtigung der Vorverdrehungen der Pendelstützen bei der Ermittlung der Schnittgrößen nach Theorie I. Ordnung angesetzt werden:

$$V_{\mathrm{o}} = \sum (P_{\mathrm{i}}\, \phi) \qquad \text{(NA.2)}$$

mit

P_{i} Normalkraft der Pendelstütze i

ϕ nach DIN EN 1993-1-1:2010-12, 5.3.2(3) a)

5.3 Imperfektionen

5.3.1 Grundlagen

(1) Bei der Tragwerksberechnung sind in der Regel geeignete Ansätze zu wählen, um die Wirkungen von Imperfektionen zu erfassen. Diese berücksichtigen insbesondere Eigenspannungen und geometrische Imperfektionen wie Schiefstellung und Abweichungen von der Geradheit, Ebenheit und Passung sowie Exzentrizitäten, die größer als die grundlegenden Toleranzen nach EN 1090-2 sind, die in den Verbindungen des unbelasteten Tragwerks auftreten.

(2) In den Berechnungen sollten äquivalente geometrische Ersatzimperfektionen, siehe 5.3.2 und 5.3.3, verwendet werden, deren Werte die möglichen Wirkungen aller Imperfektionen abdecken, es sei denn, diese Wirkungen werden in den Gleichungen für die Beanspruchbarkeit von Bauteilen indirekt erfasst, siehe 5.3.4.

(3) Folgende Imperfektionen sind in der Regel anzusetzen:

a) Imperfektionen für Gesamttragwerke und aussteifende Systeme;

b) örtliche Imperfektionen für einzelne Bauteile.

5.3.2 Imperfektionen für die Tragwerksberechnung

(1) Die anzunehmende Form der Imperfektionen eines Gesamttragwerkes und örtlicher Imperfektionen eines Tragwerks kann aus der Form der maßgebenden Eigenform in der betrachteten Ebene hergeleitet werden.

(2) Knicken, sowohl in als auch aus der Ebene, einschließlich Drillknicken mit symmetrischen und antimetrischen Knickfiguren ist in der Regel in der ungünstigsten Richtung und Form zu berücksichtigen.

(3) Bei Tragwerken, deren Eigenform durch eine seitliche Verschiebung charakterisiert ist, können in der Regel die Einflüsse der Imperfektionen bei der Berechnung durch eine äquivalente Ersatzvorverformung in Form einer Anfangsschiefstellung des Tragwerks und der Vorkrümmung der einzelnen Bauteile berücksichtigt werden. Die Imperfektionen sind dann wie folgt zu ermittelen:

a) globale Anfangsschiefstellung, siehe Bild 5.2:

$$\phi = \phi_0\, \alpha_{\mathrm{h}}\, \alpha_{\mathrm{m}} \qquad (5.5)$$

Dabei ist

ϕ_0 der Ausgangswert: $\phi_0 = 1/200$;

α_h der Abminderungsfaktor für die Höhe h von Stützen:

$$\alpha_h = \frac{2}{\sqrt{h}} \text{ jedoch } \frac{2}{3} \leq \alpha_h \leq 1{,}0$$

h die Höhe des Tragwerks, in m;

α_m der Abminderungsfaktor für die Anzahl der Stützen in einer Reihe:

$$\alpha_m = \sqrt{0{,}5\left(1 + \frac{1}{m}\right)}$$

m Anzahl der Stützen in einer Reihe, unter ausschließlicher Betrachtung der Stützen, die eine Vertikalbelastung größer 50 % der durchschnittlichen Stützenlast in der betrachteten vertikalen Richtung übernehmen.

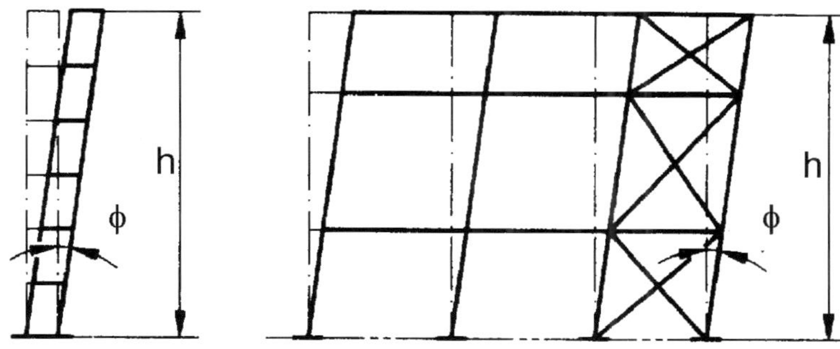

Bild 5.2: Äquivalente Stützenschiefstellung

b) eingeprägte Vorkrümmung von Bauteilen

$$e_0/L \qquad (5.6)$$

Dabei ist L die Bauteillänge.

ANMERKUNG Die Werte e_0/L können dem Nationalen Anhang entnommen werden. Empfohlene Werte sind in Tabelle 5.1 aufgeführt.

Tabelle 5.1: Bemessungswerte der Vorkrümmung e_0/L von Bauteilen

Knicklinie nach Tabelle 6.2	**elastische Berechnung**	**plastische Berechnung**
	e_0/L	e_0/L
a_0	1/350	1/300
a	1/300	1/250
b	1/250	1/200
c	1/200	1/150
d	1/150	1/100

NDP Zu 5.3.2(3) Anmerkung

Die Empfehlungen dürfen angewendet werden. Falls die Ermittlung der Schnittgrößen des Gesamtsystems nach der Elastizitätstheorie erfolgt und ein Querschnittsnachweis mit einer linearen Querschnittsinteraktion geführt wird, dürfen auch die Werte nach Tabelle NA.1 verwendet werden.

Tabelle NA.1: Vorkrümmung e_0/L von Bauteilen

Knicklinie nach DIN EN 1993-1-1:2010-12, Tabelle 6.1	elastische Querschnittsausnutzung	plastische Querschnittsausnutzung
	e_0/L	e_0/L
a_0	1/900	wie bei elastischer Querschnittsausnutzung, jedoch $\frac{M_{\text{pl,k}}}{M_{\text{el,k}}}$-fach
a	1/550	
b	1/350	
c	1/250	
d	1/150	

Die angegebenen Bemessungswerte der Vorkrümmung e_0/L dürfen die zulässigen Toleranzen der Produktnormen nicht unterschreiten.

(4)B Für Hochbauten dürfen Anfangsschiefstellungen vernachlässigt werden, wenn

$$H_{\text{Ed}} \geq 0{,}15\ V_{\text{Ed}} \tag{5.7}$$

(5)B Für die Bestimmung der horizontalen Kräfte auf aussteifende Deckenscheiben ist in der Regel die Anordnung der Imperfektionen nach Bild 5.3 zu verwenden, dabei ist ϕ die mit Gleichung (5.5) ermittelte Anfangsschiefstellung eines Stockwerks mit der Höhe h, siehe (3) a).

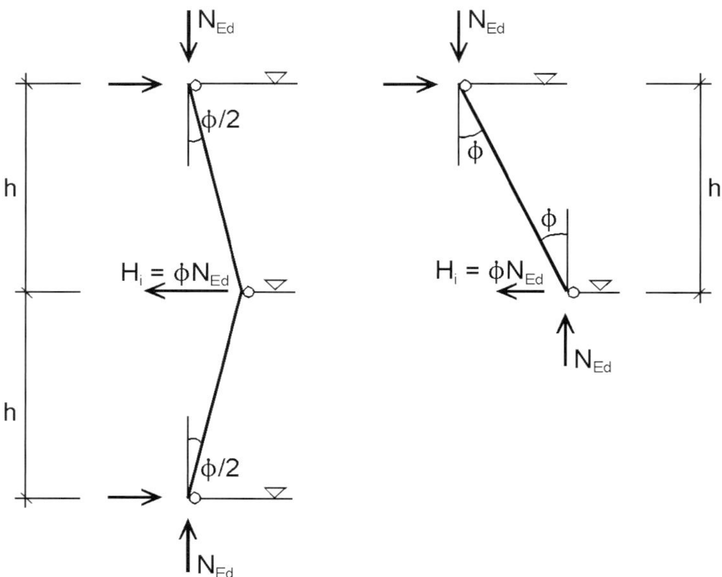

Bild 5.3: Anordnung der Anfangsschiefstellung ϕ für Horizontalkräfte auf aussteifende Deckenscheiben

(6) Für die Berechnung der Schnittgrößen an Enden von Bauteilen für den Bauteilnachweis nach 6.3 dürfen in der Regel lokale Vorkrümmungen vernachlässigt werden. Bei Tragwerken, die empfindlich auf Verformungen reagieren, siehe 5.2.1(3), sind in der Regel für jedes Bauteil mit Druckbeanspruchung zusätzlich lokale Vorkrümmungen anzusetzen, wenn folgende Bedingungen gelten:

- mindestens ein Bauteilende ist eingespannt bzw. biegesteif verbunden;
- $\bar{\lambda} > 0{,}5\sqrt{\dfrac{A f_y}{N_{\text{Ed}}}}$ (5.8)

Dabei ist

N_{Ed} der Bemessungswert der einwirkenden Normalkraft (Druck);

$\bar{\lambda}$ der Schlankheitsgrad des Bauteils in der betrachteten Ebene, der mit der Annahme beidseitig gelenkiger Lagerung ermittelt wird.

ANMERKUNG Lokale Vorkrümmungen sind bereits in den Gleichungen für Bauteilnachweise berücksichtigt, siehe 5.2.2(3) und 5.3.4.

(7) Die Wirkungen der Anfangsschiefstellungen und Bauteilvorkrümmungen dürfen durch Systeme äquivalenter horizontaler Ersatzlasten an jeder Stütze ersetzt werden, siehe Bild 5.3 und Bild 5.4.

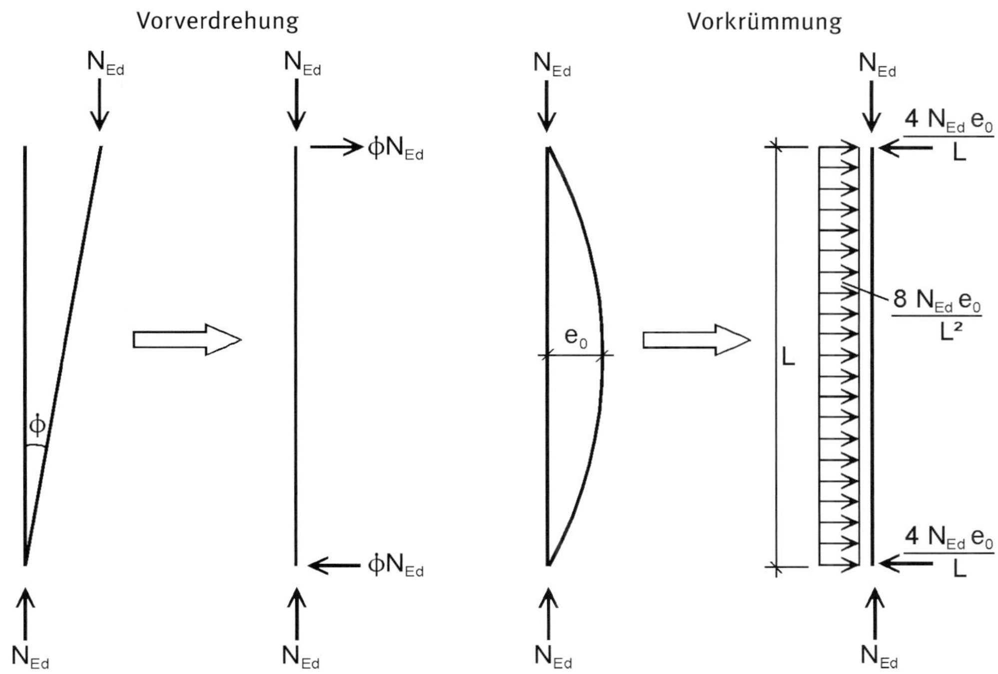

Bild 5.4: Ersatz der Vorverformungen durch äquivalente horizontale Ersatzlasten

(8) Diese Vorverformungen sind in der Regel jeweils in allen maßgebenden Richtungen zu untersuchen, brauchen aber nur in einer Richtung gleichzeitig betrachtet zu werden.

(9)B Bei mehrstöckigen Rahmentragwerken mit Trägern und Stützen sind in der Regel die äquivalenten Ersatzkräfte für jedes Stockwerk und das Dach anzusetzen.

(10) Die möglichen Einflüsse aus Torsion infolge gleichzeitig auftretender anti-metrischer Verschiebungen auf zwei gegenüberliegenden Seiten sind in der Regel zu beachten, siehe Bild 5.5.

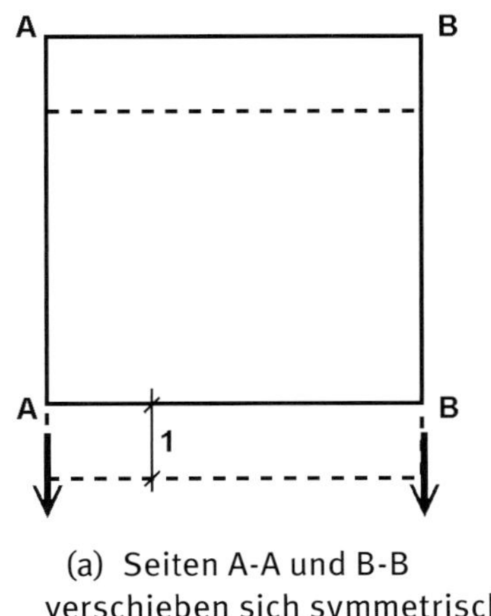

(a) Seiten A-A und B-B verschieben sich symmetrisch

A B A B 2

(b) Seiten A-A und B-B verschieben sich anti-metrisch

Legende

1 Verschiebung

2 Verdrehung

Bild 5.5: Verschiebungsmöglichkeiten und Einflüsse aus Torsion (Draufsicht)

(11) Alternativ zu (3) und (6) darf die Form der maßgebenden Eigenfigur η_{cr} für das gesamte Tragwerk als Imperfektionsfigur angesetzt werden. Die maximale Amplitude dieser Imperfektionsfigur darf wie folgt ermittelt werden:

$$\eta_{init} = e_0 \frac{N_{cr}}{EI\left|\eta_{cr}''\right|_{max}} \eta_{cr} = \frac{e_0}{\bar{\lambda}^2} \frac{N_{Rk}}{EI\left|\eta_{cr}''\right|_{max}} \eta_{cr} \tag{5.9}$$

$$\text{mit } e_0 = \alpha\left(\bar{\lambda} - 0{,}2\right) \frac{M_{Rk}}{N_{Rk}} \frac{1 - \frac{\chi \bar{\lambda}^2}{\gamma_{M1}}}{1 - \chi \bar{\lambda}^2} \quad \text{für } \bar{\lambda} > 0{,}2 \tag{5.10}$$

$$\text{und } \bar{\lambda} = \sqrt{\frac{\alpha_{ult,k}}{\alpha_{cr}}} \tag{5.11}$$

Dabei ist

$\bar{\lambda}$	der Schlankheitsgrad des Tragwerks;
α	der Imperfektionsbeiwert der zutreffenden Knicklinie, siehe Tabelle 6.1 und Tabelle 6.2;
χ	der Abminderungsfaktor der zutreffenden Knicklinie abhängig vom maßgebenden Querschnitt, siehe 6.3.1;
$\alpha_{ult,k}$	der kleinstmögliche Vergrößerungsfaktor der Normalkräfte N_{Ed} in den Bauteilen, um den charakteristischen Widerstand N_{Rk} des maximal beanspruchten Querschnitts zu erreichen, ohne jedoch das Knicken selbst zu berücksichtigen;
α_{cr}	der kleinstmögliche Vergrößerungsfaktor der Normalkräfte N_{Ed}, um ideale Verzweigungslast zu erreichen;
M_{Rk}	die charakteristische Momententragfähigkeit des kritischen Querschnitts, z. B. $M_{el,Rk}$ oder $M_{pl,Rk}$;
N_{Rk}	die charakteristische Normalkrafttragfähigkeit des kritischen Querschnitts, z. B. $N_{pl,Rk}$;
η_{cr}	die Form der Knickfigur;
$EI\left\|\eta_{cr}''\right\|_{max}$	das Biegemoment infolge η_{cr} am kritischen Querschnitt.

ANMERKUNG 1 Für die Berechnung der Vergrößerungsfaktoren $\alpha_{ult,k}$ und α_{cr} kann davon ausgegangen werden, dass die Bauteile des Tragwerks ausschließlich durch axiale Kräfte N_{Ed} beansprucht werden. N_{Ed} sind dabei die nach Theorie I. Ordnung berechneten Kräfte für den betrachteten Lastfall. Biegemomente können vernachlässigt werden.

Für die elastische Tragwerksberechnung und plastische Querschnittsprüfung sollte die lineare Gleichung

$$\frac{N_{Ed}}{N_{pl,Rd}} + \frac{M_{Ed}}{M_{pl,Rd}} \leq 1$$

angewendet werden.

ANMERKUNG 2 Der Nationale Anhang kann Informationen zum Anwendungsbereich von (11) geben.

NDP Zu 5.3.2(11) Anmerkung 2

Das allgemeine Verfahren zur Ermittlung der maßgebenden Eigenfigur und deren maximale Amplitude der geometrischen Ersatzimperfektion darf angewendet werden. Falls unter Verwendung der nach Gleichung (5.9) ermittelten Imperfektionen die Ermittlung der Schnittgrößen des Gesamtsystems nach der Elastizitätstheorie erfolgt und ein Querschnittsnachweis unter Berücksichtigung der plastischen Tragfähigkeit geführt wird, dann muss der Querschnittsnachweis mit einer linearen Querschnittsinteraktion erfolgen.

Imperfektionen zur Berechnung aussteifender Systeme 5.3.3

(1) Bei der Berechnung aussteifender Systeme, die zur seitlichen Stabilisierung von Trägern oder druckbeanspruchter Bauteile benötigt werden, ist in der Regel der Einfluss der Imperfektionen der abgestützten Bauteile durch äquivalente geometrische Ersatzimperfektionen in Form von Vorkrümmungen zu berücksichtigen:

$$e_0 = \alpha_m L/500 \tag{5.12}$$

Dabei ist

L die Spannweite des aussteifenden Systems;

$\alpha_m = \sqrt{0{,}5\left(1+\frac{1}{m}\right)}$ der Abminderungsfaktor;

m die Anzahl der auszusteifenden Bauteile.

(2) Zur Vereinfachung darf der Einfluss der Vorkrümmung der durch das aussteifende System stabilisierten Bauteile durch äquivalente stabilisierende Ersatzkräfte nach Bild 5.6 ersetzt werden:

$$q = \sum N_{Ed}\, 8 \frac{e_0 + \delta_q}{L^2} \tag{5.13}$$

Dabei ist

δ_q die Durchbiegung des aussteifenden Systems in seiner Ebene infolge q und weiterer äußerer Einwirkungen gerechnet nach Theorie I. Ordnung.

ANMERKUNG δ_q darf 0 gesetzt werden, falls nach Theorie II. Ordnung gerechnet wird.

(3) Wird das aussteifende System zur Stabilisierung des druckbeanspruchten Flansches eines Trägers mit konstanter Höhe eingesetzt, kann die Kraft N_{Ed} in Bild 5.6 wie folgt ermittelt werden:

$$N_{Ed} = M_{Ed}/h \tag{5.14}$$

Dabei ist

M_{Ed} das maximale einwirkende Biegemoment des Trägers;

h die Gesamthöhe des Trägers.

ANMERKUNG Im Falle eines durch eine zusätzliche Drucknormalkraft beanspruchten Trägers enthält N_{Ed} auch einen Teil der Beanspruchung aus der einwirkenden Normalkraft.

(4) An Stößen von Trägern oder von druckbeanspruchten Bauteilen ist zusätzlich nachzuweisen, dass das aussteifende System eine am Stoßpunkt angreifende lokale Kraft von $\alpha_m N_{Ed}/100$ von jedem Träger oder druckbeanspruchten Bauteil aufnehmen kann, welcher am gleichen Punkt gestoßen ist. Die Weiterleitung dieser Kräfte zu den nächsten Haltepunkten der Träger oder druckbeanspruchten Bauteile ist ebenfalls nachzuweisen, siehe Bild 5.7.

(5) Bei dem Nachweis der lokalen Kräfte nach (4) sind auch alle anderen äußeren Kräfte zu berücksichtigen, die auf das aussteifende System wirken, wobei die Kräfte aus dem Einfluss der Imperfektion aus (1) vernachlässigt werden dürfen.

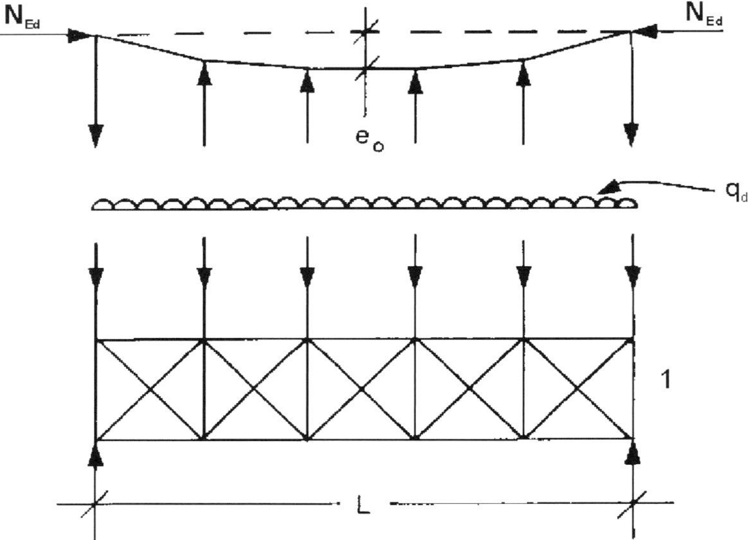

Legende

e_0 Imperfektion

q_d äquivalente Kräfte je Längeneinheit

1 aussteifendes System

Die Kraft N_{Ed} wird innerhalb der Spannweite L des aussteifenden Systems als konstant angenommen.

Für nicht konstante Kräfte ist die Annahme leicht konservativ.

Bild 5.6: Äquivalente stabilisierende Ersatzkräfte

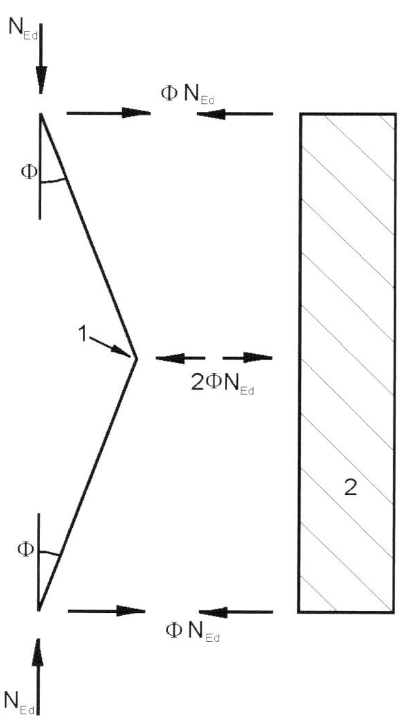

$$\Phi = \alpha_m \, \Phi_0 : \Phi_0 = 1/200$$
$$2\Phi N_{Ed} = \alpha_m \, N_{Ed}/100$$

Legende

1 Stoß

2 aussteifendes System

Bild 5.7: Lokale Ersatzkräfte an Stößen in druckbeanspruchten Bauteilen

Bauteilimperfektionen 5.3.4

(1) Die Einflüsse von Bauteilimperfektionen sind in den Gleichungen für die Stabilitätsnachweise von Bauteilen nach 6.3 enthalten.

(2) Wenn die Stabilitätsnachweise von Bauteilen nach Theorie II. Ordnung entsprechend 5.2.2(7) a) geführt werden, ist die Imperfektion für druckbeanspruchte Bauteile e_0 in der Regel nach 5.3.2(3) b), 5.3.2(5) oder 5.3.2(6) zu berücksichtigen.

(3) Bei einem Biegedrillknicknachweis von biegebeanspruchten Bauteilen nach Theorie II. Ordnung darf die Imperfektion mit $k\ e_0$ angenommen werden, wobei e_0 die äquivalente Vorkrümmung um die schwache Achse des betrachteten Profils ist. Im Allgemeinen braucht keine weitere Torsionsimperfektion betrachtet zu werden.

ANMERKUNG Der Nationale Anhang kann den Wert von k festlegen. ~~Der Wert ... empfohlen.~~

NDP Zu 5.3.4(3) Anmerkung

Die Imperfektion ist anstelle von $(k \cdot e_0)$ mit den Werten der Tabelle NA.2 anzunehmen.

Tabelle NA.2: Äquivalente Vorkrümmungen e_0

Querschnitt	**Abmessungen**	**Elastische Querschnitts-ausnutzung** e_0/L	**Plastische Querschnitts-ausnutzung** e_0/L
gewalzte I-Profile	$h/b \leq 2{,}0$	1/500	1/400
	$h/b > 2{,}0$	1/400	1/300
geschweißte I-Profile	$h/b \leq 2{,}0$	1/400	1/300
	$h/b > 2{,}0$	1/300	1/200

Diese Werte sind im Bereich $0{,}7 \leq \bar{\lambda}_{LT} \leq 1{,}3$ zu verdoppeln.

Berechnungsmethoden 5.4

Allgemeines 5.4.1

(1) Die Schnittgrößen können nach einer der beiden folgenden Methoden ermittelt werden:

a) elastische Tragwerksberechnung;

b) plastische Tragwerksberechnung.

ANMERKUNG Zu Finite-Element(FEM)-Berechnungen siehe EN 1993-1-5.

(2) Die elastische Tragwerksberechnung darf in allen Fällen angewendet werden.

(3) Eine plastische Tragwerksberechnung darf nur dann durchgeführt werden, wenn das Tragwerk über ausreichende Rotationskapazität an den Stellen verfügt, an denen sich die plastischen Gelenke bilden, sei es in Bauteilen oder in Anschlüssen.

An den Stellen plastischer Gelenke in Bauteilen sollte der Bauteilquerschnitt doppelt-symmetrisch oder einfach-symmetrisch mit einer Symmetrieebene in der Rotationsebene des plastischen Gelenkes sein und zusätzlich den in 5.6 festgelegten Anforderungen entsprechen.

Tritt ein plastisches Gelenk an einem Anschluss auf, sollte der Anschluss entweder ausreichende Festigkeit haben, damit sich das plastische Gelenk im Bauteil bildet, oder er sollte seine plastische Festigkeit über eine ausreichende Rotation beibehalten können, siehe EN 1993-1-8.

(4)B Vereinfachend darf bei nach Elastizitätstheorie berechneten Durchlaufträgern eine begrenzte plastische Momentenumlagerung berücksichtigt werden, wenn die Stützmomente die plastische Momententragfähigkeit um weniger als 15 % überschreiten. Die überschreitenden Momentenspitzen müssen dann umgelagert werden, vorausgesetzt, dass:

a) die Schnittgrößen des Tragwerks mit den äußeren Einwirkungen im Gleichgewicht stehen;

b) alle Bauteile, bei denen die Momente abgemindert werden, Querschnitte der Klasse 1 oder 2 (siehe 5.5) aufweisen;

c) Biegedrillknicken verhindert ist.

5.4.2 Elastische Tragwerksberechnung

(1) Bei einer elastischen Tragwerksberechnung ist in der Regel davon auszugehen, dass die Spannungs-Dehnungsbeziehung des Materials in jedem Spannungszustand linear verläuft.

ANMERKUNG Bei der Wahl des Modells für verformbare Anschlüsse siehe 5.1.2.

(2) Schnittgrößen dürfen mit elastischen Berechnungsverfahren ermittelt werden, auch wenn die Querschnittsbeanspruchbarkeiten plastisch ermittelt sind, siehe 6.2.

(3) Eine elastische Tragwerksberechnung darf auch für Querschnitte verwendet werden, deren Beanspruchbarkeit durch lokales Beulen begrenzt wird, siehe 6.2.

5.4.3 Plastische Tragwerksberechnung

(1) Die plastische Tragwerksberechnung berücksichtigt die Einflüsse aus nichtlinearem Werkstoffverhalten bei der Ermittlung der Schnittgrößen. Die Tragwerksberechnung sollte nach einer der folgenden Methoden erfolgen:

- durch das elastisch-plastische Fließgelenkverfahren mit voll plastizierten Querschnitten in den Fließgelenken und/oder Anschlüssen, die als Fließgelenke wirken;
- durch eine nichtlineare plastische Berechnung, die Teilplastizierung von Bauteilen in Fließzonen berücksichtigt;
- durch das starr-plastische Fließgelenkverfahren, das das elastische Verhalten zwischen den Fließgelenken vernachlässigt.

(2) Eine plastische Tragwerksberechnung darf durchgeführt werden, wenn die Bauteile in der Lage sind, genügende Rotationskapazität zu entwickeln, um die erforderliche Momentenumlagerung durchzuführen, siehe 5.5 und 5.6.

(3) Eine plastische Tragwerksberechnung sollte nur durchgeführt werden, wenn die Stabilität der Bauteile an plastischen Gelenken gesichert ist, siehe 6.3.5.

(4) Für die plastische Berechnung darf die bi-lineare Spannungs-Dehnungsbeziehung nach Bild 5.8 für alle in Abschnitt 3 spezifizierten Stahlgüten verwendet werden. Alternativ darf eine genauere Beziehung angenommen werden, siehe EN 1993-1-5.

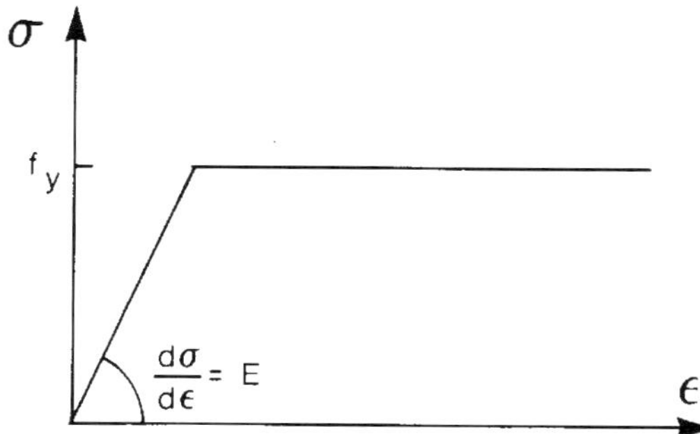

Bild 5.8: Bi-lineare Spannungs-Dehnungsbeziehung

(5) Das starr-plastische Fließgelenkverfahren darf angewendet werden, wenn keine Einflüsse aus dem verformten System (z. B. Einflüsse der Theorie II. Ordnung) berücksichtigt werden müssen. In diesem Falle werden die Anschlüsse nur nach ihrer Festigkeit klassifiziert, siehe EN 1993-1-8.

(6) Die Einflüsse des verformten Systems und die Stabilität des Tragwerks sind in der Regel nach den Grundsätzen in 5.2 nachzuweisen.

ANMERKUNG Die maximale Tragfähigkeit kann bei verformungsempfindlichen Tragwerken bereits erreicht werden, bevor sich die vollständige Fließgelenkkette nach Theorie I. Ordnung gebildet hat.

Klassifizierung von Querschnitten 5.5

Grundlagen 5.5.1

(1) Mit der Klassifizierung von Querschnitten soll die Begrenzung der Beanspruchbarkeit und Rotationskapazität durch lokales Beulen von Querschnittsteilen festgestellt werden.

Klassifizierung 5.5.2

(1) Es werden vier Querschnittsklassen definiert:

- Querschnitte der Klasse 1 können plastische Gelenke oder Fließzonen mit ausreichender plastischer Momententragfähigkeit und Rotationskapazität für die plastische Berechnung ausbilden;
- Querschnitte der Klasse 2 können die plastische Momententragfähigkeit entwickeln, haben aber aufgrund örtlichen Beulens nur eine begrenzte Rotationskapazität;
- Querschnitte der Klasse 3 erreichen für eine elastische Spannungsverteilung die Streckgrenze in der ungünstigsten Querschnittsfaser, können aber wegen örtlichen Beulens die plastische Momententragfähigkeit nicht entwickeln;
- Querschnitte der Klasse 4 sind solche, bei denen örtliches Beulen vor Erreichen der Streckgrenze in einem oder mehreren Teilen des Querschnitts auftritt.

(2) Bei Querschnitten der Klasse 4 dürfen effektive Breiten verwendet werden, um die Abminderung der Beanspruchbarkeit infolge lokalen Beulens zu berücksichtigen, siehe EN 1993-1-5, 4.4.

(3) Die Klassifizierung eines Querschnittes ist vom c/t-Verhältnis seiner druckbeanspruchten Teile abhängig.

(4) Druckbeanspruchte Querschnittsteile können entweder vollständig oder teilweise unter der zu untersuchenden Einwirkungskombination Druckspannungen aufweisen.

(5) Die verschiedenen druckbeanspruchten Querschnittsteile (wie z. B. Steg oder Flansch) können im Allgemeinen verschiedenen Querschnittsklassen zugeordnet werden.

(6) Ein Querschnitt wird durch die höchste (ungünstigste) Klasse seiner druckbeanspruchten Querschnittsteile klassifiziert. Ausnahmen sind in 6.2.1(10) und 6.2.2.4(1) angegeben.

(7) Alternativ ist es zulässig, die Klasse eines Querschnitts durch Klassifizierung der Flansche sowie des Steges festzulegen.

(8) Die Grenzabmessungen druckbeanspruchter Querschnittsteile für die Klassen 1, 2 und 3 können der Tabelle 5.2 entnommen werden. Querschnittsteile, die die Anforderungen der Querschnittsklasse 3 nicht erfüllen, sollten in Querschnittsklasse 4 eingestuft werden.

(9) Mit Ausnahme der Fälle in (10) ist es möglich, Querschnitte der Klasse 4 wie Querschnitte der Klasse 3 zu behandeln, falls das c/t-Verhältnis, das nach Tabelle 5.2 mit einer Erhöhung von ε um $\sqrt{\dfrac{f_y/\gamma_{M0}}{\sigma_{com,Ed}}}$ ermittelt wird, kleiner als die Grenze für Klasse 3 ist. Dabei ist $\sigma_{com,Ed}$ der größte Bemessungswert der einwirkenden Druckspannung im Querschnittsteil, die nach Theorie I. Ordnung oder, falls notwendig, nach Theorie II. Ordnung ermittelt wird.

(10) Es sollten jedoch für Stabilitätsnachweise eines Bauteils nach 6.3 immer die Grenzabmessungen der Klasse 3 Tabelle 5.2 ohne Erhöhung von ε verwendet werden.

(11) Querschnitte mit Klasse-3-Steg und Klasse-1- oder Klasse-2-Gurten dürfen als Klasse-2-Querschnitte mit einem wirksamen Steg nach 6.2.2.4 eingestuft werden.

(12) Wenn der Steg nur für die Schubkraftübertragung vorgesehen ist und nicht zur Abtragung von Biegemomenten und Normalkräften eingesetzt wird, darf der Querschnitt alleine abhängig von der Einstufung der Gurte den Klassen 2, 3 oder 4 zugeordnet werden.

ANMERKUNG Zu flanschinduziertem Stegbeulen, siehe EN 1993-1-5.

5.6 Anforderungen an Querschnittsformen und Aussteifungen am Ort der Fließgelenkbildung

(1) An Stellen, an denen sich Fließgelenke ausbilden können, müssen die Querschnitte des Bauteils in der Regel eine entsprechende Rotationskapazität aufweisen.

(2) Die Momenten-Rotationskapazität kann bei Bauteilen mit konstantem Querschnitt als ausreichend angenommen werden, wenn folgende Anforderungen erfüllt sind:

a) das Bauteil weist an den Stellen der Fließgelenke einen Querschnitt der Klasse 1 auf;

b) wirken an den Fließgelenken innerhalb eines Bereichs von $h/2$ Einzellasten quer zur Trägerachse, so sind im Abstand von maximal $h/2$ vom Fließgelenk Stegsteifen anzuordnen, wenn die Einzellasten 10 % der Schubtragfähigkeit des Querschnitts überschreiten, siehe 6.2.6; h ist die Querschnittshöhe.

(3) Falls sich der Querschnitt des Bauteils entlang seiner Längsachse verändert, sind in der Regel folgende zusätzliche Anforderungen zu erfüllen:

a) Im Bereich eines Fließgelenks darf die Dicke des Steges in einer Entfernung von mindestens $2d$ in beide Richtungen vom Fließgelenk nicht reduziert werden, wobei d die lichte Steghöhe am Fließgelenk ist;

b) Im Bereich eines Fließgelenks muss der druckbeanspruchte Gurt der Querschnittsklasse 1 angehören. Als maßgebende Entfernung ist der größere der folgenden Werte zu verwenden:
   - $2d$, wobei d wie in (3)a) definiert ist;
   - der Abstand bis zu dem Punkt, an dem das Moment auf den 0,8-fachen Wert der plastischen Momententragfähigkeit am Fließgelenk gesunken ist.

c) Außerhalb der Fließgelenkbereiche eines Bauteils müssen die druckbeanspruchten Gurte der Querschnittsklasse 1 oder 2 und die Stege der Querschnittsklasse 1, 2 oder 3 entsprechen.

(4) Angrenzend an ein Fließgelenk müssen die Löcher in zugbeanspruchten Trägerflanschen innerhalb eines Abstands nach (3) b) in jeder Richtung vom Fließgelenk den Anforderungen nach 6.2.5(4) entsprechen.

(5) Falls eine plastische Bemessung eines Rahmens unter Beachtung der Querschnittsanforderungen durchgeführt wird, darf das plastische Umlagerungsvermögen als ausreichend angenommen werden, wenn die Anforderungen nach (2) bis (4) für alle Bauteile, in denen Fließgelenke unter den Bemessungswerten der Einwirkungen auftreten können, erfüllt sind.

(6) Falls eine plastische Tragwerksberechnung durchgeführt wird, welche das tatsächliche Spannungs- und Dehnungsverhalten entlang der Längsachse des Bauteils einschließlich lokalem Beulen und globalem Knicken des Bauteils und des Tragwerks berücksichtigt, ist es nicht erforderlich, die Anforderungen (2) bis (5) zu erfüllen.

Tabelle 5.2: Maximales c/t-Verhältnis druckbeanspruchter Querschnittsteile

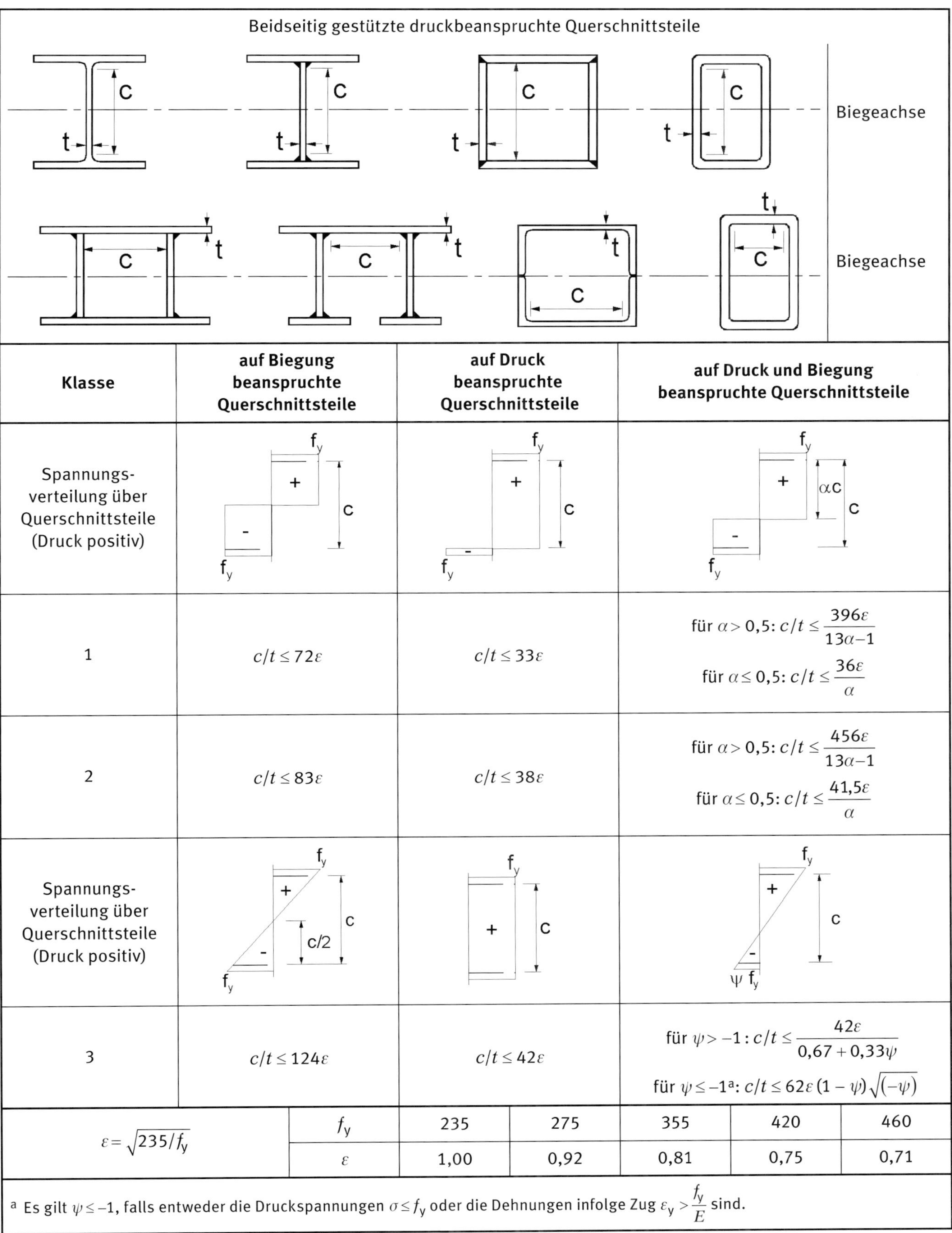

Klasse	auf Biegung beanspruchte Querschnittsteile	auf Druck beanspruchte Querschnittsteile	auf Druck und Biegung beanspruchte Querschnittsteile
Spannungsverteilung über Querschnittsteile (Druck positiv)			
1	$c/t \leq 72\varepsilon$	$c/t \leq 33\varepsilon$	für $\alpha > 0{,}5$: $c/t \leq \frac{396\varepsilon}{13\alpha-1}$ für $\alpha \leq 0{,}5$: $c/t \leq \frac{36\varepsilon}{\alpha}$
2	$c/t \leq 83\varepsilon$	$c/t \leq 38\varepsilon$	für $\alpha > 0{,}5$: $c/t \leq \frac{456\varepsilon}{13\alpha-1}$ für $\alpha \leq 0{,}5$: $c/t \leq \frac{41{,}5\varepsilon}{\alpha}$
Spannungsverteilung über Querschnittsteile (Druck positiv)			
3	$c/t \leq 124\varepsilon$	$c/t \leq 42\varepsilon$	für $\psi > -1$: $c/t \leq \frac{42\varepsilon}{0{,}67+0{,}33\psi}$ für $\psi \leq -1$[a]: $c/t \leq 62\varepsilon(1-\psi)\sqrt{(-\psi)}$

$\varepsilon = \sqrt{235/f_y}$	f_y	235	275	355	420	460
	ε	1,00	0,92	0,81	0,75	0,71

[a] Es gilt $\psi \leq -1$, falls entweder die Druckspannungen $\sigma \leq f_y$ oder die Dehnungen infolge Zug $\varepsilon_y > \frac{f_y}{E}$ sind.

Tabelle 5.2 (*fortgesetzt*)

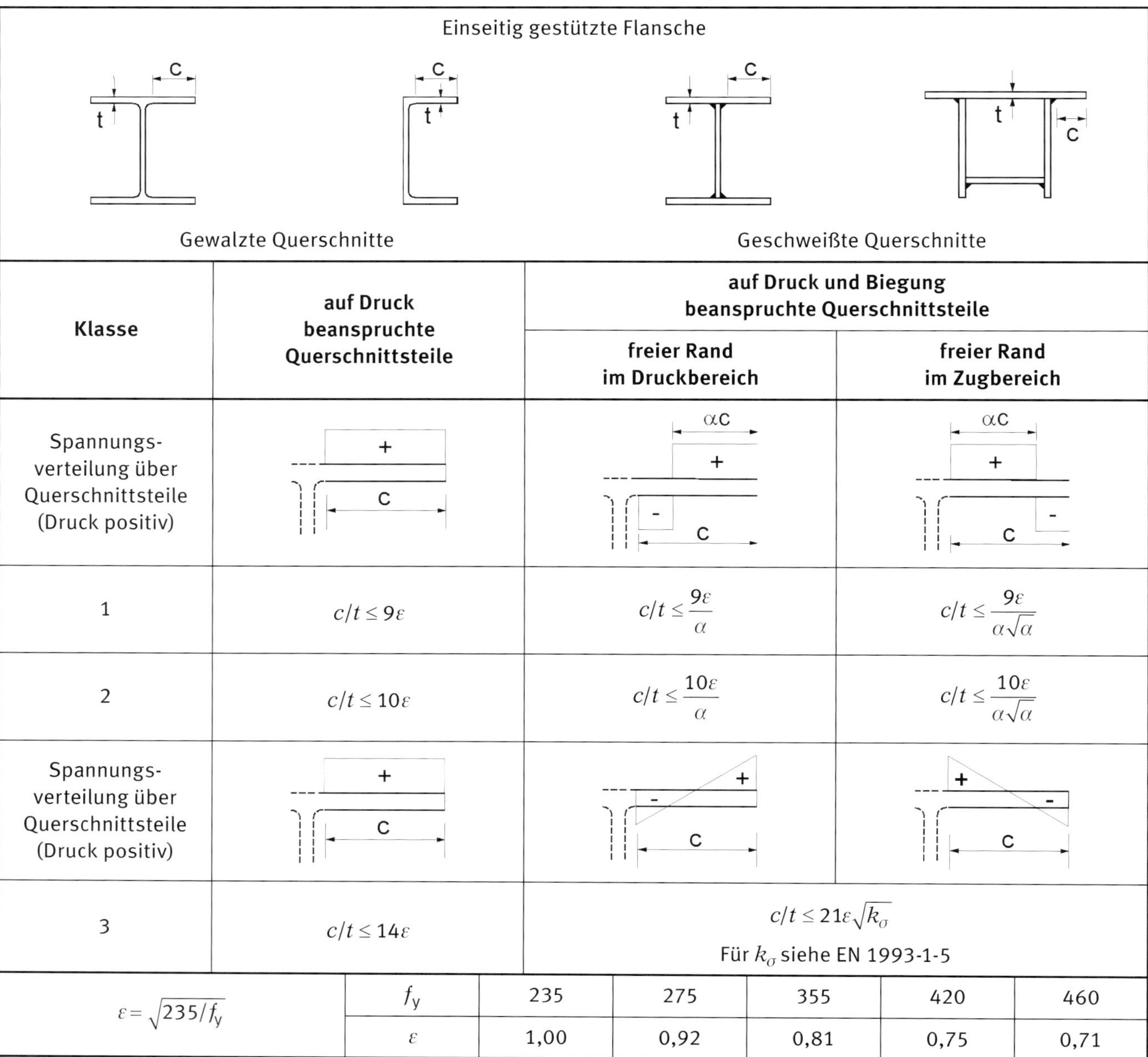

Klasse	auf Druck beanspruchte Querschnittsteile	auf Druck und Biegung beanspruchte Querschnittsteile: freier Rand im Druckbereich	auf Druck und Biegung beanspruchte Querschnittsteile: freier Rand im Zugbereich
Spannungsverteilung über Querschnittsteile (Druck positiv)			
1	$c/t \leq 9\varepsilon$	$c/t \leq \frac{9\varepsilon}{\alpha}$	$c/t \leq \frac{9\varepsilon}{\alpha\sqrt{\alpha}}$
2	$c/t \leq 10\varepsilon$	$c/t \leq \frac{10\varepsilon}{\alpha}$	$c/t \leq \frac{10\varepsilon}{\alpha\sqrt{\alpha}}$
Spannungsverteilung über Querschnittsteile (Druck positiv)			
3	$c/t \leq 14\varepsilon$	$c/t \leq 21\varepsilon\sqrt{k_\sigma}$ Für k_σ siehe EN 1993-1-5	

$\varepsilon = \sqrt{235/f_y}$	f_y	235	275	355	420	460
	ε	1,00	0,92	0,81	0,75	0,71

Tabelle 5.2 (*fortgesetzt*)

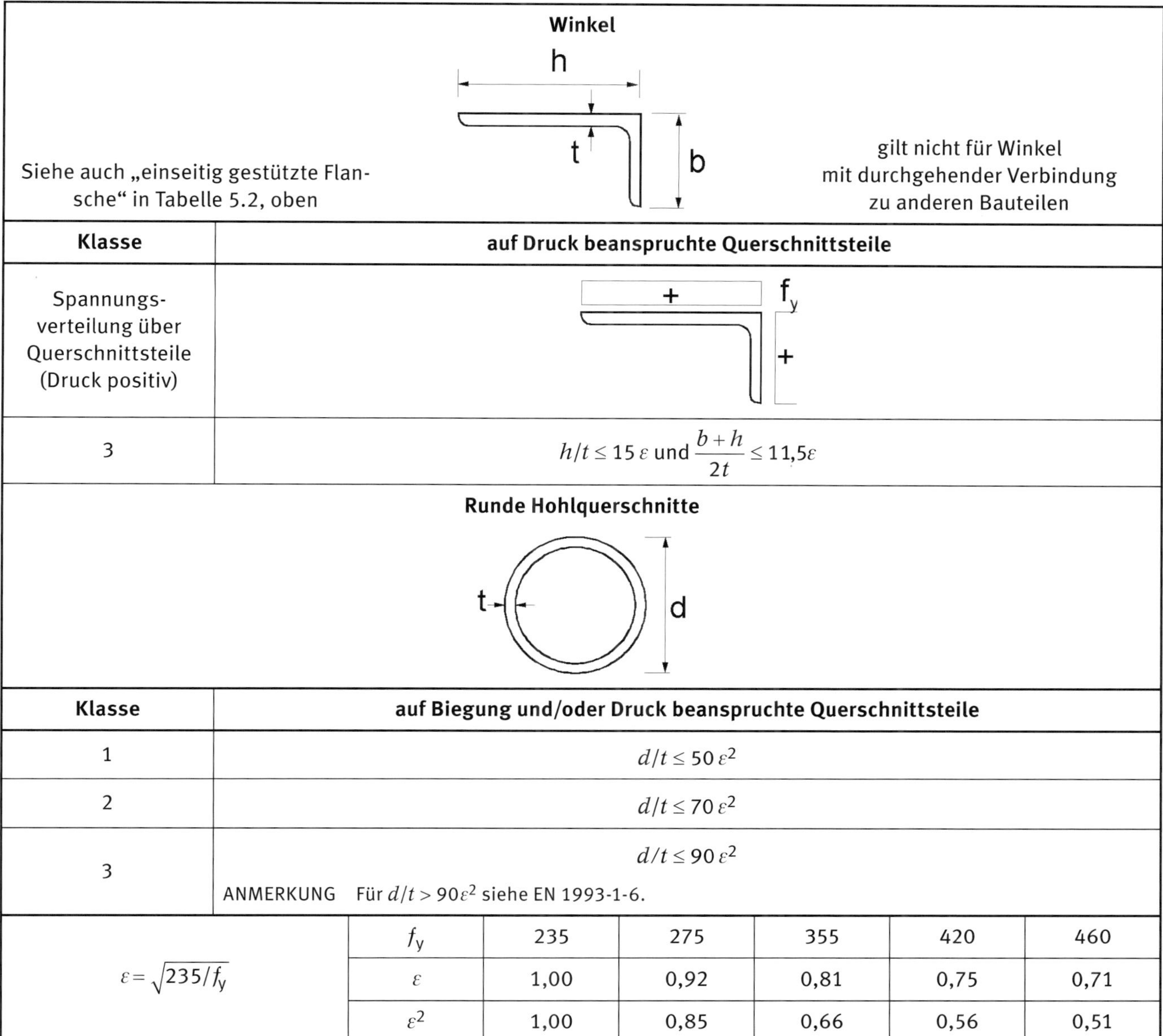

Winkel

Siehe auch „einseitig gestützte Flansche" in Tabelle 5.2, oben

gilt nicht für Winkel mit durchgehender Verbindung zu anderen Bauteilen

Klasse	auf Druck beanspruchte Querschnittsteile
Spannungsverteilung über Querschnittsteile (Druck positiv)	
3	$h/t \leq 15\,\varepsilon$ und $\dfrac{b+h}{2t} \leq 11{,}5\varepsilon$

Runde Hohlquerschnitte

Klasse	auf Biegung und/oder Druck beanspruchte Querschnittsteile
1	$d/t \leq 50\,\varepsilon^2$
2	$d/t \leq 70\,\varepsilon^2$
3	$d/t \leq 90\,\varepsilon^2$ ANMERKUNG Für $d/t > 90\varepsilon^2$ siehe EN 1993-1-6.

$\varepsilon = \sqrt{235/f_y}$	f_y	235	275	355	420	460
	ε	1,00	0,92	0,81	0,75	0,71
	ε^2	1,00	0,85	0,66	0,56	0,51

Grenzzustände der Tragfähigkeit 6

Allgemeines 6.1

(1) Die charakteristischen Werte der Beanspruchbarkeit, die in diesem Abschnitt angegeben werden, werden mit den in 2.4.3 definierten Teilsicherheitsbeiwerten γ_M wie folgt abgemindert:

- die Beanspruchbarkeit von Querschnitten (unabhängig von der Querschnittsklasse): γ_{M0}
- die Beanspruchbarkeit von Bauteilen bei Stabilitätsversagen (bei Anwendung von Bauteilnachweisen): γ_{M1}
- die Beanspruchbarkeit von Querschnitten bei Bruchversagen infolge Zugbeanspruchung: γ_{M2}
- die Beanspruchbarkeit von Anschlüssen: siehe EN 1993-1-8

ANMERKUNG 1 Weitere Empfehlungen für Zahlenwerte sind in EN 1993-2 bis EN 1993-6 zu finden. Teilsicherheitsbeiwerte γ_{Mi} für Tragwerke, die nicht durch EN 1993-2 bis EN 1993-6 erfasst werden, sind im Nationalen Anhang festgelegt; es wird die Verwendung der Teilsicherheitsbeiwerte γ_{Mi} nach EN 1993-2 empfohlen.

NDP Zu 6.1(1) Anmerkung 1

Es gilt die Empfehlung.

ANMERKUNG 2B Der Nationale Anhang kann die Teilsicherheitsbeiwerte γ_{Mi} für Hochbauten festlegen.

NDP Zu 6.1(1) Anmerkung 2B

Die Teilsicherheitswerte γ_{Mi} für Hochbauten sind wie folgt festgelegt:

- $\gamma_{M0} = 1{,}0$;
- $\gamma_{M1} = 1{,}1$;
- $\gamma_{M2} = 1{,}25$.

Bei Stabilitätsnachweisen in Form von Querschnittsnachweisen mit Schnittgrößen nach Theorie II. Ordnung (siehe 5.2) ist bei der Ermittlung der Beanspruchbarkeit von Querschnitten statt γ_{M0} der Wert $\gamma_{M1} = 1{,}1$ anzusetzen.

Die Teilsicherheitswerte γ_{Mi} sind für außergewöhnliche Bemessungssituationen wie folgt festgelegt:

- $\gamma_{M0} = 1{,}0$;
- $\gamma_{M1} = 1{,}0$;
- $\gamma_{M2} = 1{,}15$.

Beanspruchbarkeit von Querschnitten 6.2

Allgemeines 6.2.1

(1)P Der Bemessungswert der Beanspruchung darf in keinem Querschnitt den zugehörigen Bemessungswert der Beanspruchbarkeit überschreiten. Falls mehrere Beanspruchungsarten gleichzeitig auftreten, gilt diese Forderung auch für die Kombination dieser Beanspruchungen.

(2) Dabei sind in der Regel die mittragende Breite und die mitwirkende Breite infolge lokalen Beulens nach EN 1993-1-5 zu berücksichtigen. Ferner sollte Schubbeulen nach EN 1993-1-5 betrachtet werden.

(3) Die Bemessungswerte der Beanspruchbarkeit hängen von der Querschnittsklassifizierung ab.

(4) Ein Nachweis nach Elastizitätstheorie entsprechend der elastischen Beanspruchbarkeit ist für alle Querschnittsklassen möglich, sofern für Querschnitte der Klasse 4 die wirksamen Querschnittswerte angesetzt werden.

(5) Für den Nachweis nach Elastizitätstheorie darf das folgende Fließkriterium für den kritischen Punkt eines Querschnitts verwendet werden, wenn nicht andere Interaktionsformeln vorgezogen werden, siehe 6.2.8 bis 6.2.10.

$$\left(\frac{\sigma_{x,Ed}}{f_y/\gamma_{M0}}\right)^2+\left(\frac{\sigma_{z,Ed}}{f_y/\gamma_{M0}}\right)^2-\left(\frac{\sigma_{x,Ed}}{f_y/\gamma_{M0}}\right)\left(\frac{\sigma_{z,Ed}}{f_y/\gamma_{M0}}\right)+3\left(\frac{\tau_{Ed}}{f_y/\gamma_{M0}}\right)^2\leq 1 \qquad (6.1)$$

Dabei ist

$\sigma_{x,Ed}$ der Bemessungswert der Normalspannung in Längsrichtung am betrachteten Punkt;

$\sigma_{z,Ed}$ der Bemessungswert der Normalspannung in Querrichtung am betrachteten Punkt;

τ_{Ed} der Bemessungswert der Schubspannung am betrachteten Punkt.

ANMERKUNG Die Nachweisführung nach (5) kann konservativ sein, da sie die teilweise plastischen Spannungsumlagerungen, welche in der elastischen Bemessung erlaubt sind, nicht berücksichtigt. Deshalb sollte sie nur angewendet werden, wenn die Interaktion auf der Grundlage der Beanspruchbarkeitswerte N_{Rd}, M_{Rd}, V_{Rd} nicht verwendbar ist.

(6) Die plastische Querschnittstragfähigkeit ist in der Regel durch eine zu den plastischen Verformungen passende Spannungsverteilung zu bestimmen, die mit den inneren Kräften im Gleichgewicht steht, ohne dass die Streckgrenze überschritten wird.

(7) Als konservative Näherung darf für alle Querschnittsklassen eine lineare Addition der Ausnutzungsgrade für alle Schnittgrößen angewendet werden. Für Querschnitte der Klassen 1, 2 und 3, die durch eine Kombination von N_{Ed}, $M_{y,Ed}$ und $M_{z,Ed}$ beansprucht werden, führt diese Regelung zu folgendem Kriterium:

$$\frac{N_{Ed}}{N_{Rd}}+\frac{M_{y,Ed}}{M_{y,Rd}}+\frac{M_{z,Ed}}{M_{z,Rd}}\leq 1 \qquad (6.2)$$

wobei N_{Rd}, $M_{y,Rd}$ und $M_{z,Rd}$ die Bemessungswerte der Tragfähigkeiten in Abhängigkeit von der Querschnittsklasse unter möglicher Berücksichtigung mittragender Breiten sind, siehe 6.2.8.

ANMERKUNG Bei Querschnitten der Klasse 4, siehe 6.2.9.3(2).

(8) Gehören alle druckbeanspruchten Teile eines Querschnitts zur Querschnittsklasse 1 oder 2, dann darf für den Querschnitt die volle plastische Momententragfähigkeit angesetzt werden.

(9) Sind alle druckbeanspruchten Teile eines Querschnitts der Querschnittsklasse 3 zuzuordnen, so sollte die Beanspruchbarkeit auf der Grundlage einer elastischen Dehnungsverteilung über den Querschnitt ermittelt werden. Für die Klassifizierung, siehe Tabelle 5.2, sollten Druckspannungen durch Erreichen der Streckgrenze an den äußersten Querschnittsfasern begrenzt werden.

ANMERKUNG Tragsicherheitsnachweise dürfen in der Mittelebene von Gurten geführt werden. Zu Ermüdungsnachweisen siehe EN 1993-1-9.

(10) Tritt Fließen als Erstes auf der Zugseite des Querschnitts auf, so dürfen bei der Ermittlung der Beanspruchbarkeit von Klasse-3-Querschnitten die plastischen Reserven auf der Zugseite der neutralen Achse durch den Ansatz einer Teilplastizierung ausgenutzt werden.

6.2.2 Querschnittswerte

6.2.2.1 Bruttoquerschnitte

(1) Die Bruttoquerschnittswerte sind in der Regel mit den Nennwerten der Abmessungen zu ermitteln. Löcher für Verbindungsmittel brauchen nicht abgezogen zu werden, jedoch sind andere größere Öffnungen in der Regel zu berücksichtigen. Lose Futterbleche dürfen in der Regel nicht angesetzt werden.

6.2.2.2 Nettofläche

(1) Die Nettofläche eines Querschnitts ist in der Regel aus der Bruttoquerschnittsfläche durch geeigneten Abzug aller Löcher und anderer Öffnungen zu bestimmen.

(2) Bei der Berechnung der Nettofläche ist der Lochabzug für ein einzelnes Loch die Bruttoquerschnittsfläche des Loches an der Stelle der Lochachse. Bei Löchern für Senkschrauben ist die Fase entsprechend zu berücksichtigen.

(3) Bei nicht versetzten Löchern ist die kritische Lochabzugsfläche der Größtwert der Summen Risslinie 2 in Bild 6.1.

ANMERKUNG Der Größtwert kennzeichnet die kritische Risslinie.

(4) Sind die Löcher für Verbindungsmittel versetzt angeordnet, ist als kritische Lochabzugsfläche in der Regel der Größtwert folgender Werte anzunehmen:

a) der Lochabzug wie bei nicht versetzt angeordneten Löchern nach (3);

b) $$t\left(nd_0 - \sum\frac{s^2}{4p}\right) \qquad (6.3)$$

Dabei ist

- s der versetzte Lochabstand, d. h. der Abstand der Lochachsen zweier aufeinander folgender Löcher gemessen in Richtung der Bauteilachse;
- p der Lochabstand derselben Lochachsen gemessen senkrecht zur Bauteilachse;
- t die Blechdicke;
- n die Anzahl der Löcher längs einer Diagonalen oder Zickzacklinie (kritische Risslinie), die sich über den Querschnitt oder über Querschnittsteile erstreckt, siehe Bild 6.1;
- d_0 der Lochdurchmesser.

(5) Bei Winkeln oder anderen Bauteilen mit Löchern in mehreren Ebenen ist der Lochabstand p in der Regel entlang der Profilmittellinie zu messen, siehe Bild 6.2.

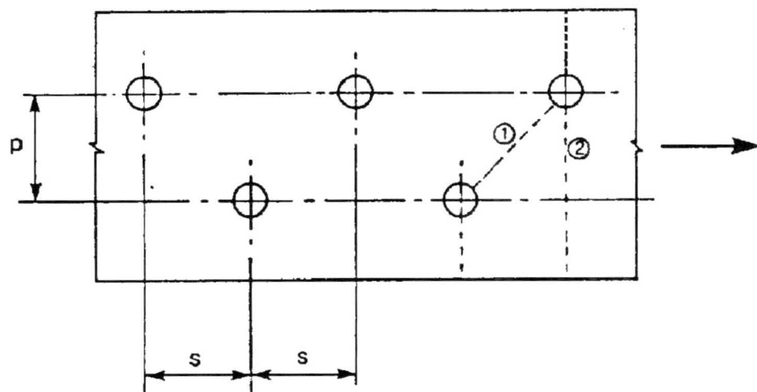

Bild 6.1: Versetzte Löcher und kritische Risslinien 1 und 2

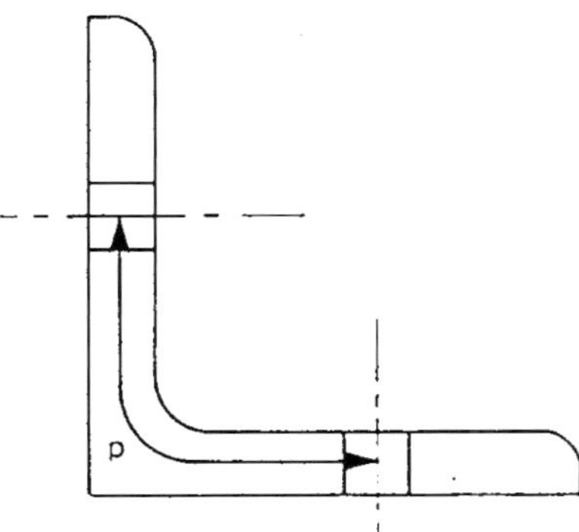

Bild 6.2: Winkel mit Löchern in beiden Schenkeln

6.2.2.3 Mittragende Breite

(1) Die Ermittlung der mittragenden Breite ist in EN 1993-1-5 geregelt.

(2) Bei Querschnitten der Klasse 4 ist in der Regel die Interaktion zwischen der mittragenden Breite und der mitwirkenden Breite infolge lokalen Beulens nach EN 1993-1-5 zu berücksichtigen.

ANMERKUNG Bei kaltgeformten Blechen siehe EN 1993-1-3.

6.2.2.4 Wirksame Querschnittswerte bei Querschnitten mit Klasse-3-Stegen und Klasse-1- oder Klasse-2-Gurten bei Momentenbeanspruchung M_y

(1) Wenn Querschnitte mit Klasse-3-Steg und Klasse-1- oder Klasse-2-Gurten als Klasse-2-Querschnitte eingestuft werden, siehe 5.5.2(11), wird die gedrückte Fläche des Steges entsprechend Bild 6.3 in einen Anteil mit der wirksamen Breite 20 εt_w am Druckgurt und einen weiteren Anteil mit der wirksamen Breite 20 εt_w an der neutralen Achse der plastischen Spannungsverteilung des Querschnitts aufgeteilt.

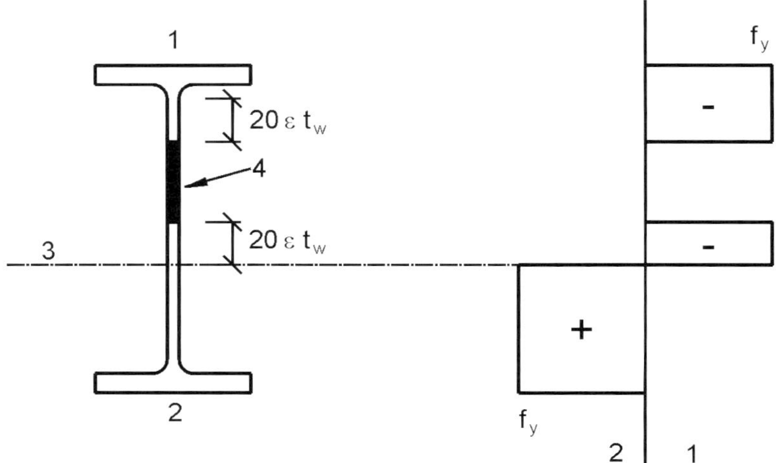

Legende
1 Druck
2 Zug
3 plastische Nulllinie (des wirksamen Querschnitts)
4 nicht wirksame Fläche

Bild 6.3: Wirksame Stegfläche für Klasse-2-Querschnitte

6.2.2.5 Wirksame Querschnittswerte für Querschnitte der Klasse 4

(1) Die wirksamen Querschnittswerte für Querschnitte der Klasse 4 sind in der Regel mit den wirksamen Breiten der druckbeanspruchten Querschnittsteile zu ermitteln.

(2) Bei kaltgeformten Querschnitten siehe 1.1.2(1) und EN 1993-1-3.

(3) Die wirksame Breite für ebene druckbeanspruchte Querschnittsteile ist in der Regel nach EN 1993-1-5 zu ermitteln.

(4) Wenn ein Querschnitt der Klasse 4 durch eine Druckkraft beansprucht ist, kommt das in EN 1993-1-5 genannte Verfahren zur Anwendung, um die mögliche Verschiebung e_N der Hauptachse der wirksamen Querschnittsfläche A_{eff}, bezogen auf die Hauptachse des Bruttoquerschnitts A, sowie das sich daraus ergebende Zusatzmoment:

$$\Delta M_{Ed} = N_{Ed}\, e_N \tag{6.4}$$

zu bestimmen.

ANMERKUNG Das Vorzeichen des Zusatzmoments ist vom Zusammenwirken der maßgebenden Schnittgrößen abhängig, siehe 6.2.9.3(2).

(5) Bei Rundhohlprofilen der Querschnittsklasse 4 siehe EN 1993-1-6.

Zugbeanspruchung 6.2.3

(1)P Für den Bemessungswert der einwirkenden Zugkraft N_{Ed} ist an jedem Querschnitt folgender Nachweis zu erfüllen:

$$\frac{N_{Ed}}{N_{t,Rd}} \leq 1{,}0 \tag{6.5}$$

(2) Als Bemessungswert der Zugbeanspruchbarkeit $N_{t,Rd}$ eines Querschnittes mit Löchern ist in der Regel der kleinere der folgenden Werte anzusetzen:

a) der Bemessungswert der plastischen Beanspruchbarkeit des Bruttoquerschnitts:

$$N_{pl,Rd} = \frac{A f_y}{\gamma_{M0}} \tag{6.6}$$

b) der Bemessungswert der Zugbeanspruchbarkeit des Nettoquerschnitts längs der kritischen Risslinie durch die Löcher:

$$N_{u,Rd} = \frac{0{,}9 A_{net} f_u}{\gamma_{M2}} \tag{6.7}$$

(3) Wird eine Kapazitätsbemessung gefordert, siehe EN 1998, muss der Bemessungswert der plastischen Zugbeanspruchbarkeit $N_{pl,Rd}$ nach 6.2.3(2) a) kleiner als der Bemessungswert der Zugbeanspruchbarkeit des Nettoquerschnitts $N_{u,Rd}$ längs der kritischen Risslinie durch die Löcher nach 6.2.3(2) b) sein.

(4) Bei Schraubverbindungen der Kategorie C, siehe EN 1993-1-8, 3.4.1(1) ist in der Regel für den Bemessungswert der Zugbeanspruchbarkeit $N_{t,Rd}$ in 6.2.3(1) der Wert für den Nettoquerschnitt längs der kritischen Risslinie durch die Löcher $N_{net,Rd}$ zu verwenden:

$$N_{net,Rd} = \frac{A_{net} f_y}{\gamma_{M0}} \tag{6.8}$$

(5) Bei Anschlüssen von Winkeln über nur einen Schenkel siehe auch EN 1993-1-8, 3.10.3. Ähnliche Regeln gelten auch für Anschlüsse anderer Querschnitte über Schenkel.

Druckbeanspruchung 6.2.4

(1)P Für den Bemessungswert der einwirkenden Druckkraft N_{Ed} ist an jedem Querschnitt folgender Nachweis zu erfüllen:

$$\frac{N_{Ed}}{N_{c,Rd}} \leq 1{,}0 \tag{6.9}$$

(2) Als Bemessungswert der Druckbeanspruchbarkeit $N_{c,Rd}$ eines Querschnitts ist in der Regel anzusetzen:

$$N_{c,Rd} = \frac{A f_y}{\gamma_{M0}} \quad \text{für Querschnitte der Klasse 1, 2 oder 3;} \tag{6.10}$$

$$N_{c,Rd} = \frac{A_{eff} f_y}{\gamma_{M0}} \quad \text{für Querschnitte der Klasse 4.} \tag{6.11}$$

(3) Außer bei übergroßen Löchern oder Langlöchern nach EN 1090 müssen Löcher für Verbindungsmittel bei druckbeanspruchten Bauteilen nicht abgezogen werden, wenn sie mit den Verbindungsmitteln gefüllt sind.

(4) Bei unsymmetrischen Querschnitten der Klasse 4 kommt das Verfahren nach 6.2.9.3 zur Anwendung, um das Zusatzmoment ΔM_{Ed} infolge der Verschiebung der Hauptachse des wirksamen Querschnitts, siehe 6.2.2.5(4), zu berücksichtigen.

Biegebeanspruchung 6.2.5

(1)P Für den Bemessungswert der einwirkenden Biegemomente M_{Ed} ist an jedem Querschnitt folgender Nachweis zu erfüllen:

$$\frac{M_{Ed}}{M_{c,Rd}} \leq 1{,}0 \tag{6.12}$$

wobei $M_{c,Rd}$ unter Berücksichtigung der Löcher für Verbindungsmittel ermittelt wird, siehe (4) bis (6).

(2) Der Bemessungswert der Biegebeanspruchbarkeit eines mit einachsiger Biegung belasteten Querschnitts wird wie folgt ermittelt:

$$M_{c,Rd} = M_{pl,Rd} = \frac{W_{pl} f_y}{\gamma_{M0}} \quad \text{für Querschnitte der Klasse 1 oder 2;} \tag{6.13}$$

$$M_{c,Rd} = M_{el,Rd} = \frac{W_{el,min} f_y}{\gamma_{M0}} \quad \text{für Querschnitte der Klasse 3;} \tag{6.14}$$

$$M_{c,Rd} = \frac{W_{eff,min} f_y}{\gamma_{M0}} \quad \text{für Querschnitte der Klasse 4.} \tag{6.15}$$

Wobei sich $W_{el,min}$ und $W_{eff,min}$ auf die Querschnittsfaser mit der maximalen Normalspannung bezieht.

(3) Bei zweiachsiger Biegung ist in der Regel das in 6.2.9 angegebene Verfahren anzuwenden.

(4) Löcher für Verbindungsmittel dürfen im zugbeanspruchten Flansch vernachlässigt werden, wenn folgende Gleichung für den Flansch eingehalten wird:

$$\frac{A_{f,net}\, 0{,}9 f_u}{\gamma_{M2}} \geq \frac{A_f f_y}{\gamma_{M0}} \tag{6.16}$$

wobei A_f die Fläche des zugbeanspruchten Flansches ist.

ANMERKUNG Das in (4) gestellte Kriterium entspricht der Kapazitätsbemessung, siehe 1.5.8.

(5) Ein Lochabzug im Zugbereich von Stegblechen ist nicht notwendig, wenn die Bedingung (4) für die gesamte Zugzone, die sich aus Zugflansch und Zugbereich des Stegbleches zusammensetzt, sinngemäß erfüllt wird.

(6) Außer bei übergroßen Löchern oder Langlöchern müssen Löcher in der Druckzone von Querschnitten nicht abgezogen werden, wenn sie mit den Verbindungsmitteln gefüllt sind.

6.2.6 Querkraftbeanspruchung

(1)P Für den Bemessungswert der einwirkenden Querkraft V_{Ed} ist an jedem Querschnitt folgender Nachweis zu erfüllen:

$$\frac{V_{Ed}}{V_{c,Rd}} \leq 1{,}0 \tag{6.17}$$

wobei $V_{c,Rd}$ der Bemessungswert der Querkraftbeanspruchbarkeit ist. Für eine plastische Bemessung ist der Bemessungswert der plastischen Querkraftbeanspruchbarkeit $V_{c,Rd}$ in (2) angegeben. Für eine elastische Bemessung ist der Bemessungswert der elastischen Querkraftbeanspruchbarkeit in (4) und (5) angegeben.

(2) Liegt keine Torsion vor, so lautet der Bemessungswert der plastischen Querkraftbeanspruchbarkeit:

$$V_{pl,Rd} = \frac{A_v \left(f_y / \sqrt{3}\right)}{\gamma_{M0}} \tag{6.18}$$

wobei A_v die wirksame Schubfläche ist.

(3) Die wirksame Schubfläche darf wie folgt ermittelt werden:

a) gewalzte Profile mit I- und H-Querschnitten, Lastrichtung parallel zum Steg — $A - 2bt_f + (t_w + 2r)\, t_f$ aber mindestens $\eta h_w t_w$

b) gewalzte Profile mit U-Querschnitten, Lastrichtung parallel zum Steg — $A - 2bt_f + (t_w + r)\, t_f$

c) gewalzte Profile mit T-Querschnitten, Lastrichtung parallel zum Steg
   - für gewalzte Profile mit T-Querschnitten: $A_v = A - bt_f + (t_w + 2r)\,\frac{t_f}{2}$
   - für geschweißte Profile mit T-Querschnitten: $A_v = t_w\left(h - \frac{t_f}{2}\right)$

d) geschweißte Profile mit I-, H- und Kastenquerschnitten, Lastrichtung parallel zum Steg $\eta\Sigma(h_w t_w)$

e) geschweißte Profile mit I-, H-, U- und Kastenquerschnitten, Lastrichtung parallel zum Flansch $A - \Sigma(h_w t_w)$

f) gewalzte Rechteckhohlquerschnitte mit gleichförmiger Blechdicke:
   Belastung parallel zur Trägerhöhe $Ah/(b+h)$
   Belastung parallel zur Trägerbreite $Ab/(b+h)$

g) Rundhohlquerschnitte und Rohre mit gleichförmiger Blechdicke $2A/\pi$

Dabei ist

A die Querschnittsfläche;
b die Gesamtbreite;
h die Gesamthöhe;
h_w die Stegblechhöhe;
r der Ausrundungsradius;
t_f die Flanschdicke;
t_w die Stegdicke (Bei veränderlicher Stegdicke sollte die kleinste Dicke für t_w verwendet werden.);
η siehe EN 1993-1-5.

ANMERKUNG η darf auf der sicheren Seite mit 1,0 angenommen werden.

(4) Für die Bestimmung des Bemessungswertes der elastischen Querkraftbeanspruchbarkeit $V_{c,Rd}$ darf die folgende Grenzbedingung für den kritischen Querschnittspunkt verwendet werden, wenn nicht der Beulnachweis nach EN 1993-1-5, Abschnitt 5 maßgebend wird:

$$\frac{\tau_{Ed}}{f_y/\left(\sqrt{3}\,\gamma_{M0}\right)} \leq 1{,}0 \tag{6.19}$$

Dabei darf τ_{Ed} wie folgt ermittelt werden:

$$\tau_{Ed} = \frac{V_{Ed}\,S}{I\,t} \tag{6.20}$$

Dabei ist

V_{Ed} der Bemessungswert der Querkraft;
S das statisches Flächenmoment;
I das Flächenträgheitsmoment des Gesamtquerschnitts;
t die Blechdicke am Nachweispunkt.

ANMERKUNG Die Nachweisführung (4) ist konservativ, da sie eine teilweise plastische Querkraftumlagerung, welche in der elastischen Bemessung erlaubt ist, siehe (5), nicht berücksichtigt. Deshalb sollte sie nur angewendet werden, wenn der Nachweis nicht auf der Grundlage von $V_{c,Rd}$ nach Gleichung (6.17) geführt werden kann.

(5) Bei I- oder H-Querschnitten darf die einwirkende Schubspannung im Steg wie folgt angenommen werden:

$$\tau_{Ed} = \frac{V_{Ed}}{A_w} \quad \text{falls } A_f/A_w \geq 0{,}6 \tag{6.21}$$

Dabei ist

A_f die Fläche eines Flansches;
A_w die Fläche des Stegbleches: $A_w = h_w\,t_w$.

(6) Zusätzlich ist in der Regel der Nachweis gegen Schubbeulen für unausgesteifte Stegbleche nach EN 1993-1-5, Abschnitt 5 zu führen, wenn

$$\frac{h_w}{t_w} > 72\frac{\varepsilon}{\eta} \tag{6.22}$$

Für η siehe EN 1993-1-5, Abschnitt 5.

ANMERKUNG Als Näherung darf $\eta = 1{,}0$ auf der sicheren Seite angewendet werden.

(7) Außer in Fällen von Verbindungen nach EN 1993-1-8 brauchen beim Nachweis der Querkrafttragfähigkeit die Löcher für Verbindungsmittel nicht abgezogen zu werden.

(8) Wenn Querkraftbeanspruchungen und Torsionsbeanspruchungen kombiniert auftreten, ist in der Regel die plastische Querkrafttragfähigkeit $V_{pl,Rd}$ nach 6.2.7(9) abzumindern.

6.2.7 Torsionsbeanspruchung

(1) Für torsionsbeanspruchte Bauteile, bei denen die Querschnittsverformungen vernachlässigt werden können, ist in der Regel der Bemessungswert des einwirkenden Torsionsmoments T_{Ed} an jedem Querschnitt wie folgt nachzuweisen:

$$\frac{T_{Ed}}{T_{Rd}} \leq 1{,}0 \tag{6.23}$$

wobei T_{Rd} der Bemessungswert der Torsionsbeanspruchbarkeit des Querschnitts ist.

(2) Das gesamte einwirkende Torsionsmoment T_{Ed} an einem Querschnitt setzt sich aus zwei Schnittgrößen zusammen:

$$T_{Ed} = T_{t,Ed} + T_{w,Ed} \tag{6.24}$$

Dabei ist

$T_{t,Ed}$ der Bemessungswert des einwirkenden St. Venant'schen Torsionsmoments (primäres Torsionsmoment);

$T_{w,Ed}$ der Bemessungswert des einwirkenden Wölbtorsionsmoments (sekundäres Torsionsmoment).

(3) Die Bemessungswerte $T_{t,Ed}$ und $T_{w,Ed}$ können mit den entsprechenden Querschnittswerten, den Zwängungsbedingungen an den Auflagern und der Lastverteilung längs des Bauteils mit einer elastischen Berechnung ermittelt werden.

(4) Folgende Spannungen infolge Torsionsbeanspruchung sind in der Regel in Betracht zu ziehen:

- einwirkende Schubspannung $\tau_{t,Ed}$ infolge St. Venant'scher Torsion $T_{t,Ed}$;
- einwirkende Normalspannungen $\sigma_{w,Ed}$ infolge des Bimomentes B_{Ed} und Schubspannungen $\tau_{w,Ed}$ infolge Wölbkrafttorsion $T_{w,Ed}$.

(5) Beim elastischen Nachweis darf das Fließkriterium in 6.2.1(5) verwendet werden.

(6) Bei gleichzeitiger Beanspruchung durch Biegung und Torsion brauchen bei der Ermittlung der plastischen Biegemomentenbeanspruchbarkeit eines Querschnitts als Torsionsschnittgrößen B_{Ed} nur jene berücksichtigt zu werden, die sich aus der elastischen Berechnung ergeben, siehe (3).

(7) Bei geschlossenen Hohlquerschnitten darf vereinfachend angenommen werden, dass der Einfluss aus der Wölbtorsion vernachlässigt werden kann. Weiterhin darf vereinfachend bei offenen Querschnitten, wie zum Beispiel I- oder H-Querschnitten, der Einfluss der St. Venant'schen Torsion vernachlässigt werden.

(8) Der Bemessungswert der Torsionsbeanspruchbarkeit T_{Rd} eines geschlossenen Hohlprofils kann aus den Bemessungswerten der Schubtragfähigkeiten der einzelnen Teilstücke des Querschnitts nach EN 1993-1-5 zusammengesetzt werden.

(9) Bei kombinierter Beanspruchung aus Querkraft und Torsion ist in der Regel die plastische Querkrafttragfähigkeit $V_{pl,Rd}$ nach 6.2.6(2) auf den Wert $V_{pl,T,Rd}$ abzumindern. Für den Bemessungswert der einwirkenden Querkraft V_{Ed} muss in jedem Querschnitt folgender Nachweis erfüllt werden:

$$\frac{V_{\text{Ed}}}{V_{\text{pl,T,Rd}}} \leq 1{,}0 \tag{6.25}$$

wobei $V_{\text{pl,T,Rd}}$ wie folgt ermittelt wird:

– für I- oder H-Querschnitte:

$$V_{\text{pl,T,Rd}} = \sqrt{1 - \frac{\tau_{\text{t,Ed}}}{1{,}25\left(f_y/\sqrt{3}\right)/\gamma_{\text{M0}}}}\; V_{\text{pl,Rd}}\,; \tag{6.26}$$

– für U-Querschnitte:

$$V_{\text{pl,T,Rd}} = \left[\sqrt{1 - \frac{\tau_{\text{t,Ed}}}{1{,}25\left(f_y/\sqrt{3}\right)/\gamma_{\text{M0}}}} - \frac{\tau_{\text{w,Ed}}}{\left(f_y/\sqrt{3}\right)/\gamma_{\text{M0}}}\right] V_{\text{pl,Rd}}\,; \tag{6.27}$$

– für Hohlprofile:

$$V_{\text{pl,T,Rd}} = \left[1 - \frac{\tau_{\text{t,Ed}}}{\left(f_y/\sqrt{3}\right)/\gamma_{\text{M0}}}\right] V_{\text{pl,Rd}}\,. \tag{6.28}$$

Beanspruchung aus Biegung und Querkraft 6.2.8

(1) Bei Biegung mit Querkraftbeanspruchung ist in der Regel der Einfluss der Querkraft auf die Momentenbeanspruchbarkeit zu berücksichtigen.

(2) Unterschreitet der Bemessungswert der Querkraft die Hälfte des Bemessungswertes der plastischen Querkraftbeanspruchbarkeit, dann kann die Abminderung des Bemessungswertes der Momententragfähigkeit vernachlässigt werden, außer wenn die Querschnittstragfähigkeit durch Schubbeulen reduziert wird, siehe EN 1993-1-5.

(3) In anderen Fällen ist die Abminderung des Bemessungswertes der Momententragfähigkeit in der Regel dadurch zu berücksichtigen, dass für die schubbeanspruchten Querschnittsteile die abgeminderte Streckgrenze wie folgt angesetzt wird:

$$(1-\rho)\, f_y \tag{6.29}$$

wobei $\rho = \left(\frac{2V_{\text{Ed}}}{V_{\text{pl,T,Rd}}} - 1\right)^2$ und $V_{\text{pl,Rd}}$ nach 6.2.6(2) anzusetzen ist.

ANMERKUNG Siehe auch 6.2.10(3).

(4) Bei gleichzeitig wirkender Torsionsbeanspruchung gilt:

$\rho = \left(\frac{2V_{\text{Ed}}}{V_{\text{pl,Rd}}} - 1\right)^2$, siehe 6.2.7. Für $V_{\text{Ed}} \leq 0{,}5\; V_{\text{pl,T,Rd}}$ gilt $\rho = 0$.

(5) Bei I-Querschnitten mit gleichen Flanschen und einachsiger Biegung um die Hauptachse darf die Abminderung des Bemessungswertes der plastischen Momententragfähigkeit infolge der Querkraftbeanspruchung auch wie folgt ermittelt werden:

$$M_{\text{y,V,Rd}} = \frac{\left[W_{\text{pl,y}} - \frac{\rho A_{\text{w}}^{\;2}}{4t_{\text{w}}}\right] f_y}{\gamma_{\text{M0}}} \quad \text{aber } M_{\text{y,V,Rd}} \leq M_{\text{y,c,Rd}} \tag{6.30}$$

Dabei ist

$M_{\text{y,c,Rd}}$ siehe 6.2.5(2);

$A_{\text{w}} = h_{\text{w}}\, t_{\text{w}}$.

(6) Zur Interaktion der Beanspruchungen aus Biegung, Querkraft und Querbelastung siehe EN 1993-1-5, Abschnitt 7.

6.2.9 Beanspruchung aus Biegung und Normalkraft

6.2.9.1 Querschnitte der Klassen 1 und 2

(1) Bei gleichzeitiger Beanspruchung durch Biegung und Normalkraft ist in der Regel der Einfluss der einwirkenden Normalkraft auf die plastische Momentenbeanspruchbarkeit zu berücksichtigen.

(2)P Bei Querschnitten der Klassen 1 und 2 ist die folgende Gleichung einzuhalten:

$$M_{Ed} \leq M_{N,Rd} \tag{6.31}$$

wobei $M_{N,Rd}$ der durch den Bemessungswert der einwirkenden Normalkraft N_{Ed} abgeminderte Bemessungswert der plastischen Momentenbeanspruchbarkeit ist.

(3) Bei rechteckigen Vollquerschnitten ohne Schraubenlöcher $M_{N,Rd}$ wird in der Regel wie folgt ermittelt:

$$M_{N,Rd} = M_{pl,Rd}\left[1-\left(N_{Ed}/N_{pl,Rd}\right)^2\right] \tag{6.32}$$

(4) Bei doppelt-symmetrischen I- und H-Querschnitten, oder anderen Querschnitten mit Gurten, braucht der Einfluss der Normalkraft auf die plastische Momentenbeanspruchbarkeit um die y-y-Achse nicht berücksichtigt zu werden, wenn die beiden folgenden Bedingungen erfüllt sind:

$$N_{Ed} \leq 0{,}25\, N_{pl,Rd} \tag{6.33}$$

und

$$N_{Ed} \leq \frac{0{,}5 h_w t_w f_y}{\gamma_{M0}}. \tag{6.34}$$

Bei doppelt-symmetrischen I- und H-Querschnitten braucht der Einfluss der einwirkenden Normalkraft auf die plastische Momentenbeanspruchbarkeit um die z-z-Achse nicht berücksichtigt zu werden, wenn:

$$N_{Ed} \leq \frac{h_w t_w f_y}{\gamma_{M0}} \tag{6.35}$$

(5) Bei gewalzten I- oder H-Querschnitten nach den Liefernormen und bei geschweißten I- oder H-Querschnitten mit gleichen Flanschen darf, wenn keine Schraubenlöcher zu berücksichtigen sind, folgende Näherung angewendet werden:

$$M_{N,y,Rd} = M_{pl,y,Rd}\,(1-n)/(1-0{,}5a) \quad \text{jedoch} \quad M_{N,y,Rd} \leq M_{pl,y,Rd}; \tag{6.36}$$

$$\text{für } n \leq a\text{: } M_{N,z,Rd} = M_{pl,z,Rd}; \tag{6.37}$$

$$\text{für } n > a\text{: } M_{N,z,Rd} = M_{pl,z,Rd}\left[1-\left(\frac{n-a}{1-a}\right)^2\right]. \tag{6.38}$$

wobei

$n = N_{Ed}/N_{pl,Rd}$;

$a = (A - 2bt_f)/A$ jedoch $a \leq 0{,}5$.

Bei rechteckigen Hohlquerschnitten mit konstanter Blechdicke und bei geschweißten Kastenquerschnitten mit gleichen Flanschen und gleichen Stegen darf, wenn keine Schraubenlöcher zu berücksichtigen sind, folgende Näherung angewendet werden:

$$M_{N,y,Rd} = M_{pl,y,Rd}\,(1-n)/(1-0{,}5a_w) \quad \text{jedoch} \quad M_{N,y,Rd} \leq M_{pl,y,Rd}; \tag{6.39}$$

$$M_{N,z,Rd} = M_{pl,z,Rd}\,(1-n)/(1-0{,}5a_f) \quad \text{jedoch} \quad M_{N,z,Rd} \leq M_{pl,z,Rd}. \tag{6.40}$$

wobei

$a_w = (A - 2bt)/A$ jedoch $a_w \leq 0{,}5$ für Hohlquerschnitte;

$a_w = (A - 2bt_f)/A$ jedoch $a_w \leq 0{,}5$ für Kastenquerschnitte;

$a_f = (A - 2ht)/A$ jedoch $a_f \leq 0{,}5$ für Hohlquerschnitte;

$a_f = (A - 2ht_w)/A$ jedoch $a_f \leq 0{,}5$ für Kastenquerschnitte.

(6) Bei zweiachsiger Biegung mit Normalkraft darf folgendes Kriterium verwendet werden:

$$\left[\frac{M_{y,Ed}}{M_{N,y,Rd}}\right]^{\alpha} + \left[\frac{M_{z,Ed}}{M_{N,z,Rd}}\right]^{\beta} \leq 1 \tag{6.41}$$

wobei α und β Konstanten sind, die konservativ mit 1 oder wie folgt festgelegt werden können:

- I- und H-Querschnitte:

  $\alpha = 2;\ \beta = 5n$ jedoch $\beta \geq 1$;

- Runde Hohlquerschnitte:

  $\alpha = 2;\ \beta = 2$;

  $M_{n,y,Rd} = M_{n,z,Rd} = M_{pl,Rd}\,(1 - n^{1,7})$

- Rechteckige Hohlquerschnitte:

  $\alpha = \beta = \dfrac{1,66}{1 - 1,13n^2}$ jedoch $\alpha = \beta \leq 6$.

Dabei ist $n = N_{Ed}/N_{pl,Rd}$.

Querschnitte der Klasse 3 6.2.9.2

(1)P Für Querschnitte der Klasse 3 ohne Querkraftbeanspruchung muss die größte einwirkende Normalspannung folgende Gleichung erfüllen:

$$\sigma_{x,Ed} \leq \frac{f_y}{\gamma_{M0}} \tag{6.42}$$

Dabei ist $\sigma_{x,Ed}$ der Bemessungswert der einwirkenden Normalspannung aus Biegung und Normalkraft gegebenenfalls unter Berücksichtigung von Schraubenlöchern, siehe 6.2.3, 6.2.4 und 6.2.5.

Querschnitte der Klasse 4 6.2.9.3

(1)P Für Querschnitte der Klasse 4 ohne Querkraftbeanspruchung muss die einwirkende Normalspannung $\sigma_{x,Ed}$, die mit wirksamen Querschnittswerten ermittelt wurde, siehe 5.5.2(2), folgende Gleichung erfüllen:

$$\sigma_{x,Ed} \leq \frac{f_y}{\gamma_{M0}} \tag{6.43}$$

Dabei ist $\sigma_{x,Ed}$ der Bemessungswert der einwirkenden Normalspannung aus Biegung und Normalkraft gegebenenfalls unter Berücksichtigung von Schraubenlöchern, siehe 6.2.3, 6.2.4 und 6.2.5.

(2) Alternativ zur Gleichung (6.43) kann folgende vereinfachte Gleichung verwendet werden:

$$\frac{N_{Ed}}{A_{eff}\,f_y/\gamma_{M0}} + \frac{M_{y,Ed} + N_{Ed}\,e_{Ny}}{W_{eff,y,min}\,f_y/\gamma_{M0}} + \frac{M_{z,Ed} + N_{Ed}\,e_{Nz}}{W_{eff,z,min}\,f_y/\gamma_{M0}} \leq 1 \tag{6.44}$$

Dabei ist

A_{eff} die wirksame Querschnittsfläche bei gleichmäßiger Druckbeanspruchung;

$W_{eff,min}$ das wirksame Widerstandsmoment eines ausschließlich auf Biegung um die maßgebende Achse beanspruchten Querschnitts;

e_N die Verschiebung der maßgebenden Hauptachse eines unter reinem Druck beanspruchten Querschnitts, siehe 6.2.2.5(4).

ANMERKUNG Die Vorzeichen von N_{Ed}, $M_{y,Ed}$, $M_{z,Ed}$ und $\Delta M_i = N_{Ed}\,e_{Ni}$ sind vom Zusammenwirken der maßgebenden einwirkenden Schnittgrößen abhängig.

Beanspruchung aus Biegung, Querkraft und Normalkraft 6.2.10

(1) Bei gleichzeitiger Beanspruchung durch Biegung, Querkraft und Normalkraft ist in der Regel der Einfluss der Querkraft und Normalkraft auf die plastische Momentenbeanspruchbarkeit zu berücksichtigen.

(2) Wenn der Bemessungswert der einwirkenden Querkraft V_{Ed} die Hälfte des Bemessungswertes der plastischen Querkrafttragfähigkeit $V_{pl,Rd}$ nicht überschreitet, braucht keine Abminderung der Beanspruchbarkeit von auf Biegung und Normalkraft beanspruchten Querschnitten in 6.2.9 durchgeführt zu werden, es sei denn, Schubbeulen vermindert die Querschnittstragfähigkeit, siehe EN 1993-1-5.

(3) Falls V_{Ed} die Hälfte von $V_{pl,Rd}$ überschreitet, ist in der Regel die Momententragfähigkeit für auf Biegung und Normalkraft beanspruchte Querschnitte mit einer abgeminderten Streckgrenze:

$$(1 - \rho) f_y \tag{6.45}$$

für die wirksamen Schubflächen zu ermitteln,

wobei $\rho = (2V_{Ed}/V_{pl,Rd} - 1)^2$ und $V_{pl,Rd}$ aus 6.2.6(2) ermittelt wird.

ANMERKUNG Anstelle der Abminderung der Streckgrenze kann auch eine Abminderung der Blechdicke der maßgebenden Querschnittsteile vorgenommen werden.

6.3 Stabilitätsnachweise für Bauteile

6.3.1 Gleichförmige Bauteile mit planmäßig zentrischem Druck

6.3.1.1 Biegeknicken

(1) Für planmäßig zentrisch belastete Druckstäbe ist in der Regel folgender Nachweis gegen Biegeknicken zu führen:

$$\frac{N_{Ed}}{N_{b,Rd}} \leq 1{,}0 \tag{6.46}$$

Dabei ist

N_{Ed} der Bemessungswert der einwirkenden Druckkraft;

$N_{b,Rd}$ der Bemessungswert der Biegeknickbeanspruchbarkeit von druckbeanspruchten Bauteilen.

NCI Zu 6.3.1.1(1)

Für den Nachweis des Biegeknickens darf Gleichung (6.46) auch bei Stäben mit veränderlichen Querschnitten und/oder veränderlichen Normalkräften N_{Ed} angewendet werden. Der Nachweis ist für alle maßgebenden Querschnitte mit den jeweils zugehörigen Querschnittswerten und der zugehörigen Normalkraft N_{cr} an der betreffenden Stelle zu führen.

(2) Bei unsymmetrischen Querschnitten der Klasse 4 ist in der Regel das Zusatzmoment ΔM_{Ed} infolge der verschobenen Hauptachse des wirksamen Querschnitts, siehe auch 6.2.2.5(4), zu berücksichtigen. Dieses Zusatzmoment macht einen Interaktionsnachweis erforderlich, siehe 6.3.3 oder 6.3.4.

(3) Der Bemessungswert der Beanspruchbarkeit auf Biegeknicken von Druckstäben ist in der Regel wie folgt anzunehmen:

$$N_{b,Rd} = \frac{\chi A f_y}{\gamma_{M1}} \quad \text{für Querschnitte der Klassen 1, 2 und 3;} \tag{6.47}$$

$$N_{b,Rd} = \frac{\chi A_{eff} f_y}{\gamma_{M1}} \quad \text{für Querschnitte der Klasse 4;} \tag{6.48}$$

wobei χ den Abminderungsfaktor für die maßgebende Biegeknickrichtung darstellt.

ANMERKUNG Bei Bauteilen mit veränderlichem Querschnitt oder ungleichmäßiger Druckbelastung kann eine Berechnung nach Theorie II. Ordnung nach 5.3.4(2) erfolgen. Bei Biegeknicken aus der Ebene siehe 6.3.4.

(4) Bei der Berechnung von A und A_{eff} können Löcher für Verbindungsmittel an den Stützenenden vernachlässigt werden.

Knicklinien **6.3.1.2**

(1) Für planmäßig zentrisch belastete Druckstäbe ist der Wert χ mit dem Schlankheitsgrad $\bar{\lambda}$ aus der maßgebenden Knicklinie in der Regel nach folgender Gleichung zu ermitteln:

$$\chi = \frac{1}{\Phi + \sqrt{\Phi^2 - \bar{\lambda}^2}} \quad \text{aber } \chi \leq 1{,}0 \tag{6.49}$$

Dabei ist

$$\Phi = 0{,}5\left[1 + \alpha\left(\bar{\lambda} - 0{,}2\right) + \bar{\lambda}^2\right];$$

$$\bar{\lambda} = \sqrt{\frac{A f_y}{N_{cr}}} \quad \text{für Querschnitte der Klassen 1, 2 und 3;}$$

$$\bar{\lambda} = \sqrt{\frac{A_{eff} f_y}{N_{cr}}} \quad \text{für Querschnitte der Klasse 4;}$$

α der Imperfektionsbeiwert für die maßgebende Knicklinie;

N_{cr} die ideale Verzweigungslast für den maßgebenden Knickfall gerechnet mit den Abmessungen des Bruttoquerschnitts.

(2) Der Imperfektionsbeiwert α sollte der Tabelle 6.1 und Tabelle 6.2 entnommen werden.

Tabelle 6.1: Imperfektionsbeiwerte der Knicklinien

Knicklinie	a_0	a	b	c	d
Imperfektionsbeiwert α	0,13	0,21	0,34	0,49	0,76

(3) Die Werte des Abminderungsfaktors χ dürfen für den Schlankheitsgrad $\bar{\lambda}$ auch mit Hilfe von Bild 6.4 ermittelt werden.

(4) Bei Schlankheitsgraden $\bar{\lambda} \leq 0{,}2$ oder für $\frac{N_{Ed}}{N_{cr}} \leq 0{,}04$ darf der Biegeknicknachweis entfallen, und es sind ausschließlich Querschnittsnachweise zu führen.

Tabelle 6.2: Auswahl der Knicklinie eines Querschnitts

Querschnitt		Begrenzungen		Ausweichen rechtwinklig zur Achse	Knicklinie S 235 S 275 S 355 S 420	Knicklinie S 460
gewalzte I-Querschnitte		$h/b > 1,2$	$t_f \leq 40$ mm	y-y	a	a_0
				z-z	b	a_0
			$40 \text{ mm} < t_f \leq 100$	y-y	b	a
				z-z	c	a
		$h/b \leq 1,2$	$t_f \leq 100$ mm	y-y	b	a
				z-z	c	a
			$t_f > 100$ mm	y-y	d	c
				z-z	d	c
Geschweißte I-Querschnitte		$t_f \leq 40$ mm		y-y	b	b
				z-z	c	c
		$t_f > 40$ mm		y-y	c	c
				z-z	d	d
Hohlquerschnitte	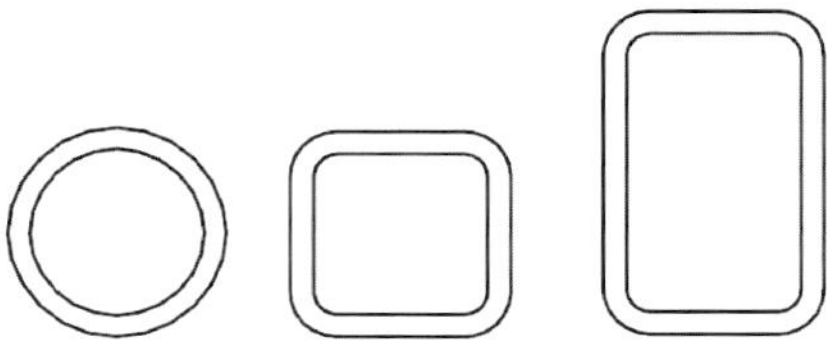	warmgefertigte		jede	a	a_0
		kaltgefertigte		jede	c	c
Geschweißte Kastenquerschnitte	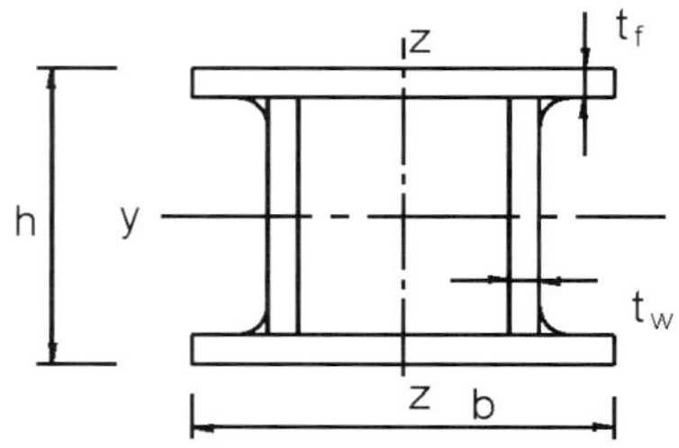	allgemein (außer den Fällen der nächsten Zeile)		jede	b	b
		dicke Schweißnähte: $a > 0,5t_f$ $b/t_f < 30$ $h/t_w < 30$		jede	c	c
U-, T- und Vollquerschnitte	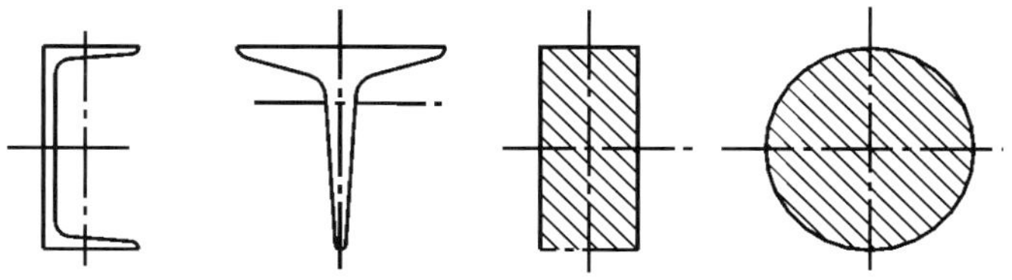			jede	c	c
L-Querschnitte	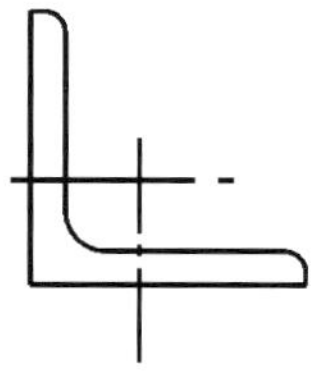			jede	b	b

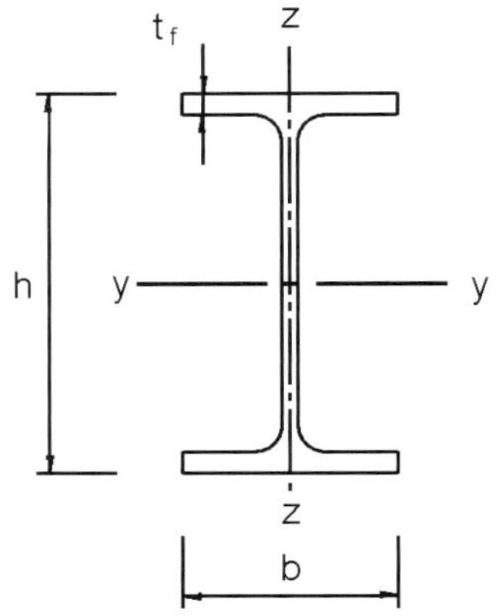

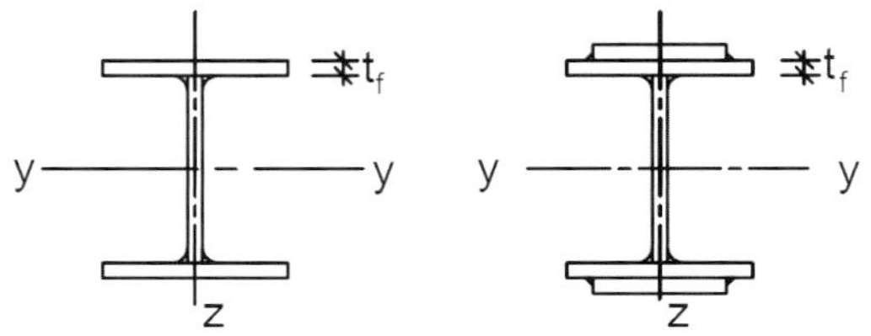

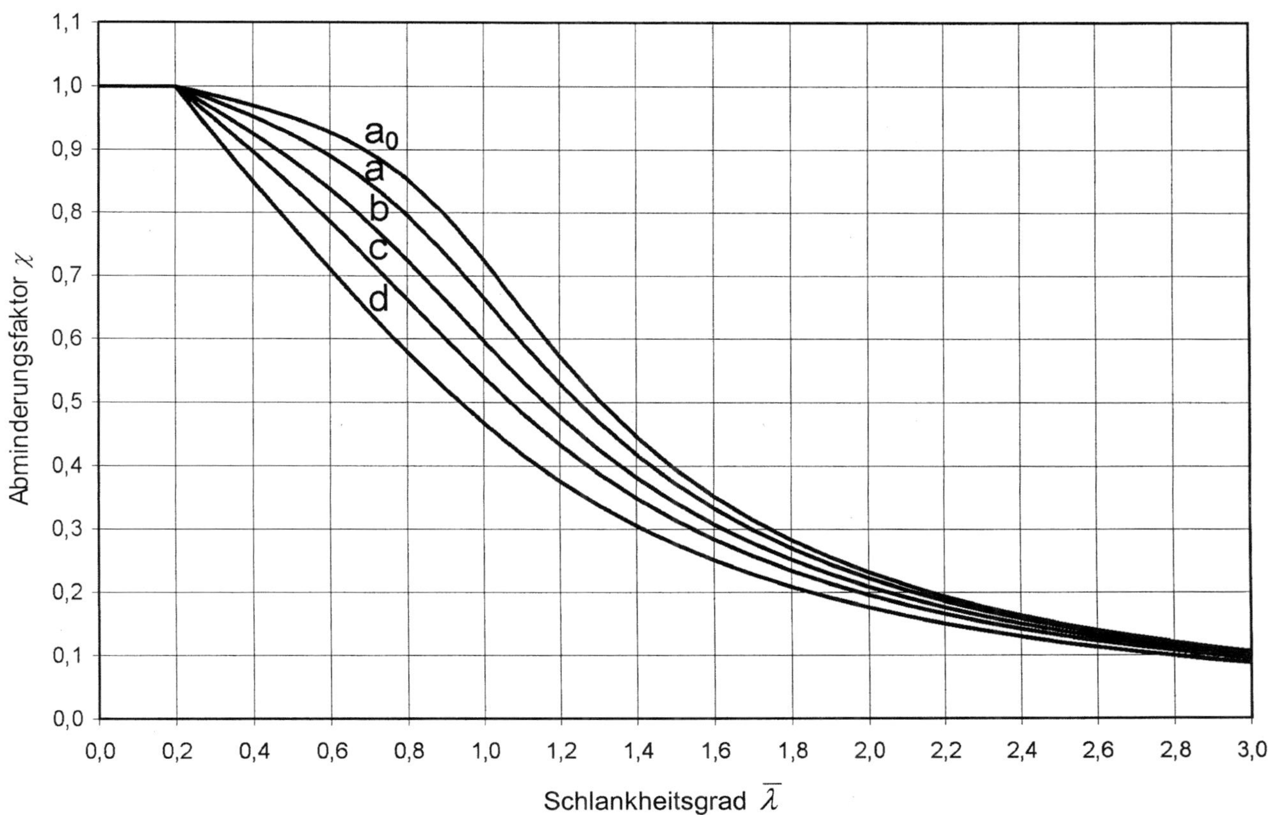

Bild 6.4: Knicklinien

Schlankheitsgrad für Biegeknicken **6.3.1.3**

(1) Der Schlankheitsgrad $\overline{\lambda}$ ist wie folgt zu bestimmen:

$$\overline{\lambda} = \sqrt{\frac{A f_y}{N_{cr}}} = \frac{L_{cr}}{i} \frac{1}{\lambda_1}$$ für Querschnitte der Klassen 1, 2 und 3; (6.50)

$$\overline{\lambda} = \sqrt{\frac{A_{eff} f_y}{N_{cr}}} = \frac{L_{cr}}{i} \frac{\sqrt{\frac{A_{eff}}{A}}}{\lambda_1}$$ für Querschnitte der Klasse 4. (6.51)

Dabei ist

L_{cr} die Knicklänge in der betrachteten Knickebene;

i der Trägheitsradius für die maßgebende Knickebene, der unter Verwendung der Abmessungen des Bruttoquerschnitts ermittelt wird;

$$\lambda_1 = \pi \sqrt{\frac{E}{f_y}} = 93{,}9\varepsilon;$$

$$\varepsilon = \sqrt{\frac{235}{f_y}}$$ f_y in N/mm².

ANMERKUNG B Zu Biegeknicken im Hochbau siehe Anhang BB.

(2) Die für das Biegeknicken maßgebende Knicklinie sollte aus Tabelle 6.2 entnommen werden.

Schlankheitsgrad für Drillknicken oder Biegedrillknicken **6.3.1.4**

(1) Bei Bauteilen mit offenen Querschnitten ist in der Regel zu beachten, dass der Widerstand des Bauteils gegen Drillknicken oder Biegedrillknicken möglicherweise kleiner als sein Widerstand gegen Biegeknicken ist.

(2) Der Schlankheitsgrad $\bar{\lambda}_T$ für Drillknicken oder Biegedrillknicken ist wie folgt anzunehmen:

$$\bar{\lambda}_T = \sqrt{\frac{A f_y}{N_{cr}}} \quad \text{für Querschnitte der Klassen 1, 2 und 3;} \tag{6.52}$$

$$\bar{\lambda}_T = \sqrt{\frac{A_{eff} f_y}{N_{cr}}} \quad \text{für Querschnitte der Klasse 4.} \tag{6.53}$$

Dabei ist

$N_{cr} = N_{cr,TF}$ jedoch $N_{cr} < N_{cr,T}$;

$N_{cr,TF}$ die ideale Verzweigungslast für Biegedrillknicken;

$N_{cr,T}$ die ideale Verzweigungslast für Drillknicken.

(3) Bei Drillknicken oder Biegedrillknicken kann die maßgebende Knicklinie der Tabelle 6.2 entnommen werden, wobei die Linien für die z-Achse gelten.

6.3.2 Gleichförmige Bauteile mit Biegung um die Hauptachse

6.3.2.1 Biegedrillknicken

(1) Für einen seitlich nicht durchgehend am Druckgurt gehaltenen Träger, der auf Biegung um die Hauptachse beansprucht wird, ist in der Regel folgender Nachweis gegen Biegedrillknickversagen zu erbringen:

$$\frac{M_{Ed}}{M_{b,Rd}} \leq 1{,}0 \tag{6.54}$$

Dabei ist

M_{Ed} der Bemessungswert des einwirkenden Biegemomentes;

$M_{b,Rd}$ der Bemessungswert der Biegedrillknickbeanspruchbarkeit.

(2) Träger, bei denen der gedrückte Flansch ausreichend gegen seitliches Ausweichen gehalten ist, sind gegen Biegedrillknickversagen unempfindlich. Außerdem sind Träger mit bestimmten Querschnitten, wie rechteckige oder runde Hohlquerschnitte, geschweißte Rohrquerschnitte oder Kastenquerschnitte, nicht biegedrillknickgefährdet.

(3) Der Bemessungswert der Biegedrillknickbeanspruchbarkeit eines seitlich nicht gehaltenen Trägers ist in der Regel wie folgt zu ermitteln:

$$M_{b,Rd} = \chi_{LT} W_y \frac{f_y}{\gamma_{M1}} \tag{6.55}$$

wobei

W_y das maßgebendes Widerstandsmoment mit folgender Bedeutung ist:

- $W_y = W_{pl,y}$ für Querschnitte der Klasse 1 oder 2;
- $W_y = W_{el,y}$ für Querschnitte der Klasse 3;
- $W_y = W_{eff,y}$ für Querschnitte der Klasse 4;

χ_{LT} ist der Abminderungsfaktor für das Biegedrillknicken.

ANMERKUNG 1 Für die Ermittlung des Bemessungswertes der Biegedrillknickbeanspruchbarkeit von Trägern mit veränderlichem Querschnitt darf eine Berechnung nach Theorie II. Ordnung nach 5.3.4(3) durchgeführt werden. Bei Knicken aus der Ebene siehe 6.3.4.

ANMERKUNG 2B Zu biegedrillknickgefährdeten Bauteilen im Hochbau siehe auch Anhang BB.

(4) Bei der Berechnung von W_y können Löcher für Verbindungsmittel an Stellen mit geringer Momentenbeanspruchung (z. B. an den Trägerenden) vernachlässigt werden.

6.3.2.2 Knicklinien für das Biegedrillknicken — Allgemeiner Fall

(1) Außer für die Fälle in 6.3.2.3 ist für biegebeanspruchte Bauteile mit gleichförmigen Querschnitten der Wert χ_{LT} mit dem Schlankheitsgrads $\bar{\lambda}_{LT}$ aus der maßgebenden Biegedrillknicklinie in der Regel nach folgender Gleichung zu ermitteln:

$$\chi_{LT} = \frac{1}{\Phi_{LT} + \sqrt{\Phi_{LT}^2 - \bar{\lambda}_{LT}^2}} \quad \text{jedoch} \quad \chi_{LT} \leq 1{,}0. \tag{6.56}$$

Dabei ist

$\Phi_{LT} = 0{,}5\left[1 + \alpha_{LT}\left(\bar{\lambda}_{LT} - 0{,}2\right) + \bar{\lambda}_{LT}^2\right]$;

α_{LT} der Imperfektionsbeiwert für die maßgebende Knicklinie für das Biegedrillknicken;

$\bar{\lambda}_{LT} = \sqrt{\frac{W_y f_y}{M_{cr}}}$;

M_{cr} das ideales Biegedrillknickmoment.

(2) M_{cr} ist in der Regel mit den Abmessungen des Bruttoquerschnitts und unter Berücksichtigung des Belastungszustands, der tatsächlichen Momentenverteilung und der seitlichen Lagerungen zu berechnen.

ANMERKUNG 1 Der Nationale Anhang kann die Imperfektionsbeiwerte α_{LT} festlegen. Die empfohlenen Werte von α_{LT} sind Tabelle 6.3 zu entnehmen.

Tabelle 6.3: Empfohlene Imperfektionsbeiwerte der Knicklinien für das Biegedrillknicken

Knicklinie	a	b	c	d
Imperfektionsbeiwert α_{LT}	0,21	0,34	0,49	0,76

Die empfohlene Zuordnung ist Tabelle 6.4 zu entnehmen.

Tabelle 6.4: Empfohlene Knicklinien für das Biegedrillknicken nach Gleichung (6.56)

Querschnitt	**Grenzen**	**Knicklinien**
gewalztes I-Profil	$h/b \leq 2$ $h/b > 2$	a b
geschweißtes I-Profil	$h/b \leq 2$ $h/b > 2$	c d
andere Querschnitte	—	d

NDP Zu 6.3.2.2(2) Anmerkung 1

Es gilt die Empfehlung, einschließlich der Tabellen 6.3 und 6.4. Der in DIN EN 1993-1-1:2010-12, 6.3.2.3(2) angegebene Faktor f darf auch zur Modifizierung von χ_{LT} nach DIN EN 1993-1-1:2010-12, 6.3.2.2(1) angewendet werden.

Anstelle der Beiwerte α_{LT} dürfen alternativ die folgenden Imperfektionsbeiwerte α_{LT}^* in Gleichung (6.56) verwendet werden:

$$\alpha_{LT}^* = \frac{\alpha_{crit}^*}{\alpha_{crit}} \alpha \tag{NA.3}$$

Dabei ist

α der Imperfektionsbeiwert für Ausweichen rechtwinklig zur z-z-Achse nach Tabelle 6.2;

α_{crit}^* der kleinste Vergrößerungsfaktor für die Bemessungswerte der Belastung, mit dem die ideale Verzweigungslast mit Verformungen aus der Haupttragwerksebene erreicht und die Torsionssteifigkeit vernachlässigt wird;

α_{crit} der kleinste Vergrößerungsfaktor für die Bemessungswerte der Belastung, mit dem die ideale Verzweigungslast mit Verformungen aus der Haupttragwerksebene unter Berücksichtigung der Torsionssteifigkeit erreicht wird;

α_{LT} Imperfektionsbeiwert für Biegedrillknicken nach DIN EN 1993-1-1:2010-12, Tabelle 6.3.

(3) Der Wert des Abminderungsfaktors χ_{LT} für den Schlankheitsgrad $\bar{\lambda}_{LT}$ darf auch aus Bild 6.4 entnommen werden.

(4) Bei Schlankheitsgraden $\bar{\lambda}_{LT} \leq \bar{\lambda}_{LT,0}$ (siehe 6.3.2.3) oder für $\frac{M_{Ed}}{M_{cr}} \leq \bar{\lambda}_{LT,0}{}^2$ (siehe 6.3.2.3) darf der Biegedrillknicknachweis entfallen, und es sind ausschließlich Querschnittsnachweise zu führen.

6.3.2.3 Biegedrillknicklinien gewalzter Querschnitte oder gleichartiger geschweißter Querschnitte

(1) Für gewalzte oder gleichartige geschweißte Querschnitte unter Biegebeanspruchung werden die Werte χ_{LT} mit dem Schlankheitsgrad $\bar{\lambda}_{LT}$ aus der maßgebenden Biegedrillknicklinie nach folgender Gleichung ermittelt:

$$\chi_{LT} = \frac{1}{\Phi_{LT} + \sqrt{\Phi_{LT}^2 - \beta\bar{\lambda}_{LT}^2}} \quad \text{jedoch} \quad \begin{cases} \chi_{LT} \leq 1{,}0 \\ \chi_{LT} \leq \dfrac{1}{\bar{\lambda}_{LT}^2} \end{cases} \tag{6.57}$$

$$\Phi_{LT} = 0{,}5\left[1 + \alpha_{LT}\left(\bar{\lambda}_{LT} - \bar{\lambda}_{LT,0}\right) + \beta\bar{\lambda}_{LT}^2\right]$$

ANMERKUNG Der Nationale Anhang kann die Parameter $\bar{\lambda}_{LT,0}$ und β festlegen. Die folgenden Werte werden für gewalzte Profile oder gleichartige geschweißte Querschnitte empfohlen:

$\bar{\lambda}_{LT,0} = 0{,}4$ (Höchstwert);

$\beta = 0{,}75$ (Mindestwert).

Die empfohlene Zuordnung ist der Tabelle 6.5 zu entnehmen.

NDP Zu 6.3.2.3(1) Anmerkung

Es gilt die Empfehlung, einschließlich Tabelle 6.5.

Tabelle 6.5: Biegedrillknicklinien nach Gleichung (6.57)

Querschnitt	Grenzen	Biegedrillknicklinien
gewalztes I-Profil	$h/b \leq 2$ $h/b > 2$	b c
geschweißtes I-Profil	$h/b \leq 2$ $h/b > 2$	c d

(2) Um die Momentenverteilung zwischen den seitlichen Lagerungen von Bauteilen zu berücksichtigen, darf der Abminderungsfaktor χ_{LT} wie folgt modifiziert werden:

$$\chi_{LT,mod} = \frac{\chi_{LT}}{f} \quad \text{jedoch} \quad \begin{cases} \chi_{LT,mod} \leq 1 \\ \chi_{LT,mod} \leq \dfrac{1}{\bar{\lambda}_{LT}^2} \end{cases} \tag{6.58}$$

ANMERKUNG Der Nationale Anhang kann die Werte f festlegen. Folgende Mindestwerte werden empfohlen:

$f = 1 - 0{,}5\,(1 - k_c)\,[1 - 2{,}0\,(\bar{\lambda}_{LT} - 0{,}8)^2]$ jedoch $f \leq 1{,}0$.

Dabei ist k_c ist ein Korrekturbeiwert nach Tabelle 6.6.

NDP Zu 6.3.2.3(2) Anmerkung

Es gilt die Empfehlung, einschließlich Tabelle 6.6.

Tabelle 6.6: Korrekturbeiwerte k_c

Momentenverteilung	k_c
 $\psi = 1$	1,0
 $-1 \le \psi \le 1$	$\frac{1}{1{,}33 - 0{,}33\psi}$
	0,94
	0,90
	0,91
	0,86
	0,77
	0,82

NCI Zu 6.3.2.3(2) Tabelle 6.6

Der Korrekturbeiwert k_c darf auch nach Gleichung (NA.4) bestimmt werden.

$$k_c = \sqrt{\frac{1}{C_1}} \quad \text{(NA.4)}$$

mit C_1 Momentenbeiwert für das Biegedrillknicken, z. B. nach [2] oder [3]

Vereinfachtes Bemessungsverfahren für Träger mit Biegedrillknickbehinderungen im Hochbau 6.3.2.4

(1)B Bauteile mit an einzelnen Punkten seitlich gestützten Druckflanschen dürfen als nicht biegedrillknickgefährdet angesehen werden, wenn die Länge L_c zwischen den seitlich gehaltenen Punkten bzw. der sich daraus ergebende Schlankheitsgrad $\bar{\lambda}_F$ des druckbeanspruchten Flansches folgende Anforderung erfüllt:

$$\bar{\lambda}_f = \frac{k_c L_c}{i_{f,z} \lambda_1} \le \bar{\lambda}_{c0} \frac{M_{c,Rd}}{M_{y,Ed}} \quad (6.59)$$

Dabei ist

$M_{y,Ed}$ das größte einwirkende Bemessungsmoment zwischen den Stützpunkten;

$M_{c,Rd} = W_y \frac{f_y}{\gamma_{M1}}$;

W_y das maßgebende Widerstandsmoment des Querschnitts für die gedrückte Querschnittsfaser;

k_c der Korrekturbeiwert an dem Schlankheitsgrad abhängig von der Momentenverteilung zwischen den seitlich gehaltenen Punkten, siehe Tabelle 6.6;

$i_{f,z}$ der Trägheitsradius des druckbeanspruchten Flansches um die schwache Querschnittsachse unter Berücksichtigung von 1/3 der auf Druck beanspruchten Fläche des Steges;

$\bar{\lambda}_{c0}$ der Grenzschlankheitsgrad für das oben betrachtete, druckbeanspruchte Bauteil;

$\lambda_1 = \pi \sqrt{\frac{E}{f_y}} = 93{,}9\varepsilon$;

$$\varepsilon = \sqrt{\frac{235}{f_y}} \quad (f_y \text{ in N/mm}^2).$$

ANMERKUNG 1B Für Querschnitte der Klasse 4 darf $i_{f,z}$ wie folgt berechnet werden:

$$i_{f,z} = \sqrt{\frac{I_{eff,f}}{A_{eff,f} + \frac{1}{3} A_{eff,w,c}}}$$

Dabei ist

$I_{eff,f}$ das wirksame Flächenträgheitsmoment des druckbeanspruchten Flansches um die schwache Querschnittsachse;

$A_{eff,f}$ die wirksame Fläche des druckbeanspruchten Flansches;

$A_{eff,w,c}$ die wirksame Fläche des druckbeanspruchten Teils des Stegblechs.

ANMERKUNG 2B Der Nationale Anhang kann den Grenzschlankheitsgrad $\bar{\lambda}_{c0}$ festlegen. Der Grenzwert von $\bar{\lambda}_{c0} = \bar{\lambda}_{LT,0} + 0{,}1$ wird empfohlen, siehe 6.3.2.3.

NDP Zu 6.3.2.4(1)B Anmerkung 2B

Es gilt die Empfehlung.

(2)B Wenn der Schlankheitsgrad $\bar{\lambda}_f$ des druckbeanspruchten Flansches den in (1)B festgelegten Grenzwert überschreitet, darf der Bemessungswert der Biegedrillknickbeanspruchbarkeit wie folgt ermittelt werden:

$$M_{b,Rd} = k_{f\ell} \chi M_{c,Rd} \quad \text{jedoch} \quad M_{b,Rd} \leq M_{c,Rd} \qquad (6.60)$$

Dabei ist

χ der mit $\bar{\lambda}_f$ ermittelte Abminderungsfaktor des äquivalenten druckbeanspruchten Flansches;

$k_{f\ell}$ der Anpassungsfaktor, mit dem dem konservativen Nachweis mit äquivalenten druckbeanspruchten Flanschen Rechnung getragen wird.

ANMERKUNG B Der Nationale Anhang kann den Anpassungsfaktor $k_{f\ell}$ festlegen. Der Wert $k_{f\ell} = 1{,}10$ wird empfohlen.

NDP Zu 6.3.2.4(2)B Anmerkung B

Es gilt die Empfehlung.

(3)B Für das Verfahren in (2)B sind in der Regel die folgenden Knicklinien zu verwenden:

Knickspannungslinie d für geschweißte Querschnitte, vorausgesetzt: $\frac{h}{t_f} \leq 44\varepsilon$;

Knickspannungslinie c für alle anderen Querschnitte.

Dabei ist

h die Gesamthöhe des Querschnitts;

t_f die Dicke des druckbeanspruchten Flansches.

ANMERKUNG B Zum Biegedrillknicken von seitlich gestützten Bauteilen im Hochbau, siehe auch Anhang BB.3.

6.3.3 Auf Biegung und Druck beanspruchte gleichförmige Bauteile

(1) Wenn keine Untersuchung nach Theorie II. Ordnung durchgeführt wird, bei der die Imperfektionen aus 5.3.2 angesetzt werden, sollte die Stabilität von gleichförmigen Bauteilen mit doppelt-symmetrischen Querschnitten, die nicht zu Querschnittsverformungen neigen, nach (2) bis (5) nachgewiesen werden. Dabei wird folgende Differenzierung vorgenommen:

- verdrehsteife Bauteile, wie z. B. Hohlquerschnitte oder gegen Verdrehung ausgesteifte Querschnitte;
- verdrehweiche Bauteile, wie z. B. offene Querschnitte, deren Verdrehung nicht behindert wird.

(2) Zusätzlich zu den Nachweisen nach (3) bis (5) sind an den Bauteilenden in der Regel Querschnittsnachweise nach 6.2 zu führen.

ANMERKUNG 1 Die Interaktionsformeln basieren auf dem Modell eines gabelgelagerten Einfeldträgers, mit oder ohne seitliche Zwischenstützung, der durch Druckkräfte, Randmomente und/oder Querbelastungen beansprucht wird.

ANMERKUNG 2 Falls die Anwendungsbedingungen in (1) und (2) nicht erfüllt sind, siehe 6.3.4.

(3) Der Stabilitätsnachweis darf für ein Tragwerk geführt werden, indem einzelne Bauteile, die als aus dem Tragwerk herausgeschnitten gedacht werden, nachgewiesen werden. Die Wirkung der Theorie II. Ordnung auf ein seitenverschiebliches Tragwerk (P-Δ-Effekte) wird entweder durch die vergrößerten Randmomente des einzelnen herausgeschnittenen Bauteils oder durch geeignete Knicklängenbestimmung berücksichtigt, siehe 5.2.2(3) c) und 5.2.2(8).

(4) Durch Biegung und Druck beanspruchte Bauteile müssen in der Regel folgende Anforderungen erfüllen:

$$\frac{N_{Ed}}{\frac{\chi_y N_{Rk}}{\gamma_{M1}}} + k_{yy}\frac{M_{y,Ed}+\Delta M_{y,Ed}}{\chi_{LT}\frac{M_{y,Rk}}{\gamma_{M1}}} + k_{yz}\frac{M_{z,Ed}+\Delta M_{z,Ed}}{\frac{M_{z,Rk}}{\gamma_{M1}}} \le 1\,; \tag{6.61}$$

$$\frac{N_{Ed}}{\frac{\chi_z N_{Rk}}{\gamma_{M1}}} + k_{zy}\frac{M_{y,Ed}+\Delta M_{y,Ed}}{\chi_{LT}\frac{M_{y,Rk}}{\gamma_{M1}}} + k_{zz}\frac{M_{z,Ed}+\Delta M_{z,Ed}}{\frac{M_{z,Rk}}{\gamma_{M1}}} \le 1. \tag{6.62}$$

Dabei ist

N_{Ed}, $M_{y,Ed}$ und $M_{z,Ed}$	die Bemessungswerte der einwirkenden Druckkraft und der einwirkenden maximalen Momente um die y-y-Achse und z-z-Achse;
$\Delta M_{y,Ed}$, $\Delta M_{z,Ed}$	die Momente aus der Verschiebung der Querschnittsachsen von Klasse-4-Querschnitten nach 6.2.9.3 sind, siehe Tabelle 6.1;
χ_y und χ_z	die Abminderungsbeiwerte für Biegeknicken nach 6.3.1;
χ_{LT}	die Abminderungsbeiwert für Biegedrillknicken nach 6.3.2;
k_{yy}, k_{yz}, k_{zy}, k_{zz}	die Interaktionsfaktoren.

Tabelle 6.7: Werte für $N_{Rk} = f_y A_i$, $M_{i,Rk} = f_y W_i$ und $\Delta M_{i,Ed}$

Klasse	1	2	3	4
A_i	A	A	A	A_{eff}
W_y	$W_{pl,y}$	$W_{pl,y}$	$W_{el,y}$	$W_{eff,y}$
W_z	$W_{pl,z}$	$W_{pl,z}$	$W_{el,z}$	$W_{eff,z}$
$\Delta M_{y,Ed}$	0	0	0	$e_{N,y} N_{Ed}$
$\Delta M_{z,Ed}$	0	0	0	$e_{N,z} N_{Ed}$

ANMERKUNG Bei Bauteilen ohne Torsionsverformungen würde sich $\chi_{LT} = 1{,}0$ ergeben.

(5) Die Interaktionsfaktoren k_{yy}, k_{yz}, k_{zy} und k_{zz} sind abhängig vom gewählten Verfahren anzusetzen.

ANMERKUNG 1 Die Interaktionsfaktoren k_{yy}, k_{yz}, k_{zy} und k_{zz} wurden auf zwei verschiedenen Wegen abgeleitet. Die Werte dieser Faktoren können dem Anhang A (Alternativverfahren 1) oder dem Anhang B (Alternativverfahren 2) entnommen werden.

ANMERKUNG 2 Der Nationale Anhang kann Festlegungen zu den Alternativverfahren 1 und 2 treffen.

NDP Zu 6.3.3(5) Anmerkung 2

Es dürfen die Interaktionsfaktoren sowohl nach dem Alternativverfahren 1 (DIN EN 1993-1-1:2010-12, Anhang A) als auch nach dem Alternativverfahren 2 (DIN EN 1993-1-1:2010-12, Anhang B) verwendet werden.

ANMERKUNG 3 Vereinfachend können die Nachweise immer mit elastischen Querschnittswerten geführt werden.

6.3.4 Allgemeines Verfahren für Knick- und Biegedrillknicknachweise für Bauteile

(1) Das folgende Verfahren kann angewendet werden, wenn die Verfahren in 6.3.1, 6.3.2 und 6.3.3 nicht zutreffen. Es ermöglicht den Knick- und Biegedrillknicknachweis für:

- einzelne Bauteile, die in ihrer Hauptebene belastet werden, mit beliebigem einfach-symmetrischen Querschnitt, veränderlicher Bauhöhe und beliebigen Randbedingungen;
- vollständige ebene Tragwerke oder Teiltragwerke, die aus solchen Bauteilen bestehen,

die auf Druck und/oder einachsige Biegung in der Hauptebene beansprucht sind, aber zwischen ihren Stützungen keine Fließgelenke enthalten.

ANMERKUNG Der Nationale Anhang kann die Einsatzgrenzen für das Verfahren festlegen.

NDP Zu 6.3.4(1) Anmerkung:

Das Verfahren gilt für Bauteile und Tragwerke, die auf Biegung in Tragwerksebene und/ oder Druck beansprucht werden. Als Querschnitte sind nur I-Profile zugelassen. Bei der Bestimmung von $\alpha_{ult,k}$ ist der zur Bildung des ersten Fließgelenkes gehörende Wert zu verwenden.[NA.1)] Die Wahl der Knicklinie geht aus Tabelle NA.3 hervor.

Tabelle NA.3: Wahl der Knicklinie

Knicken ohne Biegedrillknicken	Zuordnung der entsprechenden Knicklinie nach DIN EN 1993-1-1:2010 -12, Tabelle 6.2
Biegedrillknicken	Zuordnung der entsprechenden Knicklinie für das Biegedrillknicken nach DIN EN 1993-1-1:2010-12, Tabelle 6.4

Der Wert χ nach 6.3.1 ist für χ_{op} dann zu verwenden, wenn die Beanspruchung ausschließlich aus Normalkräften besteht, der Wert χ_{LT} nach 6.3.2.2 ist für χ_{op} zu verwenden, wenn die Beanspruchung ausschließlich aus Biegemomenten besteht. Bei gemischter Beanspruchung ist der kleinere der beiden Werte χ oder χ_{LT} für χ_{op} zu verwenden.

NA.1) Für Tragwerke mit voutenförmigen Bauteilen ist die ideale Verzweigungslast für die vorhandene Geometrie zu ermitteln. Dies kann mit adäquaten numerischen Methoden erfolgen (z. B. FEM-Modellierung mit Schalenelementen). Eine Abstufung mit Stabelementen führt in der Regel nicht zu richtigen Ergebnissen.

(2) Der Widerstand gegen Knicken aus der Ebene für Tragwerke oder Teiltragwerke entsprechend (1) kann mit folgendem Kriterium nachgewiesen werden:

$$\frac{\chi_{op}\,\alpha_{ult,k}}{\gamma_{M1}} \geq 1{,}0 \qquad (6.63)$$

Dabei ist

$\alpha_{ult,k}$ der kleinste Vergrößerungsfaktor für die Bemessungswerte der Belastung, mit dem die charakteristische Tragfähigkeit der Bauteile mit Verformungen in der Tragwerksebene erreicht wird, ohne dass Knicken oder Biegedrillknicken aus der Ebene berücksichtigt wird. Dabei werden, wo erforderlich, alle Effekte aus Imperfektionen und Theorie II. Ordnung in der Tragwerksebene berücksichtigt. In der Regel wird $\alpha_{ult,k}$ durch den Querschnittsnachweis am ungünstigsten Querschnitt des Tragwerks oder Teiltragwerks bestimmt;

χ_{op} der Abminderungsfaktor für den Schlankheitsgrad $\bar{\lambda}_{op}$, mit dem Knicken oder Biegedrillknicken aus der Tragwerksebene berücksichtigt wird, siehe (3).

(3) Der Schlankheitsgrad $\bar{\lambda}_{op}$ für das Tragwerk oder Teiltragwerk sollte wie folgt ermittelt werden:

$$\bar{\lambda}_{op} = \sqrt{\frac{\alpha_{ult,k}}{\alpha_{cr,op}}} \qquad (6.64)$$

Dabei ist

$\alpha_{ult,k}$ wie in (2);

$\alpha_{cr,op}$ der kleinste Vergrößerungsfaktor für die Bemessungswerte der Belastung, mit dem die ideale Verzweigungslast mit Verformungen aus der Haupttragwerksebene erreicht wird. Dabei werden keine weiteren Verformungen in der Tragwerksebene berücksichtigt.

ANMERKUNG Die Werte $\alpha_{cr,op}$ und $\alpha_{ult,k}$ können mit Hilfe von Finite Elementen ermittelt werden.

(4) Der Abminderungsbeiwert χ_{op} darf nach einem der folgenden Verfahren ermittelt werden:

a) als kleinster Wert aus den Größen:

χ für Knicken nach 6.3.1;

χ_{LT} für Biegedrillknicken nach 6.3.2.

Dabei sind beide Werte für den Schlankheitsgrad $\bar{\lambda}_{op}$ zu berechnen.

ANMERKUNG Dieses Verfahren führt z. B. bei der Bestimmung von $\alpha_{ult,k}$ über den Querschnittsnachweis $\frac{1}{\alpha_{ult,k}} = \frac{N_{Ed}}{N_{Rk}} + \frac{M_{y,Ed}}{M_{y,Rk}}$ zu der Bemessungsgleichung:

$$\frac{N_{Ed}}{\frac{N_{Rk}}{\gamma_{M1}}} + \frac{M_{y,Ed}}{\frac{M_{y,Rk}}{\gamma_{M1}}} \leq \chi_{op}. \tag{6.65}$$

b) als Wert, der zwischen χ und χ_{LT}, beide nach a), interpoliert wird. Dabei darf die Interpolation über die Gleichung für den Querschnittsnachweis durchgeführt werden.

ANMERKUNG Dieses Verfahren führt z. B. bei der Bestimmung von $\alpha_{ult,k}$ über den Querschnittsnachweis $\frac{1}{\alpha_{ult,k}} = \frac{N_{Ed}}{N_{Rk}} + \frac{M_{y,Ed}}{M_{y,Rk}}$ zu der Bemessungsgleichung:

$$\frac{N_{Ed}}{\frac{\chi N_{Rk}}{\gamma_{M1}}} + \frac{M_{y,Ed}}{\frac{\chi_{LT} M_{y,Rk}}{\gamma_{M1}}} \leq 1. \tag{6.66}$$

Biegedrillknicken von Bauteilen mit Fließgelenken 6.3.5

Allgemeines 6.3.5.1

(1)B Tragwerke dürfen plastisch bemessen werden, wenn Knicken oder Biegedrillknicken des Tragwerks aus seiner Haupttragebene wie folgt verhindert wird:

a) seitliche Stützungen an allen Fließgelenken mit Rotationsanforderungen, siehe 6.3.5.2;

b) Stabilitätsnachweis für die Tragwerksabschnitte zwischen solchen Stützungen und anderen seitlichen Lagerungen, siehe 6.3.5.3.

(2)B Wenn an den Fließgelenken unter allen Lastkombinationen im Grenzzustand der Tragfähigkeit keine Rotationen verlangt werden, sind an diesen Fließgelenken keine besonderen seitlichen Stützungen erforderlich.

Stützungen an Fließgelenken mit Rotationsanforderungen 6.3.5.2

(1)B An jedem Fließgelenk mit Rotationsanforderungen ist in der Regel der Querschnitt mit einem angemessenen Widerstand gegen seitliche Verschiebung und Verdrehung zu stützen, die infolge der Rotation im Fließgelenk entstehen können.

(2)B Die seitliche Stützung ist in der Regel durch folgende Maßnahmen vorzunehmen:

- bei Bauteilen mit nur Biegemomenten allein oder Momenten- und Druckbelastung durch seitliche Stützung beider Flansche. Diese kann durch seitliche Stützung eines Flansches und Verdrehungsbehinderung des Querschnitts erfolgen, so dass sich der Druckflansch nicht gegenüber dem Zugflansch verschieben kann, siehe Bild 6.5.

– bei Bauteilen mit nur Biegemomenten allein oder Momenten- und Zugbelastung, bei der eine Platte auf dem Druckflansch aufliegt, durch Verschiebungs- und Verdrehungsbehinderung des Druckflansches (z. B. durch eine geeignete Verbindung mit der Platte, siehe Bild 6.6). Bei Querschnittsschlankheiten, die über die gewalzten I- und H-Querschnitte hinausgehen, sollte die Querschnittsverformung an der Stelle des plastischen Gelenks konstruktiv verhindert werden (z. B. durch eine mit dem Druckflansch verbundene Stegsteife und eine steife Verbindung des Druckflansches mit der Platte).

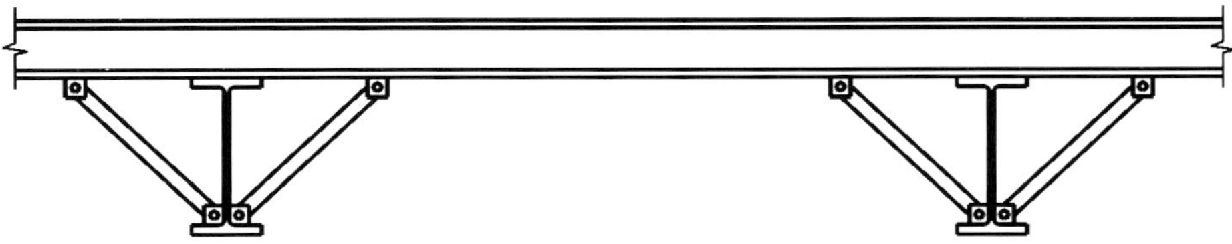

Bild 6.5: Beispiel für eine Verdrehungsbehinderung

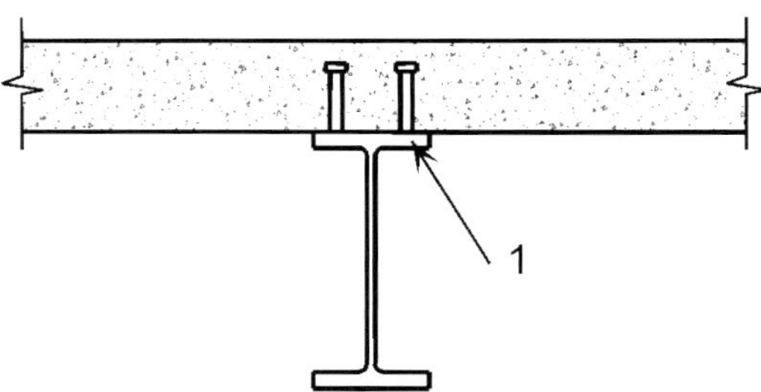

Legende

1 Druckflansch

Bild 6.6: Beispiel für eine Verschiebungs- und Verdrehungsbehinderung durch eine fest verbundene Betonplatte

(3)B An jedem Fließgelenk sind in der Regel die Verbindungsmittel (z. B. Schrauben) des Anschlusses des Druckflansches zum stützenden Bauteil (z. B. Pfette) und alle dazwischenliegenden Bauteile (z. B. diagonale Streben) für eine örtliche Belastung von mindestens 2,5 % von $N_{\mathrm{f,Ed}}$, nach 6.3.5.2(5)B, die vom Flansch in seiner Ebene rechtwinklig zur Stegebene ausgeübt wird, ohne Kombinationen mit anderen Lasten zu bemessen.

(4)B Kann eine solche Stützung nicht direkt am Fließgelenk vorgesehen werden, sollte diese mindestens in einem Abstand von $h/2$ vom Fließgelenk angeordnet werden, wobei h die Querschnittshöhe am Fließgelenk ist.

(5)B Für die Bemessung der stützenden Aussteifung, siehe 5.3.3, ist in der Regel zusätzlich zu dem Nachweis mit Imperfektionen nach 5.3.3 sicherzustellen, dass der Widerstand der Aussteifung für folgende lokale Ersatzlasten Q_{m}, welche an den jeweiligen zu stabilisierenden Bauteilen an den Stellen der Fließgelenke angreifen, ausreicht:

$$Q_{\mathrm{m}} = 1{,}5\,\alpha_{\mathrm{m}} \frac{N_{\mathrm{f,Ed}}}{100} \qquad (6.67)$$

Dabei ist

$N_{\mathrm{f,Ed}}$ die einwirkende Normalkraft im druckbeanspruchten Flansch im Bereich der Stützung am Fließgelenk;

α_{m} entsprechend 5.3.3(1).

ANMERKUNG Bei Zusammenwirken mit äußeren Kräften siehe auch 5.3.3(5).

6.3.5.3 Stabilitätsnachweis für Tragwerksabschnitte zwischen seitlichen Stützungen

(1)B Der Biegedrillknicknachweis eines Tragwerksabschnitts zwischen zwei seitlichen Stützungen kann geführt werden, indem gezeigt wird, dass der Abstand zwischen den seitlichen Stützungen kleiner als der zulässige Größtabstand ist.

Bei gleichförmigen Tragwerksabschnitten mit I- oder H-Querschnitten mit $\frac{h}{t_f} \leq 40\varepsilon$ unter linearer Momentenbelastung, ohne erhebliche Druckbelastung, darf der Größtabstand zwischen seitlichen Stützungen wie folgt ermittelt werden:

$$\begin{aligned} L_{\text{stable}} &= 35\,\varepsilon\, i_z && \text{für } 0{,}625 \leq \psi \leq 1 \\ L_{\text{stable}} &= (60 - 40\psi)\,\varepsilon\, i_z && \text{für } -1 \leq \psi \leq 0{,}625 \end{aligned} \tag{6.68}$$

Dabei ist

$$\varepsilon = \sqrt{\frac{235}{f_y\left[\text{N/mm}^2\right]}};$$

$\psi = \frac{M_{\text{Ed,min}}}{M_{\text{pl,Rd}}}$ das Verhältnis der Endmomente des Tragwerkabschnitts.

ANMERKUNG B Zur Bestimmung von Größtabständen zwischen seitlichen Stützungen siehe Anhang BB.3.

(2)B Tritt ein Fließgelenk mit Rotationsanforderungen direkt an einem Voutenende auf, braucht der Voutenabschnitt mit veränderlichem Querschnitt nicht gesondert nachgewiesen zu werden, wenn die folgenden Kriterien eingehalten werden:

a) die Stützung des Fließgelenks ist in der Regel innerhalb eines Abstands von $h/2$ vom Fließgelenk auf der angevouteten Seite anzuordnen und nicht auf der nicht gevouteten Seite;

b) der Druckflansch der Voute verbleibt über seine Gesamtlänge elastisch.

ANMERKUNG B Zu weiteren Regeln siehe auch Anhang BB.3.

Mehrteilige Bauteile 6.4

Allgemeines 6.4.1

(1) Gleichförmige mehrteilige druckbeanspruchte Bauteile, die an ihren Enden gelenkig gelagert und seitlich gehalten sind, sind in der Regel mit folgendem Bemessungsmodell nachzuweisen, siehe Bild 6.7:

1. Das Bauteil darf als eine Stütze mit einer Anfangsvorkrümmung mit einem Stichmaß von $e_0 = \frac{L}{500}$ angesehen werden;
2. Die elastischen Verformungen der Gitterstäbe und Bindebleche, siehe Bild 6.7, dürfen durch eine (verschmierte) kontinuierliche Schubsteifigkeit S_V des Stützenquerschnitts berücksichtigt werden.

ANMERKUNG Bei davon abweichenden Auflagerbedingungen dürfen entsprechende Anpassungen vorgenommen werden.

(2) Das Bemessungsmodell für mehrteilige druckbeanspruchte Bauteile ist anwendbar, wenn:

1. die Gitterstäbe und Bindebleche gleichartige wiederkehrende Felder bilden und die Gurtstäbe parallel angeordnet sind;
2. eine Stütze aus mindestens 3 Feldern besteht.

ANMERKUNG Diese Annahme erlaubt, die Stütze als regelmäßig anzusehen und die diskrete Gitterstab- oder Bindeblechstruktur zu einem Kontinuum zu verschmieren.

(3) Das Bemessungsverfahren ist für mehrteilige Querschnitte mit Gitterstäben oder Bindeblechen mit zwei Tragebenen anwendbar, siehe Bild 6.8.

(4) Die Gurtstäbe können Vollquerschnitte sein oder selbst rechtwinklig zur betrachteten Ebene in mehrteilige Bauteile mit Gitterstäben und Bindeblechen aufgelöst sein.

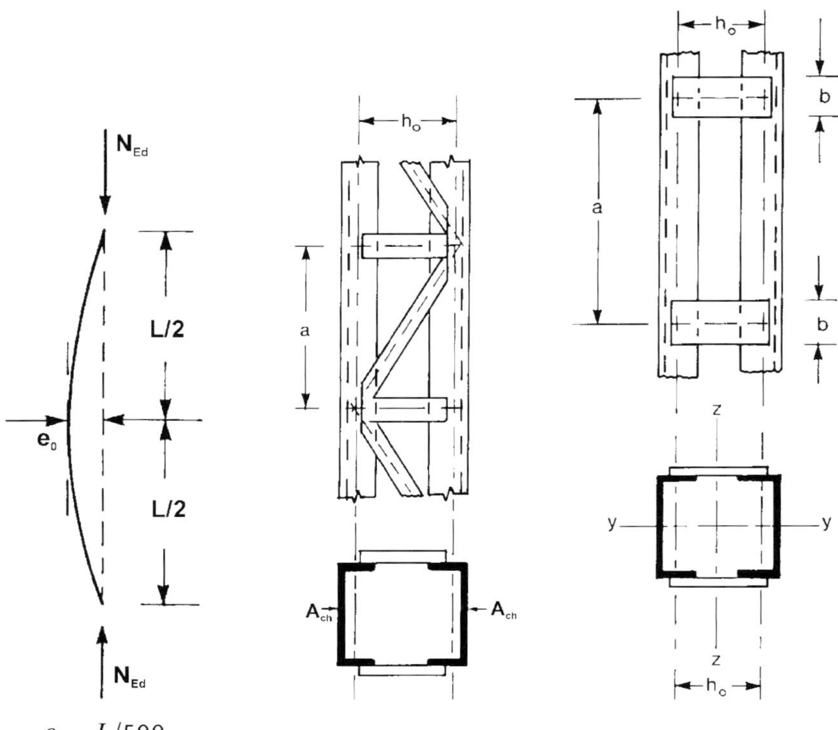

$e_0 = L/500$

Bild 6.7: Gleichförmige mehrteilige Stützen mit Gitterstäben (Gitterstützen) und Bindeblechen (Rahmenstützen)

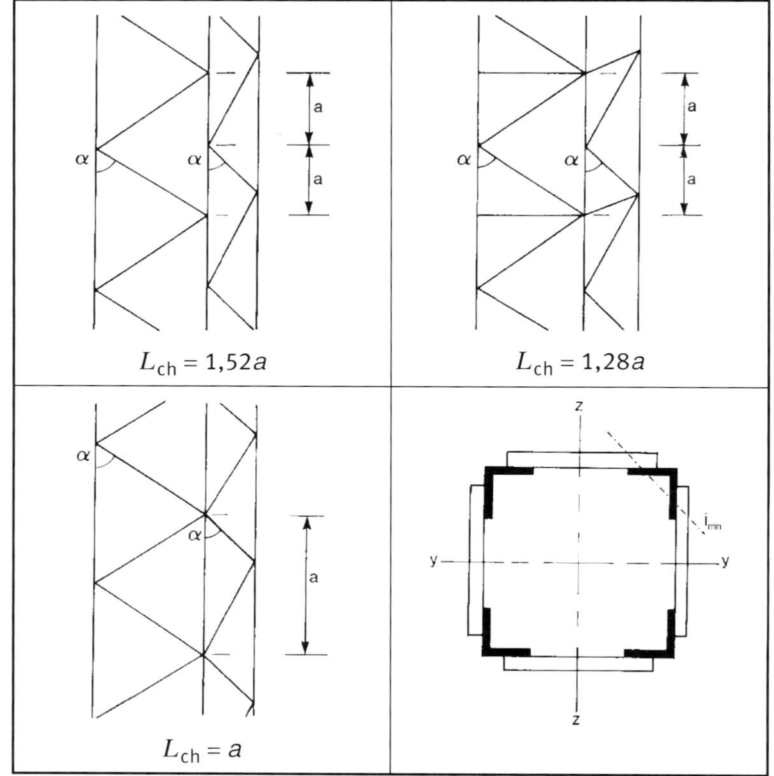

Bild 6.8: Gitterstützen mit Stäben auf vier Seiten und Knicklänge L_{ch} der Gurtstäbe

(5) Die Nachweise für die Gurtstäbe sind in der Regel mit der Gurtstabkraft $N_{ch,Ed}$ infolge der Druckkräfte N_{Ed} und der Momente M_{Ed} in Bauteilmitte zu führen.

(6) Bei Bauteilen mit zwei gleichen Gurtstäben wird in der Regel der Bemessungswert der Gurtstabkraft $N_{ch,Ed}$ wie folgt ermittelt:

$$N_{ch,Ed} = 0{,}5 N_{Ed} + \frac{M_{Ed} h_0 A_{ch}}{2 I_{eff}} \tag{6.69}$$

Dabei ist

$$M_{Ed} = \frac{N_{Ed} e_0 + M_{Ed}^{I}}{1 - \frac{N_{Ed}}{N_{cr}} - \frac{N_{Ed}}{S_v}};$$

$N_{cr} = \frac{\pi^2 E I_{eff}}{L^2}$ die effektive ideale Verzweigungslast für das mehrteilige Bauteil;

N_{Ed} der Bemessungswert der einwirkenden Normalkraft auf das mehrteilige Bauteil;

M_{Ed} der Bemessungswert des einwirkenden maximalen Moments in der Mitte des mehrteiligen Bauteils unter Berücksichtigung der Effekte aus der Theorie II. Ordnung;

M_{Ed}^{I} der Bemessungswert des einwirkenden maximalen Moments in der Mitte des mehrteiligen Bauteils nach Theorie I. Ordnung (ohne Effekte aus der Theorie II. Ordnung);

h_0 der Abstand zwischen den Schwerachsen der Gurtstäbe;

A_{ch} die Querschnittsfläche eines Gurtstabes;

I_{eff} das effektive Flächenträgheitsmoment des mehrteiligen Bauteils, siehe 6.4.2 und 6.4.3;

S_v die Schubsteifigkeit infolge der Verformungen der Gitterstäbe und Bindebleche, siehe 6.4.2 und 6.4.3.

(7) Die Nachweise für die Gitterstäbe bei Gitterstützen oder für die lokalen Momente und Querkräfte bei Stützen mit Bindeblechen sind in der Regel für das Gitter- oder Rahmenfeld am Stützenende mit den zugehörigen Querkräften zu führen:

$$V_{Ed} = \pi \frac{M_{Ed}}{L} \tag{6.70}$$

Gitterstützen 6.4.2

Tragfähigkeit von Elementen von Gitterstützen 6.4.2.1

(1) Für die druckbeanspruchten Gurtstäbe und für die Gitterstäbe von Gitterstützen sind in der Regel Knicknachweise zu führen.

ANMERKUNG Sekundäre Biegemomente infolge der Knotensteifigkeiten dürfen vernachlässigt werden.

(2) Der Knicknachweis für die Gurtstäbe ist in der Regel wie folgt zu führen:

$$\frac{N_{ch,Ed}}{N_{b,Rd}} \leq 1{,}0 \tag{6.71}$$

Dabei ist

$N_{ch,Ed}$ der Bemessungswert der einwirkenden Druckkraft im Gurtstab in der Mitte der mehrteiligen Stütze nach 6.4.1(6);

$N_{b,Rd}$ der Bemessungswert der Biegeknicktragfähigkeit des Gurtstabes abhängig von der Knicklänge L_{ch} aus Bild 6.8.

(3) Die Schubsteifigkeit S_v der Gitterstäbe kann Bild 6.9 entnommen werden.

(4) Das effektive Flächenträgheitsmoment der Gitterstützen ist wie folgt anzunehmen:

$$I_{eff} = 0{,}5\, h_0^2 A_{ch} \tag{6.72}$$

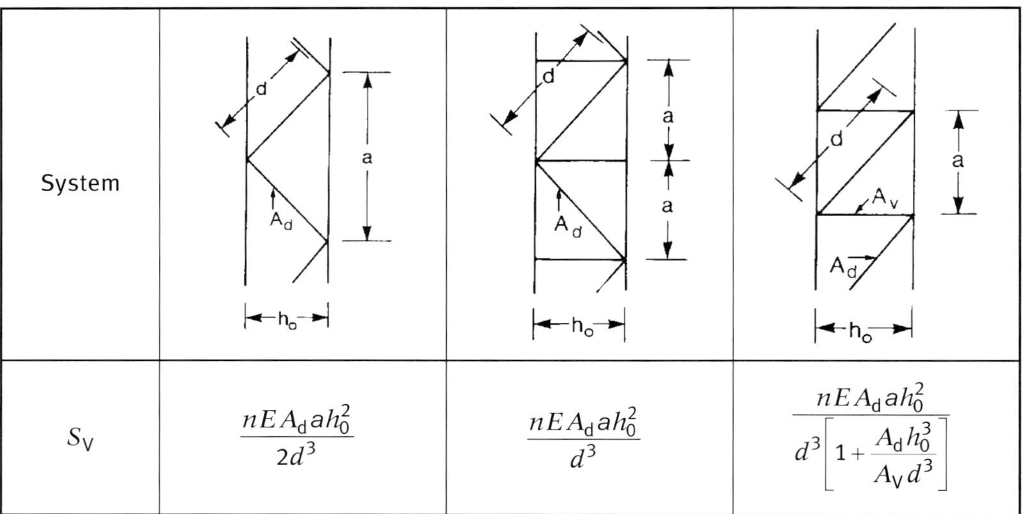

System			
S_V	$\dfrac{nEA_d a h_0^2}{2d^3}$	$\dfrac{nEA_d a h_0^2}{d^3}$	$\dfrac{nEA_d a h_0^2}{d^3\left[1+\dfrac{A_d h_0^3}{A_V d^3}\right]}$

n ist die Anzahl der parallelen Ebenen der Gitterstäbe
A_d und A_V sind die Querschnittsflächen der Gitterstäbe einer Gitterebene

Bild 6.9: Schubsteifigkeit von Gitterstützen infolge der Verformungen der Gitterstäbe

6.4.2.2 Konstruktive Durchbildung

(1) Einfache Vergitterungen auf gegenüberliegenden Seiten von Gitterstützen mit zwei parallelen Ebenen sollten möglichst in gleichläufiger Anordnung ausgeführt werden, siehe Bild 6.10 a), so dass eine Seite die Projektion der gegenüberliegenden Seite darstellt.

(2) Im Falle einer einfachen Vergitterung mit gegenläufiger Anordnung, siehe Bild 6.10 b), sind in der Regel die zusätzlichen Verformungen infolge Torsionsbeanspruchung zu berücksichtigen.

(3) An den Enden von Gitterstützen und an Stellen, an denen die Vergitterung unterbrochen wird, sowie an Anschlüssen zu anderen Bauteilen sind Querverbindungen zwischen den Gurtstäben erforderlich.

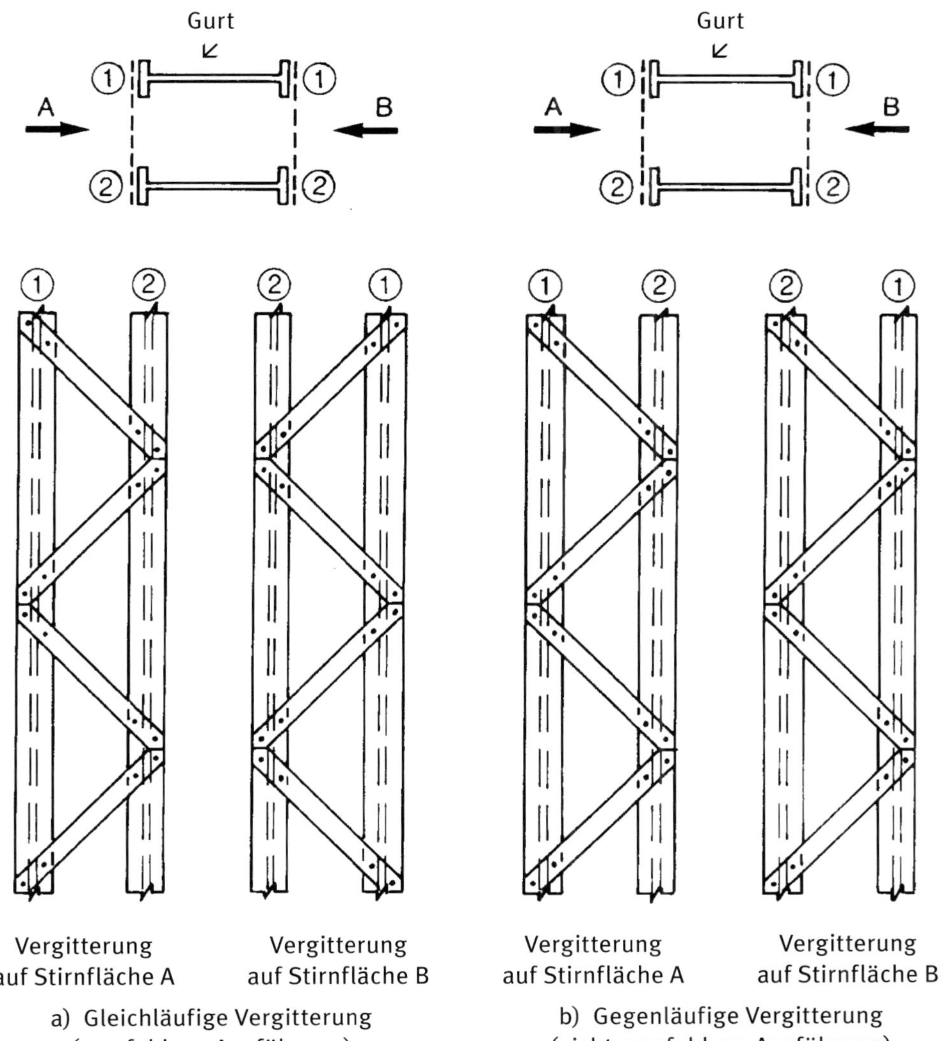

Bild 6.10: Einfache Vergitterung von gegenüberliegenden Seiten von Gitterstützen mit zwei parallelen Ebenen

Stützen mit Bindeblechen (Rahmenstützen) 6.4.3

Tragfähigkeit von Komponenten von Stützen mit Bindeblechen 6.4.3.1

(1) Für die Gurtstäbe und die Bindebleche sowie deren Anschlüsse an die Gurtstäbe sind in der Regel die Tragfähigkeitsnachweise mit den tatsächlichen Momenten und Stabkräften im Endfeld und in Bauteilmitte der Stütze nach Bild 6.11 zu führen.

ANMERKUNG Vereinfachend darf die einwirkende maximale Gurtstabkraft $N_{\mathrm{ch,Ed}}$ mit der maximalen Querkraft V_{Ed} kombiniert werden.

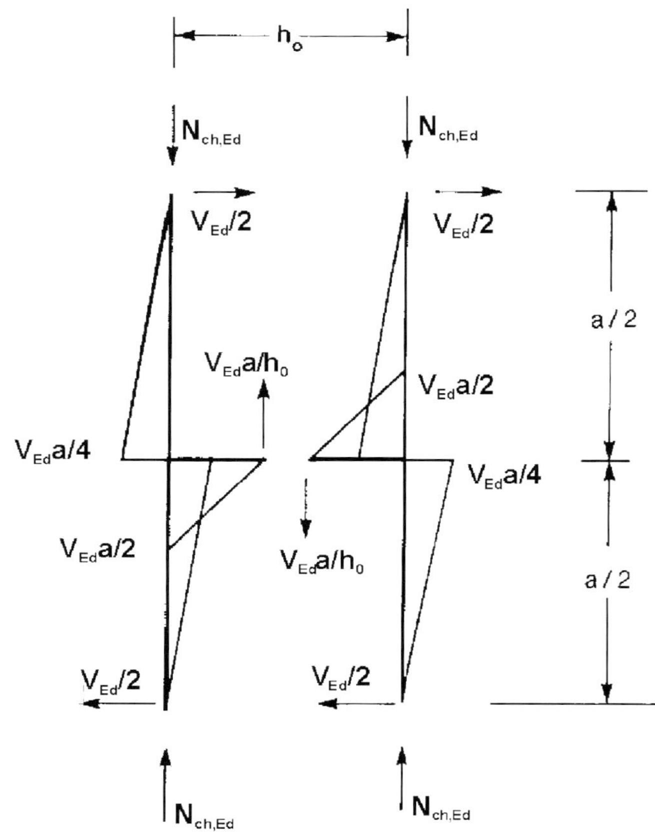

Bild 6.11: Stabkräfte im Endfeld von Stützen mit Bindeblechen

(2) Die Schubsteifigkeit ist in der Regel wie folgt anzunehmen:

$$S_v = \frac{24EI_{ch}}{a^2\left[1 + \frac{2I_{ch}}{nI_b}\frac{h_0}{a}\right]} \leq \frac{2\pi^2 EI_{ch}}{a^2} \quad (6.73)$$

(3) Das effektive Flächenträgheitsmoment der Stütze mit Bindeblechen darf wie folgt angenommen werden:

$$I_{eff} = 0{,}5\, h_0^2 A_{ch} + 2\mu I_{ch} \quad (6.74)$$

Dabei ist

I_{ch} das Flächenträgheitsmoment eines Gurtstabes in der Nachweisebene;

I_b das Flächenträgheitsmoment eines Bindebleches in der Nachweisebene;

μ der Wirkungsgrad nach Tabelle 6.8;

n die Anzahl der parallelen Ebenen mit Bindeblechen.

Tabelle 6.8: Wirkungsgrad μ

Kriterium	**Wirkungsgrad μ**
$\lambda \geq 150$	0
$75 < \lambda < 150$	$\mu = 2 - \frac{\lambda}{75}$
$\lambda \leq 75$	1,0
wobei $\lambda = \frac{L}{i_0}$; $i_0 = \sqrt{\frac{I_1}{2A_{ch}}}$; $I_1 = 0{,}5h_0^2 A_{ch} + 2I_{ch}$	

Konstruktive Durchbildung **6.4.3.2**

(1) Bindebleche sind immer an den Enden der Stütze vorzusehen.

(2) Bei Anordnung von Bindeblechen in mehreren parallelen Ebenen sollten diese gegenüberliegend angeordnet werden.

(3) Bindebleche sollten auch an den Lasteinleitungsstellen und Punkten seitlicher Abstützung vorgesehen werden.

Mehrteilige Bauteile mit geringer Spreizung 6.4.4

(1) Mehrteilige druckbeanspruchte Bauteile nach Bild 6.12, bei denen die Teile Kontakt haben oder mit geringer Spreizung durch Futterstücke verbunden sind, sowie Bauteile aus über Eck gestellten Winkeln, die mit paarweise rechtwinklig zueinander angeordneten Bindeblechen nach Bild 6.13 verbunden sind, sind in der Regel als ein Einzelbauteil auf Knickversagen zu überprüfen. Dabei kann die Wirkung der Schubsteifigkeit ($S_V = \infty$) vernachlässigt werden, solange die Voraussetzungen der Tabelle 6.9 eingehalten werden.

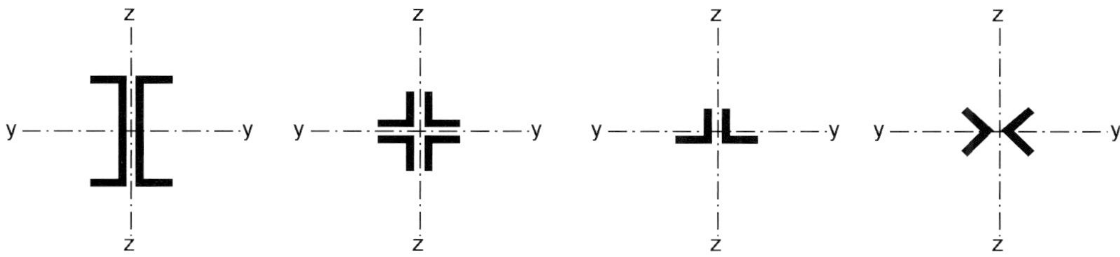

Bild 6.12: Mehrteilige Bauteile mit geringer Spreizung

Tabelle 6.9: Maximaler Abstand zwischen den Bindeblechen für mehrteilige Bauteile mit geringer Spreizung oder mehrteilige Bauteile aus über Eck gestellten Winkeln

Art der mehrteiligen Querschnitte	Maximaler Abstand zwischen den Achsen von Bindeblechen[a]
Bauteile nach Bild 6.12, die durch Schrauben oder Schweißnähte verbunden sind	15 i_{min}
Bauteile nach Bild 6.13, die durch paarweise angeordnete Bindebleche verbunden sind	70 i_{min}
[a] i_{min} ist der kleinste Trägheitsradius eines Gurtstabes oder eines Winkels	

(2) Die durch die Bindebleche zu übertragende Querkraft ist in der Regel nach 6.4.3.1(1) zu ermitteln.

(3) Im Falle von ungleichschenkligen Winkeln, siehe Bild 6.13, darf der Nachweis gegen Biegeknicken um die y-y-Achse mit:

$$i_y = \frac{i_0}{1,15} \tag{6.75}$$

geführt werden, wobei i_0 der kleinste Trägheitsradius des mehrteiligen Bauteils ist.

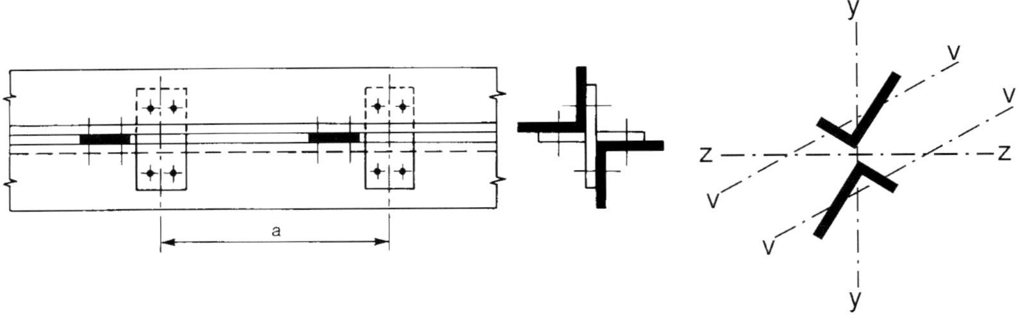

Bild 6.13: Mehrteilige Bauteile aus über Eck gestellten Winkeln

Grenzzustände der Gebrauchstauglichkeit 7

Allgemeines 7.1

(1) Ein Stahltragwerk muss so entworfen und ausgeführt werden, dass es alle maßgebenden Anforderungen an die Gebrauchstauglichkeit erfüllt.

(2) Die grundlegenden Anforderungen an die Grenzzustände der Gebrauchstauglichkeit sind in EN 1990, 3.4 angegeben.

(3) Für ein Bauwerk sollten alle Anforderungen an die Gebrauchstauglichkeit zusammen mit den zugehörigen Lasten und Berechnungsverfahren spezifisch festgelegt werden.

(4) Wird für den Grenzzustand der Tragfähigkeit eine plastische Tragwerksberechnung durchgeführt, können plastische Umlagerungen der Kräfte und Momente bereits im Grenzzustand der Gebrauchstauglichkeit auftreten. Falls dies der Fall ist, müssen diese Einflüsse berücksichtigt werden.

Grenzzustand der Gebrauchstauglichkeit für den Hochbau 7.2

Vertikale Durchbiegung 7.2.1

(1)B Die Grenzwerte der vertikalen Durchbiegung nach EN 1990, Anhang A1.4, Bild A1.1 sollten für jedes Projekt bestimmt werden und mit dem Auftraggeber abgestimmt sein.

ANMERKUNG B Der Nationale Anhang kann Grenzwerte festlegen.

NDP Zu 7.2.1(1)B Anmerkung B

Für den Hochbau sind die Grenzwerte der vertikalen Durchbiegung nach DIN EN 1990:2010-12, A.1.4, Bild A.1.1 den Herstellerangaben zu entnehmen oder mit dem Auftraggeber abzustimmen.

Horizontale Verformungen 7.2.2

(1)B Die Grenzwerte der horizontalen Verformung nach EN 1990, Anhang A1.4, Bild A1.2 sollten für jedes Projekt bestimmt werden und mit dem Auftraggeber abgestimmt sein.

ANMERKUNG B Der Nationale Anhang kann Grenzwerte festlegen.

NDP Zu 7.2.2(1)B Anmerkung B

Für den Hochbau sind die Grenzwerte der horizontalen Verformung nach DIN EN 1990:2010-12, A.1.4, Bild A.1.2 den Herstellerangaben zu entnehmen oder mit dem Auftraggeber abzustimmen.

Dynamische Einflüsse 7.2.3

(1)B Mit Bezug auf EN 1990, A1.4.4 sind in der Regel Vibrationen in Tragwerken mit öffentlicher Nutzung so zu begrenzen, dass eine starke Beeinträchtigung für den Benutzer vermieden wird. Die Grenzwerte sind in der Regel für jedes Projekt individuell festzulegen und mit dem Auftraggeber abzustimmen.

ANMERKUNG B Der Nationale Anhang kann Grenzwerte festlegen.

NDP Zu 7.2.3(1)B Anmerkung B

Für den Hochbau sind mit Bezug auf DIN EN 1990:2010-12, A.1.4.4 Vibrationen in Tragwerken zu begrenzen. Die Grenzwerte sind für jedes Projekt individuell festzulegen und mit dem Auftraggeber abzustimmen.

Anhang A
(informativ)

Verfahren 1: Interaktionsbeiwerte k_{ij} für die Interaktionsformel in 6.3.3(4)

Tabelle A.1: Interaktionsbeiwerte k_{ij} (6.3.3(4))

Bemessungsannahmen		
Interaktionsbeiwerte	**elastische Querschnittswerte der Klasse 3, Klasse 4**	**plastische Querschnittswerte der Klasse 1, Klasse 2**
k_{yy}	$C_{my}C_{mLT}\dfrac{\mu_y}{1-\dfrac{N_{Ed}}{N_{cr,y}}}$	$C_{my}C_{mLT}\dfrac{\mu_y}{1-\dfrac{N_{Ed}}{N_{cr,y}}}\dfrac{1}{C_{yy}}$
k_{yz}	$C_{mz}\dfrac{\mu_y}{1-\dfrac{N_{Ed}}{N_{cr,z}}}$	$C_{mz}\dfrac{\mu_y}{1-\dfrac{N_{Ed}}{N_{cr,z}}}\dfrac{1}{C_{yz}}0{,}6\sqrt{\dfrac{w_z}{w_y}}$
k_{zy}	$C_{my}C_{mLT}\dfrac{\mu_z}{1-\dfrac{N_{Ed}}{N_{cr,y}}}$	$C_{my}C_{mLT}\dfrac{\mu_z}{1-\dfrac{N_{Ed}}{N_{cr,y}}}\dfrac{1}{C_{zy}}0{,}6\sqrt{\dfrac{w_y}{w_z}}$
k_{zz}	$C_{mz}\dfrac{\mu_z}{1-\dfrac{N_{Ed}}{N_{cr,z}}}$	$C_{mz}\dfrac{\mu_z}{1-\dfrac{N_{Ed}}{N_{cr,z}}}\dfrac{1}{C_{zz}}$
Hilfswerte:		
$\mu_y=\dfrac{1-\dfrac{N_{Ed}}{N_{cr,y}}}{1-\chi_y\dfrac{N_{Ed}}{N_{cr,y}}}$ $\mu_z=\dfrac{1-\dfrac{N_{Ed}}{N_{cr,z}}}{1-\chi_z\dfrac{N_{Ed}}{N_{cr,z}}}$ $w_y=\dfrac{W_{pl,y}}{W_{el,y}}\le 1{,}5$ $w_z=\dfrac{W_{pl,z}}{W_{el,z}}\le 1{,}5$ $n_{pl}=\dfrac{N_{Ed}}{N_{Rk}/\gamma_{M0}}$ C_{my} siehe Tabelle A.2 $a_{LT}=1-\dfrac{I_T}{I_y}\ge 0$	$C_{yy}=1+(w_y-1)\left[\left(2-\dfrac{1{,}6}{w_y}C_{my}^2\bar{\lambda}_{max}-\dfrac{1{,}6}{w_y}C_{my}^2\bar{\lambda}_{max}^2\right)n_{pl}-b_{LT}\right]\ge\dfrac{W_{el,y}}{W_{pl,y}}$ mit $b_{LT}=0{,}5a_{LT}\bar{\lambda}_0^2\dfrac{M_{y,Ed}}{\chi_{LT}M_{pl,y,Rd}}\dfrac{M_{z,Ed}}{M_{pl,z,Rd}}$ $C_{yz}=1+(w_z-1)\left[\left(2-14\dfrac{C_{mz}^2\bar{\lambda}_{max}^2}{w_z^5}\right)n_{pl}-c_{LT}\right]\ge 0{,}6\sqrt{\dfrac{w_z}{w_y}}\dfrac{W_{el,z}}{W_{pl,z}}$ mit $c_{LT}=10a_{LT}\dfrac{\bar{\lambda}_0^2}{5+\bar{\lambda}_z^4}\dfrac{M_{y,Ed}}{C_{my}\chi_{LT}M_{pl,y,Rd}}$ $C_{zy}=1+(w_y-1)\left[\left(2-14\dfrac{C_{my}^2\bar{\lambda}_{max}^2}{w_y^5}\right)n_{pl}-d_{LT}\right]\ge 0{,}6\sqrt{\dfrac{w_y}{w_z}}\dfrac{W_{el,y}}{W_{pl,y}}$ mit $d_{LT}=2a_{LT}\dfrac{\bar{\lambda}_0}{0{,}1+\bar{\lambda}_z^4}\dfrac{M_{y,Ed}}{C_{my}\chi_{LT}M_{pl,y,Rd}}\dfrac{M_{z,Ed}}{C_{mz}M_{pl,z,Rd}}$ $C_{zz}=1+(w_z-1)\left[2-\dfrac{1{,}6}{w_z}C_{mz}^2\bar{\lambda}_{max}-\dfrac{1{,}6}{w_z}C_{mz}^2\bar{\lambda}_{max}^2-e_{LT}\right]n_{pl}\ge\dfrac{W_{el,z}}{W_{pl,z}}$ mit $e_{LT}=1{,}7a_{LT}\dfrac{\bar{\lambda}_0}{0{,}1+\bar{\lambda}_z^4}\dfrac{M_{y,Ed}}{C_{my}\chi_{LT}M_{pl,y,Rd}}$	

Tabelle A.1 (*fortgesetzt*)

$$\bar{\lambda}_{\max} = \max\begin{cases}\bar{\lambda}_y \\ \bar{\lambda}_z\end{cases}$$

$\bar{\lambda}_0$ = Schlankheitsgrad für Biegedrillknicken infolge konstanter Biegung, z. B. $\psi_y = 1{,}0$ in Tabelle A.2

$\bar{\lambda}_{LT}$ = Schlankheitsgrad für Biegedrillknicken

Für $\bar{\lambda}_0 \leq 0{,}2\sqrt{C_1}\sqrt[4]{\left(1-\frac{N_{Ed}}{N_{cr,z}}\right)\left(1-\frac{N_{Ed}}{N_{cr,TF}}\right)}$

gilt: $C_{my} = C_{my,0}$
$C_{mz} = C_{mz,0}$
$C_{mLT} = 1{,}0$

Für $\bar{\lambda}_0 > 0{,}2\sqrt{C_1}\sqrt[4]{\left(1-\frac{N_{Ed}}{N_{cr,z}}\right)\left(1-\frac{N_{Ed}}{N_{cr,TF}}\right)}$

gilt: $C_{my} = C_{my,0} + \left(1 - C_{my,0}\right)\frac{\sqrt{\varepsilon_y}\,a_{LT}}{1+\sqrt{\varepsilon_y}\,a_{LT}}$

$C_{mz} = C_{mz,0}$

$$C_{mLT} = C_{my}^2 \frac{a_{LT}}{\sqrt{\left(1-\frac{N_{Ed}}{N_{cr,z}}\right)\left(1-\frac{N_{Ed}}{N_{cr,T}}\right)}} \geq 1$$

$C_{mi,0}$ siehe Tabelle A.2

$\varepsilon_y = \frac{M_{y,Ed}}{N_{Ed}}\frac{A}{W_{el,y}}$ für Querschnitte der Klassen 1, 2 und 3

$\varepsilon_y = \frac{M_{y,Ed}}{N_{Ed}}\frac{A_{eff}}{W_{eff,y}}$ für Querschnitte der Klasse 4

C_1 ist ein von der Belastungssituation und den Lagerungsbedingungen abhängiger Faktor und kann als $C_1 = k_c^{-2}$ angenommen werden, wobei k_c der Tabelle 6.6 entnommen werden kann.

$N_{cr,y}$ = ideale Verzweigungslast für Knicken um die y-y-Achse

$N_{cr,z}$ = ideale Verzweigungslast für Knicken um die z-z-Achse

$N_{cr,T}$ = ideale Verzweigungslast für Drillknicken

I_T = St. Venant'sche Torsionssteifigkeit

I_y = Flächenträgheitsmoment um die y-y-Achse

Tabelle A.2: Äquivalente Momentenbeiwerte $C_{mi,0}$

Momentenverlauf	$C_{mi,0}$
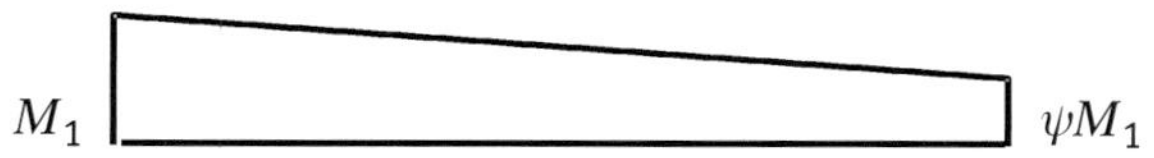 M_1 … ψM_1 $-1 \leq \psi \leq 1$	$C_{mi,0} = 0{,}79 + 0{,}21\ \psi_i + 0{,}36(\psi_i - 0{,}33)\dfrac{N_{Ed}}{N_{cr,i}}$
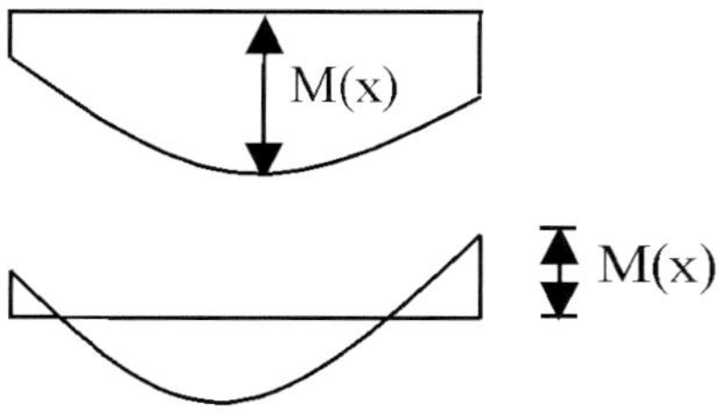 M(x) M(x)	$C_{mi,0} = 1 + \left(\dfrac{\pi^2 EI_i \lvert\delta_x\rvert}{L^2 \lvert M_{i,Ed}(x)\rvert} - 1\right)\dfrac{N_{Ed}}{N_{cr,i}}$ $M_{i,Ed}\ (x)$ ist das größere der Momente $M_{y,Ed}$ oder $M_{z,Ed}$ nach der Berechnung nach Theorie I. Ordnung $\lvert\delta_x\rvert$ ist die größte Verformung entlang des Bauteils
	$C_{mi,0} = 1 - 0{,}18\dfrac{N_{Ed}}{N_{cr,i}}$
	$C_{mi,0} = 1 + 0{,}03\dfrac{N_{Ed}}{N_{cr,i}}$

Anhang B
(informativ)

Verfahren 2: Interaktionsbeiwerte k_{ij} für die Interaktionsformel in 6.3.3(4)

Tabelle B.1: Interaktionsbeiwerte k_{ij} für verdrehsteife Bauteile

Interaktionsbeiwerte	Art des Querschnitts	Bemessungsannahmen: elastische Querschnittswerte der Klasse 3, Klasse 4	Bemessungsannahmen: plastische Querschnittswerte der Klasse 1, Klasse 2
k_{yy}	I-Querschnitte rechteckige Hohlquerschnitte	$C_{my}\left(1+0{,}6\bar{\lambda}_y\frac{N_{Ed}}{\chi_y N_{Rk}/\gamma_{M1}}\right)$ $\leq C_{my}\left(1+0{,}6\frac{N_{Ed}}{\chi_y N_{Rk}/\gamma_{M1}}\right)$	$C_{my}\left(1+\left(\bar{\lambda}_y-0{,}2\right)\frac{N_{Ed}}{\chi_y N_{Rk}/\gamma_{M1}}\right)$ $\leq C_{my}\left(1+0{,}8\frac{N_{Ed}}{\chi_y N_{Rk}/\gamma_{M1}}\right)$
k_{yz}	I-Querschnitte rechteckige Hohlquerschnitte	k_{zz}	$0{,}6\,k_{zz}$
k_{zy}	I-Querschnitte rechteckige Hohlquerschnitte	$0{,}8\,k_{yy}$	$0{,}6\,k_{yy}$
k_{zz}	I-Querschnitte	$C_{mz}\left(1+0{,}6\bar{\lambda}_z\frac{N_{Ed}}{\chi_z N_{Rk}/\gamma_{M1}}\right)$ $\leq C_{mz}\left(1+0{,}6\frac{N_{Ed}}{\chi_z N_{Rk}/\gamma_{M1}}\right)$	$C_{mz}\left(1+\left(2\bar{\lambda}_z-0{,}6\right)\frac{N_{Ed}}{\chi_z N_{Rk}/\gamma_{M1}}\right)$ $\leq C_{mz}\left(1+1{,}4\frac{N_{Ed}}{\chi_z N_{Rk}/\gamma_{M1}}\right)$
	rechteckige Hohlquerschnitte		$C_{mz}\left(1+\left(\bar{\lambda}_z-0{,}2\right)\frac{N_{Ed}}{\chi_z N_{Rk}/\gamma_{M1}}\right)$ $\leq C_{mz}\left(1+0{,}8\frac{N_{Ed}}{\chi_z N_{Rk}/\gamma_{M1}}\right)$

Für I- und H-Querschnitte und rechteckige Hohlquerschnitte, die auf Druck und einachsige Biegung $M_{y,Ed}$ belastet sind, darf der Beiwert $k_{zy} = 0$ angenommen werden.

Tabelle B.2: Interaktionsbeiwerte k_{ij} für verdrehweiche Bauteile

Bemessungsannahmen		
Interaktions-beiwerte	**elastische Querschnittswerte der Klasse 3, Klasse 4**	**plastische Querschnittswerte der Klasse 1, Klasse 2**
k_{yy}	k_{yy} aus Tabelle B.1	k_{yy} aus Tabelle B.1
k_{yz}	k_{yz} aus Tabelle B.1	k_{yz} aus Tabelle B.1
k_{zy}	$\left[1-\frac{0{,}05\bar{\lambda}_z}{(C_{mLT}-0{,}25)}\frac{N_{Ed}}{\chi_z N_{Rk}/\gamma_{M1}}\right]$ $\geq\left[1-\frac{0{,}05}{(C_{mLT}-0{,}25)}\frac{N_{Ed}}{\chi_z N_{Rk}/\gamma_{M1}}\right]$	$\left[1-\frac{0{,}1\bar{\lambda}_z}{(C_{mLT}-0{,}25)}\frac{N_{Ed}}{\chi_z N_{Rk}/\gamma_{M1}}\right]$ $\geq\left[1-\frac{0{,}1}{(C_{mLT}-0{,}25)}\frac{N_{Ed}}{\chi_z N_{Rk}/\gamma_{M1}}\right]$ für $\bar{\lambda}_z < 0{,}4$: $k_{zy}=0{,}6+\bar{\lambda}_z \leq 1-\frac{0{,}1\bar{\lambda}_z}{(C_{mLT}-0{,}25)}\frac{N_{Ed}}{\chi_z N_{Rk}/\gamma_{M1}}$
k_{zz}	k_{zz} aus Tabelle B.1	k_{zz} aus Tabelle B.1

Tabelle B.3: Äquivalente Momentenbeiwerte C_m zu Tabellen B.1 und B.2

Momentenverlauf	**Bereich**		C_{my} **und** C_{mz} **und** C_{mLT}	
			Gleichlast	**Einzellast**
M, ψM	$-1 \leq \psi \leq 1$		$0{,}6+0{,}4\psi \geq 0{,}4$	
M_h, M_s, ψM_h; $\alpha_s = M_s/M_h$	$0 \leq \alpha_s \leq 1$	$-1 \leq \psi \leq 1$	$0{,}2+0{,}8\alpha_s \geq 0{,}4$	$0{,}2+0{,}8\alpha_s \geq 0{,}4$
	$-1 \leq \alpha_s < 0$	$0 \leq \psi \leq 1$	$0{,}1-0{,}8\alpha_s \geq 0{,}4$	$-0{,}8\alpha_s \geq 0{,}4$
		$-1 \leq \psi < 0$	$0{,}1(1-\psi)-0{,}8\alpha_s \geq 0{,}4$	$0{,}2(-\psi)-0{,}8\alpha_s \geq 0{,}4$
M_h, M_s, ψM_h; $\alpha_h = M_h/M_s$	$0 \leq \alpha_h \leq 1$	$-1 \leq \psi \leq 1$	$0{,}95+0{,}05\alpha_h$	$0{,}90+0{,}10\alpha_h$
	$-1 \leq \alpha_h < 0$	$0 \leq \psi \leq 1$	$0{,}95+0{,}05\alpha_h$	$0{,}90+0{,}10\alpha_h$
		$-1 \leq \psi < 0$	$0{,}95+0{,}05\alpha_h(1+2\psi)$	$0{,}90+0{,}10\alpha_h(1+2\psi)$

Für Bauteile mit Knicken in Form seitlichen Ausweichens sollte der äquivalente Momentenbeiwert als $C_{my} = 0{,}9$ bzw. $C_{mz} = 0{,}9$ angenommen werden.

C_{my}, C_{mz} und C_{mLT} sind in der Regel unter Berücksichtigung der Momentenverteilung zwischen den maßgebenden seitlich gehaltenen Punkten wie folgt zu ermitteln:

Momentenbeiwert	Biegeachse	In der Ebene gehalten
C_{my}	*y-y*	*z-z*
C_{mz}	*z-z*	*y-y*
C_{mLT}	*y-y*	*y-y*

Anhang AB
(informativ)

Zusätzliche Bemessungsregeln

Statische Berechnung unter Berücksichtigung von Werkstoff-Nichtlinearitäten AB.1

(1)B Im Falle von Werkstoff-Nichtlinearitäten dürfen die Schnittgrößen eines Tragwerks durch eine inkrementelle Annäherung der Lasten an die Bemessungswerte für die relevante Bemessungssituation ermittelt werden.

(2)B Bei dieser inkrementellen Annäherung sollten alle ständigen oder nicht-ständigen Lasten proportional erhöht werden.

Vereinfachte Belastungsanordnung für durchlaufende Decken AB.2

(1)B Für Durchlaufträger in Decken von Hochbauten ohne Kragarme, auf die hauptsächlich gleichmäßig verteilte Lasten wirken, ist es ausreichend, die folgenden Lastanordnungen zu berücksichtigen:

a) die Bemessungswerte der ständigen und nicht-ständigen Lasten ($\gamma_G G_k + \gamma_Q Q_k$) wirken zugleich auf jedes zweite aufeinander folgende Feld, auf alle anderen dazwischenliegenden Felder wirkt nur die ständige Last $\gamma_G G_k$;

b) die Bemessungswerte der ständigen und nicht-ständigen Last ($\gamma_G G_k + \gamma_Q Q_k$) wirken auf zwei beliebig benachbarten Feldern, auf allen anderen Feldern wirkt nur die ständige Last $\gamma_G G_k$.

ANMERKUNG 1 a) bezieht sich auf die Feldmomente, b) bezieht sich auf die Stützmomente.

ANMERKUNG 2 Es ist beabsichtigt, diesen Anhang zu einem späteren Zeitpunkt in EN 1990 zu überführen.

Anhang BB
(informativ)

Knicken von Bauteilen in Tragwerken des Hochbaus

Biegeknicken von Bauteilen von Fachwerken oder Verbänden BB.1

Allgemeines BB.1.1

(1)B Bei Fachwerken und Verbänden darf die Knicklänge L_{cr} für Gurtstäbe in allen Richtungen und bei Fachwerkstäben für Biegeknicken aus der Stegebene gleich der Systemlänge L angesetzt werden, siehe BB.1.3(1)B, wenn keine geringere Knicklänge durch genauere Berechnung gerechtfertigt wird.

(2)B Die Knicklänge L_{cr} eines Gurtstabes mit I- oder H-Querschnitten sollte zu $0,9L$ für Biegeknicken in der Ebene und zu $1,0L$ für Biegeknicken aus der Ebene angenommen werden, sofern nicht eine kleinere Knicklänge durch genauere Berechnung gerechtfertigt wird.

(3)B Fachwerkstäbe in Stegen können mit einer kleineren Knicklänge als der Systemlänge für Biegeknicken in der Ebene nachgewiesen werden, wenn die Verbindungen zu den Gurten und die Gurte dieses aufgrund ihrer Steifigkeit und Festigkeit zulassen (z. B. falls geschraubt Mindestanschluss mit 2 Schrauben).

(4)B Unter solchen Bedingungen und für übliche Fachwerke darf die Knicklänge L_{cr} für Gitterstäbe für Biegeknicken in der Stegebene auf $0,9L$ abgemindert werden, siehe BB.1.2.

Gitterstäbe aus Winkelprofilen BB.1.2

(1)B Wenn die Gurte eine ausreichende Endeinspannung für Gitterstäbe aus Winkelprofilen darstellen und die Endverbindungen solcher Gitterstäbe ausreichend steif sind (falls geschraubt mindestens zwei Schrauben), dürfen die Exzentrizitäten vernachlässigt und die Endeinspannungen bei der Bemessung der Winkelprofile als druckbelastete Bauteile berücksichtigt werden. Der effektive Schlankheitsgrad $\bar{\lambda}_{eff}$ darf wie folgt ermittelt werden:

$$\bar{\lambda}_{eff,v} = 0,35 + 0,7\,\bar{\lambda}_v \quad \text{für Biegeknicken um die } v\text{-}v\text{-Achse;}$$

$$\bar{\lambda}_{eff,y} = 0,50 + 0,7\,\bar{\lambda}_y \quad \text{für Biegeknicken um die } y\text{-}y\text{-Achse;} \qquad \text{(BB.1)}$$

$$\bar{\lambda}_{eff,z} = 0,50 + 0,7\,\bar{\lambda}_z \quad \text{für Biegeknicken um die } z\text{-}z\text{-Achse;}$$

wobei $\bar{\lambda}$ in 6.3.1.2 definiert ist.

(2)B Wird lediglich eine einzige Schraube für die Endverbindungen der Gitterstäbe aus Winkelprofilen verwendet, sollte die Exzentrizität unter Verwendung von 6.2.9 berücksichtigt werden und die Knicklänge L_{cr} der Systemlänge L entsprechen.

Bauteile mit Hohlprofilen BB.1.3

(1)B Bei Gurtstäben mit Hohlquerschnitt darf die Knicklänge L_{cr} für Biegeknicken in und aus der Ebene mit $0,9L$ angenommen werden, wobei L die Systemlänge für die betrachtete Fachwerkebene ist. Die Systemlänge in der Fachwerkebene entspricht dem Abstand der Anschlüsse. Die Systemlänge rechtwinklig zur Fachwerkebene entspricht dem Abstand der seitlichen Abstützpunkte, sofern nicht ein kleinerer Wert durch genauere Berechnung gerechtfertigt wird.

(2)B Die Knicklänge L_{cr} einer Fachwerkdiagonalen mit Hohlquerschnitt darf bei geschraubten Anschlüssen mit $1,0L$ für Biegeknicken in und aus der Ebene angenommen werden.

(3)B Die Knicklänge L_{cr} eines Verstrebungselements mit Hohlquerschnitt, die ohne Ausschnitte und Endkröpfungen angeschweißt ist, darf für Biegeknicken in und aus der Ebene mit $0,75L$ angenommen werden. Geringere Knicklängen können basierend auf Prüfungen und Berechnungen verwendet werden. In diesem Fall darf die Knicklänge der Strebe nicht verringert werden.

ANMERKUNG Weitere Informationen zu Knicklängen können im Nationalen Anhang angegeben sein.

NDP Zu BB.1.3(3)B Anmerkung

Für den Hochbau dürfen die Hinweise zu Knicklängen von Hohlprofilstäben in Fachwerkträgern in [1] verwendet werden.

Falls für die Streben ein Knicklängenfaktor von 0,75 oder niedriger verwendet wird, dann darf in derselben Einwirkungskombination die Knicklänge für die Gurtstäbe nicht reduziert werden.

BB.2 Kontinuierliche seitliche Abstützungen

BB.2.1 Kontinuierliche seitliche Stützung

(1)B Wenn trapezförmige Bleche nach EN 1993-1-3 an jeder Rippe mit dem Träger verbunden werden und die Gleichung (BB.2) erfüllt wird, darf der Träger in der Ebene der Bleche als starr gelagert betrachtet werden.

$$S \geq \left(EI_{\mathrm{w}} \frac{\pi^2}{L^2} + GI_{\mathrm{T}} + EI_{\mathrm{z}} \frac{\pi^2}{L^2} 0{,}25 h^2 \right) \frac{70}{h^2} \tag{BB.2}$$

Dabei ist

- S die Schubsteifigkeit der Bleche (je Längeneinheit Trägerlänge) im Hinblick auf die Verformungen des Trägers in der Blechebene;
- I_{w} das Wölbflächenmoment des Trägers;
- I_{T} das Torsionsflächenmoment des Trägers;
- I_{z} das Flächenträgheitsmoment des Trägerquerschnitts um die schwache Querschnittsachse;
- L die Länge des Trägers;
- h die Höhe des Trägers.

Falls das Blech lediglich an jeder zweiten Rippe mit dem Träger verbunden ist, so sollte S durch $0{,}20\ S$ ersetzt werden.

ANMERKUNG Die Gleichung (BB.2) kann auch für den Nachweis der Seitenstabilität von Trägerflanschen bei anderen Scheibenkonstruktionen verwendet werden, wenn die Verbindungen geeignet sind.

BB.2.2 Kontinuierliche Drehbehinderung

(1)B Ein Träger darf als ausreichend gegen Verdrehung gestützt angesehen werden, wenn das folgende Kriterium erfüllt wird:

$$C_{\vartheta,\mathrm{k}} > \frac{M_{\mathrm{pl,k}}^2}{EI_{\mathrm{z}}} K_{\vartheta} K_{\upsilon} \tag{BB.3}$$

Dabei ist

- $C_{\vartheta,\mathrm{k}}$ die Verdrehsteifigkeit (je Längeneinheit Trägerlänge), die durch das stabilisierende Bauteil (z. B. die Dachkonstruktion) und die Verbindung mit dem Träger wirksam ist;
- K_{υ} = 0,35 für die elastische Berechnung;
- K_{υ} = 1,00 für die plastische Berechnung;
- K_{ϑ} der Faktor zur Berücksichtigung des Momentenverlaufs und der Art der Verdrehbarkeit des drehbehindert gestützten Trägers, siehe Tabelle BB.1;
- $M_{\mathrm{pl,k}}$ der charakteristischer Wert der plastischen Momententragfähigkeit des Trägers.

NCI Zu BB.2.2

Die Tabelle BB.1 ist durch die folgende neue Tabelle BB.1 zu ersetzen:

Tabelle BB.1: Faktor K_ϑ zur Berücksichtigung des Momentenverlaufs und der Art der Lagerung in Abhängigkeit von der Biegedrillknicklinie nach Tabelle 6.5 (Gl. (6.57))

Zeile	Momentenverlauf	freie Drehachse			gebundene Drehachse*)		
		b	c	d	b	c	d
1		6,8	10,0	14,2	0	0	0
2		4,8	7,3	10,9	0,04	0,11	0,40
3		4,2	6,4	9,7	0,22	0,40	0,66
4		2,8	4,4	7,1	0	0	0
5		0,89	1,4	2,6	0,33	0,71	1,6
6	$\psi \leq -0{,}3$	0,47	0,75	1,4	0,14	0,33	0,90

(2)B Die Verdrehsteifigkeit (je Längeneinheit Trägerlänge) durch das durchgehende Stabilisierungselement (z. B. die Dachkonstruktion) ist wie folgt zu berechnen:

$$\frac{1}{C_{\vartheta,\mathrm{k}}} = \frac{1}{C_{\vartheta\mathrm{R,k}}} + \frac{1}{C_{\vartheta\mathrm{C,k}}} + \frac{1}{C_{\vartheta\mathrm{D,k}}} \tag{BB.4}$$

Dabei ist

$C_{\vartheta\mathrm{R,k}}$ die Verdrehsteifigkeit (je Längeneinheit) des stabilisierenden Bauteils unter der Annahme einer steifen Verbindung mit dem Träger;

$C_{\vartheta\mathrm{C,k}}$ die Verdrehsteifigkeit (je Längeneinheit) der Verbindung zwischen dem Träger und dem stabilisierenden Bauteil;

$C_{\vartheta\mathrm{D,k}}$ die Verdrehsteifigkeit (je Längeneinheit) infolge von Querschnittsverformungen des Trägers.

ANMERKUNG Weitere Informationen zur Bestimmung der Verdrehsteifigkeit, siehe EN 1993-1-3.

Größtabstände bei Abstützmaßnahmen für Bauteile mit Fließgelenken gegen Knicken aus der Ebene — BB.3

Gleichförmige Bauteile aus Walzprofilen oder vergleichbaren geschweißten I-Profilen — BB.3.1

Größtabstände zwischen seitlichen Stützungen — BB.3.1.1

(1)B Biegedrillknicken darf vernachlässigt werden, wenn die Abschnittslänge L, gerechnet von einem Fließgelenk bis zur nächsten seitlichen Stützung, nicht größer als L_m ist:

$$L_\mathrm{m} = \frac{38 i_z}{\sqrt{\frac{1}{57{,}4}\left(\frac{N_\mathrm{Ed}}{A}\right) + \frac{1}{756 C_1^2}\left(\frac{W_\mathrm{pl,y}^2}{A I_\mathrm{T}}\right)\left(\frac{f_\mathrm{y}}{235}\right)^2}} \tag{BB.5}$$

*) Redaktionelle Anmerkung: Diese Ergänzung entspricht den vorgesehenen Änderungen im Entwurf von DIN EN 1993-1-1/NA/A1:2014-10. Änderungen für die Endfassung sind möglich.

sofern das Bauteil am Fließgelenk entsprechend 6.3.5 gehalten ist und das andere Abschnittsende wie folgt gestützt wird, siehe Bild BB.1, Bild BB.2 und Bild BB.3:

- entweder am Druckflansch, wenn ein Flansch über die gesamte Abschnittslänge im Druckbereich liegt;
- oder durch eine Verdrehbehinderung;
- oder durch seitliche Abstützung des Abschnittsende und eine zusätzliche Verdrehbehinderung, die den seitlichen Größtabstand L_s erfüllt.

Dabei ist

N_{Ed} die einwirkende Druckkraft, in N;

A die Querschnittsfläche, in mm^2;

$W_{pl,y}$ das plastisches Widerstandsmoment;

I_T das Torsionsflächenmoment 2. Grades;

f_y die Streckgrenze, in N/mm^2;

C_1 ein von der Belastungssituation und den Lagerungsbedingungen abhängiger Faktor und kann als $C_1 = k_c^{-2}$ angenommen werden, wobei k_c der Tabelle 6.6 entnommen werden kann.

ANMERKUNG Im Allgemeinen ist L_s größer als L_m.

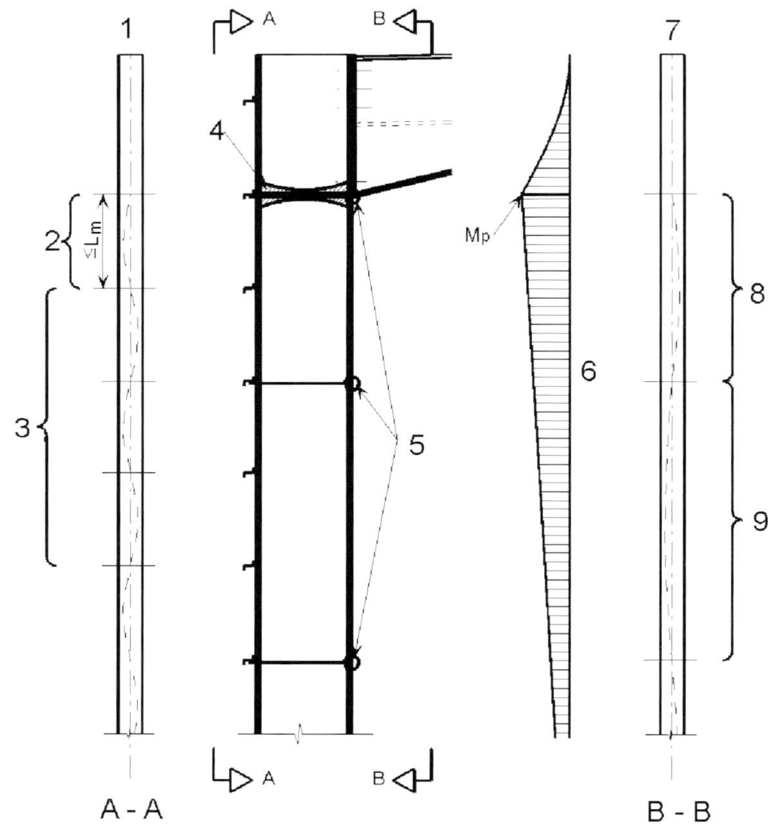

Legende

1 Zugflansch
2 stabile Abschnittslänge nach BB.3.1.1
3 Nachweis nach 6.3
4 Fließgelenk
5 Abstützungen
6 Verlauf des Biegemomentes
7 Druckflansch
8 Größtabstand nach BB.3.1.2, Gleichung (BB.7) oder Gleichung (BB.8)
9 Nachweis nach 6.3 unter Berücksichtigung von Abstützungen des Zugflansches

Bild BB.1: Angaben zu Nachweisen für Bauteile ohne Vouten

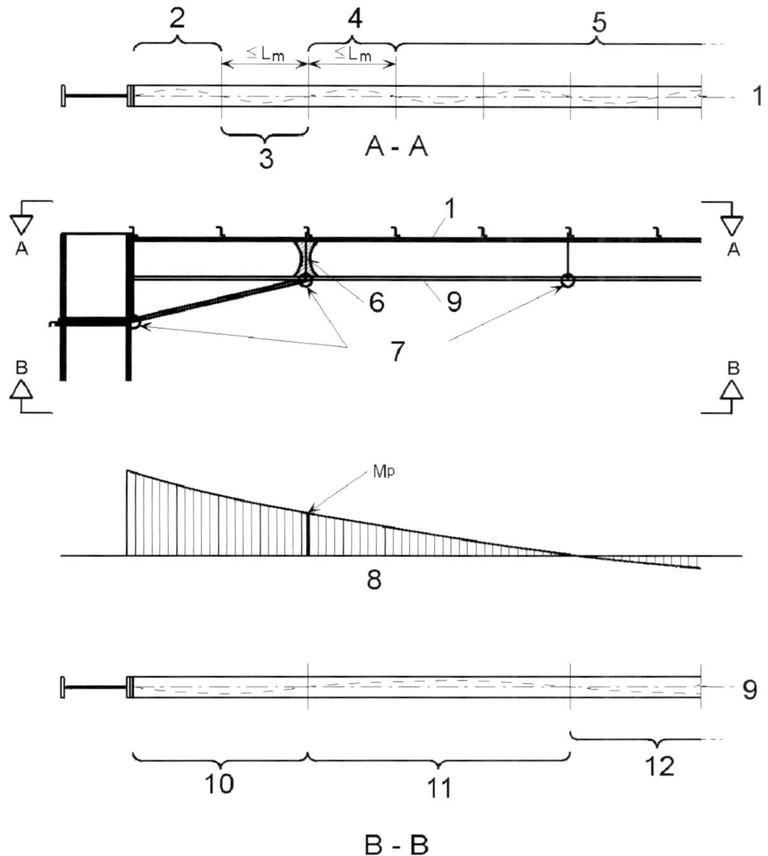

Legende

1 Zugflansch
2 Nachweis nach 6.3
3 Größtabstand nach BB.3.2.1 oder 6.3.5.3(2)B
4 Größtabstand nach BB.3.1.1
5 Nachweis nach 6.3
6 Fließgelenk
7 Abstützungen
8 Verlauf des Biegemomentes
9 Druckflansch
10 Größtabstand nach BB.3.2 oder 6.3.5.3(2)B
11 Größtabstand nach BB.3.1.2
12 Nachweis nach 6.3 unter Berücksichtigung von Abstützungen des Zugflansches

Bild BB.2: Angabe zu Nachweisen für Bauteile mit dreiflanschigen Vouten

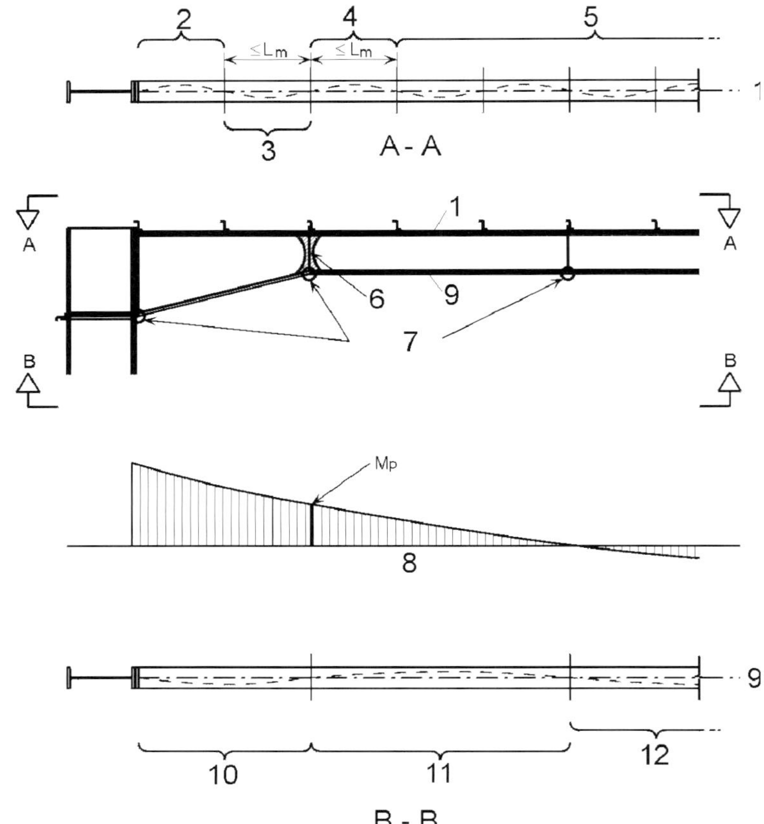

Legende

1 Zugflansch
2 Nachweis nach 6.3
3 Größtabstand nach BB.3.2.1
4 Größtabstand nach BB.3.1.1
5 Nachweis nach 6.3
6 Fließgelenk
7 Abstützungen
8 Verlauf des Biegemomentes
9 Druckflansch
10 Größtabstand nach BB.3.2
11 Größtabstand nach BB.3.1.2
12 Nachweis nach 6.3 unter Berücksichtigung von Abstützungen des Zugflansches

Bild BB.3: Angabe zu Nachweisen für Bauteile mit zweiflanschigen Vouten

BB.3.1.2 Größtabstand zwischen Verdrehbehinderungen

(1)B Biegedrillknicken darf vernachlässigt werden, wenn die Abschnittslänge, gerechnet von einem Fließgelenk bis zur nächsten Verdrehbehinderung bei konstanter Biegemomentenbeanspruchung, nicht größer als L_k ist:

$$L_k = \frac{\left(5{,}4 + \dfrac{600 f_y}{E}\right)\left(\dfrac{h}{t_f}\right) i_z}{\sqrt{5{,}4\left(\dfrac{f_y}{E}\right)\left(\dfrac{h}{t_f}\right)^2 - 1}} \tag{BB.6}$$

sofern das Bauteil am Fließgelenk entsprechend 6.3.5 gehalten ist und mindestens eine Zwischenabstützung zwischen den Verdrehbehinderungen besteht, die die Abstandsbedingung für L_m nach BB.3.1.1 erfüllt.

(2)B Biegedrillknicken darf vernachlässigt werden, wenn die Abschnittslänge L, gerechnet von einem Fließgelenk zur nächsten Verdrehbehinderung bei linearem Momentenverlauf und einer Druckkraft, nicht größer als L_s ist:

$$L_s = \sqrt{C_m}\, L_k \left(\frac{M_{pl,y,Rk}}{M_{N,y,Rk} + a N_{Ed}} \right) \quad \text{(BB.7)}$$

sofern das Bauteil am Fließgelenk entsprechend 6.3.5 gehalten ist und mindestens eine Zwischenabstützung zwischen den Verdrehbehinderungen besteht, die die Abstandsbedingung für L_m nach BB.3.1.1 erfüllt.

Dabei ist

C_m der Modifikationsfaktor für linearen Momentenverlauf nach BB.3.3.1;

a der Abstand zwischen der Achse des Bauteils mit Fließgelenk und der Achse der Abstützung der aussteifenden Bauteile;

$M_{pl,y,Rk}$ der charakteristische Wert der plastischen Biegebeanspruchbarkeit des Querschnitts um die y-y-Achse;

$M_{N,y,Rk}$ der charakteristische Wert der plastischen Biegebeanspruchbarkeit des Querschnitts um die y-y-Achse unter Berücksichtigung der Abminderung infolge einwirkender Normalkraft N_{Ed}.

(3)B Biegedrillknicken darf vernachlässigt werden, wenn die Abschnittslänge L, gerechnet von einem Fließgelenk bis zur nächsten Verdrehbehinderung bei nichtlinearem Momentenverlauf und einer Druckkraft, nicht größer als L_s ist:

$$L_s = \sqrt{C_n}\, L_k \quad \text{(BB.8)}$$

sofern das Bauteil am Fließgelenk entsprechend 6.3.5 gehalten ist und mindestens eine Zwischenabstützung zwischen den Verdrehbehinderungen besteht, die die Abstandsbedingung für L_m erfüllt, siehe BB.3.1.1.

Dabei ist

C_n der Modifikationsfaktor für den nichtlinearen Momentenverlauf nach BB.3.3.2, siehe Bild BB.1, Bild BB.2 und Bild BB.3.

Voutenförmige Bauteile, die aus Walzprofilen oder vergleichbaren, geschweißten I-Profilen bestehen BB.3.2

Größtabstand zwischen seitlichen Stützungen BB.3.2.1

(1)B Biegedrillknicken darf vernachlässigt werden, wenn die Abschnittslänge L, gerechnet von einem Fließgelenk bis zur nächsten seitlichen Stützung, folgende Grenzwerte nicht überschreitet:

- bei Vouten mit drei Flanschen, siehe Bild BB.2:

$$L_m = \frac{38 i_z}{\sqrt{\frac{1}{57{,}4}\left(\frac{N_{Ed}}{A}\right) + \frac{1}{756 C_1^2}\left(\frac{W_{pl,y}^2}{A I_T}\right)\left(\frac{f_y}{235}\right)^2}}; \quad \text{(BB.9)}$$

- bei Vouten mit zwei Flanschen, siehe Bild BB.3:

$$L_m = 0{,}85 \frac{38 i_z}{\sqrt{\frac{1}{57{,}4}\left(\frac{N_{Ed}}{A}\right) + \frac{1}{756 C_1^2}\left(\frac{W_{pl,y}^2}{A I_T}\right)\left(\frac{f_y}{235}\right)^2}}; \quad \text{(BB.10)}$$

sofern das Bauteil am Fließgelenk entsprechend 6.3.5 gehalten ist und das Abschnittsende wie folgt gestützt wird:

- entweder durch seitliche Stützung des Druckflansches, wenn ein Flansch über die gesamte Abschnittslänge unter Druck steht;
- oder durch eine Verdrehbehinderung;
- oder eine seitliche Stützung am Abschnittsende und zusätzlich eine Verdrehbehinderung, die der Abstandsbedingung für L_s genügt.

Dabei ist

N_{Ed} der Bemessungswert der einwirkenden Druckkraft im Bauteil, in N;

$\frac{W_{pl,y}^2}{AI_T}$ der Größtwert über die Abschnittslänge;

A die Querschnittsfläche des gevouteten Bauteils, in mm², an der Stelle, wo $\frac{W_{pl,y}}{AI_T}$ maximal wird;

C_1 ein von der Belastungssituation und den Lagerungsbedingungen abhängiger Faktor und kann als $C_1 = k_c^{-2}$ angenommen werden, wobei k_c der Tabelle 6.6 entnommen werden kann;

$W_{pl,y}$ das plastische Widerstandsmoment des Bauteils;

I_T das Torsionsträgheitsmoment des Bauteils;

f_y die Streckgrenze, in N/mm²;

i_z der kleinste Wert des Trägheitsradius über die Abschnittslänge.

BB.3.2.2 Größtabstand zwischen Verdrehbehinderungen

(1)B Bei gleichförmigen Flanschen und linearem oder nichtlinearem Momentenverlauf und Druckbelastung darf Biegedrillknicken vernachlässigt werden, wenn die Abschnittslänge L, gerechnet von einem Fließgelenk zur nächsten Verdrehbehinderung, folgende Grenzwerte nicht überschreitet:

– bei Vouten mit drei Flanschen, siehe Bild BB.2:

$$L_s = \frac{\sqrt{C_n} L_k}{c}; \tag{BB.11}$$

– bei Vouten mit zwei Flanschen, siehe Bild BB.3:

$$L_s = 0{,}85 \frac{\sqrt{C_n} L_k}{c}; \tag{BB.12}$$

sofern das Bauteil am Fließgelenk entsprechend 6.3.5 gehalten ist und zwischen dem Fließgelenk und der Verdrehbehinderung mindestens eine seitliche Stützung angeordnet wird, die die Abstandsbedingung für L_m erfüllt, siehe BB.3.2.1.

Dabei ist

L_k der Größtabstand, der für ein gleichförmiges Bauteil mit dem Querschnitt am Schnitt mit der niedrigsten Bauhöhe bestimmt wird, siehe BB.3.1.2;

C_n siehe BB.3.3.2;

c der Voutenfaktor nach BB.3.3.3.

BB.3.3 Modifikationsfaktor für den Momentenverlauf

BB.3.3.1 Linearer Momentenverlauf

(1)B Der Modifikationsfaktor C_m kann wie folgt bestimmt werden:

$$C_m = \frac{1}{B_0 + B_1 \beta_t + B_2 \beta_t^2} \tag{BB.13}$$

Dabei ist

$$B_0 = \frac{1 + 10\eta}{1 + 20\eta};$$

$$B_1 = \frac{5\sqrt{\eta}}{\pi + 10\sqrt{\eta}};$$

$$B_2 = \frac{0{,}5}{1 + \pi\sqrt{\eta}} - \frac{0{,}5}{1 + 20\eta};$$

$\eta = \dfrac{N_{\text{crE}}}{N_{\text{crT}}}$;

$N_{\text{crE}} = \dfrac{\pi^2 E I_z}{L_t^2}$;

L_t der Abstand zwischen den Verdrehbehinderungen;

$N_{\text{crT}} = \dfrac{1}{i_s^2}\left(\dfrac{\pi^2 E I_z a^2}{L_t^2} + \dfrac{\pi^2 E I_w}{L_t^2} + G I_T\right)$ die ideale Verzweigungslast für Torsion des I-Querschnittes mit Verdrehbehinderungen im Abstand L_t und Zwischenstützung des Zugflansches;

$i_s^2 = i_y^2 + i_z^2 + a^2$

Dabei ist

a der Abstand zwischen der Bauteilachse und den Achsen der stützenden Bauteile, wie z. B. der Pfetten, die den Rahmenriegel abstützen;

β_t das Verhältnis des kleinsten zum größten Endmoment. Momente, die im nicht gestützten Flansch Druck erzeugen, sollten positiv angesetzt werden. Bei $\beta_t < -1{,}0$ sollte $\beta_t = -1{,}0$ angesetzt werden, siehe Bild BB.4.

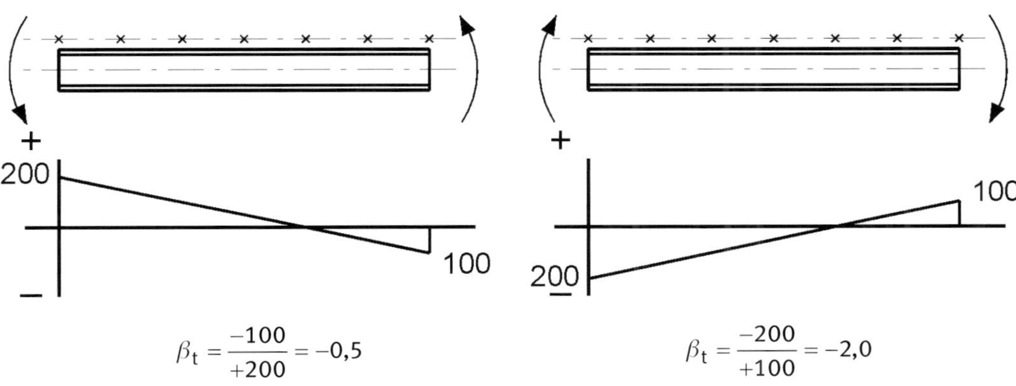

jedoch $\beta_t \leq -1{,}0$, daher $\beta_t = -1{,}0$

Bild BB.4: Bestimmung von β_t

Nichtlinearer Momentenverlauf **BB.3.3.2**

(1)B Der Modifikationsfaktor C_n kann wie folgt bestimmt werden:

$$C_n = \frac{12}{\left[R_1 + 3R_2 + 4R_3 + 3R_4 + R_5 + 2(R_s - R_E)\right]} \tag{BB.14}$$

Dabei sind die R-Werte R_1 bis R_5 nach (2)B und Bild BB.5 zu bestimmen. Es sind nur jene R-Werte einzubeziehen, die positiv sind.

Es sind auch nur positive Werte von $(R_s - R_E)$ einzusetzen, wobei

- R_E der größere Wert von R_1 und R_5 und
- R_s der Maximalwert von R an einer beliebigen Stelle der Länge L_y ist.

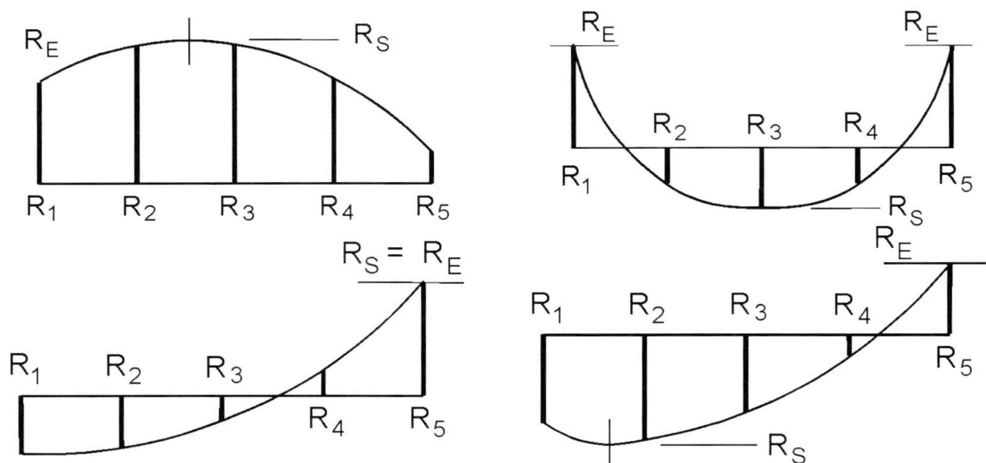

Bild BB.5: Momentenwerte

(2)B Der R-Wert sollte wie folgt berechnet werden:

$$R = \frac{M_{y,Ed} + a N_{Ed}}{f_y W_{pl,y}} \tag{BB.15}$$

Dabei ist a der Abstand zwischen der Achse des Bauteils und der Achse der abstützenden Bauteile, wie z. B. der Pfetten, die den Rahmenriegel abstützen.

BB.3.3.3 Voutenfaktor

(1)B Für Vouten mit gleichförmigen Flanschen und $h \geq 1{,}2b$ sowie $h/t_f \geq 20$ sollte der Voutenfaktor c wie folgt bestimmt werden:

- bei Bauteilen veränderlicher Höhe nach Bild BB.6(a):

$$c = 1 + \frac{3}{\left(\frac{h}{t_f} - 9\right)} \left(\frac{h_{max}}{h_{min}} - 1\right)^{2/3}; \tag{BB.16}$$

- bei Vouten nach Bild BB.6(b) und Bild BB.6(c):

$$c = 1 + \frac{3}{\left(\frac{h}{t_f} - 9\right)} \left(\frac{h_h}{h_s}\right)^{2/3} \sqrt{\frac{L_h}{L_y}}. \tag{BB.17}$$

Dabei ist

h_h die zusätzliche Höhe infolge der Voute, siehe Bild BB.6;

h_{max} die maximale Querschnittshöhe innerhalb der Länge L_y, siehe Bild BB.6;

h_{min} die minimale Querschnittshöhe innerhalb der Länge L_y, siehe Bild BB.6;

h_s die Höhe des gleichförmigen Grundprofils, siehe Bild BB.6;

L_h die Länge der Voute innerhalb der Länge L_y, siehe Bild BB.6;

L_y die Länge zwischen den Abstützungen des Druckflansches.

(h/t_f) wird an der Stelle mit der geringsten Querschnittshöhe bestimmt.

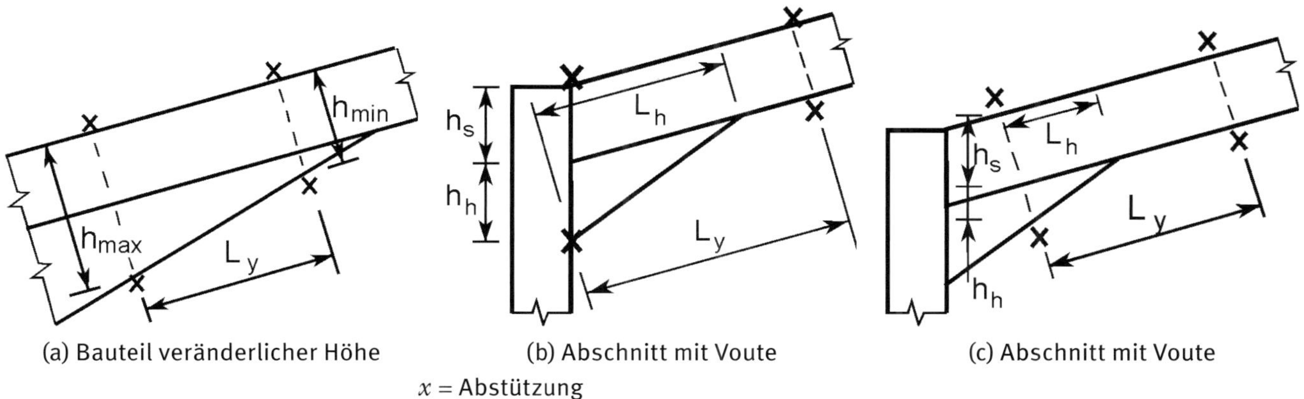

(a) Bauteil veränderlicher Höhe (b) Abschnitt mit Voute (c) Abschnitt mit Voute

x = Abstützung

Bild BB.6: Abmessungen zur Bestimmung des Voutenfaktors c

Anhang C
(normativ)
Auswahl der Ausführungsklasse

Allgemeines C.1

Grundanforderungen C.1.1

(1)P Um die in EN 1990 geforderte Zuverlässigkeit des fertig gestellten Tragwerks zu erreichen, ist eine angemessene Ausführungsklasse auszuwählen. Dieser Anhang bildet die Basis für diese Auswahl.

Ausführungsklasse C.1.2

(1) Die Ausführungsklasse (EXC) wird als in Klassen zusammengefasste Anforderungen, die für die Ausführung der Stahlkonstruktion als Ganzes, eines einzelnen Bauteils oder eines Details eines Bauteils festgelegt sind, definiert.

(2) Um Anforderungen an die Ausführung von Stahlkonstruktionen nach EN 1090-1 und EN 1090-2 festzulegen, sollte die Auswahl der Ausführungsklasse – EXC1, EXC2, EXC3 oder EXC4 – vor Beginn der Ausführung getroffen werden. Die Anforderungen an die Ausführung steigen von EXC1 bis EXC4 an.

ANMERKUNG 1 Es wird davon ausgegangen, dass EN 1993 und EN 1994 in Verbindung mit EN 1090-1 und EN 1090-2 angewendet werden. EN 1993-1-9, EN 1993-2, EN 1993-3-1 und EN 1993-3-2 enthalten ergänzende Anforderungen zu EN 1090-2 an die Ausführung von Tragwerken, Bauteilen oder Details, die Ermüdungseinwirkungen ausgesetzt sind. Zusätzlich zu EN 1090-2 werden weitere Europäische Normen für die Ausführung von Pfählen und Spundwänden in EN 1993-5 in Bezug genommen.

ANMERKUNG 2 In EN 1090-2 wird festgelegt, dass die Ausführungsklasse EXC2 gilt, wenn keine Ausführungsklasse vorgegeben wird.

Auswahlverfahren C.2

Maßgebende Faktoren C.2.1

(1) Die Auswahl der Ausführungsklasse sollte auf den folgenden drei Faktoren beruhen:

- der geforderten Zuverlässigkeit;
- der Art von Tragwerk, Bauteil oder Detail; und
- der Art der Belastung, für die das Tragwerk, das Bauteil oder das Detail bemessen wird.

Auswahl C.2.2

(1) Hinsichtlich der Behandlung der Zuverlässigkeit sollte die Auswahl der Ausführungsklasse entweder auf der geforderten Schadensfolgeklasse (CC, *consequence class*) oder der geforderten Zuverlässigkeitsklasse (RC, *reliability class*) oder auf beiden beruhen. Die Konzepte der Zuverlässigkeitsklasse und der Schadensfolgeklasse werden in EN 1990 definiert.

(2) Hinsichtlich der Art der Belastung einer Stahlkonstruktion, eines Bauteils oder eines Details sollte die Ausführungsklasse darauf basieren, ob das Tragwerk, das Bauteil oder das Detail für statische Einwirkungen, quasi-statische Einwirkungen, Ermüdungseinwirkungen oder seismische Einwirkungen bemessen wurde.

(3) Die Auswahl der Ausführungsklasse (EXC) sollte auf Tabelle C.1 beruhen.

Tabelle C.1: Auswahl der Ausführungsklasse (EXC)

Zuverlässigkeitsklasse (RC) oder Schadensfolgeklasse (CC)	Art der Belastung	
	Statische, quasi-statische oder seismische Einwirkungen (DCL)[a]	Ermüdung[b] oder seismische Einwirkungen (DCM oder DCH)[a]
RC3 oder CC3	EXC3[c]	EXC3[c]
RC2 oder CC2	EXC2	EXC3
RC1 oder CC1	EXC1	EXC2

[a] Seismische Duktilitätsklassen werden in EN 1998-1 definiert: niedrig = DCL; mittel = DCM; hoch = DCH.
[b] Siehe EN 1993-1-9.
[c] EXC4 kann für Tragwerke festgelegt werden, wenn das Versagen der Konstruktion schwerwiegende Folgen hätte.

ANMERKUNG 1 Der Nationale Anhang darf angeben, ob die Auswahl der Ausführungsklasse (EXC) auf der Zuverlässigkeitsklasse oder der Schadensfolgeklasse oder auf beiden beruht und ob die Wahl von der Art der Konstruktion abhängt. Der Nationale Anhang darf angeben, ob die Tabelle C.1 anzuwenden ist.

NDP Zu C.2.2(3), Anmerkung 1

Die Auswahl der Ausführungsklasse erfolgt in Deutschland auf Grundlage der Schadensfolgeklasse und der Konstruktionsart. Die Auswahlkriterien sind in Abschnitt „NDP zu C.2.2(4), Anmerkung“ festgelegt.*)

ANMERKUNG 2 Konstruktionen nach EN 1993-4-1 und EN 1993-4-2 sind von der Auswahl der Schadensfolgeklasse abhängig. Konstruktionen nach EN 1993-3-1 und EN 1993-3-2 sind von der Auswahl der Zuverlässigkeitsklasse abhängig.

(4) Falls sich die für bestimmte Bauteile und/oder Details geforderte Ausführungsklasse von der Ausführungsklasse, die im Allgemeinen für das Tragwerk gilt, unterscheidet, sollten diese Bauteile und/oder Details eindeutig identifiziert und angegeben werden.

ANMERKUNG Die Auswahl der Ausführungsklasse in Abhängigkeit von der Art von Bauteilen oder Details darf im Nationalen Anhang festgelegt werden. Es wird Folgendes empfohlen:

~~Wird für ein Tragwerk ... unterzogen werden.~~

NDP Zu C.2.2(4), Anmerkung 1

Für die Auswahl der Ausführungsklassen gilt Folgendes:*)

Ausführungsklasse EXC1

In diese Ausführungsklasse fallen statisch und quasi-statisch beanspruchte Bauteile oder Tragwerke aus Stahl bis zur Festigkeitsklasse S275, für die mindestens einer der folgenden Punkte zutrifft:

a) Tragkonstruktionen mit
   - bis zu zwei Geschossen aus Walzprofilen ohne biegesteife Kopfplattenstöße,
   - druck- und biegebeanspruchte Stützen mit bis zu 3 m Knicklänge,
   - Biegeträgern mit bis zu 5 m Spannweite und Auskragungen bis 2 m,
   - charakteristischen veränderlichen, gleichmäßig verteilten Einwirkungen/Nutzlasten bis 2,5 kN/m² und charakteristischen veränderlichen Einzelnutzlasten bis 2,0 kN;

*) Redaktionelle Anmerkung: Diese Ergänzung entspricht den vorgesehenen Änderungen im Entwurf von DIN EN 1993-1-1/NA/A1:2014-10. Änderungen für die Endfassung sind möglich.

b) Tragkonstruktionen mit max. 30° geneigten Belastungsebenen (z. B. Rampen) mit Beanspruchungen durch charakteristische Achslasten von max. 63 kN oder charakteristische veränderliche, gleichmäßig verteilte Einwirkungen/Nutzlasten von bis zu 17,5 kN/m^2 (Kategorie E2.4 nach DIN EN 1991-1-1/NA:2010-12, Tabelle 6.4DE) in einer Höhe von max. 1,25 m über festem Boden wirkend;

c) Treppen und Geländer in Wohngebäuden;

d) Landwirtschaftliche Gebäude ohne regelmäßigen Personenverkehr (z. B. Scheunen, Gewächshäuser);

e) Wintergärten an Wohngebäuden;

f) Einfamilienhäuser mit bis zu 4 Geschossen;

g) Gebäude, die selten von Personen betreten werden, wenn der Abstand zu anderen Gebäuden oder Flächen mit häufiger Nutzung durch Personen mindestens das 1,5-fache der Gebäudehöhe beträgt.

Die Ausführungsklasse EXC1 gilt auch für andere vergleichbare Bauwerke, Tragwerke und Bauteile.

Ausführungsklasse EXC2

In diese Ausführungsklasse fallen statisch, quasi-statisch und ermüdungs-beanspruchte Bauteile oder Tragwerke aus Stahl bis zur Festigkeitsklasse S700, die nicht den Ausführungsklassen EXC 1, EXC 3 und EXC 4 zuzuordnen sind.

Ausführungsklasse EXC3

In diese Ausführungsklasse fallen statisch, quasi-statisch und ermüdungs-beanspruchte Bauteile oder Tragwerke aus Stahl bis zur Festigkeitsklasse S700, für die mindestens einer der folgenden Punkte zutrifft:

a) Großflächige Dachkonstruktionen von Versammlungsstätten/Stadien;

b) Gebäude mit mehr als 15 Geschossen;

c) statisch und quasi-statisch beanspruchte Wehrverschlüsse bei extremen Abflussvolumen,

d) folgende ermüdungsbeanspruchte Tragwerke oder deren Bauteile:
   - Geh- und Radwegbrücken,
   - Straßenbrücken,
   - Eisenbahnbrücken,
   - Fliegende Bauten,
   - Türme und Maste wie z. B. Antennentragwerke,
   - Kranbahnen,
   - zylindrische Türme wie z. B. Stahlschornsteine.

Die Ausführungsklasse EXC3 gilt auch für andere vergleichbare Bauwerke, Tragwerke und Bauteile.

Ausführungsklasse EXC4

In diese Ausführungsklasse fallen alle Bauteile oder Tragwerke der Ausführungsklasse EXC3 mit extremen Versagensfolgen für Menschen und Umwelt, wie z. B.:

a) Straßenbrücken und Eisenbahnbrücken (siehe DIN EN 1991-1-7) über dicht besiedeltem Gebiet oder über Industrieanlagen mit hohem Gefährdungspotential;

b) Sicherheitsbehälter in Kernkraftwerken;

c) ermüdungs-beanspruchte Wehrverschlüsse bei extremen Abflussvolumen.

ANMERKUNG Bei der Auswahl der Ausführungsklasse können seismische Beanspruchungen wie quasi-statische Beanspruchungen behandelt werden.

(5) Die Festlegung einer höheren Ausführungsklasse für die Ausführung eines Tragwerks oder eines Bauteils oder eines Details sollte nicht dazu genutzt werden, um bei der Bemessung des betreffenden Tragwerks oder Bauteils oder Details die Anwendung niedrigerer Teilsicherheitsbeiwerte für den Widerstand zu rechtfertigen.

NCI Literaturhinweise

[1] Knick- und Beulverhalten von Hohlprofilen (rund und rechteckig), CIDECT, J. Rondal et al., TÜV Rheinland, 1992, ISBN 3-8249-0067-X

[2] Boissonnade, N., Greiner, R., Jaspart, J.P., Lindner, J., Rules for member stability in EN 1993-1-1, background documentation and design guidelines. ECCS/EKS publ. no. 119, Brüssel, 2006

[3] Lindner, J.: Zur Aussteifung von Biegeträgern durch Drehbettung und Schubsteifigkeit. Stahlbau 77(2008), S. 427–435

III Kommentar zu DIN EN 1993-1-1 mit Nationalem Anhang

III Kommentar zu DIN EN 1993-1-1 mit Nationalem Anhang

Inhaltsverzeichnis zum Kommentarteil

Seite

III.1 Allgemeines **III-5**
III.1.0 Überblick **III-5**
III.1.1 Anwendungsbereich **III-5**
III.1.1.1 Anwendungsbereich von Eurocode 3 ..... III-5
III.1.1.2 Anwendungsbereich von Eurocode 3 Teil 1-1 ..... III-6
III.1.2 Normative Verweisungen **III-7**
III.1.3 Annahmen **III-7**
III.1.4 Unterscheidung nach Grundsätzen und Anwendungsregeln **III-7**
III.1.5 Begriffe **III-7**
III.1.6 Formelzeichen **III-8**
III.1.7 Definition der Bauteilachsen **III-8**

III.2 Grundlagen für die Tragwerksplanung **III-9**
III.2.0 Überblick **III-9**
III.2.1 Anforderungen **III-11**
III.2.1.1 Grundlegende Anforderungen III-11
III.2.1.2 Behandlung der Zuverlässigkeit III-11
III.2.1.3 Nutzungsdauer, Dauerhaftigkeit und Robustheit III-11
III.2.2 Grundsätzliches zur Bemessung mit Grenzzuständen **III-12**
III.2.3 Basisvariablen **III-13**
III.2.3.1 Einwirkungen und Umgebungseinflüsse III-13
III.2.3.2 Werkstoff- und Produkteigenschaften III-13
III.2.4 Nachweisverfahren mit Teilsicherheitsbeiwerten **III-13**
III.2.4.1 Bemessungswerte von Werkstoffeigenschaften III-13
III.2.4.2 Bemessungswerte der geometrischen Größen III-14
III.2.4.3 Bemessungswerte der Beanspruchbarkeit III-14
III.2.4.4 Nachweis der Lagesicherheit (EQU) III-14
III.2.5 Bemessung mit Hilfe von Versuchen **III-15**

III.3 Werkstoffe **III-16**
III.3.0 Überblick **III-16**
III.3.1 Allgemeines **III-16**
III.3.2 Baustahl **III-17**
III.3.2.1 Werkstoffeigenschaften: Nennwerte der Streckgrenze und Zugfestigkeit III-17
III.3.2.2 Anforderungen an die Duktilität III-19
III.3.2.3 Bruchzähigkeit III-21
III.3.2.4 Eigenschaften in Dickenrichtung III-23
III.3.2.5 Toleranzen III-23
III.3.2.6 Bemessungswerte der Materialkonstanten III-24

III.4 Dauerhaftigkeit **III-25**

III.5 Tragwerksberechnung **III-28**
III.5.0 Überblick **III-28**
III.5.1 Statische Systeme **III-29**
III.5.1.1 Grundlegende Annahmen III-29
III.5.1.2 Berechnungsmodelle für Anschlüsse III-33
III.5.1.3 Bauwerks-Boden-Interaktion III-35
III.5.2 Untersuchung von Gesamttragwerken **III-35**
III.5.2.0 Überblick III-35
III.5.2.1 Einflüsse der Tragwerksverformung III-36
III.5.2.2 Stabilität von Tragwerken III-45

Seite

III.5.3 Imperfektionen **III-51**
III.5.3.1 Grundlagen III-51
III.5.3.2 Imperfektionen für die Tragwerksberechnung III-52
III.5.3.3 Imperfektionen zur Berechnung aussteifender Systeme III-74
III.5.3.4 Bauteilimperfektionen III-79
III.5.4 Berechnungsmethoden **III-81**
III.5.4.0 Überblick III-81
III.5.4.1 Allgemeines III-81
III.5.4.2 Elastische Tragwerksberechnung III-84
III.5.4.3 Plastische Tragwerksberechnung III-85
III.5.5 Klassifizierung von Querschnitten **III-87**
III.5.5.1 Grundlagen III-87
III.5.5.2 Klassifizierung III-88
III.5.6 Anforderungen an Querschnittsformen und Aussteifungen am Ort der Fließgelenkbildung **III-97**

III.6 Grenzzustände der Tragfähigkeit **III-99**
III.6.0 Überblick **III-99**
III.6.1 Allgemeines **III-99**
III.6.2 Beanspruchbarkeit von Querschnitten **III-101**
III.6.2.1 Allgemeines III-101
III.6.2.2 Querschnittswerte III-104
III.6.2.3 Zugbeanspruchung III-109
III.6.2.4 Druckbeanspruchung III-111
III.6.2.5 Biegebeanspruchung III-111
III.6.2.6 Querkraftbeanspruchung III-112
III.6.2.7 Torsionsbeanspruchung III-113
III.6.2.8 Beanspruchung aus Biegung und Querkraft III-118
III.6.2.9 Beanspruchung aus Biegung und Normalkraft III-121
III.6.2.10 Beanspruchung aus Biegung, Querkraft und Normalkraft III-123
III.6.3 Stabilitätsnachweise der Bauteile **III-124**
III.6.3.1 Gleichförmige Bauteile mit planmäßig zentrischem Druck III-124
III.6.3.2 Gleichförmige Bauteile mit Biegung um die Hauptachse III-140
III.6.3.3 Auf Biegung und Druck beanspruchte gleichförmige Bauteile III-176
III.6.3.4 Allgemeines Verfahren für Knick- und Biegedrillknicknachweise für Bauteile III-184
III.6.3.5 Biegedrillknicken von Bauteilen mit Fließgelenken III-209
III.6.4 Mehrteilige Bauteile **III-215**
III.6.4.1 Allgemeines III-215
III.6.4.2 Gitterstäbe III-218
III.6.4.3 Rahmenstäbe (Stützen mit Bindeblechen) III-220
III.6.4.4 Mehrteilige Bauteile mit geringer Spreizung III-223
III.6.4.5 Sonderfragen III-223

III.7 Grenzzustände der Gebrauchstauglichkeit **III-224**
III.7.1 Allgemeines **III-224**
III.7.2 Grenzzustand der Gebrauchstauglichkeit für den Hochbau **III-226**
III.7.2.1 Vertikale Durchbiegung III-226
III.7.2.2 Horizontale Verformungen III-227
III.7.2.3 Dynamische Einflüsse III-227

III.A Verfahren 1: Interaktionsfaktoren k_{ij} für die Interaktionsformeln in 6.3.3(4) **III-227**

III.B Verfahren 2: Interaktionsfaktoren k_{ij} für die Interaktionsformeln in 6.3.3(4) **III-228**

III.AB Zusätzliche Bemessungsregeln **III-248**
III.AB.0 Überblick **III-248**
III.AB.1 Statische Berechnung unter Berücksichtigung von Nichtlinearitäten **III-248**
III.AB.2 Vereinfachte Belastungsanordnung für durchlaufende Decken **III-248**

Seite

III.BB Knicken von Bauteilen in Tragwerken des Hochbaus ... III-249
III.BB.1 Biegeknicken von Bauteilen in Fachwerken oder Verbänden ... III-249
III.BB.1.1 Allgemeines ... III-249
III.BB.1.2 Gitterstäbe aus Winkelprofilen ... III-250
III.BB.1.3 Bauteile mit Hohlprofilen ... III-251
III.BB.2 Kontinuierliche seitliche Abstützungen ... III-252
III.BB.2.0 Allgemeines ... III-252
III.BB.2.1 Kontinuierliche seitliche Stützung ... III-253
III.BB.2.2 Kontinuierliche Drehbehinderung ... III-261
III.BB.2.3 Gleichzeitige Berücksichtigung von Schubsteifigkeit und Drehbettung ... III-277
III.BB.3 Größtabstände von Abstützungen für druck- und biegebeanspruchte Bauteile mit Fließgelenken gegen Knicken aus der Ebene ... III-279

III.C Auswahl der Ausführungsklasse ... III-287

Literaturhinweise zum Kommentarteil ... III-289
Normen und Regelwerke ... III-289
Bücher, Zeitschriftenartikel und weitere Literatur ... III-293

Stichwortverzeichnis zum Kommentarteil ... III-307

III.1 Allgemeines

III.1.0 Überblick

Das Kapitel 1 enthält die Definition des Anwendungsbereichs von Eurocode 3 und fasst den Inhalt und seine verschiedenen Teile zusammen. Das Kapitel ordnet die Norm zu den verschiedenen anderen Bemessungsnormen und der Norm für die Ausführung DIN EN 1090 ein. Es werden wichtige Begriffe und die Formelzeichen definiert.

III.1.1 Anwendungsbereich

III.1.1.1 Anwendungsbereich von Eurocode 3

<1> zu 1.1.1(1) und 1.1.1(2): Inhalt von Eurocode 3

Diese Norm gilt nicht nur für Bauwerke aus Stahl, sondern auch für stählerne Bauteile anderer Tragkonstruktionen, wie zum Beispiel für den Stahlträger eines Verbundträgers aus Stahl und Beton nach DIN EN 1994-1-1 [36]. Der Ausdruck Entwurf, Berechnung und Bemessung versucht den englischen Begriff „design" wiederzugeben, der sowohl Bemessung als auch Konstruktion umfasst. Auch Wärmeschutz oder Schallschutz kann zu konstruktiven Änderungen im Tragwerk führen, die aber im Rahmen von Eurocode 3 nicht behandelt werden.

<2> zu 1.1.1(3) und zu NCI zu 1.1.1(3): andere nationale Bemessungsnormen

Es gilt generell das Mischungsverbot, das heißt, dass europäische Normen nur im Zusammenhang mit den jeweils anderen europäischen Normen verwandt werden dürfen und nicht mit Normen z. B. der nationalen Normenreihe DIN 18800.

Als NCI (National Non-Contradictory Complementary Information) sind spezifische Normen genannt, zum Beispiel auch die Normenreihe der deutschen Einwirkungsnormen DIN 1055, Teile 1 bis 10. Da in der Übergangszeit die europäischen Einwirkungsnormen noch nicht vollständig mit nationalen Anhängen zur Verfügung standen bzw. eingeführt waren, sollten bei Verweisen auf EN 1990 die Norm DIN 1055-100 und bei Verweisen auf Normen der Reihe EN 1991 die entsprechenden Teile (mit Ausnahme der Brandeinwirkungen) der Reihe DIN 1055 einschließlich der zugehörigen Anlagen der Liste der Technischen Baubestimmungen angewendet werden. Inzwischen ist DIN 1055 bauaufsichtlich zurückgezogen, vgl. [136], und durch DIN EN 1991 ersetzt, so dass dieser Bezug ungültig ist. Darüber hinaus enthält das NCI auch einige unnötige Doppelungen zur Normenliste im eigentlichen Text von EN 1993-1-1.

<3> zu 1.1.1(4): der Eurocode 3 und seine Teile

Die genaue Bezeichnung der Normenreihe, die häufig einfach „Eurocode 3" genannt wird, ist EN 1993. Hierbei handelt es sich um ein europäisches Dokument, das für Deutschland als Normenreihe DIN EN 1993 und für Österreich als Normenreihe ÖNORM EN 1993 usw. veröffentlicht wurde.

III.1.1.2 Anwendungsbereich von Eurocode 3 Teil 1-1

<1> zu 1.1.2 und Anmerkung: Abgrenzung der Blechdicke

Der Gültigkeitsbereich von DIN EN 1993-1-1 [22] mit Blechdicke t ≥ 3 mm ist leider nicht ganz stimmig mit den übrigen Teilen von EN 1993. In Hinblick auf die Anwendung für Hohlprofile wird deshalb zurzeit in den europäischen Gremien eine Angleichung diskutiert. Danach würde die minimale Dicke in DIN EN 1993-1-1 auf 1,5 mm abgesenkt, aber bezogen, wie in Abs. 3.2.4 von DIN EN 1993-1-3 [26], auf die Stahlkerndicke t_{cor} (Nenndicke abzüglich Zink- und anderer metallischer Überzüge) unter Abzug von Toleranzen und Verzinkung u. Ä. Bis 3 mm Dicke würde also die Nenndicke t_{nom}, danach die Stahlkerndicke t_{cor} als Bemessungsdicke t_d angesetzt werden, wobei gilt:

$$t_d = t_{\mathrm{cor}} \qquad \text{wenn} \quad \mathrm{tol} \leq 5\% \tag{III.1-1}$$

$$t_d = t_{\mathrm{cor}} \cdot \frac{100 - tol}{95} \qquad \text{wenn} \quad \mathrm{tol} \leq 5\% \tag{III.1-2}$$

mit t_{cor} $= t_{nom} - t_{metallic\ coatings}$

tol Untere Toleranzgrenze in [%]

Der ursprüngliche Titel von EN 1993-1-3 war *„Kaltgeformte dünnwandige Bauteile und Bleche"*, auf die Einschränkung „dünnwandige" wurde inzwischen im Titel verzichtet, auch wenn nach wie vor im Wesentlichen dünne Bleche behandelt werden, also der Normenteil auch für nicht kaltgeformte Bleche < 3 mm gültig ist. Es sei auch darauf hingewiesen, dass DIN 18807 [16] durch DIN EN 1993-1-3 [26] nur zum Teil ersetzt wird und deshalb auch noch nicht vollständig zurückgezogen ist.

Diskrepanzen bezüglich der zulässigen Blechdicken gibt es auch mit DIN EN 1993-1-8 [29], in der für Hohlprofile in Abs. 7.1.1(5) 2,5 mm und für das Schweißen von Blechen generell in Abs. 4.1(1) 4 mm als Grenzdicke genannt sind.

<2> Kennzeichnungen „B" und „P"

Die Abkürzung ( )B steht für „buildings", gemeint ist also im weiteren Sinne der Bereich des gewöhnlichen Hochbaus. Leider ist dieser Anwendungsbereich nicht weiter spezifiziert, der Anwender muss also selbst entscheiden, ob diese gekennzeichneten zusätzlichen Anwendungsregeln und Vereinfachungen für den betrachteten Fall auch anwendbar sind.

Die im Text verwendete Abkürzung ( )P bedeutet „principle" – diese Regel ist also in jedem Falle einzuhalten.

Im Übrigen wurden im Normentext in Kapitel II auch die Inhalte des Nationalen Anhangs zu DIN EN 1993-1-1 [22] eingearbeitet. Hier gibt es Hinweise mit der Bezeichnung NDP (**N**ationally **D**etermined **P**arameters) für national festgelegte Parameter, die an bestimmten im Normentext vorgesehenen Stellen nationale Festlegungen enthalten. Zusätzlich sind Hinweise mit der Bezeichung NCI (**N**on-contradictory **C**omplementary **I**nformation) vorhanden für nationale ergänzende nicht widersprechende Angaben zur Anwendung von DIN EN 1993-1-1.

III.1.2 Normative Verweisungen

Bei den hier genannten Normen handelt es sich um undatierte Zitate, so dass die genannte Norm in der jeweils aktuellen Fassung gilt.

III.1.3 Annahmen

DIN 18800-7 Stahlbauten – Teil 7: Ausführung und Herstellerqualifikation [14] wird also durch DIN EN 1090 Teil 1 und Teil 2 [17], [18] ersetzt. Zum Teil galt in den verschiedenen deutschen Bundesländern noch eine Koexistenzphase für die beiden Normen (DIN 18800-7 und DIN DN 1090) bis zum 1. Juli 2014. In jedem Fall ist aber das Mischungsverbot zu beachten und bei einer Bemessung nach Eurocode 3 unbedingt die Ausführung und Herstellung gemäß DIN EN 1090 durchzuführen.

III.1.4 Unterscheidung nach Grundsätzen und Anwendungsregeln

Der zititierte Abschnitt von DIN EN 1990 [19] verweist auf die Unterscheidung nach Prinzipien oder Grundsätzen, Kennzeichnung ( )P, siehe Abs. III.1.1.2<2>, und Anwendungsregeln, die zwar auch verbindlich sind, aber ggf. durch gleichwertige Regeln ersetzt werden können. Die „Beweislast“ dazu liegt aber beim Aufsteller. Schwieriger als diese Unterscheidung ist für den Anwender die Problematik der Übersetzung der modalen Hilfsverben. Die hierfür zuständige Norm DIN 820-2 [6] legt als Standardübersetzung für das englische „should“ das deutsche „sollte“ fest, was nach deutschem Sprachempfinden einer reinen Empfehlung gleichkommt, ohne Verbindlichkeit. Das steht aber im Widerspruch zur Absicht der Normenschreiber, die zwar bei den Anwendungsregeln mit der Nutzung von „should“ anerkennen, dass es auch andere Möglichkeiten zum Beispiel einer Nachweisführung gibt, aber davon ausgehen, dass die Regeln im Prinzip denn doch verbindlich sind, weil ein Nachweis, nach dem Ersatzregeln gleichwertig sind, in der Praxis wohl selten geführt werden kann. Die deutsche Übersetzung von Eurocode 3 hat dieses zum Teil formale Problem dadurch gelöst, dass für ein verbindliches „should“ die auch zulässige Übersetzung „ist in der Regel zu …“ genutzt wird. Das macht den Text sprachlich sperrig, entspricht aber dem doch weitgehend bindenden Charakter der sehr vielen im Eurocode 3 vorliegenden Anwendungsregeln mit „should“.

III.1.5 Begriffe

<1> Allgemeines

Leider enthält DIN EN 1993-1-1 eine Anzahl von Begriffen, die missverständlich oder sogar sprachlich nicht korrekt sind. Dazu zählen insbesondere:

- „elastische Tragwerksberechnung“ und „elastische Berechnung“ statt „Berechnung nach der Elastizitätstheorie“
- „plastische Tragwerksberechnung“ und „plastische Berechnung“ statt „Berechnung nach der Plastizitätstheorie“
- „elastische Spannungsverteilung“ statt „Spannungsverteilung nach der Elastizitätstheorie“

- „elastische Querschnittstragfähigkeit“ statt „Tragfähigkeit nach der Elastizitätstheorie“
- „plastische Querschnittstragfähigkeit“ statt „Tragfähigkeit nach der Plastizitätstheorie“
- „elastischer Nachweis“ statt „Nachweis nach der Elastizitätstheorie“
- „plastischer Nachweis“ statt „Nachweis nach der Plastizitätstheorie“

Um die Wiedererkennbarkeit zu erleichtern, werden in diesem Kommentar diese Begriffe weitgehend beibehalten.

<2> zu 1.5(1): einheitliche Begriffe in DIN EN 1990

DIN EN 1990 [19] enthält eine sehr umfangreiche Zusammenstellung einheitlicher Begriffe für die Anwendung in EN 1990 bis EN 1999.

<3> zu 1.5.3: Art des Tragwerks

Für Tragwerke mit verformbaren Anschlüssen ist ggf. bei der Schnittgrößen- und Verformungsberechnung der Tragwerke auch die Steifigkeit der Anschlüsse selber zu berücksichtigen, Hinweise dazu sind zum Beispiel in DIN EN 1993-1-8 [29], Kapitel 5 gegeben. Erläuterungen in diesem Zusammenhang sind auch in III.5.1.2 zu finden.

Gelenktragwerke sind auch solche Tragwerke, bei denen rechnerisch ein Gelenk, also keine Übertragung von Momenten, angenommen wird.

III.1.6 Formelzeichen

Einige Formelzeichen stimmen nicht mit den aus der deutschen Normung gewohnten Zeichen überein. Einige Beispiele hierfür sind im Folgenden aufgelistet.

- t_w statt t_s' (Stegdicke)
- t_f statt t_g' (Gurtdicke)
- d statt h−2c (Höhe des geraden Stegteils)
- χ statt κ (Abminderungsbeiwert entsprechend der maßgebenden Knicklinie)
- χ_{LT} statt κ_M (Abminderungsbeiwert für Biegedrillknicken)
- $C_{\vartheta R,k}$ statt $c_{\vartheta,k}$ (Rotationssteifigkeit statt Drehbettung)
- L_{cr} statt s_k (Knicklänge)

III.1.7 Definition der Bauteilachsen

In Bild 1.1 werden die Querschnittsachsen wie bisher mit y-y und z-z bezeichnet und die Hauptachsen mit u-u und v-v, statt wie in Deutschland üblich mit η-η und ζ-ζ.

III.2 Grundlagen für die Tragwerksplanung

III.2.0 Überblick

Kapitel 2 stellt die Verknüpfung zwischen der Bemessungsnorm für Stahlbauten Eurocode 3 und der Grundlagennorm für die Tragwerksplanung Eurocode 0 [19] her. Da für den Aufbau dieses Kapitels für die verschiedenen Baustoffe eine einheitliche Unterstruktur ausdrücklich erwünscht war, ist die inhaltliche Ausgestaltung zum Teil etwas formal.

Grundsätzlich entspricht das Nachweis- und Sicherheitskonzept dem bekannnten Konzept mit getrennten Teilsicherheitsbeiwerten für Einwirkungen und Widerstandsgrößen, das u. a. auch in DIN 18800 [10] Grundlage war. Diese Teilsicherheitsbeiwerte beruhen, wenn nicht aufgrund von Kalibration an bisherigen Nachweisen geeicht, auf der semi-probabilistischen Zuverlässigkeitsmethode, die eine noch akzeptierte Versagenswahrscheinlichkeit über die Einhaltung eines sogenannten Zuverlässigkeitsindex β sicherstellt.

Auch die Bezeichnungen sind zum großen Teil die gleichen, wie z. B. F für Einwirkungen oder R für Beanspruchbarkeiten. Leider sind die deutschen Übersetzungen nicht ganz konsequent gleichmäßig. So werden die Beanspruchungen nach DIN EN 1990, Abs. 1.5.3.2 [19] als Auswirkungen von Einwirkungen (englisch: effects) mit E (anstelle von S) bezeichnet. Trotzdem lässt sich das im Kommentar zur DIN 18800 [192] wiedergegebene Ablaufdiagramm für die Nachweisführung mit Teilsicherheitsbeiwerten auch sehr gut auf die Situation im Rahmen der Eurocodes übertragen, vgl. Bild III.2-1.

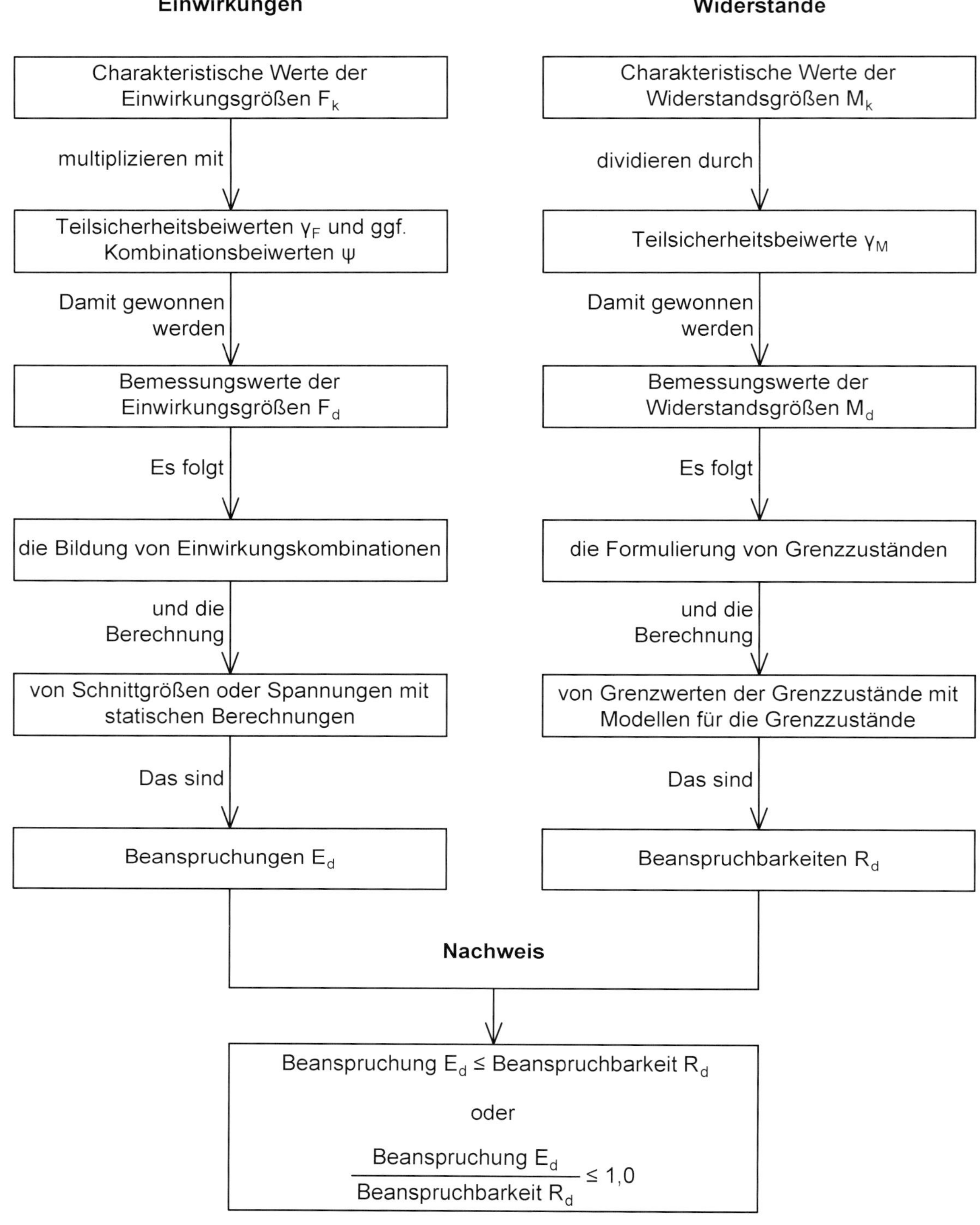

Bild III.2-1: Ablaufdiagramm der Nachweisführung mit Teilsicherheitsbeiwerten nach DIN EN 1990, analog zu [192]

III.2.1 Anforderungen

III.2.1.1 Grundlegende Anforderungen

Die Regeln verweisen auf den analogen Abschnitt 2.1 „Grundlegende Anforderungen" in DIN EN 1990 [19] und anders, als es DIN EN 1993-1-1, Abs. 2.1.1(2) nahelegt, werden im Folgenden keine Abweichungen oder besondere zusätzliche Regeln für Stahlbauten angegeben.

Wie in DIN 1055-100 [7] oder auch DIN 18800 [10] werden in [19] Anforderungen für Tragfähigkeit, Gebrauchstauglichkeit und Dauerhaftigkeit gestellt. Darüber hinaus wird auch Robustheit oder Schadenstoleranz gefordert wie, dass bei einem außergewöhnlichen Ereignis wie Explosion, Anprall oder menschlichem Versagen keine Schadensfolgen entstehen, die in keinem Verhältnis zur Schadensursache stehen. Hierzu sind im Eurocode 3 aber keine speziellen Regeln enthalten.

III.2.1.2 Behandlung der Zuverlässigkeit

<1> Allgemeines

Das semi-probabilistische Sicherheitskonzept von DIN EN 1990 [19] verfolgt nach [230] den Ansatz, mit der Definition eines für Deutschland einheitlichen Zielwertes für den Zuverlässigkeitsindex, im Bauwesen ein bauart- und nutzungsunabhängiges Zuverlässigkeitsniveau zu erreichen. Die Bemessung nach DIN EN 1990 mit den Teilsicherheitsbeiwerten nach Anhang A bzw. nach DIN EN 1991 bis DIN EN 1999 führt nach [230] in der Regel zu einem Tragwerk mit einer Mindestzuverlässigkeit von $\beta \geq 3{,}8$ für einen Bezugszeitraum von 50 Jahren. Abweichungen davon, wie sie hier mit dem Verweis auf EN 1990, Anhang C angesprochen werden, sind Ausnahmen und erfordern eine Absprache mit der zuständigen Baurechtsbehörde. Die Anhänge B und C von DIN EN 1990, die allgemeine Regeln zur Zuverlässigkeitsanalyse und zur Grundlage der Bemessung mit Teilsicherheitsbeiwerten behandeln, sind bauaufsichtlich nicht eingeführt, vgl. [230].

<2> Neue Regeln in DIN EN 1993-1-1, Anhang C zur Ausführung nach DIN EN 1090

Gemäß Änderung DIN EN 1993-1-1/A1:2014-07 [23] wird der bisherige Unterabschnitt 2.1.2 durch eine Bezugnahme auf die Anwendung von DIN EN 1090 ergänzt. Seit Juli 2014 ersetzt ein neuer Anhang C zu DIN EN 1993-1-1 den nur informativen Anhang B von EN 1090-2 [18] ersetzen, der bisher die Zuordnung der Ausführungsklassen EXC1 bis EXC4 zu Schadensfolgeklassen (CC) gemäß DIN EN 1990, Tabelle B.1 enthielt. Weitere Details und Anmerkungen hierzu finden sich in Abs. III.C.

III.2.1.3 Nutzungsdauer, Dauerhaftigkeit und Robustheit

Die Hinweise gehen nicht über auch schon an anderer Stelle erwähnte Anforderungen an Korrosionsschutz, Ermüdungssicherheit u. Ä. hinaus. Die Forderung der Bemessung nach DIN EN 1991-1-7 [20] für außergewöhnliche Einwirkungen enthält auch die oben erwähnte Robustheitsanforderung, für die in [20] nur wenige spezifische Regeln genannt sind. Erläuterungen hierzu sind in [273] zu finden.

Als Nutzungsdauer ist gemäß DIN EN 1990, Abs. 1.5.2.8 [19] die Zeitdauer bezeichnet, innerhalb der ein Tragwerk unter Berücksichtigung vorgesehener Instandhaltungsmaßnahmen, aber ohne wesentliche Instandsetzung für seinen vorgesehenen Zweck genutzt werden kann. Gemäß DIN EN 1990, Tabelle 2.1 [19] beträgt die planmäßige Nutzungsdauer für Gebäude und andere gewöhnliche Tragwerke des Hochbaus 50 Jahre, für Brücken und andere Ingenieurbauwerke 100 Jahre. Da mit dem Bezugszeitraum auch die Zuverlässigkeitsklasse RC nach DIN EN 1990, Tabelle B.2 und damit der Mindestwert des Zuverlässigkeitsindex β verbunden ist, könnte angenommen werden, dass für Brücken auch ein größerer β-Wert erforderlich sei. Es gibt sogar auch Ansätze, für Brücken einen Erhöhungsfaktor K_{FI} für die Einwirkungen nach DIN EN 1990, Tabelle B.3 zu definieren. In Deutschland wird hiervon im Allgemeinen abgesehen und für Brücken werden die gleichen Teilsicherheitsbeiwerte wie im Hochbau verwandt, auch weil im Brückenbau davon ausgegangen wird, dass durch einen größeren Inspektions- und Wartungsaufwand die Zuverlässigkeit der Brücken auch für die längere Nutzungsdauer sichergestellt ist.

III.2.2 Grundsätzliches zur Bemessung mit Grenzzuständen

Wie bisher wird auch gemäß DIN EN 1990 [19] zwischen Grenzzuständen der Tragfähigkeit und der Gebrauchstauglichkeit unterschieden. Gemeint sind dabei Beanspruchungszustände, nach deren Überschreiten die Tragfähigkeit oder Gebrauchstauglichkeit nicht mehr gegeben ist. Diese Grenzzustände sind wiederum für bestimmte Bemessungssituationen nachzuweisen, wie im Normalfall die ständige Bemessungssituation, die vorübergehende Bemessungssituation (z. B. bei einer Instandsetzung), die außergewöhnliche Bemessungssituation wie infolge Brand, Anprall oder Explosion oder Situationen bei Erdbeben. Diese Zuordnungen legen die verschiedenen Teilsicherheitsbeiwerte fest, vgl. Bild III.2-1.

Für die Grenzzustände der Tragfähigkeit wird darüber hinaus unterschieden zwischen inneren und äußeren Versagenszuständen, die mit Kennungen z. B. EQU für Verlust der Lagesicherheit oder FAT für Ermüdungsversagen beschrieben sind, vgl. Tabelle III.2-1.

Tabelle III.2-1: Mögliche Versagenszustände der Tragfähigkeit nach DIN EN 1990 [19]

Innerer Versagenszustand		**Äußerer Versagenszustand**	
Struktur (STR)	**Ermüdung (FAT)**	**Baugrund (GEO)**	**Lagesicherheit (EQU)**
– Materialbruch – Verlust der Stabilität – Bildung kinematischer Ketten – …	– Bruch durch Materialermüdung – Materialverlust infolge Verschleiß – …	– Gründungsversagen – Übermäßige Baugrundverformungen (Setzungen) – …	– Abheben – Kippen – Gleiten – Aufschwimmen – …

III.2.3 Basisvariablen

III.2.3.1 Einwirkungen und Umgebungseinflüsse

<1> Charakteristische Werte der Einwirkungen

Zur Festlegung der charakteristischen Werte der Einwirkungen F_k wird auf Eurocode 1 „Einwirkungen auf Tragwerke“, d. h. DIN EN 1991 verwiesen. Die Kombinationsregeln und Teilsicherheitsbeiwerte, um daraus Beanspruchungen auf Bemessungsniveau E_d zu ermitteln, vgl. auch Bild III.2-1, sind in DIN EN 1990, Anhang A1 für Hochbau und Anhang A2 für Brücken [19] zu finden.

Der Hinweis im NDP zu 2.3.1(1) Anmerkung zu DIN 1055 hat sich durch die bauaufsichtliche Einführung von DIN EN 1991 überholt, vgl. auch Abs. III.1.1.1<2>.

Die Anmerkungen 2B und 3B zu Regeln im informativen Anhang AB zu DIN EN 1993-1-1 sind als Klarstellungen gedacht, die später unter Umständen mal in DIN EN 1990 integriert werden können, weil sie eigentlich nicht nur für Stahlbauten gelten.

<2> zu 2.3.1(4): Vorspannung

Die Behandlung von vorgespannten Systemen, wie durch Seile oder Zugstangen unter- bzw. überspannte Träger, unterscheiden sich grundsätzlich im reinen Stahlbau und im Verbundbau bzw. im Massivbau. Im Stahlbau wird davon ausgegangen, dass die Vorspannung kontrolliert unter Eigengewichtswirkung aufgebracht wird, so dass keine unabhängige Behandlung mit einem eigenen Teilsicherheitsbeiwert erforderlich ist, sondern Vorspannung und Eigengewicht quasi als eine ständige Last zusammengefasst werden können. Im Verbundbau zum Beispiel wird die Vorspannwirkung gemäß DIN EN 1994-1-1, Abs. 2.4.1.1 [36] mit einem eigenen Teilsicherheitsbeiwert versehen.

III.2.3.2 Werkstoff- und Produkteigenschaften

Als Basisvariablen werden auch Eigenschaften von Baustoffen, Bauprodukten u. Ä. angesehen. Die wesentlichen Größen für Baustahl wie Streckgrenze, Zugfestigkeit, Elastizitätsmodul usw. sind in DIN EN 1993-1-1, Kapitel 3 [22] spezifiziert. Für andere Werkstoffe und Produkte werden zur Beschreibung europäische Normen oder allgemein bauaufsichtliche Verwendbarkeitsnachweise wie Europäisch technische Zulassung, allgemeine bauaufsichtliche Zulassung, Zustimmung im Einzelfall oder allgemeines bauaufsichtliches Prüfzeugnis gefordert.

III.2.4 Nachweisverfahren mit Teilsicherheitsbeiwerten

III.2.4.1 Bemessungswerte von Werkstoffeigenschaften

Voraussetzung für die Bestimmung der Beanspruchbarkeit R_d, vgl. Bild III.2-1, sind Werkstoffeigenschaften wie zum Beispiel die Streckgrenze von Baustahl. Wie in Abs. III.3.1<1> erläutert werden, anders als sonst nach DIN EN 1990 üblich, für Baustahl in der Regel Nennwerte als charakteristische Größe X_k eingesetzt.

Die zugehörigen Teilsicherheitsbeiwerte für die Grenzzustände der Tragfähigkeit auf der Seite der Beanspruchbarkeit γ_M sind in DIN EN 1993-1-1, Kapitel 6 [22] zu finden, vgl. Abs. III.6.1<1>.

III.2.4.2 Bemessungswerte der geometrischen Größen

Auch die geometrischen Größen wie Abmessungen, z. B. Querschnittsbreite, -dicke oder Stablänge, und die davon abgeleiteten Querschnittswerte wie Fläche oder Trägheitsmomente sind in der Regeln als Nennwerte, z. B. gemäß technischer Zeichnung, zu wählen. Toleranzen brauchen im Allgemeinen nicht, auch nicht durch einen gesonderten Teilsicherheitsbeiwert, berücksichtigt zu werden, vgl. Abs. III.3.2.5.

Ersatzimperfektionen, zum Beispiel nach DIN EN 1993-1-1, Tabelle 5.1, wie sie u. a. bei Druckstäben für die Schnittgrößen- und Verformungsberechnung nach Theorie II. Ordnung anzusetzen sind, enthalten neben den geometrischen Imperfektionen immer auch strukturelle Imperfektionen, vgl. Abs. III.5.3.1.

III.2.4.3 Bemessungswerte der Beanspruchbarkeit

Der Bemessungswert der Beanspruchbarkeit R_d wird bei Stahlbauteilen im Allgemeinen unmittelbar aus der charakteristischen Größe wie dem auf der Streckgrenze und dem plastischen Widerstandsmoment basierenden plastischen Moment, geteilt durch den entsprechenden Teilsicherheitsbeiwert γ_M gewonnen, siehe zum Beispiel Gleichung (III.2-1) entsprechend Gleichung (6.13) in DIN EN 1993-1-1 [22]:

$$M_{pl,Rd} = \frac{f_y \cdot W_{pl}}{\gamma_{M0}} \qquad \text{(III.2-1)}$$

Der zweite Teil der Gleichung (2.1) in [22] entspricht DIN EN 1990, Gleichung (6.6d) [19] und ist damit in erster Linie für Verbund- oder Mischbauteile gedacht. So kennt u. a. der Holzbau für die Bemessungswerte neben den charakteristischen Festigkeitsgrößen X_k wie Zug- oder Druckfestigkeit senkrecht oder parallel zur Faser auch weitere Modifikationsfaktoren η_i zur Berücksichtigung des Kraft-Faser-Winkels, des Maßstabseffektes und als k_{mod} zur Erfassung der Lasteinwirkungsdauer und der Feuchte, vgl. [37].

Bei mehreren Baustoffen im Verbund sind dann ggf. auch anteilige Beiträge zur Tragfähigkeit mit spezifischen Teilsicherheitsbeiwerten $\gamma_{m,i}$ vorzusehen. Ein Beispiel hierzu ist die Normalkrafttragfähigkeit der Verbundstütze aus Stahl, Beton und Bewehrungsstahl, vgl. DIN EN 1994-1-1, Gleichung (6.30), wo die Baustahlfläche A_a, die mit 0,85 modifizierte Betonfläche A_c und die Bewehrungsfläche A_s jeweils mit Bemessungswerten der Festigkeit f_{yd}, f_{cd} und f_{sd} multipliziert werden, die aus den charakteristischen Größen durch Reduktion um den spezifischen Materialteilsicherheitsbeiwert entstanden sind.

Die Größe a_d bezeichnet in DIN EN 1990, Abs. 6.3.4 den Bemessungswert einer geometrischen Größe, die entweder dem Nennwert entspricht oder um eine Abweichung Δ_a ungünstig vergrößert oder verkleinert wurde. Anwendungsbeispiele hierfür sind wenig geläufig.

III.2.4.4 Nachweis der Lagesicherheit (EQU)

Der Nachweis der Lagesicherheit (EQU) als äußerer Versagenszustand wird im Unterschied zum Bauteilnachweis (STR), einem inneren Versagenszustand, vgl. Tabelle III.2-1, mit unterschiedlichen Teilsicherheitsbeiwerten für günstig und ungünstig wirkendes Eigengewicht geführt. So sind für die

Lagesicherheit (EQU) gemäß DIN EN 1990, Tabelle A1.2(A) [19] ungünstig wirkendes Eigengewicht mit $\gamma_{G,j,sup}$ = 1,10 und günstig wirkendes Eigengewicht mit $\gamma_{G,j,inf}$ = 0,9 anzusetzen. Währenddessen ist im Bauteilnachweis (STR) gemäß DIN EN 1990, Tabelle A1.2(B) [19] für ungünstig wirkendes Eigengewicht $\gamma_{G,j,sup}$ = 1,35 und für günstig wirkendes Eigengewicht $\gamma_{G,j,inf}$ = 1,0 anzusetzen. Tatsächlich kann der Nachweis der Lagesicherheit unter diesen Annahmen kritischer werden, so dass eine entsprechende Auslegung auch der Verankung dafür sinnvoll ist.

III.2.5 Bemessung mit Hilfe von Versuchen

Auch der hier in Bezug genommene Anhang D von DIN EN 1990 [19] ist bauaufsichtlich nicht eingeführt. Für die Anwendung von Festigkeitswerten aus Versuchen bedarf es in Deutschland, auch wenn das an dieser Stelle nicht explizit ausgeschlossen ist, im Allgemeinen eines bauaufsichtlichen Verwendbarkeitsnachweises (Europäisch technische Zulassung, allgemeine bauaufsichtliche Zulassung, Zustimmung im Einzelfall oder allgemeines bauaufsichtliches Prüfzeugnis).

III.3 Werkstoffe

III.3.0 Überblick

Das Kapitel 3 (Werkstoffe) dient der Festlegung der in der Berechnung und Bemessung anzunehmenden Werkstoffkennwerte wie Streckgrenze, Zugfestigkeit, Elastizitätsmodul u. Ä. und der Definition der Anforderungen an das Material. Dabei umfassen die Materialanforderungen keine vollständige Beschreibung aller Anforderungen. Wesentliche Anforderungen an die Materialien, die nicht unmittelbar mit der Berechnung und Bemessung zu tun haben, sondern zum Beispiel mit Toleranzen, Schweißbarkeit oder notwendigen Prüfbescheinigungen, sind in DIN EN 1090-2 [18] enthalten. Diese gehen dann zum Teil auch über die zitierten Produktnormen hinaus. So fordert zum Beispiel DIN EN 1090-2, Abs. 5.2 und Tabelle 1 abweichend von DIN EN 10025-2 [42], dass für Baustahlsorten S355 JR oder J0 Prüfbescheinigungen 3.1 nach DIN EN 10204 [47] für Ausführungsklassen EXC2, EXC3 und EXC4 erforderlich sind. Im Übrigen dienen die Verweise auf Produktnormen, die dann ausführlichere Angaben enthalten, der Spezifikation der Materialanforderungen.

III.3.1 Allgemeines

<1> zu 3.1(1): Werkstoffanforderungen Baustahl

Die für die Ermittlung der Bemessungswerte der Beanspruchbarkeit notwendigen charakteristischen Baustoffwerte oder Werkstoffeigenschaften von Baustahl, vgl. Gleichung (2.1), entsprechen den in diesem Kapitel aufgeführten „Nennwerten". Damit werden die Festigkeitswerte für Stahl nicht wie bei den meisten anderen Baustoffen, z. B. Holz oder Beton, und wie gemäß DIN EN 1990, Abs. 4.2(3) [19] vorgesehen, als 5-%-Fraktilwerte angesetzt, sondern als nominelle Werte angegeben.

Tabelle 3.1 enthält solche Nennwerte für die Streckgrenze f_y und die Zugfestigkeit f_u von verschiedenen Baustahlsorten. Die in Tabelle 3.1 aufgeführten Produktnormen grenzen gleichzeitig auch den Anwendungsbereich von DIN EN 1993-1-1 [22] ein.

<2> zu NDP zu 3.1(2) Anmerkung: zugelassene Stahlsorten

Der Nationale Anhang zu DIN EN 1993-1-1 macht von der Möglichkeit, hier zusätzliche Stahlsorten oder -produkte zuzulassen, nur restriktiv Gebrauch, indem auf weitere Fachnormen oder entsprechende bauaufsichtliche Verwendbarkeitsnachweise (d. h. europäische technische oder allgemeine bauaufsichtliche Zulassung oder Zustimmung im Einzelfall) verwiesen wird. Diese Öffnungsklausel für andere als die genannten Stahlsorten entspricht der Vorgehensweise in DIN 18800-1, El. (402) [10]. Während DIN EN 1993-1-1, Tabelle 3.1 Stahlsorten bis S460 enthält, wird nach DIN EN 1993-1-12 [33] die Anwendung auf höherfeste Stahlsorten bis S700 erweitert.

Zu den weiteren Fachnormen zählen selbstverständlich auch andere Teile von DIN EN 1993-1-1 wie zum Beispiel DIN EN 1993-1-3 [26]. Dieser Teil enthält für kaltgeformte Bauteile und Bleche mit den Angaben in

Tabelle 3.1a auch Stähle der Reihen DIN EN 10025 [41] bis [44] mit zum Teil etwas abweichenden Nennwerten für die Festigkeiten im Vergleich zu DIN EN 1993-1-1:2010, Tabelle 3.1. Andererseits sind mit Tabelle 3.1b in [26] auch ganz andere Stähle zugelassen, z. B. nach DIN EN 10326 [50], DIN EN 10327 [51] und DIN EN 10292 [49] (heute alle in DIN EN 10346 [52] enthalten), DIN EN 10149-2 [45] und -3 [46] oder DIN EN 10268 [48]. Dies entspricht der Anwendungspraxis in diesem Bereich dünnwandiger Blechkonstruktionen. Tatsächlich besteht aber eine gewisse Schwierigkeit für die bauaufsichtlich notwendige CE-Kennzeichnung. So führte der Umstand, dass für Baustähle nach DIN EN 10149-2 keine CE-Kennzeichnung möglich ist, im nationalen Spiegelausschuss zu CEN/TC 250/SC 3 (NABau 005-08-16 AA „Arbeitsausschuss Tragwerksbemessung") zur Ablehnung, die entsprechende DIN 1993-1-12, Tabelle 3.1b [33] in den Nationalen Anhang aufzunehmen. Eine CE-Kennzeichnung ist jedoch möglich über die Verarbeitung nach DIN EN 1090-2 [18], wo in Abschnitt 5.3 eine größere Zahl von Produktnormen für die Vorprodukte aus Stahl in Bezug genommen ist.

Interessant ist in Bezug auf „andere Stahlsorten" auch, dass der Nationale Anhang zu DIN EN 1993-1-8 [29] zur Bemessung von Anschlüssen im Anhang NA.B für stählerne Lager, Gelenke und spezielle Verbindungselemente bzw. Formstücke, Gussteile, Schmiedeteile und Bauteile aus Vergütungsstählen zulässt. Dies geschieht allerdings unter der Bedingung einer ausschließlichen Berechnung und Bemessung nach der Elastizitätstheorie. Die in diesem Anhang wiedergegebenen Regeln und charakteristischen Werte für Gusswerkstoffe entsprechen den Regeln aus DIN 18800-1:2008, Elemente (403) bis (405) [10], die in der vorliegenden jüngsten Überarbeitung gegenüber DIN 18800-1:1990 [11] ergänzt wurden.

<3> Temperatureinfluss

Grundsätzlich gelten die angegebenen mechanischen Werkstoffeigenschaften nur für den Temperaturbereich bis 100 °C, auch wenn das nicht ausdrücklich erwähnt ist. Indirekt kann das aus den in DIN EN 1993-1-2 [25] für die Tragwerksbemessung von Stahlbauten im Brandfall angegebenen Werkstoffeigenschaften geschlossen werden: diese sehen gemäß DIN EN 1993-1-2, Tabelle 3.1 bei Temperaturen bis 100 °C Abminderungsfaktoren für die Spannungs-Dehnungs-Beziehung von Kohlenstoffstahl von 1,0 (also keine Abminderung) vor.

III.3.2 Baustahl

III.3.2.1 Werkstoffeigenschaften: Nennwerte der Streckgrenze und Zugfestigkeit

Grundsätzlich sind zwei Möglichkeiten vorgesehen, die Nennwerte der Streckgrenze f_y und der Zugfestigkeit f_u festzulegen: als Mindestwerte aus den angegebenen Produktnormen oder direkt aus Tabelle 3.1 in DIN EN 1993-1-1. Die Nennwerte entsprechend Tabelle 3.1 stellen hierbei eine Vereinfachung gegenüber den Werten der Produktnormen dar. Die Werte nach Tabelle 3.1 gestatten aufgrund der im Vergleich zu den Produktnormen gröberen Abstufung in Abhängigkeit der Blechdicke teilweise sogar höhere Festigkeitsansätze. So wurde zum Beispiel in Tabelle 3.1 für f_y für Blechdicken ≤ 40 mm fast für alle Stahlsorten die namensgebende Festigkeit der Stahlsorte (also f_y = 235 N/mm² für S235 und f_y = 355 N/mm² für S355) gewählt, auch wenn diese nach den Produktnormen eigentlich nur für Blechdicken ≤ 16 mm als Mindeststreckgrenze R_{eH} gilt. Diese Abweichung wird u. a. im Hintergrunddokument 3.02 [79] zur Vornorm DIN V ENV 1993-1-1 [54] behandelt. Darin stellen die Autoren fest:

– die untere oder statische Streckgrenze R_{eL} wäre statt der als Mindeststreckgrenze durch die Produktnormen garantierten oberen Streckgrenze R_{eH} (vgl. auch Bild III.3-1) eine geeignetere Beschreibung für die plastische Querschnittstragfähigkeit und

– durch die statistische Auswertung der Querschnittsbeanspruchbarkeiten auf der Basis der definierten Nennwerte und der so hergeleiteten Teilsicherheitsbeiwerte γ_M würden diese Abweichungen ausgeglichen.

Durch diese Kalibrierung sei es möglich, für die Praxis handhabbare Nennwerte und Abstufungen zu definieren.

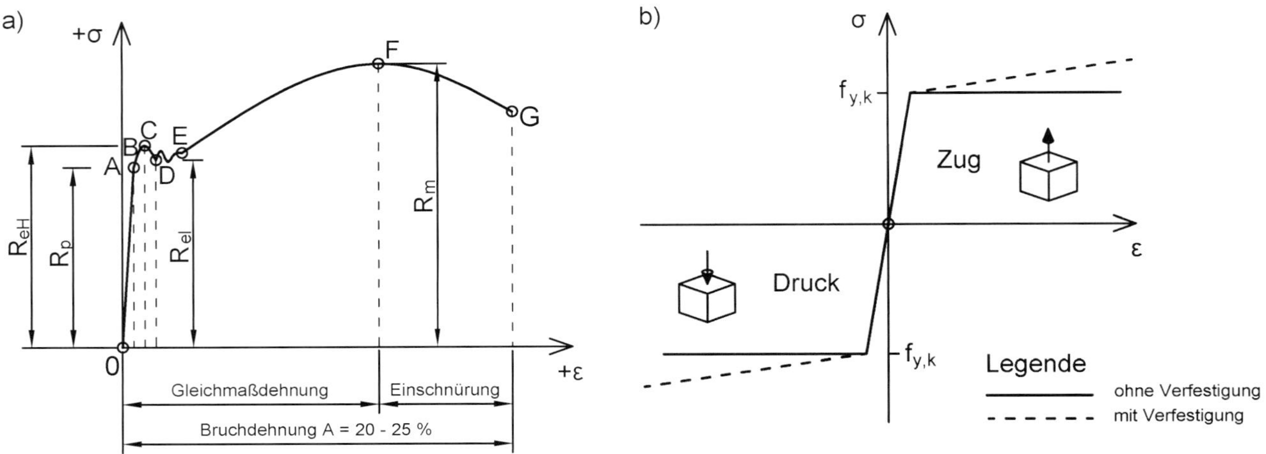

Bild III.3-1: Spannungs-Dehnungs-Beziehungen von Baustahl:
a) Realitätsnah: aus einem Zugversuch an einer Zugprobe aus unlegiertem Baustahl;
b) Rechnerisch: ohne Verfestigung nach EC3-1-1, Bild 5.8 [22]; mit Verfestigung nach EC3-1-5, Bild C.2c) [27]

Tatsächlich zeigt sich auch in Versuchen, dass durch die Festlegung von garantierten Mindeststreckgrenzen durch die Produktnormen die gemessenen Streckgrenzen fast immer (und zum Teil auch deutlich) höher liegen als die Mindestwerte. Es liegt also durchaus nahe, solche günstigeren gemessenen Werte, falls diese zur Verfügung stehen, auch der Berechnung zugrunde zu legen. Gerade für die größeren Blechdicken wird die Option einer Bestellung von Stahl mit garantierter höherer Streckgrenze in der Praxis gelegentlich in Anspruch genommen. Und auch für Rundrohre im Gerüstbau ist es üblich, mit vom Hersteller garantierter erhöhter Streckgrenze (z. B. f_{yk} = 320 N/mm² für Stahl S235) zu rechnen, vgl. [207]. Dabei sollte aber nicht der hier angesprochene Zusammenhang mit dem Sicherheitskonzept außer Acht gelassen werden. Am Ende kommt es auf die Querschnittsbeanspruchbarkeiten an, also auf N_{pl}, M_{pl} usw., und die „zu hohen" Streckgrenzen gleichen in gewissem Maße die Unterschreitungen der nominellen Querschnittswerte durch die geometrischen Toleranzabweichungen aus. Die vollständige Ausnutzung einer gemessenen

„garantierten“ höheren Streckgrenze lässt einen solchen Ausgleich nicht zu, beeinflusst also unter Umständen das Sicherheitsniveau und bedarf ggf. sogar eines bauaufsichtlichen Verwendbarkeitsnachweises.

Höhere Streckgrenzenwerte ergeben sich regelmäßig durch Kaltumformung. So gestattet DIN EN 1993-1-3 [26], Abs. 3.2.2, auch die Besonderheit, dass für kaltgeformte Profile eine durchschnittliche erhöhte Streckgrenze f_{ya} infolge der Kaltverfestigung gegenüber der Basisstreckgrenze f_{yb} (der Streckgrenze des Grundwerkstoffs) berücksichtigt werden darf, die durch Berechnung nach Gleichung (3.1) in DIN EN 1993-1-3 oder durch Versuche gewonnen wird.

Die Nutzung der pauschaleren Nennwerte der Tabelle 3.1 anstelle der durch die Produktnormen garantierten Mindestwerte ist in Europa nicht ganz unumstritten. Deswegen lässt EN 1993-1-1 zu, dass der jeweilige Nationale Anhang sich für eine der beiden Möglichkeiten a) oder b) entscheidet. In Deutschland sind beide Möglichkeiten zugelassen. Es können also die in den Produktnormen ausgewiesenen Werte der Mindeststreckgrenze R_{eH} als f_y und der Zugfestigkeit R_m als f_u angenommen oder direkt die Nennwerte aus Tabelle 3.1 genutzt werden.

Auch im zweiten Fall müssen natürlich trotzdem die verwendeten Stähle die Lieferbedingungen nach den Produktnormen einhalten und diese Einhaltung auch gegebenenfalls durch ein Abnahmeprüfzeugnis nach DIN EN 10204 [47] nachgewiesen wird. Dabei wird für die Zugfestigkeit R_m nur ein Bereich (z. B. von 360 bis 510 N/mm² für S235) garantiert. Im Zweifelsfall ist hier dann in der Berechnung für die Festlegung des kleinsten Querschnittswiderstandes zum Beispiel für einen gelochten Zugstab mit einer Dicke, die jenseits der Anwendungsgrenze von t = 80 mm in Tabelle 3.1 liegt, der untere Grenzwert anzunehmen.

Es hat auch mit einer gewissen Tradition zu tun, dass die deutschen Regelungen hier weniger streng sind: auch nach DIN 18800-1 [10] war die Streckgrenze für S235 mit 240 N/mm² festgelegt. Der Unterschied wurde vom Normenausschuss damals als zu geringfügig angesehen, um den Vorteil der gewohnten Berechnungsweise dafür aufzugeben, vgl. [132]. In Deutschland wurde bei der Umstellung auf das SI-System vor mehr als zwanzig Jahren entschieden, die Umstellung bei der Streckgrenze vereinfachend nicht mit dem korrekten Wert 9,81, sondern mit dem Faktor 10 (z. B. von 2400 kPa/cm² auf 240 N/mm²) vorzunehmen, da auch die Lasten (Einwirkungen) mit dem Faktor 10 umgerechnet wurden (z. B. von p = 500 kPa/m² auf 5 kN/m²), vgl. [188]. Bei der Bearbeitung der Eurocodes wurde dieser folgerichtigen Umstellung nicht nachgegangen, sondern es wurde einseitig bei den Streckgrenzen die Umrechnung mit dem Faktor 9,81 vorgenommen. Jetzt muss also entsprechend DIN EN 1993-1-1, Tabelle 3.1 ein Wert von f_y = 235 N/mm² angenommen werden.

III.3.2.2 Anforderungen an die Duktilität

Nur für nicht in Tabelle 3.1 geregelte Baustähle sind die Duktilitätskriterien gesondert nachzuweisen. Diese beinhalten:

- ein Verhältnis von $f_u/f_y \geq 1{,}10$,
- eine Bruchdehnung von mindestens 15 % und
- eine Gleichmaßdehnung ε_u von $\varepsilon_u \geq 15 \cdot \varepsilon_y$ (vgl. Bild III.3-1, wobei die Fließdehnung $\varepsilon_y = f_y/E$ ist).

Es darf vom Anwender vorausgesetzt werden, dass die Stahlsorten nach Tabelle 3.1 die Duktilitätskriterien nach DIN EN 1993-1-1, Abs. 3.2.2 erfüllen, obwohl die in der Tabelle 3.1 aufgeführten rechnerischen Nennwerte von Streckgrenze und Zugfestigkeit die Kriterien zum Teil nominell nicht einhalten. Wird ein solcher Nachweis erforderlich, dann sind zusätzliche Werkstoffprüfungen erforderlich, weil die Gleichmaßdehnung ε_u nicht wie die Bruchdehnung eine nachzuweisende mechanische Eigenschaft nach den Produktnormen ist, so dass sie also auch üblicherweise nicht im Werkstoffzeugnis dokumentiert ist.

Das Plastizierungsvermögen des Baustahls ist eine wichtige Eigenschaft, die nicht nur für die plastische Querschnittstragfähigkeit, sondern auch an vielen anderen Stellen in den Bemessungsregeln zumindest indirekt genutzt wird. Beispiele dafür sind der gelochte Zugstab, lange Schraubanschlüsse oder Anschlüsse mit Gruppen von Verbindungsmitteln. Es ist also grundsätzlich ein plastisches Verformungsvermögen oder eine „Duktilität" erforderlich, um Spannungsspitzen an Kerben „abzubauen" oder den Aufbau eines „plastischen Spannungsblocks" im Querschnitt zu ermöglichen. Bei den üblichen Stahlsorten, wie sie in Tabelle 3.1 aufgelistet sind, bestehen hierzu umfangreiche Erfahrungen, u. a. zum Beispiel aus Bauteilversuchen. Für andere Stähle sind entsprechende Eigenschaften nachzuweisen.

In DIN V ENV 1993-1-1, Abs. 3.2.2.2 [54] war eine ähnliche Forderung auf den Fall der plastischen Berechnung beschränkt. DIN EN 1993-1-1, Abs. 3.2.2 formuliert dies dagegen als generelle Anforderung, wobei die einzelnen Grenzwerte zum Teil gegenüber DIN V ENV 1993-1-1 in Angleichung an die etwas jüngeren Regeln in DIN V ENV 1993-2 für Stahlbrücken [57] etwas gelockert wurden. Insbesondere die Anforderung eines bestimmten Verhältnisses von f_u/f_y dient zur Sicherstellung einer ausreichenden Rotationskapazität, wie sie für die plastische Tragwerksberechnung nach DIN EN 1993-1-1, Abs. 5.4.3 gebraucht wird. Die Verfestigung, also das Anwachsen der Spannung über f_y bis maximal f_u, vgl. auch Bild III.3-1, die normalerweise bei der Anwendung der Fließgelenktheorie vernachlässigt wird, führt dazu, dass das maximale Biegemoment in einem kritischen Querschnitt wie einer Rahmenecke über das plastische Moment M_{pl} hinaus anwächst. Dann kann auch eine plastische Verdrehung im Querschnitt, wie sie die plastische Tragwerksberechnung nach der Fließgelenktheorie voraussetzt, erfolgen, vgl. Bild III.3-2.

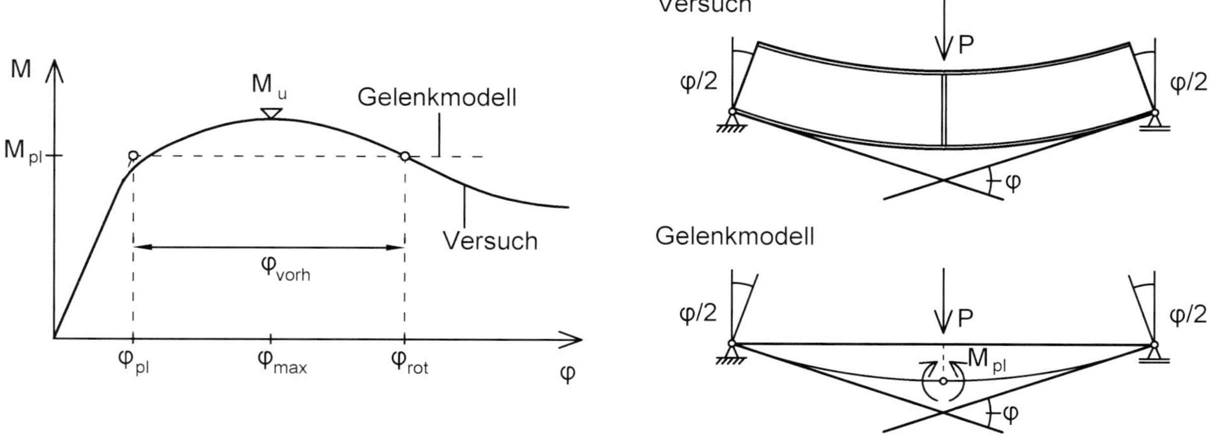

Bild III.3-2: Rotationsfähigkeit, ermittelt an einem 3-Punkt-Biegeversuch nach [253]

Der in Bild III.3-2 gekennzeichnete Bereich beschreibt die mögliche Rotationsfähigkeit, die außer von der Fähigkeit des Materials, durch Verfestigung ein größeres Biegemoment als M_{pl} zu entwickeln, auch von der Querschnittsschlankheit abhängt. Dies liegt daran, dass lokales plastisches Beulen einzelner Querschnittsteile, wie der abstehenden Flansche, dazu führt, dass die Momenten-Rotationskurve abfällt und die Rotationsfähigkeit begrenzt wird. Hierzu siehe auch die Erläuterung zur Querschnittsklassifizierung in Kapitel 5.5, vgl. Abs. III.5.5.2<4>.

Diese Rotationsfähigkeit ist also gar nicht unbedingt für alle Situationen erforderlich. So reduziert zum Beispiel DIN EN 1993-1-12 [33] für die Erweiterung der Regeln auf Stahlsorten bis S700 die Anforderung f_u/f_y auf $\geq$ 1,05 bei Beibehaltung der beiden anderen Dehnungsgrenzen. Für diese hochfesten Stähle lässt die Norm aber auch keine plastische Tragwerksberechnung nach der Fließgelenktheorie zu.

III.3.2.3 Bruchzähigkeit

<1> zu 3.2.3(1) bis (3): Zähigkeit

Zähigkeit beschreibt die Fähigkeit eines Werkstoffs, die Rissausbreitung zu begrenzen (Rissauffangvermögen), und nicht spröde, das heißt ohne plastische Verformung, zu versagen. Diese notwendige Eigenschaft der zur Anwendung nach DIN EN 1993-1-1 kommenden Stähle ist temperaturabhängig. Tiefe Betriebstemperaturen stellen besondere Anforderungen. Für die Anwendung für Stahltragwerke im Hochbau in Deutschland nennt der im NDP zu 3.2.3 zitierte Nationale Anhang zu DIN EN 1993-1-10 [31] für außenliegende Bauteile −30 °C und für innenliegende Bauteile 0 °C. Dieser Wert geht neben der maximal vorliegenden Spannung für die außergewöhnliche Beanspruchungskombination mit der Temperatur als Leiteinwirkung in den Nachweis zur Sprödbruchsicherheit nach DIN EN 1993-1-10 [31] ein. Wie in [155] erläutert, beschränkt sich dieser Nachweis im Regelfall auf die Wahl einer geeigneten Gütegruppe anhand DIN EN 1993-1-10, Tabelle 2.1, die einen Zusammenhang zwischen Stahlsorte und -güte, der Ausnutzung und der maximal zulässigen Bauteildicke herstellt. Die Systematik des Bezeichnungssystems für die Stähle gibt Bild III.3-3 wieder. Dieses Vorgehen zur Stahlsortenwahl stimmt mit dem Vorgehen nach DASt-Richtlinie 009 [3] überein. Darüber hinaus enthält die neue Ausgabe der DASt-Richtlinie 009 von 2008 noch zusätzliche Regeln für hochbautypische Einschubverbindungen.

Um eine Mindestbruchzähigkeit auch für druckbeanspruchte Bauteile zu gewährleisten, wird eine Auslegung gemäß DIN EN 1993-1-10, Tabelle 2.1 für die niedrigste Zugspannungsausnutzung von $\sigma_{Ed} = 0{,}25 \cdot f_y$ gefordert.

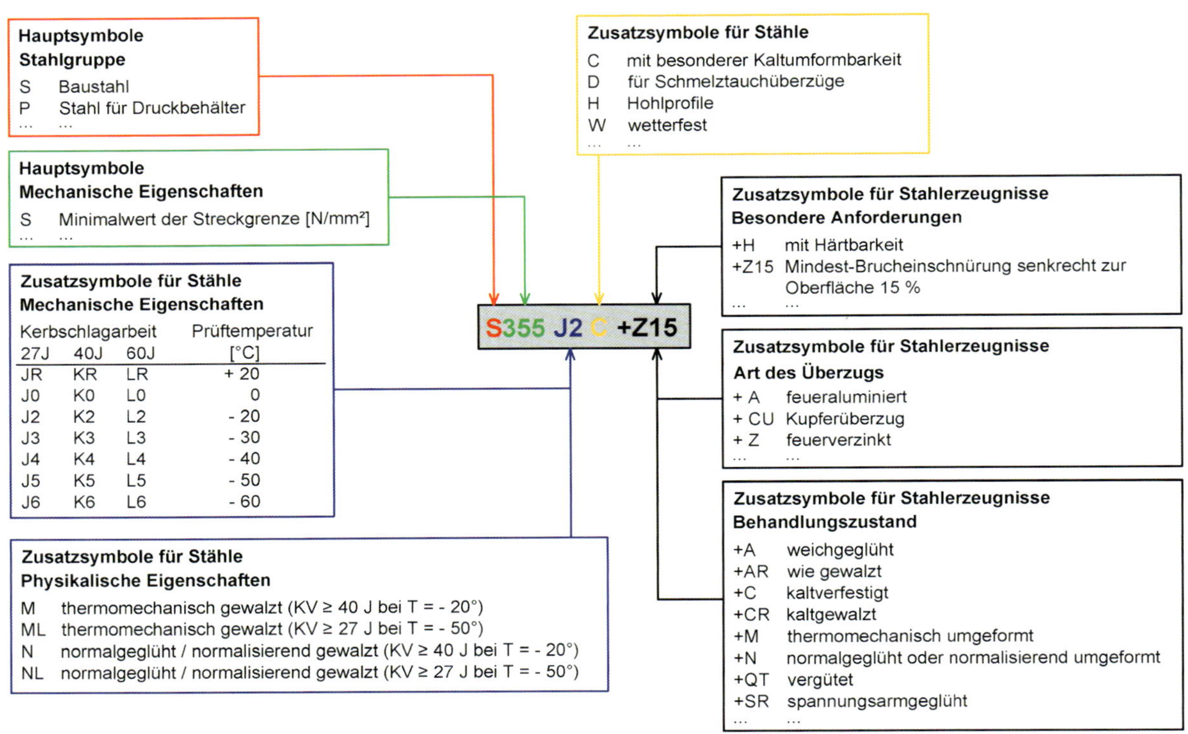

Bild III.3-3: Bezeichnungssystem der Stähle nach [155]

Bezüglich Sprödbruchversagen ist noch ein weiterer Aspekt zu beachten. DIN 18800-7:2002 [13] hat für Produkte, an denen geschweißt wird und bei denen die Schweißnähte in auf Zug oder Biegezug beanspruchten Bereichen liegen, für Bleche mit Dicken über 30 mm den Aufschweißbiegeversuch nach SEP 1390 [60] gefordert. Analog forderte die Ausgabe DIN 18800-7:2008 [14] die Einhaltung des Äquivalenzkriteriums für den Aufschweißbiegeversuch nach DIN 18800-7 [14], Tabelle 100, vgl. Tabelle III.3-1. Dieses Äquivalenzkriterium hat bisher keinen Eingang in die europäische Normung (mit Ausnahme von DIN EN 1993-2 [34] für Stahlbrücken) gefunden. Gemäß [155] und [239] wird durch den Nachweis nach DIN EN 1993-1-10 der Nachweis im Temperatur-Übergangsbereich des Temperatur-Zähigkeits-Diagramms geführt, während das Äquivalenzkriterium bzw. der Aufschweißbiegeversuch einen Nachweis im Hochlagenbereich darstellt, also durchaus eine notwendige zusätzliche Qualitätsanforderung ist. Bis ein genauerer Nachweis für den Hochlagenbereich entwickelt ist, wird nach Beschluss des nationalen Spiegelausschusses zu CEN/TC 250/SC 3 (NABau 005-08-16 AA: „Arbeitsausschuss Tragwerksbemessung") die Anforderung gemäß Tabelle III.3-1 im Nationalen Anhang ergänzt.

Tabelle III.3-1: Äquivalenzkriterium für den Aufschweißbiegeversuch nach DIN 18800-7:2008, Tab. 100 [14]

Stahlsorte	Blechdicke t		
	$t \leq 30$ mm	30 mm $< t \leq 80$ mm	$t > 80$ mm
S 355	keine besonderen Anforderungen	Feinkornbaustahl Güte N bzw. M nach DIN EN 10025-3 bzw. DIN EN 10025-4, DIN EN 10210-1 und DIN EN 10219-1	Feinkornbaustahl Güte NL bzw. ML nach DIN EN 10025-3 bzw. DIN EN 10025-4, DIN EN 10210-1 und DIN EN 10219-1
S 275	keine besonderen Anforderungen	Feinkornbaustahl Güte N bzw. M nach DIN EN 10025-3 bzw. DIN EN 10025-4, DIN EN 10210-1 und DIN EN 10219-1	Feinkornbaustahl Güte NL bzw. ML nach DIN EN 10025-3 bzw. DIN EN 10025-4, DIN EN 10210-1 und DIN EN 10219-1
S 235	keine besonderen Anforderungen	Güte + N oder + M nach DIN EN 10025-2	

Alternativ hierzu kann die Eignung der Stähle durch einen Aufschweißbiegeversuch nach SEP 1390 nachgewiesen werden. Für Stahlsorten nach DIN EN 10025-5 in Blechdicken > 30 mm *muss* die Eignung durch den Aufschweißbiegeversuch nach SEP 1390 nachgewiesen werden.

<2> zu 3.2.3(4): Verzinkte Bauteile

In Abs. 3.2.3(4) wird für feuerverzinkte Bauteile bezüglich besonderer Anforderungen auf EN ISO 1461 [53] verwiesen. Durch Schadensfälle und die daran sich anschließenden Untersuchungen wurde inzwischen DASt-Richtlinie 022 „Feuerverzinken von tragenden Stahlbauteilen“ [5] entwickelt, die seit Dezember 2009 mit ihrer Aufnahme in die Bauregelliste A zusätzlich gilt. Erläuterungen hierzu sind in [98] zu finden.

III.3.2.4 Eigenschaften in Dickenrichtung

Hinsichtlich der Stahlsortenwahl mit Blick auf die Eigenschaft in Blechdickenrichtung (Gefahr des Terrassenbruchs) wird auf DIN EN 1993-1-10 [31] verwiesen, deren Regelungen mit DASt-Richtlinie 014 [4] vergleichbar sind. Mit den sogenannten „Z-Werten“ nach DIN EN 1993-1-1, Tabelle 3.2 werden die Mindestwerte für die Brucheinschnürung, also die bezogene Differenz des kleinsten Probenquerschnitts nach dem Bruch zum Anfangsquerschnitt der Probe innerhalb der Versuchslänge, festgelegt. Diese Güteklasse ist dann auch in der Bezeichnung des Stahls erkennbar, vgl. Bild III.3-3. Der Sollwert Z_{Ed}, der erforderliche Z-Wert, der sich aus der Größe der Dehnungsbeanspruchung des Grundwerkstoffs infolge behinderter Schweißnahtschrumpfung ergibt, bestimmt sich nach DIN EN 1993-1-10 in Abhängigkeit von Schweißnahtdicke und -form, Werkstoffdicke, Behinderung Schweißnahtschrumpfung und Vorwärmung.

III.3.2.5 Toleranzen

Für die Einhaltung der Toleranzwerte bezüglich der geometrischen Abmessungen wird auf die Produktnormen, die Zulassungen bzw. auf DIN EN 1090-2 verwiesen. In die Berechnung und Bemessung gehen in der Regel nur Nennwerte ein.

Nach DIN EN 1090-2, Abs. 11.2.1 [18] ist es aber möglich, dass eine nicht korrigierte Abweichung von einer sogenannten „grundlegenden Toleranz“ nach DIN EN 1090-2, Anhang D.1 anhand der Tragwerksbemessung gerechtfertigt werden kann, wenn die übermäßige Abweichung durch eine Neuberechnung explizit berücksichtigt wird. Damit kann eine nachträgliche Korrektur der Toleranzabweichung vermieden werden. In der Praxis kann diese Regelung u. U. sehr hilfreich sein, es setzt aber auch eine entsprechend vertiefte Tragwerksbemessung voraus. Entsprechend den Erläuterungen in [233] kann zum Beispiel bei einem stabilitätsgefährdeten Druckstab mit größerer Abweichung der Stabkrümmung als nach Anhang D.1 zugelassen eine Berechnung der Druckstabes nach Theorie II. Ordnung mit vergrößerter Imperfektion erfolgen. Dabei ist zu beachten, dass neben der geometrischen Imperfektion die Ersatzimperfektionen, zum Beispiel nach Tabelle 5.1 in DIN EN 1993-1-1, immer auch strukturelle Imperfektionen enthalten, vgl. Abs. III.5.3.1, die zusätzlich zu den vergrößerten geometrischen Imperfektionen zu berücksichtigen sind.

III.3.2.6 Bemessungswerte der Materialkonstanten

Die Bemessungswerte für die Materialkennwerte Elastizitätsmodul E, Schubmodul G, Querdehnzahl (*Poisson*'sche Zahl) ν und Wärmeausdehnungskoeffizient α_T für Stahl werden als konstante Werte festgelegt und müssen nicht durch einen Teilsicherheitsbeiwert γ_M abgemindert werden. Der Ansatz von Mittelwerten für die Steifigkeiten entspricht der Empfehlung in DIN EN 1990, Abs. 4.2(8) [19]. Bei den wenig streuenden Werten der genannten Materialkennwerte würde eine solche Abminderung vor allem den variablen geometrischen Abmessungen und Steifigkeiten Rechnung tragen, die gemäß Abs. 3.2.5 auch nur mit Nennwerten anzusetzen sind. Bei diesen Werten treten aber sehr konkrete Streuungen auf. Hier ist in den wenigen Fällen, die auf die genannten Abweichungen empfindlich reagieren (zum Beispiel bei einem unterspannten Rahmentragwerk), der Tragwerksplaner gefragt. Er muss für die Schnittgrößenermittlung ggf. auch eine Berechnung mit oberen und unteren Grenzwerten durchführen. Das Vorgehen nach DIN EN 1993-1-1 steht im Gegensatz zu DIN 18800-1 [10], wo eine Abminderung vorgesehen war und die Steifigkeit z. B. immer als $(EI)_d$ bzw. $(EI)_k$ definiert ist. Der nicht abzumindernde Elastizitätsmodul E nach DIN EN 1993-1-1 bewirkt also eine Vergrößerung der Bemessungslast der kritischen idealen Knicklast gegenüber DIN 18800-1.

Zu beachten sind besonders auch Mischkonstruktionen, bei denen mit Stahlbeton oder Holz Werkstoffe hinzukommen, deren Elastizitätsmoduli an sich große Streubreiten haben. Auch hier gilt in der Regel für die Schnittgrößenermittlung der Ansatz von Mittelwerten der Steifigkeiten.

III.4 Dauerhaftigkeit

<1> Überblick

Das Kapitel 4 (Dauerhaftigkeit) gibt Hinweise zur Erfüllung dieser wichtigen meist neben Tragfähigkeit und Gebrauchstauglichkeit genannten grundsätzlichen Anforderung für den Stahlbau. Es ist als eigenständiges Kapitel aus der Einigung auf eine gemeinsame Grundnormstruktur für die verschiedenen Baustoffe entstanden. So enthalten zum Beispiel auch DIN EN 1992-1-1 [21], Bemessung und Konstruktion von Stahlbeton- und Spannbetontragwerken, und DIN EN 1995-1-1 [37], Bemessung und Konstruktion von Holzbauten, beide ein Kapitel 4 (Dauerhaftigkeit). Während DIN EN 1992-1-1 in Kapitel 4 zum Beispiel die Betondeckung als wichtiges Element für die Dauerhaftigkeit regelt, sind für die beiden im Stahlbau dauerhaftigkeitsrelevanten Themen Korrosion und Ermüdung andere Normen zuständig. DIN EN 1993-1-1, Kapitel 4 enthält also eigentlich nur Verweise.

<2> zu 4(1): grundlegende Anforderungen

Die grundlegenden Anforderungen zu Dauerhaftigkeit stammen aus DIN EN 1990 [19], dies wird aber auch schon in Abs. 2.1.3 hervorgehoben.

<3> zu 4(2) und (3): Korrosionsschutz

Die maßgebenden Regeln für den Korrosionsschutz sind in DIN EN 1090 Ausführung von Stahltragwerken und Aluminiumtragwerken zu finden. Besonders der Teil 2, DIN EN 1090-2 Technische Regeln für die Ausführung von Stahltragwerken, [18] enthält mit Kapitel 10 (Oberflächenschutz) die wichtigen Bezüge zu den Produkt- und Verarbeitungsnormen und Anforderungen. Erläuterungen zu Beschichtungssystemen und auch zur notwendigen korrosionsschutzgerechten konstruktiven Gestaltung finden sich u. a. in [109].

<4> zu 4(4)B: Ermüdung

Während hier der Ermüdungsnachweis nur allgemein beschreibend für Kranbahnen und ähnliche Tragwerke des Hochbaus gefordert wird, kannte die Vornorm DIN V ENV 1993-1-1 [54] auch konkrete Abgrenzungskriterien. So hat DIN V ENV 1993-1-1 in Abs. 9.1.4(2) folgende alternative Bedingungen genannt, bei deren Erfüllung kein Ermüdungsnachweis erforderlich sei:

– für die größte Nennspannungsschwingbreite $\Delta\sigma$:

$$\gamma_{Fl} \cdot \Delta\sigma \leq \frac{26}{\gamma_{Mf}} \left[\frac{\mathrm{N}}{\mathrm{mm}^2}\right] \tag{III.4-1}$$

– für die gesamte Anzahl der Spannungsspiele N:

$$N \leq 2 \cdot 10^6 \cdot \left(\frac{36}{\gamma_{Mf} \cdot \gamma_{Fl} \cdot \Delta\sigma_{E,2}}\right)^3 \tag{III.4-2}$$

– für die maximale Spannungsschwingbreite $\Delta\sigma$ (Nennspannung mit oder ohne geometrischen Kerbfaktor) des betrachteten Kerbdetails mit der zum Kerbdetail gehörigen Dauerfestigkeit $\Delta\sigma_D$:

$$\gamma_{Fl} \cdot \Delta\sigma \leq \frac{\Delta\sigma_D}{\gamma_{Mf}} \left[\frac{\mathrm{N}}{\mathrm{mm}^2}\right] \tag{III.4-3}$$

Auf die Angabe dieser Grenzbedingungen wurde bei der Umstellung von der Vornorm auf DIN EN 1993-1-1 [22] verzichtet. Dies geschah nicht, weil sie nicht zutreffen, sondern weil sie eigentlich verkürzte Ermüdungsnachweise darstellen, wie sie aus dem maßgebenden Teil der europäischen Stahlbaugrundnorm DIN EN 1993-1-9 [30] für Ermüdung auch abgeleitet werden können. Tatsächlich sind die entsprechenden Begriffe und Parameter auch dort zu finden, wie z. B. die Teilsicherheitsbeiwerte γ_{Fl} (= 1,0) für die Ermüdungsbeanspruchung und γ_{Mf} für die Ermüdungsfestigkeit (zwischen 1,0 und 1,35 nach DIN EN 1993-1-9, Tabelle 3.1) und $\Delta\sigma_{E,2}$ als schadensäquivalente periodische Spannungsschwingbreite in N/mm² bei $2 \cdot 10^6$ Spannungsspielen. Und auch die Dauerfestigkeit $\Delta\sigma_D$ ist ein für den jeweiligen Kerbfall nach Tabelle 8.1 und folgende aus DIN EN 1993-1-9 ablesbarer Ermüdungsfestigkeitswert für $5 \cdot 10^6$ Spannungsspiele.

Praktikabler sind für eine Überprüfung einer möglichen Rolle von Ermüdung ohne vertiefte Betrachtung der Einzelheiten des Ermüdungsnachweises die konkreten Abgrenzungskriterien in DIN 18800-1, Element (741) [10] nach den Gleichungen (25) und (26). Dort heißt es: „Auf einen Betriebsfestigkeitsnachweis (also einen Ermüdungsnachweis) darf verzichtet werden, wenn entweder $\Delta\sigma = \max\sigma - \min\sigma$ (also die Spannungsschwingbreite in N/mm² unter den Bemessungswerten der veränderlichen Einwirkungen für den Tragsicherheitsnachweis) ≤ 26 N/mm² oder alternativ die Anzahl der Spannungsspiele weniger als $5 \cdot 10^6 \cdot \left(\frac{26}{\Delta\sigma}\right)^3$ ist.

Die beiden Bedingungen lassen sich in etwa aus den Gleichungen (III.4-1) und (III.4-2) für $\gamma_{Fl} = \gamma_{Mf} = 1{,}0$ herleiten. Diese Bedingungen orientieren sich am Ermüdungsnachweis für den ungünstigsten Kerbfall ($\Delta\sigma_C$ = 36 N/mm²) und volles Einstufen-Kollektiv. Da in den Bedingungen – abweichend von den Regelungen für Ermüdungsnachweise – die Spannungen σ des Tragsicherheitsnachweises verwendet werden, liegen sie auf der sicheren Seite und können auch im Zusammenhang mit DIN EN 1993-1-1 als Kriterien genutzt werden.

Sollten beide dieser Bedingungen nicht erfüllt sein, ist es unumgänglich, einen detaillierten Ermüdungsnachweis nach DIN EN 1993-1-9 zu führen. Dieser kann möglicherweise trotz nicht erfüllter Bedingungen durchaus erfolgreich geführt werden, weil hier ja der tatsächlich zutreffende Kerbfall und auch die reduzierte Ermüdungsbeanspruchung berücksichtigt werden können. Auch ein Dauerfestigkeitsnachweis nach Gleichung (III.4-3) kann unter Umständen einfacher und erfolgreich geführt werden. Erläuterungen zu DIN EN 1993-1-9 und Anwendungsbeispiele sind in [210] zu finden.

<5> zu 4(5)P und 4(6)B: Korrosionsschutzmaßnahmen

Die Formulierung „geeignete dauerhafte Korrosionsschutzmaßnahmen", die zu ergreifen sind, wenn nicht inspiziert werden kann, erscheint zunächst sehr unspezifisch. Die Option in Abs. 4(6)B gibt allerdings einen durchaus praktikablen Hinweis: wenn weder Außenluft noch Feuchtigkeit eindringen kann, ist auch nicht mit Korrosion zu rechnen. Dies wird regelmäßig bei sogenannten „dicht geschweißten" Hohlkästen oder

Hohlbauteilen ausgenutzt, wie zum Beispiel dem kastenförmigen Stabbogen von Stabbogenbrücken. Ein andere Möglichkeit ist auch der Einsatz von wetterfestem Baustahl nach DIN EN 10025-5 [43], der gerade den Zutritt von Außenluft braucht, um eine zuverlässige Patina zu entwickeln, die vor weiter fortschreitender Korrosion schützt. Regelungen zur Anwendung von WT-Stahl sind in der DASt-Richtlinie 004 [1] zu finden. Und auch bei verschiedenen Beschichtungssystemen oder Verzinkung bzw. Kombinationen der beiden kann versucht werden, gezielt die erforderliche Nutzungsdauer entsprechend der Notwendigkeit einzustellen.

III.5 Tragwerksberechnung

III.5.0 Überblick

Kapitel 5 enthält Hinweise und Festlegungen zur Tragwerksberechnung. Im Unterschied zur Vornorm DIN V ENV 1993-1-1 [54], bei der viele dieser Angaben im Kapitel 5 (Grenzzustände der Tragfähigkeit) zu finden waren, wird in DIN EN 1993-1-1 [22] eine klare Unterscheidung zwischen der Tragwerksberechnung und den eigentlichen Nachweisen gemacht. Zur Tragwerksberechnung gehören z. B. Schnittgrößen- und Verformungsberechnung, aber auch im weiteren Sinne Ermittlung der Knicklasten und Beanspruchungen wie zum Beispiel Auflagerkräfte oder auch Spannungen. Die eigentlichen Nachweise teilen sich in die Grenzzustände der Tragfähigkeit und der Gebrauchstauglichkeit auf. Diese Aufteilung spiegelt sich auch in den Kapiteln wider: Kapitel 5 enthält die Tragwerksberechnung und Kapitel 6 und 7 die Nachweise bezüglich der Grenzzustände der Tragfähigkeit und Gebrauchstauglichkeit. Diese Struktur wurde übergreifend über alle Normenteile und auch für die anderen Eurocodes der verschiedenen Bauweisen gleichermaßen vereinbart.

Im Zuge der Umstellung der europäischen Vornormen auf die endgültigen Eurocodes hat es eine grundsätzliche Umstrukturierung im Teil 1-1 des EC3, wie auch den anderen Eurocodes, gegeben, die auch wesentlich der Straffung und Vereinfachung der Normentexte diente. Dadurch ist innerhalb des Kapitels 5 eine klare Struktur entstanden, die sich neben den grundsätzlichen Berechnungsannahmen für das statische System in Kapitel 5.1 auf vier Kernentscheidungen zurückführen lässt, die der Tragwerksplaner für seine Berechnungsannahmen treffen muss, vgl. Bild III.5-1.

a) Einfluss der Tragwerksverformungen, siehe Kapitel 5.2

b) Ansatz der (Ersatz-)Imperfektionen, siehe Kapitel 5.3

c) Wahl der Berechnungsmethode, siehe Kapitel 5.4

d) Querschnittsklassifizierung, siehe Kapitel 5.5

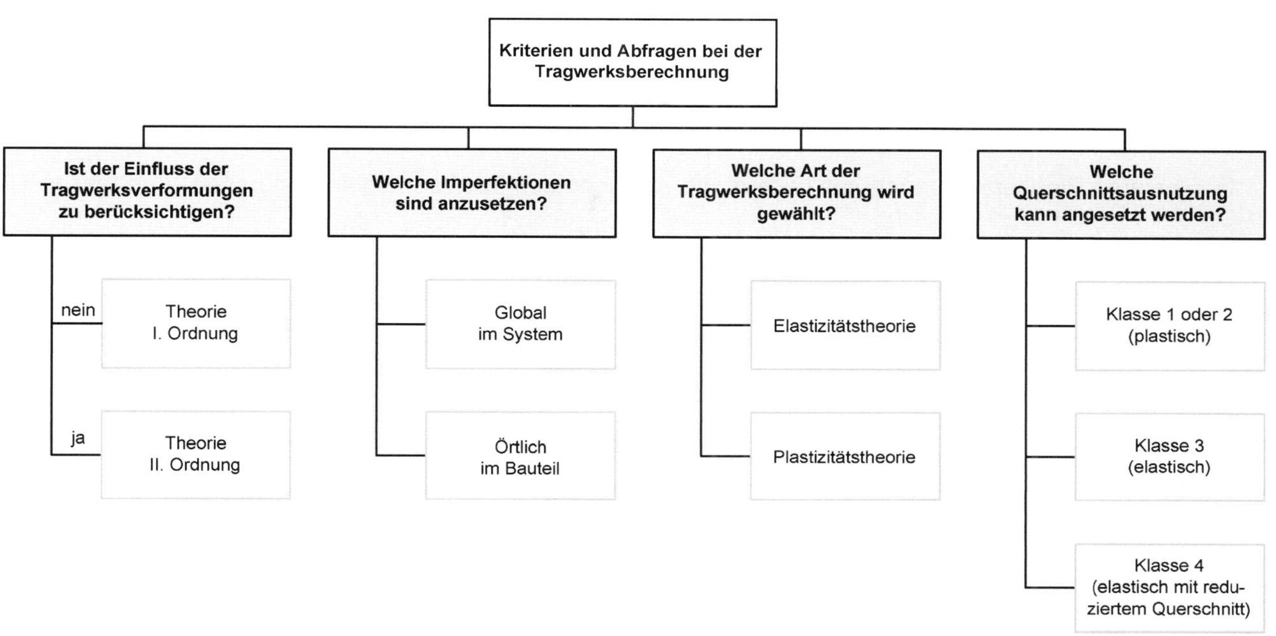

Bild III.5-1: Schema der Kernentscheidungen in Kapitel 5 Tragwerksberechnung

III.5.1 Statische Systeme

III.5.1.1 Grundlegende Annahmen

<1> Systemannahmen

In DIN V ENV 1993-1-1, Abs. 5.2.2 [54] gab es sehr ausführliche Erläuterungen zu Systemannahmen von verschiedenen Tragwerken wie „Gelenktragwerken" oder „Durchlauf- und Rahmentragwerken". Zudem befasste sich der informative Anhang H [55] ausführlich mit der Modellierung von Tragwerken für die Berechnung. Bei der Umwandlung in EN 1993-1-1 wurde der Umfang auf Wunsch vieler Kommentare zur Vornorm stark gekürzt und es werden mit Abs. 5.1.1(1) bis (3) wirklich nur die Grundsätze aufgeführt:

- Die statische Berechnung muss für den jeweiligen Grenzzustand geeignet sein, zum Beispiel ist also im Grenzzustand der Ermüdung oder der Gebrauchstauglichkeit in der Regel eine Tragwerksberechnung nach der Elastizitätstheorie durchzuführen.
- Das Berechnungsmodell muss das tatsächliche Tragverhalten mit ausreichender Genauigkeit erfassen, zum Beispiel sollte also die Annahme von statischen Gelenken plausibel sein.
- Das gewählte Berechnungsverfahren, wie zum Beispiel das Verfahren der Fließgelenktheorie, muss mit der Bemessung der Querschnitte am Ende auch übereinstimmen.

Dies sind verbindliche Regeln, auch wenn die Wiedergabe im Deutschen hier keine klaren modalen Hilfsverben nutzt.

Darüber hinaus wird die Systemmodellierung der Verantwortung des Tragwerksplaners überlassen. Dies ist sinnvoll, weil die vielen Möglichkeiten in der Praxis gar nicht alle allgemeingültig geregelt werden können. Allerdings kann es gerade bei vereinfachenden Modellannahmen in der Praxis auch nützlich sein, für diese durch konkrete Anwendungsregeln in der Norm abgesichert zu sein. So durfte zum Beispiel die Berechnung der Stabkräfte von Fachwerkträgern nach DIN 18801, Abs. 6.1.3 [15] unter der Annahme reibungsfreier Gelenke in den Knotenpunkten unter zwei Voraussetzungen stattfinden:

1) Es waren Biegespannungen aus Lasten, die zwischen den Fachwerkknoten angreifen, zu erfassen.
2) Es durften Biegespannungen aus Wind auf die Stabflächen sowie das Eigengewicht bei Zugstäben im Allgemeinen für den Einzelstab unberücksichtigt bleiben.

Solche vereinfachenden Regelungen, die seit langer Zeit Berechnungspraxis sind, bleiben bei einer Tragwerksberechnung nach DIN EN 1993-1-1 grundsätzlich zulässig, auch wenn sie nicht ausdrücklich erwähnt werden.

Ähnliches gilt für die unmittelbare Lagerung von auf Biegung beanspruchten vollwandigen Tragwerksteilen auf Mauerwerk oder Beton. Hierfür hat DIN 18801, Abs. 6.1.2.1 [15] geregelt, dass als Stützweite die um 1/20, mindestens aber um die Auflagertiefe von 12 cm vergrößerte lichte Weite angenommen werden darf. Diese Regelung darf sicher auch als Anwendungsregel für den Hochbau für eine Tragwerksberechnung nach DIN EN 1993-1-1 als gültig angenommen werden.

Nach DIN 18801, Abs. 6.1.2.2 [15] war es für „auf Biegung beanspruchte vollwandige Tragwerksteile" möglich, die Auflagerkräfte für Stützweitenverhältnisse min $\ell \geq 0{,}8 \cdot \max \ell$ – mit Ausnahme des Zweifeldträgers – wie für Träger auf zwei Stützen zu berechnen. Diese Vereinfachung kann sicher ohne Diskussion auch auf Träger im Zusammenhang mit einer Berechnung nach Eurocode angewandt werden, für die eine Bemessung nach dem Verfahren plastisch-plastisch möglich ist, vgl. DIN EN 1993-1-1, Abs. 5.4.3(2), für die also z. B. durch Querschnitte der Klasse 1 nach DIN EN 1993-1-1, Abs. 5.5.2 eine genügende Rotationskapazität und Momentenumlagerung sichergestellt sind. Tatsächlich wird in der Praxis die Regel aber auch z. B. für schlanke Pfettenquerschnitte angewandt mit der Argumentation, dass eine ausreichende Nachgiebigkeit der Zwischenstützungen für eine entsprechende Schnittgrößenumlagerung sorge. Hierfür sind keine allgemeingültigen Untersuchungen bekannt, so dass es eine Sache der statischen Beurteilung der Situation und Rechtfertigung durch den Tragwerksplaner ist.

<2> zu 5.1.1(4)B Berücksichtigung nichtlinearer Wirkungen

Bei den Hinweisen für Bauteile aus dem Hochbau auf DIN EN 1993-1-5:2010 [27] für plattenförmige Bauteile und DIN EN 1993-1-11:2010 [32] für Tragwerke mit Zuggliedern aus Stahl soll wohl hervorgehoben werden, dass auch im Hochbau bei besonderen Bauteilen unter Umständen nichtlineare Wirkungen infolge Verformungen zu berücksichtigen sind. Die Wirkung des Seildurchhangs, die nach DIN EN 1993-1-11:2010, Abs. 5.4.2 durch einen „wirksamen E-Modul" erfasst werden kann, ist hierfür ein Beispiel.

<3> zu NCI zu 5.1.1 Überfestigkeiten

Die nationale Ergänzung entspricht DIN 18800-1, Element (759) [10] (Berücksichtigung oberer Grenzwerte der Streckgrenze). In den Erläuterungen zu DIN 18800 [192] wird der Hintergrund zu dieser Regel sehr ausführlich erläutert. In DIN 18800-1 steht das Element im Zusammenhang mit dem Verfahren Plastisch-

Plastisch, also der Tragwerksberechnung nach der Plastizitätstheorie, wie sie in DIN EN 1993-1-1:2010, Abs. 5.4.3 angegeben ist. Eine Berücksichtigung oberer Grenzwerte von streuenden Beanspruchbarkeiten kann aber auch in anderen Zusammenhängen erforderlich werden. Es handelt sich aber im Allgemeinen nicht um Regelfälle, sondern vielmehr um besondere Situationen, bei denen Überfestigkeiten der Widerstände wie der Stahlfestigkeit zu nennenswerten Überbeanspruchungen führen. Die Annahme einer 30-prozentigen Überfestigkeit der Stahlstreckgrenze nach Gleichung (NA.1) ist durchaus plausibel, da durch die Liefernormen der Baustähle Mindeststreckgrenzen garantiert werden, die tatsächlichen messbaren Streckgrenzen also meistens sogar höher sind. Dies ist auch in Abs. III.3.2.1 zu Tabelle 3.1 erläutert. Auch in statisch unbestimmten Systemen, wie dem in Bild NA.1 (hier Bild III.5-2) gezeigten Durchlaufträger, spielt das normalerweise keine Rolle, da zwar das Plastizieren an der Stütze dann erst bei einem größeren Stützmoment auftritt ($M_B^b \geq M_{pl,d}$ in Bild NA.1), aber dann ja auch die höhere Streckgrenze eine entsprechend höhere plastische Beanspruchbarkeit erlaubt. Bei der Anwendung der Tragwerksberechnung nach der Plastizitätstheorie treten solche Effekte sogar auch ohne besondere Überfestigkeit der Streckgrenze allein durch die typische Stahlverfestigung, also das Anwachsen der Spannung über die Streckgrenze f_y hinaus bis maximal zur Zugfestigkeit f_u auf, vgl. Bild III.3-1 und Bild III.3-2. Aber auch in diesen Fällen stehen örtlich im Querschnitt höhere Momententragfähigkeiten zur Verfügung. Wichtig ist dann, dass ein genügend gedrungener Querschnitt (Klasse 1 nach der Klassifizierung entsprechend DIN EN 1993-1-1:2010, Abs. 5.5) vorliegt, so dass eine entsprechende Rotationsfähigkeit existiert, die eine größere Verformung bzw. Dehnung im Querschnitt auch erlaubt, siehe Bild III.3-2.

Die Schwierigkeit, auf die im NCI zu 5.1.1 verwiesen wird, sind die durch höhere örtliche Schnittgrößen (wie das Stützmoment im Bild NA.1) entstehenden Veränderungen im gesamten Schnittgrößenverlauf. Das Bild NA.1 (wiedergegeben in Bild III.5-2) illustriert das sehr gut an dem Beispiel des Stoßes. Es ist konstruktiv üblich, dass versucht wird, Vollstöße an Stellen von Momentennullpunkten zu legen. Diese verschieben sich durch den veränderten Schnittgrößenverlauf (vgl. M^a mit M^b im Bild NA.1.), was u. U. sogar zu einer Verdopplung der Beanspruchung im Stoß ($M_{Stoß}^a$ zu $M_{Stoß}^b$) führen kann.

Es gibt zwei Lösungen für diese Situation. Entweder wird das durch das höhere Stützmoment $M_B^b = 1{,}3 \cdot M_{pl,d}$ erhöhte Moment $M_{Stoß}^b$ bei der Dimensionierung des Stoßes berücksichtigt. Oder die Ausbildung eines Fließgelenkes im Stoß wird erlaubt, indem dieser entsprechend rotationsfähig und duktil ausgebildet wird. Hierzu gibt DIN EN 1993-1-8 Hinweise. Grundsätzlich sind Anschlüsse, bei denen Stahlversagen wie Lochleibungsversagen von Schrauben unter Schub oder Biegeversagen von Stirnblechen maßgebend wird, für eine solche duktile Ausführung geeignet (vgl. Modus-1- oder Modus-2-Versagen nach DIN EN 1993-1-8, Abs. 6.2.4, Tabelle 6.2 [29]).

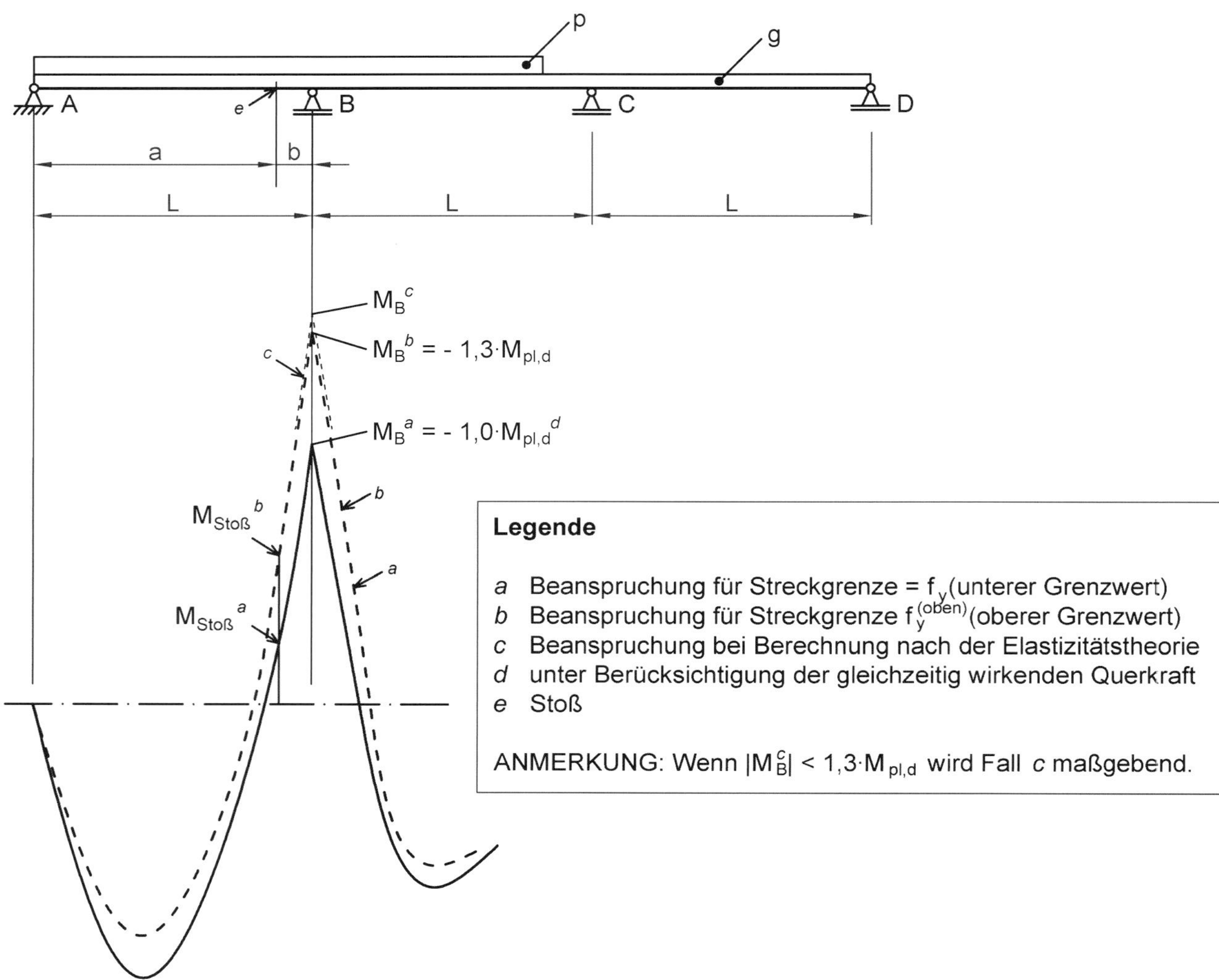

Bild III.5-2: Beispiel zur Berücksichtigung des oberen Grenzwertes der Streckgrenze (Bild NA.1 [22])

In [192] ist ein weiteres anschauliches Beispiel gegeben, bei dem Überfestigkeit des Baustahls eventuell zu berücksichtigen ist. Es handelt sich um einen durchlaufenden Fachwerkträger, bei dem der Obergurtstab über der Stütze als maßgebender Stab ein – zugegeben seltenes – Normalkraftfließgelenk bildet und eine Überfestigkeit haben soll. In der Folge erhöht sich auch die Normalkraft in den Untergurtstäben, die unter Druck stehen und damit knickgefährdet sind.

Ggf. überprüft werden müssen also immer die Folgen einer durch die höhere Festigkeit veränderten Schnittgrößenverteilung in anderen Bauteilen und Anschlüssen, die wenig Reserven oder Duktilität besitzen, bzw. stabilitätsgefährdet sind. Denkbar sind an dieser Stelle heute bei den verbreiteten Mischkonstruktionen auch Tragwerke mit angeschlossenen Bauteilen aus Holz oder ähnlichen Materialien, die nicht über ein ausreichendes Plastizierungsvermögen verfügen und deshalb auf Überbeanspruchungen empfindlich reagieren.

III.5.1.2 Berechnungsmodelle für Anschlüsse

Während in DIN 18800-1, Element (737) [10] der Hinweis, dass die Nachgiebigkeit von Verbindungen ggf. in Form von Kraftgrößen-Weggrößen-Beziehungen zu berücksichtigten sind, noch sehr allgemein gehalten war, ist mit dem in DIN EN 1993-1-8 eingeführten Komponentenverfahren ein Instrument gegeben, die Anschlusseigenschaften systematisch zu berücksichtigen.

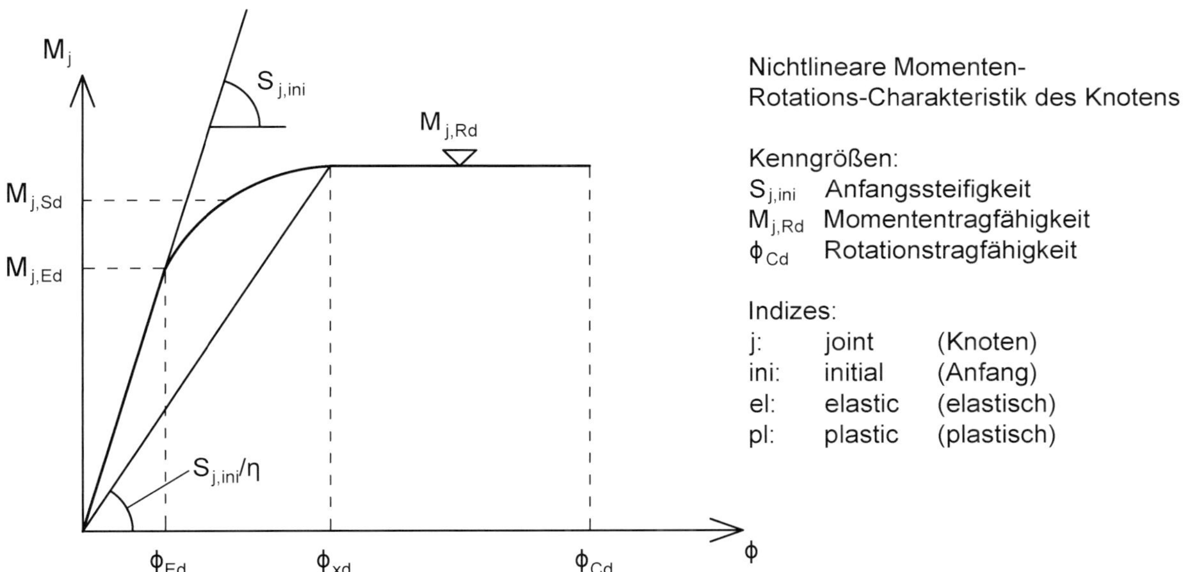

Bild III.5-3: Momenten-Rotations-Charakteristik von Anschlüssen nach DIN EN 1993-1-8, Bild 6.1 [29]

Wie in Bild III.5-3 gezeigt, gibt es drei Eigenschaften, mit denen sich nach dem Komponentenverfahren die Eigenschaften von Anschlüssen beschreiben lassen:

- die Momententragfähigkeit $M_{j,Rd}$,
- die Rotationssteifigkeit S_j und
- die Rotationskapazität ϕ_{Cd}

Besonders die Klassifizierung nach der Steifigkeit S_j der Anschlüsse kann für die Modellierung der Anschlüsse bei der Berechnung von Schnittgrößen und Verformungen interessant sein. Sie lässt sich im statischen System als Steifigkeit einer Drehfeder wiedergeben. Die Klassifizierung der Anschlüsse nach der Steifigkeit gemäß DIN EN 1993-1-8, Abs. 5.2.2 erfolgt durch den Vergleich der Anfangssteifigkeit des Anschlusses $S_{j,ini}$ mit bestimmten Grenzkriterien, die in Abhängigkeit der Biegesteifigkeit EI_b und der Spannweite L_b des angeschlossenen Trägers berechnet werden, vgl. Bild III.5-4. Die Kriterien beruhen auf der Betrachtung typischer Rahmensysteme.

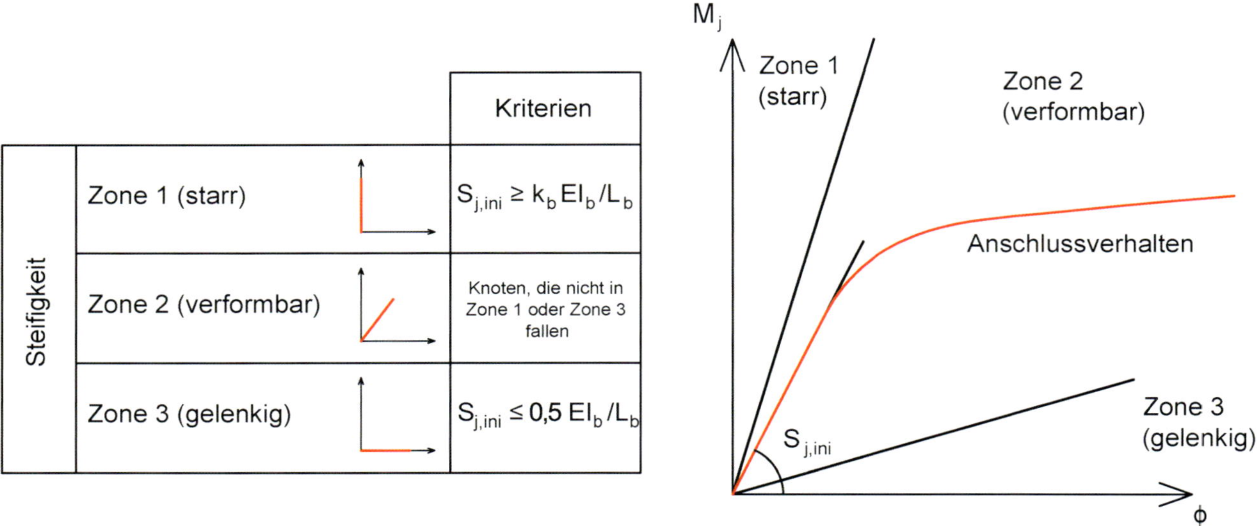

Bild III.5-4: Anschlussklassifizierung nach Steifigkeit nach DIN EN 1993-1-8 [29]

Die folgenden drei Zonen werden unterschieden:

– Starr (Zone 1):

Der Anschluss hat gegenüber dem Tragwerk bzw. dem angeschlossenen Träger eine ausreichend große Verdrehsteifigkeit, so dass die relative Anschlussverdrehung vernachlässigt werden darf. Es gilt:

$$S_{j,ini} \geq \frac{K_b \cdot E \cdot I_b}{L_b} \tag{III.5-1}$$

Der Beiwert K_b wird in Abhängigkeit vom aussteifenden Tragwerk bestimmt. (Zur Definition von aussteifenden und ausgesteiften Systemen, siehe Erläuterungen in Abs. III.5.3.3<2>). Er beträgt:

$K_b = 8$ für ausgesteifte Rahmentragwerke, bei denen die Horizontalverschiebungen durch entsprechende Aussteifungen zu mindestens 80 % verringert werden, und

$K_b = 25$ für unausgesteifte Rahmentragwerke, vorausgesetzt, dass das Verhältnis $K_b/K_c \geq 0,1$ ist.

Dabei sind:

K_b Mittelwert aller I_b/L_b (Trägheitsmoment zu Spannweite eines Trägers) der Deckenträger eines Geschosses

K_c Mittelwert aller I_c/L_c (Trägheitsmoment zu Geschosshöhe einer Stütze) für alle Stützen eines Geschosses

Für einen Wert $K_b/K_c < 0,1$ – also vergleichsweise weiche Stützen im Rahmensystem – sind die Anschlüsse verformbar anzunehmen. Weitere Einzelheiten hierzu finden sich im Kommentar zu DIN EN 1993-1-8 (Band 2 dieser Buchreihe).

– Verformbar (Zone 2):

Anschlüsse, die weder starr noch gelenkig sind, werden als verformbar bezeichnet. Die Anschlusssteifigkeiten haben ggf. Einfluss auf die Schnittkraftverteilung im Tragwerk und müssen daher unter Umständen in der Modellierung des statischen Systems zum Beispiel als Drehfeder mit der Steifigkeit S_j berücksichtigt werden.

- Gelenkig (Zone 3):

  Die Verformungsfähigkeit des Anschlusses ist so groß, dass nur eine vernachlässigbare Einspannwirkung besteht und Verdrehungen sich nahezu frei einstellen können. Es gilt:

$$S_{j,ini} \leq \frac{0{,}5 \cdot E \cdot I_b}{L_b} \quad \text{(III.5-2)}$$

Die möglichen Zonen zur Klassifizierung eines Anschlusses sind auch in Bild III.5-4 dargestellt. Die Grenzwerte sind eher als Anhaltswerte zu sehen. Gerade die Grenze zwischen Zone 3 (gelenkig) und und Zone 2 (verformbar) wird verhältnismäßig schnell erreicht, auch für Anschlüsse, die typischerweise in der Praxis bisher als „gelenkig“ angesehen wurden. Die Auswirkungen auf die Schnittgrößenverteilung dürften durch die Annahme einer „weichen“ Drehfeder in den meisten Fällen aber nicht sehr groß sein. Weitere Erläuterungen zum Komponentenverfahren sind zum Beispiel in [154], [269] und [271] zu finden.

III.5.1.3 Bauwerks-Boden-Interaktion

Der Hinweis auf die eventuell notwendige Berücksichtigung des Verformungseinflusses der Fundamente ist im Zusammenhang mit Abs. 2.3.1(3) zu Auswirkungen von Setzungen und Setzungsunterschieden zu sehen. In DIN EN 1992-1-1 [21] zur Bemessung und Konstruktion von Stahlbeton- und Spannbetontragwerken sind die Regelungen mit Abs. 5.1.2 „Besondere Anforderungen an Gründungen“ und dem informativen Anhang G „Boden-Bauwerk-Interaktion“ etwas ausführlicher, aber immer noch recht allgemein gehalten. Es kann davon ausgegangen werden, dass Zwängungsschnittgrößen infolge Baugrundbewegungen bei typischen Stahlbauten im Hochbau eher selten eine nennenswerte Größe haben, bei Mischkonstruktionen mit Massivbauteilen sind sie unter Umständen aber zu berücksichtigen. Der Beitrag [158] gibt einen Überblick über die verschiedenen Phänomene der Interaktion von Bauwerk und Baugrund. Bei Stahlbauteilen wie Stahlpfählen und Stahlspundwänden nach DIN EN 1993-5, die Bestandteil von Gründungen sind, hat das Thema natürlich eine ganz andere Relevanz. Eine Kommentierung hierzu ist in [202] zu finden.

III.5.2 Untersuchung von Gesamttragwerken

III.5.2.0 Überblick

DIN EN 1993-1-1, Abs. 5.2 [22] behandelt in Abs. 5.2.1 die für die Tragwerksberechnung wichtige Entscheidung, ob nach Theorie I. Ordnung gerechnet werden darf oder nicht, ob also eine Stabilitätsgefährdung existiert oder nicht, und legt in Abs. 5.2.2 fest, welche Nachweise und damit zusammenhängende Tragwerksberechnungen im Fall der Stabilitätsgefährdung durchzuführen sind.

Während DIN EN 1993-1-1 hier allgemeingültig für alle Tragwerkstypen gilt, bezog die Vornorm DIN V ENV 1993-1-1 [54] diese Art von Betrachtung eigentlich nur auf Rahmentragwerke, vgl. dort z. B. Abs. 5.2.5.2 „Einteilung in seitenweiche und seitensteife Tragwerke“. Neben dieser Einteilung in seitenweiche und seitensteife Tragwerke, die gleichwertig ist mit der Entscheidung, ob nach Theorie I. Ordnung gerechnet werden darf oder nicht, gab es zusätzlich die Einteilung in unverschiebliche und verschiebliche Tragwerke, vgl. DIN V ENV 1993-1-1, Abs. 5.2.5.3. So wurde in DIN V ENV 1993-1-1, Abs. 5.2.5.3 [54] definiert, dass ein Stahlrahmentragwerk als unverschieblich angenommen werden darf, wenn seine Seitenverschiebung durch das aussteifende System um mindestens 80 % reduziert wird. Diese Einteilung betrifft nicht die Frage der Stabilitätsgefährdung, denn auch unverschiebliche Tragwerke müssen ggf. nach Theorie II. Ordnung berechnet werden bzw. ihre Stabilitätsgefährdung muss untersucht werden. Das wird auch in Tabelle 37 in [94] sehr klar hervorgehoben. Die Unterscheidung in verschiebliche und unverschiebliche Systeme dient nur der Erleichterung der Tragwerksmodellierung. Bei unverschieblichen Systemen können ausgesteiftes und aussteifenden Tragwerksteil als eigenständige Tragwerksmodelle behandelt werden: Das ausgesteifte Tragwerksteil ist seitlich gehalten, das aussteifende Tragwerksteil übernimmt alle Horizontallasten, die durch Stabilitätseffekte entstehen, also auch die aus dem ausgesteiften Tragwerksteil einschließlich der seitlichen Abtriebskräfte. Beim verschieblichen Rahmensystem müssen alle Teile, auch die möglicherweise vorhandenen Aussteifungen, in einem einzigen Tragwerksmodell miterfasst werden. Bei der Umstellung von der Vornorm auf DIN EN 1993-1-1 ist unter der Maßgabe der notwendigen Straffung der Norm auf die explizite Unterscheidung zwischen verschieblichen und unverschieblichen Tragwerken verzichtet worden. Im Grunde wird diese Modellierung auch jeweils durch die individuelle Entscheidung des Tragwerksplaners bestimmt und muss nicht allgemeingültig geregelt werden, zumal heute die Systemgröße bei der numerischen Tragwerksberechnung viel weniger Beschränkungen unterliegt.

III.5.2.1 Einflüsse der Tragwerksverformung

<1> Allgemeines

Wenn hier von Berücksichtigung der Einflüsse aus der Tragwerksverformung die Rede ist, so ist in erster Linie an den Einfluss gedacht, den Druckbeanspruchungen durch Verformungen ausüben, dass also durch Druckbeanspruchungen am Hebelarm der Verformungen Zusatzmomente bzw. allgemein Zusatzbeanspruchungen entstehen. Dies wird üblicherweise mit „Effekten nach Theorie II. Ordnung" umschrieben. Tragwerksverformungen haben auch Einflüsse bei zugbeanspruchten Bauteilen, diese werden normalerweise aber als günstig wirkende Einflüsse vernachlässigt. Ausnahmen finden sich bei Seiltragwerken und ähnlichen Systemen, bei denen die Berücksichtigung der Verformungen u. U. zur Herstellung des Gleichgewichts sogar erforderlich ist. Hier muss also eine geometrisch nichtlineare Berechnung mit Berücksichtigung von „großen Verformungen" erfolgen, die z. T. auch als „Berechnung nach Theorie III. Ordnung" bezeichnet werden. Diese Zugtragglieder werden hier nicht behandelt, auch wenn es gerade in diesen Fällen und besonders an den Einspannungen zur Erhöhung von Beanspruchungen infolge der Verformungen kommen kann.

Ob also für druckbeanspruchte Tragwerke Verformungen berücksichtigt werden müssen oder nicht, ob also eine Berechnung nach Theorie I. Ordnung ausreichend ist oder nicht, ist eine wichtige Fragestellung sowohl für die Tragwerksberechnung wie auch für die Nachweisführung. Sie geht einher mit der Fragestellung, ob Stabilitätsversagen eintreten kann oder nicht.

<2> zu 5.2.1(3): Kriterium für die Berechnung nach Theorie I. Ordnung bei elastischer Tragwerksberechnung (Tragwerksberechnung nach der Elastizitätstheorie)

Für die Entscheidung, ob eine Berechnung nach Theorie I. Ordnung zulässig ist, ist mit Abs. 5.2.1(3), Gleichung (5.1) ein Kriterium in Abhängigkeit von der Verzweigungslast des Systems gegeben.

Dieses Kriterium lässt sich anhand des 1807 von *Young* [279] eingeführten Steigerungsfaktors herleiten, der für einen Druckstab die Momentensteigerung zwischen den Momenten nach Theorie I. und II. Ordnung mit einem von der Verzweigungslast abhängigen Vergrößerungsfaktors beschreibt, siehe Gleichungen (III.5-3) und (III.5-4).

$$M^{II} = M^{I} \cdot \frac{1}{1-q} \tag{III.5-3}$$

$$q = \frac{\Delta M}{M_0} = \frac{\Delta w}{w_0} = \frac{N \cdot a \cdot \sin\frac{\pi x}{L}}{EI \cdot \frac{\pi^2}{L^2} \cdot a \cdot \sin\frac{\pi x}{L}} = \frac{N}{EI \cdot \frac{\pi^2}{L^2}} = \frac{N}{N_{cr}} \tag{III.5-4}$$

mit:
- N Einwirkende Druckkraft
- M_0 Biegemoment infolge sinusförmiger Streckenlast
- w_0 Durchbiegung infolge M_0 mit dem Stich a
- N_{cr} Ideale Knicklast
- L Stablänge

Für einen Druckstab mit sinusförmiger Beanspruchung, vgl. Bild III.5-5, lässt sich diese Beziehung als genaue Lösung bestimmen, siehe [217]. Sie ist aber übertragbar auf alle Systeme, bei denen Moment und Verformung affin zueinander sind.

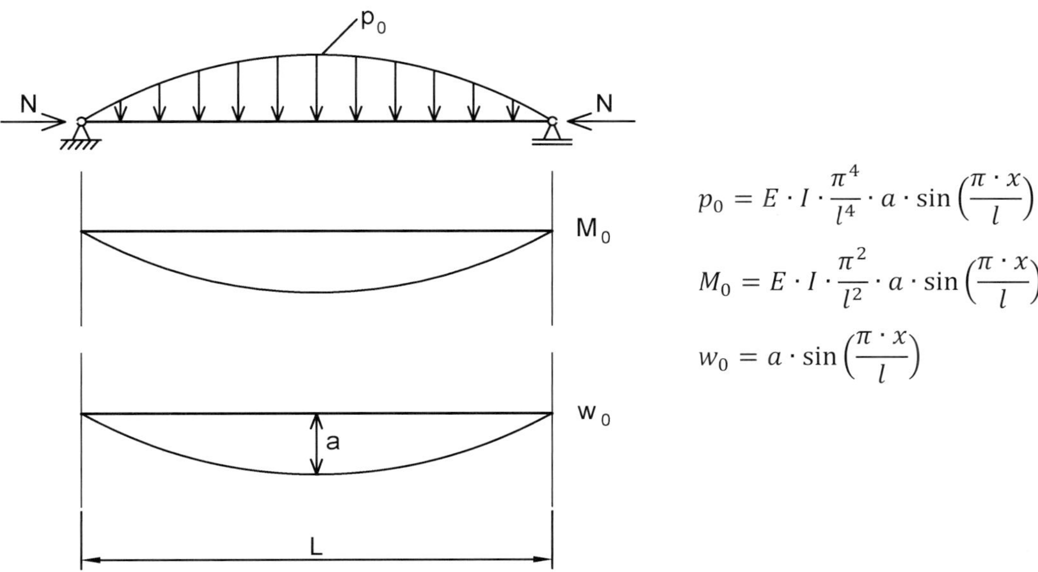

$$p_0 = E \cdot I \cdot \frac{\pi^4}{l^4} \cdot a \cdot \sin\left(\frac{\pi \cdot x}{l}\right)$$

$$M_0 = E \cdot I \cdot \frac{\pi^2}{l^2} \cdot a \cdot \sin\left(\frac{\pi \cdot x}{l}\right)$$

$$w_0 = a \cdot \sin\left(\frac{\pi \cdot x}{l}\right)$$

Bild III.5-5: Druckstabsystem zur Herleitung des Steigerungsfaktors mit sinusförmiger Belastung, sinusförmigem Moment und sinusförmiger Verformung

Um eine verbesserte Genauigkeit bei nicht zueinander affinen Momenten- und Verformungsverläufen zu erreichen, wurde 1937 mit dem sogenannten *Dischinger*-Faktor [91] Gl. (III.5-3) erweitert, siehe Gl. (III.5-5).

$$M^{II} = M^{I} \cdot \frac{1 + \delta \cdot q}{1 - q} \tag{III.5-5}$$

mit q $= \frac{N}{N_{cr}}$ – siehe Gleichung (III.5-4)

δ Korrekturbeiwert, siehe z. B. Bild 105 in [213]

Bei einem Verhältnis von α_{cr} = 10 entsprechend dem Grenzwert für elastische Tragwerksberechnung nach DIN EN 1993-1-1, Gl. (5.1) ergibt sich eine Steigerung von $M^{II}/M^{I} = 1/(1 - \alpha_{cr}^{-1}) = 1{,}11$, also von ca. 10 %.

Dies entspricht der 10-%-Regel nach DIN 18800-1, Element (739) [10], nach der der Einfluss der sich nach Theorie II. Ordnung ergebenden Verformungen auf das Gleichgewicht vernachlässigt werden darf, wenn der Zuwachs der maßgebenden Biegemomente infolge der nach Theorie I. Ordnung ermittelten Verformungen nicht größer als 10 % ist. DIN 18800-1 kennt drei alternative Kriterien, mit denen die Bedingungen überprüft werden können, die in den Gleichungen (III.5-6a) bis (III.5-6c) wiedergegeben sind.

a) $$N \leq 0{,}1 \cdot N_{cr} \tag{III.5-6a}$$

b) $$\bar{\lambda}_K \leq 0{,}3 \cdot \sqrt{\frac{f_{y,d}}{\sigma_N}} \quad \text{mit} \quad \sigma_N = \frac{N}{A};\ \bar{\lambda}_K = \frac{\lambda_K}{\lambda_1};\ \lambda_K = \frac{L_{cr}}{i};\ \lambda_1 = \pi \cdot \sqrt{\frac{E}{f_y}} \tag{III.5-6b}$$

c) $$\beta \cdot \varepsilon \leq 1{,}0 \quad \text{mit} \quad \beta = \frac{L_{cr}}{L};\ \varepsilon = L \cdot \sqrt{\frac{N}{(EI)_d}} \tag{III.5-6c}$$

Bedingung a) ist mit DIN EN 1993-1-1, Gl. (5.1) identisch. In [192] wird gezeigt, dass die Bedingungen a), b) und c) und die generelle 10-%-Regel nach Element (739) vergleichbare Ergebnisse liefern. Die drei Bedingungen wurden als Alternativen aufbereitet, weil die eine oder andere Gleichung je nach Situation vielleicht als etwas anwenderfreundlicher empfunden wird. Sie gelten also auch ohne Einschränkungen als Nachweismöglichkeit im Rahmen von DIN EN 1993-1-1. In den Bedingungen ist die Normalkraft N als Druckkraft positiv anzusetzen. Bei veränderlichen Querschnitten oder Normalkräften sind EI, N_{cr} und L_{cr} jeweils für die Stelle zu ermitteln, für die der Tragsicherheitsnachweis geführt wird. Im Zweifelsfall sind mehrere Stellen zu untersuchen. Die Druckkraft N muss in den Bedingungen jeweils der maßgebenden γ_F-fachen Einwirkungskombination entsprechen.

<3> Näherungsverfahren nach Theorie II. Ordnung mit dem Steigerungsfaktor

Durch den nichtlinearen Zusammenhang zwischen Einwirkungen und Schnittgrößen, der sich durch den Einfluss der Tragwerksverformung ergibt, gelten bei einer Berechnung nach Theorie II. Ordnung die Superpositionsgesetze nicht mehr, wie das Beispiel in Bild III.5-6 zeigt. Bei der Berechnung nach Theorie I. Ordnung können die Lastfälle als charakteristische Größen einzeln berechnet und dann anhand der charakteristischen Schnittgrößen die für die jeweilige Stelle ungünstigste Kombination bestimmt werden. Im Unterschied dazu muss bei der Berechnung von Schnittgrößen nach Theorie II. Ordnung mit der

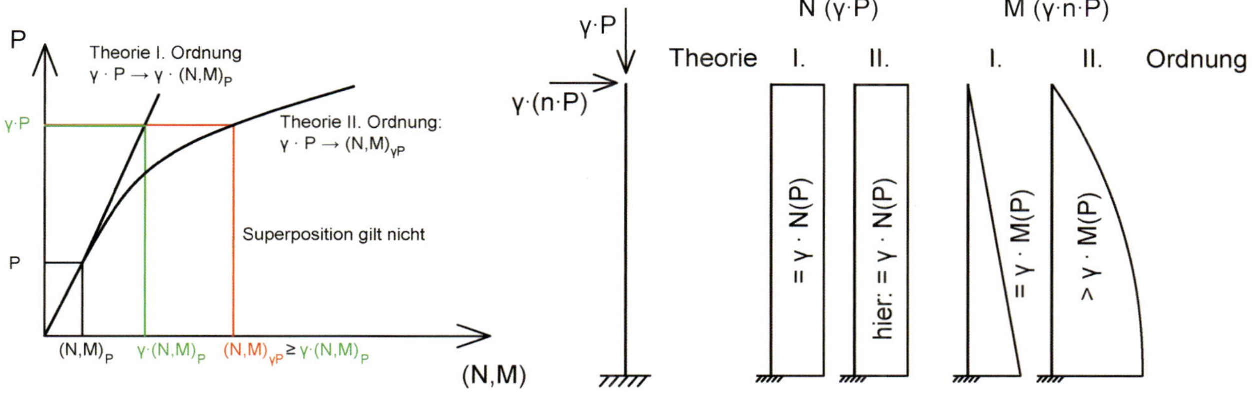

Bild III.5-6: Zusammenhang zwischen Schnittgrößen und Einwirkungen bei Berechnung nach Theorie I. und II. Ordnung

ungünstigsten γ_F-fachen Einwirkungskombination für die Druckkraft gerechnet werden, um die Wirkung der Theorie II. Ordnung nicht zu unterschätzen. Das gilt dann folgerichtig auch bei der Abfrage des Kriteriums mit DIN EN 1993-1-1, Gleichung (5.1) bzw. den alternativen Gleichungen (III.5-6a) bis (III.5-6c).

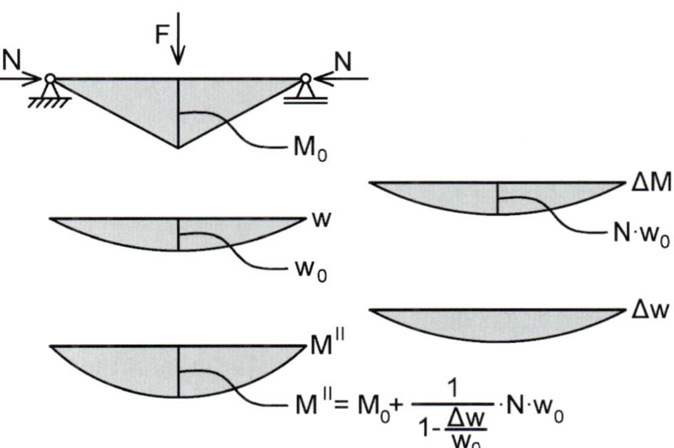

Bild III.5-7: Beispiel für nicht affine Momentenfläche und Anwendung des Steigerungsfaktors für eine näherungsweise Berechnung nach Theorie II. Ordnung auf der Basis des Verformungszuwaches

Während für die obigen Bedingungen in allen Fällen die ideale Verzweigungslast erforderlich ist, zeigt die Herleitung nach Gl. (III.5-4) eine einfache Möglichkeit, die Ermittlung der Verzweigungslast zu vermeiden. Der für den Steigungsfaktor $1/(1-q)$ erforderliche Wert q kann nicht nur aus dem Verhältnis $N/N_{cr} = \alpha_{cr}^{-1}$ bestimmt werden, sondern auch aus dem Verhältnis $\Delta M/M_0$ (Zusatzmoment zu Ausgangsmoment) bzw. $\Delta w/w_0$ (Zusatzverformung zu Ausgangsverformung). Voraussetzung ist, dass das Verhältnis zwischen zugehörigen und zumindest näherungsweise affinen Größen gebildet wird. Wie das Beispiel in Bild III.5-7 zeigt, ist zwar bei einem Stab mit Einzellast das Verhältnis von $\Delta M/M_0$ nicht affin, aber schon im nächsten Schritt entsteht mit Δw aus $\Delta M = N \cdot w_0$ ein Verformungszuwachs, der der Verformung w_0 aus M_0 sehr ähnlich ist, so dass sich hiermit das Verhältnis q und der Steigerungsfaktor bilden lassen.

Der so bestimmte Verhältniswert q kann sogar rückwärts dazu genutzt werden, um den Faktor α_{cr} und die ideale Verzweigungslast zu bestimmen, vgl. Gleichungen (III.5-4) und (III.5-7).

$$\alpha_{cr} = \frac{1}{q} = \frac{w_0}{\Delta w} = \frac{M_0}{\Delta M} = \frac{N_{cr}}{N} \qquad \text{(III.5-7)}$$

Diese Regeln gelten nicht nur für Einzelstäbe (wie den in Bild III.5-7 dargestellten), sondern lassen sich auch auf Rahmentragwerke u. Ä. übertragen.

<4> zu 5.2.1(3): Kriterium für die Berechnung nach Theorie I. Ordnung bei plastischer Tragwerksberechnung (Tragwerksberechnung nach der Plastizitätstheorie)

Für die plastische Tragwerksberechnung wird in DIN EN 1993-1-1, Gleichung (5.1) als Grenzwert für α_{cr} ein Mindestwert von 15 angegeben, der eingehalten werden muss, damit eine Berechnung nach Theorie I. Ordnung zulässig ist. Dies entspricht einer Steigerung zwischen Moment nach Theorie I. und II. Ordnung von $M^{II}/M^{I} = 1/(1-\alpha_{cr}^{-1}) = 1{,}07$, also weniger als der Wert von 10 % bei der elastischen Tragwerksberechnung. Als Begründung erläutert die Anmerkung, dass bei plastischer Berechnung zum Beispiel nach der Fließgelenktheorie, siehe DIN EN 1993-1-1, Abs. 5.4.3, durch das nichtlineare Werkstoffverhalten größere Verformungen entstehen. Der Nationale Anhang bestätigt mit NDP zu 5.2.1(3) den Grenzwert von 15.

DIN 18800-1, Element (739) [10] hatte dazu eigentlich eine strengere Regel. Dort war der Nachweis des 10-%-Kriteriums für das statische System unmittelbar vor Ausbildung des *letzten* Fließgelenkes gefordert. Die ideale Verzweigungslast F_{cr} nach der Erläuterung zu DIN EN 1993-1-1, Gleichung (5.1) bezieht sich aber auf die elastische *Anfangs*steifigkeit.

Wie das Beispiel in Bild III.5-8 zeigt, nimmt mit jeder Bildung eines Fließgelenkes die Systemsteifigkeit sehr stark ab, so dass gerade bei hochgradig statisch unbestimmten Systemen die elastische Anfangssteifigkeit sehr hoch sein kann und möglicherweise kein richtiges Bild über das Verhalten des Gesamtsystems gibt. Es kommt das Problem hinzu, dass sich bei entsprechend empfindlichen Systemen die Fließgelenkkette unter Umständen gar nicht mehr vollständig ausbilden kann, sondern vorzeitig in einem der früheren Teilsysteme Stabilitätsversagen maßgebend wird, siehe hierzu das Beispiel in Bild III.5-9. Auch um solch ein Versagen zu identifizieren, wird dringend empfohlen, das 10-%-Kriterium in jedem der Teilsysteme für sich zu prüfen. Bei dem geringen Zuwachs an Tragfähigkeit mit der Bildung der letzten Fließgelenke macht es unter Umständen auch gar keinen Sinn, das Tragwerk auf die Bildung der vollen Fließgelenkkette hin zu dimensionieren, sondern es reicht für eine wirtschaftliche Bemessung, die Bildung der ersten zwei bis drei Gelenke nachzuvollziehen.

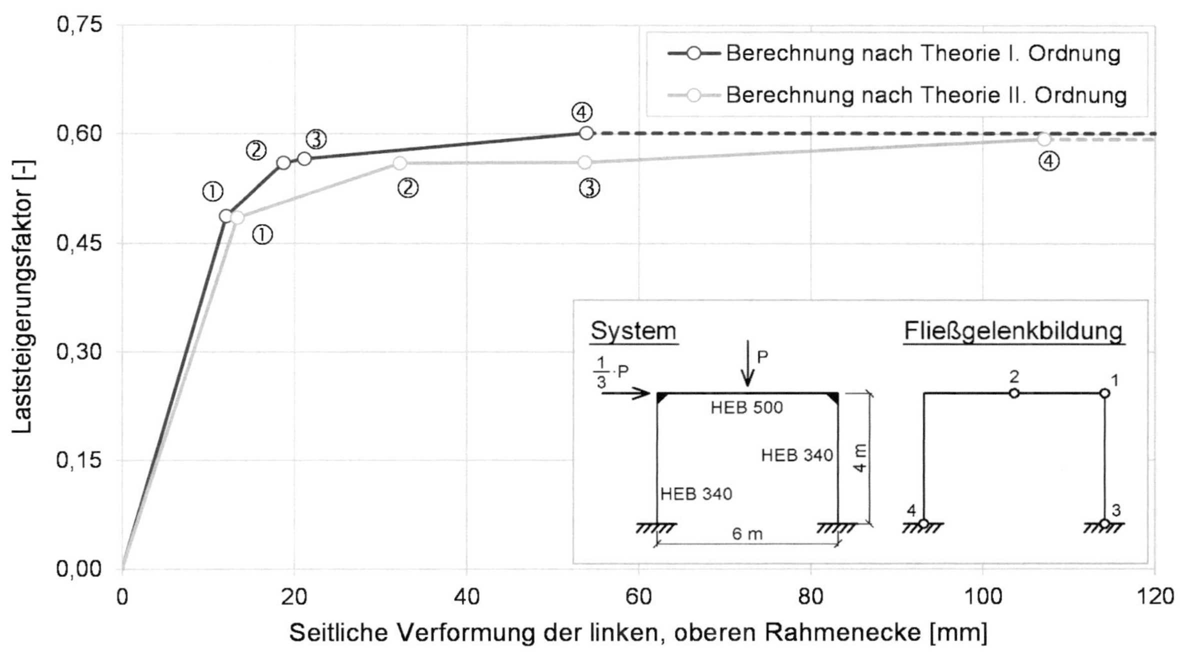

Bild III.5-8: Verformungen für ein Beispiel, das nach Fließgelenktheorie I. und II. Ordnung gerechnet wurde, und nach der Ausbildung des letzten Fließgelenks versagt, nach [213]

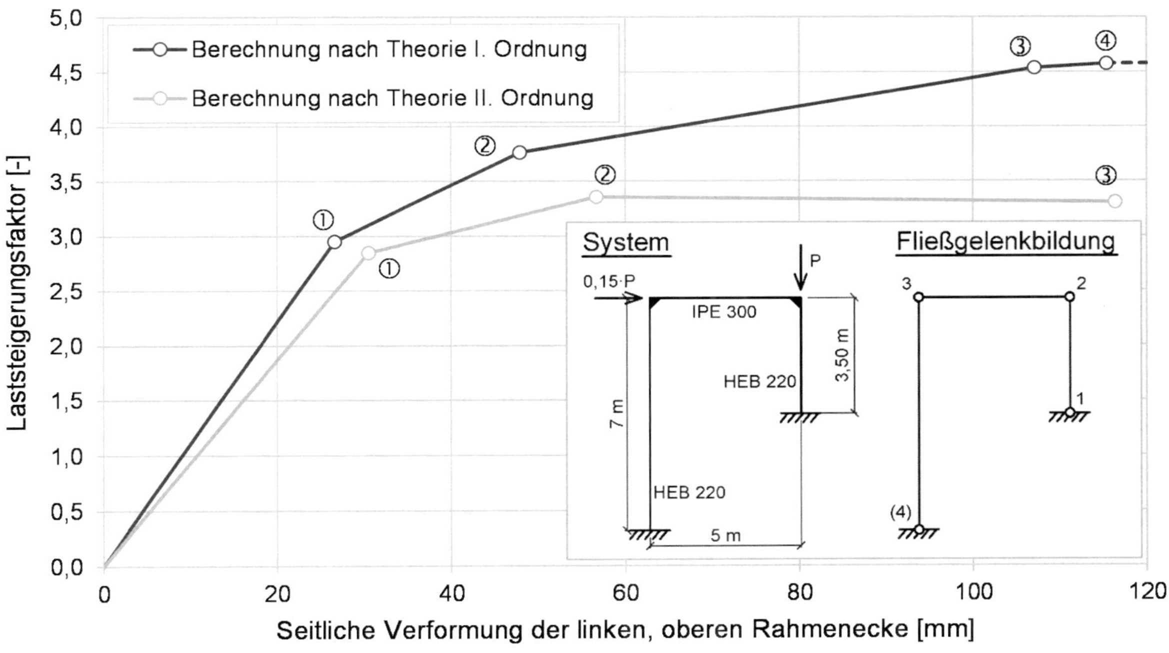

Bild III.5-9: Verformungen für ein Beispiel, das nach Fließgelenktheorie I. und II. Ordnung gerechnet wurde, und im einfach statisch unbestimmten System (also vor der Ausbildung des vorletzten Fließgelenks) versagt

<5> zu 5.2.1(4)B: Vereinfachte Berechnung nach Theorie II. Ordnung für Hallenrahmen

Für verschiebliche Rahmensysteme des Hochbaus, d. h. für Hallenrahmen mit geringer Dachneigung (von maximal 1:2) und Rahmentragwerke des Geschossbaus, gestattet DIN EN 1993-1-1 eine vereinfachte Ermittlung von α_{cr} nach Gleichung (5.2) und Bild 5.1.

Auch wenn diese Beziehung ursprünglich aus der angelsächsischen Tradition zur Ermittlung des sog. *P-Δ-Effektes* kommt, vgl. Erläuterung in [248], kann Gleichung (5.2) auch aus dem *Dischinger*-Faktor nach Gleichung (III.5-7) über das Verhältnis von Ausgangsmoment $M_0 = H_{Ed} \cdot h$ zu Zusatzmoment $\Delta M = V_{Ed} \cdot \delta_{H,Ed}$ hergeleitet werden, siehe auch Gleichung (III.5-8).

$$\alpha_{cr} = \frac{1}{q} = \frac{M_0}{\Delta M} = \frac{H_0}{\Delta H} = \frac{H_{Ed}}{V_{Ed} \cdot \frac{\delta_{H,Ed}}{h}} \tag{III.5-8}$$

Dabei beschreibt ΔH die Summe der Abtriebskräfte, die an der Kopfverformung $\delta_{H,Ed}$ infolge $H_0 = H_{Ed}$ (berechnet nach Theorie I. Ordnung) durch die vertikalen Lasten V_{Ed} erzeugt werden. Während es also gar nicht so wichtig ist, dass H_{Ed} tatsächlich *alle* horizontalen Lasten erfasst ($\delta_{H,Ed}$ und H_{Ed} müssen nur zugehörig zueinander sein, alles andere kürzt sich heraus), sollte V_{Ed} tatsächlich der maßgebenden maximalen Vertikallastkombination, berechnet vielleicht einfacher als Summe der Stützennormalkräfte des Stockwerks, entsprechen.

Die Definition der Horizontallast H_{Ed} hat einige Verwirrung ausgelöst: so hieß es im ursprünglichen englischen Text in EN 1993-1-1:2005: „H_{Ed} is the design value of the horizontal reaction *at the bottom of the storey* to the horizontal loads and fictitious horizontal loads, see 5.3.2(7).“ Durch die Korrigenda wurde dies inzwischen zu „... at the top of the storey ...“ geändert. Der deutsche Text ist durch die parallele Änderung nur bedingt klarer geworden, weil jetzt in der gültigen Fassung von DIN EN 1993-1-1:2010 der ursprüngliche Ausdruck „horizontale Ersatzlasten aus Imperfektionen, siehe 5.3.2(7)“ in „äquivalente Kräfte (Stockwerksschub), siehe 5.3.2(7)“ geändert wurde. Wie erläutert, ist eigentlich nur wichtig, dass H_{Ed} und $\delta_{H,Ed}$ zugehörig sind, also entweder beide die Imperfektionen berücksichtigen oder beide sie nicht mitnehmen.

Eine der Randbedingungen zur Anwendung von DIN EN 1993-1-1, Gleichung (5.2) ist, dass die Riegel- oder Trägernormalkraft keine Rolle spielt. Dies wird gemäß Anmerkung 2B mit Gleichung (5.3) abgefragt. Diese Gleichung entspricht genau der Bedingung b) nach DIN 18800-1, Element (739), vgl. Gleichung (III.5-6b), nur mit umgekehrtem Ungleichheitszeichen. Die Riegel- oder Trägernormalkraft muss also berücksichtigt werden, wenn Gleichung (5.3) erfüllt ist, und sie darf vernachlässigt werden, wenn Gleichung (III.5-6b) zutrifft. Damit wird also für den Riegel bzw. Träger die eigene Stabilitätsgefährdung mit dem 10-%-Kriterium geprüft. Neben dem durch Bild 5.1 beschriebenen und in DIN EN 1993-1-1, Gleichung (5.2) erfassten asymmetrischen Stabilitätsversagen von Rahmen gibt es auch bei entsprechender Geometrie, wie z. B. bei gedrungenen weitgespannten Hallenrahmen, ein durch die Druckkraft im Riegel bzw. Träger initiiertes symmetrisches Stabilitätsversagen, vgl. Bild III.5-10.

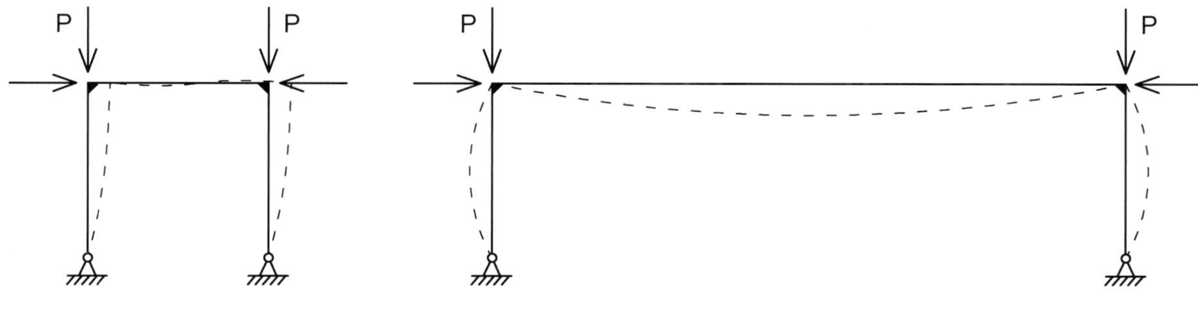

a) Antimetrische Knicklinie b) Symmetrische Knicklinie

Bild III.5-10: Antimetrische und symmetrische Knickbiegelinie für Zweigelenkrahmen

Wenn also eine eigene Stabilitätsgefährdung des Riegels bzw. Trägers existiert, ist diese Gefährdung zum Beispiel mit einer Berechnung nach Theorie II. Ordnung und Imperfektionsannahmen entsprechend der symmetrischen Knickbiegelinie zu untersuchen.

<6> zu 5.2.1(5): Ansatz Querschnittswerte

Werden die Querschnittswerte durch die Wirkung der „mittragenden Breite" infolge der ungleichförmigen Spannungsverteilung aus Schubverzerrung bzw. der „wirksamen Breite" aus örtlichem Plattenbeulen (bei Klasse-4-Querschnitten nach der Querschnittsklassifizierung gemäß Abs. 5.5) wesentlich reduziert, sind diese reduzierten „effektiven" Querschnittswerte auch bei der globalen Tragwerksberechnung zu berücksichtigen. Im Regelfall reagiert die Tragwerksberechnung aber verhältnismäßig unempfindlich auf Steifigkeitsänderungen durch die effektiven Querschnittswerte. Für die mittragende Breite kann der Effekt deshalb mit relativ pauschalen Abminderungswerten berücksichtigt werden. So gestattet DIN EN 1993-1-5, Abs. 2.2(3) z. B. bei Durchlaufträgern in jedem Feld als mittragende Breite auf jeder Stegseite das Minimum aus der vollen geometrischen mittragenden Breite und L/8 anzusetzen, wobei L die Spannweite oder bei Kragarmen die doppelte Kragarmlänge ist. DIN EN 1993-1-5, Abs. 2.2(5) gibt an, dass die Auswirkung des Plattenbeulens bei der statischen Tragwerksberechnung vernachlässigt werden darf, wenn die wirksame Fläche eines unter Druckbeanspruchung stehenden Querschnittsteiles größer als die zugehörige ρ_{lim}-fache Bruttoquerschnittsfläche ist, mit $\rho_{lim} = 0,5$.

Genaue Angaben zur „mittragenden Breite" sind in DIN EN 1993-1-5, Kapitel 3 zu finden. Das Vorgehen zur rechnerischen Abminderung schlanker Querschnittsteile infolge Plattenbeulen durch Längsdruckspannungen zu „wirksamen" Breiten ist in DIN EN 1993-1-5, Kapitel 4 beschrieben. Dort ist in Abs. 4.4 auch erläutert, wie die Abminderungswerte ρ zu bestimmen sind, die dann ggf. mit ρ_{lim} verglichen werden können.

Vergleichsuntersuchungen an schlanken unausgesteiften Trägern von einfachen Verbundbrücken zeigen in [238], dass nur bei hinreichend großer Steifigkeitsveränderung der Einfluss der Abminderung infolge lokalen Beulens auf die Schnittgrößen und die Verformungen berücksichtigt werden muss. So stellt sich für die untersuchten Rahmen und Zweifeldträger eine signifikante Differenz in Größenordnungen über 5 % bei der Schnittgrößenermittlung erst für Veränderungen in der Bauteilsteifigkeit in etwa ab 15 % ein. Für die Verformungsgrößen liegt dieser Schwellenwert in etwa bei 10 %. Bei den Untersuchungen wurden typische

Verbundbrückenquerschnitte im Bauzustand (ohne Betonplatte) und im Endzustand (mit Betonplatte) mit variierenden Stegschlankheiten untersucht, vgl. Bild III.5-11. Auch wenn der Grenzwert ρ_{lim} für den Steg unterschritten wird, zeigen die Ergebnisse auch, dass die Auswirkungen des Plattenbeulens der schlanken Stege auf die Verringerung der Bauteilsteifigkeit mit weniger als 3 % sehr gering, d. h. vernachlässigbar sind. Die wirksamen Breiten sind hierfür also nur für den Tragfähigkeitsnachweis des Querschnitts und nicht bei der Tragwerksberechnung zu berücksichtigen. Tatsächlich ist der Beitrag des Steges zur Gesamtsteifigkeit des Querschnitts meist eher untergeordnet und eine Ausbildung der Flansche als schlanke Klasse-4-Querschnittsteile ist in der Praxis allein aus wirtschaftlichen Gründen wohl nur selten zu finden.

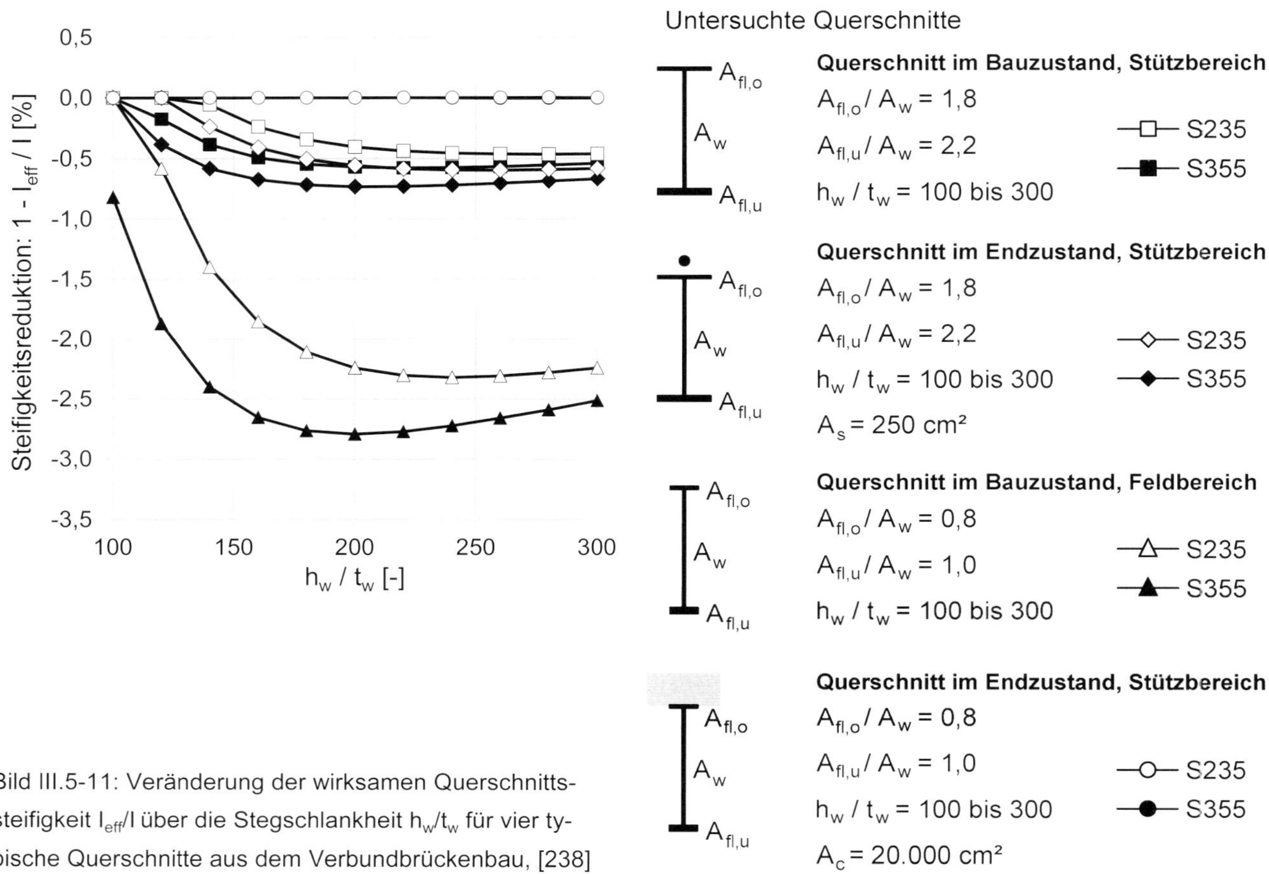

Bild III.5-11: Veränderung der wirksamen Querschnittssteifigkeit I_{eff}/I über die Stegschlankheit h_w/t_w für vier typische Querschnitte aus dem Verbundbrückenbau, [238]

Steifigkeitseinflüsse durch das nichtlineare Materialverhalten (z. B. Reißen des Betons über der Stütze bei Verbundquerschnitten) haben im Unterschied zu den genannten Effekten unter Umständen für die Tragwerksberechnung eine wesentlich größere Bedeutung. Für niedrige Verbundquerschnitte und Slim-Floor-Querschnitte kann es sich in diesem Zusammenhang dann durchaus lohnen, eine eigene verformungsbezogene mittragende Breite zu definieren [124].

<7> zu 5.2.1(6): Schlupf

Einen Hinweis, Schlupf von Verbindungen ggf. zu berücksichtigen, gibt es auch in DIN 18800-1, Element (733) [10]. Die Erläuterungen zu DIN 18800 [192] weisen dazu darauf hin, dass durch Schlupf eventuell zusätzliche Exzentrizitäten zu den planmäßig anzunehmenden Ersatzimperfektionen für stabilitätsgefährdete

Stäbe und damit Abtriebskräfte entstehen können. Auch bei aussteifenden Bauteilen sollte Schlupf möglichst verhindert werden. Mit Ausnahme von solchen Sonderfällen muss auch nach Meinung der Autoren in [192] die Wirkung von Schlupf im Allgemeinen nicht berücksichtigt werden, weil durch kleine Verformungen in den Anschlüssen zum Beispiel im Stützquerschnitt eines Durchlaufträgers es zwar zu Momentenumlagerungen, also Veränderungen des Schnittgrößenverlaufs, kommen kann, diese aber meist durch die Plastizierungsfähigkeit und Duktilität von Stahlquerschnitten verträglich sind. Für die rechnerische Berücksichtigung von Schlupf in Schraubenverbindungen unter Schub stellt [192] bei den Erläuterungen zu Element (737) Last-Verformungs-Diagramme zur Verfügung.

III.5.2.2 Stabilität von Tragwerken

<1> Allgemeines

Wenn der Einfluss der Verformungen berücksichtigt werden muss, also das Kriterium nach DIN EN 1993-1-1, Gleichung (5.1) bzw. die Alternativen (Gleichungen (III.5-6a) bis (III.5-6c)) nicht erfüllt sind, muss die Stabilität des Tragwerks untersucht werden. Es müssen also die Effekte Theorie II. Ordnung und die Auswirkungen von Imperfektionen, vgl. DIN EN 1993-1-1, Abs. 5.3, bei den Nachweisen vor allem im Grenzzustand der Tragfähigkeit nach DIN EN 1993-1-1, Kapitel 6 berücksichtigt werden.

Je nach Umfang und Art der Berücksichtigung von Tragwerksverformungen gemäß Theorie II. Ordnung und Imperfektionen werden in DIN EN 1993-1-1, Abs. 5.2.2(3) drei Methoden unterschieden, die wahlweise eingesetzt werden dürfen:

a) Eine vollständige Berechnung der Schnittgrößen nach Theorie II. Ordnung einschließlich der Berücksichtigung aller globalen und lokalen Ersatzimperfektionen.

b) Eine Berechnung des Gesamttragwerks nach Theorie II. Ordnung mit Ansatz der globalen Ersatzimperfektionen und Bauteilnachweis für die einzelnen Stäbe für Biegedrillknicken und ggf. Biegeknicken nach DIN EN 1993-1-1, Abs. 6.3 mit den Stabendschnittgrößen nach Theorie II. Ordnung aus der Gesamttragwerksberechnung.

c) Für einfache Systeme durch Bauteilnachweise nach DIN EN 1993-1-1, Abs. 6.3 gemäß dem Ersatzstabverfahren unter Berücksichtigung von Knicklängen entsprechend dem Gesamttragwerksverhalten.

Die Vorgehensweise nach diesen drei Methoden gemäß DIN EN 1993-1-1, Abs. 5.2.2(7) und Abs. 5.2.2(8) soll anhand eines Beispiels, siehe Bild III.5-12, erläutert werden, vgl. auch [112], [152].

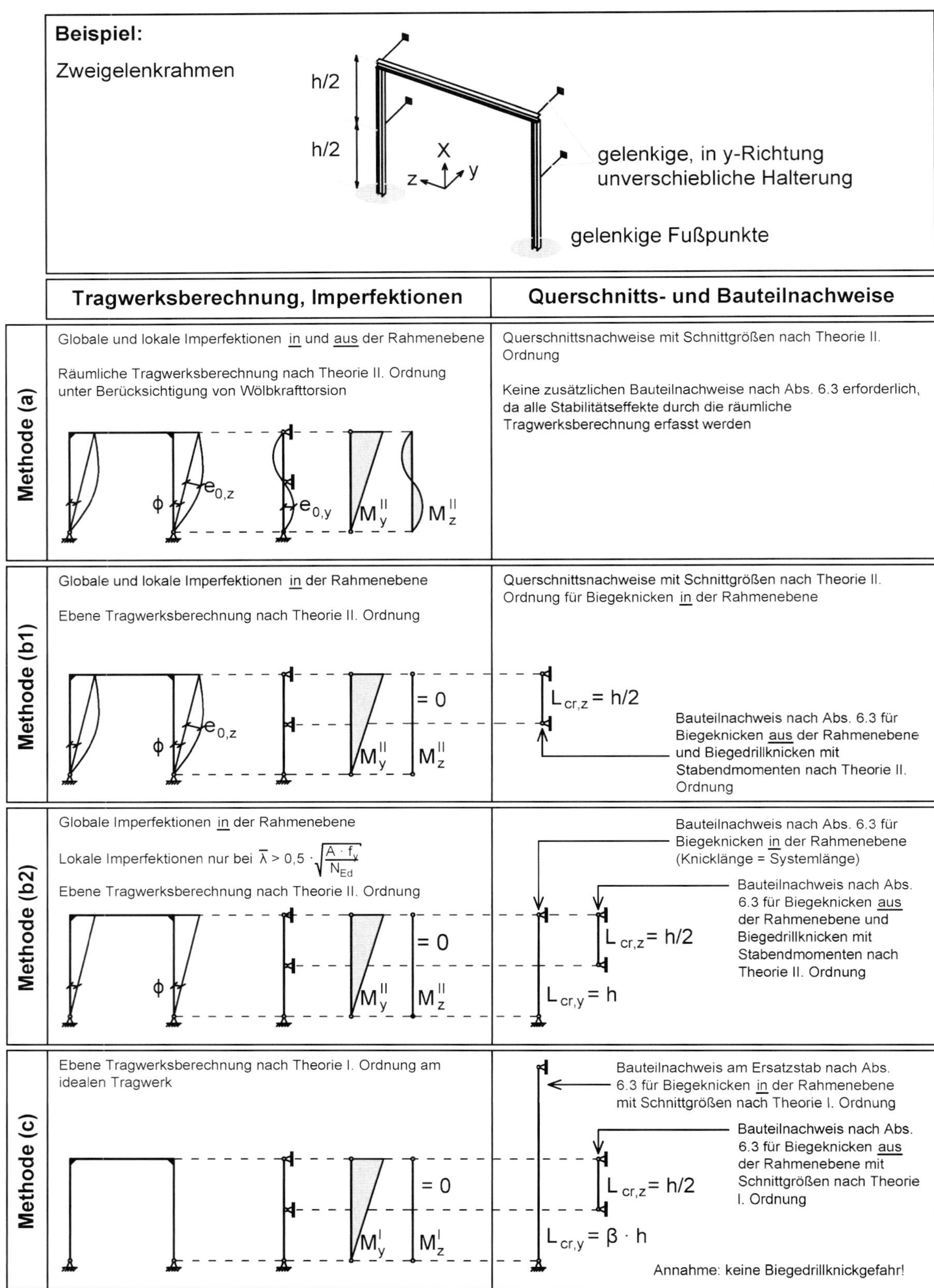

Bild III.5-12: Anwendung der drei Methoden des Stabilitätsnachweises am Beispiel eines Hallenrahmens [152]

<2> zu 5.2.2(7): Methode (a)

Methode (a) sieht eine ggf. räumliche Tragwerksberechnung nach Theorie II. Ordnung mit räumlichem Ansatz aus globalen und lokalen Ersatzimperfektionen vor. In diesem Fall sind nur Querschnittsnachweise nach DIN EN 1993-1-1, Abs. 6.2 erforderlich, da durch die räumliche Berechnung nach Theorie II. Ordnung und den räumlichen Imperfektionsansatz alle Stabilitätseffekte abgedeckt werden. Um das Biegedrillknicken in der räumlichen Tragwerksberechnung mit abzubilden, bedarf es aber einer Schnittgrößenermittlung nach geometrisch nichtlinearer Biegetorsionstheorie unter Berücksichtigung der Wölbkrafttorsion. Es sei denn, durch die Wahl von „verdrehsteifen" Querschnitten, siehe DIN EN 1993-1-1, Abs. 6.3.3(1), siehe auch Abs. III.6.3.3<3.2>, oder durch die Ausbildung einer entsprechenden Aussteifung, vgl. z. B. Angaben in DIN EN 1993-1-1, Anhang BB.2, siehe auch Abs. III.BB.2, ist Biegedrillknickversagen ausgeschlossen.

<3> zu 5.2.2(7): Methode (b)

Die Methode (b) kann auf zwei Arten angewendet werden. Wird die Tragwerksberechnung nach Theorie II. Ordnung unter Ansatz der globalen und lokalen Ersatzimperfektionen auf die Tragwerksebene beschränkt, so ist das Biegeknicken in der Tragwerksebene durch die Querschnittsnachweise abgedeckt – das ist dann Methode (b1). Lediglich für das Biegeknicken aus der Tragwerksebene und das Biegedrillknicken bedarf es dann eines Bauteilnachweises nach DIN EN 1993-1-1, Abs. 6.3 unter Berücksichtigung der Stabendschnittgrößen aus der Rahmenberechnung nach Theorie II. Ordnung.

Bei Methode (b2) wird nur die globale Imperfektion, z. B. die Schiefstellung (Vorverdrehung) des Rahmens in Bild III.5-12, angesetzt und damit werden die Schnittgrößen nach Theorie II. Ordnung in der Tragwerksebene berechnet. Die Nachweise für die Stabilität der Einzelstäbe sowohl in als auch aus der Tragwerksebene erfolgen als Bauteilnachweise nach DIN EN 1993-1-1, Abs. 6.3 unter Berücksichtigung der Stabendschnittgrößen aus der Rahmenberechnung nach Theorie II. Ordnung. Der Verzicht auf den Ansatz der lokalen Ersatzimperfektionen bei der Schnittgrößenermittlung nach Theorie II. Ordnung nach Methode (b2) ist zulässig, da diese vom Nachweis nach DIN EN 1993-1-1, Abs. 6.3 berücksichtigt werden. Es sei aber darauf hingewiesen, dass in Einzelfällen ungeachtet dessen trotzdem der Ansatz lokaler Ersatzimperfektionen (Stabvorkrümmungen) in der Berechnung des Gesamttragwerks erforderlich sein kann, wenn Tragwerke besonders empfindlich auf Vorkrümmungen reagieren. Eine solche Empfindlichkeit liegt dann vor, wenn die Größe der Stabendschnittgrößen, die Ausgangspunkt des sich anschließenden Stabilitätsnachweises des Einzelstabs sind, durch den Ansatz der Vorkrümmungen signifikant verändert wird, vgl. DIN EN 1993-1-1, Abs. 5.3.2(6) und Gleichung (5.8).

Für den Nachweis nach DIN EN 1993-1-1, Abs. 6.3 sollte auf eine Berücksichtigung der Knicklänge in der Ebene mit einer Länge kleiner als Systemhöhe verzichtet werden, da schon die Ermittlung der globalen Schnittgrößen am Tragwerk in der Ebene gewisse Einspanneffekte berücksichtigt. Das Modalverb „darf" ist hier missverständlich.

Für das Biegedrillknicken und das Biegeknicken aus der Ebene ist der Ansatz, die Knicklänge der Systemlänge gleichzusetzen, unter Umständen z. B. bei Vorhandensein seitlicher Abstützungen tatsächlich konservativ, vgl. Beispiel in Bild III.5-12, hier ist also das Wort „darf" gerechtfertigt.

<4> zu 5.2.2(8): Methode (c)

Die Methode (c) entspricht dem klassischen Ersatzstabverfahren, vgl. [217]. Die Knicklängen des Einzelstabes in und aus der Ebene sind für die maßgebende Druckkraftverteilung aus der Knickfigur des Gesamtsystems abzuleiten. Hierbei sind die Steifigkeiten der Bauteile (z. B. mehrteilige Stäbe), der Verbindungen (nach DIN EN 1993-1-8, Abs. 6.3) und die Ausbildung von Fließgelenken zu berücksichtigen. Der Ersatzstabnachweis kann anschließend als Bauteilnachweis nach DIN EN 1993-1-1, Abs. 6.3 für Biegeknicken mit den Schnittgrößen nach Theorie I. Ordnung, die am idealen Tragwerk ohne Ansatz von Ersatzimperfektionen ermittelt wurden, geführt werden, da durch die Berücksichtigung der Systemknicklängen indirekt bereits der Momentenzuwachs nach Theorie II. Ordnung und die Wirkung der Ersatzimperfektionen erfasst sind. Für den Nachweis des Biegedrillknickens als Bauteilnachweis nach DIN EN 1993-1-1, Abs. 6.3 sind allerdings auch bei dieser Methode die Stabendschnittgrößen nach Theorie II. Ordnung erforderlich, die ggf. abgeschätzt werden müssen. Es sei denn, durch die Wahl von „verdrehsteifen“ Querschnitten, siehe DIN EN 1993-1-1, Abs. 6.3.3(1), siehe auch Abs. III.6.3.3<3.2>, oder durch die Ausbildung einer entsprechenden Aussteifung, vgl. zum Beispiel Angaben in DIN EN 1993-1-1, Anhang BB.2, siehe auch Abs. III.BB.2, ist Biegedrillknickversagen ausgeschlossen.

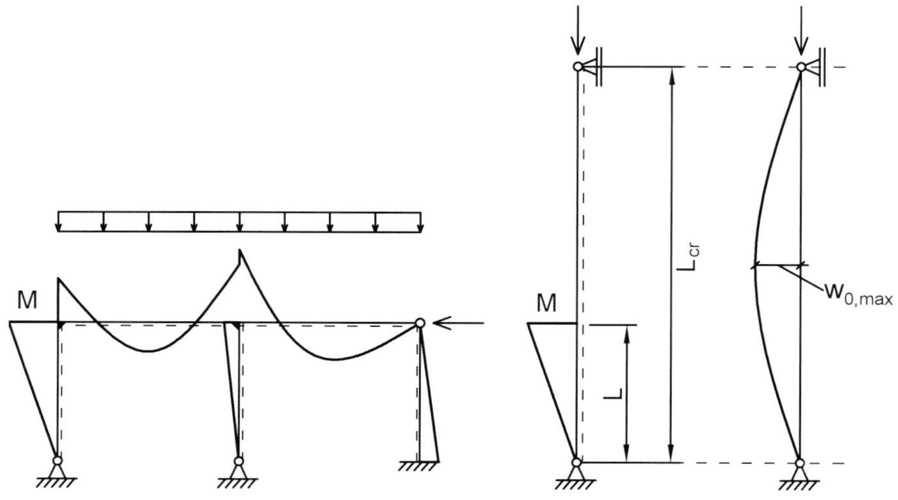

Bild III.5-13: Ersatzstabnachweis am Beispiel eines verschieblichen Rahmensystems

Für verschiebliche Systeme ist der Ersatzstabnachweis eher etwas konservativ im Vergleich zum Nachweis nach Theorie II. Ordnung, weil die fiktive Nachweisstelle in Stabmitte außerhalb des tatsächlichen Stabes liegt, vgl. Bild III.5-13. Für unverschiebliche Systeme mit einer Knicklänge $L_{cr} \leq L$ ist die indirekt im Verfahren berücksichtigte Annahme der Vorverformung auch auf die kleine Knicklänge bezogen und damit geringer als die pauschale Annahme zum Beispiel entsprechend DIN EN 1993-1-1, Tabelle 5.1 mit Bezug auf die Stablänge. Vergleichende Untersuchungen für einfache Systeme mit genauen Traglastberechnungen, siehe [219], für das Ersatzstabverfahren nach DIN 18800-2 [12] sowie [158] für die Ersatzstabnachweis nach DIN EN 1993-1-1, Abs. 6.3 und Anhang B haben die Anwendbarkeit auch für diese Systeme nachgewiesen, vgl. auch [94].

Allerdings stellt sich die Frage der Nachweisstelle und des Momentenverlaufs bei Berücksichtigung der planmäßigen Biegemomente. Hier ist gemäß dem vereinfachenden Charakter der Nachweisform immer das maximale Moment M nach Theorie I. Ordnung im betrachteten Stababschnitt zu wählen, vgl. Bild III.5-13. Für die Festlegung der sich über die Ersatzstablänge erstreckenden Momentenverteilung gibt der Österreichische Nationale Anhang zu EN 1993-1-1 [59] den folgenden Hinweis. Wenn die Wendepunkte der Knickfigur und jene der Biegeverformung zusammenfallen und das maximale Moment innerhalb der Ersatzstablänge liegt, dann darf der C_m-Wert (nach DIN EN 1993-1-1, Anhang B, siehe auch Tabelle III.B-4) auf Grundlage dieser Momentenverteilung bestimmt werden. Andernfalls ist das maximale Moment und C_m = 0,9 anzusetzen, vgl. Bild III.5-14.

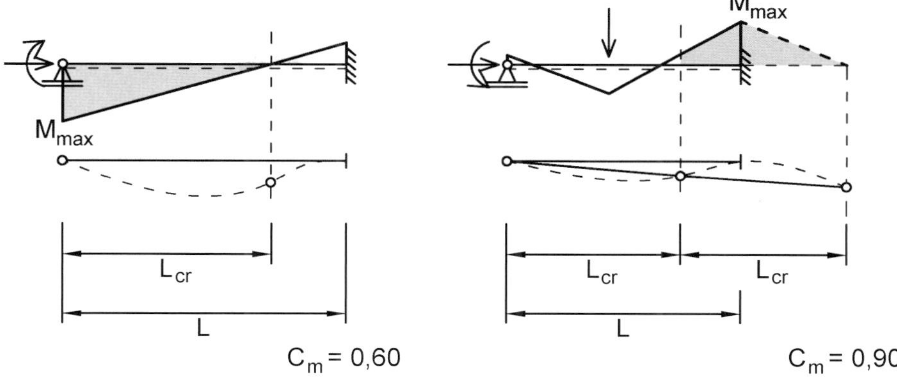

Bild III.5-14: Momentenbeiwert C_m für Ersatzstabnachweis gemäß DIN EN 1993-1-1, Abs. 6.3 und Anhang B

<5> zu NDP zu 5.2.2(8) Anmerkung: Anwendung des Ersatzstabverfahrens (Methode (c))

Bei der Anwendung des Bauteilnachweises nach DIN EN 1993-1-1 als Ersatzstabnachweis mit Systemknicklängen ist zu beachten, dass zwar mit Schnittgrößen nach Theorie I. Ordnung bemessen wird, dass aber in der Realität die in der Regel größeren Schnittgrößen und Verformungen nach Theorie II. Ordnung im Tragwerk entstehen. Die größeren Schnittgrößen und Verformungen sind besonders bei der Bemessung der Anschlüsse zu den anschließenden quasi normalkraftfreien Stäben wie Rahmenriegeln oder Fundamenten zu beachten. Die tatsächlich auftretenden Anschlussschnittgrößen nach Theorie II. Ordnung sind entweder näherungsweise abzuschätzen oder durch die Annahme von Größtwerten wie die durch die Querschnitte vorgegebenen plastischen Grenzschnittgrößen abzudecken.

Im Gegensatz zu DIN 18800-2 [12], wo explizit in den Elementen (305), (317) und (318) auf diesen Umstand hingewiesen wird, formuliert DIN EN 1993-1-1, Abs. 5.2.2(8) diesen Hinweis nur indirekt. Gleiches gilt für die Berücksichtigung zusätzlicher Einflüsse aus abtreibenden Pendelstützen, die in DIN 18800-2, Element (525) [12] geregelt wurden. Aus diesem Grund ergänzt der Nationale Anhang die dem Anwender aus DIN 18800 bekannten Regeln, vgl. Bild III.5-15. Diese Hinweise sind exemplarisch gegeben und nicht vollständig. Bei dem Rahmensystem finden nur die planmäßige Biegewirkung und die Imperfektion des betrachteten Stabes im Ersatzstabnachweis indirekt Berücksichtigung und nicht der Zusatzeffekt aus der Schiefstellung der Pendelstützen. Gleichermaßen kann es notwendig sein, auch andere Verformungen durch anschließende Bauteile, wie die Zwangsverdrehung der elastisch in einen Riegel eingespannte Stütze nach Bild III.5-16, als Zusatzbeanspruchung im Nachweis zu erfassen, vgl. [219].

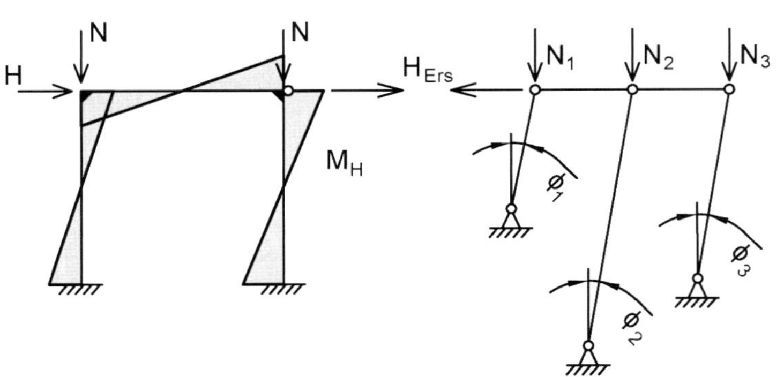

Bild III.5-15: Zusätzliche abtreibende Stockwerksquerkraft nach DIN EN 1993-1-1/NA, Gleichung (NA.2) bei Anwendung des Ersatzstabnachweises für Rahmensysteme mit Pendelstützen

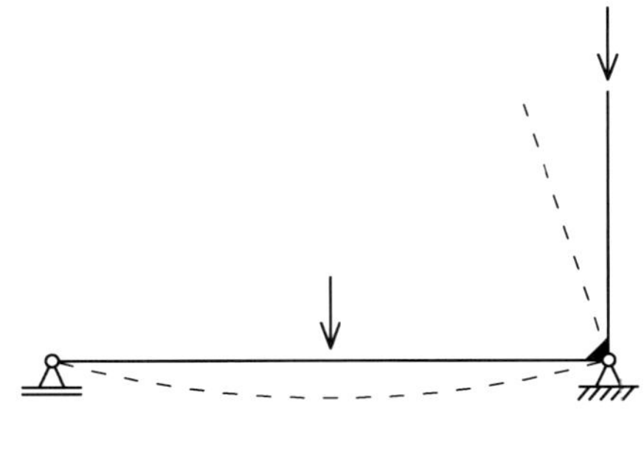

Bild III.5-16: Zusätzliche Abtriebskraft für elastisch eingespannte Stütze durch Riegelverformung

Eine interessante Anwendung für das Ersatzstabverfahren sind Druckstäbe mit veränderlichem Querschnitt und/oder veränderlicher Normalkraft, siehe auch Hinweis in DIN EN 1993-1-1/NA, als NCI zu 6.3.1.1(1). Dabei müssen u. U. mehrere Stellen untersucht werden, jeweils mit der zu dieser Stelle gehörigen Normalkraft, Steifigkeit EI und Knicklast N_{cr}. Für solche Systeme lässt sich nach Tabellenwerken [215] oder mit geeigneten Programmsystemen der Verzweigungslastfaktor α_{cr} (vgl. auch Erläuterung zu DIN EN 1993-1-1, Gleichung (5.1)) bestimmen und damit für jeden Stababschnitt i mit der zugehörigen Normalkraft N_i auch die entsprechende lokale Verzweigungslast $N_{cr,i}$, bzw. Knicklänge herleiten, vgl. Gleichung (III.5-9).

$$\alpha_{cr} = \frac{N_{cr,i}}{N_i} \tag{III.5-9}$$

DIN 18800-2, Elemente (305) und (316) fordern zusätzlich zum normalen Ersatzstabnachweis die Einhaltung bestimmter Grenzbedingungen, siehe Gleichungen (III.5-10) und (III.5-11), wohl, um extreme Situationen auszuschließen.

$$\alpha_{cr} = 1{,}2 \tag{III.5-10}$$

und

$$\min M_{pl} \geq 0{,}05 \cdot \max M_{pl} \tag{III.5-11}$$

Es ist sinnvoll, diese Zusatzbedingungen auch bei den Nachweisen nach DIN EN 1993-1-1 einzuhalten.

<6> zu 5.2.2(4)B, (5)B und (6)B: Näherungsverfahren nach Theorie II. Ordnung

Für die Berechnung von Schnittgrößen nach Theorie II. Ordnung stehen heute die verschiedensten Möglichkeiten wie Tabellenwerke und Programmsysteme zur Verfügung. Trotzdem können auch die traditionellen Näherungsverfahren wie das Verfahren mit dem *Dischinger*-Faktor, vgl. Hinweise zu Abs. 5.2.1(3) (hier Abs. III.5.2.1<2> bis III.5.2.1<4>), auch heute noch nützlich sein. DIN EN 1993-1-1 verweist mit Gleichung (5.4) darauf. Hier ist in erster Linie an die für den Hochbau in Abs. 5.2.1(4)B erläuterte

Anwendung für seitlich verschiebliche Hallenrahmen und Rahmentragwerke des Geschossbaus gedacht. Grundsätzlich gilt die Näherung aber für alle Systeme, bei denen Biegelinie und Knickbiegelinie zumindest näherungsweise affin sind. Eine Obergrenze von $\alpha_{cr} < 3{,}0$ – äquivalent zu einem Steigerungsfaktor zwischen Beanspruchungen Theorie I. und II. Ordnung von $q = 1/(1-\alpha_{cr}^{-1}) = 1{,}5$ – begrenzt den zulässigen Anwendungsbereich dieses Näherungsverfahrens.

III.5.3 Imperfektionen

III.5.3.1 Grundlagen

Vergleichbar mit der Vorgehensweise in DIN 18800 sind bei der Tragwerksberechnung sowohl strukturelle Imperfektionen (z. B. Eigenspannungen, ungleichmäßige Verteilung der Streckgrenze etc.) als auch geometrische Imperfektionen (z. B. Schiefstellungen, Vorkrümmungen, kleine Abweichungen in Passung und zentrischer Lasteinleitung bei Anschlüssen) zu berücksichtigen. Diese Ansätze dienen dazu, unvermeidbare „Ungenauigkeiten“ zu berücksichtigen. Echte Fehler der Konstruktion oder der Herstellung (z. B. Verwechslung von Materialdicken oder Materialgüten) werden damit nicht abgedeckt und können insofern auch nicht durch den Ansatz von Imperfektionen „entschuldigt“ werden.

DIN 18800-2, Element (202) enthält in Anmerkung 2 noch eine etwas genauere Beschreibung, welche Einflüsse die Imperfektionen berücksichtigen und welche nicht enthalten sind, die wohl so auch auf die Situation in DIN EN 1993-1-1 übertragbar ist. So wird explizit darauf hingewiesen, dass für die Anwendung der Fließgelenktheorie bei den entsprechenden Ansätzen der Imperfektionen für die plastische Bemessung auch die Ausbildung von Fließzonen und die dadurch vergrößerten Verformungen erfasst werden. Andererseits sind aber Einflüsse von nachgiebigen Verbindungen und Anschlüssen (vgl. hierzu DIN EN 1993-1-8, Abs. 6.3), Schubverformungen oder auch Fundamentsetzungen u. Ä. gesondert zu berücksichtigen, wenn sie eine relevante Größenordnung haben.

Der Hinweis auf die grundlegenden Toleranzen nach DIN EN 1090-2 ist erst mit den Korrigenda von 2009 hinzugefügt worden, weil sich so die ursprünglich etwas unbestimmt gehaltenen geometrischen Abweichungen konkretisieren lassen. Es liegt nahe, dass der Hinweis sich nicht nur auf die Anschlüsse oder Verbindungen bezieht, sondern zusätzlich auch übergroße allgemeine Abweichungen von Profilhöhe, -breite, Blechebenheit oder Stabkrümmung und Schiefstellung usw. betrifft, vgl. Listen in DIN EN 1090-2, Anhang D [18]. In DIN EN 1090-2, Abs. 11.1 wird zwischen zwei Gruppen von Toleranzen unterschieden. Die „grundlegenden Toleranzen“ betreffen Eigenschaften, die für die mechanische Beanspruchbarkeit und die Standsicherheit des fertigen Tragwerks unverzichtbar sind. Die „ergänzenden Toleranzen“ sind zur Erfüllung anderer Kriterien, wie z. B. Montierbarkeit, Funktionssicherung oder Aussehen, erforderlich. DIN EN 1090-2, Abs. 11.2.1 erlaubt in bestimmten Fällen, dass eine nicht korrigierte Abweichung einer grundlegenden Toleranz anhand der Tragwerksbemessung gerechtfertigt werden kann, wenn die übermäßige Abweichung durch eine Neuberechnung explizit berücksichtigt wird. Ansonsten muss die Abweichung korrigiert werden. Es wird also davon ausgegangen, dass die grundlegenden Toleranzen durch die vorgegebenen Imperfektionen der Bemessung erfasst sind und darüber hinausgehende Abweichungen ggf. als Zusatzimperfektionen nachgewiesen werden müssen. Obwohl hier vergleichsweise klar ein Zusammenhang zwischen Toleranzen und Imperfektionen hergestellt wird, sind die tatsächlichen Zusammenhänge erst in jüngerer Zeit wieder Gegenstand von Untersuchungen gewesen, die noch nicht vollständig abgeschlossen sind, siehe [121] und [235].

Da sich die geometrischen Imperfektionen einfacher in einer Tragwerksberechnung abbilden lassen als z. B. Eigenspannungen, werden die geometrischen und strukturellen Imperfektionen in der Regel zu „äquivalenten geometrischen Ersatzimperfektionen" – im Allgemeinen kurz als Ersatzimperfektionen bezeichnet – umgewandelt, die die gleiche Wirkung zeigen. Diese Äquivalenz wird im Allgemeinen anhand von genauen Traglastberechnungen nachgewiesen, also Berechnungen nach der Fließzonentheorie unter Ansatz von Eigenspannungen und einer geometrischen Vorverformung, zum Beispiel von einer Vorkrümmung mit dem Stich von L/1000 bei einfachen seitlich gehaltenen Stäben. Die Ergebnisse werden mit Berechnungen nach der Fließgelenktheorie unter Ansatz der erhöhten geometrischen Ersatzimperfektion mit dem Ziel der Übereinstimmung der Grenzlasten verglichen.

Da den meisten Anwendern nur diese höheren Ersatzimperfektionen als Vorgaben bekannt sind, liegt die Idee nahe, die am Bauwerk gemessenen Abweichungen mit diesen Ersatzimperfektionen zu vergleichen und Tragsicherheitsreserven zu identifizieren, die zum Beispiel für die Kompensation der angesprochenen Toleranzabweichungen genutzt werden können. Dies ist nicht zulässig, weil so die mitunter wesentlichen strukturellen Imperfektionen vernachlässigt werden. Vergleiche dieser Art sind nur mit den tatsächlichen geometrischen Anteilen der Ersatzimperfektionen möglich, also zum Beispiel für die Stabvorkrümmung mit dem Stich von L/1000.

Es werden drei Situationen unterschieden, in denen Imperfektionen anzunehmen sind:

a) Imperfektionen für die globale Tragwerksberechnung gemäß den Ansätzen in DIN EN 1993-1-1, Abs. 5.3.2 mit Schiefstellungen für verschiebliche Systeme und Vorkrümmungen für Stäbe und Stabtragwerke mit unverschieblichen Knotenpunkten.

b) Imperfektionen für aussteifende Tragwerksteile, das können Horizontalverbände im Dach, aber auch Rahmen- oder Fachwerkkonstruktionen zur vertikalen Aussteifung sein, vgl. DIN EN 1993-1-1, Abs. 5.3.3.

c) Bauteilimperfektionen entsprechend DIN EN 1993-1-1, Abs. 5.3.4 für den lokalen (örtlichen) Stabilitätsnachweis, wenn dieser nicht durch den Bauteil- oder Ersatzstabnachweis nach DIN EN 1993-1-1, Abs. 6.3 geführt wird, vgl. hierzu die Erläuterungen zu Methoden (b) und (c) in DIN EN 1993-1-1, Abs. 5.2.2(3), vgl. Abs. III.5.2.2<1>.

III.5.3.2 Imperfektionen für die Tragwerksberechnung

<1> zu 5.3.2(1) und (2): Ansatz von Imperfektionen

Die Annahme der Imperfektion in Anlehnung an die zum kleinsten Eigenwert gehörende Knickfigur führt im Regelfall zur ungünstigsten Beanspruchung. Die Annahme der Biegeverformung als Imperfektionsform kann dagegen zu unsicheren Ergebnissen führen, vgl. Hinweise zum „Spannungsproblem mit Verzweigungspunkt" in [217]. Bild III.5-17 zeigt als Beispiel den bekannten „Zimmermannstab", dessen Biegeverformung zur zweiten Eigenform affin ist und dessen Last-Verformungs-Kurve sich bei Laststeigerung dem höheren

Eigenwert annähert, bis bei Erreichen des ersten Eigenwertes plötzlich Stabilitätsversagen eintritt. Eine Imperfektionsannahme für diesen Stab sollte also unbedingt die erste Eigenform enthalten, um diesen maßgebenden Versagenszustand zu erfassen.

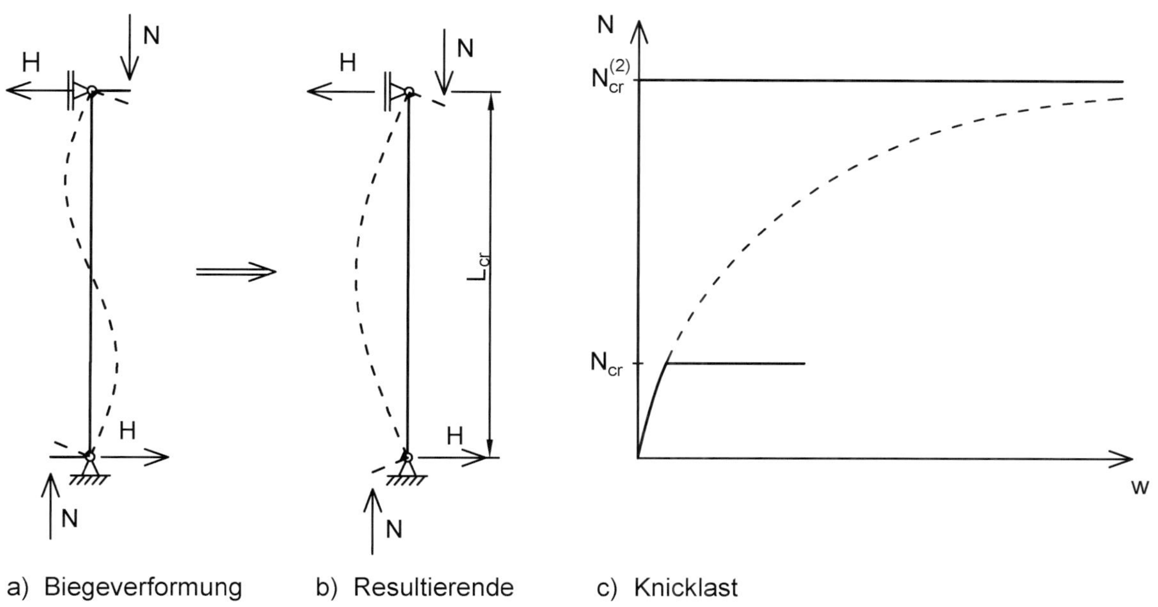

Bild III.5-17: „Zimmermannstab“ mit a) Biegeverformung, b) Knickbiegelinie, c) Lastverformungskurve mit Eigenwerten

Die Imperfektion kann aus der entsprechenden maßgebenden Eigenform hergeleitet werden, sie muss aber nicht unbedingt völlig affin dazu sein. So ist es üblich, dass die Imperfektionsform auch bei eingespannten Stäben an den Einspannstellen Knickwinkel aufweist. Oder es werden Parabeln angenommen, statt Sinusformen, wie sie theoretisch genau für die Knickbiegelinien gelten. Wichtig ist nur, dass die wesentlichen Charakteristika der maßgebenden Knickbiegelinie wie Richtung und Knotenpunkte sich in der Imperfektion wiederfinden.

Die Tragwerke sind ggf. räumlich zu untersuchen. Das heißt, dass es Imperfektionsannahmen sowohl in als auch aus der Tragwerksebene gibt. Diese können sich wegen der Querschnittsrichtung und der Randbedingungen durch Aussteifungen usw. unterscheiden. Es muss i. Allg. jeweils nur die Imperfektion in einer Richtung (in oder aus der Ebene) angesetzt werden, aber es kann erforderlich sein, mehrere Imperfektionsannahmen zu untersuchen, um tatsächlich die ungünstigste Situation zu identifizieren, vgl. DIN EN 1993-1-1, Abs. 5.3.2(8).

Bild III.5-18 enthält ein Ablaufdiagramm zur Wahl der Imperfektionen. Zunächst wird nach DIN EN 1993-1-1, Abs. 5.2.1 entschieden, ob überhaupt Einflüsse von Tragwerksverformungen zu berücksichtigen sind, ob also gemäß Abfrage in DIN EN 1993-1-1, Gleichung (5.1) eine Stabilitätsgefährdung vorliegt oder nicht. Im nächsten Schritt muss für stabilitätsgefährdete Tragwerke eine Entscheidung bezüglich der Methode der Nachweisführung getroffen werden, siehe auch Abs. III.5.2.2. Im Fall der Entscheidung für Methode (c) (Ersatzstabverfahren) ist keine Annahme von Ersatzimperfektionen erforderlich und die Nachweise werden nach DIN EN 1993-1-1, Abs. 6.3 mit Schnittgrößen nach Theorie I. Ordnung auf Basis von

Systemknicklängen geführt, vgl. Abs. III.5.2.2<4>. Für die Nachweisführung gemäß Methode (a) oder (b) sind Ersatzimperfektionen anzunehmen, so dass sich als Nächstes die Frage nach der Art der Imperfektionsannahme stellt: Schiefstellung oder Vorkrümmung oder beides. Für Tragwerke, die beim Ausknicken eine seitliche Verschiebung erfahren, ist ggf. eine Anfangsschiefstellung ϕ nach DIN EN 1993-1-1, Abs. 5.3.2(3) und Gleichung (5.5) anzusetzen.

<2> zu 5.3.2(4)B: große planmäßige Horizontallasten

Gemäß Gleichung (5.7) dürfen bei großen planmäßigen Horizontallasten die Anfangsschiefstellungen vernachlässigt werden. Diese Regelung greift die Erfahrung bei üblichen Hochbauten wie Rahmentragwerken auf, dass bei überwiegender planmäßiger Biegebeanspruchung der Einfluss der Ersatzimperfektionen gering ist. Bei einem Ansatz für die planmäßige Horizontallast von mehr als 15 % der Vertikallast und der Schiefstellung von 1/200, wie sie gemäß Gleichung (5.5) maximal anzusetzen ist, macht diese Vernachlässigung etwa 3 % aus.

<3> zu 5.3.2(6), Gl. (5.8): gleichzeitiger Ansatz von Schiefstellung und Vorkrümmung

Für die Methode (b) ist normalerweise der Effekt der Theorie II. Ordnung am Einzelstab (und damit auch die zugehörige Vorkrümmung e_0 nach Gleichung (5.8)) durch den Knicknachweis nach DIN EN 1993-1-1, Abs. 6.3 erfasst, vgl. Abs. III.5.2.2<2> und III.5.2.2<3>. Bei Tragwerken, die empfindlich auf Verformungen reagieren, siehe Abs. 5.2.1(3) und Kriterium nach Gleichung (5.1) oder vergleichbare Kriterien nach Gleichungen (III.5-6a) bis (III.5-6c), sind in der Regel für jedes Bauteil mit Druckbeanspruchung zusätzlich lokale (örtliche) Vorkrümmungen anzusetzen, wenn mindestens ein Bauteilende eingespannt bzw. biegesteif verbunden ist und das Kriterium nach Gleichung (5.8) erfüllt ist. Hiermit wird auch die Erhöhung der Stabendschnittgröße durch eine Systemberechnung nach Theorie II. Ordnung unter Ansatz der Vorkrümmung des Stabes erfasst. Das Kriterium nach Gleichung (5.8) entspricht näherungsweise für den Fall Knicklänge L_{cr} gleich Bauteillänge L (also $L_{cr} = L$) dem Stabkennzahl-Kriterium aus DIN 18800-2, Element (207), Gleichung (11). Dieses legt fest, wann zusätzlich zu einer Schiefstellung auch noch eine lokale Stabvorkrümmung anzusetzen ist. Ähnlich wie in der bisherigen Praxis trifft das auch hier nur auf sehr schlanke Einzelstäbe zu.

Während nach DIN 18800-1, Elemente (729)f. auch eine (reduzierte) Anfangsschiefstellung für Tragwerke anzunehmen war, die auf Basis von Schnittgrößen nach Theorie I. Ordnung zu bemessen sind, ist dies in DIN EN 1993-1-1 nicht so explizit gefordert. In einer Note zur Umwandlung von ENV 1993-1-1 zu EN 1993-1-1 des damaligen Vorsitzenden des maßgebenden europäischen Gremiums TC 250/SC 3, vgl. [78], wurde ursprünglich die Berücksichtigung der globalen Ersatzimperfektionen auch für Systeme gefordert, für die eine Berechnung nach Theorie I. Ordnung zulässig ist, wenn dieser Effekt eine Schnittgrößensteigerung von mehr als 10 % bewirkt. Nun sind nur wenige Systeme vorstellbar, bei denen dieses Kriterium zutrifft, so dass am Ende darauf verzichtet wurde, eine solche zusätzliche Abfrage zu formulieren. Tatsächlich weist aber auch schon DIN 18800-1, Element (732) auf Stabwerke mit geringer Horizontallast hin, die keiner Windbelastung ausgesetzt sind und deshalb mit erhöhter Anfangsschiefstellung zu berechnen sind. Dies sind zum Beispiel sogenannte Haus-in-Haus-Konstruktionen. In diesen Fällen sollte, selbst wenn das Tragwerk gemäß DIN EN 1993-1-1, Abs. 5.2.1(3) und Kriterium nach Gleichung (5.1) nicht stabilitätsgefährdet ist, auch bei der Berechnung nach DIN EN 1993-1-1 die Anfangsschiefstellung nach Gleichung (5.5) berücksichtigt werden. Dabei bleibt es natürlich trotzdem bei einer Schnittgrößenermittlung nach Theorie I. Ordnung und dem entsprechenden Querschnittsnachweis, vgl. Bild III.5-18.

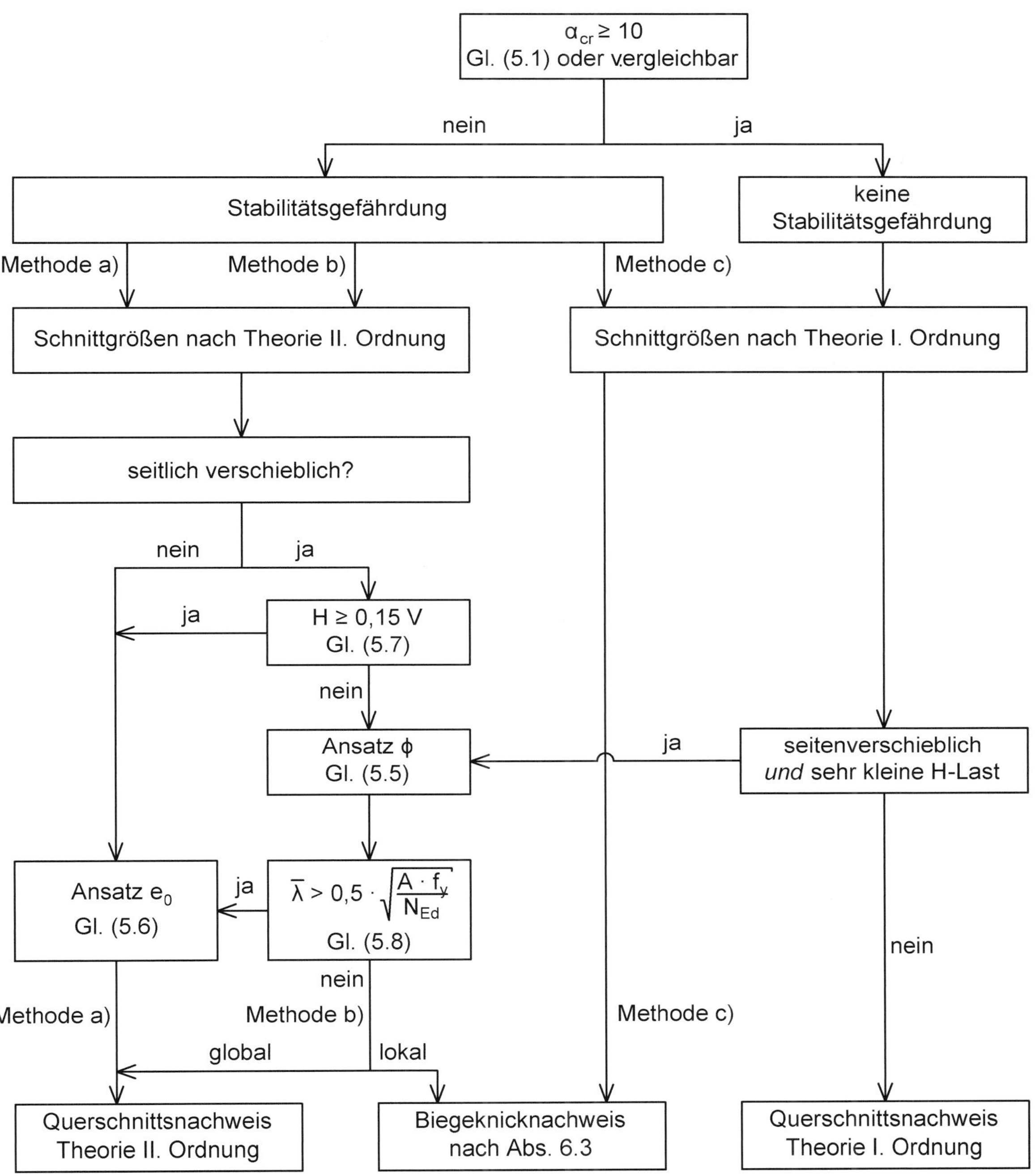

Bild III.5-18: Ablaufdiagramm zur Imperfektionswahl

<4> zu 5.3.2(3) a), Gleichung (5.5) und Bild 5.2: Anfangsschiefstellung (Vorverdrehung)

Die Anfangsschiefstellung ist mit einem Ausgangswert von 1/200 anzunehmen. Dieser Wert kann dann mit zwei Abminderungsfaktoren noch reduziert werden, die den Einfluss der Stützenhöhe (α_h) und den Einfluss der Anzahl der Stützen in einer Reihe (α_m) berücksichtigen. Beide versuchen, dem statistischen Charakter der Imperfektionen gerecht zu werden. Sehr hohe, u. U. über mehrere Geschosse durchgehende Stützen werden nicht an einem Stück geliefert, sondern aus einzelnen Elementen zusammengebaut, deren Abweichungen dann auch bei der Montage korrigiert werden. Durchgeführte Messungen an verschieden hohen Tragwerken unterschiedlicher Bauwerke zeigen diesen Effekt sehr deutlich, vgl. [172], [183] und [180]. Auch ist es bei vielen Stützen in einer Reihe unwahrscheinlich, dass sie alle in die gleiche Richtung abweichen. Dies könnte natürlich theoretisch durch moderne Fertigungsmethoden u. U. eintreten und wäre danach auch zu berücksichtigen. Tatsächlich liegen aber meist unregelmäßige Toleranzen vor, zum Beispiel indem beim lokalen Einbau der Stützen auf Fußplatten und sonstigen Anbauteilen doch eine zufällige Abweichung der Richtung hervorgerufen wird. Auch wenn sich diese Überlegungen eigentlich nur auf den geometrischen Anteil der Ersatzimperfektionen beziehen, werden die Abminderungsfaktoren für den Gesamtwert von geometrischen und strukturellen Imperfektionen angewandt. Schließlich sind auch strukturelle Imperfektionen wie Eigenspannungen zufallsbedingt, nur dass hierfür plausible Annahmen wesentlich schwerer festzulegen sind.

Die Anfangsschiefstellung ϕ ist schon in DIN V ENV 1993-1-1, Abs. 5.2.4.3 [54] sehr ähnlich zur jetzt gültigen Fassung definiert worden. Der Ausgangswert war auch damals schon 1/200. Es gab einen Abminderungsfaktor abhängig von der Anzahl der Geschosse, siehe Gleichung (III.5-12), der mit der Abhängigkeit von der Höhe, die es heute durch α_h gibt, vergleichbar ist. Außerdem gab es einen Faktor zur Berücksichtigung der Anzahl der Stützen in einem Geschoss, siehe Gleichung (III.5-13), ähnlich zu dem jetzt gültigen Faktor α_m.

$$k_s = \sqrt{0{,}2 + \frac{1}{n_s}} \tag{III.5-12}$$

mit: n_s Anzahl der Geschosse

Die Zahl der Geschosse richtete sich dabei nach der Zahl der tatsächlich an die Stütze angeschlossenen Decken- oder Dachträger.

$$k_c = \sqrt{0{,}5 + \frac{1}{n_c}} \tag{III.5-13}$$

mit: n_c Anzahl der Stützen in der Tragwerksebene

Mitgezählt wurden nur Stützen, die bis zur vollen Höhe durchgehen und mindestens eine Druckkraft von 50 % des Mittelwerts übertragen. Der Hintergrund zu diesen Werten, [245], beruft sich ähnlich wie die Begründung der Vorverdrehung in DIN 18800-2, Element (205) [12] in den Erläuterungen zu DIN 18800 [192] auf das schon erwähnte Messprogramm, das von der TU Berlin durchgeführt worden ist und in [172],

[183] und [180] dokumentiert ist. In [245] wird u. a. aus den Messungen eine statistische Verteilung der Schiefstellung für einen typischen Zweigelenkrahmen hergeleitet und auf dieser Basis eine Sicherheitsbetrachtung mit vorgegebenem Sicherheitsindex β durchgeführt.

Auch DIN 18800-2 [12] kennt für einteilige Stäbe einen Grundwert der Schiefstellung von 1/200. Die Begründung in den Erläuterungen zu DIN 18800 [192] beruft sich zum einen auf das durchgeführte Messprogramm, das als 5-%-Fraktile der gemessenen Schiefstellungen einen Wert von $\phi = 1/481 \cdot r_1$ ergab, vgl. [172]. Hiermit wird also auch die rein geometrische Schiefstellung von 1/400 gemäß DIN 18800-1, Element (730) [10] untermauert. Außerdem sind in [183], [180] Ergebnisse von Traglastberechnungen für typische Querschnitte wiedergegeben, durch die eine Ersatzschiefstellung ψ_{pl} definiert wurde, die bei einer parallelen Berechnung nach der Fließgelenktheorie die gleiche Grenzlast erbringt, also pauschal die Auswirkungen von Eigenspannungen und Fließzonen erfasst. Diese Berechnungen zeigten, dass große Vorverdrehungen sich nur bei sehr großen Schlankheitsgraden, geringen Normalkräften und großen Plastizierungsfähigkeiten der Querschnitte (großen plastischen Formbeiwerten W_{pl}/W_{el}) ergeben. Gerade der letztgenannte Einfluss des plastischen Formbeiwertes führte in [180] zum Vorschlag, für Beanspruchung von I-Profilen um die schwache Achse 1/100 statt 1/200 anzunehmen. Darauf wurde gemäß [192] bei der Festlegung in DIN 18800-2 am Ende verzichtet, weil gemäß DIN 18800-2, Element (123) [12] die plastischen Formbeiwerte auf $W_{pl}/W_{el} \leq 1{,}25$ begrenzt wurden. Diese Grenze gilt nach DIN EN 1993-1-1 nicht, so dass sich die Frage nach einer ggf. erforderlichen Vergrößerung der Anfangsschiefstellung für große plastische Formbeiwerte stellt.

Andererseits ist in [180] auch begründet, dass bei rein elastischem Nachweis ein deutlich günstigerer Wert für die Schiefstellung angenommen werden darf. So wurde nach DIN 18800-2, Element (201) eine Abminderung auf 2/3 für den Nachweis elastisch-elastisch (siehe auch Tabelle III.5-2) auch für die Vorverdrehung angenommen, so dass als Grundwert 1/300 angesetzt werden konnte. Während in DIN EN 1993-1-1, Tabelle 5.1 für die Vorkrümmung unterschiedliche Werte für plastische und elastische Querschnittsausnutzung angegeben sind, ist das für die Schiefstellung nicht der Fall, obwohl es gerechtfertigt wäre.

Bei Vergleichen dieser Art muss berücksichtigt werden, dass sich die Festlegungen nach DIN 18800-2 [12] bezüglich der Abminderung für den Einfluss der Stablänge und der Anzahl der Stützen von den Abminderungsfaktoren nach DIN EN 1993-1-1 unterscheiden:

$$r_1 = \sqrt{\frac{5}{L}} \qquad \text{(III.5-14)}$$

mit L Systemlänge des vorverdrehten Stabes bzw. Stabzuges

$$r_2 = 0{,}5 \cdot \left(1 + \sqrt{\frac{1}{n}}\right) \qquad \text{(III.5-15)}$$

mit n Unabhängige Ursachen für Vorverdrehung von Stäben und Stabzügen

Gemäß der analogen Definition in DIN 18800-1, Element (730) ist für n in der Regel die Anzahl der Stiele des Rahmens je Stockwerk anzusetzen. Allerdings sind Stiele mit geringer Normalkraft, die hier kleiner als 25 % der Normalkraft des maximal belasteten Stiels je Stockwerk definiert ist, nicht zu berücksichtigen.

Tabelle III.5-1: Vergleich der Schiefstellungen für ausgewählte Beispiele

Nr. in [172] / [183]	Bauwerk	Höhe L [m]	Anzahl der Stützen n [-]	Geschoss-zahl n_s [-]	Schiefstellung 1/ϕ [rad] EN [22]	ENV [54]	DIN [10]
2	Halle (I-Profile)	8	8	1	377	253	374
3	Bibliotheksneubau (I-Profile)	7,6	6	2	338	262	313
4	Zweigelenkrahmen Katzbahnstr. (I-Profile)	5	2	1	258	200	234
5	Fertighalle (Verbundstützen und geschweißte Profile)	15,3	5	2	387	286	483
		15,3	3	2	367	262	444
6	Erweiterung Kran-kenhaus (Hohlprofile)	9,6	2	2	346	239	325
7	Gitterstütze Rohr-brücke (I-Profile)	8,4	2	3	335	274	304
13	Produktionshalle	4,5	2	1	245	200	234
		4,5	7	1	281	249	290
14	Maschinenbau Zweigelenkrahmen	19	2	1	346	200	457

Tabelle III.5-1 stellt die verschiedenen Schiefstellungen nach den drei genannten Normen für konkrete Tragwerke gegenüber. Es ist zu erkennen, dass sich in diesen Fällen nach DIN V ENV 1993-1-1 immer die größten Schiefstellungen ergeben. Die Werte nach DIN 18800-2 und DIN EN 1993-1-1 sind im Allgemeinen vergleichbar, allerdings erlaubt DIN 18800-2 für höhere Tragwerke günstigere Annahmen.

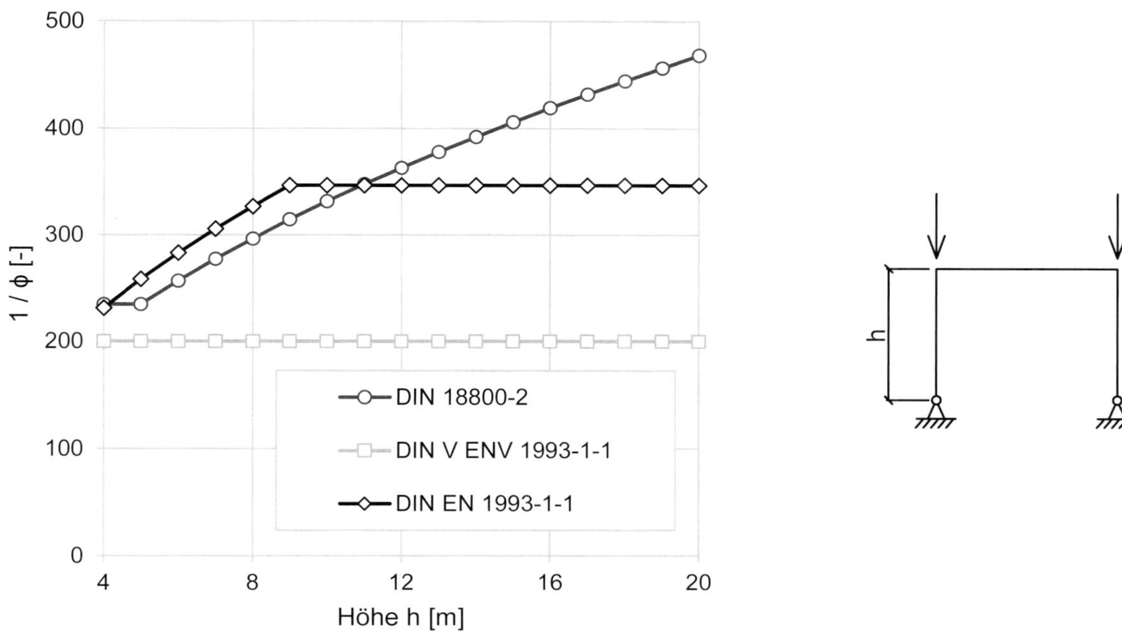

Bild III.5-19: Einfluss der Höhe auf die Schiefstellung im Vergleich verschiedener Normen für Zweigelenkrahmen

Der unterschiedliche Einfluss der Höhe für die Schiefstellung wird auch am Beispiel des Zweigelenkrahmens in Bild III.5-19 deutlich. Wesentlich für diesen Unterschied ist die Festlegung eines unteren Grenzwertes von α_h auf 2/3. In [235] wird diese Grenze durch den Schubeinfluss begründet, der nur von der einzelnen Stockwerkshöhe abhängt und sich nicht mit wachsender Gesamthöhe reduziert. Entscheidender für die Festlegung war wohl, dass eine Harmonisierung der Annahme der Schiefstellung für die verschiedenen Baustoffe erfolgte, so enthält DIN EN 1992-1-1 [21], die Grundnorm für Stahlbeton- und Spannbetontragwerke, in Abs. 5.2(5) mit Gleichung (5.1) genau die gleichen Ansätze wie DIN EN 1993-1-1. Allerdings wird diese Regel durch den Nationalen Anhang zu DIN EN 1992-1-1 [21] so modifiziert, dass nun gerade diese Untergrenze von 2/3 wegfällt. Das durchaus sinnvolle Ziel einer einheitlichen Regelung gerade bei Mischkonstruktionen, wie sie heute verbreitet sind, wird damit hinfällig. Für reine Stahltragwerke erscheint der Abminderungsfaktor nach DIN 18800-2, vgl. Gleichung (III.5-14), ohnehin plausibler, weil er aus den erwähnten Messungen in [172] und [183] abgeleitet ist. Interessanterweise greift die Holzbaunorm DIN EN 1995-1-1 wieder auf diesen Faktor zur Berücksichtigung des Höheneinflusses nach Gleichung (III.5-14) zurück.

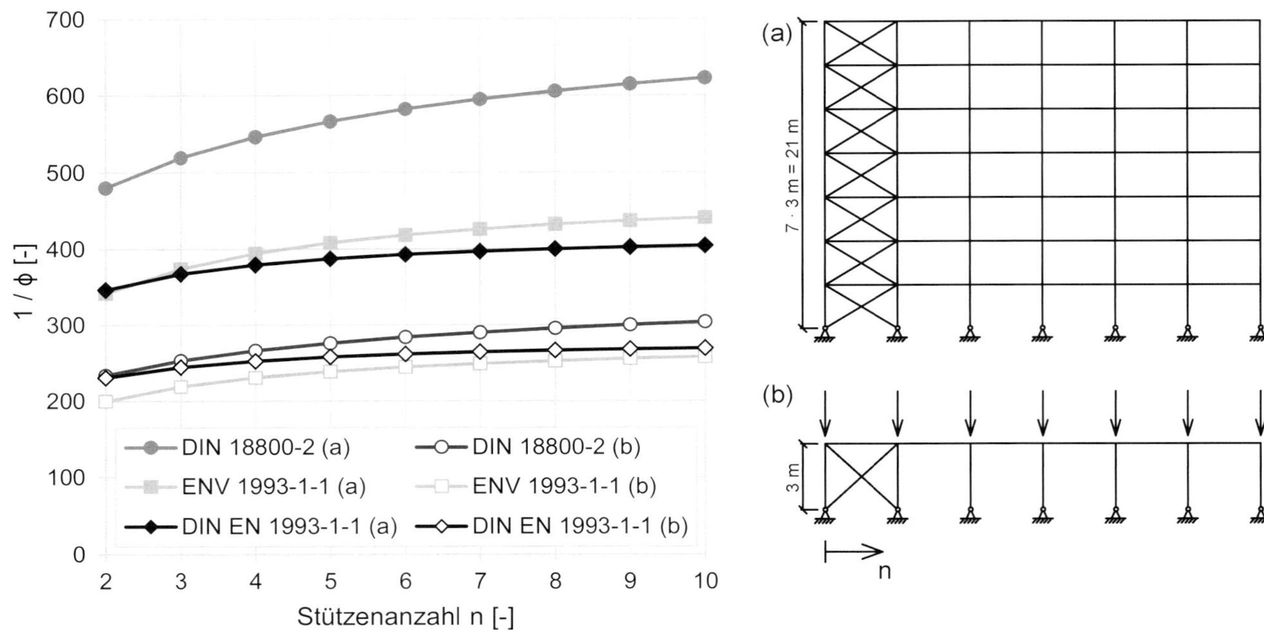

Bild III.5-20: Einfluss der Zahl der Stützen auf die Schiefstellung in einer Reihe im Vergleich verschiedener Normen (a) für einen siebenstöckigen Rahmen und (b) einen einstöckigen Rahmen

Der Einfluss der Unterschiede der Abminderungsfaktoren der Normen für die Zahl der Stützen ist, wie Bild III.5-20 zeigt, nicht so entscheidend. [235] begründet den Faktor α_m aus der Mittelung zwischen der Situation völlig unabhängiger Ereignisse ($\alpha_m = 1/\sqrt{m}$) und einer systematischen gleichen Schiefstellung $\alpha_m = 1{,}0$. Zu beachten ist, dass nur Stützen mit einer Vertikalbelastung größer 50 % der durchschnittlichen Stützenlast in der betrachteten vertikalen Richtung zu berücksichtigen sind. [235] zeigt an dem Beispiel eines Zweigelenkrahmens, dass der Fehler durch die Vernachlässigung der Unterschiede in den Normalkräften in der vereinfachten Annahme von α_m bei maximal 5 % liegt.

Die Schiefstellung ist ungünstig anzusetzen, dabei kann sich die Höhe h auf die Tragwerkshöhe, aber auch auf den Einzelstab beziehen. Erläuterungen dazu sind z. B. DIN 18800-2, Bild 6 [12] zu entnehmen. Dabei führt, wie das Beispiel in Bild III.5-21 zeigt, der Ansatz der einzelnen Stockwerkshöhe als Bezugshöhe i. d. R. zur größten Gesamtauslenkung. Eine Orientierung an Fertigungseinheiten scheint aber durchaus vertretbar (z. B. wenn Stützen über mehrere Stockwerke durchlaufen), da Messungen und Auswertungen in [183] dies auch entsprechend berücksichtigten.

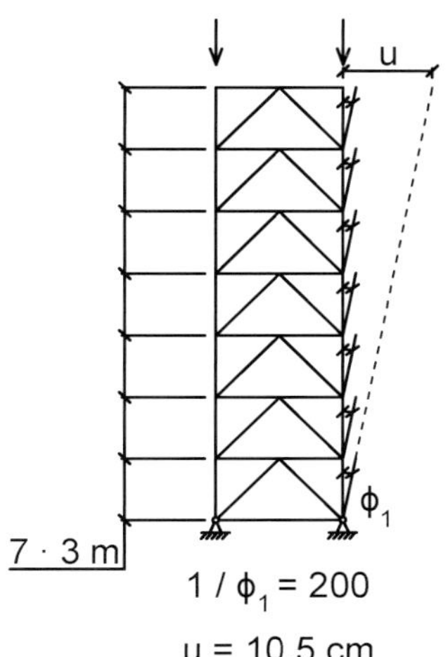

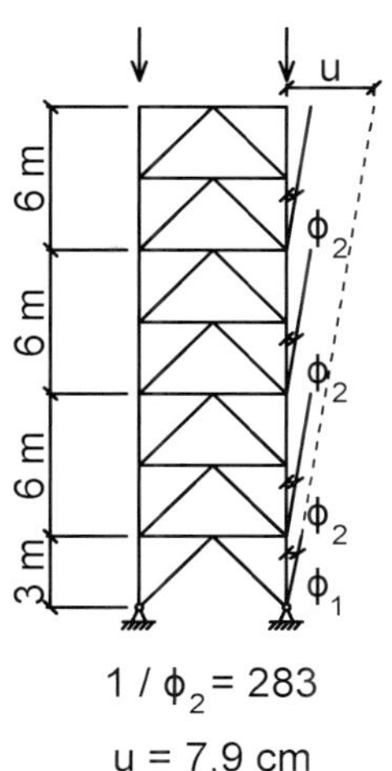

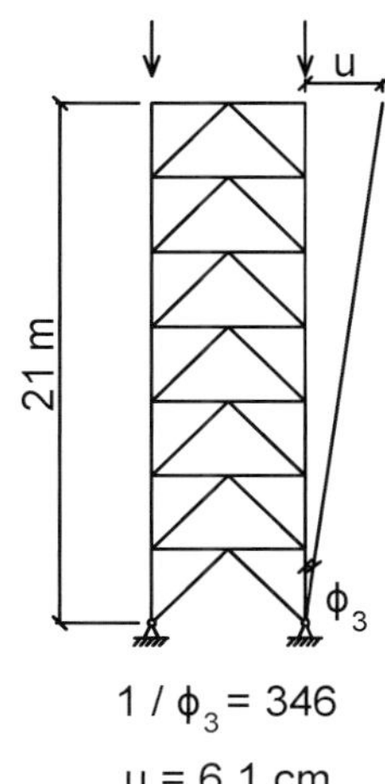

Bild III.5-21: Vergleich der Kopfauslenkung aus Schiefstellung für verschiedene Annahmen der maßgebenden Höhe für einen siebenstöckigen Rahmen

<5> zu 5.3.2(3) b) und Tabelle 5.1: Vorkrümmungen

Die expliziten Werte für eingeprägte Vorkrümmungen e_0 von Bauteilen bezogen auf die Bauteillänge L (nicht auf die Knicklänge L_{cr}!), wie sie mit Tabelle 5.1 gegeben sind, waren in DIN V ENV 1993-1-1 noch nicht enthalten. Dort enthält Bild 5.5.1 Bemessungswerte für Ersatzimperfektionen in Abhängigkeit von der Stabschlankheit $\bar{\lambda}$. Das heißt, dass für eine Berechnung eines Systems nach Theorie II. Ordnung mit Vorkrümmungen erst die Knicklänge bekannt sein musste. Auch waren Funktionen statt Pauschalwerten angegeben. Diese hingen außer von der maßgebenden Knicklinie vom Nachweisverfahren des Querschnitts (elastisch oder plastisch, lineare oder nichtlineare Schnittgrößeninteraktion), vom Berechnungsverfahren (Fließgelenktheorie oder Fließzonenverfahren) und vom Teilsicherheitsbeiwert ab. Um diese sehr umständliche Herangehensweise für die Anwendung praktikabler zu machen, wurden im Zuge der Umstellung von der Vornorm auf die endgültige Norm DIN EN 1993-1-1 in Anlehnung an das Vorgehen in DIN 18800-2, Tabelle 3 [12] Pauschalwerte in Abhängigkeit von der Bauteillänge L definiert. Diese hängen nur noch von der dem Querschnitt des Bauteils gemäß Tabelle 6.2 zuzuordnenden Knicklinie und von der Art der vorhandenen elastischen oder plastischen Querschnittsausnutzung ab. Die Bezeichnung in Tabelle 5.1 ist irreführend: mit elastischer bzw. plastischer „Berechnung" ist in Tabelle 5.1 tatsächlich nicht die Tragwerksberechnung, sondern die elastische bzw. plastische Querschnittsausnutzung gemeint.

Im Kommentar zur DIN 18800, Abs. 2.2.2 [192] gibt es eine sehr ausführliche Herleitung zu den in DIN 18800-2 definierten pauschalen Vorkrümmungen. Werden die beiden Tabellen (DIN EN 1993-1-1, Tab. 5.1 und DIN 18800-2, Tab. 3) nebeneinander gestellt, so zeigt sich, dass die Werte für die plastische Querschnittsausnutzung in DIN 18800-2, Tabelle 3 mit den Werten der elastischen Querschnittsausnutzung in DIN EN 1993-1-1, Tabelle 5.1 identisch sind. Die Werte für die plastische Querschnittsausnutzung in DIN EN 1993-1-1, Tabelle 5.1 sind gegenüber den Werten für die elastische Querschnittsausnutzung um den Faktor 1,2 bis 1,5 erhöht.

Ausführlichere Untersuchungen zu den pauschalen Vorkrümmungen sind z. B. im Leitfaden zum DIN-Fachbericht 103 (Stahlbrücken) [237] und dem Dokument [235] zu finden. Allerdings erfolgten diese Untersuchungen ausschließlich auf der Basis der linearen Querschnittsinteraktion. Es erscheint also sinnvoll, die grundsätzlichen Zusammenhänge, ähnlich wie sie im Kommentar zur DIN 18800-2 dargestellt sind, noch einmal im Zusammenhang mit DIN EN 1993-1-1 nachzuvollziehen.

<6> zu 5.3.2(3) b) und Tabelle 5.1: Vorkrümmung – Herleitung und Vergleiche

Für einen *planmäßig mittig gedrückten Stab* (vgl. Bild III.5-22) kann die Tragfähigkeit mit zwei Methoden nachgewiesen werden. Entweder wird der Knickstabnachweis nach DIN EN 1993-1-1, Abs. 6.3.1.1, Gleichung (6.46) mit reiner Normalkraft geführt oder es werden Querschnittsnachweise nach DIN EN 1993-1-1, Abs. 6.2 geführt, für die zur Normalkraft auch das Moment nach Theorie II. Ordnung infolge der Druckkraft am Hebelarm der Vorkrümmung e_0 ermittelt wird. Hierbei stehen bei plastischer Querschnittsausnutzung verschiedene Schnittgrößeninteraktionen zur Verfügung, z. B. die lineare Interaktion nach Gleichung (6.2) und die nichtlineare Interaktion bei I- und H-Querschnitten gemäß Abs. 6.2.9.1, Gleichungen (6.36) bis (6.38).

Für die Bestimmung des Momentes nach Theorie II. Ordnung wird dabei üblicherweise davon ausgegangen, dass der einfache Steigerungsfaktor nach DIN EN 1993-1-1, Gleichung (5.4) angesetzt werden kann, siehe hierzu auch Abs. III.5.2.1<2> bis III.5.2.1<4>.

Mit der Hypothese, dass in beiden Fällen die gleiche Tragfähigkeit N herauskommen muss, kann für diese Fälle (zum Teil durch Iteration) eine rechnerische Vorkrümmung e_0 in Abhängigkeit von der Stabschlankheit $\bar{\lambda}$ bestimmt werden, die diese Gleichheit der Tragfähigkeit herbeiführt. Es wird vom in Bild III.5-22 dargestellten planmäßig mittig gedrückten Stab ausgegangen.

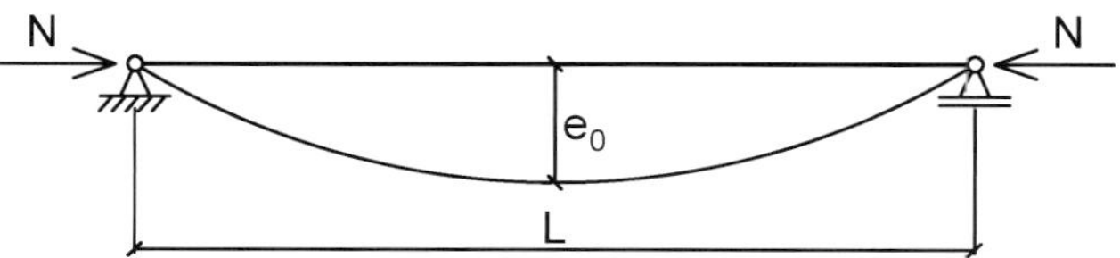

Bild III.5-22: Planmäßig mittig gedrückter Stab

Gemäß DIN EN 1993-1-1, Gleichung (6.46) ist:

$$N = N_b = \chi \cdot A \cdot f_y = \chi \cdot N_{pl} \tag{III.5-16}$$

mit χ = f ($\bar{\lambda}$) – Abminderungsfaktor für die maßgebende Biegeknickrichtung

$\bar{\lambda}$ = $\sqrt{\frac{N_{pl}}{N_{cr}}}$ – Stabschlankheit

Unter der Annahme, dass Gl. (5.4) einsetzbar ist, gilt für das Moment nach Theorie II. Ordnung (das im Folgenden als M^{II} bezeichnet wird):

$$M^{II} = N \cdot e_0 \cdot \frac{1}{1 - \frac{1}{\alpha_{cr}}} = N \cdot e_0 \cdot \frac{1}{1 - \frac{N}{N_{cr}}} \tag{III.5-17}$$

Im Fall der linearen Querschnittsinteraktion nach DIN EN 1993-1-1, Gleichung (6.2) ergibt sich hieraus Gleichung (III.5-18).

$$\frac{N}{N_{pl}} + \frac{M^{II}}{M_{pl}} \leq 1 \tag{III.5-18a}$$

$$\frac{N}{N_{pl}} + \frac{N \cdot e_0}{M_{pl}} \cdot \frac{1}{1 - \frac{N}{N_{cr}}} \leq 1 \tag{III.5-18b}$$

Unter der Annahme, dass die Querschnittsinteraktion nach den Gleichungen (III.5-18a) und (III.5-18b) für $N = N_b$ nach Gleichung (III.5-16) gerade erfüllt ist, kann das zugehörige e_0 direkt hergeleitet werden:

$$\frac{\chi \cdot N_{pl}}{N_{pl}} + \frac{\chi \cdot N_{pl}}{M_{pl}} \cdot e_0 \cdot \frac{1}{1 - \chi \cdot \bar{\lambda}^2} = 1 \tag{III.5-19}$$

$$\rightarrow e_0 = \frac{(1-\chi) \cdot (1 - \chi \cdot \bar{\lambda}^2)}{\chi} \cdot \frac{M_{pl}}{N_{pl}} \tag{III.5-20a}$$

In allgemeiner Form für beliebige Interaktionen ergibt sich analog zur Gl. (III.5-20a) für die lineare Querschnittsinteraktion gemäß [168]:

$$e_0 = \frac{\psi \cdot (1 - \chi \cdot \bar{\lambda}^2)}{\chi} \cdot \frac{M_{pl}}{N_{pl}} \tag{III.5-20b}$$

mit $\psi = \frac{M_{pl,N}}{M_{pl}}$ Interaktionsfaktor

$= \frac{(1-n)}{(1-0,5 \cdot a)}$ für Interaktion bei Knicken um y-y für I-Profile nach DIN EN 1993-1-1, Gl. (6.36)

$= \cos\left(\frac{0,5 \cdot \pi \cdot N}{N_{pl}}\right)$ für Rundrohre

Ähnlich können unter den gleichen Voraussetzungen auch für die nichtlineare Querschnittsinteraktion nach DIN EN 1993-1-1, Gleichungen (6.36) bis (6.38) für I- und H-Querschnitte entsprechende Bedingungen hergeleitet werden. Mit der Annahme

$$n = \frac{N_b}{N_{pl}} = \chi \tag{III.5-21}$$

folgt für Biegung um die starke Achse mit DIN EN 1993-1-1, Gleichungen (6.31) und (6.36)

$$M_y^{II} = N_b \cdot e_0 \cdot \frac{1}{1 - \frac{N_b}{N_{cr}}} \tag{III.5-22}$$

$$M_y^{II} \leq M_{pl,y} \cdot \frac{(1-n)}{(1-0,5 \cdot a)} \leq M_{pl,y} \tag{III.5-23}$$

mit $a = \frac{(A - 2 \cdot b \cdot t_f)}{A}$ – proportionale Stegfläche

$$e_0 = \frac{M_{pl,y}}{N_{pl}} \cdot \frac{(1-\chi)}{(1-0{,}5 \cdot a)} \cdot \frac{1-\chi \cdot \bar{\lambda}^2}{\chi} \qquad \text{für} \quad n > 0{,}5 \cdot a \qquad \text{(III.5-24a)}$$

$$e_0 = \frac{M_{pl,y}}{N_{pl}} \cdot \frac{1-\chi \cdot \bar{\lambda}^2}{\chi} \qquad \text{für} \quad n \leq 0{,}5 \cdot a \qquad \text{(III.5-24b)}$$

Für Biegung um die schwache Achse ergibt sich für I- und H-Profile analog aus DIN EN 1993-1-1, Gleichungen (6.37) und (6.38):

$$M_z^{II} = N_b \cdot e_0 \cdot \frac{1}{1-\frac{N_b}{N_{cr}}} \qquad \text{(III.5-25)}$$

$$M_z^{II} \leq M_{pl,z} \cdot \left(1-\left(\frac{n-a}{1-a}\right)^2\right) \qquad \text{für} \quad n > a \qquad \text{(III.5-26a)}$$

$$M_z^{II} \leq M_{pl,z} \qquad \text{für} \quad n \leq a \qquad \text{(III.5-26b)}$$

$$e_0 = \frac{M_{pl,z}}{N_{pl}} \cdot \left(1-\left(\frac{\chi-a}{1-a}\right)^2\right) \cdot \frac{1-\chi \cdot \bar{\lambda}^2}{\chi} \qquad \text{für} \quad n > a \qquad \text{(III.5-27a)}$$

$$e_0 = \frac{M_{pl,z}}{N_{pl}} \cdot \frac{1-\chi \cdot \bar{\lambda}^2}{\chi} \qquad \text{für} \quad n \leq a \qquad \text{(III.5-27b)}$$

In der Herleitung wurde zunächst bewusst darauf verzichtet, den Teilsicherheitsbeiwert zu berücksichtigen.

Bezüglich der Teilsicherheitsbeiwerte besteht in der Formulierung der Norm noch eine Diskrepanz. Während die Stabilitätsnachweise nach DIN EN 1993-1-1, Abs. 6.3 einen Teilsicherheitsbeiwert γ_{M1} fordern, sehen die Querschnittsnachweise in DIN EN 1993-1-1, Abs. 6.2 grundsätzlich einen Teilsicherheitsbeiwert von γ_{M0} vor. Hier korrigiert im deutschen Nationalen Anhang das NDP zu 6.1(1) Anmerkung 2B: *„Bei Stabilitätsnachweisen in Form von Querschnittsnachweisen mit Schnittgrößen nach Theorie II. Ordnung (siehe 5.2) ist bei der Ermittlung der Beanspruchbarkeit von Querschnitten statt γ_{M0} der Wert γ_{M1} = 1,1 anzusetzen."* Danach ist also für N_{pl} und M_{pl} in allen oben genannten Gleichungen f_y durch $f_{y,Rd} = f_y/\gamma_{M1}$ zu ersetzen.

Die zweite entscheidende Frage, die sich in diesem Zusammenhang stellt, ist, ob auch bei der Formulierung des Steigerungsfaktors $q = 1/(1-\alpha_{cr}^{-1})$ ein entsprechender Teilsicherheitsbeiwert vorzusehen ist. Auf die Bedeutung, im Steigerungsfaktor die maximale γ_F-Druckkraft anzusetzen, wurde ausführlich in Abs. III.5.2.1<2> und III.5.2.1<4> hingewiesen, vgl. auch Bild III.5-6. Dies wird hier nicht betrachtet, sondern hier wurde nach Gleichung (III.5-16) die Druckkraft der Biegeknickbeanspruchung nach DIN EN 1993-1-1, Abs. 6.3.1.1 und Gleichung (6.46) mit $N = N_b = \chi \cdot N_{pl}$ gleichgesetzt. Es liegt also nahe, für N_{pl} den Bemessungswert $N_{pl,d}$ mit $f_{y,Rd}$ zu verwenden. Hier kann aber mit einiger Berechtigung argumentiert werden, für die Erfassung des Effektes nach Theorie II. Ordnung von der ursprünglichen Situation nach Gleichung (III.5-17) ausgehen zu wollen, weil der Steigerungsfaktor eine Art Systemsteifigkeitsgröße ist. Im Übrigen liegt dies den meisten Herleitungen der Interaktionsnachweise für das Biegeknicken zugrunde, vgl. [94] und [220]. Und auch [235] zieht am Ende diese Schlussfolgerung und schlägt mit einer entsprechenden Begründung eine Korrektur für die Gleichung (5.10) in DIN EN 1993-1-1, Abs. 5.3.2(11) vor. Danach kann in Gleichung (5.10) der Faktor

$(1 - \chi \cdot \bar{\lambda}^2/\gamma_{M1})/(1 - \chi \cdot \bar{\lambda}^2)$ durch 1,0 ersetzt werden. Im Folgenden wird also auch für die Vergleiche der Imperfektionsansätze auf die Berücksichtigung eines Teilsicherheitsfaktors im Steigerungsfaktor verzichtet.

Im Folgenden sind die Ergebnisse e_0 nach Gleichung (III.5-20a) für die lineare Interaktion und gemäß Gleichungen (III.5-24) bzw. (III.5-27) für die nichtlineare Interaktion in Abhängigkeit von der bezogenen Stabschlankheit $\bar{\lambda}$ für ausgewählte Profile dargestellt, siehe auch [266]. Dabei sind auf den Ordinaten die Teiler $j = L/e_0$ angegeben, die vergleichbar sind mit den Pauschalwerten nach DIN EN 1993-1-1, Tabelle 5.1. Die durchgezogenen Linien entsprechen den hergeleiteten Funktionen, dabei steht Gl. (6.36) entsprechend DIN EN 1993-1-1 für die Funktion um die starke Achse nach Gleichung (III.5-24) und nach DIN EN 1993-1-1, Gleichung (6.38) für die Funktion um die schwache Achse nach Gleichung (III.5-27).

Die gestrichelten Linien in den Diagrammen nach Bild III.5-23 entsprechen den Pauschalwerten nach DIN EN 1993-1-1, Tabelle 5.1 bzw. den Werten gemäß Tabelle NA.1 entsprechend dem NDP zu 5.3.2(3) Anmerkung. Gemäß NDP zu 5.3.2(3) Anmerkungen erlaubt der deutsche Nationale Anhang für den Fall einer Tragwerksberechnung nach der Elastizitätstheorie und linearer Querschnittsinteraktion, gemäß Gleichung (6.2) für den Ansatz der Vorkrümmungen die Tabelle NA.1 als abweichende Regelung gegenüber DIN EN 1993-1-1, Tabelle 5.1 zu nutzen.

Zu vergleichen sind in den Diagrammen also die schwarz gestrichelte Linie mit der Kennung „EC3-1-1, Tabelle NA.1" mit der schwarz durchgezogenen Linie für die „Lineare Querschnittsinteraktion" und die grau gestrichelte Linie mit der Kennung „EC3-1-1, Tabelle 5.1" mit der grau durchgezogenen Linie für die „Interaktion EC3-1-1, Gleichung (6.36) bzw. (6.38)". Da nichts anderes gesagt wird, geht der Anwender der Norm normalerweise davon aus, dass im Unterschied zu der Regelung des Nationalen Anhangs die Werte der EN 1993-1-1, Tabelle 5.1 auch mit der nichtlinearen Querschnittsinteraktion gemäß Abs. 6.2.9.1, z. B. nach DIN EN 1993-1-1, Gleichung (6.36) bzw. (6.38) genutzt werden können.

Neben den Werten der Norm werden auch Ergebnisse aus Traglastrechnungen nach der Fließzonentheorie dokumentiert, die von *Lindner* ermittelt wurden [159]. Die Traglasten wurden unter Berücksichtigung von Eigenspannungen, siehe Bild III.6-18, und einer Vorverformung von L/1000 durchgeführt, ähnlich den Berechnungen in Abs. III.6.3.1.2. Die Auswertung nach e_0 erfolgte mit der genauen Interaktion für doppelt-symmetrische Profile in Abs. 3.3.2 in [188].

Die Vergleiche zeigen in allen Fällen nach Bild III.5-23 Pauschalwerte, die unterhalb der korrespondierenden genaueren Kurven der rechnerischen von der Schlankheit abhängigen e_0-Werte liegen, also größere Imperfektionswerte ergeben und damit „auf der sicheren Seite" liegen. Auch liegen die genauen Traglastrechnungen deutlich über den Tabellenwerten. Allerdings wurden hier nur Beispiele für die Stahlgüte S235 verglichen. Weitere Beispiele, vgl. Bild III.5-24, zeigen Abweichungen besonders für die Pauschalwerte der linearen Querschnittsinteraktion. Hierzu werden im Folgenden Erläuterungen zum Hintergrund gegeben.

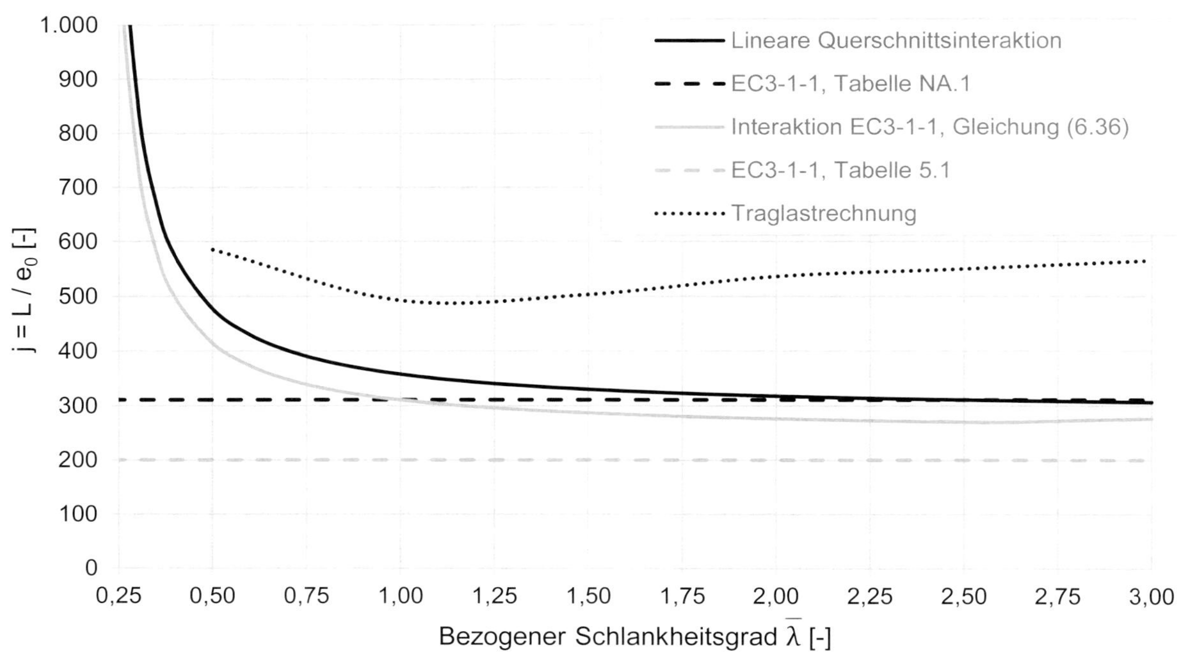

a) HEA 120 (Knicken um die y-y-Achse), KSL b, f_y = 235 N/mm²

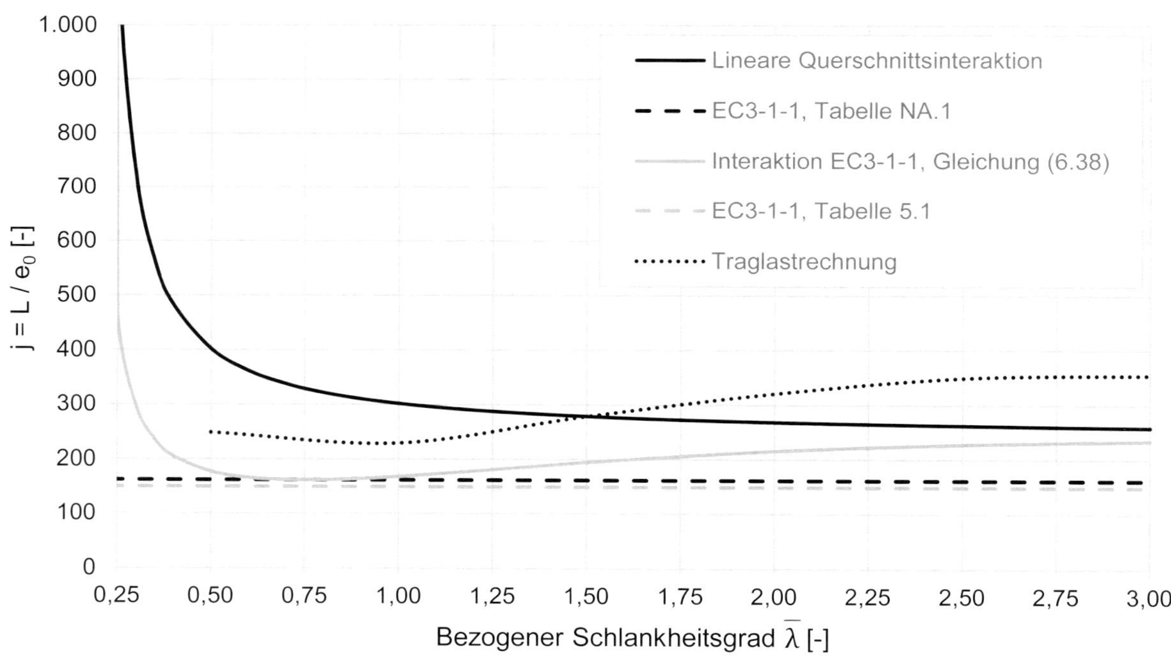

b) HEM 120 (Knicken um die z-z-Achse), KSL c, f_y = 235 N/mm²

Bild III.5-23: Geometrische Ersatzimperfektion, hergeleitet für verschiedene Einzelquerschnitte in Abhängigkeit von der Stabschlankheit $\bar{\lambda}$

<7> zu NDP zu 5.3.2(3) Anmerkung Tabelle NA.1 Vorkrümmung

Die Herleitung der Pauschalwerte nach Tabelle NA.1 ist im Leitfaden zum DIN-Fachbericht 103 (Stahlbrücken) [237] und dem Dokument [235] zu finden. Die zum Teil gegenüber Tabelle 5.1 stark reduzierten Werte wurden am planmäßig mittig gedrückten Stab gemäß Bild III.5-22 unter der auch hier getroffenen Voraussetzung bestimmt, dass die Ergebnissen des Knickstabnachweises gemäß DIN EN 1993-1-1, Abs. 6.3.1.1, Gleichung (6.46) mit den Ergebnissen einer Berechnung nach Theorie II. Ordnung am rein gelenkigen Druckstab übereinstimmen. Allerdings erfolgte die Herleitung unter Annahme einer linearen Querschnittsinteraktion auf der Basis einer elastischen Querschnittsausnutzung für den Stahl S235 an einem „Sandwich"-Querschnitt mit i = h/2 und für einen bezogenen Schlankheitsgrad $\bar{\lambda}$ von 1,0, da in diesem Bereich der größte Effekt der Imperfektionen vorhanden sei. Für die plastische Querschnittsausnutzung, wie sie den Vergleichen gemäß Bild III.5-23 und Bild III.5-24 zugrunde liegt, werden die Werte für elastische Querschnittsausnutzung im Verhältnis der plastischen zu elastischen Querschnittswiderstände $M_{pl,k}$ zu $M_{el,k}$ erhöht.

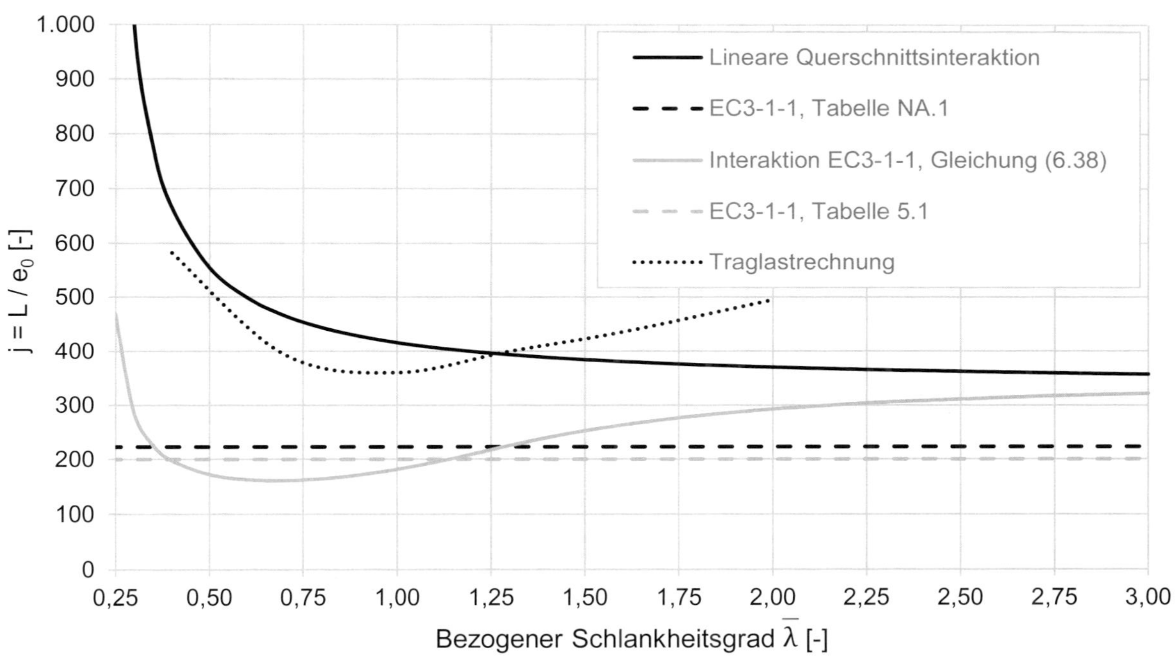

a) IPE 500 (Knicken um die z-z-Achse), KSL „b", f_y = 355 N/mm²

Bild III.5-24: Geometrische Ersatzimperfektion, hergeleitet für verschiedene Einzelquerschnitte in Abhängigkeit von der Stabschlankheit $\bar{\lambda}$ bei höheren Stahlgüten

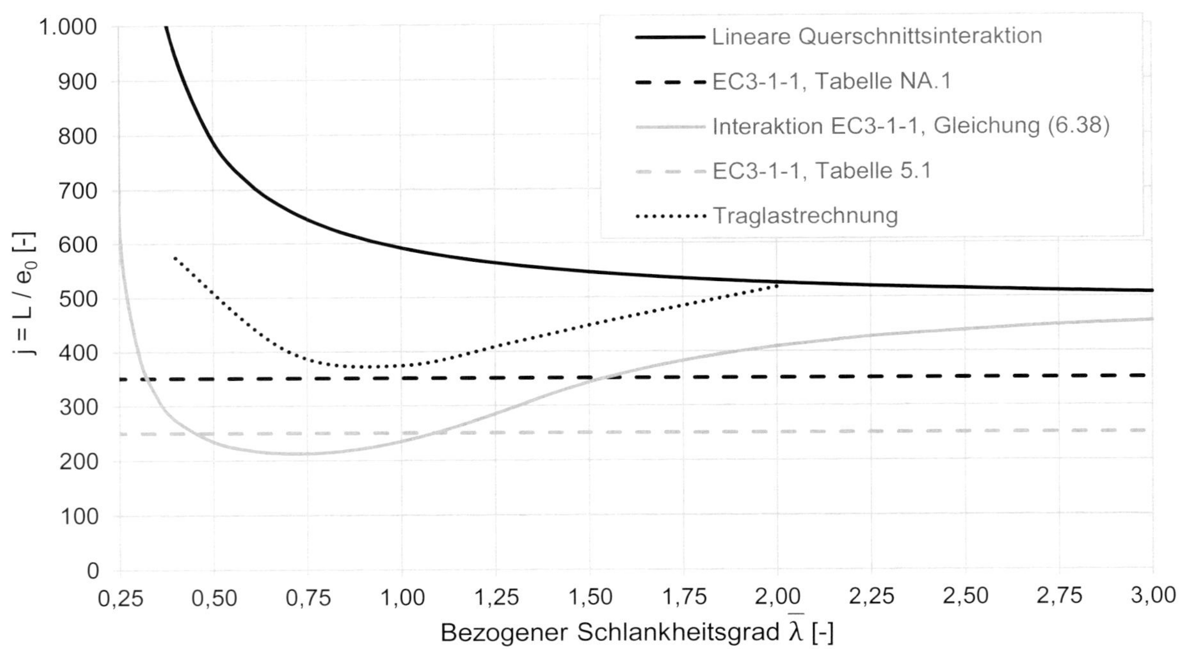

b) IPE 500 (Knicken um die z-z-Achse), KSL „a“, f_y = 460 N/mm²

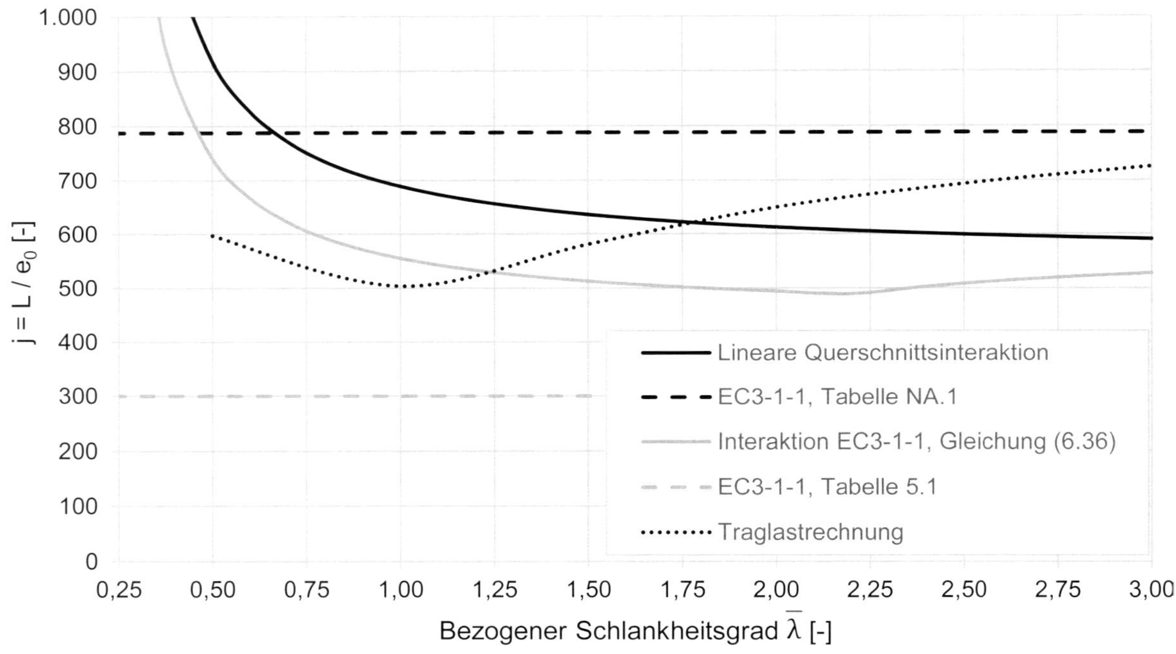

c) IPE 140 (Knicken um die y-y-Achse), KSL „a_0“, f_y = 460 N/mm²

Bild III.5-24: Geometrische Ersatzimperfektion, hergeleitet für verschiedene Einzelquerschnitte in Abhängigkeit von der Stabschlankheit $\bar{\lambda}$ bei höheren Stahlgüten

Wie Bild III.5-24 zeigt, führen die Vergleiche der Ansätze mit höheren Stahlgüten zum Teil zu Unterschreitungen der Pauschalwerte durch die genaueren von $\bar{\lambda}$ abhängigen Kurven. Dies ist noch keine absolut stichhaltige Aussage darüber, dass die Pauschalwerte „unsicher" sind, wie der Vergleich mit Traglastrechnungen nach der Fließzonentheorie zeigt. Wie auch in Abs. III.6.3.1.2<2> erläutert, wirkt sich bei den Traglastrechnungen günstig aus, dass für höhere Stahlgüten bei Walzprofilen keine höheren Eigenspannungen angenommen werden müssen, also mit den Eigenspannungen von $f_y = 235$ N/mm². Im Kommentar zur DIN 18800 [192] wird ein solcher Vergleich durchgeführt, der in Bezug auf die Regeln nach DIN 18800 auf eine ausreichende Tragsicherheit schließt. Leider sind solche systematischen Untersuchungen für DIN EN 1993-1-1 nicht bekannt. Sie werden punktuell in [159] durchgeführt. In ähnlicher Weise kann wohl davon ausgegangen werden, dass die Schlussfolgerungen aus dem Kommentar auf die leichten Unterschreitungen im Fall von Bild III.5-24a) für den IPE 500 aus S355 mit Biegeknicken um die schwache Achse z-z, Knickspannungslinie „b" übertragbar sind. In den beiden anderen Fällen geht es um Stähle S460. Hierzu ist in Abs. III.6.3.1.2<2> festgestellt worden, dass die Zuordnung gemäß DIN EN 1993-1-1, Tabelle 6.2 zu günstig ist und zum Beispiel das IPE-500-Profil bei Knicken um die schwache Achse z-z in Kurve „a" statt in „a_0" eingeordnet werden sollte, vgl. Tabelle III.6-11. Auch hier zeigt mit Bild III.5-24b) die rechnerische nichtlineare Interaktion gegenüber der zugehörigen Pauschalen wieder eine empfindliche Unterschreitung, aber die Werte der Traglastrechnung liegen deutlich darüber, so dass diese Werte durchaus angesetzt werden dürfen. Abweichungen gravierender Art gibt es allerdings für das Profil IPE 140 aus S460 bei Knicken um die starke Achse y-y, vgl. Bild III.5-24c), für das die Tabelle NA.1 für die Knicklinie „a_0" sehr viel kleinere Vorkrümmungen zulässt, als in den anderen Tabellen angegeben werden. Hier zeigen sich so deutliche Unterschreitungen der Pauschalwerte durch die mit linearer Querschnittsinteraktion ermittelten e_0-Werte, aber auch der Werte der Traglastrechnung, dass von der Anwendung der Tabelle NA.1 in diesen Fällen tatsächlich abgeraten werden muss. Hinzu kommt, dass zusätzlich als Grenzwerte (auch gemäß DIN EN 1993-1-1/NA, NDP zu 5.3.2(3) Anmerkung) auch die Toleranzwerte nach DIN EN 1090-2 zu beachten sind, die als grundlegende Toleranz nach Tabelle D1.11, Zeile Nr. 4 bzw. Anhang D, Tabelle D 1.12, Zeile Nr. 3 Abweichungen von der Geradheit von maximal L/750 zulassen. Es wird daher vorgeschlagen (und voraussichtlich in der Änderung A1 des NA auch umgesetzt), in Tabelle NA.1 für KSL „a_0" einen Zahlenwert von 600 statt 900 zu verwenden.

Betont werden muss, dass die hier angestellten Vergleiche sich auf Walzprofile beschränken. Bei gleichartigen geschweißten Profilen sind die geringeren Eigenspannungen von 0,3~0,5 · 235 N/mm² für höhere Stahlgüten nicht in gleicher Weise belegt, so dass für geschweißte Profile generell mit ungünstigeren Vorverformungen zu rechnen ist. Geschweißte Profile, die von der Geometrie her bedeutend von gleichartigen Walzprofilen abweichen, also Profile mit dünnen Stegen und sehr dicken Gurten, können auch andere Eigenspannungen aufweisen, so dass diese Einschränkung dafür nicht gilt.

<8> zu 5.3.2(3) b) und Tabelle 5.1: Vorkrümmung – Einfluss von Biegung

Im Kommentar zur DIN 18800 [192] wird noch auf eine weitere Unsicherheit hingewiesen: die Herleitungen und Untersuchungen bisher wurden alle nur für den planmäßig mittig gedrückten Stab nach Bild III.5-22 durchgeführt. Im Fall von Druckkraft und Biegung können die Verhältnisse mitunter erheblich ungünstiger sein. Zur Erklärung hilft die folgende Vorstellung: Bei den Nachrechnungen nach der Fließzonentheorie kann durch zusätzlich wirkende planmäßige Biegebeanpruchung ein größerer Bereich in Stabmitte plastizieren. Damit tritt im Vergleich zur Fließgelenktheorie, die all den vereinfachten Nachweisen zugrunde liegt, ein zusätzlicher Steifigkeitsverlust ein, der wiederum ggf. zu einer Erhöhung der erforderlichen pauschalen Vorkrümmungsannahme führen würde. Im Kommentar zu DIN 18800 [192] wird auf der Basis vertiefter Untersuchungen, die einen Fehler von 5 bis 10 % für extrem schlanke Stäbe und ungünstige Momentenflächen nachweisen, aber empfohlen, auf eine Berücksichtigung dieses Effektes zu verzichten. Auch das Beispiel in Tabelle 4 in [188] hat eine ungünstige N-M_y-Beanspruchung, so dass auch bei Vernachlässigung aller anderen Einflüsse das Ergebnis der Traglastrechnung mit 1,209 kleiner ist als die Auswertung der nichtlinearen plastischen Interaktion nach DIN EN 1993-1-1, Gleichung (6.36) mit einer Vorkrümmungsannahme nach Tabelle 5.1 und einem Interaktionsgesamtwert von 1,244 (> 1,209). Aber auch hier ist die Überschreitung moderat, so dass auch hier davon ausgegangen wird, dass sich die Schlussfolgerungen aus dem Kommentar zu DIN 18800-2 [192] auf die Situation für DIN EN 1993-1-1 übertragen lassen.

<9> zu 5.3.2(11) mit NDP: Ansatz der Imperfektion als skalierte Eigenform

Mit dieser Regel wird anstelle von auf die Stablänge bezogener pauschaler Schiefstellung und Vorkrümmung zusätzlich die Möglichkeit eröffnet, die maßgebende mit e_0 skalierte Eigenform als Imperfektion anzusetzen. Der Ansatz der rechnerisch ermittelten Vorkrümmung e_0 muss unter Berücksichtigung der Randbedingungen des betrachteten Systems erfolgen. Die Ermittlung der Ersatzimperfektionen aus der Eigenform wird z. B. im Leitfaden zum DIN-Fachbericht 103, Abs. II-X.4.3.2 bzw. Abs. 6.4.4 [237] ausführlich beschrieben. Hinweise sind auch in [235], [242] gegeben. Aufgrund der Herleitung darf der Nachweis so nur für elastische Tragwerksberechnung (Berechnung nach der Elastizitätstheorie) und für plastische Querschnittsausnutzung nur mit linearer Querschnittsinteraktion nach Gleichung (6.2) geführt werden.

Der Stich der Imperfektion nach Gleichung (5.10) e_0 wurde so hergeleitet, dass sich für den gelenkig gelagerten Druckstab, vgl. Bild III.5-22, in Abhängigkeit von der Stabschlankheit $\bar{\lambda}$ die gleiche Tragfähigkeit $N_{b,Rd}$ wie am Knickstab nach DIN EN 1993-1-1, Abs. 6.3.1.1, Gleichung (6.46) unter Ansatz des Steigerungsfaktors nach Gleichung (5.4) und linearer Querschnittsinteraktion ergibt. Die Beziehung entspricht also Gleichung (III.5-20a) mit zusätzlicher Berücksichtigung des Teilsicherheitsbeiwertes γ_{M1} auch im Steigerungsfaktor. Dies erscheint nicht unbedingt erforderlich, siehe Erklärung in Abs. III.5.3.2<6> im Absatz unterhalb von Gl. (III.5-27b), liegt aber hier auf der sicheren Seite und vergrößert den Stich bei $\gamma_{M1} > 1{,}0$ etwas.

Die gewählte Formulierung

$$e_0 = \alpha \cdot (\bar{\lambda} - 0{,}2) \cdot \frac{M_{Rk}}{N_{Rk}} \tag{III.5-28}$$

nutzt die formelmäßige Aufbereitung der Knicklinien gemäß DIN EN 1993-1-1, Abs. 6.3.1.2, ist aber sonst identisch mit Gleichung (III.5-20a), wenn für die charakteristischen Momenten- und Normalkrafttragfähigkeiten M_{Rk} und N_{Rk} plastische Schnittgrößen M_{pl} und N_{pl} eingesetzt werden.

Der grundsätzliche Unterschied zu den Pauschalwerten der Schiefstellungen und Vorkrümmungen nach DIN EN 1993-1-1, Abs. 5.3.2(3), Gleichungen (5.3) und (5.6) ist der Bezug der Ersatzimperfektionen auf die Eigenform und nicht auf die Stablänge. Ein solcher Ansatz steckt indirekt auch im Ersatzstabverfahren bzw. in der Methode (c) nach DIN EN 1993-1-1, Abs. 5.2.2, vgl. auch die Erläuterungen zu Abs. 5.2.2(8) in Abs. III.5.2.2<4>. Allerdings wird der Ansatz gemäß Abs. 5.3.2(11) weniger für einfache Systeme genutzt, sondern gerade auch für Brücken oder ähnliche Tragwerke, bei denen ohne zusätzlichen Aufwand aus der ohnehin vorhandenen Stabwerksberechnung am räumlichen System eine entsprechende maßgebende Eigenform gewonnen werden kann. In [153] wurde so zum Beispiel der freistehende Stabbogen einer Stabbogenbrücke auf Biegeknicken aus seiner Ebene untersucht. In [188] wird der Imperfektionsansatz als „Integraler Ansatz der maßgebenden Knickeigenform" bezeichnet und auf ein verschiebliches Rahmensystem angewandt. Dort wird gezeigt, wie ungünstig der Ansatz im Vergleich zur Standardschiefstellung nach DIN EN 1993-1-1, Gleichung (5.5) ist, wenn die Knicklänge deutlich größer als die Stablänge ist.

Wichtig bei der Anwendung ist, dass die errechnete Amplitude e_0 nach DIN EN 1993-1-1, Gleichung (5.10) dann auch auf die Knicklänge bezogen wird. In Bild III.5-25 ist beispielhaft der Ansatz bei einem gelenkigen und einem beidseitig eingespannten Stab dargestellt. Wegen der unterschiedlichen Knicklängen unterscheiden sich auch die schlankheitsabhängigen Werte $e_{0,1}$ und $e_{0,2}$ nach Gleichung (5.10). Da sich die Vorkrümmung auf die Knicklänge bezieht, vgl. Bild III.5-25b), ergibt sich beim beidseitig eingespannten Stab der Gesamtstich der Imperfektionsfigur zu $\eta_{max} = 2 \cdot e_{0,2}$.

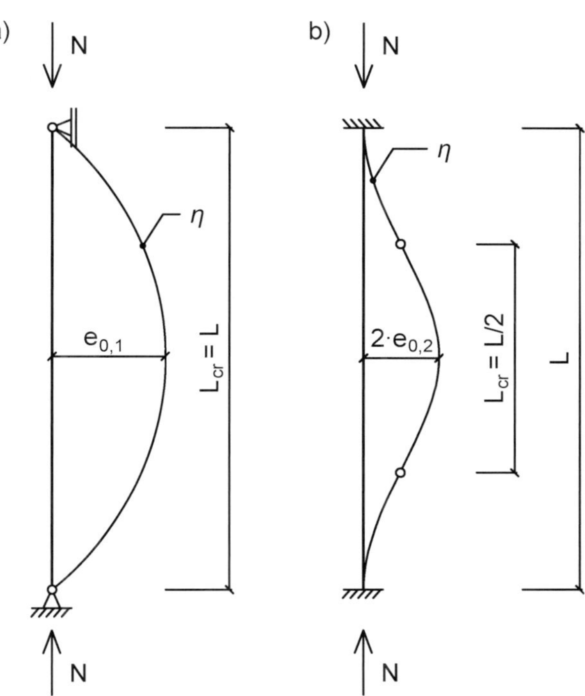

Bild III.5-25: Ansatz der Ersatzimperfektionen:
a) bei einem gelenkig gelagerten Stab und
b) beidseitig eingespannten Stab
(nur qualitativer Vergleich)

Für die beiden Fälle in Bild III.5-25 ist in [208] und [242] beispielhaft die Anwendung des Imperfektionsansatzes nach DIN EN 1993-1-1, Abs. 5.3.2(11) erläutert. Diese Herleitungen werden im Folgenden wiedergegeben.

Bei bekanntem System sind die Gleichungen (III.5-29) bis (III.5-33) jeweils auszuwerten.

Die Differentialgleichung für einen Druckstab mit einer Imperfektion η_{init} lautet:

$$EI \cdot \eta_{el}'''' + N \cdot \eta_{el}'' = -N \cdot \eta_{init}'' \qquad \text{(III.5-29)}$$

Dabei beschreibt η_{el} die Lösung der Differentialgleichung für die „Belastung“ aus den Abtriebskräften $q_{init} = -N \cdot \eta_{init}''$. Nach DIN EN 1993-1-1, Gleichung (5.9) ist:

$$\eta_{init} = e_0 \cdot \frac{N_{cr}}{EI \cdot |\eta''_{cr,max}|} \cdot \eta_{cr} \tag{III.5-30}$$

Unter Annahme einer allgemeinen Funktion für die Knickfigur ergibt sich:

$$\eta_{cr} = a_1 \cdot \sin(\kappa \cdot x) + a_2 \cdot \cos(\kappa \cdot x) + a_3 \cdot \kappa + a_4 \quad \text{mit} \quad \kappa = \frac{N_{cr}}{EI} \tag{III.5-31}$$

mit a_1, a_2, a_3, a_4 Allgemeine Konstanten

Die Lösung der Differentialgleichung sei wieder affin zur Knickfigur:

$$\eta''_{el} = b_{el} \cdot \eta''_{cr} \tag{III.5-32}$$

Bei bekanntem Faktor b_{el} ist damit auch das Moment nach Theorie II. Ordnung bestimmbar:

$$M^{II}(x) = -EI \cdot \eta''_{el} \tag{III.5-33}$$

Für den *beidseitig gelenkig gelagerten Stab* (Eulerfall II) nach Bild III.5-25a) ergeben sich die Gleichungen (III.5-34) bis (III.5-39).

$$\eta_{cr} = a_1 \cdot \sin\left(\frac{\pi}{l} \cdot x\right) \quad \text{mit} \quad \kappa = \frac{\pi}{l} \quad \text{bzw.} \quad N_{cr} = \frac{EI \cdot \pi^2}{l^2} \tag{III.5-34}$$

Die zweifache Ableitung daraus lautet:

$$\eta''_{cr} = -a_1 \cdot \left(\frac{\pi}{l}\right)^2 \cdot \sin\left(\frac{\pi}{l} \cdot x\right) \tag{III.5-35a}$$

$$|\eta''_{cr}|_{,max} = a_1 \cdot \left(\frac{\pi}{l}\right)^2 \tag{III.5-35b}$$

Daraus folgt mit DIN EN 1993-1-1, Gleichung (5.9) die Imperfektion:

$$\eta_{init} = e_0 \cdot \frac{N_{cr}}{EI \cdot |\eta''_{cr}|_{,max}} \cdot \eta_{cr} \tag{III.5-36a}$$

$$\eta_{init} = e_0 \cdot \underbrace{\left(\frac{N_{cr}}{EI}\right)}_{\left(\frac{\pi}{l}\right)^2} \cdot \frac{1}{a_1 \cdot \left(\frac{\pi}{l}\right)^2} \cdot a_1 \cdot \sin\left(\frac{\pi}{l} \cdot x\right) \tag{III.5-36b}$$

$$\eta_{init} = e_0 \cdot \sin\left(\frac{\pi}{l} \cdot x\right) \tag{III.5-36c}$$

Mit Gleichung (III.5-32) und dem Einsetzen der zweifachen Ableitung der Knickfigur nach (III.5-35a) ergibt sich:

$$\eta''''_{el} = b_{el} \cdot \left(-\left(\frac{\pi}{l}\right)^2\right) \cdot \eta''_{cr} \tag{III.5-37}$$

Einsetzen in die Differentialgleichung (III.5-29) und Umformen ergibt die Bestimmung von b_{el} zu:

$$b_{el} = \frac{\eta''_{init}}{\eta''_{cr}} \cdot \frac{N}{\underbrace{\frac{EI \cdot \pi^2}{l^2}}_{=N_{cr}} - N} \tag{III.5-38}$$

Damit lässt sich für den konkreten Fall des gelenkig gelagerten Druckstabs das Moment nach Theorie II. Ordnung herleiten, vgl. Gleichung (III.5-33):

$$M^{II}(x) = -EI \cdot \eta''_{el} \tag{III.5-39a}$$

$$M^{II}(x) = -EI \cdot \overbrace{\left(\frac{\eta''_{init}}{\eta''_{cr}} \cdot \frac{N}{N_{cr} - N}\right)}^{b_{el}} \cdot \eta''_{cr} \tag{III.5-39b}$$

$$M^{II}(x) = -EI \cdot \left(e_0 \cdot \sin\left(\frac{\pi}{l} \cdot x\right)\right)'' \cdot \frac{N}{N_{cr} - N} \tag{III.5-39c}$$

$$M^{II}(x) = +\underbrace{EI \cdot \left(\frac{\pi}{l}\right)^2}_{N_{cr}} \cdot e_0 \cdot \sin\left(\frac{\pi}{l} \cdot x\right) \cdot \frac{N}{N_{cr} - N} \tag{III.5-39d}$$

$$M^{II}(x) = e_0 \cdot N \cdot \frac{1}{1 - \frac{N}{N_{cr}}} \cdot \sin\left(\frac{\pi}{l} \cdot x\right) \tag{III.5-39e}$$

Für den *beidseitig eingespannten Stab* (Eulerfall IV) nach Bild III.5-25b) ergeben sich die Gleichungen (III.5-40) bis (III.5-45d).

$$\eta_{cr} = a_1 \cdot \left(1 - \cos\left(\frac{2\pi}{l} \cdot x\right)\right) \quad \text{mit} \quad \kappa = \frac{2\pi}{l} \quad \text{bzw.} \quad N_{cr} = \frac{EI \cdot (2\pi)^2}{l^2} \tag{III.5-40}$$

Die zweifache Ableitung daraus lautet:

$$\eta''_{cr} = \underbrace{a_1 \cdot \left(\frac{2\pi}{l}\right)^2}_{|\eta''_{cr}|_{max}} \cdot \cos\left(\frac{2\pi}{l} \cdot x\right) \tag{III.5-41}$$

Als Imperfektion nach DIN EN 1993-1-1, Gleichung (5.9) folgt:

$$\eta_{init} = e_0 \cdot \frac{N_{cr}}{EI \cdot |\eta''_{cr}|_{max}} \cdot \eta_{cr} \tag{III.5-42a}$$

$$\eta_{init} = e_0 \cdot \underbrace{\left(\frac{N_{cr}}{EI}\right)}_{\left(\frac{2\pi}{l}\right)^2} \cdot \frac{1}{a_1 \cdot \left(\frac{2\pi}{l}\right)^2} \cdot a_1 \cdot \left(1 - \cos\left(\frac{2\pi}{l} \cdot x\right)\right) \tag{III.5-42b}$$

$$\eta_{init} = e_0 \cdot \left(1 - \cos\left(\frac{2\pi}{l} \cdot x\right)\right) \tag{III.5-42c}$$

Mit Gleichung (III.5-32) ergibt sich als vierfache Ableitung:

$$\eta_{el}'''' = b_{el} \cdot \left(-\left(\frac{2\pi}{l} \right)^2 \right) \cdot \eta_{cr}'' \qquad \text{(III.5-43)}$$

Durch Einsetzen in die Differentialgleichung (III.5-29) folgt daraus:

$$b_{el} = \frac{\eta_{init}''}{\eta_{cr}''} \cdot \frac{N}{\underbrace{EI \cdot \left(\frac{2\pi}{l} \right)^2}_{=N_{cr}} - N} \qquad \text{(III.5-44)}$$

Für das Moment nach Theorie II. Ordnung folgt daraus:

$$M^{II}(x) = -EI \cdot \eta_{el}'' \qquad \text{(III.5-45a)}$$

$$M^{II}(x) = -EI \cdot \left(\frac{\eta_{init}''}{\eta_{cr}''} \cdot \frac{N}{N_{cr} - N} \right) \cdot \eta_{cr}'' \qquad \text{(III.5-45b)}$$

$$M^{II}(x) = -\underbrace{EI \cdot \left(\frac{2\pi}{l} \right)^2}_{N_{cr}} \cdot e_0 \cdot \cos\left(\frac{2\pi}{l} \cdot x \right) \cdot \frac{N}{N_{cr} - N} \qquad \text{(III.5-45c)}$$

$$M^{II}(x) = -e_0 \cdot N \cdot \frac{1}{1 - \frac{N}{N_{cr}}} \cdot \cos\left(\frac{2\pi}{l} \cdot x \right) \qquad \text{(III.5-45d)}$$

III.5.3.3 Imperfektionen zur Berechnung aussteifender Systeme

<1> zu 5.3.3: Imperfektionen zur Berechnung aussteifender Systeme

Leider erfolgt die Zuordnung von Stabilisierungskräften und Imperfektionen für aussteifende Tragwerksteile zu den verschiedenen Abschnitten in DIN EN 1993-1-1, Kapitel 5.3 Imperfektionen nicht eindeutig. Ein Teil der Hinweise ist in Abs. 5.3.2 gegeben, ein Teil in Abs. 5.3.3. Sie werden im Folgenden zusammenfassend dargestellt.

Grundsätzlich unterschieden wird zwischen:

- vertikalen Aussteifungssystemen, die zum Beispiel in Form von vertikalen Fachwerkscheiben oder auch Massivwänden und Treppenhauskernen dafür sorgen, dass die übrige Stahl- bzw. Verbundrahmenkonstruktion als „unverschieblich" charakterisiert werden kann, und
- Horizontalaussteifungssystemen, die zum Beispiel als Dachverband bei Hallen sowohl Windlasten wie auch Abtriebskräfte zur Stabilisierung der Binder abtragen.

In DIN 18801, Abs. 6.1.4 [15] wird der Hinweis gegeben, dass auch Bauteile aus anderen Werkstoffen als Stahl (z. B. Mauerwerkswände, Holzpfetten) zur Aussteifung von Stahlbauten herangezogen werden dürfen und diese dann ggf. auch für entsprechende Imperfektionen der auszusteifenden Bauwerksteile zu dimensionieren sind. Diese Regelung ist selbstverständlich auch für eine Tragwerksberechnung nach DIN EN 1993-1-1 zu übertragen.

<2> zu 5.3.2(7) bis 5.3.2(10): äquivalente Ersatzlasten oder Stabilisierungskräfte für vertikale Aussteifungssysteme

Im Fall der vertikalen Aussteifungssysteme gelten die gleichen Imperfektionsansätze wie für die globale Tragwerksberechnung gemäß DIN EN 1993-1-1, Abs. 5.3.2, insbesondere die globale Anfangsschiefstellung nach Gleichung (5.5) und Bild 5.2. Diese Unterscheidung zwischen aussteifenden und ausgesteiften Systemen stammt eigentlich noch aus DIN V ENV 1993-1-1 und sollte die Möglichkeit einer vereinfachten Berechnung bieten, vgl. Bild III.5-26. Die ausgesteiften Tragwerksteile, siehe Bild III.5-26b), werden als horizontal unverschieblich betrachtet und nur für die Vertikalbelastung berechnet. Alle Horizontalkräfte einschließlich der Abtriebskräfte aus Stabilisierung der Stützen im „unverschieblichen" Tragwerksteil werden vom aussteifenden Tragelement übernommen und durch dieses abgetragen. Als Kriterium nennt DIN V ENV 1993-1-1, Abs. 5.2.5.3, dass ein Stahlrahmentragwerk als unverschieblich angenommen werden darf, wenn seine Seitenverschiebung durch das aussteifende System um mindestens 80 % reduziert wird. In [94] wird das wie folgt erfasst:

$$\psi_{br} > 0{,}2 \cdot \psi_{unbr} \;\rightarrow\; \text{Rahmen ist nicht ausgesteift} \qquad \text{(III.5-46a)}$$

$$\psi_{br} \leq 0{,}2 \cdot \psi_{unbr} \;\rightarrow\; \text{Rahmen ist ausgesteift} \qquad \text{(III.5-46b)}$$

mit ψ_{br} Seitenverschieblichkeit des ausgesteiften (braced) Systems

ψ_{unbr} Seitenverschieblichkeit des nicht ausgesteiften (unbraced) Systems

Für das nicht ausgesteifte System ist eine Gesamttragwerksberechnung von Rahmen- und Aussteifungssystem, also zum Beispiel am Gesamtsystem nach Bild III.5-26a), durchzuführen, was heute bei der verbreiteten Nutzung von Software für räumliche Stabwerksberechnungen eigentlich gar keine große Schwierigkeit mehr darstellt. Deshalb hat heute die Aufteilung in ausgesteiftes Vertikallastabtragungssystem und aussteifendes Horizontallastsystem nach Bild III.5-26b) wahrscheinlich keine so große praktische Bedeutung mehr. Wichtig ist festzustellen, dass auch das ausgesteifte System unter Umständen stabilitätsgefährdet ist, vgl. Kriterium nach DIN EN 1993-1-1, Abs. 5.2.1 und Gleichung (5.1) und gleichwertige Kriterien. Das heißt, dass auch bei Nutzung der Möglichkeit der Aufteilung, vgl. Bild III.5-26b), ggf. für die Stützen und Rahmensysteme im „unverschieblichen" Tragwerksteil Stabilitätsnachweise geführt werden müssen, zum Beispiel nach DIN EN 1993-1-1, Abs. 6.3.

Für die Berechnung der Abtriebskräfte aus Schiefstellung hat sich die Umrechnung nach DIN EN 1993-1-1, Abs. 5.3.2(7) und Bild 5.3 und Bild 5.4 bewährt. Hilfreich ist bei diesem Ansatz von äquivalenten Ersatzlasten, dass, wie in DIN EN 1993-1-1, Bild 5.4 sowohl für die Schiefstellung wie auch für die Vorkrümmung angegeben, Ersatzlasten als vollständige Gleichgewichtsgruppen auf das unverformte System angesetzt werden, denn die durch diese Ersatzlasten wiedergegebenen Ersatzimperfektionen erzeugen normalerweise keine äußeren Reaktionskräfte, sondern nur innere Schnittgrößen. Die in Bild 5.3 (links) dargestellte Abtriebskraft $H = \varphi \cdot N_{Ed}$ widerspricht scheinbar der in Bild 5.7 dargestellten Abtriebskraft an Stößen in druckbeanspruchten Bauteilen von $2 \cdot \varphi \cdot N_{Ed}$. Tatsächlich ist die Abtriebskraft für aussteifende Deckenscheiben in Bild 5.3 aber identisch zu den Angaben in DIN EN 1992-1-1, Bild 5.1c1 [21] für die gleiche Situation.

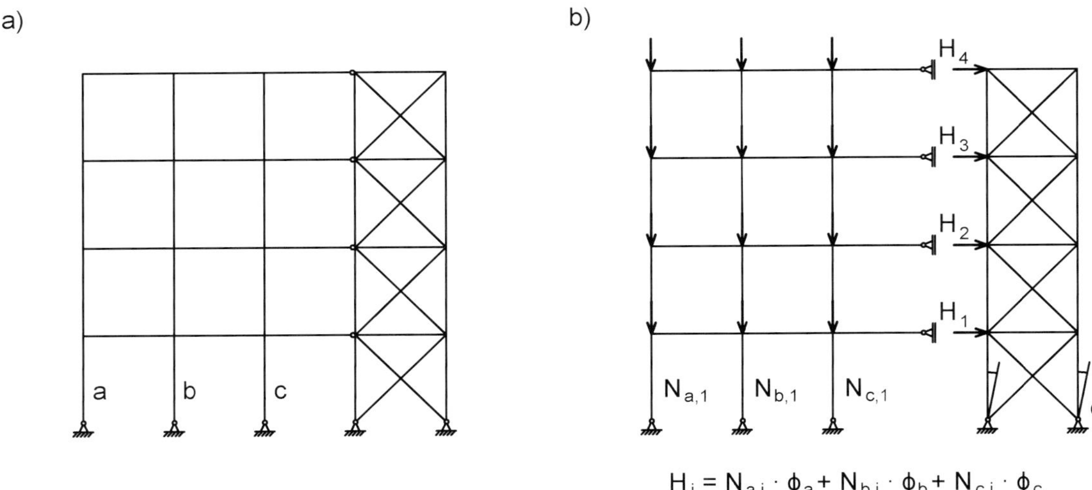

Bild III.5-26: Stabilisierungskräfte für vertikale Aussteifungssysteme: (a) Gesamtsystem, (b) Aufteilung in unverschiebliches ausgesteiftes Rahmensystem zur Vertikallastabtragung und aussteifendes System zur Horizontallastabtragung

<3> zu 5.3.3(1) bis 5.3.3(3): Stabilisierungslasten für horizontale Aussteifungssysteme

Als Imperfektion für die Berechnung horizontaler Aussteifungssysteme wie das in Bild 5.6 in DIN EN 1993-1-1 beispielhaft angegebene Verbandssystem ist mit Gleichung (5.12) eine Vorkrümmung von $e_0 = L/500$ vorgegeben. Zur Berücksichtigung mehrerer auszusteifender Bauteile wie die verschiedenen Binder einer Halle, die alle durch einen Verband gestützt werden, aber nicht unbedingt alle in der gleicher Richtung imperfekt sind, kann die Vorkrümmung e_0 durch den Faktor α_m in Abhängigkeit von der Anzahl m der auszusteifenden Bauteile (analog zur Regel für die Anfangsschiefstellung nach Gleichung (5.5)) abgemindert werden. Dies entspricht im Wesentlichen der Regel in DIN V ENV 1993-1-1, nach Abs. 5.2.4.4 und Bild 5.2.5. DIN 18800-2 dagegen, vgl. auch die Erläuterungen zu DIN 18800-2 [192], überträgt in Element (206) die vertikale Schiefstellung von 1/200 auch auf horizontale aussteifende Systeme und kommt bei einem beidseitigen Ansatz von jeweils 1/200 auf jede Verbandshälfte zu einem Stich der Vorkrümmung von $e_0 = L/2 \cdot 1/200 = L/400$. Die Umsetzung in eine äquivalente Gleichstreckenlast kann über die angenommene Parabelform gemäß Gleichung (5.13) in 5.3.3 (2) mit $q = \Sigma N_{Ed} \cdot 8 \cdot e_0/L^2$ erfolgen.

Das ergibt für den Wert von $e_0 = \alpha_m \cdot L/500$:

$$q = \alpha_m \cdot \sum \frac{N_{Ed}}{62{,}5 \cdot L} \tag{III.5-47a}$$

Diese Beziehung ist vergleichbar mit dem Wert, wie ihn die Erläuterungen zu DIN 18800-2, Abs. 3.7.2 [192] für $e_0 = r_1 \cdot r_2 \cdot L/400$ mit Gleichung (III.5-47b) angeben:

$$q = r_1 \cdot r_2 \cdot \sum \frac{N_{Ed}}{50 \cdot L} \tag{III.5-47b}$$

mit: r_1, r_2 Abminderungsfaktoren nach DIN 18800, vgl. Gleichungen (III.5-14) und (III.5-15)

Diese Ersatzlasten gelten nur, wenn das aussteifende System sich nicht selbst auch verformt. δ_q beschreibt in Gleichung (5.13) die Verformung des aussteifenden Systems infolge der Imperfektion und weiterer äußerer Lasten nach Theorie I. Ordnung. Wenn δ_q ausreichend klein ist, kann dieser Effekt vernachlässigt werden. Hierfür gibt es in DIN V ENV 1993-1-1, Bild 5.2.5 das folgende Kriterium:

$$\delta_q \leq \frac{L}{2.500} \qquad \text{(III.5-48)}$$

Wenn Gleichung (III.5-48) nicht erfüllt ist, müssen auch Abtriebskräfte aus δ_q berücksichtigt werden und ggf. wegen des Effekts nach Theorie II. Ordnung auch diese Berechnung nochmals durchgeführt, also iteriert, werden. Alternativ ist es möglich, die Wirkung nach Theorie II. Ordnung ausgehend von der Imperfektion e_0 und den äußeren Lasten von vorneherein zu berücksichtigen, zum Beispiel mit Hilfe des Steigerungsfaktors nach DIN EN 1993-1-1, Gleichung (5.4). Bei der näherungsweisen Berechnung nach Theorie II. Ordnung mit dem Steigerungsfaktor ist unter Umständen auch die entsprechende Schubweichheit des Verbandes zu berücksichtigen. In den Erläuterungen zu DIN 18800-2 [192] wird hierfür ein modifizierter Steigerungsfaktor angegeben:

$$\frac{1}{1-\frac{1}{\alpha_{cr}}} = \frac{1}{1-\frac{N}{N_{cr}^*}} \quad \text{mit} \quad N_{cr}^* = \frac{\frac{EI\cdot\pi^2}{L^2}}{1+\frac{EI\cdot\pi^2}{S\cdot L^2}} \qquad \text{(III.5-49)}$$

mit: S Schubsteifigkeit des Verbandes

EI Biegesteifigkeit des Verbandes

Hinweise zur Ermittlung der Schubsteifigkeit von Verbandssystemen sind u. a. in Tabelle 7.9 in [209] bzw. in Bild 3.92 in [217] zu finden. Knickkräfte N_{cr}^* für schubweiche Stäbe sind auch in [215], Abs. 5.1 und in [213], Abs. 5.3.7.2 erläutert. Grundsätzlich definiert sich die Schubsteifigkeit S als jene Kraft, die die Schubgleitung $\gamma = \tau/G = 1$ hervorruft. Einzelheiten zu den Schubsteifigkeiten verschiedener Systeme finden sich in Abs. III.6.4.2.1<2> in diesem Kommentar.

Eine Hauptbedeutung der horizontalen Aussteifungssysteme liegt in der Stabilisierung von Trägern oder Bindern, wie zum Beispiel den Riegeln von Hallenrahmen, gegen Biegedrillknicken. Häufig sorgt ein Verband in der Obergurtebene der Träger oder ein Schubfeld durch ein aufliegendes Trapezblech, das als schubsteife Scheibe ausgebildet ist, für eine ausreichende horizontale Aussteifung und nimmt so auch entsprechende Stabilisierungslasten aus den Trägern auf. Hinweise zur erforderlichen Schubsteifigkeit von Trapezblechen zur Aussteifung von Trägern gibt auch DIN EN 1993-1-1, Anhang BB 2.1, siehe III.BB.2.

Üblicherweise wird bei diesen Systemen die Druckkraft näherungsweise aus dem Biegemoment durch Teilen des Momentes durch den Hebelarm der Gurte ermittelt, vgl. DIN EN 1993-1-1, Abs. 5.3.3(3) mit Gleichung (5.14) und Bild III.5-27.

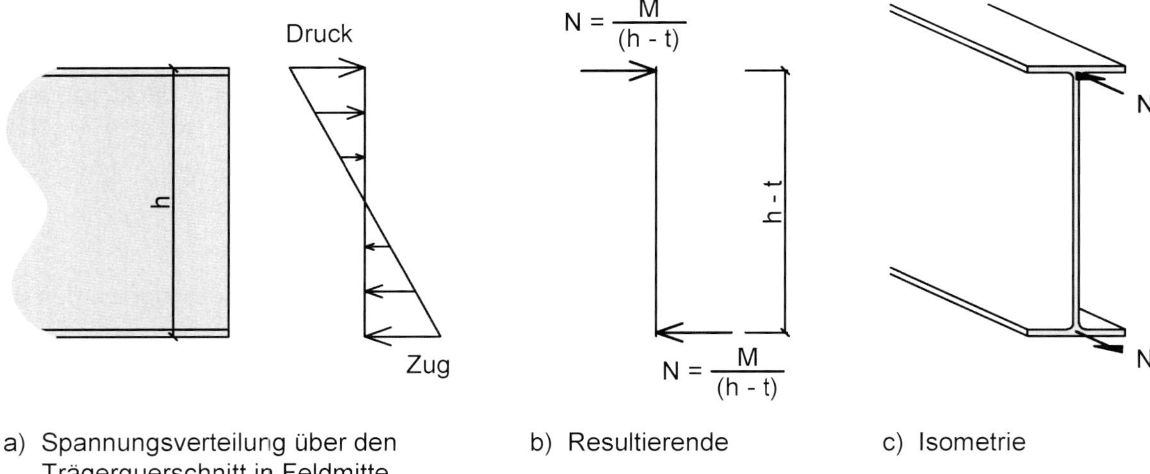

a) Spannungsverteilung über den Trägerquerschnitt in Feldmitte b) Resultierende c) Isometrie

Bild III.5-27: Aus dem Trägermoment ermittelte Druckgurtkraft

Die Annahme einer konstanten Druckgurtkraft in der Höhe der auftretenden maximalen Druckgurtkraft entsprechend der Regelung in DIN EN 1993-1-1, Bild 5.6 ist eher konservativ, da tatsächlich die Gurtkraft meist nicht einen konstanten Verlauf über die Trägerlänge hat, sondern affin zur Biegemomentenverteilung des Trägers ist. Verschiedene Ansätze mit ausführlichem Beispiel auch zur Berücksichtigung von nicht konstanter Druckgurtverteilung sind in Abs. 6.5 in [215] zu finden, auch die Erläuterungen zu DIN 18800-2 [192] geben Hinweise. In jüngerer Zeit hat sich [140] mit dem Thema beschäftigt. Diese Untersuchung berücksichtigt planmäßig auch die Verdrehung des Querschnitts und die Wirkung der Torsionssteifigkeit. Gerade für den beidseitig eingespannten Träger kommen nach der in [140] angegebenen Beispielrechnung erhebliche Abweichungen von der einfachen Druckgurtrechnung (vgl. Bild III.5-28) heraus, die u. a. verursacht werden durch die negativen Biegemomente an den Einspannungen, bei denen die „falschen“ Gurte gestützt sind, und einer gewissen Verdrehweichheit des Systems. [140] fordert also eine Mindestdrehbettung c_v des Querschnitts, vgl. Gleichung (III.5-50), um das einfache Druckgurtmodell anwenden zu können.

$$\text{vorh}\, c_v > q_z \cdot h_s = \min c_v \qquad \text{(III.5-50)}$$

mit: q_z Vertikale Streckenlasten auf dem Träger

h_S Abstand Trägergurtschwerpunkte

Zur Ermittlung der Verdrehsteifigkeiten siehe auch die Erläuterungen zu DIN EN 1993-1-1, Anhang BB 2.2 (in diesem Buch Abs. III.BB.2.2).

<4> zu 5.3.3(4) und 5.3.3(5): Stabilisierungskräfte an Stößen und Einzelstützungen

Nach Bild 5.7 ist als lokale Stabilisierungslast an Stößen und ähnlichen Situationen wie Einzelstützungen von Trägern oder druckbeanspruchten Bauteilen eine Abtriebskraft von $\alpha_m \cdot N_{Ed}/100$ weiterzuleiten und abzutragen. Der Abminderungsfaktor α_m berücksichtigt wie in Abs. 5.3.3(1) die Anzahl die auszusteifenden Bauteile. In DIN EN 1993-1-1 steht Bild 5.7 in scheinbarem Widerspruch zu Bild 5.3, wo der Knickwinkel der

Einzelstäbe nur mit $\phi/2$ angesetzt wird. Bild 5.3 bezieht sich aber, wie erläutert, auf Stockwerksrahmen oder ähnliche Situationen mit vertikaler Schiefstellung, in denen auf die aussteifenden Deckenscheiben in einer Ebene nicht mehr als $H = \phi \cdot N_{Ed}$ angesetzt wird, während mit Bild 5.7 eine lokale Situation zum Beispiel an einem Stoß oder einer Einzelstützung erfasst wird. Eine „normale" Imperfektion nach Abs. 5.3.3(1) oder Abs. 5.3.2(3)a) ist dann nicht zusätzlich zur Abtriebskraft von $\alpha_m \cdot N_{Ed}/100$ nach Bild 5.7 am Stoß oder an einer Einzelstützung zu berücksichtigen, wohl aber andere Horizontallasten. In [235] wird diese Horizontallast als Abtriebskraft an einer einzelnen mittigen Horizontalabstützung in einem Trägerfeld mit der Vorverformung $e_0 = L/500$ abgeleitet und betont, dass es sich um eine konservative Abschätzung handelt.

Eine solche Regel gibt es auch in DIN 18800-2: Das Teilsystem in Bild 6 oben rechts weist auf die Abstützkraft eines durch eine einzelne Stützung gehaltenen Druckstabes hin, vgl. auch Erläuterungen zu DIN 18800-2, Abs. 3.7.5 [192]. Diese Regel, 1/100 der Druckkraft als Stabilisierungskraft anzusetzen, wenn keine genaueren Angaben zur Verfügung stehen, ist eine sehr alte Regel, wie zum Beispiel der Vergeich mit DIN 4114, Blatt 1:1952, Abs. 12.4 [8] für den aussteifenden Pfosten eines Fachwerkdruckgurtes zeigt.

[235] weist mit Recht darauf hin, dass es in DIN EN 1993-1-1, Abs. 6.3.5.2 für Stützungen an Fließgelenken mit Rotationsanforderungen mit Gleichung (6.67) eine vergleichbare Regel für die lokale Ersatzlast Q_m an einer das Fließgelenk stützenden Aussteifung gibt:

$$Q_m = 1{,}5 \cdot \alpha_m \cdot \frac{N_{Ed}}{100} \qquad \text{(III.5-51)}$$

Diese wohl eher aus der angelsächsischen Tradition herrührenden Regel entspricht auch bezüglich des Abminderungsfaktors α_m den Angaben in Abs. 5.3.3(4) und Bild 5.7, nur dass hier die Kraft um den Faktor 1,5 zur Abdeckung von Überfestigkeiten im Fließgelenkbereich erhöht wird, wie in [235] erläutert.

III.5.3.4 Bauteilimperfektionen

<1> zu 5.3.4(1) und (2): lokale (örtliche) Bauteilimperfektionen

Lokale Bauteilimperfektionen müssen nur dann angesetzt werden, wenn sie nicht schon durch Ersatzstabnachweise oder, allgemeiner ausgedrückt, durch Bauteilnachweise gemäß DIN EN 1993-1-1, Abs. 6.3 erfasst sind. Ein Vergleich der drei Methoden gemäß Bild III.5-12 zeigt, dass lokale Bauteilimperfektionen bei Methode (a), der vollständigen Berechnung der Schnittgrößen nach Theorie II. Ordnung unter Berücksichtigung von globalen und lokalen Ersatzimperfektionen, immer anzusetzen sind, vgl. DIN EN 1993-1-1, Abs. 5.2.2(7). Für die Vorkrümmung in der Biegeknickrichtung gilt DIN EN 1993-1-1, Abs. 5.3.2(3) mit Gleichung (5.6), für die lokale Imperfektion für das Biegedrillknicken gilt DIN EN 1993-1-1, Abs. 5.3.4(3). Bei Methode (b), vgl. DIN EN 1993-1-1, Abs. 5.2.2(7), ist das üblichere Verfahren die Durchführung einer Schnittgrößenberechnung nach Theorie II. Ordnung in der Rahmenebene mit globalen und lokalen Ersatzimperfektionen und für den Nachweis aus der Ebene den Ersatzstabnachweis bzw. Biegedrillknicknachweis nach DIN EN 1993-1-1, Abs. 6.3 zu führen, vgl. Methode (b1) in Bild III.5-12. Hier ist also nur der lokale Imperfektionsansatz gemäß der Vorkrümmung in Biegeknickrichtung nach DIN EN 1993-1-1, Abs. 5.3.2(3) mit Gleichung (5.6) relevant. Die Biegedrillknickverformung nach DIN EN 1993-1-1,

Abs. 5.3.4(3) ist nicht zu berücksichtigen. Lokale Bauteilimperfektionen können bei schlanken Bauteilen auch zusätzlich zur Schiefstellung Schnittgrößenumlagerungen im globalen Tragsystem, also eine Veränderung der Einspannmomente bzw. Rahmeneckmomente, bewirken. Dies trifft bei eingespannten oder biegesteif verbundenen schlanken Bauteilen, die Gleichung (5.8) erfüllen, immer zu, vgl. Ablaufdiagramm in Bild III.5-18. In diesen Fällen ist ebenfalls eine Vorkrümmung in Biegeknickrichtung nach DIN EN 1993-1-1, Abs. 5.3.2(3) mit Gleichung (5.6) anzusetzen, aber keine Biegedrillknickverformung nach DIN EN 1993-1-1, Abs. 5.3.4(3). Tatsächlich ist also der Ansatz einer lokalen Biegedrillknickverformung in der Praxis bisher eine Ausnahme. Doch mit zunehmender Verbreitung und Verbesserung der Software wird sich das möglicherweise ändern.

<2> zu 5.3.4(3) und NDP: Imperfektionen für den Biegedrillknicknachweis nach Theorie II. Ordnung

Für den Ansatz von Ersatzimperfektionen für den Biegedrillknicknachweis stehen sehr wenige Informationen und Untersuchungen zur Verfügung. Die ursprüngliche Empfehlung in DIN EN 1993-1-1, Abs. 5.3.4(3), als Ersatzimperfektionen der Biegedrillknickverformung 50 % der Ersatzimperfektion für das Biegeknicken um die schwache Achse zu wählen, folgt der Vorgehensweise in DIN 18800-2:1990, Element (202). Die Erläuterungen zu DIN 18800-2 [192] betonen, dass bewusst auf den Ansatz einer Vorverdrehung um die Stabachse verzichtet wurde, weil eine horizontale Biegevorverformung aus der Rahmenebene bei schlanken Profilen automatisch zu einer räumlichen Verformungsfigur führt. Da Biegedrillknicken unter reiner Biegung häufig auch als Biegeknicken des Druckgurtes interpretiert wird, führt eine Ausmitte von e_0 im Druckgurt zusammen mit der sich von selbst einstellenden Querschnittsverdrehung etwa zu $0{,}5 \cdot e_0$ im Schubmittelpunkt der typischen doppeltsymmetrischen Querschnitte, vgl. Bild III.5-28.

Tatsächlich haben genauere Untersuchungen gezeigt, dass dieser mehr aus Plausibilität gewählte Ansatz für schlanke Profile nicht ausreicht, vgl. [74] und [143]. In DIN 18800-2:2008, Element (202) [12] wurde deshalb eine Korrektur vorgenommen und die Einschränkung eingeführt, dass für Bauteile mit doppeltsymmetrischem Querschnitt mit h/b > 2 im Bereich $\bar{\lambda}_{LT} = 0{,}7 \sim 1{,}3$ der volle Wert der Biegeknickimperfektion um die schwache Achse anzunehmen sei. Für DIN EN 1993-1-1 sind die Ersatzimperfektionen für die Tragwerksberechnung nach Theorie II. Ordnung aus der Rahmenebene heraus, also für das Biegedrillknicken, abweichend von den ursprünglichen Empfehlungen nach dem Nationalen Anhang in DIN EN 1993-1-1/NA:2010 gemäß der Tabelle NA.2 anzunehmen, dabei sind wiederum die Werte für den Schlankheitsbereich $0{,}7 \leq \bar{\lambda}_{LT} \leq 1{,}3$ zu verdoppeln. Entsprechend den Erläuterungen in [258] ist die Tendenz beim Biegedrillknicken gegenüber dem Biegeknicken genau entgegengesetzt: Während beim Biegeknicken Stäbe mit großem h/b-Verhältnis günstiger als solche mit kleinem h/b-Verhältnis sind, verhalten sich beim Biegedrillknicken I-Profile mit h/b > 2,0 ungünstiger als solche mit h/b < 2,0. Dies

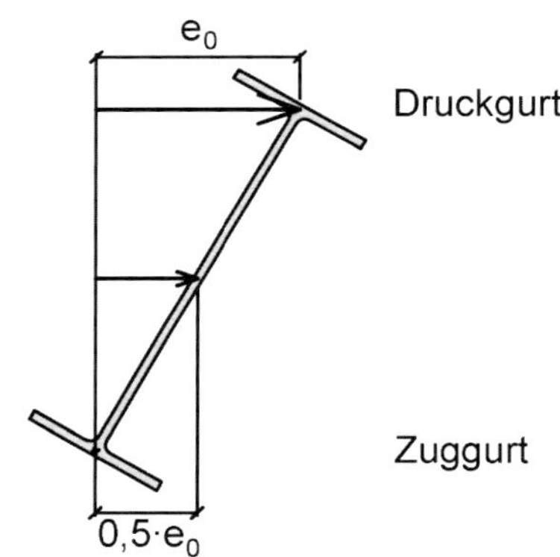

Bild III.5-28: Ersatzimperfektion für das Biegedrillknicken, hergeleitet aus der Biegeknickimperfektion des Druckgurtes

spiegelt sich in der Tabelle NA.2 für die Ersatzimperfektionen für Biegedrillknicken wider. Die Autoren von [138] leiten aus dem Vergleich von Ergebnissen der Fließzonentheorie (allerdings ohne Berücksichtigung der Verfestigung) zum Nachweis nach Theorie II. Ordnung mit Ersatzimperfektionen für das Biegedrillknicken konkrete schlankheits- und profilabhängige Größen her und empfehlen für den Ansatz von Ersatzimperfektionen im Vergleich zu DIN EN 1993-1-1/NA noch konservativere Pauschalwerte.

III.5.4 Berechnungsmethoden

III.5.4.0 Überblick

Wie in III.5.0 erläutert, behandelt Kapitel 5 die Tragwerksberechnung unabhängig von den zu führenden Nachweisen im Grenzzustand der Tragfähigkeit (siehe Kapitel 6) oder im Grenzzustand der Gebrauchstauglichkeit (siehe Kapitel 7). Tatsächlich besteht natürlich ein enger Zusammenhang insbesondere bei der Wahl der Berechnungsmethode oder Art der Schnittgrößenermittlung, vgl. auch Bild III.5-1. In DIN 18800 gibt es mit Tabelle 11 in [10] und Tabelle 1 in [12] eine klare Zuordnung der Nachweisverfahren für den Grenzzustand der Tragfähigkeit zur Ermittlung der Beanspruchungen bzw. der Beanspruchbarkeiten, vgl. auch Tabelle III.5-2. Diese Zuordnung findet sich auch in den Formulierungen und Regeln in DIN EN 1993-1-1 wieder. So behandelt Kapitel 5.4 die Wahl der Berechnungsmethode im gleichen Sinne wie DIN 18800 die Ermittlung der Beanspruchungen gemäß Tabelle III.5-2.

Tabelle III.5-2: Nachweisverfahren nach DIN 18800 [10] und [12]

	Nachweisverfahren	Beanspruchungen	Beanspruchbarkeit
1	Elastisch-Elastisch	Elastizitätstheorie	Elastizitätstheorie
2	Elastisch-Plastisch	Elastizitätstheorie	Plastizitätstheorie
3	Plastisch-Plastisch	Plastizitätstheorie	Plastizitätstheorie

III.5.4.1 Allgemeines

<1> zu 5.4.1(1): Verfahren zur Schnittgrößenermittlung

Analog zur Auswahlmöglichkeit nach Tabelle III.5-2, die Beanspruchungen nach Elastizitäts- oder Plastizitätstheorie zu ermitteln, kann nach DIN EN 1993-1-1 eine elastische oder eine plastische Tragwerksberechnung durchgeführt werden.

Der Hinweis auf die Möglichkeit einer Finite-Elemente-Berechnung nach DIN EN 1993-1-5 [27] bezieht sich dort vor allem auf den Anhang C, der Regeln zur Nutzung von FEM-Berechnungen angibt. Unter anderem werden dort als mögliche Näherungen für das Werkstoffverhalten neben dem elastisch-idealplastischen Fall, vgl. DIN EN 1993-1-1, Bild 5.8, auch Materialgesetze mit Stahlverfestigung und eine vollständige nichtlineare Spannungs-Dehnungs-Kurve angegeben. In DIN EN 1993-1-5/NA sind auch entsprechende bauaufsichtliche Randbedingungen bezüglich des Ansatzes von Ersatzimperfektionen oder der Teilsicherheitsbeiwerte für den Nachweis genannt. Die Nutzung solcher Verfahren in der Praxis setzt entsprechende Hintergrundkenntnisse voraus und stellt zurzeit auch wegen des Aufwands sicher eine Ausnahme dar. Mit Fortschreiten der numerischen Möglichkeiten in den Büros kann es aber in Zukunft immer attraktiver werden, durch FEM-Berechnungen gezielt Vorteile auszunutzen. Da hierfür weitaus weniger klare Regeln und mehr Auslegungsmöglichkeiten existieren als für die normalen Berechnungsmethoden, empfiehlt es sich in solchen Fällen, sich mit den Verantwortlichen (z. B. Bauherr oder Prüfingenieur) rechtzeitig über die Annahmen zu verständigen.

<2> zu 5.4.1(2): Voraussetzungen für die elastische Tragwerksberechnung (Rechnung nach Elastizitätstheorie)

Hinter der schlichten Aussage, dass eine elastische Tragwerksberechnung immer angewendet werden darf, steckt indirekt auch die Erlaubnis, entsprechend zum Beispiel dem Nachweisverfahren elastisch-plastisch nach Tabelle III.5-2 den Effekt von tatsächlich auftretenden Teilplastizierungen neben einem rechnerischen Fließgelenk zu vernachlässigen, vgl. Abs. 5.4.2(2). Diese Teilplastizierungen führen ggf. zu etwas größeren Verformungen, ein Einfluss, der besonders bei stabilitätsgefährdeten Tragwerken eine Rolle spielen kann. Der Ansatz der geometrischen Ersatzimperfektionen deckt normalerweise diesen Unterschied zwischen Fließzonen- und rechnerischer Fließgelenkwirkung ab, siehe Abs. III.5.3.1. Die Begrenzung des plastischen Formbeiwertes α_{pl} in DIN 18800-2, Element (123) [12] auf 1,25 wird mit der Begrenzung von Verformungen begründet. Wie im Kommentar zu DIN 18800-2 in [192] erläutert, ist hiermit nur der Fall gemeint, bei dem bei der Herleitung der geometrischen Ersatzimperfektionen für Querschnitte mit hohem α_{pl} die anteilige Verformung aus der Fließzonentheorie gegenüber der Fließgelenktheorie nicht ausreichend berücksichtigt wurde. Es geht nicht um eine generelle Begrenzung plastischer Verformungen. Während in DIN 18800-2, Element (123) [12] die Begrenzung nur für Nachweise mit Schnittgrößen nach Theorie II. Ordnung für erforderlich gehalten wird, fordert DIN 18800-1, Element (755) [10] die Begrenzung von α_{pl} auf 1,25 erst einmal generell (mit Ausnahme von Einfeld- und Durchlaufträgern mit über der Länge konstantem Querschnitt). Aber auch hier wird diese Forderung in den Erläuterungen zu DIN 18800-1 [192] als Regelung zur Begrenzung „zu großer" Systemverformungen abgeschwächt. In DIN EN 1993-1-1 ist eine Begrenzung des plastischen Formbeiwertes unbekannt. Der Einfluss des plastischen Formbeiwertes führte in [180] auf der Basis von Traglastrechnungen im Vergleich zu Berechnungen nach der Fließgelenktheorie zum Vorschlag, für Beanspruchung von I-Profilen um die schwache Achse als Schiefstellung 1/100 statt 1/200 anzunehmen, vgl. Abs. III.5.3.2<4>. Inwieweit solche Effekte bei der Festlung der Imperfektionen nach DIN EN 1993-1-1 ausreichend berücksichtigt wurden, kann nicht abschließend beantwortet werden.

<3> zu 5.4.1(3): Voraussetzungen für die plastische Tragwerksberechnung (Rechnung nach Plastizitätstheorie)

Im Unterschied zur elastischen Tragwerksberechnung sind für die plastische Tragwerksberechnung Voraussetzungen genannt. Wenn diese nicht eingehalten werden, ist folgerichtig eine elastische Berechnung durchzuführen.

Die Forderung nach Rotationskapazität an den Stellen mit plastischen Gelenken soll gewährleisten, dass die angenommene plastische Schnittgröße, zum Beispiel das plastische Moment im Stützquerschnitt eines Durchlaufträgers, auch bei Eintreten einer plastischen Verformung mindestens in dieser Größe aufrechterhalten werden kann. Es muss sich also ein Fließgelenk bilden und plastische Verformungen müssen ausgeführt werden können. Zur Rotationskapazität oder -fähigkeit geben die Erläuterungen zu Bild III.3-2 weitere Informationen. Neben grundsätzlichen Anforderungen an die Duktilität des Materials, vgl. Abs. III.3.2.2, gehören hierzu gewisse Voraussetzungen für die Bauteilschlankheit oder Beulgefährdung der Querschnittsteile, konkret die Anforderung nach Querschnitten der Klasse 1, wie sie im Rahmen der Querschnittsklassifizierung in DIN EN 1993-1-1, Kapitel 5.5 zugeordnet sind.

Zusätzlich werden, wie auch in Abs. III.5.1.2 erläutert, in DIN EN 1993-1-1 anders als in DIN 18800 neben den Bauteilen auch jeweils das Trag- und Verformungsverhalten der Anschlüsse mit in die Betrachtung einbezogen. Hier enthält DIN EN 1993-1-8, Abs. 5.1 [29] detaillierte Zuordnungen. Bezüglich der Rotationskapazität, die von einem Anschluss zu gewährleisten ist, wenn sich das plastische Gelenk im Anschluss bildet, sind die zugehörigen Regelungen in DIN EN 1993-1-8 nicht sehr ausführlich, vgl. DIN EN 1993-1-8, Abs. 6.4. Jüngere Forschungsergebnisse zum Thema Rotationskapazität insbesondere zu Verbundknoten und Stirnplattenanschlüssen in [154], [222] und [273] geben detailliertere Hinweise. Als Alternative kann auch (ähnlich wie nach DIN 18800 grundsätzlich) die Strategie verfolgt werden, durch eine Überdimensionierung des Anschlusses dafür zu sorgen, dass sich das Fließgelenk im Bauteil neben dem Anschluss bildet. Dies ist gemäß DIN EN 1993-1-8, Abs. 6.4.1(3) der Fall, wenn die Biegetragfähigkeit des Anschlusses $M_{j,Rd}$ das 1,2-Fache des plastischen Momentes des Querschnitts beträgt.

<4> zu 5.4.1(4)B: Momentenumlagerung bei Durchlaufträgern

Die Möglichkeit einer 15-prozentigen Momentenumlagerung der Stützmomente von Durchlaufträgern im Hochbau hat es in DIN 18800-1, Element (754) [10] unter dem Nachweisverfahren elastisch-plastisch bereits gegeben: dort reicht ausdrücklich eine Begrenzung der Querschnittsschlankheiten nach Tabelle 15 in [10] als Voraussetzung aus. Übertragen auf den Eurocode entspricht dies gemäß DIN EN 1993-1-1, Abs. 5.5 einer Einstufung in Querschnittsklasse 2.

Während im reinen Stahlbau diese Momentenumlagerung nur eine begrenzte Rolle spielt, ist sie im Stahl-Verbundbau sehr interessant, weil dort viel größere Momentenanteile „umgelagert“ werden können, vgl. Bild III.5-29 und DIN EN 1994-1-1, Abs. 5.4.4 [36]. Dabei ist der Begriff Momentenumlagerung, obwohl er üblich ist, auch etwas missverständlich: Eigentlich geht es darum, dass bei einer Begrenzung des Stützmoments auf ein um ΔM reduziertes elastisches Stützmoment die Feldmomente um einen dem Gleichgewicht entsprechenden Anteil steigen müssen.

System und Momentenverläufe:

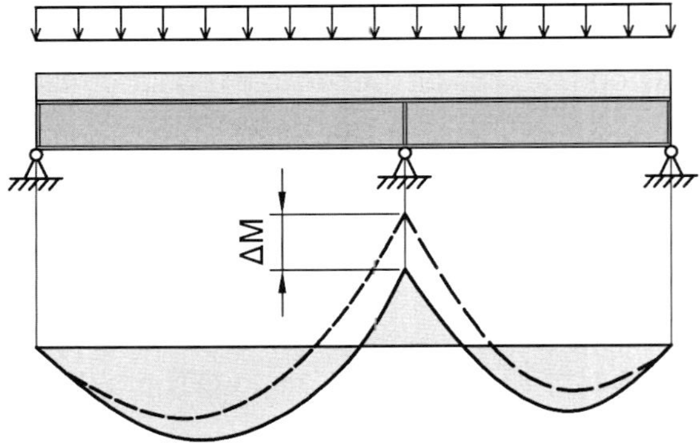

––– Biegemomente nach Methode I oder II

—— Biegemomente unter Berücksichtigung der Momentenumlagerung ΔM

Methode I:

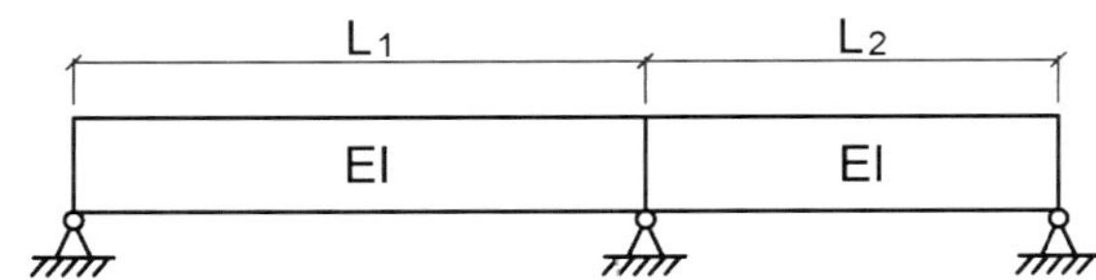

Stahl, Betonstahl und Beton sind überall wirksam

Methode II oder allgemeines Verfahren:

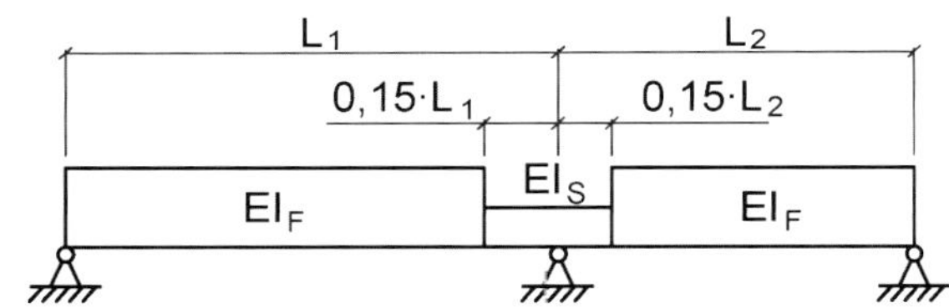

Stahl und Betonstahl sind überall wirksam
Beton ist nur in den Feldbereichen (0,85L) wirksam

Momentenumlagerung ΔM in %:

Querschnittsklasse		1	2	3	4
Methode I	S235 S355	40	30	20	10
	S420 S460	30		10	10
Methode II oder allgemeines Verfahren	S235 S355	25	15	10	0
	S420 S460	15		0	0

Bild III.5-29: Grenzwerte für die Umlagerung von negativen Biegemomenten an Innenstützen in % nach DIN EN 1994-1-1 [36], Methode I bedeutet eine Schnittgrößenermittlung nach Zustand I ohne Berücksichtigung der Rissbildung, Methode II mit Berücksichtigung der Rissbildung (z. B. mit Annahme Zustand II auf 15 % der Stützweite links und rechts von der Innenstütze), vgl. [123].

III.5.4.2 Elastische Tragwerksberechnung

Für die elastische Tragwerksberechnung bzw. die Berechnung nach der Elastizitätstheorie wird noch einmal darauf hingewiesen, dass für die verformbaren Anschlüsse entsprechende Steifigkeiten $S_{j,ini}$ zu berücksichtigen sind, vgl. hierzu die Erläuterungen in Abs. III.5.1.2. Wenn durch lokales Beulen die Querschnittstragfähigkeit begrenzt wird, muss das nur in seltenen Fällen durch reduzierte Querschnittswerte auch in der elastischen Tragwerksberechnung berücksichtigt werden, vgl. hierzu Abs. III.5.2.1<6>.

Eine elastische Tragwerksberechnung ist die am häufigsten angewendete Berechnungsmethode. Sie ist einfach zugänglich und wird für eine Reihe von Nachweisen wie Verformungsnachweise im Grenzzustand der Gebrauchstauglichkeit oder auch die Ermittlung von Spannungsschwingbreiten für den Ermüdungsnachweis ohnehin erforderlich. Für Tragwerke wie Brücken oder Kranbahnen überwiegt deshalb eine elastische Tragwerksberechnung: So sind gemäß DIN EN 1993-2, Abs. 5.4.1 [34] im Stahlbrückenbau die Tragwerksberechnungen in der Regel für die ständige und vorübergehende Bemessungssituation nach der Elastizitätstheorie (elastisch) zu führen.

Nur für außergewöhnliche Bemessungssituationen (wie zum Beispiel Hängerausfall bei Stabbogenbrücken) kann auch eine plastischen Tragwerksberechnung erfolgen, vgl. DIN EN 1993-2, NDP zu 5.4.1(1) Anmerkung. Das heißt aber nicht, dass grundsätzlich eine plastische Tragwerksberechnung bei wechselnden Lasten, wie sie ja auch zum Beispiel im Hochbau infolge Wind auftreten, ausgeschlossen ist. Solange die Spannungswechsel sich im elastischen Bereich bewegen und ein ggf. erforderlicher Ermüdungsnachweis erfüllt ist, bestehen keine Bedenken, eine plastische Tragwerksberechnung anzuwenden. Ein entsprechender Nachweis, dass die Spannungswechsel nur im elastischen Bereich sind, kann nach DIN EN 1993-1-9, Abs. 8(1) [30] geführt werden:

$$\Delta\sigma \leq 1{,}5 \cdot f_y \qquad \text{(III.5-52)}$$

$$\Delta\tau \leq 1{,}5 \cdot \frac{f_y}{\sqrt{3}} \qquad \text{(III.5-53)}$$

mit $\Delta\sigma$, $\Delta\tau$ Spannungsschwingbreiten für Längsspannungen bzw. Schubspannungen infolge der häufig auftretenden Lasten $\psi_1 \cdot Q_k$ nach DIN EN 1990 [19]

Mit diesem Nachweis wird sichergestellt, dass nicht ein wechselndes Plastizieren (Low-Cycle Fatigue) erfolgt, was wegen der indirekten Reduktion der Streckgrenze (*Bauschinger*-Effekt) zu einem frühzeitigen Versagen führen kann.

III.5.4.3 Plastische Tragwerksberechnung

Im Unterschied zu DIN 18800 [10] werden die plastischen Berechnungsmethoden oder die Berechnung nach der Plastizitätstheorie in DIN EN 1993-1-1 stärker differenziert. So wird unterschieden zwischen:

- einem elastisch-plastischen Verfahren, das Fließgelenke in plastizierten Stabquerschnitten oder Anschlüssen annimmt,
- einer nichtlinearen plastischen Berechnung, die die Teilplastizierung von Stabquerschnitten in plastischen Zonen verfolgt (Fließzonentheorie), und
- einem sogenannten starr-plastischen Verfahren, das der üblichen Fließgelenktheorie Theorie I. Ordnung entspricht, aber das elastische Verhalten zwischen den Fließgelenken vernachlässigt.

Es besteht also die Möglichkeit, eine nichtlineare plastische Berechnung nach der Fließzonentheorie unter Einsatz von FEM-Modellen zu wählen, siehe hierzu z. B. DIN EN 1993-1-5, Anhang C [27]. Das kann bedeuten, dass einige der Einschränkungen, die für die plastische Tragwerksberechnung gesetzt sind, wie z. B. nach Abs. 5.4.3(2), bei genauer Berücksichtigung des Materialverhaltens nicht angewandt werden müssen. So können zum Beispiel durch Berechnungen nach der Fließzonentheorie, die ein genaues nichtlineares Materialmodell beinhalten, auch Dehnungen und Dehnungsbeschränkungen beachtet werden, die pauschale Rotationsanforderungen (wie sie hinter der Forderung nach Querschnitten der Klasse 1 stecken) möglicherweise überflüssig machen, vgl. hierzu auch Abs. 5.6(6). DIN EN 1993-1-12 [33] mit den zusätzlichen Regeln für Stahlgüten bis S700 macht eine entsprechende Differenzierung im Nationalen Anhang dadurch, dass wegen der z. T. begrenzten Duktilität der Stähle (vgl. Abs. III.3.2.2) zwar die elastisch-plastische und die starr-plastische Fließgelenktheorie ausgeschlossen werden, aber eine nichtlineare plastische Berechnung zugelassen ist.

Beim starr-plastischen Verfahren wird nur betrachtet, ob der gewählte plastische Schnittgrößenzustand im System im Gleichgewicht ist, ohne die plastische Beanspruchbarkeit von Stabquerschnitten und Anschlüssen zu verletzen. Die Steifigkeit auch von verformbaren Anschlüssen interessiert nicht. Dieses Verfahren ist natürlich nur dann anwendbar, wenn Verformungen keine Rolle spielen, das heißt, wenn kein Nachweis nach Theorie II. Ordnung zu führen ist.

Die Zuordnung der Tragwerksknoten und ihre Modellierung zu den Berechnungsmethoden erfolgen nach EN 1993-1-8, Abs. 5.1 [29]. Tabelle III.5-3 gibt eine Zuordnung des rechnerisch anzunehmenden Anschlusstragverhaltens zu der Berechnungsmethode, zu den Bezeichnungen vgl. Bild III.5-3.

Tabelle III.5-3: Zuordnung des Anschlusstragverhaltens nach DIN EN 1993-1-8 [29] zu den Berechnungsmethoden

	Berechnungs-methode	Anschlusstragverhalten
1	Elastisch	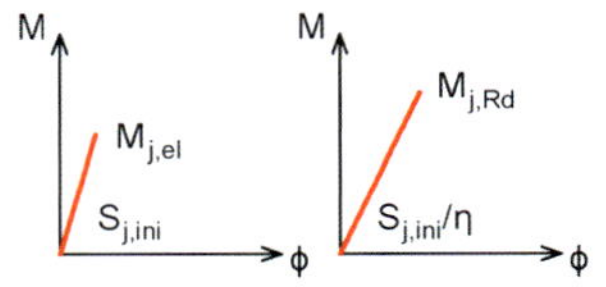 M, $M_{j,el}$, $S_{j,ini}$, ϕ; M, $M_{j,Rd}$, $S_{j,ini}/\eta$, ϕ
2	Starr-Plastisch	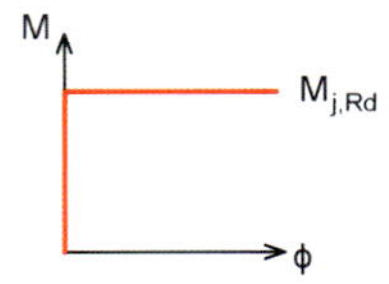 M, $M_{j,Rd}$, ϕ
3	Elastisch-Plastisch	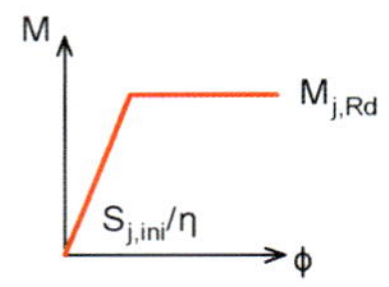 M, $M_{j,Rd}$, $S_{j,ini}/\eta$, ϕ

Für die elastische Tragwerksberechnung sind nur die Rotationssteifigkeiten S_j von Interesse. Sie werden als Feder oder als ein ähnlich wirksames Stabelement im statischen System modelliert, um die Schnittgrößenverteilung zu ermitteln. Für ein rein elastisches Nachweisverfahren (Verfahren elastisch-elastisch nach DIN 18800, siehe Tabelle III.5-2), bei dem das elastische Moment im Knoten nicht überschritten wird, also $M_{j,Sd} \leq M_{j,el} = 2/3 \cdot M_{j,Rd}$ beträgt, ist die Anfangssteifigkeit $S_{j,ini}$ anzusetzen. Für die Berechnung bis zum Erreichen des plastischen Moments im Knoten (Verfahren elastisch-plastisch nach DIN 18800, siehe Tabelle III.5-2), also $M_{j,Sd} > 2/3 \cdot M_{j,Rd}$, kann die Knotensteifigkeit vereinfachend mit der reduzierten Sekantensteifigkeit $S_j = S_{j,ini}/\eta$ angesetzt werden, siehe auch DIN EN 1993-1-1, Bild 5.1 [29].

Das starr-plastische Verfahren vernachlässigt jegliche elastische Verformung. Entsprechend der Fließgelenktheorie I. Ordnung (Verfahren plastisch-plastisch nach DIN 18800, siehe Tabelle III.5-2) wird das Gleichgewicht an der maßgebenden Fließgelenkkette gebildet. Berücksichtigt wird im statischen System nur die plastische Momententragfähigkeit des Knotens $M_{j,Rd}$. Die Anschlüsse müssen jedoch auch ausreichende Rotationskapazität bzw. Verformungsvermögen aufweisen, vgl. Abs. III.5.4.1<3>.

Die dritte Berechnungsmethode wird nach DIN EN 1993-1-8, Abs. 5.1.4 [29] als elastisch-plastische Tragwerksberechnung bezeichnet, darf aber nicht mit dem elastisch-plastischen Nachweisverfahren nach DIN 18800 (siehe Tabelle III.5-2) verwechselt werden. Die Bezeichnung besagt, dass die Ermittlung der Schnittgrößen am Tragwerk nach Fließgelenktheorie II. Ordnung unter Berücksichtigung des elastisch-plastischen Anschlussverhaltens durchgeführt wird. So ist für verschiebliche Rahmen bei einer Berechnung die vollständige Momenten-Rotations-Beziehung des Anschlusses zu berücksichtigen. Vereinfachend darf eine bilineare Annäherung der M-ϕ-Kurve mit der reduzierten Sekantensteifigkeit $S_j = S_{j,ini}/\eta$ angesetzt werden.

Als Voraussetzung für eine plastische Tragwerksberechnung ist in Abs. 5.4.3(3) die Gewährleistung der Bauteilstabilität bzw. mit dem Verweis auf Abs. 6.3.5 auch eine entsprechende seitliche Stützung im Bereich von Fließgelenken genannt. Für die Berücksichtigung der Stabilität wird in Abs. 5.4.3(6) auf Abs. 5.2 verwiesen, der Regeln zur Tragwerksberechnung nach Theorie II. Ordnung enthält. Die Anmerkung „*Die maximale Tragfähigkeit kann bei verformungsempfindlichen Tragwerken bereits erreicht werden, bevor sich die vollständige Fließgelenkkette nach Theorie I. Ordnung gebildet hat.*“ verweist auf ein Phänomen, das in Abs. III.5.2.1<4> u. a. mit Bild III.5-9 erläutert ist. Bei der sukzessiven Bildung der Fließgelenke in einem mehrfach statisch unbestimmten System kann Stabilitätsversagen schon vorzeitig in einem Teilsystem auftreten, so dass der volle Fließgelenkmechanismus gar nicht erreicht wird.

III.5.5 Klassifizierung von Querschnitten

III.5.5.1 Grundlagen

Die Klassifizierung der Querschnitte dient der Zuordnung der elastischen oder plastischen Beanspruchbarkeit. Es wird dabei die Begrenzung der Tragfähigkeit und Rotationskapazität durch das örtliche (lokale) Beulen der Querschnittsteile infolge Drucknormalspannungen berücksichtigt. Bild III.5-30 zeigt den Zusammenhang zwischen Querschnittsklasse und Momententragfähigkeit M bzw. der Rotationsfähigkeit. Gemäß Definition in DIN EN 1993-1-1, Abs. 5.5.2(1) verfügen Querschnitte der Klasse 1 über eine Momententragfähigkeit von mindestens der plastischen Momententragfähigkeit M_{pl} und einer Rotationsfähigkeit φ_{rot}, während Querschnitte der Klasse 4 zum Beispiel noch nicht einmal die elastische Momententragfähigkeit M_{el} erreichen, sondern die Momententragfähigkeit durch elastisches Beulen auf M_b reduziert ist.

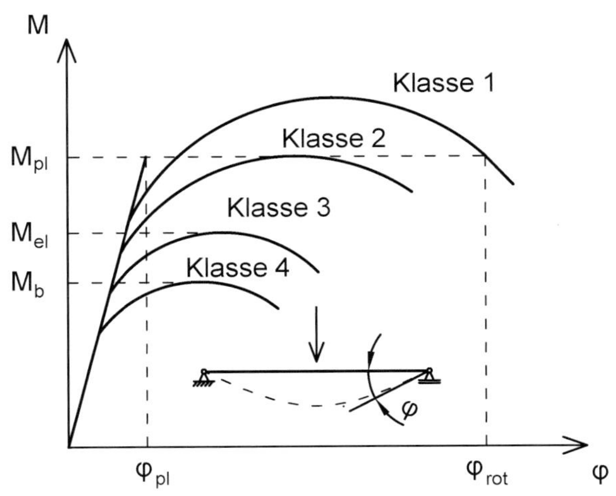

Bild III.5-30: Momenten-Rotations-Verhalten für die verschiedenen Querschnittsklassen

Einschränkungen infolge Beulgefährdung durch Schub sind gesondert zu behandeln, vgl. DIN EN 1993-1-1, Abs. 6.2.6(6), vgl. Abs. III.6.2.6. Die Grenzwerte c/t nach DIN EN 1993-1-1, Tabelle 5.2 sind vergleichbar mit den Grenzwerten b/t bzw. d/t nach DIN 18800-1, Tabellen 12 bis 15 und 18 [10]. Wie dort werden jeweils nur einzelne unausgesteifte Blechfelder betrachtet. Es kann also sein, dass, auch wenn die Einzelfelder eines durch Längssteifen ausgesteiften Blechfeldes jedes für sich die Kriterien für Querschnittsteile der Klasse 3 erfüllen, also für sich nicht beulgefährdet sind, trotzdem ein Nachweis für das Beulen des Gesamtfeldes nach DIN EN 1993-1-5, Abs. 4.5 [27] erforderlich ist.

III.5.5.2 Klassifizierung

<1> zu 5.5.2(1), (2) und (8): Querschnitte der Klassen 3 und 4; elastische Querschnittstragfähigkeit

Maßgebend für die Querschnittsklassifizierung sind die druckbeanspruchten Teile eines Querschnitts. Die Dehnung im Zugbereich kann zum Beispiel bei Querschnitten der Klasse 3 die Fließdehnung durchaus überschreiten, solange der Druckbereich nur elastisch bis zur um den Teilsicherheitsbeiwert reduzierten Streckgrenze ausgenutzt ist.

Für Querschnitte der Klasse 4 bzw. Querschnittsteile, die die Grenzwerte c/t nach DIN EN 1993-1-1, Tabelle 5.2 nicht erfüllen, ist ein Beulnachweis nach DIN EN 1993-1-5 [27], zu führen. Dabei bietet sich das Verfahren der wirksamen Breiten an. Hier kann in Abhängigkeit von der Blechschlankheit ($\bar{\lambda}_p$, vgl. Gl. (III.5-54)), den Randbedingungen (freier oder gestützter Rand) und dem Spannungsverhältnis im Blechfeld (ψ) mit dem Abminderungsfaktor ρ nach DIN EN 1993-1-5, Abs. 4.4 bzw. Tabellen 4.1 und 4.2 ein wirksamer Querschnitt A_{eff} aus dem ursprünglichen Bruttoquerschnitt A_c des Blechfeldes bestimmt werden, vgl. Gl. (III.5-55).

$$\bar{\lambda}_p = \sqrt{\frac{f_y}{\sigma_{cr}}} = \frac{c/t}{28{,}4 \cdot \varepsilon \cdot \sqrt{k_\sigma}} \qquad \text{(III.5-54)}$$

mit σ_{cr} Kritische elastische Beulspannung

k_σ Beulwert in Abhängigkeit vom Spannungsverhältnis ψ und den Lagerungsbedingungen

$$A_{eff} = \rho \cdot A_c \qquad \text{(III.5-55)}$$

mit A_c Wirkliche Fläche des Beulfeldes

ρ Abminderungsfaktor nach DIN EN 1993-1-5, Abs. 4.4 bzw. Tabellen 4.1 und 4.2

Eigentlich müssten die Grenzwerte c/t für die Klasse-3-Querschnittsteile nach DIN EN 1993-1-1, Tabelle 5.2 genau mit den Grenzwerten übereinstimmen, die gemäß DIN EN 1993-1-5 zu ρ = 1,0 führen, denn dann braucht die Bruttofläche A_c nicht reduziert zu werden, lokales Beulen spielt keine Rolle und der Querschnitt ist voll wirksam.

Leider trifft das nicht für alle Fälle zu, siehe Tabelle III.5-4 mit Beispielen. Diese Diskrepanz gab es auch schon zwischen den Vornormen ENV 1993-1-1 [54] und ENV 1993-1-5 [56]. Bei der Umwandlung von Vornorm zur endgültigen Norm war eigentlich beabsichtigt, diese Diskrepanz zu beseitigen und insbesondere die Regeln in DIN EN 1993-1-5 entsprechend anzupassen, siehe [198].

Das ist aber für die beidseitig gestützten Querschnittsteile nicht erfolgt.

Tabelle III.5-4: Vergleich der c/t-Werte für typische Grenzfälle nach DIN EN 1993-1-1, Tabelle 5.2 und DIN EN 1993-1-5, Abs. 4.4, $\varepsilon = 1$

Grenzfall	c/t nach DIN EN 1993-1-1	c/t nach DIN EN 1993-1-5	Verhältnis
Beidseitig gestützt, konstanter Druck, $k_\sigma = 4$	42	38,23	0,910
Beidseitig gestützt, reine Biegung, $k_\sigma = 23,9$	124	121,37	0,979
Einseitig gestützt, konstanter Druck, $k_\sigma = 0,43$	14	13,93	0,995

Im Rahmen eines europäischen Forschungsprojekts (*SEMI-COMP: Greiner et al.*, [118] und [119]) wurden Vorschläge entwickelt, für beidseitig gestützte Querschnittsteile die Grenzwerte anzupassen, und zwar nicht nur für die Grenzen zwischen den Klassen 3 und 4, sondern auch für die übrigen Grenzwerte der Klassen 1 und 2. Dieser Vorschlag wird vom Technischen Komitee 8 für Stabilität der ECCS und der entsprechenden Evolution Group zu EN 1993-1-1 des TC 250/SC 3 als Revision der Tabelle 5.2 für die Weiterentwicklung von DIN EN 1993-1-1 befürwortet, siehe Bild III.5-31.

In dieser neuen Tabelle ist u. a. auch die Darstellung für elastische Spannungsverteilung für Druck und Biegung korrigiert worden: Da sich das Spannungsverhältnis ψ immer auf die maßgebende Druckspannung bezieht, wird für Zugspannung der ψ-Wert negativ, so dass sich die gewünschte Zugspannung nur bei einer positiven Darstellung der Spannung $\psi \cdot f_y$ und vorzeichengemäßem Gebrauch eines negativen ψ-Wertes ergibt.

Der Vorschlag [265] ist für I- und H-Querschnitte sowie rechteckige und quadratische Hohlprofile für Querschnitte der Klasse 3 mit der Option verbunden, als sogenannte „semi-kompakte" Querschnitte gegenüber der elastischen Grenztragfähigkeit $M_{el,Rd}$ (Erreichen der Fließgrenze in der äußeren Faser) erhöhte Querschnittstragfähigkeiten anzunehmen, die Teilplastizierungen des Querschnitts berücksichtigen.

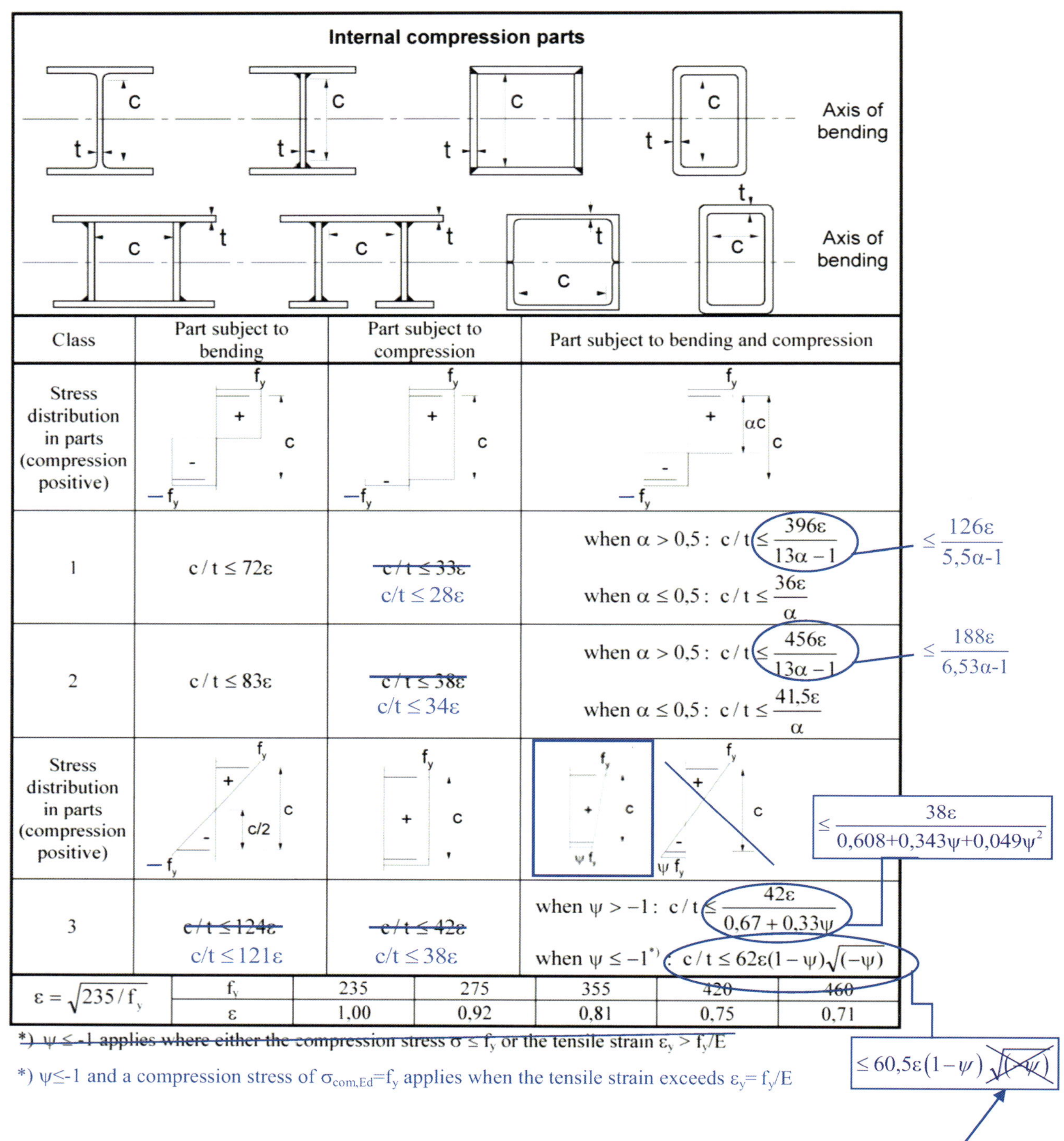

Internal compression parts

Class	Part subject to bending	Part subject to compression	Part subject to bending and compression
Stress distribution in parts (compression positive)	f_y, +, -, c, $-f_y$	f_y, +, -, c, $-f_y$	f_y, +, αc, c, -, $-f_y$
1	$c/t \le 72\varepsilon$	~~$c/t \le 33\varepsilon$~~ $c/t \le 28\varepsilon$	when $\alpha > 0{,}5$: $c/t \le \frac{396\varepsilon}{13\alpha - 1}$ → $\le \frac{126\varepsilon}{5{,}5\alpha\text{-}1}$ when $\alpha \le 0{,}5$: $c/t \le \frac{36\varepsilon}{\alpha}$
2	$c/t \le 83\varepsilon$	~~$c/t \le 38\varepsilon$~~ $c/t \le 34\varepsilon$	when $\alpha > 0{,}5$: $c/t \le \frac{456\varepsilon}{13\alpha - 1}$ → $\le \frac{188\varepsilon}{6{,}53\alpha\text{-}1}$ when $\alpha \le 0{,}5$: $c/t \le \frac{41{,}5\varepsilon}{\alpha}$
Stress distribution in parts (compression positive)	f_y, +, -, c/2, c, $-f_y$	f_y, +, c	f_y, +, c, ψf_y → $\le \frac{38\varepsilon}{0{,}608+0{,}343\psi+0{,}049\psi^2}$; ~~$f_y$, +, -, c, ψf_y~~
3	~~$c/t \le 124\varepsilon$~~ $c/t \le 121\varepsilon$	~~$c/t \le 42\varepsilon$~~ $c/t \le 38\varepsilon$	when $\psi > -1$: $c/t \le \frac{42\varepsilon}{0{,}67 + 0{,}33\psi}$ when $\psi \le -1$*): $c/t \le 62\varepsilon(1-\psi)\sqrt{(-\psi)}$ → $\le 60{,}5\varepsilon(1-\psi)$ ~~$\sqrt{(-\psi)}$~~

$\varepsilon = \sqrt{235/f_y}$	f_y	235	275	355	~~420~~	~~460~~
	ε	1,00	0,92	0,81	0,75	0,71

~~*) $\psi \le -1$ applies where either the compression stress $\sigma \le f_y$ or the tensile strain $\varepsilon_y > f_y/E$~~

*) $\psi \le -1$ and a compression stress of $\sigma_{com,Ed} = f_y$ applies when the tensile strain exceeds $\varepsilon_y = f_y/E$

Bild III.5-31: Vorschlag zu DIN EN 1993-1-1, Tabelle 5.2 für beidseitig gestützte Querschnittsteile gemäß Dokument CEN/TC 250/SC 3 – Dokument N1898 [265]

<2> zu 5.5.2(3) bis (7) sowie (11) und (12): Zuordnung der Klassifizierung zum Querschnitt

Normalerweise erfolgt die Klassifizierung am einzelnen Querschnittsteil, wie dem Flansch oder dem Steg. Maßgebend für den Gesamtquerschnitt ist die höchste Querschnittsklasse, die die geringste Tragfähigkeit ergibt. Das heißt, dass ein Querschnitt mit einem Steg der Klasse 3 oder 4 mit elastischen Querschnittstragfähigkeiten nachgewiesen werden muss, auch wenn die Flansche als Querschnittsteile der Klassen 1 oder 2 Plastizieren zulassen. Hier stellt DIN EN 1993-1-1, Abs. 5.5.2(11) eine Erleichterung dar. Danach ist bei einem Steg der Klasse 3 und Flanschen der Klassen 2 oder 1 eine Zuordnung des Gesamtquerschnitts zur Klasse 2 möglich, wenn für den Steg eine reduzierte Fläche gemäß DIN EN 1993-1-1, Bild 6.3 und Abs. 6.2.2.4 angenommen wird, siehe auch Abs. III.6.2.2.4 und Bild III.6-3. Diese Regel gab es schon in der Vornorm DIN V ENV 1994-1-1, Abs. 4.3.2(2) und Bild 4.4 [58] für Verbundquerschnitte mit negativer Biegebeanspruchung. Sie ist in DIN EN 1993-1-1 verallgemeinert worden und nimmt Teilplastizieren des Steges in Anspruch. Es gibt ähnliche Überlegungen auch für Querschnitte mit Stegen der Klasse 4, was besonders im Verbundbrückenbau für den Bereich über der Stütze interessant ist, vgl. [63] und [157]. Hier ist aber dann ein expliziter Rotationsnachweis erforderlich, der zwar der Definition der c/t-Werte für Querschnitte der Klasse 1 zugrunde liegt, vgl. Abs. III.5.5.2<4>, aber bisher nicht durch allgemeingültige Regeln im Eurocode 3 festgelegt ist. Einfacher für die Anwendung in der Praxis ist der in Abs. 5.5.2(12) vorgeschlagene Weg, bei dem der Steg nur für die Schubkraftübertragung herangezogen und Biegung und Normalkraft nur durch die Gurtquerschnitte, deren Klassifizierung dann die elastische oder plastische Beanspruchbarkeit bestimmt, aufgenommen werden. Nach dieser Definition sind aber keine Momentenumlagerungen nach der Fließgelenktheorie möglich, die immer Querschnitte der Klasse 1 oder explizite Rotationsnachweise voraussetzen.

<3> zu 5.5.2(9) und (10): Berücksichtigung der einwirkenden Druckspannung $\sigma_{com,Ed}$

Wenn die Spannungsausnutzung im Querschnitt geringer als die Streckgrenze f_{yd} ist, kann es sich lohnen, die Grenzabmessungen nach Tabelle 5.2 mit dem entsprechenden im Verhältnis von f_{yd} zur einwirkenden Druckspannung $\sigma_{com,Ed}$ modifizierten ε-Wert zu bestimmen. Die Ermittlung von $\sigma_{com,Ed}$ erfolgt dann ggf. über eine iterative Berechnung für den Gesamtzustand ($N_{Ed} + M_{y,Ed} + M_{z,Ed}$).

Das Verfahren nach Abs. 5.5.2(9) gilt für Stabilitätsnachweise eines Bauteils nach DIN EN 1993-1-1, Abs. 6.3 nicht. Hierfür sind die Grenzabmessungen c/t nach Klasse 3 in Tabelle 5.2 ohne Erhöhung von ε zu bestimmen, da für das Ersatzstabverfahren u. U. Schnittgrößen nach Theorie I. Ordnung verwendet werden und somit möglicherweise die wahren Spannungen unterschätzt werden, vgl. Methode (c) nach DIN EN 1993-1-1, Abs. 5.2.2(8), siehe Abs. III.5.2.2<4> und Bild III.5-12. Die Formulierung ist etwas missverständlich, weil auch im Rahmen von Methode (b), siehe Abs. III.5.2.2<3>, der Einzelstabnachweis nach DIN EN 1993-1-1, Abs. 6.3 geführt wird, aber hier dann Stabschnittgrößen nach Theorie II. Ordnung vorliegen. Dann ist es also durchaus möglich, die einzelnen Querschnittsteile oder Einzelbeulfelder gemäß den Grenzabmessungen in Tabelle 5.2 unter Berücksichtigung des mit $\sigma_{com,Ed}$ erhöhten ε-Wertes zuzuordnen.

<4> zu 5.5.2(1) und (8): Querschnitte der Klassen 1 und 2: plastische Querschnittstragfähigkeit, Rotationskapazität

Querschnitte der Klasse 1 verfügen über die Fähigkeit, plastische Rotationswinkel φ_{vorh} zu entwickeln und dabei eine Momententragfähigkeit $M \geq M_{pl}$ (= plastische Momententragfähigkeit) aufrechtzuhalten, siehe Bild III.5-30 bzw. Bild III.3-2. Diese Fähigkeit ist notwendig, um eine Fließgelenkkette zu bilden: Die als erstes gebildeten Fließgelenke müssen in der Lage sein, ihre Tragfähigkeit auch über eine bestimmte plastische Verdrehung zu halten, bis im System sich das für die Systemtragfähigkeit maßgebende „letzte" Fließgelenk gebildet hat. Während für dieses „letzte" Fließgelenk ein Querschnitt der Klasse 2 ausreicht, da nur die Tragfähigkeit (M_{pl}) erreicht werden muss, sind für die zuvor gebildeten Fließgelenke auch plastische Rotationswinkel erforderlich. Üblich ist es, den Rotationswinkel φ_{vorh} als Differenz zwischen dem theoretischen elastischen Winkel φ_{pl} bei Erreichen von M_{pl} und dem Wiedererreichen von M_{pl} bei φ_{rot} zu definieren, siehe Gl. (III.5-56) und Bild III.5-31. Die vorhandene Rotationskapazität wird dann als auf φ_{pl} bezogene Größe R_{vorh} bestimmt, vgl. Gl. (III.5-57).

$$\varphi_{vorh} = \varphi_{rot} - \varphi_{pl} \tag{III.5-56}$$

$$R_{vorh} = \frac{\varphi_{vorh}}{\varphi_{pl}} = \frac{(\varphi_{rot} - \varphi_{pl})}{\varphi_{pl}} \tag{III.5-57}$$

Die vorhandene Rotationsfähigkeit eines Querschnitts hängt wesentlich von der Schlankheit der einzelnen Querschnittsteile ab. Üblicherweise kommt es schon im Bereich knapp oberhalb des Niveaus von M_{pl} zu ersten plastischen Ausbeulungen, die dann bei weiterer Zunahme der Verformungen zur Abnahme der Momententragfähigkeit führen. Das Erreichen einer Momententragfähigkeit M_u, die größer als M_{pl} ist, hängt dabei wesentlich auch von der Möglichkeit zur Stahlverfestigung ab, vgl. Abs. III.3.2.2. Während die vorhandene Rotationsfähigkeit in erster Linie eine Querschnittseigenschaft ist, wird die erforderliche Rotationskapazität vom System bestimmt.

In Bild III.5-32 ist als Beispiel ein Dreifeldträger mit Einzellast in der Mitte des Innenfeldes gezeigt. Bei gleichem Querschnitt gehört zu diesem System eine Fließgelenkkette mit einem ersten Fließgelenk unter der Einzellast in Feldmitte und zwei weiteren Fließgelenken jeweils über den Stützen. Bevor sich die Fließgelenke über den Stützen einstellen, muss im Fließgelenk in der Mitte eine gewisse Verdrehung aufgebracht werden. Dieses Fließgelenk muss also in der Lage sein, eine bestimmte plastische Rotation φ_{Fl} zu erfahren, bis sich die vollständige Fließgelenkkette unter P_{Fl} eingestellt hat. Um diese zu messen und mit der vorhandenen Querschnittsrotationsfähigkeit nach Bild III.3-2 und Bild III.5-30 vergleichen zu können, wird im Dreifeldträgersystem anhand der Momentenflächen nach Fließgelenktheorie ein Ersatzeinfeldträger bestimmt, vgl. Bild III.5-32. An diesem Ersatzeinfeldträger kann nicht nur die Verdrehung $\varphi_{rot,erf}$ genau an der gleichen Stelle abgelesen werden wie im Einfeldträgersystem zur Bestimmung der vorhandenen Rotationsfähigkeit $\varphi_{rot,vorh}$, es kann auch damit die Bezugsgröße φ_{pl} bestimmt werden. Die erforderliche Rotationsfähigkeit ermittelt sich für das Beispiel nach Bild III.5-32 mit den dort gewählten Bezeichnungen in Abhängigkeit von der Verdrehung bei Ausbildung des ersten Fließgelenkes φ_{pl} und der Verdrehung bei Ausbildung der vollständigen Fließgelenkkette φ_{Fl} als bezogene Größe R_{erf}, siehe Gl. (III.5-58):

$$R_{erf} = \frac{(\varphi_{Fl} - \varphi_{pl})}{\varphi_{pl}} \tag{III.5-58}$$

Der eigentliche Rotationsnachweis lautet dann

$$R_{erf} \leq \frac{R_{vorh}}{\gamma_M^*} \tag{III.5-59}$$

Der Teilsicherheitsbeiwert γ_M* wurde in [253] mit 1,5 eingeführt und soll die Unsicherheit der Modellbildung erfassen, er bezieht sich dort also auf die als Formel in Abhängigkeit von verschiedenen Parametern hergeleitete vorhandene Rotationsfähigkeit für I-Profile.

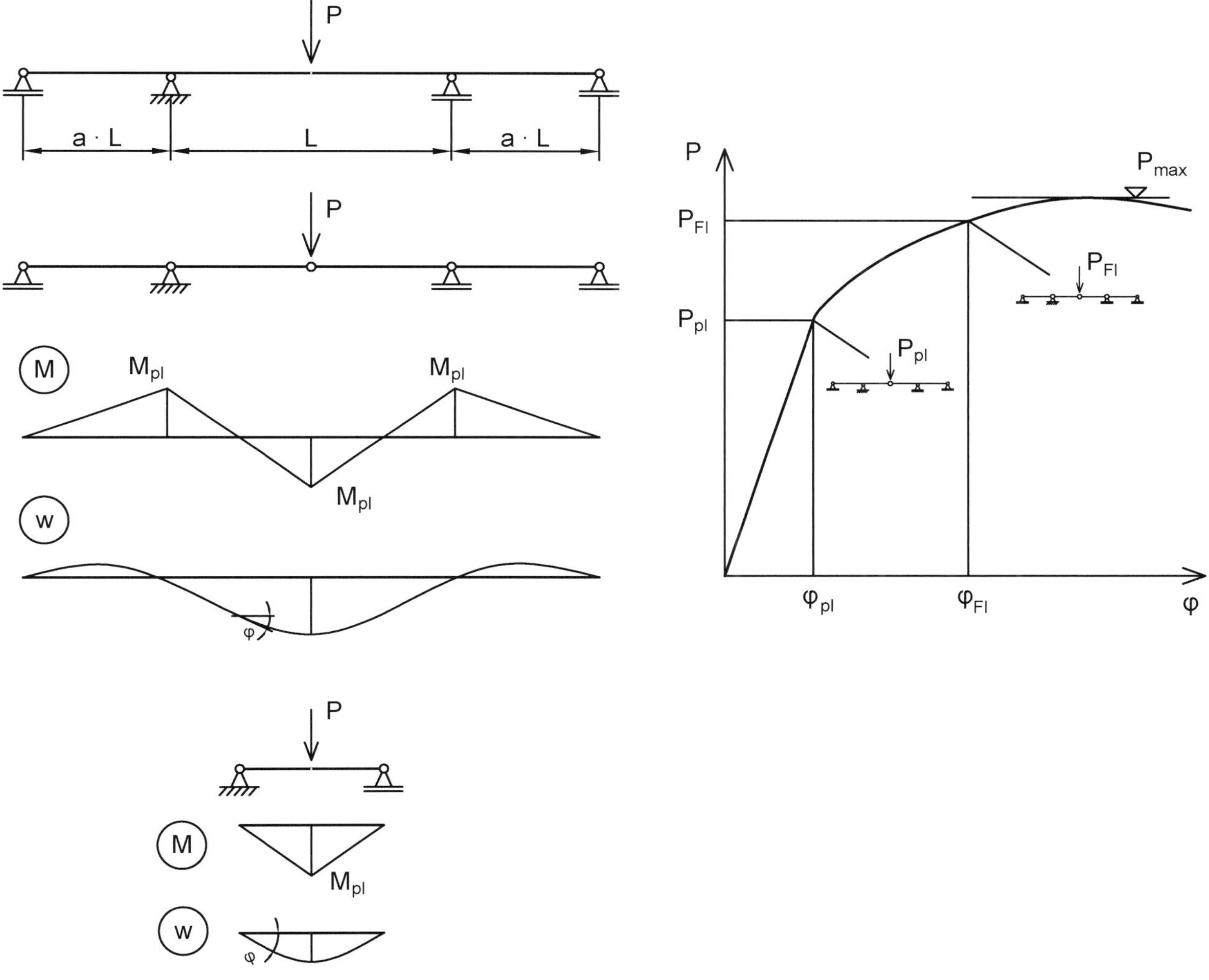

Bild III.5-32: Dreifeldträger mit Einzellast und zugehöriger Last-Verdrehungskurve zur Festlegung der erforderlichen Rotationskapazität, nach [149]

Für das Dreifeldträgersystem werden in [253] ähnlich wie in [149] erforderliche Rotationswerte in Abhängigkeit vom Verhältnis Außen- zu Innenstützweite a und dem Verhältnis von Eigengewicht g zu Einzellast P bestimmt, siehe Bild III.5-33. Die erforderliche Rotationskapazität zeigt eine Systemabhängigkeit. So wird in [149] für den reinen Dreifeldträger nur mit Einzellast ohne eine gleichzeitig wirkende

Streckenlast als Eigengewicht auch ein Wert R_{erf} von bis zu 5 genannt. Auf der anderen Seite ist der Wert als bezogene Größe auch weniger empfindlich, als er vermuten lässt, vgl. die Rotationsanforderungen in Tabelle III.5-5 nach [253] für verschiedene Systeme.

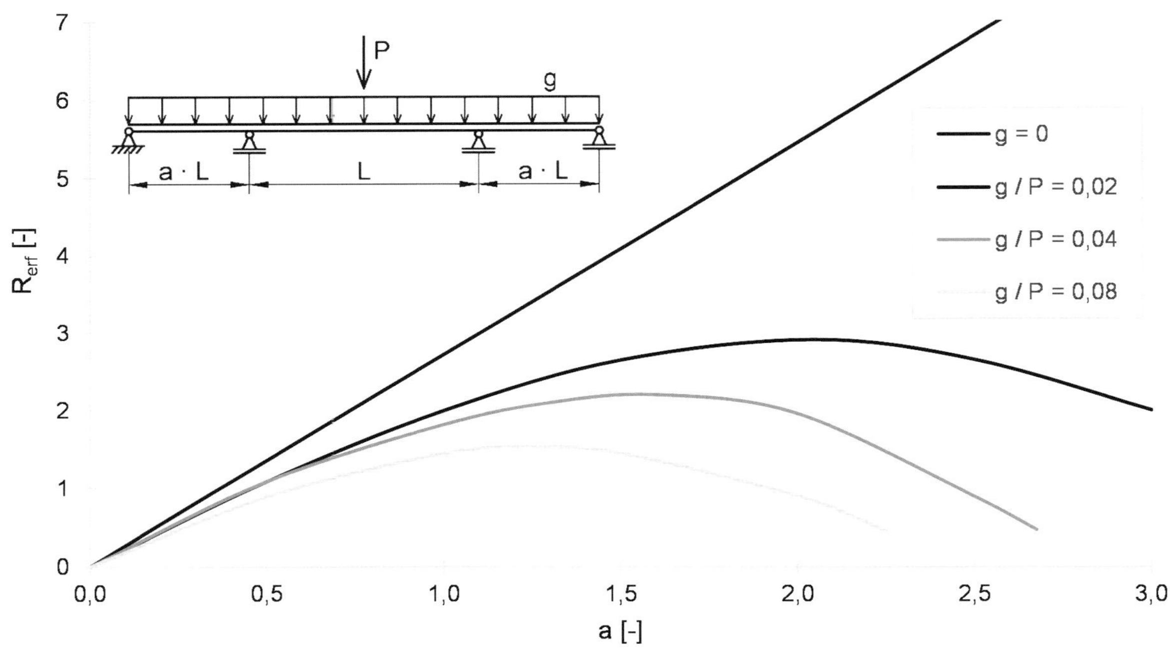

Bild III.5-33: Rotationsanforderungen des Dreifeldträgers nach [253]

Die c/t-Werte in Tabelle 5.2 für Klasse-1-Querschnitte sind gemäß dem Hintergrundbericht [236] durch einen Vergleich zwischen vorhandener und erforderlicher Rotationsfähigkeit gemäß Gl. (III.5-60) nachgewiesen worden.

$$R_{vorh} \geq R_{erf} = 3 \qquad \text{(III.5-60)}$$

Tatsächlich muss kritisch angemerkt werden, dass die meisten Untersuchungen nur für I-Profile erfolgten, bei denen der einseitig gestützte Flansch unter konstantem Druck als erstes beult, also maßgebend ist. Der Wert von $c/t \leq 9 \cdot \varepsilon$ ist deshalb sicher zuverlässig und auch experimentell vielfach abgesichert. Für die beidseitig gestützten Stege oder Flansche liegen weit weniger Untersuchungen vor. So zeigen zum Beispiel *Stranghöner/Sedlacek* in [256], dass warmgefertigte Hohlprofile im Unterschied zu kaltgefertigten Hohlprofilen nicht ausreichend in der Lage, sind über M_{pl}

Tabelle III.5-5: Rotationsanforderungen für verschiedene Systeme für S235 und S355 nach [253]

Struktur	Rotations-anforderung
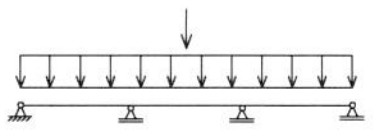	R = 3,0
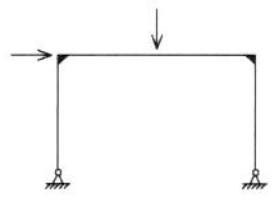	R = 1,3
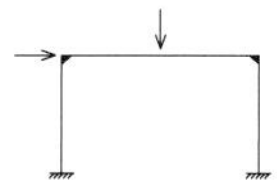	R = 2,5
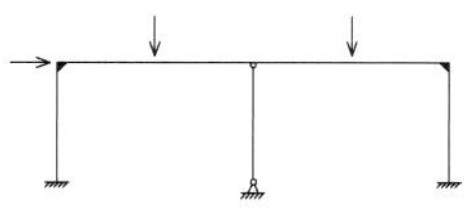	R = 3,0
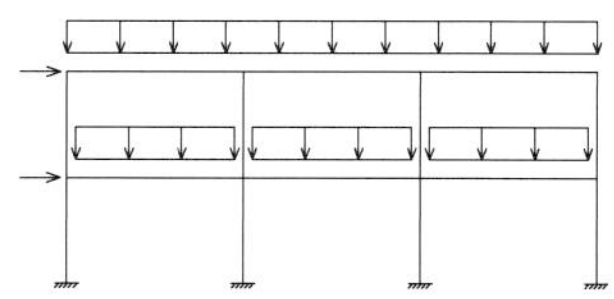	R = 2,5

hinaus durch Stahlverfestigung Tragfähigkeit zu entwickeln, und dass deshalb diese Querschnitte eigentlich nach Definition nur als Querschnitte der Klasse 2 gelten können. Dies findet in der Normung bisher aber keine Berücksichtigung.

Grundsätzlich kann man für außergewöhnliche Systeme, die mit den bisherigen Untersuchungen, vgl. Tabelle III.5-5, nicht abgedeckt sind, und besonders wenn Fließgelenke im Bereich von Anschlüssen liegen, gezwungen sein, explizite Rotationsnachweise zu führen. Hierzu einige Hinweise:

Der Bezug der Rotationskapazität auf die elastische Rotation φ_{pl} ist nicht ganz unproblematisch. Durch die Abhängigkeit der elastischen Rotation von der Bezugslänge des Einfeldträgers sind die bezogenen Rotationswerte R_{vorh} nach Gl. (III.5-57) stärker von der Stützweite abhängig als die vorhandenen Rotationswerte φ_{vorh} nach Gl. (III.5-56). Auch für höherfeste Stähle ist die Übertragung der Rotationsanforderung mit bezogenen Größen nach Gl. (III.5-57) ungünstig: Wie in [63] hingewiesen wird, werden die Anforderungen für einen Nachweis mit der bezogenen Rotationskapazität R höher als für φ_{vorh}, da mit φ_{pl} durch ein proportional höheres M_{pl} geteilt wird. Ein expliziter Rotationsnachweis von φ_{vorh} mit φ_{erf} für das ausgewählte System ist also eigentlich zutreffender. Er ist allerdings in der Praxis schwerer umsetzbar, zumal darauf geachtet werden muss, wirklich nur Vergleichbares gegenüberzustellen. In [149] wurde zum Beispiel sowohl die vorhandene wie die erforderliche Rotationsfähigkeit mit der genauen Fließzonentheorie unter Berücksichtigung der Stahlverfestigung ermittelt. Eine Ermittlung der erforderlichen Rotationswerte an einem System der Fließgelenktheorie, wie in [253] vorgeschlagen, führt unter Umständen zur Unterschätzung von Rotationswerten.

Für die Knotenrotation nachgiebiger Knoten macht es erst Recht Sinn, im Unterschied zum Träger Gesamtknotenrotationen $\varphi_{j,tot}$ zu betrachten und nicht den zur plastischen Tragfähigkeit des Knotens $M_{j,pl}$ gehörenden Winkel $\varphi_{j,pl}$ von $\varphi_{j,tot}$ abzuziehen. Dies liegt daran, dass der Beitrag $\varphi_{j,tr}$ im Übergangsbereich zwischen rein elastischem Winkel $\varphi_{j,el}$ und $\varphi_{j,pl}$ unter Umständen nennenswert ist, siehe Bild III.5-34. Durch die Berücksichtigung der Gesamtrotation $\varphi_{j,tot}$ wird der Rotationsnachweis unabhängig vom Anfangssteifigkeitsverhalten, was für das Tragverhalten und Erreichen der Fließgelenkkette im System richtig ist. Neben einer abfallenden Momenten-Rotations-Charakteristik gibt es bei Knoten zum Beispiel durch Membrantrageffekte auch ein mit der Verdrehung weiter ansteigendes Momententragverhalten, vgl. auch die Momenten-Rotations-Charakteristik nach DIN EN 1993-1-8 [29], siehe Bild III.5-3.

Verbesserungspotenzial gibt es auch in Hinblick auf das Teilsicherheitskonzept. Wird die Rotationsfähigkeit für $M_{pl,Rd}$ abgelesen, vgl. Bild III.5-35, dann steht auf Bemessungsniveau ein – eigentlich nicht gerechtfertigter – größerer Rotationswert $\varphi_{j,rot}$ zur Verfügung als auf dem charakteristischen Niveau nach der Empfehlung von *Kühnemund* [156] für den Nachweis von nachgiebigen Knoten. Beim Rotationsnachweis sollten also nicht auf beiden Seiten – für Verdrehung und Momententragfähigkeit – Teilsicherheitsbeiwerte berücksichtigt werden. Der von *Kühnemund* [156] entwickelte Rotationsnachweis für den Knoten berücksichtigt einen Sicherheitsbeiwert für die vorhandene Gesamtknotenrotationsfähigkeit von $\gamma_{M\varphi} = 2{,}0$.

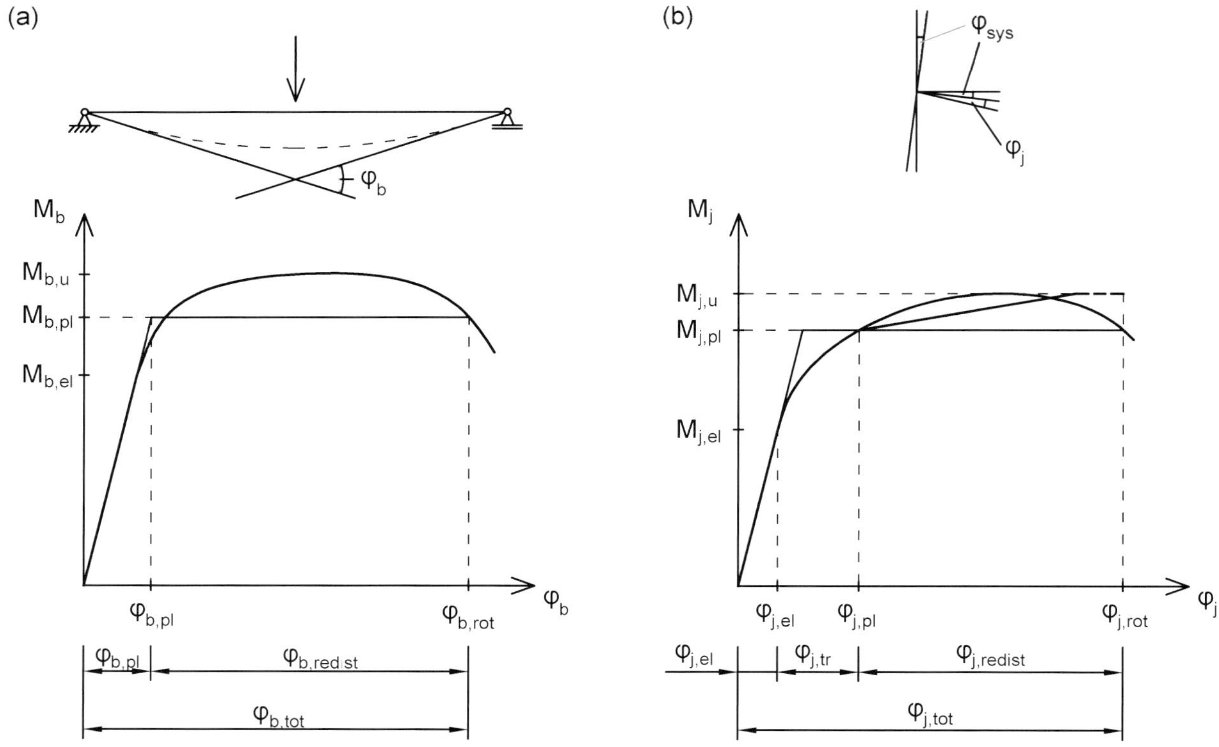

Bild III.5-34: Gegenüberstellung des Momenten-Rotations-Verhaltens von (a) Trägern und (b) Knoten nach *Kühnemund* [156]

<5> zu 5.5.2(1) und (8): Querschnitte der Klassen 2 und 3

Während die Grenzen zwischen den anderen Klassen relativ klar definiert sind, wird für einen Querschnitt der Klasse 2 nur verlangt, dass die plastische Momententragfähigkeit erreicht werden kann, was tatsächlich etwas auslegungsfähig ist. Als Reaktion auf einen Beitrag von *Brune* [81], die diese Anforderung mit dem Erreichen eines bestimmten Vielfachen der Fließdehnung ε_y gleichsetzt, definieren *Rusch/Lindner* [227] zwei Bedingungen:

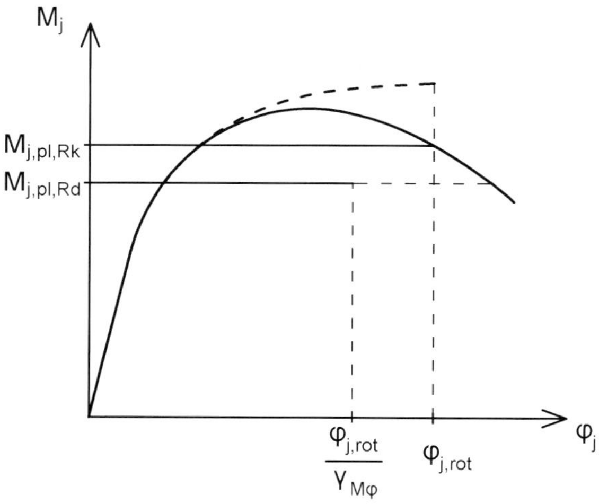

Bild III.5-35: Definition der vorhandenen Rotationsfähigkeit von Knoten nach *Kühnemund* [156]

1) Bei druckbeanspruchten Querschnittsteilen mit $\psi \neq 1$ (wie z. B. den Stegen von I-Profilen mit Biegung M_y um die starke Achse) müssen sich genügend große plastische Spannungsblöcke bilden, ohne dass es zu örtlichem Beulen kommt, und

2) Druckbeanspruchte Querschnittsteile mit $\psi = 1$ (wie z. B. dem Druckflansch von Hohlprofilen mit Biegung M_y) müssen ihren Traganteil duktil ertragen, bis im Gesamtquerschnitt in allen Teilen Bedingung 1 erfüllt ist.

Dabei wird in [227] deutlich gemacht, dass je nach Beitrag des einzelnen Querschnittsteils keine hundertprozentige Durchplastizierung (die im Übrigen auch nicht möglich ist) erreicht werden muss, um im Gesamtquerschnitt doch nahezu das vollständige plastische Moment oder 97 ~ 98 % von M_{pl} aufnehmen zu können. Wird mit FEM-Berechnungen die 2. Bedingung der Duktilität von vollständig unter Druckspannungen stehenden, allseits gelagerten Querschnittsteilen überprüft, so spielen Imperfektionsannahmen, Randbedingungen wie Teileinspannungen u. Ä. eine Rolle. Unter ungünstigen Bedingungen wie gelenkiger Lagerung des Querschnittselements und Vernachlässigung der Stahlverfestigung bestätigt auch [227], dass der Druckflansch des Hohlprofils, also das vierseitig gelagerte Blechfeld, unter reinem Druck bei einem Verhältnis von c/t = 37 (wie in DIN 18800 [10] und [12] für den elastisch-plastischen Nachweis als Grenzwert angegeben) ein nicht duktiles Verhalten zeigt. Trotzdem sahen *Rusch/Lindner* [227] wegen der konservativ getroffenen Annahmen nicht unbedingt einen Änderungsbedarf für DIN 18800. In DIN EN 1993-1-1, Tab. 5.2 liegt der Grenzwert mit c/t ≤ 38 ähnlich. Wenn er, wie in Bild III.5-31 angegeben, zu c/t ≤ 34 geändert werden soll, entspricht das gegenüber dem Vorschlag von *Brune* [81] einer moderaten Änderung in die gleiche Richtung.

<6> zu Tabelle 5.2: Winkelquerschnitte

In Tabelle 5.2 gibt es einen eigenen Bereich für die Querschnittsklassifizierung von Winkelquerschnitten. Zusätzlich ist darin ein Verweis auf die Klassifizierung einseitig gestützter Flansche in Tabelle 5.2 angegeben. Die beiden Klassifizierungen führen für manche Winkelquerschnitte zu unterschiedlichen Ergebnissen und stehen somit im Widerspruch zueinander.

Jüngste Untersuchungen zeigen, dass lokales Beulen im baupraktischen Bereich für Winkelprofile eher nicht vorkommt, sondern mit einer Art Drillknicken verbunden ist, vgl. [73]. Eine Klassifizierung und eine Zuordnung zu Querschnitten der Klasse 4 scheinen also eher nicht sinnvoll zu sein, der Verweis auf die einseitig gestützten Flansche in Tabelle 5.2 sollte entfallen. Das Einhalten des Kriteriums in Tabelle 5.2 für Winkel kann trotzdem empfohlen werden, da dadurch Drillknickversagen vorgebeugt wird.

III.5.6 Anforderungen an Querschnittsformen und Aussteifungen am Ort der Fließgelenkbildung

Um die plastische Tragwerksbemessung im Sinne der Fließgelenktheorie anwenden zu können, müssen grundsätzlich *zwei* Bedingungen erfüllt sein: erstens muss eine ausreichende lokale Querschnittsstabilität und zweitens die Sicherung der globalen Stabilität gegeben sein. Bedingung 1 ist erfüllt, wenn der Querschnitt, der das Fließgelenk bildet, ein Querschnitt der Klasse 1 ist und somit ein indirekter Nachweis der Rotationskapazität erbracht ist, vgl. Abs. III.5.5.2<4>. Dies ist nicht erforderlich, wenn es sich um das in einer Fließgelenkkette zuletzt gebildete Gelenk handelt, das also keiner Anforderung einer plastischen Rotation unterliegt. Es ist auch nicht erforderlich, wenn der Nachweis der Rotation auf andere Art erbracht wird, vgl. Abs. 5.6(6). Die zweite Bedingung findet sich in Abs. 6.3.5 wieder, der an der Stelle des Fließgelenkes mit Rotationsanforderung eine seitliche Stützung verlangt, die ggf. auch gemäß Abs. 6.3.5.2(5) und Gleichung (6.67) für eine lokale Ersatzlast zu bemessen ist, vgl. Abs. III.5.3.3<4> und Gleichung (III.5-51). Abs. 6.3.5.3 enthält zusammen mit Anhang BB.3 auch Angaben für die seitlichen

Stützungen bei Bauteilen mit Fließgelenken zusätzlich zu den unmittelbaren Stützungen am Fließgelenk, siehe Erläuterungen in Abs. III.6.3.5.2 und zu den Hintergründen in Abs. III.BB.3. Diese Regeln, die aus angelsächsischer Tradition stammen und für uns recht kompliziert wirken, sind auch in Deutschland vom Grundprinzip her schon länger bekannt: Auch die DASt-Richtlinie 008 [2] kannte als erste Richtlinie zur Anwendung des Traglastverfahrens in Deutschland mit Bild 2 Maximalabstände für seitliche Abstützungen, siehe auch [221]. Anwendungsbeispiele für die Eurocode-Regelungen sind in [150] oder [248] gegeben. Die Regeln zur seitlichen Stützungen in Abs. 6.3.5 sind pauschale Regeln für typische Rahmensysteme des Hochbaus, für deren Bemessung planmäßig eine plastische Tragwerksberechnung nach Fließgelenktheorie ausgenutzt wird. Nachweise für die Sicherung der globalen Stabilität in und aus der Rahmenebene sind natürlich grundsätzlich zu führen und können generell nach den verschiedenen Verfahren in Abs. 6.3 behandelt werden.

So können die Angaben in Tabelle III.6-19 und Bild III.6-44, die dort für die Abstände der seitlichen Halterungen von Druckgurten gemacht sind, sinngemäß auch auf die Abstände der seitlichen Halterungen von Fließgelenken übertragen werden. In beiden Fällen besteht die Bedingung darin, dass der bezogene Schlankheitsgrad $\bar{\lambda}_{LT}$ den Wert von 0,4 nicht überschreitet, was bei veränderlichem Momentenverlauf zu größeren Maximalabständen führt als bei konstantem Momentenverlauf.

III.6 Grenzzustände der Tragfähigkeit

III.6.0 Überblick

Das Kapitel 6 zu den Nachweisen in den Grenzzuständen der Tragfähigkeit ist das zentrale Kapitel zur Dimensionierung der Stahlbauteile, da der Grenzzustand der Gebrauchstauglichkeit (siehe Kapitel 7) nur in besonderen Fällen maßgebend wird. Auch vom Standpunkt der Bauaufsicht müssen zur Gebrauchstauglichkeit weniger bindende Regelungen getroffen werden, weil Gebrauchstauglichkeit im Unterschied zur Tragfähigkeit eher eine Sache der Vereinbarung zwischen Planer, Bauherr und Nutzer ist. Anders als in der Vornorm DIN V ENV 1993-1-1 [54] sind alle Themen, die die reine Tragwerksberechnung betreffen, nicht mehr in diesem Kapitel, sondern im Kapitel 5 angeordnet. Diese Struktur ist als Grundprinzip für alle Materialnormen gleich festgelegt worden.

Das Kapitel 6 legt in Abschnitt 6.1 die Teilsicherheitsbeiwerte γ_M für die Ermittlung der Bemessungswerte der Beanspruchbarkeit aus den charakteristischen Werten fest. In Kapitel 6.2 sind alle Nachweise für die Querschnittstragfähigkeiten angegeben. Kapitel 6.3 enthält Stabilitätsnachweise für Stabbauteile. Stabilitätsnachweise für Blechfelder (also Beulen) oder Schalentragwerke usw. sind in anderen Normenteilen (DIN EN 1993-1-5 und DIN EN 1993-1-6) zu finden. Das heißt aber auch, dass mit den Nachweisen in Kapitel 6 nicht unbedingt ein vollständiger Nachweis der Tragfähigkeit geführt werden kann. Das gilt insbesondere für die Verbindungen und Anschlüsse, die in DIN EN 1993-1-8 behandelt werden. Kapitel 6.4 (Mehrteilige Bauteile) durchbricht die Struktur dieses Kapitels etwas, weil hier ein bestimmter Tragwerkstyp behandelt wird.

III.6.1 Allgemeines

<1> Festlegung der Teilsicherheitsbeiwerte

Die für die einzelnen Nachweise benötigten Beanspruchbarkeiten, die in Abhängigkeit von der Querschnittsklasse elastisch oder plastisch sein können, ermitteln sich aus den charakteristischen Widerstandsgrößen durch Division mit den Teilsicherheitsbeiwerten γ_M. Die Festlegung des Sicherheitsniveaus und damit der Teilsicherheitsbeiwerte γ_M liegt im Verantwortungsbereich der CEN-Mitgliedsländer. In EN 1993-1-1 werden lediglich Empfehlungen ausgesprochen, die durch den Nationalen Anhang der einzelnen Länder übernommen oder durch eigene Werte ersetzt werden müssen. Es werden drei unterschiedliche Teilsicherheitsbeiwerte definiert: γ_{M0} für die Querschnittsnachweise nach Abs. 6.2 für alle Querschnittsklassen (also auch für beulgefährdete Querschnitte der Klasse 4), γ_{M1} für Stabilitätsnachweise von Bauteilen nach Abs. 6.3 und γ_{M2} für die Beanspruchbarkeit von Querschnitten bei Bruchversagen infolge Zugbeanspruchung. EN 1993-1-1 enthält nur explizite Empfehlungen für die Teilsicherheitsbeiwerte im Hochbau, für alle anderen Bauwerkstypen sind die jeweiligen Regelungen in den zugehörigen Teilen maßgebend, also zum Beispiel für Brücken in EN 1993-2 [34]. Für Bauwerke, die sich nicht direkt diesen Teilen zuordnen lassen, gelten die Werte von EN 1993-2.

<2> zu 6.1(1) und NDP zu 6.1(1) Anmerkung 2B

Während für Brücken in EN 1993-2 die Empfehlung einen Unterschied zwischen γ_{M0} für Querschnittsnachweise mit 1,0 und γ_{M1} für Stabilitätsnachweise zu 1,1 macht, lautet die Empfehlung für den Hochbau, auch γ_{M1} zu 1,0 zu wählen. Für den Nachweis des Bruchversagens wird in allen Fällen γ_{M2} mit 1,25 empfohlen.

Zu den Teilsicherheitsbeiwerten im Einzelnen: Der Wert von γ_{M0} zu 1,0 ist durch einige Untersuchungen belegt. Es gibt eine durch ECSC finanzierte Studie [86], die durch Auswertung von Daten für Standardwalzprofile von fünf europäischen Stahlwerken nachweist, dass durch Überfestigkeiten des Stahls (es wird die obere Streckgrenze als Mindestwert garantiert) Toleranzunterschreitungen in der Geometrie (z. B. Walztoleranzen) so weit ausgeglichen werden, dass für die reinen Festigkeitswerte (ohne Stabilitätsgefahr) in den Bemessungsgleichungen im Allgemeinen γ_{M0} = 1,0 ausreicht. Dieser Vergleich zwischen aus Messwerten bestimmten plastischen Schnittgrößen und den aus rechnerischen Werten hergeleiteten nominellen Größen führt zu rechnerischen Teilsicherheitsbeiwerten für die verschiedenen Schnittgrößen zwischen 0,98 und 1,06. Dabei sind die Werte, die mit den rechnerischen Streckgrenzen nach DIN EN 1993-1-1, Tabelle 3.1 ermittelt werden, etwas ungünstiger als bei Zugrundelegung der Streckgrenzen nach DIN EN 10025. Auch wäre für Biegung um die schwache Achse eigentlich ein Wert von γ_{M0} = 1,05 zutreffender. Die Empfehlung lautet aber, auch angesichts der Möglichkeit von Stahlverfestigung, keine weitere Differenzierung zu treffen und einen einheitlichen Wert von γ_{M0} = 1,0 zu wählen. Eine weitere Untersuchung für zusammengesetzte geschweißte Profile und kaltgeformte offene Querschnitte bzw. Hohlprofile [148] kommt zu ähnlichen Ergebnissen, wobei die Werte für die geschweißten Profile etwas ungünstiger ausfallen.

Für die Festlegung des Teilsicherheitsbeiwert γ_{M1} für Stabilitätsnachweise haben sehr intensive Diskussionen in dem entsprechenden Normenausschuss stattgefunden, vgl. [104]. Es gibt wissenschaftliche Untersuchungen, z. B. [232], [85] und [75], die besagen, dass der normale Ansatz bei der semi-probabilistischen Berechnung nach EN 1990 [19], Anhang D mit Wichtungsfaktoren $\alpha_E = -0{,}7$ für Einwirkungen und von $\alpha_R = 0{,}8$ für die Widerstandsseite für Stahltragwerke zum Teil recht konservativ ist. Die Untersuchungen schlagen deshalb eine Modifikation der Wichtungsfaktoren für Stahlhochbauten, die maßgeblich für Schnee- und Windlasten dimensioniert werden, vor. In der Folge kommen sie damit zu Teilsicherheitsbeiwerten, die gegenüber den mit den Standardwerten für die Wichtungsfaktoren bestimmten Werten vorteilhafter sind. Werden diese Effekte auf der Einwirkungsseite vernachlässigt und die Standardwerte für die Wichtungsfaktoren verwendet, ergeben entsprechende statistische Untersuchungen rechnerisch erforderliche Teilsicherheitsbeiwerte von maximal etwa γ_{M1} = 1,1, vgl. [206]. Diese Werte hängen von der Schlankheit ab und nehmen vor allem für das Knicken um die schwache Achse und im mittelschlanken Bereich diese maximalen Werte an. Der Normenausschuss sah keine Möglichkeit, eine Differenzierung der Teilsicherheitsbeiwerte in Abhängigkeit von der Einwirkungskonstellation zu definieren, zumal die Standard-Wichtungsfaktoren für das Bauwesen allgemein festgelegt sind. Auch ist in den wissenschaftlichen Untersuchungen bisher nur eine begrenzte Zahl von Fällen untersucht worden. Deshalb wurde der Teilsicherheitsbeiwert für Stabilitätsnachweise für Deutschland, siehe NDP zu 6.1(1) Anmerkung

2B, auf der sicheren Seite zu $\gamma_{M1} = 1{,}1$ festgelegt. Er folgt damit den Empfehlungen für Brücken, für die ohnehin aufgrund der ganz anderen Einwirkungskonstellation andere Randbedingungen gelten.

Die oben erläuterte Differenzierung bezieht sich mit dem Begriff „Bauteilnachweis" eigentlich nur auf die Nachweise nach Abs. 6.3 und theoretisch nicht auf die Querschnittsnachweise mit Schnittgrößen nach Theorie II. Ordnung. Daher wird im Text des NDP zu 6.1(1) Anmerkung 2B klargestellt, dass auch Querschnittsnachweise mit Schnittgrößen nach Theorie II. Ordnung als Stabilitätsnachweise zu verstehen sind und hierfür der erhöhte Teilsicherheitsbeiwert γ_{M1} gilt.

Wie oben erläutert, sind im Prinzip auch die Nachweise für Querschnitte der Klasse 4, also Querschnitte, die wegen lokalen Beulens zu wirksamen Querschnitten reduziert werden, vgl. Abs. III.5.5.2<1>, als reine Querschnittsnachweise mit $\gamma_{M0} = 1{,}0$ zu führen. DIN EN 1993-2/NA [34] (Stahlbrücken) folgt dieser Empfehlung bezüglich der Behandlung von beulgefährdeten Querschnitten der Klasse 4 nicht, sondern legt fest, dass bei Anwendung von γ_{M0} in DIN EN 1993-1-5, also beim Beulnachweis für Normalspannungen nach dem Verfahren der wirksamen Querschnitte, ein Wert von $\gamma_{M0} = 1{,}1$ anzusetzen ist. Tatsächlich sind die Belege, dass für den Fall Beulen unter Normalspannung der Nachweis mit einem Teilsicherheitsbeiwert von 1,0 geführt werden darf, nicht sehr überzeugend. So stellt [86] fest, dass die Anzahl der damals vorliegenden bekannten Versuche zu gering ist, um eine eindeutige Aussage zuzulassen, vgl. Abs. IV-2.5.1 in [86]. Auch im Kommentar zu EN 1993-1-5 [133] sind für diesen Fall nur wenige Versuche mit längsausgesteiften Beulfeldern ausgewertet, die zu einem Teilsicherheitsbeiwert von 1,1 führen. Jüngere Untersuchungen in [72] auf numerischer Basis zeigen ebenfalls für längsausgesteifte Beulfelder unter Normalspannungen für die zurzeit gültigen Regeln die Notwendigkeit eines Teilsicherheitsbeiwerts von mindestens 1,1. Es wird daher dringend empfohlen, bei entsprechenden schlanken Klasse-4-Querschnitten in anderen Anwendungsbereichen – wie zum Beispiel bei Kranbahnen – dem Brückenbau zu folgen und beim Beulnachweis für Normalspannungen nach dem Verfahren der wirksamen Querschnitte den Ansatz mit $\gamma_{M0} = 1{,}1$ zu wählen.

Für außergewöhnliche Bemessungssituationen gibt der Nationale Anhang zu DIN EN 1993-1-1 [23] im NDP zu 6.1(1) Anmerkung 2B reduzierte Teilsicherheitsbeiwerte an: γ_{M0} für Querschnittsnachweise bleibt bei 1,0 und γ_{M1} für Stabilitätsnachweise wird zu 1,0 reduziert. Für den Nachweis des Bruchversagens unter Zugbeanspruchung gilt ein reduzierter Wert von γ_{M2} mit 1,15. Zu den außergewöhnlichen Bemessungssituationen zählen zum Beispiel nach EN 1990 Brand, Explosion, Anprall oder örtliches Versagen und auch Erdbebeneinwirkung. Falls es für die Einwirkungen spezifische Regeln gibt, wie zum Beispiel nach EN 1993-1-2 [25] für Brand oder EN 1998 [39] für Erdbeben, sind diese zu beachten.

III.6.2 Beanspruchbarkeit von Querschnitten

III.6.2.1 Allgemeines

<1> zu 6.2.1(1): Nachweis im Grenzzustand der Tragfähigkeit

Der Nachweis im Grenzustand der Tragfähigkeit für den einzelnen Querschnitt vergleicht jeweils den Bemessungswert der Beanspruchung E_d, berechnet meist als Schnittgröße infolge der γ_F-fach erhöhten charakteristischen Einwirkungen, mit dem Bemessungswert der Beanspruchbarkeit R_d, der dem charakteristischen Querschnittswiderstand, reduziert um den Teilsicherheitsbeiwert γ_M, entspricht, vgl. Gl. (III.6-1) und die Darstellung in Bild III.2-1. Bei diesem Nachweis ist ggf. die gleichzeitige Wirkung mehrerer Schnittgrößen wie Biegemoment, Normalkraft und Querkraft zu berücksichtigen.

$$E_d = E_k \cdot \gamma_F \leq R_d = \frac{R_k}{\gamma_M} \tag{III.6-1}$$

<2> zu 6.2.1(2): effektive Querschnitte

Für den Querschnittsnachweis sind im Unterschied zur globalen Tragwerksberechnung, siehe Abs. III.5.2.1<6>, die Wirkung der ungleichförmigen Spannungsverteilung aus Schubverzerrung („mittragende Breite") und die Wirkung von örtlichem Plattenbeulen („wirksame Breite") in jedem Fall zu berücksichtigen.

Mittragende Breiten zur Berücksichtigung der Schubverzerrungen bei elastischem Werkstoffverhalten sind in EN 1993-1-5, Abs. 3.2 gegeben. Wirksame Breiten zur Berücksichtigung der Wirkung des örtlichen Plattenbeulens oder „wirksame Querschnittswerte" werden nach EN 1993-1-5, Kap. 4 ermittelt. Die gemeinsame Wirkung, also die Bestimmung der effektiven Querschnittswerte, ist in EN 1993-1-5, Abs. 3.3 geregelt. Im Grenzzustand der Tragfähigkeit kann unter Voraussetzung elastisch-plastischen Werkstoffverhaltens aber auch gemäß DIN EN 1993-1-5, Abs. 3.3(1) Anmerkung 3 und Gleichung (3.5) [27] eine Teilplastizierung der Gurte bis zu einer Grenzdehnung ε_{max} des 1,5-fachen der Fließdehnung ε_y berücksichtigt werden, siehe [133]. Diese Erlaubnis ist allerdings in bestimmten Anwendungsbereichen wie bei Brücken nur auf den Nachweis außergewöhnlicher Bemessungssituationen beschränkt, vgl. EN 1993-2 [34].

Nachweise für Schubbeulen dünner Bleche sind in EN 1993-1-5, Kap. 5 gegeben, für die Nachweise zum Beulen unter örtlicher (lokaler) Querbelastung enthält EN 1993-1-5, Kap. 6 Regeln und für die Interaktion dieser verschiedenen Beulphänomene gilt EN 1993-1-5, Kap. 7.

Als Alternative zu den genannten Beulnachweisen enthält EN 1993-1-5, Kap. 10 auch Nachweise mit Bruttoquerschnittswerten und reduzierten Spannungen.

Weitere Erläuterungen zu den Beulnachweisen sind in [77], [238] und [71] zu finden. Für kaltgeformte Bleche und Profile gelten die Regeln in EN 1993-1-3 [26], siehe hierzu [80].

<3> zu 6.2.1(3), (4) und (5): Berücksichtigung der Querschnittsklasse

Während plastische Querschnittsausnutzung nur für Querschnitte der Klassen 1 und 2 möglich ist, vgl. Definition der Querschnittsklassen in Abs. 5.5, siehe auch Abs. III.5.5.1, können Spannungsnachweise nach der Elastizitätstheorie (elastische Spannungsnachweise) für Querschnitte aller Klassen geführt werden. Während für gewisse Querschnittstypen wie I- oder H-Querschnitte in den folgenden Abschnitten zum Teil sehr vorteilhafte, vereinfachte Nachweise genannt sind, stellt das Fließkriterium nach Gleichung (6.1) einen immer gültigen konservativen Grenzspannungsnachweis dar. Obwohl für die Nachweise im Grenzzustand der Tragfähigkeit fast alle Beziehungen für Schnittgrößen formuliert sind, siehe zum Beispiel $M_{el,Rd}$ nach

Gleichung (6.14), empfiehlt sich für die Handhabung für Querschnitte der Klassen 3 und 4 doch eher ein klassischer Spannungsnachweis.

<4> zu 6.2.1(6): plastische Querschnittstragfähigkeit

Zur Definition der plastischen Querschnittstragfähigkeit werden vor allem zwei Bedingungen genannt:

1) zwischen der gewählten Spannungsverteilung und den Schnittgrößen muss Gleichgewicht herrschen
2) die Streckgrenze, oder besser das Fließkriterium nach Gleichung (6.1), sollte überall im Querschnitt eingehalten werden.

Etwas offener ist formuliert, dass außerdem die Spannungsverteilung zu den plastischen Verformungen oder besser Dehnungen „passen" oder kompatibel sein sollte.

Diese letzte Bedingung wird regelmäßig verletzt, wenn bei Annahme von plastischen Spannungsblöcken die elastischen Dehnungen und Spannungen zum Beispiel im Übergang von Zugspannung zur Druckspannung im Fall des vollplastischen Biegemoments lokal vernachlässigt werden. Aber auch die zweite Bedingung zum Fließkriterium wird, obwohl sie ziemlich eindeutig formuliert ist, nicht von allen im Folgenden und in der Literatur angegebenen plastischen Grenzschnittgrößen eingehalten. Das gilt insbesondere für die plastische Querkrafttragfähigkeit, die zum Teil aufgrund von Versuchen hergeleitet wurde, vgl. Abs. III.6.2.6<1>.

Die vergleichbaren Regel in DIN 18800-1, Element (755) [10] benennt noch differenziertere Bedingungen. Vor allem wird abweichend zu DIN EN 1993-1-1 gefordert, dass das Grenzbiegemoment im Allgemeinen im plastischen Zustand auf den 1,25-fachen Wert des elastischen Grenzbiegemomentes zu begrenzen ist (Ausnahmen: Einfeldträger und Durchlaufträger mit gleichen Feldweiten). Diese Forderung ist eine sehr pauschale Einschränkung, die nach Aussage von [192] der Begrenzung der Verformungen und der Ausdehnung von Fließzonen dient, vgl. auch Erläuterung in Abs. III.5.3.2<4> zur Festlegung der Anfangsschiefstellung und in Abs. III.5.4.1<2> zu den Voraussetzungen für elastische Tragwerksberechnung. Es kann nicht ausgeschlossen werden, dass in Einzelfällen eine Verformungsbegrenzung tatsächlich sinnvoll ist. Die hier als Berechnungsverfahren zugrunde gelegte Fließgelenktheorie unterschätzt bei großen Fließbereichen tatsächlich die Verformung. Auf der anderen Seite stehen heute durchaus auch schon rechnerische Möglichkeiten zur Verfügung, mit Fließzonentheorie zu rechnen und dabei auch die Stahlverfestigung zu berücksichtigen. Statt einer pauschalen Begrenzung des plastischen Grenzbiegemoments erscheint im kritischen Einzelfall also eine Berechnung und Berücksichtigung der tatsächlichen plastischen Verformungen sinnvoller.

<5> zu 6.2.1(7) und Gleichung (6.2): lineare Schnittgrößeninteraktion

In die konservative, lineare Interaktionsbeziehung nach Gleichung (6.2) dürfen für Querschnitte der Klassen 1 und 2 plastische Querschnittswerte oder Grenzschnittgrößen, für Querschnitte der Klasse 3 elastische Grenzschnittgrößen eingesetzt werden. Zusätzlich sind die Effekte aus Querkraft nach Abs. 6.2.6 und Torsion nach Abs. 6.2.7 zu berücksichtigen. Gegebenenfalls ist Gleichung (6.2) zudem um den Term B_{Ed}/B_{Rd} für das Bimoment aus Wölbkrafttorsion zu ergänzen. Für Klasse-4-Querschnitte ist mit Gleichung (6.44) in Abs. 6.2.9.3 eine entsprechende vereinfachte Beziehung auf Spannungsebene gegeben, s. Abs. III.6.2.9.3.

III.6.2.2 Querschnittswerte

III.6.2.2.1 Bruttoquerschnitte

Die Bezeichung Bruttoquerschnitt ist hier in erster Linie im Unterschied zu dem beim „Nettoquerschnitt" ggf. erforderlichen Lochabzug für Schrauben und ähnliche Verbindungsmittel zu sehen. Es ist vermerkt, dass keine Löcher für Verbindungsmittel, jedoch andere „größere" Löcher berücksichtigt werden müssen, ohne das näher zu definieren, was „größere" genau heißt.

III.6.2.2.2 Nettofläche und Lochabzug

Der Lochabzug von der Bruttofläche bezieht sich typischerweise auf die Löcher im Grundmaterial von Schraub- und Nietverbindungen. Vergleichbare Öffnungen zum Beispiel für Zinkausläufe o. Ä. sind sicher ähnlich zu behandeln. Angaben für das Nennlochspiel enthält DIN EN 1090-2, Tabelle 11 [18], so zum Beispiel Δd = 1 mm für normale runde Löcher für Schrauben M12 und M14, Δd = 2 mm für M16 bis M24 und Δd = 3 mm ab M27. Maßgebend werden diese Lochabzüge meist nur für zugbeanspruchte Bauteile, vgl. DIN EN 1993-1-1, Abs. 6.2.3(2) und 6.2.5(4). Ähnlich wie in DIN 18800-1, Element (742) [10] braucht für druckbeanspruchte oder schubbeanspruchte Bauteile der Lochabzug in der Regel nicht berücksichtigt zu werden, wenn die Löcher mit Verbindungsmittel gefüllt sind, vgl. DIN EN 1993-1-1, Abs. 6.2.4(3) und 6.2.6(7).

Unter Zugbeanspruchung stellt sich die Frage nach der kritischen Risslinie bei versetzt angeordneten Löchern. Bei mehreren möglichen Risslinien muss diejenige berücksichtigt werden, die zur kleinsten Nettofläche führt. Nach der bisher in Deutschland üblichen Vorgehensweise wurden Risslinienabschnitte unabhängig von der Stabachsen- bzw. Zugkraftrichtung aufsummiert, vgl. zum Beispiel Abs. 2.2.2 in [213].

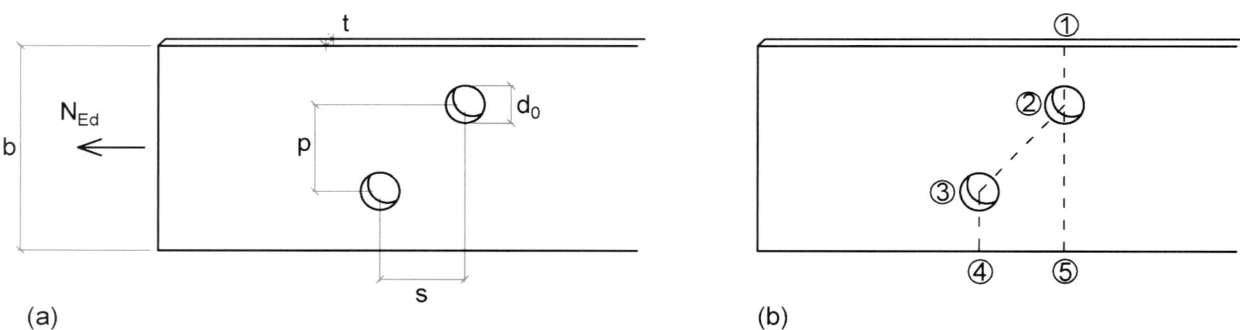

Bild III.6-1: (a) Geschwächter Querschnitt mit (b) möglichen Risslinien: gerade (1)-(2)-(5) und gezackt (1)-(2)-(3)-(4)

Nach DIN EN 1993-1-1, Abs. 6.2.2.2(4) und Gleichung (6.3) werden von der Bruttofläche alle in der Risslinie sich befindenden Löcher abgezogen und nach einer empirischen Beziehung für die längere schräge Risslinie ein Zuschlag gegeben, der abhängt vom Lochabstand p senkrecht zur Kraftrichtung und vom Lochversatz s parallel zur Kraftrichtung, siehe Gleichung (III.6-2) und Bild III.6-1.

$$A_{\text{Netto}} = \min \begin{cases} A - n \cdot d_0 \cdot t & \text{für eine gerade Risslinie} \\ A - \left(n \cdot d_0 \cdot t - \sum_m \dfrac{s^2 \cdot t}{4 \cdot p} \right) & \text{für eine gezackte Risslinie} \end{cases} \tag{III.6-2}$$

Diese Gleichung, u. a. hergeleitet in [88], beruht gemäß [107] auf theoretischen und experimentellen Untersuchungen und erfasst die verschiedenen Parametereinflüsse im Wesentlichen. So wird die versetzte Risslinie rechnerisch eher maßgebend, je kleiner der Lochversatz s im Vergleich zum senkrechten Lochabstand p ist. Und umgekehrt tritt rechnerisches Versagen in der geraden Risslinie umso eher auf, je größer der senkrechte Lochabstand p im Vergleich zu s ist. In [261] sind Versuche an genieteten Zugstäben dokumentiert, vgl. Bild III.6-2 und. Tabelle III.6-1, an denen im Folgenden exemplarisch das bisherige Vorgehen mit den Regeln nach DIN EN 1993-1-1, Gleichung 6.3, siehe Bild III.6-2, verglichen wird.

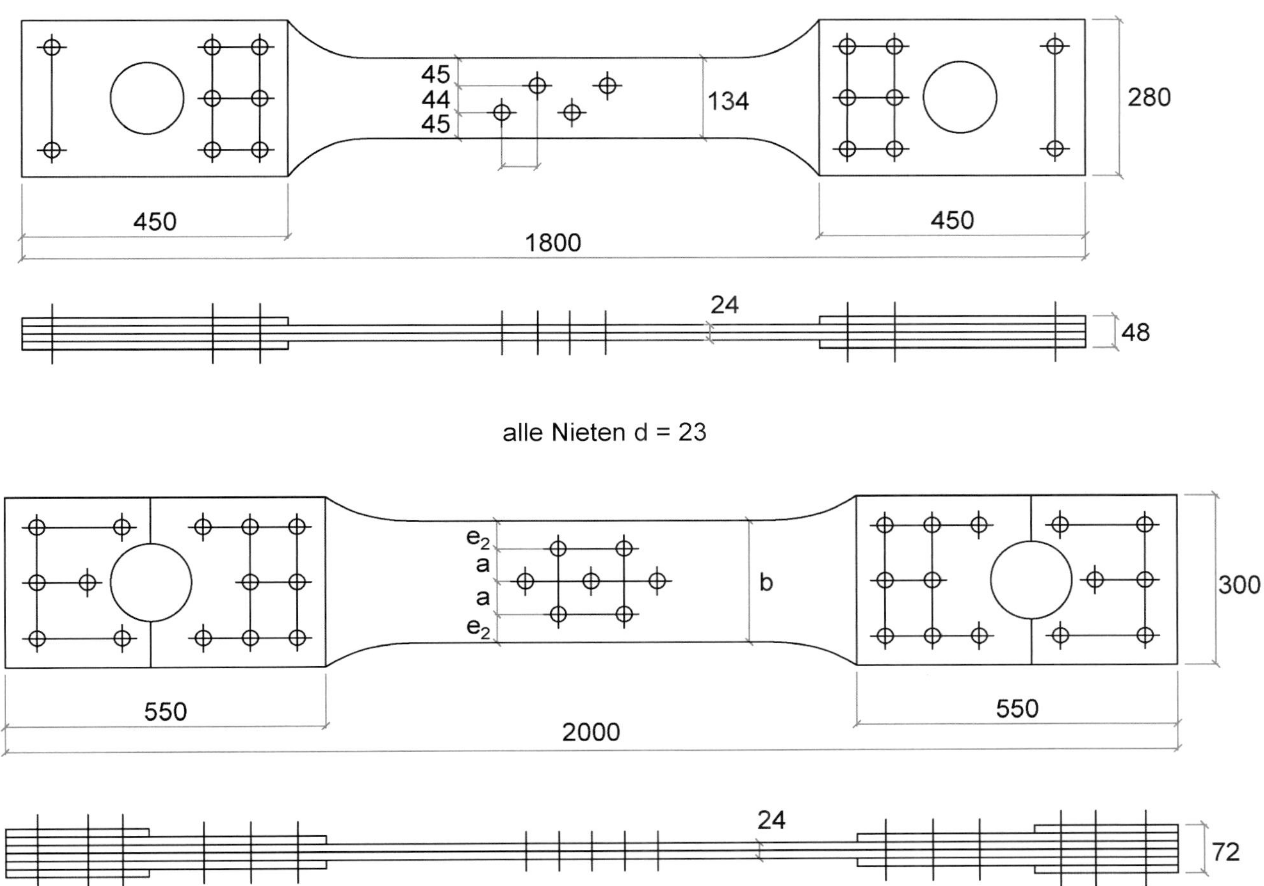

Bild III.6-2: Zugversuche mit versetzter Nietanordnung (d = 23mm) nach [261]: geprüfte Zugstäbe

Tabelle III.6-1: Zugversuche mit versetzter Nietanordnung (d = 23mm) nach [261]: Versagensbilder

Versuchsreihe A			**Versuchsreihe B**		
Stab Nr.	**e [mm]**	**Bruchform**	**Stab Nr.**	**e [mm]**	**Bruchform**
1	50	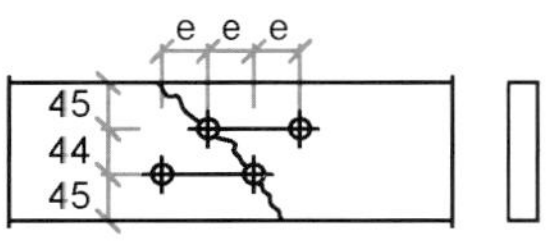	2	40	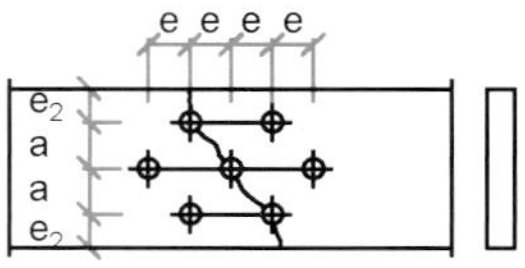
63	50	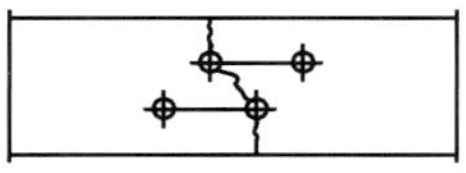	6		Bruch am Auge
47	55	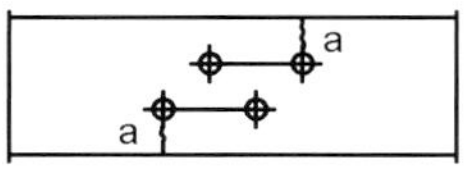	11	50	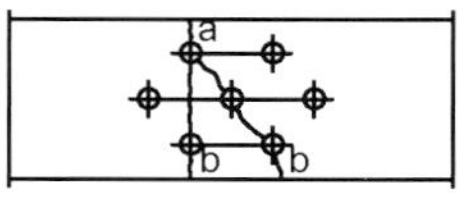
47a	55	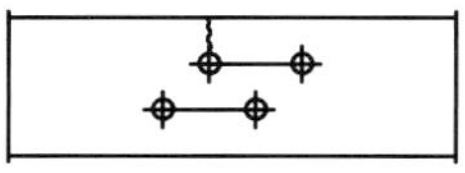	12	60	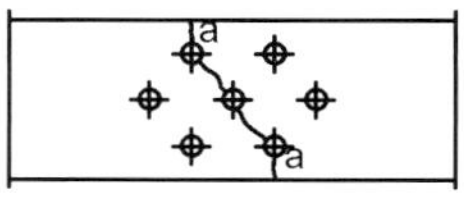
5	60	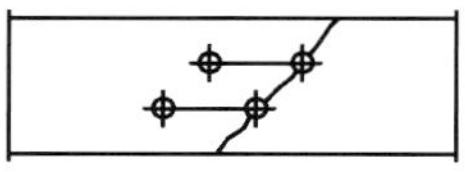	12'	60	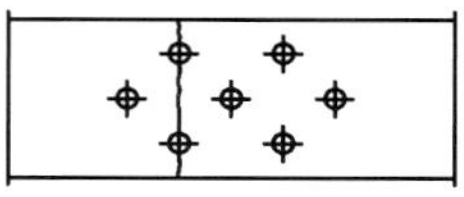
9	60	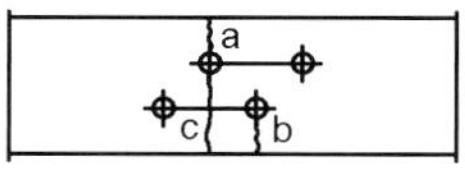	12a	60	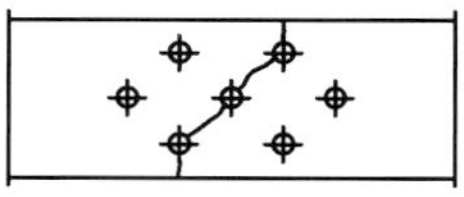
9a	60	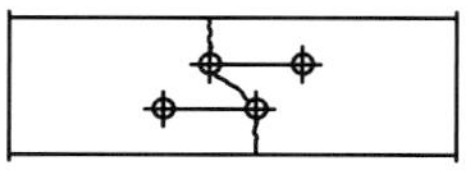	41	70	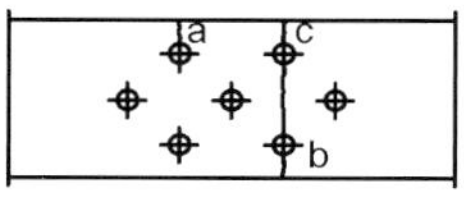
10	70	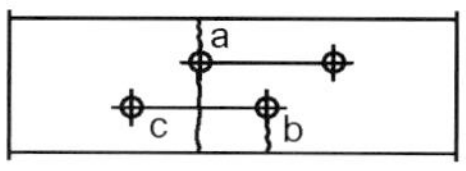	41'	70	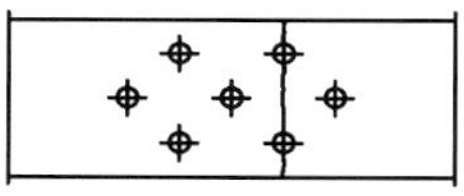
39	75	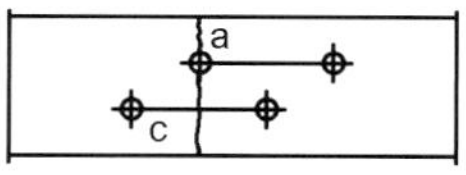	41a	70	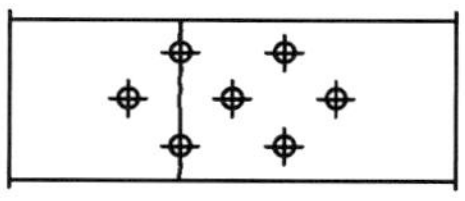
40	80	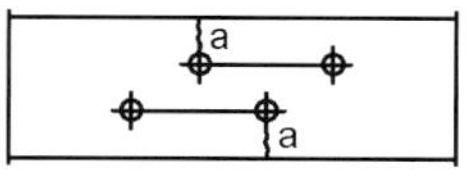	42	80	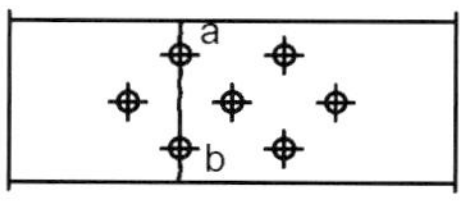

An der Serie der Rissbilder in Bild III.6-2 und Tabelle III.6-1 ist zu erkennen, dass mit größer werdendem Lochversatz s die Risslinie im Versagensbild vom versetzten Riss zum geraden Riss wechselt. Tabelle III.6-2 zeigt den Vergleich der Nettoflächen für die Versuchsabmessungen nach Bild III.6-2 gemäß [261] für die Regelung in DIN EN 1993-1-1 nach Gleichung (III.6-2) (Kennzeichnung (EC)) und für die bisherige Vorgehensweise der Summation der Risslinienabschnitte (Kennzeichnung (DIN)). Es ist ersichtlich, dass die Regelung gemäß Gleichung (III.6-2) immer zu ungünstigeren Werten für die Nettofläche in der versetzten Anordnung $A_{netto,versetzt}$ führt. Infolgedessen wird die gerade Risslinie mit $A_{netto,gerade}$ nach dieser Regelung auch rechnerisch erst später für größere s maßgebend. Dies stimmt aber mit der Versagensform in den Versuchen recht gut überein, vgl. Spalte „Risslinie" in Tabelle III.6-2. Die Regel in DIN EN 1993-1-1, Gleichung (6.3) scheint also das tatsächliche Versagensverhalten tendenziell richtig zu erfassen.

Tabelle III.6-2: Vergleich der Nettoflächen für die Versuche nach Bild III.6-2 nach Eurocode (EC) und vorheriger Vorgehensweise (DIN)

Versuch	s	p	Risslinie	A_{brutto}	$A_{netto,gerade}$	$A_{netto,versetzt}$ (EC)	$A_{netto,versetzt}$ (DIN)
Nr.	[mm]	[mm]	Bild III.6-2	[mm²]	[mm²]	[mm²]	[mm²]
A1	50	44	versetzt	3.216	2.664	2.453 (*)	2.654 (*)
A63	50	44	versetzt	3.216	2.664	2.453 (*)	2.654 (*)
A41	55	44	gerade	3.216	2.664	2.525 (**)	2.746 (*)
A5	60	44	versetzt	3.216	2.664	2.603 (*)	2.842 (**)
A9	60	44	gerade / versetzt	3.216	2.664	2.603 (*)	2.842 (**)
A10	70	44	gerade	3.216	2.664	2.780 (*)	3.040 (*)
A39	75	44	gerade	3.216	2.664	2.879 (*)	3.143 (*)
A40	80	44	gerade	3.216	2.664	2.985 (*)	3.247 (*)
B2	40	60	versetzt	5.040	3.936	3.704 (*)	3.965 (**)
B11	50	66	gerade / versetzt	5.328	4.224	4.127 (*)	4.478 (**)
B12	60	66	gerade / versetzt	5.328	4.224	4.327 (*)	4.785 (**)
B41	70	66	gerade	5.328	4.224	4.563 (*)	5.122 (*)
B42	80	66	gerade	5.328	4.224	4.836 (*)	5.482 (*)

(*) Risslinie entspricht der berechneten Versagensform

(**) Risslinie entspricht nicht der berechneten Versagensform

Bei gemischt gerade/versetzter Risslinie sind bis zu 5 % Abweichung zwischen $A_{netto,gerade}$ und $A_{netto,versetzt}$ zugelassen

III.6.2.2.3 Mittragende Breite

Entsprechende Erläuterungen zu mittragenden Breiten zur Berücksichtigung der Schubverzerrungen und mitwirkenden oder wirksamen Breiten zur Berücksichtigung des lokalen Beulens sind zu DIN EN 1993-1-1, Abs. 6.2.1(2) effektive Querschnitte in Abs. III.6.2.1<2> zu finden.

III.6.2.2.4 Wirksame Querschnittswerte bei Querschnitten mit Klasse-3-Stegen und Klasse-1- oder Klasse-2-Gurten bei Momentenbeanspruchung M_y

Diese Regelung ermöglicht es, bei druckbeanspruchtem Steg mit Klasse-3-Schlankheit trotzdem insgesamt ein vollplastisches Moment berechnen zu können, wenn die Gurte nach Klassen 1 und 2 klassifiziert werden können, vgl. Abs. III.5.5.2<2>. Sie stammt ursprünglich aus der Verbundbaunorm DIN V ENV 1994-1-1, Abs. 4.3.3.1(3) und Bild 4.4 [58], siehe Bild III.6-3.

Die Anmerkung in [58] erläuterte dazu, dass mit diesem Bemessungsverfahren „Unstimmigkeiten" bei der Einstufung der Querschnitte verhindert werden sollten, weil andernfalls die Einstufung des Steges in erhöhtem Maße durch geringfüge Änderungen der Längsbewehrung oder durch die mittragende Gurtbreite bestimmt würde. Der Wert $20 \cdot t \cdot \varepsilon$ wird als konservative Abschätzung bezeichnet, die an der Grenze zwischen Querschnitten der Klassen 2 und 3 zu einer kleinen Diskontinuität führt.

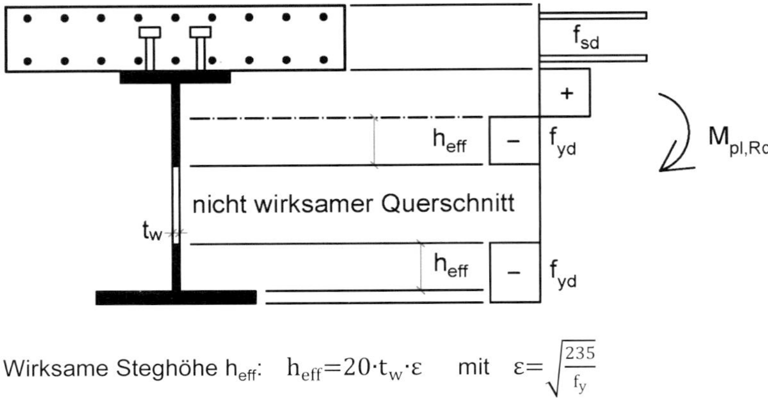

Wirksame Steghöhe h_{eff}: $h_{eff}=20 \cdot t_w \cdot \varepsilon$ mit $\varepsilon=\sqrt{\frac{235}{f_y}}$

Bild III.6-3: Wirksamer Stegquerschnitt der Klasse 2 für einen Verbundquerschnitt unter negativer Momentenbeanspruchung mit einem Steg der Klasse 3

III.6.2.2.5 Wirksame Querschnittswerte für Querschnitte der Klasse 4

<1> zu 6.2.2.5(4) und Gleichung (6.4): Zusatzmoment infolge Verschiebung der Hauptachse

Für Querschnitte der Klasse 4 wird nach EN 1993-1-5, Abs. 4.3 [27] in der Regel die wirksame Querschnittsfläche vereinfachend unter der Annahme einer reinen Druckkraft ermittelt. Das heißt, dass es bei einem symmetrischen Querschnitt nicht zu einer Hauptachsenverschiebung kommt, auch dann nicht, wenn zusätzlich zur Druckkraft ein Biegemoment vorhanden ist. Dies weicht von der Regelung in DIN 18800-2, El. (709) und den Bildern 41 und 42 [12] ab. Nur bei unsymmetrischen Querschnitten, siehe auch Bild III.6-4, kann unter Annahme von konstanter Druckspannung im Querschnitt ein Versatz der Schwerachse ermittelt werden. Da davon ausgegangen wird, dass die Druckkraft aber im Schwerpunkt des Bruttoquerschnitts verbleibt, entsteht infolgedessen am reduzierten Querschnitt A_{eff} ein Versatzmoment nach Gleichung (6.4). Das wirksame Widerstandsmoment im Querschnitt wird analog unter der Wirkung eines reinen Biegemoments ermittelt. Alternativ zu dieser vereinfachten Vorgehensweise darf bei der Ermittlung der wirksamen Querschnittswerte aber auch von der gemeinsamen Spannungsverteilung für Normalkraft und Biegung ausgegangen werden. Dies erfordert aber im Allgemeinen ein iteratives Vorgehen.

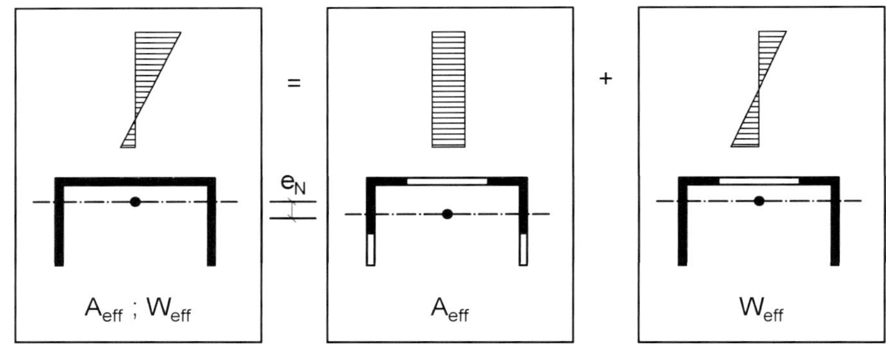

Bild III.6-4: Wirksame Querschnittswerte eines unsymmetrischen Profils

<2> zu 6.2.2.5(5): Rundhohlprofile

Der Hinweis auf DIN EN 1993-1-6 [28] bei Rundhohlprofilen der Querschnittsklasse 4 unter der Überschrift „Wirksame Querschnittswerte für Querschnitte der Klasse 4“ ist irreführend, denn DIN EN 1993-1-6 kann nicht für die Bestimmung wirksamer Querschnittswerte genutzt werden. Vielmehr ist für solche Profile ein regulärer Beulnachweis nach DIN EN 1993-1-6, Kap. 8 zu führen.

III.6.2.3 Zugbeanspruchung

<1> zu 6.2.3(1) und (2): Zugbeanspruchbarkeit im Querschnitt mit Löchern

Ohne weitere Erklärung wird sofort der gelochte Querschnitt als maßgebend für die Zugbeanspruchbarkeit $N_{t,Rd}$ eines Zugstabes angenommen. Nur indirekt aus der eindeutigeren Formulierung in Abs. 6.2.5 für die Biegebeanspruchung kann geschlossen werden, dass für einen ungelochten Stab anstelle von Gleichung (6.7) Gleichung (6.6) – also die Fließbedingung – gilt. Diese Frage stellt sich formal besonders für höherfeste Stähle, bei denen f_u und f_y recht nahe beieinander liegen, so dass ggf. der Nachweis gegenüber der Zugfestigkeit mit dem höheren Sicherheitsbeiwert von γ_{M2} = 1,25 auch schon für Stäbe aus S355 maßgebend werden kann, vgl. auch die Gegenüberstellung in [257] zur Bemessung nach DIN EN 1993-1-12 [33].

Gleichung (6.7), also der Nachweis des Nettoquerschnitts gegenüber der Zugfestigkeit, ist aber eindeutig im Zusammenhang mit geschraubten Verbindungen hergeleitet worden. In [251] wird aufgrund einer statistischen Auswertung für Versuche an gelochten Zugstäben, die im Nettoquerschnitt versagten, der Korrekturfaktor 0,9 gegenüber der um γ_{M2} = 1,25 reduzierten Zugfestigkeit des Nettoquerschnitts bestimmt. In [252] wird aber auch deutlich, dass die überwiegende Zahl der Versuche an Stäben aus S235 erfolgte. Für diese Stäbe ist Gleichung (6.7) eine Erlaubnis, gelochte Stäbe höher als bis zur Streckgrenze auszunutzen. Ähnlich sind auch die Formulierungen in DIN 18800-1, Element (742) [10] in Bezug auf Gleichung (28) und die Erläuterungen in [192] hierzu zu verstehen. Die Kerbspannung am Lochrand führt zu einem frühen Plastizieren und bei genügender Duktilität auch zum Durchplastizieren und zum Erreichen der Zugfestigkeit im Nettoquerschnitt. Im Prinzip entspricht aus DIN 18800-1, Gleichung (28) [10] DIN EN 1993-1-1, Gleichung (6.7), da in DIN 18800-1 mit $1/(\gamma_{M,DIN} = 1{,}1)$ wieder der Faktor 0,9 auftaucht. Die Erläuterungen in [192] machen noch gewisse Einschränkungen in Bezug auf gestanzte Löcher. Deutlich ist dort auch, dass für Stäbe mit größeren Löchern, als sie bei normalen Schrauben oder Nieten üblich sind, ein Nachweis im Nettoquerschnitt gegenüber der Streckgrenze verlangt wird. Übertragen auf DIN EN 1993-1-1 entspricht dies also einem Nachweis nach Gleichung (6.8). Für hochfeste Stähle, vgl. DIN EN 1993-1-12 [33], ist für geschraubte Zugstäbe der gleiche Nachweis gegenüber der Zugfestigkeit wie in Gleichung (6.7), also mit dem Abminderungsfaktor 0,9 eingeführt worden. Die Untersuchungen in [204] und [205] verweisen aber darauf, dass diese Abminderung wahrscheinlich zu konservativ ist.

<2> zu 6.2.3(3): Kapazitätsbemessung

Im Sinne der Kapazitätsbemessung nach DIN EN 1998-1 [39] und [272] soll sichergestellt werden, dass ein Zugstab durch Plastizieren unter großen Verformungen versagt und damit in geeigneter Weise zur

Energiedissipation beiträgt, während für die anderen Teile, insbesondere die Anschlüsse, eine ausreichende Überfestigkeit vorliegt. Damit die gewählten Energiedissipationsmechanismen auch eintreten und nicht der gelochte Querschnitt vorzeitig spröde versagt, wird das Einhalten der Bedingung $N_{pl,Rd} < N_{u,Rd}$ gefordert. Durch die meist vorhandene Materialüberfestigkeit des Stahls reicht aber u. U. diese Bedingung nicht aus. So fordert zum Beispiel DIN EN 1998-1, Abs. 6.2(3), zusätzlich für die Streckgrenze einen Maximalwert $f_{y,max}$ unter Berücksichtigung eines Überfestigkeitsbeiwerts γ_{OV} anzunehmen.

<3> zu 6.2.3(4): Schraubverbindungen der Kategorie C

Bei den Schraubverbindungen der Kategorie C nach DIN EN 1993-1-8, Abs. 3.4.1(1) [29] handelt es sich um schubbeanspruchte Schraubverbindungen mit hochfesten vorgespannten Schrauben der Festigkeitsklassen 8.8 und 10.9, bei denen im Grenzzustand der Tragfähigkeit kein Gleiten auftreten darf. Für diese Verbindungen ist zusätzlich gefordert, dass unter Zugbeanspruchung im Querschnitt der Bemessungswert des plastischen Widerstands des Nettoquerschnitts im kritischen Schnitt durch die Schraubenlöcher $N_{net,Rd}$ nicht überschritten wird, vgl. Gleichung (6.8).

<4> zu 6.2.3(5): Anschlüsse von Winkeln

Während bei zweiseitig angeschlossenen Winkeln der Lochabstand p, vgl. Gleichung (III.6-2), über die Profilmittellinie zu messen ist, siehe auch Bild III.6-5(a), reduziert sich die Nettofläche bei einseitig angeschlossenen Winkeln auf den angeschlossenen Winkelschenkel, vgl. Bild III.6-5(b).

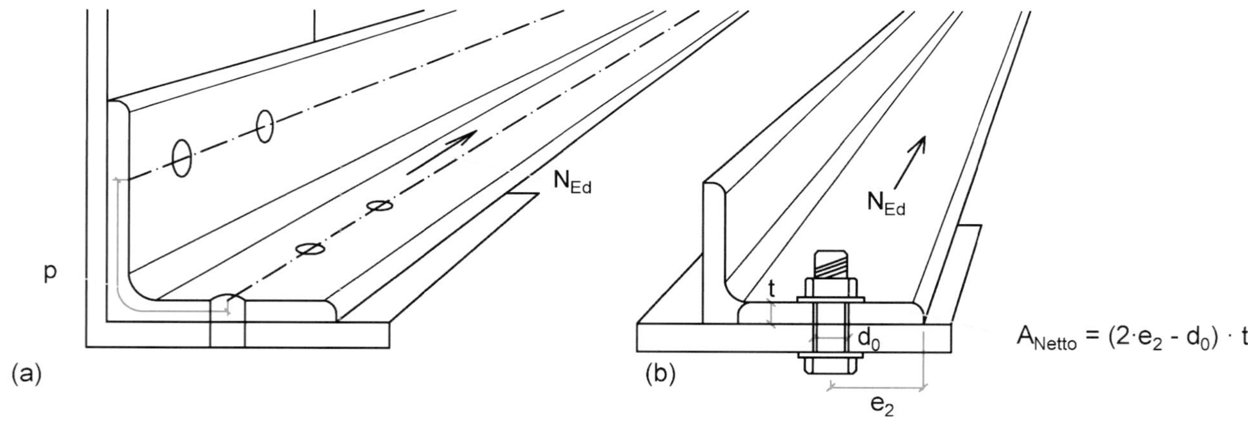

Bild III.6-5: (a) Zweiseitig angeschlossener Winkel, (b) einseitig angeschlossener Winkel, nach [209]

Der Nachweis eines einseitig angeschlossenen Winkels hängt von der Zahl der Schrauben ab. Bei einer einzelnen Schraube erfolgt durch die Zugkraft N_{Ed} eine Art Zentrierung in der Schraube, so dass für den Stab keine Biegung entsteht, aber die Lochleibungstragfähigkeit der Schraube begrenzt ist, vgl. DIN EN 1993-1-8, Abs. 3.6.1(10) und Gleichung (3.2) [29]. Für zwei, drei und mehr Schrauben entsteht zwar Biegung, der Nachweis darf aber unter reiner Zugkraft geführt werden, wenn gemäß DIN EN 1993-1-8, Abs. 3.10.3 [29] beim Nachweis im Nettoquerschnitt eine um β_2 für zwei Schrauben bzw. um β_3 für drei und mehr Schrauben reduzierte Zugfestigkeit angesetzt wird, vgl. Tabelle III.6-3.

Tabelle III.6-3: Nachweis einseitig angeschlossener Winkel unter Normalkraft gemäß DIN EN 1993-1-8, Abs. 3.10.3 [29] gemäß [209]

Nachweis	Schraubenanzahl	
	n = 1	n = 2 oder 3
Bruttoquerschnitt A	$\sigma_d = \frac{N_{Ed}}{A_{\text{Netto}}} \leq \frac{f_{y,k}}{\gamma_{M0}}$	
Nettoquerschnitt A_{Netto}	$\sigma_d = \frac{N_{Ed}}{A_{\text{Netto}}} \leq \frac{f_{u,k}}{\gamma_{M2}}$ $A_{\text{Netto}} = (2 \cdot e_2 - d_0) \cdot t$	$\sigma_d = \frac{N_{Ed}}{A_{\text{Netto}}} \leq \frac{\beta_i \cdot f_{u,k}}{\gamma_{M2}}$ $A_{\text{Netto}} = (b - d_0) \cdot t$

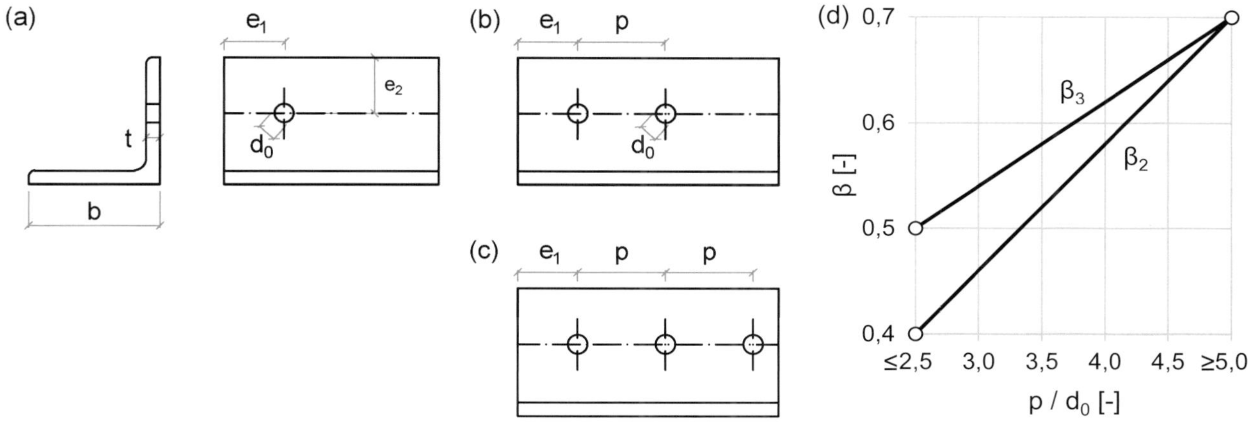

III.6.2.4 Druckbeanspruchung

Bei Stäben mit Druckbeanspruchung wird in vielen Fällen nicht der hier behandelte Festigkeitsnachweis maßgebend, sondern der Stabilitätsnachweis nach DIN EN 1993-1-1, Abs. 6.3.1, siehe auch Abs. III.6.3.1. Für die Klassifizierung der Querschnitte und insbesondere die Bestimmung der wirksamen Querschnittsfläche A_{eff} für Querschnitte der Klasse 4 sind die Hinweise in Abs. III.5.5.2<1> und die Regeln von DIN EN 1993-1-5 [27] zu beachten. Zum angesprochenen Zusatzmoment ΔM_{Ed} bei Querschnitten der Klasse 4 sind Erläuterungen in Abs. III.6.2.2.5<1> gegeben.

III.6.2.5 Biegebeanspruchung

Der Nachweis der Biegebeanspruchung für Querschnitte der Klassen 1 und 2 erfolgt hier eindeutig mit dem plastischen Moment $M_{pl,Rd}$ nach Gleichung (6.13). Es ist hier kein genereller Nachweis gegen die Zugfestigkeit gefordert, sondern eine entsprechende Abgrenzung erfolgt mit Abs. 6.2.5(4) nur für zugbeanspruchte Flansche mit Löchern für Verbindungsmittel. Die Hinweise gemäß Abs. III.6.2.3 sind analog übertragbar. Auch hier gilt wie zuvor für reine Druckstäbe, dass unter Umständen nicht der Festigkeitsnachweis, sondern der Stabilitätsnachweis nach DIN EN 1993-1-1, Abs. 6.3.2, siehe auch Abs. III.6.3.2, maßgebend wird. Für Stäbe der Klassen 3 und 4 ist es anstelle der Nachweise mit elastischen Grenzschnittgrößen weitaus übersichtlicher, den Spannungsnachweis in der maßgebenden Faser gegenüber der um γ_{M0} reduzierten Streckgrenze f_y zu führen.

III.6.2.6 Querkraftbeanspruchung

<1> zu 6.2.6(3)d), (6) und Anmerkung: wirksame Schubfläche

Mit der wirksamen Schubfläche A_v darf näherungsweise die Teilfläche im Querschnitt angenommen werden, die in Richtung der betrachteten Querkraft liegt, also der Steg bei I- und H-Querschnitten, wenn es um V_z geht, die Flansche der gleichen Querschnitte, wenn es um V_y geht. Gerade für den letzten Fall wurde bisher keine konkrete Lösung angegeben. Dies wird gemäß dem Änderungsvorschlag in TC 250/SC 3 [257] in Zukunft korrigiert: Dann darf $A_v = 2 \cdot b \cdot t_f$ für gewalzte I- und H-Querschnitte mit Querkraft parallel zu den Flanschen angenommen werden. Diese Vereinfachungen setzen Plastizierung im Querschnitt voraus. Bei elastischer Spannungsermittlung im Querschnitt entstehen Schubspannungen infolge Querkraft in allen Querschnittspunkten, deren statisches Moment nicht null ist, also bei I- und H-Querschnitten unter V_z auch in den Flanschen, vgl. DIN EN 1993-1-1, Gleichung (6.20).

Nach DIN EN 1993-1-5, Abs. 5.1 und 5.2 [27] darf die plastische Grenztragfähigkeit der Querkraft bei Beanspruchung parallel zum Steg von Blechträgern um den Faktor η erhöht werden. Unter Berücksichtigung des deutschen Nationalen Anhangs darf η im Hochbau für Stahlsorten bis einschließlich S460 mit 1,20 angenommen werden. Für Stahlsorten über S460 sowie für den Brückenbau und vergleichbare Anwendungsbereiche ist $\eta = 1{,}0$.

Der Wert η wurde eingeführt, da festgestellt worden war, dass für gedrungene Bleche die Schubbeanspruchbarkeit den 0,7- bis 0,8-fachen Wert der in Zugversuchen ermittelten Streckgrenze erreichen kann. Diese liegt ca. 20 % über der Schubfließspannung. Die größere Ausnutzbarkeit ist hauptsächlich auf die Stahlverfestigung und eine gewisse Verankerung der sich plastisch infolge Schub im Steg einstellenden „Zugfalte" in den beiden Flanschen zurückzuführen. Diese höhere Ausnutzung kann zugelassen werden, da sie nicht zu übermäßig großen Verformungen führt. Experimentell abgesicherte Werte liegen für Stahlsorten bis S460 vor, vgl. [133]. Wegen des experimentellen Hintergrunds sollte diese günstige Regel aber nicht auf Profile wie T-Querschnitte, bei denen sich die „Flanschverankerung" des Steges nicht einstellen kann, übertragen werden.

Die Anmerkung in DIN EN 1993-1-1, Abs. 6.2.6(3), $\eta = 1{,}0$ auf der sicheren Seite für die Tragfähigkeit anzunehmen, war nur als Vereinfachung gedacht und sollte dem Anwender den Blick in DIN EN 1993-1-5 ersparen. Die gleiche Anmerkung in DIN EN 1993-1-1, Abs. 6.2.6(6) in Bezug auf das Abgrenzungskriterium in Gleichung (6.22) führt aber zu nicht immer konservativen Schlussfolgerungen. Die Diskussionen in den europäischen Gremien führten zum Änderungsvorschlag [257], der die beiden Anmerkungen streicht und auf die Regelung von DIN EN 1993-1-5 verweist. Theoretisch könnte auf der sicheren Seite $\eta = 1{,}0$ für die Ermittlung der Tragfähigkeit nach DIN EN 1993-1-1, Abs. 6.2.6(3) und $\eta = 1{,}2$ für das Abgrenzungskriterium nach DIN EN 1993-1-1, Abs. 6.2.6(6) eingesetzt werden.

Zu beachten ist dabei auch, dass in DIN EN 1993-1-5 mit h_w die lichte Höhe zwischen den Flanschen bezeichnet wird. Diese Klarstellung fehlt in der Liste der Parameter unter Abs. 6.2.6(3).

<2> zu 6.2.6(4) und (5) und Anmerkung: elastischer Schubspannungsnachweis

Für Querschnittstypen, die nicht zu den Standardquerschnitten nach Abs. 6.2.6(3) gehören, oder wenn ein rein elastischer Spannungsnachweis gewünscht ist, kann der Schubspannungsnachweis nach DIN EN 1993-1-1, Gleichung (6.19) herangezogen werden. Die Vereinfachung nach Abs. 6.2.6(5) gab es auch schon in DIN 18800-1, Element (752) [10]. Sie ist dort nicht mit plastischen Umlagerungen begründet, sondern mit der Geringfügigkeit der Abweichung der mittleren Spannung $\tau_m = V/A_{Steg}$ von der maximalen Schubspannung τ_{max}, siehe auch Bild III.6-6. So ergibt sich bei einem Verhältnis der Flanschfläche zur Stegfläche von $A_f/A_w = 0,6$ eine Abweichung von nur 10 %, vgl. [192].

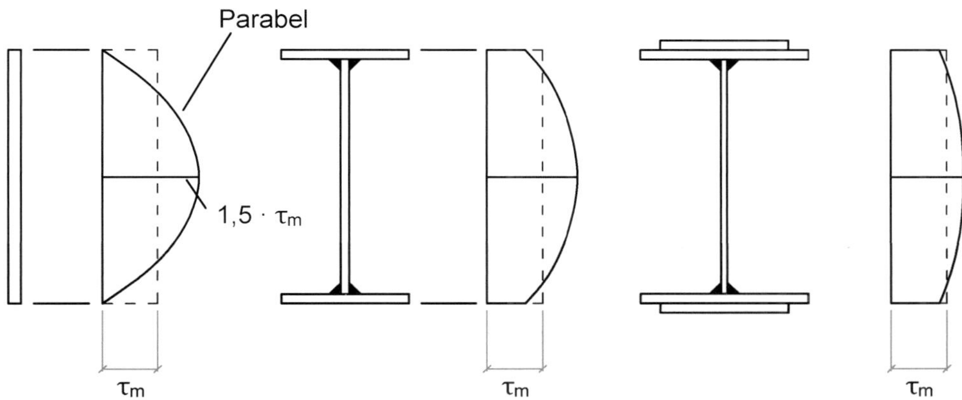

Bild III.6-6: Qualitativer Vergleich Schubspannungsverteilung infolge Querkraft V im Steg bei unterschiedlichen Verhältnissen A_f/A_w; die ausgezogenen und gestrichelten Flächen sind in der Realität jeweils gleich groß

III.6.2.7 Torsionsbeanspruchung

<1> Gleichgewichts- und Verträglichkeitstorsion

In der Bemessung anderer Baustoffe ist es z. T. üblich, gewisse Torsionsbeanspruchungen zu vernachlässigen. Hierzu gibt es sogar Regeln. So besagt DIN EN 1992-1-1, Abs. 6.3.1(2) [21]: „*Wenn in statisch unbestimmten Tragwerken Torsion nur aus Einhaltung der Verträglichkeitsbedingungen auftritt und die Standsicherheit des Tragwerks nicht von der Torsionstragfähigkeit abhängt, darf auf Torsionsnachweise im GZT verzichtet werden.*“ Der Abschnitt verweist dann aber auch auf die notwendige Mindestbewehrung. Diese Erlaubnis gilt selbstverständlich nicht, wenn die Torsionsbeanspruchung wie im Beispiel in Bild III.6-7(a) zur Erfüllung des statischen Gleichgewichts erforderlich ist. Wie die Beispiele in Bild III.6-7 zeigen, ist die Entscheidung, ob Torsion berücksichtigt werden muss oder nicht, eigentlich eine Frage der Wahl des statischen Systems zur Schnittgrößenermittlung. Und ohne Zweifel ist es auch bei einem Stahltragwerk wie im Fall Bild III.6-7(b) sinnvoll, die Einspannung des Nebenträgers in die beiden Hauptträger zu vernachlässigen. Eine heute durchaus gängige „automatische“ Diskretisierung von Tragwerken zur numerischen Berechnung in räumliche Stabsysteme kann so unter Umständen zu Schnittgrößen führen, die eigentlich nicht notwendigerweise nachzuweisen sind.

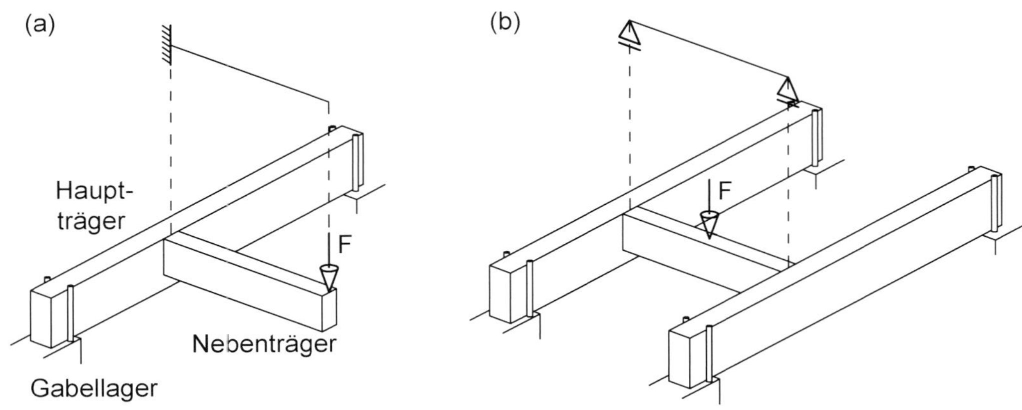

Bild III.6-7: Beispiele für Gleichgewichts- und Verträglichkeitstorsion, nach [209]

<2> Nachweis der Torsionsbeanspruchung nach Gleichung (6.23)

Der Nachweis gemäß DIN EN 1993-1-1, Gleichung (6.23) wird in dieser Form als Nachweis der Schnittgrößen so gut wie nie geführt. Er ist auch unvollständig, weil er das Bimoment aus Wölbkrafttorsion nicht aufführt. In der Regel werden Torsionseffekte im Querschnitt aufgrund einer elastischen Schnittgrößenberechnung auf Spannungsebene nachgewiesen, vgl. DIN EN 1993-1-1, Abs. 6.2.7(5). Hinweise zur Ermittlung der Spannungen aus Torsion sind in verschiedenen Lehrbüchern gegeben, wie z. B. [102], [209], [213] oder [217]. Besonders nüzlich, auch für die Anschauung, hat sich die Analogie zwischen Torsionsstab und Biegeträger mit Zugkraft erwiesen, vgl. Bild III.6-8. So können Lösungen, die für den Biegeträger gut bekannt sind, unmittelbar in Torsionsschnittgrößen übersetzt werden, zum Beispiel, indem das Biegemoment M_y als Wölbbimoment B und die Querkraft V_z als sekundäres Torsionsmoment T_w interpretiert wird. Auch die Aufteilung zwischen der Abtragung des äußeren Torsionsmomentes durch *St. Venant*'sche Torsion T_t bzw. Wölbkrafttorsion mit dem Wölbbimoment B und dem sekundärem Torsionsmoment T_w kann sehr gut an dem relativen Einfluss einer als Zugkraft interpretierten Torsionssteifigkeit $G \cdot I_T$ abgelesen werden. Dieses Modell eignet sich nicht nur zur Abschätzung der Schnittgrößen Wölbbimoment B und Torsionsmomente T_t und T_w, sondern es taugt auch gut dazu, die Verdrehung ϑ näher zu bestimmen, die bei einem System auftritt, das durch Wölbkrafttorsion beansprucht wird. Das in Bild III.6-8 wiedergegebene Beispiel einer Randpfette in einem Hallendach in Abs. 9.5 in [188] zeigt dies beispielhaft.

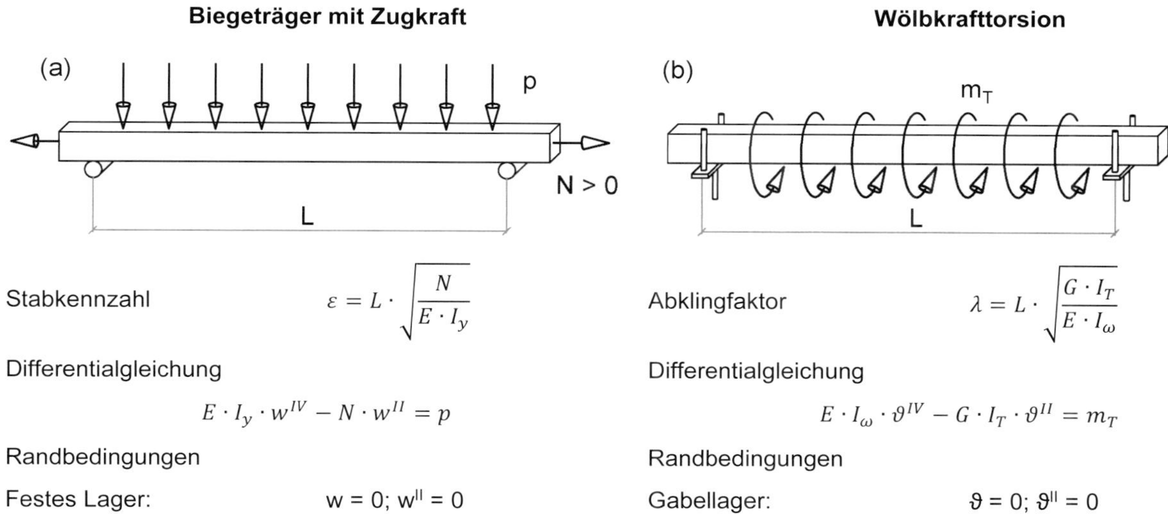

Bild III.6-8: Analogie zwischen Torsionsstab (b) und Biegeträger mit Zugkraft (a), nach [209]

<3> zu 6.2.7(7): Vereinfachung

Die Vereinfachung gemäß DIN EN 1993-1-1, Abs. 6.2.7(7), erlaubt jeweils für bestimmte Querschnittstypen eine der beiden Torsionsabtragungsmöglichkeiten zu vernachlässigen. Sie führt zum Teil zu sehr konservativen Ergebnissen, ist aber in der Praxis üblich. Dies verdeutlicht das gemäß [35] zulässige Tragsystem, nach dem das beim Kranbahnträger durch die Seitenlast und eine außermittige Radlast entstehende Torsionsmoment in ein Kräftepaar umgesetzt wird, siehe Bild III.6-9. Gerade wenn wie hier für offene I- oder H-Querschnitte die Torsionswirkung als reine Doppelbiegung der beiden Gurte aufgefasst wird, was dem Wölbbimoment entspricht, kann durch die Vernachlässigung des häufig gar nicht so kleinen Torsionsträgheitsmoments I_T eine recht konservative Bemessung erfolgen.

Wenn die Abtragung der Torsion aus Vereinfachungsgründen nur durch eine der beiden Möglichkeiten (*St. Venant*'sche Tosion, Flanschbiegung) erfolgt, dann erfüllt das das globale Gleichgewicht und ist deshalb zulässig. Näheres hierzu findet sich in [169].

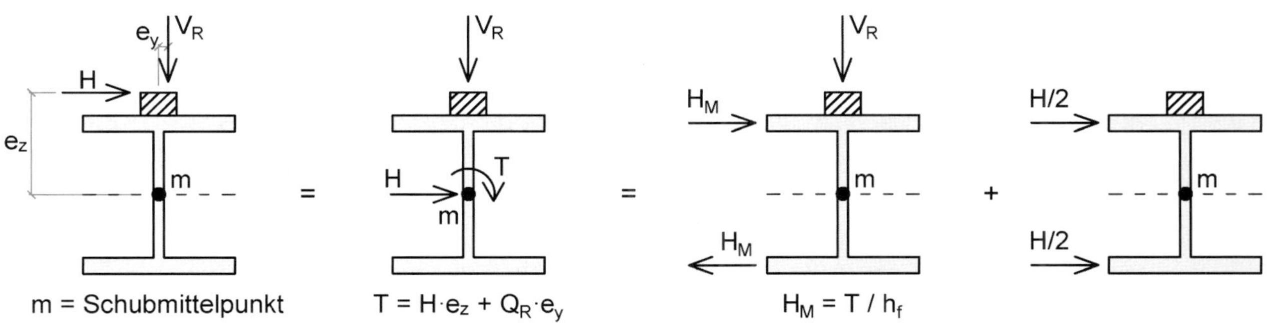

Bild III.6-9: Abtragung eines Torsionsmomentes näherungsweise durch ein Kräftepaar auf die Flansche, nach [151]

<4> zu 6.2.7(9) und Gl. (6.26): plastischer Torsionsquerschnittswiderstand

Bei einem vereinfachten plastischen Nachweis kann Gleichung (6.2) um den Term B_{Ed}/B_{Rd} für das Bimoment aus Wölbkrafttorsion ergänzt werden und das Torsionsmoment entsprechend Abs. 6.2.7(9) berücksichtigt werden. Allerdings ist hier i. d. R. dann das Bimoment nach Theorie II. Ordnung zu ermitteln. Hinweise zur genaueren Ermittlung der plastischen Grenztragfähigkeit werden z. B. in [139] gegeben. Dort wird für die Herleitung des plastischen Torsionsmomentes in einem Rechteckstreifen aus *St. Venant*'scher Torsion unterschieden nach einem Walmdach-, einem Hohlkasten- und einem Streifenmodell, vgl. Bild III.6-10, das nach Bild 9.23 in [139] erstellt wurde. Das Walmdachmodell stellt die genaue Lösung dar; das Streifenmodell ist immer konservativ.

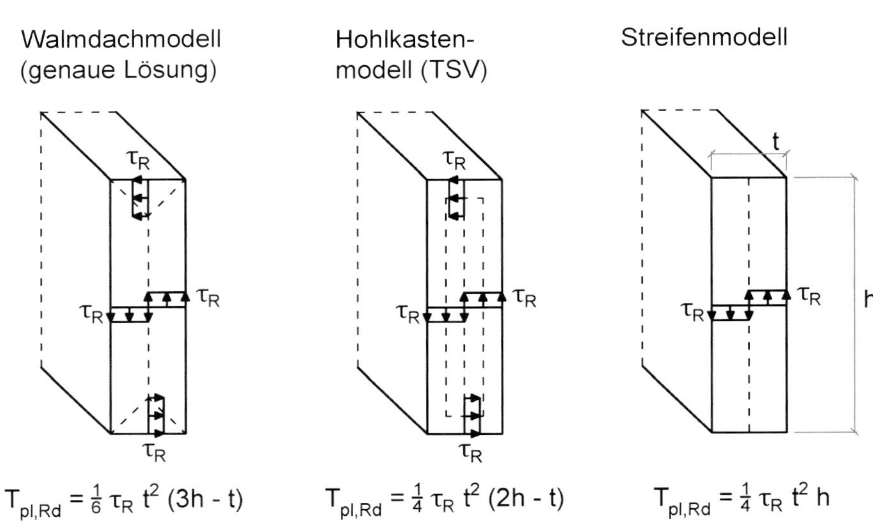

Bild III.6-10: Modelle zur Ermittlung des plastischen Torsionsmomentes in einem Streifen, u.a. Modell (TSV) für Teilschnittgrößenverfahren nach [139], jeweils mit $\tau_R = f_{y,k}/(\gamma_{M0} \cdot \sqrt{3})$

Hinter den Interaktionsbeziehungen für Querkraft und Torsion, wie sie mit Gleichungen (6.26) bis (6.28) angegeben sind, steckt, wie auch mit Bild III.6-11 erklärt, eine ähnliche Philosophie wie für die plastische M-N-Interaktion eines Rechteckquerschnitts: Ein Teil des Querschnitts wird für die eine Schnittgröße „reserviert", dann bleibt die Restfläche für den Nachweis der anderen Schnittgröße. Hier wird angenommen, dass die Randfasern die plastischen Schubspannungsblöcke aus dem *St. Venant*'schen Torsionsmoment wiedergeben, während der mittlere Bereich die Schubspannungen aus Querkraft aufnimmt.

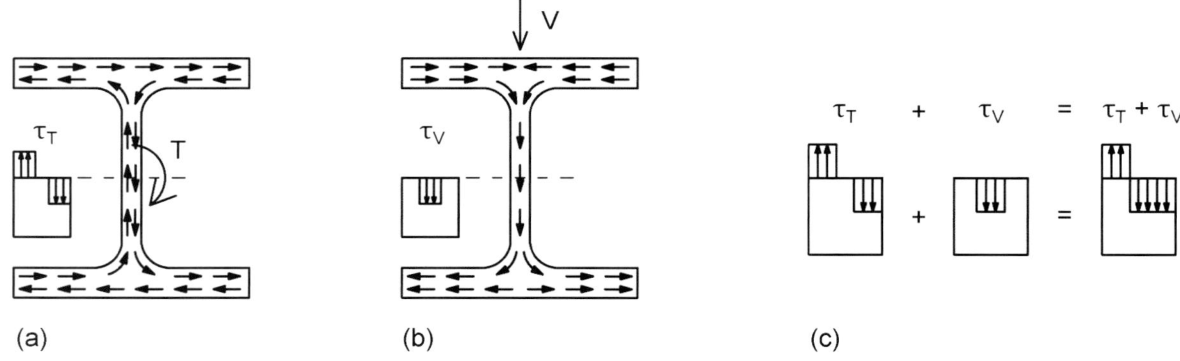

Bild III.6-11: Gemeinsame Wirkung (c) von Querkraft (b) und Torsion (a) im Steg, nach [209]

Gleichung (III.6-3) gibt die Interaktion für Querkraft V und *St. Venant*'schen Torsionsmoment T an. Durch Umformung kann sie in die Gleichungen (III.6-4) und (III.6-5) umgestellt werden. Für den plastischen Formbeiwert wird in offenen Querschnitten wie den Stegen für I- und H-Profilen oder U-Profilen $\alpha_{pl,T} = 1{,}25$ angenommen, vgl. DIN EN 1993-1-1, Gleichungen (6.26) und (6.27). In geschlossenen Querschnitten, wie runden Hohlprofilen zum Beispiel, sind elastische und plastische Schubspannungsverteilung infolge Torsion sehr ähnlich, so dass hier $\alpha_{pl,T} = 1{,}0$, vgl. Gleichung (6.28). Diese Beziehungen wurden aus DIN V ENV 1993-1-1, Anhang G [55] übernommen, der auch eine Reihe interessanter Hinweise zur Ermittlung von Torsionsquerschnittswerten enthält.

$$\frac{T_{Ed}}{T_{pl,Rd}} + \left(\frac{V_{Ed}}{V_{pl,Rd}}\right)^2 \leq 1 \tag{III.6-3}$$

Diese Beziehung kann auf folgenden Nachweis umgestellt werden:

$$V_{Ed} \leq V_{pl,Rd}^{T} \quad = V_{pl,Rd} \cdot \sqrt{1 - \frac{T_{Ed}}{T_{pl,Rd}}} \tag{III.6-4}$$

$$= V_{pl,Rd} \cdot \sqrt{1 - \frac{\tau_{Ed}}{\alpha_{pl,T} \cdot \frac{f_{y,k}}{\gamma_{M0} \cdot \sqrt{3}}}} \tag{III.6-5}$$

mit $V_{pl,Rd}$ Plastische Querkraft ohne Berücksichtigung von Torsion

τ_{Ed} Elastisch ermittelte Torsionsspannung aus *St. Venant*'scher Torsion

$\alpha_{pl,T}$ Plastischer Formbeiwert bei Torsion

$f_{y,k}$ Charakteristischer Wert der Streckgrenze

γ_{M0} = 1,0 – Teilsicherheitsbeiwert

Bei einfachsymmetrischen Querschnitten ist zu beachten, dass unter Umständen ein vollständiges Durchplastizieren mit zusätzlichen Querschnittsverdrehungen und Torsionsschnittgrößen wie Wölbbimomenten verbunden ist. [139] zeigt u. a. an dem Beispiel eines liegenden I-Querschnitts mit ungleichen Flanschen, dass das maximale plastische Moment $M_{pl,z}$ nur unter gleichzeitigem Auftreten eines Wölbbimomentes erreicht werden kann, vgl. Bild III.6-12. Das frühzeitige Plastizieren des einen Gurtes führt im Beispiel zu einer Veringerung der Gurtsteifigkeit, der Schubmittelpunkt wandert und die Querlast erhält einen Hebelarm, so dass eine Verdrehung und ein Torsionsmoment entstehen, die sowohl zu *St. Venant*'scher Torsion wie auch zu Wölbkrafttorsion als inneren Schnittgrößen führt. Trotzdem ist ein volles Durchplastizieren möglich und es wird auch noch eine etwas höhere Tragfähigkeit erreicht. Damit die Verformungen und damit auch die zum Teil entstehenden Effekte nach Theorie II. Ordnung begrenzt bleiben, empfiehlt [139] die Anwendung des von ihnen entwickelten Teilschnittgrößenverfahrens, das bei der plastischen Gleichgewichtsbildung im Querschnitt auch das Wölbbimoment zu null setzt, aber dann nicht zu einer vollständigen Durchplastizierung kommt.

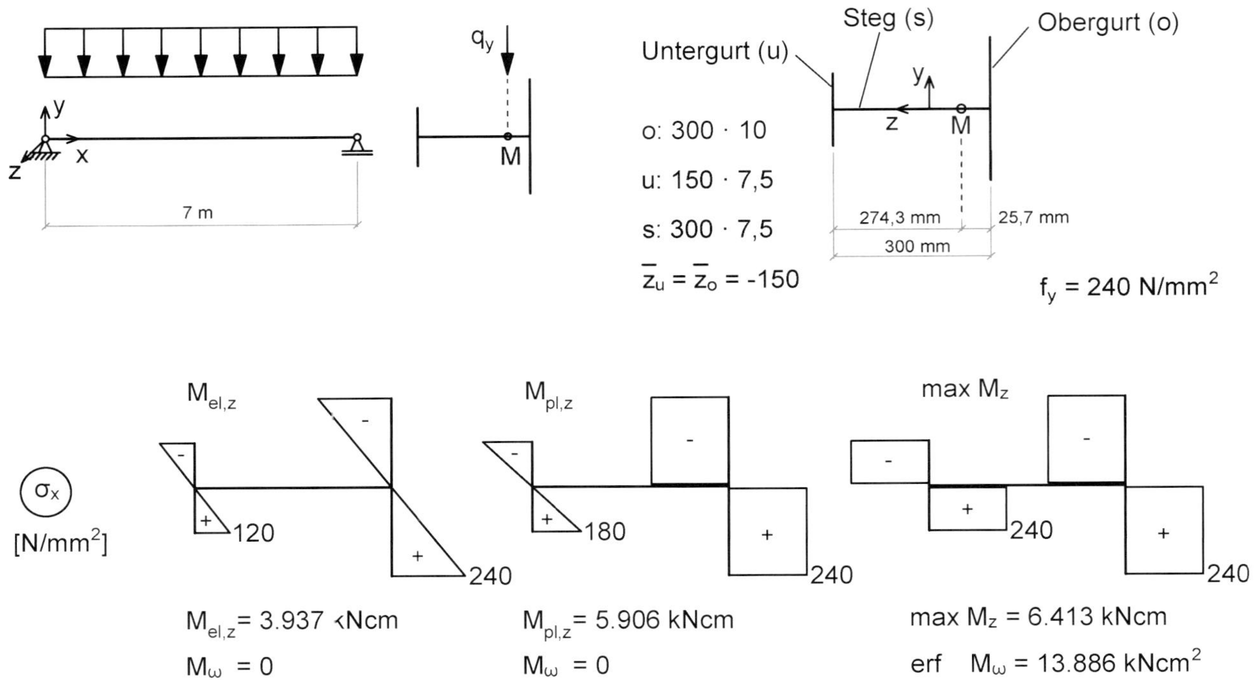

Bild III.6-12: Spannungsverteilungen und Schnittgrößen bei einem einfachsymmetrischen Querschnitt unter Querlast im Schubmittelpunkt, nach [139]

III.6.2.8 Beanspruchung aus Biegung und Querkraft

Für den Schubspannnungs- und Normalspannungsverlauf in einem plastisch ausgenutzten Querschnitt gibt es keine eindeutige Spannungsverteilung. Die meisten Interaktionsbeziehungen sind auf der Basis des statischen Satzes der Plastizitätstheorie entwickelt worden [226], der besagt, dass a) Gleichgewicht mit den Schnittgrößen hergestellt und b) die Fließbedingung, siehe DIN EN 1993-1-1, Gleichung (6.1), eingehalten sein muss. Dies entspricht im Wesentlichen den Regeln in DIN EN 1993-1-1, Abs. 6.2.1(6), siehe Hinweise in Abs. III.6.2.1<4>.

Die Interaktion zwischen Biegung und Querkraft wird, auch gemäß Abs. 6.2.8, indirekt über die Abminderung der Streckgrenze für das schubbeanspruchte Querschnittsteil angegeben. Dabei gibt es mehrere Herangehensweisen, vgl. Bild III.6-13. In Modell 1 wird die für Normalspannung ausnutzbare Streckgrenze im gesamten Steg gleichmäßig um den Betrag reduziert, der für die Schubspannung τ infolge Querkraft nach der Fließbedingung, siehe DIN EN 1993-1-1, Gleichung (6.1), noch zur Verfügung steht. Im Modell 2 wird nur der mittlere Bereich des Steges für die Querkraftabtragung allein genutzt, so dass die beiden äußeren Normalspannungsblöcke mit voller Streckgrenze für die Aufnahme eines plastischen Biegemomentes im Steg verbleiben.

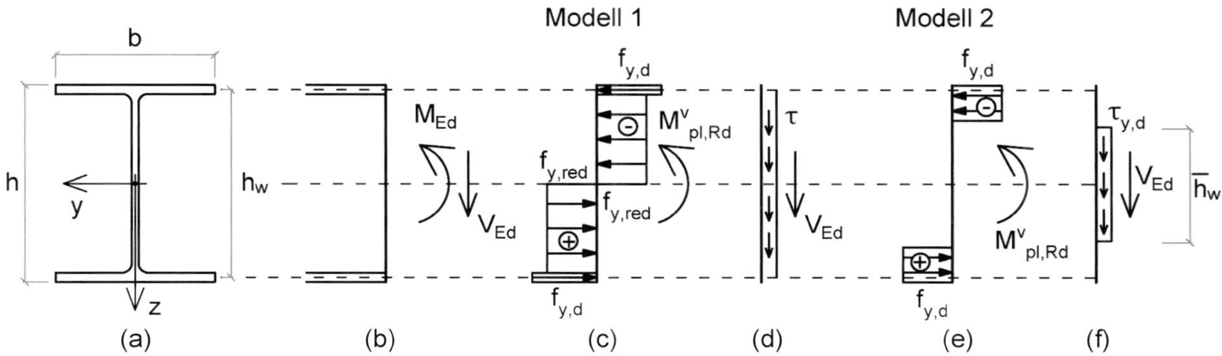

Bild III.6-13: a, b) I-Profil unter Biegung um die starke Achse und Querkraft V; c, d) Modell 1: Anteilige Spannungsblöcke für aufnehmbare Biegung und Querkraft; e, f) Modell 2: Anteilige Spannungsblöcke für aufnehmbare Biegung und Querkraft, nach [209] mit $f_{y,red}=\sqrt{f_{y,d}^2 - 3\cdot\tau^2}$

In Gleichung (III.6-6) ist die Abminderung für die Querkraft im Steg mit ρ berücksichtigt. Gleichung (III.6-6) entspricht in DIN EN 1993-1-1, Gleichung (6.30). Wird Modell 1 nach Bild III.6-13 (c) und (d) verfolgt, ergibt sich als Abminderungsfaktor $\bar{\rho}_1$ nach Gleichung (III.6-8). Für Modell 2 leitet sich entsprechend $\bar{\rho}_2$ nach Gleichung (III.6-9) her. DIN EN 1993-1-1 lässt dagegen einen Abminderungsfaktor gemäß Gleichung (III.6-7) zu, vgl. Gleichung (6.29).

$$M_{y,Ed} \leq M_{pl,y,Rd}^V = \frac{\left[W_y - \frac{\rho \cdot A_w^2}{4 \cdot t_w}\right] \cdot f_{y,k}}{\gamma_{M0}} \tag{III.6-6}$$

mit

$M^V_{pl,y,Rd}$	Bemessungswert des plastischen Moments um die y-Achse unter Berücksichtigung der Querkraft $V_{z,Ed}$
$M_{pl,y,Rd}$	Bemessungswert des elastischen Moments bei reiner Biegung
W_y	Plastisches Widerstandsmoment bei Biegung um die y-Achse
A_w, t_w	Querschnittsfläche und Dicke des Stegs
ρ	Abminderungsfaktor

$$\rho = \left(\frac{2 \cdot V_{Ed}}{V_{pl,Rd}} - 1\right)^2 \quad \text{wenn} \quad \frac{V_{Ed}}{V_{pl,Rd}} > 0{,}5 \tag{III.6-7}$$

$$\bar{\rho}_1 = 1 - \sqrt{1 - \frac{3 \cdot \tau^2}{f_{y,d}^2}} = 1 - \sqrt{1 - \left(\frac{V_{Ed}}{V_{pl,Rd}}\right)^2} \tag{III.6-8}$$

$$\bar{\rho}_2 = \left(\frac{V_{Ed}}{V_{pl,Rd}}\right)^2 \tag{III.6-9}$$

Die Gegenüberstellung der drei möglichen Abminderungsfaktoren, siehe Bild III.6-14, zeigt, dass die Abminderung nach DIN EN 1993-1-1 – siehe Gleichung (III.6-7) – günstiger ist als die anderen Beziehungen, und zwar insbesondere dadurch, dass sie erst für Querkräfte größer als 0,5 · $V_{pl,Rd}$ wirksam wird.

Die Rechtfertigung für die Interaktionsregel nach Gln. (III.6-6) und (III.6-7) beruht im Wesentlichen auf Versuchen, vgl. [133]. Danach haben Versuche an Walzträgern bis S355 fast keine Interaktion gezeigt, auch wenn die plastische Querkraft gemäß DIN EN 1993-1-1, Abs. 6.2.5 mit dem Erhöhungsfaktor $\eta > 1{,}0$ nach DIN EN 1993-1-5, Abs. 5.1 und 5.2 und das vollplastische Biegemoment berücksichtigt wurde. Die Erklärung in [133], dieser Effekt beruhe auf der Stahlverfestigung, lässt sich natürlich nicht ohne Weiteres auf höherfeste Stähle mit nur kleinem Verhältnis f_u/f_y übertragen. Trotzdem kennen die Normen [22] und [33] an dieser Stelle auch für Stahlgüten bis S700 keine Einschränkungen. Da es sich bei den Versuchsträgern um Walzträger mit zwei ausgeprägten Flanschen gehandelt hat, so dass eine Verankerung des Steges in den Flanschen möglich war, sollte nach Meinung der Autoren die Regel nach Gln. (III.6-6) und (III.6-7) nicht direkt auf T-Profile o. ä. Querschnitte übertragen werden. Für die plastische Schnittgrößeninteraktion von T-Querschnitten folgt [250] der klassischen Vorgehensweise nach Modell 1 in Bild III.6-13 und reduziert den Querschnitt proportional zur Ausnutzung durch die Querkraft.

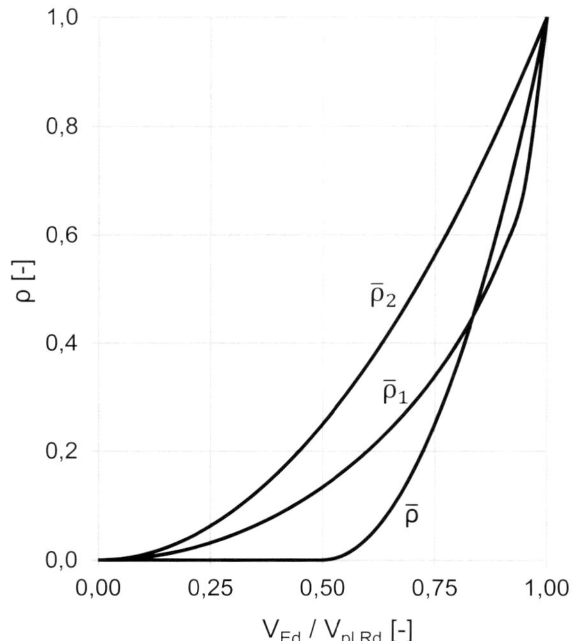

Bild III.6-14: Abminderungsfaktoren zur Berücksichtigung des Querkrafteinflusses im Steg eines I-Profils nach [209]

Die günstigen Regeln nach Gln. (III.6-6) und (III.6-7) sind auch nicht auf die Querschnittsklassen 1 und 2 beschränkt, sondern zumindest auch für Klasse 3 anwendbar. Während das in DIN V ENV 1993-1-1, Abs. 5.47 mit einer Anmerkung deutlich formuliert war, kann es aus dem vorliegenden Text in DIN EN 1993-1-1 nur durch das Fehlen einer eigenen Regel für Klasse-3-Querschnitte geschlossen werden. Für Klasse-4-Querschnitte, siehe DIN EN 1993-1-1, Abs. 6.2.8(6), gibt es eine eigene Interaktionsbeziehung in DIN EN 1993-1-5, Abs. 7.1 [27].

Für die gleichzeitige Wirkung von Biegung und Querkraft sind in DIN 18800-1, Tabellen 16 und 17 [10] für doppeltsymmetrische I-Querschnitte mit Schnittgrößen N, M_y, V_z bzw. N, M_z, V_y Interaktionsbeziehungen geregelt, die dort konservativ den Querkrafteinfluss bereits ab $0{,}3 \cdot V_{pl}$ bzw. $0{,}25 \cdot V_{pl}$ berücksichtigen. Gegen die Anwendung dieser bekannten Regeln auch im Rahmen von DIN EN 1993-1-1 spricht sicher nichts. Das System der Interaktionsbeziehungen in DIN 18800-2 [12] unterscheidet sich prinzipiell von dem in DIN EN 1993-1-1: In [12] werden alle Interaktionsbeziehungen aus den für Walzprofile tabellierten Querschnittswerten N_{pl}, $M_{y,pl}$, $M_{z,pl}$, $V_{z,pl}$, $V_{y,pl}$ ermittelt, in DIN EN 1993-1-1 dagegen müssen weitere Querschnittstragfähigkeiten für den Einzelfall stets erst ausgewertet werden. Ebenso sind auch alle anderen mechanisch sinnvollen, aus dem Gleichgewicht und der Fließbedingung hergeleiteten Interaktionsbeziehungen u. E. anwendbar. Für andere Querschnittsformen sei hier zum Beispiel auf [226] und [139] verwiesen.

III.6.2.9 Beanspruchung aus Biegung und Normalkraft

III.6.2.9.1 Querschnitte der Klassen 1 und 2

<1> Klassifizierung für I- und H-Querschnitte für N und M_y

Nach Tabelle 5.2 ist für beidseitig gestützte druckbeanspruchte Querschnittsteile, wie z. B. den Steg in I- und H-Profilen, der Wert α erforderlich, um das maximale c/t-Verhältnis bestimmen zu können. Wie Bild III.6-15 zeigt, gibt es bei der Anwendung der Querschnittsklassifizierung nach DIN EN 1993-1-1, Tabelle 5.2 mehrere Möglichkeiten, um das Verhältnis α im Steg zu bestimmen.

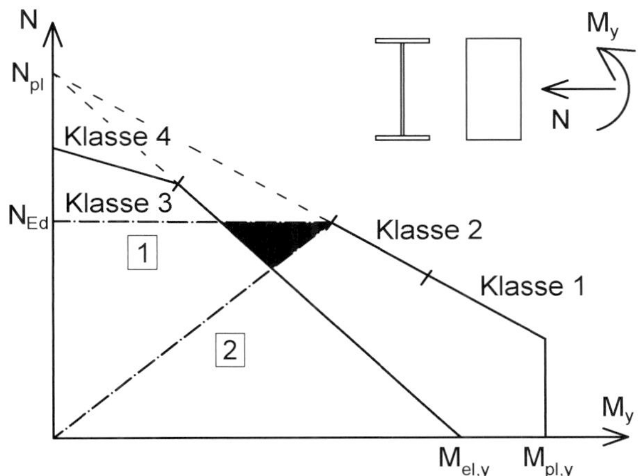

Bild III.6-15: Klassifizierung von I- und H-Querschnitten für N-M_y-Interaktion, mögliche Vorgehensweisen nach [82]

Vorgehen 1: Ausgehend von der bekannten Normalkraft N_{Ed} wird der Teil im Steg, der für die Aufnahme von N_{Ed} im Steg erforderlich ist, für die Bestimmung von α zugrunde gelegt. Damit ergibt sich mit $N_{pl,w}$ als plastische Normalkraft des Steges nach Gleichung (III.6-10).

$$\alpha = 0{,}5 \cdot \left(1 + \frac{N_{Ed}}{N_{pl,w}}\right) \tag{III.6-10}$$

Vorgehen 2: Das Verhältnis N_{Ed} und M_{Ed} wird gleichmäßig gesteigert.

Das Ergebnis ist nicht das gleiche wie bei Vorgehen 1. Die Grenzlinie zwischen Querschnitten der Klassen 3 und 2 würde im ersten Fall als horizontale Linie auf dem Niveau N_{Ed} erfolgen, im zweiten Fall folgt sie der Verlängerung der Linie 2, würde also Querschnitte noch länger als Querschnitte der Klasse 3 klassifizieren. In [82] wird vorgeschlagen, der klassischen Vorgehensweise 1 zu folgen, weil sie einfacher zu handhaben ist, denn die Normalkraft ist in der Regel stabweise konstant und das Verfahren unabhängig von Effekten nach Theorie II. Ordnung. Der Vergleich mit Grenzlinien für semi-kompakte Querschnitte nach [119] zeigt, dass die Annahme noch auf der sicheren Seite liegt.

<2> zu 6.2.9.1(1) bis (5): plastische Querschnittsinteraktion von Normalkraft und Biegung

Basierend auf der technischen Mechanik und den Regeln nach EC3-1-1, Abs. 6.2.1(6), vgl. auch Abs. III.6.2.1<4>, gibt es für einachsige Biegung mit Normalkraft auch genaue Lösungen, für die für feste Querschnittsabmessungen (z. B. die von Walzprofilen) auch Auswertungen vorliegen, siehe [188]. Allgemeine Näherungslösungen liegen für einfachsymmetrische Profile z. B. in [226] vor. Vereinfachte Interaktionsgleichungen für doppeltsymmetrische I-Querschnitte bieten auch DIN 18800-1, Tabellen 16 und 17 [10] an. Gegen die Anwendung der genannten Lösungen bestehen keine Bedenken.

Für Normalkraft und Biegung um die starke Achse bei I- und H-Querschnitten sind in jüngerer Zeit in der Evolution Group zu EN 1993-1-1 zu TC 250/SC 3 Diskussionen entstanden, siehe [83] und [142]. Diese drehen sich darum, ob nicht wegen der tatsächlich vorhandenen Abweichung zwischen der genauen Lösung und der Näherung nach DIN EN 1993-1-1, Abs. 6.2.9.1(5) für die Überarbeitung von Eurocode 3 in der nächsten Generation eine genauere Formulierung definiert werden sollte. Diese Abweichung ist tatsächlich nachweisbar, wie sich am Vergleich für ein Profil HEAA 900 aus [188] zeigt, vgl. Bild III.6-16. Sie wird in [83], [141], [142] und [257] mit maximal ca. 8 % beziffert und tritt besonders bei großen Stegflächenanteilen auf. Es wird zurzeit noch in den Gremien diskutiert, ob eingeführte Regeln, wie sie auch schon in DIN V ENV 1993-1-1 [54] vorlagen, tatsächlich geändert werden sollten – denn die Größenordnung dieser Abweichungen liegt im Bereich der Wirkung der Stahlverfestigung.

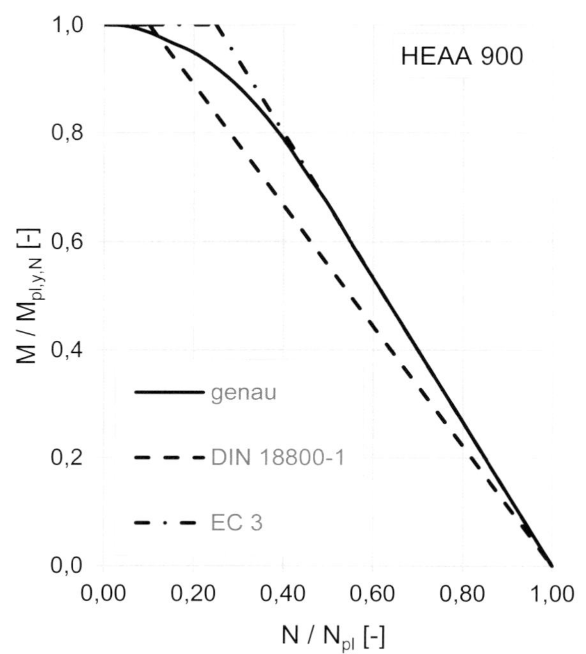

Bild III.6-16: Vergleich verschiedener Interaktionsgleichungen für N und M_y für HEAA 900 aus [188]

<3> zu 6.2.9.1(6): Interaktion bei zweiachsiger Biegung und Normalkraft

Auch für zweiachsige Biegung mit Normalkraft liegen weitere Lösungen vor, siehe z. B. DIN 18800-1, Bild 19 [10] und [192]. In [139], vgl. auch Abs. III.6.2.7<4> und Bild III.6-12, wird darauf hingewiesen, dass es bei voller Durchplastizierung zu Torsionswirkungen kommt, die unter Umständen in Form eines Wölbbimomentes zu berücksichtigen sind. In Abs. 3.5 in [188] wird auch auf der Basis der Untersuchungen in [243] diese Torsionswirkung bestätigt, aber die Meinung vertreten, dass im Hochbau i. d. R. auf die gleichzeitige Berücksichtigung eines Wölbbimomentes verzichtet werden darf, wenn die zugehörige plastische Torsionverdrehung zulässig ist.

Für runde Hohlprofile ist keine Gleichung für $M_{pl,N}$ angegeben. Sie kann näherungsweise nach dem österreichischen Nationalen Anhang [59] wie in Gleichung (III.6-11) dargestellt angesetzt werden.

$$M_{N,y,Rd} = M_{N,z,Rd} = M_{pl,Rd} \cdot (1 - n^{1,7}) \quad \text{(III.6-11)}$$

III.6.2.9.2 Querschnitte der Klasse 3

Der Nachweis fasst als reiner Spannungsnachweis die Regeln in Abs. 6.2.3 für Normalspannungen aus Zugnormalkraft (vgl. Abs. III.6.2.3), in Abs. 6.2.4 für Normalspannungen aus Drucknormalkraft (vgl. III.6.2.4) und in Abs. 6.2.5 aus Biegebeanspruchung (vgl. III.6.2.5) zusammen. Gebenenfalls sind aber auch Normalspannungen $\sigma_{w,Ed}$ aus Wölbkrafttorsion zu berücksichtigen, vgl. Abs. III.6.2.7<2>. Die Gleichung (6.42) entspricht der allgemeineren Gleichung (6.1) der *von-Mises*-Fließbedingung, siehe Abs. III.6.2.1<3>.

III.6.2.9.3 Querschnitte der Klasse 4

Für Querschnitte der Klasse 4 wird die wirksame Querschnittsfläche nach EN 1993-1-5, Abs. 4.3 in der Regel unter der Annahme einer reinen Druckkraft ermittelt, vgl. Abs. III.6.2.2.5. Das heißt, dass es wegen der gewählten Vorgehensweise bei einem symmetrischen Querschnitt nicht zu einer Hauptachsenverschiebung kommt. Nur bei unsymmetrischen Querschnitten kann unter Annahme von konstanter Druckspannung im Querschnitt ein Versatz der Schwerachse e_N ermittelt werden. Da davon ausgegangen wird, dass die Druckkraft im Schwerpunkt des Bruttoquerschnitts verbleibt, entsteht infolgedessen am reduzierten Querschnitt A_{eff} ein Versatzmoment, vgl. auch DIN EN 1993-1-1, Gleichung (6.4). Die Bezeichnungen e_{Ny} für einen Versatz in z-Richtung und e_{Nz} für einen Versatz in y-Richtung in Gleichung (6.44) sind leider nicht ganz logisch gewählt. Für die Ermittlung der wirksamen Widerstandsmomente W_{eff} werden die reduzierten Querschnitte nach DIN EN 1993-1-5, Abs. 4.3 [27] infolge reiner Biegung durch M_y oder M_z zugrunde gelegt. DIN EN 1993-1-1, Gl. (6.44) ist gegebenenfalls um Anteile aus Wölbkrafttorsion zu erweitern.

Als Querschnittsnachweis darf hier, obwohl es sich eigentlich um einen Beulnachweis handelt, für den Teilsicherheitsbeiwert γ_{M0} verwendet werden, vgl. auch Abs. 6.1(1) und Hinweise hierzu in Abs. III.6.1<1>. Dies stimmt mit DIN EN 1993-1-5 [27] überein. Allerdings legt DIN EN 1993-2/NA [34] (Stahlbrücken) bezüglich der Behandlung von beulgefährdeten Querschnitten der Klasse 4 fest, dass bei Anwendung von γ_{M0} in DIN EN 1993-1-5 ein Wert von 1,1 anzusetzen ist. Dies gilt dann sinngemäß auch für die Anwendung von Gleichung (6.44) für Stahlbrücken und ist dann ggf. auf schlanke Querschnitte anderer Anwendungsbereiche – wie zum Beispiel bei Kranbahnen – zu übertragen.

III.6.2.10 Beanspruchung aus Biegung, Querkraft und Normalkraft

Die Regeln verallgemeinern den Fall für Biegung und Querkraft nach Abs. 6.2.8, vgl. Abs. III.6.2.8, auf den ganz allgemeinen Fall von Biegung, Normalkraft und Querkraft. Der Hinweis, dass statt einer modifizierten Streckgrenze $f_{y,red}$, vgl. Bild III.6-13, auch eine proportionale Reduktion der Blechdicke des mit der Querkraft beanspruchten Querschnittsteils erfolgen kann, ist auch für den Fall Biegung und Querkraft allein ggf. hilfreich.

III.6.3 Stabilitätsnachweise der Bauteile

III.6.3.1 Gleichförmige Bauteile mit planmäßig zentrischem Druck

III.6.3.1.1 Biegeknicken

Stäbe unter ausschließlich planmäßig zentrischem Druck werden mit Gl. (III.6-12) (dies entspricht Gl. (6.46) der Norm) nachgewiesen, wobei der Abminderungsfaktor χ in Abs. 6.3.1.2 näher erläutert ist.

$$\frac{N_{Ed}}{\dfrac{\chi \cdot A \cdot f_y}{\gamma_{M1}}} \leq 1 \qquad \text{(III.6-12)}$$

mit: N_{Ed} Bemessungswert der einwirkenden Druckkraft, als Druckkraft positiv definiert

χ Abminderungsfaktor für die maßgebende Biegeknickrichtung;
Für das einzusetzende χ ist der kleinere Wert zu verwenden, der sich für die beiden möglichen Ausweichrichtungen y-y oder z-z aus der maßgebenden Knickspannungslinie ergibt, [192]

Gl. (III.6-12) gilt für Querschnitte der Klassen 1, 2 oder 3, bei Klasse 4 ist der Wert A durch A_{eff} zu ersetzen. Bei unsymmetrischen Querschnitten der Klasse 4 ist in der Regel ein Zusatzmoment ΔM_{Ed} infolge der verschobenen Hauptachse des wirksamen Querschnittes zu berücksichtigen. Infolge dieses Zusatzmomentes ist für diesen Fall dann ein Interaktionsnachweis für Druck und Biegung erforderlich, siehe Abs. 6.3.3 oder 6.3.4.

Wenn veränderliche Querschnitte und/oder veränderliche Normalkräfte vorliegen, dann darf Gl. (III.6-12) nach DIN EN 1993-1-1/NA, NCI zu 6.3.1.1(1) ebenfalls angewendet werden. Der Nachweis ist dann für alle maßgebenden Querschnitte mit den jeweils zugehörigen Querschnittswerten und der zugehörigen Normalkraft an der betreffenden Stelle zu führen. Dies entspricht der Regelung, wie sie auch nach DIN 18800-2, El. (305) gestattet war. Die Nebenbedingungen aus El. (305), die im NA nicht ausdrücklich erwähnt sind, nämlich $N_{cr}/N_{Ed} \geq 1{,}2$ und min $M_{pl} \geq 0{,}05 \cdot$ max M_{pl}, sollten ebenfalls eingehalten werden. Eine andere Möglichkeit, die vielfach vorzuziehen ist, ist durch einen Nachweis nach Theorie II. Ordnung gegeben, was in Abs. 6.3.1.1(3) Anmerkung erwähnt ist.

Schließlich dürfen (nicht: können!) nach Abs. 6.3.1.1(4) bei der Berechnung von A und A_{eff} Löcher für Verbindungsmittel an den Stützenenden vernachlässigt werden, sollten solche in Stützenmitte vorhanden sein und nach Abs. 6.2.2 zu berücksichtigen sein, dann gilt dies nicht.

III.6.3.1.2 Knicklinien

<1> zum Abminderungsfaktor χ

Der Abminderungsfaktor χ kann formelmäßig nach Gl. (6.49) der Norm in Abhängigkeit vom bezogenen Schlankheitsgrad $\bar{\lambda}$ und dem Imperfektionsbeiwert α der zugehörigen Knicklinien bestimmt werden. Der Abminderungsfaktor χ ist durch die Europäischen Knickspannungslinien festgelegt, die von der Europäischen Konvention der Stahlbauverbände (EKS) anhand von etwa 1000 Traglastversuchen an zentrisch gedrückten Stäben und Traglastrechnungen unter Federführung von *Schulz* in Graz erarbeitet wurden, siehe [70]. Dabei wurden die theoretischen Berechnungen von *Schulz* für die drei ursprünglichen Knicklinien für folgende Profiltypen durchgeführt: runde Rohre (Linie „a"), geschweißte quadratische Kastenprofile (Linie „b") und gewalztes HEA-200-Profil für Knicken um die schwache Achse (Linie „c"). Die Linien lagen ursprünglich in Form von einzelnen Zahlenwerten für bestimmte Schlankheitsgrade vor, sie stellten jedoch keine mathematische Funktion dar. Aufgrund von Untersuchungen von *Maquoi* [197] in Lüttich wurden diese Werte dann näherungsweise formelmäßig dargestellt, wobei geringe Unterschiede zwischen den ursprünglichen Werten und den formelmäßig berechneten Werten akzeptiert wurden. Bei einer bezogenen Darstellung der Schlankheit λ als bezogener Schlankheitsgrad $\bar{\lambda}$ hat sich dabei gezeigt, dass sich die untersuchten Querschnitte im Wesentlichen in vier Gruppen einteilen lassen („a", „b", „c", „d"), die sich insbesondere durch die Verteilung der Eigenspannungen und die Wirkung der Eigenspannungen auf die Traglast unterscheiden. Spätere Untersuchungen für den hochfesten Feinkornbaustahl S460 wurden für I-Profile bei $h/b > 1{,}2$ und mit Flanschdicken $t_f \leq 40$ mm und für warmgefertigte Hohlprofile durch die neu aufgenommene Knickspannungslinie „a_0" berücksichtigt. Bei S460 ist der Einfluss der Eigenspannungen auf die Traglast deutlich geringer als für die üblichen Baustähle S235 und S355. Der Grund liegt darin, dass die Eigenspannungen bei Walzprofilen nicht proportional zur Streckgrenze wachsen. Dies ist zusätzlich zu Messungen auch durch Versuche belegt, vgl. [196] und [62].

Die Auswertung der Gl. (6.49) ist ein wenig umständlich, daher gestattet die Norm, dass der Abminderungsfaktor auch aus Bild 6.4 entnommen werden darf, obwohl dies wegen des kleinen Maßstabes zwangsläufig mit einer gewissen Unschärfe verbunden ist. Es bietet sich aber an, Gl. (6.49) auszuwerten und die Ergebnisse in Tabellen darzustellen, was schon des Öfteren gemacht worden ist, z. B. in [192]. Solche Tabellen sind hier ebenfalls aufgenommen, siehe Tabelle III.6-4 bis Tabelle III.6-8.

Tabelle III.6-4: Abminderungsfaktoren χ für Knicklinie „a_0", α = 0,13

$\bar{\lambda}$	, 0	, 1	, 2	, 3	, 4	, 5	, 6	, 7	, 8	, 9
0,2	1,000	0,999	0,997	0,996	0,995	0,993	0,992	0,990	0,989	0,987
0,3	0,986	0,984	0,983	0,981	0,980	0,978	0,977	0,975	0,973	0,972
0,4	0,970	0,968	0,967	0,965	0,963	0,961	0,959	0,957	0,955	0,953
0,5	0,951	0,949	0,947	0,945	0,943	0,940	0,938	0,935	0,933	0,930
0,6	0,928	0,925	0,922	0,919	0,916	0,913	0,910	0,907	0,903	0,900
0,7	0,896	0,892	0,889	0,885	0,881	0,876	0,872	0,868	0,863	0,858
0,8	0,853	0,848	0,843	0,838	0,832	0,827	0,821	0,815	0,809	0,802
0,9	0,796	0,790	0,783	0,776	0,769	0,762	0,755	0,748	0,740	0,733
1,0	0,725	0,718	0,710	0,702	0,695	0,687	0,679	0,672	0,664	0,656
1,1	0,648	0,641	0,633	0,625	0,618	0,610	0,603	0,595	0,588	0,580
1,2	0,573	0,566	0,559	0,552	0,545	0,538	0,531	0,525	0,518	0,512
1,3	0,505	0,499	0,493	0,487	0,481	0,475	0,469	0,463	0,457	0,452
1,4	0,446	0,441	0,435	0,430	0,425	0,420	0,415	0,410	0,405	0,400
1,5	0,395	0,391	0,386	0,382	0,377	0,373	0,369	0,364	0,360	0,356
1,6	0,352	0,348	0,344	0,340	0,337	0,333	0,329	0,325	0,322	0,318
1,7	0,315	0,312	0,308	0,305	0,302	0,299	0,295	0,292	0,289	0,286
1,8	0,283	0,280	0,277	0,275	0,272	0,269	0,266	0,264	0,261	0,259
1,9	0,256	0,253	0,251	0,248	0,246	0,244	0,241	0,239	0,237	0,235
2,0	0,232	0,230	0,228	0,226	0,224	0,222	0,220	0,218	0,216	0,214
2,1	0,212	0,210	0,208	0,206	0,204	0,202	0,201	0,199	0,197	0,195
2,2	0,194	0,192	0,190	0,189	0,187	0,186	0,184	0,182	0,181	0,179
2,3	0,178	0,176	0,175	0,173	0,172	0,171	0,169	0,168	0,167	0,165
2,4	0,164	0,163	0,161	0,160	0,159	0,157	0,156	0,155	0,154	0,153
2,5	0,151	0,150	0,149	0,148	0,147	0,146	0,145	0,144	0,143	0,141
2,6	0,140	0,139	0,138	0,137	0,136	0,135	0,134	0,133	0,132	0,131
2,7	0,130	0,130	0,129	0,128	0,127	0,126	0,125	0,124	0,123	0,122
2,8	0,122	0,121	0,120	0,119	0,118	0,117	0,117	0,116	0,115	0,114
2,9	0,114	0,113	0,112	0,111	0,111	0,110	0,109	0,108	0,108	0,107

Tabelle III.6-5: Abminderungsfaktoren χ für Knicklinie „a", α = 0,21

$\bar{\lambda}$	, 0	, 1	, 2	, 3	, 4	, 5	, 6	, 7	, 8	, 9
0,2	1,000	0,998	0,996	0,993	0,991	0,989	0,987	0,984	0,982	0,980
0,3	0,977	0,975	0,973	0,970	0,968	0,966	0,963	0,961	0,958	0,955
0,4	0,953	0,950	0,947	0,945	0,942	0,939	0,936	0,933	0,930	0,927
0,5	0,924	0,921	0,918	0,915	0,911	0,908	0,905	0,901	0,897	0,894
0,6	0,890	0,886	0,882	0,878	0,874	0,870	0,866	0,861	0,857	0,852
0,7	0,848	0,843	0,838	0,833	0,828	0,823	0,818	0,812	0,807	0,801
0,8	0,796	0,790	0,784	0,778	0,772	0,766	0,760	0,753	0,747	0,740
0,9	0,734	0,727	0,721	0,714	0,707	0,700	0,693	0,686	0,680	0,673
1,0	0,666	0,659	0,652	0,645	0,638	0,631	0,624	0,617	0,610	0,603
1,1	0,596	0,589	0,582	0,576	0,569	0,562	0,556	0,549	0,543	0,536
1,2	0,530	0,524	0,518	0,511	0,505	0,499	0,493	0,487	0,482	0,476
1,3	0,470	0,465	0,459	0,454	0,448	0,443	0,438	0,433	0,428	0,423
1,4	0,418	0,413	0,408	0,404	0,399	0,394	0,390	0,385	0,381	0,377
1,5	0,372	0,368	0,364	0,360	0,356	0,352	0,348	0,344	0,341	0,337
1,6	0,333	0,330	0,326	0,323	0,319	0,316	0,312	0,309	0,306	0,303
1,7	0,299	0,296	0,293	0,290	0,287	0,284	0,281	0,279	0,276	0,273
1,8	0,270	0,268	0,265	0,262	0,260	0,257	0,255	0,252	0,250	0,247
1,9	0,245	0,243	0,240	0,238	0,236	0,234	0,231	0,229	0,227	0,225
2,0	0,223	0,221	0,219	0,217	0,215	0,213	0,211	0,209	0,207	0,205
2,1	0,204	0,202	0,200	0,198	0,197	0,195	0,193	0,192	0,190	0,188
2,2	0,187	0,185	0,184	0,182	0,180	0,179	0,178	0,176	0,175	0,173
2,3	0,172	0,170	0,169	0,168	0,166	0,165	0,164	0,162	0,161	0,160
2,4	0,159	0,157	0,156	0,155	0,154	0,152	0,151	0,150	0,149	0,148
2,5	0,147	0,146	0,145	0,143	0,142	0,141	0,140	0,139	0,138	0,137
2,6	0,136	0,135	0,134	0,133	0,132	0,131	0,130	0,129	0,129	0,128
2,7	0,127	0,126	0,125	0,124	0,123	0,122	0,122	0,121	0,120	0,119
2,8	0,118	0,117	0,117	0,116	0,115	0,114	0,114	0,113	0,112	0,111
2,9	0,111	0,110	0,109	0,108	0,108	0,107	0,106	0,106	0,105	0,104

Tabelle III.6-6: Abminderungsfaktoren χ für Knicklinie „b“, α = 0,34

$\bar{\lambda}$	, 0	, 1	, 2	, 3	, 4	, 5	, 6	, 7	, 8	, 9
0,2	1,000	0,996	0,993	0,989	0,986	0,982	0,979	0,975	0,971	0,968
0,3	0,964	0,960	0,957	0,953	0,949	0,945	0,942	0,938	0,934	0,930
0,4	0,926	0,922	0,918	0,914	0,910	0,906	0,902	0,897	0,893	0,889
0,5	0,884	0,880	0,875	0,871	0,866	0,861	0,857	0,852	0,847	0,842
0,6	0,837	0,832	0,827	0,822	0,816	0,811	0,806	0,800	0,795	0,789
0,7	0,784	0,778	0,772	0,766	0,761	0,755	0,749	0,743	0,737	0,731
0,8	0,724	0,718	0,712	0,706	0,699	0,693	0,687	0,680	0,674	0,668
0,9	0,661	0,655	0,648	0,642	0,635	0,629	0,623	0,616	0,610	0,603
1,0	0,597	0,591	0,584	0,578	0,572	0,566	0,559	0,553	0,547	0,541
1,1	0,535	0,529	0,523	0,518	0,512	0,506	0,500	0,495	0,489	0,484
1,2	0,478	0,473	0,467	0,462	0,457	0,452	0,447	0,442	0,437	0,432
1,3	0,427	0,422	0,417	0,413	0,408	0,404	0,399	0,395	0,390	0,386
1,4	0,382	0,378	0,373	0,369	0,365	0,361	0,357	0,354	0,350	0,346
1,5	0,342	0,339	0,335	0,331	0,328	0,324	0,321	0,318	0,314	0,311
1,6	0,308	0,305	0,302	0,299	0,295	0,292	0,289	0,287	0,284	0,281
1,7	0,278	0,275	0,273	0,270	0,267	0,265	0,262	0,259	0,257	0,255
1,8	0,252	0,250	0,247	0,245	0,243	0,240	0,238	0,236	0,234	0,231
1,9	0,229	0,227	0,225	0,223	0,221	0,219	0,217	0,215	0,213	0,211
2,0	0,209	0,208	0,206	0,204	0,202	0,200	0,199	0,197	0,195	0,194
2,1	0,192	0,190	0,189	0,187	0,186	0,184	0,182	0,181	0,179	0,178
2,2	0,176	0,175	0,174	0,172	0,171	0,169	0,168	0,167	0,165	0,164
2,3	0,163	0,162	0,160	0,159	0,158	0,157	0,155	0,154	0,153	0,152
2,4	0,151	0,149	0,148	0,147	0,146	0,145	0,144	0,143	0,142	0,141
2,5	0,140	0,139	0,138	0,137	0,136	0,135	0,134	0,133	0,132	0,131
2,6	0,130	0,129	0,128	0,127	0,126	0,125	0,125	0,124	0,123	0,122
2,7	0,121	0,120	0,119	0,119	0,118	0,117	0,116	0,115	0,115	0,114
2,8	0,113	0,112	0,112	0,111	0,110	0,109	0,109	0,108	0,107	0,107
2,9	0,106	0,105	0,105	0,104	0,103	0,103	0,102	0,101	0,101	0,100

Tabelle III.6-7: Abminderungsfaktoren χ für Knicklinie „c", α = 0,49

$\bar{\lambda}$	, 0	, 1	, 2	, 3	, 4	, 5	, 6	, 7	, 8	, 9
0,2	1,000	0,995	0,990	0,985	0,980	0,975	0,969	0,964	0,959	0,954
0,3	0,949	0,944	0,939	0,934	0,929	0,923	0,918	0,913	0,908	0,903
0,4	0,897	0,892	0,887	0,881	0,876	0,871	0,865	0,860	0,854	0,849
0,5	0,843	0,837	0,832	0,826	0,820	0,815	0,809	0,803	0,797	0,791
0,6	0,785	0,779	0,773	0,767	0,761	0,755	0,749	0,743	0,737	0,731
0,7	0,725	0,718	0,712	0,706	0,700	0,694	0,687	0,681	0,675	0,668
0,8	0,662	0,656	0,650	0,643	0,637	0,631	0,625	0,618	0,612	0,606
0,9	0,600	0,594	0,588	0,582	0,575	0,569	0,563	0,558	0,552	0,546
1,0	0,540	0,534	0,528	0,523	0,517	0,511	0,506	0,500	0,495	0,490
1,1	0,484	0,479	0,474	0,469	0,463	0,458	0,453	0,448	0,443	0,439
1,2	0,434	0,429	0,424	0,420	0,415	0,411	0,406	0,402	0,397	0,393
1,3	0,389	0,385	0,380	0,376	0,372	0,368	0,364	0,361	0,357	0,353
1,4	0,349	0,346	0,342	0,338	0,335	0,331	0,328	0,324	0,321	0,318
1,5	0,315	0,311	0,308	0,305	0,302	0,299	0,296	0,293	0,290	0,287
1,6	0,284	0,281	0,279	0,276	0,273	0,271	0,268	0,265	0,263	0,260
1,7	0,258	0,255	0,253	0,250	0,248	0,246	0,243	0,241	0,239	0,237
1,8	0,235	0,232	0,230	0,228	0,226	0,224	0,222	0,220	0,218	0,216
1,9	0,214	0,212	0,210	0,209	0,207	0,205	0,203	0,201	0,200	0,198
2,0	0,196	0,195	0,193	0,191	0,190	0,188	0,186	0,185	0,183	0,182
2,1	0,180	0,179	0,177	0,176	0,174	0,173	0,172	0,170	0,169	0,168
2,2	0,166	0,165	0,164	0,162	0,161	0,160	0,159	0,157	0,156	0,155
2,3	0,154	0,153	0,151	0,150	0,149	0,148	0,147	0,146	0,145	0,144
2,4	0,143	0,141	0,140	0,139	0,138	0,137	0,136	0,135	0,134	0,133
2,5	0,132	0,132	0,131	0,130	0,129	0,128	0,127	0,126	0,125	0,124
2,6	0,123	0,123	0,122	0,121	0,120	0,119	0,118	0,118	0,117	0,116
2,7	0,115	0,115	0,114	0,113	0,112	0,111	0,111	0,110	0,109	0,109
2,8	0,108	0,107	0,107	0,106	0,105	0,104	0,104	0,103	0,102	0,102
2,9	0,101	0,101	0,100	0,099	0,099	0,098	0,097	0,097	0,096	0,096

Tabelle III.6-8: Abminderungsfaktoren χ für Knicklinie „d", α = 0,76

$\bar{\lambda}$	, 0	, 1	, 2	, 3	, 4	, 5	, 6	, 7	, 8	, 9
0,2	1,000	0,992	0,984	0,977	0,969	0,961	0,954	0,946	0,938	0,931
0,3	0,923	0,916	0,909	0,901	0,894	0,887	0,879	0,872	0,865	0,858
0,4	0,850	0,843	0,836	0,829	0,822	0,815	0,808	0,800	0,793	0,786
0,5	0,779	0,772	0,765	0,758	0,751	0,744	0,738	0,731	0,724	0,717
0,6	0,710	0,703	0,696	0,690	0,683	0,676	0,670	0,663	0,656	0,650
0,7	0,643	0,637	0,630	0,624	0,617	0,611	0,605	0,598	0,592	0,586
0,8	0,580	0,574	0,568	0,562	0,556	0,550	0,544	0,538	0,532	0,526
0,9	0,521	0,515	0,510	0,504	0,499	0,493	0,488	0,483	0,477	0,472
1,0	0,467	0,462	0,457	0,452	0,447	0,442	0,438	0,433	0,428	0,423
1,1	0,419	0,414	0,410	0,406	0,401	0,397	0,393	0,388	0,384	0,380
1,2	0,376	0,372	0,368	0,364	0,361	0,357	0,353	0,349	0,346	0,342
1,3	0,339	0,335	0,332	0,328	0,325	0,321	0,318	0,315	0,312	0,309
1,4	0,306	0,302	0,299	0,296	0,293	0,291	0,288	0,285	0,282	0,279
1,5	0,277	0,274	0,271	0,269	0,266	0,263	0,261	0,258	0,256	0,254
1,6	0,251	0,249	0,247	0,244	0,242	0,240	0,237	0,235	0,233	0,231
1,7	0,229	0,227	0,225	0,223	0,221	0,219	0,217	0,215	0,213	0,211
1,8	0,209	0,207	0,206	0,204	0,202	0,200	0,199	0,197	0,195	0,194
1,9	0,192	0,190	0,189	0,187	0,186	0,184	0,183	0,181	0,180	0,178
2,0	0,177	0,175	0,174	0,172	0,171	0,170	0,168	0,167	0,166	0,164
2,1	0,163	0,162	0,160	0,159	0,158	0,157	0,156	0,154	0,153	0,152
2,2	0,151	0,150	0,149	0,147	0,146	0,145	0,144	0,143	0,142	0,141
2,3	0,140	0,139	0,138	0,137	0,136	0,135	0,134	0,133	0,132	0,131
2,4	0,130	0,129	0,128	0,127	0,127	0,126	0,125	0,124	0,123	0,122
2,5	0,121	0,121	0,120	0,119	0,118	0,117	0,116	0,116	0,115	0,114
2,6	0,113	0,113	0,112	0,111	0,110	0,110	0,109	0,108	0,108	0,107
2,7	0,106	0,106	0,105	0,104	0,104	0,103	0,102	0,102	0,101	0,100
2,8	0,100	0,099	0,098	0,098	0,097	0,097	0,096	0,095	0,095	0,094
2,9	0,094	0,093	0,093	0,092	0,091	0,091	0,090	0,090	0,089	0,089

Die Einordnung vieler Profile in die gleiche Gruppe (d. h. gleiche Knicklinie) hat natürlich auch Unterschiede der Traglasten für diese verschiedenen Profile zur Folge, die durch die gewählte Vereinfachung vernachlässigt werden. Ein Beispiel dafür ist aus Bild III.6-17 zu ersehen. Es bestehen keine Bedenken, diese günstigeren Traglasten im Sonderfall auch zu nutzen, wenn entsprechende Zahlenwerte vorliegen. Für das angegebene Beispiel ist ersichtlich, dass die relativen Traglasten dichter an Knicklinie „a" liegen als an Knicklinie „b", in die diese Profile bei Beanspruchung um die starke Achse nach Tabelle 6.2 eingestuft sind.

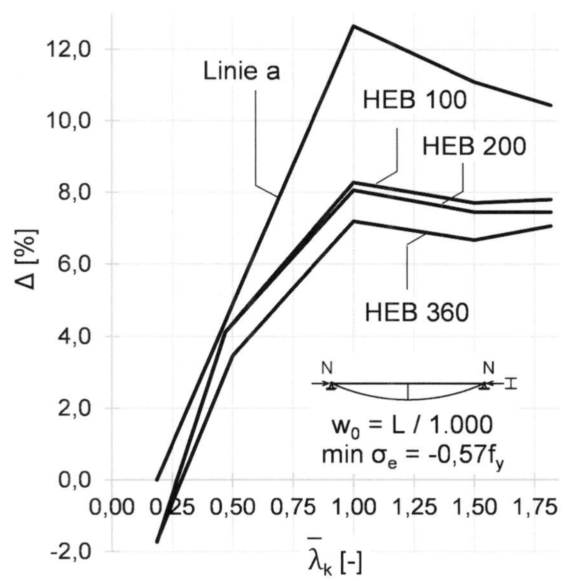

Bild III.6-17: Prozentuale Abweichungen von Traglasten zur Knicklinie „b", HEB-Profile, Knicken um die starke Achse, [192]

Der Imperfektionsbeiwert α wird nach der maßgebenden Knicklinie bestimmt, die sich aus Tabelle 6.2 ergibt. Dabei ist ersichtlich, dass für gewalzte I-Profile eine günstigere Knicklinie gewählt werden darf, wenn die Bedingung $h/b > 1{,}2$ erfüllt ist. Der Grund dafür liegt in der günstigeren Eigenspannungsverteilung bei den hohen Profilen gegenüber den niedrigeren, siehe Bild III.6-18.

Durch die dimensionslose Darstellung werden die Knicklinien äußerlich unabhängig von der Streckgrenze. Tatsächlich ist, wie oben erwähnt, eine gewisse Abhängigkeit über den bezogenen Schlankheitsgrad $\bar{\lambda}$ vorhanden, weil der Bezugsschlankheitsgrad λ_1 von der Streckgrenze abhängt. Da die Druckeigenspannungen nicht proportional mit der Streckgrenze steigen, ergeben sich für Stahlsorten mit größerer Steckgrenze bei einer Berechnung nach der Fließzonentheorie tatsächlich auch in dimensionsloser Darstellung etwas größere Abminderungsfaktoren χ. Für die hohen Streckgrenzen der Feinkornbaustähle sind die Unterschiede beträchtlich, sie erreichen im mittelschlanken Bereich bis zu 25 %. Bei solchen Berechnungen sind zu berücksichtigen:

- elastisch-plastisches Werkstoffgesetz,
- Eigenspannungen nach Bild III.6-18,
- geometrische Vorverformungen mit einem Stich von L/1000 und
- teilplastizierte Zonen in Stablängsrichtung und im Stabquerschnitt.

<2> Imperfektionsbeiwerte für Stahlsorten > S235

Zwischenzeitlich wurde bei der Erarbeitung der DIN EN 1993-1-1 aufgrund der Arbeit von *Grotmann* [122] auch einmal erwogen, einen modifizierten Imperfektionsbeiwert α nach Gl. (III.6-13) einzuführen, was dann aber aus Vereinfachungsgründen verworfen wurde. Dieser Gedanke wird hier aufgegriffen und entsprechende Untersuchungen durchgeführt.

Für gewalzte I-Profile und warmgefertigte Rechteck-Hohlprofile besteht demnach die Möglichkeit, statt α nach Tabelle 6.1 den Wert α_1 nach Gl. (III.6-13) zu verwenden [122].

$$\alpha_1 = \alpha \cdot \varepsilon \qquad \text{(III.6-13)}$$

In Tabelle III.6-9 und Tabelle III.6-10 sind entsprechende Gegenüberstellungen für vier ausgesuchte bezogene Schlankheitsgrade zu ersehen. Die Traglastrechnungen nach [122] sind dabei jeweils unter Berücksichtigung folgender Grundsätze durchgeführt worden:

- linearelastisch-idealplastisches Werkstoffgesetz,
- Vorkrümmung von v_0 = L/1000 bzw. w_0 = L/1000,

Berücksichtigung von parabelförmigen Eigenspannungen nach Bild III.6-18: größte Druckspannung am Gurtende $\sigma_{e,max}$ = 117,5 N/mm² für Knicklinie „c“ bzw. $\sigma_{e,max}$ = 70,5 N/mm² für Knicklinie „b“,

- idealelastisch-linearplastisches Spannungs-Dehnungs-Verhalten und
- Berücksichtigung der teilplastizierten Zonen im Stabquerschnitt und in Stablängsrichtung.

In Tabelle III.6-9 und Tabelle III.6-10 bedeuten:

- $\chi_{u,Sch}$ relative Traglast $\chi = N_u/N_{pl}$ nach *Schulz* [70]
- $\chi_{u,Li}$ relative Traglast $\chi = N_u/N_{pl}$ nach *Lindner* [175]
- χ_i relative Traglast $\chi = N_u/N_{pl}$ nach Knicklinie i = Abminderungsfaktor
- $\chi_{\alpha 1,i}$ relative Traglast $\chi = N_u/N_{pl}$ unter Berücksichtigung von α_1 nach Knicklinie i

Aus Tabelle III.6-9 ist zu ersehen, dass die Verwendung von $\chi_{\alpha 1,c}$ im Verhältnis zu den genau berechneten Traglasten generell zu Ergebnissen auf der sicheren Seite führt ($\chi_{u,Li}/\chi_{\alpha 1,c} > 1$). Für S460 ergibt allerdings die Einstufung in Knicklinie „a“ im mittelschlanken Bereich Ergebnisse auf der unsicheren Seite, so dass aus diesem Grunde die Einstufung im Gegensatz zu DIN EN 1993-1-1, Tabelle 2, in Knicklinie „b“ erfolgen sollte!

Für Beanspruchung um die starke Achse des Profils HEA 200 sind die entsprechenden Ergebnisse in Tabelle III.6-10 angegeben. Auch hier ist zu ersehen, dass die Verwendung von $\chi_{\alpha 1,b}$ generell zu Ergebnissen auf der sicheren Seite ($\chi_{u,Li}/\chi_{\alpha 1,b} > 1$) führt im Verhältnis zu den genau berechneten Traglasten. Für S460 ist die Einstufung in Knicklinie „a“ bei Beanspruchung um die starke Achse in Ordnung.

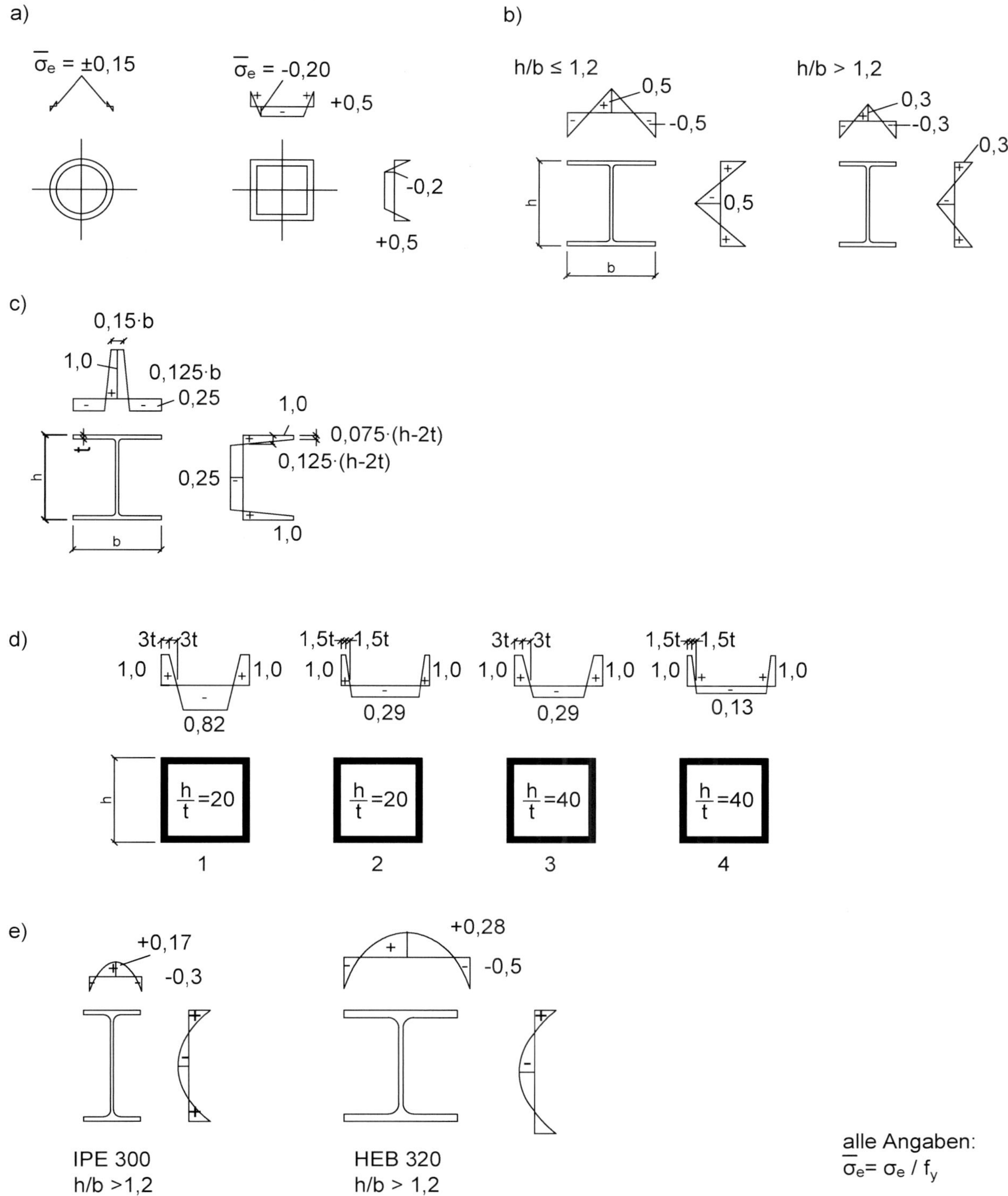

Bild III.6-18: Eigenspannungen für verschiedene Profile nach den ECCS-Empfehlungen, [192], [196]:

a) Gewalzte Rohre und geschweißte, warmgefertigte Rohre

a) Gewalzte T-Profile

b) Geschweißte I-Profile

c) Geschweißte Kastenprofile: 1, 3 dicke Schweißnaht; 2, 4 dünne Schweißnaht

d) gewalzte I-Profile bei Ansatz von quadratischen Parabeln

Tabelle III.6-9: Ergebnisse von Traglastrechnungen $\chi_u = N_u/N_{pl}$ für das Profil HEA 200, planmäßig zentrische Normalkraft-Beanspruchung und Ausweichen um die schwache Achse z-z

f_y [N/mm²]	Wert	$\bar{\lambda}_z = 0{,}525$	$\bar{\lambda}_z = 0{,}811$	$\bar{\lambda}_z = 1{,}111$	$\bar{\lambda}_z = 1{,}800$
245 (*Beer/ Schulz*)	$\chi_{u,Sch}$	0,829	0,647	0,480	0,241
235	$\chi_{u,Li}$	0,842	0,676	0,500	0,248
	χ_c	0,829	0,655	0,479	0,235
	$\chi_{u,Li}/\chi_c$	1,016	1,032	1,044	1,055
355 $\alpha_{1,c}$ **= 0,399**	$\chi_{u,Li}$	0,887	0,733	0,544	0,266
	$\chi_{a1,c}$	0,855	0,691	0,508	0,245
	$\chi_{u,Li}/\chi_{a1,c}$	1,037	1,061	1,071	1,086
420 $\alpha_{1,c}$ **= 0,367**	$\chi_{u,Li}$	0,900	0,754	0,570	0,271
	$\chi_{a1,c}$	0,865	0,705	0,519	0,249
	$\chi_{u,Li}/\chi_{a1,c}$	1,040	1,070	1,098	1,088
460 $\alpha_{1,c}$ **= 0,350**	$\chi_{u,Li}$	0,905	0,763	0,582	0,273
	$\chi_{a1,c}$	0,870	0,713	0,525	0,251
	$\chi_{u,Li}/\chi_{a1,c}$	1,040	1,070	1,109	1,088
	χ_a	0,916	0,789	0,589	0,270
	$\chi_{u,Li}/\chi_a$	0,988 (*)	0,967 (*)	0,988 (*)	1,011
	χ_b	0,873	0,718	0,529	0,252
	$\chi_{u,Li}/\chi_b$	1,037	1,063	1,100	1,083
700 $\alpha_{1,c}$ **= 0,284**	$\chi_{u,Li}$	0,926	0,808	0,617	0,282
	$\chi_{a1,c}$	0,891	0,746	0,553	0,260
	$\chi_{u,Li}/\chi_{a1,c}$	1,039	1,083	1,116	1,085

(*) Ergebnis der FEM-Traglastrechnung *geringer* als Ergebnis der Rechnung nach DIN EN 1993-1-1

Tabelle III.6-10: Ergebnisse von Traglastrechnungen $\chi_u = N_u/N_{pl}$ für Profil HEA 200, planmäßig zentrische Normalkraft-Beanspruchung um die starke Achse y-y

f_y [N/mm²]	Wert	$\bar{\lambda}_z = 0{,}525$	$\bar{\lambda}_z = 0{,}811$	$\bar{\lambda}_z = 1{,}111$	$\bar{\lambda}_z = 1{,}800$
235	$\chi_{u,Li}$	0,918	0,787	0,590	0,273
	χ_b	0,873	0,718	0,529	0,252
	$\chi_{u,Li}/\chi_b$	1,052	1,096	1,115	1,083
355 $\alpha_{1,b} = 0{,}277$	$\chi_{u,Li}$	0,930	0,825	0,626	0,284
	$\chi_{\alpha 1,b}$	0,893	0,750	0,556	0,261
	$\chi_{u,Li}/\chi_{\alpha 1,b}$	1,041	1,100	1,126	1,088
420 $\alpha_{1,b} = 0{,}254$	$\chi_{u,Li}$	0,937	0,839	0,639	0,287
	$\chi_{\alpha 1,b}$	0,901	0,762	0,566	0,264
	$\chi_{u,Li}/\chi_{\alpha 1,b}$	1,040	1,101	1,129	1,087
460 $\alpha_{1,b} = 0{,}243$	$\chi_{u,Li}$	0,940	0,846	0,646	0,289
	$\chi_{\alpha 1,b}$	0,905	0,769	0,572	0,265
	$\chi_{u,Li}/\chi_{\alpha 1,b}$	1,039	1,100	1,129	1,091
	χ_a	0,916	0,789	0,589	0,270
	$\chi_{u,Li}/\chi_a$	1,026	1,072	1,097	1,133
700 $\alpha_{1,b} = 0{,}197$	$\chi_{u,Li}$	0,950	0,874	0,674	0,294
	$\chi_{\alpha 1,b}$	0,921	0,798	0,597	0,272
	$\chi_{u,Li}/\chi_{\alpha 1,b}$	1,031	1,095	1,129	1,081

In die Gruppe mit $h/b > 1{,}2$ gehören die höheren IPE-Profile, die für die Baustähle S235, S355, S420 in Knicklinie „b" eingestuft sind. Aus diesem Grunde wurden hier entsprechende Rechnungen für das Profil IPE 500 mit Beanspruchung durch zentrische Normalkraft durchgeführt. (Formal ist es so, dass beim IPE 500 für einige Streckgrenzen der maximale c/t-Wert der Stege für Querschnitte der Klasse 2 nicht eingehalten ist, der maximale c/t-Wert der Gurt jedoch schon. Trotzdem bestehen keine Bedenken, die ausgewiesenen relativen Tragfähigkeitswerte zu verwenden, da der ggf. eintretende teilweise Ausfall der Stege auf das Verhältnis der Traglasten zu einander nur einen vernachlässigbaren kleineren Einfluss hat.)

Für das Ausweichen um die schwache Achse sind die Ergebnisse aus Tabelle III.6-11 zu ersehen. Die Verwendung von $n_{\alpha 1,b}$ führt generell zu Ergebnissen auf der sicheren Seite ($n_{u,Li}/n_{\alpha 1,b} > 1$) im Verhältnis zu den genau berechneten Traglasten. Für S460 ergibt allerdings die Einstufung in Knicklinie „a_0" im gesamten Schlankheitsbereich Ergebnisse auf der unsicheren Seite. Aus diesem Grunde sollte die Einstufung im Gegensatz zur Angabe in DIN EN 1993-1-1, Tabelle 6.2 in Knicklinie „a" und nicht in „a_0" erfolgen! Weitere Ergebnisse, die hier nicht aufgeführt sind, zeigen, dass bei Ausweichen um die starke Ache die Einstufung in die Knicklinie „a_0" in Ordnung ist.

Zusammenfassend ist festzustellen, dass die Verwendung des Imperfektionsbeiwerte α_1 statt α zu wirtschaftlicheren Ergebnissen führt. Der Nachteil besteht darin, dass es nicht möglich ist, feste

Tabellenwerte zu verwenden. Für jeden Einzelfall ist die Gleichung (6.49) aus der Norm auszuwerten, wofür sich ein kleines EDV-Programm anbietet. Näherungsweise darf aber auch aus Tabelle III.6-4 bis Tabelle III.6-8 linear interpoliert werden.

Tabelle III.6-11: Ergebnisse von Traglastrechnungen $n_u = N_u/N_{pl}$ für das Profil IPE 500, planmäßig zentrische Normalkraft-Beanspruchung um die schwache Achse z-z

f_y [N/mm²]	Wert	$\bar{\lambda}_z = 0{,}40$	$\bar{\lambda}_z = 0{,}70$	$\bar{\lambda}_z = 1{,}00$	$\bar{\lambda}_z = 1{,}30$	$\bar{\lambda}_z = 1{,}60$	$\bar{\lambda}_z = 2{,}00$
235	$\chi_{u,Li}$	0,930	0,799	0,597	0,431	0,313	0,213
	χ_b	0,926	0,784	0,597	0,427	0,308	0,210
	$\chi_{u,Li}/\chi_b$	1,004	1,019	1,000	1,009	1,016	1,014
355 $\alpha_{1,b}$ **= 0,277**	$\chi_{u,Li}$	0,956	0,837	0,641	0,459	0,328	0,222
	$\chi_{\alpha1,b}$	0,939	0,813	0,427	0,447	0,320	0,216
	$\chi_{u,Li}/\chi_{\alpha1,b}$	1,012	1,030	1,022	1,027	1,025	1,028
460 $\alpha_{1,b}$ **= 0,243**	$\chi_{u,Li}$	0,953	0,855	0,666	0,474	0,337	0,226
	$\chi_{\alpha1,b}$	0,946	0,830	0,646	0,458	0,326	0,219
	$\chi_{u,Li}/\chi_{\alpha1,b}$	1,007	1,030	1,031	1,035	1,034	1,032
	χ_{a0}	0,971	0,896	0,725	0,505	0,352	0,232
	$\chi_{u,Li}/\chi_{a0}$	0,982 (*)	0,927 (*)	0,869 (*)	0,891 (*)	0,918 (*)	0,940 (*)
	χ_a	0,953	0,848	0,666	0,470	0,333	0,223
	$\chi_{u,Li}/\chi_a$	1,000	1,008	1,000	1,009	1,012	1,013
700 $\alpha_{1,b}$ **= 0,197**	$\chi_{u,Li}$	0,972	0,882	0,699	0,494	0,348	0,231
	$\chi_{\alpha1,b}$	0,956	0,855	0,674	0,476	0,336	0,224
	$\chi_{u,Li}/\chi_{\alpha1,b}$	1,017	1,032	1,037	1,038	1,036	1,031

(*) Ergebnis der FEM-Traglastrechnung *geringer* als Ergebnis der Rechnung nach DIN EN 1993-1-1

<3> zu Tabelle 6.2: Auswahl der Knicklinien

Profile, die in DIN EN 1993-1-1, Tabelle 6.2 nicht aufgeführt sind, sind sinngemäß einzustufen. „Sinngemäß" richtet sich im Wesentlichen nach den Eigenspannungen, die maßgeblich die Traglast bestimmen. Als Beispiel für die Einstufung von nicht in Tabelle 6.2 enthaltenen Profilen sind in Bild III.6-19 Kreuzprofile angegeben.

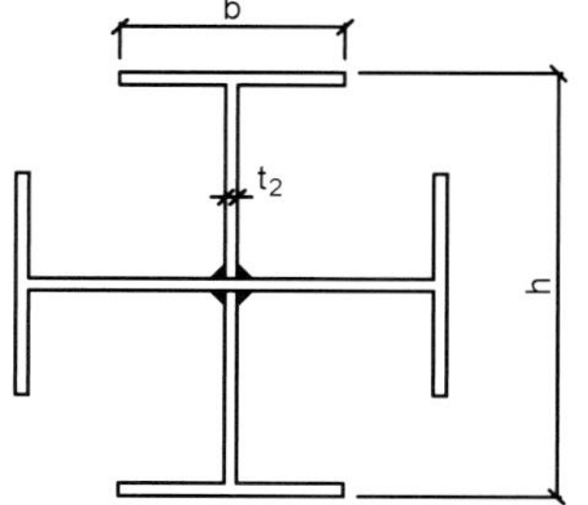

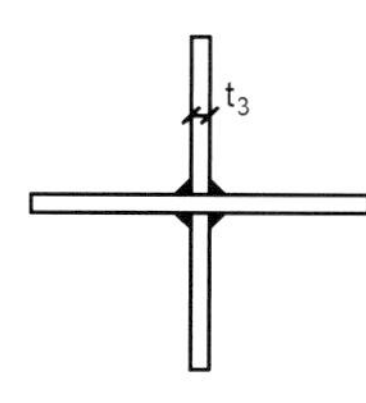

Bild III.6-19: Sinngemäße Einstufung von Kreuzprofilen in Knicklinien (t ≤ 40 mm), nach [192]:

- h/b ≥ 1,2: Knicklinie „a"
- h/b < 1,2: Knicklinie „b"

Schwierig ist die Einordnung der Winkelprofile, da es Anwendungsfälle mit beidseitig gelenkiger

Lagerung praktisch nicht gibt. Aufgrund des Anschlusses z. B. an einem Schenkel der Winkel treten stets auch Außermittigkeiten, aber auch elastische Einspannungen auf. Typische Anwendungsfälle sind durch die Verwendung von Winkeln in Fachwerken gegeben, speziell auch in Masten. Da bei Masten vielfach Großversuche ganzer Maste üblich sind, wurde dort von den Ergebnissen dieser Großversuche auch auf die Tragfähigkeit der Winkel geschlossen, weshalb sich die Regelungen in speziellen Mast-Normen manchmal von den allgemeinen für den Stahlbau unterscheiden. In DIN 18800-2 sind die Winkel in Knicklinie „c" eingestuft, in DIN EN 1993-1-1 jedoch in Knicklinie „b". Den tatsächlichen Verhältnissen am Anschluss wird in beiden Fällen durch die Definition eines speziellen bezogenen Schlankheitsgrades $\bar{\lambda}$ Rechnung zu tragen versucht: in DIN 18800-2 durch El. (510), in DIN EN 1993-1-1 durch den informativen Anhang BB.1.2. Zu der Frage der Einstufung der Winkelprofile sind weitere Untersuchungen im Gange, die bei einer Überarbeitung der Norm zu einer Änderung führen könnten.

Die Einstufung gewalzter I-Profile mit dicken Flanschen erfolgte im Wesentlichen aufgrund von Großversuchen an Stützen der Fa. ARBED [62], da die Definition einer mittleren Eigenspannung und Streckgrenze für Berechnungen über die dicken Gurte problematisch ist. Auch hier sind weitere Untersuchungen zurzeit im Gange.

Die Einstufung von Rund-Hohlprofilen erfolgte aufgrund von Versuchen an Profilen großer Abmessungen. Für kleinere Querschnitte, wie sie z. B. im Gerüstbau üblich sind, kann eine günstigere Einstufung gerechtfertigt sein, wenn dies nachgewiesen ist.

Bei der Einstufung von Vollprofilen ist an kleinere Querschnitte bis 50 mm Durchmesser bzw. Kantenlänge gedacht [192]. Auch hier sind bei großen Abmessungen besondere Überlegungen bezüglich der Verteilung der Streckgrenze und der Eigenspannungen über den Querschnitt erforderlich.

Aus den Ergebnissen der Tabelle III.6-9 bis Tabelle III.6-11 ist zu ersehen, dass die in DIN 18800-2 vorgenommene Einstufung der I-Profile aus S460 (nämlich für $h/b > 1{,}2$ bei Knicken um die y-Achse „a_0", bei Knicken um die z-Achse „a", und für $h/b \leq 1{,}2$ bei Knicken um die y-Achse „a", bei Knicken um die z-Achse „b") in Ordnung ist, die optimistischere nach DIN EN 1993-1-1 dagegen nicht vertretbar ist. Zu dem gleichen Ergebnis kamen früher aufgrund von Versuchen und Traglastrechnungen für die entsprechende Zuordnung sowohl [62] als auch [196] (hier finden sich nur Empfehlungen für eine Beanspruchung um die schwache Achse).

Die hier für erforderlich gehaltene Rückstufung der I-Profile aus S460 wird durch andere Untersuchungen aus Portugal [90], die u.a. im TC 8 der EKS diskutiert wurden, gestützt.

III.6.3.1.3 Schlankheitsgrad für Biegeknicken

<1> Bestimmung des Abminderungsfaktors χ

Der Abminderungsfaktor χ ergibt nach der maßgebenden Knicklinie aus dem bezogenen Schlankheitsgrad $\bar{\lambda}$:

$$\bar{\lambda} = \sqrt{\frac{A \cdot f_y}{N_{cr}}} = \frac{L_{cr}}{i \cdot \lambda_1} \qquad \text{(III.6-14)}$$

mit: N_{cr} ideale Verzweigungslast nach der Elastizitätstheorie, in Deutschland bislang mit N_{ki} bezeichnet

L_{cr} Knicklänge, in Deutschland bislang mit s_K bezeichnet

i Trägheitsradius für die maßgebende Knickebene

λ_1 $=\pi\cdot\sqrt{E/f_y}=93{,}9\cdot\varepsilon$ – Bezugsschlankheitsgrad

ε $=\sqrt{235/f_y}$ – f_y in N/mm²

Auch hier gilt Gl. (III.6-14) für Querschnitte der Klassen 1, 2 oder 3, bei Querschnitten der Klasse 4 ist der Wert A durch A_{eff} zu ersetzen und L_{cr} ist noch mit $\sqrt{A_{eff}/A}$ zu multiplizieren.

Die für das Biegeknicken maßgebende Knicklinie (in DIN 18800-2 „Knickspannungslinie“ genannt) ist DIN EN 1993-1-1, Tabelle 6.2 zu entnehmen. Das Wort „sollte“ in Abs. 6.3.1.3(2) ist dabei als Forderung (nicht optional) zu verstehen.

<2> Ersatzstabverfahren

Der Nachweis nach Gl. (III.6-12) in Verbindung mit Gl. (III.6-14) und dem daraus folgenden Abminderungsfaktor χ wird als Ersatzstabverfahren bezeichnet. Dies bedeutet, dass der Stab oder Teil eines Stabsystems mit beliebigen Randbedingungen und ggf. veränderlichen Querschnitten und Einwirkungen auf den Fall des beidseitig gelenkig gelagerten Druckstabes mit über die Stablänge konstanten Querschnitten und Einwirkungen zurückgeführt wird. Dies geschieht durch die Verwendung der für den jeweiligen Einzelfall gültigen Knicklänge L_{cr} oder die ideale Knicklast N_{cr}, die für die Berechnung des bezogenen Schlankheitsgrades $\bar{\lambda}$ verwendet wird. Die Traglast von druckbeanspruchten Stäben in Form des Abminderungsfaktors χ geht im Wesentlichen auf die Untersuchung von beidseitig gelenkig gelagerten Stäben zurück, die Übertragung auf andere Lagerungen ist eine Näherung, die durch einzelne genaue Untersuchungen nach der Fließzonentheorie gestützt wird und baupraktisch vertretbar ist. Im Übrigen war ein solches Ersatzstabverfahren auch Grundlage des Stabilitätsnachweises nach der DIN 4114, Abs. 7.1 [8] mit dem bekannten ω-Nachweis, auf den ein großer Teil der übrigen Nachweise in DIN 4114 zurückgeführt wurde.

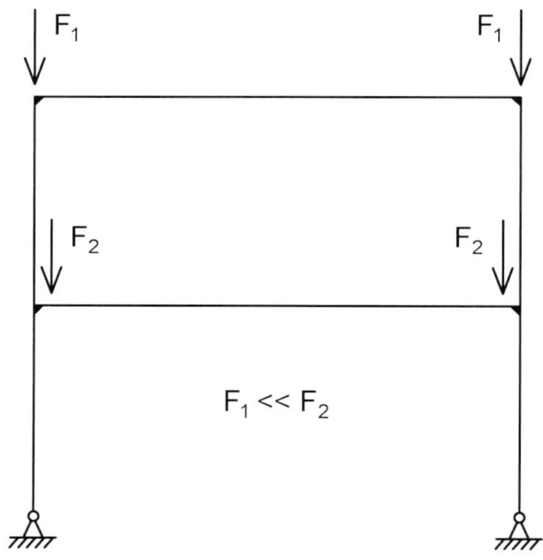

Bild III.6-20: Beispiel für ein Rahmensystem, das für den Nachweis nach dem Ersatzstabverfahren nicht geeignet ist [8]

Wenn das Ersatzstabverfahren für den Nachweis der Einzelstäbe in Systemen verwendet wird, dann ist zu beachten, dass die kritischen Lasten $N_{cr,i}$ bzw. Knicklängen $L_{cr,i}$ der verschiedenen Stäbe in der gleichen Größenordnung liegen sollten. Anderenfalls können größere Abweichungen zu anderen Nachweisarten, wie Anwendung der Theorie II. Ordnung, nicht ausgeschlossen werden. Ein Beispiel ist in Bild III.6-20 zu ersehen, bei dem die Knicklänge der oberen Stützen rechnerisch sehr groß ist, obwohl die Beanspruchung dort sehr gering ist. Generell ist zu empfehlen, dass komplizierte Systeme wie elastisch gestützte Stäbe oder Systeme, bei denen die einzelnen Stäbe sehr stark voneinander abweichende Knicklängen aufweisen, nach Theorie II. Ordnung und nicht nach dem Ersatzstabverfahren berechnet werden.

<3> Knicklängen bzw. Knicklasten

Angaben dazu finden sich in der fast unübersehbaren Literatur dazu, die eine Vielzahl der baupraktischen Fälle abdecken, siehe z. B. [215] oder [76]. Da weiterhin auch EDV-Programme zur Verfügung stehen, mit denen solche Werte berechnet werden können, wurde i. d. R. auf die Angabe von Zahlenwerten in der Norm DIN EN 1993-1-1 verzichtet. Damit wurde noch einen Schritt weitergegangen als in der DIN 18800-2, die auf Drängen der Praxis noch einige Angaben enthielt, insbesondere für Fachwerksysteme, unverschiebliche und verschiebliche Rahmen sowie Bogenträger. Die alte Norm DIN 4114:1952 enthielt insbesondere im Teil 2 auch eine große Anzahl von Formeln für die Bestimmung des Knicklängenbeiwertes β, speziell für Rahmentragwerke, vgl. [8] und [9]. Mit Hilfe des Knicklängenbeiwertes β ergibt sich die Knicklänge aus $L_{cr} = \beta \cdot L$.

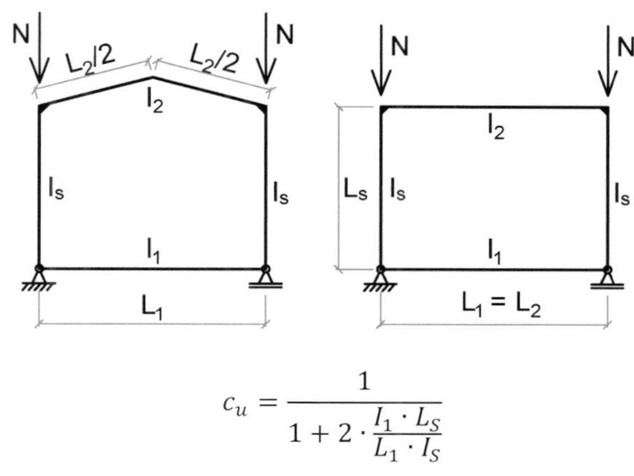

$$c_u = \frac{1}{1 + 2 \cdot \frac{I_1 \cdot L_S}{L_1 \cdot I_S}}$$

Bild III.6-21: Korrektur zu Bild 29 in DIN 18800-2 [12] „Diagramm zur Bestimmung des Verzweigungslastfaktors η_{Ki} und der Knicklänge s_K für Stiele verschieblicher Rahmen mit Riegel $\varepsilon \leq 0{,}3$“

Knicklängen für unverschiebliche und verschiebliche Rahmen können besonders einfach mit Hilfe der Bilder 27 und 29 aus DIN 18800-2 [12] bestimmt werden, vgl. [225]. Leider enthält Bild 29 in [12] bezüglich der Beschriftung der erläuternden Bilder einen Fehler, der hiermit korrigiert wird, siehe Bild III.6-21.

Bei der Bestimmung der Knicklängen dürfen natürlich auch elastische Lagerungen berücksichtigt werden, da z. B. bei Stützen selten echte Gelenke an den Stabenden ausgebildet werden. Der Fall, dass eine am Stab angreifende Last beim Ausweichen ihre Richtung nicht beibehält, ist besonders zu beachten. Dieser Effekt der sogenannten „poltreuen Last“ kann sich sowohl positiv als auch negativ bemerkbar machen, was aus den in DIN 18800-2 vorhandenen Bildern 36 bis 38 hervorgeht [12]. Bei durchgehend elastisch gebetteten Stäben, wie sie z. B. bei den Untergurten von Plattenbalkenbrücken vorhanden sein können, ist zu beachten, dass die kritische Last N_{cr} nicht unbedingt bei der kleinsten Wellenzahl der kritischen Eigenform auftritt – hier empfiehlt sich ein Nachweis nach Theorie II. Ordnung.

III.6.3.1.4 Schlankheitsgrad für Drillknicken oder Biegedrillknicken

Im Allgemeinen kann ein zentrisch belasteter Stab mit punkt- oder doppeltsymmetrischem Querschnitt drei unabhängige Verzweigungslasten aufweisen: $N_{cr,y}$, $N_{cr,z}$ und $N_{cr,T}$. Unter der Verzweigungslast $N_{cr,T}$ erfährt der Stab nur eine Verdrehung um die x-Achse. Liegt dieser Fall des Drillknickens unter zentrischem Druck vor, darf vereinfachend nach DIN EN 1993-1-1, Abs. 6.3.1.4 mit dem aus $N_{cr,T}$ ermittelten $\bar{\lambda}_T$ analog zu Gl. (6.3-2) der Wert χ_T ermittelt werden und damit ebenfalls Gl. (6.3-1) angewendet werden. Die Drillknicklast ist für punkt- oder doppeltsymmetrische Querschnitte dann maßgebend, liefert also die kleinste Verzweigungslast, wenn für beidseitig gelenkig und gabelgelagerte Stäbe Gl. (III.6-15) oder Gl. (III.6-16) erfüllt ist. Der Abminderungsbeiwert χ_T wird mit der zur Ausweichrichtung z-z gehörenden Knickspannungslinie bestimmt.

$$i_p^2 > c^2 \tag{III.6-15}$$

$$\frac{I_y + I_z}{A} > \frac{I_\omega + 0{,}039 \cdot L^2 \cdot I_T}{I_z} \tag{III.6-16}$$

Für die gewalzten I-Profile ist Gl. (III.6-15) nahezu immer erfüllt bzw. die Drillknicklast $N_{cr,T}$ ist nur unwesentlich geringer als die maßgebende Knicklast $N_{cr,z}$. Daher darf in diesem Fall für diese Walzprofile und ähnliche geschweißte Profile der Nachweis des Drillknickens entfallen. Grundsätzlich ist aber zu beachten, dass diese Regelung nur dann gilt, wenn die Knicklängen für das Knicken und das Drillknicken gleich groß sind. Beim gabelgelagerten Einfeldträger ist dies beispielsweise der Fall. Ein Beispiel, bei dem das nicht zutrifft, ist in [192] angegeben. Zu beachten ist, dass auch bei I-Profilen die Drillknicklast maßgebend sein kann, nämlich dann, wenn ein Stab mit gebundener Drehachse vorliegt, siehe auch [264].

Liegt ein unsymmetrisches oder einfachsymmetrisches Profil vor (z. B. L-, C- oder T-Profile), sind die drei Verzweigungslasten miteinander gekoppelt. Die Drillknicklast ist dabei im Allgemeinen nur im Bereich kleiner Schlankheiten maßgebend, siehe [192].

Bei Anwendung von Abs. 6.3.1.4 können in Grenzfällen gewisse Unregelmäßigkeiten auftreten, vgl. [264]. Aus diesem Grunde wurden von *Taras* in Graz Untersuchungen [262] durchgeführt, die für den Fall des Drillknickens zu einem konsistenten Nachweismodell wie beim Biegedrillknicken führen und das in die überarbeitete Fassung von DIN EN 1993-1-1 aufgenommen werden soll.

III.6.3.2 Gleichförmige Bauteile mit Biegung um die Hauptachse

III.6.3.2.1 Biegedrillknicken

<1> Allgemeines

Der Stabilitätsfall des Biegedrillknickens wurde früher in DIN 4114:1952 als „Kippen" bezeichnet. Diese Benennung ist noch häufig in der Literatur zu finden, auch bei den Bauarten „Holzbau" und „Massivbau" dominiert nach wie vor diese alte Bezeichnung.

Charakteristisch für das Biegedrillknicken ist das gleichzeitige Auftreten von seitlicher Verschiebung v und Verdrehung ϑ, wie es aus den Darstellungen in Bild III.6-23 und Bild III.6-22 zu ersehen ist.

Für den Nachweis gegen Biegedrillknicken bei Beanspruchung allein durch ein Biegemoment M_y enthält DIN EN 1993-1-1 drei unterschiedliche Nachweismöglichkeiten am Ersatzstab:

a) nach Abs. 6.3.2.1 als Abminderung der Momentenbeanspruchbarkeit mit χ_{LT} in Abhängigkeit von einer bezogenen Schlankheit $\bar{\lambda}_{LT}$, die sich aus dem idealen Biegedrillknickmoment M_{cr} nach der Elastizitätstheorie ergibt,

b) nach Abs. 6.3.2.4 als Knicknachweis des Druckgurtes,

c) nach Abs. 6.3.4 als Abminderung der Systemtragfähigkeit in Abhängigkeit von einem Schlankheitsgrad $\bar{\lambda}_{op}$, der vom Vergrößerungsfaktor des ideal-elastischen kritischen Verzweigungszustandes des Systems $\alpha_{cr,op}$ abhängt.

Zusätzlich gibt es bei a) noch zwei Alternativen:

– Abs. 6.3.2.2 „Knicklinien für das Biegedrillknicken – Allgemeiner Fall“ und

– Abs. 6.3.2.3 „Biegedrillknicken gewalzter Querschnitte oder gleichartiger geschweißter Querschnitte“.

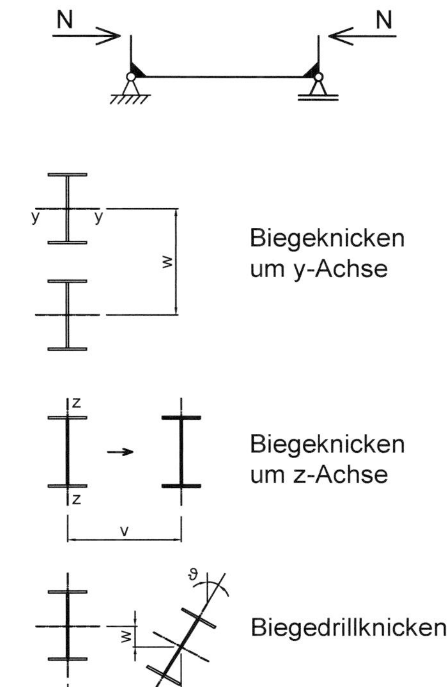

Bild III.6-22: Versagensfälle beim gedrückten Stab

Die drei bzw. vier Verfahren stellen Alternativen dar, die nicht immer zum gleichen Ergebnis führen, da sie unterschiedliche Vereinfachungen enthalten, die je nach vorliegender Situation mehr oder weniger konservativ sind. Der Tragsicherheitsnachweis ist mit Gleichung (III.6-17) zu führen.

$$\frac{M_{Ed}}{M_{b,Rd}} = \frac{M_{Ed}}{\chi_{LT} \cdot W_y \cdot \frac{f_y}{\gamma_{M1}}} \leq 1 \qquad \text{(III.6-17)}$$

mit: χ_{LT} Abminderungsfaktor für Biegedrillknicken

W_y maßgebendes Widerstandsmoment:

= $W_{pl,y}$ für Querschnitte der Klassen 1 und 2,

= $W_{el,y}$ für Querschnitte der Klasse 3,

= $W_{eff,y}$ für Querschnitte der Klasse 4

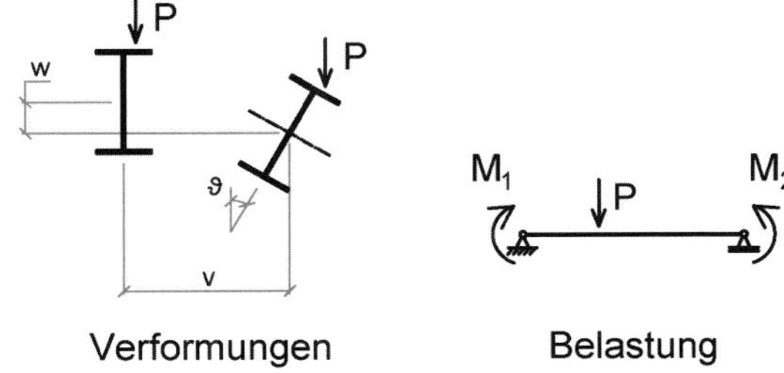

Bild III.6-23: Biegedrillknicken beim Biegeträger

Der Nenner in Gl. (III.6-17) stellt bei einem Querschnitt der Klasse 1 das vollplastische Moment M_{pl} dar. Zu beachten ist, dass hier keine Abminderung der Biegemomententragfähigkeit durch ggf. vorhandene Querkräfte V erfolgt. Der Effekt der gleichzeitigen Wirkung von Biegemoment und Querkraft wird durch den stets zusätzlich zu Gl. (III.6-17) zu führenden Querschnittsnachweis erfasst. Dieses Vorgehen ist durch theoretische Überlegungen [68] und die Auswertung von Versuchen [184] gestützt.

<2> zu 6.3.2.1(2), Anmerkung 2B: kein Nachweis des Biegedrillknickens erforderlich

Ein Nachweis des Biegedrillknickens nach Gl. (6.54) muss nicht in allen Fällen geführt werden, häufig sind konstruktive Bedingungen vorhanden, die ihn entbehrlich machen.

- Falls ein Biegemoment M_y vorhanden ist, dann entstehen bei seitlichen Verformungen v auch Abtriebskräfte (Normalkraft N mal Krümmung v"), die das Profil verdrehen, siehe Bild III.6-24, daher ist Biegedrillknicken möglich. Wenn dagegen nur ein Biegemoment M_z vorhanden ist, entstehen keine Abtriebskräfte, die zu Verdrehungen führen können.
- Kein Biegedrillknicken ist möglich, wenn der gedrückte Gurt durchgehend seitlich gehalten ist, dann kann keine seitliche Verschiebung und damit kein Biegedrillknicken auftreten.
- Das Gleiche ist der Fall, wenn der gedrückte Gurt an der Verdrehung vollständig gehindert ist.

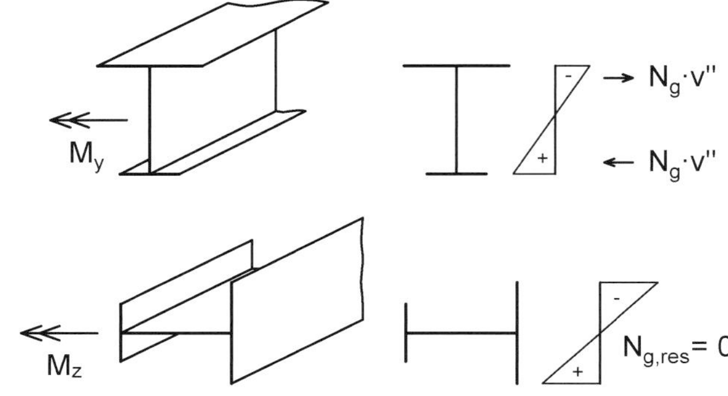

Bild III.6-24: Möglichkeiten des Biegedrillknickens [192]

- Wenn die seitliche Festhaltung oder die Verdrehungsbehinderung nicht starr, sondern elastisch ist, tritt kein Biegedrillknicken auf, wenn die möglichen Verformungen v und ϑ hinreichend klein sind. Dies kann durch Steifigkeitsbedingungen überprüft werden. In DIN 18800-2 waren diese Mindeststeifigkeiten in Abs. 3.3.2 angegeben. In DIN EN 1993-1-1 sind die aus DIN 18800-2 übernommenen Regelungen für den Hochbau im informativen Anhang BB.2 angegeben.
- Eine Vereinfachung des vorigen Punktes wurde in Deutschland häufig für Dachpfetten angewendet. DIN 18807-3:1987-06 [16], die zunächst weiterhin in Kraft bleibt, besagt, dass stählerne Pfetten mit einer Höhe $h \leq 200$ mm als durch Trapezprofilbleche hinreichend ausgesteift gelten, wenn diese mit dem Druckgurt verbunden sind. Es bestehen keine Bedenken, diese Vereinfachung auch weiterhin anzuwenden. Vgl. hierzu auch Abs. III.BB.2.3 mit Bild III.BB-14.
- Stäbe mit Hohlquerschnitten (gewalzt oder geschweißt) weisen in der Regel eine so große *St. Venant*'sche Torsionssteifigkeit I_T auf, dass keine Verdrehung ϑ auftritt und damit kein Biegedrillknicken möglich ist. Das bezieht sich auf übliche gewalzte Profile nach Profiltabelle oder gleichartige geschweißte Profile. Bei dünnwandigen kaltgeformten Profilen, die in den Bereich von DIN EN 1993-1-3 fallen, gibt es hohe sehr schlanke Sonderprofile, deren Torsionssteifigkeit trotzdem relativ klein ist, so dass die Empfindlichkeit gegenüber Biegedrillknicken ggf. zu überprüfen ist.
- Stäbe mit einem hinreichend kleinen bezogenen Schlankheitsgrad von $\bar{\lambda}_{LT} \leq 0{,}4$ gelten rechnerisch als nicht biegedrillknickgefährdet, siehe auch Abs. 6.3.2.2(4). Dies entspricht DIN 18800-2, El. (303).
- Der Regelnachweis nach Gleichung (III.6-17) darf entfallen, wenn dafür ein Nachweis des Druckgurtes als Druckstab geführt wird, siehe Abs. 6.3.2.4.

<3> Veränderlicher Querschnitt: Theorie II. Ordnung

Nach Anmerkung 1 soll für Träger mit veränderlichem Querschnitt eine Berechnung nach Theorie II. Ordnung nach Abs. 5.3.4(3) durchgeführt werden. Die anzusetzenden Vorverformungen sind jedoch statt nach Abs. 5.3.4(3) (mit dem Wert $k \cdot e_0$) nach Tabelle NA.2 zu wählen. Die Werte in dieser Tabelle berücksichtigen mehrere Tatsachen (siehe auch Erläuterungen in Abs. III.5.3.4<2>):

- Für das Biegeknicken verhalten sich hohe Profile mit $h/b > 1{,}2$ günstiger als niedrige Profile. Beim Biegedrillknicken ist es dagegen umgekehrt. Hier verhalten sich hohe Profile ungünstiger als niedrigere Profile [188], [184], die Grenze wurde auch folgerichtig entsprechend Tabelle 6.4 mit dem Zahlenwert 2,0 statt 1,2 gewählt.
- Im Bereich mittlerer bezogener Schlankheitsgrade $0{,}7 \le \bar{\lambda}_{LT} \le 1{,}3$ sind die Träger besonders empfindlich gegenüber Vorverformungen. Aus diesem Grunde sind in diesem Bereich größere Vorverformungen anzusetzen als in den anderen Bereichen. Darauf verweist die Unterschrift unter der Tabelle NA.2. Der größte sich ergebende Zahlenwert beträgt für plastische Querschnittsausnutzung danach 1/150 für gewalzte Profile und 1/100 für geschweißte Profile, das ist die gleiche Größenordnung wie auch von anderen Autoren vorgeschlagen [184].

Die Werte nach Tabelle NA.2 sind natürlich auch bei einer Berechnung nach Theorie II. Ordnung für Stäbe mit gleichförmigem Querschnitt anzusetzen.

III.6.3.2.2 Knicklinien für das Biegedrillknicken – Allgemeiner Fall

<1> Grundlagen

Im Gegensatz zu Abs. III.6.3.2.3 ist hier der Abminderungsfaktor χ_{LT} zu wählen, was sehr ähnlich ist wie beim Abminderungsfaktor χ beim Biegeknicken nach Abs. 6.3.1.2. Unterschiede sind lediglich:

- anstelle von $\bar{\lambda}$ wird $\bar{\lambda}_{LT}$ verwendet,
- anstelle von Φ wird Φ_{LT} verwendet und
- anstelle von α wird α_{LT} verwendet, wobei die Zahlenwerte α nach Tabelle 6.1 und α_{LT} nach Tabelle 6.3 sogar gleich sind.

Der bezogene Schlankheitsgrad $\bar{\lambda}_{LT}$ für das Biegedrillknicken ist nach Gl. (III.6-18) zu ermitteln.

$$\bar{\lambda}_{LT} = \sqrt{\frac{W_y \cdot f_y}{M_{cr}}} \qquad \text{(III.6-18)}$$

mit: W_y = W_{pl} bei Querschnitten der Klassen 1 und 2, sonst siehe Abs. 6.3.2.1(3)

M_{cr} Ideales Biegedrillknickmoment nach der Elastizitätstheorie

Die Tatsache, dass für den Nachweis des Biegedrillknickens durch den Abs. 6.3.2.2 auch ein Nachweis in Form des Biegeknickens in der Norm vorhanden ist, hat mehrere Gründe.

- In einigen europäischen Ländern ist dies traditionell der Fall, ein besonderer Nachweis des Biegedrillknickens ist dort nicht üblich.
- Der Nachweis nach Abs. 6.3.2.3 hat einen beschränkten Anwendungsbereich. Sehr hohe Träger mit schmalen Gurten sind dadurch nicht erfasst, bei denen das Biegedrillknicken im Wesentlichen wie das seitliche Ausweichen des gedrückten Gurtes erfolgt.
- Für die Anwendung von Abs. 6.3.4 ist Voraussetzung, dass die verschiedenen Traglastkurven einen identischen Aufbau haben.

Es ist allerdings zu berücksichtigen, dass im Gegensatz zum Biegeknicken die Zuordnung zu den Knicklinien nach Tabelle 6.4 über das Verhältnis $h/b \leq 2$ bzw. $h/b > 2$ erfolgt, wie es auch beim Biegedrillknicken nach Tabelle 6.5 der Fall ist.

<2> zu 6.3.2.2(2): ideales Biegedrillknickmoment M_{cr}

Für das ideale Biegedrillknickmoment M_{cr} sind in der DIN EN 1993-1-1 keine Angaben gemacht, da dies eine Frage der Mechanik ist. DIN 18800-2 hat hier noch einen kleinen Kompromiss gemacht, indem in El. (311) Anmerkung 1 mit Gl. (19) eine einfache Formel zur Ermittlung von M_{ki} ($\equiv M_{cr}$) angegeben ist und auch für den benötigten Momentenbeiwert ξ für einige gebräuchliche Fälle der Gabellagerung in Tabelle 10 Zahlenwerte angegeben sind.

In DIN V ENV 1993-1-1:1993-04 [54] waren im informativen Anhang F noch Angaben zur Ermittlung von M_{cr} enthalten. Nachträglich hat sich dann aber herausgestellt, dass die Angaben zum Teil fehlerhaft sind, worauf insbesondere *Balaz* verschiedentlich hingewiesen hat, so dass die dort angegebenen Werte nicht ohne Prüfung verwendet werden sollen.

Zur Berechnung von M_{cr} existiert ähnlich wie bei der Berechnung von N_{cr} eine sehr umfangreiche nationale und internationale Literatur, die hier aus Platzgründen nur teilweise erwähnt ist. Das ideale Biegedrillknickmoment nach Elastizitätstheorie M_{cr} ergibt sich aus der Lösung des Verzweigungsproblems unter Gültigkeit des *Hooke*'schen Gesetzes eines ausschließlich durch Biegemomente M_y belasteten Stabes. In älterer Literatur ist das auch oft als „Kippmoment" bezeichnet worden. In Analogie zum Knickproblem entspricht es der Verzweigungslast N_{cr} des zentrisch gedrückten Stabes. Die Berechnung von M_{cr} allerdings gestaltet sich ungleich schwieriger als die von N_{cr}, da viele Parameter das ideale Biegedrillknickmoment M_{cr} beeinflussen. Dazu gehören:

- das statische System (Einfeldträger, Kragarm, Einfeldträger mit Kragarm, Mehrfeldträger, ...),
- die Art der Lagerung (Gabellagerung, Einspannung, ...),
- der Verlauf des Biegemomentes M_y in Stablängsrichtung,
- der Ort des Lastangriffs (abtreibende Wirkung oder rückdrehende Wirkung, vgl. [188]), siehe hier Bild III.6-25,

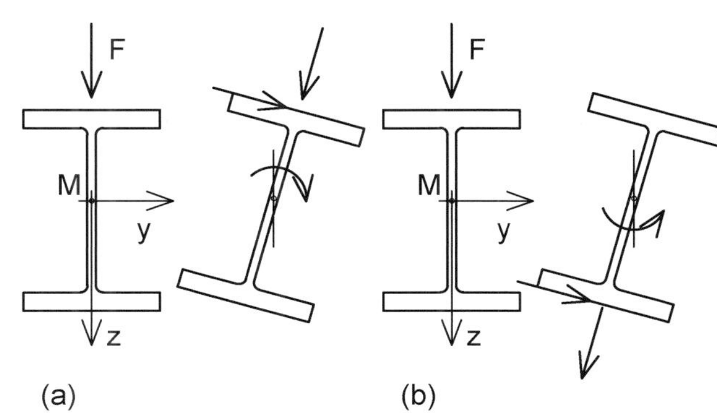

Bild III.6-25: Abtreibende (a) und rückstellende Wirkung (b) der Belastung, [188]

- die *St. Venant*'sche Torsionssteifigkeit des Profils (I_T),
- das Wölbflächenmoment (Wölbsteifigkeit) des Profils (I_ω),
- das Flächenträgheitsmoment um die „schwache“ Achse (I_z),
- weitere konstruktive Bedingungen (seitliche Haltungen des Druckgurtes, kontinuierliche oder diskrete Drehfedern) und
- die Lage der Drehachse (freie oder gebundene Drehachse, siehe [188]).

<2.1> Darstellungsarten für M_{cr}

Generell sind verschiedene Arten der Darstellung üblich, vgl. [188]. Für doppeltsymmetrische Querschnitte zum Beispiel:

a) Darstellung mit ξ-Werten (DIN 4114:1053, DIN 18800-2, [218])

$$M_{cr} = \xi \cdot N_{cr,z} \cdot \left(\sqrt{c^2 + 0{,}25 \cdot z_p^2} + 0{,}5 \cdot z_p \right) \quad \text{(III.6-19)}$$

mit: ξ Momentenbeiwert

$N_{cr,z} = \frac{\pi^2 \cdot E \cdot I_z}{L_{cr}^2}$

$c^2 = \frac{I_\omega + 0{,}039 \cdot L^2 \cdot I_T}{I_z}$

z_p Abstand des Angriffspunktes der Querbelastung vom Schubmittelpunkt, für Last am Obergurt negativ, vgl. [188]

b) Darstellung mit k-Werten (DIN 4114:1052, [215], [218])

$$M_{cr} = \frac{k}{L} \cdot \sqrt{E \cdot I_z \cdot G \cdot I_T} \quad \text{(III.6-20)}$$

c) Darstellung mit C_i-Werten (DIN V ENV 1993-1-1, [76], international)

$$M_{cr} = C_1 \cdot \frac{\pi^2 \cdot E \cdot I_z}{(k_z \cdot L)^2} \cdot \left[\sqrt{\left(\frac{k_z}{k_w}\right)^2 \cdot \frac{I_\omega}{I_z} + \frac{(k_z \cdot L)^2 \cdot G \cdot I_T}{\pi^2 \cdot E \cdot I_z} + \left(C_2 \cdot z_g\right)^2} - C_2 \cdot z_g \right] \quad \text{(III.6-21)}$$

Der Momentenbeiwert C_1 entspricht ξ nach a), der Wert C_2 ist nach a) zu 0,5 gesetzt, der Lasthebelarm z_g entspricht z_p nach a), ist hier jedoch bei *Last am Obergurt positiv*!

Beispiele zu den verschiedenen Darstellungsarten sind in [188] aufgeführt.

<2.2> Literatur zu M_{cr}

Die Literatur zu M_{cr} ist sehr umfangreich. Viele Angaben finden sich zum Beispiel in [76], [188], [192], [215] und [218]. Weiterhin sind sehr umfangreiche Zusammenstellungen in DIN EN 1999-1-1 [40] im informativen Anhang I enthalten, die auf Arbeiten von *Balaz/Kolekova* [67] zurückgehen. Spezielle Systeme, die nicht überall behandelt werden, sind:

- Einfeldträger mit Kragarm [192],
- Träger mit gebundener Drehachse am Obergurt [171], [192],
- Gabelgelagerte Einfeldträger, Momentenlinien mit Sprung, [192],
- Einfachsymmetrische Querschnitte [76], [218],
- Endmomente mit Querlasten, Werte C_1 und C_2 [76],
- Kragarm mit I-Profilen [76],
- Durchlaufträger [224]. (Hierbei ist anzumerken, dass nach [188] Durchlaufträger stets durch beidseitig gabelgelagerte Einfeldträger, die aus dem Gesamtsystem gedanklich herausgeschnitten werden, angenähert werden dürfen.)

Für einfachsymmetrische Querschnitte sind die Darstellungen der Gln. (III.6-19) bis (III.6-21) zu ergänzen. Angaben dazu sind zum Beispiel in [9], [218], [76] und DIN EN 1999-1-1 [40], Anhang I, zu finden.

Alternativ können Werte für M_{cr} vorteilhaft auch aus EDV-Programmen bestimmt werden, z. B. [176], [103], [194] oder [100].

<2.3> M_{cr} für Träger mit elastischer Wölbeinspannung (z. B. durch Kopfplatten) nach [181]

Kopfplatten bewirken eine elastische Wölbeinspannung und vergrößern damit das ideale Biegedrillknickmoment M_{cr}. Der Vergrößerungsfaktor kann je nach Profil und Kopfplattendicke bis zu 2,0 betragen, vgl. [181] und [188]. Rechnerisch lässt sich dies am einfachsten berücksichtigen, indem eine Wölbfeder C_ω nach Gl. (III.6-22) ermittelt wird und daraus folgend ein Einspannfaktor β_0 nach Gl. (III.6-23), der zu einem vergrößerten Wölbwiderstand I_ω^* nach Gl. (III.6-24) führt, siehe [188].

$$C_\omega = \frac{G \cdot t_P^3 \cdot b \cdot (h - t_f)}{3} \qquad \text{(III.6-22)}$$

mit:

G	Schubmodul, für Baustahl: 81.000 N/mm^2
t_p, b, h	Dicke, Breite und Höhe der Kopfplatte
t_f	Dicke des Flansches

$$\beta_0 = 1 - \frac{\alpha_w}{1 + \frac{2 \cdot E \cdot I_\omega}{C_w \cdot L}} \qquad \text{(III.6-23)}$$

mit: α_w = 0,5 für beidseitige Wölbfeder

= 0,4 für einseitige Wölbfeder auf der Seite des größeren Moments

$$I_\omega^* = \frac{I_\omega}{\beta_0^2} \qquad \text{(III.6-24)}$$

Werden U-Profile zwischen die Flansche geschweißt, wird damit eine noch sehr viel wirksamere Wölbbehinderung als bei Kopfplatten erreicht. Dieser Effekt kann durch Gl. (III.6-25) erfasst werden [188].

$$C_w = G \cdot I_T \cdot h \qquad \text{(III.6-25)}$$

mit: $I_T = \frac{4 \cdot A_m^2}{\Sigma(b/t)}$

A_m Fläche zwischen den Schwerachsen des Hohlprofils

h Höhe des Hohlprofils zwischen den Flanschen

<2.4> Ausgeklinkte Träger

Im Hochbau werden bei der Verbindung von Nebenträgern mit Hauptträgern häufig Träger mit Ausklinkungen verwendet, um so gleiche Obergurthöhen aller Träger zu erreichen. Im Vergleich zu einem Träger mit beidseitiger Gabellagerung wird die Traglast durch die Ausklinkungen herabgesetzt.

Verantwortlich dafür sind verschiedene Parameter, vgl. [188]:

- der reduzierte Querschnitt im ausgeklinkten Bereich besitzt nur noch eine verringerte Querkraft- und Momententragfähigkeit,
- bei schlanken Stegblechen besteht die Gefahr des örtlichen Beulens,
- wird die Ausklinkung über eine größere Länge ausgeführt, verringert sich die Steifigkeit in diesem Bereich erheblich und beeinflusst M_{cr} negativ und
- das Versagen erfolgt als Interaktion zwischen örtlichem Beulen und Biegedrillknicken.

Die Reduktion von M_{cr} infolge der Ausklinkungen ist i. d. R. beträchtlich, siehe [188], [179] und [195] und darf daher nicht vernachlässigt werden. Besonders ungünstig sind Ausklinkungen oben und unten, dies sollte vermieden werden. Entsprechende Diagramme dafür sind in [179] angegeben.

Die Reduktion des idealen Biegedrillknickmomentes M_{cr} wird durch den in Bild III.6-26 aufgetragenen Faktor

$$V_e = \frac{M_{cr,Ak}}{M_{cr}} \qquad \text{(III.6-26)}$$

ausgedrückt, wobei $M_{cr,Ak}$ das ideale Biegedrillknickmoment unter Berücksichtigung der Ausklinkung ist. Die Diagramme wurden speziell für IPE-Profile entwickelt, Breitflanschprofile verhalten sich etwas ungünstiger, siehe [179]. Dies kann durch einen zusätzlichen Faktor ΔV_e erfasst werden, siehe Gln. (III.6-27a) bis c).

Profile HEA: $\Delta V_e = \sqrt{\frac{\chi_t}{3 \cdot C_1}}$ aber $\Delta V_e \leq 0{,}10$ (III.6-27a)

Profile HEB: $\Delta V_e = \sqrt{\frac{\chi_t}{2 \cdot C_1}}$ aber $\Delta V_e \leq 0{,}15$ (III.6-27b)

Profile HEM: $\Delta V_e = \sqrt{\frac{\chi_t}{C_1}}$ aber $\Delta V_e \leq 0{,}20$ (III.6-27c)

mit C_1 Momentenbeiwert nach Abs. III.6.3.2.2<2.1>

χ_t Torsionsbeiwert nach Gl. (III.6-28)

$$\chi_t = \frac{E \cdot I_\omega}{G \cdot I_T \cdot L^2} \quad \text{(III.6-28)}$$

Entsprechende Angaben für Last im Schwerpunkt können aus [179] entnommen werden.

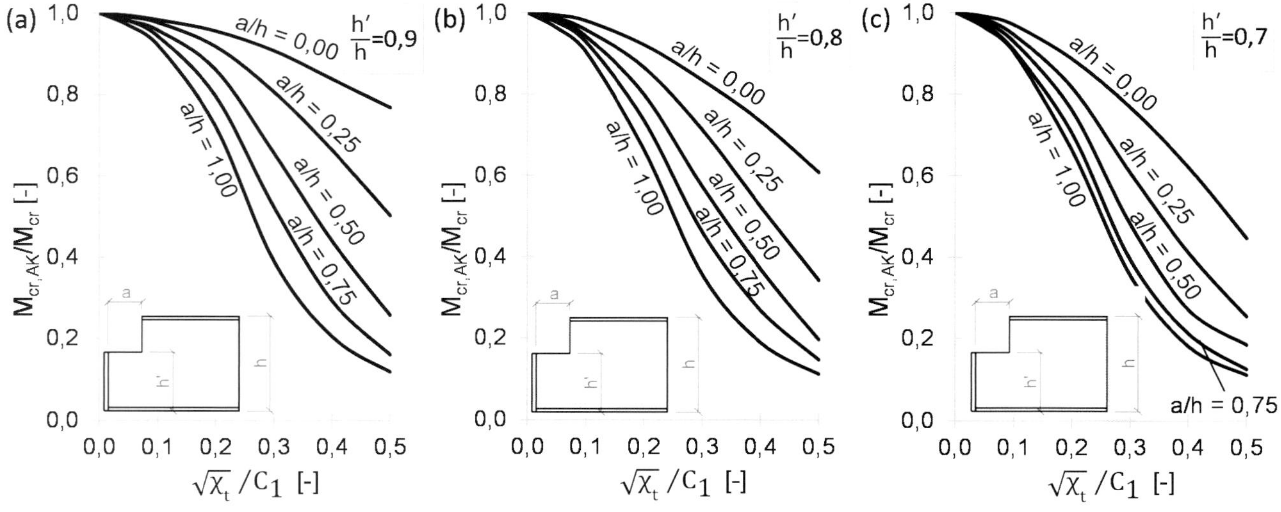

Bild III.6-26: Biegedrillknickmomente bei Lastangriff am Obergurt [179]

<2.5> Träger mit Querkraftanschlüssen im Hochbau

Querkraftanschlüsse werden häufig angewendet, um im Hochbau eine oberkantenbündige Verbindungsmöglichkeit zwischen Nebenträgern und Hauptträgern zu schaffen. Wenn die Anschlüsse durch Fahnenbleche oder Winkel hergestellt werden, die an den Nebenträger angeschraubt werden, dann sind diese Anschlüsse besonders montagefreundlich. Gegenüber Ausklinkungen, die im Prinzip ähnlich sind, besteht der Vorteil, dass diese Träger mit Querkraftanschlüssen nicht wie die ausgeklinkten Träger zwischen die Hauptträger eingeschwenkt werden müssen. Wie bei den ausgeklinkten Trägern stellen die Auflager in Bezug auf das Biegedrillknicken jedoch kein Gabellager dar, sondern ein torsionsweiches Auflager.

Die in Bild III.6-27 dargestellten Varianten wurden in einem umfangreichen Forschungsvorhaben in München untersucht [200], [199]. Dabei wurde das charakteristische Verhalten der Anschlüsse bezüglich einer Torsionsfeder aus Versuchen bestimmt, daraus ein FE-Modell entwickelt und damit dann viele Ausführungsvarianten rechnerisch untersucht. Das Ergebnis besteht in der Angabe einer Torsionsfedersteifigkeit k_D [kNm/rad], durch deren Ansatz dann auch mit üblichen EDV-Programmen (z. B. [176], [100]) das ideale Biegedrillknickmoment M_{cr} bestimmt werden kann. Die angegebenen Werte gelten gleichermaßen für S235, S355, S460, ein Nachweis des Anschlusses selbst ist neben dem Biegedrillknicknachweis noch zu führen.

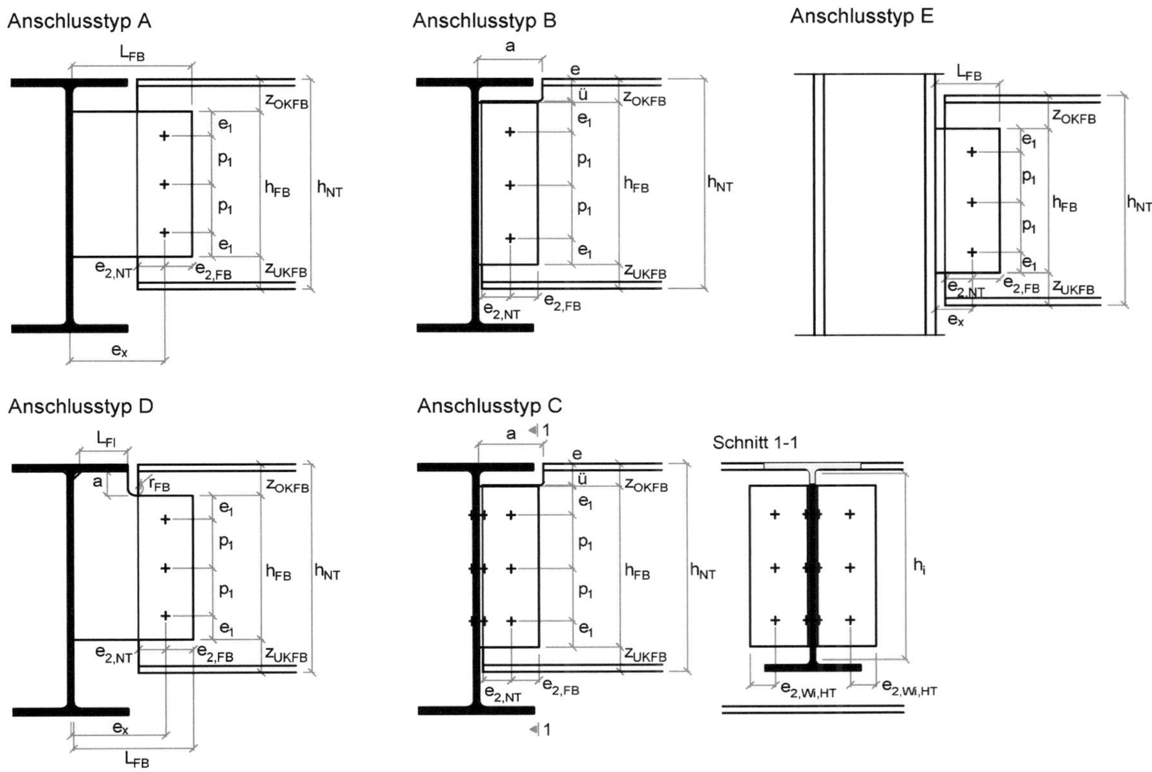

Bild III.6-27: Behandelte Anschlusstypen, [199]

Es wurden die von A bis E benannten Anschlusstypen untersucht:

A. Langes Fahnenblech
B. Kurzes Fahnenblech mit ausgeklinktem Träger
C. Doppelwinkel mit ausgeklinktem Träger
D. Langes, ausgeklinktes Fahnenblech, an den oberen Gurt des Hauptträgers geschweißt
E. Kurzes Fahnenblech (entspricht einem Stützenanschluss)

In [200], auszugsweise in [199], sind für die untersuchten Fälle dann ideale Biegedrillknickmomente M_{cr} angegeben oder β_{LT}-Beiwerte, mit deren Hilfe L_{cr} und daraus M_{cr} bestimmt werden kann.

Tabelle III.6-12: Beispiel aus [199] (Teil 2), Bild 15, für Anschlusstyp B, Gleichstreckenlast, IPE 300, z_p = Lasthebelarm

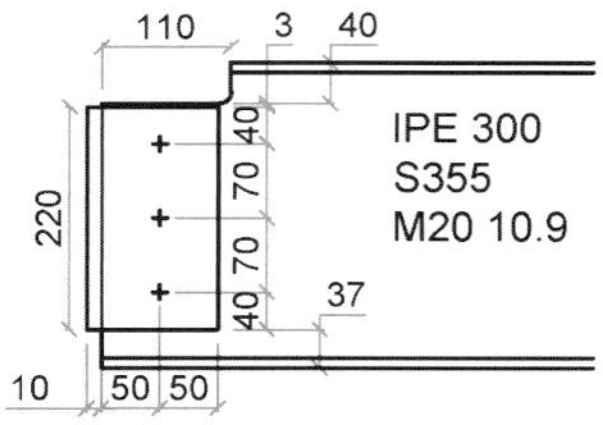

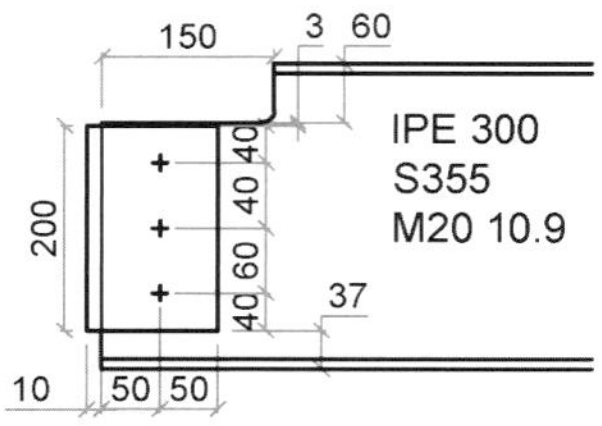

			Gabellagerung		**Anschluss 1: k_D = 130 kNm/rad**				**Anschluss 2: k_D = 62 kNm/rad**			
Zeile	**L [m]**	z_p	$M_{cr,G}$ **[kNm]**	$\chi_{c,G}$	$M_{cr,1}$ **[kNm]**	$\chi_{c,1}$	$\frac{M_{cr,1}}{M_{cr,G}}$	$\frac{\chi_{c,1}}{\chi_{c,G}}$	$M_{cr,2}$ **[kNm]**	$\chi_{c,2}$	$\frac{M_{cr,2}}{M_{cr,G}}$	$\frac{\chi_{c,2}}{\chi_{c,G}}$
1	2,0		378	0,896	205	0,755	0,542	0,843	135	0,628	0,357	0,701
2	3,0	$-\frac{h}{2}$	196	0,743	152	0,665	0,776	0,895	121	0,591	0,617	0,795
3	6,0		79,0	0,448	74,0	0,427	0,937	0,953	69,2	0,406	0,876	0,906
4	12		38,7	0,245	37,8	0,240	0,977	0,980	36,9	0,234	0,953	0,955
5	2,0		572	0,963	421	0,915	0,736	0,950	342	0,877	0,598	0,911
6	3,0	0	284	0,838	250	0,807	0,880	0,963	220	0,775	0,775	0,925
7	6,0		103	0,535	99,7	0,526	0,968	0,983	95,2	0,510	0,934	0,953
8	12		44,8	0,281	44,5	0,279	0,993	0,993	43,7	0,274	0,975	0,975

Die prinzipiellen Verhältnisse bei solch einem Anschluss sind für ein Beispiel aus Tabelle III.6-12 zu ersehen.

Die idealen Biegedrillknickmomente M_{cr} wurden hier mit [176] berechnet, ggf. unter Berücksichtigung der speziellen Anschlussfedern k_D – die Werte M_{cr} stimmen weitgehend mit den Ergebnissen von [199] überein. Die Ermittlung des bezogenen Schlankheitsgrades erfolgt nach Gl. (6.58), des Abminderungsbeiwertes $\chi_{LT,mod} = \chi_c$ nach Abs. 6.3.2.3 unter Berücksichtigung von $k_c = 0{,}94$ nach Tabelle 6.6. Als Biegedrillknicklinie wurde Linie „c" statt „b" (nach Tabelle 6.4) analog zu den Ausführungen bei den ausgeklinkten Trägern gewählt.

Folgende Ergebnisse sind festzustellen:

- Der Einfluss der Weichheit des Anschlusses nimmt mit größerer Länge ab, dies betrifft sowohl M_{cr} als auch den daraus berechneten Abminderungsbeiwert χ_c.
- Einem Verhältnis $M_{cr,FB}/M_{cr,G}$ von 0,537 (für den torsionsweicheren Anschluss in Zeile 1) entspricht jedoch ein Verhältnis der Abminderungsbeiwerte nur von 0,701 – also sehr viel moderater!
- Bei einem Lastangriff am Obergurt ist bei einer Länge von 12 m (also einem Verhältnis L/h = 40) der Einfluss des torsionsweichen Anschlusses praktisch zu vernachlässigen. Zeile 4 zeigt: $0{,}980 \approx 1{,}0$ für Anschluss 1, $0{,}955 \approx 1{,}0$ für Anschluss 2. Bei einem Lastangriff im Schubmittelpunkt, der in diesem Fall im Schwerpunkt liegt, gilt dies schon für eine Länge von L = 6,0 m, d. h. L/h = 20.
- Die Torsionsfedersteifigkeit k_D hängt auch vom Profil ab, insbesondere die Steifigkeit der Gurte spielt eine Rolle.

<2.6> Träger mit Teilkopfplatten

In Hochbaukonstruktionen werden für die Verbindungen zwischen Träger und Stütze gern geschraubte Kopfplattenstöße verwendet. Sie lassen sich optimal an die zu übertragenden Schnittgrößen anpassen. Sind keine Endmomente vorhanden, ist die Ausführung einer Kopfplatte über die gesamte Höhe des Trägerprofils nicht unbedingt notwendig, sondern die Höhe der Platte h_P kann den vorhandenen Querkräften angepasst werden. Maßgebend für die Höhe wird in diesem Fall oft die Anordnung der Schrauben.

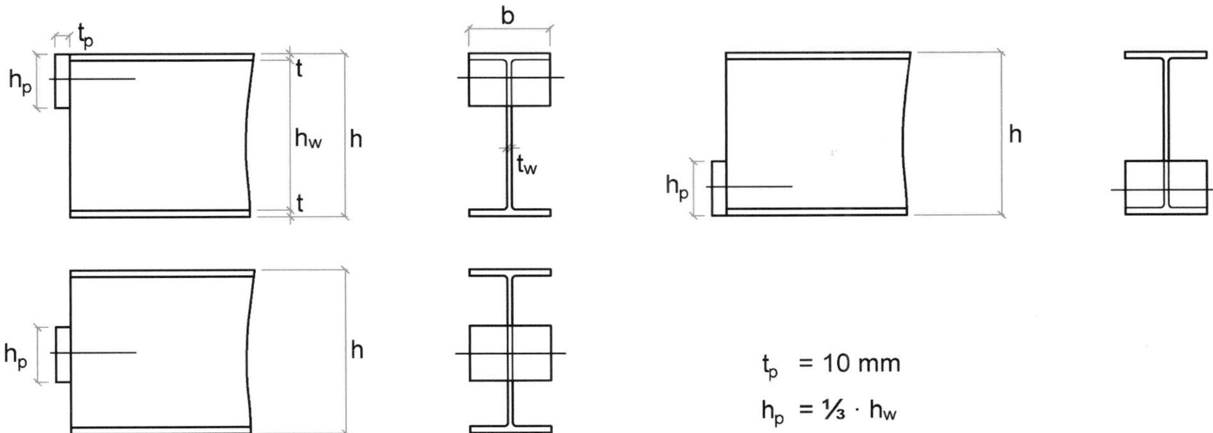

Bild III.6-28: Beispiele für die Anordnung von Teilkopfplatten [188]

Muss für den Träger ein Nachweis bezüglich des Biegedrillknickens geführt werden, dann kann bei dieser konstruktiven Ausführung nicht mehr von einem Gabellager ausgegangen werden, da die Verdrehung ϑ nicht vollständig verhindert ist.

An der TU Berlin und anderen Universitäten durchgeführte Untersuchungen zum Einfluss der Größe und Lage von Kopfplatten haben ergeben, dass die Tragfähigkeit von Trägern mit Teilkopfplatten bezüglich des Biegedrillknickens je nach Höhe und Lage der Platte gegenüber dem Ergebnis unter der Annahme von Gabellagerung beträchtlich absinken kann, vgl. [188], [195] und [167] .

Angaben zur rechnerischen Ermittlung des reduzierten idealen Biegedrillknickmomentes $M_{cr,r}$ sind in [188] vorhanden und können dort entnommen werden. Zur Erleichterung der Anwendung sind dort in [188] außerdem für verschiedene Profile IPE, HEA und HEAA für zwei Fälle (Teilkopfplatte oben und mittig) weitere Auswertungen vorgenommen worden. Daraus kann für verschiedene Trägerlängen das Verhältnis der idealen kritischen Biegedrillknickmomente $M_{cr,re}/M_{cr,Gabell.}$ entnommen werden. Aus den Auswertungen ist zu ersehen, dass der Einfluss der Lagerung mit zunehmender Länge abnimmt, die Endlagerung also als Art „Randstörung" wirkt. Andererseits ist sie aber im baupraktischen Bereich bis L = 12 m bemerkenswert und daher zu berücksichtigen. In jedem Fall ist die Anordnung der Teilkopfplatte am Obergurt günstiger, als wenn sie in der Mitte der Höhe angeordnet wird. Die Anordnung unten ist sehr ungünstig und unbedingt zu vermeiden.

<2.7> M_{cr} für Träger ohne Gabellagerung, Lagerung nur an einem Gurt

Der wesentliche Unterschied gegenüber der Gabellagerung besteht darin, dass sich das Profil auch am Auflager verdrehen kann, siehe Bild III.6-29, so dass die Querschnittsform nicht erhalten bleibt, die sogenannte Querschnittstreue also nicht vorhanden ist. Dies hat zur Folge, dass das gesamte System weicher wird, wobei diese Randstörung sich bei kurzen Trägern stark bemerkbar macht und bei längeren Trägern abklingt.

Typische Anwendungsfälle liegen für Lagerung am Obergurt bei Handlaufkränen vor, während die reine Untergurtlagerung häufig im Stahlhochbau durch Wegfall von Lagersteifen auftritt.

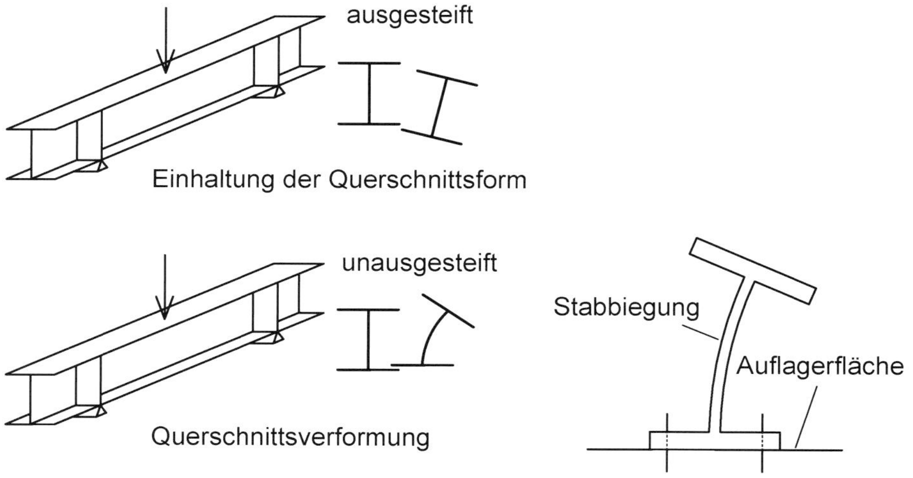

Bild III.6-29: Erhaltung der Querschnittsform und Querschnittsverformung, verformtes System am Lager

Frühe Untersuchungen zum Problem der Untergurtlagerung sind aus den Niederlanden bekannt [69], bei denen ein IPE 600 unter Gleichstreckenlast untersucht wurde und daraus auch eine stark vereinfachte Näherungsgleichung abgeleitet wurde, die Eingang in die Norm NEN 3851 fand. Für andere Fälle stellt dies jedoch nur eine grobe Näherung dar.

Umfangreiche Untersuchungen liegen durch [178] vor, die jedoch nicht zu einer formelmäßigen Erfassung von M_{cr} geführt haben. Beispielhaft sind die Ergebnisse für Belastung durch Gleichstreckenlast für ein Profil IPE 220 aus Bild III.6-30 zu ersehen. Es wird deutlich, dass sich bei der kurzen Länge von L = 2,0 m die Werte für M_{cr} etwa um den Faktor 4 unterscheiden, während etwa ab $L = 30 \cdot h$ der Wert M_{cr} für Gabellagerung erreicht wird. In [178] sind weitere IPE- und HEB-Profile für verschiedene Lastfälle untersucht, außerdem wird auch die Wirkung von seitlichen Festhaltungen des

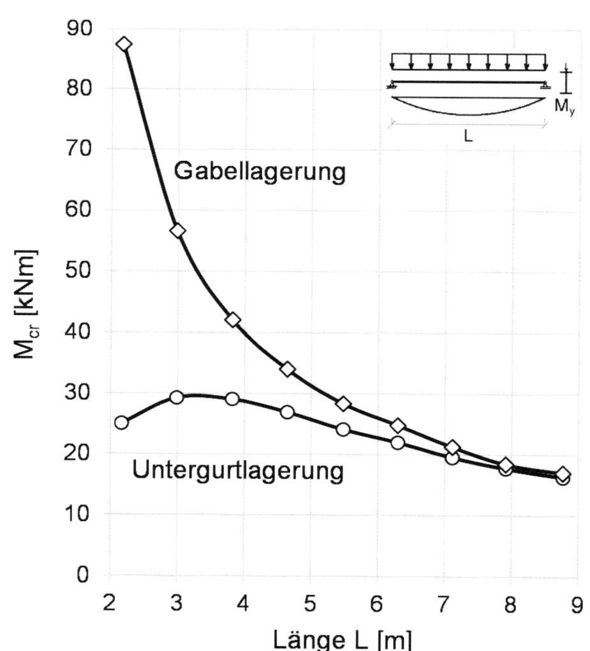

Bild III.6-30: Verzweigungslasten für IPE 220, Beanspruchung durch eine Gleichstreckenlast [178]

Obergurts im Feld und von kontinuierlicher Drehbettung c_ϑ betrachtet. Bemerkenswert ist auch, dass für reine Momentenbeanspruchung M_y kaum Unterschiede in den kritischen Momenten M_{cr} vorhanden sind.

Ein vollständiges Bemessungskonzept für Träger mit Profilverformung (Voraussetzung $L/h \geq 10$) liegt durch *Geldmacher* [108] vor. Zur Bestimmung von M_{cr} wird ein beidseitig einfach gelagerter Träger (unter der üblichen Voraussetzung der Querschnittstreue) mit Drehfedern der Steifigkeit K_D an den Auflagern betrachtet, ähnlich wie später bei [199]. Bei den Drehfedern können Anteile aus Walzradien, Durchlaufträgerwirkung, Kragarmeinfluss, Überstände in Längsrichtung berücksichtigt werden. Die Berechnung von M_{cr} erfolgt dann unter Ansatz von K_D über ein EDV-Programm, z. B. [176], [103], [100].

<3> zu NDP zu 6.3.2.2(2), Anmerkung 1: Anwendung des Anpassungsbeiwertes f in Abs. 6.3.2.2

Es gibt keine speziellen Untersuchungen darüber, dass der Anpassungsbeiwert f nach Abs. 6.3.2.3 auch zur Modifizierung des Abminderungsfaktors χ_{LT} nach Gl. (6.56) in Abs. 6.3.2.2 verwendet werden darf, jedoch ist dies ingenieurmäßig vernünftig und wurde vom „Spiegelausschuss zu DIN EN 1993-1-1“ daher gestattet.

Die Imperfektionsbeiwerte $\alpha_{LT}{}^*$ dürfen aufgrund von Untersuchungen an der RWTH Aachen anstelle der Werte α_{LT} von Tabelle 6.3 verwendet werden, vgl. [97] sowie in diesem Kommentar Abs. III.6.3.4.

<4> zu 6.3.2.2(4): Entbehrlichkeit des Biegedrillknicknachweises

Wenn der bezogene Schlankheitsgrad hinreichend klein ist, darf auch bei diesem Abschnitt ein Biegedrillknicknachweis entfallen, bezüglich der Details wird auf Abs. 6.3.2.3 verwiesen. Da entsprechend der Anmerkung dort in Deutschland der Empfehlung gefolgt wird und ein Wert von $\bar{\lambda}_{LT,0} = 0{,}4$ verwendet wird, bedeutet dies, dass dieser Wert auch hier in Abs. 6.3.2.2 verwendet wird. Eine Inkonsistenz ergibt sich dadurch, dass bei hohen, schlanken Trägern das Biegedrillknicken im Wesentlichen wie das Biegeknicken des Druckgurtes abläuft und für Biegeknicken nach Abs. 6.3.1.2(4) eine Grenze von $\bar{\lambda} = 0{,}2$ gilt, während hiernach die Grenze von 0,4 akzeptiert wird. Dies führt in diesem Bereich zu leichten Unsicherheiten.

III.6.3.2.3 Biegedrillknicken gewalzter Querschnitte und gleichartiger geschweißter Querschnitte

<1> Hintergrund

Bezüglich europäischer Regelungen lagen für das Biegedrillknicken lange keine „harmonisierten" europäischen Kurven vor, wie sie für das Biegeknicken unter reiner Normalkraftbeanspruchung mit den europäischen Knickspannungslinien seit längerer Zeit existieren. Das TC 8 („Technical Committee 8") „Stability" der ECCS/EKS hat sich in den letzten Jahren dieser Aufgabe gewidmet. Das Ergebnis sind neu bestimmte Abminderungsfaktoren χ_{LT} (entspricht κ_M nach DIN 18800-2), die in die vorliegende Norm eingeflossen sind.

Aus der Auswertung von sehr umfangreichen Traglastrechnungen an verschiedenen Profilen (vgl. [211], [164] und [228]) hat sich ergeben, dass die χ_{LT}-Werte stark von verschiedenen Parametern abhängen:

a) Profiltyp, z. B. HEB, IPE, wobei insbesondere das h/b-Verhältnis maßgebend ist,

b) Profilabmessungen, z. B. HEB 300, HEB 1000,

c) Verlauf des Biegemomentes M_y in Stablängsrichtung und

d) Herstellverfahren, z. B. gewalzt, geschweißt, Wabenträger.

In DIN 18800-2 sind dem damaligen Kenntnisstand entsprechend davon die Parameter c) und d) berücksichtigt, indem für diese Einflussfaktoren unterschiedliche n-Werte vorgesehen sind. Neuere Ergebnisse von der TU Graz sind in Bild III.6-31 dargestellt, solche von der TU Berlin in Bild III.6-32. Es ist aus beiden Bildern zu ersehen, dass die kompakten Profile (z. B. HEB 300 mit h/b = 1,0) sich wesentlich günstiger verhalten als die schlanken Profile (z. B. HEA 1000 mit h/b = 3,3).

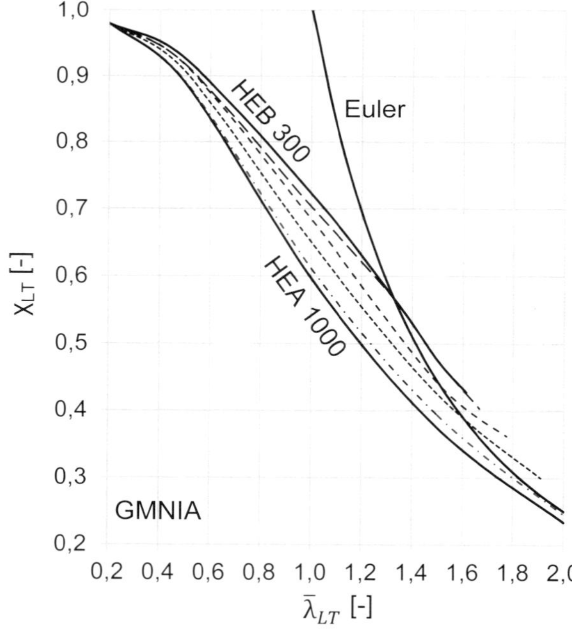

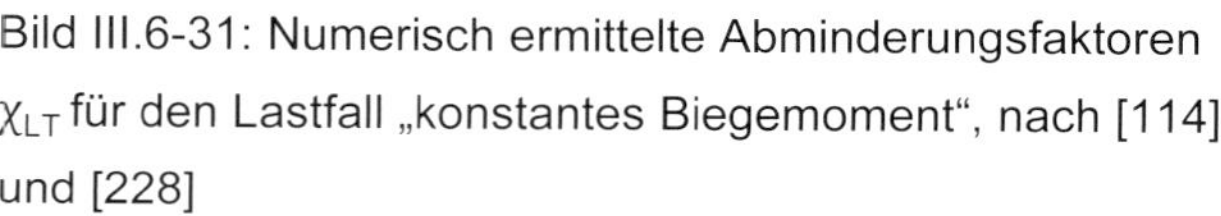
Bild III.6-31: Numerisch ermittelte Abminderungsfaktoren χ_{LT} für den Lastfall „konstantes Biegemoment", nach [114] und [228]

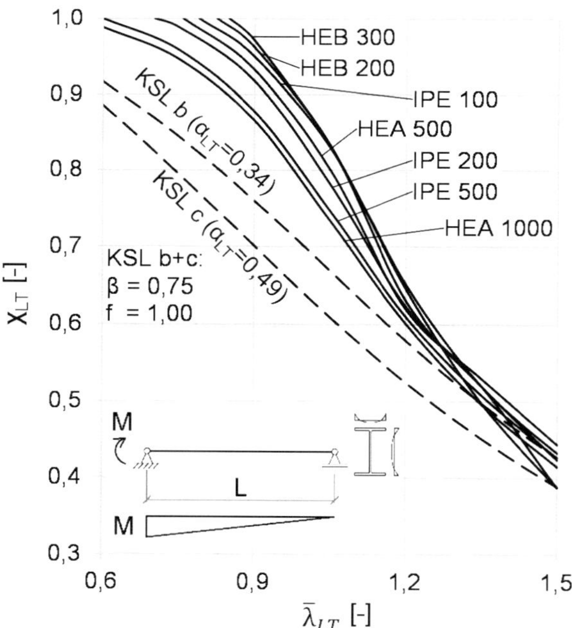

Bild III.6-32: Numerisch ermittelte Abminderungsfaktoren χ_{LT}, verschiedene Profile, linear veränderlicher Momentenverlauf, nach [164]

Für geschweißte Querschnitte mit ähnlichen Abmessungen ergeben sich ähnliche Verhältnisse, allerdings liegen die Werte generell tiefer, also ungünstiger, vgl. [228].

Es lag daher nahe, in der Norm die neuen Biegedrillknicklinien nach dem Querschnittsparameter h/b (Profilhöhe/Profilbreite) zu ordnen, um zu einer wirtschaftlichen Ausnutzung der Profile zu kommen. Gewählt wurden jeweils zwei Kurven für gewalzte und für geschweißte Querschnitte. Die Imperfektionsbeiwerte α_{LT} wurden zahlenmäßig aus Gründen der Vereinfachung wie die Werte α für das Biegeknicken gewählt. Der Abminderungsfaktor χ_{LT} wird nach Gl. (6.57) berechnet.

Besonders wichtig ist die Festlegung der Grenze, bis zu der kein Biegedrillknicknachweis erforderlich ist. In Deutschland hat das lange Tradition, die DIN 4114:1952 kannte zwar keine direkte Begrenzung der Schlankheit, aber den sogenannten „c/40-Nachweis“. Dieser besagte, dass kein weiterer Nachweis erforderlich war, wenn der Druckgurt in konstanten Abständen $c \leq 40 \cdot i_y$ seitlich in Richtung y unverschieblich gehalten war. DIN 18800-2, El. (303) sagt, dass kein Biegedrillknicknachweis erforderlich ist, wenn $\bar{\lambda}_M (= \bar{\lambda}_{LT}) \leq 0{,}4$ ist. Für die Festlegung der Grenze $\bar{\lambda}_{LT} \leq 0{,}4$ wurden insbesondere experimentelle Untersuchungen herangezogen (vgl. [84] und [145]), da auf rein rechnerischem Wege ein solcher Nachweis nicht zweifelsfrei zu führen war.

Abweichend vom sogenannten „allgemeinen Fall“ werden die Walzprofile den Biegedrillknicklinien „b“ und „c“, die geschweißten Profile den Biegedrillknicklinien „c“ und „d“ – abgestuft nach dem Querschnittsparameter h/b (h = Profilhöhe; b = Profilbreite) – zugeordnet. Die Profile mit h/b ≤ 2 sind der jeweils günstigeren und mit h/b > 2 der jeweils ungünstigeren Knicklinie zugeordnet. Dies wurde auch durch Vergleiche mit Versuchen bestätigt [116]. Alle anderen Querschnitte können der Biegedrillknicklinie „d“ zugeordnet werden. Obwohl damit die Imperfektionsparameter α_{LT} gegenüber dem sog. „allgemeinen Fall“ nach Abs. 6.3.2.2 in der Regel um eine Knicklinie schlechter eingestuft werden, liegen die Abminderungsfaktoren selbst dann wegen der anderen Kurvendefinition tatsächlich höher. Außerdem darf die Form des Biegemomentenverlaufs stärker berücksichtigt werden. Liegen Biegemomente mit veränderlichem Verlauf vor, ergeben sich insbesondere bei linear veränderlichem Momentenverlauf M_y deutlich höhere Werte für den Abminderungsfaktor χ_{LT} als bei einem konstanten Momentenverlauf (siehe Bild III.6-33).

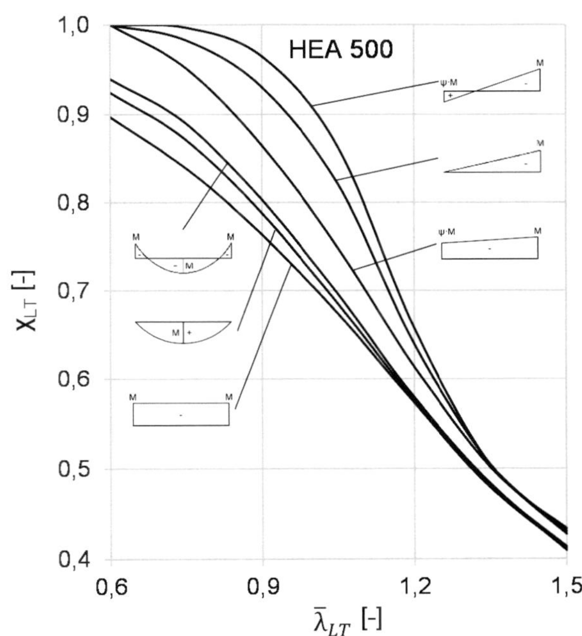

Bild III.6-33: Numerisch ermittelter Abminderungsfaktor χ_{LT} für ein HEA 500 für verschiedene Momentenverläufe, nach [164]

Die Tatsache, dass bei veränderlichem Momentenverlauf die Traglasten im mittelschlanken Bereich wesentlich größer sind als bei konstantem Moment, liegt wesentlich daran, dass im Versagenszustand nur kleine Teilbereiche des Stabes plastisch ausgenutzt werden. Diesem Umstand wird in der Norm durch die mögliche Modifikation des Abminderungsfaktors χ_{LT} zu $\chi_{LT,mod}$ nach Gl. (III.6-29) mit f nach Gl. (III.6-30) Rechnung getragen. Eine konservative Annahme ist f = 1,0 bzw. $\chi_{LT,mod} = \chi_{LT}$.

$$\chi_{LT,mod} = \frac{\chi_{LT}}{f} \leq \begin{cases} 1 \\ 1/\bar{\lambda}_{LT}^2 \end{cases} \tag{III.6-29}$$

$$f = 1 - 0{,}5 \cdot (1 - k_c) \cdot \left[1 - 2 \cdot \left(\bar{\lambda}_{LT} - 0{,}8\right)^2\right] \leq 1 \tag{III.6-30}$$

In Gl. (III.6-30) geht der Korrekturbeiwert k_c (siehe DIN EN 1993-1-1, Tabelle 6.6) ein, der in DIN 18800-2 als Druckkraftbeiwert bezeichnet wurde.

Mit der Modifikation 1/f wird das Abweichen des vorliegenden Momentenverlaufs gegenüber einem über die Bauteillänge konstanten Moment auf der Höhe der Traglast berücksichtigt. Diese Anhebung ist nur im Schlankheitsbereich bis 1,5 möglich, siehe Tabelle III.6-16. Dabei wird die Schlankheit stets mit dem passend zur Momentenverteilung berechneten Biegedrillknickmoment M_{cr} bestimmt – die Form der Momentenverteilung geht also zweimal ein.

<2> zu NDP zu 6.3.2.3(1), Anmerkung: Abminderungsfaktoren χ_{LT}

Über den NA wurde der Empfehlung in der Norm gefolgt, so dass die Grenze ohne besonderen Nachweis des Biegedrillknickens $\bar{\lambda}_{LT} \leq 0{,}4$, dies entspricht $\bar{\lambda}_{LT,0} = 0{,}4$, in Deutschland gültig ist. Gleichzeitig wurde auch der Wert von $\beta = 0{,}75$ bestätigt, so dass der Nachweis durch Gl. (III.6-31) in Verbindung mit Gl. (III.6-32) erfolgt.

$$\chi_{LT} = \frac{1}{\Phi_{LT} + \sqrt{\Phi_{LT}^2 - 0{,}75 \cdot \bar{\lambda}_{LT}^2}} \leq \begin{cases} 1 \\ 1/\bar{\lambda}_{LT}^2 \end{cases} \tag{III.6-31}$$

$$\Phi_{LT} = 0{,}5 \cdot \left[1 + \alpha_{LT} \cdot \left(\bar{\lambda}_{LT} - 0{,}4\right) + 0{,}75 \cdot \bar{\lambda}_{LT}^2\right] \tag{III.6-32}$$

Die Zuordnung der Biegedrillknicklinien erfolgt nach Tabelle 6.5.

Um die Anwendung zu erleichtern, sind in Tabelle III.6-13 Auswertungen der Gl. (III.6-31) angegeben. Diese erfolgen ohne die nach Gl. (6.58) mögliche Modifikation durch f, d. h. mit f = 1.0. Um f von vornherein einzubeziehen, wäre eine sehr große Anzahl verschiedener Tabellen erforderlich, da k_c in weiten Bereichen schwanken kann, wie aus Tabelle 6.6 zu ersehen ist und später durch Tabelle III.6-17 noch gezeigt werden wird.

Tabelle III.6-13: Abminderungsfaktoren χ_{LT} für Biegedrillknicklinie „b“ nach Tabelle 6.5, α_{LT} = 0,34, f = 1,0

$\bar{\lambda}_{LT}$	, 0	, 1	, 2	, 3	, 4	, 5	, 6	, 7	, 8	, 9
0,4	1,000	0,996	0,992	0,988	0,984	0,980	0,976	0,972	0,968	0,964
0,5	0,960	0,956	0,952	0,948	0,943	0,939	0,935	0,930	0,926	0,922
0,6	0,917	0,913	0,908	0,903	0,899	0,894	0,889	0,884	0,880	0,875
0,7	0,870	0,865	0,860	0,854	0,849	0,844	0,839	0,833	0,828	0,823
0,8	0,817	0,812	0,806	0,800	0,795	0,789	0,783	0,778	0,772	0,766
0,9	0,760	0,754	0,748	0,742	0,736	0,730	0,724	0,718	0,712	0,706
1,0	0,700	0,694	0,687	0,681	0,675	0,669	0,663	0,657	0,651	0,645
1,1	0,639	0,633	0,626	0,620	0,614	0,609	0,603	0,597	0,591	0,585
1,2	0,579	0,573	0,568	0,562	0,556	0,551	0,545	0,540	0,534	0,529
1,3	0,524	0,518	0,513	0,508	0,503	0,498	0,493	0,488	0,483	0,478
1,4	0,473	0,468	0,463	0,459	0,454	0,449	0,445	0,440	0,436	0,432
1,5	0,427	0,423	0,419	0,415	0,410	0,406	0,402	0,398	0,394	0,391
1,6	0,387	0,383	0,379	0,376	0,372	0,367	0,363	0,359	0,354	0,350
1,7	0,346	0,342	0,338	0,334	0,330	0,327	0,323	0,319	0,316	0,312
1,8	0,309	0,305	0,302	0,299	0,295	0,292	0,289	0,286	0,283	0,280
1,9	0,277	0,274	0,271	0,268	0,266	0,263	0,260	0,258	0,255	0,253
2,0	0,250	0,248	0,245	0,243	0,240	0,238	0,236	0,233	0,231	0,229
2,1	0,227	0,225	0,222	0,220	0,218	0,216	0,214	0,212	0,210	0,209
2,2	0,207	0,205	0,203	0,201	0,199	0,198	0,196	0,194	0,192	0,191
2,3	0,189	0,187	0,186	0,184	0,183	0,181	0,180	0,178	0,177	0,175
2,4	0,174	0,172	0,171	0,169	0,168	0,167	0,165	0,164	0,163	0,161
2,5	0,160	0,159	0,157	0,156	0,155	0,154	0,153	0,151	0,150	0,149
2,6	0,148	0,147	0,146	0,145	0,143	0,142	0,141	0,140	0,139	0,138
2,7	0,137	0,136	0,135	0,134	0,133	0,132	0,131	0,130	0,129	0,128
2,8	0,128	0,127	0,126	0,125	0,124	0,123	0,122	0,121	0,121	0,120
2,9	0,119	0,118	0,117	0,116	0,116	0,115	0,114	0,113	0,113	0,112

Tabelle III.6-14: Abminderungsfaktoren χ_{LT} für Biegedrillknicklinie „c" nach Tabelle 6.5, α_{LT} = 0,49, f = 1,0

$\bar{\lambda}_{LT}$	, 0	, 1	, 2	, 3	, 4	, 5	, 6	, 7	, 8	, 9
0,4	1,000	0,994	0,989	0,983	0,978	0,972	0,966	0,961	0,955	0,949
0,5	0,944	0,938	0,932	0,927	0,921	0,915	0,909	0,903	0,898	0,892
0,6	0,886	0,880	0,874	0,868	0,862	0,856	0,850	0,844	0,838	0,832
0,7	0,826	0,820	0,813	0,807	0,801	0,795	0,789	0,782	0,776	0,770
0,8	0,764	0,757	0,751	0,745	0,739	0,732	0,726	0,720	0,713	0,707
0,9	0,701	0,695	0,688	0,682	0,676	0,670	0,664	0,657	0,651	0,645
1,0	0,639	0,633	0,627	0,621	0,615	0,609	0,603	0,597	0,592	0,586
1,1	0,580	0,574	0,569	0,563	0,557	0,552	0,546	0,541	0,536	0,530
1,2	0,525	0,520	0,514	0,509	0,504	0,499	0,494	0,489	0,484	0,479
1,3	0,475	0,470	0,465	0,461	0,456	0,451	0,447	0,442	0,438	0,434
1,4	0,429	0,425	0,421	0,417	0,413	0,409	0,405	0,401	0,397	0,393
1,5	0,389	0,385	0,382	0,378	0,374	0,371	0,367	0,364	0,360	0,357
1,6	0,353	0,350	0,347	0,344	0,340	0,337	0,334	0,331	0,328	0,325
1,7	0,322	0,319	0,316	0,313	0,310	0,307	0,305	0,302	0,299	0,297
1,8	0,294	0,291	0,289	0,286	0,284	0,281	0,279	0,276	0,274	0,272
1,9	0,269	0,267	0,265	0,262	0,260	0,258	0,256	0,254	0,252	0,249
2,0	0,247	0,245	0,243	0,241	0,239	0,237	0,235	0,233	0,231	0,229
2,1	0,227	0,225	0,222	0,220	0,218	0,216	0,214	0,212	0,210	0,209
2,2	0,207	0,205	0,203	0,201	0,199	0,198	0,196	0,194	0,192	0,191
2,3	0,189	0,187	0,186	0,184	0,183	0,181	0,180	0,178	0,177	0,175
2,4	0,174	0,172	0,171	0,169	0,168	0,167	0,165	0,164	0,163	0,161
2,5	0,160	0,159	0,157	0,156	0,155	0,154	0,153	0,151	0,150	0,149
2,6	0,148	0,147	0,146	0,145	0,143	0,142	0,141	0,140	0,139	0,138
2,7	0,137	0,136	0,135	0,134	0,133	0,132	0,131	0,130	0,129	0,128
2,8	0,128	0,127	0,126	0,125	0,124	0,123	0,122	0,121	0,121	0,120
2,9	0,119	0,118	0,117	0,116	0,116	0,115	0,114	0,113	0,113	0,112

Tabelle III.6-15: Abminderungsfaktoren χ_{LT} für Biegedrillknicklinie „d" nach Tabelle 6.5, α_{LT} = 0,76, f = 1,0

$\bar{\lambda}_{LT}$	, 0	, 1	, 2	, 3	, 4	, 5	, 6	, 7	, 8	, 9
0,4	1,000	0,991	0,983	0,974	0,966	0,957	0,949	0,941	0,932	0,924
0,5	0,916	0,908	0,900	0,892	0,883	0,875	0,867	0,860	0,852	0,844
0,6	0,836	0,828	0,820	0,813	0,805	0,797	0,790	0,782	0,775	0,767
0,7	0,760	0,752	0,745	0,738	0,730	0,723	0,716	0,709	0,702	0,695
0,8	0,688	0,681	0,674	0,667	0,660	0,654	0,647	0,641	0,634	0,627
0,9	0,621	0,615	0,608	0,602	0,596	0,590	0,584	0,578	0,572	0,566
1,0	0,560	0,554	0,548	0,543	0,537	0,532	0,526	0,521	0,515	0,510
1,1	0,505	0,499	0,494	0,489	0,484	0,479	0,474	0,470	0,465	0,460
1,2	0,455	0,451	0,446	0,442	0,437	0,433	0,428	0,424	0,420	0,416
1,3	0,412	0,407	0,403	0,399	0,395	0,392	0,388	0,384	0,380	0,377
1,4	0,373	0,369	0,366	0,362	0,359	0,355	0,352	0,349	0,345	0,342
1,5	0,339	0,336	0,332	0,329	0,326	0,323	0,320	0,317	0,314	0,312
1,6	0,309	0,306	0,303	0,300	0,298	0,295	0,292	0,290	0,287	0,285
1,7	0,282	0,280	0,277	0,275	0,272	0,270	0,268	0,265	0,263	0,261
1,8	0,259	0,257	0,254	0,252	0,250	0,248	0,246	0,244	0,242	0,240
1,9	0,238	0,236	0,234	0,232	0,230	0,228	0,227	0,225	0,223	0,221
2,0	0,219	0,218	0,216	0,214	0,213	0,211	0,209	0,208	0,206	0,204
2,1	0,203	0,201	0,200	0,198	0,197	0,195	0,194	0,192	0,191	0,190
2,2	0,188	0,187	0,185	0,184	0,183	0,181	0,180	0,179	0,177	0,176
2,3	0,175	0,174	0,172	0,171	0,170	0,169	0,168	0,166	0,165	0,164
2,4	0,163	0,162	0,161	0,160	0,159	0,157	0,156	0,155	0,154	0,153
2,5	0,152	0,151	0,150	0,149	0,148	0,147	0,146	0,145	0,144	0,143
2,6	0,142	0,142	0,141	0,140	0,139	0,138	0,137	0,136	0,135	0,134
2,7	0,134	0,133	0,132	0,131	0,130	0,129	0,129	0,128	0,127	0,126
2,8	0,126	0,125	0,124	0,123	0,123	0,122	0,121	0,120	0,120	0,119
2,9	0,118	0,117	0,117	0,116	0,115	0,115	0,114	0,113	0,113	0,112

Die Auswertung von f nach Gl. (III.6-30) erfolgt getrennt, da sie unabhängig von der Biegedrillknicklinie gültig ist. Das Ergebnis ist in Tabelle III.6-16 angegeben.

Tabelle III.6-16: Faktoren f nach Gl. (III.6-30) in Abhängigkeit von k_c zur Modifikation des Abminderungsfaktors χ_{LT}

	k_c										
$\bar{\lambda}_{LT}$	**0,950**	**0,920**	**0,890**	**0,860**	**0,830**	**0,800**	**0,770**	**0,740**	**0,710**	**0,680**	**0,650**
0,400	0,983	0,973	0,963	0,952	0,942	0,932	0,922	0,912	0,901	0,891	0,881
0,450	0,981	0,970	0,958	0,947	0,936	0,925	0,913	0,902	0,891	0,879	0,868
0,500	0,980	0,967	0,955	0,943	0,930	0,918	0,906	0,893	0,881	0,869	0,857
0,550	0,978	0,965	0,952	0,939	0,926	0,913	0,899	0,886	0,873	0,860	0,847
0,600	0,977	0,963	0,949	0,936	0,922	0,908	0,894	0,880	0,867	0,853	0,839
0,650	0,976	0,962	0,947	0,933	0,919	0,905	0,890	0,876	0,862	0,847	0,833
0,700	0,976	0,961	0,946	0,931	0,917	0,902	0,887	0,873	0,858	0,843	0,829
0,750	0,975	0,960	0,945	0,930	0,915	0,901	0,886	0,871	0,856	0,841	0,826
0,800	0,975	0,960	0,945	0,930	0,915	0,900	0,885	0,870	0,855	0,840	0,825
0,850	0,975	0,960	0,945	0,930	0,915	0,901	0,886	0,871	0,856	0,841	0,826
0,900	0,976	0,961	0,946	0,931	0,917	0,902	0,887	0,873	0,858	0,843	0,829
0,950	0,976	0,962	0,947	0,933	0,919	0,905	0,890	0,876	0,862	0,847	0,833
1,000	0,977	0,963	0,949	0,936	0,922	0,908	0,894	0,880	0,867	0,853	0,839
1,050	0,978	0,965	0,952	0,939	0,926	0,913	0,899	0,886	0,873	0,860	0,847
1,100	0,980	0,967	0,955	0,943	0,930	0,918	0,906	0,893	0,881	0,869	0,857
1,150	0,981	0,970	0,958	0,947	0,936	0,925	0,913	0,902	0,891	0,879	0,868
1,200	0,983	0,973	0,963	0,952	0,942	0,932	0,922	0,912	0,901	0,891	0,881
1,250	0,985	0,976	0,967	0,958	0,949	0,941	0,932	0,923	0,914	0,905	0,896
1,300	0,988	0,980	0,973	0,965	0,958	0,950	0,943	0,935	0,928	0,920	0,913
1,350	0,990	0,984	0,978	0,972	0,966	0,961	0,955	0,949	0,943	0,937	0,931
1,400	0,993	0,989	0,985	0,980	0,976	0,972	0,968	0,964	0,959	0,955	0,951
1,450	0,996	0,994	0,991	0,989	0,987	0,985	0,982	0,980	0,978	0,975	0,973
1,500	1,000	0,999	0,999	0,999	0,998	0,998	0,998	0,997	0,997	0,997	0,997
1,550	1,000	1,000	1,000	1,000	1,000	1,000	1,000	1,000	1,000	1,000	1,000

Um den Abminderungsfaktor $\chi_{LT,mod}$ nach Gl. (III.6-29) zu erhalten, ist zunächst der Abminderungsfaktor χ_{LT} aus der maßgebenden Tabelle III.6-13, Tabelle III.6-14 oder Tabelle III.6-15 zu entnehmen und dieser Zahlenwert dann durch den zutreffenden Zahlenwert f aus Tabelle III.6-16 zu teilen.

Ein Beispiel verdeutlicht das Vorgehen zur Bestimmung des Abminderungsfaktors $\chi_{LT,mod}$. Betrachtet wird der Lastfall „Einzellast" für ein Profil IPE 330 mit einer bezogenen Biegedrillknickschlankheit von $\bar{\lambda}_{LT} = 0,95$:

1) IPE 330: h/b = 330/160 = 2,06 > 2,0, daher nach Tabelle 6.5: Biegedrillknicklinie „c".

2) Aus Tabelle III.6-14 für $\bar{\lambda}_{LT} = 0,95$: $\chi_{LT} = 0,670$.

3) Aus Tabelle 6.6 für „Einzellast": $k_c = 0,860$ (nach Tabelle III.6-17 : $k_c = 0,861$)

4) Aus Tabelle III.6-16 für $k_c = 0,86$: f = 0,933.

5) Nach Gl. (III.6-29) : $\chi_{LT,mod} = 0,670/0,933 = 0,718$.

<3> Tabelle III.6-14: Wirtschaftlichkeit

Für den Anwender ist auch interessant, inwieweit sich die jetzt anzuwendenden Regelungen von den bisher gültigen unterscheiden. Aus diesem Grunde wurden Vergleiche für gewalzte Profile angestellt, indem das Verhältnis der Abminderungsfaktoren nach DIN EN 1993-1-1, Abs. 6.3.2.3 gegenüber DIN 18800-2 durch einen Faktor $f = \chi_{LT}/\kappa_M$ ausgedrückt wurde. Der Wert f_b gilt für das Verhältnis h/b ≤ 2,0 (siehe Bild III.6-34), der Wert f_c für das Verhältnis h/b > 2,0 (siehe Bild III.6-35).

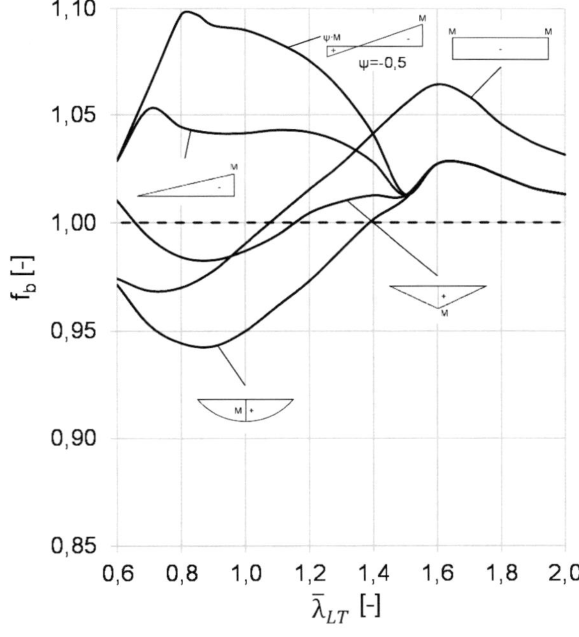

Bild III.6-34: Verhältnis f_b für h/b ≤ 2,0

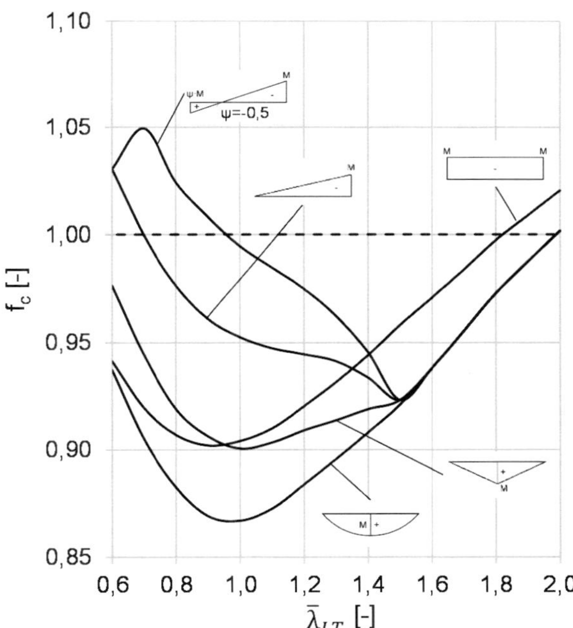

Bild III.6-35: Verhältnis f_c für h/b > 2,0

Differenzierungen nach dem Momentenverlauf sind im Wesentlichen im Bereich bis $\bar{\lambda}_{LT} = 1,5$ vorhanden, da der f-Faktor nur in diesem Bereich wirksam ist, siehe Tabelle III.6-16. Oberhalb dieses Bereiches kommen die Unterschiede durch die ungünstigere Einstufung des konstanten Momentenverlaufs nach DIN 18800-2 mit dem Faktor 0,8 gegenüber den anderen Momentenverläufen zustande.

Wie aus den beiden Bildern zu ersehen ist, ist für die niedrigeren Profile mit $h/b \leq 2$ für ein dreieckförmiges Moment aus Einzellast praktisch kein Unterschied vorhanden. Für ein parabelförmiges Moment ist DIN EN 1993-1-1 im Bereich bis $\bar{\lambda}_{LT} = 1{,}5$ etwas unwirtschaftlicher, für ein konstantes und ein linear veränderliches Moment ist sie dagegen wirtschaftlicher. Die höheren Profile mit $h/b > 2{,}0$ sind nach DIN EN 1993-1-1 fast durchgehend etwas unwirtschaftlicher, mit Ausnahme eines durchschlagenden Moments.

<4> zu NCI zu 6.3.2.3(2) Tabelle 6.6: Korrekturbeiwert k_c

Der Korrekturbeiwert k_c berücksichtigt, dass sich bei veränderlichem Moment ein veränderlicher Verlauf der Normalkraft im Druckgurt ergibt. Da es sich aber um das Biegedrillknicken und ***nicht*** das Biegeknicken handelt, darf k_c *nicht* über die Knicklängenbeiwerte β des Biegeknickens berechnet werden. Die Reduktion ergibt sich vielmehr über die Wurzel des Verhältnisses der entsprechenden Biegedrillknickmomente, die durch den Momentenbeiwert ξ (siehe Gleichung (III.6-19)) oder C_1 (siehe Gleichung (III.6-21)) gekennzeichnet sind. Daher gestattet der NA neben der Verwendung der Tabelle 6.6 auch die Berechnung über Gl. (III.6-33). Diese Gleichung wurde auch angewendet bei der Ermittlung der Zahlenwerte in Tabelle 6.6. Tatsächlich ist dies eine Näherung, da k_c eigentlich auch noch von der absoluten Länge und dem Verhältnis der Torsionssteifigkeiten I_T und I_ω sowie dem Flächenträgheitsmoment um die z-Achse I_z abhängt, was jedoch mit hinreichender Genauigkeit vernachlässigt werden darf. Dies geht umso mehr, da auch die Momentenbeiwerte selbst nicht nur vom Momentenverlauf, sondern auch vom vorhandenen Querschnitt abhängen.

$$k_c = \sqrt{\frac{1}{C_1}} \qquad \text{(III.6-33)}$$

Da k_c den Einfluss eines veränderlichen Momentenverlaufs, der gleich dem eines veränderlichen Verlauf der Druckkraft im Druckgurt ist, beschreibt, ist C_1 jeweils ohne den Effekt der Höhe des Lastangriffspunktes z_p zu bestimmen, siehe Gln. (III.6-19) und (III.6-21). Wichtig ist, dass Gl. (III.6-33) zunächst nur für beidseitig gelagerte Stäbe mit Gabellagerungen gilt. Für den starr eingespannten Kragarm darf dieser näherungsweise entsprechend Bild III.6-36 auf den beidseitig gelagerten Stab zurückgeführt werden.

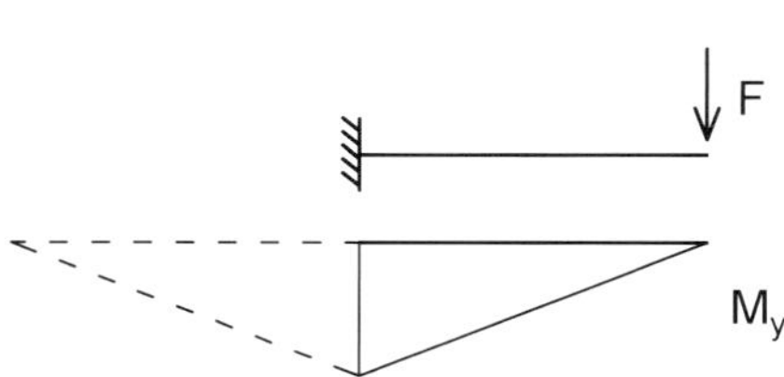

Bild III.6-36: Zurückführen des Kragarms auf den beidseitig gelagerten Stab für die Bestimmung von k_c

Zu beachten ist bei veränderlichem Verlauf der Biegemomente M_y mit Eckmoment $M_{y,E}$ und Feldmoment $M_{y,F}$ auch, dass das Verhältnis $M_{y,E}/M_{y,F}$ eine Rolle spielt. Bei den Werten in Tabelle 6.6 ist bei den Zeilen 4, 5, 7 und 8 jeweils unterstellt, dass dieses Verhältnis $M_{y,E}/M_{y,F} = 1{,}0$ ist. In Tabelle III.6-17 sind für mehrere Lastfälle (Gleichstreckenlast mit Endmomenten, Einzellast mit Endmomenten, linear veränderliches Moment) weitere Werte für C_1 mit den zugehörigen Werten k_c angegeben. Diese Werte gelten wie die Werte in Tabelle 6.6 für den Fall der freien

Drehachse. Weitere Werte für k_c sind in [76] für Einfeldträger unter Gleichstreckenlast und Einzellast in Feldmitte bei variablem Stützenmoment angegeben – es sind Werte aus England, die in [76] aufgenommen wurden.

Falls der Druckgurt durch seitliche elastische oder starre Abstützungen c_y, C_y oder S an einzelnen Stellen oder durchgehend gehalten ist, dann darf k_c näherungsweise nach Gl. (III.6-33) bestimmt werden, allerdings ist der Wert C_1 für den Fall ohne Abstützungen zu bestimmen, das gilt dann also auch für den Fall der gebundenen Drehachse. Das Gleiche gilt, wenn Verdrehungsbehinderungen durch Drehbettung c_ϑ oder C_ϑ vorhanden sind. Weitergehende Einschränkungen empfehlen *Taras/Unterweger* in [267].

Tabelle III.6-17: Werte für k_c, Gegenüberstellung mit vereinfachten Werten aus Tabelle 6.6

Momentenverlauf	Eckmoment $M = q \cdot L^2/j$		ψ = 1,00	0,50	0,00	-0,125	-0,25	-0,50
Gleichstreckenlast q; ψ·M, M, M_{Fo}; $M_{Fo} = \frac{q \cdot L^2}{8}$	j = 16	C_1	1,242	1,201	1,179	1,174	1,171	1,169
		k_c	0,879 [1]	0,912	0,921	0,923	0,924	0,925
	j = 12	C_1	2,601	1,635	1,204		1,197	1,190
		k_c	0,620	0,782	0,911 [2]		0,914	0,917
	j = 8	C_1	4,601	4,591	2,244	1,960	1,736	1,410
		k_c	0,466	0,467	0,668	0,714	0,759	0,842
		[1] nach Tabelle 6.6: 0,90			[2] nach Tabelle 6.6: 0,91			
M, ψ·M		ψ	0,00	-0,25	-0,50	-0,80	-1,00	-1,20
		C_1	1,350	1,407	1,448	1,486	1,502	1,814
		k_c	0,861	0,843	0,831	0,820	0,816 [3]	0,742
		[3] nach Tabelle 6.6: 0,82						
ψ·M, M, ψ·M		ψ	0,00	-0,25	-0,33	-0,50	-0,75	-1,00
		C_1	1,350	1,464	1,469	1,562	1,650	1,716
		k_c	0,861 [4]	0,826	0,818	0,800	0,778	0,763 [5]
		[4] nach Tabelle 6.6: 0,86			[5] nach Tabelle 6.6: 0,77			
ψ·M (+), M (-)	$C_1 = 1,77 - 1,04 \cdot \psi + 0,27 \cdot \psi^2$ aber $C_1 \leq 2,60$	ψ	1,00	0,50	0,00	-0,25	-0,50	-0,678 … -1,00
		C_1	1,000	1,318	1,770	2,047	2,358	2,600
		k_c	1,000	0,871	0,752	0,752	0,651	0,620

<5> Gültigkeit der Biegedrillknicklinien für verschiedene statische Systeme

Die Traglastberechnungen zur Ermittlung der Biegedrillknicklinien sind überwiegend an beidseitig gelenkig gelagerten Trägern mit der Randbedingung „Gabellagerung" erfolgt. „Gabellagerung" bedeutet dabei: es kann ein Torsionsmoment M_T übertragen werden und die Verdrehung ϑ um die Stablängsachse ist null.

Im Rahmen von EN 1993-1-1 wurde sehr großer Wert auf die Bestätigung von Bemessungsformeln durch Versuche gelegt. Dabei wurden nur solche Versuche ausgewählt, bei denen die wichtigsten Versuchsparameter zweifelsfrei gemessen und dokumentiert wurden:

- gemessene Streckgrenze f_y
- gemessene Vorverformungen v_0, w_0, ϑ_0
- theoretisch beschreibbare Randbedingungen
- Angabe des Hebelarms von vertikalen Lasten
- Lasteinleitung so ausgebildet, dass eine freie räumliche Verformungen möglich war
- kein Auftreten von örtlichem Beulen
- nach Möglichkeit Messung von Eigenspannungen erfolgt

Von der sehr großen Zahl von Versuchen zum Biegedrillknicken weltweit [96] wurde schließlich nur ein kleinerer Teil ausgewählt, der diese Bedingungen erfüllte und dann bei der Erstellung von ENV 1993-1-1:1993-04 berücksichtigt wurde. Sie sind in [96] dokumentiert. Von den Randbedingungen her sind folgende Versuche vorhanden:

- Einfeldträger mit beidseitiger Gabellagerung,
- Einfeldträger mit Teileinspannung an den Lagern,
- Dreifeldträger und
- Einseitig starr eingespannter Kragarm.

Als Beispiel sind die Ergebnisse von Versuchen von *Unger* [147] angegeben. Unter der Annahme, dass die eingetragene Biegedrillknicklinie „b" mit $k_c = 0{,}86$ auch für diesen Lastfall „Kragarm mit Einzellast am Kragarmende" zutreffend ist (siehe Bild III.6-36), ergibt sich eine gute Abdeckung der Versuche durch die Biegedrillknicklinie „b".

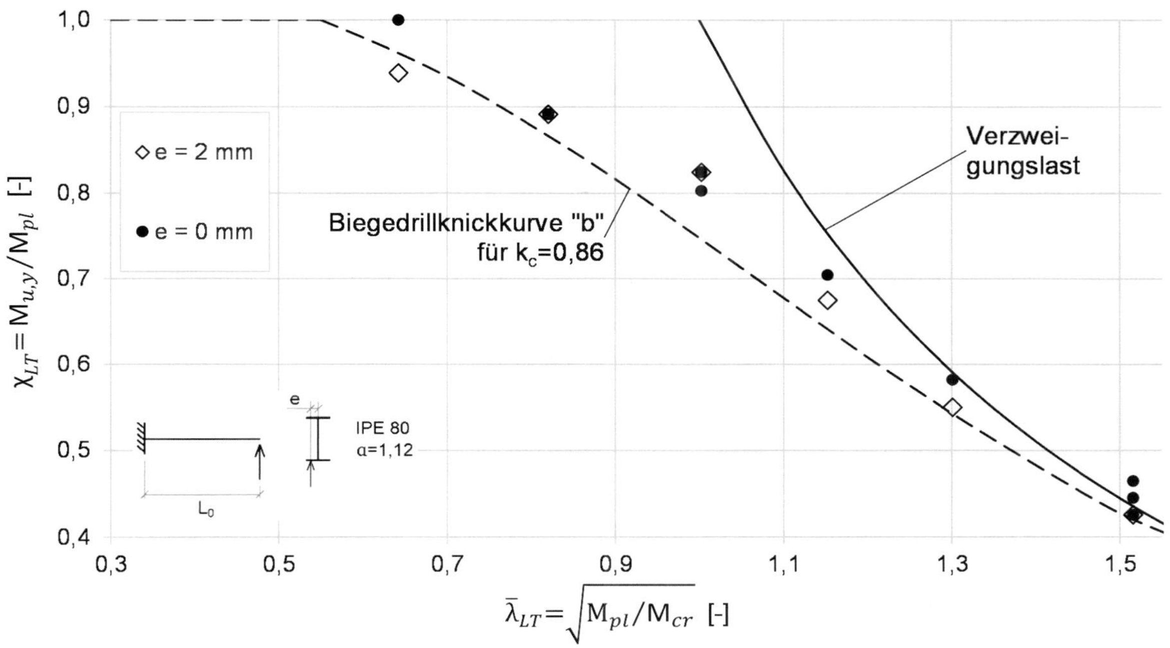

Bild III.6-37: Versuche von *Unger*, vgl. [147], Biegedrillknickkurve für k_c = 0,86 angegeben

<6> Direkte Bestimmung des bezogenen Schlankheitsgrades $\bar{\lambda}_{LT}$ für das Biegedrillknicken

Beim Nachweis nach Gl. (6.55) wird der Abminderungsbeiwert χ_{LT} über Gl. (6.56) bestimmt, wobei der bezogene Schlankheitsgrad $\bar{\lambda}_{LT}$ über Gl. (III.6-34) unter Verwendung des idealen Biegedrillknickmomentes M_{cr} berechnet wird.

$$\bar{\lambda}_{LT} = \sqrt{\frac{W_y \cdot f_y}{M_{cr}}} \quad \text{also für Querschnitte der Klassen 1 und 2:} \quad \bar{\lambda}_{LT} = \sqrt{\frac{M_{pl}}{M_{cr}}} \qquad \text{(III.6-34)}$$

Unter Umständen kann dieser Weg umgangen werden, wie von *Greiner* in Graz erarbeitet wurde. In den beiden folgenden Fällen ist dies möglich; die vorliegenden Verhältnisse werden dann durch den Korrekturwert k_c erfasst, vgl. auch Abs. III.6.3.2.2<4>:

- Beanspruchung durch ggf. unterschiedlich große Endmomente oder
- Beanspruchung durch Querlasten, die im Schubmittelpunkt wirken, also Lasthebelarm z_p = 0.

$$\bar{\lambda}_{LT} = \bar{\lambda}_z \cdot k_p \cdot k_c = \bar{\lambda}_z \cdot \frac{1}{\left[1 + \frac{1}{20} \cdot \left(\frac{\lambda_z}{h/t_f}\right)^2\right]^{0,25}} \cdot \frac{1}{1{,}33 - 0{,}33 \cdot \psi} \qquad \text{(III.6-35)}$$

mit: $\bar{\lambda}_z$ Bezogener Schlankheitsgrad für Knicken um die z-Achse

λ_z Schlankheitsgrad für Knicken um die z-Achse

h Profilhöhe

t_f Dicke des Gurtes (Flansches)

ψ Verhältnis der beiden Endmomente

<7> Verwendung der Biegedrillknicklinien, wenn keine Vollwandträger konstanten Querschnitts vorhanden sind

<7.1> Träger mit teilweiser Wölbeinspannung

Näherungsweise darf der Abminderungsfaktor $\chi_{LT,mod}$ auch angewendet werden, wenn der Träger an den Lagern elastisch eingespannt ist. In Bild III.6-38 ist die Auswertung von Versuchen zu sehen, die an der TU Berlin an Trägern mit beidseitigen Kopfplatten durchgeführt wurden. Die Auswertung erfolgte mit und ohne Berücksichtigung der elastischen Wölbeinspannung nach [181].

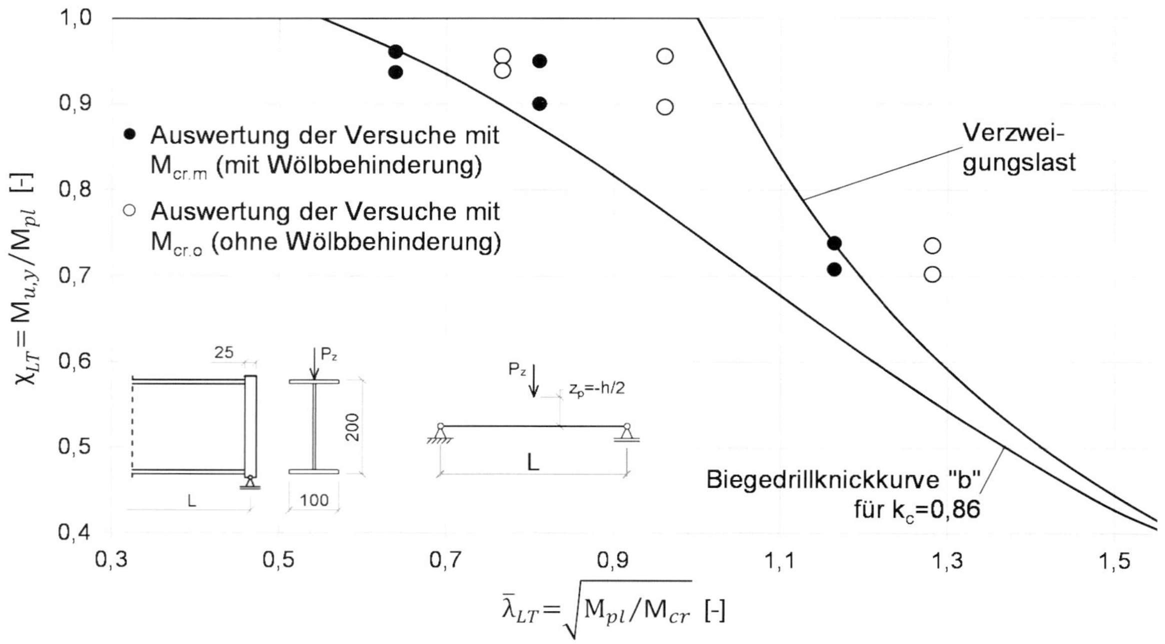

Bild III.6-38: Auswertung von Versuchen an Einfeldträgern IPE 160 und IPE 200 mit und ohne elastische Wölbeinspannung durch die Kopfplatten, Biegedrillknicklinie „b", k_c = 0,86, nach [181]

Aus den Ergebnissen von Bild III.6-38 ist zu ersehen, dass die Versuche unter mittiger Einzellast gut durch die übliche Biegedrillknicklinie, in diesem Fall Linie „b" mit dem Wert f aus k_c = 0,86, erfasst werden. Daher bestehen keine Bedenken, die Biegedrillknickkurven auch in anderen Fällen mit konstruktiven Randbedingungen, die von der üblichen „Gabellagerung" abweichen, anzuwenden. Die zur Berechnung des bezogenen Schlankheitsgrades erforderlichen Werte M_{cr} wurden nach den Ausführungen in Abs. III.6.3.2.2<2.3> ermittelt.

<7.2> Träger mit Ausklinkungen

Aufgrund von Versuchen, die von *Gietzelt* an Einfeldträgern aus Profilen IPE 160 und IPE 200 mit beidseitiger Ausklinkung durchgeführt wurden (vgl. [179]), wurden nach DIN 18800-2 [12] Träger mit Ausklinkungen mit einem kleineren Wert n = 2,0 gegenüber n = 2,5 für Walzprofile eingestuft.

Nach DIN EN 1993-1-1 entspricht das einer Einstufung in Biegedrillknicklinie „c" statt „b" bei Anwendung von Gln. (6.57) und (6.58). Diese Rückstufung entspricht im Prinzip auch einem Vorschlag in [195], der aufgrund von Versuchen und Traglastrechnungen erfolgte. Sollten höhere Profile mit $h/b > 2$ vorhanden sein, ist Linie „d" statt „c" zu verwenden.

Die Versuche, über die in [179] berichtet wurde, sind in Bild III.6-39 ausgewertet. Daraus ist ersichtlich, dass die vorgeschlagene Einstufung in BDK-Linie „c" (also jeweils eine Linie schlechter als nach Tabelle 6.4) hinreichend sicher ist.

Neben dem Biegedrillknicknachweis ist jeweils noch ein Nachweis für den ausgeklinkten Bereich zu führen. Dabei kann im Traglastzustand davon ausgegangen werden, dass der Anschlussbereich vollständig durchplastiziert. Die Grenze der Tragfähigkeit ergibt sich nach Gl. (III.6-36).

$$V_u = \sqrt{\frac{1}{\left(\frac{a'}{M_{pl,A}}\right)^2 + \left(\frac{1}{V_{pl,A}}\right)^2}} \qquad \text{(III.6-36)}$$

mit a' = a + Kopfplattendicke

h' Höhe des ausgeklinkten Bereichs

t_s Stegdicke

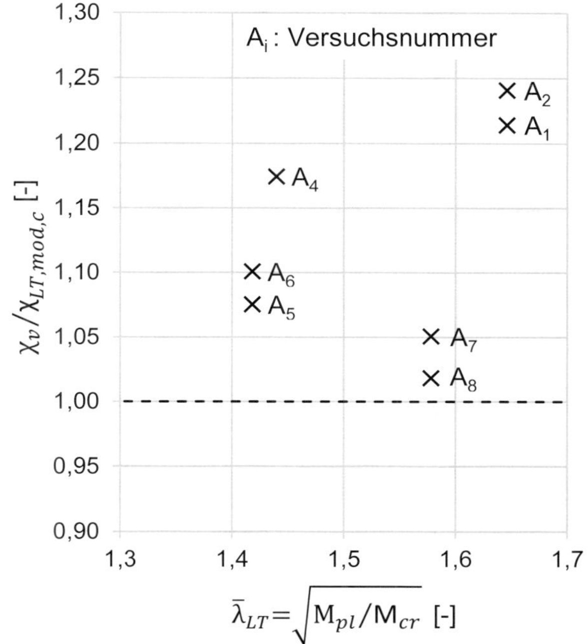

Bild III.6-39: Auswertung von Versuchen an beidseitig ausgeklinkten Trägern [179], wobei $\chi_V = M_{Vers}/M_{pl,y}$ und $\chi_{LT,mod,c}$ der Wert nach der mit f modifizierten Biegedrillknicklinie „c" sind [179]

Die vollplastischen Schnittgrößen im geschwächten Bereich werden wie folgt bestimmt. Die plastische Querkraft $V_{pl,A}$ bestimmt sich nach Gl. (III.6-37). Bei einseitiger Ausklinkung wird $M_{pl,A}$ wie in Gl. (III.6-38) gezeigt bestimmt, bei beidseitiger Ausklinkung ist der Wert zu halbieren.

$$V_{pl,A} = \frac{h' \cdot t_s \cdot f_y}{\sqrt{3}} \qquad \text{(III.6-37)}$$

$$M_{pl,A} = \frac{(h')^2 \cdot t_s \cdot f_y}{2} \qquad \text{(III.6-38)}$$

Wegen der prinzipiellen Ähnlichkeit von Trägern mit Ausklinkungen und solchen mit Querkraftanschlüssen im Hochbau nach Abs. III.6.3.2.2<2.5> sollte die reduzierte Biegedrillknicklinie auch bei solchen Anschlüssen herangezogen werden.

<7.3> Träger mit Teilkopfplatten

Von *Gietzelt* wurden Versuche an Trägern mit mittig angeordneten Teilkopfplatten durchgeführt, siehe [179]. Aus der Auswertung in Bild III.6-40 geht hervor, dass bei Anwendung der Biegedrillknicklinie „c" statt „b" hinreichende Tragsicherheit vorhanden ist. Das Verhältnis $M_{Versuch}/M_{Rechnung}$ ergibt einen Mittelwert der neun Versuche von 1,157 bei einem Kleinstwert von 0,962.

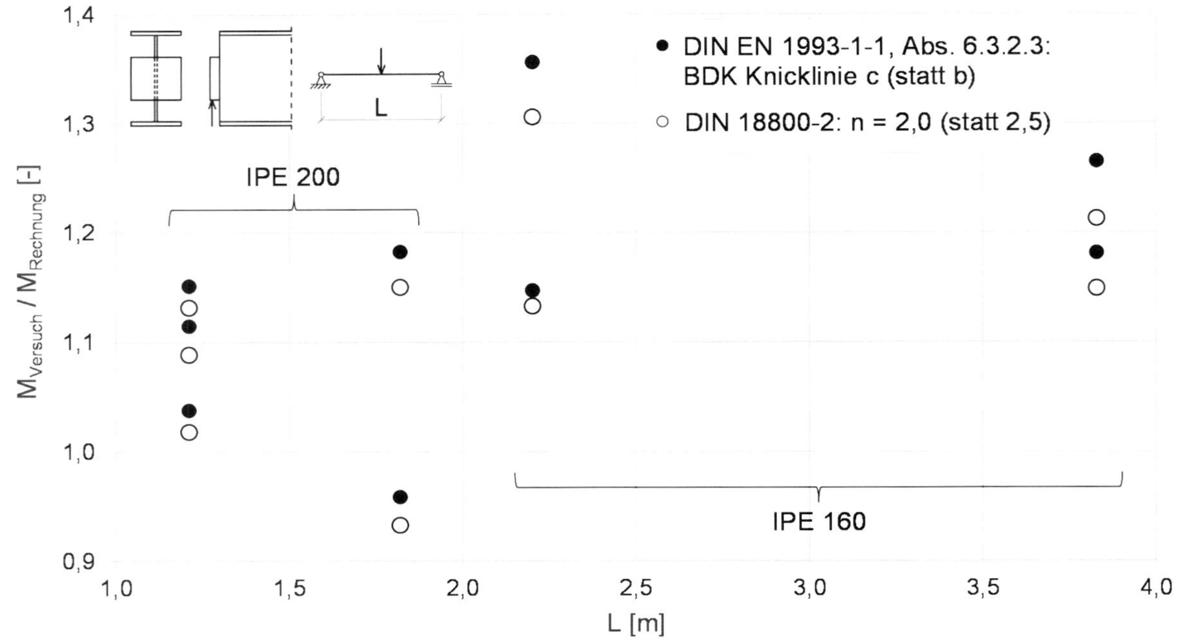

Bild III.6-40: Auswertung von Versuchen an Trägern IPE 160 und IPE 200 mit Teilkopfplatten, wobei der Wert f beim Rechenwert $M_{Rechnung} = M_{pl} \cdot \chi_{LT,mod,c}$ berücksichtigt ist, Daten nach [179]

Sollten höhere Profile mit h/b > 2 vorhanden sein, ist Linie „d" statt „c" zu verwenden

Die Anordnung von Teilkopfplatten, die entweder oben oder unten angeschweißt sind, sind günstiger zu beurteilen. Wenn die gleichen Biegedrillknicklinien „c" bzw. „d" verwendet werden, dürfte das Ergebnis auf der sicheren Seite liegen.

<7.4> Träger ohne Gabellagerung, Lagerung nur an einem Gurt

Umfangreiche Untersuchungen für untergurtgelagerte Träger liegen mit [177] vor, die jedoch nicht zu einem geschlossenen Bemessungskonzept geführt haben. Beispielhaft sind die Ergebnisse für Belastung durch Gleichstreckenlast für zwei Profile IPE 220 und HEB 300 aus Bild III.6-41 zu ersehen. Wie in Bild III.6-30 wird deutlich, dass sich bei kleinen bezogenen Schlankheitsgraden $\bar{\lambda}_{LT}$ (also bei kurzen Längen) die Werte für M_{cr} bei Gabellagerung und Untergurtlagerung sich stark unterscheiden, während bei größeren bezogenen Schlankheitsgraden, die jedoch profilabhängig sind, sich die Werte annähern. In [178] sind weitere IPE- und HEB-Profile für verschiedene Lastfälle untersucht, außerdem wird auch die Wirkung von seitlichen Festhaltungen des Obergurts im Feld und von kontinuierlicher Drehbettung c_ϑ betrachtet.

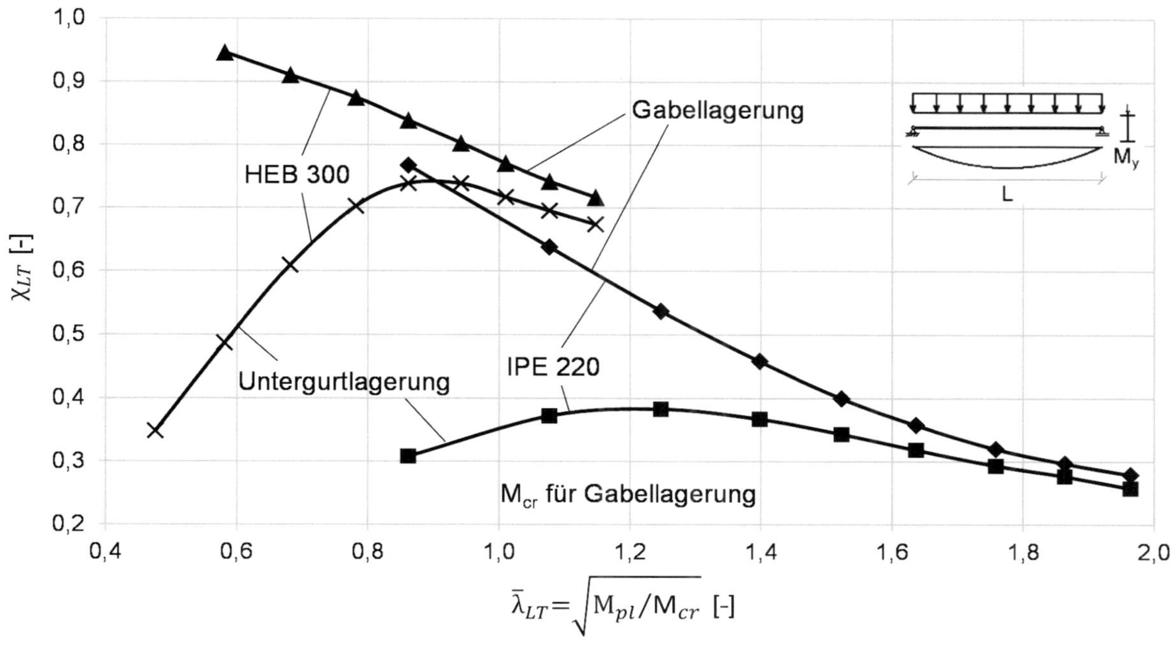

Bild III.6-41: Traglasten bei Untergurtlagerung und Gabellagerung für IPE 220 u. HEB 300 unter Gleichstreckenlast [177]

Im Bemessungskonzept von *Geldmacher* [108], das durch Versuche gestützt ist, wird eine eigene Traglastkurve definiert, wobei beim bezogenen Schlankheitsgrad $\bar{\lambda}_{LT}$, dort $\bar{\lambda}_{PV}$ genannt, das ideale kritische Biegedrillknickmoment M_{cr} (dort $M_{Ki,PV}$ genannt), für Gurtlagerung, siehe Abs. III.6.3.2.2<2.7>, eingeht. Dieses Konzept ist nicht nur bei Untergurtlagerung mit Last am Obergurt zu verwenden, sondern auch für die Fälle a) „Lagerung unten, Last unten“, b) „Lagerung oben, Last oben“, c) „Lagerung oben, Last unten“, wobei diese Fälle aber alle günstiger sind als der Fall „Lagerung unten, Last oben“. Diese spezielle Traglastkurve ist für den Fall Untergurtlagerung mit Last am Obergurt in weiten Bereichen ungünstiger als Knicklinie „c“ nach Tabelle 6.5.

Das Versagen kann bei gurtgelagerten Trägern nicht nur an der Stelle des größten Biegemomentes M_y auftreten, sondern auch durch die Profilverformung am Auflager und durch örtliches Plastizieren an den Stellen der Lasteinleitung am Gurt oder am Auflager. Aus diesem Grunde ist in jedem Fall auch ein Nachweis der örtlichen Lasteinleitung zu erbringen.

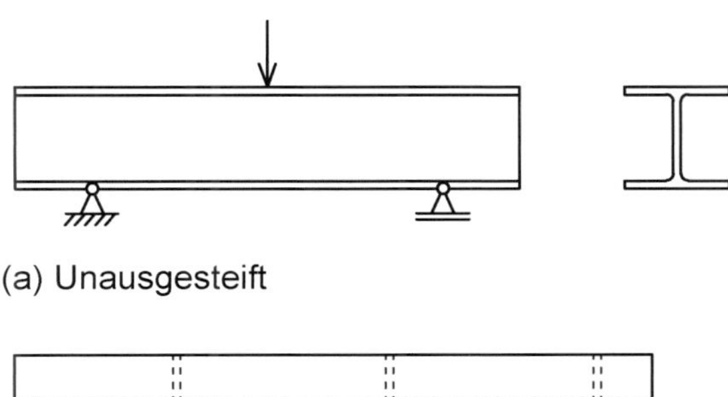
(a) Unausgesteift

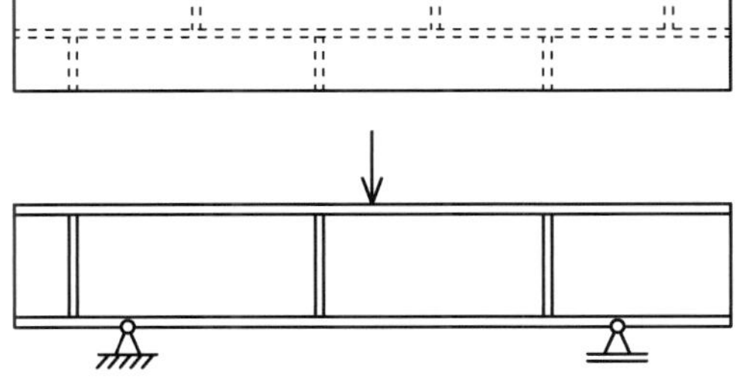
(b) Steifen in Abständen

Bild III.6-42: Aussteifungen bei Trägern im Traggerüstbau, nach [174]

Ein spezieller Fall liegt häufig im Traggerüstbau vor, wo Auflagersteifen i. Allg. in wiederkehrenden Abständen eingeschweißt sind, im baupraktischen Fall aufgrund unterschiedlicher Stützweiten aber i. d. R. nicht genau an der Stelle der Untergurtlagerung vorhanden sind, siehe [174]. Systematische Untersuchungen hierzu finden sich zum Beispiel in [277].

<7.5> Voutenträger

Nach DIN 18800-2 [12] dürfen die Biegedrillknicklinien auch verwendet werden, wenn der Querschnitt in Stablängsrichtung nicht konstant ist, sondern voutenförmig verläuft, wie das häufig bei Stützen von Hallenrahmen der Fall ist. Dies wird dort durch einen speziellen Beiwert n erfasst, der durch $n = 0{,}7 + (0{,}8 \cdot \min h)/\max h$ in Abhängigkeit vom Verhältnis der kleineren zur größeren Höhe des Querschnitts erfasst ist und für konstante Höhe in den Wert $n = 2{,}5$ für Walzprofile konstanter Höhe übergeht, wobei ein Verschweißen des Querschnitts in Stegmitte vorausgesetzt ist. Diese Regelung geht auf Untersuchungen von *Stoverink* [244] zurück. Der Nachweis ist an dem Stabende mit der großen Trägerhöhe zu führen und M_{cr} ist für den konstant gedachten Querschnitt mit der großen Querschnittshöhe zu ermitteln.

Müller wertet in [206] sieben Versuche aus einem Aachener Forschungsvorhaben mit (min h)/(max h) = ½ und ⅓ aus und kommt zu dem Ergebnis, dass Voutenträger durch Gl. (6.56) mit Knicklinie „c" erfasst werden dürfen. Wird Knicklinie „c" angewendet, darf die durch DIN EN 1993-1-1/NA erlaubte Korrektur mit dem Faktor f *nicht zusätzlich* berücksichtigt werden. Außerdem ist vorausgesetzt, dass M_{cr} für den nicht konstanten Querschnitt (die vorhandene Geometrie) unter Verwendung von Schalenelementen ermittelt wird. Eine Näherung, bei der der veränderliche Querschnitt durch mehrere Teilquerschnitte mit jeweils konstanter Höhe abgestuft durch Stabelemente angenähert wird, ist nicht hinreichend genau und daher nicht gestattet.

Beide Vorschläge werden näherungsweise auch durch Gl. (6.57) unter Verwendung von Biegedrillknicklinie „d" erfasst. Dies unter den Voraussetzungen, dass $(\min h)/(\max h) \leq 1{,}3$ eingehalten ist, f unberücksichtigt bleibt und M_{cr} durch FEM-Modellierung mit Schalenelementen berechnet wird.

Alternativ wird eine weitere Berechnungsmöglichkeit vorgeschlagen, die im Prinzip bereits in [192] vorgesehen war. Dabei wird analog zu dem Vorgehen beim Biegeknicken für in Längsrichtung veränderliche Querschnitte auch hier M_{cr} unter Berücksichtigung des in Stablängsrichtung veränderlichen Querschnitts bestimmt, den Ansatz von Schalenelementen vorausgesetzt. Zur Berechnung des bezogenen Schlankheitsgrades $\bar{\lambda}_{LT}$ sind für M_{cr} und M_{pl} die Werte für diejenige Stelle einzusetzen, für die der Tragsicherheitsnachweis geführt wird. Ggf. sind mehrere Stellen zu untersuchen. Es ist wie vor die Biegedrillknicklinie „d" zu verwenden und f unberücksichtigt zu lassen.

<7.6> Wabenträger

Nach DIN 18800-2 [12] dürfen die Biegedrillknicklinien auch verwendet werden, wenn der Querschnitt aus einem Wabenträger besteht, dafür ist $n = 1{,}5$ zu verwenden. Diese Einstufung geht auf die Auswertung von britischen Versuchen zurück, vgl. [110].

Müller wertet in [206] zwölf Versuche aus einem Aachener Forschungsvorhaben mit aus und kommt zu dem Ergebnis, dass Wabenträger durch Gl. (6.56) mit Knicklinie „a" erfasst werden dürfen. Wird dies gemacht, darf die durch DIN EN 1993-1-1/NA erlaubte Korrektur mit dem Faktor f nicht zusätzlich berücksichtigt werden.

Beide Vorschläge werden näherungsweise auch durch Gl. (6.57) unter Verwendung von Biegedrillknicklinie „c" unter der Voraussetzung erfasst, dass f unberücksichtigt bleibt.

<7.7> Träger mit Knick

Träger mit Knick kommen sehr häufig im Hochbau als Rahmenriegel vor: diese Riegel haben i. d. R. eine Dachneigung und weisen damit in Feldmitte einen Knick auf. Dieser Knick darf jedoch ohne nähere Untersuchungen nicht in der Form als versteifend aufgefasst werden, dass für die Ermittlung des idealen Biegedrillknickmomenten M_{cr} und den Tragsicherheitsnachweis nur die halbe Riegellänge angenommen wird. Vielmehr wird empfohlen, als maßgebende Länge die Länge $L_s = L/(\cos\alpha)$ der geneigten Länge anzusetzen, [178], [177].

Literatur zu diesem Thema ist nur sehr spärlich vorhanden. Es existiert zwar für Knicke mit $\alpha = 45$ ° Literatur (z. B. [146]), dieser Fall hat aber baupraktisch wenig Bedeutung.

III.6.3.2.4 Vereinfachtes Bemessungsverfahren für Träger mit Biegedrillknickbehinderungen im Hochbau – vereinfachter Nachweis des Druckgurtes

<1> Allgemeines und Anwendungsbedingungen

Aus den Verformungen, die beim Biegedrillknicken auftreten, siehe Bild III.6-23, ist ersichtlich, dass der Druckgurt bei einem I-Profil seitlich ausweicht. Daher liegt es nahe, den Biegedrillknicknachweis in Form der Untersuchung des Knickens des Druckgurtes zu führen. Regelungen in anderen Ländern verzichten daher zum Teil auf einen besonderen Biegedrillknicknachweis und führen nur einen vereinfachten Nachweis des Druckgurtes.

Die Vorgehensweise in DIN EN 1993-1-1 entspricht derjenigen in DIN 18800-2, Abs. 3.3.3, El. (310). Zunächst wird mit Gl. (6.59) ein Mindestabstand der seitlichen Stützung in Form der Einhaltung eines Wertes für den bezogenen Schlankheitsgrad $\bar{\lambda}_f$ gefordert. Sofern dieser Nachweis nicht erfolgreich ist, kann dann nach Gl. (6.60) ein anderer vereinfachter Biegedrillknicknachweis geführt werden.

Für den Fall, dass gewalzte oder gleichartige geschweißte Querschnitte vorliegen, beträgt die Grenzschlankheit des Gurtes:

$$\bar{\lambda}_{c,0} = \bar{\lambda}_{LT,0} + 0{,}1 = 0{,}4 + 0{,}1 = 0{,}5 \qquad \text{(III.6-39)}$$

Die Ableitung der in Gl. (III.6-39) angegebenen Grenze von 0,5 erfolgte im Zuge der Bearbeitung von DIN 18800-2 unter Verwendung der Biegedrillknickkurve aus DIN 18800-2 für n = 2,5. Die Biegedrillknickkurven „b", „c" und „d" nach DIN EN 1993-1-1, Abs. 6.3.2.3 weisen auch bei $\bar{\lambda}_{LT} = 0{,}4$ den Zahlenwert von $\chi_{LT} = 1{,}0$ auf, so dass die Grenze zu $\bar{\lambda}_1$ (= $\bar{\lambda}_f$) erhalten bleibt. Bei größeren bezogenen Schlankheitsgraden $\bar{\lambda}_{LT}$ würden die Kurven dann ggf. einen etwas anderen Verlauf haben als in Bild III.6-43 angegeben, was aber unerheblich ist.

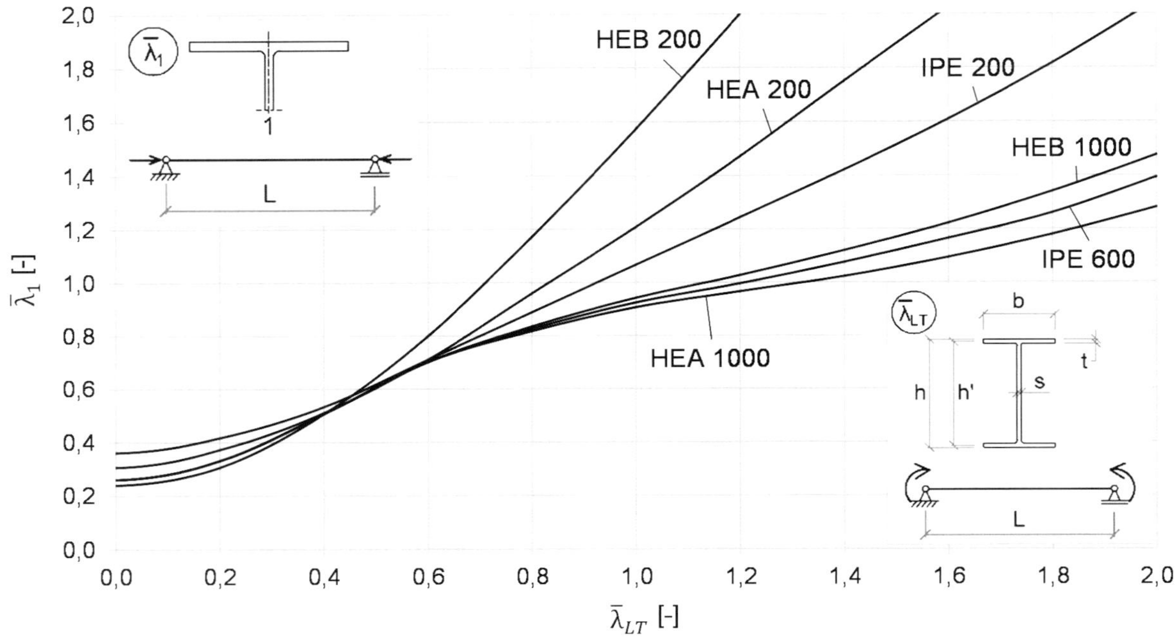

Bild III.6-43: Zusammenhang zwischen dem bezogenen Schlankheitsgrad $\bar{\lambda}_1$ (= $\bar{\lambda}_f$) für den Druckgurt und dem bezogenen Schlankheitsgrad $\bar{\lambda}_{LT}$ für das Biegedrillknicken des gesamten Profils [192]

Aus Gl. (III.6-39) lässt sich mit Hilfe von Gl. (6.59) für Träger mit Querschnitten der Klassen 1 bis 3 bei voller Ausnutzung ($M_{y,Ed} = M_{c,Rd}$) der zulässige bezogene Abstand $L_c/i_{f,z}$ für unterschiedliche Streckgrenzen ermitteln. Diese Werte sind in Tabelle III.6-19 angegeben. Die Werte für $k_c = 1{,}0$ (konstantes Moment) und S235 bzw. S355 sind mit $L_c = 47 \cdot i_{f,z}$ (S235) bzw. $L_c = 43{,}4 \cdot i_{f,z}$ sehr ähnlich wie diejenigen, die bereits aus DIN 4114 mit $c = 40 \cdot i_y$ bekannt waren. Dies gilt selbst dann, wenn berücksichtigt wird, dass in $i_{f,z}$ bei EN 1993-1-1 nur ⅓ der gedrückten Stegfläche eingeht, während es bei DIN 4114 und DIN 18800-2 jeweils 1/5 der gesamten Stegfläche war. Für einen doppeltsymmetrischen I-Träger sind die beiden Regelungen praktisch identisch. Dieser anders definierte Stegflächenanteil erlaubt die Berücksichtigung der Möglichkeit, dass ggf. bei Verbundträgern ein größerer Teil des Steges unter Druckspannungen steht, als es beim reinen I-förmigen Biegeträger aus Stahl der Fall ist. Zur Erleichterung der praktischen Arbeit sind die Werte für $i_{f,z}$ für die Profilreihen IPE, IPEo, IPEv, IPEa, HEA, HEB, HEM, HEAA in Tabelle III.6-18 angegeben.

Der vereinfachte Nachweis nach Gl. (6.59) gilt für I-Träger, die zur y-Achse unsymmetrisch sein können, bezüglich der z-Achse aber einen symmetrischen Querschnitt aufweisen müssen. Vorausgesetzt ist, dass der Druckgurt in konstanten Abständen L_c in y-Richtung, also seitlich, *unverschieblich* gehalten ist. Dies wird konstruktiv in den meisten Fällen durch rechtwinklig zur Stabachse des betrachteten Stabes verlaufende Träger (z. B. Querträger) oder durch Verbände erreicht. Rohrkupplungsverbände im Gerüstbau erfüllen dabei nicht die Voraussetzung der Unverschieblichkeit der Haltepunkte. Falls die Normalkraft im Druckgurt ihr Vorzeichen wechselt, ist die Festhaltung also an beiden Gurten erforderlich. Ist dies nicht der Fall, dann darf die Untersuchung nicht nach diesem Abschnitt erfolgen, vielmehr ist eine Biegedrillknickuntersuchung mit gebundener Drehachse durchzuführen. Ausgangspunkt der Bedingung (6.59) ist die Festlegung, dass für das Biegedrillknicken von Biegeträgern ohne Normalkraft bis zu einem bezogenen Schlankheitsgrad

$\bar{\lambda}_{LT} \leq 0{,}4$ für das Biegedrillknicken kein Nachweis erforderlich ist. Eine Umrechnung der bezogenen Schlankheitsgrade $\bar{\lambda}_{LT}$ für Biegedrillknicken und $\bar{\lambda}_f$ für das Biegeknicken des Druckgurtes für ausgewählte Walzprofile ist aus Bild III.6-43 zu ersehen. Daraus geht hervor, dass der Wert von $\bar{\lambda}_{c,0} = 0{,}5$ sehr gut dem Wert $\bar{\lambda}_{LT,0} = 0{,}4$ entspricht. Der Wert 0,5 darf im Verhältnis des vorhandenen Momentes $M_{c,Rd}$ zum vollplastischen Moment $M_{y,Ed}$ erhöht werden, wenn der Träger nicht voll ausgenutzt ist.

Tabelle III.6-18: Trägheitsradius $i_{f,z}$ in [cm] für den Nachweis des Biegedrillknickens als Druckgurt, die Ausrundungsradien r wurden bei der Stegfläche berücksichtigt

	IPE	IPEo	IPEv	IPEa	HEA	HEB	HEM	HEAA
80	1,19			1,18				
100	1,40			1,39	2,65	2,68	2,90	2,58
120	1,64			1,62	3,20	3,24	3,46	3,13
140	1,88			1,87	3,75	3,80	4,01	3,69
160	2,10			2,11	4,25	4,31	4,54	4,21
180	2,34	2,37		2,32	4,82	4,87	5,09	4,76
200	2,53	2,60		2,52	5,30	5,39	5,62	5,24
220	2,81	2,87		2,79	5,88	5,96	6,18	5,80
240	3,03	3,10		3,01	6,39	6,47	6,80	6,27
260					6,89	6,98	7,33	6,76
270	3,43	3,49		3,41				
280					7,44	7,54	7,88	7,32
300	3,82	3,91		3,80	7,95	8,05	8,49	7,79
320					7,97	8,06	8,46	7,78
330	4,04	4,13		4,01				
340					7,97	8,05	8,44	7,77
360	4,32	4,40		4,33	7,97	8,04	8,39	7,75
400	4,52	4,60	4,63	4,53	7,95	8,01	8,32	7,75
450	4,76	4,86	4,92	4,78	7,95	8,00	8,27	7,69
500	5,01	5,10	5,19	5,04	7,94	7,98	8,20	7,64
550	5,21	5,30	5,41	5,25	7,90	7,94	8,15	7,59
600	5,47	5,62	5,74	5,52	7,87	7,90	8,07	7,53
650					7,83	7,86	8,03	7,48
700					7,77	7,80	7,95	7,45
800					7,66	7,69	7,81	7,29
900					7,59	7,62	7,70	7,24
1.000					7,51	7,54	7,61	7,13

Die Angabe der zulässigen bezogenen Abstände $L_c/i_{f,z}$ erfolgt in Tabelle III.6-19 zunächst für die Grenze $\bar{\lambda}_{LT,0} = 0{,}4$, ergänzend mit der Grenze $\bar{\lambda}_{LT,0} = 0{,}2$ nach EN 1993-1-1, Abs. 6.3.2.2. Dies ergäbe viel zu ungünstige Grenzwerte; eine Anwendung würde die Praxis zu unnötigen Biegedrillknicknachweisen zwingen.

Tabelle III.6-19: Zulässige bezogene Abstände $L_c/i_{f,z}$ der seitlichen Halterungen von Druckgurten für verschiedene Momentenverteilungen, nach DIN EN 1993-1-1, Abs. 6.3.2 und nach DIN 4114

nach Norm / Abs.	Momentenverlauf M_y	k_c	S235	S275	S355	S420	S460
DIN EN 1993-1-1, Abs. 6.3.2.3, $\bar{\lambda}_{LT,0}$ = 0,4, $\bar{\lambda}_{c,0}$ = 0,5	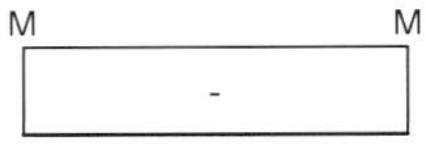 M – M (konstant)	1,00	47,0	43,4	38,2	35,1	33,6
	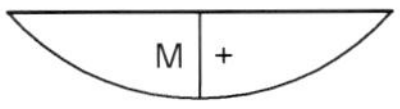 M + (parabolisch)	0,94	50,0	46,2	40,6	37,4	35,7
	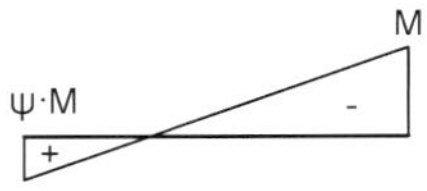 ψ·M + / – M (linear)	0,871 für ψ = +0,5	53,9	49,8	43,9	40,3	38,5
		0,752 für ψ = 0	62,4	57,7	50,8	46,7	44,6
		0,620 für ψ = -0,678	75,7	70,0	61,6	56,7	54,1
DIN 4114	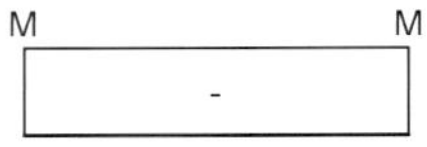 M – M (konstant)	1,00	40,0	40,0	40,0	-	-
DIN EN 1993-1-1, Abs. 6.3.2.2, $\bar{\lambda}_{LT,0}$ = 0,2, $\bar{\lambda}_{c,0}$ = 0,3	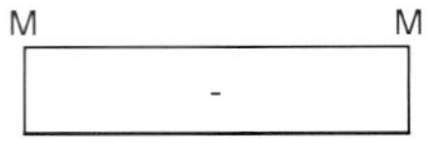 M – M (konstant)	1,00	28,2	26,0	22,9	21,1	20,1
	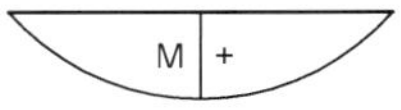 M + (parabolisch)	0,94	30,0	27,7	24,4	22,4	21,4
	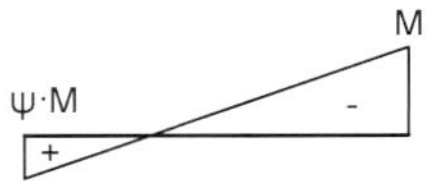 ψ·M + / – M (linear)	0,871 für ψ = +0,5	26,3	29,9	26,3	24,2	23,1
		0,752 für ψ = 0	37,5	34,6	30,5	28,0	26,8
		0,620 für ψ = -0,678	45,4	42,0	37,0	34,0	32,5

Für zwei ausgewählte Querschnitte (HEA 200 und IPE 240) ist eine zahlenmäßige Auswertung für linear veränderlichen Momentenverlauf aus Bild III.6-44 zu ersehen. Nach DASt-Richtlinie 008 war eine Sprungfunktion vorgesehen, die auf Auswertung von Traglastversuchen in den USA zurückging, vgl. [173] und [221]. Danach betrugen die minimalen Abstände $L_c = 40 \cdot i_z$, die maximalen Abstände $L_c = 65 \cdot i_z$. Die beiden Normen DIN 18800-2 und DIN EN 1993-1-1, Abs. 6.3.2.3 verwenden die gleiche Formulierung für die Grenze, die kleinen Unterschiede ergeben sich aus der anderen Streckgrenze (240 bzw. 235 N/mm²) und dem anderen Stegflächenanteil (1/5 bzw. 1/3). Die Formulierung nach DIN EN 1993-1-1, Abs. 6.3.5.3 geht auf ältere Untersuchungen in England für geschweißte Rahmenriegel zurück, sie ist etwas konservativ. Bei $\psi = 0{,}3$ sind die möglichen Abstände L_c bei den Varianten 1 bis 3 bzw. 4 bis 6 etwa gleich groß.

Sofern Bedingung (6.59) nach DIN EN 1993-1-1 nicht erfüllt ist, darf Gl. (6.60) angewendet werden. Dieser Nachweis ist im Prinzip für DIN 18800-2 abgeleitet worden. Er drückte nach DIN 18800-2 aus, dass der rechnerisch vorausgesetzte zentrisch gedrückte Stab im Verhältnis des Abminderungsfaktors χ bei dem vorhandenen bezogenen Schlankheitsgrad zu dem Abminderungsfaktor $\chi = 0{,}843$ für Knickspannungslinie „c" bei $\bar{\lambda} = 0{,}5$ ausgenutzt werden darf. Auch hier darf nach Meinung des Verfassers wieder die ggf. nicht vollständige Ausnutzung durch das Verhältnis der Momente $M_y/M_{pl,y,d}$ berücksichtigt werden. In DIN EN 1993-1-1 ist der Faktor 0,843 im Zähler konservativ als Empfehlung durch $k_{fl} = 1{,}10$ im Nenner ($\approx 1/0{,}843 = 1{,}186$) ersetzt worden, wobei dies auch noch durch den Nationalen Anhang anders bestimmt werden darf. In Deutschland ist im NA dieser Empfehlung gefolgt worden (siehe NDP zu 6.3.2.4(2)B Anmerkung B).

Es kann gezeigt werden, dass im gesamten baupraktischen Schlankheitsbereich die Bedingung (6.59) gegenüber dem genaueren Biegedrillknicknachweis nach Abs. 6.3.2.3 auf der sicheren Seite liegt, falls keine Querlast q_z mit Lastangriff am Obergurt vorhanden ist. Ist diese Voraussetzung nicht erfüllt, ist eine Zusatzbedingung einzuhalten. Diese Zusatzbedingung ist für die Biegedrillknicklinien nach DIN 18800-2 abgeleitet worden [192] (Abs. 3.3.3), darf aber näherungsweise auch für DIN EN 1993-1-1 angewendet worden.

Es ist jedoch zu ergänzen, dass die Verwendung von Knicklinie „d“ für geschweißte Querschnitte nur bis $h/t \leq 44 \cdot \varepsilon$ abgedeckt ist. Wenn diese Bedingung nicht eingehalten ist, ist eine Anwendung dieses Abschnittes ausgeschlossen. In [192] ist ausgeführt, dass dieser Abschnitt auch für einfachsymmetrische Querschnitte angewendet werden darf, sofern die Zusatzbedingung (III.6-40) eingehalten ist.

$$\chi_z \leq \frac{e_d}{e_z} \qquad \text{(III.6-40)}$$

mit: e_d Abstand zwischen Profilschwerachse und Achse Druckgurt

e_z Abstand zwischen Profilschwerachse und Achse Zuggurt

Diese Zusatzbedingung soll sicherstellen, dass der Zuggurt nicht vor dem Druckgurt versagt.

Die Regelungen von Abs. 6.3.2.4 gelten nur für rein biegebeanspruchte Stäbe, nicht für normalkraftbeanspruchte Stäbe.

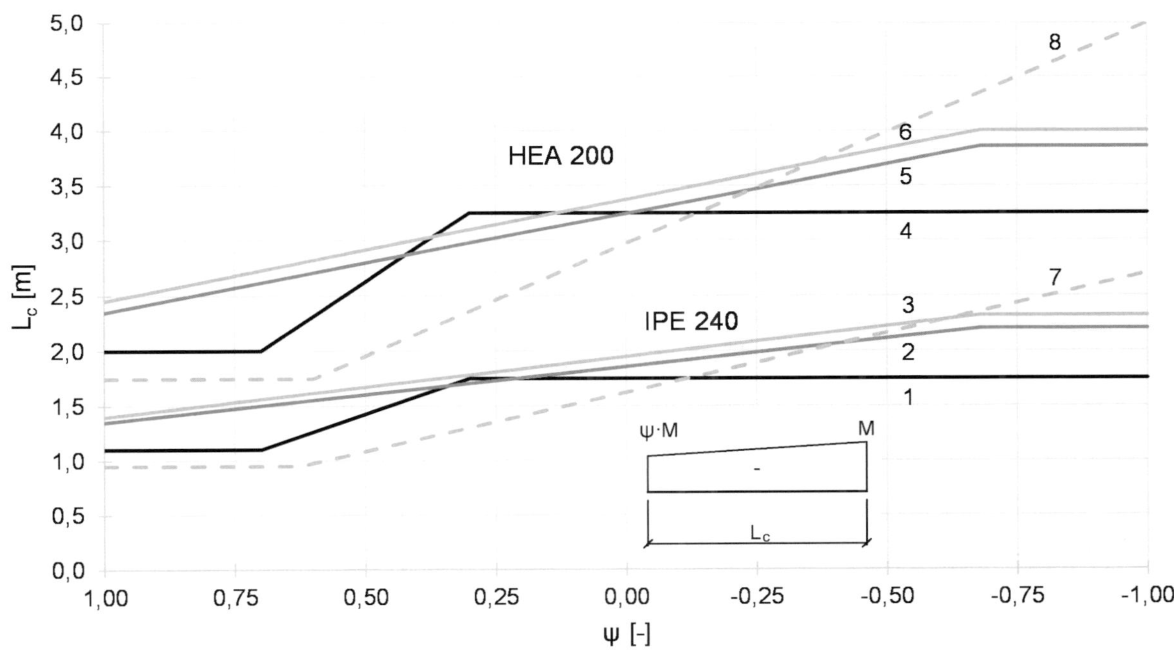

Bild III.6-44: Mögliche Abstände seitlicher Halterungen des Druckgurtes für zwei Querschnitte bei veränderlichem Biegemoment M_y. Linien 1 und 4 nach DASt-Richtlinie 008 [2], Linien 2 und 5 nach DIN 18800-2:2008 [12], Linien 3 und 6 nach DIN EN 1993-1-1, Abs. 6.3.2.3 [22], Linien 7 und 8 nach DIN EN 1993-1-1, Abs. 6.3.5.3 [22].

<2> zu NDP 6.3.2.4(1B), Anmerkung 2B: Grenzschlankheitsgrad $\bar{\lambda}_{c0}$

Der Empfehlung, nämlich $\bar{\lambda}_{c0} = 0{,}5$ nach Gl. (III.6-39), wurde in Deutschland gefolgt. Dies ist in die vorstehenden Erläuterungen bereits eingeflossen.

<3> Anwendungsbereich

Schon durch die Überschrift ist ausgedrückt, dass dieser Abschnitt nur für den Hochbau gilt. Dies ist zusätzlich noch einmal dadurch kenntlich gemacht, dass jedes Element zusätzlich mit einem „B“ für „building“ gekennzeichnet ist: (1)B, (2)B, (3)B. Im Brückenbau wird in EN 1993-2, Abs. 6.3.2.4 [34] im Prinzip der gleiche Nachweis zugelassen. Der Unterschied besteht darin, dass in DIN EN 1993-2 bei Gl. (6.59) $\bar{\lambda}_{c0} = 0{,}2$ statt 0,5 und in Gl. (6.60) $k_{fl} = 1{,}0$ statt 1,1 zu wählen sind. Diese Änderungen sind als sehr konservativ einzuschätzen.

III.6.3.3 Auf Biegung und Druck beanspruchte gleichförmige Bauteile

<1> Überblick über die Nachweise

Aus (1) und (2) Anmerkung 1 und Anmerkung 2 geht hervor, dass es für den Fall der auf Biegung und Druck beanspruchten Bauteile generell drei Nachweismöglichkeiten gibt:

a) Nachweis nach Theorie II. Ordnung

b) Nachweis nach Abschnitt 6.3.4

c) Nachweis nach den Abschnitten 6.3.3(2) bis (5)

<2> Nachweis nach Theorie II. Ordnung

Für den Nachweis nach a) wird in Abs. 6.3.3(1) auf die Imperfektionen nach Abs. 5.3.2 hingewiesen. Das sind im Wesentlichen jedoch die Ersatzimperfektionen für die Tragwerksbemessung nicht diejenigen nach Abs. 5.3.4 für das einzelne Bauteil, die auch notwendig sind, hier jedoch nicht erwähnt sind.

Generell gilt, wie auch nach DIN 18800-2 [12], dass für ein Bauteil, das aus einem Gesamttragwerk herausgeschnitten gedacht wird, (falls notwendig) die End-Schnittgrößen nach Theorie II. Ordnung mit den Ersatzimperfektionen für das Gesamttragwerk zu ermitteln sind. Dies sind die globalen Anfangsvorverdrehungen nach Abs. 5.3.2(3) a) und örtliche Vorkrümmungen nach Abs. 5.3.2(6), falls die dort genannten Bedingungen erfüllt sind.

Bezüglich der Vorverformungen für das einzelne Bauteil werden durch den Hinweis auf Abs. 5.3.2 diejenigen nach (3) b) und damit die nach Tabelle 5.1 erfasst. Hier besteht jedoch die Schwierigkeit, dass sich Tabelle 5.1 nur auf einachsige Biegung und Druck bezieht, da bei zweiachsiger Biegung und Druck eine eindeutige Zuordnung zu den Knicklinien nicht möglich ist. In [188] ist ein Beispiel für Druck und einachsige Biegung untersucht worden, wobei auch verschiedene Interaktionsgleichungen betrachtet wurden. Aus dem ungünstigen Ergebnis bei linearer Interaktion war die Empfehlung abgeleitet worden, die Werte der Tabelle 5.1 nur bei linearer Interaktion anzuwenden. Aufgrund der umfangreichen Untersuchungen, die im

Abs. 5.3 erläutert sind, wird diese Empfehlung nicht mehr aufrechterhalten, vgl. auch Abs. III.5.3.2<8> zu 5.3.2(3) b). Es ist weiterhin zu beachten, dass für den Fall, dass verdrehweiche Stäbe vorliegen, die Ersatzimperfektionen nach Abs. 5.3.4 gewählt werden müssen. Dies führt zwar i. d. R. zu kleineren Zahlenwerten für die Ersatzimperfektionen, jedoch hat nach dem NA zu DIN EN 1993-1-1, Abs. 5.3.4 die Zuordnung nach anderen Kriterien zu erfolgen, insbesondere sind andere h/b-Grenzen einzuhalten, siehe Abs. III.5.3.4<2> (DIN EN 1993-1-1/NA, Abs. 5.3.4(3) NDP).

<3> Nachweise nach den Abschnitten 6.3.3(2) bis (5)

<3.1> Querschnittsnachweise

In Abs. (2) wird darauf hingewiesen, dass bei der Anwendung der Interaktionsgleichungen stets zusätzlich Querschnittsnachweise zu führen sind, die je nach Belastung und System insbesondere am Stabende zu ungünstigeren Ergebnissen führen können.

<3.2> Trennung in verdrehsteife und verdrehweiche Bauteile

Alle Interaktionsnachweise sind so aufgebaut, dass diese beiden Fälle unterschieden werden. Außerdem sind i. d. R. in beiden Fällen jeweils Doppelnachweise erforderlich, die das Ausweichen rechtwinklig zur y-Achse bzw. zur z-Achse beschreiben.

Unter verdrehsteifen Bauteilen werden dabei solche verstanden, bei denen im Versagenszustand keine nennenswerten Verdrehungen auftreten können. Dies kann durch das Vorhandensein von Hohlquerschnitten der Fall sein oder dadurch, dass die Querschnitte hinreichend gegen Verdrehung ausgesteift sind. Das Letzte wird i. d. R. durch das Vorhandensein einer Drehbettung c_ϑ oder hinreichende Aussteifung des Druckgurtes durch schubsteife Elemente mit der Schubsteifigkeit S erreicht. Informationen dazu werden im Anhang BB.2 „Kontinuierliche seitliche Abstützungen“ gegeben, siehe Abs. III.BB.2.

<3.3> Aufbau der Nachweise

Im Prinzip wäre es für den Fall der „Zweiachsigen Biegung mit Normalkraft“ erforderlich, stets einen Nachweis für den räumlich belasteten Stab zu führen. Ein solcher Nachweis wäre möglich, wäre dann jedoch sehr kompliziert und müsste u. a. die Möglichkeit, dass Biegedrillknicken auftreten kann oder auch nicht, erfassen.

Aus diesem Grunde wurde entschieden, für Stäbe unter Druck und Biegung mit den Gleichungen (6.61) und (6.62) einen Doppelnachweis am Ersatzstab in allgemeiner Form zu fordern. Bei diesem werden im Unterschied zu DIN 18800, Teil 2 [12] Biegeknicken und Biegedrillknicken in einem gemeinsamen Nachweisformat behandelt und der Abminderungsfaktor für das Biegedrillknicken χ_{LT} ist auch in der Nachweisgleichung (6.61) für Biegeknicken um die starke Achse zu berücksichtigen. Die Interaktionsfaktoren k_{yy}, k_{yz}, k_{zy} und k_{zz} können wahlweise nach dem Alternativverfahren 1 in Anhang A oder dem Alternativverfahren 2 in Anhang B bestimmt werden. Die Hintergründe zu beiden Verfahren sind im Technischen Komitee 8 der ECCS in der Dokumentation Nr. 119 [76] erläutert worden. Während das Alternativverfahren 1 nur programmiert sinnvoll zu verwenden ist, wurde das Alternativverfahren 2 im Anhang B aus deutschösterreichischer Tradition heraus als auch noch für die Handrechnung geeignetes Verfahren entwickelt. Die Verfahren wurden am gabelgelagerten Einfeldträger für doppeltsymmetrische Querschnitte hergeleitet. Zwischenabstützungen gegen seitliches Ausweichen erfordern eine Abstützung beider Gurte des Profils oder eine Abstützung des einen Gurtes und zusätzliche Verdrehungsbehinderung des Querschnitts an der Stelle der Abstützung.

Im Gegensatz zu DIN 18800-2 [12] wurden die Fälle „Einachsige Biegung mit Normalkraft" und „Zweiachsige Biegung mit Normalkraft" aus Gründen des Umfangs nicht getrennt formelmäßig aufgeführt. Damit wurde aber leider der Eindruck vermittelt, das der Regelfall „Einachsige Biegung mit Normalkraft" sehr viel komplizierter als bisher zu behandeln ist, was unzutreffend ist.

Sehr wichtig ist die Tatsache, dass alle bekannten Interaktionsgleichungen, also auch die nach den Alternativverfahren in den Anhängen A und B, die gleiche mechanische Grundlage haben. Diese besteht nämlich darin, dass ein beidseitig gelagerter Stab nach Theorie II. Ordnung untersucht wird. Dies wird nachfolgend für den Fall der einachsigen Biegung mit Normalkraft gezeigt. Für einen sinusförmig mit dem Stich e der Vorkrümmung vorverformten Stab unter Drucknormalkraft N gilt exakt:

$$\frac{N}{N_{pl}} + \frac{N \cdot e}{\left(1 - \frac{N}{N_{cr}}\right) \cdot M_{pl}} \leq 1 \qquad \text{(III.6-41)}$$

Wenn zusätzlich ein veränderliches Biegemoment nach Bild III.6-45 hinzukommt, dann erweitert sich dies näherungsweise zu Gl. (III.6-42).

$$\frac{N}{N_{pl}} + \frac{1}{1 - \frac{N}{N_{cr}}} \cdot \frac{C_M \cdot M + N \cdot e}{M_{pl}} \leq 1 \qquad \text{(III.6-42)}$$

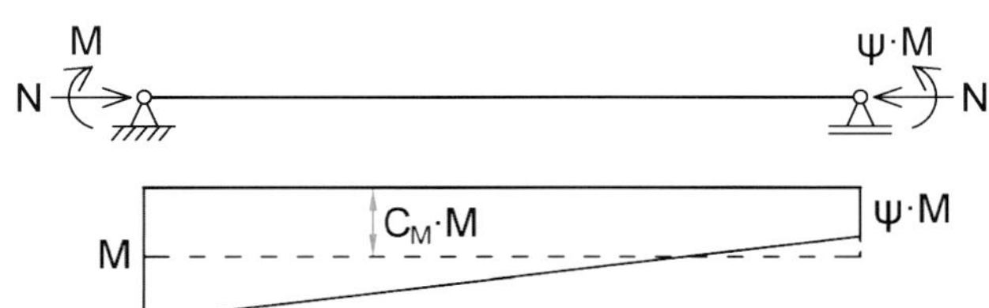

Bild III.6-45: zentrisch gedrückter Stab mit Biegemoment

Mit den Abkürzungen nach Gl. (III.6-43) kann Gl. (III.6-42) in verschiedener Weise umgeschrieben werden, was hier nicht im Detail gezeigt wird.

$$N = \chi \cdot N_{pl} \qquad \bar{\lambda}^2 = \frac{N_{pl}}{N_{cr}} \qquad \frac{N}{N_{cr}} = \frac{\chi \cdot N_{pl}}{N_{pl}/\bar{\lambda}^2} = \chi \cdot \bar{\lambda}^2 \qquad \text{(III.6-43)}$$

Es ergibt sich die Formulierung nach *Roik/Kindmann* [219], die als eine der Nachweismöglichkeiten in DIN 18800-2, El. (314) Eingang gefunden hat.

$$\frac{N}{\chi \cdot N_{pl}} + \frac{C_M \cdot M}{M_{pl}} + \Delta n \leq 1 \qquad \text{(III.6-44)}$$

Und weiterhin ergibt sich auch die Formulierung von *Lindner/Gietzelt* [182], die als weitere Nachweismöglichkeit in DIN 18800-2, El. (321) aufgeführt ist, siehe Gl. (III.6-45).

$$\frac{N}{\chi \cdot N_{pl}} + k \cdot \frac{M}{M_{pl}} \leq 1 \qquad \text{(III.6-45)}$$

Schließlich lässt sich auch die im Prinzip identische Formulierung nach Anhang A (Alternativverfahren 1) und Anhang B (Alternativverfahren 2) ableiten, siehe (III.6-46).

$$\frac{N}{\chi \cdot N_{pl}} + k \cdot \frac{C_M \cdot M}{M_{pl}} \leq 1 \qquad \text{(III.6-46)}$$

Damit ist gezeigt, dass insbesondere auch die Alternativverfahren 1 und 2 die gleiche mechanische Grundlage haben. Die Unterschiede in den verschiedenen Verfahren ergeben sich dann durch die Bestimmung der Faktoren Δn, C_M und k, die auf verschiedene Weise mit unterschiedlicher Genauigkeit erfolgte. Diese Werte hängen u. a. ab von:

- der Normalkraftausnutzung $n = N/(\chi \cdot N_{pl})$,
- dem Verlauf des Biegemomentes in Stablängsrichtung,
- dem bezogenen Schlankheitsgrad $\bar{\lambda}$,
- dem Typ des Profils und
- der unterschiedlichen Definition der äquivalenten Momentenbeiwerte C_{mi0} (Anh. A) bzw. C_m (Anh. B).

Die Erweiterung dieses Falles auf den Fall der beidseitigen Biegung mit Normalkraft erfolgte i. d. R. durch Hinzufügen der jeweiligen Anteile für die zweite Biegeebene.

<3.4> NDP zu 6.3.3(5) Anmerkung 2

Danach dürfen in Deutschland beide Alternativerfahren 1 und 2 angewendet werden. Einzelheiten zu beiden Verfahren sind in [76] erläutert. Für eine Handrechnung ist jedoch Alternativverfahren 1 viel zu aufwändig und fehleranfällig, so dass der Anhang A hier nicht im Detail behandelt wird.

Von der Genauigkeit her (Wirtschaftlichkeit) unterscheiden sich i. d. R. die Ergebnisse nach beiden Verfahren nur gering im Bereich ± 10 %, siehe unten.

In [76] sind mehrere Beispiele angegeben, die zahlenmäßig detailliert nach beiden Verfahren berechnet worden sind. Die Rechnung nach dem Alternativverfahren 1 (Methode 1) ist in allen Fällen sehr viel umfangreicher. Die Ergebnisse für den Nachweis aus dem Verfahren selbst und dem ggf. notwendigen/maßgebenden Querschnittsnachweis dazu sind in Tabelle III.6-20 angegeben. Um die Ergebnisse besser vergleichen zu können, wurde in [263] zusätzlich der Laststeigerungsfaktor γ_{TR} ermittelt, mit dem die vorgegebenen Beanspruchungen (Lasten) multipliziert werden müssen, um gerade beim jeweiligen Nachweis den Wert 1,0 zu erhalten. Dabei wurde unterstellt, dass in allen Fällen der Querschnitt nach Klasse 1 oder 2 eingestuft werden darf und eine proportionale Laststeigerung aller Lasten vorliegt. Da sowohl die Nachweisgleichungen als auch die Schnittgrößenermittlung nichtlinear sind, ist die Ermittlung von γ_{TR} nur iterativ möglich.

Der Vergleich der tatsächlichen Traglasten (GMNIA) aus Tabelle III.6-20 mit den berechneten Höchstlasten der Methode 1 und Methode 2 zeigt, dass alle Ergebnisse beider Methoden auf der sicheren Seite liegen (γ_{TR} ist für alle Beispiele bei der GMNIA am niedrigsten). Dabei liefert Methode 2 dreimal (Beispiele 1, 3 und 4) das günstigere Ergebnis und Methode 1 zweimal (Beispiele 2 und 5).

Tabelle III.6-20: Vergleich von Rechenbeispielen nach Methode 1, Methode 2, [76], [263] und Theorie II. Ordnung (Interaktionsrechnung) [163]

	GMNIA (**)		**Methode 1**		**Methode 2**		**Theorie II. Ordnung (γ_{TR})**	
Beispiel	**Nachweis**	γ_{TR}	**Nachweis**	γ_{TR}	**Nachweis**	γ_{TR}	**Traglast**	***Unger* [76], [263]**
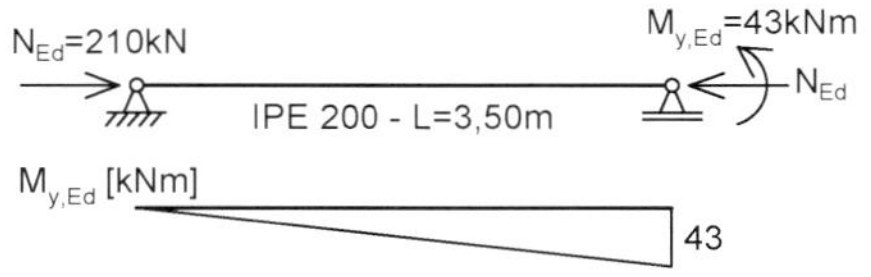 N_{Ed}=210kN, $M_{y,Ed}$=43kNm, IPE 200 - L=3,50m; $M_{y,Ed}$ [kNm]: 43	0,957	1,021	0,985	1,016	0,975	1,025(*)	1,008	-
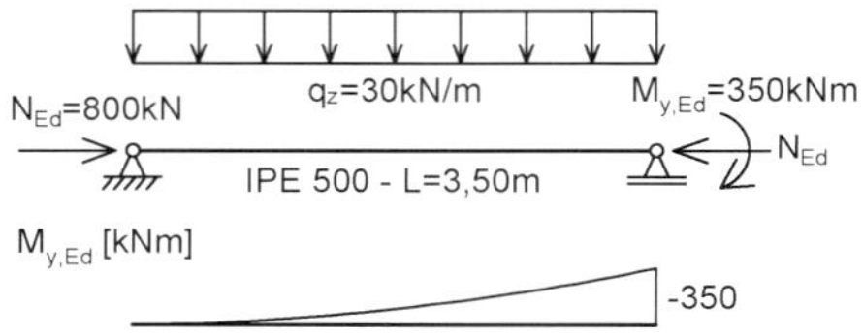 N_{Ed}=800kN, q_z=30kN/m, $M_{y,Ed}$=350kNm, IPE 500 - L=3,50m; $M_{y,Ed}$ [kNm]: -350	0,858	1,165	0,944	1,060	1,006	0,992	-	1,130
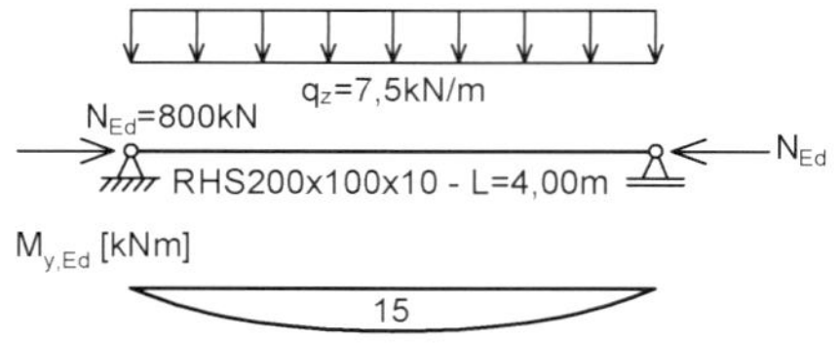 N_{Ed}=800kN, q_z=7,5kN/m, RHS200x100x10 - L=4,00m; $M_{y,Ed}$ [kNm]: 15	1,076	0,929	1,133	0,883	1,109	0,902	-	-
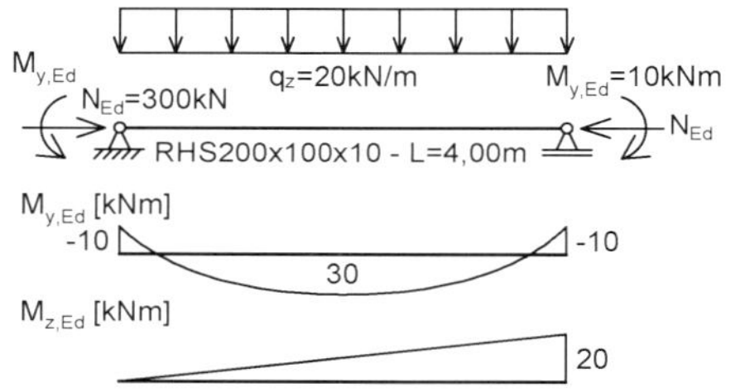 $M_{y,Ed}$, N_{Ed}=300kN, q_z=20kN/m, $M_{y,Ed}$=10kNm, RHS200x100x10 - L=4,00m; $M_{y,Ed}$ [kNm]: -10, 30, -10; $M_{z,Ed}$ [kNm]: 20	0,865	1,156	0,988	1,012	0,912	1,097	-	-
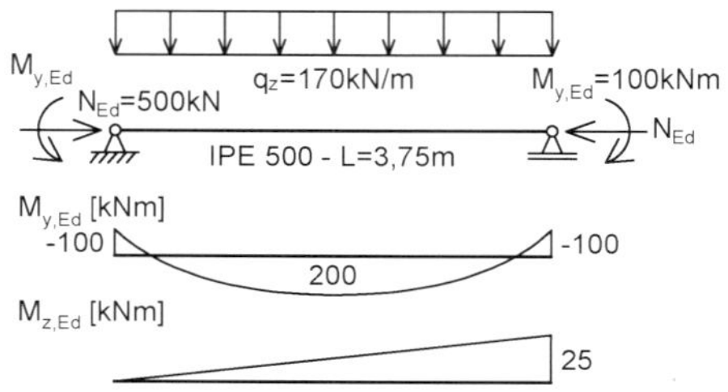 $M_{y,Ed}$, N_{Ed}=500kN, q_z=170kN/m, $M_{y,Ed}$=100kNm, IPE 500 - L=3,75m; $M_{y,Ed}$ [kNm]: -100, 200, -100; $M_{z,Ed}$ [kNm]: 25	0,869	1,151	0,964	1,062	0,974	1,027	-	1,066

(*) Querschnittsinteraktion maßgebend

(**) GMNIA: Finite-Elemente-Rechnung: **G**eometrisch und **m**ateriell **n**ichtlineare **A**nalyse mit **I**mperfektionen

Berechnung nach der Biegetorsionstheorie II. Ordnung

a) Allgemeines

Mit dem Erreichen der Streckgrenze in der am ungünstigsten beanspruchten Faser ist die Tragfähigkeit üblicher Stahlquerschnitte nicht ausgeschöpft. Insbesondere beim Auftreten doppelter Biegung aus M_y und M_z sind i. d. R. noch deutliche Traglaststeigerungen möglich. Ergänzend sind hier daher für die beiden Beispiele mit IPE 500-Profilen auch die Ergebnisse nach [163] berechnet. Dabei wurden nach der räumlichen Biegetorsionstheorie II. Ordnung nach dem Ritz-Verfahren, Formulierung z. B. nach [218], die Schnittgrößen M_y, M_z, M_ω (Wölbbimoment) berechnet, wobei jeweils geometrisch vorverformte Stäbe untersucht wurden. Wenn kommerzielle EDV-Programme benutzt werden, dann ist zu beachten, dass nicht alle angebotenen Programme die Wölbkrafttorsion tatsächlich auch erfassen. Die repräsentativen Vorverformungen wurden wie folgt angesetzt:

- Vorverformung in y-Richtung jeweils w_0 = L/250 entsprechend Tabelle 5.1. (Da Vorverformungen in z-Richtung nach Tab. NA.2 angesetzt werden, wäre dies eigentlich nicht zwingend erforderlich.)
- Bei den Beispielen 2 und 5 zusätzlich jeweils Vorverformungen in z-Richtung entsprechend dem Nationalen Anhang, Tabelle NA.2 [22],
- bei Beispiel 2: v_0 = L/300 (da $\bar{\lambda}_{LT} = 0{,}479 < 0{,}7$),
- bei Beispiel 5: v_0 = L/150 (da $\bar{\lambda}_{LT} = 0{,}697 \approx 0{,}7$).

b) Genaue räumliche Querschnittsinteraktion

Die Traglast kann als erreicht angesehen werden, wenn unter den Schnittgrößen nach Theorie II. Ordnung als Querschnittsnachweis die genaue räumliche Querschnittsinteraktion erfüllt ist. Der Nachteil liegt allerdings darin, dass die räumliche Querschnittsinteraktion formelmäßig nicht geschlossen anzugeben ist.

c) N-M-Interaktion

Diese wird anhand von Bild III.6-47 erläutert. Dargestellt ist beispielhaft der Spannungsverlauf im Obergurt eines I-Profils. Die Spannungen aus M_y und N können zu einer resultierenden Normalkraft in Gurtmitte zusammengefasst werden, die Spannungen aus M_z und M_ω zu einem Querbiegemoment M_z^*. Für diese beiden Schnittgrößen kann dann die übliche Querschnittsinteraktion für einen Rechteckquerschnitt angewendet werden. Vorausgesetzt ist hierbei, dass nur die Stelle der größten Normalspannungen für die Ermittlung der Tragfähigkeit maßgebend ist, die Wirkung der Schubspannungen also vernachlässigt werden darf. Diese Voraussetzung ist gegebenenfalls zu überprüfen.

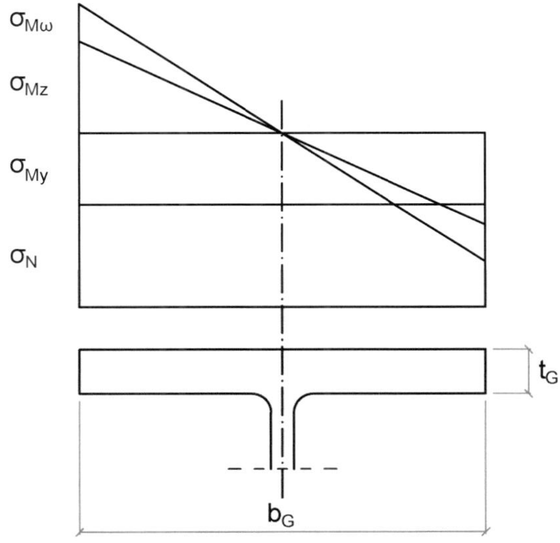

Bild III.6-46: Spannungsanteile im Obergurt eines räumlich belasteten I-Profils

$$W_{z,G} = \frac{t_G \cdot b_G^2}{6} \tag{III.6-47}$$

$$A_G = t_G \cdot b_G \tag{III.6-48}$$

$$M_{z,G}^* = (\sigma_{Mz} + \sigma_{M\omega}) \cdot W_{z,G} \tag{III.6-49}$$

$$N_G^* = \left(\sigma_N + \sigma_{My}\right) \cdot A_G \tag{III.6-50}$$

$$N_{pl,G} = f_y \cdot A_G \tag{III.6-51}$$

$$M_{pl,z,G} = f_y \cdot W_{z,G,pl} \tag{III.6-52}$$

$$n = \frac{N_G^*}{N_{pl,G}} \tag{III.6-53}$$

$$m_z = \frac{M_{z,G}^*}{M_{pl,z,G}} \tag{III.6-54}$$

Anwendung einer geeigneten Interaktion, wobei sich die exakte Interaktion für den Rechteckquerschnitt anbietet:

$$m_z + n^2 \leq 1 \tag{III.6-55}$$

Anwendungsbeispiele finden sich zum Beispiel in [188] und [192].

d) Interaktion nach *Unger*

Auch nach *Unger* [268] ist die Grenztragfähigkeit erreicht, wenn das höchstbeanspruchte Querschnittsteil eines I-Profils vollständig plastiziert ist. Ausgangspunkt der Überlegungen ist auch hier beim I-Profil die Spannungsverteilung für den ungünstig beanspruchten Obergurt aus σ_N, σ_{My}, σ_{Mz}, $\sigma_{M\omega}$. Die Grenzbedingung bei ihm lautet:

$$f_y^2 - (\sigma_N^*)^2 - \frac{2 \cdot \sigma_M^* \cdot f_y}{3} \geq 0 \tag{III.6-56}$$

mit $\sigma_M^* = \sigma_{Mz} + \sigma_{M\omega}$

$\sigma_N^* = \sigma_{My} + \sigma_N$

Ein Umstellen dieser Bedingung führt zu Bedingung (III.6-55).

In Tabelle III.6-20 sind für die Beispiele mit IPE 500-Profil auch die Ergebnisse nach dieser Methode angegeben, dabei zeigt es sich, dass sie dicht an den tatsächlichen Traglastwerten liegen. Damit ist dieser Nachweis auch für die baupraktische Handhabung aus wirtschaftlichen Gründen sehr zu empfehlen. Auch hier ist Voraussetzung, dass die Schnittgrößen nach der Biegetorsionstheorie II. Ordnung, also einschl. der Anteile aus der Wölbkrafttorsion, berechnet sind. Die Vorverformungen w_0 und v_0 dürfen vorteilhaft durch entsprechende Ersatzlasten ersetzt werden, siehe DIN 18800-2, Bild 3 [12].

e) Teilschnittgrößenverfahren von *Kindmann*

In [139] und [240] werden von *Kindmann* für verschiedene Beanspruchungsfälle und Querschnitte teilplastische Spannungszustände definiert, aus denen jeweils die Tragfähigkeit ermittelt werden kann. Da zwischen verschiedenen Zuständen unterschieden werden muss, ist die Rechnung erheblich umfangreicher als nach d), teilweise jedoch auch genauer. Vorteilhaft ist ferner, dass die Wirkung der Schubspannungen in diese Überlegungen einbezogen werden kann. Zur Erleichterung der Berechnung kann das Programm QST-TSV-I von der Webseite der RU Bochum kostenlos heruntergeladen werden [137].

<3.5> Hinweise zur Anwendung von Gln. (6.61) und (6.62)

Für die Anwendung *beider Verfahren* gilt:

1) Es werden doppeltsymmetrische Querschnitte für den Fall der Beanspruchung durch zweiachsige (doppelte) Biegung mit Normalkraft (Druck) behandelt. Daraus kann durch Streichen entsprechender Terme der Fall der einachsigen Biegung mit Normalkraft abgeleitet werden.
2) Vorausgesetzt ist ein beidseitig gelenkig gelagerter Träger, der in Bezug auf das Biegedrillknicken Gabellagerung aufweist. Da es sich um ein Ersatzstabverfahren handelt, dürfen näherungsweise andere Randbedingungen durch die dann zugehörigen idealen Verzweigungslasten N_{cr} (Biegeknicken) und M_{cr} (Biegedrillknicken) berücksichtigt werden.
3) Weiterhin ist ein konstanter Querschnitt in Trägerlängsrichtung vorausgesetzt.
4) Es liegt ein Einzelstab vor, dessen Biegemomente Momente nach Theorie I. Ordnung sind. Die Gln. (6.61) und (6.62) tragen diesem Umstand Rechnung und sind so aufgebaut, dass für M_y stets der größte Absolutwert des Stabes einzusetzen ist; dies gilt auch bei Vorliegen von Zwischenabstützungen.
5) Das ideale Biegedrillknickmoment M_{cr} gilt für den gesamten Stab. Es stellt dieses ein dem Momentenverlauf M_y proportional gesteigertes ideelles Momentenbild dar und daher ist M_{cr} auch mit dem Größtwert von M_y gekoppelt.

Zusätzlicher Hinweis zur Anwendung beim alternativen *Verfahren 2 gegenüber Verfahren 1*:

1) Es sind Zwischenabstützungen nach Bild III.6-47 möglich, die durch das Verfahren 2, nicht jedoch durch Verfahren 1, erfasst werden.

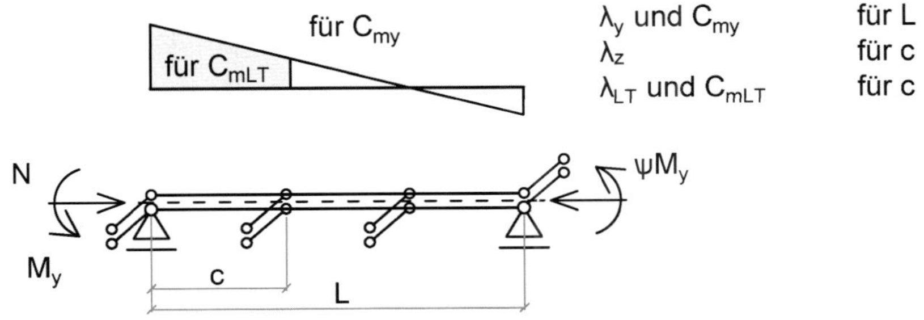

Bild III.6-47: Bezeichnungen bei Zwischenabstützungen beim Verfahren 2

Erweiterungen beim Verfahren 2 gegenüber dem Verfahren 1:

1) Für das Verfahren 2 liegen inzwischen Untersuchungen vor [115], [59], die es gestatten, die Interaktionsgleichungen (6.62) auch bei einfachsymmetrischen Querschnitten anzuwenden. Dabei sind zusätzlichen Bedingungen zu beachten. Zu Einzelheiten siehe Kommentar zu Anhang B.
2) Für das Verfahren 2 sind Erweiterungen erarbeitet worden, um den Fall der planmäßigen Torsion mit doppelter Biegung zu erfassen [185], [188]. Diese Erweiterungen sind auch Bestandteil von DIN EN 1993-6 (Kranbahnen).

Wie am Ende von Abs. III.6.3.3<3.4> ausgeführt, sollte bedacht werden, dass es *in allen Fällen*, also auch in denjenigen, die nicht durch die einfachen Interaktionsgleichungen abgedeckt sind, es möglich ist, einen Interaktionsnachweis (elastisch-plastisch) oder Spannungsnachweis (elastisch-elastisch) zu führen. Die dafür nötigen Schnittgrößen sind dabei dann nach der Theorie II. Ordnung unter Ansatz von Vorverformungen (siehe Abs. 5.3.4) zu ermitteln. Auch dafür stehen EDV-Programme oder Möglichkeiten der Handrechnung zur Verfügung. Ein solcher Nachweis ist manchmal einfacher als die Anwendung der Interaktionsgleichungen und wird durch das Vorhandensein wirkungsvoller Software unterstützt.

III.6.3.4 Allgemeines Verfahren für Knick- und Biegedrillknicknachweise für Bauteile

<1> Einleitung

In der Regel unterscheidet man bei der Auslegung von Stahlbauten zwischen der „Tragwirkung in der Ebene", z. B. um die starke Achse von Walzprofilen oder ähnlich gestalteten Schweißprofilen, und der „Tragwirkung aus der Ebene", z. B. um die schwache Achse von Walzprofilen oder ähnlich gestalteten Schweißprofilen.

Angestrebt wird eine möglichst volle Ausnutzung der Profile „in der Haupttragebene", die durch Nachweise der Stabilität der Profile gegen „Ausweichen aus der Ebene" gewährleistet werden soll.

Die Hintergründe zu den hier behandelten „Stabilitätsnachweisen aus der Haupttragebene" betreffen Biege- und Biegedrillknicken sowie gemischtes Biege- und Biegedrillknicken aus der Ebene je nach Beanspruchungszustand der Profile in der Ebene.

DIN EN 1993-1-1 [22] behandelt Stabilitätsnachweise aus der Ebene, indem sie sowohl Nachweise nach Theorie II. Ordnung mit Ansatz geometrischer Ersatzimperfektionen als ein für alle Fälle gültiges Verfahren, als auch „Bauteilnachweise" mit Knick- und Biegedrillknickkurven als sogenannte „Objekt-orientierte Verfahren" für bestimmte häufige Anwendungsfälle zulässt.

Die Regelung eines „Allgemeinen Verfahrens" ist berechtigt, da auch bei einfachen Rahmentragwerken häufig der Nachweis der Stabilität von Bauteilen senkrecht zur Tragwerkebene mit den in den Abschnitten 6.3.1, 6.3.2 und 6.3.3 in EN 1993-1-1 [22] angegebenen Bauteilnachweisen nicht richtig zu erbringen ist, da diese außerhalb der Anwendungsgrenzen liegen. Beispiele dafür sind:

- Bauteile mit veränderlicher Querschnittshöhe

- Bauteile mit ungleichmäßigen seitlichen Stützungen (z. B. mit einer seitlichen Zwischenstützung an nur einem Flansch)
- Bauteile ohne Gabellagerung an den Bauteilenden (auch wenn in der Regel die Bauteilkomponente zur Verhinderung von Torsion und Verschiebung aus der Ebene an beiden Enden gabelgelagert sein sollte)
- Bauteile mit komplexen Belastungssituationen (wie sie häufig bei Stützen oder Riegeln in Rahmentragwerken anzutreffen sind).

Das in EN 1993-1-1, Abschnitt 6.3.4 dargestellte „Allgemeine Verfahren“ zur Bestimmung der Beanspruchbarkeit von Bauteilen gegenüber Stabilitätsversagen aus der Ebene (Knicken und/oder Biegedrillknicken aus der Ebene) ist hingegen allgemeingültig; es kann insbesondere auch auf Bauteile, die auf Druck und/oder einachsige Biegung um die Hauptebene beansprucht sind, aber zwischen ihren Stützungen keine Fließgelenke enthalten, angewendet werden, also beispielsweise auf:

- einzelne Bauteile, die in ihrer Hauptebene belastet werden, mit doppelt-symmetrischem Querschnitt, veränderlicher Bauhöhe und beliebigen Randbedingungen
- vollständige ebene Tragwerke oder Teiltragwerke, die aus solchen Bauteilen bestehen.

Die Bezeichnung „Bauteilkomponente“ wird stellvertretend für ebene vollständige Tragwerke, Teiltragwerke oder einzelne Bauteile, für die das allgemeine Verfahren angewendet werden darf, verwendet. Bild III.6-48 zeigt einige Beispiele für Bauteilkomponenten in Rahmentragwerken, die nach dem Allgemeinen Verfahren behandelt werden können.

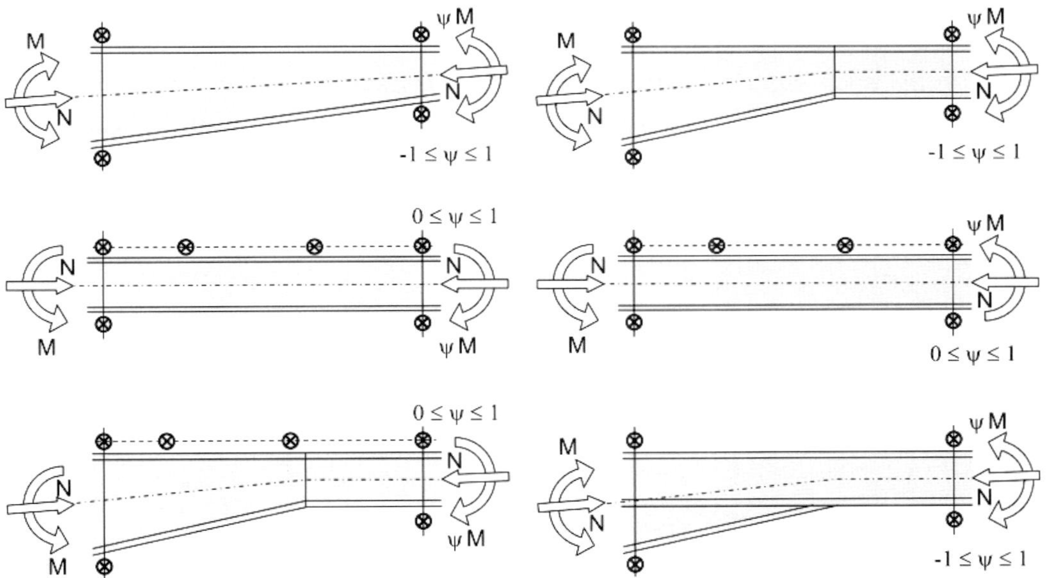

Bild III.6-48: Beispiele für Bauteilkomponenten in Rahmentragwerken, die nach dem Allgemeinen Verfahren behandelt werden können, aus [106] *(nicht vollständig)*

Leider sind in DIN EN 1993-1-1 die anzusetzenden Ersatzimperfektionen für die Anwendung der Theorie II. Ordnung nicht genügend spezifiziert und die Anwendung der Knick- und Biegedrillknickkurven ist gegenüber der Anwendung der Theorie II. Ordnung in vielen Fällen komplex und die Ergebnisse sind untereinander nicht konsistent. Daher besteht der Bedarf nach einer den Eurocode 3 begleitenden Anleitung, die der Praxis bei den täglichen Aufgaben mit der Darstellung einer eindeutigen Vorgehensweise behilflich ist.

Die Vorgehensweise beruht auf einer in der Regel computergestützten Berechnung, um einfache und schwierige Bemessungsfälle einfach nachweisen zu können. Die Computerunterstützung enthält (neben der etwaig mit dem Computer bestimmten Schnittgrößenverteilung in der Haupttragebene) die Ermittlungen

1) der Form der Knick- und Biegedrillknickfigur aus der Ebene für den maßgebenden Knickfall (d. h. maßgebende Eigenform (Eigenmode) η_{cr}) sowie
2) der zu den Knick- und Biegedrillknickformen zugehörigen modalen Biegemomente in den für die Bemessung maßgebenden Flanschen der Bauteile (z. B. modales Biegemoment $m_{cr} = E \cdot I_{Fl} \cdot \eta_{cr}''$).

Nachfolgend werden der Stabilitätsnachweis aus der Ebene und Beispiele, die die Anwendung zeigen, vorgestellt.

<1.1> Biegeknicken aus der Tragwerksebene

Spezifikation der Ersatzimperfektionen

Die Imperfektionen aus der Tragwerksebene sind in DIN EN 1993-1-1 als geometrische Ersatzimperfektionen angegeben. Ihre Spezifikation lautet:

5.3.2(1): „Die anzunehmende Form der Imperfektionen eines Gesamttragwerkes und örtlicher Imperfektionen eines Tragwerks kann aus der Form der maßgebenden Eigenform in der betrachteten Ebene hergeleitet werden."

5.3.2(2): „Knicken, sowohl in als auch aus der Ebene, einschließlich Drillknicken mit symmetrischen und antimetrischen Knickfiguren ist in der Regel in der ungünstigsten Richtung und Form zu berücksichtigen."

Im Folgenden wird die Eigenform (Eigenmode) als Form der geometrischen Ersatzimperfektion zugrunde gelegt und als η_{cr} bezeichnet. DIN EN 1993-1-1 regelt die Amplitude der geometrischen Ersatzimperfektion wie folgt:

5.3.2 (11): (...) „Die maximale Amplitude dieser Imperfektionsfigur darf wie folgt ermittelt werden:"

$$\eta_{init} = e_{0,d} \cdot \frac{N_{cr}}{EI \cdot \eta''_{cr,max}} \cdot \eta_{cr} = \frac{e_{0,d}}{\bar{\lambda}^2} \cdot \frac{N_{Rk}}{EI \cdot \eta''_{cr,max}} \cdot \eta_{cr} \qquad \text{(III.6-57)}$$

In dieser Gleichung sind:

$$e_{0,d} = \alpha \cdot \left(\bar{\lambda} - 0{,}2\right) \cdot \frac{M_{Rk}}{N_{Rk}} \cdot \frac{1 - \dfrac{\chi \cdot \bar{\lambda}^2}{\gamma_{M1}}}{1 - \chi \cdot \bar{\lambda}^2} \quad \text{für } \bar{\lambda} \geq 0{,}2 \qquad \text{(III.6-58)}$$

$$\bar{\lambda} = \sqrt{\frac{\alpha_{ult,k}}{\alpha_{cr}}} \qquad \text{(III.6-59)}$$

Mit Gleichung (III.6-57) wird die maximale Amplitude der eigenformaffinen Ersatzimperfektionsfigur über den Vergleich mit den modalen Krümmungen an den Grundfall des beidseits gelenkig gelagerten Knickstabs „kalibiriert".

Sie kann in einfacher Weise geschrieben werden, wenn man sie auf die charakteristische Beanspruchbarkeit R_k bezieht:

$$\eta_{init} = e_0 \cdot \frac{\alpha_{cr} \cdot N_{Ed}}{EI \cdot \eta''_{cr,\max}} \cdot \eta_{cr} \quad \text{(III.6-60)}$$

$$e_0 = \alpha \cdot (\bar{\lambda} - 0{,}2) \cdot \frac{M_{Rk}}{N_{Rk}} \quad \text{für } \bar{\lambda} \geq 0{,}2 \quad \text{(III.6-61)}$$

mit N_{Ed} Bemessungswert der Druckkraft im Bauteil

α_{cr} Kleinstmöglicher Vergrößerungsfaktor der Druckkraft N_{Ed}, um ideales Knickversagen zu erreichen

$EI \cdot \eta_{cr}''$ Modales Biegemoment m_{cr} infolge η_{cr}

α Imperfektionsbeiwert für die maßgebende Knicklinie nach DIN EN 1993-1-1, Tabellen 6.1 und 6.2

$\bar{\lambda}$ Schlankheitsgrad des Bauteils

$\alpha_{ult,k}$ Kleinstmöglicher Vergrößerungsfaktor der Druckkraft N_{Ed}, um den charakteristischen Wert der Beanspruchbarkeit N_{Rk} zu erreichen, ohne dass das Ausweichen aus der Ebene berücksichtigt wird

M_{Rk} Charakteristischer Wert der Biegebeanspruchbarkeit des Querschnittteils, z. B. des Flansches, der bei Ausweichen aus der Ebene maßgebend wird

N_{Rk} Charakteristischer Wert der Druckbeanspruchbarkeit des Querschnitts, z. B. $N_{pl,Rk}$

Aus dem charakteristischen Wert der Beanspruchbarkeit R_k ergibt sich der Bemessungswert

$$R_d = \frac{R_k}{\gamma_{M1}} \quad \text{(III.6-62)}$$

mit dem Teilsicherheitsbeiwert γ_{M1}, der mit Versuchsergebnissen kalibriert eine ausreichende Zuverlässigkeit der Ergebnisse ergibt.

Der Nationale Anhang zu DIN EN 1993-1-1 erlaubt ausdrücklich die Anwendung des Allgemeinen Verfahrens zur Ermittlung der maßgebenden Eigenfigur und deren maximalen Amplitude der geometrischen Ersatzimperfektion. Falls die Ersatzimperfektionen nach (III.6-57), die Gleichung (5.9) der DIN EN 1993-1-1 entspricht, berechnet werden, dann muss der Querschnittsnachweis, auch wenn er unter Berücksichtigung der plastischen Tragfähigkeit geführt wird, mit einer linearen Querschnittsinteraktion erfolgen:

$$\frac{N_{Ed}}{N_{pl,Rd}} + \frac{M_{Ed}}{M_{pl,Rd}} \leq 1{,}0 \quad \text{(III.6-63)}$$

Bei einfachen symmetrischen Systemen (z. B. Eulerfälle I, II oder IV) fällt die Stelle der maximalen Krümmung $\eta''_{crit,max}$ mit der Stelle der maximalen Durchbiegung $\eta_{crit,max}$ zusammen. Dann wäre ein zum Krümmungsverlauf affinier Imperfektionsansatz offensichtlich nicht notwendig. Dass dies jedoch nicht allgemeingültig ist, zeigt das Beispiel des Eulerfalls III, siehe Bild III.6-49. Eigenform und Imperfektionsfigur ergeben sich aus der Differentialgleichung

$$\eta^{IV} + \kappa^2 \cdot \eta'' = \frac{N_{Ed}}{EI} \cdot \eta_{init} \quad \text{(III.6-64a)}$$

$$\kappa = \sqrt{\frac{N_{crit}}{EI}} = \frac{\varepsilon}{l} \quad \text{(III.6-64b)}$$

Mit Gl. (III.6-64b), ε = 4,49 und Gl. (III.6-57) bzw. (III.6-60) ergibt sich

$$\eta_{crit}(x) = a_1 \cdot \left[\left(1 - \cos\frac{\varepsilon \cdot x}{\ell}\right)\varepsilon + \sin\frac{\varepsilon \cdot x}{\ell} - \frac{\varepsilon \cdot x}{\ell}\right] \quad \text{(III.6-65)}$$

$$\eta''_{crit}(x) = a_1 \cdot \left[\frac{\varepsilon^3}{\ell_2} \cdot \cos\frac{\varepsilon \cdot x}{\ell} - \left(\frac{\varepsilon}{\ell}\right)^2 \cdot \sin\frac{\varepsilon \cdot x}{\ell}\right] \quad \text{(III.6-66)}$$

sowie

$$\eta_{init}(x) = e_0 \cdot \frac{\left(1 - cos\frac{\varepsilon \cdot x}{\ell}\right) \cdot \varepsilon + \sin\frac{\varepsilon \cdot x}{\ell} - \frac{\varepsilon \cdot x}{\ell}}{\varepsilon \cdot \cos\left(\frac{\varepsilon \cdot x_d}{\ell}\right) - \sin\left(\frac{\varepsilon \cdot x_d}{\ell}\right)} \quad \text{(III.6-67)}$$

$\eta''_{crit,max}$ liegt hierbei an der Stelle $x_d = x_{\eta''_{crit,max}} \approx 0{,}66 \cdot \ell$, damit liegt das maximale Biegemoment nach Theorie II. Ordnung ebenfalls an dieser Stelle und ergibt sich zu

$$M^{II}_{max}(x_d) = -EI \cdot \eta''(x_d) = \varepsilon_0 \frac{N_{Ed}}{1 - \frac{N_{Ed}}{N_{crit}}} \cdot \frac{\eta''_{crit}(x)}{\eta''_{crit,max}} = e_0 \frac{N_{Ed}}{1 - \frac{N_{Ed}}{EI \cdot \left(\frac{\varepsilon}{\ell}\right)^2}} \quad \text{(III.6-68)}$$

Das Biegemoment nach Theorie II. Ordnung an der Stelle der maximalen Durchbiegung ist kleiner und ergibt sich bei $\eta''_{crit,max} \approx 0{,}6 \cdot \ell$ zu

$$M^{II}\left(x_{\eta_{crit,max}}\right) = 0{,}98 \cdot M^{II}\left(x_d = x_{\eta''_{crit,max}}\right) = 0{,}98 \cdot M^{II}_{max} \quad \text{(III.6-69)}$$

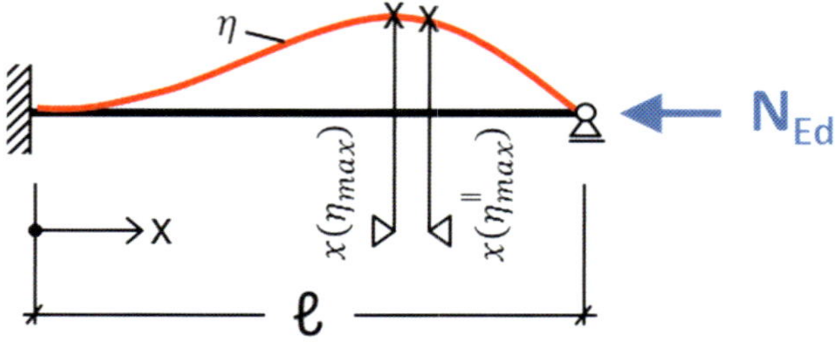

Bild III.6-49: Knickstab, Eulerfall III mit Positionen der maximalen Durchbiegung und maximalen Krümmung unter konstanter Normalkraft

Liegen Druckstäbe mit veränderlichem Querschnitt oder mit veränderlicher Druckkraft vor, so lautet der Imperfektionsansatz in Verallgemeinerung von DIN EN 1993-1-1, Absatz 5.3.1 (11)

$$\eta_{init} = \left[e_0 \cdot \frac{\alpha_{crit} \cdot N_E(x)}{EI(x) \cdot \eta''_{cr}(x)} \right]_{x=x_d} \cdot \eta_{crit}(x) \qquad \text{(III.6-70)}$$

wobei der Referenzpunkt $x = x_d$ der Stelle der maßgebenden Beanspruchung, als Maximum aus den Ausnutzungen in der Ebene und aus der Ebene, entspricht. Darauf wird im Weiteren noch eingegangen. Bei konstanter Druckkraftausnutzung fällt die Bemessungsstelle x_d mit der Stelle maximaler Krümmung $(\eta''_{cr})_{max}$ zusammen. Beim Biegeknicken gibt es häufig keine großen Abweichungen dieser beiden Stellen voneinander, siehe Tabelle III.6-22; jedoch insbesondere, wenn das Verfahren auf das Biegedrillknicken erweitert wird, ist die Betrachtung von x_d (siehe unten) anstelle von $x_{\eta''_{max}}$ bedeutsam.

Lösungen für die Auswirkungen in der Ebene und aus der Ebene

Bedingt durch die Verwendung der Eigenform η_{cr} als Form der geometrischen Ersatzimperfektion aus der Ebene und den sich daraus ergebenden Verlauf des modalen Biegemoments m_{cr} sind die Auswirkungen der Imperfektion auf die Schnittgrößen um die schwache Achse proportional zu m_{cr}.

Daher kann man in Form von Ausnutzungsgraden u schreiben:

1. Ausnutzungsgrad in der Ebene am Punkt x:

$$u_{ip} = \left[\frac{1}{\alpha_{ult,k}} \right]_x \qquad \text{(III.6-71)}$$

Wirkung der Druckkraft $\quad \frac{1}{\alpha_{ult,k}} = \frac{N_{Ed}}{N_{Rk}}$

2. Ausnutzungsgrad aus der Ebene am Punkt x:

$$u_{op} = \left[\alpha \cdot (\bar{\lambda} - 0{,}2) \cdot \frac{1}{\alpha_{ult,k}} \cdot \frac{1}{1 - \frac{1}{\alpha_{cr}}} \cdot \frac{m_{cr}}{m_{cr,max}} \right]_x \qquad \text{(III.6-72)}$$

Verlauf von u_{op} längs des Bauteils

Vergrößerung aus Theorie II. Ordnung

Ausnutzungsgrad in der Ebene

Amplitude der Ersatzimperfektion

Die Bemessungsstelle $x = x_d$ längs des Bauteils ist dort, wo die Summe der Ausnutzungsgrade ein Maximum hat.

$$u_{ip} + u_{op} = \max|_{x=x_d} \leq 1{,}0 \qquad \text{(III.6-73)}$$

Bestimmung des Bemessungspunktes $x = x_d$ für elementare Knickfälle

Tabelle III.6-21 zeigt die Knickfälle und Ausnutzungsgrade für die vier elementaren Knickfälle.

Tabelle III.6-21: Ausnutzungsgrade für die vier elementaren Knickfälle

Fall	Knickform	u_{ip}	u_{op}
1	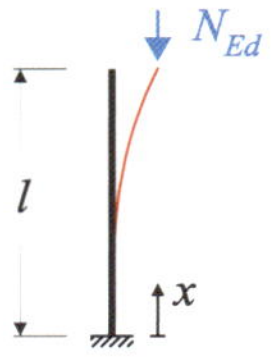 N_{Ed}, l, x $\eta_{cr} = a \cdot \sin\frac{\pi \cdot x}{2\ell}$	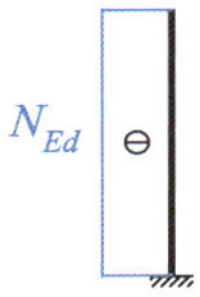 N_{Ed} ⊖	$\frac{m_{cr}}{m_{cr,max}}$ 1 $x = x_d$ 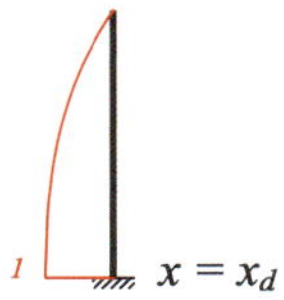
	$\frac{1}{\alpha_{cr}} = \frac{N_{Ed}}{\frac{EI\pi^2}{(2\ell)^2}}$	$\frac{1}{\alpha_{ult,k}} = \frac{N_{Ed}}{N_{Rk}}$	$\alpha(\bar{\lambda} - 0{,}2)\frac{N_{Ed}}{N_{Rk}}\frac{1}{1-\frac{1}{\alpha_{cr}}}\left(\sin\frac{\pi \cdot x}{2\ell}\right)$
2	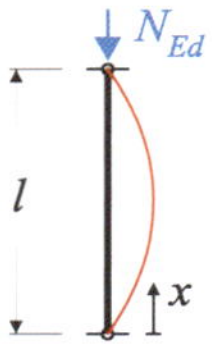 N_{Ed}, l, x $\eta_{cr} = a \cdot \sin\frac{\pi \cdot x}{\ell}$	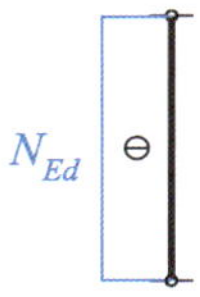 N_{Ed} ⊖	$\frac{m_{cr}}{m_{cr,max}}$ 1 $x = x_d$ 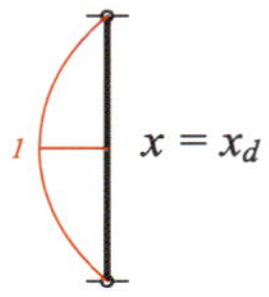
	$\frac{1}{\alpha_{cr}} = \frac{N_{Ed}}{\frac{EI\pi^2}{\ell^2}}$	$\frac{1}{\alpha_{ult,k}} = \frac{N_{Ed}}{N_{Rk}}$	$\alpha(\bar{\lambda} - 0{,}2)\frac{N_{Ed}}{N_{Rk}}\frac{1}{1-\frac{1}{\alpha_{cr}}}\left(\sin\frac{\pi \cdot x}{\ell}\right)$
3	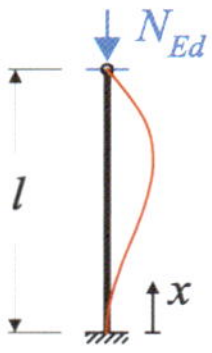 N_{Ed}, l, x $\eta_{cr} = a\left(\cos k\frac{x}{\ell} - 1\right) - \frac{\cos k}{\sin k}\left(\sin k\frac{x}{\ell} - k\frac{x}{\ell}\right)$	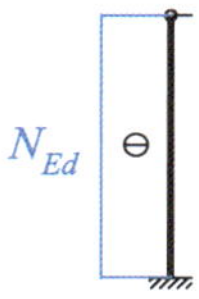 N_{Ed} ⊖	$\frac{m_{cr}}{m_{cr,max}}$ 1 $x = x_d$; 1 $x = x_d$ 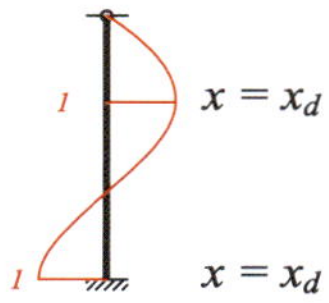
	$\frac{1}{\alpha_{cr}} = \frac{N_{Ed}}{\frac{EI\pi^2}{(0{,}7\ell)^2}}$ $k = \frac{\pi}{0{,}7} = 4{,}488$	$\frac{1}{\alpha_{ult,k}} = \frac{N_{Ed}}{N_{Rk}}$	$\alpha(\bar{\lambda} - 0{,}2)\frac{N_{Ed}}{N_{Rk}}\frac{1}{1-\frac{1}{\alpha_{cr}}}\left(\cos k\frac{x}{\ell} - \frac{\cos k}{\sin k}\sin k\frac{x}{\ell}\right)$
4	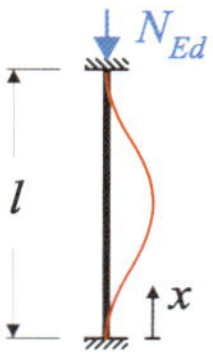 N_{Ed}, l, x $\eta_{cr} = a\left(1 - \cos\frac{2\pi \cdot x}{\ell}\right)$	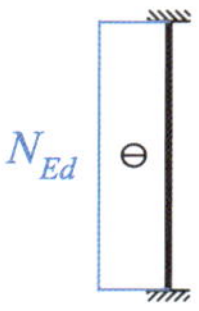 N_{Ed} ⊖	$\frac{m_{cr}}{m_{cr,max}}$ 1 $x = x_d$; 1 $x = x_d$; 1 $x = x_d$ 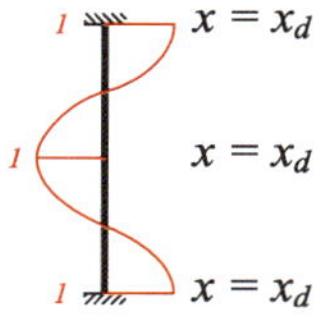
	$\frac{1}{\alpha_{cr}} = \frac{N_{Ed}}{\frac{EI\pi^2}{(0{,}5\ell)^2}}$	$\frac{1}{\alpha_{ult,k}} = \frac{N_{Ed}}{N_{Rk}}$	$\alpha(\bar{\lambda} - 0{,}2)\frac{N_{Ed}}{N_{Rk}}\frac{1}{1-\frac{1}{\alpha_{cr}}}\left(\cos\frac{2\pi \cdot x}{\ell}\right)$

Es ist einleuchtend, dass für diese elementaren Knickfälle nur die zum niedrigsten Eigenwert zugehörige Knickform maßgebend ist, da der kleinste α_{cr}-Wert den größten u_{op}-Wert liefert. Wenn u_{ip} längs des Bauteils konstant ist, ist die Bemessungsstelle $x = x_d$ da, wo m_{cr} sein Maximum hat.

In anderen Fällen, z. B. bei Druckgliedern mit ungleichmäßigem Querschnitt und veränderlicher Druckkraft längs des Bauteils, ist das Kriterium $u_{ip} + u_{op} = \max|_{x=x_d}$ zu prüfen, um die Bemessungsstelle $x = x_d$ zu finden, siehe Tabelle III.6-22. Die Suche nach der maximalen Ausnutzung ist eine Extremwertaufgabe, die Lösung kann iterativ erfolgen.

Tabelle III.6-22: Bemessungspunkt $x = x_d$ für einen Druckstab mit veränderlichem Querschnitt und veränderlicher Druckkraft N_{Ed}

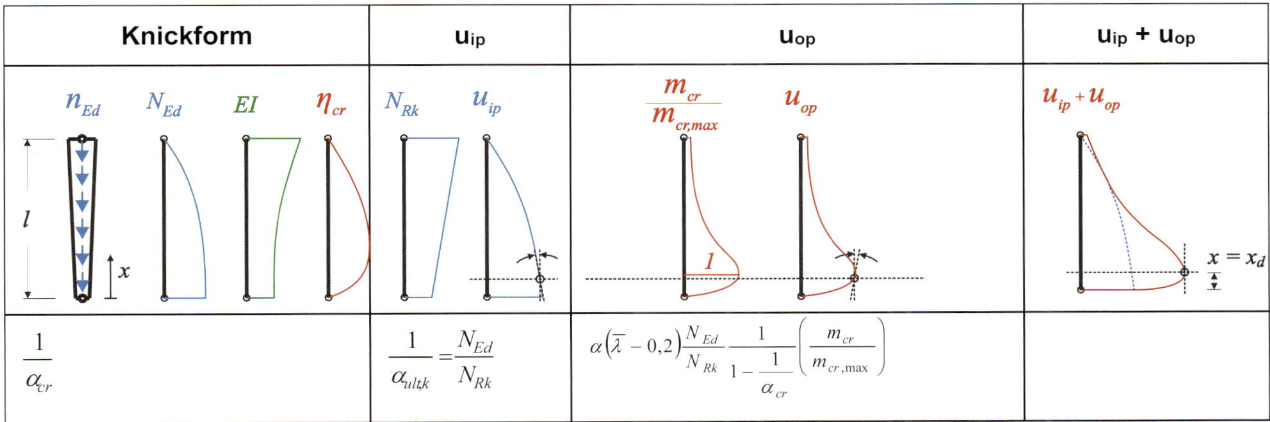

Knickform	u_{ip}	u_{op}	u_{ip} + u_{op}
$\dfrac{1}{\alpha_{cr}}$	$\dfrac{1}{\alpha_{ult,k}} = \dfrac{N_{Ed}}{N_{Rk}}$	$\alpha(\bar{\lambda} - 0{,}2)\dfrac{N_{Ed}}{N_{Rk}} \dfrac{1}{1 - \dfrac{1}{\alpha_{cr}}}\left(\dfrac{m_{cr}}{m_{cr,\max}}\right)$	

Verbindung zur Bemessung mit Knickkurven

Das Kriterium für die Summe der Ausnutzungsgrade $u_{ip} + u_{op}$ an der Bemessungsstelle $x = x_d$

$$\frac{N_{Ed}}{N_{Rk}} + \alpha \cdot (\bar{\lambda} - 0{,}2) \cdot \frac{N_{Ed}}{N_{Rk}} \cdot \frac{1}{1 - \dfrac{1}{\alpha_{cr}}} \cdot \frac{m_{cr}}{m_{cr,max}}\bigg|_{x=x_d} \leq 1{,}0 \qquad \text{(III.6-74)}$$

liefert mit den folgenden Bezeichnungen

$$\frac{N_{Ed}}{N_{Rk}} = \chi \;\; ; \;\; \frac{1}{\alpha_{cr}} = \chi \cdot \bar{\lambda}^2 \;\; ; \;\; \frac{m_{cr,x=x_d}}{m_{cr,max}} \approx 1{,}0 \qquad \text{(III.6-75)}$$

(x_d und x_{max} fallen beim Grundfall der Knickkurven zusammen)

die Grundgleichung für die Knickkurve

$$\chi + \alpha \cdot (\bar{\lambda} - 0{,}2) \cdot \chi \cdot \frac{1}{1 - \chi \cdot \bar{\lambda}^2}\bigg|_{x=x_d} \leq 1{,}0 \qquad \text{(III.6-76)}$$

Diese hat die Lösung

$$\chi = \frac{1}{\phi + \sqrt{\phi^2 - \bar{\lambda}^2}}\bigg|_{x=x_d} \leq 1{,}0 \qquad \text{(III.6-77)}$$

mit $\phi = 0{,}5 \cdot [1 + \alpha \cdot (\bar{\lambda} - 0{,}2) + \bar{\lambda}^2]$ (III.6-78)

Der Widerstand gegen Knicken aus der Ebene für Tragwerke oder Teile davon kann dann mit

$$\frac{\chi \cdot \alpha_{ult,k}}{\gamma_{M1}} \geq 1{,}0 \tag{III.6-79}$$

nachgewiesen werden.

Damit ist klar, dass die Knickkurven nicht nur die elementaren Knickfälle in Tabelle III.6-21 abdecken, sondern allgemein für alle Fälle mit ungleichförmigem Querschnitt und veränderlicher Druckkraft angewendet werden können, z. B. für den Fall in Tabelle III.6-22, wenn für den Schlankheitsgrad $\bar{\lambda}$ nach Gleichung (III.6-59) der Querschnittswert $\alpha_{ult,k}$ an der Bemessungsstelle $x = x_d$ benutzt wird.

Die Äquivalenz zwischen der Bemessung nach Theorie II. Ordnung über $u_{ip} + u_{op} = \max$ am Bemessungspunkt $x = x_d$ und der Bemessung mit Knickkurven χ mit dem Schlankheitsgrad $\bar{\lambda}$ am Bemessungspunkt $x = x_d$ wird bei der Definition des Imperfektionsbeiwertes α genutzt.

Die Imperfektionsbeiwerte α nach DIN EN 1993-1-1, Tabelle 6.1 und Tabelle 6.2 sind nämlich mit Hilfe von Versuchsauswertungen von Knickstabversuchen ermittelt worden, wobei die Knickkurven mit dem offenen Parameter α und bestimmten Annahmen für α und $\bar{\lambda}$ zugrunde gelegt wurden, siehe Bild III.6-50 und Bild III.6-51 für das Knicken von Druckstäben aus Walzprofilen um die schwache Achse (vgl. [206], [208], [97]).

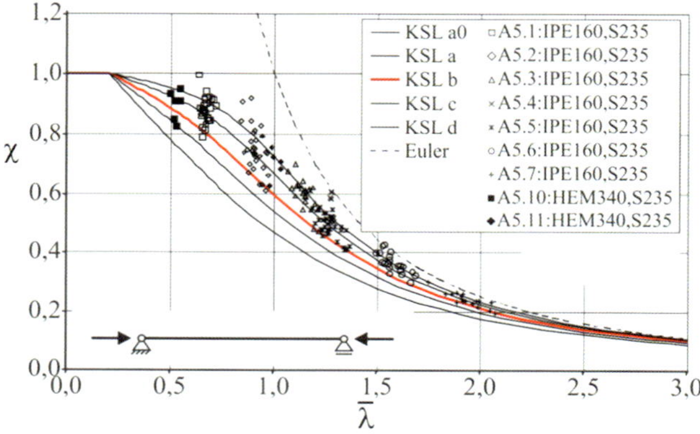

Bild III.6-50: Biegeknicken von Druckstäben aus Walzprofilen um die schwache Achse, Versuchsergebnisse und maßgebende Knickkurve „b“ ([206], [208])

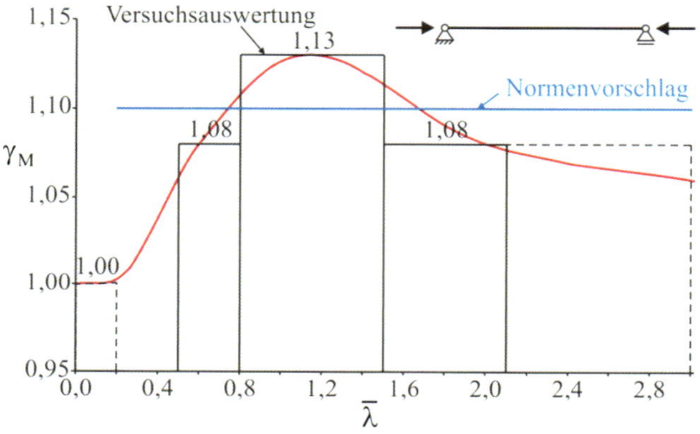

Bild III.6-51: Teilsicherheitsbeiwerte γ_{M1} aus der Auswertung von Knickstabversuchen mit Biegeknicken um die schwache Achse bei einem vom Schlankheitsgrad $\bar{\lambda}$ unabhängigen konstanten Imperfektionsbeiwert α ([206], [208])

Die Annahmen für α und $\bar{\lambda}$ waren, dass

1) α und γ_{M1} unabhängig von der Schlankheit $\bar{\lambda}$ sein sollten,
2) γ_{M1} einen konstanten Mittelwert für den Zuverlässigkeitsindex $\beta = 3{,}8$ und den Wichtungsfaktor $\alpha_R = 0{,}8$ darstellen sollte, siehe DIN EN 1990, Anhang D [19].

<1.2> Biegedrillknicken aus der Tragwerksebene

Zweistufiges Verfahren

Das Biegedrillknicken von Bauteilen aus I-Profilen ist das Ausweichen aus der Haupttragebene, getrieben durch die Schnittgrößen in der Haupttragebene.

Für das zweistufige Verfahren ist wesentlich, dass bei kleinen Verformungen die Schnittgrößen in der Haupttragebene nicht durch Verschiebungen aus der Haupttragebene infolge Biegedrillknicken beeinflusst werden, siehe Bild III.6-52.

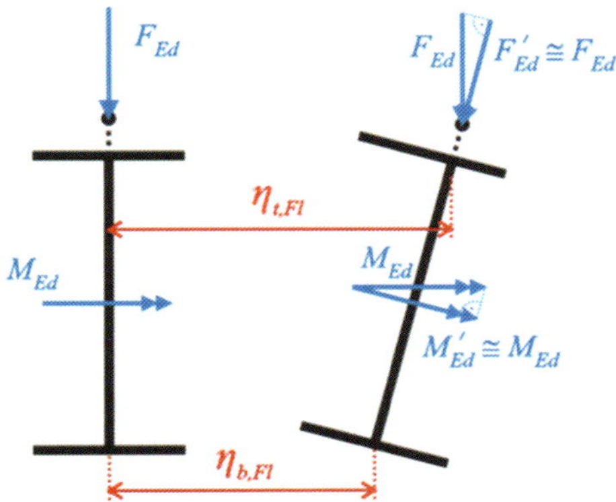

Bild III.6-52: Unabhängigkeit der Schnittgrößen E_d in der Haupttragebene von den Verschiebungen $\eta_{t,Fl}$ und $\eta_{b,Fl}$ der Trägerflansche

Daher wird ein zweistufiges Verfahren angewendet:

1) Bestimmung der Bemessungswerte E_d der Schnittgrößen in der Haupttragebene einschließlich der Wirkung eventueller Imperfektionen in der Haupttragebene und der Theorie II. Ordnung.
2) Überprüfung der Stabilität gegen Ausweichen aus der Haupttragebene infolge der Schnittgrößen E_d.

Übertragung der Grundgleichungen auf das Biegedrillknicken

Beim Biegedrillknicken sind die Verschiebungen $\eta_{cr,Fl}$ des oberen und unteren Flansches des Querschnitts infolge der Torsionskomponente der Knickeigenform verschieden:

$$\eta_{cr,Fl} = \eta_{cr} \pm z_M \cdot \varphi_{cr} \tag{III.6-80}$$

mit η_{cr}, φ_{cr} Jeweilige Komponente der Biegedrillknickeigenform

z_M Abstand des betrachteten Flansches vom Schubmittelpunkt des Querschnitts

$\eta_{cr,Fl}$ Eigenform des oberen oder unteren Flansches

Daher sind auch die modalen Biegemomente $m_{cr,Fl}$ in den Flanschen verschieden:

$$m_{cr,Fl} = EI_{Fl} \cdot (\eta''_{cr} \pm z_M \cdot \varphi'_{cr}) \tag{III.6-81}$$

Infolgedessen sind im allgemeinen Fall die Ausnutzungsgrade für beide Flansche zu prüfen, wenn bedingt durch den Momentenverlauf sowohl der obere als auch der untere Flansch Druckkräfte erhält:

$$u_{ip} + u_{op}\big|_{\text{Top,Flange}} = \max|_{x=x_d} \leq 1{,}0 \tag{III.6-82}$$

und

$$u_{ip} + u_{op}\big|_{\text{Bottom,Flange}} = \max|_{x=x_d} \leq 1{,}0 \tag{III.6-83}$$

Dabei ist der Ausnutzungsgrad bezogen auf die Schnittgrößen in der Haupttragebene in einem Flansch:

$$u_{ip} = \left[\frac{1}{\alpha_{ult,k}}\right]_{x_d} \tag{III.6-84}$$

und bezogen auf das Biegemoment infolge Ausweichen aus der Ebene in einem Flansch:

$$u_{op} = \left[\alpha \cdot \left(\bar{\lambda} - 0{,}2\right) \cdot \frac{1}{\alpha_{ult,k}} \cdot \frac{1}{1 - \frac{1}{\alpha_{cr}}} \cdot \frac{m_{cr}}{m_{cr,max}}\right]_{x_d} \tag{III.6-85}$$

In der Gleichung für u_{op} ist der Imperfektionsbeiwert α für das Ausweichen aus der Haupttragebene infolge Biegedrillknicken identisch mit dem Imperfektionsbeiwert α für Biegeknicken um die schwache Achse, wenn der Einfluss der Torsionssteifigkeit auf den Vergrößerungsfaktor α_{cr} für die Wirkung der Theorie II. Ordnung vernachlässigbar ist. In diesem Fall kann das Biegedrillknicken eines Trägers einfach als Biegeknicken der Trägerflansche aufgefasst werden. Beispiele für diesen Fall sind Träger mit großen Trägerhöhen und kurzen Spannweiten und wenn die Torsionssteifigkeit infolge Querschnittsverformung reduziert wird.

Im Falle nicht vernachlässigbarer Torsionssteifigkeit, z. B. bei Walzprofilen im Hochbau mit geringer Bauhöhe und großen Spannweiten, bewirkt die Torsionssteifigkeit kleinere u_{op}-Werte als die bei vernachlässigbarer Torsionssteifigkeit.

Diese Wirkung kann einfach durch einen „effektiven Imperfektionsbeiwert" α_{eff} berücksichtigt werden, der wie folgt lautet:

$$\alpha_{eff} = \alpha \cdot \frac{\alpha^*_{crit}}{\alpha_{crit}} \tag{III.6-86}$$

mit
- α — Imperfektionsbeiwert bei Biegeknicken aus der Haupttragebene
- α_{crit} — Kleinstmöglicher Vergrößerungsfaktor der Schnittgrößen E_d in der Haupttragebene, um die ideale Verzweigungslast für Ausweichen aus der Haupttragebene unter Berücksichtigung der Torsionssteifigkeit zu erreichen
- α^*_{crit} — Kleinstmöglicher Vergrößerungsfaktor der Schnittgrößen E_d in der Haupttragebene, um die ideale Verzweigungslast für Ausweichen aus der Haupttragebene bei Vernachlässigung der Torsionssteifigkeit zu erreichen

Dieser effektive Imperfektionsbeiwert ist exakt, wenn die Formen der modalen Biegemomente m_{cr} für α^*_{cr} und α_{cr} identisch sind. Andernfalls ist er eine sehr genaue Näherung.

Verbindung zur Bemessung mit Biegedrillknickkurven

Ähnlich wie beim Biegeknicken, siehe Abschnitt III.6.3.4<1.1>, liefert die Grundgleichung

$$u_{ip} + u_{op}\Big|_{x=x_d} \leq 1{,}0 \qquad \text{(III.6-87)}$$

beim Biegedrillknicken die Ausgangsgleichung für die Biegedrillknickkurve

$$\chi_{LT} + \alpha_{eff} \cdot (\bar{\lambda} - 0{,}2) \cdot \chi_{LT} \cdot \frac{1}{1 - \chi_{LT} \cdot \bar{\lambda}^2}\Bigg|_{x=x_d} \leq 1{,}0 \qquad \text{(III.6-88)}$$

Die Biegedrillknickkurve lautet

$$\chi_{LT} = \frac{1}{\phi + \sqrt{\phi^2 - \bar{\lambda}^2}}\Bigg|_{x=x_d} \leq 1{,}0 \qquad \text{(III.6-89)}$$

mit $\phi = 0{,}5 \cdot [1+\alpha_{eff} \cdot (\bar{\lambda}-0{,}2)+\bar{\lambda}^2]$ (III.6-90)

Die Gleichung für χ_{LT} für das Biegedrillknicken unterscheidet sich von der Gleichung für χ für das Biegeknicken nur durch den Imperfektionsbeiwert α_{eff}. Da α_{eff} sowohl den Fall des Biegeknickens ($\alpha_{eff} = \alpha$) als auch des Biegedrillknickens erfasst, kann die Gleichung (III.6-89) als universelle Formel sowohl für das Biegeknicken als auch für das Biegedrillknicken aufgefasst werden.

Die Zuverlässigkeit der universellen Formel mit dem effektiven Imperfektionsbeiwert α_{eff} ist über Versuchsauswertungen von Biegedrillknickversuchen überprüft worden. Bild III.6-53 und Bild III.6-54 liefern die Resultate der Auswertungen für Walzprofile und geschweißte Profile, wobei einschränkend erwähnt werden sollte, dass in der Auswertung der Literaturstellen durchaus Unwägbarkeiten liegen können, die die Verfasser nicht weiter berücksichtigen können. Die erforderlichen γ_{M1}-Werte liegen im Bereich von 1,048 bis 1,087 ([208], [97], [246]).

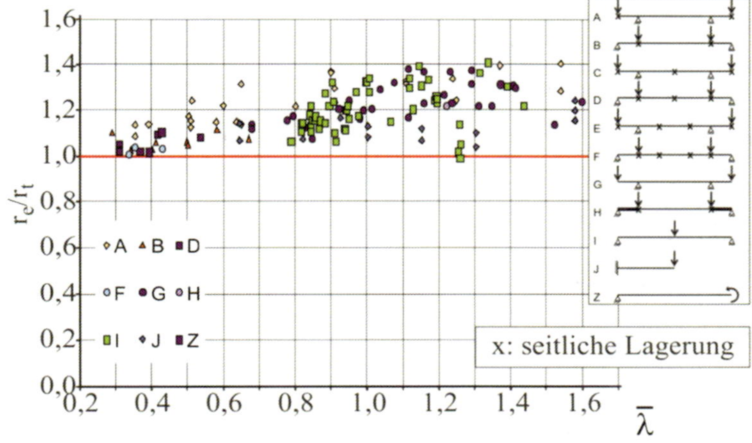

Bild III.6-53: Verhältnisse r_e/r_t der experimentellen und rechnerischen Ergebnisse bei Verwendung von α_{eff} für Walzprofile (nach [208], [246])

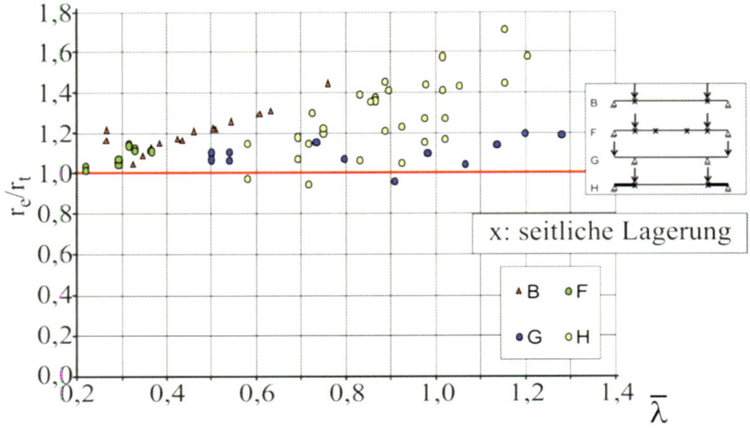

Bild III.6-54: Verhältnisse r_e/r_t der experimentellen und rechnerischen Ergebnisse bei Verwendung von α_{eff} für geschweißte Profile (nach [208], [246])

Praktische Anwendung von $u_{ip} + u_{op} \leq 1{,}0$

Die additive Form $u_{ip} + u_{op}$ kann in eine „multiplikative" Form übertragen werden:

$$u_{ip} + u_{op} = u_{ip} \cdot \left(1 + \frac{u_{op}}{u_{ip}}\right) \leq 1{,}0 \tag{III.6-91}$$

Faktor f, der die Vergrößerung des Ausnutzungsgrades u_{ip} in der Haupttragebene durch Ausweichen aus der Haupttragebene anzeigt

Mit

$$u_{ip} + u_{op} = \frac{1}{\alpha_{ult,k}} + \left[\alpha_{eff} \cdot (\bar{\lambda} - 0{,}2) \cdot \frac{1}{\alpha_{ult,k}} \cdot \frac{1}{1 - \frac{1}{\alpha_{cr}}} \cdot \left|\frac{m_{cr,Fl}}{m_{cr,max}}\right|\right] \tag{III.6-92}$$

wird

$$f = \left[1 + \alpha_{eff} \cdot (\bar{\lambda} - 0{,}2) \cdot \frac{1}{1 - \frac{1}{\alpha_{cr}}} \cdot \left|\frac{m_{cr,Fl}}{m_{cr,max}}\right|\right] \tag{III.6-93}$$

und die Bedingung $u_{ip} + u_{op} \leq 1$ lautet:

$$\frac{1}{\alpha_{ult,k}} \cdot f \overset{!}{\leq} 1{,}0 \tag{III.6-94}$$

Andere Besonderheiten

Tragwerke, die auf Stabilität gegen Ausweichen aus der Haupttragebene geprüft werden, können mehrfeldrig mit veränderlichen Querschnitten und wechselnden Vorzeichen der Momentenlinie sein. Dann ist nicht automatisch sicher, ob die erste Eigenform in

$$u_{ip} + u_{op} = \max|_{x=x_d} \leq 1{,}0 \qquad \text{(III.6-95)}$$

wirklich den maßgebenden Bemessungspunkt $x = x_d$ liefert.

Daher ist DIN EN 1993-1-1, Abs. 5.3.2(2) [22] in diesem Fall zu beachten. Eine höhere Biegedrillknick-eigenform kann dann maßgebend sein.

Das hier geschilderte Nachweisverfahren nach Theorie II. Ordnung ist in sich konsistent, indem die Wahl der Imperfektionsbeiwerte α mit dem Prinzip der linearen Überlagerung der Ausnutzungsgrade $u_{ip} + u_{op} = \max$ für den Grenzzustand des maßgebenden Querschnitts und der Größe des Teilsicherheitsfaktors γ_{M1} verträglich ist. Wird einer dieser Parameter, z. B. durch Verwendung eines nichtlinearen Interaktionsmodells für den plastischen Querschnittswiderstand, verändert, liegt keine Konsistenz mehr vor und die erforderliche Zuverlässigkeit der Ergebnisse ist nicht mehr gegeben.

<1.3> Anwendungsbeispiele zum Allgemeinen Verfahren

Im Folgenden wird anhand von zwei Beispielen für den Stabilitätsnachweis aus der Ebene gezeigt,

1) wie die Theorie II. Ordnung angewendet wird,
2) wie die idealen Knickdaten und Knickeigenformen mit Rechnerunterstützung ermittelt werden,
3) wie Biegedrillknickfälle gelöst werden, die in DIN EN 1993-1-1 [22] nicht umfassend behandelt sind.

Bild III.6-55 zeigt die mit Rechnerunterstützung ermittelten Daten $\eta_{cr,Fl}$ und $m_{cr,Fl}$ für I-Profile sowie die Ergebnisse für den Grenzfall, dass Träger ohne Gurt eingesetzt werden.

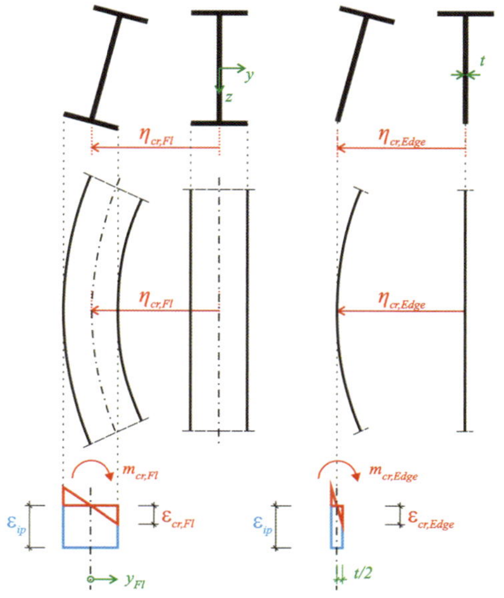

Bild III.6-55: Eigenverformungen η_{crit} bei Ausweichen aus der Haupttragebene und damit verbundene Dehnungen ε_{cr} in den maßgebenden Trägerflanschen

Die Präsentation der Beispiele dient zur Erläuterung, praktische Berechnungen können ohne größeren Dokumentationsaufwand durchgeführt werden.

Biegedrillknicken eines Halbrahmens bei Unterwind

Systemdaten und Ausnutzungsgrade in der Haupttragebene

Die Abmessungen und Lagerungen, die seitlichen Halterungen gegen Ausweichen und Torsion sowie die Belastungen des Halbrahmens gehen aus Bild III.6-56 hervor.

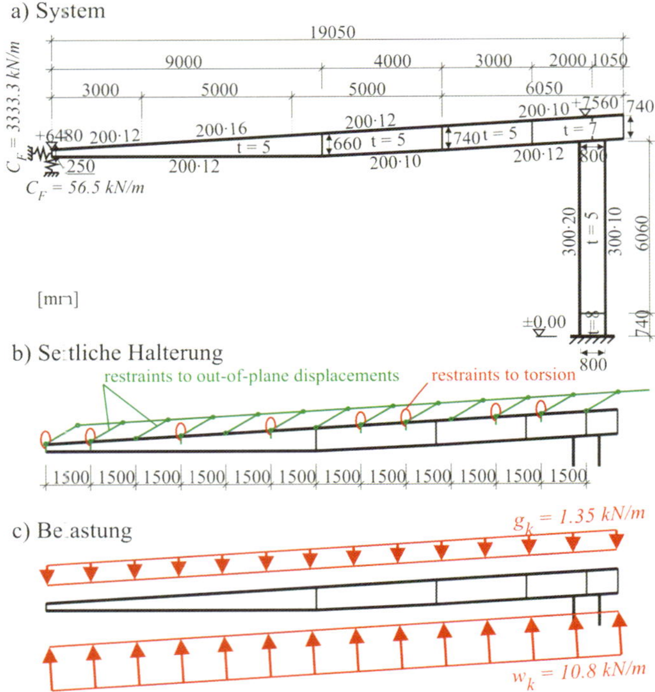

Bild III 6-56: Abmessungen und Lagerungen, seitliche Halterungen gegen Ausweichen und Torsion sowie Belastungen des Halbrahmens

Bild III.6-57 zeigt die Bemessungswerte der Schnittgrößen anhand des Verlaufs der Biegemomente und Normalkräfte.

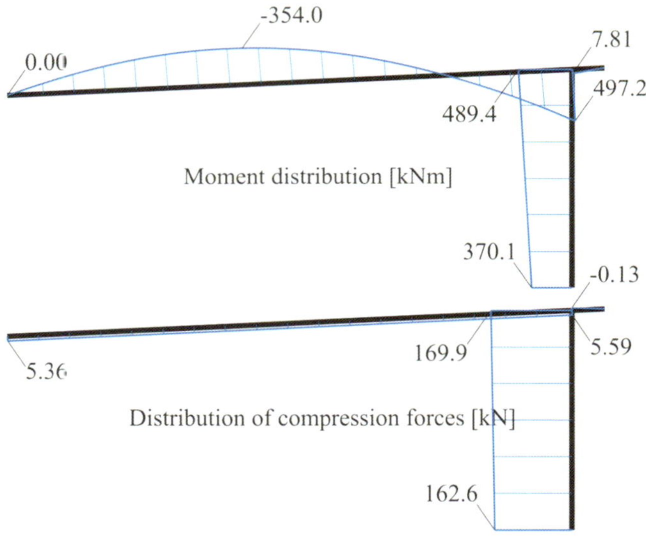

Bild III.6-57: Bemessungswerte E_d der Schnittgrößen in der Haupttragebene

Zur besseren Darstellung der Ergebnisse werden die Stütze und der Riegel nach Bild III.6-58 auf einer Linie abgewickelt.

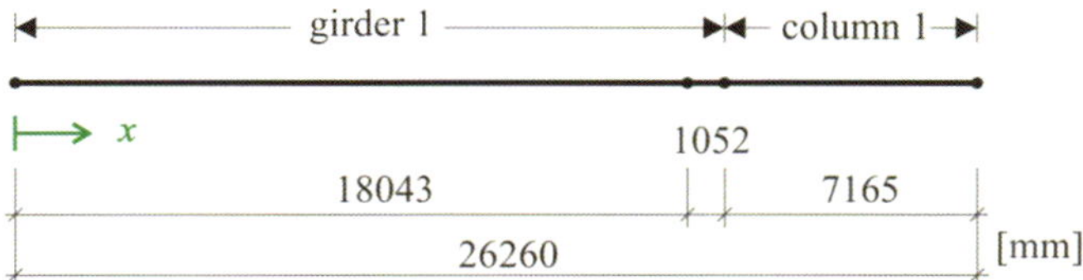

Bild III.6-58: Abwicklung der Stütze und des Riegels des Halbrahmens auf einer Linie

Die Ausnutzungsgrade u_{ip} in der Haupttragebene sind Bild III.6-59 zu entnehmen.

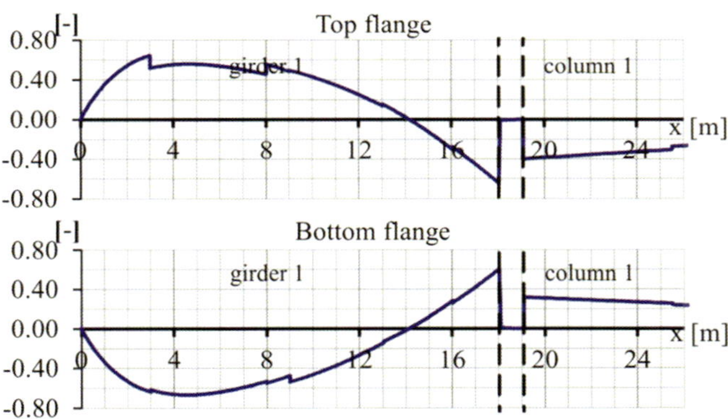

Bild III.6-59: Ausnutzungsgrade u_{ip} in der Ebene für den Ober- und Untergurt

Resultate der Eigenformbestimmung

Die Verschiebungsfigur der ersten Eigenform des Biegedrillknickens des Halbrahmens geht aus Bild III.6-60 hervor. Infolge der Druckbeanspruchung im Untergurt des Riegels, hervorgerufen durch den Unterwind, ergibt sich eine mehrwellige Seitenverschiebung.

Bild III.6-60: Perspektivische Darstellung der ersten Biegedrillknickeigenform [89]

Die Vergrößerungsfaktoren α_{cr} sowie die Verschiebungen $\alpha_{cr,Fl}$ und die modalen Biegemomente $m_{cr,Fl}$ sind in Bild III.6-61 dargestellt.

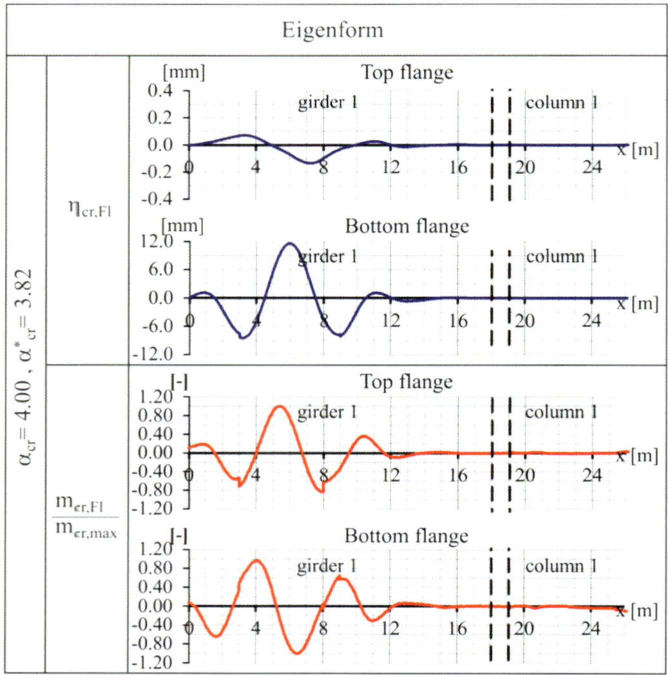

Bild III.6-61: Eigenformen der Verschiebungen und der modalen Biegemomente in den Trägerflanschen

Bestimmung des Bemessungspunktes $x = x_d$ und Biegedrillknicknachweis

Der Verlauf der f-Faktoren geht aus Bild III.6-62 hervor.

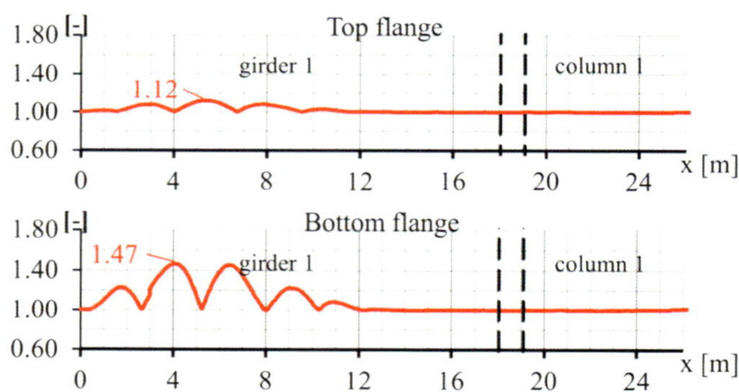

Bild III.6-62: Verteilung der Faktoren f

Die f-Faktoren bewirken eine Vergrößerung des Ausnutzungsgrades u_{ip} für den Obergurt und Untergurt des Riegels über die Grenze 1,00, siehe Bild III.6-63.

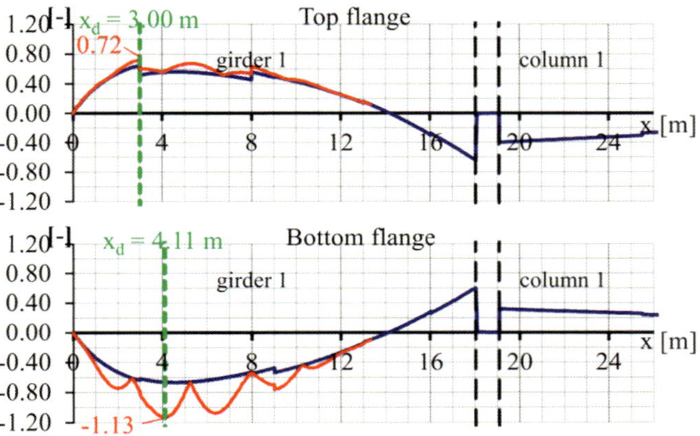

Bild III.6-63: Ausnutzungsgrades $u_{ip} + u_{op}$ und Bemessungspunkt $x = x_d$

Schlussfolgerungen

Maßgebend ist das Ausweichen des Untergurtes in der ungünstigsten Knickwelle, siehe Bild III.6-63. Durch die Berücksichtigung von Vertikalsteifen im Riegel an den Stellen der Torsionshalterung könnte der f-Faktor auf ein zulässiges Maß abgesenkt werden.

Biegedrillknicken eines zweifeldrigen Durchlaufträgers

Systemdaten und Ausnutzungsgrade in der Haupttragebene

Das Beispiel besteht in der Nachrechnung von Versuchen, die mit einem zweifeldrigen Durchlaufträger aus Walzprofilen IPE 120 mit einer symmetrischen Belastung nach Bild III.6-64 durchgeführt wurden.

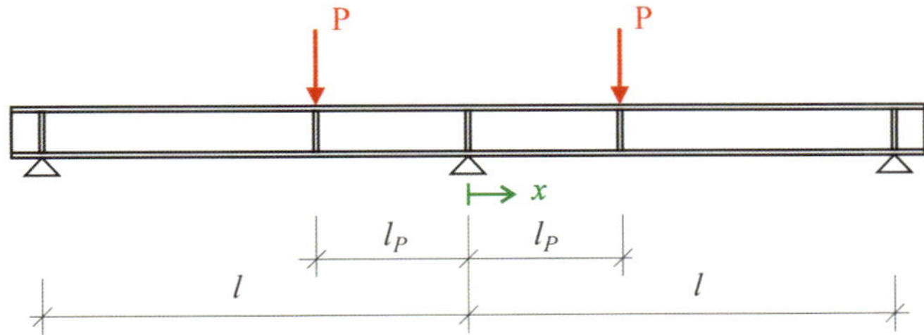

Bild III.6-64: Zweifeldriger Durchlaufträger mit symmetrischer Belastung

Die Abmessungen und die Versuchsergebnisse sind in Tabelle III.6-23 dargestellt.

Tabelle III.6-23: Abmessungen und Versuchsergebnisse

Versuch	ℓ [m]	l_p [m]	$f_{y,test}$ [N/mm²]	$P_{ult,test}$ [kN]
1	4,40	1,70	337,70	14,75
2	3,00	1,20	346,65	25,32
3	2,00	0,80	340,20	45,52

Die Ausnutzungsgrade u_{ip} in der Haupttragebene haben einen Verlauf nach Bild III.6-65. Die Zahlenwerte sind für die experimentellen Höchstlasten $P_{ult,test}$ in Tabelle III.6-24 angegeben.

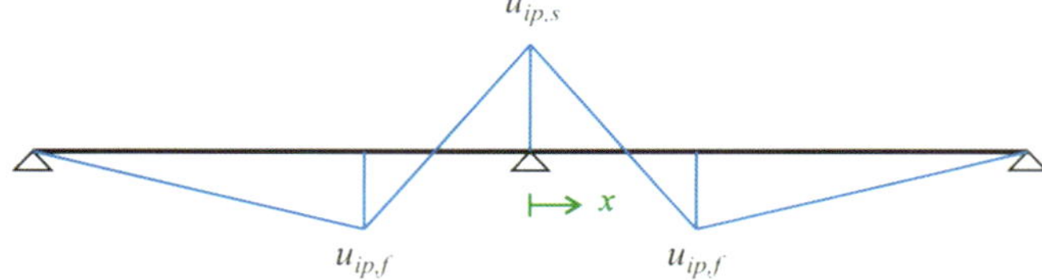

Bild III.6-65: Verlauf der Ausnutzungsgrade u_{ip} längs der Versuchsträger

Tabelle III.6-24: Ausnutzungsgrade $u_{ip,f}$ im Feld und $u_{ip,s}$ an der Zwischenstütze

Versuch	Für $P_{ult,test}$	
	$u_{ip,f}$	$u_{ip,s}$
1	0,45	0,70
2	0,52	0,80
3	0,63	0,97

Resultate der Eigenformbestimmung

Die Eigenformbestimmung erfolgte für die erste Eigenform, die auch im Versuch eingetreten ist (asymmetrische Form). Der Verlauf der modalen Verschiebungen η_{cr} und der modalen Biegemomente m_{cr} ist in Bild III.6-66 für das rechte Feld des Zweifeldträgers angegeben (siehe Bild III.6-64).

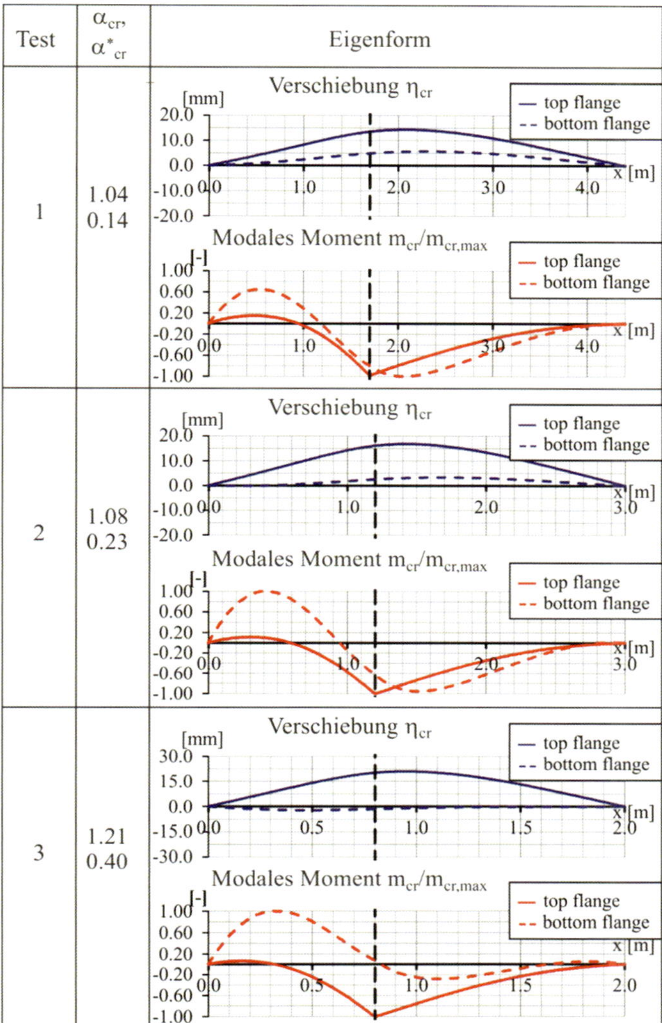

Test	α_{cr}, α^*_{cr}	Eigenform
1	1.04 0.14	Verschiebung η_{cr}; Modales Moment $m_{cr}/m_{cr,max}$
2	1.08 0.23	Verschiebung η_{cr}; Modales Moment $m_{cr}/m_{cr,max}$
3	1.21 0.40	Verschiebung η_{cr}; Modales Moment $m_{cr}/m_{cr,max}$

Bild III.6-66: Eigenwerte α_{cr} und Eigenformen der Verschiebungen η_{cr} und modalen Biegemomente m_{cr}

Bestimmung der Bemessungspunkte und Biegedrillknicknachweise

Die Verteilung der f-Faktoren ist für den Ober- und Untergurt in Bild III.6-67 dargestellt.

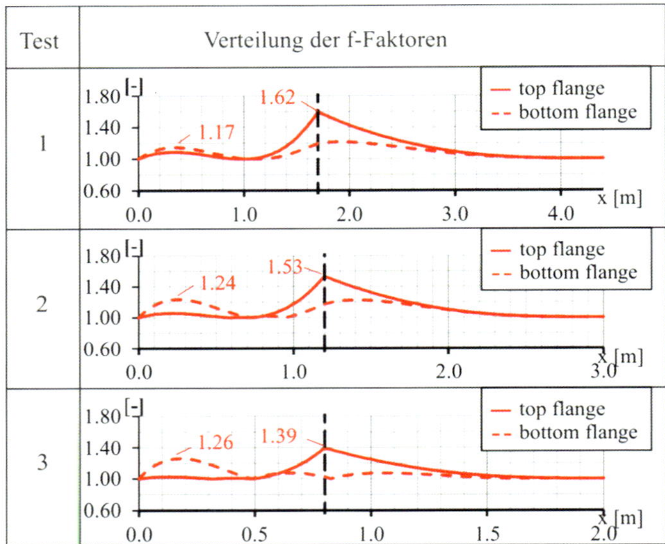

Bild III.6-67: Verteilung der f-Faktoren für Ober- und Untergurt

Mit dem Faktor f ergibt sich die Summe der Ausnutzungsgrade nach Bild III.6-68.

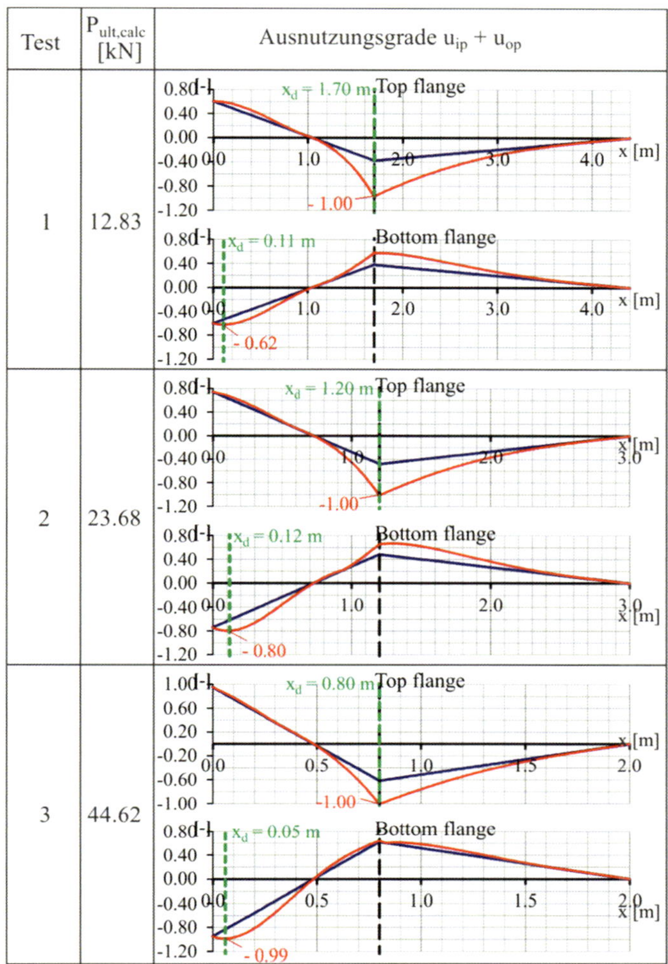

Bild III.6-68: Ausnutzungsgrade $u_{ip} + u_{op}$ und Bemessungspunkt $x = x_d$

Schlussfolgerungen

Die Übereinstimmung der experimentellen Höchstlasten $P_{ult,test}$ mit den anhand des Kriteriums der Summe der Ausnutzungsgrade $u_{ip} + u_{op} \leq 1{,}0$ berechneten Höchstlasten $P_{ult,calc}$ ist befriedigend (siehe Tabelle III.6-25).

Tabelle III.6-25: Vergleich der rechnerischen und experimentellen Ergebnisse

Versuch	$P_{ult,test}$ **[kN]**	$P_{ult,calc}$ **[kN]**
1	14,75	12,83
2	25,32	23,68
3	45,52	44,62

Während bei größeren Spannweiten der Bemessungspunkt im Feld unter der Einzellast ist (Versuche 1 und 2), wandert dieser für kleine Spannweiten an die Zwischenstütze (Versuch 3).

<2> Anwendung des Allgemeinen Verfahrens nach DIN EN 1993-1-1

Einsatzgrenzen

Der Nationale Anhang zu DIN EN 1993-1-1 [22] schränkt die Einsatzgrenzen derzeit weiter ein, indem zu Abschnitt 6.3.4 der Norm festgelegt wird:

- Beschränkung der Anwendung auf I-Profile, d. h. die Anwendbarkeit für beliebige einfach-symmetrische Querschnitte ist durch diese Einschränkung nicht nutzbar
- Bestimmung von $\alpha_{ult,k}$ mit dem zur Bildung des ersten Fließgelenkes gehörenden Wert
- Wahl der Knicklinie:
  - Knicken ohne Biegedrillknicken: Knicklinie nach DIN EN 1993-1-1, Tabelle 6.2
  - Biegedrillknicken: Knicklinie für das Biegedrillknicken nach DIN EN 1993-1-1, Tabelle 6.4
  - χ für Knicken für χ_{op} bei ausschließlicher Normalkraftbeanspruchung
  - χ_{LT} für Biegedrillknicken für χ_{op} bei ausschließlicher Biegemomentenbeanspruchung
- bei gemischter Beanspruchung: $\chi_{op} = \min\{\chi\,;\,\chi_{LT}\}$, d.h. eine Interpolation zwischen Knickverhalten und Biegedrillknickverhalten ist derzeit durch diese Einschränkung nicht möglich, auch nicht bei Interpolation über die Gleichung für den Querschnittsnachweis

Darüber hinaus sei angemerkt, dass das Verfahren nur auf stabförmige Bauteile der Querschnittsklassen 1, 2 oder 3 angewendet werden darf.

Grundsätzliches Vorgehen

Bei konstanter Druckkraftausnutzung, d. h. $x_d = x_{\eta''_{crit,max}}$, gliedert sich die Anwendung des Allgemeinen Verfahrens in folgende Schritte auf:

Untersuchung der Bauteilkomponente *in der Ebene*

- Ziel ist die Bestimmung des Tragwerkverhaltens der Bauteilkomponente infolge der Bemessungslasten. Dabei wird das Verhältnis der Größe der Bemessungslasten beim Erreichen der charakteristischen Bauteiltragfähigkeit (in der Regel im ungünstigsten Querschnitt) bestimmt, wobei nur das Verhalten in der Ebene berücksichtigt wird. Das Verhältnis zwischen den faktorisierten Bemessungsschnittgrößen bis zum Erreichen der Bauteiltragfähigkeit in der Ebene und den Bemessungsschnittgrößen wird als Lastvergrößerungsfaktor $\alpha_{ult,k}$ ausgedrückt. Dabei sind Einflüsse aus Ersatzimperfektionen und Theorie II. Ordnung in Tragwerksebene berücksichtigt. Die Berechnung des Tragwerks in der Ebene kann als elastische Berechnung oder als elastisch-plastische Berechnung bis zur Bildung des ersten Fließgelenks durchgeführt werden.
- Die Ausnutzung in der Ebene ergibt sich dann zu

$$u_{ip} = \left.\frac{N_{Ed}}{N_{Rk}} + \frac{M_{y,Ed}}{M_{y,Rk}}\right|_x \quad \text{für die Querschnittsbeanspruchbarkeit (Klassen 1 bis 3)} \qquad \text{(III.6-96)}$$

$$u_{ip} = \left.\frac{N_{Ed}}{\chi_y\, N_{Rk}} + k_{yy}\,\frac{M_{y,Ed}}{M_{y,Rk}}\right|_x \quad \text{für die Bauteiltragfähigkeit bei Biegeknicken in der Tragwerksebene, sofern in dieser Art berücksichtigt} \qquad \text{(III.6-97)}$$

- $\alpha_{ult,k}$ ergibt sich zu

$$\alpha_{ult,k} = \frac{1}{u_{ip}} \tag{III.6-98}$$

- Bei in der Ebene Theorie II. Ordnung empfindlichen Tragwerken wird aufgrund der Nichtlinearität der Wert in der Regel iterativ ermittelt.

Untersuchung des Knickens aus der Ebene der Bauteilkomponente

- Ziel ist die Bestimmung der Größe der Belastung, ausgedrückt als Vielfaches der Bemessungslast, bei welcher die kritische Verzweigungslast für Knicken und/oder Biegedrillknicken aus der Ebene erreicht wird. Die Größe wird als Vergrößerungsfaktor $\alpha_{cr,op}$ ausgedrückt; „op" steht hierbei für „out of plane".
- Bei veränderlicher Druckkraftausnutzung oder bei Biegedrillknicken ist vorab die Bemessungsstelle x_d über u_{ip} nach Gl. (III.6-71) und u_{op} nach Gl. (III.6-72) bzw. (III.6-84) unter Berücksichtigung von Gl. (III.6-81) und gegebenenfalls Gl. (III.6-86) mit $u_{ip}+u_{op} = \max|_{x=x_d}$ zu ermitteln.

Nachweis der Gesamttragfähigkeit der Bauteilkomponente

- Der Nachweis der Tragfähigkeit wird unter Berücksichtigung der Interaktion zwischen dem Verhalten in der Ebene und aus der Ebene geführt mit den Gleichungen (III.6-99) bis (III.6-101).

$$\frac{\chi_{op} \cdot \alpha_{ult,k}}{\gamma_{M1}} \geq 1{,}0 \tag{III.6-99}$$

$$\bar{\lambda}_{op} = \sqrt{\frac{\alpha_{ult,k}}{\alpha_{cr,op}}} \tag{III.6-100}$$

$$\chi_{op} = \min(\chi; \chi_{LT}) \tag{III.6-101}$$

Bild III.6-69 zeigt den Ablauf des Berechnungsvorgangs in einem Diagramm.

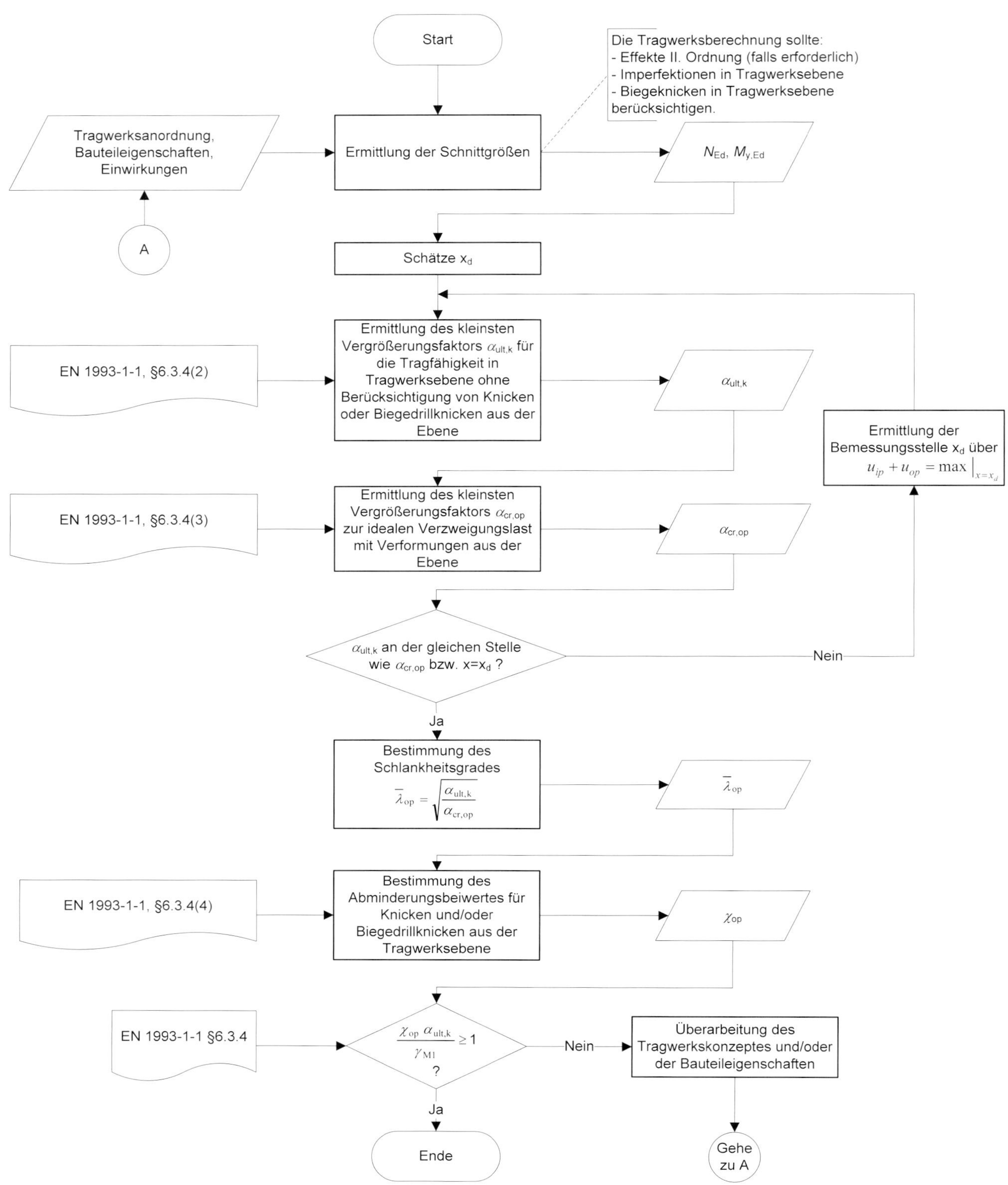

Bild III.6-69: Ablaufdiagramm zur Anwendung des allgemeinen Verfahrens für Knick- und Biegedrillknicknachweise, Weiterentwicklung des Ablaufdiagramms in [105]

<3> Anwendung des Allgemeinen Verfahrens auf weitere Stabilitätsphänomene

Das Allgemeine Verfahren wurde erstmals in [206] beschrieben. Weiteres findet sich in [97], [99], [208], [254] oder [278].

Grundsätzlich ist das Allgemeine Verfahren nicht nur für Knick- und Biegedrillknicknachweise von stabförmigen Bauteilkomponenten anwendbar. Beispielsweise stellt die in EN 1993-1-5, Kapitel 10 und Anhang B [27] eingeführte „Methode der reduzierten Spannungen" das Allgemeine Verfahren für plattenförmige Bauteile dar, bei dem nicht mehr Einzelnachweise für Beulen unter Längsspannungen, Beulen unter Schubspannungen und Beulen unter lokaler Lasteinleitung und anschließende Nachweise bei Interaktion der verschiedenen Beulphänomene geführt werden, sondern auf Grundlage von Lastfaktoren für die Tragfähigkeit in der Ebene und die Verzweigungslast der Nachweis von Blechfeldern unter dem tatsächlichen Spannungsfeld infolge der Bemessungslasten mit einem Abminderungsbeiwert ρ bestimmt wird. Der Abminderungsbeiwert ρ kann dann entsprechend entweder als der kleinste der Abminderungsbeiwerte für die verschiedenen Beulphänomene, einem aus den Abminderungsbeiwerten für die verschiedenen Beulphänomene interpolierten Abminderungsbeiwert oder aber mit Bezug auf EN 1993-1-5, Anhang B mit einem Abminderungsbeiwert auf Grundlage der verallgemeinerten Formulierung der Plattenbeulkurve ermittelt werden.

In EN 1993-1-5, Anhang B.2 ist auch das Vorgehen bei Interaktion von Plattenbeulen und Biegedrillknicken von Bauteilkomponenten, also der Interaktion von lokalem und globalem Stabilitätsverhalten senkrecht zur Tragwerksebene, geregelt.

III.6.3.5 Biegedrillknicken von Bauteilen mit Fließgelenken

III.6.3.5.0 Allgemeines

Für Tragwerke mit Querschnitten der Klasse 1, die zur Momentenumlagerung plastische Gelenke oder Fließzonen mit ausreichender plastischer Momententragfähigkeit und Rotationskapazität ausbilden, dürfen plastische Tragwerksberechnungen nach den in DIN EN 1993-1-1, Abschnitt 5.4.3 beschriebenen Methoden unter den hier angegebenen Randbedingungen durchgeführt werden. Anforderungen an Querschnittsformen und Aussteifungen am Ort der Fließgelenkbildung sind in DIN EN 1993-1-1, Abschnitt 5.6 zusammengestellt.

Bei einer plastischen Tragwerksbemessung mit Momentenumlagerung ist im Hinblick auf die Stabilität ein Knicken oder Biegedrillknicken auszuschließen. Hierzu ist sowohl der Nachweis der seitlichen Stützungen an allen Fließgelenken mit Rotationsanforderungen entsprechend DIN EN 1993-1-1, Abschnitt 6.3.5.2 (bei Fließgelenken ohne Rotationsanforderungen kann hierauf verzichtet werden) als auch der Nachweis der Stabilität für die Tragwerksabschnitte zwischen diesen Stützungen an Fließgelenken und anderen seitlichen Lagerungen entsprechend DIN EN 1993-1-1, Abschnitt 6.3.5.3 erforderlich.

III.6.3.5.1 Stützungen an Fließgelenken mit Rotationsanforderungen

Infolge von Rotationen im Fließgelenk können seitliche Verschiebungen und Verdrehungen entstehen, die seitlich entweder direkt am Ort des Fließgelenks oder in einem Abstand von weniger als der halben

Querschnittshöhe gestützt werden müssen (*Anmerkung*: In DIN EN 1993-1-1:2010, Abs. 6.3.5.2(4)B liegt bezüglich des Abstandes von Fließgelenk und seitlicher Stützung ein Schreibfehler vor: „mindestens" ist hier durch „höchstens" zu ersetzen). Hinweise zur konstruktiven Ausbildung solcher seitlichen Stützungen sind in DIN EN 1993-1-1, Abs. 6.3.5.2(2)B zusammengestellt.

Die Bemessung des Aussteifungssystems im Bereich von Fließgelenken erfolgt mit einer gegenüber den üblichen Abtriebskräften im Bereich von Stößen von druckbeanspruchten Bauteilen nach DIN EN 1993-1-1, Abs. 5.3.3 um 50 % erhöhten Abtriebskraft Q_m in Abhängigkeit der einwirkenden Normalkraft $N_{f,Ed}$ im druckbeanspruchten Flansch im Bereich der Stützung sowie dem von der Anzahl der auszusteifenden Bauteile abhängigen Abminderungsfaktor α_m:

$$Q_m = 0{,}015 \cdot \alpha_m \cdot N_{f,Ed} \quad \text{(III.6-102)}$$

Die Bemessung der Verbindungsmittel des Anschlusses von Druckgurt und stützendem Bauteil im Bereich von Fließgelenken erfolgt hingegen mindestens für die folgende höhere Abtriebskraft:

$$Q_{m,\text{Verbindungsmittel}} = 0{,}025 \cdot N_{f,Ed} \quad \text{(III.6-103)}$$

Darüber hinaus sind natürlich bei der Bemessung des Aussteifungssystems und der Verbindungsmittel die äußeren Einwirkungen auf das Aussteifungssystem selbst ebenfalls zu berücksichtigen.

III.6.3.5.2 Stabilitätsnachweis für Tragwerksabschnitte zwischen seitlichen Stützungen

Grundsätzlich kann der Stabilitätsnachweis von Trägerabschnitten zwischen zwei seitlichen Stützungen von Bauteilen mit Fließgelenken mit den üblichen Verfahren, z. B. nach DIN EN 1993-1-1, Abschnitte 6.3.1 für Biegeknicken, 6.3.2 für Biegedrillknicken und 6.3.3 für die Interaktion von auf Biegung und Druck beanspruchter gleichförmiger Bauteile oder aber nach dem Allgemeinen Verfahren für Knick- und Biegedrillknicknachweise für Bauteile in Abschnitt 6.3.4, erfolgen.

Alternativ darf der Stabilitätsnachweis von Trägerabschnitten von Bauteilen mit Fließgelenken auch indirekt durch den Nachweis der Einhaltung eines zulässigen Größtabstandes erbracht werden. Die Übersichtlichkeit der Vorgehensweise leidet unter der Darstellung des vollständigen Verfahrens in DIN EN 1993-1-1, Abschnitt 6.3.5.3 und Anhang BB.3. Daher wird nachfolgend das Vorgehen mit Hilfe von Ablaufdiagrammen sowohl für Bauteile mit prismatischem Querschnitt (siehe Bild III.6-70 und Bild III.6-71) als auch für Bauteile mit linear veränderlicher Querschnittshöhe (zweiflanschigen Vouten) und prismatischen Bauteile mit Vouten (dreiflanschigen Vouten), siehe Bild III.6-72 und Bild III.6-73, dargestellt.

An dieser Stelle sei angemerkt, dass mit dem Begriff „Verdrehbehinderung" die seitliche Stützung des Zuggurtes zwischen den Gabellagerungen des betrachteten Trägerabschnitts gemeint ist.

Der Hintergrund der Regeln zur Bestimmung von Größtabständen von seitlichen Abstützungen für Bauteile mit Fließgelenken gegen Knicken und Biegedrillknicken aus der Haupttragebene ist in Abschnitt III.BB.3 zusammengefasst.

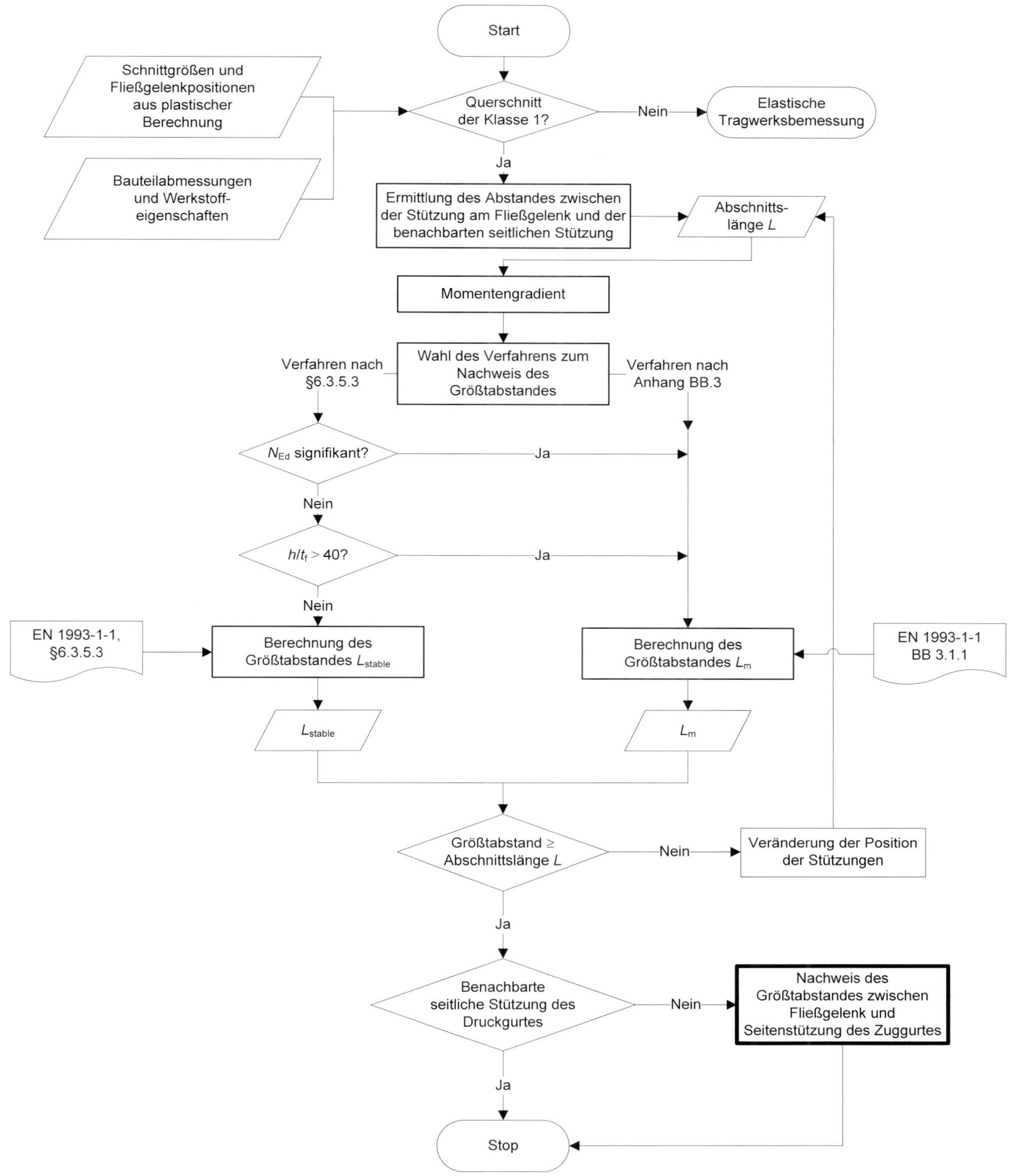

Bild III.6-70: Ablaufdiagramm zur Bemessung von Bauteilen mit prismatischem Querschnitt und Fließgelenk (Rahmenriegel oder Stütze): Nachweis des Größtabstandes zwischen Fließgelenk und benachbarter seitlicher Stützung, siehe auch Abs. III.BB.3

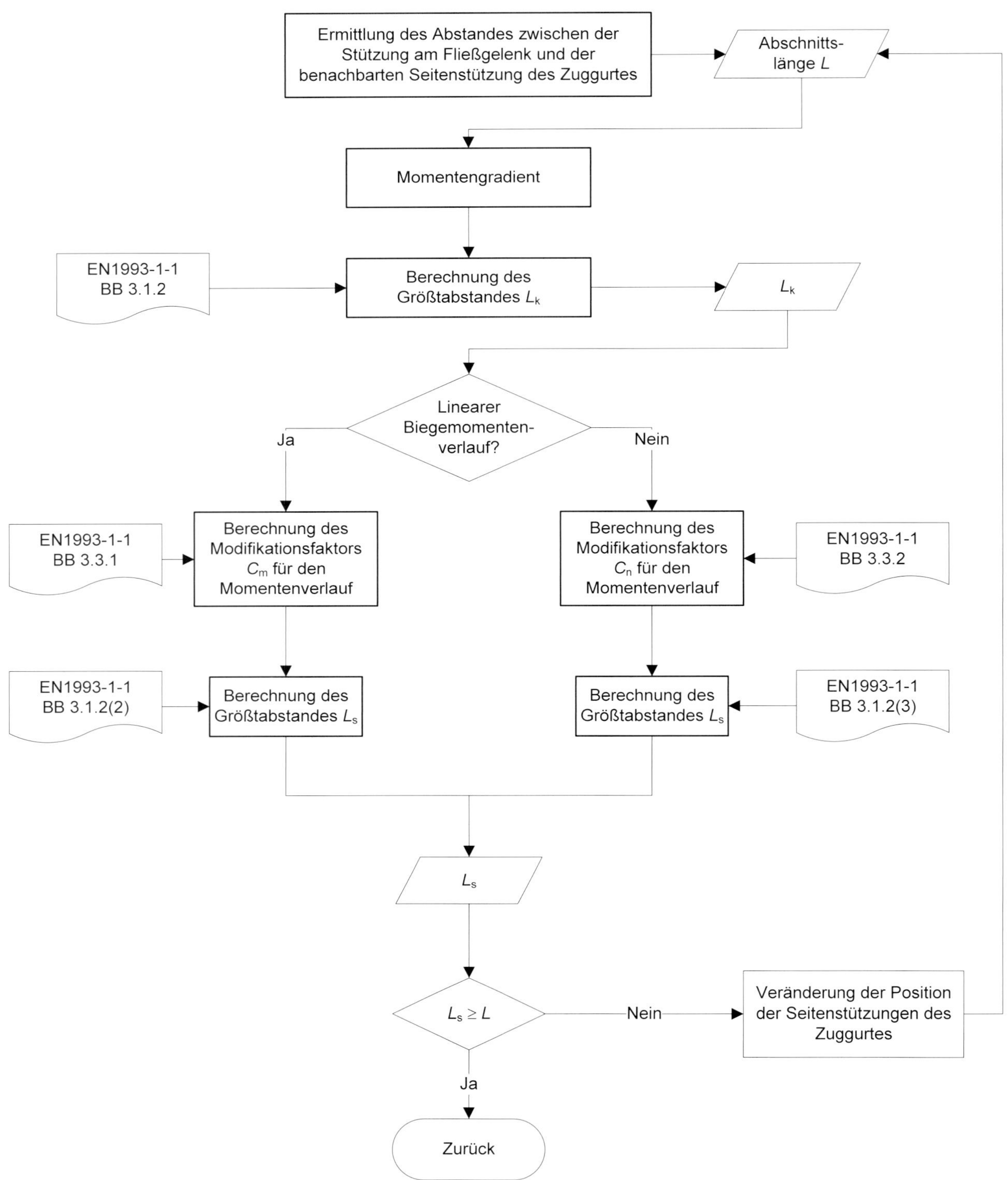

Bild III.6-71: Ablaufdiagramm zur Bemessung von Bauteilen mit prismatischem Querschnitt mit Fließgelenk (Rahmenriegel oder Stütze): Nachweis des Größtabstandes zwischen Fließgelenk und Seitenstützung des Zuggurtes, siehe auch Abs. III.BB.3

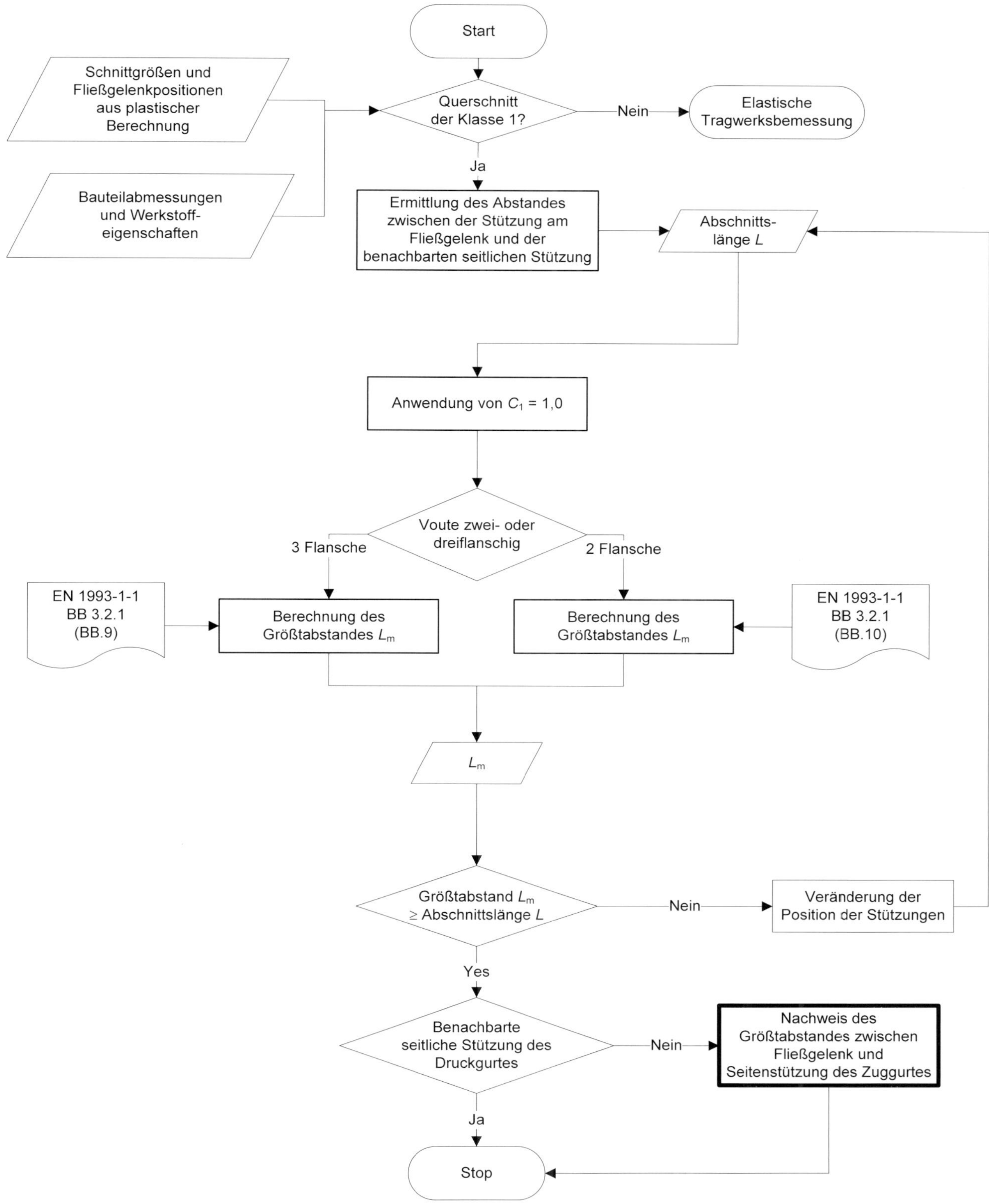

Bild III.6-72: Ablaufdiagramm zur Bemessung von Bauteilen mit linear veränderlicher Querschnittshöhe und Bauteilen mit Vouten mit Fließgelenk: Nachweis des Größtabstandes zwischen Fließgelenk und benachbarter seitlicher Stützung, siehe auch III.BB.3

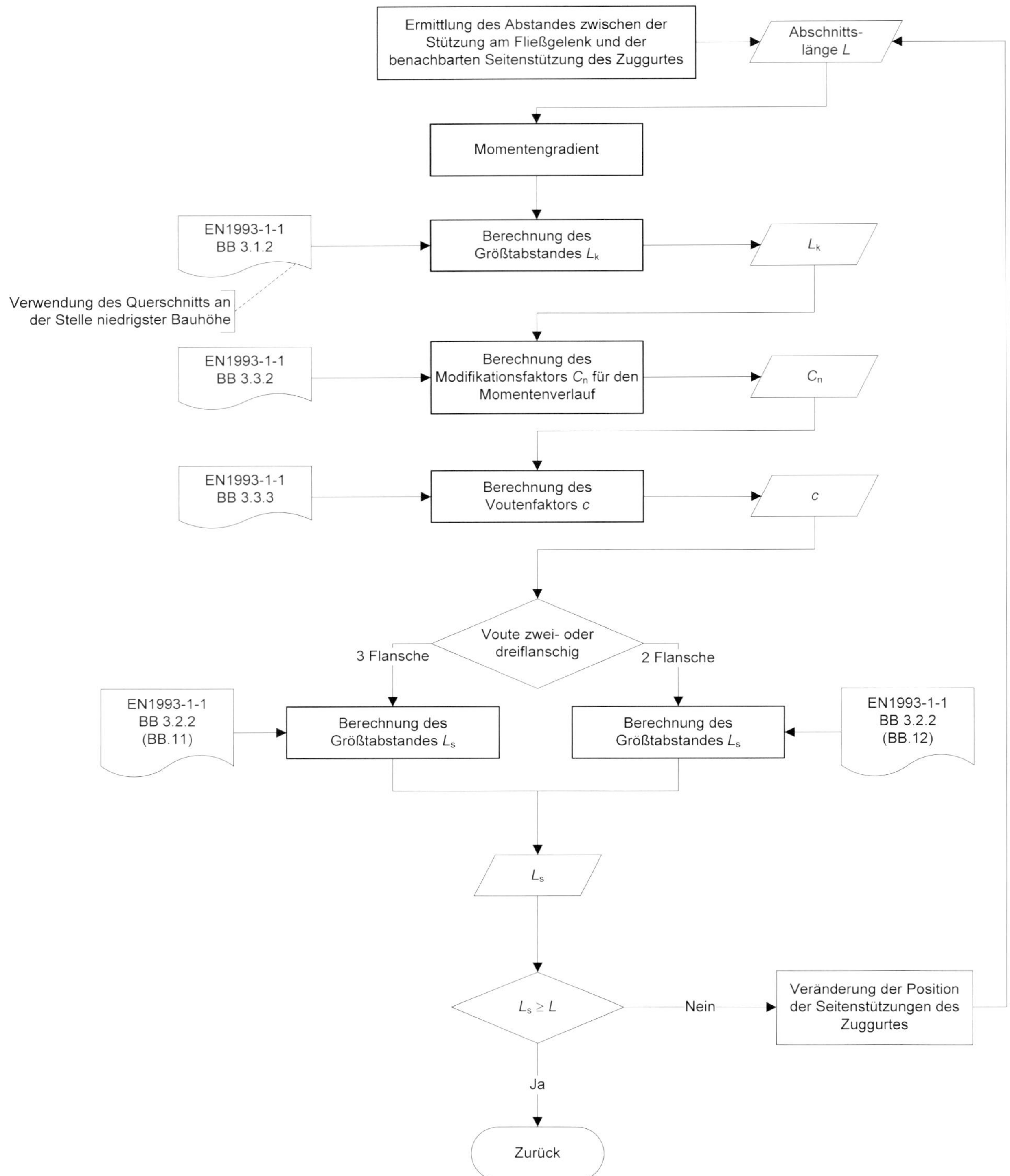

Bild III.6-73: Ablaufdiagramm zur Bemessung von Bauteilen mit linear veränderlicher Querschnittshöhe und Bauteilen mit Vouten mit Fließgelenk: Nachweis des Größtabstandes zwischen Fließgelenk und Seitenstützung des Zuggurtes, siehe auch Abs. III.BB.3

III.6.4 Mehrteilige Bauteile

III.6.4.1 Allgemeines

Dieser Abschnitt macht Angaben über Grundlagen und Rechenannahmen, die unabhängig davon sind, ob es sich um Gitterstäbe oder Rahmenstäbe handelt.

<1> Rechenmodell

Es werden gleichförmige mehrteilige druckbeanspruchte Bauteile vorausgesetzt, die an ihren Enden gelenkig gelagert und seitlich gehalten sind. Die Berechnung des Gesamtstabes erfolgt als vorverformter Stab nach der Elastizitätstheorie II. Ordnung, wobei ein schubweicher Vollstab angenommen wird. Dies bedeutet insbesondere, dass die Verformungen infolge von Schubkräften durch den Ansatz einer verschmierten kontinuierlichen Schubsteifigkeit S_V zu berücksichtigen sind. Bei mehrteiligen Stäben sind die Gurte nicht wie bei einem echten Vollstab kontinuierlich durch den Steg, sondern nur in einzelnen Punkten durch die Querverbände seitlich gehalten. Deshalb besteht die Möglichkeit, dass die einzelnen Gurtabschnitte, die sogenannten Einzelstäbe, örtlich ausknicken, was durch einen entsprechenden Nachweis ebenfalls ausgeschaltet werden muss, vgl. [216].

Die Berechnungsgleichungen setzen voraus, dass für den beidseitig gelenkig gelagerten Stab eine sinusförmige Vorverformung angenommen wird, wobei der Stich in Stabmitte einen Wert von e_0 = L/500 hat. Dieser Wert ist als Ersatzimperfektion anzusehen, die also auch Einflüsse von örtlichen Plastizierungen der Einzelstäbe und Eigenspannungen in den Einzelstäben abdeckt. Der Wert L/500 ergab sich aus den theoretischen und experimentellen Untersuchungen von *Uhlmann* und *Ramm* [216] im Zusammenhang mit dem gewählten Berechnungsverfahren nach der Elastizitätstheorie. Daher darf der Stich der Ersatzimperfektion *nicht* mit einem Faktor entsprechend Tab. 5.1 bei elastischer Querschnittsausnutzung gegenüber plastischer Querschnittsausnutzung vermindert werden. Weiterhin ist auch die Anmerkung ggf. missverständlich: diese Ersatzimperfektion ist nicht auf die Knicklänge L_{cr}, sondern auf die Stablänge L bezogen und darf daher bei anderen Randbedingungen, z. B. einseitiger Einspannung, nicht vermindert werden. Beim Fall: einseitige Einspannung, einseitig freier Rand, ist die maßgebende Imperfektion die Stützenschiefstellung, die nach Abs. 5.3.2(3) zu wählen ist. Ein Beispiel dazu findet sich in [192], Beispiel 8.8.

Es bleibt im Gegensatz zu DIN 18800-2 unerwähnt, kann aber ggf. aus der Formulierung von (1) („... sind in der Regel ...“) geschlossen werden, was in DIN 18800-2, El. (402) Anmerkung vermerkt ist, dass natürlich auch ein Stabwerk unter Berücksichtigung aller Einzelstäbe berechnet werden darf. Auch dafür ist dann die Ersatzimperfektion mit dem Stich e_0 = L/500 anzusetzen.

Das Bemessungsmodell ist nur anwendbar, wenn die Ausfachung durch Gitterstäbe oder Rahmenbleche regelmäßig ist, also gleichartig wiederkehrende Felder bildet, und die Gurtstäbe müssen parallel zu einander angeordnet sein. Konische Ausfachungen, wie sie z. B. bei Freileitungsmasten die Regel sind, sind mit den angegebenen Gleichungen nicht erfasst.

Der Gesamtstab muss aus mindestens drei Feldern bestehen. Wenn bei einem Rahmenstab beispielsweise nur zwei Felder vorhanden wären, dann wäre das Bindeblech in Feldmitte wirkungslos, da die Querkraft in Feldmitte null ist.

Die Gleichungen sind so aufgebaut, dass nur zwei Tragebenen erfasst sind. Sind mehr Tragebenen vorhanden, dann ist das Verfahren im Prinzip auch anwendbar, die Gleichungen sind dann aber teilweise zu ändern. Einzelheiten dazu z. B. [216]. Die Gurtstäbe können Vollstäbe sein, wie in Bild 6.7 angegeben, oder selbst wieder mehrteilig sein, wie es in Bild 6.8 angedeutet ist. Querschnitte mit zwei stofffreien Achsen sind dann um beide Achsen so wie für Ausweichen rechtwinklig zur stofffreien Achse zu behandeln. Neben dem im Bild 6.8 dargestellten Stab aus vier Winkelprofilen sind natürlich auch andere Querschnitte, wie z. B. Dreigurtstäbe, möglich.

Im Gegensatz zu DIN 18800-2, El. (401) ist nicht ausdrücklich erwähnt, dass auch ein Nachweis rechtwinklig zur Stoffachse wie für einteilige Stäbe nach Abs. 6.3 geführt werden muss. Für I-Profile ist dies unmittelbar einleuchtend. Bei allen Profilen ist jedoch vorausgesetzt, dass die Querverbindungen so ausgebildet sind, dass sie ein Verdrehen der Einzelquerschnitte verhindern, so dass für den Gesamtstab keine Torsion auftritt. Zweiteilige Stäbe aus U-Profilen, die z. B. nicht nach Bild 6.7, rechter Teil, ausgebildet wären, sondern bei denen z. B. ein Steg nach außen und ein Steg nach innen zeigen würde, würden die Voraussetzung dieses Abschnittes nicht erfüllen. Die Querverbindungen sind also bei mehrteiligen Stäben auch dann erforderlich und die konstruktiven Anforderungen nach Abs. 6.4.2.2 bzw. 6.4.3.2 zu erfüllen, wenn gar kein Ausweichen rechtwinklig zur stofffreien Achse auftreten kann. Anderenfalls bestände die Gefahr, dass sich jeder Einzelquerschnitt verdreht.

Die Berechnung als einteiliger Stab für Beanspruchungen aus $N + M_y$ gilt nur, wenn kein Biegemoment M_z vorhanden ist. Dies hat den gleichen Grund: bei gleichzeitiger Wirkung von N, M_y und M_z entstehen am Einzelstab nach Theorie II. Ordnung Verdrehungen und damit Torsionsmomente. Da Torsion bei den vereinfachten Tragsicherheitsnachweisen des Abs. 6.4 nicht erfasst ist, kann in dem Falle der gleichzeitigen Wirkung von $N + M_y + M_z$ die Berechnung nicht nach diesem Abschnitt vorgenommen werden.

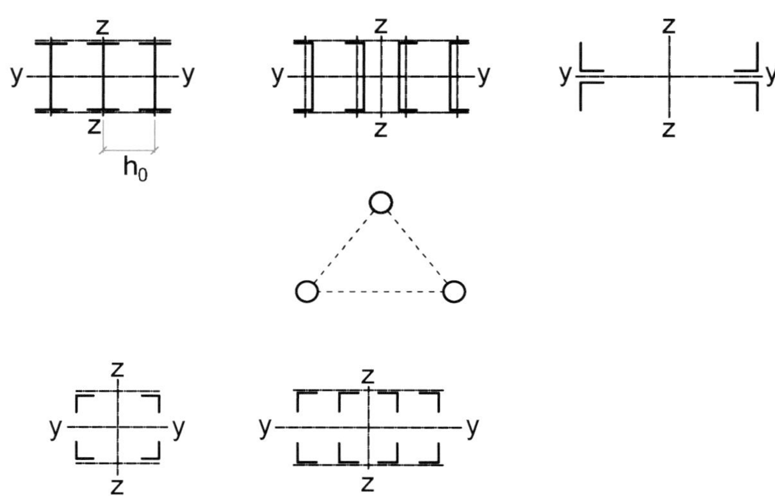

Bild III.6-74: Beispiele für die Ausbildung mehrteiliger Stäbe

In Bild III.6-74 sind als Ergänzung zu Bild 6.7 weitere mögliche konstruktive Ausbildungen von mehrteiligen Stäben angegeben.

Im Folgenden werden die in Deutschland eingeführten Begriffe „Gitterstäbe“ statt „Gitterstützen“ und „Rahmenstäbe“ statt „Stützen mit Bindeblechen“ verwendet.

<2> Schnittgrößen am Gesamtstab

Die Ermittlung der Schnittgrößen des schubweichen Stabes ist eine Aufgabe der Baustatik. Die Berechnung erfolgt nach der Elastizitätstheorie.

Zur Erleichterung für den Anwender sind für den Sonderfall des beidseitig gelenkig unverschieblich gelagerten Stabes mit konstantem Querschnitt unter planmäßig mittigem Druck und Biegung die Schnittgrößen für das maximale Biegemoment $M = M_{Ed}$ und die maximale Querkraft $\max V = V_{Ed}$ in der Norm angegeben. Vorausgesetzt ist jeweils, dass starre Anschlüsse vorhanden sind, also keine Einflüsse aus Nachgiebigkeiten der Anschlüsse zu berücksichtigen sind.

Die kritische Knicklast für den schubweichen beidseitig gelenkig gelagerten Stab ergibt sich mit

$$N_{cr} = \frac{\pi^2 \cdot E \cdot I_{eff,z}}{L^2} \quad \text{(III.6-104)}$$

und mit S_v als Schubsteifigkeit des mehrteiligen Stabes aus der Lösung der Differentialgleichung zu

$$N_{cr}^* = \frac{N_{cr} \cdot S_V}{N_{cr} + S_V} \quad \text{(III.6-105)}$$

was umgeschrieben werden kann zu

$$N_{cr}^* = \frac{N_{cr}}{1 + \frac{N_{cr}}{S_V}} \quad \text{(III.6-106)}$$

Das Moment nach Theorie II. Ordnung M_{Ed}^{II} ergibt sich daraus wie üblich zu

$$M_{Ed}^{II} = \frac{M_{Ed}^{I}}{1 - \frac{N_{Ed}}{N_{cr}^*}} \quad \text{(III.6-107)}$$

Gl. (III.6-107) steht auch in Abs. 6.4.1(6) unter Gl. (6.69), woraus sich die maximale Gurtkraft nach Gl. (6.69) ergibt. Diese macht durch den Faktor 0,5 deutlich, dass jeweils zwei gleiche Gurtstäbe vorausgesetzt sind. Das effektive Flächenträgheitsmoment I_{eff} in Gl. (6.69) nach Abs. 6.4.2 oder 6.4.3 ist jeweils der Wert $I_{eff,z}$.

Die maximale Querkraft am Stabende ergibt sich wegen der Voraussetzung einer Sinuslinie als Verformungslinie nach Gl. (6.70). Diese Querkraft des Gesamtstabes führt zu den Kräften in den Diagonalen bei Gitterstäben und zu Biegemomenten in den Bindeblechen von Rahmenstäben.

Aus Gl. (III.6-106) ist zu erkennen, dass bei sehr großer Schubsteifigkeit $S_V \rightarrow \infty$ die kritische Last N_{cr}^* der üblichen Eulerlast N_{cr} entspricht, zum anderen aber auch, dass bei sehr kleiner Schubsteifigkeit S_V die kritische Last N_{cr}^* den Wert S_V annimmt.

<3> Ideelle Querkraft

Für den Fall, dass keine Biegemomente M_{Ed}^I aus äußeren Lasten vorhanden sind, kann Gl. (6.71) in Abhängigkeit der kritischen Knicklast unter Berücksichtigung der Schubsteifigkeit ausgewertet werden, das Ergebnis mit c nach Tabelle III.6-26 ist in Gl. (III.6-108) angegeben.

$$\max V_{Ed}^{*} = \frac{N_{Ed}}{c} \qquad \text{(III.6-108)}$$

Tabelle III.6-26: Divisor c für Gleichung (III.6-108)

N_{Ed}/N_{cr}^{*}	0,10	0,15	0,20	0,25	0,30	0,40	0,50	0,60	0,70
c	143	135	127	117	111	95	80	64	48

Im Stahlbau sind sehr weiche Systeme, bei denen die vorhandene Normalkraft N_{Ed} der idealen Biegeknicklast N_{cr}^{*} nahe kommt, selten. Daher ergeben sich nach Gl. (III.6-108) i. d. R. kleinere Werte als z. B. nach DIN 4114, Abs. 12.4 [8].

III.6.4.2 Gitterstäbe

III.6.4.2.1 Tragfähigkeit der Elemente von Gitterstäben

<1> Allgemeines

Knicknachweise sind sowohl für die Gurtstäbe als auch für die Diagonalen nach Abs. 6.3 zu führen. Es ist noch einmal besonders erwähnt, dass sekundäre Biegemomente infolge von Knotensteifigkeiten nicht berücksichtigt werden müssen. Sollten jedoch außermittige Anschlüsse vorhanden sein, dann ist dies in geeigneter Weise zu erfassen.

Durch Gl. (6.71) ist der Knicknachweis für einen Gurtstab erfasst, was durch die Indizierung „ch“ deutlich gemacht ist, der Nachweis für die Diagonalen ist analog zu führen. Die Nachweise sind dabei jeweils für den beidseitig gelenkig gelagerten Stab zu führen, die Berücksichtigung einer elastischen Einspannung in Nachbarfelder, z. B. durch unterschiedliche Normalkräfte, ist nicht zugelassen [216]. Mit dem Nachweis nach Gl. (6.71) werden also die Ersatzimperfektionen des untersuchten Gurtabschnittes berücksichtigt, die in die Untersuchung des Gesamtstabes ja nicht eingegangen sind. Falls Querlasten innerhalb der Gurtlänge angreifen, entstehen Biegemomente im Teilstab. Der Nachweis erfolgt dann nach Abs. 6.3.3.

Die Normalkräfte in den Füllstäben ergeben sich aus den Querkräften V_{Ed} des Gesamtstabes nach der üblichen Fachwerktheorie unter der Annahme gelenkiger Knoten. Der Nachweis für den Füllstab selbst erfolgt nach Abs. 6.3 unter der Annahme beidseitig gelenkiger Lagerung.

Als Knicklänge L_{ch} ist i. d. R. der Abstand a der Knotenpunkte des mehrteiligen Stabes einzusetzen, bei vierteiligen Gitterstäben sind jedoch größere Werte entsprechend Bild 6.8 zu berücksichtigen. Da sowohl für den Gesamtstab als auch für jeden Einzelstab Ersatzimperfektionen (z. B. indirekt durch Verwendung der Werte der Knickspannungslinien) berücksichtigt werden, konnte auf eine Begrenzung der Einzelstabschlankheit, wie sie früher in DIN 4114, 8.213 [8] gefordert wurde, verzichtet werden.

Das effektive Flächenträgheitsmoment I_{eff} wird unter Vernachlässigung der Eigenträgheitsmomente der Gurtstäbe berechnet, da Gitterstäbe so weit gespreizt sind, dass diese Vernachlässigung ohne Belang ist. Der Einfluss der Vergitterung ist bei der Berechnung der Momente des Gesamtstabes erfasst.

Ein Rechenbeispiel ist aus Beispiel 11 der Beispielrechnungen zu ersehen (Kapitel IV.11).

<2> Schubsteifigkeit S_V von Gitterstäben

Die Schubsteifigkeit ist in DIN 18800-2 mit $S_{z,d}^*$ bezeichnet. Sie kann einfach ermittelt werden. Dies ist diejenige Querkraft, die in dem betrachteten Stababschnitt den Schubwinkel 1 erzeugt. Zur Erleichterung der Anwendung sind für übliche Formen der Ausfachung die zugehörigen Formeln in Bild 6.9 angegeben. Daneben sind aber auch andere Arten der Ausfachung möglich und gestattet. Beispiel dafür sind aus Bild III.6-75 zu ersehen. Werte für weitere Beispiele siehe [215], [216], [275].

$$t_i^* = \frac{S_v}{G \cdot h_0} \quad \text{(III.6-109)}$$

Die Schubsteifigkeit S_V kann auch in eine ideelle Blechdicke t_i^* nach Gl. (III.6-109) umgerechnet werden, vgl. [218].

Für veränderliche Querschnitte, wie sie z. B. bei Freileitungsmasten auftreten, sind Angaben in [212] gegeben. Der größte Wert für die Schubsteifigkeit S_V ergibt sich nicht bei $\alpha = 45°$, sondern bei etwa 54,7°, wie Bild III.6-76 verdeutlicht.

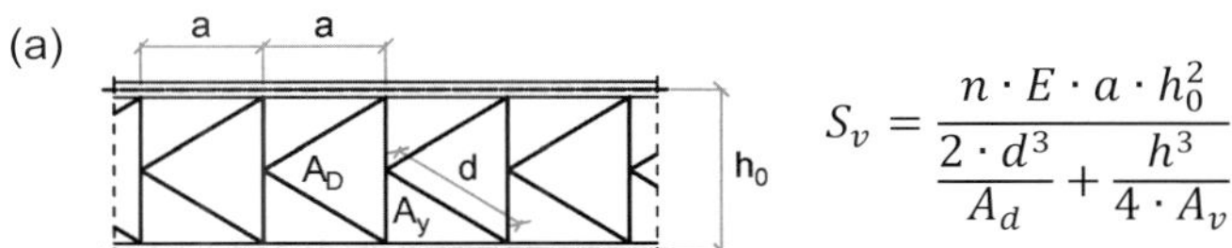

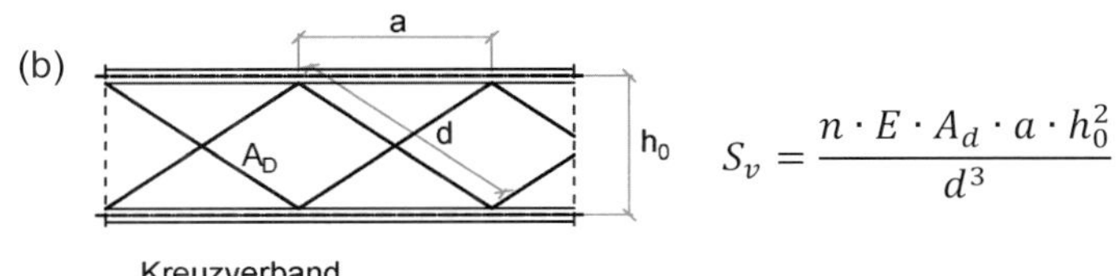

Bild III.6-75: Beispiele für Schubsteifigkeiten S_v in Ergänzung zu Bild 6.8, nach [218]

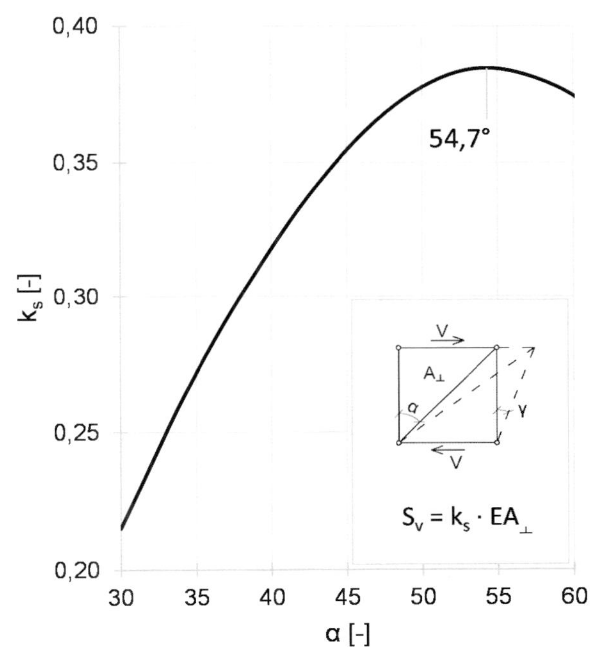

Bild III.6-76: Abhängigkeit der Schubsteifigkeit S_V vom Neigungswinkel der Diagonalen

III.6.4.2.2 Konstruktive Durchbildung

Bei Querschnitten mit zwei stofffreien Achsen ist die Erhaltung der Querschnittsform durch Querschotte zu sichern. Ohne diese Regelung zur konstruktiven Durchbildung bestünde die Gefahr, dass sich durch das Ausweichen einzelner Gurtstäbe das Trägheitsmoment des Gesamtstabes und damit die Traglast ungünstig ändern.

III.6.4.3 Rahmenstäbe (Stützen mit Bindeblechen)

III.6.4.3.1 Tragfähigkeit der Komponenten der Rahmenstäbe

<1> Überblick

Nach Abs. 6.4.1(6) und (7) treten beim beidseitig gelenkig gelagerten Stab die maximale Normalkraft im Gurt in Feldmitte und die maximale Querkraft am Stabende auf. Wenn das ausgenutzt wird, dann sind also mehrere Nachweise zu führen. In der Anmerkung zu (1) ist darauf hingewiesen, dass aus Gründen der Vereinfachung auch die beiden Maximalwerte kombiniert werden dürfen, so dass dann nur ein Nachweis erforderlich ist.

Rahmenstäbe sind i. d. R. nicht so weit gespreizt wie Gitterstäbe. Aus diesem Grunde sollten aus Gründen der Wirtschaftlichkeit die Eigenträgheitsmomente der Gurte nicht vernachlässigt werden. Sie können jedoch nicht immer voll ausgenutzt werden, da bei größeren Schlankheiten $\lambda_{K,z}$ Plastizierungen am Gesamtstab auftreten, die am Gesamtstab größere Verformungen und damit größere Gurtkräfte hervorrufen, vgl. [216]. Daher ist in Tab. 6.8 ein Korrekturwert μ für den Anteil der Eigenträgheitsmomente bei Rahmenstäben angegeben, der zwischen der Schlankheit $\lambda_{K,z}$ = 75 und 150 linear von 1 auf 0 zurückgeht.

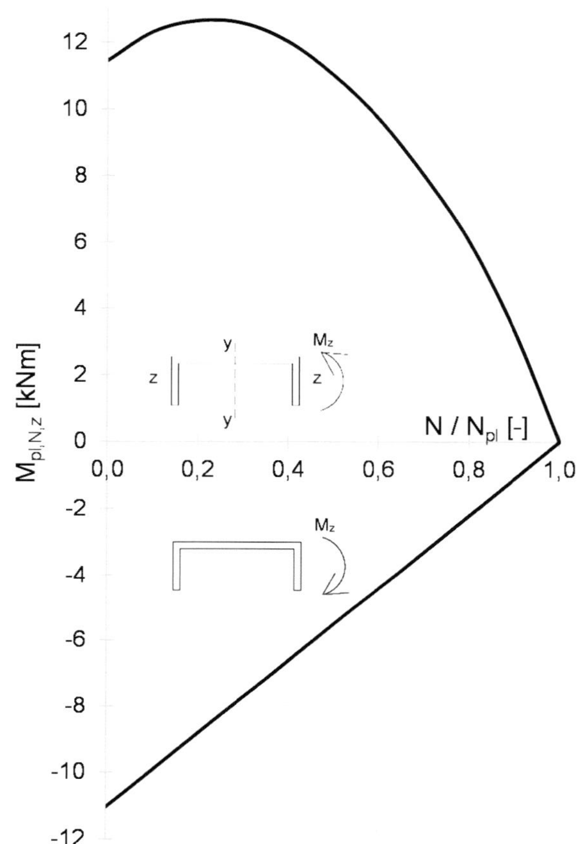

Bild III.6-77: Genaue Interaktion zwischen Biegemoment und Normalkraft beim Profil U 180

Der Nachweis des Biegeknickens des ungünstigsten Gurtabschnittes ist i. Allg. unter der Annahme planmäßig mittigen Druckes nach Gl. (6.71) zu erbringen. Daher ist hier dann nur noch die Wirkung der gleichzeitig vorhandenen Biegemomente und Querkräfte im betrachteten Gurtabschnitt zu untersuchen, was i. d. R. das Rahmenfeld am Stabende ist. Aus den Untersuchungen in [216] hat sich herausgestellt, dass der Interaktionsnachweis mit M + N + V für die ungünstigste Stelle viel zu konservativ ist. Dieses Rahmenfeld am Stabende stellt einen geschlossenen Rahmen dar. Im Sinne der Fließgelenktheorie ist die Tragfähigkeit dann erreicht, wenn an allen vier Ecken am Anschluss der Bindebleche das Biegemoment M_{pl} im vollplastischen Zustand unter Berücksichtigung der Interaktion mit N_G und V_G erreicht ist. Dies wurde speziell im Hinblick auf verschiedene Rahmenstäbe in [216] nachgewiesen. Dieser Tatsache trägt die Norm im Gegensatz zu DIN 18800-2, El. (408) [12] einschließlich der Erlaubnis des Nachweises über den Mittelwert der aufnehmbaren Momente an den beiden Enden des untersuchten

Gurtabschnittes keine Rechnung. Es bestehen aber aus Sicht der Verfasser keine Bedenken, diese Erleichterung aus DIN 18800-2 weiterhin anzuwenden.

Bei U-Profilen und anderen einfachsymmetrischen Querschnitten empfiehlt sich die Verwendung der genaueren Interaktion anstelle derjenigen von Abs. 6.2.9 oder 6.2.10. Diese genauere Interaktion ist aus Bild III.6-77 beispielhaft zu ersehen.

Ein Rechenbeispiel für einen Rahmenstab ist in [231] vorhanden.

<2> Schubsteifigkeit S_V

Die Schubsteifigkeit ist in DIN 18800-2 mit $S_{z,d}^*$ bezeichnet. In Gl. (6.73) sind im Nenner hinter dem Gleichheits-Zeichen die Verformungsanteile aus der Biegung der Gurte (über $I_{ch} = I_{ch,z}$) und die Verformungsanteile aus der Biegung des Bindebleches (über $I_{b,y}$) berücksichtigt. In seltenen Fällen kann es sein, dass auch noch die Verformungsanteile aus der Schubverformung des Bindebleches merkbar sind. Dann ist die eckige Klammer zu ergänzen durch

$$\text{Nenner von (Gl. 6.73)} = \quad a^2 \cdot \left[1 + \frac{2 \cdot I_{ch,z} \cdot h_0}{n \cdot I_{b,y} \cdot a} + \frac{1}{n \cdot a \cdot h_0 \cdot G \cdot A_{V,b}}\right] \qquad \text{(III.6-110)}$$

mit $A_{V,b}$ Schubfläche des Bindebleches in einer Ebene

Der Faktor 24 in Gl. (6.73) wurde nach [216] mit $\pi^2/12$ multipliziert, um reines Biegeknicken der Stiele in einem Rahmenfeld auch zu erfassen.

Für den Sonderfall einer Dreigurtstütze, wie sie in Bild III.6-74 angegeben ist, ist in Gl. (6.73) der Wert 24 durch 36 zu ersetzen. Insgesamt gilt unter Vernachlässigung der Anteile aus den Bindeblechen statt (6.73):

$$S_v = \frac{3 \cdot \pi^2 \cdot E \cdot I_{ch}}{a^2} \qquad \text{(III.6-111)}$$

Bei der Ermittlung der Schnittgrößen nach Bild 6.11 wird davon ausgegangen, dass unendlich viele gleiche Rahmenfelder vorhanden sind, so dass der Momentennullpunkt jeweils in der Mitte des Rahmenfeldes angenommen werden kann. Die Biegemomente in den Gurtstäben sind auch in den Knotenbereichen vollständig berücksichtigt. Es wird also davon ausgegangen, dass die Anschlusslänge der Bindebleche gegenüber der Feldlänge a vernachlässigbar klein ist. Bei großflächigen Bindeblechen, wie sie häufig in Druckstäben von alten Stahlbrücken vorhanden sind, liegt das sehr auf der sicheren Seite und kann entlastend berücksichtigt werden, siehe [276].

<3> Bindebleche

Die Schnittgrößenverteilung in den Bindeblechen zweiteiliger Rahmenstäbe ist Bild 6.11 zu entnehmen. Bei mehr als zwei Gurten finden sich entsprechende Angaben z. B. in [216].

Eine Erleichterung für den Nachweis ist dadurch gegeben, dass die Momente in den Schwerpunkten der Bindeblechanschlüsse ermittelt werden dürfen. Zusätzlich zu den Momenten sind auch die Schubkräfte beim Nachweis zu berücksichtigen, dies betrifft sowohl das Bindeblech selbst als auch die Anschlüsse. Für die

Bindebleche können entweder Spannungsnachweise oder Interaktionsnachweise mit M und T geführt werden.

Bei Flachstahlfutterstücken als Querverbindung sind die entstehenden Biegemomente so klein, dass sie vernachlässigt werden dürfen.

<4> Stabilitätsnachweis für die Bindebleche

Für schlanke Bindebleche ist ergänzend auch noch ein Stabilitätsnachweis zu führen, in diesem Fall ein Biegedrillknicknachweis. Falls die Bindebleche – wie üblich – Flachstähle sind, ist der Wölbwiderstand $I_{\omega} \approx$ null.

Der Nachweis sollte nach Abs. 6.3.2.3(1) (ohne den Korrekturfaktor f) geführt werden. Das kritische Biegedrillknickmoment M_{cr} sollte nach Abschnitt III.6.3.2.2, Gl. (6.III-9) berechnet werden und als Biegedrillknicklinie nach Tabelle 6.5 sollte die Knicklinie „c" gewählt werden, was unter Beachtung des vernachlässigten Einflusses der Momentenform durch f in etwa dem in [192] empfohlenen Beiwert n = 1,5 für den Nachweis nach DIN 18800-2 entspricht.

Falls die Bindebleche aus Flachstählen bestehen, kann das bezüglich des bezogenen Schlankheitsgrades $\bar{\lambda}_{LT}$ vereinfacht werden zu Gl. (III.6-112).

$$\bar{\lambda}_{LT} = 0{,}0182 \cdot \sqrt{\frac{b \cdot h_0}{t^2 \cdot \varepsilon}} \qquad \text{(III.6-112)}$$

mit
- b Breite des Bindebleches
- t Dicke des Bindebleches
- h_o Abstand der Schwerachsen der Gurte des Rahmenstabes nach Bild 6.11
- $\varepsilon = \sqrt{\frac{235}{f_y}}$ mit f_y in N/mm²

Dabei ist die Momentenlinie im Bindeblech wie nach Bild 6.11 angenommen worden, so dass sich M_{cr} nach Abschnitt III.6.2.2.2, Gl. (III.6-9) mit $k = C_1 \cdot \pi$ und $C_1 = 2{,}60$ ergibt. Der Abminderungsfaktor χ_{LT} ist dann für $\bar{\lambda}_{LT}$ nach Tabelle III.6-12 zu wählen.

III.6.4.3.2 Konstruktive Durchbildung

Da an den Stabenden i. d. R. die größten Querkräfte auftreten und aus Gründen der Lasteinleitung sind dort Bindebleche anzuordnen.

III.6.4.4 Mehrteilige Bauteile mit geringer Spreizung

Diese Stäbe, dargestellt im Bild 6.12, verhalten sich praktisch wie Vollstäbe, weshalb die besondere Berücksichtigung der Schubweichheit entfallen darf.

In Abs. 6.4.4(2) wird bezüglich der durch die Bindebleche zu übertragenden Querkraft auf Abs. 6.4.3.1(1) und damit Gl. (6.70) verwiesen. Vorteilhaft kann hier von Tabelle III.6-26 Gebrauch gemacht werden.

Tabelle 6.9 begrenzt die Einzelstabschlankheit bei Rahmenstäben, die durch paarweise angeordnete Bindebleche verbunden sind, auch solchen mit geringer Spreizung, auf 70. Der wesentliche Grund für diese Begrenzung liegt darin, die Möglichkeit des individuellen Biegedrillknickens der Einzelgurte einzuschränken. Außerdem erhöht ein enger Bindeblechabstand auch die Torsionssteifigkeit des Gesamtstabes. Auf die Einhaltung der Bedingung der Tab. 6.9 darf dann verzichtet werden, wenn der Nachweis nicht als schubweicher Vollstab, sondern als Stabwerk mit der Erfassung jedes Einzelstabes erfolgt.

III.6.4.5 Sonderfragen

In [216] sind Angaben zur Behandlung der folgenden Probleme gemacht:

a) Nachgiebigkeiten in den Anschlüssen der Querverbindungen,

b) Anschlussexzentrizitäten bei Füllstäben von Gitterstäben, siehe auch [215], [207],

c) verminderte Wirksamkeit von Einspannungen beim schubweichen Vollstab,

d) Schlupf in den Verbindungen.

Besonders bei Rohrkupplungsverbänden im Gerüstbau haben die Effekte a) und b) sehr großen Einfluss, so dass die Schubsteifigkeit S_V um den *Faktor 20 bis 50* geringer werden kann als bei mehrteiligen Stäben im Stahlbau.

Die genannten Effekte a) und b) bei Rohrkupplungsverbänden sollte nicht, wie z. T. im Gerüstbau üblich [207], über eine Verminderung der Schubsteifigkeit berücksichtigt werden, sondern in eine zusätzliche Vorverformung umgerechnet werden. Diese ist dann zusätzlich zu der anzusetzenden Ersatzimperfektion zu berücksichtigen.

III.7 Grenzzustände der Gebrauchstauglichkeit

III.7.1 Allgemeines

<1> zu 7.1(1) bis 7.1(3): grundsätzliche Einordnung

Während es für Holz [37], Stahlbeton [21] und auch bei Verbundkonstruktionenen [36] im entsprechenden Kapitel 7 zu den Grenzzuständen der Gebrauchstauglichkeit eine Reihe von eigenen Regeln gibt, beschränkt sich DIN EN 1993-1-1 auf den Verweis auf DIN EN 1990 [19]. In DIN EN 1990 werden die Grenzzustände der Gebrauchstauglichkeit als Zustände definiert, die die Funktion des Tragwerks oder eines seiner Teile, das Wohlbefinden der Nutzer oder das Erscheinugsbild des Bauwerks betreffen. In [209] ist eine Reihe von Beispielen dazu genannt: Eine Funktionseinschränkung erfährt z. B. ein Stahlbetonbehälter mit Rissen. Eine Einschränkung des Wohlbefindens liegt vor, wenn leichte Decken zu Schwingungen angeregt werden. Und das Erscheinungsbild ist betroffen, wenn Wohnhausdecken so große Verformungen zeigen, so dass es in deren Folge zu Rissen in aufstehenden Bauteilen wie Trennwänden kommt.

Grundsätzlich sind die Anforderungen an die Gebrauchstauglichkeit baustoffunabhängig, vgl. DIN EN 1990, Anhang A1.4.2(3). Sie hängen von der Nutzung und den Nutzungsanforderungen ab. Das heißt, dass Grenzwerte, die für die anderen Baustoffe geregelt sind, auch für Stahlbauten als Orientierung gelten können. Im Unterschied zu den Grenzzuständen der Tragfähigkeit sind Grenzzustände der Gebrauchstauglichkeit zum großen Teil nicht durch bauaufsichtlich relevante Regelungen festgelegt, sondern müssen zwischen den betroffenen Parteien wie Bauherr, Planer und Nutzer entsprechend den Nutzungsanforderungen vereinbart werden. So kann die Schiefstellung in einer leichten Stahlrahmenkonstruktion bei einer Lagerhalle unproblematisch sein, bei einer Halle mit Glasfassade sind dagegen zum Beispiel wegen dieses Ausbaus Verformungsbeschränkungen einzuhalten.

DIN 18800-1 [10] gab mit Element (705) den Hinweis, dass ein Nachweis im Grenzzustand der Tragfähigkeit zu führen ist, wenn der Verlust der Gebrauchstauglichkeit zu einer „Gefährdung von Leib und Leben" führen kann. Beispiel an dieser Stelle war die Dichtigkeit einer Leitung für gefährliche Gase. Noch näherliegend ist das Beispiel einer sehr weichen Rahmenkonstruktion mit großen Verformungen, die die Stabilität der Konstruktion gefährden können. Dann sind solche Zustände auch als Grenzzustand der Tragfähigkeit zu behandeln.

<2> Einwirkungskombinationen im Grenzzustand der Gebrauchstauglichkeit

Bei den Kombinationen der Einwirkungen nach DIN EN 1990, Abs. 6.5.3 [19] werden für die Grenzzustände der Gebrauchstauglichkeit drei unterschiedliche Situationen unterschieden, die in Abhängigkeit von der Art der Gebrauchstauglichkeitsfragen anzuwenden sind.

Zum einen wird die *seltene Situation* unterschieden, die zu bleibenden nicht umkehrbaren Auswirkungen führt. Hier ist die charakteristische Kombination nach DIN EN 1990, Gleichung (6.14) anzusetzen, siehe Gleichung (III.7-1).

$$\sum_{j\geq 1}(G_{k,j})\ \text{"+"}\ P_k\ \text{"+"}\ Q_{k,1}\ \text{"+"}\ \sum_{i>1}(\psi_{0,i}\cdot Q_{k,i}) \qquad \text{(III.7-1)}$$

mit $G_{k,j}$ Charakteristischer Wert einer ständigen Einwirkung j

P_k Charakteristischer Wert einer Vorspannkraft

$Q_{k,i}$ Charakteristischer Wert einer nicht maßgebenden veränderlichen Einwirkung i (Begleiteinwirkung)

$\psi_{0,i}$ Kombinationswert der veränderlichen Einwirkung i

Dann gibt es gemäß DIN EN 1990, Gleichung (6.15) die *häufige Situation*, die zu zeitlich vorübergehenden und daher umkehrbaren Auswirkungen gehört, siehe Gleichung (III.7-2).

$$\sum_{j\geq 1}(G_{k,j})\ \text{"+"}\ P\ \text{"+"}\ \psi_{1,1}\cdot Q_{k,1}\ \text{"+"}\ \sum_{i>1}(\psi_{2,i}\cdot Q_{k,i}) \qquad \text{(III.7-2)}$$

mit $G_{k,j}$ Charakteristischer Wert einer ständigen Einwirkung j

P Maßgebender repräsentativer Wert einer Vorspannung (siehe EN 1992 [21] bis EN 1996 [38] und EN 1998 [39] bis EN 1999 [40])

$Q_{k,i}$ Charakteristischer Wert einer nicht maßgebenden veränderlichen Einwirkung i (Begleiteinwirkung)

$\psi_{1,1}$ Beiwert für häufige Werte der maßgeblichen, veränderlichen Einwirkung

$\psi_{2,i}$ Beiwert für quasi-ständigen Wert der veränderlichen Einwirkung i

Und schließlich wird für Langzeitauswirkungen die *quasi-ständige Situation* nach DIN EN 1990, Gleichung (6.16) betrachtet, siehe Gleichung (III.7-3).

$$\sum_{j\geq 1}(G_{k,j})\ \text{"+"}\ P\ \text{"+"}\ \sum_{i>1}(\psi_{2,i}\cdot Q_{k,i}) \qquad \text{(III.7-3)}$$

mit $G_{k,j}$ Charakteristischer Wert einer ständigen Einwirkung j

P Maßgebender repräsentativer Wert einer Vorspannung (siehe EN 1992 [21] bis EN 1996 [38] und EN 1998 [39] bis EN 1999 [40])

$Q_{k,i}$ Charakteristischer Wert einer nicht maßgebenden veränderlichen Einwirkung i (Begleiteinwirkung)

$\psi_{1,1}$ Beiwert für häufige Werte der maßgeblichen, veränderlichen Einwirkung

$\psi_{2,i}$ Beiwert für quasi-ständigen Wert der veränderlichen Einwirkung i

Es ist also wichtig und macht bei der Auslegung von Konstruktionen einen großen Unterschied, dass für die jeweilige Nutzungsanforderung auch die zutreffende Einwirkungskombination gewählt wird. So wird für Verformungsbeschränkungen häufig der Nachweis mit der quasi-ständigen Kombination als ausreichend angesehen, vgl. DIN EN 1990, Anhang A1.4.3(4). Es gibt aber auch Anforderungen, wie zum Beispiel für Kranbahnen nach DIN EN 1993-6, Abs. 7.3 [35], bei denen auf charakteristische Lastkombinationen Bezug genommen wird. Hierzu sind auch die Erleichterungen des Nationalen Anhangs zu beachten.

<3> zu 7.1(4) Verformungen bei Plastizierungen im System

Absatz 7.1(4) weist auf einen stahlbauspezifischen Umstand hin. Besonders große Verformungen können durch Teilplastizierungen im System entstehen. Üblicherweise werden die Verformungen für den Grenzzustand der Gebrauchstauglichkeit nach der Elastizitätstheorie berechnet. Wird aber eine plastische Tragwerksberechnung, siehe Abs. III.5.4.3, durchgeführt, so kann es vorkommen, dass sich trotz reduzierter Teilsicherheitsbeiwerte im Grenzzustand der Gebrauchstauglichkeit schon ein erstes Fließgelenk gebildet hat. Wie die Beispiele der Verformungen in Bild III.5-8 und Bild III.5-9 zeigen, sind die Systemsteifigkeiten nach Ausbildung der ersten Fließgelenke deutlich geringer, so dass die Verformungen dann größer sind als rein elastisch berechnet. Für Tragwerke, bei denen die volle Tragfähigkeit nach der Plastizitätstheorie im Grenzzustand der Tragfähigkeit ausgenutzt wird, kann tatsächlich der Nachweis im Grenzzustand der Gebrauchstauglichkeit dann maßgebend werden.

III.7.2 Grenzzustand der Gebrauchstauglichkeit für den Hochbau

III.7.2.1 Vertikale Durchbiegung

Für die Regelungen im Hochbau zur Begrenzung der vertikalen Durchbiegungen wird auf DIN EN 1990, Anhang A [19] verwiesen, ohne ergänzende spezifische Regeln anzugeben. In DIN EN 1990 sind nur Hinweise zur allgemeinen Vorgehensweise und zur Definition der Verformungsanteile gegeben, aber keine konkreten Grenzwerte.

Für die vertikale Durchbiegung wird unterschieden zwischen w_{tot} als gesamte Durchbiegung, vgl. Gleichung (III.7-4), und w_{max} als verbleibende Durchbiegung nach Abzug der Überhöhung, siehe Gleichung (III.7-5).

$$w_{tot} = w_1 + w_2 + w_3 \qquad \text{(III.7-4)}$$

mit w_1 Durchbiegungsanteil aus ständiger Belastung: Einwirkungskombination nach Gln. (III.7-1) - (III.7-3)

w_2 Durchbiegungszuwachs aus Langzeitwirkung der ständigen Belastung

w_3 Durchbiegungsanteil aus veränderlicher Einwirkung: Einwirkungskombination nach Gln. (III.7-1) - (III.7-3)

$$w_{max} = w_{tot} - w_c \qquad \text{(III.7-5)}$$

mit w_c Überhöhung aus spannungsloser Werkstattform

Konkrete Grenzwerte für die Durchbiegungen sind zum Teil durch Normen und Zulassungen von Ausbaugewerken, wie zum Beispiel für Dach- und Wandeindeckungen mit Stahlprofiltafeln [201], [234], indirekt gegeben. Für spezielle Anwendungsbereiche, wie zum Beispiel Kranbahnen, sind auch in den Normen konkrete Angaben gemacht, vgl. EN 1993-6 [35]. Im Übrigen sind ggf. auch Regelungen aus den übrigen Baustoffnormen übertragbar. So legt zum Beispiel DIN EN 1992-1-1, Abs. 7.4.1 [21] als Anforderung für die Durchbiegung von Stahlbetondecken einen Wert von $f \leq L/250$ (mit L als Deckenspannweite) unter quasiständiger Einwirkungskombination fest, mit einer Verschärfung auf L/500 bei angrenzenden rissgefährdeten Bauteilen wie Trennwänden.

III.7.2.2 Horizontale Verformungen

Auch für die horizontalen Verformungen sind mit dem Verweis auf DIN EN 1990, Anhang A1.4 und Bild A1.2 nur Hinweise zur maßgebenden seitlichen Verschiebung bei Stockwerksrahmen, aber keine konkreten Grenzwerte gegeben. Es kann durchaus sinnvoll sein, gewisse Verformungsgrenzwerte auch für die seitliche Rahmenverschiebung einzuhalten. Sehr weiche Konstruktionen neigen zu höherer Stabilitätsgefährdung und sind auch im Fall von Erdbeben stärker gefährdet. Eine Begrenzung der horizontalen Verschiebung kann also auch zur Gewährleistung einer ausreichenden Seitensteifigkeit allgemein beitragen. Für spezielle Anwendungsbereiche, wie zum Beispiel Kranbahnen, sind in den Normen konkrete Angaben gemacht, vgl. EN 1993-6 [35].

III.7.2.3 Dynamische Einflüsse

Unter dynamischen Einflüssen wird vor allem das Schwingungsverhalten von Tragwerken verstanden. Die Hinweise auf DIN EN 1990, Anhang A1.4.4 [19] führen ebenfalls nicht zu konkreten Nachweisempfehlungen. Anhaltspunkte können die Regelungen für Schwingungen vor allem für Wohnungsdecken in der Holzbaunorm DIN EN 1995-1-1, Abs. 7.3 [37] geben. Zum Verständnis und zum Umgang mit Schwingungsproblemen bei Bauwerken können Fachbücher wie [65] oder [214] dienen.

III.A Verfahren 1: Interaktionsfaktoren k_{ij} für die Interaktionsformeln in 6.3.3(4)

Ausführliche Erläuterungen zu den Interaktionsfaktoren sind in [76] gegeben. Da dieses Verfahren für die Handrechnung wenig geeignet ist, werden hier keine zusätzlichen Angaben gemacht.

Besonders zu beachten ist, dass die äquivalenten Momentenbeiwerte C_m, mit denen beliebige Momentenverläufe in einen gleichwertigen konstanten Momentenverlauf umgerechnet werden, nach der Elastizitätstheorie berechnet werden. Im Gegensatz dazu wurden sie beim Verfahren 2 aus Traglastergebnissen rückgerechnet. Daraus folgt, dass die Werte C_m des einen Verfahrens nicht durch diejenigen des anderen Verfahrens ersetzt werden dürfen. Weitere Erläuterungen finden sich auch in Abs. III.B<8>.

III.B Verfahren 2: Interaktionsfaktoren k_{ij} für die Interaktionsformeln in 6.3.3(4)

<1> Einleitung

Die Regelungen für Druck und Biegung in der Vornorm DIN V ENV 1993-1-1 [54] entsprachen im Wesentlichen den Regelungen in DIN 18800-2 [12]. Aufgrund von umfangreichen numerischen Untersuchungen, z. B. [211], wurde festgestellt, dass in einigen Fällen, speziell im Fall von doppelter Biegung mit Normalkraft, die Anwendung dieser Regelungen zu konservativen Ergebnissen führt. Nun ist zwar der Fall der doppelten Biegung mit Normalkraft ein recht seltener Fall in der Bemessungspraxis des Stahlbaus, aber es bot sich an, ein durchgängiges Konzept für alle Bemessungsfälle von Druck und Biegung zu erarbeiten. Aus diesem Grunde wurden seitens der Technischen Kommission 8 („TC 8") der Europäischen Konvention für Stahlbau (ECCS/EKS) Grundlagenarbeiten durchgeführt, die zur Weiterentwicklung der Regelungen für Stäbe unter Druck und Biegung dienen. Nähere Einzelheiten und beispielhafte Ergebnisse finden sich in [113].

In den etwa 15 Jahren zwischen 1982 (der Erarbeitung wesentlicher Grundlagen zu DIN 18800-2, z. B. [182]) und 1997 (dem Entstehen von [211]) hatte sich die Möglichkeit, numerische Traglasten unter Berücksichtigung aller wesentlichen Einflussparameter (Vorverformungen, Eigenspannungen, Ausbreitung der Fließzonen usw.) zu berechnen, immens verbessert, so dass nunmehr umfangreiche Serienrechnungen auch vom Zeitaufwand her ohne Probleme durchführbar waren. So liegen den neuen Regelungen neben Versuchsergebnissen auch etwa 25000 FEM-Rechnungen zugrunde. Darin konnten verschiedene Einflussparameter systematisch untersucht werden. Die endgültige Festlegung der neuen Regelungen erfolgte nach statistischer Kalibrierung an der Gesamtheit der vorliegenden Ergebnisse von Versuchen an druckbeanspruchten Stäben und den numerisch ermittelten Traglasten [189].

Das generelle Konzept von TC 8 besteht aus einem dreistufigen Konzept:

- Level 1: einfache Interaktionsformeln für Standardfälle, geeignet für die Handrechnung;
- Level 2: umfassendere und genauere Formeln für allgemeinere Anwendungsfälle, ausgerichtet auf die Auswertung mittels Computern;
- Level 3: numerische nichtlineare Analyse mittels Anwendung der FEM-Methode.

Als Level-1-Verfahren ist das hier behandelte Verfahren 2 anzusehen, als Level-2-Verfahren teilweise das Verfahren 1 und teilweise das in Abs. 6.3.4 beschriebene Verfahren.

Level-3-Nachweise sind in DIN EN 1993-1-1 [22] (Eurocode 3) ebenso wenig im Detail beschrieben wie vorher in DIN 18800-2. Anhaltspunkte dazu sind in [192] gegeben. Entsprechende Rechnungen sind aufgrund leistungsfähiger EDV-Programme, z. B. [61], möglich, jedoch sollten sie zur Vermeidung von Fehlanwendungen ausschließlich von Spezialisten durchgeführt werden, die auf diesem Gebiet Erfahrungen haben. Damit scheidet diese Methode für Nachweise in der täglichen Praxis aus.

Ergänzend ist anzumerken, dass es in vielen Fällen einfacher ist, einen Nachweis nach Theorie II. Ordnung zu führen, statt umfangreiche Interaktionsgleichungen anzuwenden. Auch hier bietet moderne Software wirkungsvolle Unterstützung. Für den Fall, dass keine Verdrehungen auftreten können (also verdrehsteife Querschnitte oder Fälle, wo die Verdrehungen durch konstruktive Maßnahmen verhindert sind), ist die Ermittlung der Schnittgrößen unter Berücksichtigung der Ersatzimperfektionen nach Abs. 5.3 nach Theorie II. Ordnung mit vielen Programmen problemlos möglich. Der Nachweis wird dann durch die maßgebenden Querschnittsnachweise geführt.

Etwas problematisch wird es dann, wenn Verdrehungen möglich sind, also wenn Torsionsmomente nach Theorie II. Ordnung auftreten und somit Biegedrillnicken möglich ist. Dies trifft dann auch im Falle von zweiachsiger Biegung mit Normalkraft zu. Es treten letztlich Biegemomente M_y, M_z und Wölbbimomente M_ω auf. Hier ist es erforderlich, dass auch die Wölbkrafttorsion richtig erfasst wird, was nicht bei allen Rechenprogrammen der Fall ist.

In den „neuen“ Stabilitätsregeln des Verfahrens 2 sind im Wesentlichen die Interaktionsfaktoren gegenüber denjenigen in DIN 18800-2 [12] weiterentwickelt worden. Das Format der Gleichungen und die überwiegende Zahl der Bezeichnungen und Faktoren gleichen jenen der bestehenden ENV 1993-1-1 [54] und der DIN 18800-2 [12] oder entsprechen ihnen sinngemäß. Die Abminderungsfaktoren χ_y und χ_z sind unverändert jene der europäischen Knickspannungslinien. Die Abminderungsfaktoren χ_{LT} für Biegedrillknicken wurden gegenüber der ENV 1993-1-1 [54] weiterentwickelt, siehe Abs. III.6.3.2. Die Beiwerte C_{my}, C_{mz}, C_{mLT} führen in Stablängsrichtung veränderliche Momente in äquivalente konstante Momente über. Sie sind von der Form her neu definiert, entsprechen ihrem Sinne nach jedoch den früheren β_M-Werten der DIN 18800-2 [12] . Die Beiwerte n_y, n_z, die die Größe der Interaktionsfaktoren mitsteuern, sind reine Hilfsgrößen, sind allerdings mit dem Anteil aus der Normalkraft in den Interaktionsgleichungen identisch. Auch dies entspricht [12].

Für den Fall der zweiachsigen Biegung mit Normalkraft ergibt sich ein räumliches Versagen. Aus Vereinfachungsgründen wurde dafür ein vollständiger Nachweis durch zwei getrennte Nachweise für das Ausweichen y-y und Ausweichen z-z ersetzt. Es müssen also jeweils beide Ausweichformen betrachtet werden, da sie eigentlich miteinander gekoppelt sind.

<2> Maßgebende Momente, Querkrafteinfluss

Die Biegemomente $M_{y,Ed}$ und $M_{z,Ed}$ sind mit ihren Maximalwerten in die Gln. (6.61) und (6.62) einzusetzen, auch wenn diese nicht an derselben Stelle liegen, da das in solchen Fällen vorhandene günstigere Tragverhalten schon bei der Bestimmung der Interaktionsfaktoren k_{ij} berücksichtigt wurde. Dies ist grundlegend anders als in DIN 18800-2 [12], wo die Verwendung zugehöriger Momente gestattet ist. Eine grafische Auswertung der Interaktionsgleichungen ist in Bild III.B-1 im Vergleich zu GMNIA-Ergebnissen (GMNIA = **G**eometrical and **M**aterial **N**onlinear Analysis with **I**mperfection **A**ssumptions) und der bisherigen Interaktion nach EC 3 (ENV 1993-1-1) [54] als räumlicher Verlauf dargestellt. Es ist deutlich zu sehen, dass gegenüber der Regelung des bisherigen EC 3 in größeren Bereichen ein Traglastgewinn verzeichnet werden kann, was auch hier, analog zum einachsigen Fall (siehe Bild III.B-6), an der Verwendung von χ_{min} sowie der linearen Querschnittsinteraktion liegt.

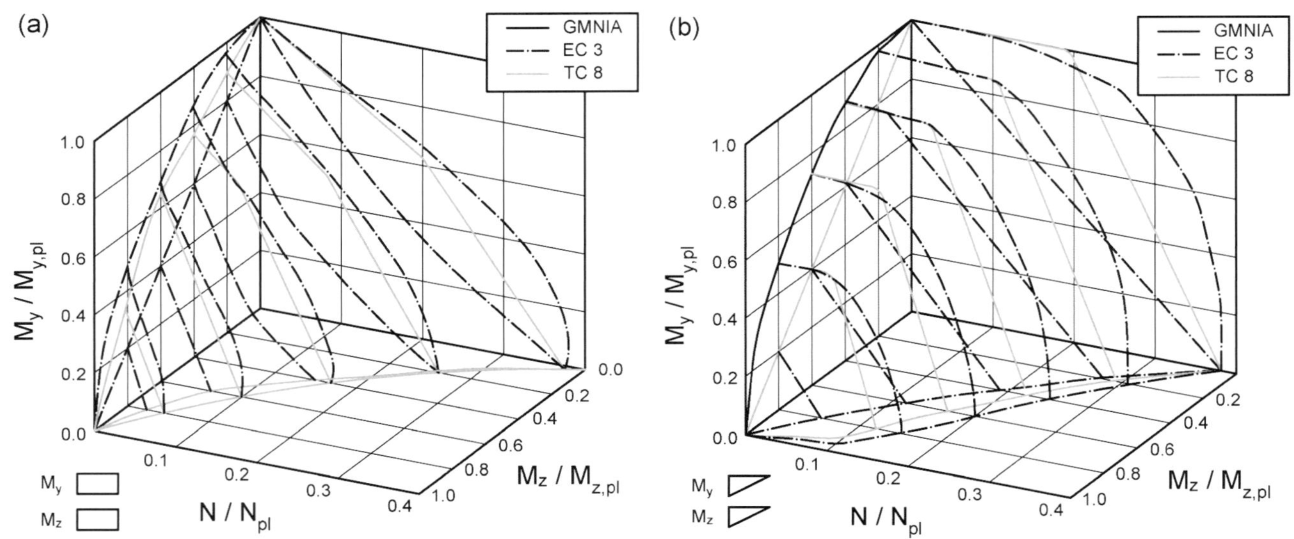

Bild III.B-1: Interaktionsdiagramm für N + M_y + M_z, RHP 200/100/10, = 1,5; vgl. [114], [188]

Die Interaktionsgleichungen für das Biegeknicken und das Biegedrillknicken decken das Versagen im Feld ab, wo der Querkrafteinfluss in der Regel gering ist. Der Querkrafteinfluss kann am ehesten beim Versagen an den Stabenden teilweise oder vollständig eingespannter Träger mit Querbelastung von Bedeutung werden. Bei den Stabnachweisen wird dies durch den stets zusätzlich zu führenden Querschnittsnachweis abgedeckt, so dass es nicht erforderlich ist, in den Interaktionsgleichungen die Werte $M_{pl,V}$ statt M_{pl} einzusetzen. Zum Biegedrillknicken vgl. auch Abs. III.6.3.2.1.

Falls aber bei einem beidseitig gelagerten Träger ein Fall mit hoher Einzellast in Feldmitte vorliegen würde, bei dem eine signifikante Interaktion von Stegbeulen und Längskräften vorhanden ist, wäre eine Traglastreduktion denkbar. Untersuchungen zu praxisrelevanten Fällen dazu sind dem Autor nicht bekannt.

<3> Sonderfall: einachsige Biegung mit Normalkraft

In den meisten Fällen der praktischen Anwendung werden die vollständigen Gleichungen (6.61) und (6.62) nicht benötigt. Der Fall der einachsigen Biegung mit Normalkraft ergibt sich zwar jeweils durch Streichen des letzten Terms in den beiden Gleichungen, allerdings ist es übersichtlicher, wenn sie in der verkürzten Form noch einmal niedergeschrieben werden, was in Form der Gleichungen (III.B-1) und (III.B-2) erfolgt.

Für einachsige Biegung M_y mit Normalkraft ergibt sich so:

für die Ausweichform um die y-y-Achse:

$$\frac{N_{Ed}}{\chi_y \cdot N_{Rd}} + k_{yy} \cdot \frac{M_{y,Ed}}{\chi_{LT} \cdot M_{y,Rd}} \leq 1{,}0 \qquad \text{(III.B-1)}$$

und für die Ausweichform um die z-z-Achse:

$$\frac{N_{Ed}}{\chi_z \cdot N_{Rd}} + k_{zy} \cdot \frac{M_{y,Ed}}{\chi_{LT} \cdot M_{y,Rd}} \leq 1{,}0 \qquad \text{(III.B-2)}$$

In den bisherigen Normen, z. B. DIN 18800-2 [12], wurde in der Ausweichform z-z der zweite Summand vernachlässigt. Um diesen Besitzstand zu wahren, darf das auch bei den Nachweisen nach DIN EN 1993-1-1 so erfolgen. In [114] (dort Bild 8) wurde beispielhaft gezeigt, dass dies nur bei speziellen Anwendungsfällen in einem sehr kleinen Bereich zu geringfügigen Unsicherheiten führen kann, die vernachlässigbar sind.

$$n_z = \frac{N_{Ed}}{\chi_z \cdot N_{pl,Rd}} \leq 1{,}0 \qquad \text{(III.B-3)}$$

Dabei ist

$$k_{yy} = C_{my} \cdot \left(1 + \left(\bar{\lambda}_y - 0{,}2\right) \cdot n_y\right) \leq C_{my} \cdot \left(1 + 0{,}8 \cdot n_y\right) \qquad \text{(III.B-4)}$$

Entsprechend folgt für Biegung M_z mit Normalkraft:

für die Ausweichform um die y-y-Achse:

$$\frac{N_{Ed}}{\chi_y \cdot N_{Rd}} + k_{yz} \cdot \frac{M_{z,Ed}}{M_{pl,z,Rd}} \leq 1{,}0 \qquad \text{(III.B-5)}$$

und für die Ausweichform um die z-z-Achse:

$$\frac{N_{Ed}}{\chi_z \cdot N_{Rd}} + k_{zz} \cdot \frac{M_{z,Ed}}{M_{pl,z,Rd}} \leq 1{,}0 \qquad \text{(III.B-6)}$$

<4> Vereinfachung der Darstellung der Interaktionsbeiwerte

Die Interaktionsbeiwerte sind im Anhang B in zwei getrennten Tabellen, nämlich Tabelle B.1 (für verdrehsteife Bauteile) und Tabelle B.2 (für verdrehweiche Bauteile) dargestellt. Dies lässt sich vereinfachen, indem die Interaktionsbeiwerte in einer Tabelle zusammengefasst werden, was auf einen Vorschlag von *Stroetmann* zurückgeht, siehe [258]. Die spätere Erweiterung Rund-Hohlprofile wurde durch *Taras* [265] gezeigt. Die zusammengefasste Tabelle ist hier als Tabelle III.B-1 wiedergegeben.

<5> Entwicklung der Interaktionsbeiwerte k_{ij}

<5.1> Wert k_{yy} für verdrehsteife Stäbe unter Druck und einachsiger Biegung M_y

Der Interaktionsfaktor k_{yy} (aus Vereinfachungsgründen hier teilweise auch k_y genannt) wurde in Abhängigkeit von $\bar{\lambda}_y$ und n_y aus gerechneten Traglasten von *Lindner* [189] und insbesondere den sehr umfangreichen Werten von *Ofner* [211] zurückgerechnet. Für den Fall eines konstanten Biegemomentes und Profil HEB 200 sind die Ergebnisse aus den Bildern Bild III.B-2 und Bild III.B-3 zu ersehen.

Tabelle III.B-1: Interaktionsbeiwerte k_{ij} (ersetzt die Tabellen B.1 und B.2 in [22])

Querschnittstyp / Verdrehwiderstand	Querschnitte der Klassen 1 und 2		Querschnitte der Klassen 3 und 4	
I-Querschnitte, Quadrat- und Rechteckhohlprofile	$k_{yy} = C_{my} \cdot \left[1 + \left(\bar{\lambda}_y - 0{,}2\right) \cdot n_y\right]$	für $\bar{\lambda}_y \leq 1{,}0$	$k_{yy} = C_{my} \cdot \left[1 + 0{,}6 \cdot \bar{\lambda}_y \cdot n_y\right]$	für $\bar{\lambda}_y \leq 1{,}0$
	$k_{yy} = C_{my} \cdot \left[1 + 0{,}8 \cdot n_y\right]$	für $\bar{\lambda}_y \geq 1{,}0$	$k_{yy} = C_{my} \cdot \left[1 + 0{,}6 \cdot n_y\right]$	für $\bar{\lambda}_y \geq 1{,}0$
	$k_{yz} = 0{,}6 \cdot k_{zz}$		$k_{yz} = k_{zz}$	
Verdrehsteife Stäbe	$k_{zy} = 0{,}6 \cdot k_{yy}$		$k_{zy} = 0{,}8 \cdot k_{yy}$	
Verdrehweiche Stäbe	$k_{zy} = 1 - \dfrac{0{,}1 \cdot \bar{\lambda}_z \cdot n_z}{C_{mLT} - 0{,}25}$	für $\bar{\lambda}_z \leq 1{,}0$	$k_{zy} = 1 - \dfrac{0{,}05 \cdot \bar{\lambda}_z \cdot n_z}{C_{mLT} - 0{,}25}$	für $\bar{\lambda}_z \leq 1{,}0$
	$k_{zy} \leq 0{,}6 + \bar{\lambda}_z$	für $\bar{\lambda}_z < 0{,}4$		
	$k_{zy} = 1 - \dfrac{0{,}1 \cdot n_z}{C_{mLT} - 0{,}25}$	für $\bar{\lambda}_z \geq 1{,}0$	$k_{zy} = 1 - \dfrac{0{,}05 \cdot n_z}{C_{mLT} - 0{,}25}$	für $\bar{\lambda}_z \geq 1{,}0$
I-Querschnitte	$k_{zz} = C_{mz} \cdot \left[1 + \left(2\bar{\lambda}_z - 0{,}6\right) \cdot n_z\right]$	für $\bar{\lambda}_z \leq 1{,}0$	$k_{zz} = C_{mz} \cdot \left[1 + 0{,}6 \cdot \bar{\lambda}_z \cdot n_z\right]$	für $\bar{\lambda}_z \leq 1{,}0$
	$k_{zz} = C_{mz} \cdot \left[1 + 1{,}4 \cdot n_z\right]$	für $\bar{\lambda}_z \geq 1{,}0$	$k_{zz} = C_{mz} \cdot \left[1 + 0{,}6 \cdot n_z\right]$	für $\bar{\lambda}_z \geq 1{,}0$
Quadrat- und Rechteckhohlprofile, Rund-Hohlprofile	$k_{zz} = C_{mz} \cdot \left[1 + \left(\bar{\lambda}_z - 0{,}2\right) \cdot n_z\right]$	für $\bar{\lambda}_z \leq 1{,}0$		
	$k_{zz} = C_{mz} \cdot \left[1 + 0{,}8 \cdot n_z\right]$	für $\bar{\lambda}_z \geq 1{,}0$		

$n_y = \dfrac{N_{Ed}}{\chi_y \cdot N_{pl,Rd}}$ $n_z = \dfrac{N_{Ed}}{\chi_z \cdot N_{pl,Rd}}$ C_{my}, C_{mz}, C_{mLT}: Äquivalente Momentenbeiwerte nach Tabelle III.B-4 (siehe auch DIN EN 1993-1-1, Anhang B, Tabelle B.3 [22]), unter Berücksichtigung der maßgebenden Momentenverteilung zwischen seitlich gehaltenen Punkten

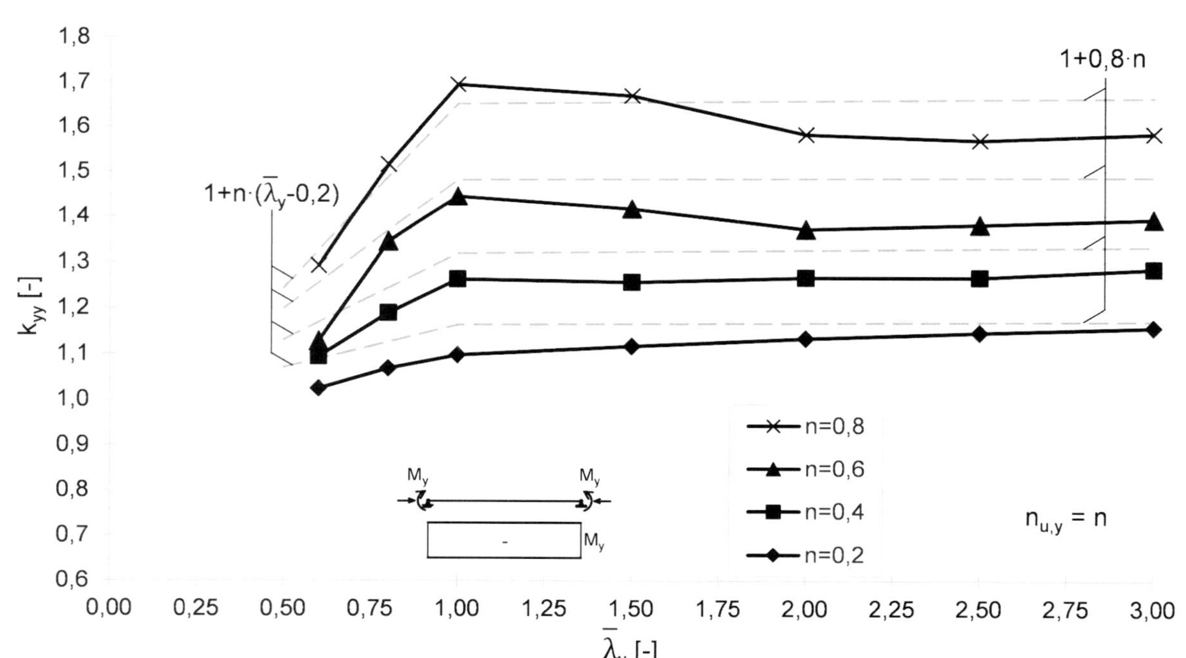

Bild III.B-2: Interaktionsbeiwerte k_{yy} nach [189] für Profil HEB 200 und verschiedene Werte von n in Abhängigkeit von $\bar{\lambda}_y$

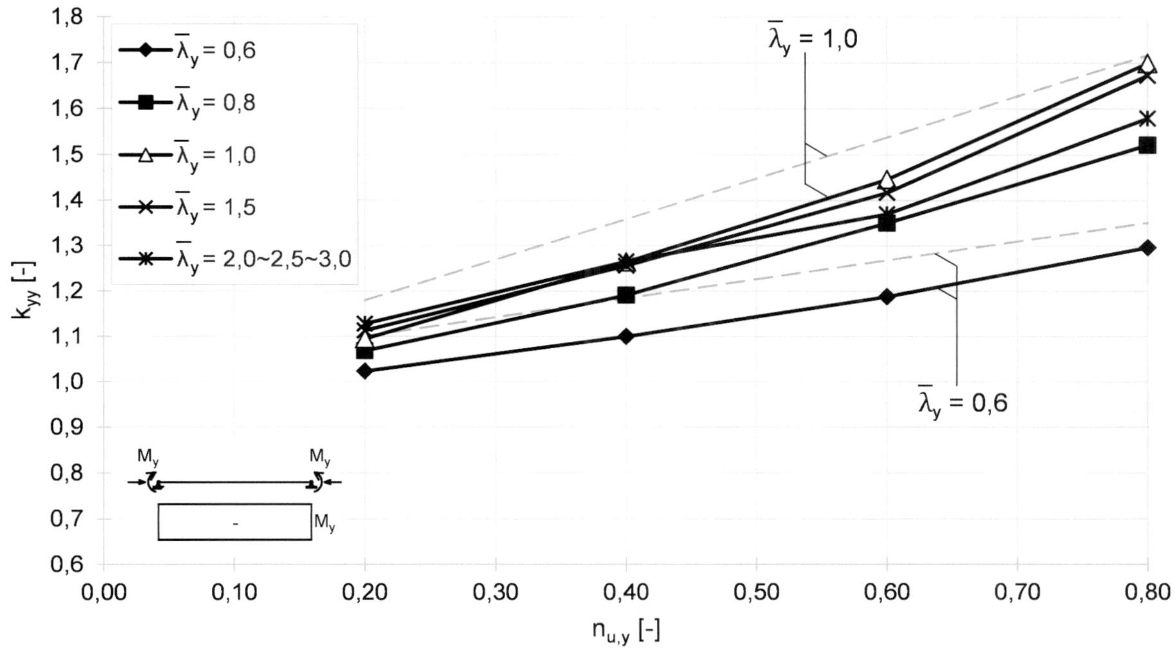

Bild III.B-3: Interaktionsbeiwerte k_{yy} nach [189] für Profil HEB 200 und verschiedene Werte von $\bar{\lambda}_y$ in Abhängigkeit von n

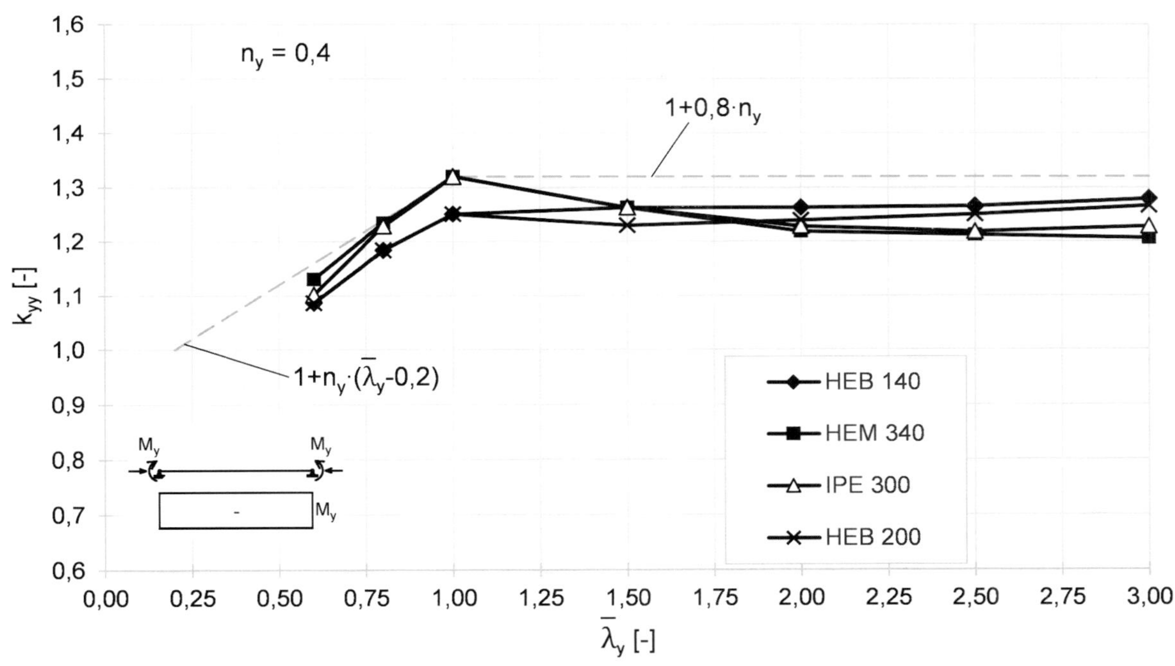

Bild III.B-4: Interaktionsbeiwerte k_{yy} für verschiedene Profile HEB 200 und n = 0,4 in Abhängigkeit von $\bar{\lambda}_y$; [188], [189]

Aus den Bildern Bild III.B-2 und Bild III.B-3 ist ersichtlich, dass die getroffene Näherung nach Gl. (III.B-4) für den Interaktionsfaktor k_{yy} die rechnerischen Traglasten gut abdeckt. Aus Bild III.B-4 sind entsprechende Ergebnisse für verschiedene I-Profile dargestellt; es ist ersichtlich, dass die Art des Profils nur von geringem Einfluss ist. Werden dagegen Hohlprofile einbezogen, dann zeigt sich ein etwas anderer Verlauf, insbesondere bei größeren Werten von n_y. Da andererseits aber bei größeren n_y-Werten der Term für die

Biegemomente größenmäßig abnimmt, wurde auf eine Differenzierung zwischen I-Profilen und RHP aus Vereinfachungsgründen verzichtet.

Mit Hilfe des Momentenbeiwerts C_m (siehe Tabelle B.3) werden veränderliche Momentenverläufe in einen für das Stabilitätsversagen gleichwertigen konstanten Momentenverlauf umgerechnet. Dieses Vorgehen entspricht prinzipiell dem bekannten Vorgehen aus [12] und entspricht bei linear veränderlichem Momentenverlauf der *Austin*-Formel, die in vielen internationalen Normen verwendet wird. Für diesen Fall verläuft der Beiwert bilinear mit einer etwas konservativen unteren Grenze von 0,4. In den anderen Fällen wurden die Momentenbeiwerte aus den vorliegenden Traglastergebnissen rückgerechnet. Für Beanspruchungen durch Druck und Biegung um die Achse z-z (schwache Achse bei I-Profilen) sind die entsprechenden Gleichungen durch (III.B-5) und (III.B-6) gegeben. Der Interaktionsfaktor k_{zz} wurde für I-Profile nach Gl. (III.B-7) gewählt. Das Vorgehen für die Ermittlung von k_{zz} entspricht den Ausführungen für k_{yy}.

$$k_{zz} = C_{mz} \cdot \left(1 + \left(2 \cdot \bar{\lambda}_z - 0{,}6\right) \cdot n_z\right) \leq C_{mz} \cdot \left(1 + 1{,}4 \cdot n_z\right) \qquad \text{(III.B-7)}$$

Ein Beispiel für den Vergleich der Ergebnisse von Traglastrechnungen und dem Wert k_{zz} nach Gl. (III.B-7) zeigt Bild III.B-5. Es ist zu erkennen, dass für veränderliche Momente die Näherung etwas größere Abweichungen aufweist.

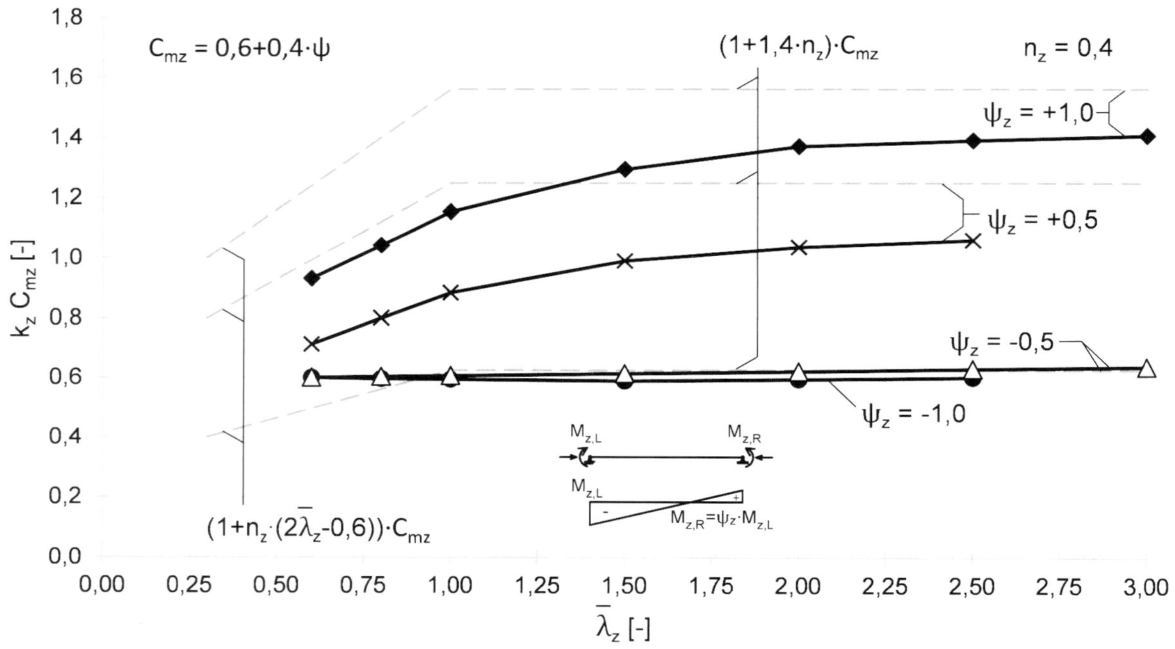

Bild III.B-5: Vergleich der Beiwerte k_{zz} numerisch und nach Gl. (III.B-7), HEB 200, linear veränderlicher M-Verlauf [188]

In Bild III.B-6 [114] ist zudem der Vergleich der Ergebnisse verschiedener Normen mit den GMNIA-Ergebnissen dargestellt. Während die bisherige Regelung in der Vornorm des EC 3 (ENV 1993-1-1) [54] die Traglast durch die Verwendung von χ_{min} erheblich unterschätzt, geht DIN 18800-2 [12] den vielfach üblichen Weg, für das Ausweichen um die z-z-Achse alleine den Biegeknicknachweis nach Gl. (III.B-3) zu fordern.

Dies führt zu einem Abschneiden der Kurve bei $N/N_{pl} = \chi_z$ und liegt in kleinen Bereichen geringfügig über der Traglast.

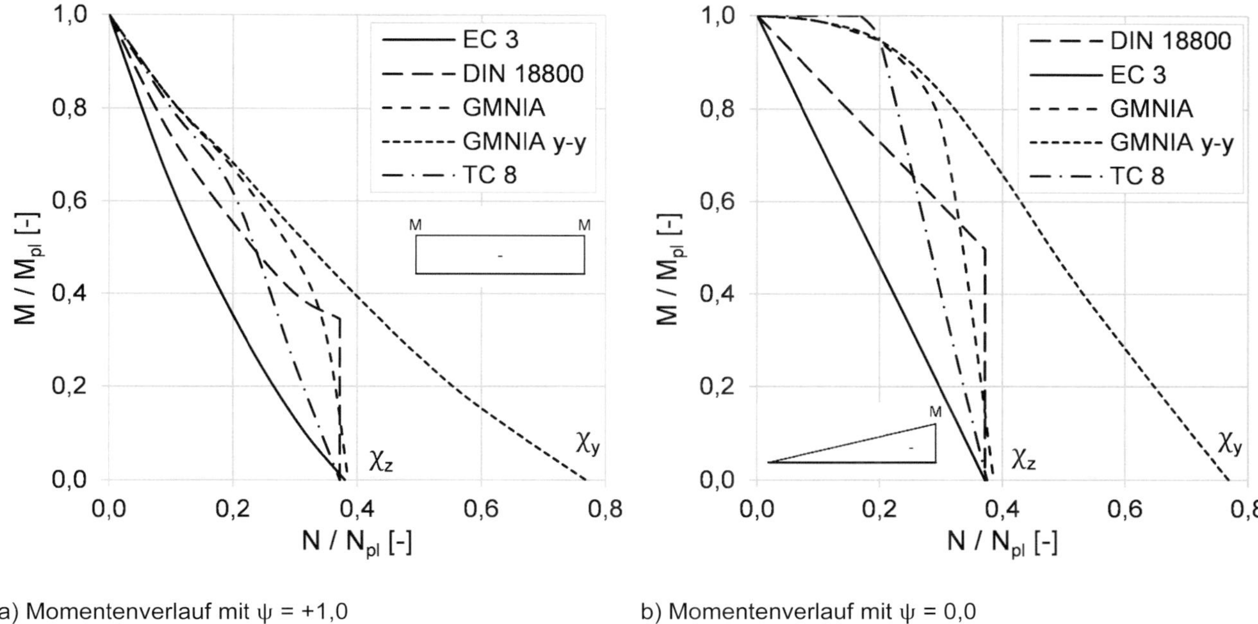

a) Momentenverlauf mit $\psi = +1{,}0$ b) Momentenverlauf mit $\psi = 0{,}0$

Bild III.B-6: Vergleich der Ergebnisse von Traglastrechnungen (GMNIA) mit verschiedenen Normen für das Biegeknicken (BK) in und aus der Ebene, RHP 200/100/10 unter N + M_y [114]

<5.2> Werte k_{yz} und k_{zy} für verdrehsteife Stäbe und Druck mit einachsiger Biegung

Wenn bei Stäben das Ausweichen in Form des Biegeknickens um beide Achsen erfolgen kann, dann sind jeweils beide Interaktionsgleichungen y-y und z-z zu erfüllen. Aus Bild III.B-6a) ist zu ersehen, dass das Biegeknicken mit wachsender Normalkraft zunächst dem Ausweichen in der Biegeebene y-y folgt und dann in ein seitliches Ausweichen quer zur Biegeebene übergeht. Hier wurde bei der Norm DIN EN 1993-1-1 [21] der Weg gewählt, dieses Verhalten durch zwei getrennte Äste zu beschreiben, die sich in den Gln. (III.B-1) und (III.B-2) widerspiegeln. Dies bedeutet, dass der Effekt des Biegemomentes quer zur Biegeebene nur mit 60 % des Wertes, der für das Ausweichen in der Ebene gilt, angesetzt wird. Diese 60-%-Regelung spielt dann insbesondere bei zweiachsiger Biegung mit Normalkraft eine größere Rolle.

<5.3> Verdrehsteife Stäbe unter zweiachsiger Biegung ohne Normalkraft

Hierfür werden die Interaktionsfaktoren, wie sie bei einachsiger Biegung mit Normalkraft für die beiden Ausweichrichtungen y-y und z-z abgeleitet wurden, übernommen. Daraus folgen dann auch für reine doppelte Biegung ohne Normalkraft die beiden folgenden Gleichungen (III.B-8) und (III.B-9).

$$\frac{M_{y,Ed}}{M_{pl,y,Rd}} + 0{,}6 \cdot \frac{M_{z,Ed}}{M_{pl,z,Rd}} \leq 1 \qquad \text{(III.B-8)}$$

$$0{,}6 \cdot \frac{M_{y,Ed}}{M_{pl,y,Rd}} + \frac{M_{z,Ed}}{M_{pl,z,Rd}} \leq 1 \qquad \text{(III.B-9)}$$

<5.4> Interaktionsbeiwerte k_{zy} für verdrehweiche Stäbe

Die Interaktionsfaktoren k_{zy} sind analog wie beim Fall des Biegeknickens (verdrehsteife Stäbe) aus den vorliegenden GMNIA-Ergebnissen für den Stab mit freier seitlicher Ausweichmöglichkeit rückgerechnet worden [211]. Die Zusammenhänge sind allerdings viel komplexer und daher aufwändiger. In Bild III.B-7 sind beispielhaft die Ergebnisse für das Profil IPE 500 bei verschiedenen Momentenverläufen M_y dargestellt.

Für andere Profile ergaben sich leicht abweichende Werte, vgl. [211]. Die gewählten Interaktionsfaktoren in DIN EN 1993-1-1 [22] sind aus Bild III.B-8 zu ersehen.

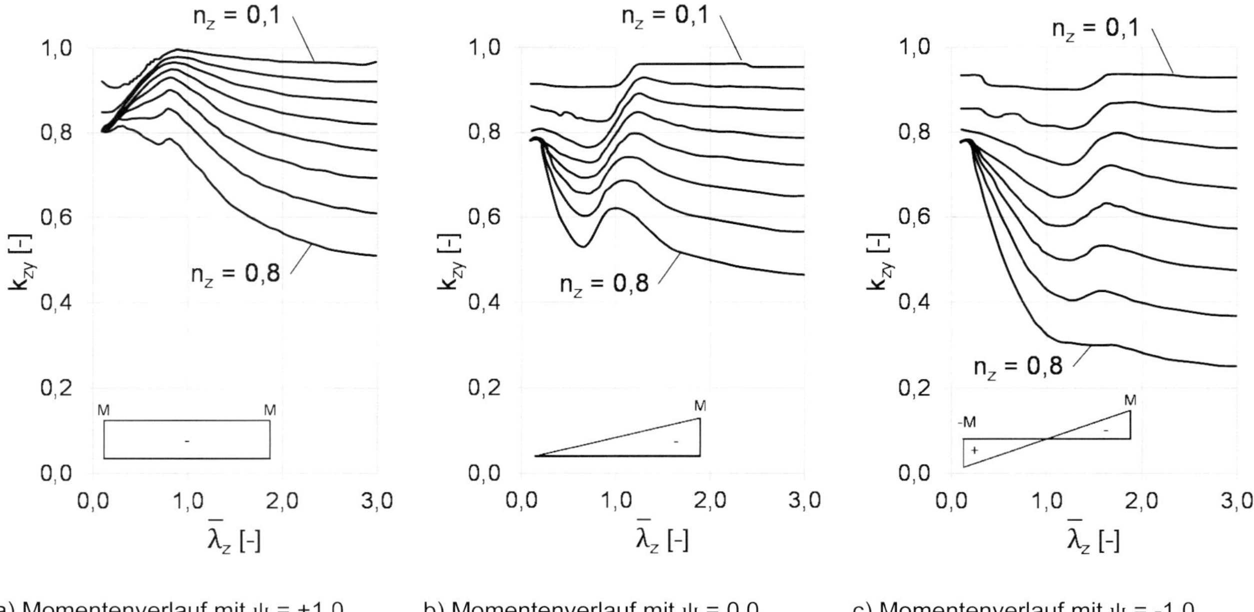

a) Momentenverlauf mit ψ = +1,0 b) Momentenverlauf mit ψ = 0,0 c) Momentenverlauf mit ψ = -1,0

Bild III.B-7: Rechnerisch (mit GMNIA) aus Traglasten nach [211] rückgerechnete Interaktionsfaktoren k_{zy} für verschiedene Momentenverläufe M_y, Profil IPE 500; nach [114], [76]

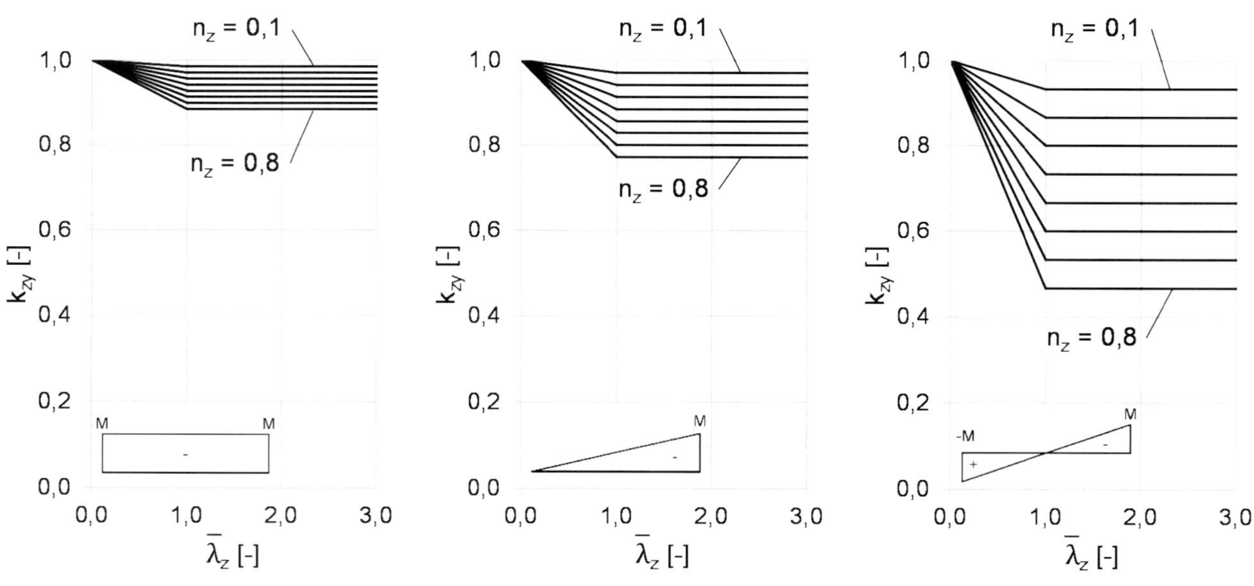

a) Momentenverlauf mit ψ = +1,0 b) Momentenverlauf mit ψ = 0,0 c) Momentenverlauf mit ψ = -1,0

Bild III.B-8: Interaktionsfaktoren k_{zy} nach DIN EN 1993-1-1 (TC 8) für verschiedene Momentenverläufe M_y [22]

Aus dem Vergleich der beiden Bilder Bild III.B-7 und Bild III.B-8 ist zu ersehen, dass die Interaktionsfaktoren k_{zy} nach der Norm auf der sicheren Seite liegen.

<6> Zusätzliche Anmerkungen für den Fall von Zwischenabstützungen

<6.1> Seitliche Stützungen von Druckgurt und Zuggurt

Es dürfen Zwischenabstützungen nach Bild III.6-47 berücksichtigt werden.

Für den Nachweis ausreichender Tragsicherheit wird das ideale Biegedrillknickmoment M_{cr} benötigt, wobei das System der vorhandenen Zwischenabstützungen dabei zu berücksichtigen ist. Dieses M_{cr} kann mit vorhandenen EDV-Programmen (z. B. „LTBeam" [194] von CTICM/Paris, [176], [103]) exakt berechnet werden und damit der Wert χ_{LT} bestimmt werden. Steht kein EDV-Programm zur Verfügung, dann kann das M_{cr} „von Hand" für jeden Teilstab, der jeweils als gabelgelagerter Einzelstab betrachtet wird, berechnet werden. Das minimale M_{cr} ist dann als auf der sicheren Seite liegende Näherung für die Bestimmung von χ_{LT} maßgebend. Der Beiwert k_c wird dann für den Bereich des minimales M_{cr} bestimmt, was identisch ist damit, dass dies der Bereich ist, in dem das Maximum von C_{mLT} auftritt. Der Beiwert k_c wird für den Teilstab bestimmt, bei dem das Maximum von C_{mLT} aufgetreten ist.

Sind seitliche Zwischenabstützungen nach Bild III.6-47 in Richtung y-y vorhanden, dann werden dadurch die Abstützpunkte gegen Verschiebung und Verdrehung gehalten. Grundsätzlich fehlt in der deutschen Übersetzung der Norm („in der Ebene y-y gehalten") der deutliche Hinweis, dass an den Abstützungspunkten beide Gurte seitlich gehalten sein müssen. Dies ist zwar auch aus der Literatur zu entnehmen [114], das erfordert allerdings eine vertiefte Beschäftigung mit dem Thema und könnte daher in der Praxis leicht untergehen. Diese Halterung *beider Gurte* kann konstruktiv auch durch eine seitliche Abstützung eines Gurtes und eine zusätzliche verdrehsteife Stabilisierung des anderen Gurtes erfolgen (z. B. bei Rahmenriegeln durch eine Pfette am Obergurt plus eine Vertikalsteife zum Untergurt).

Sind Zwischenabstützungen vorhanden, dann wird der erforderliche Beiwert C_{mLT} für die Teilstäbe nacheinander bestimmt und der maximale Wert aller Teilstäbe als maßgebend verwendet.

Für die Ermittlung der idealen Knicklast (das Biegedrillknicken unter Normalkraft) ist natürlich auch die richtige Art der Abstützung (Obergurt, Untergurt usw. ...) zu berücksichtigen.

<6.2> Andere Abstützungen

Der Stabilitätsnachweis von anders seitlich abgestützten Stäben ist zwar streng genommen vom Normentext nicht erfasst, kann aber aufgrund ingenieurmäßigen Überlegungen näherungsweise durchgeführt werden:

– Wenn nur eine Abstützungsebene vorliegt (z. B. nur der Obergurt starr gelenkig oder federnd gehalten ist), dann kann das ideale Biegedrillknickmoment M_{cr} unter Berücksichtigung der Höhenlage dieser Abstützung (OG, UG usw. ...) ebenfalls für den ganzen Stab bestimmt werden. Die weitere Vorgehensweise ist wie vor beschrieben. Bezüglich k_c sind aber die einschränkenden Erläuterungen zu Abs. III.6.3.2.3<4> zu beachten. Außerdem ist zu beachten, dass jeder Teilbereich auch gesondert zu untersuchen ist, der ungünstigste Fall insgesamt (Gesamtstab, Teilstäbe) ist maßgebend.

- Im Fall der Schubbettung, erfasst z. B. durch die Schubsteifigkeit S, kann ebenfalls das ideale Biegedrillknickmoment M_{cr} bestimmt werden, i. d. R. allerdings nur durch ein EDV-Programm. In der Literatur sind dazu Angaben zu finden, vgl. z. B. [161]. Damit kann dann auch χ_{LT} bestimmt werden, indem k_c für das Momentenbild des Gesamtstabes, aber ohne Berücksichtigung von S, angesetzt wird, bezüglich k_c sind aber auch hier die einschränkenden Erläuterungen zu Abs. III.6.3.2.3<4> zu beachten, siehe hierzu auch die Erläuterungen zu Abs. III.6.3.3<3.5>. Ein entsprechender Nachweis für Druck und Biegung mit Benutzung der Interaktionsgleichungen ist zurzeit *nicht* zuverlässig möglich.
- Gerade im Hochbau wird sehr häufig eine kontinuierliche Drehbettung c_ϑ [kNm/m] vorhanden sein und berücksichtigt werden, dafür gelten die gleichen Überlegungen. Sollten Einzelfedern C_ϑ [kNm] vorhanden sein, dann dürfen diese näherungsweise in eine kontinuierliche Drehbettung c_ϑ [kNm/m] umgerechnet werden, allerdings müssen dann die Teilstäbe zwischen den Einzelfedern noch gesondert betrachtet werden.
- Diese Vorgehensweise sollte auf die Verhältnisse im Stahlhochbau beschränkt werden, d. h.
  - Beanspruchung überwiegend durch Biegemomente M_y, ausgedrückt z. B. dadurch, dass in der Interaktionsgleichung der Biegemomentenanteil mindestens 70 % ausmacht,
  - es liegen gewalzte Querschnitte oder gleichartige geschweißte Querschnitte vor.

<7> Untersuchungen zur Zuverlässigkeit der Interaktionsgleichungen

Grundlage für die Weiterentwicklung der Interaktionsgleichungen bildete die numerische Simulation des elastisch-plastischen Tragverhaltens von Einzelstäben unter Berücksichtigung der plastizierten Zonen in Stablängsrichtung, von Vorverformungen, Eigenspannungen und einem linearelastisch-idealplastischem Werkstoffgesetz ohne Verfestigungen. Die Berechnungen stellen also **g**eometrisch und **m**ateriell **n**ichtlineare **A**nalysen der **i**mperfekten Struktur (im Folgenden mit GMNIA bezeichnet) dar. Insbesondere war eine weitgehend automatisierte Parametervariation und deren Auswertung möglich, was eine große Vielfalt von Einzelrechnungen zuließ (ca. 25000 Parameterfälle) [211]. Die numerischen Simulationen wurden mittels der FE-Programme ABAQUS [61] und NLBeam 3D [228] mit Stabelementen durchgeführt. Es erfolgte dann eine Überprüfung der Ergebnisse anhand der Nachrechnung von Traglastversuchen sowie der Vergleich mit den Resultaten anderer einschlägiger Rechenprogramme [120], [166]. Die Ergebnisse sind beispielhaft im Bild III.B-9 dargestellt. Ausgehend von diesen Datensätzen wurden Vergleiche mit bis zu 15 verschiedenen Nachweisformeln (z. B. auch DIN V ENV 1993-1-1 [54] oder DIN 18800-2 [12]) durchgeführt, [166], [189] und zugehörige Interaktionsfaktoren rückgerechnet.

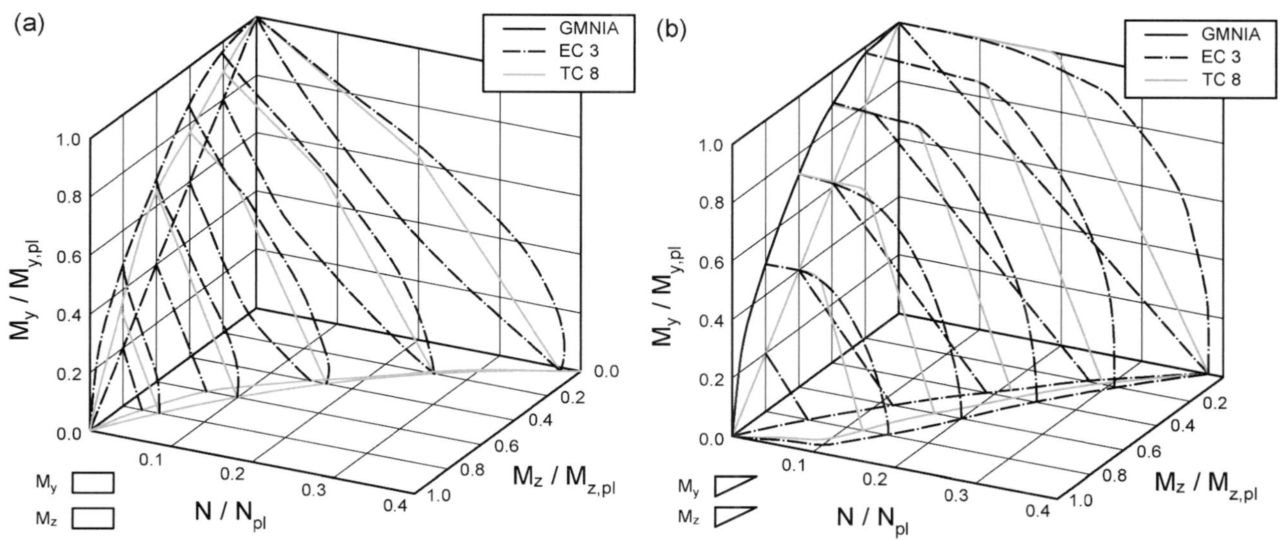

Bild III.B-9: Interaktionsdiagramme für ein Profil RHS 200/100/10, L = 5,63 m, $\bar{\lambda}_z$ = 1,5 unter N + M_y + M_z bei konstantem und dreieckförmigem Momentenverlauf [114] – Bezeichnung TC 8 ≡ DIN EN 1993-1-1 [22]

Im Einzelnen wurden folgende Vorschläge in den Vergleichsrechnungen erfasst:

1) DIN V ENV 1993-1-1 [54]
2) DIN 18800-2:1990, wie [12]
3) *Greiner* (1998) – Vorschlag 6.2 in [166]
4) *Lindner* (2000) – Vorschlag 6.3 in [166]
5) *Greiner/Lindner* – Vorschlag 6.4 in [166] (Grundlage $ß_M$-Werte)
6) *Muzeau/Jaspart* – Vorschlag 6.5 in [166]
7) *Rusch/Lindner* – [191], Vorschlag 6.6 in [166]
8) Änderung zu DIN 18800-2 (andere Obergrenzen zu k_y, k_z, Begrenzung $ß_M$-Werte) – Vorschlag 6.7.1 in [166]
9) Variante 1 zu *Greiner/Lindner* (a_y, a_z geändert) – Vorschlag 6.7.2 in [166]
10) Variante 2 zu *Greiner/Lindner* ($ß_M$ für Einzellast, Gleichlast geändert) – Vorschlag 6.7.3 in [166]
11) *Aaasen/Höglund* – analog zu DIN V ENV 1993-9 – Vorschlag 6.7.4 in [166]
12) *Greiner/Lindner*, ähnlich wie in [114], jedoch bei k_{yy} Wert 0,1 statt 0,2 und Wert 0,9 statt 0,8 (vgl. Tabelle III.B-1)
13) Weitere Varianten, speziell für den Fall des Biegedrillknickens (verdrehweiche Stäbe)
14) *Greiner/Lindner*, wie in [114]

Nach Festlegung vereinfachter Formelansätze für die Interaktionsfaktoren wurde ihre endgültige Größe durch Kalibrierung an der kleinen Zahl vorhandener Ergebnisse von Traglastversuchen und den sehr vielen numerisch berechneten Traglasten ermittelt. Dies erfolgte durch umfangreiche statistische Auswertungen (u. a. [191], [189]), wobei folgendermaßen vorgegangen wurde:

Für jedes Ergebnis (Versuchswert oder Rechenwert) wurde iterativ derjenige Faktor f ermittelt, durch den die Grenzlasten (z. B. N und M_y) dividiert werden müssen, um gerade die jeweils vorgeschlagene Interaktionsgleichung zu erfüllen. Dabei zeigen Werte f > 1, dass die Interaktionsgleichung zu einem Ergebnis auf der sicheren Seite führt. Um insbesondere dem Umstand Rechnung zu tragen, dass die Streckgrenze f_y bei den Traglastrechnungen nicht streut, wurde ein Vorschlag dann als befriedigend angesehen, wenn aus der statistischen Auswertung das Kriterium (m-s) > 1 erfüllt war und nicht mehr als 5 % der Ergebnisse unterhalb von 1,0 lagen. In den meisten Fällen wurde auch das etwas weitergehende Kriterium (m-k*s) erfüllt, das den Europäischen Knickspannungslinien zugrunde lag. Dabei ist k anhand der Anzahl der vorhandenen Daten zu wählen, für $n \rightarrow \infty$ wird $k \approx 2{,}0$. Diese Vorgehensweise weicht von derjenigen nach Eurocode 0, Anhang D [19] ab, die für die Auswertung von Versuchen entwickelt wurde, die jedoch keine Angabe macht, wie bei reinen Rechenergebnissen vorzugehen ist.

Tabelle III.B-2: Ergebnisse der Traglastversuche für Biegeknicken (verdrehsteife Stäbe) und Biegedrillknicken (verdrehweiche Stäbe) [189], [76]

	Traglastversuche Biegeknicken					**Traglastversuche Biegedrillknicken**		
$N+M_y$ **$N+M_z$**	Arbed y	Arbed z	*Campus / Massonnet*	*Lindner / Kurth*	*Massonnet / Anslijn*	*Massonnet / Anslijn*	*Lindner / Kurth*	*Lindner / Kurth*
$N+M_y+M_z$			y	y	yz		χ von a_0/a	χ von b/c
m	1,0395	1,2195	0,9579	1,0688	1,1187	1,305	1,326	1,430
s	0,0207	0,0946	0,0491	0,0486	0,0726	0,149	0,140	0,175
max.	1,0542	1,3822	1,0166	1,1465	1,2464	1,743	1,592	1,756
min.	1,0249	1,1116	0,8809	0,9859	1,0117	0,962	1,018	1,043
m − s	1,0188	1,1249	0,9890	1,0203	1,0461	1,156	1,186	1,255
Σ Vers.	2	9	7	10	18	67	54	54
Σ Vers. < 1	0	0	5	1	0	2	0	0
Σ Vers. < 0,97	0	0	4	0	0	0	0	0

Tabelle III.B-3: Ergebnisse der Traglastrechnungen für Biegeknicken (verdrehsteife Stäbe) und Biegedrillknicken (verdrehweiche Stäbe) [189], [76]

	Traglastrechnungen Biegeknicken							**Traglastrechnung Biegedrillknicken**
Belastung	**Ofner**	**Ofner**	**Ofner**	**Dubas**	**Dubas**	**Lindner**	**Lindner**	**Ofner**
	$N+M_y$	**$N+M_z$**	**$N+M_y+M_z$**	**$N+M_y$**	**$N+M_z$**	**$N+M_y$**	**$N+M_z$**	**$N+M_y+M_z$**
m	1,0718	1,1477	1,1137	1,0237	1,0538	1,0278	1,1168	1,198
s	0,0700	0,1088	0,0659	0,0166	0,0370	0,0220	0,0647	0,156
max.	1,3167	1,4319	1,2981	1,0695	1,0833	1,0893	1,2184	2,099
min.	0,9720	0,9732	0,9654	0,9983	1,0071	0,9733	0,9854	0,949
m − s	1,0018	1,0389	1,0478	1,0071	1,0168	1,0058	1,0521	1,041
Σ Rechn.	1084	1194	1121	36	5	88	44	3218
Σ Rechn. < 1	51	40	12	2	0	9	3	25
Σ Rechn. < 0,97	0	0	3	0	0	0	0	6

Die wichtigsten Ergebnisse sind aus den beiden Tabellen Tabelle III.B-2 und Tabelle III.B-3 zu ersehen.

Bei den Versuchen liegt bei der Serie von *Campus/Massonnet* der Wert (m−s) geringfügig unter 1,0. Allerdings liegen relativ wenige Werte vor und die Messung der Querschnittswerte und Streckgrenzen erfolgte nur für wenige Fälle. In allen übrigen Serien der Versuche liegt der Werte (m−s) oberhalb von 1,0. Bei den Versuchen zum Biegedrillknicken liegen die Werte (m−s) relativ hoch, was daran liegt, dass in den Versuchen nur geringe Imperfektionen vorhanden waren.

Bei den Rechenergebnissen liegen alle Werte (m−s) oberhalb von 1,0 und schwanken geringfügig zwischen 1,00 und 1,05. Bei der Beanspruchung durch $N + M_y + M_z$ liegt die Anzahl der rechnerischen Traglasten mit $f < 0,97$ nur bei etwa 1 % und zeigt damit die Güte der Interaktionsformeln sehr deutlich.

Da insgesamt nur etwa 220 verwertbare Versuchsergebnisse vorliegen, jedoch etwa 6500 Werte aus Traglastrechnungen, ist den Rechenergebnissen eine wesentlich höhere Bedeutung zuzumessen. Sie zeigen, dass die Interaktionsgleichungen die Ergebnisse sehr befriedigend abdecken.

<8> Äquivalente Momentenbeiwerte C_m zu den Tabellen B.1 und B.2, [114]

Mit Hilfe der äquivalenten Momentenbeiwerte werden veränderliche Momentenverläufe in einen für das Stabilitätsversagen gleichwertigen konstanten Momentenverlauf umgerechnet. Dies erfolgt hier durch Rückrechnung aus den GMNIA-Resultaten für die betreffenden Momentenverläufe – beim Verfahren 1 wurde dies anders gemacht [76]. Dort wurden die C_m-Werte aus den Ergebnissen von Berechnungen nach Theorie II. Ordnung unter der Voraussetzung der Elastizitätstheorie zurückgerechnet, dies ergibt i. d. R. etwas andere Ergebnisse. Deshalb sind die Werte aus beiden Verfahren nicht identisch und damit auch nicht austauschbar. Bei der Rückrechnung aus den Traglastberechnungen werden die C_m-Werte von einer Reihe von Parametern beeinflusst, die eine detaillierte Definition sehr komplex machen. Im Sinne der Zielsetzung benutzerfreundlicher Regelungen wurde daher eine möglichst einfache und übersichtliche Darstellung angestrebt, auch wenn in Teilbereichen etwas konservative Werte in Kauf genommen werden mussten, vgl. Tabelle III.B-4. Die Beiwerte α_s und α_h hängen vom Verhältnis des Feldmomentes M_s zum Stützenmoment M_h ab. Dabei müssen die Vorzeichen dieser Momente berücksichtigt werden. Wie das nebenstehende Beispiel verdeutlicht, bedeutet dies:

- α_s ist maßgebend, wenn $|M_h| > |M_s|$ und
- α_h ist maßgebend, wenn $|M_s| > |M_h|$.

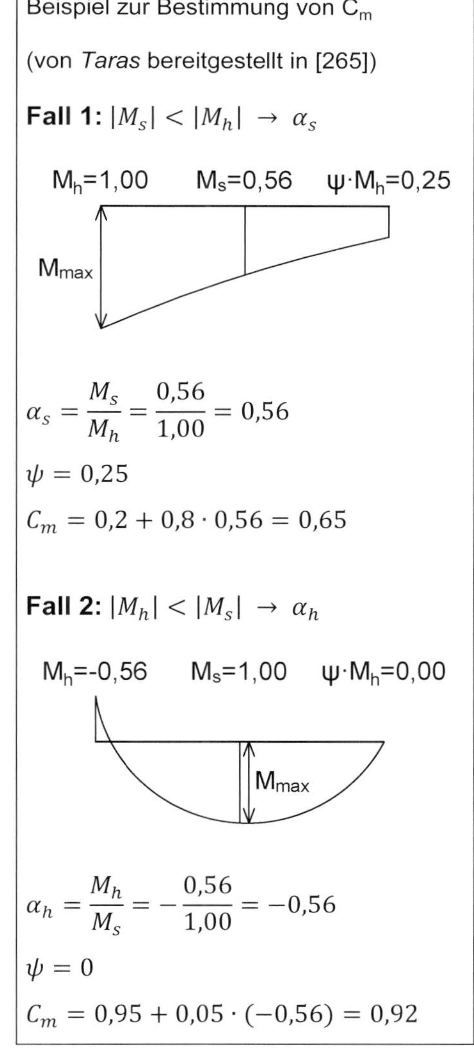

Tabelle III.B-4: Äquivalente Momentenbeiwerte nach DIN EN 1993-1-1, Anhang B [22]

Momentenverlauf	Bereich		C_{my} und C_{mz} und C_{mLT}	
			Gleichlast	**Einzellast**
ψ·M, M		$-1 \le \psi \le 1$	$0{,}6 + 0{,}4 \cdot \psi \ge 0{,}4$	
M_h, $\psi \cdot M_h$, M_s	$0 \le \alpha_s < 1$	$-1 \le \psi \le 1$	$0{,}2 + 0{,}8 \cdot \alpha_s \ge 0{,}4$	$0{,}2 + 0{,}8 \cdot \alpha_s \ge 0{,}4$
	$-1 \le \alpha_s < 0$	$0 \le \psi \le 1$	$0{,}1 - 0{,}8 \cdot \alpha_s \ge 0{,}4$	$-0{,}8 \cdot \alpha_s \ge 0{,}4$
$\alpha_s = M_h/M_s$		$-1 \le \psi \le 0$	$0{,}1 \cdot (1-\psi) - 0{,}8 \cdot \alpha_s \ge 0{,}4$	$0{,}2 \cdot (-\psi) - 0{,}8 \cdot \alpha_s \ge 0{,}4$
M_h, M_s, $\psi \cdot M_h$	$0 \le \alpha_h < 1$	$-1 \le \psi \le 1$	$0{,}95 + 0{,}05 \cdot \alpha_h$	$0{,}90 + 0{,}10 \cdot \alpha_h$
	$-1 \le \alpha_h < 0$	$0 \le \psi \le 1$	$0{,}95 + 0{,}05 \cdot \alpha_h$	$0{,}90 + 0{,}10 \cdot \alpha_h$
$\alpha_h = M_s/M_h$		$-1 \le \psi \le 0$	$0{,}95 + 0{,}05 \cdot \alpha_h \cdot (1+2 \cdot \psi)$	$0{,}90 + 0{,}10 \cdot \alpha_h \cdot (1+2 \cdot \psi)$

Für Bauteile, bei denen das Biegeknicken in Form seitlichen Ausweichens erfolgt, darf der äquivalente Momentenbeiwert mit $C_{my} = 0{,}90$ bzw. $C_{mz} = 0{,}90$ angenommen werden.

C_{my} und C_{mz} und C_{mLT} sind in der Regel unter Berücksichtigung der Momentenverteilung zwischen den maßgebenden seitlich gehaltenen Punkten wie folgt zu ermitteln:

Momentenbeiwert	Biegeachse	in der Ebene gehalten
C_{my}	y – y	z – z
C_{mz}	z – z	y – y
C_{mLT}	y – y	y – y

Die C_m-Werte wurden für Gleichlast und Einzellast in Feldmitte ermittelt. Dabei ist zu beachten, dass M_s immer das Moment in Feldmitte ist, so dass dies nicht unbedingt das größte Feldmoment darstellt.

Für den linear veränderlichen Momentenverlauf wurde die sogenannte *Austin*-Formel herangezogen, die auch in anderen internationalen Normen vielfach verwendet wird. Sie hat einen bilinearen Verlauf und legt eine konservative untere Grenze von 0,4 fest, vgl. Bild III.B-10a).

Für allgemeinere Momentenverläufe mit Endmomenten und Gleichlast bzw. mittiger Einzellast wurden die C_m-Werte mittels Rückrechnung aus den GMNIA-Ergebnissen [120] ermittelt. Bild III.B-10b) zeigt – in Verbindung mit den Bezeichnungen der Tabelle III.B-4 – beispielhaft Ergebnisse für den Stab unter Gleichlast. Darin vermitteln die etwa waagerechten Kurventeile, dass die Querschnittstragfähigkeit am Stabende maßgebend ist. Der stark durchgezogene Geradenzug ist als Einhüllende anzusehen, wobei nach unten – analog zur *Austin*-Formel – eine konservative Begrenzung mit 0,4 festgelegt wurde. Auf diesem Wege sind die formelmäßigen Regeln der Tabelle III.B-4 ermittelt worden, zwischen den angegebenen Werten darf linear interpoliert werden.

Sehr wichtig ist die Festlegung, dass sich die C_m-Werte stets auf den Maximalwert des Moments beziehen, das heißt, dass in den Interaktionsformeln der jeweilige Maximalwert M_y oder M_z einzusetzen ist.

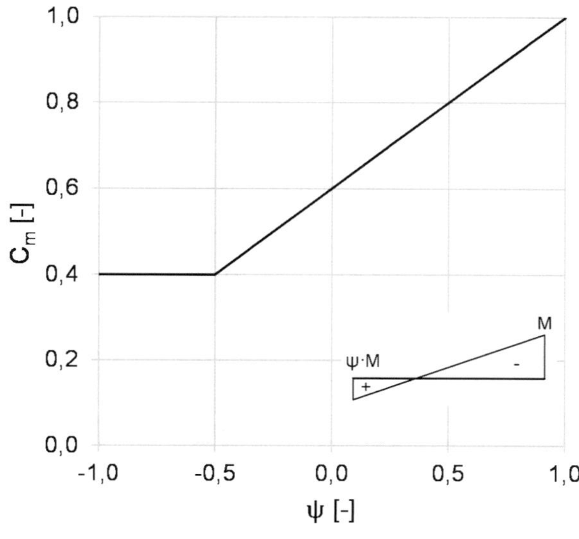

a) Linearer Momentenverlauf

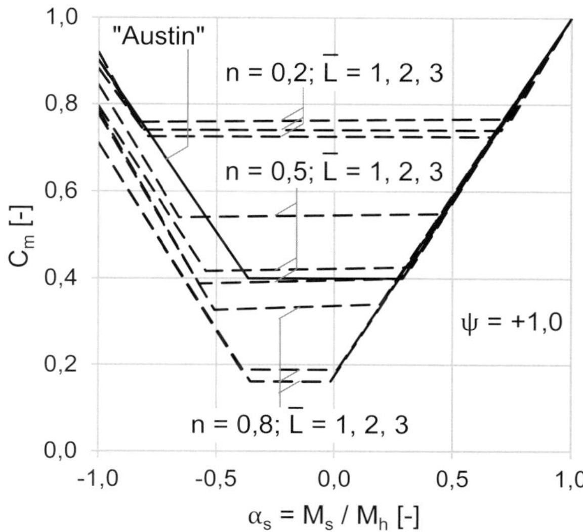

b) Veränderliche Momentenverläufe

Bild III.B-10: Äquivalente Momentenbeiwerte C_m verschiedener Momentenverläufe unter Gleichlast; nach [114]

Die erwähnten äquivalenten Momentenbeiwerte C_m gelten für Stäbe mit beidseitig gelenkig gelagerten Enden. Für Stäbe, bei denen ein Ende verschieblich ist, darf näherungsweise ein C_m-Wert von 0,9 verwendet werden, vereinfachend unabhängig vom Momentenverlauf in dem betrachteten Stab. Bei Stäben mit Einspannungen sind weitere Überlegungen bezüglich dieses Ersatzstabverfahrens notwendig. Anzumerken ist noch, dass bisher in Deutschland (ausgehend von DIN 4114 [8]) für Stäbe mit einem verschieblichen Stabende ein Beiwert von 1,0 statt 0,9 verwendet wurde. Vorausgesetzt bei der Verwendung dieser C_m-Werte ist also, dass die Berechnung der Knicklänge des verschieblichen Systems selbst aus der Knickfigur des Gesamtsystems unter Beachtung der Steifigkeiten erfolgte. Die Schnittgrößen innerhalb des Stabes selbst werden nach Theorie I. Ordnung bestimmt. Dies entspricht also einer Berechnung nach Abs. 5.2.2(8).

Prinzipiell gibt es auch die Möglichkeit, die Ermittlung der Schnittgrößen des verschieblichen Systems am Gesamtsystem nach Theorie II. Ordnung zu ermitteln. In diesem Falle ist es natürlich nicht so, dass dafür auch mit C_m = 0,9 gerechnet werden muss, sondern der maßgebende Beiwert ergibt sich dann aus den vorhandenen Verhältnissen.

<9> Erweiterung des Verfahrens 2 auf einfachsymmetrische Querschnitte

Dies geht auf Arbeiten in Graz von *Greiner/Kaim* zurück [115], [59].

Für einfachsymmetrische I- und H-Querschnitte sowie rechteckige Hohlprofile sind in [59] für den Fall Druck und einachsige Biegung um die starke Achse (Moment M_y) zusätzliche Regelungen angegeben, die eine Anwendung des Alternativverfahrens 2 auch für diesen Fall erlauben und im Folgenden wiedergegeben werden.

Dabei werden die Berechnungsformeln für den Standardfall eines zur z-Achse symmetrischen Querschnitts unter Druck und einachsiger Biegung $M_{y,Ed}$ angegeben. Es sind in dem Fall positive und negative Werte für $M_{y,Ed}$ zu unterscheiden. Laut Definition bewirkt ein positives Moment Druck am kleineren Gurt des Querschnitts. Die Biegebeanspruchbarkeiten $M_{y,Rd}$ und die Biegedrillknickschlankheiten $\bar{\lambda}_{LT}$ bzw. die zugehörigen Abminderungsfaktoren χ_{LT} sind bei Querschnitten der Klassen 3 und 4 auf den jeweils maßgebenden kleineren oder größeren Gurt des Querschnitts zu beziehen, vgl. Bild III.B-11.

Es gilt:

$$M_{y,Rd(s)} = W_{y(s)} \cdot \frac{f_y}{\gamma_{M1}} \quad \text{(III.B-10)}$$

$$M_{y,Rd(l)} = W_{y(l)} \cdot \frac{f_y}{\gamma_{M1}} \quad \text{(III.B-11)}$$

$$\bar{\lambda}_{LT(s)} = \sqrt{\frac{W_{y(s)} \cdot f_y}{M_{cr(s)}}} \quad \text{daraus } \chi_{LT(s)} \quad \text{(III.B-12)}$$

$$\bar{\lambda}_{LT(l)} = \sqrt{\frac{W_{y(l)} \cdot f_y}{M_{cr(l)}}} \quad \text{daraus } \chi_{LT(\ell)} \quad \text{(III.B-13)}$$

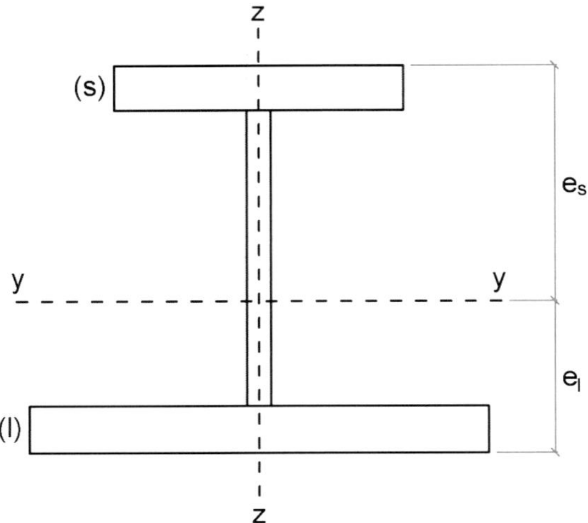

Bild III.B-11: Querschnittsdefinitionen eines einfachsymmetrischen Querschnitts [59]

mit $W_{y(s)}$ Widerstandsmoment, bezogen auf den kleineren Gurt (**s**maller)

$W_{y(\ell)}$ Widerstandsmoment, bezogen auf den größeren Gurt (**l**arger)

$M_{cr(s)}$ Biegedrillknickmoment für positives Moment M_y

$M_{cr(\ell)}$ Biegedrillknickmoment für negatives Moment M_y

Für verdrehsteife Stäbe gelten folgende Änderungen für die Interaktionsbeiwerte:

– Klassen 1 und 2:

$$k_y = 1 + 2 \cdot (\bar{\lambda}_y - 0{,}2) \cdot n_y \leq 1 + 1{,}6 \cdot n_y \quad \text{(III.B-14)}$$

mit α = 0,6

– Klassen 3 und 4:

$$k_y = 1 + \bar{\lambda}_y \cdot n_y \leq 1 + n_y \quad \text{(III.B-15)}$$

mit α = 0,8

Dabei ist in die Bemessungsformeln für $M_{y,Ed}$ der Absolutwert einzusetzen. Für Querschnitte der Klassen 3 und 4 ist $M_{y,Rd}$ für den unter $M_{y,Ed}$ gedrückten Rand zu bestimmen. Wird bei Querschnitten der Klassen 3 und 4 für negative Werte von $M_{y,Ed}$ die Zugspannung im kleineren Gurt maßgebend, sind folgende Gleichungen (III.B-16) und (III.B-17) mit $M_{y,Ed}$ als Absolutwert zu erfüllen:

$$\frac{N_{Ed}}{N_{Rd}} \cdot \left(\frac{1}{\chi_y} - 2 + \bar{\lambda}_y\right) + \frac{M_{y,Ed}}{M_{y,Rd(s)}} \leq 1 \quad \text{für } \bar{\lambda}_y \leq 1 \quad \text{(III.B-16)}$$

$$\frac{N_{Ed}}{N_{Rd}} \cdot \left(\frac{1}{\chi_y} - 1{,}5 + 0{,}5\,\bar{\lambda}_y\right) + \frac{M_{y,Ed}}{M_{y,Rd(s)}} \leq 1 \quad \text{für } \bar{\lambda}_y > 1 \quad \text{(III.B-17)}$$

Für verdrehweiche Stäbe ist der oben aufgeführte Biegedrillknicknachweis um y-y zu erfüllen. Dabei ist für $M_{y,Ed}$ der Absolutwert einzusetzen. χ_{LT} ist für die Momentenrichtung von $M_{y,Ed}$ zu bestimmen und bei Querschnitten der Klassen 3 und 4 ist $M_{y,Rd}$ für den unter $M_{y,Ed}$ gedrückten Rand zu bestimmen. Die Nachweise nach den Gln. (III.B-18) und (III.B-19) für Biegedrillknicken um z-z lauten:

$$\frac{N_{Ed}}{\chi_{TF} \cdot N_{Rd}} + k_{LT} \frac{M_{y,Ed}}{\chi_{LT(s)} \cdot M_{y,Rd(s)}} \leq 1{,}0 \qquad \text{(III.B-18)}$$

$$\frac{N_{Ed}}{\chi_{z} \cdot N_{Rd}} - k_{LT} \frac{M_{y,Ed}}{\chi_{LT(l)} \cdot M_{y,Rd(l)}} \leq 1{,}0 \qquad \text{(III.B-19)}$$

Dabei ist $M_{y,Ed}$ vorzeichengerecht einzusetzen. Falls bei Querschnitten der Klassen 3 und 4 für negative Werte von $M_{y,Ed}$ die Zugspannung im kleineren Gurt maßgebend wird, sind die Gleichungen (III.B-16) und (III.B-17) zu erfüllen [59].

<10> Erweiterung für planmäßige Torsion

<10.1> Erweiterung der Interaktionsgleichungen

Planmäßige Torsion wird durch die Interaktionsgleichungen (6.61) und (6.62) nicht erfasst. Im Rahmen eines Forschungsvorhabens [240] wurden Versuche und theoretische Überlegungen angestellt, um die Interaktionsgleichungen zu erweitern. Dabei beschränkt sich dies auf den Fall der doppelten Biegung M_y und M_z mit planmäßiger Torsion, Normalkräfte N sind zunächst nicht berücksichtigt, [185], [188]. Diese Regelungen wurden in DIN EN 1993-6 in den informativen Anhang A [35] übernommen, dort allerdings auf Einfeldträger beschränkt.

Im Zuge des Vorhabens [240] wurden an der TU Berlin 22 Großversuche an Walzprofilen IPE 200, HEB 200, UPE 200 unter $M_y + M_z + M_x$ durchgeführt, die durch umfangreiche FEM-Traglastrechnungen nach der Fließzonentheorie ergänzt wurden (siehe [240], *Lindner/Glitsch* [185]). Weitere umfangreiche Berechnungen und Auswertungen insbesondere zu geschweißten einfachsymmetrischen I-Profilen liegen durch *Glitsch* in [111] vor und gestatten die Anwendung auf geschweißte Kranbahnträger, die nachfolgend dargestellt wird. Dabei wird die Schreibweise nach DIN EN 1993-6 [35] verwendet.

$$\frac{M_{y,Ed}}{\chi_{LT} \cdot M_{y,Rd}} + \frac{C_{mz} \cdot M_{z,Ed}}{M_{z,Rd}} + \frac{k_w \cdot k_{zw} \cdot k_\alpha \cdot B_{Ed}}{B_{Rd}} \leq 1 \qquad \text{(III.B-20)}$$

Dabei bestimmen sich die Beiwerte zu:

$$k_w = 0{,}7 - \frac{0{,}2 \cdot B_{Ed}}{B_{Rd}} \quad ; \quad k_{zw} = 1 - \frac{M_{z,Ed}}{M_{z,Rd}} \quad ; \quad k_\alpha = \frac{1}{1 - \frac{M_{y,Ed}}{M_{y,cr}}}$$

Es gelten folgende Anwendungsgrenzen:

$$\frac{I_{z,t}}{I_{z,c}} \geq 0{,}2 \quad ; \quad \frac{B_{Ed}}{B_{Rd}} \leq 0{,}3$$

Außerdem sind:

C_{mz}	Äquivalenter Momentenbeiwert für Biegung um die z-Achse, nach DIN EN 1993-1-1, Tabelle B.3
$M_{y,Ed}$, $M_{z,Ed}$	Bemessungswerte der Maximalmomente bezüglich der Achsen y-y und z-z
$M_{y,Rd}$, $M_{z,Rd}$	Bemessungswerte der Beanspruchbarkeit für Momente M_y und M_z bzgl. der Achsen y-y und z-z
$M_{y,cr}$	Ideales Biegedrillknickmoment (Verzweigungslast) bezüglich Achse y-y für den ggf. vorhandenen einfachsymmetrischen Querschnitt
B_{Ed}	Bemessungswert des Wölbbimomentes (in Deutschland üblicherweise mit $M_{w,Ed}$ bezeichnet)
B_{Rd}	Bemessungswert der Beanspruchbarkeit für Wölbkrafttorsion (in Deutschland üblicherweise mit $M_{w,Rd}$ bezeichnet)
χ_{LT}	Abminderungsfaktor für das Biegedrillknicken nach 6.3.2.3
$I_{z,t}$ bzw. $I_{z,c}$	Flächenträgheitsmoment um die Achse z-z für den Druckgurt bzw. Zuggurt

Bei Anwendung der Gl. (III.B-20) sind einige Bedingungen einzuhalten:

- Grenzwerte (c/t) für die Querschnittsklassen 1 und 2,
- Baustähle höchstens der Festigkeitsklasse S355,
- Als statisches System liegt ein Einfeld- oder Mehrfeldträger vor, beim Mehrfeldträger sind ggf. mehrere Stellen (z. B. Feld, Stütze) nachzuweisen,
- Anteil des bezogenen Wölbbimomentes $m_\omega \leq 0{,}3$, siehe Gl. (III.B-20),
- M_{cr} ist für den einfachsymmetrischen Träger zu bestimmen,
- Die Gebrauchstauglichkeit ist ggf. gesondert zu untersuchen,
- Betriebsfestigkeitsnachweise sind ggf. zusätzlich zu führen,
- Bei einfachsymmetrischen Profilen ist zusätzlich das Verhältnis der Gurtsteifigkeiten $I_{z,Zug}/I_{z,Druck} \geq 0{,}2$ einzuhalten, siehe Gl. (III.B-20),
- Gleichung (III.B-20) stellt einen Bauteilnachweis dar, daher muss ggf. die Querschnittstragfähigkeit überprüft werden, sofern deren Einhaltung nicht offensichtlich ist.

Gl. (III.B-20) tritt an die Stelle der Gl. (6.61). Eine zusätzliche Anwendung der Gl. (6.62) ist nicht erforderlich.

<10.2> Vereinfachte Erfassung der Torsion durch Aufteilung der Kräfte

Das gesamte Torsionsmoment kann in die beiden Anteile *primäres Torsionsmoment* und *sekundäres Torsionsmoment* aufgeteilt werden. Aus dem primären Torsionsmoment entstehen nur Schubspannungen, aus dem sekundären Anteil auch Normalspannungen. Wird das gesamte Torsionsmoment als Flanschbiegemoment aufgefasst, dann wird der Einfluss des *St. Venant*'schen Torsionswiderstandes I_T vernachlässigt. Die Schnittgrößen des vorhandenen Systems, z. B. eines Kranbahnträgers, werden wie folgt aufgeteilt (siehe *Kuhlmann/Dürr/Günther* [151], *Glitsch* [111]):

- Das Torsionsmoment M_T ergibt Flanschkräfte H_T aus $H_T = M_T/h_g$ mit h_g = Abstand der Achsen der Gurte. Aus H_T ergeben sich Querbiegemomente, z. B. für einen Einfeldträger unter Einzellast nach Gleichung (III.B-21).

$$M^*_{z,DG} = H_T \cdot \frac{L}{4} \quad \text{(III.B-21)}$$

– Ein planmäßiges Querbiegemoment M_z wird nach den Steifigkeiten auf beide Gurte aufgeteilt, beim doppeltsymmetrischen Querschnitt nach Gleichung (III.B-22).

$$M_{z,DG} = \frac{M_z}{2} \quad \text{(III.B-22)}$$

Sofern ein Spannungsnachweis nach Gl. (6.1) geführt wird, sind die Schnittgrößen nach Theorie II. Ordnung zu ermitteln. Sind Schnittgrößen M_y und M_z vorhanden, dann beeinflussen sich diese nach Theorie II. Ordnung sehr stark: M_z ändert sich bemerkenswert aufgrund der sich einstellenden Verdrehung ϑ.

Wenn ein Nachweis unter Berücksichtigung der plastischen Tragfähigkeit geführt wird, dann ist zusätzlich M_y aufzuteilen:

– Ein Biegemoment M_y ergibt für die Gurte eine Normalkraft N_G nach Gleichung (III.B-23).

$$N_G = \frac{M_y \cdot S_y}{I_y} \approx \frac{M_y}{h_g} \quad \text{(III.B-23)}$$

Das wesentliche Element des folgenden Nachweises nach Gleichung (III.B-26) besteht darin, dass der druckbeanspruchte Gurt als Druckgurt „DG" nachgewiesen wird. Zu diesem Druckgurt gehören der Gurt selbst und 1/5 der Stegfläche, was in DIN 4114:1952 [8] seit langem so gehandhabt wird. Gegen die geringfügig geänderte Fassung nach Abs. 6.3.2.4 mit dem Anteil 1/3 der druckbeanspruchten Stegfläche bestehen keine Bedenken. Mit den aus der Aufteilung erhaltenen Schnittgrößen wird ein Nachweis in Anlehnung an DIN EN 1993-1-1, Gl. (6.61) geführt.

$$\bar{\lambda} = \sqrt{\frac{N_{pl,DG}}{N_{cr,DG}}} \quad \text{(III.B-24)}$$

$$\chi = f(\bar{\lambda}, KSL\ c) \quad \text{(III.B-25)}$$

$$\frac{N_{DG}}{\chi \cdot N_{pl,DG}} + \frac{M_{z,DG} + M^*_{z,DG}}{M_{pl,DG}} \leq 1 \quad \text{(III.B-26)}$$

Von *Glitsch* [111] wurden die Ergebnisse von 22 Versuchen an doppeltsymmetrischen Profilen IPE, HEA, einfachsymmetrischen Profilen UPE (aus [240]) und von etwa 50 Traglastrechnungen an einfachsymmetrischen I-Profilen ausgewertet. Die Ergebnisse dieses vereinfachten Nachweises lagen bis auf sehr wenige Fälle auf der sicheren Seite.

III.AB Zusätzliche Bemessungsregeln

III.AB.0 Überblick

Beim Anhang AB handelt es sich um einen informativen Anhang, dessen Übernahme von den Nationalen Anhängen optional war. Auch eine Änderung und Ergänzung wäre theoretisch hier ohne Probleme möglich gewesen. Der deutsche Nationale Anhang enthält hier keine Hinweise oder zusätzlichen Anmerkungen, so dass die Regelungen von deutscher Seite wohl so akzeptiert wurden ohne sie dabei weiterzuentwickeln.

III.AB.1 Statische Berechnung unter Berücksichtigung von Nichtlinearitäten

Das in diesem Abschnitt etwas umständlich ausgedrückte Vorgehen entspricht im Grunde dem, das den Beispielen in Abs. III.5.2.1<4> zu Grunde liegt. Es wird dabei von einer Anordnung der verschiedenen Belastungen ausgegangen, bei der das Verhältnis der Lastgrößen zueinander festgelegt ist. Im Anschluss werden – vereinfachend – alle Lasten gleichmäßig gesteigert, bis an der ersten Stelle im Tragwerk die erste materielle Nichtlinearität, beim Stahl also das erste Fließgelenk, auftritt. Hierbei kann, wenn es die Imperfektionsannahmen erlauben, ohne weiteres auch von einer nichtlinearen Schnittgrößeninteraktion ausgegangen werden, vgl. hierzu Abs. III.5.3.2, insbesondere Abs. III.5.3.2<6>.

Diese Empfehlungen sind mit ( )B gekennzeichnet; das heißt, dass es sich um Regelungen für den typischen Hochbau handelt, vgl. Abs. III.1.1.2<2>. Wichtig ist die Klarstellung, dass in diesen Fällen proportionale Steigerung der verschiedenen Einwirkungen erfolgen sollte, siehe Abs. AB.1(2)B. Theoretisch sind auch nicht proportionale Steigerungen denkbar, da ja normalerweise kein fester Zusammenhang zwischen so unterschiedlichen Lasten wie Eigengewicht, Nutzlast und Wind, die entsprechend einer Einwirkungskombination zu überlagern sind, existiert. Für die praktische Berechnung ist die Festlegung einer proportionalen Steigerung also als Erleichterung zu sehen, weil so Ausprobieren der verschiedenen möglichen Varianten und Diskussionen mit Prüfingenieuren u. a. erspart bleiben.

III.AB.2 Vereinfachte Belastungsanordnung für durchlaufende Decken

In Abs. AB.2 werden aus der Zahl der möglichen Lastkombinationen nach DIN EN 1990 [19], die schnell sehr groß werden kann, vereinfachend zwei Kombinationen ausgewählt, die ausreichen, um für den typischen Hochbau mit überwiegend gleichmäßigen Flächenlasten der Bemessung zu Grunde gelegt zu werden. Auch dies ist eine plausible Empfehlung, die ja eigentlich nicht nur für den Stahlbau gilt. Hierzu wird in Anmerkung 2 deutlich festgehalten, dass dieser Absatz eigentlich zur späteren Überführung in DIN EN 1990 [19] vorgesehen ist. Analoge Regelungen finden sich so direkt für den Massivbau [21], den Verbundbau [36], den Holzbau [37] und den Aluminiumbau [40] nicht. Ob bei der Überarbeitung der Eurocodes deshalb eine solche Übertragung tatsächlich vorgenommen wird, wäre mit den entsprechenden Gremien zu klären. Gleichzeitig ist es letztlich auch eine Frage an die Praxis, ob ein solcher Hinweis für nützlich und wichtig gehalten wird.

III.BB Knicken von Bauteilen in Tragwerken des Hochbaus

III.BB.1 Biegeknicken von Bauteilen in Fachwerken oder Verbänden

III.BB.1.1 Allgemeines

<1> Berechnungsgrundsätze

Im Gegensatz zu DIN 18800-2, El. 501 [12] ist in DIN EN 1993-1-1 [22] nichts darüber gesagt, ob, wie bisher üblich, die Längskräfte der einzelnen Stäbe eines Fachwerks nach der bekannten Fachwerktheorie unter der Annahme gelenkiger Knotenpunktsausbildung berechnet werden dürfen. Im Regelfall entstehen durch Schweiß- oder Schraubenverbindungen biegesteife Knotenausbildungen mit daraus folgenden Stabendmomenten (Nebenspannungen), die i. d. R. im Hochbau beim Stabilitätsnachweis vernachlässigt werden dürfen. Der Regelfall, bei dem auch die Außermittigkeit des Kraftangriffs unberücksichtigt werden darf, liegt vor, wenn bei Druckstäben die gemittelte Schwerachse mit der Systemlinie des Druckgurtes übereinstimmt, wenn diese Außermittigkeit lediglich auf Querschnittsabstufungen zurückgeführt werden kann. Sind die Außermittigkeiten größer, dann sind diese ebenso wie planmäßige Biegemomente infolge von örtlichen Querlasten zu berücksichtigen, so dass dann Nachweise für Druck und Biegung zu führen sind.

Die Vernachlässigung der Nebenspannungen setzt voraus, dass Betriebsfestigkeitsprobleme keine Rolle spielen. So dürfte ein Verband, der eine Kranbahn im Hallenbau aussteift, nicht unter der Annahme eines Gelenkfachwerks bemessen werden.

<2> Knicklängen von planmäßig mittig gedrückten Fachwerkstäben

Die in den Abs. (1)B bis (4)B aufgeführten Werte für die Knicklängen gelten nur für Stäbe mit beidseitig unverschieblich gehaltenen Enden, elastisch gehaltene Enden sind damit nicht erfasst.

Generell ist es möglich, dass rechnerisch je nach Fachwerksystem und Belastung Knicklängen L_{cr} der Einzelstäbe auch $L_{cr} > 1,0 \cdot L$ sein können. Die in Abs. (1)B erlaubte Vereinfachung von max $L_{cr} = 1,0 \cdot L$ geht wohl davon aus, dass die durch die Konstruktion vorhandene größere Steifigkeit im Knotenbereich dies kompensiert.

Abs. (2)B erlaubt bei Gurtstäben mit I- oder H-Profil eine Verminderung der Knicklänge in der Fachwerkebene auf $L_{cr} = 0,9 \cdot L$. Auch hier wird wohl davon ausgegangen, dass durch die konstruktive Ausbildung der i. d. R. ausgedehnten Knotenbereiche eine Art elastische Einspannung entsteht, die dies rechtfertigt.

Abs. (3)B und (4)B erlauben in gleicher Weise diese Verringerung der Knicklänge für Ausweichen in der Fachwerkebene auch für Füllstäbe (Diagonalen und Pfosten). Für den Tragsicherheitsnachweis für das Ausknicken rechtwinklig zur Fachwerkebene ist diese Erleichterung nicht zulässig, da in der Regel wegen torsionsweicher Gurte keine ausreichende Drehbehinderung in den Knotenpunkten vorliegt. Beide Regelungen entsprechen DIN 18800-2, El. (503).

<3> Sich kreuzende Stäbe

Die Knicklängen von Fachwerkstäben, die sich kreuzen, hängen in starkem Maße von den unterschiedlichen Kräften in den sich kreuzenden Stäben und der konstruktiven Ausbildung der Knotenpunkte der sich kreuzenden Stäbe ab. Aus diesem Grunde sind in DIN 18800-2, Tabelle 15 [12] häufige Fälle aufgeführt und generell in den Elementen (505) bis (509) weitere Angaben gemacht. Es bestehen keine Bedenken, diese Festlegungen auch beim Nachweis nach DIN EN 1993-1-1 [22] zu verwenden.

III.BB.1.2 Gitterstäbe aus Winkelprofilen

Die Bezeichnung „Gitterstäbe“ ist unklar, DIN 18800-2 [12] nennt dies in Abs. 5.1.2.4 klarer „Fachwerk-Füllstäbe“. Die Regeln unterscheiden sich danach, ob die Winkelprofile gelenkig oder mit einer teilweisen Einspannung angeschlossen sind. Eine teilweise Einspannung darf angenommen werden, wenn der Anschluss geschweißt oder mit mindestens zwei Schrauben erfolgt, siehe Bild III.BB-1.

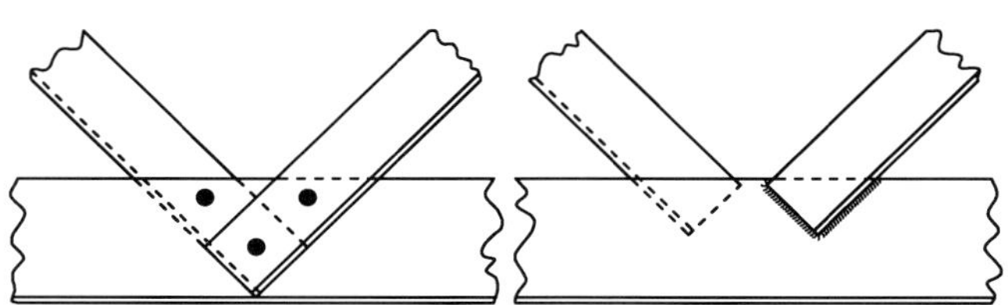

Bild III.BB-1: Beispiele für biegesteif angeschlossene Winkelprofile [12]

Wenn der Anschluss nach (2)B gelenkig erfolgt, ist es in diesem Fall konstruktiv nicht möglich, die Last planmäßig mittig in den Druckstab einzuleiten. Im Regelfall liegt sogar eine bezüglich beider Querschnittshauptachsen exzentrische Krafteinleitung vor, also der Fall der doppelten Biegung mit Normalkraft. Da das Winkelprofil darüber hinaus höchstens einfachsymmetrisch ist, ist hier stets auch eine Biegedrillknickuntersuchung erforderlich. Die Norm macht hierzu (doppelte Biegung mit Normalkraft, verdrehweicher Stab) jedoch keine Angaben: Anhänge A und B gelten nur für doppeltsymmetrische Querschnitte, die Erweiterung bei Verfahren 2 (zu Anhang B) in III.B.8 betrifft nur einfachsymmetrische I-Profile. Möglich wäre in solch einem Fall eine Untersuchung eines vorverformten Druckstabes nach Theorie II. Ordnung. Die anzusetzenden Vorverformungen v_0 (nach Tab. NA.2) und w_0 nach Tab. 5.1 sind jedoch dann nur eine Näherung, da sie nicht für Winkelprofile abgeleitet wurden.

Es empfiehlt sich also nach (1)B, die konstruktiv ohnehin bessere Lösung mit zwei Schrauben oder einen geschweißten Anschluss vorzusehen. In diesem Fall darf der Einfluss der Exzentrizität rechnerisch vernachlässigt werden und die Biegeknickuntersuchung nach Abs. 6.3.1 der Norm durchgeführt werden. Dabei wird der Abminderungsbeiwert χ mit dem bezogenen Schlankheitsgrad $\bar{\lambda}_{eff}$ nach Gl. (BB.1) ermittelt. Die Angaben für den Nachweis um die Hauptachse (v-v) sind gegenüber DIN 18800-2 vereinfacht worden. Dort wurden in Tab. 16 zwei Bereiche unterschieden, worauf in DN EN 1993-1-1 verzichtet wurde, es wird nur noch ein Bereich betrachtet. Im Bereich kleinerer und mittlerer bezogener Schlankheitsgrade bis $\bar{\lambda}_v = 1{,}167$ ergeben sich danach Werte $\bar{\lambda}_{eff} \geq \bar{\lambda}_v$, im Bereich großer bezogener Schlankheitsgrade Werte $\bar{\lambda}_{eff} < \bar{\lambda}_v$. Damit wird der Tatsache Rechnung getragen, dass bei gedrungenen Stäben der traglastmindernde Einfluss der Anschlussexzentrizität des Einzelwinkels überwiegt, während bei sehr schlanken Stäben der traglasterhöhende Einfluss der elastischen Einspannung merkbar wird, vgl. [126].

III.BB.1.3 Bauteile mit Hohlprofilen

<1> Allgemeines

Vorausgesetzt ist, dass alle Anschlüsse nach DIN EN 1993-1-8 [29] ausgeführt und geschweißt sind. Bei geschraubten Anschlüssen ist die Knicklänge stets so groß wie die Systemlänge anzusetzen. Die Regelungen gelten auch nicht für überlappt geschweißte Streben (Diagonalen) oder Streben mit abgeflachten oder angedrückten (gekröpften) Enden.

Hohlprofile sind torsionssteif, weshalb bei den Gurtstäben nach (1)B im Gegensatz zu Abs. III.BB.1.1<2> kein Unterschied bezüglich des Ausweichens in der Fachwerkebene oder aus der Fachwerkebene gemacht werden muss, also in beiden Fällen mit $L_{cr} = 0{,}9 \cdot L$ gerechnet werden darf. Für das Ausweichen rechtwinklig zur Fachwerkebene darf für L der Abstand der seitlichen Abstützpunkte angesetzt werden. Wenn davon Gebrauch gemacht wird, dann ist vorausgesetzt, dass die seitliche Abstützung ebenfalls biegesteif angeschlossen ist und es sich hierbei nicht etwa um einen gelenkigen Fachwerkanschluss handelt.

<2> zu NDP zu BB.1.3(3)B Anmerkung: Knicklängen von Hohlprofilstäben in Fachwerkträgern

Zu Hohlprofilkonstruktionen wurden sehr viele Untersuchungen von der Industrie-Organisation *CIDECT* veranlasst. Bezüglich der Knicklängen wird im NA daher auf die Möglichkeit verwiesen, dass Knicklängen i. d. R. nach [87] ermittelt werden dürfen. Der zweite Satz im NA schränkt dies jedoch ein, siehe unten.

Diese Empfehlungen [87] gehen auf Untersuchungen von *Mouty* (1981) [203] und *Rondal* (1988) [223] zurück. Die wichtigste zusätzliche Regelung, außer den bereits genannten für die Gurtstäbe, nach betrifft die Knicklängen von kleinen KHP- oder QHP-Streben, siehe Gln. (III.BB-1a) bis (III.BB-1c). Kleine Streben sind dabei durch den Wert $\beta^* < 0{,}6$ definiert, mit β^* als Verhältnis von Strebenbreite zu Gurtbreite (b_i/b_o oder d_i/d_o).

KHP-Strebe auf KHP-Gurt: $$\frac{L_{cr,i}}{L_i} = 2{,}20 \cdot \left[\frac{d_i^2}{L_i \cdot d_0}\right]^{0{,}25} \quad \text{wobei} \quad 0{,}50 \leq \frac{L_{cr,i}}{L_i} \leq 0{,}75 \qquad \text{(III.BB-1a)}$$

KHP-Strebe auf QHP-Gurt: $$\frac{L_{cr,i}}{L_i} = 2{,}35 \cdot \left[\frac{d_i^2}{L_i \cdot d_0}\right]^{0{,}25} \quad \text{wobei} \quad 0{,}50 \leq \frac{L_{cr,i}}{L_i} \leq 0{,}75 \qquad \text{(III.BB-1b)}$$

QHP-Strebe auf QHP-Gurt: $$\frac{L_{cr,i}}{L_i} = 2{,}30 \cdot \left[\frac{d_i^2}{L_i \cdot d_0}\right]^{0{,}25} \quad \text{wobei} \quad 0{,}50 \leq \frac{L_{cr,i}}{L_i} \leq 0{,}75 \qquad \text{(III.BB-1c)}$$

Es wird dabei eine umlaufende Schweißung der Hohlprofilstreben an die durchlaufenden Gurtstäbe unterstellt. Falls der Knicklängenbeiwert β für die Streben in Fachwerken sehr gering angesetzt wird (0,75 oder weniger), dann ist dies nur möglich, weil die Streben elastisch in die Gurte eingespannt sind. Das einspannende Element (also die Gurte) hat dann zwangsweise eine Knicklänge, die größer ist als die geometrische Länge, was jedoch wegen der größeren Steifigkeit der Gurte gegenüber den Streben vernachlässigt werden darf. Eine *gleichzeitige Reduzierung* der Knicklänge der Gurte ist jedoch nicht möglich. Darauf wird im zweiten Satz dieses Abschnitts des NA hingewiesen. Zu beachten ist, dass dies natürlich jeweils nur für eine bestimmte Einwirkungskombination gilt. Wenn also für die Ermittlung der größten Knicklängen für Strebe und Gurt jeweils unterschiedliche Einwirkungskombinationen maßgebend sind, dann greift diese Einschränkung ggf. nicht.

Die Regelungen gelten außerdem nicht für überlappt geschweißte Streben oder für Streben mit abgeflachten oder angedrückten (gekröpften) Enden. Für solche Streben ist die Knicklänge gleich der Systemlänge anzunehmen: $L_{cr} = L_i$. Das gilt auch allgemein bei geschraubten Anschlüssen, siehe DIN EN 1993-1-1, Abs. BB.1.3(2).

III.BB.2 Kontinuierliche seitliche Abstützungen

III.BB.2.0 Allgemeines

Der Abschnitt III.BB.2 trägt den positiven Auswirkungen Rechnung, die in vielen Fällen dadurch gegeben sind, dass ein freies Biegedrillknicken eines Trägers durch angrenzende Bauteile behindert wird. Er stellt eine große Erleichterung für die Praxis dar, weil bisherige Vorschriften, z. B. DIN 4114 [8] oder DIN V ENV 1993-1-1 [54], solche Regelungen nicht enthielten. Dies bekundet die großen Fortschritte, die durch intensive Forschungen in den letzten 25 Jahren auf diesem Gebiet möglich wurden. Die Behinderung der Verformung war natürlich auch früher schon bekannt, allerdings konnte der Einfluss in Ermangelung ausreichender Versuche oder theoretischer Überlegungen nicht quantifiziert werden.

DIN 18800-2:2008 [12] dagegen enthielt bereits entsprechende Regelungen, die weitgehend in den Eurocode 3 [22] übernommen wurden. Um zu einer wirklichkeitsnahen Abschätzung der Tragfähigkeit zu kommen, sind die stabilitätsgefährdeten Träger aus Gründen der Wirtschaftlichkeit nicht isoliert zu betrachten, sondern es ist wann immer möglich das Zusammenwirken mit angrenzenden Bauteilen zu berücksichtigen. Dies ist rechnerisch durch den Ansatz von Drehfedern c_ϑ oder bzw. und den Ansatz der Schubsteifigkeit S bzw. einer Wegfeder c_y möglich, siehe Bild III.BB-2. Die Berücksichtigung der Wirkung angrenzender Bauteile ist besonders im Stahlhochbau und hier besonders im Hallenbau üblich, wo als angrenzende Bauteile stets Decken oder die Dachhaut vorhanden sind. Daher wird seit längerer Zeit die stabilisierende Wirkung der Dachhaut, insbesondere von Trapezprofilen, bei der Ermittlung der Tragfähigkeit im Hochbau berücksichtigt.

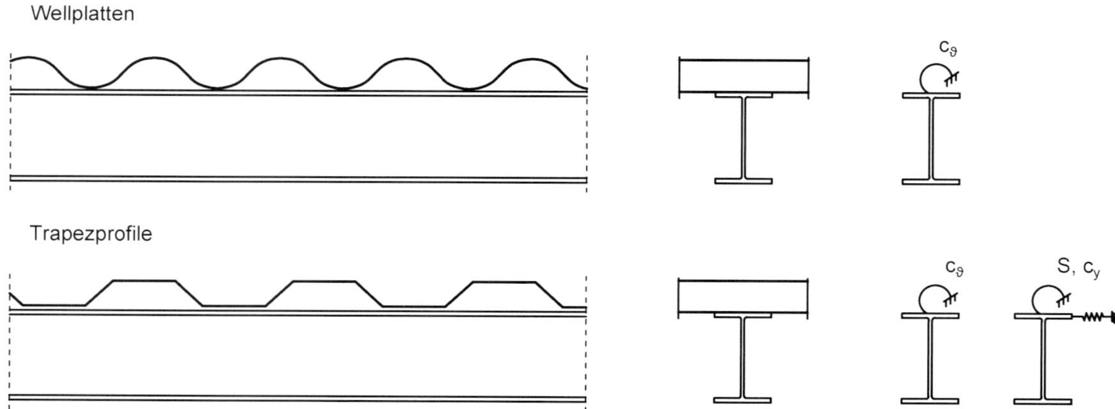

Bild III.BB-2: Beispiele für die Stabilisierung durch angrenzende Bauteile

In den beiden Abschnitten III.BB.2.1 und III.BB.2.2 sind Angaben zu Mindeststeifigkeiten gemacht, bei deren Erfüllung folgendermaßen vorgegangen werden darf:

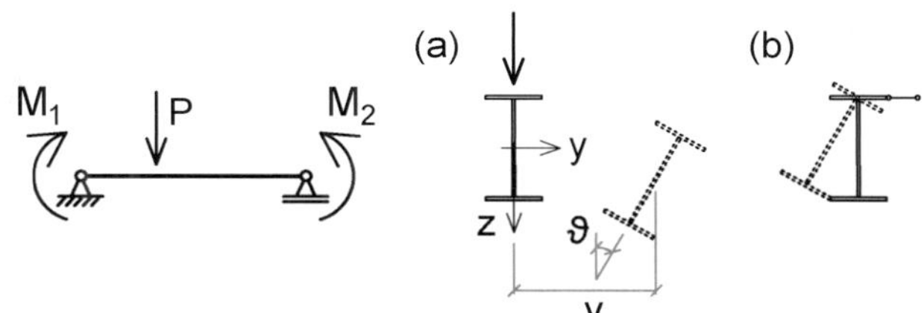

Bild III.BB-3: (a) Freie und (b) gebundene Drehachse beim Biegedrillknicken

- Bei Erfüllung von Gl. (BB.2) darf angenommen werden, dass eine gebundene Drehachse vorliegt, vgl. Bild III.BB-3. Es muss aber der Nachweis ausreichender Tragsicherheit bezüglich des Biegedrillknickens bei gebundener Drehachse noch geführt werden. Nur in Sonderfällen, wie bei Einfeldträgern unter Biegemomenten M_y ohne Vorzeichenwechsel, bei denen der gedrückte Gurt gehalten ist, kann kein Biegedrillknicken auftreten, so dass bei Erfüllung von Gl. (BB.2) dann kein weiterer Nachweis des Biegedrillknickens notwendig ist.
- Bei Erfüllung von Gl. (BB.3) in Verbindung mit Gl. (BB.4) ist kein weiterer Nachweis des Biegedrillknickens notwendig.

Wenn weder Gl. (BB.2) noch Gl. (BB.3) erfüllt sind, sind Nachweise bezüglich des Biegedrillknickens bei freier Drehachse zu führen.

III.BB.2.1 Kontinuierliche seitliche Stützung

<1> Allgemeines

Die Bedingung (BB.2), die hier als Gl. (III.BB-2) angegeben ist, wurde aus DIN 18800-2, El. (308) [12] übernommen. Sie geht auf Arbeiten von *Fischer* [101] zurück, wobei eine genaue formale Herleitung nicht schriftlich veröffentlicht wurde [193].

$$S \geq \left(E \cdot I_\omega \cdot \frac{\pi^2}{L^2} + G \cdot I_T + E \cdot I_z \cdot \frac{\pi^2}{L^2} \cdot 0{,}25 \cdot h^2 \right) \cdot \frac{70}{h^2} \qquad \text{(III.BB-2)}$$

Die Gl. (III.BB-2) ist nicht in dem Format geschrieben, das für Nachweise im Eurocode üblich ist. Besser wäre die Formulierung nach Gl. (III.BB-3), wobei die rechte Seite von Bedingung (III.BB-2) als „erf. S“ und die linke Seite als „vorh. S“ aufzufassen sind.

$$\frac{erf.S}{vorh.S} \leq 1 \qquad \text{(III.BB-3)}$$

Unter erf. S und vorh. S – jeweils in [kN] – ist dabei jeweils der auf den untersuchten Träger entfallende Anteil der Schubsteifigkeit der Trapezprofilscheiben zu verstehen (siehe auch DIN 18800-2, El. (308)). Demgegenüber wird die Schubsteifigkeit eines Schubfeldes auch häufig mit „S“ bezeichnet. Unzutreffend und damit missverständlich ist in diesem Zusammenhang die Erläuterung in DIN EN 1993-1-1, BB.2.1(1) „S: die Schubsteifigkeit der Bleche (je Längeneinheit Trägerlänge) ...“. Demgegenüber hat der ideelle Schubmodul G_S die Einheit [kN/m], ebenso wie die Schubflüsse T_1, T_2 und T_3 nach DIN 18807, Teil 1 [16], die dann noch mit der Schubfeldlänge L_S zu multiplizieren sind.

Der Wert erf. S geht auf den Aufsatz von *Fischer* [101] zurück. Dort geht hervor, dass er für Belastung durch Gleichstreckenlast am Obergurt den Fall des Einfeldträgers mit beidseitiger Gabellagerung untersucht hat. Aus der Angabe der Gleichung (9a) im Abs. 2.2.1 in [101] ergibt sich nach Auflösung nach c und Vernachlässigung von J_y auf der linken Seite von Gl. (9a) die Gleichung aus [193] mit einem Faktor von 62,3. Für eine Scheibe ist Gl. (5a) auszuwerten.

Natürlich ergibt sich für einen anderen Momentenverlauf, z. B. für das Mittelfeld eines Durchlaufträgers nach Elastizitätstheorie oder nach Plastizitätstheorie, ein anderer Faktor. Dies ist insbesondere auch dann der Fall, wenn von der Vereinfachung von *Fischer* (seitliche Verformung v und Verdrehung ϑ haben einen sinusförmigen Verlauf) ausgegangen wird. Im Zuge von [193] wurden genauere numerische Untersuchungen mit dem Programm KIBAL2 [176] durchgeführt. Dabei zeigte sich, dass der Faktor nicht sehr stark schwankt, er wurde zur baupraktischen Vereinfachung dann zur Sicherheit etwas vergrößert und auf 70 statt 62,3 festgesetzt. Wenn keine Querlast am Obergurt vorhanden ist, darf der Wert 70 näherungsweise durch den Wert 20 ersetzt werden.

Dabei ist zu berücksichtigen, dass die Grundlage, nämlich die gebundene Drehachse, als erreicht gilt, wenn die Schubsteifigkeit so groß ist, dass 95 % des Wertes von M_{cr} einer Lösung der gebundenen Drehachse erreicht sind. Dies ist eine baupraktische Festlegung, die nicht zu beweisen ist, sondern im Normenausschuss vereinbart wurde. Sie ist tendenziell vernünftig. Eine übergroße Genauigkeit mit verschiedenen Faktoren für verschiedene Lastfälle erscheint an dieser Stelle nicht angemessen.

Ferner ist zu berücksichtigen, dass die errechnete Schubsteifigkeit selbst noch keinen Biegedrillknicknachweis darstellt. Dieser ist schließlich für den dann vorausgesetzten Fall der gebundenen Drehachse noch zu erbringen. Entweder, indem ein Mindestwert für die insbesondere bei aussteifenden Trapezprofilen im Hochbau vorhandene Drehbettung nachgewiesen wird oder indem ein Wert für das M_{cr} unter Vorhandensein von S und C_ϑ berechnet wird. Etwas unterschiedliche Werte von S machen sich dann beim Nachweis ausreichender Tragsicherheit nur sehr gering bemerkbar. In der Literatur [267] wurde auch vorgeschlagen, für S rechnerisch maximal den Wert von erf. S einzusetzen – dafür ist kein Grund erkennbar und wird daher nicht für erforderlich gehalten.

Zur Erleichterung der baupraktischen Anwendung von Gl. (III.BB-2) wird die rechte Seite, also erf. S, für Walzprofile ausgewertet. Da dieser Wert längenabhängig ist, erfolgt die Auswertung für drei verschiedene Längen, nämlich $L = 20 \cdot h$, $L = 30 \cdot h$ und $L = 50 \cdot h$, wodurch für viele baupraktischen Fälle auch eine einfache Interpolation möglich ist. Die Ergebnisse sind in Tabelle III.BB-1 angegeben. Die Profilreihe HEM wurde nicht aufgenommen, da sich dafür unrealistisch große Werte erf. S im Bereich von 100 ~ 963 MN ergeben. Weiterhin wurden bei den Reihen HEA und HEB größere Profile z. T. nicht aufgeführt, da dort vielfach erforderliche Werte erf. S > 100 MN erforderlich sind.

Tabelle III.BB-1: Werte für die erforderliche Schubsteifigkeit erf. S [MN] nach Gl. (III.BB-2) für Walzprofile, jeweils für drei verschiedene Längen L (20 · h; 30 · h; 50 · h)

	IPE			IPEa			IPEo			IPEv			HEA			HEAA			HEB		
L	**20h**	**30h**	**50h**	**20h**	**30h**	**50h**	**20h**	**30h**	**50h**	**20h**	**30h**	**50h**	**20h**	**30h**	**50h**	**20h**	**30h**	**50h**	**20h**	**30h**	**50h**
80	8,45	7,20	6,56																		
100	9,58	8,07	7,30										56,6	43,1	36,2	36,2	25,6	20,2	80,1	64,8	37,1
120	10,2	8,32	7,38										56,3	39,6	31,1	36,3	23,5	17,0	91,2	70,9	60,6
140	11,0	8,84	7,72										63,6	42,8	32,1	41,3	25,1	16,9	105	78,9	65,6
160	12,6	10,1	8,76	7,98	5,96	4,92							75,7	50,4	37,5	54,2	33,2	22,4	128	95,3	78,8
180	13,8	10,8	9,26	9,07	6,65	5,42	17,7	14,3	12,6				83,1	53,0	37,6	62,3	37,1	24,2	144	105	85,3
200	16,1	12,7	10,9	10,9	8,06	6,63	20,2	16,3	14,2				96,9	61,5	43,3	74,4	44,6	29,4	168	122	97,8
220	18,0	13,9	11,8	12,8	9,38	7,64	22,6	17,9	15,5				113	70,6	49,0	84,0	49,3	31,5	189	134	106
240	21,3	16,5	14,1	15,4	11,4	9,37	26,5	21,1	18,3				135	84,7	59,1	98,1	58,0	37,5	216	152	120
260													149	92,7	63,1	110	65,0	41,9	233	161	125
270	22,5	16,9	14,1	16,5	11,8	9,37															
280													161	98,7	66,6	121	70,2	44,1	247	168	127
300	24,5	17,9	14,6	18,5	12,9	10,1							187	115	78,4	138	80,8	51,4	279	189	143
320													189	119	83,8	131	77,5	50,3	279	193	150
330	26,3	19,3	15,7	21,2	15,1	12,0															
340													184	119	85,4	123	74,3	49,1	269	190	149
360	30,5	22,7	18,7	24,3	17,2	13,6							180	118	86,7	117	71,6	48,2	261	187	150
400	32,6	24,6	20,5	25,1	18,0	14,4				52,2	41,9	36,7	168	114	86,4	105	65,5	45,1			
450	33,3	25,2	21,1	25,8	18,6	14,9				59,8	48,9	43,3	156	109	85,3	89,2	56,3	39,5			
500	35,4	27,0	22,8	27,8	20,3	16,4				73,6	61,7	55,6	149	107	85,4	77,3	49,6	35,5			
550	38,7	30,1	25,7	30,3	22,5	18,5				90,3	77,5	70,9	133	97,2	78,9	71,6	47,3	34,9			
600	42,7	33,5	38,8	33,9	25,5	21,2				104	88,4	80,5	121	90,0	74,0	63,9	42,9	32,1			
650													112	84,4	70,3	57,9	39,5	30,1			
700																54,8	38,0	29,5			
800																48,8	35,4	28,5			
900																46,2	34,5	28,5			
1000																42,2	32,2	27,1			

DIN EN 1993-1-1 beschränkt die Anwendung von Gl. (III.BB-2) zunächst auf den Fall trapezförmiger Bleche nach DIN EN 1993-1-3 [26], öffnet dies über die Anmerkung dann aber auch für andere Fälle. Sofern die Verbindung zwischen aussteifendem Element und dem zu stabilisierenden Träger die Übertragung von Stabilisierungslasten ermöglicht, bestehen gegen die Anwendung von Gl. (III.BB-3) keine Bedenken.

<2> Befestigung der Trapezprofile nur in jeder zweiten Rippe

In der Praxis ist es ferner zum Teil üblich, dass die Befestigung der Stahltrapezprofile nicht in jeder Rippe, sondern nur in jeder zweiten Rippe erfolgt. Dies ändert den Lastabtrag in der Trapezprofilebene stark. Insbesondere nehmen die Blechendverformungen der einzelnen Rippen in Form von Profilverformungen aus Schub zu, siehe Bild III.BB-4. In Abs. BB.2.1(1) ist daher vor der Anmerkung erwähnt, dass bei vorh. S der Wert S durch 0,2 · S zu ersetzen ist, sofern die Befestigung des Trapezprofils nicht in jeder, sondern nur in jeder zweiten Rippe erfolgt. Das Wort „sollte" in der deutschen Übersetzung ist an dieser Stelle missverständlich, dies ist nicht als optionale Möglichkeit aufzufassen.

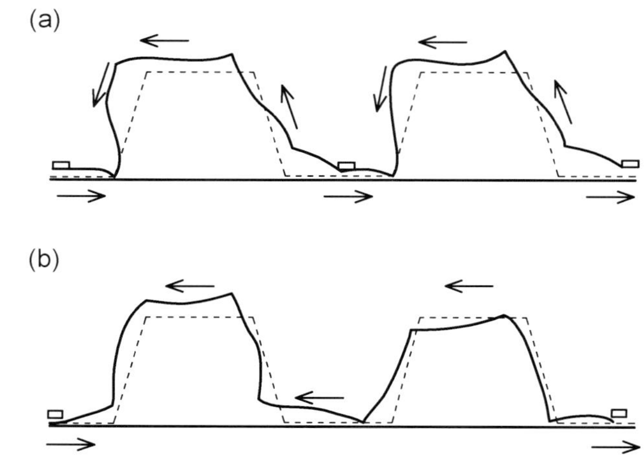

Bild III.BB-4: Schubverformungen der Rippen der Trapezprofile, a) jede Rippe und b) jede zweite Rippe befestigt, [161]

Diese Abschätzung geht auf die Arbeiten von *Strehl* zurück. Nach [192] wird es weiterhin als zulässig angesehen, dass bei der Nutzung des Wertes 0,2 · S näherungsweise auf die vierseitige Lagerung der Trapezprofile verzichtet werden darf und eine zweiseitige Lagerung ausreicht. Dies erscheint vertretbar, da bei der Befestigung von Trapezprofilen in jeder zweiten Rippe die bei 0,2 · S möglichen Abtriebskräfte, die am Randträger einzuleiten sind, sehr gering sind: die Trapezprofile wirken in ihrer Längsrichtung als horizontale Feder für die Träger.

<3> Berücksichtigung der Verformungen der Verbindungsmittel bei der Ermittlung von vorh. S

Bezüglich der Ermittlung von vorh. S wird in DIN 18800-2, El. (308) [12] auf Trapezprofile nach DIN 18807-1 [16] verwiesen, in DIN EN 1993-1-1, Abs. BB.2.1(1)B [22] erfolgt der Verweis auf DIN EN 1993-1-3 [26]. In Deutschland ist inzwischen DIN 18807-1 durch DIN EN 1993-1-3 in Verbindung mit dem entsprechenden Nationalen Anhang abgelöst worden.

In Deutschland war es bisher üblich, dass von den Herstellern Angaben zur Tragfähigkeit bereitgestellt wurden, die auf die allgemeinen Angaben in DIN 18807-1 [16] zurückgehen. Diese betreffen die Tragfähigkeit in Bezug auf vertikale Lasten, aber auch die Heranziehung der Trapezprofile zur Aussteifung in der Trapezprofilebene, die sogenannten Schubfeldwerte T_1 bis T_3. Der Wert T_3 ist dabei ein direkter Ausdruck für die Schubsteifigkeit $S = S_{id}$. Vorausgesetzt ist dabei eine allseitige Lagerung der Schubfelder.

Die Ermittlung der Schubfeldwerte, also die Ermittlung von vorh. S, geht auf die Arbeiten von *Schardt/Strehl* [229] zurück und ist daher seit langer Zeit unverändert geblieben. Aufgrund von [229] fordert DIN 18807-1 [16] die Einhaltung von drei Bedingungen zur Begrenzung der Belastbarkeit der Trapezprofile:

- zul. T_1: Schubfluss, bei dem die Randspannung in einer Ecke des Profils aufgrund der Querbiegemomente die Streckgrenze f_y erreicht,

- zul. T_2: Schubfluss, bei dem die Relativverschiebung zwischen Ober- und Untergurt einen bestimmten Wert (i. Allg. h/20) erreicht, und
- zul. T_3: zulässiger Schubfluss, der die Verformung des Schubfeldes auf einen Schubwinkel von $\gamma_S \leq 1/750$ begrenzt.

Bemerkenswert ist, dass es in Deutschland bisher üblich ist, bei der Ermittlung der Verformungen, die zu T_3 führen, nur die Anteile aufgrund der Blech-Endverwölbung und aus Schubverzerrungen der ebenen Querschnittsteile zu berücksichtigen, nicht jedoch Anteile aus der Verformbarkeit der Verbindungsmittel. Obwohl der als Grenze gewählte Schubwinkel 1/750 reine Vereinbarungssache ist und diese Verformungsbegrenzung als Tragfähigkeitsgrenze benutzt wird, ist diese Vereinfachung problematisch [161].

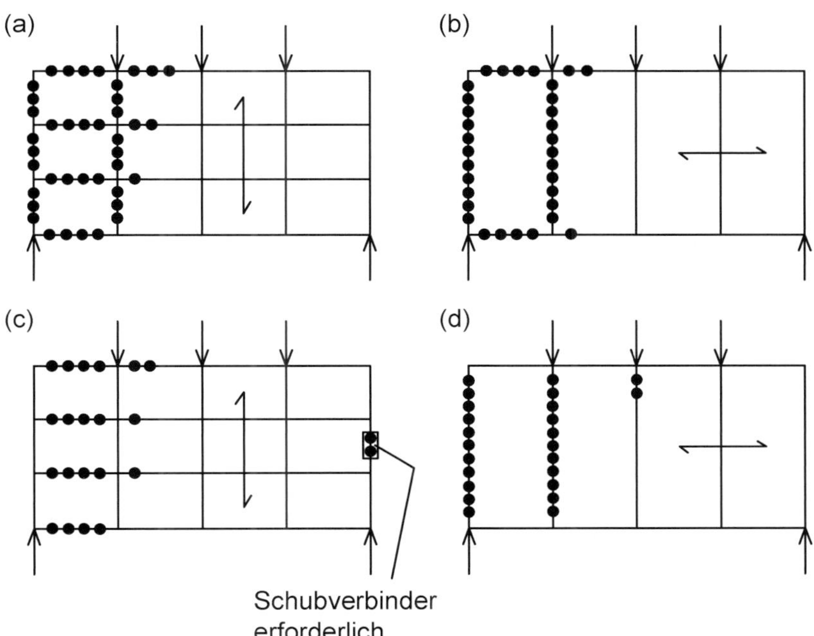

Bild III.BB-5: Anordnung der Verbindungsmittel bei verschiedener Anordnung der Trapezprofile bezüglich der Belastung (nach [95]), a) rechtwinklig, vier Seiten befestigt, b) parallel, vier Seiten befestigt, c) rechtwinklig, zwei Seiten befestigt & Schubverbinder, d) parallel, zwei Seiten befestigt.

In DIN EN 1993-1-3, Abs. 10.3 [26] sind allgemeine Angaben zur Bemessung von Schubfeldern vorhanden; bezüglich umfassender Bemessungs- und Anwendungsregeln wird jedoch auf die ECCS-Recommendations [95] verwiesen. Dort wird insbesondere in Tabelle 5.5 und im Anhang Abs. III (Seite Annex B.5 f.) klargestellt, dass die Verformungsanteile aus der Deformation des Bleches ($c_{1,1}$ Profilverformung, $c_{1,2}$ Schubverformung) und aus der Verformung der Verbindungselemente ($c_{1,3}$ Verbinder zwischen Blech und Pfette, $c_{1,4}$ Verbinder zwischen den Blechen) zu berücksichtigen sind.

DIN EN 1993-1-3/NA [26] nennt in einem NCI zu 10.3.1 weitere Regeln für die Bemessung von Schubfeldern nach *Schardt/Strehl* [229] und *Baehre/Wolfram* [64].

Damit wurde zunächst die Entscheidung, ob die Verformungen der Verbindungsmittel verpflichtend zu berücksichtigen sind, verschoben. Inzwischen ist aber eine Ausarbeitung erschienen, in der das Verfahren *Schardt/Strehl* [229] um die Anteile der Verformungen der Verbindungsmittel erweitert wird [135]. Damit ist es möglich, das bisher verwendete Verfahren im Prinzip weiter anzuwenden und dabei alle Verformungsanteile korrekt zu berücksichtigen.

<4> Ausbildung der Schubfelder: vierseitige bzw. zweiseitige Lagerung

Wichtig ist, dass die bisher diskutierten Werte zur Ermittlung von vorh. S davon ausgehen, dass eine vollständige Ausbildung als Schubfeld vorliegt, also alle vier Ränder auf der Unterkonstruktion befestigt sind.

Für die Art des ausgeführten Schubfeldes gibt es verschiedene Möglichkeiten, siehe Bild 11 in [15]. Die echten Schubfelder sind an allen vier Seiten befestigt, siehe Bild III.BB-5a) und b). Die „unechten" Schubfelder sind durch die Fälle Bild III.BB-5c) und d) gegeben.

Bei Hallenkonstruktionen ist die Ausführung, bei der alle vier Seiten an den Längsträgern und Querträgern befestigt sind, mit größerem konstruktiven Aufwand verbunden, da üblicherweise die Träger in verschiedenen Höhen liegen: die Pfetten liegen auf den Riegeln, und somit sind die Oberkanten nicht höhengleich. Das Prinzip einer solchen Ausführung zeigt Bild III.BB-6 nach [95], allerdings sind dort zusätzliche Schubverbinder angegeben.

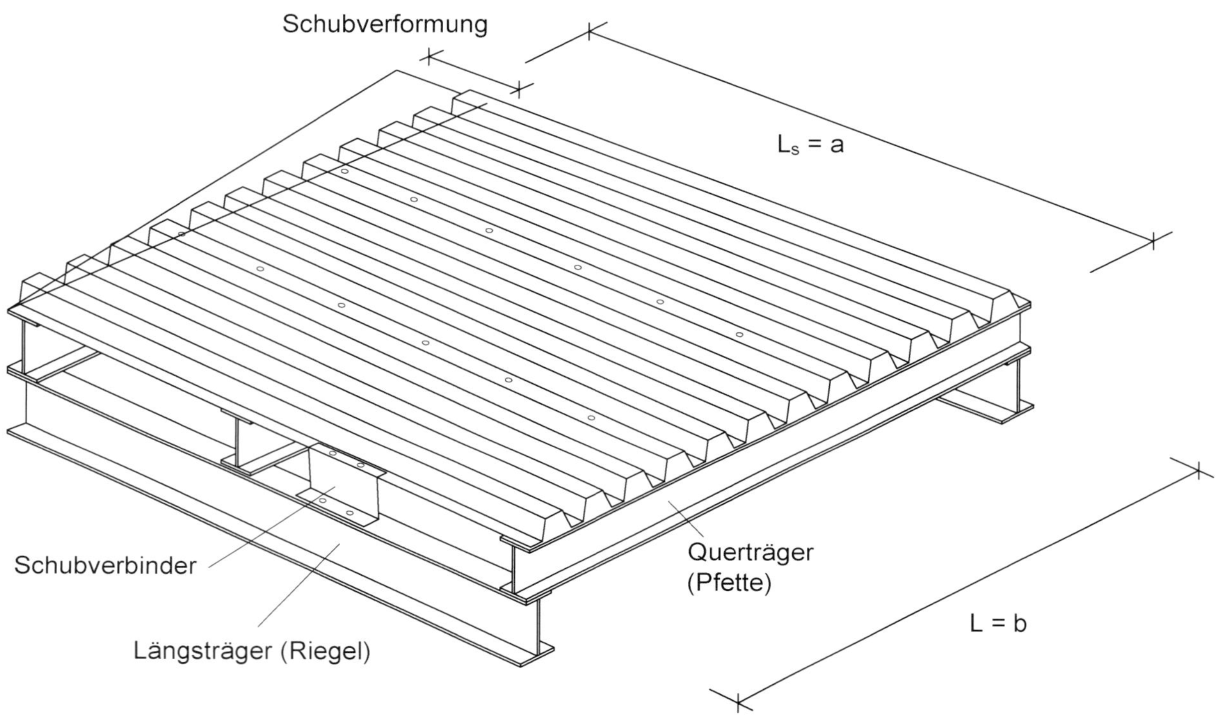

Bild III.BB-6: Prinzipskizze eines Schubfeldes mit vierseitiger Lagerung, wenn die Querträger auf den Längsträgern liegen

Die vierseitige Lagerung in Bild III.BB-6 wird durch die zusätzlichen Schubverbinder erreicht, deren Anordnung aber konstruktiv und von der Fertigung her mit einem größeren Mehraufwand verbunden ist, der in der Regel vermieden wird.

Daher werden in der Praxis die Trapezprofile in den meisten Fällen nur an den zur Lastabtragungsrichtung rechtwinkligen Rändern an der Unterkonstruktion befestigt, dies führt zu einer zweiseitigen Lagerung – das Trapezprofil trägt dann im Wesentlichen als horizontal liegender Biegeträger. Der Effekt der zweiseitigen Lagerung wurde inzwischen untersucht und kann damit rechnerisch auch berücksichtigt werden, vgl. [161],

[92] und [247]. Die rechnerischen Werte von vorh. S bei zweiseitiger Lagerung unterscheiden sich i. d. R. bemerkenswert von denjenigen bei vierseitiger Lagerung. Die Unterscheidung darf deshalb nicht vernachlässigt werden, wenn dieser Fall bei der praktischen Ausführung vorliegt.

<5> Mindeststeifigkeit von erf. S, so dass kein Biegedrillknicknachweis mehr erforderlich ist

Es gibt Untersuchungen aus Karlsruhe, insbesondere von *Heil*, dass das Tragmoment M_{pl} von biegebeanspruchten Trägern als erreicht angesehen werden kann, wenn die Schubsteifigkeit S die vereinfachte Bedingung (III.BB-4) erfüllt, vgl. [125]. Eine entsprechende, etwas genauere Bedingung berücksichtigt noch die vorhandenen Querschnittswerte I_z, I_ω, I_T sowie L, vgl. [162] und [125].

$$S \geq \frac{10{,}2 \cdot M_{pl,y}}{h} \qquad \text{(III.BB-4)}$$

mit h Profilhöhe eines I-Profils

Im Sinne der Umstellung des Nachweises in das im Eurocode übliche Format ergibt sich Bedingung (III.BB-5).

$$\frac{\text{erf. } S}{\text{vorh. } S} \leq 1{,}0 \qquad \text{(III.BB-5)}$$

Dabei ist die rechte Seite von Gl. (III.BB-4) als erf. S_u aufzufassen.

Die Bedingung (III.BB-4) ist für den Lastfall Gleichstreckenlast am Einfeldträger abgeleitet worden. Unter Ansatz einer einwelligen Sinusverformung für die Verformungen ϑ und v wird eine am Obergurt eines I-Profils wirksame Schubsteifigkeit S so bestimmt, dass der bezogene Schlankheitsgrad für das Biegedrillknicken nach Abs. 6.3.2.2(1) gerade den Wert $\bar{\lambda}_{LT}$ = 0,40 erreicht. In [260] und [270] ist Bedingung (III.BB-4) auf den Fall durchschlagenden Momentenverlaufs erweitert, indem statt des Wertes 10,2 ein Faktor K_S bestimmt wird.

Besonders wichtig ist, dass diese Bedingung (III.BB-4) unberücksichtigt lässt, dass es Fälle geben kann, bei denen auch durch sehr große Werte von S eine hinreichende Stabilisierung gar nicht möglich ist. Das ist dann der Fall, wenn auch bei Vorhandensein einer gebundenen Drehachse (dies entspricht einem sehr großen Wert von S) immer noch Biegedrillknicken möglich ist. Dies ist zum Beispiel häufig dann der Fall, wenn negative Eckmomente auftreten, die zu Druck im nicht gehaltenen Untergurt führen.

Damit ist klar, dass Gl. (III.BB-4) im Wesentlichen bei Momentenverläufen ohne Vorzeichenwechsel brauchbar ist. In anderen Fällen ergeben sich i. d. R. erhebliche Unsicherheiten, brauchbar ist Gl. (III.BB-4) dann nur bei kleinen Stützweiten. Als Beispiel dafür ist Bild III.BB-7 nach [162] angegeben. Daraus ist zu ersehen, dass beim Lastfall „Einzellast“ bei kleinen χ_T-Werten (also L > 3,10 m) Werte S > erf. S_u erforderlich sind, beim Lastfall „Gleichstreckenlast mit einseitigem Eckmoment“ ist das in einem weiten Bereich (L > 1,55 m) der Fall. Für den Lastfall „Gleichstreckenlast mit beidseitigem Eckmoment“ kann gar keine vollständige Stabilisierung durch erf. S_u mehr erreicht werden, daher sind diese Werte hier nicht dargestellt. In [162] sind weitere Ergebnisse mitgeteilt.

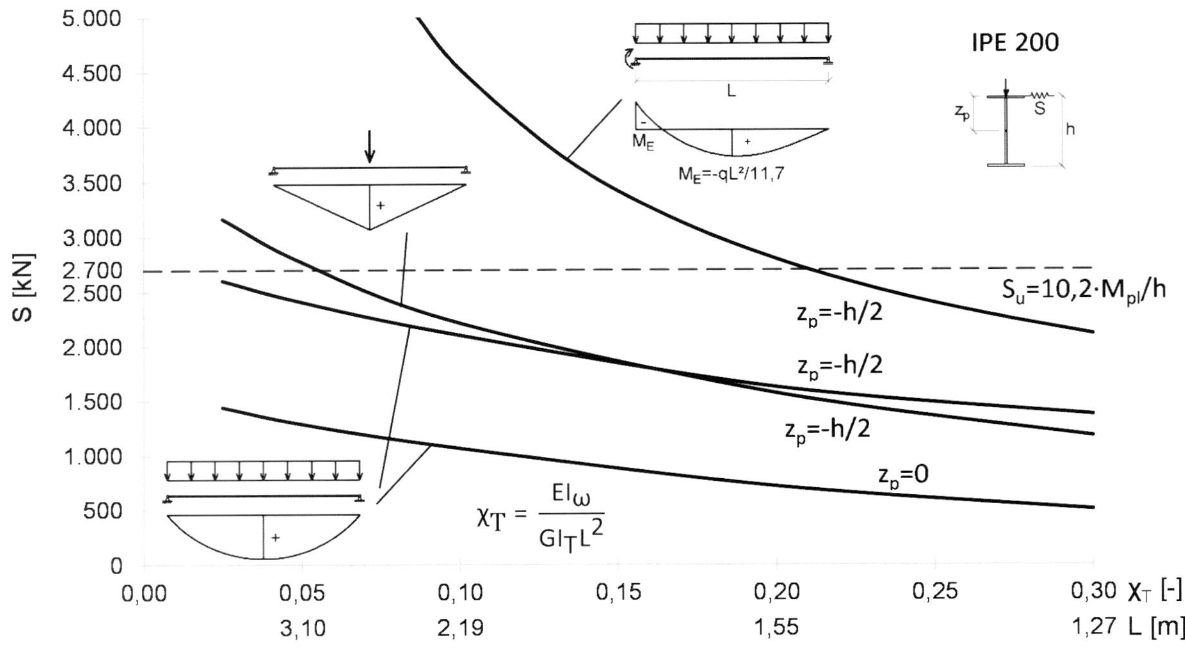

Bild III.BB-7: Auswertungen zur erforderlichen Schubsteifigkeit S, die einen detaillierten Biegedrillknicknachweis nach DIN 18800-2 erübrigt, IPE 200, [162]

Die Ergebnisse nach Gln. (III.BB-2) und (III.BB-4) unterscheiden sich natürlich wegen der unterschiedlichen Bedingung bei ihrer Herleitung. Die Unterschiede sind besonders ausgeprägt in den Fällen, in denen Biegemomente ohne Vorzeichenwechsel vorhanden sind, wie es z. B. bei Einfeldträgern unter Gleichlast oder Einzellast der Fall ist.

<6> Berücksichtigung von vorh. S bei der Berechnung des idealen Biegedrillknickmomentes M_{cr}

Wenn die Bedingungen von (III.BB-3) oder (III.BB-5) nicht erfüllt sind, darf die vorhandene Schubsteifigkeit vorh. S bei der Ermittlung des idealen Biegedrillknickmomentes M_{cr} berücksichtigt werden, was dann in den bezogenen Schlankheitsgrad für das Biegedrillknicken $\bar{\lambda}_{LT}$ und damit in den Abminderungsbeiwert χ eingeht.

Allerdings liegen hierfür nur Näherungslösungen vor, die auch auf den Ansatz einwelliger Sinusverformungen zurückgehen. In [125] wurde Gl. (III.BB-6) angegeben, in [188] Gl. (III.BB-7).

$$M_{cr} = M_{cr,S} = M_{cr,1} + 0{,}614 \cdot \text{vorh. } S \cdot h \qquad \text{(III.BB-6)}$$

$$M_{cr} = M_{cr,S} = M_{cr,1} + 0{,}500 \cdot \text{vorh. } S \cdot h \qquad \text{(III.BB-7)}$$

Dabei ist mit $M_{cr,1}$ derjenige Wert gemeint, der sich für das ideale Biegedrillknickmoment nach DIN 18800-2, Gl. (19) ohne Berücksichtigung von vorh. S ergibt, siehe Gl. (III.BB-8). Nach der Formulierung von DIN EN 1993-1-1 ist ξ (Beiwert zur Erfassung der Form des Biegemomentenverlaufs M_y) durch C_1 zu ersetzen.

$$M_{cr,1} = M_{cr} = \xi \cdot \frac{\pi^2 \cdot E \cdot I_z}{L^2} \cdot \left(\sqrt{c^2 + 0{,}25 \cdot z_p^2} + 0{,}5 \cdot z_p\right) \qquad \text{(III.BB-8)}$$

Wegen der verwendeten jeweils einwelligen Ansätze für die Verformungen ϑ und v ist Gl. (III.BB-6) oder (III.BB-7) jedoch insbesondere bei größeren Zahlenwerten für die Schubsteifigkeit mit größeren Fehlern behaftet. Für ein Beispiel sind die Lösungen aus einer genauen Rechnung nach [176] denjenigen nach Gln. (III.BB-6) und (III.BB-7) gegenübergestellt, siehe Bild III.BB-8. Hierbei ist das Verhältnis der genaueren Lösung von M_{cr} zu den Näherungen aufgetragen. Wie zu ersehen ist, weicht je nach Länge und Größe der Schubsteifigkeit S das Ergebnis stark vom erwünschten Wert α = 1,0 ab und liegt bei größeren Werten von S weit auf der unsicheren Seite. I. d. R. ist daher der vorhandene Wert der Steifigkeit vorh. S in ein EDV-Programm zur Berechnung von M_{cr} einzusetzen, z. B. in [176], [103], [194] oder [100].

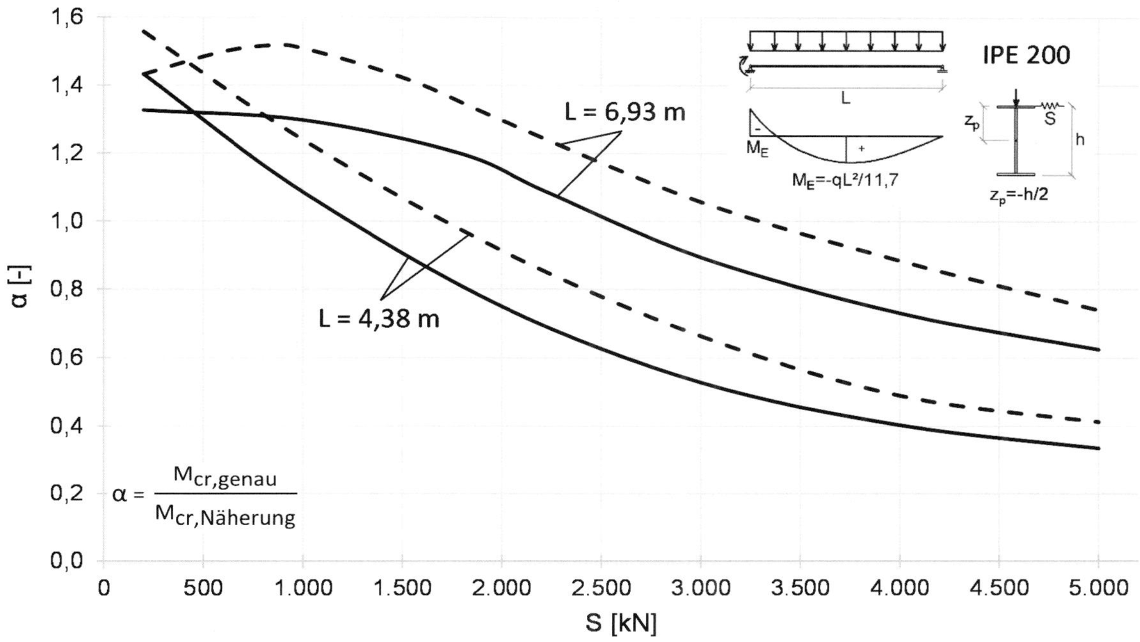

Bild III.BB-8: Verhältnis der Ergebnisse für M_{cr} von genaueren Rechnungen nach [176] mit den Näherungen nach den Gl. (III.BB-6) (durchgezogene Kurven) bzw. Gl. (III.BB-7) (gestrichelte Kurven) – [162]

III.BB.2.2 Kontinuierliche Drehbehinderung

<1> Nachweisformat

Nach BB.2.2(1)B darf ein Träger als ausreichend gegen Verdrehung gestützt angesehen werden, wenn die Bedingung (III.BB-9) erfüllt ist.

$$C_{\vartheta k} > \left(\frac{M_{pl,k}^2}{E \cdot I_z}\right) \cdot K_\vartheta \cdot K_v \qquad \text{(III.BB-9)}$$

Diese Formulierung ist aus DIN 18800-2 übernommen, wobei aber (wohl versehentlich) > statt $\geq$ steht. In 18800-2 [12] sind kleine Buchstaben für c_ϑ, k_ϑ, k_v verwendet worden, in DIN EN 1993-1-1 [22] große Buchstaben. Wird auch hier die sonst übliche Formulierung verwendet, ergibt sich Gl. (III.BB-10).

$$\frac{\text{erf. } C_{\vartheta k}}{\text{vorh. } C_{\vartheta k}} < 1 \qquad \text{(III.BB-10)}$$

Dabei wird die rechte Seite von Gl. (III.BB-9) als erf. $C_{\vartheta k}$ aufgefasst und die linke Seite von Gl. (III.BB-9) als vorh. $C_{\vartheta k}$.

<2> Drehbettungsbeiwert K_ϑ

<2.1> Frühere Untersuchungen nach [162]

Viele Untersuchungen speziell in Deutschland beschäftigen sich mit der Frage, welche Drehbettung vorhanden sein muss, um auf einen genaueren Biegedrillknicknachweis verzichten zu dürfen, wobei stets davon ausgegangen wird, dass eine freie Drehachse nach Bild III.BB-3a) vorhanden ist.

Alle Arbeiten bis 1980 und auch noch die DASt (Traglast-)Richtlinie 008 [2] gehen dabei von der Annahme aus, dass die Wirkung der Imperfektionen bei der Ermittlung der Drehbettung vernachlässigt werden darf. Es wurde so vorgegangen, dass die Traglast als erreicht angesehen wurde, wenn die nach der Elastizitätstheorie unter Berücksichtigung der berechneten idealen Verzweigungslast q_{cr} den Wert q_T nach dem Traglastverfahren (für das Innenfeld eines Durchlaufträgers z. B. $q_T = 16 \cdot M_{pl}/L^2$) erreichte. Die Berechtigung für diese Vorgehensweise wurde darin gesehen, dass sich bei vielen durchgeführten Großversuchen ausreichende Tragsicherheit einstellte, also kein Biegedrillknicken („Kippen“) auftrat. Dies war aber darauf zurückzuführen, dass in den Großversuchen stets neben der Drehbettung c_ϑ auch noch eine Schubsteifigkeit S wirksam war, die jedoch nicht separat gemessen werden konnte und somit zahlenmäßig nicht quantifizierbar war. Zusätzlich ist erklärend darauf hinzuweisen, dass um 1970 der Kenntnisstand auf dem Gebiet des Biegedrillknickens im plastischen Bereich sehr viel geringer war als jetzt.

Um die großen Auswirkungen der Vernachlässigung der Imperfektionen deutlich zu machen: für den Fall in Zeile 2 von Tabelle 1 ergab sich nach [2] ein Zahlenwert von $K_\vartheta = 0{,}9$ statt 3,5.

<2.2> Angaben in den bestehenden Regelwerken

Umfangreiche Untersuchungen wurden in [170] vorgestellt, deren Ergebnisse dann in die deutsche Stabilitätsnorm DIN 18800-2 [12] übernommen wurden. Es wurde darin zwischen den Fällen der freien und gebundenen Drehachse nach Bild III.BB-3 unterschieden. Grundlage ist die in DIN 18800-2 gewählte Traglastkurve für das Biegedrillknicken nach Gl. (9).

$$\chi = \left(\frac{1}{1+\bar{\lambda}_{LT}^{2n}}\right)^{\frac{1}{n}} \qquad \text{(III.BB-11)}$$

$$\bar{\lambda}_M = \sqrt{\frac{M_{pl,k}}{M_{cr}}} \qquad \text{(III.BB-12)}$$

mit: n Trägerbeiwert nach [12], bei Walzprofilen für Momente aus Querlasten, z. B.: für Walzprofile n = 2,5 und für geschweißte Profile n = 2,0. Falls ein Verhältnis der Randmomente $\psi \geq 0{,}75$ vorhanden ist, sind diese Werte jeweils mit 0,8 zu multiplizieren.

Der Hauptanwendungsbereich für das Verfahren der Mindeststeifigkeit betrifft Pfetten, beansprucht durch Gleichstreckenlasten. Dafür gilt nach DIN 18800-2 ein Trägerbeiwert n = 2,5, worauf die Werte in DIN 18800-2, Tabelle 6 fußen, die hier noch einmal in Tabelle III.BB-2 angegeben sind.

Tabelle III.BB-2: Beiwerte K_ϑ nach DIN 18800-2, Tabelle 6 [12] und DIN EN 1993-1-1, Tabelle BB.1 [22]

Zeile	Momentenverlauf	Drehachse frei	Drehachse gebunden
1	M +	4,0	0
2	M + / M -	3,5	0,12
3	M - / + M / M -	3,5	0,23
4	+ M	2,8	0
5	- M	1,6	1,0

Bei der Ermittlung der Mindeststeifigkeit wurde seit längerem, auch im Rahmen des Normungsverfahrens zu DIN 18800-2, davon ausgegangen, dass diese als erreicht angesehen werden kann, wenn das Tragmoment unter Beachtung der Drehbettung 95 % des Biegemomentes im vollplastischen Zustand erreicht. Für eine weitere rechnerische Anhebung wäre eine unverhältnismäßig hohe weitere Vergrößerung der Drehbettung erforderlich, was unter Berücksichtigung unserer üblichen baupraktischen Ungenauigkeiten vernachlässigt werden kann. In der Dissertation von *Kaim* in Graz [134] wurde zunächst anhand von FEM-Traglastrechnungen nachgewiesen, dass die den Zahlenwerten von Tabelle III.BB-2 zugrunde liegende Voraussetzung, dass ausreichende Tragsicherheit beim Erreichen von $0{,}95 \cdot M_{pl}$ vorhanden ist, vertretbar ist. Zusätzlich hat *Kaim* durch einige Rechnungen gezeigt, dass die Traglastkurven für das Biegedrillknicken von Biegeträgern günstiger sind, sobald eine Drehbettung C_ϑ vorhanden ist. Leider ist dies nicht so umfangreich belegt, dass es systematisch genutzt werden kann.

Aus den getroffenen Annahmen ergibt sich schließlich unter Berücksichtigung von n = 2,5 nach [162]:

$$K_\vartheta = \frac{5{,}0}{C_1^2} \qquad \text{(III.BB-13)}$$

Daraus ergibt sich z. B. für den Lastfall „Gleichstreckenlast" mit $C_1 = 1{,}12$ ein Wert von $K_\vartheta = 5{,}00/(1{,}12)^2 = 3{,}99 \approx 4{,}0$, der in Tabelle III.BB-2 in Zeile 1 eingetragen ist. Bereits in [170] wurde vermerkt, dass größere Zahlenwerte als nach Tabelle III.BB-2 zu verwenden sind, falls die Voraussetzung von n = 2,5 nicht erfüllt ist. Auf die Aufnahme des Lastfalles „konstantes Moment" wurde in DIN 18800-2 bewusst verzichtet, da dieser bei Pfetten nicht vorkommt.

Die Werte aus DIN 18800-2 [12] wurden in DIN EN 1993-1-1, Anhang BB.2 [22] übernommen, obwohl dort die Traglastkurven für das Biegedrillknicken anders formuliert sind. Dagegen bestehen so lange keine großen Bedenken, wie es sich um die Stabilisierung von Durchlaufträger-Pfetten aus Walzprofilen handelt, für die nach der Klassifikation von DIN EN 1993-1-1, Tabelle 6.5 die Biegedrillknicklinie „b" nach Gl. (6.57) maßgebend ist. Für eine genauere Unterscheidung ist es jedoch wünschenswert, die Mindeststeifigkeiten von DIN EN 1993-1-1, Tabelle BB.1 neu zu ermitteln. Dies erfolgt hier im Abschnitt III.BB.2.2<2.3>.

<2.3> NCI zu BB.2, Verbesserung der Tabelle BB.1 in DIN EN 1993-1-1 [22]

Die hier aufgeführte Verbesserung beruht auf der Verwendung der Biegedrillknickkurven nach DIN EN 1993-1-1, Gln. (6.57) und (6.58) sowie dem in der Anmerkung zu Abs. 6.3.2.3 angegebenen Modifikationsfaktor f.

In [162] wurden systematische Auswertungen vorgenommen, die für die Ermittlung der Mindeststeifigkeit folgende Grundlagen benutzen.

- Es werden die Biegedrillknickkurven nach DIN EN 1993-1-1 verwendet.
- Alle Berechnungen zur Ermittlung von Biegedrillknickmomenten $M_{ki} = M_{cr}$ nach der Elastizitätstheorie werden mit einem Profil IPE 300 mit L = 8,04 m und Lasthebelarm $z_p = 0$ durchgeführt, daraus ergibt sich insbesondere der Momentenbeiwert C_1 (dies entspricht ξ nach DIN 18800-2).
- Die Korrekturbeiwerte k_c für den Verlauf der Biegemomente, die für einige Lastfälle in DIN 18800-2, Tab. 8 [12] bzw. DIN EN 1993-1-1, Tabelle 6.6 [22] angegeben sind, werden nicht verwendet, sondern für freie Drehachse aus C_1 neu ermittelt:

$$k_c = \sqrt{\frac{1}{C_1}} \quad \text{(III.BB-14)}$$

Aus der jeweils maßgebenden Biegedrillknickkurve „b“, „c“ oder „d“ und dem Wert $\chi_{LT,mod}$ ergibt sich der Wert $\bar{\lambda}_{LT}$ und damit aus Gl. (III.BB-13) der Wert K_ϑ.

Für verschiedene Belastungsfälle wurden die Werte C_1, k_c und grenz $\bar{\lambda}_{LT}$ berechnet, woraus sich dann iterativ die Werte K_ϑ ergeben, die hier in Tabelle III.BB-3 angegeben sind, vgl. [162]. Für die gebundene Drehachse ergeben sich z. T. Änderungen gegenüber dem NA.

Von Tabelle III.BB-3 wurden nur die Zeilen 2, 3, 4, 5, 8 und 9 in DIN EN 1993-1-1/NA [22] als NCI zu BB.2 übernommen, da gegenüber der früheren Tabelle keine wesentliche Erweiterung gewünscht war.

Nachträglich hat sich leider herausgestellt, dass bei der Ermittlung der K_ϑ-Werte für den Fall der gebundenen Drehachse in [76] und [162] zum Teil irrtümlich die k_c-Werte auch für gebundene Drehachse aus (III.BB-14) berechnet wurden. Dies ist nicht zutreffend, da auch bei gebundener Drehachse die k_c-Werte für freie Drehachse maßgebend sind. Daher wurden für diesen Fall der gebundenen Drehachse die entsprechenden Werte hier neu ermittelt. Dabei wurde wie folgt vorgegangen:

1) Es wird die Formulierung für die Ermittlung des idealen Biegedrillknickmomentes M_{cr} nach Abs. III.6.3.2.2<2> mit dem Beiwert k verwendet.
2) Als Torsionsträgheitsmoment I_T wird der Wert I_T^* nach Gl. (III.BB-25) benutzt, wobei näherungsweise $\alpha = 0,9$ eingesetzt wird.
3) Durch Einsetzen von Gl. (III.BB-25) in Gl. (III.6-19) zur Bestimmung von M_{cr} ergibt sich C_ϑ nach Gl. (III.BB-15).

$$C_\vartheta = \frac{M_{pl}^2}{E \cdot I_z} \cdot \underbrace{\left(\frac{\pi^2}{0{,}9 \cdot k^2} \cdot \frac{1}{\bar{\lambda}_{LT}^4} - \frac{\pi^2}{0{,}9 \cdot L^2} \cdot G \cdot I_T \cdot \frac{E \cdot I_z}{M_{pl}^2} \right)}_{=K_\vartheta} \quad \text{(III.BB-15)}$$

Der Momentenbeiwert k wird für den jeweiligen Lastfall nach [176] für ein Profil IPE 300 berechnet, er ist stark längenabhängig (vgl. [193]). Ein minimaler Wert ergibt sich lastfallabhängig im in Gl. (III.BB-16) dargestellten Bereich.

$$\chi_w = \frac{E \cdot I_\omega}{G \cdot I_T \cdot L^2} = 0{,}02 \sim 0{,}05 \qquad \text{(III.BB-16)}$$

Der bezogene Schlankheitsgrad $\bar{\lambda}_{LT}$ ist derjenige Wert, bei dem $\chi_{LT,mod}$ = 0,95 ist, wobei der k_c-Wert für den Fall der freien Drehachse zu wählen ist.

Tabelle III.BB-3: Werte K_ϑ für verschiedene Momentenverläufe in Abhängigkeit der Biegedrillknickkurven „b“, „c“ und „d“ und der Art der Drehachse

		freie Drehachse			gebundene Drehachse		
Zeile	**Momentenverlauf**	**„b“**	**„c“**	**„d“**	**„b“**	**„c“**	**„d“**
1	M, M, -	13,2	17,5	22,6	6,7	8,9	11,5
2	M, +	6,8	10,0	14,2	0	0	0
3	M, +, M, -	4,8	7,3	10,9	0,04	0,11	0,40
4	M, M, -, +, M, -	4,2	6,4	9,7	0,22	0,40	0,66
5	+, M	2,8	4,4	7,1	0	0	0
6	M, -, +, M	1,7	2,8	4,8	0,08	0,15	0,44
7	M, M, -, +, -, M	1,0	1,6	2,9	0,24	0,54	1,0
8	M, -	0,89	1,4	2,6	0,33	0,71	1,6
9	M, ψ·M, -, + mit ψ ≤ -0,3	0,47	0,75	1,4	0,14	0,33	0,9
10	wie Zeile 9, aber mit ψ = +0,5	2,6	4,1	6,7	1,6	2,5	4,1

Für die verschiedenen Lastfälle wurden jeweils die minimalen k-Werte nach [176] berechnet. Zur Vereinfachung wurde dann das Abzugsglied in Gl. (III.BB-15) für L = 10,0 m berechnet und berücksichtigt.

Nachfolgend ist ein Beispiel angegeben, wie die Werte K_ϑ für den Fall der gebundenen Drehachse neu ermittelt wurden.

Beispiel:

Randbedingungen: Linear veränderliches, negatives Moment mit $\psi = 0{,}5$ (Tabelle III.BB-3, Zeile 10); $L = 10{,}0$ m; min $k = 5{,}73$; $k_c = 0{,}858$ und $\bar{\lambda}_{LT} = 0{,}669$. Profilwerte (IPE 300): $M_{pl} = 147{,}6$ kNm (S235); $I_z = 604$ cm^4; $I_T = 20{,}2$ cm^4 und $I_\omega = 125.900$ cm^6.

Die Auswertung von Gl. (III.BB-15) mit diesen Werten ergibt:

$$K_\vartheta = \frac{\pi^2}{0{,}9 \cdot 5{,}73^2} \cdot \frac{1}{0{,}669^4} - \frac{\pi^2}{0{,}9 \cdot 1.000^2} \cdot 8.100 \cdot 20{,}2 \cdot \frac{21.000 \cdot 604}{14.760^2}$$
$$= 1{,}667 - 0{,}104 = 1{,}563 \approx 1{,}6 \qquad \text{(III.BB-17)}$$

In den Zeilen 3, 4, 6 und 7 in Tabelle III.BB-3 ist jeweils vorausgesetzt, dass Feldmoment und Stützmoment gleich groß sind. Dies entspricht einer Berechnung der Schnittgrößen nach der Plastizitätstheorie (Traglastverfahren). Ist dies nicht der Fall, also bei einer Berechnung der Schnittgrößen nach der Elastizitätstheorie, ergeben sich andere Werte, die auch stärker von den Werten der Tabelle III.BB-3 abweichen können.

Bild III.BB-9 und Bild III.BB-10 zeigen die Ergebnisse für K_ϑ bei variablem Verhältnis $\psi = M_s/M_f$. Offensichtlich hat die Größe des negativen Randmomentes einen sehr großen Einfluss. Es fällt insbesondere auf, dass sich K_ϑ sehr stark ändert, wenn $\psi < -1{,}0$ (in den Diagrammen: $\psi > 1{,}0$) ist. Entsprechende Werte können Bild III.BB-9 (für Einzellast) und Bild III.BB-10 (für Gleichstreckenlast) entnommen werden.

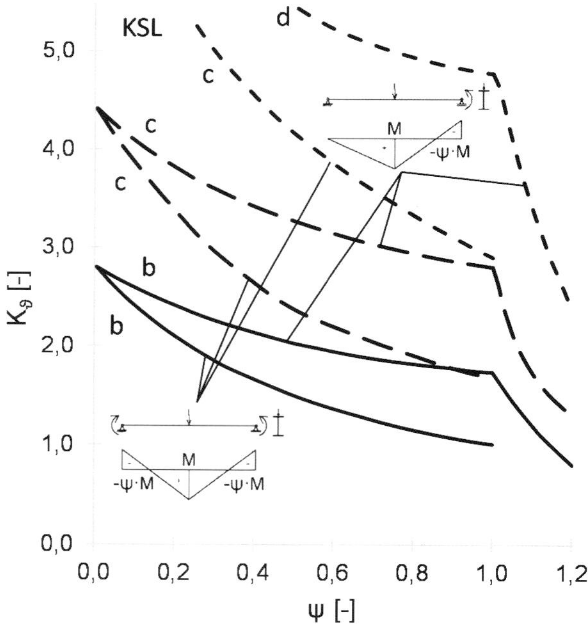

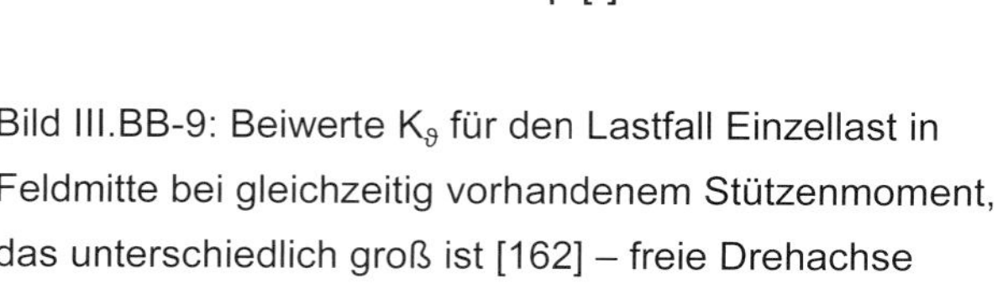

Bild III.BB-9: Beiwerte K_ϑ für den Lastfall Einzellast in Feldmitte bei gleichzeitig vorhandenem Stützenmoment, das unterschiedlich groß ist [162] – freie Drehachse

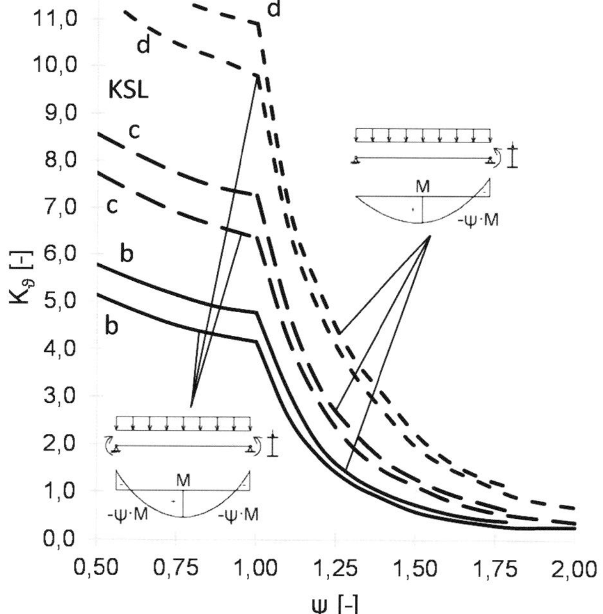

Bild III.BB-10: Beiwerte K_ϑ für den Lastfall Gleichstreckenlast bei gleichzeitig vorhandenem Stützenmoment, das unterschiedlich groß ist [162] – freie Drehachse

<2.4> Andere Lösungen für K_ϑ aus der Literatur

Aus Gl. (III.BB-11) ist ersichtlich, dass der Wert K_ϑ vom Momentenbeiwert ξ bzw. C_1 abhängt und dieser wiederum von den bereits genannten Parametern:

- Steifigkeitswerte des betrachteten Profils: $E \cdot I_z$, $E \cdot I_\omega$, $G \cdot I_T$,
- Stützweite: L,
- Höhe des Lastangriffspunktes von Querlasten über dem Schubmittelpunkt: z_p,
- Drehbettung: C_ϑ.

Um zu einfachen Anwendungen in der Praxis zu kommen, ist es seit Jahrzehnten üblich, die Momentenbeiwerte ξ bzw. C_1 in den Technischen Regelwerken vereinfachend ohne Berücksichtigung der o. g. Parameter festzulegen. Dabei wird meist insbesondere nicht die Höhe z_p des Lastangriffspunktes berücksichtigt, sondern $z_p = 0$ vorausgesetzt. Dieses Vorgehen war schon in DIN 4114-2:1953, Bild 24 [9] so, ist in DIN 18800-2:1990-11 bzw. 2008-12, Tabelle 12 [12] so gehandhabt worden und auch DIN EN 1993-1-1:2010-12, Tabelle 6.6 [22] gibt entsprechende konstante Korrekturbeiwerte k_c, die ja aus M_{cr} hervorgehen, an. Aus diesem Grunde entstehen zwangsweise auch für den Beiwert K_ϑ andere Ergebnisse, wenn von solchen Vereinfachungen für die Momentenbeiwerte abgewichen wird, vgl. Bild 2 in [260]. Zunächst ist festzustellen, dass die Vermutung in [260], dass die K_ϑ-Werte in DIN EN 1993-1-1/NA mit einer einwelligen sinusförmigen Verformungsfigur für ϑ und v ermittelt worden sind, nicht zutreffend ist, vgl. Abs. 2.3 in [162]. Die aus (hier nicht näher erläuterten) numerischen Berechnungen in [260] abgeleiteten K_ϑ-Werte sind insbesondere für große Werte der negativen Stützenmomente zum Teil erheblich größer als nach Tabelle III.BB-3. Es ist aber zweifelhaft, ob diese „genaueren" Werte wirklich berücksichtigt werden müssen. Dies wird an einem Beispiel näher erläutert, das in Bild III.BB-11 dargestellt ist. Die angesetzten K_ϑ-Werte werden Bild 2 in [260] und Tabelle III.BB-3 entnommen. Die Profile IPE 200 und HEA 200 sind in Biegedrillknicklinie „b" einzuordnen, IPE 300 in Biegedrillknicklinie „c".

Beispiel:
Für das Profil HEA 200 (S235) ergeben sich mit $M_{pl} = 100{,}9$ kNm, $I_z = 0{,}134$ cm²m² zum Beispiel die folgenden Werte:

$$C_{\vartheta,\mathrm{DIN\ EN\ 1993\text{-}1\text{-}1}} = \frac{100{,}9^2}{21.000 \cdot 0{,}134} \cdot 4{,}2 = 15{,}2\ \frac{\mathrm{kNm}}{\mathrm{m}} \qquad \text{(III.BB-18a)}$$

$$C_{\vartheta,Strohmann\,[260]} = \frac{100{,}9^2}{21.000 \cdot 0{,}134} \cdot 6{,}0 = 21{,}7\ \frac{\mathrm{kNm}}{\mathrm{m}} \qquad \text{(III.BB-18b)}$$

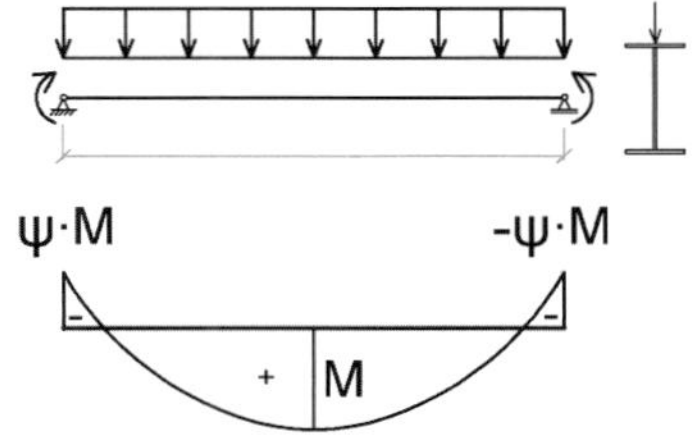

Bild III.BB-11: Beispiel für die Auswirkungen unterschiedlicher K_ϑ-Werte; ψ = 1, d. h. Feld und Stützenmoment sind betragsmäßig gleich groß und haben ein entgegengesetztes Vorzeichen – freie Drehachse

Auf die gleiche Weise werden die anderen Kennwerte berechnet, die in die Ermittlung der Traglast, hier dargestellt durch den Abminderungsbeiwert $\chi_{LT,mod}$ nach Gl. (6.58), eingehen. Die Ergebnisse für den untersuchten Lastfall nach Bild III.BB-11 und die drei gewählten Profile sind in Tabelle III.BB-4 angegeben. Dabei wurden die idealen Biegedrillknickmomente $M_{cr,k}$ unter Ansatz des jeweiligen Wertes für C_ϑ nach [176] berechnet.

Tabelle III.BB-4: Ergebnisse zur Untersuchung des Einflusses unterschiedlicher K_ϑ-Werte

Profil	Knicklinie	L [m]	Lasthebelarm z_p: −h/2	Lasthebelarm z_p: 0	K_ϑ [-]	C_ϑ [kNm/m]	M_{cr} [kNm]	$\chi_{LT,mod}$ [-]
IPE 200	„b"	5,00	X		4,2	37,9	111	0,922
				X			121	0,936
			X		6,0	54,1	131	0,949
				X			141	0,959
IPE 360	„c"	9,00	X		6,4	168,4	658	0,927
				X			703	0,937
			X		9,6	252,6	800	0,958
				X			844	0,967
HEA 200	„b"	8,50	X		4,2	15,2	233	0,935
				X			276	0,959
			X		6,0	21,7	276	0,959
				X			319	0,977

Aus Tabelle III.BB-4 ist ersichtlich:

- Die Ergebnisse für die drei gewählten Profile unterscheiden sich nur geringfügig.
- Die Ergebnisse für den Lasthebelarm $z_p = -h/2$ und $z_p = 0$ unterscheiden sich etwa um 1 % bis 2 %, so dass die Vernachlässigung der Berücksichtigung von $z_p = -h/2$ vertretbar ist.
- Die Vernachlässigung der Drehbettungsbeiwerte C_ϑ nach *Strohmann* [260] führt zu Traglasteinbußen zwischen 1,9 % (= 0,977/0,959) und 3,3 % (= 0,958/0,927), dem steht aber die Forderung nach Erhöhung der Steifigkeit um 43 % (IPE 200, HEA 200) bzw. 50 % (IPE 360) gegenüber.

Obwohl diese Ergebnisse hier für nur einen bestimmten Lastfall ermittelt wurden, kann das Ergebnis nach Meinung der Verfasser verallgemeinert werden.

<2.5> Zusammenfassende Feststellung zur Drehbettung

Zusammenfassend ist festzustellen: Es ist unter baupraktischen Gesichtspunkten nach wie vor gerechtfertigt, die in DIN EN 1993-1-1/NA [22] für eine freie Drehachse mitgeteilten Ergebnisse für die Drehbettungsbeiwerte K_ϑ zu verwenden.

<3> Drehbettungsbeiwert K_v

Auch hier wurde der Beiwert $K_v = 0{,}35$, so wie in DIN 18800-2 [12] angegeben, auch für DIN EN 1993-1-1, Abs. BB.2.2(1) [22] übernommen. Wegen der anderen Biegedrillknickkurven ist dies ebenso wie beim Drehbettungsbeiwert K_ϑ zu korrigieren. Bei elastischer Ausnutzung des Querschnitts muss nicht M_{pl}, sondern nur M_{fy} erreicht werden, also dasjenige Moment, bei dem an der ungünstigsten Stelle gerade die Streckgrenze erreicht wird. Dies ist wegen des unterschiedlichen plastischen Formbeiwertes α_{pl} profilabhängig. Für Walzprofile beträgt dieser im Mittel für Beanspruchung um die starke Achse $\alpha_{pl} = 1{,}14$ – ein Wert, der schon in [2] zur Vereinfachung festgeschrieben wurde und hier auch benutzt wird.

Entsprechende detaillierte Untersuchungen wurden in [160] mitgeteilt. Es ergaben sich die folgenden Ergebnisse, die im Detail aus Tabelle III.BB-5 und Tabelle III.BB-6 zu ersehen sind.

- Der Faktor K_v schwankt erheblich. Für eine freie Drehachse liegt er zwischen 0,34 und 0,77. Er weicht daher erheblich von dem in [12] und [22] genannten Wert von 0,35 ab. Dafür gibt es mehrere Gründe.
  - Die Traglastkurven für das Biegedrillknicken, die in DIN 18800-2 [12] genannt sind, entsprechen für den Lastfall Einzellast näherungsweise der Biegedrillknicklinie „b" nach DIN EN 1993-1-1, Abs. 6.3.2.3 [22], die Linien „c" und „d" ergeben jedoch geringere Tragfähigkeiten und damit auch größere Werte K_v.
  - Bei der Ermittlung des Wertes K_v für DIN 18800-2 wurde mit Zustimmung des Normenausschusses von DIN 18800-2 von einem Wert grenz κ_M (= grenz χ_{LT}) = 0,95/1,14 = 0,8333 statt wie hier 1,0/1,14 = 0,8772 ausgegangen. Dies hat einen erheblichen Einfluss auf die Ergebnisse.
  - In Anbetracht dieser großen Schwankungen von K_v erscheint es nicht sinnvoll, dafür einen konstanten Wert zu empfehlen oder festzulegen, wie es in [12] erfolgte. Aus diesem Grunde wird hier empfohlen, die Mindeststeifigkeit nicht nach Gl. (BB.3), hier Gl. (III.BB-9), zu bestimmen, sondern dafür Gl. (III.BB-20) zu verwenden. Ein Vorgehen nach Gl. (III.BB-9) würde zwar die Verwendung der in Tabelle III.BB-5 und Tabelle III.BB-6 aufgeführten Werte K_v ermöglichen, gleichzeitig würden dann auch die entsprechenden Werte für K_ϑ für plastische Tragfähigkeiten benötigt werden. Diese liegen zwar vor, da darauf ja die Ermittlung der Werte K_v fußt, aus Gründen den Umfanges werden sie hier jedoch nicht dargestellt. Mit zusätzlichem Aufwand ließen sich die Werte aus $K_\vartheta = K_{\vartheta,el}/K_v$ ermitteln.
- Für die Fälle der Belastung durch Querlasten mit Randmomenten ist für die Größe der Werte $K_{\vartheta,el}$ die Größe des negativen Stützenmomentes von sehr großem Einfluss. Aus Tabelle III.BB-6, Zeile 3 ist ersichtlich, dass sich für $\psi = 1$ dieser Wert von $K_{\vartheta,el,b}$ von 1,82 (für j = 16) über 0,17 (für j = 12) zu 0,039 (für j = 8) ändert.
- Ebenso spielt das Verhältnis ψ der Randmomente zueinander eine sehr große Rolle. Nach Tabelle III.BB-6 ändert sich beispielsweise $K_{\vartheta,el,d}$ von 0,085 (für $\psi = 1{,}0$) auf 4,53 (für $\psi = -1{,}0$)

Daher lautet die Bedingung für den Nachweis nach Gl. (III.BB-19):

$$C_{\vartheta,k,el} \geq \frac{M_{pl,k}^2}{E \cdot I_z} \cdot K_{\vartheta,el} \qquad \text{(III.BB-19)}$$

oder besser in der geänderten, für die Eurocodes üblichen Schreibweise

$$\frac{\text{erf. } C_{\vartheta,k,el}}{\text{vorh. } C_{\vartheta,k,el}} \leq 1{,}0 \qquad \text{(III.BB-20)}$$

Die in [160] zusätzlich noch mitgeteilten Ergebnisse für gebundene Drehachse sollten nicht verwendet werden, da dort, wie in Abs. III.BB.2.2<2.3> erläutert, irrtümlich ungeeignete k_c-Werte verwendet wurden.

Tabelle III.BB-5: Beiwerte K_v und $K_{\vartheta,el}$ für elastische Querschnittsausnutzung analog zu DIN EN 1993-1-1, Tabelle BB.1 [22], nach [160] – freie Drehachse

Zeile	Momentenverlauf	ψ	Werte	freie Drehachse „b“	freie Drehachse „c“	freie Drehachse „d“
1		-	C_1	1,120	1,120	1,120
	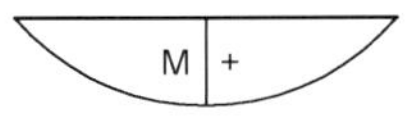		$K_{\vartheta,el}$	2,770	4,380	7,290
			K_v	0,390	0,430	0,500
2		0,00	C_1	1,207	1,207	1,207
	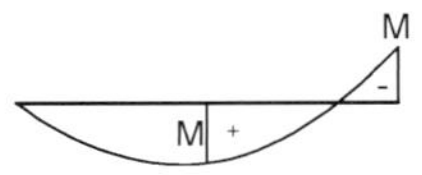		$K_{\vartheta,el}$	2,040	3,240	5,000
			K_v	0,430	0,450	0,510
3		1,00	C_1	1,242	1,242	1,242
	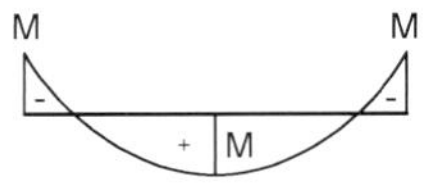		$K_{\vartheta,el}$	1,820	2,900	3,710
			K_v	0,440	0,460	0,520
4		-	C_1	1,350	1,350	1,350
	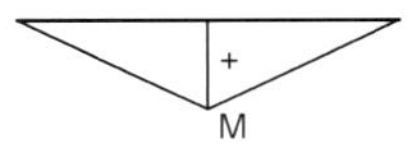		$K_{\vartheta,el}$	1,330	2,110	1,610
			K_v	0,480	0,480	0,520
5		0,00	C_1	1,502	1,502	1,502
	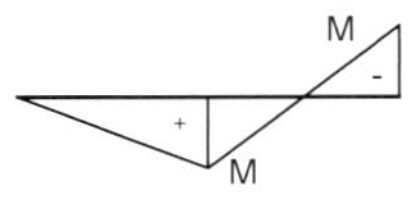		$K_{\vartheta,el}$	1,330	1,430	
			K_v	0,520	0,510	
6		1,00	C_1	1,716	1,716	1,716
	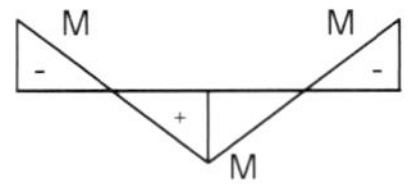		$K_{\vartheta,el}$	0,579	0,897	1,610
			K_v	0,570	0,550	0,550
7		1,00	C_1	1,000	1,000	1,000
			$K_{\vartheta,el}$	4,550	7,010	11,100
			K_v	0,340	0,400	0,490
8		0,50	C_1	1,385	1,385	1,385
			$K_{\vartheta,el}$	1,210	1,920	3,380
			K_v	0,490	0,490	0,530
9		0,00	C_1	1,776	1,776	1,776
			$K_{\vartheta,el}$	0,519	0,800	1,440
			K_v	0,590	0,560	0,560
10	ψ·M, M	-0,30	C_1	2,110	2,110	2,110
	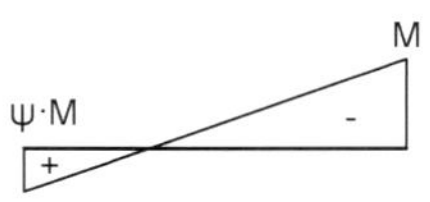		$K_{\vartheta,el}$	0,305	0,457	0,815
			K_v	0,640	0,600	0,590
11		-0,50	C_1	2,480	2,480	2,480
			$K_{\vartheta,el}$	0,192	0,280	0,491
			K_v	0,680	0,640	0,610
12		-0,75	C_1	2,750	2,750	2,750
			$K_{\vartheta,el}$	0,145	0,208	0,359
			K_v	0,700	0,660	0,630
13		-1,00	C_1	2,690	2,690	2,690
			$K_{\vartheta,el}$	0,155	0,224	0,388
			K_v	0,690	0,650	0,620

Tabelle III.BB-6: Beiwerte K_v und $K_{\vartheta,el}$ für elastische Querschnittsausnutzung analog zu DIN EN 1993-1-1, Tabelle BB.1 [22] für Querlasten mit Randmomenten, nach [160] – freie Drehachse

		Verhältnis ψ der Randmomente							
(**)		1,000	0,500	0,250	0,000	-0,125	-0,250	-0,500	-1,000
j = 16 (*)	C_1	1,242	1,201	1,190	1,179	1,174	1,171	1,169	1,165
	$K_{\vartheta,el,b}$	1,820	2,080	2,160	2,240	2,280	2,310	2,320	2,360
	$K_{v,b}$	0,440	0,420	0,420	0,420	0,410	0,410	0,410	0,410
	$K_{\vartheta,el,c}$	2,900	3,310	3,430	3,560	3,620	3,660	3,680	3,730
	$K_{v,c}$	0,460	0,450	0,440	0,440	0,440	0,440	0,440	0,440
	$K_{\vartheta,el,d}$	5,000	5,650	5,840	6,040	6,130	6,190	6,230	6,310
	$K_{v,d}$	0,510	0,510	0,510	0,510	0,510	0,510	0,510	0,510
j = 12 (*)	C_1	2,601	1,635	1,359	1,204	1,201	1,197	1,190	1,190
	$K_{\vartheta,el,b}$	0,170	0,680	1,300	2,060	2,080	2,110	2,160	2,160
	$K_{v,b}$	0,690	0,560	0,480	0,420	0,420	0,420	0,420	0,420
	$K_{\vartheta,el,c}$	0,250	1,060	2,060	3,280	3,310	3,350	3,430	3,430
	$K_{v,c}$	0,650	0,530	0,480	0,450	0,450	0,440	0,440	0,440
	$K_{\vartheta,el,d}$	0,430	1,900	3,620	5,590	5,650	5,710	5,840	5,840
	$K_{v,d}$	0,620	0,550	0,520	0,510	0,510	0,510	0,510	0,510
j = 8 (*)	C_1	4,601	4,591	3,109	2,244	1,960	1,736	1,410	1,276
	$K_{\vartheta,el,b}$	0,039	0,040	0,105	0,256	0,382	0,558	1,130	1,640
	$K_{v,b}$	0,770	0,770	0,720	0,650	0,620	0,580	0,500	0,450
	$K_{\vartheta,el,c}$	0,053	0,053	0,148	0,380	0,580	0,863	1,790	2,610
	$K_{v,c}$	0,740	0,740	0,680	0,620	0,580	0,550	0,490	0,460
	$K_{\vartheta,el,d}$	0,085	0,086	0,252	0,673	1,040	1,550	3,180	4,530
	$K_{v,d}$	0,690	0,690	0,640	0,590	0,570	0,560	0,530	0,520

(*) $M = -q \cdot L^2/j$ (**) $M_{Fo} = q \cdot L^2/8$

<4> Vorhandene Drehbettung bzw. Verdrehsteifigkeit vorh. $C_{\vartheta,k}$

In der deutschsprachigen Literatur, z. B. in [2], [192], [218], [170] und [274], wird $C_{\vartheta,k}$ als „Drehbettung“, in [22] als „Verdrehsteifigkeit“, in [26] wieder als „Drehbettung“ bezeichnet. Im Folgenden wird die Bezeichnung „Drehbettung“ verwendet. Die Einzelkomponenten, die die Drehbettung ausmachen, sind in Bild III.BB-12 dargestellt. Sehr unbefriedigend und völlig verwirrend ist, dass die einzelnen Anteile der Drehbettung derzeit in DIN EN 1993-1-1 [22] anders als in DIN EN 1993-1-3 [26] bezeichnet sind. Da wegen der weiteren Informationen i. d. R wohl auf DIN EN 1993-1-3 zurückgegriffen werden wird, wird hier weitgehend die dortige Bezeichnung verwendet.

Es ist noch einmal besonders zu betonen, dass der Nachweis nach Gl. (BB.4), die in Gl. (III.BB-10) wiedergegeben ist, mit charakteristischen Werten zu führen ist, da die Werte vorh. $C_{\vartheta,k}$ mindestens teilweise aus Versuchen stammen und damit als charakteristische Werte anzusehen sind. Bei der Ermittlung der wirksamen, vorhandenen Drehbettung vorh. $C_{\vartheta,k}$ sind alle denkbaren Anteile zu berücksichtigen und damit gegebenenfalls auch Verformungen des Anschlussbereiches zwischen dem biegedrillknickgefährdeten gestützten Träger und dem abstützenden Bauteil zu berücksichtigen. Die verschiedenen Federanteile sind als hintereinander geschaltete Federn anzusehen, siehe Bild III.BB-13. Sofern Trapezprofile als stabilisierendes Element vorhanden sind, dann spielt die örtliche Verformung im Bereich des Anschlusses, ausgedrückt durch $C_{\vartheta,Ck}$, eine besonders große Rolle, siehe Bild III.BB-12. Es ist offensichtlich, dass die Gesamtsteifigkeit maßgebend durch die Komponente mit der geringsten Federsteifigkeit bestimmt wird. Dies wird auch durch Gl. (III.BB-21) ausgedrückt.

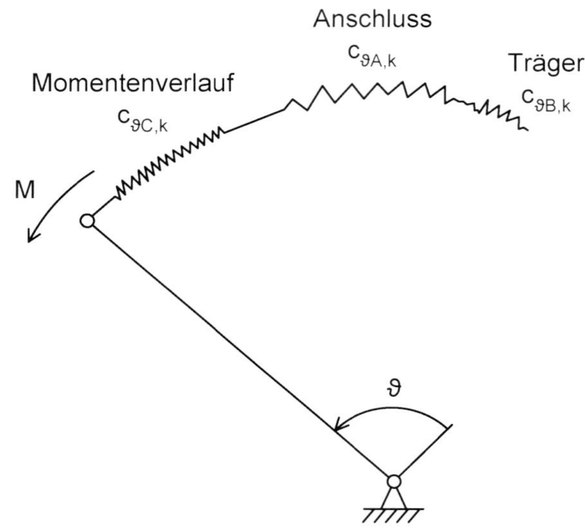

Bild III.BB-12: Mögliche Anteile der Drehbettung [188]

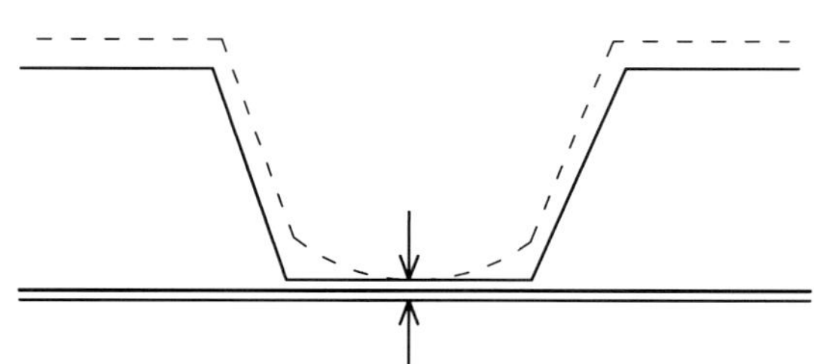

Bild III.BB-13: Örtliche Verformungen durch punktförmige Befestigung von Trapezprofilen

$$\text{vorh.}\, C_{\vartheta,k} = \frac{1}{\frac{1}{C_{\vartheta A,k}} + \frac{1}{C_{\vartheta B,k}} + \frac{1}{C_{\vartheta C,k}}} \quad \text{(III.BB-21)}$$

mit: $C_{\vartheta A,k}$ Drehbettung (Verdrehsteifigkeit) (je Längeneinheit) der Verbindung zwischen dem Träger und dem stabilisierenden Bauteil [kNm/m]

- in [22] als $C_{\vartheta C,k}$ bezeichnet
- in [26] als $C_{D,A}$ bezeichnet
- in [12] als $C_{\vartheta A,k}$ („Drehbettung aus der Verformung des Anschlusses") bezeichnet, siehe Bild III.BB-12

$C_{\vartheta B,k}$ Drehbettung (Verdrehsteifigkeit) (je Längeneinheit) infolge von Querschnittsverformungen des Trägers; leider in DIN EN 1993-1-3 in Gl. (10.14) gar nicht aufgeführt, dann aber dort in Abs. 10.1.5.1(8) erwähnt [kNm/m]

- in [22] als $C_{\vartheta D,k}$ bezeichnet
- in [26] als $C_{D,B}$ bezeichnet
- in [12] als $C_{\vartheta P,k}$ („Drehbettung aus der Profilverformung des gestützten Trägers") bezeichnet, siehe Gl. (III.BB-22) nach Bild III.BB-14

$C_{\vartheta C,k}$ Drehbettung (Verdrehsteifigkeit) (je Längeneinheit) des stabilisierenden Bauteils unter der Annahme einer steifen Verbindung mit dem Träger [kNm/m]

- in [22] als $C_{\vartheta R,k}$ bezeichnet
- in [26] als $C_{D,C}$ bezeichnet
- in [12] als $C_{\vartheta M,k}$ („theoretische Drehbettung nach Gleichung (III.BB-23) aus der Biegesteifigkeit des abstützenden Bauteils „a“ bei Annahme einer starren Verbindung“) bezeichnet

$C_{\vartheta B,k}$ wird dabei wie folgt bestimmt:

$$C_{\vartheta B,k} = \frac{5.770}{\frac{h}{s^3} + c_1 \cdot \frac{b}{t^3}} \tag{III.BB-22}$$

mit: b Profilbreite von I- oder C-Profilen

h Abstand der Schwerachsen der Gurte

s, t Dicken von Steg und Flansch

c_1 = 0,5 für I- und C-Profile bei Auflast

= 2,0 für C-Profile bei Sog

$C_{\vartheta C,k}$ ergibt sich aus der folgenden Gleichung, vgl. [218] sowie [26], Abs. 10.1.5.1(4):

$$C_{\vartheta c,k} = k \cdot \frac{(E_a \cdot I_a)_k}{a} \tag{III.BB-23}$$

mit k = 2 für Ein- und Zweifeldträger

= 4 für Durchlaufträger mit drei oder mehr Feldern

$(E_a \cdot I_a)_k$ Charakteristische Biegesteifigkeit des abstützenden Bauteils „a“

a Stützweite des abstützenden Bauteils

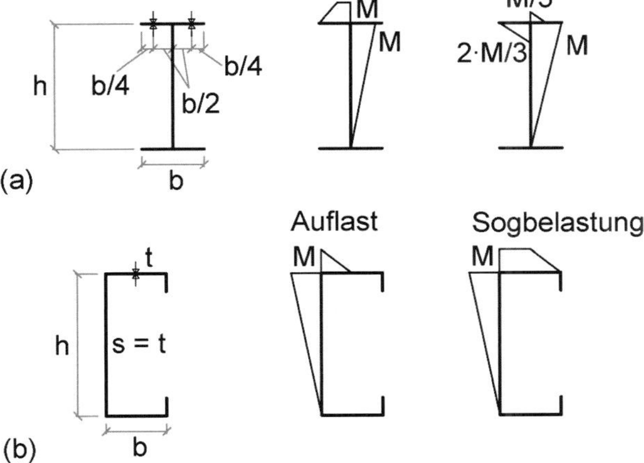

Bild III.BB-14: Momentenzustände zur Ermittlung der Profilverformung nach [170]

Auswertungen von Gl. (III.BB-22) sind in [170] und [188] an- und hier als Tabelle III.BB-7 wiedergegeben.

Tabelle III.BB-7: Werte für die Profilverformung $C_{\vartheta B,k}$ in [kNm/m] für IPE- und HE-Walzprofile

	IPE	**IPEa**	**IPEo**	**IPEv**	**HEA**	**HEAA**	**HEB**	**HEM**
80	37,8	24,4						
100	38,0	25,5			72,0	39,7	124	895
120	39,4	25,2			59,8	32,8	131	582
140	41,4	22,1			66,9	31,0	139	828
160	43,6	22,5			74,8	32,4	178	901
180	46,4	25,0	66,8		67,7	38,7	190	895
200	49,2	25,9	66,5		76,4	45,6	204	896
220	52,6	32,1	73,1		87,4	53,0	218	903,
240	56,0	33,3	79,9		98,4	60,9	233	1.290
260					91,6	57,4	216	1.200
270	59,6	34,9	87,7					
280					102	65,5	230	1.210
300	66,3	42,3	95,2		114	74,4	248	1.640
320					130	85,0	269	1.570
330	71,4	46,7	104					
340					145	96,0	289	1.490
360	80,1	45,8	121		160	108	310	1.420
400	89,6	49,1	128	167	192	117	352	1.290
450	104	56,0	166	237	198	122	354	1.160
500	120	68,1	195	321	204	128	357	1.060
550	141	76,3	210	502	210	153	359	964
600	164	90,7	317	542	216	160	364	887
650					224	167	369	822
700					256	176	410	765
800					248	193	392	671
900					268	213	412	599
1.000					264	233	401	540

Bei Trapezprofilen dominiert in Gl. (III.BB-21) üblicherweise der Wert $C_{\vartheta A,k}$ für die Anschlussverformung. Dieser ist bisher zuverlässig nur über Versuche zu ermitteln. Dazu liegt eine größere Anzahl von Veröffentlichungen vor, z. B. [192], [161], [190], [186], [187] und [165]. Um die praktische Anwendung zu erleichtern, wurden viele dieser Werte in DIN EN 1993-1-3/NA [26] übernommen, dort „NCI zu 10.1.5.2(6)".

Für Trapezprofile aus Aluminium sind aufgrund von Versuchen, die an der TU Berlin durchgeführt wurden, Werte von *Lindner* im Kommentar zu DIN 18800-2 [12] angegeben. Diese wurden in [201] in ähnlicher Weise wie in DIN 18800-2, Tabelle 7 [12] aufbereitet und hier als Tabelle III.BB-8 angegeben.

Tabelle III.BB-8: Drehbettungsbeiwerte $C_{\vartheta A,k}$ (C_{100}) für Trapezprofile aus Aluminium, nach [12], dargestellt in der Aufbereitung von [201]

Lage der Profiltafel		**Befestigung**		**Befestigungs-abstand**		**Scheiben**		**C100**	$b_{T,max}$	$b_{R,max}$
Positiv	**Negativ**	**Unter-gurt**	**Ober-gurt**	$e_0 = b_R$	$e_0 = 2 \cdot b_R$	**ø [mm]**	**t [mm]**	**[kNm/m]**	**[mm]**	**[mm]**
				Auflast						
X		X		X		19	≥ 1,00	7,0	35	124
X		X			X	19	≥ 1,00	4,0	35	124
X			X	X		19	≥ 1,00	3,2	35	200
X			X		X	19	≥ 1,00	2,0	35	200
				Abhebende Last						
X		X			X	19	≥ 1,00	1,3	63	124
X		X			X	Kalotte	≥ 0,75	3,0	63	124
X		X			X	19	≥ 1,00	4,1	20	124

Angaben zur Anschlussverformung von Trapezprofilen $C_{\vartheta Ak}$, die aus Versuchen mit einer relativ geringen Auflast von ca. 1 kN/m ermittelt wurden, sind in DIN 18800-2, Tabelle 7 [12] mitgeteilt. Daher wurden später Versuche durchgeführt, in denen eine größere Auflast vorhanden war, die sich weiter stabilisierend bemerkbar macht, und es wurde der Effekt einer größeren Blechdicke sowie einer größeren Gurtbreite untersucht. Diese Werte wurden dann in DIN EN 1993-1-3 [26] übernommen, was zu Gl. (III.BB-24) führt.

$$C_{D,A} = C_{100} \cdot k_{ba} \cdot k_t \cdot k_{bR} \cdot k_A \cdot k_{bT} \qquad \text{(III.BB-24)}$$

Einzelheiten zu den verschiedenen Faktoren in Gl. (III.BB-24) sind aus [26], [188], [201] zu ersehen. Werte für weitere Werte C_{100} sind in DIN EN 1993-1-3/NA [26] angegeben. Weiter bietet [26], Abs. 10.1.5.2(10) auch die Möglichkeit der rein rechnerischen Abschätzung des Drehbettungsanteils aus der Anschluss-verformung durch die dort angegebene Gl. (10.18).

In den Zulassungen für Stahlkassettenprofiltafeln wurde bisher immer eine Drehfedersteifigkeit von 1,7 kNm/m für die üblichen Baubreiten 500 bis 600 mm angegeben, unabhängig von der Art der Beanspruchung Auflast oder Sog. Der Wert wurde dann in die A1-Änderung der DIN 18807-3 [16] übernommen. Nun taucht er nirgends mehr auf. Die Herkunft dieses Wertes ist nicht ganz klar, geht aber wohl auf DIN 18800-2, Tabelle 7, Zeile 8, (Sog) [12] zurück, wo man also den ungünstigsten Wert aus dieser Tabelle als maßgebend erachtet hat. Bedauerlicherweise liegen dafür keine Versuche vor, die das stützen. Als konstruktive Forderung war stets aber zu beachten, dass die Befestigung der Stahlkassettenprofile maximal im Abstand von 75 mm vom Steg erfolgen muss – diese Forderung ist als sehr moderat einzustufen, anzustreben ist ein engerer Abstand.

In der Neufassung von DIN 18800-2 von 2008 [12] sind erstmals auch Werte für die Anschlusssteifigkeit von Sandwichelementen mit Stahldeckschicht angegeben, die auf Untersuchungen aus Karlsruhe von *Dürr/Podleschny/Saal* [93] zurückgehen. Diese Werte wurden in DIN EN 1993-1-3/NA als „NCI zu 10.1.5.2(2)“ als Tabelle NA.1 und Tabelle NA.2 übernommen. Diese Tabellen sind leider für die Praxis schwer durchschaubar, da die Dimensionen nicht so ohne Weiteres ersichtlich sind und die Gleichungen

NA.x2, NA.x3 und NA.x5 nicht dimensionsecht sind. Es gilt, dass die Werte in den folgenden Einheiten einzusetzen sind: vorh. b und t_k in [mm] und E_s in [N/mm²]. Die damit ermittelten Werte $c_{\vartheta 1}$ und $c_{\vartheta 2}$ haben die Dimension [kNm/m]. Für Erläuterungen ist [201] hilfreich.

Weiterhin ist zu berücksichtigen, dass in Tab. NA.2 ein Druckfehler vorhanden ist: in Zeile 3 muss es richtig heißen „0,69" statt „0,99".

Zu beachten ist, dass die genannten Werte für Sandwichelemente für „Auflast" ermittelt wurden, also für „Sog" nicht verwendet werden dürfen. Für Soglast ergibt sich ein Problem, das dem bei der Obergurtbefestigung von Trapezprofilen unter Sog vergleichbar ist: infolge der Verformung unter dem Schraubenkopf hebt sich die Eindeckung leicht von der zu stabilisierenden Unterkonstruktion ab und die stabilisierende Wirkung geht gegen null.

Wichtig ist, dass die in DIN 18800-2 [12] mitgeteilten Werte und alle Werte, die in DIN EN 1993-1-3/NA [26] angegeben sind, die jeweils auf Versuche an der TU Berlin zurückgehen, für eine ungünstig große Verdrehung $\vartheta = 0{,}10$ ausgewertet wurden. Damit ist ein besonderer Nachweis über die in einer aktuellen Konstruktion auftretende Verdehung überflüssig. Die Werte für Sandwichelelemente nach DIN 18800-2, Bild 11a [12] gehen bei der Anfangssteifigkeit $c_{\vartheta 1}$ jedoch von einer Verdrehung von maximal 0,04 aus, so dass ggf. ein Nachweis der aktuell auftretenden Verdrehung erforderlich werden kann.

Weitere Werte für Sandwichelemente wurden in [186] und [192] für eine spezielle Ausführung (HOESCH Isodach) mitgeteilt; auch hier wurde wieder von einer Maximalverdrehung von $\vartheta = 0{,}10$ ausgegangen.

Wichtig ist in dem Zusammenhang auch, dass in DIN 18800-2:2008, Bild 13 [12] und in DIN EN 1993-1-3/NA, Bild NA.2 zusätzliche Klarstellungen zur Schraubenanordnung bei Trapezprofilen und Sandwichelementen gegeben sind.

Das Verständnis in DIN EN 1993-1-3 wird weiter dadurch erschwert, dass für die rechnerische Berücksichtigung der vorhandenen Drehbettung nach Abs. 10.1.2(1) und (2) die Drehbettung durch eine äquivalente Bettung (Wegfeder) mit der Steifigkeit K ersetzt wird. Deren einzelne Anteile sind dann über [26], Gl. (10.11) prinzipiell die gleichen über die hier vorgestellte Gl. (10.16), das weitere Vorgehen nach [26] in den Abschnitten 10.1.3 und 10.1.4 ist jedoch völlig anders.

<5> Berücksichtigung von vorh. $C_{\vartheta,k}$ bei der Ermittlung des idealen Biegedrillknickmomentes M_{cr}

Sofern die erwünschte Mindeststeifigkeit nicht erreicht wird und damit der Nachweis nach Bedingung (III.BB-10) nicht geführt werden kann, darf die vorhandene Drehbettung vorh. $C_{\vartheta,k}$ bei einer Berechnung des idealen Biegedrillknickmomentes M_{cr} berücksichtigt werden. Dies kann dadurch erfolgen, dass in einem EDV-Programm, z. B. [176], [103], [194] oder [100], die Drehbettung direkt berücksichtigt wird und als Ergebnis das zugehörende maßgebende M_{cr} erhalten wird. Sofern ein solches Programm nicht zur Verfügung steht, kann C_ϑ = vorh. $C_{\vartheta,k}$ näherungsweise über ein rechnerisches Torsionsträgheitsmoment I_T^* nach Gl. (III.BB-25) berücksichtigt werden.

$$I_T^* = I_T + \frac{\alpha \cdot C_\vartheta \cdot L^2}{\pi^2 \cdot G} \qquad \text{(III.BB-25)}$$

Das Ergebnis von Gl. (III.BB-25) ergibt sich mit α = 1,0 als Lösung des Variationsproblems nach dem *Ritz*-Verfahren, wenn für den Ansatz der Verformung ϑ ein einwelliger Sinus-Ansatz gewählt wird. Für die Berechnung von M_{cr} ist dies näherungsweise richtig, wenn gleichzeitig die Momentenbeiwerte k oder C_1 verwendet werden, die für eine Drehbettung $C_\vartheta = 0$ ermittelt wurden (siehe *Lindner* [193]). Solange C_ϑ dabei zahlenmäßig klein ist, was bei einer durch Trapezprofile hervorgerufenen Drehbettung zutrifft, ist der in Kauf genommene Fehler gering und es bestehen gegen die Anwendung von Gl. (III.BB-25) mit α = 1,0 keine Bedenken.

Wenn die Drehbettung jedoch wesentlich größer wird, kann der entstehende Fehler so groß werden, dass er nicht mehr vernachlässigbar ist, vgl. [188]. Je steifer die vorhandene Drehbettung ist, desto stärker weicht der wahre Verlauf der Verformung von der einwelligen Sinuslinie ab und desto kleiner wird der Faktor α, vgl. [188] und [260]. In [260] ist der Faktor α für den sehr ungünstigen Fall von vorh. C_ϑ/erf. C_ϑ = 1 angegeben, wo zu ersehen ist, dass insbesondere für negative Eckmomente bei gleichzeitiger Querlast sehr kleine Werte bis zu α = 0,1 möglich sind.

<6> Biegedrillknicken von gevouteten I-Profilen

Bei gevouteten I-Profilen sind einige Besonderheiten zu beachten, über die in [260] berichtet wird.

III.BB.2.3 Gleichzeitige Berücksichtigung von Schubsteifigkeit und Drehbettung

Ein Sonderfall zur gleichzeitigen Berücksichtigung von Schubsteifigkeit und Drehbettung liegt vor, wenn die vorhandene Schubsteifigkeit so groß ist, dass dadurch eine gebundene Drehachse erreicht wird, siehe Abs. III.BB.2.1. Unter Annahme dieser gebundenen Drehachse ergeben sich dann sehr viel kleinere Werte K_ϑ, als dies bei freier Drehachse der Fall ist, siehe Tabelle III.BB-3.

Wenn nun die vorhandene Schubsteifigkeit nicht den Wert von erf. S nach (III.BB-2) erreicht, dann ist natürlich trotzdem eine stabilisierende Wirkung vorhanden. Für den speziellen Fall eines Rahmenriegels IPE 300 (S355) mit L = 10,0 m, der durch zweiseitig gelagerte Trapezprofile stabilisiert wird, ist dies im Detail in [161] gezeigt.

Im Hallenbau werden sehr häufig IPE-Profile verwendet, die aus diesem Grunde näher untersucht werden.

Im Stahlhochbau werden Durchlaufträger in vielen Fällen nach dem Traglastverfahren bemessen. Dabei ergeben sich dann für ein Endfeld unter Gleichstreckenlast Stützenmomente von $-q \cdot L^2/11{,}66$ und für ein Mittelfeld von $-q \cdot L^2/16$. Dies entspricht der Momentenverteilung in Tabelle III.BB-3, Zeile 3 bzw. 4. Untersucht wird das ungünstigere Mittelfeld für verschiedene IPE-Profile bei verschiedenen Zahlenwerten für die vorhandene Schubsteifigkeit S [kN], zu der dann die zusätzlich erforderliche Drehbettung erf. C_ϑ^* [kNm/m] bestimmt wird. Als Bedingung wird hier das Erreichen von $0{,}95 \cdot M_{pl}$ angesehen.

Die idealen kritischen Biegedrillknickmomente M_{cr} wurden jeweils mit [176] bestimmt und unter der Annahme bestimmter Schubsteifigkeiten vorh. S [kN] iterativ diejenige Drehbettung C_ϑ^* bestimmt, bei der das Tragmoment $1{,}0 \cdot M_{pl}$ erreicht wird. Aus diesem Wert wird dann der Drehbettungsbeiwert K_ϑ^* nach Gl. (III.BB-9) mit K_v = 1,0 rückgerechnet. Würde auch hier die Bedingung $0{,}95 \cdot M_{pl}$ gelten, dann ergäben sich noch um den Faktor 2 bis 5 günstigere Ergebnisse.

Die Ergebnisse sind in Bild III.BB-15 angegeben. Es ist ersichtlich, dass bereits sehr kleine Schubsteifigkeiten von S = 2000 kN bzw. S = 5000 kN ausreichen, um den erforderlichen Beiwert K_ϑ* gegenüber den Werten in Tabelle III.BB-3 (Knickspannungslinie „b“: erf. K_ϑ = 4,2; KSL „c“: erf. K_ϑ = 6,4) sehr stark zu reduzieren. Auch ohne genauen rechnerischen Nachweis ist ersichtlich, dass für Profile bis IPE 200 die notwendigen Werte erf. S und erf. K_ϑ* so klein sind, dass sie von Trapezprofilen immer erreicht werden. Damit wird die frühere Praxis in Zulassungsverfahren bestätigt, die für Pfetten im Hochbau bei Profilen bis IPE 200 keinen Biegedrillknicknachweis gefordert hat.

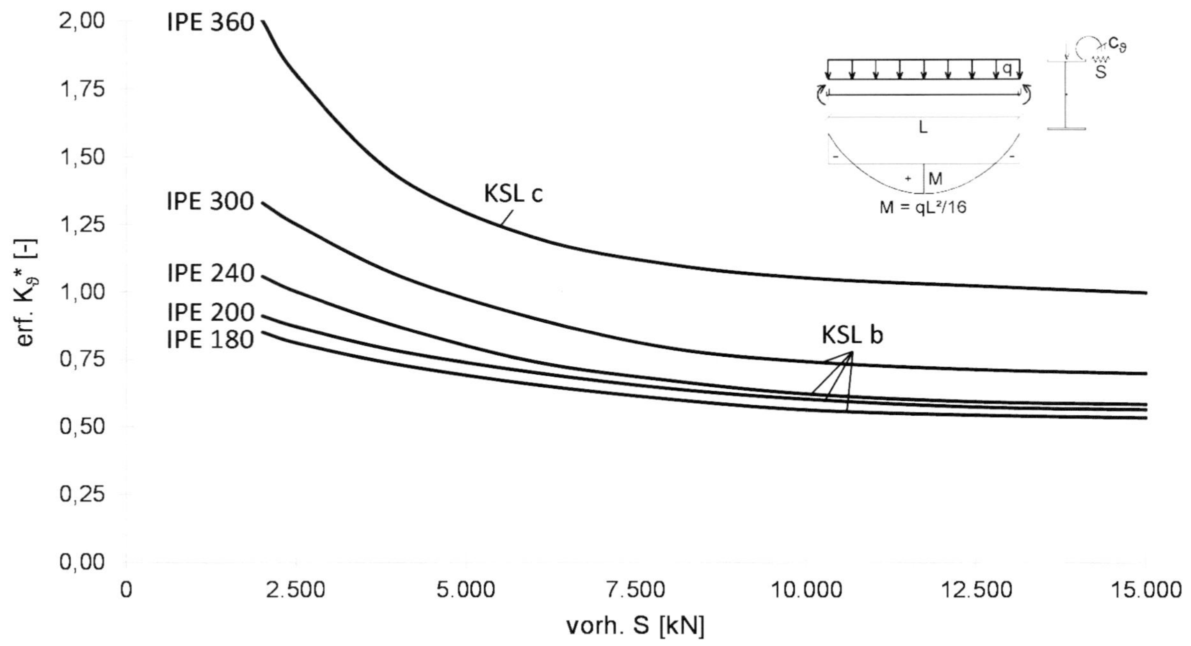

Bild III.BB-15: Gleichzeitige Wirkung von Schubsteifigkeit S [kN] und Drehbettung C_ϑ [kNm/m], ausgedrückt durch den Beiwert K_ϑ* – Mittelfeld eines nach dem Traglastverfahren bemessenen Durchlaufträgers aus IPE-Profilen, Länge jeweils L = 30 · h [m] (mit h: Profilhöhe)

III.BB.3 Größtabstände von Abstützungen für druck- und biegebeanspruchte Bauteile mit Fließgelenken gegen Knicken aus der Ebene

<1> Allgemeines

Das Verfahren zum Nachweis gegenüber Biegedrillknicken von Trägerabschnitten zwischen zwei seitlichen Stützungen (Gabellagerungen) von Bauteilen mit Fließgelenken mit Rotationsanforderungen durch den Nachweis der Einhaltung zulässiger Größtabstände („Stable lengths") wurde in Großbritannien in der zweiten Hälfte des 20. Jahrhunderts im Zuge der sich weiter verbreitenden plastischen Tragwerksberechnung von Durchlaufträgern, mehrgeschossigen Hochbauten und vor allem Rahmentragwerken entwickelt.

Das Verfahren beruht im Wesentlichen auf der Einhaltung eines Grenzschlankheitsgrades $\bar{\lambda}$ für Knicken und Biegedrillknicken, aus der sich der Größtabstand – oder direkt aus dem Englischen übersetzt die „Stabile Länge" – des Bauteilabschnitts ergibt. Der hier zusammengefasste Hintergrund beruht auf der Zusammenstellung in [106]. Das Verfahren wurde anhand von Großversuchen validiert, die in den 1960er und 1970er Jahren durchgeführt wurden.

Das Verfahren gilt für Bauteile mit zur Erreichung des Grenzzustandes der Tragfähigkeit „sich verdrehenden" Fließgelenken, also mit Querschnitten der Klasse 1. Das hauptsächliche Anwendungsgebiet stellen aus warmgewalzten I-Trägern hergestellte, eingeschossige Rahmentragwerke mit Dachneigungen unter 6° dar.

Das Verfahren ist in Deutschland relativ unüblich und erfordert eine gewisse „Kenntnis".

<2> Hintergrund zu Größtabständen seitlicher Stützungen

<2.1> Größtabstände unter konstanter Momentenbeanspruchung auf Grundlage von Versuchen

Bei den ersten Untersuchungen auf diesem Gebiet (siehe [66]) wurde auf Grundlage von Großbauteilversuchen an I-Profilen festgestellt, dass die untersuchten Bauteile unter konstanter Momentenbeanspruchung bei zur Erreichung des Grenzzustandes der Tragfähigkeit „sich verdrehenden" Fließgelenken kein seitliches Ausweichen bis zu ungestützten Längen von 0,6 · L auftrat. L bezeichnet hierbei die größte ungestützte Länge für das ideale (elastische) Biegedrillknickmoment nach der Elastizitätstheorie $M_{cr,W0}$ bei Vernachlässigung der Wölbflächenmoment 2. Grades (Wölbsteifigkeit) I_ω.

$$L_m = 0{,}6 \cdot L \qquad \text{(III.BB-26)}$$

L bestimmt sich durch Gleichsetzen mit der elastischen Momententragfähigkeit zu:

$$W_{el,y} \cdot f_y = M_{cr,W0} = \sqrt{\left(\frac{\pi^2 \cdot EI_z}{L^2}\right) GI_T} \Rightarrow L = \sqrt{\frac{\pi^2 \cdot EI_z \cdot GI_T}{\left(W_{el,y} \cdot f_y\right)^2}} \qquad \text{(III.BB-27)}$$

<2.2> Größtabstände unter Momenten- und Druckbeanspruchung – Herleitung

Für die ideale elastische Tragfähigkeit unter Momenten- und Druckbeanspruchung wurde die in [127] beschriebene Interaktionsbeziehung angesetzt:

$$\left(\frac{M_{Ed}}{M_{cr,W0}}\right)^2 + \frac{N_{Ed}}{N_{cr,z}} = 1 \qquad \text{(III.BB-28)}$$

Einsetzen von L entsprechend (III.BB-27) führt zu:

$$\frac{L^2 \cdot M_{Ed}^2}{\pi^2 \cdot EI_z \cdot GI_T} + \frac{L^2 \cdot N_{Ed}}{\pi^2 \cdot EI_z} = 1 \qquad \text{(III.BB-29)}$$

Für reine Momentenbeanspruchung ergibt sich aus den Gleichungen (III.BB-26) und (III.BB-27):

$$L_m = 0{,}6 \cdot L = 0{,}6 \cdot \sqrt{\frac{\pi^2 \cdot EI_z \cdot GI_T}{\left(W_{el,y} \cdot f_y\right)^2}} \qquad \text{(III.BB-30)}$$

und somit:

$$\frac{L_m^2 \cdot \left(W_{el,y} \cdot f_y\right)^2}{\pi^2 \cdot EI_z \cdot GI_T} = 0{,}36 \qquad \text{(III.BB-31)}$$

Für reine Druckbeanspruchung ergibt sich mit Bezug auf die Plateaulänge von $\bar{\lambda}_0 = 0{,}2$:

$$\frac{N_{Ed}}{N_{cr,z}} = \frac{L^2 \cdot N_{Ed}}{\pi^2 \cdot EI_z} = (0{,}2)^2 = 0{,}04 \qquad \text{(III.BB-32)}$$

und somit:

$$9 \cdot \frac{L^2 \cdot N_{Ed}}{\pi^2 \cdot EI_z} = 0{,}36 \qquad \text{(III.BB-33)}$$

Die ursprüngliche Herleitung in [127] erfolgte mit der in den 1960er Jahren in dem British Standard festgelegten Plateaulänge von $\bar{\lambda}_0 = 0{,}3$; hier wird jedoch die ansonsten bekannte Plateaulänge $\bar{\lambda}_0 = 0{,}2$ als Grundlage angesetzt.

Die Zusammenführung der Ergebnisse für reine Momentenbeanspruchung gemäß Gleichung (III.BB-31) und reine Normalkraftbeanspruchung nach (III.BB-33) in die Interaktionbeziehung (III.BB-29) für kombinierte Momenten- und Druckbeanspruchung führt zu:

$$\frac{L_m^2 \cdot \left(W_{el,y} \cdot f_y\right)^2}{\pi^2 \cdot EI_z \cdot GI_T} + 9 \cdot \frac{L_m^2 \cdot N_{Ed}}{\pi^2 \cdot EI_z} = 0{,}36 \qquad \text{(III.BB-34)}$$

Mit Bezug auf die Forderung nach der Querschnittsklasse 1 für zur Erreichung des Grenzzustandes der Tragfähigkeit „sich verdrehender" Fließgelenke erfolgt die Erweiterung der Interaktionsbeziehung auf plastische Widerstandsgrößen:

$$\frac{L_m^2 \cdot \left(W_{pl,y} \cdot f_y\right)^2}{\pi^2 \cdot EI_z \cdot GI_T} + 9 \cdot \frac{L_m^2 \cdot N_{Ed}}{\pi^2 \cdot EI_z} = 0{,}36 \qquad \text{(III.BB-35)}$$

Die Berücksichtigung eines Gradienten des einwirkenden Biegemomentes erfolgt über die Einführung des Faktors $C_1 = 1/\sqrt{k_c}$ (mit k_c nach DIN EN 1993-1-1, Tabelle 6.6) wie folgt:

$$\frac{L_m^2 \cdot \left(\frac{W_{pl,y} \cdot f_y}{C_1}\right)^2}{\pi^2 \cdot EI_z \cdot GI_T} + 9 \cdot \frac{L_m^2 \cdot N_{Ed}}{\pi^2 \cdot EI_z} = 0{,}36 \qquad \text{(III.BB-36)}$$

Umformungen führen zu:

$$L_m = \frac{\sqrt{0{,}36 \cdot \pi^2 \cdot E} \cdot i_z}{\sqrt{\frac{9 \cdot N_{Ed}}{A} + \left(\frac{235^2}{C_1^2 \cdot G}\right) \cdot \left(\frac{W_{pl,y}^2}{A \cdot I_T}\right) \cdot \left(\frac{f_y}{235}\right)^2}} \qquad \text{(III.BB-37)}$$

Durch Erweiterung der Formel ergibt sich der Größtabstand der Abschnittslänge L_m von einem Fließgelenk bis zur nächsten seitlichen Stützung für gleichförmige Bauteile aus Walzprofilen oder vergleichbaren geschweißten I-Profilen mit „rotierenden" Fließgelenken unter Momenten- und Druckbeanspruchung zu:

$$L_m = \frac{38 \cdot i_z}{\sqrt{\frac{1}{57{,}4} \cdot \left(\frac{N_{Ed}}{A}\right) + \frac{1}{756 \cdot C_1^2} \cdot \left(\frac{W_{pl,y}^2}{A \cdot I_T}\right) \cdot \left(\frac{f_y}{235}\right)^2}} \qquad \text{(III.BB-38)}$$

Die Formel ist einheitentreu mit den Einheiten N und mm zu verwenden.

Die vereinfachte Gleichung (6.68) in DIN EN 1993-1-1 leitet sich unter den in Abschnitt 6.3.5.3 angegebenen Beschränkungen auf gleichförmige Tragwerksabschnitte mit I- oder H-Querschnitten mit $h/t_f \leq 40 \cdot \varepsilon$ bei linearer Momentenbelastung und ohne nennenswerte Druckbeanspruchung aus DIN EN 1993-1-1, Gleichung (BB.5) bzw. Gleichung (III.BB-38) ab.

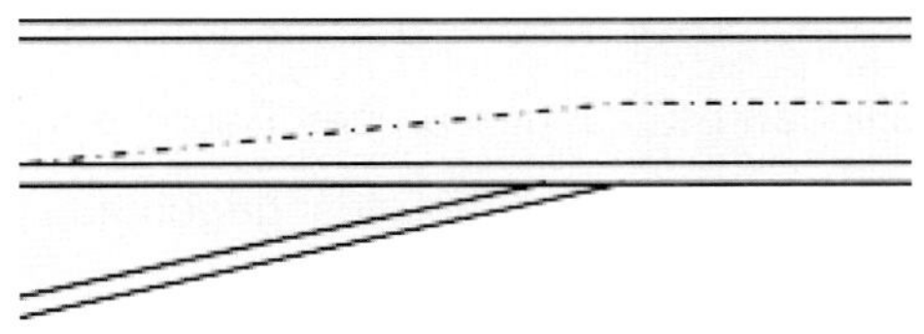

Bild III.BB-16: Beispiel einer dreiflanschigen Voute

Gleichung (III.BB-38) ist ebenfalls gültig für Bauteile mit dreiflanschigen Vouten aus Walzprofilen oder vergleichbaren geschweißten I-Profilen.

Für Bauteile mit linear veränderlicher Querschnittshöhe und Bauteile mit zweiflanschigen Vouten wird der Größtabstand der Abschnittslänge L_m um den Faktor 0,85 abgemindert, also:

$$L_m = 0{,}85 \cdot \frac{38 \cdot i_z}{\sqrt{\frac{1}{57{,}4} \cdot \left(\frac{N_{Ed}}{A}\right) + \frac{1}{756 \cdot C_1^2} \cdot \left(\frac{W_{pl,y}^2}{A \cdot I_T}\right) \cdot \left(\frac{f_y}{235}\right)^2}} \qquad \text{(III.BB-39)}$$

<3> Hintergrund zu Größtabständen zwischen Seitenstützungen des Zuggurts

<3.1> Allgemeines

Das Stabilitätsverhalten eines Biegeträgers gegenüber Ausweichen aus der Trägerebene wird durch zusätzliche seitliche Stützungen zwischen den Gabellagern positiv beeinflusst, auch wenn diese nur den Zuggurt stützen. Durch die Torsionssteifigkeit des Trägers wird die seitliche Verformung des Druckgurtes durch die Stützung des Zuggurtes reduziert, siehe Bild III.BB-17.

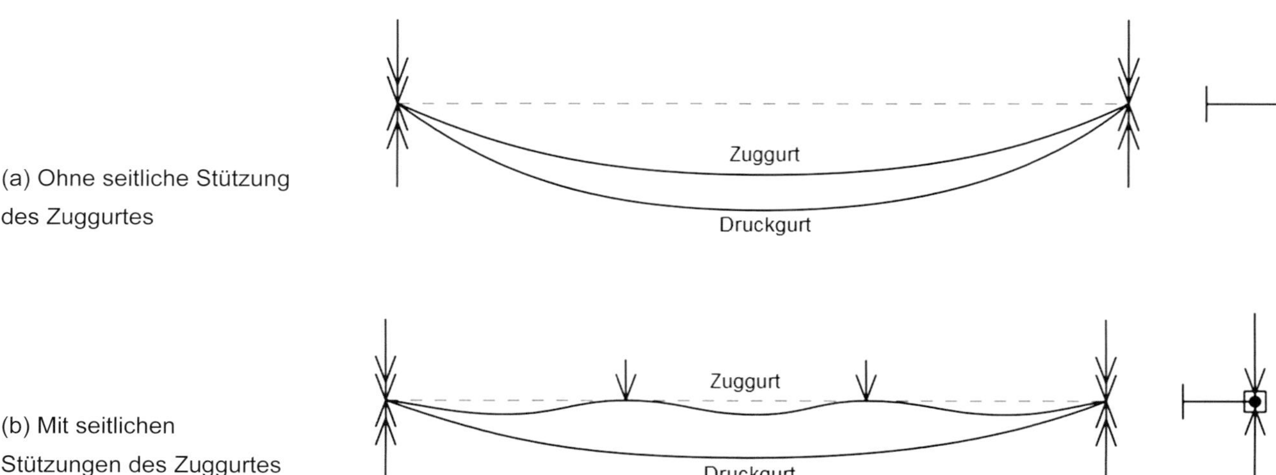

Bild III.BB-17: Seitliche Verformung des Zuggurtes und Druckgurtes eines gabelgelagerten Biegeträgers (a) ohne und (b) mit seitlicher Stützung des Zuggurtes

Mit den Formeln in DIN EN 1993-1-1, Abschnitte BB.3.1.2 und BB.3.2.2 wird der Nachweis eines gabelgelagerten Bauteils, also mit seitlichen Stützungen an den Bauteilenden am Zuggurt und am Druckgurt, mit zwischenliegenden seitlichen Stützungen des Zuggurtes gegenüber seitlichem Ausweichen aus der Trägerebene geführt. Mit der Bestimmung des Größtabstandes zwischen den seitlichen Zwischenstützungen des Zuggurtes wird die seitliche Stabilität zwischen diesen seitlichen Zwischenstützen nachgewiesen, siehe Bild III.BB-17(b). Eine Übertragung auf Bauteile ohne seitliche Zwischenstützung des Zuggurtes (siehe Bild III.BB-17(a)) ist nicht zulässig.

Für die Bemessung wird angenommen, dass alle seitlichen Zwischenstützungen des Zuggurtes in derselben Achse parallel zum Zuggurt mit dem Abstand a vom Schubmittelpunkt des prismatischen Bauteiles, entsprechend Bild III.BB-18, angreifen. Bei Bauteilen mit linear veränderlicher Querschnittshöhe oder prismatischen Bauteilen mit Voute bezieht sich der Abstand a auf die ebenfalls in Bild III.BB-18 dargestellten Bezugsachsen, die über den Schubmittelpunkt des niedrigsten Querschnitts innerhalb des betrachteten Bauteils definiert sind. Die Bauteillänge ist durch den Abstand der Gabellagerungen festgelegt.

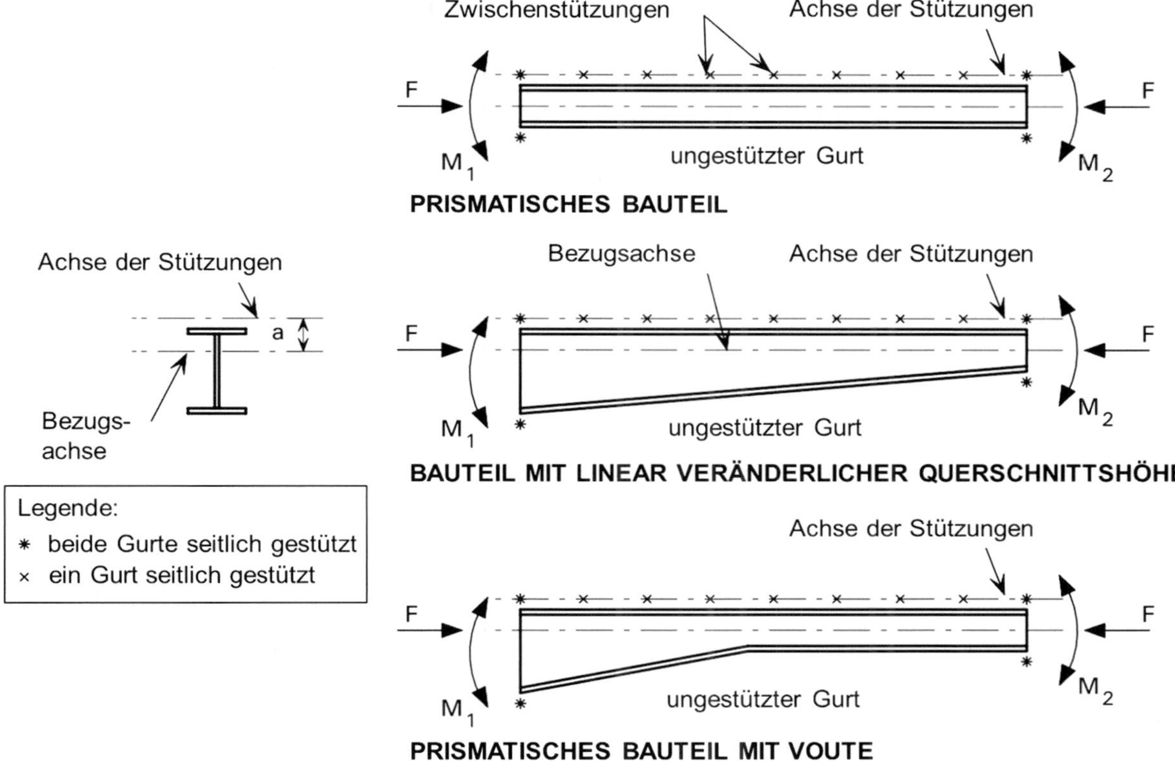

Bild III.BB-18: Bauteile mit seitlicher Stützung des Zuggurtes

<3.2> Prismatische Querschnitte unter konstantem Momentenverlauf

Das ideale Biegedrillknickmoment nach der Elastizitätstheorie für Bauteile mit prismatischem Querschnitt mit seitlichen Zwischenstützungen des Zuggurtes ist nach [130]:

$$M_{cr} = \frac{1}{a}\left[GI_T + \frac{\pi^2 \cdot EI_z}{L^2}\left(a^2 + \frac{(h-t_f)^2}{4}\right)\right] \quad \text{(III.BB-40)}$$

Die Umstellung nach L² und weitere Umformungen führen zu:

$$L^2 = \frac{\pi^2 \cdot EI_z \cdot \left(a^2 + \frac{(h-t_f)^2}{4}\right)}{2a \cdot M_{cr} - GI_T} = \frac{\frac{\pi^2 \cdot EI_z}{GI_T} \cdot \left(a^2 + \frac{(h-t_f)^2}{4}\right)}{\frac{2a \cdot M_{cr}}{GI_T} - 1} = \frac{\frac{\pi^2 \cdot EI_z}{GI_T} \cdot \left(a^2 + \frac{(h-t_f)^2}{4}\right)}{\frac{2a}{GI_T} \cdot \left(\frac{\sigma_{cr} \cdot I_y}{\frac{h}{2}}\right) - 1}$$
$$= \frac{\frac{\pi^2 \cdot EA}{GI_T} \cdot \left(a^2 + \frac{(h-t_f)^2}{4}\right) \cdot i_z^2}{\frac{4a}{h} \cdot \left(\frac{\sigma_{cr}}{G}\right) \cdot \left(\frac{I_y}{I_t}\right) - 1} = \frac{\left[2 \cdot (1+\nu) \cdot \pi^2 \cdot \left(\frac{a^2}{h^2} + \frac{(h-t_f)^2}{4 \cdot h^2}\right)\right] \cdot \left(\frac{A \cdot h^2}{I_T}\right) \cdot i_z^2}{\left[8 \cdot (1+\nu) \cdot \frac{a}{h}\right] \cdot \left(\frac{\sigma_{cr}}{G}\right) \cdot \left(\frac{I_y}{I_T}\right) - 1} \quad \text{(III.BB-41)}$$

Durch die Beschränkung der Gültigkeit der Formel auf warmgewalzte I-Profile, die Darstellung von σ_{cr} in Abhängigkeit von f_y sowie die Begrenzung auf a ≤ 0,75 · h kann die Gleichung reduziert werden zu:

$$L = \frac{B \cdot \left(\frac{h}{t_f}\right) \cdot i_z}{\sqrt{C \cdot \left(\frac{f_y}{E}\right) \cdot \left(\frac{h}{t_f}\right)^2 - 1}} \tag{III.BB-42}$$

B und C sind dabei nahezu konstant.

Weitere Untersuchungen (siehe [128]) und Versuche (siehe [129]) führten zur folgenden Formel, die als Gleichung (BB.6) in DIN EN 1993-1-1 Eingang gefunden hat:

$$L_k = \frac{\left(5{,}4 + \frac{600 \cdot f_y}{E}\right) \cdot \left(\frac{h}{t_f}\right) \cdot i_z}{\sqrt{5{,}4 \cdot \left(\frac{f_y}{E}\right) \cdot \left(\frac{h}{t_f}\right)^2 - 1}} \tag{III.BB-43}$$

Diese konservative, empirisch basierte Bestimmung der Größabstandes zwischen seitlichen Stützungen des Zuggurtes von Bauteilen mit Fließgelenken unter konstanter Momentenbeanspruchung wurde für I-Profile mit gleichförmigem Querschnitt hergeleitet; sie gilt jedoch auch für Bauteile mit linear veränderlicher Querschnittshöhe und prismatische Bauteile mit Voute, siehe [131]. Auch ist die Anwendung auf Bauteile ohne Fließgelenke möglich.

<3.3> Prismatische Querschnitte unter konstantem Momentenverlauf und Druckbeanspruchung

Eine zusätzlich einwirkende Druckbeanspruchung wirkt sich destabilisierend aus. Nach [128] kann das Tragverhalten eines Bauteils mit seitlichen Stützungen des Zuggurtes im Abstand a zum Schubmittelpunkt durch folgende Differentialgleichung beschrieben werden:

$$GI_T \cdot \frac{d \cdot (\phi - \phi_0)}{dx} - EI_z \cdot \left(a^2 + \frac{(h - t_f)^2}{4}\right) \cdot \frac{d^3 \cdot (\phi - \phi_0)}{dx^3} = (Nr_0^2 + 2Ma) \cdot \frac{d\phi}{dx} \tag{III.BB-44}$$

mit ϕ Torsionsdrehwinkel entlang des Bauteils

$r_0 = \sqrt{\frac{a^2 A + I_y + I_z}{A}}$ – polarer Trägheitsradius, bezogen auf die Achse der Stützungen des Zuggurtes

Die Betrachtung des Terms ($N \cdot r_0^2 + 2 \cdot M \cdot a$) der Differentialgleichung zeigt, dass der destabilisierende Effekt infolge der Drucknormalkraft über ein äquivalentes Biegemoment mit $M_{eq} = N \cdot r_0^2/(2 \cdot a)$ ausgedrückt werden kann. Mit dem für I-Profile konservativen Ansatz von $r_0^2 = 2 \cdot a^2$ vereinfacht sich die Darstellung als äquivalentes Biegemoment zu $M_{eq} = a \cdot N$.

Aus diesem vereinfachenden Ansatz ergibt sich die Formel (BB.7) in DIN EN 1993-1-1 für den Größtabstand von einem Fließgelenk zur nächsten seitlichen Stützung des Zuggurtes bei konstanter Momentenbeanspruchung und gleichzeitig einwirkender Druckkraft:

$$L_{k,\max} = L_k \cdot \left(\frac{M_{pl,y,Rk}}{M_{N,y,Rk} + a \cdot N_{Ed}}\right) \tag{III.BB-45}$$

<3.4> Prismatische Querschnitte unter linearem Momentenverlauf

Die Auswirkungen eines linearen Momentengradienten wurden in [130] und [128] in Form eines Modifikationsfaktors C_m zur Bestimmung eines geringeren äquivalenten konstanten Momentes, das zu einer Vergrößerung der Größtabstände zwischen Verdrehbehinderungen führt, formuliert. Die Bestimmung des Modifikationsfaktors C_m ist in DIN EN 1993-1-1, Abschnitt BB.3.3.1 detailliert dargestellt. Der gegenüber dem unter konstanter Momentenbeanspruchung vergrößerte Größtabstand zwischen seitlichen Stützungen des Zuggurtes bestimmt sich dann zu:

$$L_s = \sqrt{C_m} \cdot L_k \qquad \text{(III.BB-46)}$$

<3.5> Prismatische Querschnitte unter linearem Momentenverlauf und Druckbeanspruchung

Die Erkenntnisse bzgl. der Wirkung von axialer Druckbeanspruchung, siehe Gleichung (III.BB-45), und linearem Momentenverlauf, siehe Gleichung (III.BB-46), wurden in [130] und [128] zu EN 1993-1-1, Gleichung (BB.7) wie folgt kombiniert:

$$L_{k,max} = \sqrt{C_m} \cdot L_k \cdot \left(\frac{M_{pl,y,Rk}}{M_{N,y,Rk} + a \cdot N_{Ed}} \right) \qquad \text{(III.BB-47)}$$

<3.6> Prismatische Querschnitte unter nichtlinearem Momentenverlauf und Druckbeanspruchung

Die in [249] durchgeführten Parameterstudien zum Einfluss von nichtlinearen Momentenverläufen und gleichzeitiger Druckbeanspruchung führten zu dem in DIN EN 1993-1-1, Gleichung (BB.14) gegebenen Modifikationsfaktor C_n.

Der gegenüber dem unter konstanter Momentenbeanspruchung ohne Druckbeanspruchung vergrößerte Größtabstand zwischen seitlicher Stützung des Zuggurtes für nichtlineare Momentenverläufe bei gleichzeitiger Druckbeanspruchung bestimmt sich dann analog zu Gleichung (III.BB-46) zu:

$$L_s = \sqrt{C_n} \cdot L_k \qquad \text{(III.BB-48)}$$

Bei der Bestimmung des Modifikationsfaktors C_n nach DIN EN 1993-1-1, Abschnitt BB.3.3.2 ist insbesondere zu beachten, dass nur „positive“ Werte der Momente R_1 bis R_5 sowie der Differenz ($R_S - R_E$), die sich bei der gleichzeitigen Einwirkung von nichtlinearem Moment und zentrischer Druckkraft ergeben, berücksichtigt werden. Hierbei sind Momentenwerte als „positiv“ definiert, wenn diese zu Druckbeanspruchungen im ungestützen (Druck-)Gurt führen; zentrische Druckbeanspruchungen sind ebenfalls „positiv“ definiert.

Die destabilisierende Wirkung der einwirkenden Druckkraft wird wiederum in Form eines äquivalenten Biegemoments $M_{eq} = a \cdot N$ bei der Ermittlung der Momentenwerte R_i wie folgt berücksichtigt:

$$R_i = \frac{M_{y,Ed,i} + a \cdot N_{Ed}}{f_y \cdot W_{pl,y}} \qquad \text{(III.BB-49)}$$

<3.7> Bauteile mit linear veränderlicher Querschnittshöhe und prismatische Bauteile mit Voute unter nichtlinearem Momentenverlauf und Druckbeanspruchung

Der Einfluss linear veränderlicher Querschnittshöhen oder Vouten mit konstanten Gurtquerschnitten unter nichtlinearem Momentenverlauf und Druckbeanspruchung auf die Größtabstände zwischen Verdreh-behinderungen wurden in [131] wiederum mit Hilfe von Parameterstudien bestimmt. Die stabilen Längen werden dann entsprechend der Formulierung in Gleichung (III.BB-48) um den sogenannten Voutenfaktor c erweitert:

$$L_s = \frac{\sqrt{C_n} \cdot L_k}{c}$$ für Bauteile mit dreiflanschigen Vouten (III.BB-50)

$$L_s = 0{,}85 \cdot \frac{\sqrt{C_n} \cdot L_k}{c}$$ für Bauteile mit zweiflanschigen Vouten (III.BB-51)

Die entsprechenden Formeln und deren Anwendungsgrenzen zur Bestimmung des Voutenfaktors sind in DIN EN 1993-1-1, Abschnitt BB.3.3.3 angegeben.

III.C Auswahl der Ausführungsklasse

Mit der Änderung DIN EN 1993-1-1:A1/2014-07 [22] wurde unter anderem der *normative* Anhang C zur Auswahl der Ausführungsklasse EXC 1 bis EXC4 nach DIN EN 1090 aufgenommen. Der Nationale Anhang wird für die Anwendung entsprechend angepasst und zeitnah ergänzt, er befindet sich derzeit in der Entwurfsfassung [24]. Der Anhang C ersetzt den nur *informativen* Anhang B in DIN EN 1090-2 [18], der bisher die Zuordnung der Ausführungsklassen enthielt. Ein Vorteil der neuen Regelung ist, dass sie etwas einfacher ist: Gemäß Tabelle C.1 wird es nur noch eine Zuordnung zur Schadensfolgeklasse (CC) bzw. Zuverlässigkeitsklasse (RC) nach DIN EN 1990 [19] geben. Dagegen kannte der bisherige Anhang B in DIN EN 1090-2 noch weitere Zuordnungen, zum Beispiel zu sogenannten Herstellungskategorien SC1 bzw. SC2. Außerdem ist die Ausführungsklasse EXC4 nicht mehr Teil der Standardauswahltabelle, sondern es wird nur in einer Fußnote darauf verwiesen, dass sie für Tragwerke deren Versagen schwerwiegende Folgen hat, anzuwenden ist. Wichtig ist noch, dass als Teil eines Eurocodes hierzu auch Regelungen im Nationalen Anhang zu DIN EN 1993-1-1 möglich sind und damit der Anhang gleichzeitig normativ sein kann und nationaler Einflussnahme offen steht. Auf diesem Wege werden in Zukunft die Regelungen, wie sie zurzeit zur DIN EN 1090-2 in der Musterliste der technischen Baubestimmungen zu finden sind, als Regelungen im Nationalen Anhang zu Anhang C umgesetzt, vgl. hierzu auch Abschnitt II.C dieses Werkes, das die aktuelle Entwurfsfassung des Nationalen Anhangs zu Anhang C enthält.

Der Entwurf zum Nationalen Anhang sieht eine Zuordnung der Ausführungsklassen auf der Grundlage der Schadensfolgeklassen bzw. der Konstruktionsart vor. Die angegebenen Konstruktionsarten für Ausführungsklasse EXC1, EXC3 und EXC4 entsprechen den bisherige Regelungen, Ausführungsklasse EXC2 gilt immer, wenn keine der anderen Klassen gilt. Die Aufteilung nach der Art der Belastung unterscheidet zwischen statischen Einwirkungen, quasi-statischen Einwirkungen, seismischen Einwirkungen verschiedenen Grades und Ermüdungseinwirkungen. Diese Aufteilung ist tatsächlich nicht ganz so eindeutig, wie es scheint. „Quasi-statisch" scheint heute begrifflich das früher genutzte „vorwiegend ruhend" zu ersetzen. Tatsächlich definiert DIN EN 1990 aber quasi-statische Einwirkung als dynamische Einwirkung, die durch äquivalente statische Ersatzeinwirkung bei der Berechnung beschrieben wird. Das trifft eindeutig zum Beispiel auf die üblichen Windlasten zu, die normalerweise (außer für schwingungsanfällige Tragwerke) angesetzt werden. Aber auch für Erdbeben wird häufig ein statischer Ersatznachweis geführt, vgl. [272]. Die Anmerkung im Entwurf zum Nationalen Anhang, dass seismische Beanspruchung wie quasi-statische Beanspruchungen behandelt werden können, zielt wohl auch darauf. Gleichzeitig vermeidet sie für Deutschland jegliche Diskussion um den Grad der Seismizität.

Grundsätzlich besteht ein Zusammenhang zwischen Zuverlässigkeit und damit Sicherheitsniveau und der Ausführungsqualität und seiner Überwachung. DIN EN 1990, Anhang B [19] sieht deswegen prinzipiell auch die Möglichkeit vor, in Abhängigkeit von z. B. der Überwachung bei Planung und Ausführung den Teilsicherheitsbeiwert zu modifizieren. Im Anhang C wird in Abs. C2.2(5) ausgeschlossen, eine solche Reduktionsmöglichkeit des Teilsicherheitsbeiwertes aufgrund einer höheren Ausführungsklasse zu nutzen. Der Ausschuss sah keine Möglichkeit, eine solche direkte Abhängigkeit konsequent und überprüfbar nachzuweisen.

Letztlich ist es ein großer Vorteil, dass jetzt ein klarer normativer Zusammenhang zwischen der Bemessung nach Eurocode 3 und den bei der Bemessung auftretenden Beanspruchungen und den Gefährdungsannahmen nach DIN EN 1990 auf der einen Seite und den Anforderungen an die Ausführungsqualität auf der anderen Seite hergestellt wird.

Literaturhinweise zum Kommentarteil

Normen und Regelwerke

[1] DASt-Richtlinie 004: Vorläufige Empfehlungen für die Anwendung der elektrischen Widerstandspunktschweißung im Stahlbau. Deutscher Ausschuss für Stahlbau, Stahlbau Verlags- und Service GmbH, Düsseldorf, 1962.

[2] DASt-Richtlinie 008: Richtlinie zur Anwendung des Traglastverfahrens im Stahlbau. Deutscher Ausschuss für Stahlbau, Stahlbau Verlags- und Service GmbH, Düsseldorf, März 1973. (überholt).

[3] DASt-Richtlinie 009: Stahlsortenauswahl für geschweißte Stahlbauten. Deutscher Ausschuss für Stahlbau, Stahlbau Verlags- und Service GmbH, Düsseldorf, Mai 2008.

[4] DASt-Richtlinie 014: Empfehlungen zum Vermeiden von Terrassenbrüchen in geschweißten Konstruktionen aus Baustahl. Deutscher Ausschuss für Stahlbau, Stahlbau Verlags- und Service GmbH, Düsseldorf, 1981.

[5] DASt-Richtlinie 022: Feuerverzinken von tragenden Stahlbauteilen. Deutscher Ausschuss für Stahlbau, Stahlbau Verlags- und Service GmbH, Düsseldorf, August 2009.

[6] DIN 820-2:2011: Normungsarbeit – Teil 2: Gestaltung von Dokumenten, 2011.

[7] DIN 1055-100:2001: Einwirkungen auf Tragwerke – Teil 100: Grundlagen der Tragwerksplanung – Sicherheitskonzept und Bemessungsregeln, März 2001.

[8] DIN 4114, Blatt 1: Stahlbau, Stabilitätsfälle (Knickung, Kippung, Beulung). Berechnungsgrundlagen und Vorschriften. Juli 1952.

[9] DIN 4114, Blatt 2: Stahlbau, Stabilitätsfälle (Knickung, Kippung, Beulung). Berechnungsgrundlagen, Richtlinien. Februar 1953.

[10] DIN 18800-1: Stahlbauten, Teil 1: Bemessung und Konstruktion. Deutsches Institut für Normung e. V., November 2008.

[11] DIN 18800-1: Stahlbauten, Teil 1: Bemessung und Konstruktion. Deutsches Institut für Normung e. V., November 1990.

[12] DIN 18800-2: Stahlbauten, Teil 2: Stabilitätsfälle, Knicken von Stäben und Stabwerken. Deutsches Institut für Normung e. V., November 2008.

[13] DIN 18800-7: Stahlbauten, Teil 7: Ausführung und Herstellerqualifikation, Deutsches Institut für Normung e. V., September 2002.

[14] DIN 18800-7: Stahlbauten, Teil 7: Ausführung und Herstellerqualifikation, Deutsches Institut für Normung e. V., November 2008.

[15] DIN 18801: Stahlhochbau: Bemessung, Konstruktion, Herstellung. Deutsches Institut für Normung e. V., September 1983.

[16] DIN 18807: Trapezprofile im Hochbau; Stahltrapezprofile. Teile 1, 2, 3. Deutsches Institut für Normung e. V., Juni 1987, mit Änderungen A1, Mai 2001.

[17] DIN EN 1090-1: Ausführung von Stahltragwerken und Aluminiumtragwerken – Teil 1: Konformitätsnachweisverfahren für tragende Bauteile. Juli 2010.

[18] DIN EN 1090-2: Ausführung von Stahltragwerken und Aluminiumtragwerken – Teil 2: Technische Regeln für die Ausführung von Stahltragwerken. Dezember 2008.

[19] DIN EN 1990: Eurocode 0: Grundlagen der Tragwerksplanung. Dezember 2010 mit Nationalem Anhang DIN EN 1990/NA. Dezember 2010.

[20] DIN EN 1991-1-7: Eurocode 1: Einwirkungen auf Tragwerke – Teil 1-7: Allgemeine Einwirkungen - Außergewöhnliche Einwirkungen; Dezember 2010.

[21] DIN EN 1992-1-1: Eurocode 2, Bemessung und Konstruktion von Stahlbeton- und Spannbetontragwerken – Teil 1-1: Allgemeine Bemessungsregeln und Regeln für den Hochbau, Januar 2011 mit Nationalem Anhang DIN EN 1992-1-1/NA, Januar 2011.

[22] DIN EN 1993-1-1: Eurocode 3, Bemessung und Konstruktion von Stahlbauten – Teil 1-1: Allgemeine Bemessungsregeln und Regeln für den Hochbau, Dezember 2010 mit Nationalem Anhang DIN EN 1993-1-1/NA, Dezember 2010. Grundsätzlich anzuwenden mit [23].

[23] DIN EN 1993-1-1/A1: Eurocode 3: Bemessung und Konstruktion von Stahlbauten – Teil 1-1: Allgemeine Bemessungsregeln und Regeln für den Hochbau; Deutsche Fassung EN 1993-1-1:2005/A1:2014. Deutsches Institut für Normung e. V., Juli 2014.

[24] E DIN EN 1993-1-1/NA/A1: Eurocode 3: Bemessung und Konstruktion von Stahlbauten – Teil 1-1: Allgemeine Bemessungsregeln und Regeln für den Hochbau; Deutscher Nationaler Anhang, Änderungen A1, *Entwurfsfassung*. Deutsches Institut für Normung e. V., Stand September 2014.

[25] DIN EN 1993-1-2: Eurocode 3, Bemessung und Konstruktion von Stahlbauten – Teil 1-2: Baulicher Brandschutz, Dezember 2010, mit Nationalem Anhang DIN EN 1993-1-2/NA, Dezember 2010.

[26] DIN EN 1993-1-3: Eurocode 3, Bemessung und Konstruktion von Stahlbauten – Teil 1-3: Kaltgeformte Bauteile und Bleche, Dezember 2010 mit Nationalem Anhang DIN EN 1993-1-3/NA, Dezember 2010.

[27] DIN EN 1993-1-5: Eurocode 3, Bemessung und Konstruktion von Stahlbauten – Teil 1-5: Bauteile aus ebenen Blechen mit Beanspruchungen in der Blechebene, Dezember 2010 mit Nationalem Anhang DIN EN 1993-1-5/NA, Dezember 2010.

[28] DIN EN 1993-1-6: Eurocode 3, Bemessung und Konstruktion von Stahlbauten – Teil 1-6: Festigkeit und Stabilität von Schalentragwerken; Dezember 2010 mit Nationalem Anhang DIN EN 1993-1-6/NA, Dezember 2010.

[29] DIN EN 1993-1-8: Eurocode 3, Bemessung und Konstruktion von Stahlbauten – Teil 1-8: Bemessung und Konstruktion von Anschlüssen und Verbindungen. Dezember 2010 mit Nationalem Anhang DIN EN 1993-1-8/NA, Dezember 2010.

[30] DIN EN 1993-1-9: Eurocode 3, Bemessung und Konstruktion von Stahlbauten – Teil 1-9: Ermüdung. Dezember 2010 mit Nationalem Anhang DIN EN 1993-1-9/NA, Dezember 2010.

[31] DIN EN 1993-1-10: Eurocode 3, Bemessung und Konstruktion von Stahlbauten – Teil 1-10: Auswahl der Stahlsorten im Hinblick auf Bruchzähigkeit und Eigenschaften in Dickenrichtung. Dezember 2010 mit Nationalem Anhang DIN EN 1993-1-10/NA, Dezember 2010.

[32] DIN EN 1993-1-11: Eurocode 3, Bemessung und Konstruktion von Stahlbauten – Teil 1-11: Bemessung und Konstruktion von Tragwerken mit Zuggliedern aus Stahl. Dezember 2010 mit Nationalem Anhang DIN EN 1993-1-10/NA, Dezember 2010.

[33] DIN EN 1993-1-12: Eurocode 3, Bemessung und Konstruktion von Stahlbauten – Teil 1-12: Zusätzliche Regeln zur Erweiterung von EN 1993 auf Stahlgüten bis S700. Dezember 2010 mit Nationalem Anhang DIN EN 1993-1-12/NA, August 2011.

[34] DIN EN 1993-2: Eurocode 3, Bemessung und Konstruktion von Stahlbauten – Teil 2: Stahlbrücken. Dezember 2010 mit Nationalem Anhang DIN EN 1993-2/NA, Dezember 2010.

[35] DIN EN 1993-6: Eurocode 3, Bemessung und Konstruktion von Stahlbauten – Teil 6: Kranbahnen;. Dezember 2010 mit Nationalem Anhang DIN EN 1993-2/NA, Dezember 2010.

[36] DIN EN 1994-1-1: Eurocode 4: Bemessung und Konstruktion von Verbundtragwerken aus Stahl und Beton – Teil 1-1: Allgemeine Bemessungsregeln und Anwendungsregeln für den Hochbau. Dezember 2010 mit Nationalem Anhang DIN EN 1994-1-1/NA, Dezember 2010.

[37] DIN EN 1995-1-1: Eurocode 5: Bemessung und Konstruktion von Holzbauten – Teil 1-1: Allgemeines – Allgemeine Regeln und Regeln für den Hochbau. Dezember 2010 mit Nationalem Anhang DIN EN 1995-1-1/NA, Dezember 2010.

[38] DIN EN 1996-1-1: Eurocode 6: Bemessung und Konstruktion von Mauerwerksbauten – Teil 1-1: Allgemeine Regeln für bewehrtes und unbewehrtes Mauerwerk. Dezember 2010 mit Nationalem Anhang DIN EN 1996-1-1/NA, Dezember 2010.

[39] DIN EN 1998-1: Eurocode 8: Auslegung von Bauwerken gegen Erdbeben – Teil 1: Grundlagen, Erdbebeneinwirkungen und Regeln für Hochbauten. Dezember 2010 mit Nationalem Anhang DIN EN 1998-1/NA, Januar 2011.

[40] DIN EN 1999-1-1, Eurocode 9: Bemessung und Konstruktion von Aluminiumtragwerken – Teil 1-1: Allgemeine Brmessungsregeln; Mai 2010 mit Nationalem Anhang DIN EN 1999-1-1/NA, Dezember 2010.

[41] DIN EN 10025-1:2004, Warmgewalzte Erzeugnisse aus Baustählen – Teil 1: Allgemeine technische Lieferbedingungen. Februar 2005.

[42] DIN EN 10025-2:2004, Warmgewalzte Erzeugnisse aus Baustählen – Teil 2: Technische Lieferbedingungen für unlegierte Baustähle. Februar 2005.

[43] DIN EN 10025-5:2004, Warmgewalzte Erzeugnisse aus Baustählen – Teil 5: Technische Lieferbedingungen für wetterfeste Baustähle. Februar 2005.

[44] DIN EN 10025-6:2004, Warmgewalzte Erzeugnisse aus Baustählen – Teil 6: Technische Lieferbedingungen für Flacherzeugnisse aus Stählen mit höherer Streckgrenze im vergüteten Zustand. Februar 2005.

[45] DIN EN 10149-2: Warmgewalzte Flacherzeugnisse aus hochfesten Stählen zur Kaltumformung – Teil 2: Lieferbedingungen für thermomechanisch gewalzte Stähle. November 1995.

[46] DIN EN 10149-3: Warmgewalzte Flacherzeugnisse aus hochfesten Stählen zur Kaltumformung – Teil 3: Lieferbedingungen für normalgeglühte oder normalisierend gewalzte Stähle. November 1995.

[47] DIN EN 10204:2004: Metallische Erzeugnisse, Arten von Prüfbescheinigungen. Januar 2005.

[48] DIN EN 10268: Kaltgewalzte Flacherzeugnisse aus Stahl mit hoher Streckgrenze zum Kaltumformen von mikrolegierten Stählen – Technische Lieferbedingungen. Oktober 2006.

[49] DIN EN 10292: Kontinuierlich schmelztauchveredeltes Band und Blech aus Stählen mit hoher Streckgrenze zum Kaltumformen – Technische Lieferbedingungen. Deutsches Institut für Normung e. V., Berlin, 2007. (zurückgezogen).

[50] DIN EN 10326: Kontinuierlich schmelztauchveredeltes Band und Blech aus Baustählen – Technische Lieferbedingungen. Deutsches Institut für Normung e. V., Berlin, 2004. (zurückgezogen).

[51] DIN EN 10327: Kontinuierlich schmelztauchveredeltes Band und Blech aus weichen Stählen zum Kaltumformen. Deutsches Institut für Normung e. V., Berlin, 2004. (zurückgezogen).

[52] DIN EN 10346: Schmelztauchveredelte Flacherzeugnisse aus Stahl – Technische Lieferbedingungen. Deutsches Institut für Normung e. V., Berlin, 2009.

[53] DIN EN ISO 1461: Durch Feuerverzinken auf Stahl aufgebrachte Zinküberzüge (Stückverzinken), Anforderungen und Prüfungen. März 1999.

[54] DIN V ENV 1993-1-1:1992: Eurocode 3: Bemessung und Konstruktion von Stahlbauten, Teil 1-1: Allgemeine Bemessungsregeln, Bemessungsregeln für den Hochbau. April 1993.

[55] DIN V ENV 1993-1-1/A2:1998: Eurocode 3: Bemessung und Konstruktion von Stahlbauten, Teil 1-1: Allgemeine Bemessungsregeln, Bemessungsregeln für den Hochbau, Änderung A2. Mai 2002.

[56] DIN V ENV 1993-1-5:1997: Eurocode 3: Bemessung und Konstruktion von Stahlbauten, Teil 1-5: Allgemeine Bemessungsregeln, Ergänzende Regeln zu ebenen Blechfeldern ohne Querbelastung. Februar 2001.

[57] DIN V ENV 1993-2:1997: Eurocode 3: Bemessung und Konstruktion von Stahlbauten, Teil 2: Stahlbrücken, Februar 2001.

[58] DIN V ENV 1994-1-1:1994: Eurocode 4: Bemessung und Konstruktion von Verbundtragwerken aus Stahl und Beton, Teil 1-1: Allgemeine Bemessungsregeln, Bemessungsregeln für den Hochbau. Februar 1994.

[59] ÖNORM B 1993-1-1: Nationale Festlegungen zu ÖNORM EN 1993-1-1, nationale Erläuterungen und nationale Ergänzungen. Österreichisches Normungsinstitut, Februar 2007.

[60] Stahl-Eisen-Prüfblatt SEP 1390 – Aufschweißbiegeversuch. Verlag Stahleisen GmbH (Postfach 10 51 64, 40042 Düsseldorf), 1996.

Bücher, Zeitschriftenartikel und weitere Literatur

[61] ABAQUS Software, Hibbitt, Karlsson & Sorensen Inc.

[62] Aschendorf, K.K.; Bernard, A.; Bucak, Ö.; Mang, F.; Plumier, A.: Knickuntersuchungen an gewalzten Stützen mit I-Querschnitt aus St37 und St52 mit großer Flanschdicke und aus StE 460 mit Standardabmessungen. Bauingenieur 58(1983), S. 261-268.

[63] Axhag, F.: Plastic Design of Slender Steel Bridge Girders, Dissertation, Lulea University of Technology, Nr. 1998:09, März 1998.

[64] Baehre, R.; Wolfram, R.: Zur Schubfeldberechnung von Trapezprofilen. In: Stahlbau 55 (1986), S. 175-179.

[65] Bachmann, H.; Ammann, W.: Schwingungsprobleme bei Bauwerken, Band 3d. Structural Engineering Documents, Internatioal Association for Bridges and Structural Engineering, 1987.

[66] Baker, J.F., Horne, M.R. and Heyman, J., The Steel Skeleton, vol 2, Cambridge University Press, 1956.

[67] Balaz, I., Kolekova, Y.: Critical Moments. Proceedings of International Colloquium on Stability and Ductility of Steel Structures. Akademial Klado, Budapest, Sept. 2002, pp. 31-38.

[68] Bamm, D.: Näherungsweise Berücksichtigung der Schubspannungen bei der Ermittlung von Traglasten gerader dünnwandiger offener Profile. Dissertation TU Berlin 1974.

[69] Bartels, D.; Bos, C.A.M.: Investigation of the effect of the boundary conditions on the lateral torsional buckling phenomenon, taking account of cross sectional deformations. HERON vol 19, no. 1, Delft 1973.

[70] Beer, H.; Schulz, G.: Die Traglast des planmäßig mittig gedrückten Stabes mit Imperfektionen. VDI-Zeitschrift 111 (1969): Heft 21, S. 1537; Heft 23, S. 1683; Heft 24, S. 1767.

[71] Beg, D.; Kuhlmann, U.; Davaine, L.; Braun, B.: Design of Plated Structures, Eurocode 3: Design of Steel Structures, Part 1-5 – Design of Plated Structures, 1st Edition. Veröffentlicht durch ECCS – European Convention for Constructional Steelwork, Verkauf durch Verlag Ernst & Sohn, Berlin, 2010.

[72] Beg. D.; Rejec, K.; Sinur, F.: Partial safety factor evaluation, ECCS Technical Working Group 8.3, Dokument TWG8.3-2012-45.

[73] Beg, D.; Sinur, F.; Jurisinoviĉ, B.: Cross-section classification of angles. ECCS Technical Working Group 8.3, Präsentation, Dokument TWG8.3-2011-42.

[74] Beier-Tertel, J.: Geometrische Ersatzimperfektionen für Tragfähigkeitsnachweise zum Biegedrillknicken von Trägern und Walzprofilen, Dissertation, Ruhr-Universität Bochum, Dezember 2008.

[75] Bijlaard, F.; Feldmann, M.; Naumes, J.; Müller, Chr.; Sedlacek, G.: The safety background of Eurocode 3 – Recommendations for numerical values for the partial factors γ_{M0}, γ_{M1} and γ_{M2}. DIN-Normenausschuss Bauwesen (NABau), Arbeitsausschuss Tragwerksbemessung, Dokument-Nr. NA005-08-16 AA N1004, 04.05.2010.

[76] Boissonnade, N., Greiner, R., Jaspart, J.P., Lindner, J.: Rules for member stability in EN 1993-1-1, background documentation and design guidelines. ECCS/EKS publ. no. 119, Brüssel, 2006.

[77] Braun, B.; Kuhlmann, U.: Bemessung und Konstruktion von aus Blechen zusammengesetzten Bauteilen nach DIN EN 1993-1-5. In: Kuhlmann, U., (Hrsg.): Stahlbau-Kalender 2009, Verlag Ernst & Sohn, 2009, S. 381-453.

[78] Brozetti, J.: Note for drafting Section 5 as a result of the discussions of the "Ad-hoc" group for solving the inconsistencies between EC2, EC3 and EC4, Avis 032, Internes Dokument, 20. November 2000.

[79] Brozetti, J.; Sedlacek, G.; Taylor, C.; Dowling, P. J.: The relation between the nominal value of the yield strength in Eurocode 3 and the specifications in material standards. Eurocode 3 Background Document, Document 3.02, April 1992.

[80] Brune, B.: Kommentar zur DIN EN 1993-1-3: Ergänzende Regeln für kaltgeformte Bauteile und Bleche, In Kuhlmann, U. (Hrsg.): Stahlbau-Kalender 2013, Verlag Ernst & Sohn, 2013, S. 247-316.

[81] Brune, B.: Neue Grenzwerte b/t für volles Mittragen von druck- und biegebeanspruchten Stahlblechen im plastischen Zustand, Stahlbau 69 (2000), Heft 1, S. 55-63.

[82] Bureau, A.: Classification of cross-sections under N+My, CEN/TC 250/SC 3, Evolution Group EN 1993-1-1, Dokument [40] Bureau_EG 1993-1-1, Oktober 2013.

[83] Bureau, A., Beyer, A.; Nguyen, T.M.: Evaluation of the proposals for the amendment of formula 6.36 of EN 1993-1-1, CEN/TC 250/SC 3, Evolution Group EN 1993-1-1, Dokument [24a] BureauCTICM, Oktober 2013.

[84] Byfield, M.P., Nethercot, D.A.: An analysis of the true bending strength of steel beams. Proceedings. Instn. Civ. Engrs. Structs. And Bldgs, 1998, 128, May, pp.188-197.

[85] Cajot, L.G. et al.: Probabilistic quantification of safety of a steel structure highlighting the potential of steel versus other material, July 2000 to December 2003, ECSC Steel RTD Programme EUR 21695, ECSC RTD Contract 7210-PR/249, Final Report, 2005.

[86] Chabrolin, B.: Partial safety factors for resistance of steel elements to EC3 & EC4. Calibration for various steels products and failure criteria, July 1994 to December 1997, ECSC Steel RTD Programme EUR 20344, ECSC RTD Contract SA 322 & al., Final Report, 2005.

[87] CIDECT Handbuch Nr. 2 (1992): Rondal, J., Würker, K.G., Wardenier, J., Dutta, D., Yeomans, N.: Knick- und Beulverhalten von Hohlprofilen (rund und rechteckig).

[88] Cochrane, V.H.: Rules for Rivet-Hole Deductions in Tension Members. In: Engineering News-Record, Vol. 89, No. 20, November 16, 1922, Seiten 847 und 848.

[89] ConSteel 6.0: Finite-Elemente-Programm, entwickelt von Consteel Solutions Ltd., erreichbar über http://www.consteel.hu

[90] Da Silva, L.; Tankova, T.; Canha, J.; Marques, L.; Rebelo, C.: Safety assesment of EC3 stability design rules for flexural buckling of columns. Paper TC8-2014-06-006, Coimbra 2014.

[91] Dischinger, F.: Untersuchungen über die Knicksicherheit, die elastische Verformung und das Kriechen des Betons bei Bogenbrücken. In: Bauingenieur 18 (1937), S. 487-520, S. 539-552 und S. 596-621.

[92] Dürr, M.; Kathage, K.; Saal, H.: Schubsteifigkeit zweiseitig gelagerter Stahltrapezbleche. Stahlbau 75 (2006), S. 280-286.

[93] Dürr, M.; Podleschny, R.; Saal, H.: Untersuchungen zur Drehbettung von biegedrillknickgefährdeten Trägern durch Sandwichelemente. Stahlbau 76 (2007), S. 401-407.

[94] ECCS TC 8, No. 119: Rules for member stability in EN 1993-1-1, Background documentation and design guidelines, ECCS publication, Brüssel, 2006.

[95] ECCS-CECM-EKS (TC 7): publication No 88, European Recommendations for the application of Metal Sheeting acting as a Diaphragm. ECCS Brüssel, 1995.

[96] ENV 1993-1-1, Editorial group: Background Documentation, Chapter 5 Document 5.03: Evaluation of test results on columns, beams and beam-columns with cross-sectional classes 1 - 3 in order to obtain strength functions and suitable model factors. Aachen 1989.

[97] Feldmann, M.; Naumes, J.; Sedlacek, G.: Biegeknicken und Biegedrillknicken aus der Haupttragebene. In: Stahlbau 78 (2009), Heft 10, S. 764-776.

[98] Feldmann, M.; Schäfer, D.; Sedlacek, G.: Feuerverzinken von tragenden Stahlbauteilen nach DASt-Richtlinie 022 und Bewertung verzinkter Stahlkonstruktionen. In: Kuhlmann, U., (Hrsg.): Stahlbau-Kalender 2010, Verlag Ernst & Sohn, 2010, S. 765-806.

[99] Feldmann, M.; Sedlacek, G; Wieschollek, M.; Schillo, N.: Lateral torsional buckling checks of steel frames using second order analysis. In: Steel Construction 5 (2012), No. 2.

[100] FIDES – Friemann, H.: DRILL-Programm für Biegedrillknicken und Tragsicherheitsnachweise.

[101] Fischer, M.: Zum Kipp-Problem von kontinuierlich seitlich gestützten Trägern. In: Stahlbau 45 (1976), S. 120-124.

[102] Francke, W.; Friemann, H.: Schub und Torsion in geraden Stäben – Grundlagen, Berechnungsbeispiele. 3. Auflage. Vieweg, Wiesbaden, April 2005.

[103] Friedrich + Lochner: BTII – Programm zur Berechnung des Biegedrillknickens.

[104] Friedrich, H.; Schleifer, A.: Bericht zur Sitzung am 4. Dezember 2009 in Berlin, Dokument NA 005-08-16 AA N 0959, DIN NA 005 Normenausschuss Bauwesen (NABAU), NA005-08-16 AA „Tragwerksbemessung", 2010.

[105] Galéa, Y.; Ablaufdiagramm – Stabilitätsnachweise von Bauteilen mit veränderlichem Querschnitt in Rahmentragwerken, Deutsche Übersetzung, 2007, AccessSteel Dokument SF044a-DE-EU.

[106] Galéa, Y.; NCCI: Allgemeines Verfahren für Knicken aus der Ebene in Rahmentragwerken, Deutsche Übersetzung, 2006, AccessSteel Dokument SN032a-DE-EU.

[107] Gaylord, E.H.; Gaylord, C.N.: Design of Steel Structures, McGraw-Hill Civil Engineering Series, consulting editor: Davies, H.E., McGraw-Hill Book Company, Inc., USA, 1957.

[108] Geldmacher, G., Lange, J.: Ein Konzept für den Traglastnachweis gurtgelagerter doppelt-symmetrischer I-Träger unter Berücksichtigung der Profilverformung. Stahlbau 79(2010), S. 908-922.

[109] Gelhaar, A.; Schneider, A.: Korrosionsschutz von Stahlkonstruktionen durch Beschichtungssysteme. In: Kuhlmann, U., (Hrsg.): Stahlbau-Kalender 2012, Verlag Ernst & Sohn, 2012, S. 489-519.

[110] Gietzelt, R., Nethercot, A.: Biegedrillknicken von Wabenträgern. Stahlbau 52 (1983), S. 346-349.

[111] Glitsch, T.: Beitrag zur vereinfachten Bemessung von stabilitätsgefährdeten Stahlstäben mit offenen Profilen unter Quer- und Torsionsbelastung. Dissertation. TU Berlin, Fachgebiet Entwerfen und Konstruieren – Stahlbau, 2008.

[112] Greiner, R.: Stabilitätsnachweise von Stabwerken nach dem Eurocode – neue Möglichkeiten. Stahlbau Seminar Biberach, Wien, 2005.

[113] Greiner, R.: Background Information on the Beam-Column Interaction Formulae at Level 1. ECCS Report No. TC 8-2001-021, 20. Sept. 2001. Auf einer Anhangs-CD in [76] enthalten.

[114] Greiner, R.; Lindner, J.: Die neuen Regelungen in der europäischen Norm EN 1993-1-1 für Stäbe unter Druck und Biegung. In: Stahlbau 72 (2003), S. 163-172.

[115] Greiner, R.; Kaim, P.: Erweiterung der Traglastuntersuchungen an Stäben unter Druck und Biegung auf einfach-symmetrische Querschnitte. Stahlbau 72 (2003), Heft 3, S. 173-180.

[116] Greiner, R.; Kaim, P.: Comparison of LT-buckling curves with test results. ECCS Report No. TC8-2001-004. In [76] als Ref. 30.

[117] Greiner, R.; Kaim, P.; Taras, A.: Stabilitätsnachweis von Stäben mit einfach-symmetrischen Querschnitten – Eurocode-konforme Regelungen im österreichischen Nationalen Anhang zur EN 1993-1-1. Stahlbau 80 (2011), Heft 5, S. 356-363.

[118] Greiner, R.; Kettler, M.; Lechner, A.; Jaspart, J.-P.; Boissonade, N.; Bortolotti, E.; Weynand, K.; Ziller, C.; Örder, R.: SEMI-COMP: Plastic Member Capacity of Semi-Compact Steel Sections – a more Economic Design. RFSR-CT-2004-00044, Final Report, Research Programme of the Research Fund for Coal and Steel – RTD, 2008.

[119] Greiner, R.; Kettler, M.; Lechner, A.; Jaspart, J.-P.; Weynand, K.; Ziller, C.; Örder, R., Herbrand, M.; da Silva, L.S.; Dehan, V.: SEMI-COMP+: Background information to design guidelines for cross-section and member design according to Eurocode 3 with particular focus on semi-compact sections. RFSR-CT-2010-00023, Report, Valorisation Project of the Research Fund for Coal and Steel – RTD, March 2012.

[120] Greiner, R.; Ofner, R.; Salzgeber, G.: Verification of GMNIA-Results. ECCS-Validation Group, Report 2, Juli 1998.

[121] Greiner, R.; Taras, A.: Geometrical Tolerances and Shape Deviations, Impact on Design against buckling – some Scenarios. Präsentation, internes Dokument ECCS-TC8-2009-11-04, 2009.

[122] Grotmann, D.: Verbesserung von Sicherheitsnachweisen für Stahlkonstruktionen mit rechteckigen Hohlprofilen, Dissertation D82, RWTH Aachen Heft 38, Shaker Verlag Aachen, 1997.

[123] Hanswille, G.; Schäfer, M.; Bergmann, M.: Stahlbaunormen – Verbundtragwerke aus Stahl und Beton, Bemessung und Konstruktion – Kommentar zu DIN 18800-5, Ausgabe März 2007. In: Kuhlmann, U. (Hrsg.): Stahlbaukalender 2010. Verlag Ernst & Sohn, 2010, S. 243–482.

[124] Hauf, G.; Kuhlmann, U.: Verformungsverhalten von Slim-Floor-Trägern. Stahlbau 80 (2011), Heft 12, S. 904-910.

[125] Heil, W.: Stabilisierung von biegedrillknickgefährdeten Trägern durch Trapezblechscheiben. In: Stahlbau 63 (1994), S. 169-178.

[126] Heil, W.: Traglasten von gedrückten Stäben mit Winkelprofil. In: Steinhardt, O. und Möhler, K. (Hrsg.): Der Metallbau im Konstruktiven Ingenieurbau, Festschrift Rolf Baehre. Karlsruhe: 1988, S. 431-444.

[127] Horne, M.R.: Safe loads on I-section columns in structures designed by plastic theory, Proc Instn Civil Engineers, Volume 29, 1964.

[128] Horne, M.R.; Ajmani, J.L.: Design of columns restrained by side rails, The Structural Engineer, No. 8, vol 49, August 1971.

[129] Horne, M.R.; Ajmani, J.L.: The post buckling behaviour of laterally restrained columns, The Structural Engineer, No. 8, vol 49, August, 1971.

[130] Horne, M.R.; Ajmani, J.L.: Stability of columns supported laterally by side rails, Int J Mech Sci, Pergamon Press, vol 11, pp. 159-174, 1969.

[131] Horne, M.R.; Shakir-Khalil, H.; Akhtar, S.: The stability of tapered and haunched beams, Proc Instn Civil Engineers, Part 2, Volume 69, 1979.

[132] Hothan, S.; Ortmann, Chr.; Kathage, K.: Stahlbaunormen – Kommentierte Stahlbauregelwerke. In: Kuhlmann, U. (Hrsg.): Stahlbau-Kalender 2010, Verlag Ernst & Sohn, 2010, S. 1-242.

[133] Johansson, B.; Maquoi, R.; Sedlacek, G.; Müller, C.; Beg, D.: Commentary and worked examples to EN 1993-1-5 “Plated Structural Elements”. 1. Auflage, ECCS-JRC Report Nr. EUR 22898 EN, Oktober 2007.

[134] Kaim, P.: Spatial buckling behaviour of steel members under bending and compression. Dissertation. TU Graz, 2004.

[135] Kathage, K.; Lindner, J., Misiek, Th., Schilling, S.: A proposal to adjust the design approach for the diaphragm action of shear panels according to Schardt and Strehl to European regulations. Steel Construction 6(2013), No. 2, S. 107-116.

[136] Kathage, K.; Ortmann, Chr.: Technische Baubestimmungen, Normen, Bauregellisten und Zulassungen im Stahlbau, In: Kuhlmann, U. (Hrsg.): Stahlbau-Kalender 2014, Verlag Ernst & Sohn, 2014.

[137] Kindmann, R.: RUBSTAHL-Lehr- und Lernprogramme – BDK FE-Stäbe. Kostenloser Download unter: http://www.rubochum.de/stahlbau

[138] Kindmann, R.; Beier-Tertel, J.: Geometrische Ersatzimperfektionen für das Biegedrillknicken von Trägern aus Walzprofilen – Grundsätzliches. Stahlbau 79 (2010), Heft 9, S. 689-697.

[139] Kindmann, R.; Frickel, J.: Elastische und plastische Querschnittstragfähigkeit; Grundlagen, Methoden, Berechnungsverfahren, Beispiele. Ernst & Sohn, Berlin 2002.

[140] Kindmann, R.; Krahwinkel, M.: Bemessung stabilisierender Verbände und Schubfelder. Stahlbau 70 (2001), Heft 11, S. 885-899.

[141] Kindmann, R.; Ludwig, Chr.: Zur Tragfähigkeit von Stabquerschnitten nach DIN EN 1993-1-1. Teil 1, Stahlbau 81 (2012), Heft 4, S. 257-264; Teil 2, Stahlbau 81 (2012), Heft 5, S. 353-357.

[142] Kindmann, R.; Stroetmann, R.: Recommendations to amend Section 6.2.9.1 in EN 1993-1-1. CEN/TC 250/SC 3, Evolution Group EN 1993-1-1, dort Dokument [38] Stroetmann / Kindmann, Oktober 2013.

[143] Kindmann, R.; Wolf, Chr.; Beier-Tertel, J.: Discussion on member imperfections according to Eurocode 3 for stability problems. Proceedings of 5th European Conference on Steel and Composite structures (Eurosteel 2008), S. 773-778, Brüssel, 2008.

[144] King, C.: Member Stability at Plastic Hinges – The Background to Annex BB.3. Steel Construction Institute, 2005.

[145] King, C.: Design moment of resistance at $\bar{\lambda}_{LT} = 0.4$. ECCS Report No. TC8-2001-018. Auch in [76].

[146] Klöppel, K.; Protte, W.: Ein Beitrag zum Kipp-Problem von Rahmenecken. In: Stahlbau 30 (1961), S. 169-182.

[147] Klöppel, K.; Unger, B.: Eine experimentelle Untersuchung des Kippverhaltens von Kragträgern im elastischen und im plastischen Bereich im Hinblick auf eine Neufassung des Kippsicherheitsnachweises der DIN 4114. Der Stahlbau 40 (1971), S. 321-329, 375-383.

[148] Kolari, K.: Partial Safety Factors for Resistance of Welded and Cold-Formed Sections, Final report, VTT Building Technology, Internal Report No. RTE38-IR-7/1998.

[149] Kuhlmann, U.: Rotationskapazität biegebeanspruchter I-Profile unter Berücksichtigung des plastischen Beulens, Dissertation, Ruhr-Universität Bochum, Mitteilung Nr. 86-5, Juni 1986.

[150] Kuhlmann, U.; Detzel, A.: DIN EN 1993-1-1, Allgemeine Nachweiskonzepte mit Berechnungsbeispielen. In: Tagungsband der DIN-Tagung Bemessung und Konstruktion von Stahlbauten nach dem neuen Eurocode 3, Beuth Verlag, Köln, 2005.

[151] Kuhlmann, U.; Dürr, A.; Günther, H.-P.: Kranbahnen und Betriebsfestigkeit. In: Kuhlmann, U., (Hrsg.): Stahlbau-Kalender 2003, Ernst & Sohn, 2003, S. 375-496.

[152] Kuhlmann, U.; Froschmeier, B.; Euler, M.: Allgemeine Bemessungsregeln, Bemessungsregeln für den Hochbau – Erläuterungen zur Struktur und Anwendung von DIN EN 1993-1-1. Stahlbau 79 (2010), Heft 11, S. 779-792.

[153] Kuhlmann, U.; Rasche, Chr.; Froschmeier, B.; Euler, M.: Anpassung des DIN-Fachberichts 103 „Stahlbrücken" an Eurocodes, Teil 3. In: Anpassung von DIN-Fachberichten „Brücken" an Eurocodes, Berichte der Bundesanstalt für Straßenwesen, Brücken- und Ingenieurbau, Heft B77, 2011.

[154] Kuhlmann, U.; Rölle, L.: Verbundanschlüsse nach Eurocode. In Kuhlmann, U. (Hrsg.): Stahlbau-Kalender 2010, Verlag Ernst & Sohn, 2010, S. 574-642.

[155] Kühn, B.; Stranghöner, N.; Sedlacek, G.; Höhler, S.: Kommentar zu DIN EN 1993-1-10: Stahlsortenwahl im Hinblick auf Bruchzähigkeit und Eigenschaften in Dickenrichtung. In: Kuhlmann, U., (Hrsg.): Stahlbau-Kalender 2012, Verlag Ernst & Sohn, 2012, S. 355-380.

[156] Kühnemund, F.: Zum Rotationsnachweis nachgiebiger Knoten im Stahlbau, Dissertation, Institut für Konstruktion und Entwurf, Universität Stuttgart, Mitteilungen Nr. 2003-1, 2003.

[157] Lääne, A.: Post-critical behaviour of composite beams under negative bending moment and shear, Dissertation, École Polytechnique Fédérale de Lausanne, Thèse No. 2889, 2003.

[158] Lechner, A.; Greiner, R.: Application of the equivalent column method for flexural buckling according to the new EC3-rules. Eurosteel 2005, 4th European Conference on Steel and Composite Structures, Maastricht, Juni 2005, Tagungsband A, S. 1.4-17 bis 1.4-24.

[159] Lindner, J.: Überlegungen zu den repräsentativen Vorverformungen. Im März 2014 mit Ergänzungen Juni 2014, Korrespondenz zwischen Kuhlmann, U. und Lindner, J., unveröffentlicht.

[160] Lindner, J.: Drehbettungsbeiwerte K_ϑ für die Ermittlung der Mindeststeifigkeit nach DIN EN 1993-1-1 bei Ausnutzung der elastischen Querschnittstragfähigkeit. S. 125-131, Festschrift Hanswille, Wuppertal 2011.

[161] Lindner, J.: Tragfähigkeitssteigerung von Biegeträgern durch Trapezprofile – Ein Überblick zu Drehbettung und Scheibentragverhalten mit Beispielen nach DIN 18800 und EC3. S. 6-1 bis 6-29, Tagungsband 33. Stahlbauseminar 2011, Bauakademie Biberach, Wissenschaft und Praxis Band 163, 2011.

[162] Lindner, J.: Zur Aussteifung von Biegeträgern durch Drehbettung und Schubsteifigkeit. In: Stahlbau 77 (2008), S. 427-435.

[163] Lindner, J.: LIDUR. EDV-Programm zur Berechnung der Traglasten von beliebig gelagerten geraden Stabsystemen. Version 8/1. Berlin: TU Berlin, Fachgebiet Stahlbau, 2008 (unveröffentlicht).

[164] Lindner, J.: Evaluations concerning f-factor method. TC8-2002-027. TU Berlin, Fachgebiet Stahlbau, 2003. In: [76].

[165] Lindner, J.: Drehbettungswerte für Holzpfetten. Festschrift Greiner, TU Graz, 2001. S. 231-239.

[166] Lindner, J.: Interaktionsgleichungen für das Biegeknicken bei Druck und zweiachsiger Biegung. Schlussbericht zum DIBt-Forschungsvorhaben IV 1-5-866/98, Bericht 2135 des Instituts für Baukonstruktionen und Festigkeit der TU Berlin, 10.6.1999. Auf einer Anhangs-CD in [76] enthalten.

[167] Lindner, J.: Influence of constructional details on the load carrying capacity of beams. In: Engineering Structures, Vol. 18, No. 10, 1996, S. 752-758.

[168] Lindner, J.: Ersatzimperfektionen für Rohre. In: Stahlbau 64 (1995), Heft 7, S. 211-214 und Stahlbau 65 (1996), Heft 1, S. 32.

[169] Lindner, J.: Stahlbau. In: Hütte Bautechnik Band VI, Konstruktiver Ingenieurbau Bd. 3, Teil G. Berlin / Heidelberg, Springer, 1993, S. 1-150.

[170] Lindner, J.: Stabilisierung von Biegeträgern durch Drehbettung – eine Klarstellung. In: Stahlbau 56 (1987), S. 365-373.

[171] Lindner, J.: Stabilisierung von Trägern durch Trapezbleche. In: Stahlbau 56 (1987), S. 9-15.

[172] Lindner, J.: Reduktionswerte für Stützenschiefstellungen. Bericht 2076, Institut für Baukonstruktionen und Festigkeit, TU Berlin, Berlin 1985.

[173] Lindner, J.: Nachweise in Bezug auf das Biegedrillknicken nach Eurocode. In: 75 Jahre DASt, Stahlbau Verlag, Köln, 1983.

[174] Lindner, J.: Stabilität von Rähmträgern. VDI-Berichte Nr. 245, 1975, S. 105-110.

[175] Lindner, J.: Der Einfluss von Eigenspannungen auf die Traglast von I-Trägern. In: Stahlbau 43 (1974), S. 91-96 – EDV-Programm: LIDUR.

[176] Lindner, J.; Bamm, D.: KIBAL – EDV-Programm zur Berechnung der Biegedrillknicklasten von beliebig gelagerten geraden Stabsystemen (Fassung Lindner KIBL2F). TU Berlin, Fachgebiet Stahlbau, 1999, (unveröffentlicht).

[177] Lindner, J.; Gehlhaar, M.: Zum Tragverhalten von biegedrillknickgefährdeten Biegeträgern, die nur am Untergurt gelagert sind. Festschrift Valtinat, TU Hamburg-Harburg 2001. S. 211-219.

[178] Lindner, J.; Gehlhaar, M.; Wang, J.: Ansatz zutreffender Randbedingungen beim Nachweis des Biegedrillknickens. Schlussbericht zum DFG-Forschungsvorhaben Li 351/16-1, Bericht VR 2140 Fachgebiet Stahlbau der TU Berlin, Februar 2002. (unveröffentlicht).

[179] Lindner, J.; Gietzelt, R.: Zur Tragfähigkeit ausgeklinkter Träger. Stahlbau 54 (1985), S. 39-45.

[180] Lindner, J.; Gietzelt, R.: Imperfektionsannahmen für Stützenschiefstellungen. Stahlbau 53 (1984), Heft 4, S. 97-101.

[181] Lindner, J.; Gietzelt, R.: Stabilisierung von Biegeträgern mit I-Profil durch angeschweißte Kopfplatten. In: Stahlbau 53 (1984), Heft 3, S. 69-74.

[182] Lindner, J.; Gietzelt, R.: Zweiachsige Biegung und Längskraft – Vergleich verschiedener Bemessungskonzepte. In: Stahlbau 53 (1984), S. 328-333.

[183] Lindner, J.; Gietzelt, R.: Imperfektionen mehrgeschossiger Stahlstützen (Stützenschiefstellungen). Bericht 2038-A, Institut für Baukonstruktionen und Festigkeit, TU Berlin, Berlin, 1983.

[184] Lindner, J.; Gietzelt, R.: Biegedrillknicken – Erläuterungen, Versuche, Beispiele. H. 10/1980 der Berichte aus Forschung und Entwicklung des Deutschen Ausschusses für Stahlbau, Stahlbau-Verlags GmbH, Köln 1980.

[185] Lindner, J.; Glitsch, T.: Vereinfachter Nachweis für I- und U-Träger – beansprucht durch doppelte Biegung und Torsion. In: Stahlbau 73 (2004), S. 704-715.

[186] Lindner, J.; Gregull, T.: Drehbettungswerte für Dachdeckungen mit untergelegter Wärmedämmung. In: Stahlbau 58 (1989), S. 173-179 und 383.

[187] Lindner, J.; Groeschel, F.: Drehbettungswerte für die Profilblechbefestigung mit Setzbolzen bei unterschiedlich großen Auflasten. In: Stahlbau 65 (1996), S. 218-224.

[188] Lindner, J.; Heyde, S.: Schlanke Stabtragwerke. In: Kuhlmann, U., (Hrsg.): Stahlbau-Kalender 2009, S. 273-379, Verlag Ernst & Sohn, Berlin, 2009.

[189] Lindner, J.; Heyde, S.: Evaluation of interaction formulae at Level 1 approach with regard to ultimate load calculations and test results – flexural buckling and lateral torsional buckling. Report 2144E, TU Berlin, ECCS Report No. TC 8-2001-017, 30.7.2001. Auf einer Anhangs-CD in [76] enthalten

[190] Lindner, J.; Kurth, W.: Drehbettungswerte bei Unterwind. In: Der Bauingenieur 55 (1980), Heft 10, S. 365-369.

[191] Lindner, J.; Rusch, A.: New European Design Concepts for Beam Columns subjected to Compression and Bending. Int. Conference, Kunming/China, Oktober 1999, S. 344-351.

[192] Lindner, J.; Scheer, J.; Schmidt, H. (Hrsg.): Stahlbauten, Erläuterungen zu DIN 18800 Teil 1 bis Teil 4. 3. Auflage. Beuth Verlag GmbH, Berlin, 1998.

[193] Lindner, J.: Stabilisierung von Trägern durch Trapezbleche. Stahlbau 56 (1987), S. 9-15.

[194] LTBeam: Programm zur computergestützten Berechnung von α_{cr}-Werten von Trägern unter Momentenbeanspruchung, entwickelt von CTICM, kostenloser download unter: http://www.cticm.com.

[195] Maljaars, J.; Stark, J.; Steenbergen, H.: Buckling of coped steel beams and steel beams with partial endplates. Delft: HERON, Vol. 49, Nr. 3, S. 233-271, 2004.

[196] Manual on Stability of Steel Structures. (Introductory Report to the 2nd International Colloquium on Stability). ECCS, Paris, 1976.

[197] Maquoi, R.; Rondal, J.: Analytische Formulierung der neuen Europäischen Knickspannungskurven Acier, Stahl, Steel. I/1978.

[198] Maquoi, R.; de Ville de Goyet, V.: Some tracks for possible improvement and implementation of Eurocode 3. In: Stahlbau 68 (1999), Heft 11, S. 880-888.

[199] Mensinger, M.; Möller, H.: Einfluss von Querkraftanschlüssen auf das Biegedrillknicken von Einfeldträgern – Teil 1: Wissenschaftlicher Hintergrund, in: Stahlbau 83 (2014), S. 16-25, – Teil 2: Aufbereitung für die Praxis, in: Stahlbau 83 (2014), S. 174-185.

[200] Mensinger, M.; Möller, H.: Ermittlung von Drehfedersteifigkeiten von Stahlbauanschlüssen zur Bestimmung des idealen Biegedrillknickmomentes. Forschungsbericht, Deutscher Ausschuss für Stahlbau DASt, Stahlbau Verlags- und Service GmbH, Düsseldorf, 2014.

[201] Misiek, T.; Podleschny, R.: Neue Europäische Normen für den Metallleichtbau: Bemessung, Konstruktion und Ausführung von Dach und Wand. In: Stahlbau-Kalender 2014, S. 165-251.

[202] Mohler, Chr.; Schmitt, A.: Kommentar zu DIN EN 1993-5: Pfähle und Spundwände. In: Kuhlmann, U. (Hrsg.): Stahlbau-Kalender 2013, Verlag Ernst & Sohn, 2013, S. 565-620.

[203] Mouty, J., 1981: Calcul des longueurs de flambement des elements des pouters a traillis. CIDECT Monograph No. 4., Boulogne, Frankreich.

[204] Može, P.; Beg, D.: A complete study of bearing stress in single bolt connections. In: Journal of Constructional Steel Research 95 (2014), S. 126-140.

[205] Može, P.; Beg, D.; Lopatič, J.: Net cross-section design resistance and local ductility of elements made of high strength steel. In: Journal of Constructional Steel Research 63 (2007), S. 1431-1441.

[206] Müller, Chr.: Zum Nachweis ebener Tragwerke aus Stahl gegen seitliches Ausweichen. Dissertation, Schriftenreihe Stahlbau – RWTH Aachen, Heft 47, Shaker Verlag, 2003.

[207] Nather, F.; Lindner, J.; Hertle, R.: Handbuch des Gerüstbaus, Verfahrenstechnik im Ingenieurbau. Verlag Ernst & Sohn, Berlin, 2005.

[208] Naumes, J.C.: Biegeknicken und Biegedrillknicken von Stäben und Stabsystemen auf einheitlicher Grundlage. Dissertation, Schriftenreihe Stahlbau – RWTH Aachen, Heft 70, Shaker Verlag, 2009.

[209] Novák. B.; Kuhlmann, U.; Euler, M.: Werkstoffübergreifendes Entwerfen und Konstruieren, Band 1: Einwirkung, Widerstand, Tragwerk. Verlag Ernst & Sohn, 2012, Berlin.

[210] Nussbaumer, A.; Günther, H.-P.: Kommentar zu DIN EN 1993-1-9: Ermüdung, Grundlagen und Erläuterungen. In: Kuhlmann, U., (Hrsg.): Stahlbau-Kalender 2012, Verlag Ernst & Sohn, 2012, S. 255-351.

[211] Ofner, R.: Traglast von Stäben aus Stahl bei Druck und Biegung. Dissertation, Institut für Stahlbau, Holzbau und Flächentragwerke der TU Graz, Heft 9, 1997.

[212] Palkowski, S.: Beitrag zum Ausknicken von Gitterstäben mit veränderlichem Querschnitt. In: Stahlbau 57 (1987), S. 117-121.

[213] Petersen, Chr.: Stahlbau, Grundlagen der Berechnung und baulichen Durchbildung von Stahlbauten. 4. Auflage, Springer Vieweg Verlag, Wiesbaden, 2013.

[214] Petersen, Chr.: Dynamik der Baukonstruktionen. Vieweg, Braunschweig, 1996.

[215] Petersen, Chr.: Statik und Stabilität der Baukonstruktionen. 2. Auflage. Vieweg, Braunschweig, 1982.

[216] Ramm, W.; Uhlmann, W.: Zur Anpassung des Stabilitätsnachweises für mehrteilige Druckstäbe an das europäische Nachweiskonzept. In: Stahlbau 50 (1981), S. 161-172.

[217] Roik, K.: Vorlesungen über Stahlbau. 2. überarbeitete Auflage. Verlag Ernst & Sohn, Berlin, 1983.

[218] Roik, K.; Carl, J.; Lindner, J.: Biegetorsionsprobleme gerader dünnwandiger Stäbe. Ernst & Sohn, Berlin, 1972.

[219] Roik, K.; Kindmann, R.: Das Ersatzstabverfahren – Tragsicherheitsnachweise für Stabwerke bei einachsiger Biegung und Normalkraft. In: Stahlbau 51 (1982), Heft 5, S. 137-145.

[220] Roik, K.; Kindmann, R.: Das Ersatzstabverfahren – Eine Nachweisform für den einfeldrigen Stab bei planmäßig einachsiger Biegung und Druckkraft. Stahlbau 50 (1981), Heft 12, S. 353-358.

[221] Roik, K., Lindner, J.: Einführung in die Berechnung nach dem Traglastverfahren. Stahlbau Verlags GmbH, Köln 1972, Neudruck 1976.

[222] Rölle, L.: Trag- und Verformungsverhalten geschraubter Stahl- und Verbundknoten bei vollplastischer Bemessung und in außergewöhnlichen Bemessungssituationen, Dissertation, Institut für Konstruktion und Entwurf, Universität Stuttgart, Mitteilungen Nr. 2013-1, 2013.

[223] Rondal, J.: Effective Length of Tubular Lattice Girder Members, Statistical Tests. CIDECT Report 3K – 88/9, 1988.

[224] Rothert, R.; Dickel, T.; Klemens, H.-P.: Ideale Biegedrillknickmomente. Braunschweig: Vieweg, 1991.

[225] Rubin, H.: Näherungsweise Bestimmung der Knicklängen und Knicklasten von Rahmen nach E DIN 18800 Teil 2. In: Stahlbau 58 (1989), S. 161-172.

[226] Rubin, H.: Interaktionsbeziehungen zwischen Biegemoment, Querkraft und Normalkraft für einfach-symmetrische I- und Kastenquerschnitte bei Biegung um die starke und für doppeltsymmetrische Querschnitte bei Biegung um die schwache Achse. In: Stahlbau 47 (1978), S. 76-85.

[227] Rusch, A.; Lindner, J.: Überprüfung der grenz(b/t)-Werte für das Verfahren Elastisch-Plastisch. In: Stahlbau 70 (2001), Heft 11, S. 857-868 und Zuschriften in Stahlbau 72 (2003), Heft 2, S. 118-122.

[228] Salzgeber, G.: Nichtlineare Berechnungen von räumlichen Stabtragwerken aus Stahl. Dissertation, Institut für Stahlbau, Holzbau und Flächentragwerke der TU Graz, Heft 10, 2000.

[229] Schardt, R.; Strehl, C.: Stand der Theorie zur Bemessung von Trapezblechscheiben. In: Stahlbau 49 (1980), S. 325-334.

[230] Scheuermann, G.; Häusler, V.: Einwirkungen auf Tragwerke. In: Kuhlmann, U. (Hrsg.): Stahlbau-Kalender 2012, Verlag Ernst & Sohn, Berlin, 2012, S. 455-488.

[231] Schilling, S.: Anwendung der DIN EN 1993-1-1: Allgemeine Bemssungsregeln und Regeln für den Hochbau. In: Kuhlmann, U. (Hrsg.): Stahlbau-Kalender 2013, Verlag Ernst & Sohn, Berlin, 2013, S. 193-245.

[232] Schleich, J.B.; Sedlacek, G.; Kraus, O.: Realistic Safety Approach for Steel Structures, Proceedings of Eurosteel, 3th European Conference on Steel Structures, Coimbra, Portugal, 19-20 September, 2002.

[233] Schmidt, H.; Zwätz, R.; Bär, L.; Kathage, K.; Hüller, V.; Kammel, Ch.; Volz, M.: Ausführung von Stahlbauten Kommentare zu DIN EN 1090-1 und DIN EN 1090-2, Beuth Verlag und Wilhelm Ernst & Sohn, Berlin, August 2012.

[234] Schwarze, K.; Raabe, O.: Stahlprofiltafeln für Dächer und Wände. In: Kuhlmann, U. (Hrsg.): Stahlbau-Kalender 2009, Verlag Ernst & Sohn, 2009, S. 761-856.

[235] Sedlacek, G.: Consistency of the equivalent geometric imperfection used in design and in the tolerances for geometric imperfection used in execution. Bericht, Dokument ECCS-TC8-2010-06-001, Februar 2010.

[236] Sedlacek, G.; Bild, St.; Roik, K.; Stutzki, Ch.; Spangemacher, R.: The b/t-ratios controlling the applicability of analysis models in Eurocode 3. Eurocode 3 Background Document for Chapter 5, Document 5.02, draft December 1989, issued January 1990.

[237] Sedlacek, G.; Eisel, H.; Hensen, W.; Kühn, B.; Paschen, M.: Leitfaden zum DIN-Fachbericht 103 Stahlbrücken. 2003.

[238] Sedlacek, G.; Feldmann, M.; Kuhlmann, U.; Mensinger, M.; Naumes, J.; Müller, C.; Braun, B.; Ndogmo, J.: Entwicklung und Aufbereitung wirtschaftlicher Bemessungsregeln für Stahl- und

Verbundträger mit schlanken Stegblechen im Hoch- und Brückenbau. DASt-Forschungsbericht, AiF Projekt-Nr. 14771, 2008.

[239] Sedlacek, G.; Höhler, S.; Dahl, W.; Kühn, B.; Langenberg, P.; Finger; M.; Floßdorf, F.-J.; Schröter, F.; Hocké, A.: Ersatz des Aufschweißbiegeversuchs durch äquivalente Stahlgütewahl. In: Stahlbau 47 (2005), Heft 7, S. 539–546.

[240] Sedlacek, G.; Lindner, J.; Kindmann, R.: Untersuchungen zum Einfluss der Torsionseffekte auf die plastische Querschnittstragfähigkeit und die Bauteiltragfähigkeit von Stahlprofilen. Forschungsvorhaben P554. Düsseldorf: Forschungsvereinigung Stahlanwendung e. V., 2004.

[241] Sedlacek, G.; Müller, Chr.: Die Eurocodes – Grundlagen und Übersicht. DIN (Hrsg.), Eurocode 3 – Bemessung und Konstruktion von Stahlbauten – Neue Entwicklungen. Referatesammlung der DASt/DIN-Gemeinschaftstagung am 19. Oktober 1999, Köln.

[242] Sedlacek, G.; Naumes, J.: Excerpt from the Background Document to EN 1993-1-1, Flexural buckling and lateral buckling on a common basis, Stability assessments according to Eurocode 3. CEN/TC 250/SC 3 Dokument N1639E, Aachen, 26.09.2008.

[243] Sedlacek, G.; Stangenberg, H.; Lindner, J.; Glitsch, T.; Kindmann, R.; Wolf, Chr.: Untersuchungen zum Einfluss der Torsionseffekte auf die plastische Querschnittstragfähigkeit und die Bauteiltragfähigkeit von Stahlprofilen. Forschungsvorhaben P554. Düsseldorf: Forschungsvereinigung Stahlanwendung e. V., 2004.

[244] Sedlacek, G.; Stoverink, H.: Zum Biegedrillknicknachweis von Hallenrahmen mit voutenförmig ausgebildeten Stützen und Riegeln. Stahlbau 55 (1986), S. 225-232.

[245] Sedlacek, G.; Ungermann, D.; Verwiebe, C.: Imperfections for compressed members and sway frames. Eurocode 3 Background Document, Document 5.08, August 1990.

[246] Sedlacek, G.; Ungermann, D.; Kuck, J.; Maquoi, R.; Janss, J.: Eurocode 3 – Part 1, Background Documentation Chapter 5 – Document 5.03 (partim): “Evaluation of test results on beams with cross sectional classes 1-3 in order to obtain strength functions and suitable model factors” Eurocode 3 – Editorial Group (1984).

[247] Seidel, F.; Lindner, J.: Aussteifung von biegedrillknickgefährdeten Biegeträgern durch zweiseitig gelagerte Trapezprofile. In: Stahlbau 80 (2011), Heft 11, S. 832-838.

[248] Simoes da Silva, L.; Simoes, R.; Gervasio, H.: Design of Steel Structures Eurocode 3: Design of steel structures. Part 1-1: General rules and rules for buildings. ECCS Eurocode Design Manuals, 2010, Verkauf durch Verlag Ernst & Sohn, Berlin.

[249] Singh, K.P.: Ultimate behaviour of laterally supported beams, PhD thesis, University of Manchester, 1969.

[250] Smida, M.: Tragfähigkeit von biegebeanspruchten Kragträgern mit T-förmigem Querschnitt aus Stahl. Dissertation, Universität Dortmund, 2004.

[251] Snijder, H.H.; Ungermann, D.; Stark, J.W.B.; Sedlacek, G.; Bijlaard, F.; Hemmert-Halswick, A.: Evaluation of test results on bolted connections in order to obtain strength functions and suitable model factors, Part A: results. Background Documentation, Chapter 6, Document 6.01, März 1989.

[252] Snijder, H.H.; Ungermann, D.; Stark, J.W.B.; Sedlacek, G.; Bijlaard, F.; Hemmert-Halswick, A.: Evaluation of test results on bolted connections in order to obtain strength functions and suitable model factors, Part B: evaluations. Background Documentation, Chapter 6, Document 6.02, März 1989.

[253] Spangemacher, R.; Sedlacek, G.: Zum Nachweis ausreichender Rotationsfähigkeit bei der Anwendung des Fließgelenkverfahrens. In: Stahlbau 61 (1992), Heft 11, S. 329-339.

[254] Stangenberg, H.: Zum Bauteilnachweis offener, stabilitätsgefährdeter Stahlbauprofile unter Einbeziehung seitlicher Beanspruchungen und Torsion. Dissertation, Schriftenreihe Stahlbau, Heft 61, Shaker Verlag, 2007, ISBN: 978-3-8322-6283-9, ISSN: 0722-1037.

[255] Stangenberg, H.; Sedlacek, G.: Untersuchungen zum Einfluss der Torsionseffekte auf die plastische Querschnittstragfähigkeit und Bauteiltragfähigkeit von Stahlprofilen. Beitrag beim 5. Stahl-Symposium im Stahl-Zentrum Düsseldorf, April 2005.

[256] Stranghöner, N.; Sedlacek, G.: Tragverhalten von kalt- und warmgefertigten quadratischen Hohlprofilträgern. In: Stahlbau 66 (1997), Heft 7, S. 198-204.

[257] Stroetmann, R.; Franz, Chr.: Proposal of Amendments on EN 1993-1-1, Evolution Group on EN 1993-1-1 AM-1-1-2012-08-V3, Amendment – Shear resistance of cross-sections and influence of buckling, Contribution to CEN TC 250-SC3 Eurocode 3 – Design of Steel Structures. CEN/TC 250/SC 3 Dokument N1926, Mai 2013.

[258] Stroetmann, R.; Lindner, J.: Knicknachweise nach DIN EN 1993-1-1. In: Stahlbau 79 (2010), Heft 11, S. 793-808.

[259] Strohmann, I.: Biegedrillknicken von I-Profilen mit und ohne Voute – Bemessungshilfen für den vereinfachten Nachweis (Teil I). In: Stahlbau 80 (2011), S. 240-249.

[260] Strohmann, I.: Bemessungshilfen für den Biegedrillknicknachweis gevouteter I-Profile (Teil II). In: Stahlbau 80 (2011), S. 530-539.

[261] Stüssi, F.; Dubas, P.: Grundlagen des Stahlbaues. 2. neubearbeitete Auflage. Springer-Verlag, 1971.

[262] Taras, A.: Contribution to the Development of Consistent Stability Design Rules for Steel Members. Institut for Steel Structures and Shell Structures, Graz University of Technology, Volume 16-2011, Graz, 2011.

[263] Taras, A., Gilhofer, M.: Comparison of FEM calculations with the interaction formulae of Annex A & B for the Worked Examples of "ESSC Publication No. 119". Technical Committee 8, Paper TC8-2014-06-16. TU Graz, Juni 2014.

[264] Taras, A., Greiner, R.: Torsional and flexural-torsional buckling – a study on laterally restraint I-sections. Proceedings SDSS Lissabon, S. 259-265, 2006.

[265] Taras, A.; Greiner, R.; Unterweger, H.: Proposal for amended rules for member buckling and semi-compact cross-section design. Contribution to CEN TC 250-SC3 Eurocode 3 – Design of Steel Structures. TU Graz, April 2013, Dokument CEN/TC 250/SC 3 N 1898.

[266] Taras, A.; Kuhlmann, U.; Just, A.: Design of Compression Members by 2nd Order Analysis – Imperfection Amplitudes, Material Dependency, Influence of γ_{M1}, Dokument ECCS – TC8, TC8-2013-06-005, Juni 2013.

[267] Unterweger, H.; Taras, A.; Tappauf, C.: LTB behaviour of I-section beams with intermediate restraints on one flange only – Eurocode rules adequate?. Paper TC8-2014-06-005, Graz 2014.

[268] Unger, B.: Einige Überlegungen zur Zuschärfung der Traglastberechnungen von normalkraft-, biege- und.torsionsbeanspruchten Trägern mit Hilfe der Spannungstheorie II. Ordnung. In: Stahlbau 44 (1975), S. 330-335 und 367-373.

[269] Ungermann, D.; Schneider, S.: Kommentar zu DIN EN 1993-1-8: Bemessung von Anschlüssen. In: Kuhlmann, U. (Hrsg.): Stahlbau-Kalender 2012, Verlag Ernst & Sohn, 2012, S. 205-253.

[270] Ungermann, D.; Strohmann, I.: Zur Stabilität von biegebeanspruchten I-Trägern mit und ohne Voute – Bereitstellung von Bemessungshilfen für den vereinfachten Stabilitätsnachweis. FOSTA-Projekt P840, Düsseldorf 2011.

[271] Ungermann, D.; Weynand, K.; Jaspart, J.-P.; Schmidt, B.: Momententragfähige Anschlüsse mit und ohne Steifen. In: Kuhlmann, U. (Hrsg.): Stahlbau-Kalender 2005, Verlag Ernst & Sohn, 2005, S. 599-670.

[272] Vayas, I.; Wittemann, K.: Tragverhalten, Auslegung und Nachweise von Stahlbauten in Erdbebengebieten. In: Kuhlmann, U. (Hrsg.): Stahlbau-Kalender 2014, Verlag Ernst & Sohn, 2014.

[273] Vogel, Th.; Kuhlmann, U.; Rölle, L.: Robustheit nach DIN EN 1991-1-7, In: Kuhlmann, U. (Hrsg.): Stahlbau-Kalender 2014, Verlag Ernst & Sohn, 2014.

[274] Vogel, U.; Lindner, J.: Kommentar zu DIN 18800-2 (Gelbdruck) – Stabilitätsfälle im Stahlbau. Berichte aus Forschung und Entwicklung des DASt. Köln: Stahlbau Verlag, 1982.

[275] Vogel, U.; Rubin, H.: Baustatik ebener Stabwerke. In: Stahlbau-Handbuch, Band 1. Köln: Stahlbau-Verlags-GmbH, 1982.

[276] Weber, W.: Zum Stabilitätsnachweis des planmäßig mittig gedrückten Rahmenstabes mit großflächigen Bindeblechen. In: Stahlbau 57 (1988), S. 147-151.

[277] Weyer, U.; Uhlendahl, J.: Schalungsträger aus Walzprofilen ohne Auflagersteifen. P226, Studiengesellschaft für Stahlanwendung, Düsseldorf, 1999.

[278] Wieschollek, M.; Feldmann, M.; Szalai, J.; Sedlacek, G.: Biege- und Biegedrillknicknachweise nach Eurocode 3 anhand von Berechnungen nach Theorie 2. Ordnung. In: Stahlbau 81 (2012), Heft 1.

[279] Young, T.: A course of lectures on natural philosophy and the machanical arts. London: J. Johnson, 1807.

Stichwortverzeichnis zum Kommentarteil

A

Abminderungsfaktor 124, 156
Abstützung 279
– seitlich, kontinuierlich 252
Allgemeines Verfahren 184
Anschluss 33, 148
Anschlussklassifizierung 34
Anschlusstragverhalten 86
Anwendungsregel 7
Ausführung 11
Ausführungsklasse 287
Ausführungsklassen 11
Ausklinkung 166

B

Bauteil
– mehrteilig 215
– verdrehsteif 177, 231
– verdrehweich 177, 231, 236
Bauteilkomponente 185
Beanspruchbarkeit 14, 101
Bemessungspunkt 190
Berechnungsmethoden 81
Beulgefährdung 87
Beulnachweis 88
Beulspannung 88
Beulwert 88
Biegedrillknicken 45, 77, 80, 140, 154, 177
– Entbehrlichkeit des Nachweises 142, 153
Biegedrillknicklinie 155
Biegedrillknickmoment
– ideal 144
– ideales 276
Biegedrillknicknachweis
– Entbehrlichkeit 259
Biegeknicken 45, 124, 177, 249
Bindeblech 220
Blechdicke 6
Breite
– mittragend 43, 102, 107
– wirksam 43, 102
Bruchdehnung 19
Bruchzähigkeit 21

C

Charakteristischer Wert 13

D

Dauerhaftigkeit 25
Dischinger-Faktor 37
Drehachse 263
– frei 253
– gebunden 253, 264
Drehbehinderung
– kontinuierlich 261
Drehbettung 262, 277
– kontinuierlich 238
– vorhanden 271
Drehbettungsbeiwert 268
Drillknicken 140
Druckgurt 171
– Knicken des 171
Duktilität 19

E

Eigenspannung 125, 133
Einfluss
– dynamisch 227
Einwirkung 13
Einwirkungskombinationen 224
Elastizitätsmodul 24
Elastizitätstheorie 81, 82
Ermüdung 25
Ersatzimperfektionen 186
Ersatzstabverfahren 45, 48, 49, 138, 243

F

Fachwerk 249
Fahnenblech 148
Federsteifigkeit
– Torsions- 149
Fließgelenk 85, 279
Fließgelenktheorie 41, 85
Fließkriterium 102
Fließzonentheorie 85

G

Gabellagerung 152, 168
Gitterstab 215, 218
GMNIA 229
Grenzzustand 12
– der Gebrauchstauglichkeit 224
– der Tragfähigkeit 12, 81, 99

H

Hohlprofilen *Siehe* Profil: Hohl-

I

Imperfektion 51, 70
– Bauteil- 79
– Ersatz- 52
– geometrisch 51
– strukturell 52
Imperfektionen 45
Imperfektionsbeiwert 125, 132
– effektiver 194
Interaktion
– Biegung, Normalkraft 121

– Biegung, Querkraft 118
– Biegung, Querkraft, Normalkraft 123
– zweiachsiger Biegung, Normalkraft 122
Interaktionsbeiwert 231
Interaktionsfaktoren 227, 228

K
Kapazitätsbemessung 109
Kippen *Siehe* Biegedrillknicken
Knickbiegelinie 43, 53
Knicklänge 48, 138, 139
Knicklast 139
– ideal 138
Knicklinie 125
Knickspannungslinie 125
– europäisch 125
Komponentenverfahren 33
Korrosionsschutz 25
Kreuzprofil 136

L
Lagesicherheit 14
Last
– Drillknick- 140
– poltreu 139
– Verzweigungs- 140
Lochabzug 104

M
modale Hilfsverben 7
Momentenbeiwert
– Äquivalenter 241
Momentenumlagerung 83

N
Nachweisverfahren 81, 86
Nutzungsdauer 11

P
Pendelstütze 49
Plastizitätstheorie 81, 82
Profil
– Hohl- 251
– Trapez- 256
Profilverformung 273

Q
Querdehnzahl 24
Querkraft 112
– ideell 217
Querschnitt
– effektiv 102
– einfachsymmetrisch 243
– Klasse 87
– Klassifizierung 87
– prismatisch 283
– wirksam 88
Querschnittsinteraktion
– plastisch 121
– räumlich 181
Querschnittsklasse 102
Querschnittswert
– wirksam 102, 107
Querschnittswerte
– effektive 43
Querschnittswiderstand
– charakteristisch 102

R
Rahmenstab 215, 220
Risslinie 104
Rotationskapazität 20, 92

S
Schiefstellung 54, 56
Schlankheit
– Einzelstab- 223
Schlankheitsgrad 138, 140
– bezogen 125, 165
– Bezugs- 138
Schlupf 44
Schnittgrößeninteraktion
– linear 103
Schubfeld 256, 257, 258
Schubfläche
– wirksam 112
Schubmodul 24
Schubsteifigkeit 77, 217, 219, 221, 254, 255, 262, 277
Schubwinkel 257
Sicherheitskonzept 9, 11
Sprödbruchversagen 22
Stab
– schubweich 217
Stabilisierungskräfte 78
Stabilität 45
Streckgrenze 16, 17
Stützung
– seitlich 279
System
– aussteifend 74
– horizontal, aussteifend 76
– vertikal, aussteifend 75
Systemmodellierung 29

T
Teilkopfplatten 151, 167
Teilschnittgrößenverfahren 183
Teilsicherheitsbeiwert 9, 11, 12, 13, 99, 192
Terrassenbruch 23
Theorie I. Ordnung 37
Theorie II. Ordnung 36, 38, 42, 45, 139, 143, 176
– Biegetorsions- 181
Toleranz 23, 51

Torsion 113, 245
- Gleichgewichts- 113
- *St. Venant´*sche 114
- Verträglichkeits- 113
- Wölbkraft- 114
Träger
- ausgeklinkt 147
Trägheitsradius 173
Tragwerk
- unverschieblich 36, 75
Tragwerksberechnung 28, 81
- elastisch 82, 84
- plastisch 82, 85

U

Überfestigkeiten 30

V

Verband 249
Verdrehsteifigkeit 271
Verformung
- horizontal 227
- vertikal 226
Verzweigungslast 39
Vorkrümmung 54, 61, 62, 67
Voutenträger 170

W

Wabenträger 170
Wärmeausdehnungskoeffizient 24
Werkstoffkennwert 16
Winkel 110, 137
Wölbbimoment 114
Wölbeinspannung
- elastisch 146
- teilweise 166

Z

Zimmermannstab 52
Zugfestigkeit 16, 17
Zugstab 109
Zuverlässigkeitsindex 9, 11
Zwischenabstützung 183, 237

IV Beispielrechnungen

IV Beispielrechnungen

Inhaltsverzeichnis

Seite

IV.1 Beispiel 1: Imperfektionsannahmen und Schnittgrößenermittlung einer dreischiffigen Halle IV-3

IV.2 Beispiel 2: Nachweis eines Zweifeldträgers nach der Elastizitätstheorie IV-7

IV.3 Beispiel 3: Plastische Bemessung eines Zweifeldträgers IV-9

IV.4 Beispiel 4: Zugstab mit Lochschwächung IV-11

IV.5 Beispiel 5: Planmäßig zentrisch gedrückte Stütze mit einem Querschnitt der Klasse 4 ..... IV-12

IV.6 Beispiel 6: Stütze mit einachsiger Biegung und Normalkraft IV-15

IV.7 Beispiel 7: Nachweis der Tragsicherheit der Rahmenstützen aus Beispiel 1 ..... IV-16

IV.8 Beispiel 8: Vollwandbinder mit Beanspruchung durch Biegung M_y IV-18

IV.9 Beispiel 9: Nachweis ausreichender Stabilisierung durch Trapezprofilbleche IV-20

IV.10 Beispiel 10: Stütze eines Rahmens mit linear veränderlicher Querschnittshöhe IV-23

IV.11 Beispiel 11: Nachweis einer Gitterstütze IV-27

IV.12 Beispiel 12: Nachweis eines Rahmenriegels mit Aussteifung durch Pfetten IV-30

IV.13 Beispiel 13: Träger mit zweiaxialer Biegung IV-34

Literaturhinweise zu den Beispielen IV-39

Stichwortverzeichnis zu den Beispielen IV-41

IV.1 Beispiel 1: Imperfektionsannahmen und Schnittgrößenermittlung einer dreischiffigen Halle

Das Primärtragwerk einer dreischiffigen Halle besteht aus Zweigelenkrahmen, Bindern und Pendelstützen (siehe Bild 1.1). In dem Beispiel werden auf der Grundlage von [1] Abschnitt 5 die Imperfektionsannahmen getroffen und Schnittgrößen für den Zweigelenkrahmen ermittelt. Hierauf aufbauend werden in folgenden Beispielen die einzelnen Bauteile bemessen und nachgewiesen.

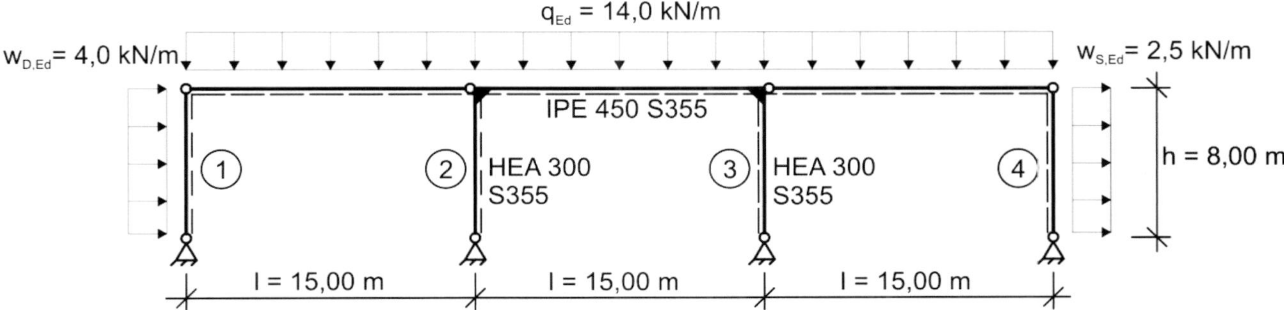

Bild 1.1 System und Dimensionierung

Stütze HE 300 A, S355:

$A = 112{,}5\ cm^2$

$I_y = 18260\ cm^4$

Riegel IPE 450, S355:

$A = 98{,}8\ cm^2$

$I_y = 33740\ cm^4$

IV.1.1 Imperfektionsannahmen

Das Rahmensystem in Bild 1.1 ist seitenverschieblich. Es sind globale Anfangsschiefstellungen nach Abschnitt 5.3.2 anzusetzen. Für alle Stützen beträgt die Normalkraft mehr als 50 % des Durchschnittswertes. Bei der Berechnung von α_m wird der Wert m = 4 angesetzt.

$$\phi_0 = 1/200$$

[1] Abschnitt 5.3.2, Absatz 3

$$\alpha_h = \frac{2}{\sqrt{8}} = 0{,}707$$

Abminderungsfaktor für die Höhe der Stützen

$$\alpha_m = \sqrt{\frac{1}{2}\cdot\left(1+\frac{1}{4}\right)} = 0{,}791$$

Abminderungsfaktor für die Anzahl der Stützen in einer Reihe

$$\phi = \frac{1}{200}\cdot 0{,}707\cdot 0{,}791 = \frac{1}{358}$$

[1] Gl. 5.5

$$\phi\cdot h = \frac{1}{358}\cdot 800 = 2{,}23\ cm$$

Auslenkung am Stützenkopf

Zur Bestimmung der Schnittgrößen an den Stabenden müssen bei Anwendung der Bauteilnachweise nach Abschnitt 6.3 [1] zusätzlich lokale Vorkrümmungen berücksichtigt werden, wenn mindestens ein Stabende biegesteif verbunden und die Bedingung nach Gleichung 5.8 in [1] erfüllt ist. Die Bestimmung von N_{cr} erfolgt unter der Annahme beidseitig gelenkiger Lagerung der Stützen.

$$N_{cr} = \pi^2\cdot 21000\cdot 18260/800^2 = 5913\ kN$$

$$min\ N_{Ed} = -210 - 14{,}8 = -224{,}8\ kN$$

N_{Ed} Näherungsweise nach Theorie I. Ordnung (s. Bilder 1.2 und 1.3)

$$\bar{\lambda} = \sqrt{112{,}5\cdot 35{,}5/5913} = 0{,}82 < 0{,}5\cdot\sqrt{112{,}5\cdot 35{,}5/224{,}8} = 2{,}11$$

[1] Gl. 5.8

Die Schlankheit $\bar{\lambda}$ liegt unterhalb des Grenzwertes. Es ist kein gleichzeitiger Ansatz von Vorkrümmung und Schiefstellung zur Berechnung der Schnittgrößen an den Stabenden erforderlich! Alternativ zu Gleichung 5.8 in [1] können auch folgende Beziehungen zur Abgrenzung verwendet werden:

$$\frac{N_{cr}}{N_{Ed}} < 4{,}0 \qquad \frac{N_{cr}}{N_{Ed}} = \frac{5913}{224{,}8} = 26{,}3 > 4{,}0$$

$$\varepsilon = \mathrm{h} \cdot \sqrt{\frac{N_{Ed}}{EI}} > \frac{\pi}{2} \approx 1{,}6 \qquad \varepsilon = 800 \cdot \sqrt{\frac{224{,}8}{21000 \cdot 18260}} = 0{,}613 < \frac{\pi}{2}$$

IV.1.2 Schnittgrößen nach Theorie I. Ordnung

Rahmenschnittgrößen aus der Streckenlast q_d:

$$\mathrm{c} = \frac{I_R \cdot h}{I_s \cdot l} = \frac{33740 \cdot 800}{18260 \cdot 1500} = 0{,}985$$

$$H_1 = H_4 = \frac{q_d \cdot L^2}{4 \cdot h} \cdot \frac{1}{2c+3} = \frac{14{,}0 \cdot 15{,}0^2}{4 \cdot 8{,}0} \cdot \frac{1}{2 \cdot 0{,}985 + 3} = 19{,}8\ kN$$

$$M_2 = M_3 = -19{,}8 \cdot 8{,}00 = -158{,}5\ kNm$$

$$N_2 = N_3 = -14{,}0 \cdot 2 \cdot \frac{15{,}00}{2} = -210{,}0\ kN$$

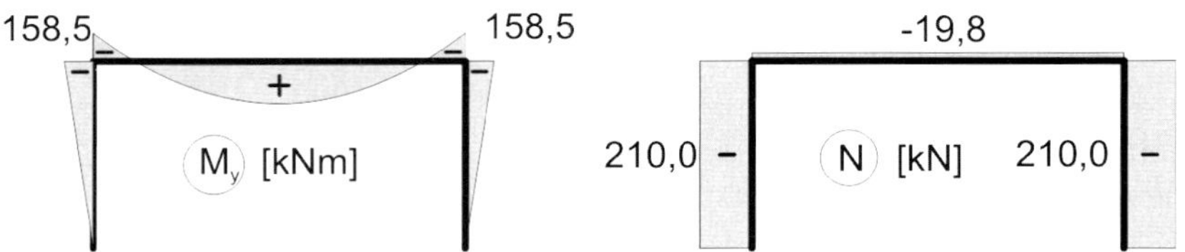

Bild 1.2 Biegemomente und Normalkräfte aus der Einwirkung q_d nach Theorie I. Ordnung

Stab- und Knotenbezeichnung

Rahmenschnittgrößen aus Wind und den Ersatzlasten für die Stützenschiefstellung ϕ:

$$\mathrm{H_W} = \left(\mathrm{w_{S,d}} + \mathrm{w_{D,d}}\right) \cdot \frac{\mathrm{h}}{2} = (4{,}0 + 2{,}5) \cdot \frac{8{,}00}{2} = 26{,}0\ kN$$

$$\phi \cdot \Sigma\, \mathrm{N_i} = \frac{1}{358} \cdot (3 \cdot 14{,}0 \cdot 15{,}0) = 1{,}76\ kN$$

$$M_2 = -M_3 = (1{,}76 + 26{,}0) \cdot \frac{8{,}00}{2} = 111{,}0\ kNm$$

$$N_2 = -N_3 = 2 \cdot 111{,}0/15{,}0 = 14{,}8\ kN$$

Bild 1.3 Biegemomente und Normalkräfte aus Wind und den Ersatzlasten für die Stützenschiefstellung ϕ nach Theorie I. Ordnung

IV.1.3 Bestimmung des Verzweigungslastfaktors α_{cr}

Der kritische Lastfaktor $\boldsymbol{\alpha}_{\mathbf{cr}}$ des Rahmensystems kann in guter Näherung über die Knicklängen der Stützen unter der Gleichsteckenlast $\mathbf{q}_{\mathbf{Ed}}$ bestimmt werden. Hierzu wird die entsprechende Formel für verschiebliche Rahmen mit angehängten Pendelstützen und die Definition des Steifigkeitsparameters c aus Abschnitt IV.1.2 verwendet.

$$\beta_{cr} = \sqrt{1 + 0{,}48n} \cdot \sqrt{4 + 1{,}4/c + 0{,}02/c^2}$$ [2] Tafel 4-8

$$\beta_{cr} = \sqrt{1 + 0{,}48 \cdot 1{,}0} \cdot \sqrt{4 + 1{,}4/0{,}985 + 0{,}02/0{,}985^2} = 2{,}84$$

$$\alpha_{cr} = \frac{N_{cr}}{N_{Ed}} = \frac{\pi^2 \cdot 21000 \cdot 18260}{(2{,}84 \cdot 800)^2 \cdot 210{,}0} = 3{,}49 < 10$$

Der Faktor $\boldsymbol{\alpha}_{\mathbf{cr}}$ kann auch näherungsweise mit Gleichung 5.2 in [1] berechnet werden. Dabei wird vorausgesetzt, dass der Einfluss der Riegelnormalkraft auf die Verzweigungslast vernachlässigbar klein ist. Um dies festzustellen, darf das Schlankheitskriterium Gleichung 5.3 [1] herangezogen werden. Dabei wird für den Riegel beidseitig gelenkige Lagerung angenommen.

$$N_{cr} = \pi^2 \cdot 21000 \cdot 33740/1500^2 = 3108\ kN$$

$$N_{Ed} = -19{,}8 - 3{,}0 = -22{,}8\ kN$$

$$\bar{\lambda} = \sqrt{98{,}8 \cdot 35{,}5/3108} = 1{,}06 < 0{,}3 \cdot \sqrt{(98{,}8 \cdot 35{,}5/22{,}8)} = 3{,}72$$ [1] Gl. 5.3

Anstelle des Schlankheitskriteriums Gleichung 5.3 kann auch die Stabkennzahl ε des Riegels zur Abgrenzung verwendet werden.

$$\varepsilon_b = \mathrm{l}_b \cdot \sqrt{\frac{N_{Ed}}{EI_b}} = 1500 \cdot \sqrt{\frac{22{,}8}{21000 \cdot 33740}} = 0{,}27 < 0{,}3\,\pi = 0{,}94$$

Die Auswirkung der Riegelnormalkraft auf die Verzweigungslast des Rahmens kann als vernachlässigbar klein angenommen werden.

Durch Anwendung des Prinzips der virtuellen Kräfte kann die Horizontalverschiebung der oberen Rahmenknoten ermittelt und der Faktor α_{cr} bestimmt werden.

$$H_{Ed} = H_W + \phi \cdot \Sigma\, \mathrm{N_i} = 26{,}0 + 1{,}76 = 27{,}76\ kN$$

$$V_{Ed} = 3 \cdot 14{,}0 \cdot 15{,}0 = 630{,}0\ kN$$

$$\delta_{H,Ed} = \frac{1}{H_{Ed}} \int \frac{M^2}{EI} dx = \frac{1}{27{,}76} \cdot \frac{11100^2}{3 \cdot 21000} \left(\frac{2 \cdot 800}{18260} + \frac{1500}{33740}\right) = 9{,}31\ cm$$

$$\alpha_{cr} = \frac{H_{Ed}}{V_{Ed}} \cdot \frac{h}{\delta_{H,Ed}} = \frac{27{,}76}{630{,}0} \cdot \frac{800}{9{,}31} = 3{,}79 \approx 3{,}49$$ [1] Gl. 5.2

Die Abweichung von α_{cr} zur Berechnung über die Rahmenformel beträgt in diesem Beispiel $\Delta = +\ 8{,}6\ \%$.

IV.1.4 Schnittgrößen nach Theorie II. Ordnung

Da die Stabkennzahlen der Rahmenstützen ε_2 und $\varepsilon_3 < 1{,}0$ sind, können die Biegemomente nach Theorie II. Ordnung in guter Näherung mit Hilfe des Verzweigungslastfaktors α_{cr} berechnet werden. Infolge q_{Ed} treten keine seitlichen Verschiebungen des Rahmens auf. Daher sind nur die Biegemomente aus Wind und den Ersatzlasten für die Stützenschiefstellung zu vergrößern (siehe Bild 1.3).

$$M_3^{II} = -158{,}5 - 111{,}0 \cdot \frac{1}{1 - 1/3{,}49} = -314{,}1\ kNm$$

$$M_2^{II} = -158{,}5 + 111{,}0 \cdot \frac{1}{1 - 1/3{,}49} = -2{,}9\ kNm$$

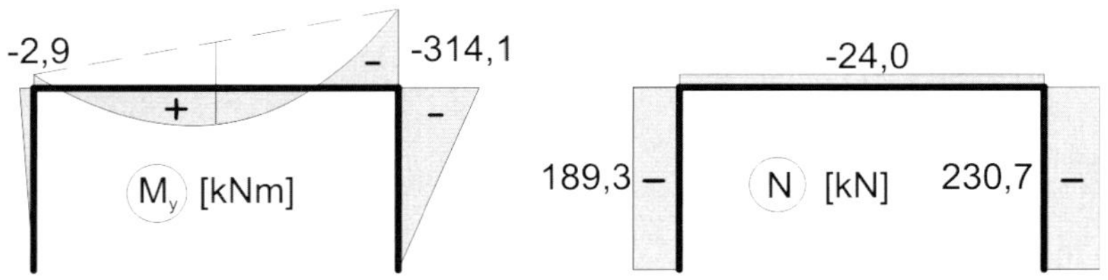

-2,9 | -314,1 | + | - | - | M_y [kNm]

-24,0 | 189,3 | - | N [kN] | 230,7 | -

Bild 1.4 Biegemomente und Normalkräfte nach Theorie II. Ordnung.

Anmerkungen:

Das auf diesem Wege berechnete Biegemoment der rechten Rahmenstütze weicht nur um 1,56 % vom Ergebnis der Berechnung mit einem Stabwerksprogramm ab. Die Art der Tragwerksberechnung entspricht dem Vorgehen nach Abschnitt 5.2.2 (3) b) in [1]. Für die Stützen sind noch die Ersatzstabnachweise nach Abschnitt 6.3.3 [1] zu führen. Da die Stützenschiefstellungen und der Einfluss der Theorie II. Ordnung aus der seitlichen Verschieblichkeit des Rahmens bereits berücksichtigt sind, wird bei diesem Nachweis als Knicklänge die Stablänge der Stützen angesetzt (s. Beispiel 7). Nachweise im GZG müssen ergänzend geführt werden, sind jedoch nicht Gegenstand dieses Beispiels.

IV.2 Beispiel 2: Nachweis eines Zweifeldträgers nach der Elastizitätstheorie

Für den in Bild 2.1 dargestellten Zweifeldträger ist die Querschnittsklasse nachzuweisen. Ferner sind die erforderlichen Festigkeitsnachweise zu führen. Globales Stabilitätsversagen (Biegedrillknicken) sei aufgrund ausreichender Stabilisierungsmaßnahmen ausgeschlossen.

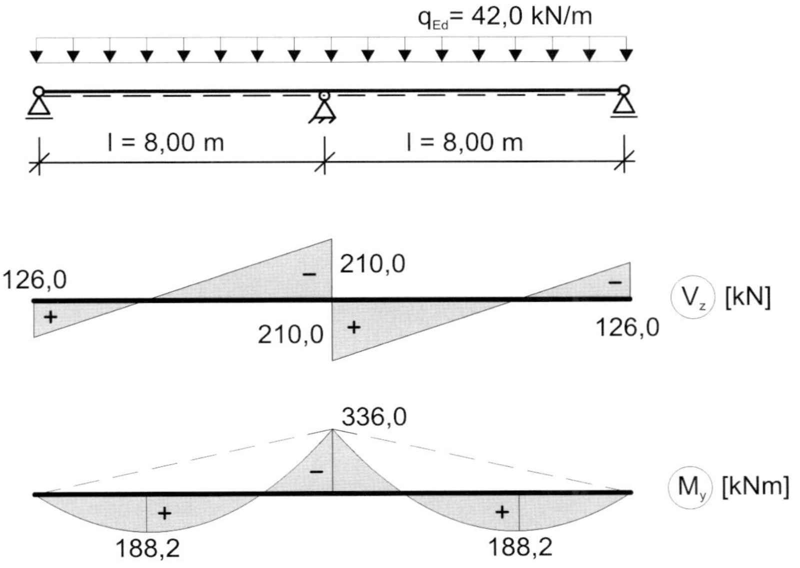

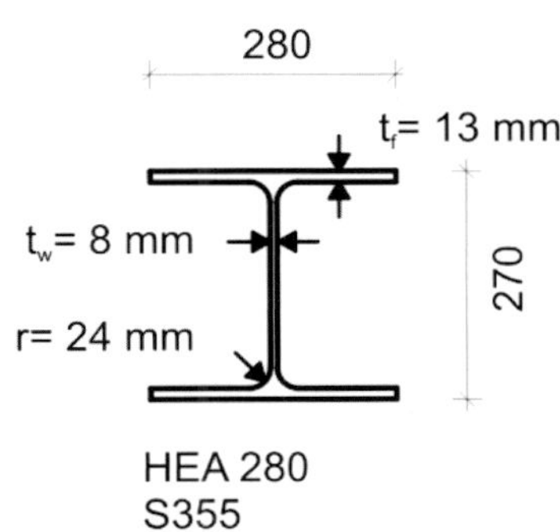

Trägerprofil HE 280 A, S355

$A = 97{,}3\ cm^2$

$S_y = 556\ cm^3$

$I_y = 13670\ cm^4$

$W_{el} = 1010\ cm^3$

Bild 2.1 System, Belastung, Schnittgrößen und Profilabmessungen

IV.2.1 Nachweis der Querschnittsklasse

Für den Nachweis der Querschnittsklasse (kurz QSK) wie auch der im Folgenden zu führenden Spannungsnachweise ist der Bereich des Innenlagers des Zweifeldträgers maßgebend.

Nachweis für den Steg ($\psi = -1$)

[1] Tabelle 5.2, zweiseitig gestützte Querschnittsteile

$$c = 270 - 2 \cdot (13 + 24) = 196\,mm$$

$$vorh\ c/t_w = 196/8 = 24{,}5$$

$$grenz\ c/t_w = 72 \cdot \varepsilon = 72 \cdot 0{,}81 = 58{,}3 > 24{,}5$$

Der Steg erfüllt die Anforderungen an die Querschnittsklasse 1.

Nachweis für den Untergurt ($\psi = 1$)

[1] Tabelle 5.2, einseitig gestützte Querschnittsteile

$$c = \frac{280 - (8 + 2 \cdot 24)}{2} = 112\,mm$$

$$vorh\ c/t_f = 112/13 = 8{,}61 > 10 \cdot \varepsilon = 8{,}10$$

$$grenz\ c/t_f = 14 \cdot \varepsilon = 14 \cdot 0{,}81 = 11{,}34 > 8{,}61$$

Die Gurte erfüllen die Anforderungen an die Querschnittsklasse 3.

Die Zuordnung der Querschnittsklasse erfolgt nach der ungünstigsten Klasse seiner druckbeanspruchten Querschnittsteile, vgl. [1], Abs. 5.5.2(6). Daher ist der gesamte Querschnitt der Klasse 3 zuzuordnen.

IV.2.2 Schubbeulen des Steges

Unabhängig von der Zuordnung zur Querschnittsklasse ist nach Abschnitt 6.2.6, Absatz (6) in [1] zu überprüfen, ob das Schubbeulen des Steges zu berücksichtigen ist. Da wegen der Einordnung in QSK 3 der Nachweis der Querschnittstragfähigkeit ohnehin elastisch zu führen ist, wird der Wert η in Gleichung 6.22 mit 1,0 angesetzt. Für Walz- und Schweißprofile ist als Maß h_w das lichte Maß zwischen den Gurtinnenflächen anzunehmen.

$$\frac{h_w}{t_w} = \frac{270 - 2 \cdot 13}{8} = 30{,}5 < grenz\frac{h_w}{t_w} = 72 \cdot \frac{\varepsilon}{\eta} = 72 \cdot \frac{0{,}81}{1{,}0} = 58{,}3$$

[1] Gl. 6.22

Es ist kein Schubbeulnachweis nach DIN EN 1993-1-5, Abschnitt 5 zu führen.

IV.2.3 Spannungsnachweise

Für Querschnitte der Klasse 3 ist der Nachweis nach der Elastizitätstheorie zu führen. Anstelle der Überprüfung des Fließkriteriums Gleichung 6.1 in [1] werden Spannungsnachweise geführt und gegen den Bemessungswert der Streckgrenze abgesichert.

$$max\ \sigma_{x,Ed} = \frac{M_{Ed}}{W_{el}} = \frac{33600}{1010} = 33{,}27\ kN/cm^2 < f_{yd} = \frac{f_y}{\gamma_{M0}} = 35{,}5\ kN/cm^2$$

$$max\ \tau_{Ed} = \frac{V_{Ed} \cdot max\ S_y}{I_y \cdot t_w} = \frac{210 \cdot 556}{13670 \cdot 0{,}8} = 10{,}68\ kN/cm^2$$

$$< \tau_{Rd} = \frac{35{,}5}{\sqrt{3} \cdot 1{,}0} = 20{,}5\ kN/cm^2$$

Der Vergleichsspannungsnachweis ist am Beginn der Ausrundung zum Steg $(z = -c/2)$ maßgebend.

$$\sigma_{x,Ed} = \frac{M_{Ed} \cdot z}{I_y} = \frac{33600 \cdot 19{,}6/2}{13670} = 24{,}09\ kN/cm^2$$

$$\tau_{Ed} = \frac{V_{Ed} \cdot S_y}{I_y \cdot t_w} = \frac{210 \cdot (556 - 0{,}8 \cdot 19{,}6^2/8)}{13670 \cdot 0{,}8} = 9{,}94\ kN/cm^2$$

$$\sigma_v = \sqrt{{\sigma_x}^2 + 3 \cdot \tau^2} = \sqrt{24{,}09^{\,2} + 3 \cdot 9{,}94^2} = 29{,}61\ kN/cm^2$$

$$< 35{,}5\ kN/cm^2$$

Alternativ zur Berechnung von τ_{Ed} über die „Dübelformel" wäre auch die Anwendung von Gleichung 6.21 in [1] möglich gewesen. Dies hätte die Differenzierung zwischen $max\ \tau_{Ed}$ und τ_{Ed} an der Ausrundung erspart, aber im Ergebnis zu einer höheren Vergleichsspannung geführt.

IV.3 Beispiel 3: Plastische Bemessung eines Zweifeldträgers

Für den in Bild 3.1 dargestellten Zweifeldträger ist ausreichende Tragfähigkeit unter Ausnutzung der plastischen Querschnitts- und Systemreserven nachzuweisen. Globales Stabilitätsversagen sei durch konstruktive Maßnahmen ausgeschlossen. Eine ausreichende Duktilität des Werkstoffes kann für den S355 nach Abschnitt 3.2.2, Absatz 2 in [1] vorausgesetzt werden.

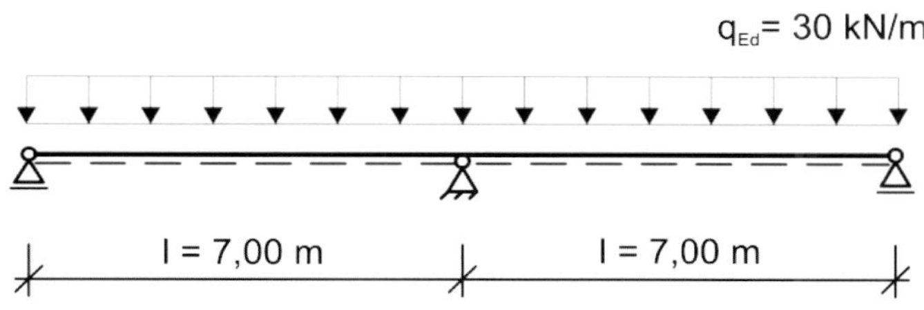

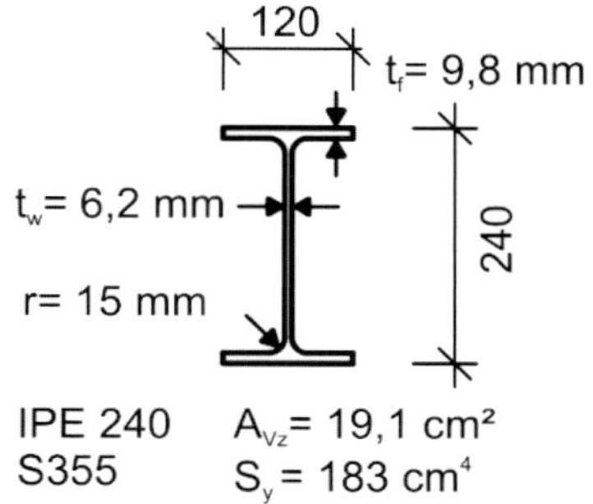

Bild 3.1 System und Profilabmessungen

IV.3.1 Nachweis der Querschnittsklasse

Nachweis für den Steg ($\alpha = 0{,}5$)

[1] Tabelle 5.2, zweiseitig gestützte Querschnittsteile

$c = 240 - 2 \cdot (15 + 9{,}8) = 190{,}4\ mm$

$vorh\ c/t_w \ = 190{,}4/6{,}2 \ = 30{,}7$

$grenz\ c/t_w \ = 72 \cdot \varepsilon = 72 \cdot 0{,}81 = 58{,}3 > 30{,}7$

Der Steg erfüllt die Anforderungen an die Querschnittsklasse 1.

Nachweis für die Gurte ($\alpha = 1{,}0$)

[1] Tabelle 5.2, einseitig gestützte Querschnittsteile

$$c = \frac{120 - (6{,}2 + 2 \cdot 15)}{2} = 41{,}9\ mm$$

$vorh\ c/t_f \ = 41{,}9/9{,}8 = 4{,}28$

$grenz\ c/t_f \ = 9 \cdot \varepsilon = 9 \cdot 0{,}81 = 7{,}29 > 4{,}28$

Die Gurte erfüllen ebenfalls die Anforderungen an die Querschnittsklasse 1.

IV.3.2 Nachweis der Tragfähigkeit

Über dem Innenlager wird der Trägerquerschnitt auf Biegung und Querkraft beansprucht, an der Stelle des maximalen Feldmomentes nur auf Biegung. Vor der Ermittlung der Systemtragfähigkeit wird der Einfluss der M-V-Interaktion überprüft. Nach [1] Absatz 6.2.8 (2) ist keine Abminderung der Momententragfähigkeit anzusetzen, wenn V_{Ed} nicht mehr als $0{,}5 \cdot V_{pl,Rd}$ beträgt.

– Überprüfung des Schubbeulens nach [1], Absatz 6.2.6 (6)

[1] Gleichung 6.22

$$\frac{h_w}{t_w} = \frac{240 - 2 \cdot 9{,}8}{6{,}2} = 35{,}5 < grenz \frac{h_w}{t_w} = 72 \cdot \frac{\varepsilon}{\eta} = 72 \cdot \frac{0{,}81}{1{,}0} = 58{,}3$$

Kein Schubbeulnachweis nach DIN EN 1993-1-5 erforderlich!

$$M_{pl,Rd} = 2 \cdot S_y \cdot \frac{f_y}{\gamma_{M0}} = 2 \cdot 183 \cdot \frac{35{,}5}{1{,}0} = 129{,}9\ kNm$$

$$\max V_{z,Ed} = \frac{q_{Ed} \cdot l}{2} + \frac{M_{pl,Rd}}{l} = \frac{30{,}0 \cdot 7{,}00}{2} + \frac{129{,}9}{7{,}00} = 123{,}6\ kN$$

$$V_{pl,z,Rd} = A_{Vz} \cdot \tau_{Rd} = 19{,}1 \cdot 35{,}5/(\sqrt{3} \cdot 1{,}0) = 391{,}5\ kN$$

$$\frac{V_{z,Ed}}{V_{pl,z,Rd}} = \frac{123{,}6}{391{,}5} = 0{,}32 < 0{,}5$$

Der Einfluss der Querkraft auf die Momententragfähigkeit darf vernachlässigt werden.

– Bestimmung der erforderlichen Momententragfähigkeit

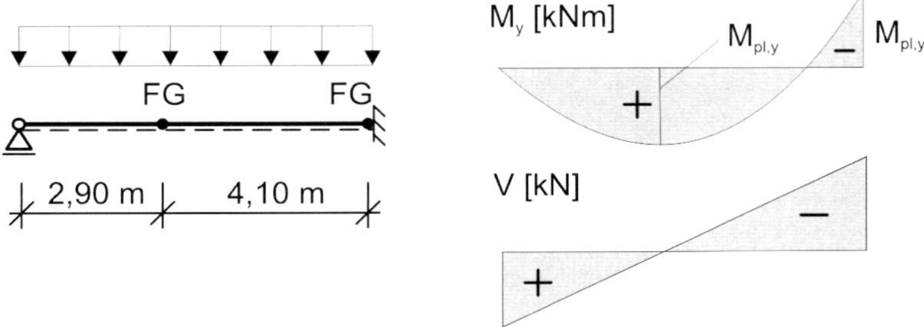

[3] Tafel 5-1

Bild 3.2 Schnittgrößen und Lage des Fließgelenkes

Für Endfelder mit gleicher Tragfähigkeit über der Innenlager und im Feld kann die erforderliche Beanspruchbarkeit wie folgt bestimmt werden:

$$\text{erf}\,M_{pl,Rd} = \frac{q_{Ed} \cdot l^2}{11{,}66} = \frac{30{,}0 \cdot 7{,}0^2}{11{,}66} = 126{,}1\ kNm$$
$$< 129{,}9\ kNm = \text{vorh}\,M_{pl,Rd}$$

Der Wert liegt unter der vorhandenen Momententragfähigkeit des IPE 240. Der Nachweis ausreichender Momenten- und Querkrafttragfähigkeit ist mit den vorangestellten Nachweisen erbracht.

IV.4 Beispiel 4: Zugstab mit Lochschwächung

Ein Zugstab, bestehend aus einem Flachstahl 240 x 12 mm, wird mit fünf versetzt angeordneten Schrauben M24-10.9 an ein Knotenblech angeschlossen (Bild 4.1). Unter Berücksichtigung der Lochschwächung (d_L = 26 mm) wird im Folgenden der Nachweis ausreichender Zugtragfähigkeit geführt.

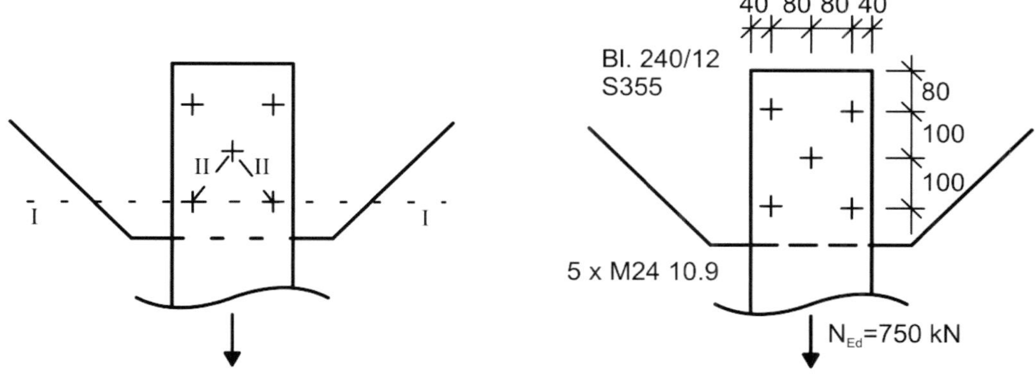

Bild 4.1 Anschluss eines Zugstabes an ein Knotenblech

IV.4.1 Bestimmung von Brutto- und Nettofläche

Als mögliche Versagenszustände werden die Risslinien I-I und I-II-II-I untersucht. Die Bestimmung der Nettofläche erfolgt nach Abschnitt 6.2.2.2 in [1].

$A = 1{,}2 \cdot 24{,}0 \ = 28{,}8\ cm^2$

Risslinie I-I:

$A_{net} = A - n \cdot d_0 \cdot t = 28{,}8 - 2 \cdot 2{,}6 \cdot 1{,}2 = 22{,}56\ cm^2$

Risslinie I-II-II-I:

$$A_{net} = A - t \cdot \left(\mathrm{n} \cdot d_0 - \sum \frac{s^2}{4p} \right)$$ [1] Gl. 6.3

$$= 28{,}8 - 1{,}2 \cdot \left(3 \cdot 2{,}6 - 2 \cdot \frac{10{,}0^2}{4 \cdot 8{,}0} \right) = 26{,}94\ cm^2$$

Die Risslinie I-I liefert den kleinsten Nettoquerschnitt und ist damit maßgebend.

IV.4.2 Nachweis ausreichender Zugbeanspruchbarkeit

Die Berechnung der Tragfähigkeiten erfolgt nach Abschnitt 6.2.3 in [1].

$N_{pl,Rd} = A \cdot f_y / \gamma_{M0} = 28{,}8 \cdot 35{,}5/1{,}0 = 1022\ kN$ [1] Gl. 6.6

$$N_{u,Rd} = \frac{0{,}9\ A_{net} \cdot f_u}{\gamma_{M2}} = \frac{0{,}9 \cdot 22{,}56 \cdot 49{,}0}{1{,}25} = 795{,}9\ kN$$ [1] Gl. 6.7

$N_{t,Rd} = min\{N_{pl,Rd}, N_{u,Rd}\} = 795{,}9\ kN$ [1] Absatz 6.2.3(2)

$$\frac{N_{Ed}}{N_{t,Rd}} = \frac{750}{795{,}9} = 0{,}94 < 1$$ [1] Gl 6.5

IV.5 Beispiel 5: Planmäßig zentrisch gedrückte Stütze mit einem Querschnitt der Klasse 4

Für die Stütze in Bild 5.1 ist der Nachweis ausreichender Tragsicherheit zu führen. Das Ausweichen aus der x-z-Ebene und die Verdrehung um die Längsachse sind durch konstruktive Maßnahmen ausreichend behindert. Die Tragsicherheit in Bezug auf das Biegeknicken in der Ebene (Ausweichen in z-Richtung) wird zur Veranschaulichung mit den Schnittgrößen nach Theorie II. Ordnung unter Ansatz einer Vorkrümmung sowie mit dem Ersatzstabverfahren nachgewiesen.

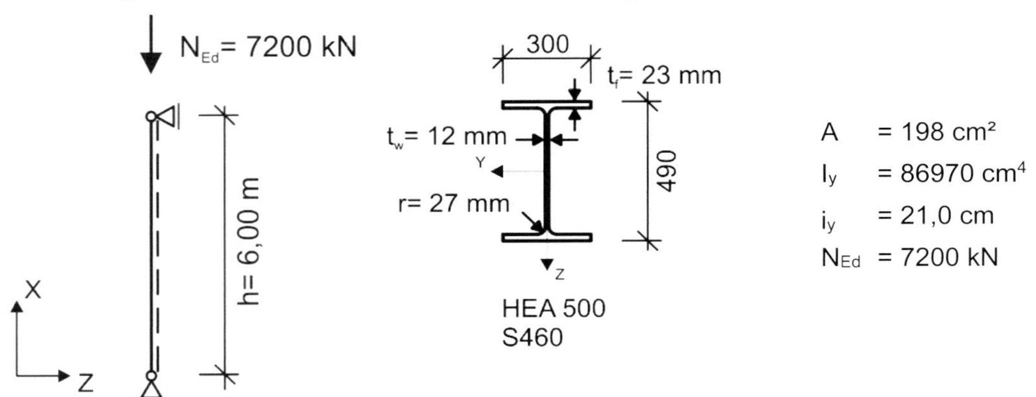

Bild 5.1 System und Profilabmessungen

IV.5.1 Nachweis der Querschnittsklasse

Nachweis des Steges:

$$f_{yd} = 46{,}0\ kN/cm^2 \qquad \varepsilon = 0{,}71$$

[1] Tabelle 5.2, beidseitig gestützte Querschnittsteile

$$c = 490 - 2 \cdot (23 + 27) = 390\ mm$$

$$c/t_w = 390/12 = 32{,}5$$

$$grenz\ c/t_w = 42\varepsilon = 42 \cdot 0{,}71 = 29{,}8 < 32{,}5$$

Abgrenzung für die Querschnittsklasse 3

Beim Steg ist die Anforderung an die Querschnittsklasse 3 nicht eingehalten.

Nachweis der Gurte

$$c = \frac{(300 - 12 - 2 \cdot 27)}{2} = 117\ mm$$

$$c/t_f = 117/23 = 5{,}09$$

$$grenz\ c/t_f = 9\varepsilon = 9 \cdot 0{,}71 = 6{,}39 > 5{,}09$$

Abgrenzung für die Querschnittsklasse 1

Die Gurte erfüllen die Anforderungen an die Querschnittsklasse 1. Aufgrund des Stegbeulens ist der Querschnitt der Klasse 4 zuzuordnen.

IV.5.2 Bestimmung der effektiven Querschnittswerte

Der Nachweis ausreichender Tragsicherheit ist für Querschnitte der Klasse 4 mit dem effektiven Querschnitt zu führen. Dabei ist die Stegfläche im Bereich des Schwerpunktes zu reduzieren (Bild 5.1). Die Berechnung erfolgt nach DIN EN 1993-1-5.

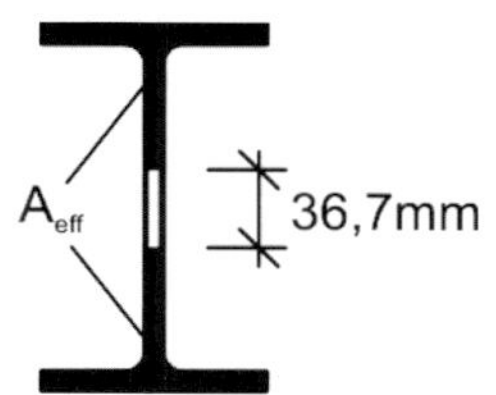

$\psi = 1$

$k_\sigma = 4$

Beulwert nach DIN EN 1993-1-5, Tab. 4.1

$\bar{b} = 390\ mm$

$$\sigma_E = \frac{\pi^2 \cdot E \cdot t^2}{12(1-\nu^2)\cdot b^2} = 18980 \cdot \left(\frac{t}{b}\right)^2$$

DIN EN 1993-1-5, Gl. A.1

$$= 18980 \cdot \left(\frac{12}{390}\right)^2 = 17{,}97\ kN/cm^2$$

$$\sigma_{cr} = k_\sigma \cdot \sigma_E = 4 \cdot 17{,}97 = 71{,}88\ kN/cm^2$$

$$\bar{\lambda}_p = \sqrt{\frac{f_y}{\sigma_{cr}}} = \sqrt{\frac{46{,}0}{71{,}88}} = 0{,}800 > 0{,}673 = 0{,}5 + \sqrt{0{,}085 - 0{,}055 \cdot \psi}$$

$$\rho = \frac{\bar{\lambda}_p - 0{,}055(3+\psi)}{\bar{\lambda}_p^{\,2}} = \frac{0{,}800 - 0{,}055(3+1)}{0{,}800^2} = 0{,}906$$

DIN EN 1993-1-5 Gl. 4.2

$$A_{w,eff} = \rho \cdot A_w = 0{,}906 \cdot 390 \cdot 12/100 = 42{,}4\ cm^2$$

DIN EN 1993-1-5 Gl. 4.1

$$h_w \cdot (1-\rho) = 390 \cdot (1 - 0{,}906) = 36{,}7\ mm$$

$$A_{eff} = 198 - (3{,}67 \cdot 1{,}2) = 193{,}6\ cm^2$$

$$I_{eff} = 86970 - \frac{1{,}2 \cdot 3{,}67^3}{12} = 86965\ cm^4$$

$$W_{eff} = \frac{86965}{24{,}5} = 3550\ cm^3$$

Da lediglich der Einfluss des Stegbeulens zu berücksichtigen ist und weniger als 10 % der Stegfläche im Bereich der Schwerpunktes außer Ansatz bleiben, fällt die Abminderung der Querschnittswerte sehr gering aus.

IV.5.3 Nachweis mit den Schnittgrößen nach Theorie II. Ordnung

Die Auswirkung des Plattenbeulens darf bei der Schnittgrößenberechnung vernachlässigt werden, wenn die wirksame Fläche eines unter Druckbeanspruchung stehenden Querschnittsteiles größer als 50 % der zugehörigen Bruttoquerschnittsfläche ist (vgl. DIN EN 1993-1-5, Absatz 2.2(5) und zugehöriger Nationaler Anhang). Das Stützenprofil aus der Festigkeitsklasse S460 ist der Knicklinie a_0 zuzuordnen (vgl. [1], Tab. 6.2). Als Vorkrümmung wird bei Ansatz des elastischen Querschnittswiderstandes $e_0 = l/350$ angesetzt (vgl. [1], Tab. 5.1). Auf eine weitere Reduzierung gemäß [1] Tabelle NA.1 wird an dieser Stelle verzichtet.

$$N_{cr} = \left(\frac{\pi}{l}\right)^2 \cdot EI_y = \left(\frac{\pi}{600}\right)^2 \cdot 21000 \cdot 86970 = 50071\ kN$$

$$e_0 = \frac{600}{350} = 1{,}71\ cm$$

[1], Tabelle 5.1

$$M_y{}^{II} = \frac{7200 \cdot 0{,}0171}{1 - \frac{7200}{50071}} = 143{,}8\ kNm$$

$$min\ \sigma_x = -\frac{N}{A_{eff}} - \frac{M_y{}^{II}}{W_{eff}} = -\frac{7200}{193{,}6} - \frac{14380}{3550} = -41{,}24\ kN/cm^2$$

$$\frac{|\sigma_{x,Ed}|}{f_y/\gamma_{M1}} = \frac{41{,}24}{46{,}0/1{,}1} = 0{,}99 < 1{,}0$$

IV.5.4 Ersatzstabnachweis

Der Tragsicherheitsnachweis für das Biegeknicken wird nach Abschnitt 6.3.1.1 [1] für Querschnittsklasse 4 geführt.

$\lambda_1 = 67{,}12$ für S460

$$\bar{\lambda} = \frac{600}{21{,}0 \cdot 67{,}12} \cdot \sqrt{193{,}6/198} = 0{,}421 > 0{,}2$$ [1] Gl. 6.51

$$\frac{h}{b} > 1{,}2 \rightarrow \text{Knicklinie } a_0, \qquad \alpha = 0{,}13$$ [1] Tabellen 6.2 und 6.1

$$\phi = 0{,}5 \cdot [1 + 0{,}13(0{,}421 - 0{,}2) + 0{,}421^2] = 0{,}603$$

$$\chi = \frac{1}{0{,}603 + \sqrt{0{,}603^2 - 0{,}421^2}} = 0{,}966$$ [1] Gl. 6.49

$$N_{b,Rd} = \frac{\chi \cdot A_{eff} \cdot f_y}{\gamma_{M1}} = \frac{0{,}966 \cdot 193{,}6 \cdot 46{,}0}{1{,}1} = 7821\ \text{kN}$$ [1] Gl. 6.48

$$\frac{N_{Ed}}{N_{b,Rd}} = \frac{7200}{7824} = 0{,}92 < 1$$ [1] Gl. 6.46

IV.6 Beispiel 6: Stütze mit einachsiger Biegung und Normalkraft

Die linke Außenstütze des Tragsystems aus Beispiel 1 ist auf Stabilitätsversagen zu untersuchen. Durch die angrenzende Fassade ist eine ausreichende Stabilisierung senkrecht zur Rahmenebene (x-z-Ebene) und gegen Verdrehung um die Stützenlängsachse gegeben. Der Biegeknicknachweis für das Ausweichen senkrecht zur y-Achse wird nach [1], Abschnitt 6.3.3 in Kombination mit Verfahren 2 in Anhang B geführt. Der Stützenquerschnitt HE 180 A aus S235 erfüllt die Anforderungen an die Querschnittsklasse 1.

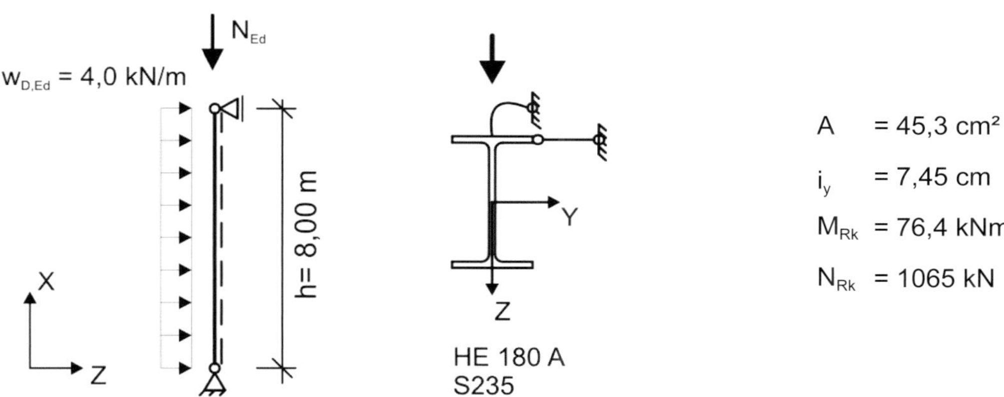

Bild 6.1 System, Belastung und Querschnitt

IV.6.1 Schnittgrößen nach Theorie I. Ordnung

$$N_{Ed} = 14{,}0 \cdot \frac{15{,}0}{2} = 105\ kN$$

$$M_{y,Ed} = 4{,}0 \cdot \frac{8{,}00^2}{8} = 32{,}0\ kNm$$

IV.6.2 Ersatzstabnachweis für Druck und einachsige Biegung

Abminderungsfaktor für Ausweichen senkrecht zur y-Achse:

$\lambda_1 = 93{,}9$ für S235 — [1] Absatz 6.3.1.3(1)

$$\bar{\lambda} = \frac{800}{7{,}45 \cdot 93{,}9} = 1{,}14 > 0{,}20$$ [1] Gl. 6.50

Knicklinie b: $\chi_y = 0{,}51$ — siehe [1] Tabelle 6.2 und Bild 6.4

Ausnutzungsgrade getrennt für N_{Ed} und $M_{y,Ed}$:

$$n_y = \frac{N_{Ed}}{\chi_y \cdot N_{Rk}/\gamma_{M1}} = \frac{105}{0{,}51 \cdot 1065/1{,}1} = 0{,}213$$ [1] Gl. 6.47

$$m_y = \frac{M_{y,Ed}}{\chi_{LT} \cdot M_{Rk}/\gamma_{M1}} = \frac{32{,}0}{1{,}0 \cdot 76{,}4/1{,}1} = 0{,}461$$

Interaktionsbeiwert k_{yy} nach [1] Anhang B:

$C_{my} = 0{,}95$ $\alpha_h = 0;\ \psi = 0$ — siehe [1] Tabelle B.3

$\bar{\lambda}_y > 1$

$k_{yy} = C_{my}(1 + 0{,}8 \cdot n_y) = 0{,}95 \cdot (1 + 0{,}8 \cdot 0{,}213) = 1{,}11$ — vgl. [1] Tabelle B.2

Interaktionsnachweis für Biegung und Normalkraft nach [1], Abs. 6.3.3:

$n_y + k_{yy} \cdot m_y = 0{,}213 + 1{,}11 \cdot 0{,}461 = 0{,}72 < 1$ — [1] Gl. 6.61

IV.7 Beispiel 7: Nachweis der Tragsicherheit der Rahmenstützen aus Beispiel 1

Im Beispiel 1 wurden für eine dreischiffige Halle unter Berücksichtigung der Anfangsschiefstellung der Stützen die Rahmenschnittgrößen nach Theorie II. Ordnung bestimmt. Dies entspricht dem Vorgehen nach Abschnitt 5.2.2(3) b) aus [1]. Für die Rahmenstützen sind die Stabilitätsnachweise nach Abs. 6.3.3 [1] zu führen. Zur Berücksichtigung des Einflusses des Biegeknickens zwischen den Systemknoten wird als Knicklänge die Stablänge angesetzt. Für das Knicken aus der Rahmenebene und das Biegedrillknicken wird an den Stützenenden eine Gabellagerung angenommen. Da bei den Innenstützen keine Fassaden- oder Wandelemente anschließen, werden keine Aussteifungseffekte in Rechnung gestellt. Maßgebend für die Tragsicherheitsnachweise sind die Schnittgrößen der rechten Rahmenstütze nach Bild 1.4. Der Stützenquerschnitt HE 300 A, S355 erfüllt die Anforderungen an die Querschnittsklasse 3. Das Beulen der Gurte wird für die Einstufung maßgebend.

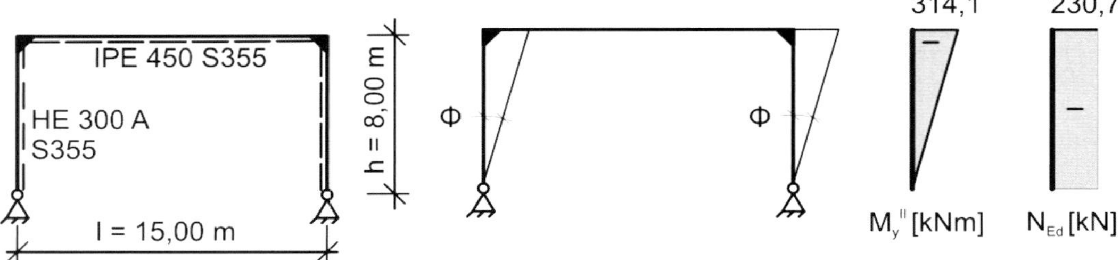

Bild 7.1 System, Schnittgrößen und Knicklängen

$A = 112{,}5\ cm^2$	$I_y = 18260\ cm^4$	$I_\omega = 1{,}2 \cdot 10^6\ cm^6$
$I_z = 6310\ cm^4$	$W_y = 1260\ cm^3$	$I_T = 85{,}2\ cm^4$

IV.7.1 Ermittlung der Verzweigungslasten

Aufgrund der an beiden Stabenden angenommenen Gabellagerung werden als Knicklängen $l_{cr,y} = l_{cr,z} = l_{cr,\vartheta} = h$ angesetzt.

$$N_{cr,y} = \left(\frac{\pi}{800}\right)^2 \cdot 21000 \cdot 18260 = 5913 kN$$

$$N_{cr,z} = \left(\frac{\pi}{800}\right)^2 \cdot 21000 \cdot 6310 = 2043\ kN$$

$$c^2 = \frac{I_\omega}{I_z} + \left(\frac{h}{\pi}\right)^2 \cdot \frac{GI_T}{EI_z} = \frac{1200000}{6310} + \left(\frac{800}{\pi}\right)^2 \cdot \frac{8100 \cdot 85{,}2}{21000 \cdot 6310} = 527{,}9\ cm^2$$

$$M_{cr} = \zeta \cdot \left(\frac{\pi}{h}\right)^2 \cdot EI_z \cdot \sqrt{c^2}$$

$$= \frac{1{,}77}{100} \cdot \left(\frac{\pi}{800}\right)^2 \cdot 21000 \cdot 6310 \cdot \sqrt{527{,}9} = 831\ kNm$$

IV.7.2 Bezogene Schlankheitsgrade und Abminderungsfaktoren

$$\bar{\lambda}_y = \sqrt{\frac{A \cdot f_y}{N_{cr,y}}} = \sqrt{\frac{112{,}5 \cdot 35{,}5}{5913}} = 0{,}822 \qquad \chi_y = 0{,}710$$

[1] Tab. 6.2, Knicklinie b

$$\bar{\lambda}_z = \sqrt{\frac{A \cdot f_y}{N_{cr,z}}} = \sqrt{\frac{112{,}5 \cdot 35{,}5}{2043}} = 1{,}40 \qquad \chi_z = 0{,}350$$

[1] Tab. 6.2, Knicklinie c

$$\bar{\lambda}_{LT} = \sqrt{\frac{W_{el,y} \cdot f_y}{M_{cr}}} = \sqrt{\frac{1260 \cdot 35{,}5}{83100}} = 0{,}734 \qquad \chi_{LT} = 0{,}852$$

[1] Abs. 6.3.2.3, Knicklinie b, spezieller Fall, siehe Tab. III.6-13 in Abschnitt 6.3.2

$k_c = 1/1{,}33 = 0{,}752$

[1] siehe Tab. 6.6, dreieckförmiger Momentenverlauf

$f = 1 - 0{,}5 \cdot (1 - k_c) \cdot \left[1 - 2{,}0 \cdot \left(\bar{\lambda}_{LT} - 0{,}8\right)^2\right] < 1$

[1] siehe Abs. 6.3.2.3(2)

$= 1 - 0{,}5 \cdot (1 - 0{,}752) \cdot [1 - 2{,}0 \cdot (0{,}734 - 0{,}8)^2] = 0{,}877$

Bestimmung auch mit Tabelle III.6-16 in Abschnitt 6.2.8 möglich.

$\chi_{LT,mod} = \frac{\chi_{LT}}{f} = \frac{0{,}852}{0{,}877} = 0{,}971$

[1] Gl. 6.58

IV.7.3 Ausnutzungsgrade getrennt für N_{Ed} und $M_{y,Ed}$

$$n_y = \frac{N_{Ed}}{\chi_y \cdot N_{Rk}/\gamma_{M1}} = \frac{230{,}7}{0{,}710 \cdot 112{,}5 \cdot 35{,}5/1{,}1} = 0{,}089 < 1$$

$$n_z = \frac{N_{Ed}}{\chi_z \cdot N_{Rk}/\gamma_{M1}} = \frac{230{,}7}{0{,}350 \cdot 112{,}5 \cdot 35{,}5/1{,}1} = 0{,}182 < 1$$

$$m_y = \frac{M_{y,Ed}}{\chi_{LT,mod} \cdot M_{Rk}/\gamma_{M1}} = \frac{314{,}1}{0{,}971 \cdot 447/1{,}1} = 0{,}796 < 1$$

IV.7.4 Interaktionsbeiwerte k und Tragsicherheitsnachweise

Die Interaktionsbeiwerte werden nach [1], Anhang B, Verfahren 2 bestimmt. Aufgrund der Biegedrillknickgefährdung der Rahmenstütze sind die Werte für verdrehweiche Bauteile nach Tabelle B.2 zu verwenden.

$C_{my} = C_{mLT} = 0{,}6 \quad (\psi = 0)$

[1] Tabelle B.3

$k_{yy} = C_{my} \cdot \left(1 + 0{,}6 \cdot \bar{\lambda}_y \cdot n_y\right)$ für $\bar{\lambda}_y < 1$

[1] vgl. Tabelle B.2 / B.1

$= 0{,}6 \cdot (1 + 0{,}6 \cdot 0{,}822 \cdot 0{,}089) = 0{,}626$

$$k_{zy} = 1 - \frac{0{,}05 \cdot \bar{\lambda}_z}{C_{mLT} - 0{,}25} \cdot n_z \quad \text{für}\ \bar{\lambda}_z > 1$$

[1] vgl. Tabelle B.2

$$= 1 - \frac{0{,}05}{0{,}6 - 0{,}25} \cdot 0{,}182 = 0{,}974$$

Interaktionsnachweise:

$n_y + k_{yy} \cdot m_y = 0{,}089 + 0{,}626 \cdot 0{,}796 = 0{,}59 < 1$

[1] vgl. Gl. 6.61

$n_z + k_{zy} \cdot m_y = 0{,}182 + 0{,}974 \cdot 0{,}796 = 0{,}96 < 1$

[1] vgl. Gl. 6.62

Spannungsnachweis am Anschluss zum Riegel:

$$\frac{N_{Ed}}{A} + \frac{M_{y,Ed}}{W_y} = \frac{-230{,}7}{112{,}5} + \frac{-31410}{1260} = -26{,}98\ kN/cm^2$$

$$\frac{|-26{,}98|}{35{,}5/1{,}1} = 0{,}836 < 1$$

Der Nachweis kann maßgebend werden, wenn der Einfluss des Stabilitätsversagens zwischen den Systemknoten gering ist.

IV.8 Beispiel 8: Vollwandbinder mit Beanspruchung durch Biegung M_y

Die Binder der Seitenschiffe der Halle aus Beispiel 1 werden in Bezug auf ihre Biegetragfähigkeit nachgewiesen. Die Einleitung der Dachlasten erfolgt in den Fünftelspunkten über Pfetten, die an den Obergurten der Binder seitlich unverschieblich anschließen (Bild 8.1). Die über die Stützen eingeleiteten Normalkräfte können für die Binder als vernachlässigbar klein angenommen werden. An den Anschlusspunkten zu den Stützen wird aufgrund der konstruktiven Ausbildung eine Gabellagerung angenommen. Die Binderobergurte können zwischen den Pfettenanschlusspunkten seitlich ausweichen. Der Biegedrillknicknachweis für die Binder wird vereinfacht als Nachweis des Druckgurtes als Druckstab nach Abschnitt 6.3.2.4 in [1] geführt. Der Binderquerschnitt IPE 450 aus S355 ist unter Biegebeanspruchung der Querschnittsklasse 1 zuzuordnen.

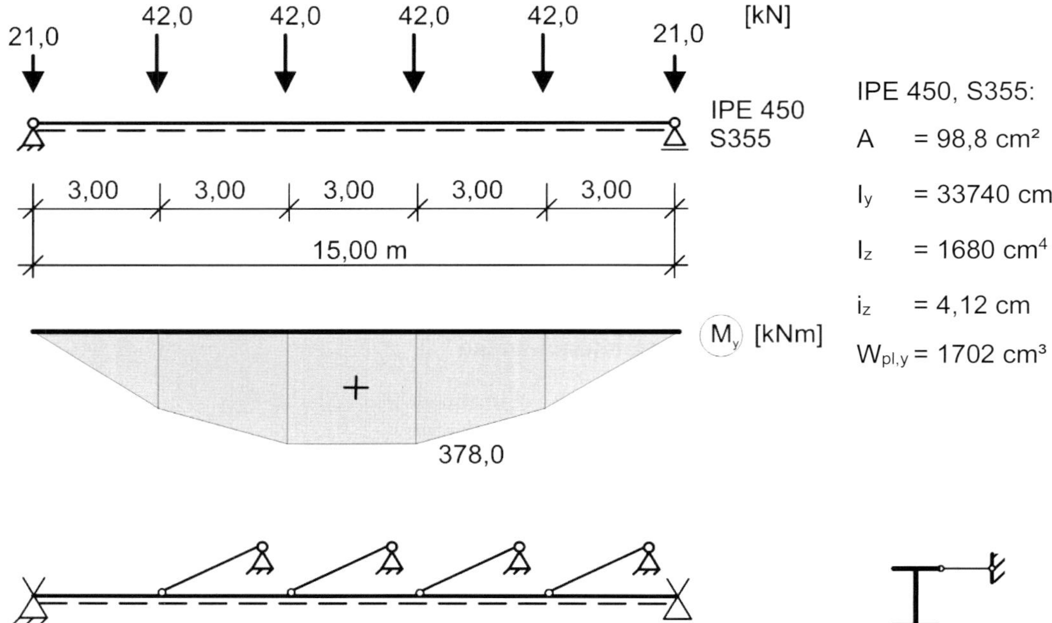

IPE 450, S355:

$A = 98{,}8\ cm^2$

$I_y = 33740\ cm^4$

$I_z = 1680\ cm^4$

$i_z = 4{,}12\ cm$

$W_{pl,y} = 1702\ cm^3$

Bild 8.1 System, Momentenverlauf und Lagerungsbedingungen

$$M_{y,Ed} = 42{,}0 \cdot (3{,}0 + 6{,}0) = 378{,}0\ kNm$$

IV.8.1 Schlankheitsgrad des Druckgurtes

Für das Schlankheitskriterium Gleichung 6.59 in [1] wird der Trägheitsradius $i_{f,z}$ benötigt. Dieser wird aus dem Druckgurt und einem Drittel der druckbeanspruchten Stegfläche bestimmt.

$$I_{f,z} \approx I_z/2 = 1680/2 = 840\ cm^4$$

$$A_{f,z} = \frac{A}{2} - \frac{1}{3} \cdot \left(h - 2 \cdot t_f\right) \cdot t_w$$

$$= \frac{98{,}8}{2} - \frac{1}{3} \cdot (45{,}0 - 2 \cdot 1{,}46) \cdot 0{,}94 = 36{,}2\ cm^2$$

$$i_{f,z} = \sqrt{\frac{I_{f,z}}{A_{f,z}}} = \sqrt{\frac{840}{36{,}2}} = 4{,}82\ cm$$

[1] siehe Abs. 6.3.2.4(1)B

Für den Nachweis wird das mittlere Feld mit der maximalen Momentenbeanspruchung maßgebend.

$$\bar{\lambda}_f = \frac{k_c\ L_c}{i_{f,z}\ \lambda_1} < \bar{\lambda}_{c0} \cdot \frac{M_{c,Rd}}{M_{y,Ed}}$$

[1] Gl. 6.59

$k_c = 1{,}0$ — [1] Tabelle 6.6, konstantes Moment

$L_c = 3{,}00\ \text{m}$ — Abstand seitlicher Stützung

$\lambda_1 = 93{,}9 \cdot \varepsilon = 76{,}4$ — Bezugsschlankheit

$\bar{\lambda}_{c0} = \bar{\lambda}_{LT,0} + 0{,}1 = 0{,}4 + 0{,}1 = 0{,}5$ — Grenzschlankheitsgrad für gewalzte Querschnitte, siehe [1] Anmerkung 2B zu Abs. 6.3.2.4(1)

$$M_{c,Rd} = \frac{W_{pl,y} \cdot f_y}{\gamma_{M1}} = 549{,}3\ kNm$$

$$\bar{\lambda}_f = \frac{1{,}0 \cdot 300}{4{,}82 \cdot 76{,}4} = 0{,}815 > 0{,}727 = 0{,}5 \cdot \frac{549{,}3}{378{,}0}$$

Das Schlankheitskriterium ist nicht eingehalten!

IV.8.2 Vereinfachte Ermittlung der Momentenbeanspruchbarkeit und Tragsicherheitsnachweis

Überschreitet der Schlankheitsgrad $\bar{\lambda}_f$ des Druckgurtes den zulässigen Grenzwert, können hierüber der Abminderungsfaktor χ und die Momentenbeanspruchbarkeit bestimmt werden.

$M_{b,Rd} = k_{fl} \cdot \chi \cdot M_{c,Rd} \leq M_{c,Rd}$ — [1] Gl. 6.60

$k_{fl} = 1{,}10$ — siehe Anmerkung B zu [1] Abs. 6.3.2.4(2)

Für Walzprofile: Knicklinie c — [1] Absatz 6.3.2.4(3)B

$\chi = 0{,}653$ — nach [1] Gl. 6.49

$M_{b,Rd} = 1{,}10 \cdot 0{,}653 \cdot 549{,}3 = 394{,}6\ kNm$

$$\frac{M_{y,Ed}}{M_{b,Rd}} = \frac{378{,}0}{394{,}6} = 0{,}96 \leq 1{,}0$$

IV.9 Beispiel 9: Nachweis ausreichender Stabilisierung durch Trapezprofilbleche

Der Zweifeldträger aus Beispiel 3 wird durch eine Trapezprofileindeckung stabilisiert. Diese wird kontinuierlich über drei Felder mit je 4,00 m geführt. Die Profilbleche werden durch entsprechende Verbindungen der Tafeln untereinander und mit den Rändern als planmäßiges Schubfeld ausgebildet (vgl. [4]). Es wird jeder anliegende Gurt mit dem Trägerobergurt verschraubt (vgl. [5], NCI zu Tabelle 10.3). Im Folgenden wird der Nachweis ausreichender seitlicher Stützung und drehelastischer Einspannung des Zweifeldträgers durch die Trapezprofileindeckung nach Anhang BB, Abschnitt BB.2 in [1] geführt.

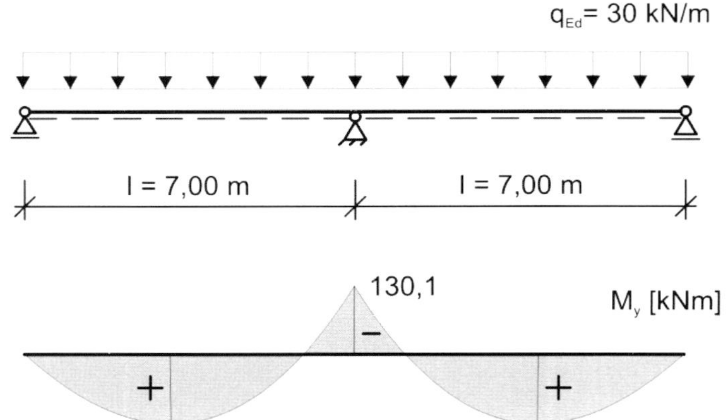

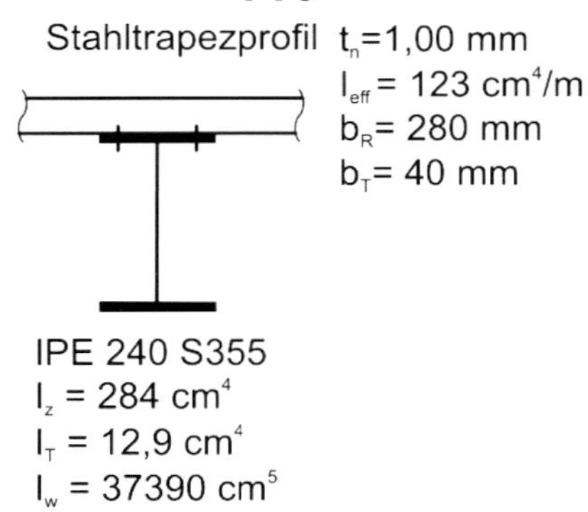

Bild 9.1 System und Querschnitt

IV.9.1 Beanspruchungen

In Aufgabe 3 erfolgte die plastische Bemessung des Zweifeldträgers unter Ausnutzung von Systemreserven. Unter der gegebenen Belastung werden die Querschnitte im Feldbereich nicht vollständig durchplastiziert.

Stützmoment $M_{Ed} = M_{pl,Rd} = -130{,}1\ kNm$

Feldmoment $M_{Ed} = \left(\frac{-130{,}1}{7{,}00} + 30{,}0 \cdot \frac{7{,}00}{2}\right)^2 \cdot \frac{1}{2 \cdot 30{,}0} = 124{,}5\ kNm$

IV.9.2 Kontinuierliche seitliche Stützung

Erforderliche Schubfeldsteifigkeit zur Annahme einer gebundenen Drehachse:

$$S \geq \left(EI_w \frac{\pi^2}{L^2} + GI_T + EI_z \frac{\pi^2}{L^2} 0{,}25h^2\right)\frac{70}{h^2}$$

[1] Gl. BB.2

$$\geq \left(21000 \cdot 37390 \cdot \frac{\pi^2}{700^2} + 8100 \cdot 12{,}9 + 21000 \cdot 284 \cdot \frac{\pi^2}{700^2} \cdot 0{,}25 \cdot 24^2\right) \cdot \frac{70}{24^2}$$

$\geq 16{,}72\ \mathrm{MN}$

Die erforderliche Schubfeldsteifigkeit kann auch unter Anwendung der Tab. III.BB-1 in Abschnitt III.BB.2.1 ermittelt werden.

$L/h = 700/24 \approx 30$

$S \geq 16{,}5\ MN$

Zur Ermittlung der Schubfeldsteifigkeit wird in [5], Anmerkung zu 10.3.1 auf [6] verwiesen:

$\mathrm{vorh\ S} = 26810\ \mathrm{kN} \gg 16723\ \mathrm{kN}$

Das IPE-Profil ist gegen ein seitliches Ausweichen des Obergurtes durch die kontinuierliche seitliche Stützung gesichert. Für die weitere Berechnung wird eine gebundene Drehachse angenommen.

IV.9.3 Kontinuierliche Drehbehinderung

Bei Durchlaufträgern mit kontinuierlicher Stützung des Obergurtes besteht die Möglichkeit, dass ein seitliches Ausweichen des Untergurtes im Bereich negativer Momente stattfindet. Damit eine plastische Bemessung durchgeführt werden kann, muss der Nachweis erbracht werden, dass keine Biegedrillknickgefährdung besteht. Dies erfolgt im Beispiel durch den Nachweis einer ausreichenden Drehbettung nach Abschnitt BB.2.2 in [1]. Die kontinuierliche Drehbettung muss das Kriterium Gleichung BB.3 erfüllen. Die Tabelle BB.1 in [1] wird durch die entsprechende Tabelle im Nationalen Anhang [2] ersetzt, die die Abhängigkeit des Faktors K_ϑ von den in [1], Tabelle 6.5 verwendeten Biegedrillknicklinien berücksichtigt.

$K_v = 1{,}00$ — plastische Bemessung

$K_\vartheta \approx 0{,}040$ — Tab. III.BB-4 in Abschnitt III.BB.2.2<2.4>

$$C_{\vartheta,k} \geq \frac{M_{pl,y,k}^2}{EI_z} \cdot K_\vartheta \cdot K_v = \frac{(130{,}1 \cdot 100)^2}{21000 \cdot 284} \cdot 0{,}040 \cdot 1{,}00 = 1{,}14\ kNm/m$$

[1] Gl. BB.3

Die vorhandene Drehbettung $C_{\vartheta,k}$ ergibt sich aus den Verformungsanteilen des stabilisierenden Trapezbleches, dessen Verbindung zum Träger und der Querschnittsverformung des Trägers selbst. Die Berechnung der ersten beiden Anteile erfolgt nach [5] Abschnitt 10.1.5.2, Absätze (4) und (5), wobei für die Steifigkeitswerte die Bezeichnungen aus [1] verwendet werden (mehr zu den Bezeichnungen siehe S. III-272 und III-273.

$$\frac{1}{C_{\vartheta,k}} = \frac{1}{C_{\vartheta R,k}} + \frac{1}{C_{\vartheta C,k}} + \frac{1}{C_{\vartheta D,k}}$$

[1] Gl. BB.4

Verdrehsteifigkeit des Trapezbleches:

$k = 4$ — [5] Abb. 10.7

$$C_{\vartheta R,k} = k \cdot \frac{EI_{eff}}{s} = 4 \cdot \frac{21000 \cdot 123}{400} = 258{,}3\ kNm/m$$

[5] Gl. 10.16

Verdrehsteifigkeit der Verbindung

$C_{100} = 5{,}2\ kNm/m$ — [5] Tabelle 10.3, Positivlage, Auflast, e = b_R

$$k_{ba} = \left(\frac{b_a}{100}\right)^2 = \left(\frac{120}{100}\right)^2 = 1{,}44$$

b_a = 120 mm < 125 mm

$$k_t = \left(\frac{t_{nom}}{0{,}75}\right)^{1,1} = \left(\frac{1{,}00}{0{,}75}\right)^{1,1} = 1{,}37$$

t_{nom} = 1,0 mm > 0,75 mm, Positivlage

$$k_{b,R} = \frac{185}{b_R} = \frac{185}{280} = 0{,}661$$

b_R = 280 mm > 185 mm

$A = q_d = 30{,}0 > 12{,}0\ kN/m$ — Last, die zwischen Blech und Pfette wirkt

$k_A = 1{,}0 + (12{,}0 - 1{,}0) \cdot 0{,}095 = 2{,}05$ — t_{nom} = 1,0 mm , Positivlage

$$k_{bT} = \sqrt{\frac{b_{T,max}}{b_T}} = \sqrt{\frac{40}{40}} = 1{,}00$$

[5] Tabelle 10.3

$$C_{\vartheta C,k} = C_{100} \cdot k_{ba} \cdot k_t \cdot k_{bR} \cdot k_A \cdot k_{bT}$$

$$= 5{,}2 \cdot 1{,}44 \cdot 1{,}37 \cdot 0{,}661 \cdot 2{,}05 \cdot 1{,}00 = 13{,}9\ kNm/m$$

Die Verdrehsteifigkeit aus der Querschnittsverformung des Trägers kann nach Tabelle III.BB-7 in Abschnitt III.BB.2.2<4> bestimmt werden.

$$C_{\vartheta D,k} = 56{,}0\ kNm/m$$

Tab. III.BB-7 (Abs. III.BB.2.2<4>)

Damit ergibt sich die resultierende Drehbettung zu

$$\frac{1}{C_{\vartheta,k}} = \frac{1}{258{,}3} + \frac{1}{56{,}0} + \frac{1}{13{,}9}$$

[1] Gl. BB.4

$$C_{\vartheta,k} = 10{,}7\ kNm/m > 1{,}14\ kNm/m$$

Durch das Zusammenwirken von kontinuierlicher seitlicher Stützung und Drehbehinderung ist eine ausreichende Stabilisierung des Trägers IPE 240 gegeben.

IV.10 Beispiel 10: Stütze eines Rahmens mit linear veränderlicher Querschnittshöhe

Für die Stütze mit linear veränderlicher Querschnittshöhe in Bild 10.1 ist der Nachweis ausreichender Tragsicherheit zu führen. Am Stützenkopf wirken ein Moment $M_{y,Ed}$ und eine Vertikallast F_{Ed}. Das Biegemoment wurde in einer vorangegangen Berechnung, soweit erforderlich unter Berücksichtigung des Einflusses der Anfangsschiefstellung und der Theorie II. Ordnung, bestimmt (Berechnung nach [1], Abs. 5.2.2(3) b)). Die Stütze ist am Zuggurt in y-Richtung kontinuierlich gehalten, so dass dort kein seitliches Ausweichen stattfindet (gebundene Drehachse).

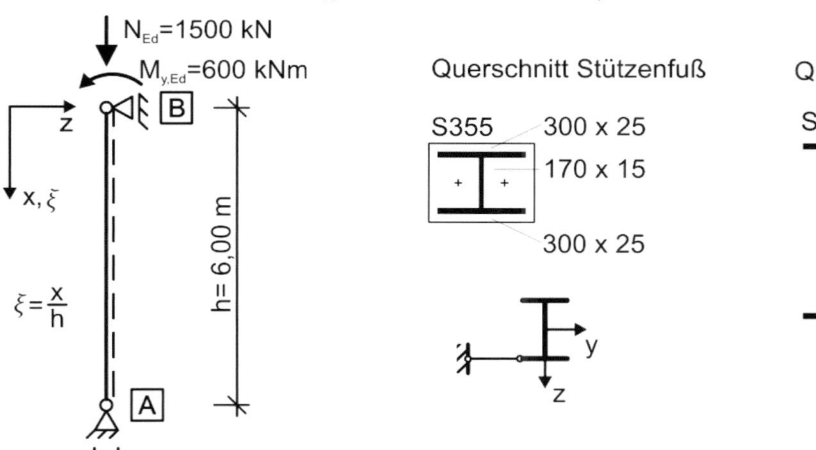

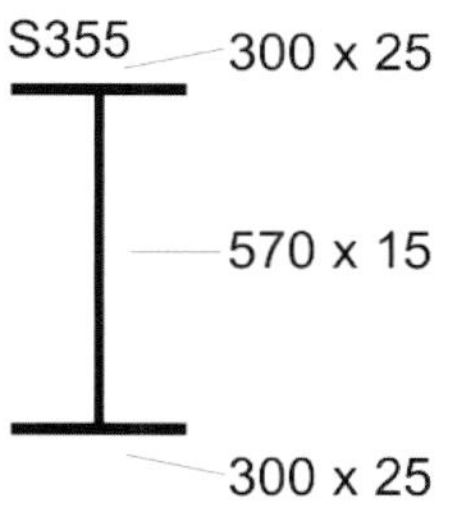

Bild 10.1 System, Querschnitte und Belastung der Rahmenstütze

Aufgrund des veränderlichen Stützenquerschnitts wird das allgemeine Verfahren für Knick- und Biegedrillknicknachweise nach [1], Abschnitt 6.3.4 angewendet. Die Anwendungsbedingungen des Absatz (1) dieses Abschnittes sowie des NDP im Nationalen Anhang sind eingehalten. Der Tragsicherheitsnachweis erfolgt mit Gleichung 6.63 aus [1].

$$\frac{\chi_{op} \cdot \alpha_{ult,k}}{\gamma_{M1}} \geq 1{,}0$$

[1] Gl. 6.63

IV.10.1 Querschnittsklassifizierung

Die Gurte und der Steg am Stützenfuß sind der Querschnittsklasse 1 zuzuordnen. Im Folgenden wird die Zuordnung des Steges über die Stützenhöhe überprüft. Zur Berechnung der Grenzschlankheit c/t nach Tabelle 5.2 aus [1] wird die Plastizierungstiefe α bestimmt.

$$\alpha = 0{,}5 + \frac{N_{Ed}}{2 \cdot h_w \cdot t_w \cdot f_{yd}} \qquad \text{mit } h_w(\xi) = 57 - 40 \cdot \xi \quad [cm]$$

$$\alpha(\xi) = 0{,}5 + \frac{1500}{2 \cdot (57 - 40 \cdot \xi) \cdot 1{,}5 \cdot 35{,}5/1{,}1} = 0{,}5 + \frac{15{,}49}{57 - 40 \cdot \xi}$$

$$\frac{c(\xi)}{t} \leq \frac{456 \cdot \varepsilon}{13 \cdot \alpha(\xi) - 1} \qquad \text{mit } \varepsilon = 0{,}81 \text{ siehe [1], Tabelle (5.2)}$$

Die Auswertung des c/t-Verhältnisses führt zum Ergebnis, dass der Steg im Bereich des Stützenkopfes der Querschnittsklasse 2, im übrigen Bereich der Klasse 1 zuzuordnen ist (siehe Bild 10.2). Entsprechendes gilt für den Gesamtquerschnitt, der nach dem ungünstigsten Querschnittsteil klassifiziert wird.

Bei der Querschnittsklassifizierung wird keine Erhöhung von N_{Ed} um $\alpha_{ult,k}$ vorgenommen.

Beim Stabilitätsversagen in und aus der x-z-Ebene erhöht sich die Stützennormalkraft nicht, sondern es treten Zusatzmomente infolge von Vorverformungen und dem Einfluss der Theorie II. Ordnung auf. Mit dem Tragsicherheitsnachweis nach Abs. 6.3.4 werden die Zusatzbeanspruchungen repräsentativ durch Abminderung der rechnerischen Tragfähigkeit (Faktor $\alpha_{ult,k}$) erfasst.

IV.10.2 Vergrößerungsfaktor $\alpha_{ult,k}$

Der kleinste Vergrößerungsfaktor $\alpha_{ult,k}$ bis zum Erreichen der charakteristischen Tragfähigkeit in der Tragwerksebene ist, wo erforderlich, unter Berücksichtigung aller Effekte aus Imperfektionen und Theorie II. Ordnung in der Ebene zu bestimmen (vgl. [1], Abs. 6.3.4(2)). Die Überprüfung, ob der Einfluss der Theorie II. Ordnung zu berücksichtigen ist, erfolgt mit dem Abgrenzungskriterium nach [1], Gl. 5.1. Hierzu wird die kritische Knicklast nach [8] bestimmt.

$$I_B = I_y(x = 0\,m) = 155987\,cm^4$$

$$I_A = I_y(x = 6{,}0\,m) = 14952\,cm^4$$

$$I_B/I_A = \frac{155987}{14952} = 10{,}43$$

$$d_B/d_A = \frac{62}{22} = 2{,}82$$

$$n = \frac{\ln(10{,}43)}{\ln(2{,}82)} = 2{,}26 \rightarrow \beta \approx 0{,}52$$

[8] Tafel 5.58, Fall II

$$N_{cr} = \left(\frac{\pi}{L_{cr}}\right)^2 \cdot EI_A = \left(\frac{\pi}{0{,}52 \cdot 600}\right)^2 \cdot 21000 \cdot 14952 = 31835\,kN$$

$$\alpha_{cr} = \frac{31835}{1500} = 21{,}22 > 10$$

[1] Gl. 5.1 für die elastische Bemessung

Die Bestimmung des Vergrößerungsfaktors $\alpha_{ult,k}$ kann näherungsweise mit dem Momentenverlauf nach Theorie I. Ordnung erfolgen. Bauteilimperfektionen werden mit dem Tragsicherheitsnachweis nach [1], Gleichung (6.63) berücksichtigt. Der zusätzliche Ansatz einer Vorkrümmung in z-Richtung ist nicht erforderlich (vgl. auch [1], Abs. 5.3.2(2)).

In Abb. 10.2 ist der Verlauf des Laststeigerungsfaktors α bis zur vollständigen Querschnittsausnutzung in Abhängigkeit von der Querschnittsklasse über die Stützenhöhe aufgetragen. Bei der Bestimmung von α wurde für die Klassen 1 und 2 die lineare plastische Interaktion berücksichtigt.

$$\frac{\alpha}{f_y} \cdot \left(\frac{|N_{Ed}|}{A(\xi)} + \frac{M_{Ed}(\xi)}{W_{pl,y}(\xi)}\right) \equiv 1{,}00$$

Der kleinste Vergrößerungsfaktor bis zur Ausnutzung der Querschnittstragfähigkeit beträgt $\alpha_{ult,k} = 2{,}10$ (siehe Abb. 10.2).

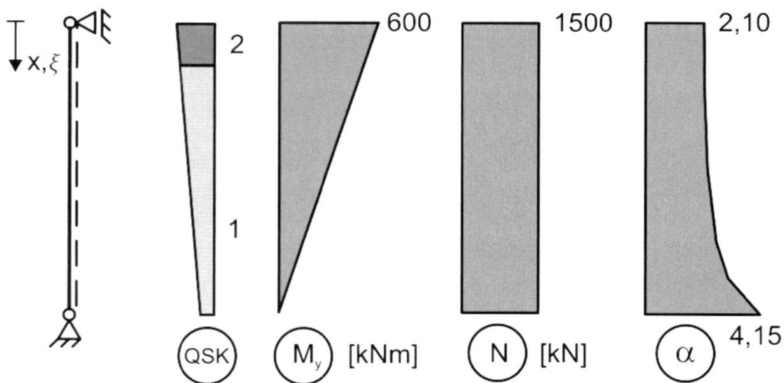

Bild 10.2 Querschnittsklassifizierung, Schnittgrößen und Verlauf des Lasterhöhungsfaktors α bis zur vollen Querschnittsausnutzung

IV.10.3 Bauteilschlankheit und Abminderungsfaktor χ_{op}

Der Verzweigungslastfaktor $\alpha_{cr,op}$ für das Biegedrillknicken unter kombinierter Beanspruchung N_{Ed} und $M_{y,Ed}$ wurde für die gevoutete Stütze unter den gegebenen Randbedingungen mit dem Programm DRILL [9] zu 3,24 berechnet. Bei dieser Berechnung wurde die Stütze in 10 Elemente unterteilt. Der verwendete Elementtyp berücksichtigt die Veränderlichkeit des Querschnittes. Eine Vergleichsrechnung mit der Finite-Elemente-Methode unter Verwendung ebener Schalenelemente führte zu einem kritischen Lastfaktor von 3,21 [14]. Der Wert weicht weniger als 1 % von dieser Lösung ab (vgl. NDP zu 6.3.4(1), Anmerkung NA.1 [1]).

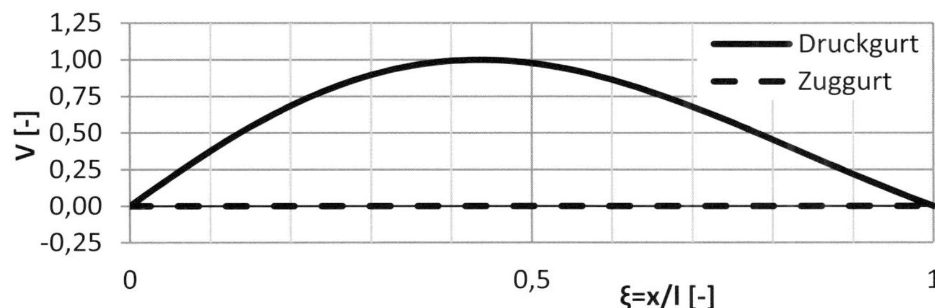

Bild 10.3 Biegedrillknickfigur für kombinierte Beanspruchung N_{Ed} und $M_{y,Ed}$ erhöht um $\alpha_{cr,op}$, normiert auf die Maximalverschiebung $v_{max} = 1{,}0$

$$\alpha_{cr,op} = 3{,}24$$

$$\bar{\lambda}_{op} = \sqrt{\frac{\alpha_{ult,k}}{\alpha_{cr,op}}} = \sqrt{\frac{2{,}10}{3{,}24}} = 0{,}805$$

[1] Gl. 6.64

Bei der Wahl der Knicklinie zur Bestimmung des Abminderungsfaktors χ_{op} ist der Nationale Anhang (NDP zu 6.3.4(1), vgl. [2]) zu beachten. Bei kombinierter Beanspruchung N_{Ed} und $M_{y,Ed}$ ist der kleinere, der den jeweiligen Beanspruchungen zugeordneten Abminderungsfaktoren zu verwenden.

Biegedrillknicken unter Normalkraftbeanspruchung: Knicklinie c

[1] Tabelle 6.2, geschw. I-Profil, $t_f < 40$ mm, Knicken in y-Richtung

Biegedrillknicken unter Momentenbeanspruchung: Knicklinie c

[1] Tabelle 6.4, geschw. I-Profil, $h/b \leq 2{,}0$

Das geschweißte Profil überschreitet nur örtlich den Grenzwert $h/b = 2{,}0$ geringfügig $(h/b = 2{,}07 \approx 2{,}0)$, so dass das Tragverhalten von dem Bereich $h/b \leq 2{,}0$ geprägt ist. Der Abminderungsfaktor χ_{op} wird mit der Knicklinie c bestimmt.

$$\chi_{op} = 0{,}66$$

$$\frac{\chi_{op} \cdot \alpha_{ult,k}}{\gamma_{M1}} = \frac{0{,}66 \cdot 2{,}1}{1{,}1} = 1{,}26 > 1{,}00$$

IV.10.4 Biegeknicken in der Ebene

Formal müsste noch wegen $N_{Ed}/N_{cr} > 0{,}04$ ein Biegeknicknachweis in der x-z-Ebene geführt werden. Dieser könnte z. B. durch den Ansatz einer Vorkrümmung e_0 in z-Richtung und eine Berechnung nach Theorie II. Ordnung erfolgen (vgl. [1], Abs. 6.3.1.1(3), Anmerkung). Zuvor wurde gezeigt, dass wegen $\alpha_{cr} = 21{,}22 > 10$ der Einfluss der Theorie II. Ordnung vernachlässigbar klein ist. Da der Nachweis gegenüber dem zuvor geführten Biegedrillknicknachweis nicht maßgebend ist, wird hierauf verzichtet.

$$\frac{N_{Ed}}{N_{cr}} = \frac{1500}{31835} = 0{,}047 > 0{,}04$$

IV.11 Beispiel 11: Nachweis einer Gitterstütze

Eine Gitterstütze, bestehend aus zwei U-Profil-Gurtstäben und einer in zwei Ebenen angeordneten fachwerkartigen Ausfachung mit Winkelprofilen ist in Bezug auf ihre Stabilität nachzuweisen. Die Stütze ist an den Enden beidseitig gelenkig gelagert. In z-Richtung ist auf halber Höhe eine starre seitliche Halterung beider Gurte angeordnet. Belastet wird die Gitterstütze durch eine zentrische Druckkraft und eine in y-Richtung wirkende Windlast, die in den Systemknoten des Fachwerks angreift und keine Sekundärbiegung in den Gurtstäben erzeugt (siehe Bild 11.1).

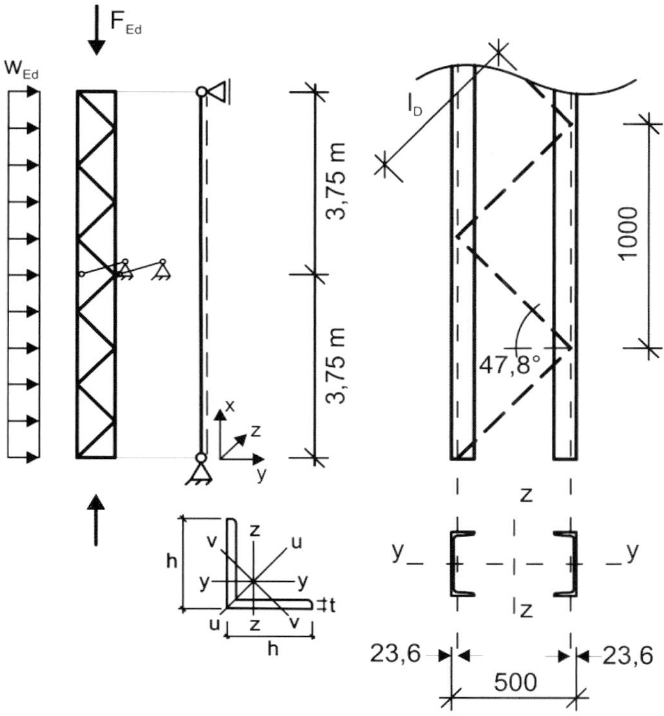

Gurtstäbe U260, S235

$A_{ch} = 48{,}3\ \text{cm}^2$

$I_{z,ch} = 317\ \text{cm}^4$

$i_z = i_1 = 2{,}56\ \text{cm}$

$i_y = 9{,}99\ \text{cm}$

$h_0 = 45{,}2\ \text{cm}$

Diagonalen L60x6, S235

$A_d = 6{,}91\ \text{cm}^2$

$W_z = 5{,}29\ \text{cm}^3$

$l_d = 67{,}5\ \text{cm}$

$i_u = 1{,}17\ \text{cm}$

Belastung

$F_{Ed} = 1550\ \text{kN}$

$w_{Ed} = 4\ \text{kN/m}$

Bild 11.1 System und Querschnitte

IV.11.1 Knicken senkrecht zur stofffreien Achse (z-Achse)

Der Knicknachweis der Gitterstütze wird durch Ersatzstabnachweise für die Gurtstäbe und Diagonalen geführt. Hierzu werden unter Berücksichtigung der Vorkrümmung nach [1], Abs. 6.4.1(1) die Drucknormalkräfte der maßgebenden Stäbe nach Theorie II. Ordnung bestimmt. Die Berechnung erfolgt mit hinreichender Genauigkeit über die Biegeknicklast des schubelastischen Druckstabes. Die elastische Verformung der Diagonalen darf durch eine kontinuierliche Schubsteifigkeit S_V des Druckstabes berücksichtigt werden. Ihre Berechnung erfolgt nach [1] Bild 6.9 mit der Gleichung für das vorliegende System.

$$S_V = \frac{n \cdot E \cdot A_d \cdot a \cdot h_0^2}{2 \cdot d^3} = \frac{2 \cdot 21000 \cdot 6{,}91 \cdot 100 \cdot 45{,}3^2}{2 \cdot 67{,}5^3} = 96824\ kN$$ [1] Bild 6.9

$$I_{eff} = 0{,}5 \cdot h_0^2 \cdot A_{ch} = 0{,}5 \cdot 45{,}3^2 \cdot 48{,}3 = 49560\ cm^4$$ [1] Gl. 6.72

Knicklast unter Berücksichtigung der Biege- und Schubnachgiebigkeit der Gitterstütze:

$$N_{cr,z} = \frac{1}{\frac{h^2}{\pi^2 \cdot EI_{eff}} + \frac{1}{S_v}} = \frac{1}{\frac{750^2}{\pi^2 \cdot 21000 \cdot 49560} + \frac{1}{96824}} = 15363\ kN$$

$$e_0 = \frac{750}{500} = 1{,}5\ cm$$

[1] Abs. 6.4.1(1)

Schnittgrößen der Gitterstütze nach Theorie II. Ordnung:

$$M_{Ed,z}^{II} = M_{Ed,w}^{II} + M_{Ed,e0}^{II} = \alpha \cdot M_{Ed,w}^{I} + \frac{N_{Ed} \cdot e_0}{1 - \frac{N_{Ed}}{N_{cr,z}}}$$

α = Vergrößerungsfaktor zur Berücksichtigung des Einflusses der Theorie II. Ordnung

$$M_{Ed,w}^{I} \quad = 4{,}0 \cdot \frac{7{,}5^2}{8} = 28{,}13\ kNm$$

$$\alpha = \frac{1 + \delta \cdot \frac{N_{Ed}}{N_{cr,z}}}{1 - \frac{N_{Ed}}{N_{cr,z}}} = \frac{1 + 0{,}026 \cdot \frac{1550}{15363}}{1 - \frac{1550}{15363}} = 1{,}115$$

δ = Korrekturfaktor (*Dischinger-Faktor*) abhängig vom Momentenverlauf

$$M_{Ed,z}^{II} = 1{,}115 \cdot 28{,}13 + \frac{1550 \cdot 0{,}015}{1 - \frac{1550}{15363}} = 57{,}22\ kNm$$

$$V_{y,Ed}^{II} = \frac{w_{Ed} \cdot \text{h}}{2} + \left(M_{Ed,z}^{II} - M_{Ed,w}^{I}\right) \cdot \frac{\pi}{\text{h}}$$

$$= \frac{4{,}0 \cdot 7{,}5}{2} + (57{,}22 - 28{,}13) \cdot \frac{\pi}{7{,}50} = 27{,}19\ kN$$

Bemessungswert der Gurtstabkraft:

$$N_{ch,Ed} = 0{,}5 \cdot N_{Ed} + \frac{M_{Ed} \cdot h_0 \cdot A_{ch}}{2 \cdot I_{eff}}$$

[1] Gl. 6.69

$$= 0{,}5 \cdot 1550 + \frac{5722 \cdot 45{,}3 \cdot 48{,}3}{2 \cdot 49560} = 901{,}3\ kN$$

Biegeknicknachweis für den Gurtstab zwischen den Systemknoten:

$$\bar{\lambda}_{ch} = \frac{a}{i_1 \cdot \lambda_1} = \frac{100}{2{,}56 \cdot 93{,}9} = 0{,}416$$

Knicklinie c: $\chi_{ch} = 0{,}89$

$$N_{b,Rd} = 0{,}89 \cdot 48{,}3 \cdot \frac{23{,}5}{1{,}1} = 918{,}4\ kN$$

[1] Gl. 6.47

$$\frac{N_{ch,Ed}}{N_{b,Rd}} = \frac{901{,}3}{918{,}4} = 0{,}98 < 1{,}00$$

[1] Gl. 6.71

IV.11.2 Knicken senkrecht zur Stoffachse (y-Achse)

Aus der Beanspruchung durch die Stützenlast F_{Ed} und die Querlast w_{Ed} in y-Richtung ergibt sich ein Normalkraftverlauf der Gurtstäbe, der über die Stützenhöhe veränderlich ist. Aufgrund der seitlichen Stützung findet das Ausweichen in z-Richtung antimetrisch mit zwei Halbwellen statt ($l_{cr,y} = 0{,}5 \cdot l_{cr,z}$). Da der Einfluss der Stützenlast F_{Ed} bei der Verteilung der Gurtnormalkräfte dominiert, wird, vereinfacht und auf der sicheren Seite liegend, anstelle des Biegedrillknicknachweises des Gitterstabs ein Biegeknicknachweis für den maximal beanspruchten Gurtstab nach [1] Abschnitt 6.3.1 geführt. Als Knicklänge wird näherungsweise die halbe Stützenhöhe angesetzt, da die veränderliche Normalkraftverteilung im vorliegenden Fall nur einen geringen Einfluss hierauf hat.

$$\bar{\lambda}_y = \frac{750/2}{9{,}99 \cdot 93{,}91} = 0{,}400$$

[1] Gl. 6.50

Knicklinie c: $\chi_y = 0{,}897$

$$N_{b,Rd} = 0{,}897 \cdot 48{,}3 \cdot \frac{23{,}5}{1{,}1} = 926\ kN$$

$$\frac{N_{ch,Ed}}{N_{b,Rd}} = \frac{901{,}3}{926} = 0{,}97 < 1{,}00$$ [1] Gl. 6.71

IV.11.3 Nachweis der Diagonalen

Die Endverbindungen der Diagonalen werden ausreichend steif ausgebildet, so dass der Tragsicherheitsnachweis für das Biegeknicken mit der effektiven Schlankheit nach [1] Abschnitt BB.1.2 geführt werden kann.

$$N_{Ed} = \frac{V_{y,Ed}}{2 \cdot cos\ \alpha} = \frac{27{,}19}{2 \cdot \cos 47{,}84°} = 20{,}3\ kN$$

$$i_{min} = 1{,}17\ cm$$

$$\overline{\lambda}_v = \frac{67{,}5}{1{,}17 \cdot 93{,}9} = 0{,}614$$ [1] Gl. 6.50

$$\overline{\lambda}_{eff,v} = 0{,}35 + 0{,}7 \cdot 0{,}614 = 0{,}780$$ [1] Gl. BB.1

$$\overline{\lambda}_y = \frac{67{,}5}{1{,}82 \cdot 93{,}9} = 0{,}395$$ [1] Gl. 6.50

$$\overline{\lambda}_{eff,y} = 0{,}50 + 0{,}7 \cdot 0{,}395 = 0{,}777$$ [1] Gl. BB.1

Knicklinie b: $\chi_v = 0{,}737$

$$N_{b,Rd} = 0{,}737 \cdot 6{,}91 \cdot \frac{23{,}5}{1{,}1} = 109\ kN$$

$$\frac{N_{Ed}}{N_{b,Rd}} = \frac{20{,}3}{109} = 0{,}19 < 1$$

IV.12 Beispiel 12: Nachweis eines Rahmenriegels mit Aussteifung durch Pfetten

Im Beispiel 1 wurden für eine dreischiffige Halle die Rahmenschnittgrößen nach Theorie II. Ordnung unter Berücksichtigung der Anfangsschiefstellung der Stützen bestimmt. Im Beispiel 12 erfolgt der Nachweis des Rahmenriegels. Aufgrund der konstruktiven Ausbildung der Anschlüsse an die Stützen wird dort eine Gabellagerung angenommen (siehe hierzu auch [10], [11]). Auf dem Obergurt des Riegels liegen im Abstand von 3,0 m Pfetten IPE 180 auf, die als Durchlaufträger ausgebildet sind. Sie schließen an einem steifen Verband an, so dass eine starre seitliche Stützung angenommen werden kann. Beim Stabilitätsnachweis des Binders wird die örtliche Gurteinspannung aus den anschließenden Pfetten berücksichtigt. Die Momentenverteilung des Rahmenriegels wird in guter Näherung mit parabolischem Verlauf aus einer Gleichstreckenlast angenommen (Bild 12.1).

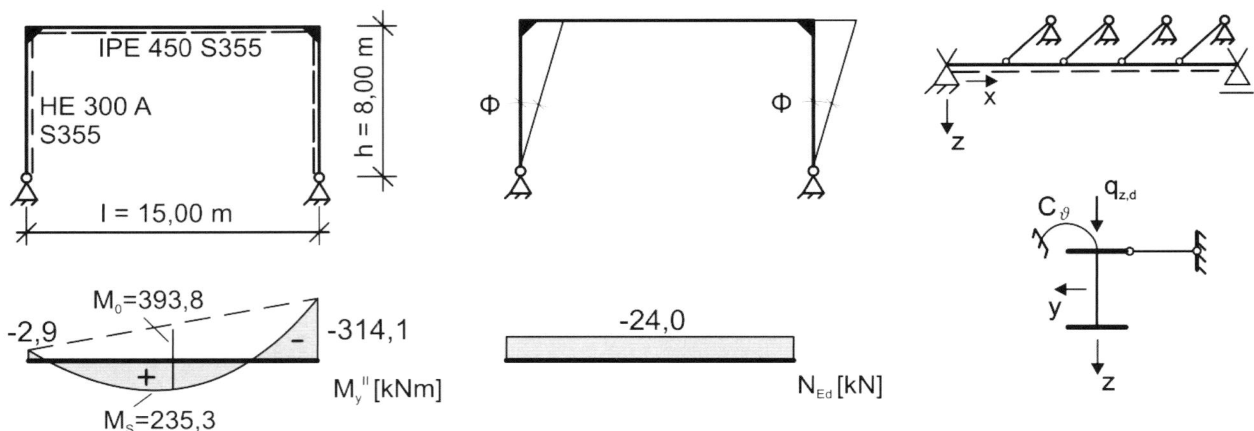

Bild 12.1 System, Querschnitte und Schnittkräfte nach Theorie II. Ordnung

IV.12.1 Drehelastische Einspannung des Riegels durch die Pfetten

Nachfolgend wird die Drehfedersteifigkeit durch die anschließenden Pfetten bestimmt. Dabei werden die Einflüsse aus der Biegeverformung der Pfetten selbst (Stützweite a = 6,00 m) und die Querschnittsverformungen des Rahmenriegels berücksichtigt. Die Verformungen des Schraubanschlusses werden vernachlässigt, vgl. [12].

$$C_{\vartheta R,k} = \frac{4 \cdot EI_{Pf}}{a} = \frac{4 \cdot 21000 \cdot 1320}{600 \cdot 100} = 1848\ kNm$$

[5] Abs. 10.1.5.2

$$C_{\vartheta D,k} = \sqrt{\frac{E \cdot G \cdot t_f^3 \cdot b_f \cdot t_w^3}{3 \cdot (h - t_f)}}$$

vgl. [12]

$$= \sqrt{\frac{21000 \cdot 8100 \cdot 1{,}46^3 \cdot 19{,}0 \cdot 0{,}94^3}{3 \cdot (45{,}0 - 1{,}46)}} \cdot \frac{1}{100} = 80{,}0\ kNm$$

$$C_{\vartheta,k} = \frac{1}{\frac{1}{C_{\vartheta R,k}} + \frac{1}{C_{\vartheta D,k}}} = \frac{1}{\frac{1}{1848} + \frac{1}{80{,}0}} = 76{,}7\ kNm$$

IV.12.2 Stabilitätsnachweise für den Rahmenriegel

Aufgrund der Lagerungsbedingungen des Rahmenriegels sind unter Normalkraft das Biegeknicken in y- und z-Richtung sowie das Biegedrillknicken mögliche Versagensformen. Die einwirkende Normalkraft ist allerdings sehr klein, so dass diese Versagensformen eine untergeordnete Bedeutung haben.

Für das Biegedrillknicken unter Momentenbeanspruchung gibt es zwei mögliche Versagensformen: das seitliche Ausweichen des Obergurtes zwischen den Pfetten im Bereich positiver Momente und das Ausweichen des Untergurtes im Bereich negativer Momente. Wegen des vergleichsweise großen Pfettenabstandes kann bei Momentenbeanspruchung nicht von vornherein eine gebundene Drehachse vorausgesetzt werden. Um dies sowie den Einfluss der örtlichen Gurteinspannung zutreffend zu erfassen, erfolgt die Berechnung des idealen Biegedrillknickmomentes M_{cr} mit dem Programm (vgl. [9]).

IV.12.3 Biegeknicken des Rahmenriegels

Nachfolgend wird gezeigt, dass der Einfluss des Biegeknickens des Rahmenriegels zwischen den Lagerungspunkten unbedeutend ist. Der Einfluss des Rahmenknickens wurde bei der Schnittgrößenermittlung im Beispiel 1 bereits berücksichtigt (s. o.).

Biegeknicken in der x-z-Ebene:

$$N_{cr,y} = \left(\frac{\pi}{L}\right)^2 \cdot EI_y = \left(\frac{\pi}{1500}\right)^2 \cdot 21000 \cdot 33740 = 3108\ kN$$

$$\frac{N_{Ed}}{N_{cr,y}} = \frac{24,0}{3108} = 0,0077 \ll 0,04$$

Biegeknicken in der x-y-Ebene:

$$N_{cr,z} = \left(\frac{\pi}{a_{Pf}}\right)^2 \cdot EI_z = \left(\frac{\pi}{300}\right)^2 \cdot 21000 \cdot 1680 = 3869\ kN$$

$$\frac{N_{Ed}}{N_{cr,z}} = \frac{24,0}{3869} = 0,0062 \ll 0,04$$

IV.12.4 Biegedrillknicken infolge der Normalkraftbeanspruchung

Die Biegedrillknicklast des Rahmenriegels kann im vorliegenden Fall noch in guter Näherung mit Hilfe einer geschlossenen Formel aus der Lösung der zugehörigen Differentialgleichung bestimmt werden. Dabei werden die gebundene Drehachse und eine drehelastische Bettung durch die anschließenden Pfetten berücksichtigt. Die äquivalente Drehbettung wird aus der Drehfedersteifigkeit je Pfette und dem Pfettenabstand berechnet.

$$c_{\vartheta,k} = \frac{C_{\vartheta,k}}{a_{Pf}} = \frac{76,7}{3,0} = 25,6\ kNm/m$$

$$I_D = I_w + I_z \cdot z_D^2 = 791000 + 1680 \cdot 22,5^2 = 1.641.000\ cm^6$$

I_D = auf D bezogener Wölbwiderstand

$$i_D^2 = i_y^2 + i_z^2 + z_D^2 = 18,5^2 + 4,12^2 + 22,5^2 = 865,5\ cm^2$$

i_D = auf D bezogener Trägheitsradius

$$m = \frac{L}{\pi} \cdot \sqrt[4]{\frac{c_{\vartheta,k}}{EI_D}} = \frac{1500}{\pi} \cdot \sqrt[4]{\frac{25,6}{21000 \cdot 1641000}} = 2,49$$

Die kritische Halbwellenzahl m ist ganzzahlig anzusetzen. Es wurde geprüft, ob m = 2 oder m = 3 zur kleinsten Verzweigungslast führt.

$$N_{cr,TF} = \frac{1}{i_D^2} \cdot \left[EI_D \cdot \left(\frac{m \cdot \pi}{L}\right)^2 + GI_T + c_{\vartheta,K} \cdot \left(\frac{L}{m \cdot \pi}\right)^2 \right]$$ [2] Gl. 4-13

$$= \frac{1}{865{,}5} \cdot \left[21000 \cdot 1641000 \cdot \left(\frac{3 \cdot \pi}{1500}\right)^2 + 8100 \cdot 66{,}9 + 25{,}6 \cdot \left(\frac{1500}{3 \cdot \pi}\right)^2 \right]$$

$$= 2947\ kN$$

Die auf diesem Wege berechnete Biegedrillknicklast des Rahmenriegels weicht nur um 2,1 % vom Ergebnis der Berechnung mit einem Programm [9] ab.

$$\frac{N_{Ed}}{N_{cr,TF}} = \frac{24{,}0}{2947} = 0{,}00815 \ll 0{,}04$$

IV.12.5 Biegedrillknicken infolge der Momentenbeanspruchung M_y

Das Biegedrillknickmoment wurde mit dem Programm [9] zu M_{cr} = 1190 kNm bestimmt. Die Verzweigungsfigur ist in Bild 12.2 dargestellt. Das Ausweichen des Obergurtes im Bereich positiver Feldmomente ist nicht maßgebend.

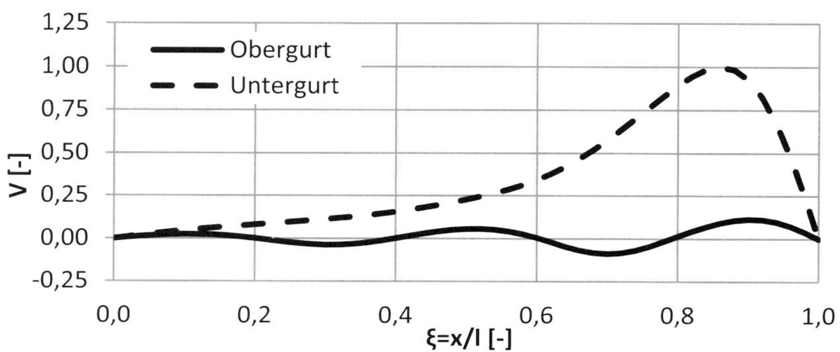

Bild 12.2 Biegedrillknickfigur für Momentenbeanspruchung M_y ($M_{cr} = 1190$ kNm) normiert auf Maximalverschiebung v_{max} = 1,0

IV.12.6 Tragsicherheitsnachweis

Der Tragsicherheitsnachweis wird für die Kombination von Biegedrillknicken unter Normalkraft und Momentenbeanspruchung geführt. Der Nachweis nach [1], Gl. 6.61 wird nicht maßgebend.

Ausnutzung infolge der Normalkraftbeanspruchung:

$$N_{pl} = 98{,}8 \cdot 35{,}5 = 3507\ kN$$

$$\bar{\lambda}_{TF} = \sqrt{\frac{N_{pl}}{N_{cr,TF}}} = \sqrt{\frac{3507}{2947}} = 1{,}09$$ [1] Absatz 6.3.1.4(2)

$$h/_b > 1{,}2 \rightarrow \text{Knicklinie } b\,;\ \chi_{TF} = 0{,}54$$ [1] Tabelle 6.2, Gl. 6.49

$$n_{TF} = \frac{N_{Ed}}{\chi_{TF} \cdot N_{pl,Rd}} = \frac{24{,}0}{0{,}54 \cdot 3507/1{,}1} = 0{,}014$$

Ausnutzung infolge der Biegebeanspruchung:

$$M_{pl,y} = 2 \cdot 851 \cdot \frac{35{,}5}{100} = 604{,}2\ kNm$$

$$\bar{\lambda}_{LT} = \sqrt{\frac{M_{pl,y}}{M_{cr,y}}} = \sqrt{\frac{604{,}2}{1190}} = 0{,}713$$

$h/_b > 2{,}0 \rightarrow$ Knicklinie c; $\chi_{LT} = 0{,}818$ — [1] Tabelle 6.5, Gl. 6.57

$k_c = 0{,}91$ — [1] Tabelle 6.6

$$f = 1 - 0{,}5 \cdot (1 - k_c) \cdot \left[1 - 2 \cdot \left(\bar{\lambda}_{LT} - 0{,}8\right)^2\right] = 0{,}956$$

$$\chi_{LT,mod} = \frac{0{,}818}{0{,}956} = 0{,}856$$ [1] Gl. 6.58

$$m_y = \frac{M_{Ed}}{\chi_{LT,mod} \cdot M_{pl,y,d}} = \frac{314{,}1}{0{,}856 \cdot 604{,}2/1{,}1} = 0{,}668$$

Interaktionsfaktor k_{zy} nach [1], Anhang B:

$$\alpha_s = -\frac{235{,}3}{314{,}1} = -0{,}75$$ [1] Tabelle B.3

$$\psi = \frac{-2{,}9}{-314{,}1} = 0{,}01$$

$$C_{mLT} = 0{,}1 - 0{,}8 \cdot (-0{,}75) = 0{,}70$$

$$k_{zy} = 1 - \frac{0{,}1 \cdot n_{TF}}{C_{mLT} - 0{,}25} = 1 - \frac{0{,}1 \cdot 0{,}014}{0{,}70 - 0{,}25} \cong 1{,}0$$ vgl. mit Tabelle B.2 in [1]

Tragsicherheitsnachweis:

$$n_{TF} + k_{zy} \cdot m_y = 0{,}014 + 1{,}0 \cdot 0{,}668 = 0{,}682 < 1$$ [1] Gl. 6.62

IV.13 Beispiel 13: Träger mit zweiaxialer Biegung

Der Träger in Bild 13.1 wird planmäßig durch zweiachsige Biegung beansprucht. Unter Einbeziehung von Vor- und Lastverformungen entstehen zusätzlich Torsionsmomente. Im folgenden Beispiel wird der Tragsicherheitsnachweis als Ersatzstabnachweis nach [1], Abschnitt 6.3.3 und als Nachweis nach Theorie II. Ordnung unter Ansatz einer Vorkrümmung aus der Ebene geführt. Das Trägerprofil HE 240 A aus S355 erfüllt die Anforderungen an die Querschnittsklasse 2.

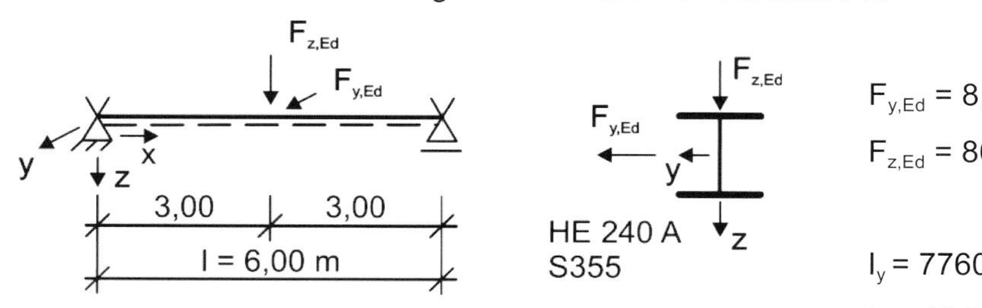

$F_{y,Ed}$ = 8,0 kN (Lastangriff im Schwerpunkt)

$F_{z,Ed}$ = 80,0 kN (Lastangriff am Obergurt)

I_y = 7760 cm⁴, I_z = 2770 cm⁴,

I_T = 41,6 cm⁴, I_w = 328500 cm⁶,

Bild 13.1 System und Querschnitt

IV.13.1 Schnittgrößen nach Theorie I. Ordnung

$$M_{y,Ed} = 80{,}0 \cdot \frac{6{,}00}{4} = 120{,}0\ kNm$$

$$M_{z,Ed} = -8{,}0 \cdot \frac{6{,}00}{4} = -12{,}0\ kNm$$

IV.13.2 Nachweis nach [1], Abschnitt 6.3.3

Bestimmung des idealen Biegedrillknickmomentes:

$$N_{cr,z} = \left(\frac{\pi}{600}\right)^2 \cdot 21000 \cdot 2770 = 1595\ kN$$

$$c^2 = \frac{I_\omega + 0{,}039 \cdot l^2 \cdot I_T}{I_z} = \frac{328500 + 0{,}039 \cdot 600^2 \cdot 41{,}6}{2770} = 329{,}4\ cm^2$$

$$M_{cr} = \zeta \cdot N_{cr,z} \cdot \left[\sqrt{c^2 + 0{,}25 \cdot {z_p}^2} + 0{,}5 \cdot z_p\right]$$

$$= 1{,}35 \cdot 1595 \cdot \left[\sqrt{329{,}4 + 0{,}25 \cdot (-11{,}5)^2} + 0{,}5 \cdot (-11{,}5)\right] \cdot \frac{1}{100}$$

$$= 286{,}1\ kNm$$

Bezogener Schlankheitsgrad und Abminderungsfaktor für das Biegedrillknicken:

$$\bar{\lambda}_{LT} = \sqrt{\frac{M_{pl,y}}{M_{cr}}} = \sqrt{\frac{264{,}3}{286{,}1}} = 0{,}961 \qquad \chi_{LT} = 0{,}724$$

[1] Abs. 6.3.2.3, Knicklinie b, spezieller Fall, siehe Tab. III.6-13 in Abschnitt 6.3.2.3

$$k_c = 0{,}86$$

[1] Tab. 6.6, dreieckförmiger Momentenverlauf

$$f = 1 - 0{,}5 \cdot (1 - k_c) \cdot \left[1 - 2{,}0 \cdot \left(\bar{\lambda}_{LT} - 0{,}8\right)^2\right] < 1$$

$$= 1 - 0{,}5 \cdot (1 - 0{,}86) \cdot [1 - 2{,}0 \cdot (0{,}961 - 0{,}8)^2] = 0{,}934$$

[1] Abs. 6.3.2.3(2)

Bestimmung auch mit Tabelle III.6-13 in Abs. 6.3.2 möglich.

$$\chi_{LT,mod} = \frac{\chi_{LT}}{f} = \frac{0{,}724}{0{,}934} = 0{,}775$$

[1] Gl. 6.58

Ausnutzungsgrade getrennt für $M_{y,Ed}$ und $M_{z,Ed}$:

$$m_y = \frac{M_{y,Ed}}{\chi_{LT,mod} \cdot M_{y,Rk}/\gamma_{M1}} = \frac{120{,}0}{0{,}775 \cdot 264{,}3/1{,}1} = 0{,}644 < 1$$

$$m_z = \frac{M_{z,Ed}}{M_{z,Rk}/\gamma_{M1}} = \frac{|-12{,}0|}{124{,}8/1{,}1} = 0{,}106 < 1$$

Interaktionsbeiwerte k:

$C_{my} = C_{mz} = C_{mLT} = 0{,}9$ — [1] Tabelle B.3, Einzellast

$k_{yy} = C_{my} = 0{,}9$ — [1] vgl. Tabelle B.2 / B.1

$k_{zz} = C_{mz} = 0{,}9$

$k_{yz} = 0{,}6 \cdot k_{zz} = 0{,}54$

$k_{zy} = 1{,}0$ — [1] vgl. Tabelle B.2

Interaktionsnachweise:

$k_{yy} \cdot m_y + k_{yz} \cdot m_z \le 1$ — [1] vgl. Gl. 6.61

$0{,}9 \cdot 0{,}644 + 0{,}54 \cdot 0{,}106 = 0{,}64 < 1$

$k_{zy} \cdot m_y + k_{zz} \cdot m_z \le 1$ — [1] vgl. Gl. 6.62

$1{,}0 \cdot 0{,}644 + 0{,}9 \cdot 0{,}106 = 0{,}74 < 1{,}0$

Der Nachweis nach [1], Gleichung 6.62 ist maßgebend!

IV.13.3 Nachweis mit Schnittgrößen nach Theorie II. Ordnung

Der Ansatz der Bauteilimperfektion erfolgt nach [1], Abschnitt 5.3.4(3) in Kombination mit dem Nationalen Anhang (NDP zu 5.3.4(3)). Wie zuvor beim Tragsicherheitsnachweis nach [1], Abschnitt 6.3.3 gezeigt, beträgt die Schlankheit $\bar{\lambda}_{LT} = 0{,}961$. Sie liegt im mittleren Bereich $(0{,}7 \le \bar{\lambda}_{LT} \le 1{,}3)$. Als Vorkrümmung ist der doppelte Wert der Tabelle NA.2 aus [1] anzusetzen.

$e_0 = 2 \cdot l/400 = 2 \cdot 600/400 = 3{,}00\ cm$ — h/b < 2,0, Walzprofil, plastische Querschnittsausnutzung

Die Schnittgrößen nach der Biegetorsionstheorie II. Ordnung werden näherungsweise mit Hilfe eines zweigliedrigen Reihenansatzes für v und ϑ (ein und drei Sinushalbwellen wegen der symmetrischen Schnittgrößenverläufe) bestimmt (siehe [15], Gln. 8 und 10 sowie [16]).

Elastische Steifigkeitsmatrix K_e:

$$K_e = \begin{bmatrix} c_1 & 0 & 0 & 0 \\ & 81 \cdot c_1 & 0 & 0 \\ & & c_2 + c_3 & 0 \\ & \text{Symmetrie} & & 81 \cdot c_2 + 9 \cdot c_3 \end{bmatrix}$$

mit $c_1 = \dfrac{EI_z \cdot \pi^4}{2 \cdot L^3} = 1312 kN/m$ $\qquad c_2 = \dfrac{EI_w \cdot \pi^4}{2 \cdot L^3} = 15{,}56\ kNm$

$$c_3 = \frac{GI_T \cdot \pi^2}{2 \cdot L} = 27{,}71\ kNm$$

Geometrische Steifigkeitsmatrix K_g:

$$K_g = \begin{bmatrix} 0 & 0 & -g_4 \cdot (1 + \pi^2/4) & g_4 \\ & 0 & g_4 \cdot 9 & -g_4 \cdot (1 + 9 \cdot \pi^2/4) \\ & & g_6 & -g_6 \\ & \text{Symmetrie} & & g_6 \end{bmatrix}$$

$$\text{mit } g_4 = \frac{M_{y,Ed}}{L} = 20{,}0\ kN \qquad g_6 = F_{z,Ed} \cdot (z_F - z_M) = -9{,}20\ kNm$$

Lastvektoren zur Berücksichtigung von $F_{y,Ed}$ und e_0:

$$P_{Fy} = \begin{bmatrix} F_{y,Ed} \\ -F_{y,Ed} \\ 0 \\ 0 \end{bmatrix} \quad P_{e0} = \begin{bmatrix} 0 \\ 0 \\ g_4 \cdot (1 + \pi^2/4) \\ -g_4 \end{bmatrix} \cdot e_0 \quad P = \begin{bmatrix} F_{y,Ed} \\ -F_{y,Ed} \\ g_4 \cdot (1 + \pi^2/4) \cdot e_0 \\ -g_4 \cdot e_0 \end{bmatrix}$$

Lösung der Matrizengleichung $[K_e + K_g] \cdot V = P$:

$$V = \begin{bmatrix} v_1 \\ v_3 \\ \vartheta_1 \\ \vartheta_3 \end{bmatrix} = \begin{bmatrix} 0{,}01056 \\ -0{,}00022 \\ 0{,}08404 \\ -0{,}00113 \end{bmatrix}$$

Verformungen und Schnittgrößen des Trägers in Feldmitte nach Theorie II. Ordnung:

$$v_m = v_1 - v_3 = 0{,}01056 + 0{,}00022 = 0{,}01078\ m$$

$$\vartheta_m = \vartheta_1 - \vartheta_3 = 0{,}08404 + 0{,}00113 = 0{,}08517$$

$$M_{y,Ed} = 120{,}0\ kNm$$

$$M_{z,Ed} = -12{,}0 - 120{,}0 \cdot \vartheta_m = -22{,}22\ \text{kN}m$$

$$B_{Ed} = -EI_w \cdot \vartheta'' = \frac{21000 \cdot 328500}{100^4} \cdot \left[\vartheta_1 \cdot \left(\frac{\pi}{L}\right)^2 - \vartheta_3 \cdot \left(\frac{3\pi}{L}\right)^2\right] = 1{,}782\ \text{kN}m^2$$

Programmergebnisse [9]:

$M_{z,Ed} = -21{,}67\ kNm$ (Δ = −2,5 %)

$B_{Ed} = 1{,}768\ kNm^2$ (Δ = −0,8 %)

Der Nachweis der Querschnittstragfähigkeit erfolgt unter Ausnutzung der plastischen Querschnittsreserven. Zum Vergleich wird die Berechnung unter Ansatz der linearen Interaktionsbeziehung (vgl. [1], Abs. 6.2.1(7)) sowie mit einer nichtlinearen Interaktionsbeziehung durchgeführt.

$$B_{pl} = 2 \cdot \frac{t_f \cdot b_f^2}{4} \cdot \frac{h - t_f}{2} \cdot f_y = 2 \cdot \frac{1{,}2 \cdot 24^2}{4} \cdot \frac{23 - 1{,}2}{2} \cdot \frac{35{,}5}{100^2} = 13{,}37\ kNm^2$$

$$\frac{M_{y,Ed}}{M_{pl,y,d}} + \frac{M_{z,Ed}}{M_{pl,z,d}} + \frac{B_{Ed}}{B_{pl,d}} \leq 1$$

$$\frac{120{,}0}{264{,}3/1{,}1} + \frac{|-22{,}22|}{124{,}8/1{,}1} + \frac{1{,}782}{13{,}37/1{,}1} = 0{,}84 < 1$$

Die nichtlineare plastische Interaktion für die Schnittgrößenkombination kann vereinfacht als M-N-Interaktion für den maximal beanspruchten Gurt geführt werden.

Dabei wird die Gurtnormalkraft aus der Momentenbeanspruchung $M_{y,Ed}$ mit einer elastischen Berechnung bestimmt.

$$N_{f,Ed} = \frac{M_{y,Ed} \cdot (\mathrm{h} - t_f) \cdot A_f}{I_y \cdot 2} = \frac{12000 \cdot (23{,}0 - 1{,}2) \cdot 24 \cdot 1{,}2}{7760 \cdot 2} = 485{,}4\ kN$$

$$M_{f,Ed} = \left|\frac{M_{z,Ed}}{2}\right| + \left|\frac{B_{Ed}}{h - t_f}\right| = \frac{22{,}22}{2} + \frac{1{,}782 \cdot 100}{23{,}0 - 1{,}2} = 19{,}28\ kNm$$

Normalkraft- und Momententragfähigkeit des Gurtes:

$$N_{f,Rd} = b_f \cdot t_f \cdot \frac{f_y}{\gamma_{M1}} = 24 \cdot 1{,}2 \cdot \frac{35{,}5}{1{,}1} = 929{,}5\ kN$$

$$M_{f,Rd} = \frac{t_f \cdot b_f^2}{4} \cdot \frac{f_y}{\gamma_{M1}} = \frac{1{,}2 \cdot 24^2}{4} \cdot \frac{35{,}5}{1{,}1} \cdot \frac{1}{100} = 55{,}77\ kNm$$

Interaktionsnachweis für den Gurt als M-N-Interaktion für einen Rechteckvollquerschnitt (siehe auch [1], Gl. 6.32):

$$\left(\frac{N_{f,Ed}}{N_{f,Rd}}\right)^2 + \frac{M_{f,Ed}}{M_{f,Rd}} = \left(\frac{485{,}4}{929{,}5}\right)^2 + \frac{19{,}28}{55{,}77} = 0{,}618 < 1{,}0$$

IV.13.4 Vergleich der Grenztragfähigkeiten

In diesem Abschnitt erfolgt eine Gegenüberstellung der rechnerischen Grenztragfähigkeiten aus dem Nachweis nach [1], Abschnitt 6.3.3 und dem Nachweis nach Theorie II. Ordnung. Beim Nachweis nach Abschnitt 6.3.3 kann die Belastung mit dem Faktor $\alpha = 1{,}35$ gesteigert werden, bis das Grenzkriterium Gl. 6.62 [1] mit dem Wert 1,0 erfüllt ist.

$$M_{y,Ed} = 1{,}35 \cdot 120{,}0 = 162{,}0\ kNm$$

$$M_{z,Ed} = -1{,}35 \cdot 12{,}0 = -16{,}20\ kNm$$

$$m_y = \frac{M_{y,Ed}}{\chi_{LT,mod} \cdot M_{y,Rk}/\gamma_{M1}} = \frac{162{,}0}{0{,}775 \cdot 264{,}3/1{,}1} = 0{,}870$$

$$m_z = \frac{M_{z,Ed}}{M_{z,Rk}/\gamma_{M1}} = \frac{|-16{,}20|}{124{,}8/1{,}1} = 0{,}143$$

$$k_{zy} \cdot m_y + k_{zz} \cdot m_z = 1{,}0 \cdot 0{,}870 + 0{,}9 \cdot 0{,}143 = 1{,}00$$

Beim Nachweis mit Schnittgrößen nach Theorie II. Ordnung unter Ansatz der Vorkrümmung aus Tabelle NA.2 [1] und der nichtlinearen plastischen Interaktion (s. Abs. IV.13.3) ist eine Laststeigerung um den Faktor $\alpha = 1{,}275$ möglich (Berechnung mit [9]). Dieser Wert ist rund 5 % niedriger als beim Nachweis nach [1], Abs. 6.3.3. Damit liegt eine gute Übereinstimmung vor.

$$M_{y,Ed} = 153{,}0\ kNm \qquad M_{z,Ed} = -35{,}26\ kNm \qquad B_{Ed} = 2{,}95\ kNm^2$$

$$N_{f,Ed} = \frac{M_{y,Ed} \cdot (\mathrm{h} - t_f) \cdot A_f}{I_y \cdot 2} = \frac{15300 \cdot (23{,}0 - 1{,}2) \cdot 24 \cdot 1{,}2}{7760 \cdot 2} = 618{,}9\ kN$$

$$M_{f,Ed} = \left|\frac{M_{z,Ed}}{2}\right| + \left|\frac{B_{Ed}}{h - t_f}\right| = \frac{35{,}26}{2} + \frac{2{,}95 \cdot 100}{23{,}0 - 1{,}2} = 31{,}16\ kNm$$

$$\left(\frac{N_{f,Ed}}{N_{f,Rd}}\right)^2 + \frac{M_{f,Ed}}{M_{f,Rd}} = \left(\frac{618{,}9}{929{,}5}\right)^2 + \frac{31{,}16}{55{,}77} = 1{,}00$$

Literaturhinweise zu den Beispielen

[1] DIN EN 1993-1-1, Eurocode 3: Bemessung und Konstruktion von Stahlbauten – Teil 1-1: Allgemeine Bemessungsregeln und Regeln für den Hochbau, Dezember 2010 mit Nationalem Anhang DIN EN 1993-1-1/NA, Dezember 2010.

[2] Wendehorst Bautechnische Zahlentafeln, 34. Auflage, Vieweg + Teubner, Wiesbaden 2011 Abschnitt 13: Stahlbau

[3] Wendehorst Beispiele aus der Baupraxis, 4. Auflage, Vieweg + Teubner, Wiesbaden 2012 Abschnitt 10: Stahlbau

[4] DIN 18807-3:1987-6, Trapezprofile im Hochbau; Stahltrapezprofile – Teil 3 Festigkeitsnachweise und konstruktive Ausbildung mit Änderung DIN 18807-3/A1:2001-5

[5] DIN EN 1993-1-3, Eurocode 3: Bemessung und Konstruktion von Stahlbauten – Teil 1-3: Allgemeine Regeln – Ergänzende Regeln für kaltgeformte Bauteile und Bleche, Dezember 2010 mit Nationalem Anhang DIN EN 1993-1-1/NA, Dezember 2010.

[6] European Recommendations for the Application of Metal Sheeting acting as Diaphragm – Stressed Skin Design; ECCS Committee TC7, TWG 7.5, ECCS publication no 88, 1995

[7] Lindner, J.: Stabilisierung von Trägern durch Trapezbleche. Verlag Ernst & Sohn, Stahlbau 56 (1987), S. 9-15

[8] Petersen, C.: Statik und Stabilität der Baukonstruktion: elasto- u. plastostatische Berechnungsverfahren druckbeanspruchter Tragwerke: Nachweisformen gegen Knicken, Kippen, Beulen. 2. Auflage, Braunschweig/Wiesbaden: Vieweg 1982

[9] Friemann, H.: DRILL – Biegedrillknicken gerader Träger, Version 2012.340, FIDES DV-Partner GmbH, München

[10] Sedlacek, G., Stoverink, H.: Zum Biegedrillknicknachweis von Hallenrahmen mit voutenförmig ausgebildeten Stützen und Riegeln. Der Stahlbau 55 (1986), Heft 8, S. 225-232.

[11] Friemann, H., Lichtenthäler, K. und Schäfer, P.: Biegedrillknicklasten und Traglasten von ebenen Stabtragwerken mit I-förmigem Querschnitt. Der Stahlbau 57 (1988), Heft 8, S. 229-236.

[12] Lindner, J., Schmidt, J.S.: Biegedrillknicken von I-Trägern unter Berücksichtigung wirklichkeitsnaher Lasteinleitung. Der Stahlbau 51 (1982), Heft 9, S. 257-263

[13] Stroetmann R., Lindner J.: Knicknachweise nach DIN EN 1993-1-1. Verlag Ernst & Sohn, Stahlbau 79 (2010), Heft 11, S. 793-808

[14] Dlubal: RFEM 5 Version 5.01.0073, Ing.-Software Dlubal GmbH

[15] Stroetmann, R.: Zur Stabilität von in Querrichtung gekoppelten Biegeträgern; Der Stahlbau 69 (2000), Heft 5, S. 391-408

[16] Friemann H., Stroetmann R.: Zum Nachweis ausgesteifter biegedrillknickgefährdeter Träger. Der Stahlbau 67 (1998), Heft 12, S. 936-955

Stichwortverzeichnis zu den Beispielen

A
Abminderungsfaktor 16, 23
Allgemeines Verfahren 23
äquivalente Drehbettung 30
Aussteifung 30

B
Bauteilimperfektion 34
bezogener Schlankheitsgrad 16
Biegedrilknicknachweis 18
Biegedrillknicken 30
Biegeknicken 30
Biegeknicknachweis 15
Biegetorsionstheorie II. Ordnung 34
Biegetragfähigkeit 18
Bruttofläche 11

D
Diagonale 27
Drehbehinderung 20
Drehbettung 20
drehelastische Bettung 30
drehelastische Einspannung 20, 30
Drehfedersteifigkeit 30

E
effektiver Querschnitt 12
elastische Bemessung 7
Ersatzstabnachweis 34
Ersatzstabverfahren 12, 15

F
Fließgelenk 9

G
gebundene Drehachse 20
Gitterstütze 27
Grenztragfähigkeit 34
Gurtstabkraft 27

I
Imperfektionsannahmen 3
Interaktion 15
Interaktionsbeiwert 16
Interaktionsfaktor 30
Interaktionsnachweis 16

L
Lastvektor 34
lineare Interaktion 34
Lochschwächung 11

M
Matritzengleichung 34

N
Nachweis des Druckgurtes 18
Nettofläche 11
nichtlineare Interaktion 34

P
Pfette 30
plastische Bemessung 9

Q
Querschnittsklasse 7, 9, 23
Querschnittsklasse 4 12
Querschnittstragfähigkeit 34
Querschnittsverformung 20, 30

R
Rahmenriegel 30
Rahmenstütze 16
Reihenansatz 34

S
Schlankheitsgrad des Druckgurtes 18
Schlankheitskriterium 18
Schubbeulen 7, 9
schubelastischer Druckstab 27
Schubfeld 20
Schubfeldsteifigkeit 20
Spannungsnachweis 7, 16
Stabilisierung durch Trapezprofilbleche 20
Stabilitätsnachweis 30
Stabilitätsversagen 15
Stegbeulen 12
Steifigkeitsmatrix 34
Stoffachse 27
stofffreie Achse 27
Systemtragfähigkeit 9

T
Theorie II. Ordnung 3, 12, 34
Torsionsmoment 34

V
veränderliche Querschnittshöhe 23
Verdrehsteifigkeit 20
Vergrößerungsfaktor 23
Verzweigungslast 16
Verzweigungslastfaktor 3, 23
Vollwandbinder 18
Vorkrümmung 12, 34
Vorverdrehung 16

W
Winkelprofil 27

Z
Zugbeanspruchbarkeit 11
Zugstab 11
Zugtragfähigkeit 11
zweiaxiale Biegung 34
Zweifeldträger 7
Zweigelenkrahmen 3

Inserentenverzeichnis

Die inserierenden Firmen und die Aussagen in Inseraten stehen nicht notwendigerweise in einem Zusammenhang mit den in diesem Buch abgedruckten Normen. Aus dem Nebeneinander von Inseraten und redaktionellem Teil kann weder auf die Normgerechtheit der beworbenen Produkte oder Verfahren geschlossen werden, noch stehen die Inserenten notwendigerweise in einem besonderen Zusammenhang mit den wiedergegebenen Normen. Die Inserenten dieses Buches müssen auch nicht Mitarbeiter eines Normenausschusses oder Mitglied des DIN sein. Inhalt und Gestaltung der Inserate liegen außerhalb der Verantwortung des DIN.

Dlubal Software GmbH 93464 Tiefenbach	gegenüber Inhaltsverzeichnis
SCIA Software GmbH 44227 Dortmund	2. Umschlagseite
STAHLWERK Thüringen GmbH 07333 Unterwellenborn	gegenüber I Einleitung
Adolf Würth GmbH & Co. KG 74653 Künzelsau	gegenüber Impressum